W. & W. E. Petrascheck's

LAGERSTÄTTENLEHRE

Eine Einführung in die Wissenschaft
von den mineralischen Bodenschätzen

4. Auflage

Von

W. Pohl, Braunschweig

Institut für Geowissenschaften
Technische Universität Carolo-Wilhelmina zu Braunschweig

Mit 246 Abbildungen im Text

E. Schweizerbart'sche Verlagsbuchhandlung
(Nägele u. Obermiller) Stuttgart 1992

Alle Rechte, auch das der Übersetzung, vorbehalten.
Jegliche Vervielfältigung einschließlich photomechanischer
Wiedergabe ist genehmigungspflichtig.

Vierte Auflage.

Die erste Auflage (1950) und die zweite Auflage (1961)
erschienen im Springer-Verlag Wien.

© E. Schweizerbart'sche Verlagsbuchhandlung
(Nägele u. Obermiller)
Stuttgart 1992

ISBN 3 510 65150 2

Printed in Germany

Umschlagentwurf von Wolfgang Karrasch / Wolfgang Frank
unter Verwendung der Abb. 55 dieses Bandes,
nach L. LEUBE, Erdwiss. Schr. ÖAW, 1976

Zum Geleit

Der Unterzeichnete sieht mit dieser vierten Auflage eine „neue Generation" der Lagerstättenlehre vor die Fachwelt treten. Waren die vorangegangenen Editionen als Einführung in das breite und mannigfaltige Gebiet der Wissenschaft von den mineralischen Bodenschätzen konzipiert, bestimmt für Diplomstudenten des Bergwesens oder für an Lagerstätten nur gelegentlich interessierte Erdwissenschaftler, so liegt hier ein Lehrbuch vor, das sich mit den Grundlagen auseinandersetzt. Dabei sind, dem Generationsunterschied der Autoren entsprechend, die früher kaum behandelten Erkenntnisse der Isotopengeologie und die Methoden der Modellvorstellungen angewendet – letztere an Stelle der aus Frankreich stammenden Typengliederung. Ferner sind inzwischen weltwirtschaftlich wichtig gewordene Lagerstätten beschrieben und ist zum Unterschied von früher die aktuelle Literatur ausführlich zitiert, wobei der Unterzeichnete gelegentlich in die Schatztruhe der Vergangenheit zurückgegriffen hat. Nach wie vor sind wir der Ansicht, daß die Darstellung der Fakten gegenüber den wechselnden Religionen der Lagerstättengenese den Vorrang haben soll.

Mineralische Rohstoffe werden auch in Zukunft immer gebraucht werden, wenngleich ihre Aufsuchung und Gewinnung von den klassischen Stätten Europas und Nordamerikas sich immer mehr nach Australien und Afrika, und von der Oberfläche sich in die Tiefe verlagern. Daher wird sich auch ihre praktische Beurteilung von der Beschürfung und relativ flachen Erbohrung zunehmend zur theoretisch-geologisch begründeten Prognose und zur geophysikalischen Tiefenexploration verschieben müssen.

In diesem Sinne möge die vierte Auflage den gewandelten Zweck ihrer Vorgänger erfüllen.

Wien, im März 1991
Walther E. Petrascheck

Aus dem Vorwort zur ersten Auflage

Es gibt viele und ausgezeichnete Handbücher über Mineral-Lagerstätten, umfangreiche und kurze, aber sie behandeln fast immer nur ein Teilgebiet, entweder nur Erze oder nur Kohlen oder nur nutzbare Mineralien usw. Es fehlt gerade in der deutschsprachigen Literatur ein Buch über das Gesamtgebiet der Lagerstättenlehre, das den Stoff in enger Auswahl kurz und einheitlich behandelt. Dies soll hiemit gegeben werden.

Es ist ein kurzes Lehrbuch und kein Handbuch. Der Umfang ist dem Bedarf der Studierenden der Geologie, der Mineralogie und des Bergwesens angepaßt. Das Buch ist auch entstanden aus den Vorlesungen, die wir alljährlich teils an der Montanistischen Hochschule Leoben (W.P.), teils an der Universität und Technischen Hochschule Breslau (W.E.P.) gehalten haben. Grundkenntnisse aus Geologie und Mineralogie sind vorausgesetzt.

Allgemeine Darlegungen über die Entstehung und Beurteilung der Bodenschätze vom geologischen und bergbaulichen Standpunkt sind gegenüber einer speziellen Beschreibung der Lagerstätten stark bevorzugt. Bei der Auswahl der Beispiele waren wir bestrebt, neben alt- und weitbekannten mitteleuropäischen und nordamerikanischen Typen auch weniger geläufige aus Südosteuropa zu bringen.

Leoben, im August 1950
W. Petrascheck und W. E. Petrascheck

Vorwort zur vierten Auflage

Schon nach wenigen Jahren war die dritte Auflage (1982) dieses Buches verkauft; trotzdem wurde ein unveränderter Nachdruck nicht in Betracht gezogen, da sich der Benutzerkreis und damit die Anforderungen an ein derartiges Buch doch beträchtlich verändert haben. Die vorliegende

Neubearbeitung ist nicht mehr ein kurzes Lehrbuch wie 1950, natürlich aber auch kein Handbuch; geschrieben wurde sie vor allem für geowissenschaftlich Vorgebildete, die eine knappe, dabei aber zugleich das Wesentliche umfassende Einführung in geologische Aspekte der Entstehung, Suche, Untersuchung, Bewertung und Ausbeutung von Lagerstätten benötigen. Nach den Vorstellungen des Verfassers wären dies Diplomanden und Doktoranden geowissenschaftlicher Fächer oder der Montanwissenschaften ebenso wie praktisch tätige Geologen und Bergleute. Fachfremde, die das Buch zur Hand nehmen, werden nicht umhinkommen, einführende Bücher in Geologie und Mineralogie gleichzeitig zu verwenden, um die unvermeidbaren Fachausdrücke nachzuschlagen.

Um eine allzustarke Erweiterung des Umfangs des Buches gegenüber früheren Auflagen zu vermeiden, obwohl der Wissenszuwachs wie überall beträchtlich ist, wurde eine sehr dichte Ausdrucksweise gewählt. Für den Benutzer, der Informationen und Daten sucht, ist dies sicherlich willkommen. Studenten, die nach dem Buch lernen wollen, müssen für sie Wesentliches auswählen.

Erstmals wird nunmehr nicht nur einführende, allgemeine Literatur zitiert, sondern es wurde der Versuch unternommen, jeweils spezifische, wichtige Arbeiten aufzuführen. Natürlich mußte dabei vor allem neueste Literatur berücksichtigt werden, obwohl es dem Verfasser nicht unbekannt ist, daß viele, heute wieder „moderne" Konzepte in unserer Wissenschaft schon früh angedacht worden sind. Mit Rücksicht auf den Platzmangel mußten aber vielfach die Rechte früherer Autoren auf Nennung ihrer Beiträge hinter dem Anspruch der Benutzer des Buches auf Hinweise zu jüngsten einschlägigen Veröffentlichungen zurückstehen.

Die Gewichtung der einzelnen Abschnitte des Buches ist gegenüber früheren Auflagen nicht, Anordnung und Gliederung der Abschnitte sind nur gering verändert. Weiterhin werden also die allgemeinen Modelle der Lagerstättenbildung am Beispiel der metallischen Erze dargestellt, so daß dieser Abschnitt als Grundlage für das Verständnis aller übrigen Kapitel gelten muß. Wiederholungen mußten vermieden werden; dem Benutzer wird empfohlen, Querverweisen nachzugehen bzw. selbstständig nach Querverbindungen zu suchen (z.B. diagenetische Erzlagerstätten – Inkohlung – Entstehung von Erdöl und Erdgas).

Diese vierte Auflage der Lagerstättenlehre wurde in einer Zeit verfaßt, in welcher Bergbau und Verwertung mineralischer Rohstoffe von weiten Kreisen der Gesellschaft sehr kritisch, nicht selten sogar ablehnend betrachtet werden. Vieles an dieser Haltung ist ambivalent und nicht rationell begründbar, da dieselben Kritiker selbstverständlich Ansprüche auf jene hohe Lebensqualität stellen, welche letztlich auf der Verfügbarkeit mineralischer Rohstoffe beruht. Man denke z.B. an Fernreisen, an die moderne medizinische Versorgung oder an die bequeme Verfügbarkeit von Energie. Manche Bergbausparten sehen sich dadurch in die Rolle von Bösewichtern gedrängt (Blei, Uran), während andere ein positives Bild vermitteln (z.B. Platin als Katalysator zur Abgasreinigung). Zudem „versteckt" sich der Bergbau vor der Gesellschaft, vornehmlich durch Ausweichen in Untertagebetriebe oder in überseeische Länder. Diese Entwicklung kann langfristig nicht gut sein. Offensichtlich muß die Öffentlichkeit besser über die wichtige Rolle von Rohstoffgewinnung und Rohstoffversorgung in einer umfassenden, natürlich aber behutsamen Nutzung unserer Umwelt informiert werden.

Als Schüler von W. E. Petrascheck und als Mitautor der 3. Auflage hat der Verfasser mit Freude und Dankbarkeit die Aufgabe übernommen, nunmehr selbständig die traditionsreiche Petrascheck'sche Lagerstättenlehre neu zu gestalten. Viele Freunde und Kollegen haben dabei geholfen: J. Zemann in Wien, W. Prochaska und E. Stumpfl in Leoben, M. Günther, L. Engelhard und H. Stosnach in Braunschweig, H.J. Nowak in Celle. Meine Tochter Brita hat mir manche mühsame Schreibarbeiten abgenommen. Allen Helfern danke ich herzlich.

W. E. Petrascheck hat die Neubearbeitung mit vielen wichtigen Ratschlägen begleitet. Es war ihm aber nicht vergönnt, die Fertigstellung des Buches zu erleben. Walter Emil Petrascheck ist am 30. Oktober 1991 gestorben. Die Lagerstättenforschung verliert mit ihm eine der prägenden Persönlichkeiten der letzten Jahrzehnte. Wir werden ihn nicht vergessen.

Braunschweig, im November 1991 W. Pohl

Inhaltsverzeichnis

Einführung 1

Erzlagerstätten 4
Erster Abschnitt: Die Bildung von Erzlagerstätten 6
I. Magmatogene Lagerstättenbildung 7
– Die liquidmagmatische Lagerstättenbildung 8
– Lagerstätten der Ophiolite bzw. der mittelozeanischen Rücken 13
– Die Erzbildung in Alkalimassiven, Karbonatiten und Kimberliten 17
– Granitoide und ihre Lagerstätten 19
– Skarnlagerstätten 23
– Die pegmatitische Lagerstättenbildung 25
– Die hydrothermale Lagerstättenbildung 27
– Die Herkunft von Erzlösungen -Isotopengeochemie 30
– Temperatur- und Druckbedingungen hydrothermaler Lagerstättenbildung . . 34
– Mineralsukzession, Texturen und Strukturen hydrothermaler Lagerstätten . . 37
– Hydrothermale Nebengesteinsveränderungen 40
– Die metasomatischen Lagerstätten 42
– Die porphyrischen Lagerstätten 44
– Die Ganglagerstätten 47
– Vulkanogene Lagerstätten 54
II. Lagerstättenbildung durch Verwitterung 59
– Die Rückstandslagerstätten 61
– Lagerstätten der deszendenten Anreicherung 64
– Infiltrationslagerstätten 66
III. Sedimentäre Lagerstättenbildung 72
– Die Seifenlagerstätten 73
– Autochthone Eisen- und Manganerzlagerstätten 76
– Sedex-Lagerstätten und Sulfiderze in Schwarzschiefern 79
IV. Diagenetische Lagerstättenbildung 83
V. Metamorphose von Erzlagerstätten 92
VI. Metamorphogene Erzlagerstätten 94
VII. Metallogenese – die Lagerstättenbildung in Zeit und Raum 98
– Metallogenetische Epochen und Provinzen 98
– Metallogenese und Plattentektonik 100
– Die metallogenetische Entwicklung Europas 105
VIII. Genetische Klassifikation der Erzlagerstätten 109

Zweiter Abschnitt: Die Lagerstätten der einzelnen Metalle 112
I. Die Eisen- und Stahlmetalle 112
Eisen 112
Mangan 124
Chrom 127
Nickel 133
Kobalt 137
Molybdän 140
Wolfram 143

	Vanadium	149
II.	Buntmetalle	151
	Kupfer	151
	Blei und Zink	164
	Zinn	175
III.	Edelmetalle	181
	Gold	181
	Silber	193
	Platinmetalle	198
IV.	Leichtmetalle	203
	Aluminium	203
	Magnesium	209
V.	Metalle für Sonderzwecke	210
	Quecksilber	210
	Antimon	213
	Arsen	216
	Elektronische Metalle	217
	Wismut	219
	Zirkonium und Hafnium	219
	Titan	221
	Seltene Erden (Lanthaniden)	222
	Niob und Tantal	224
	Lithium	228
	Beryllium	229
	Uran	230

Industrieminerale, Steine und Erden 239

Andalusit, Disthen und Sillimanit	239
Asbest	241
Baryt	245
Bentonit (Smektitrohstoffe)	249
Bor	251
Diamant	253
Diatomit	257
Feldspat	259
Fluorit	260
Gips und Anhydrit	264
Glimmer	266
Graphit	268
Kalkstein, Mergel und Dolomit	273
Kaolin	275
Magnesit	277
Olivin	283
Phosphate	283
Quarz	288
Quarzit	289
Quarzsande und Kiese	290
Schwefel	291
Talk	295
Tone	300
Vulkanische Tuffe, Bimssande, Perlit und Trass	302
Wollastonit	303
Zeolithe	305

Salzlagerstätten ... 307
  I. Die Salzminerale und Salzgesteine ... 308
  II. Die Bildung der Salzlager ... 311
  1. Die Salzbildung in der Gegenwart ... 311
     – Klimatische Bedingungen ... 313
     – Räumliche Bedingungen ... 314
  2. Die Salzbildung in der geologischen Vergangenheit ... 319
     – Zeiten der Evaporitbildung ... 319
     – Bildungsbedingungen fossiler Evaporite ... 320
  III. Die Umformung der Salzlager ... 331
  1. Die Umformung der Salzgesteine ... 331
     – Diagenese und Metamorphose der Evaporite ... 331
     – Deformation der Salzgesteine ... 333
  2. Formen der Salzlagerstätten ... 335
  3. Die Verwitterung und deszendente Umwandlung der Salzlagerstätten ... 341
  IV. Montangeologische Arbeiten in Salzlagern ... 342
     – Aufsuchung und Untersuchung von Salzlagern ... 342
     – Geologische Arbeiten im Salzbergbau ... 344
     – Deponie von Abfällen im Salzgebirge ... 346

Kohle ... 349
  I. Die Kohlensubstanz ... 350
     – Kohle und Kohlenarten ... 350
     – Petrographie der Kohlen ... 356
     – Die chemische Zusammensetzung der Kohlen ... 360
  II. Die Kohlenlager ... 370
     – Typen und Dimensionen der Kohlenflöze ... 370
     – Flözmittel und Flözvertaubung ... 372
     – Torfmoore und Kohlebildung ... 374
     – Die Nebengesteine der Kohle ... 380
     – Wichtige Leitschichten in Flözserien ... 380
     – Räume und Zeiten der Kohlebildung ... 382
  III. Der Inkohlungsprozeß ... 385
     – Der biochemische Inkohlungsprozeß (Vertorfung) ... 385
     – Der geochemische Inkohlungsprozeß ... 386
  IV. Spätere Veränderungen der Flöze ... 398
     – Tektonische Veränderungen der Kohlenlager ... 398
     – Epigenetische Vererzung in Kohlenflözen ... 400
     – Exogene Veränderungen der Kohlenlager ... 400
  V. Anwendung der Kohlengeologie ... 401
     – Exploration ... 401
     – Vorratsermittlung und Bauwürdigkeit ... 404
     – Kohlengeologische Aufgaben im Bergbau ... 406

Aufsuchung und Beurteilung von Lagerstätten fester mineralischer Rohstoffe ... 409
  I. Die wirtschaftlichen Rahmenbedingungen ... 410
  II. Die Aufsuchung von Lagerstätten ... 412
  1. Vorerkundungen ... 412
  2. Geologische Methoden ... 412
  3. Geologische Fernerkundung und Auswertung von Luftphotos ... 415
  4. Geochemische Methoden ... 417
  5. Geophysikalische Methoden ... 424
  6. Bohrungen und Schürfe ... 430

III.	Die Untersuchung und Bewertung von Lagerstätten – Montangeologische Arbeiten im Bergbau	433
	1. Kartierung und Probenahme	434
	2. Die Schätzung der Substanzmenge und ihrer nutzbaren Gehalte	436
	3. Bewertung von Lagerstätten	442
	4. Umweltschutz im Bergbau	444

Kohlenwasserstofflagerstätten 446

I.	Chemische und physikalische Eigenschaften der natürlichen Bitumina und des Kerogens	446
II.	Die Entstehung von Erdöl und Erdgas	453
III.	Erdöl- und Erdgaslagerstätten	458
	– Migration	459
	– Speichergesteine	463
	– Erdöl- und Erdgasfallen	464
	– Lagerstättenwässer	473
	– Tektonische Position von Kohlenwasserstoffprovinzen	474
IV.	Das Aufsuchen von Kohlenwasserstofflagerstätten	476
V.	Die Exploitation von Öl- und Gaslagerstätten	482
	– Lagerstättenverhältnisse	482
	– Entwicklung eines Feldes	486
	– Vorratsberechnungen	486
VI.	Teersande, Asphalt und Pyrobitumina	488
VII.	Ölschiefer	491

Ortsregister 495
Sachregister 500

Einführung

Jede menschliche Gesellschaft braucht als Grundlagen für ihre physische Existenz ausreichend Wasser, produktive Böden, Energie in verschiedenen Formen, sowie mineralische und organische Rohstoffe. Dazu kommt die Forderung, daß all dies in einem gesunden Lebensraum gewährleistet wird.

Die Lagerstättenkunde ist eine Teildisziplin der Geowissenschaften, die sich mit Entstehung, Suche und Abgrenzung mineralischer Rohstoffquellen beschäftigt. Dazu kommen vielfältige Dienstleistungen während der bergbaulichen Gewinnung der Lagerstätten, da nur eine kontinuierliche geowissenschaftliche Bearbeitung des Berbaues und seiner Umgebung gewährleistet, daß die Lagerstätte rationell ausgebeutet wird, und daß eine Beeinträchtigung des Umfeldes durch Wasserentzug, durch verschiedene Emissionen, durch instabile oder ökologisch bedenkliche Abraumhalden und, nach Schließung des Bergbaues, durch unzureichende oder falsche Rekultivierung vermieden wird.

Die wirtschaftliche Entwicklung, vor allem der Industrieländer, bewirkt eine Verlagerung des Schwerpunktes der Lagerstättenkunde parallel zum Bergbau, indem nichtmetallische Industrierohstoffe und Metalle der Hochtechnologie gegenüber den „alten" Metallen (Kupfer, Eisen, Blei, Zink u.a.) an Bedeutung gewinnen. Unter den Energierohstoffen (Erdgas, Erdöl, Kohle, Uran) dürfte in den kommenden Jahrzehnten keine wesentliche Verschiebung der Verbrauchsanteile eintreten. Als Chemierohstoff aber ist die Dominanz von Gas und Öl vor der Kohle für absehbare Zeit gesichert, trotz der wesentlich größeren Ressourcen der letzteren.

Was sind Lagerstätten?

Lagerstätten nennt man jene natürlichen Anhäufungen nutzbarer Minerale und Gesteine, die nach Größe und Inhalt für eine wirtschaftliche Gewinnung in Betracht kommen können. Mineral- und Gesteinskörper, die zu klein oder zu arm sind, um jemals abbauwürdig zu sein, nennt man *Vorkommen*. Da aber vielfach im Sprachgebrauch auch die Vorkommen mineralischer Rohstoffe als Lagerstätten bezeichnet werden, nenne man die erste Gruppe besser *„nutzbare Lagerstätten"*.

Lagerstätten sind im Grunde wertvolle Gesteine, weshalb ihre Bildung sehr oft mit Methoden der Petrologie untersucht wird. Viele kann man aber auch als lokal überdurchschnittliche geochemische Anreicherungen eines Stoffes in der Erdkruste auffassen. Das Verhältnis des Gehaltes eines Stoffes in der Lagerstätte zu seinem durchschnittlichen Gehalt in der Kruste (Clarke Values: TAYLOR & McLENNAN 1985) nennt man den *Anreicherungsfaktor*. So ist der mittlere Eisengehalt in der Kruste 5 % – bei der Bildung einer Eisenerzlagerstätte mit 50 % Fe kam also ein Anreicherungsfaktor von 10 zur Auswirkung; bei der Bildung einer Kupferlagerstätte mit 1 % Cu und einem Durchschnittsgehalt von 0,01 % Cu in der Kruste ergibt sich ein Faktor von 100, bei der Bildung einer Goldlagerstätte mit 10 g/t aus normalen Gesteinen mit 0,005 g/t Au ein Anreicherungsfaktor von 2000.

Die *Ursachen der Stoffanreicherung*, also der Lagerstättenbildung, sind äußerst mannigfaltig. Letztendlich verantwortlich ist die dynamische Interaktion von Kern, Mantel und Kruste der Erde, sowie der Hydro-, Bio- und Atmosphäre. Abkühlung und Entgasung des Erdinneren sowie Entmischung des Gesamtsystems im Verlauf des geologisch-geochemischen Kreislaufes bzw. der Bewegung der Elemente sind beteiligt. Diese Vorgänge werden auch in der Lagerstättenkunde in *endogene* bzw. *exogene Prozesse* unterschieden, also solche, die aus der Dynamik im Erdinneren resultieren, im Vergleich zu jenen der Erdoberfläche. In seltenen Fällen haben auch *extraterrestrische*

Prozesse, nämlich Einschläge von Meteoriten und Asteroiden (MELOSH 1989), lagerstättenbildende Auswirkungen.

Die *Entstehung der Lagerstätten* beruht gewöhnlich auf einem komplexen Zusammentreffen von Vorgängen, von welchen nur wenige der direkten Beobachtung zugänglich sind. Deshalb bestehen vielfach verschiedenartige Deutungen der geowissenschaftlichen Befunde, also Bildungshypothesen, nebeneinander. Es ist die wissenschaftliche Aufgabe der Lagerstättenkunde, immer bessere *genetische Modelle* zu entwickeln. Natürlich steht diese Weiterentwicklung in engem Zusammenhang mit dem Fortschritt in anderen Teildisziplinen der Geowissenschaften, die aber umgekehrt auch immer wieder befruchtende Anstöße aus der Lagerstättenkunde erhielten. Die praktische Aufgabe der Lagerstättenkunde ist es, der Gesellschaft eine ausreichende Rohstoffversorgung zu garantieren, naturgemäß in interdisziplinärer Zusammenarbeit mit anderen Wissenschaftlern, Technikern und Kaufleuten.

Mineralische Rohstoffe im Spannungsfeld der Gesellschaft

Immer hat unter den Menschen eine gar große Meinungsverschiedenheit über den Bergbau geherrscht, indem die Einen ihm hohes Lob zollten, die Andern ihn heftig tadelten (Georg Agricola 1556).

Damals wurden nicht nur nachteilige Auswirkungen auf die unmittelbare Umgebung des Bergbaues kritisiert, sondern auch moralische Aspekte, daß nämlich der Bergbau die Habgier der Menschen fördere. Letzteres wird zumindest in Europa heute wohl kaum jemand denken, doch die Ablehnung jeglicher Rohstoffgewinnung auf Grund der sichtbaren Inanspruchnahme von Landflächen und ihrer bleibenden Veränderung durch Bergbau ist allgemein verbreitet.

Sicherlich gibt es oft gute Argumente gegen die Rohstoffgewinnung an bestimmten Stellen; dem muß aber entgegengehalten werden, daß Lagerstätten eben nicht an beliebiger Stelle „eingerichtet" werden können, sondern daß diese von der Natur vorgegeben sind. Manche Rohstoffe, z. B. Kiese und Sande, sind in Europa so knapp geworden, daß man für sie eigene Schutzgebiete (nämlich vor Verbauung) einrichten muß. Jeder von uns verbraucht mineralische Rohstoffe, sei es für Wohnbau, Heizung, das Auto und unzählige Artikel des täglichen Bedarfes. Diese Rohstoffe müssen aber weiterhin verfügbar sein, wenn auch durch Rückführung (Recycling) ein Teil der primären Gewinnung ersetzt werden kann. Zudem sollte die wichtige Rolle vieler Rohstoffe in der modernen Umwelttechnik zur Kenntnis genommen werden, ebenso wie die zunehmende Bedeutung des Entsorgungsbergbaues, der zur sicheren Lagerung unvermeidbarer toxischer Abfälle unerläßlich ist.

Weiters ist zu bedenken, daß auch die favorisierten nachwachsenden Energieträger und die Nutzung der Sonnen- und Windenergie großen Flächenbedarf haben werden, und zudem selbst wieder den Konsum anderer Rohstoffe (Dünger, Metalle für Erntemaschinen und den Anlagenbau, etc.) bedingen. Dies gilt auch für geothermale Energiegewinnung, welche zudem beträchtliche Probleme mit notwendig anfallenden Salzen bzw. Laugen und Schwermetallen (z. B. Quecksilber) hat. Einfache, völlig unschädliche Lösungen der angesprochenen Fragen gibt es also nicht. Insgesamt ist jedoch unbestritten, daß eine Erhaltung unserer Lebensqualität und die Hebung jener der Mehrzahl der Menschen auf der Erde, denen oft das Nötigste fehlt, weiterhin eine gesicherte Rohstoffversorgung voraussetzen.

Gibt es aber überhaupt eine ausreichende Menge von Rohstoffen? Die Begrenztheit der Erde bedingt in der Tat eine physische Grenze der mineralischen Rohstoffe, insbesondere unter den heutigen wirtschaftlich-technischen Bedingungen. Erdöl mit Förderkosten unter 10 US $ pro Barrel, oder Kokskohle bis 500 m Tiefe, oder Uran mit Gewinnungskosten unter 20 US $ pro Pfund sind natürlich nur begrenzt vorhanden. Die Teilung der solcherart definierten Reserven durch die Jahresproduktion hat seinerzeit den Club of Rome dazu geführt, die Erschöpfung vieler Rohstoffe für die Zeit von 1990-2000 vorauszusagen (MEADOWS 1974). Mittlerweile ist allgemein bekannt, daß bergbauliche Reserven grundsätzlich nur für 10-20 Jahre im voraus abgegrenzt werden, weil Vorräte für eine weitere Zukunft finanziell für eine Firma praktisch wertlos, bzw. durch die hohen Kosten für die unnötig frühe Untersuchung sogar ein finanzieller Verlust sind. Die Vergangenheit hat mehrfach die Unrichtigkeit der Ankündigung eines Rohstoffmangels bewiesen, und es gibt keine Anzeichen dafür, daß Wissenschaft und Technik nicht imstande wären, den jeweiligen Rohstoffbedarf auch in Zukunft durch Neufunde oder natürlichen bzw. synthetischen Ersatz auszugleichen.

Es sei also nicht bestritten, daß es physische Grenzen für bestimmte Rohstoffqualitäten gibt; ebensowenig zu bezweifeln ist aber die Fähigkeit des Menschen, auf neue Probleme neue Antworten zu finden. Auch die Lagerstättenforschung hat diese Fähigkeit in den letzten Jahrzehnten durch eine große Zahl neuer Funde von Lagerstätten mineralischer Rohstoffe bewiesen.

Literatur:

BARNES, J. W., 1988, Ores and minerals: introducing economic geology. 192 pp, Open Univ. Press.
BAUMANN, L., NIKOLSKIJ, I. L. & WOLF, M., 1979, Einführung in die Geologie und Erkundung von Lagerstätten. 503 pp, Glückauf.
CRAIG, J. R., VAUGHAN, D. J. & SKINNER, B. J., 1988, Resources of the Earth. 395 pp, Prentice Hall.
FETTWEIS, G. B., 1990, Produktionsfaktor Lagerstätte. In S. WAHL (Ed.), Bergwirtschaft. Verlag Glückauf, Essen.
McLAREN, D. J. & SKINNER, B. J. (Eds.), 1987, Resources and World Development. 940 pp, Wiley.
MEADOWS, D., 1974, The limits to growth. A report for the Club of Rome's project on the predicament of mankind. 2. Aufl., 205 pp, Universe Books, New York.
MELOSH, H. J., 1989, Impact cratering – a geological process. 244 pp, Oxford Univ. Press.
SHACKLETON, W. G., 1986, Economic and applied geology. 227 pp, Croom-Helm.
TAYLOR, S. R. & McLENNAN, S. M., 1985, The continental crust: its composition and evolution. Blackwell.

Erzlagerstätten

Wir verstehen in der Lagerstättenkunde unter Erzen metallhaltige Gesteine und Mineralgemenge, aus denen mit technischen Methoden und mit wirtschaftlichem Nutzen Metalle oder deren Verbindungen gewonnen werden können.

Diese Begriffsbestimmung deckt sich mit jener des Bergbaues, obwohl gelegentlich auch unkonventionelle Rohstoffe zu Metallen verarbeitet werden können, wie etwa evaporitische Laugen (Lithium, Magnesium) oder saure Bergbauwässer (Kupfer). Dagegen werden in der Mineralogie unter Erzen gewöhnlich die Erzminerale verstanden, also etwa Chromit oder Galenit (Bleiglanz). „Erzgesteine" oder eben kurz Erze sind aber für den Lagerstättengeologen und Bergmann auch eine Gangfüllung mit 20 % Bleiglanz, der mit Karbonat und Quarz verwachsen ist, oder Serpentinit mit 50 % Chromit. Die mit den Erzmineralen gebildeten und gemeinsam abgebauten „tauben", also nicht für die Metallgewinnung nutzbaren Minerale werden Gangarten genannt, auch dort, wo es sich nicht um die Füllung eigentlicher Gangspalten handelt.

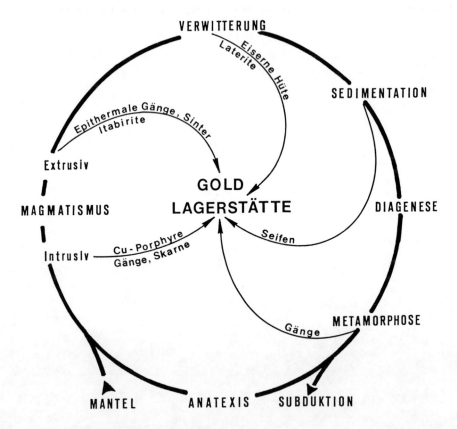

Abb. 1. Die Bildung von Goldlagerstätten im geologischen Kreislauf.

Die in der Definition ausgesprochene Forderung, daß die Metallgewinnung aus den Erzen mit Nutzen ausführbar sein soll, bedingt für den Metallgehalt eine untere, wenn auch nach dem Stand der Technik und den wirtschaftlichen Rahmenbedingungen veränderliche Grenze. Solche Bauwürdigkeitsgrenzen werden im zweiten Abschnitt (Lagerstätten der einzelnen Metalle) als Richtzahlen genannt, obwohl sie im Einzelnen für jede Lagerstätte verschieden sind.

Die Metallanreicherungen bilden sich im Laufe des geologischen Geschehens, beim Auf- und Abbau der Gesteine (Abb. 1). Die „Stauungsstellen" für die einzelnen Metalle im irdischen Kreislauf der Stoffe sind verschieden, abhängig von chemischen oder physikalischen Eigenschaften der Elemente oder ihrer Verbindungen. Daneben spielen die mannigfachen Faktoren der geologischen Dynamik eine maßgebliche Rolle.

Wie in den vorangegangenen Auflagen dieses Buches sollen im Ersten Abschnitt allgemeine Gesetzmäßigkeiten der Bildung von Erzlagerstätten erläutert werden. Im Zweiten Abschnitt werden die Lagerstätten der einzelnen Metalle systematisch behandelt, vor allem unter genetischen Gesichtspunkten, doch auch mit manchen Hinweisen für den Geologen im Felde, der eine erste Orientierung für praktische Aufgaben sucht.

Literatur:

EVANS, A. M., 1987, An introduction to ore geology. 2nd.ed., 368 pp, Blackwell, Oxford.
GUILBERT, J. M. & C. F. PARK Jr., 1986, The geology of ore deposits. 985 pp, Freeman.
ROBERTS, A. G. & SHEAHAN, P. A,., 1989, Ore Deposit Models. 194 pp, Geol. Ass. Canada, Reprint Ser. 3.
ROUTHIER, P., 1963, Les gisements métallifères. Géologie et principes de recherche. Masson.
SCHNEIDERHÖHN, H., 1962, Erzlagerstätten (Kurzvorlesungen). 4.Aufl., 371 pp, Fischer, Jena.
STANTON, R. L., 1972, Ore petrology. 713 pp, McGraw-Hill.
WALTHER, H. W. et al., 1986, Lagerstätten der Metallrohstoffe. Pp 1-160 in: F. BENDER, Angewandte Geowissenschaften, Bd. IV, Enke, Stuttgart.

Erster Abschnitt

Die Bildung von Erzlagerstätten (Metallogenese)

Lange Zeit hat man den Vorgängen bei der Differentiation und Erstarrung magmatischer Körper die Hauptrolle bei der Entstehung der mannigfachen Typen von Lagerstätten zugeschrieben. Den verschiedenen Differentiationsstadien eines gabbroiden Ausgangsmagmas, reichend von frühmagmatischen Kristallisaten aus der mafischen Schmelze bis zur spätmagmatischen Abscheidung leichtflüchtiger Stoffe aus sauren Restmagmen waren jeweils bestimmte Metalle und Lagerstättentypen zuordenbar. Dieses von W. LINDGREN (1933), P. NIGGLI (bis 1938), H. SCHNEIDERHÖHN (bis 1962) u. a. entwickelte Schema der magmatogenen Lagerstättenbildung war vom chemisch-physikalischen und vom geologischen Standpunkt schlüssig und konsequent. Danach haben die geochemischen und geologischen Vorgänge der Verwitterung und der Sedimentation einerseits die magmatogenen Erzanreicherungen direkt umgeformt, andererseits aus den Gesteinen metallreiche und metallarme Komponenten abgetrennt und so zur Bildung verschiedener Arten von Verwitterungs- und sedimentären Lagerstätten geführt. Die Metamorphose schließlich hatte nach diesem Bildungsschema die vorhandenen Anreicherungen im Wesentlichen ohne nennenswerte stoffliche Verschiebungen umgeformt.

Im Laufe der letzten Jahrzehnte haben die Vorstellungen von der Bildung der Erz- und Minerallagerstätten (der sogenannten Metallogenese) wesentliche Änderungen und Erweiterungen erfahren. Vor allem ist hier die Revolution im tieferen Verständnis der Dynamik von Erdkruste und Mantel zu nennen, welche die Theorie der Plattentektonik zur Folge hatte. Entstehung und Verteilung vieler Lagerstätten sind unter plattentektonischen Aspekten sehr viel faßbarer geworden.

Wie die Allgemeine Geologie sucht auch die Lagerstättenkunde immer nach rezenten Beispielen geologischer Prozesse, die sonst nur indirekt erschlossen werden können: Ein besonderer Erfolg war in dieser Hinsicht der Ozeanforschung beschieden, die an mittelozeanischen Rücken aktive hydrothermale Schlote gefunden hat, an denen metallreiche Schlämme gebildet werden, die jenen altbekannter Lagerstätten (etwa auf Zypern) sehr ähnlich sind.

Die Ergebnisse kritischer Neubewertung vieler Lagerstätten mittels moderner geowissenschaflicher Methoden (Spurenelement-Analyse, Mikrosonde, Verteilung radiogener und stabiler Isotopen, Flüssigkeitseinschlußuntersuchungen usw.) haben sowohl zur Aufstellung neuer genetischer Gruppen geführt, wie auch vielfach eine andere Eingliederung in das genetische System notwendig gemacht. So wird heute der diagenetischen Entwässerung sedimentärer Becken ein bedeutender geochemischer Umsatz mit entsprechender Bildung vieler Erz- und Minerallagerstätten zugeschrieben. Die Metalle werden dabei aus den Sedimenten (und manchmal ihrem Grundgebirge) hergeleitet, ohne jede magmatische Aktivität. Auch Lagerstätten im Verband mit vorwiegend magmatischen Gesteinen werden vielfach nur durch passive Lösung der Metalle aus den Nebengesteinen gedeutet, ohne Mitwirkung einer magmatischen volatilen Phase. Schließlich wird auch die Metamorphose als wichtiger lagerstättenbildender Prozeß angesehen, wobei durch die Freisetzung großer Wassermengen Spurenmetalle in Lösung gebracht und nach weitem Transport abgesetzt wurden. Die Rolle von evaporitischen Gesteinen, Kohlenwasserstoffen, Riffen und Verkarstung für die Konzentration von Erzen wurde zunehmend erkannt und nachgewiesen.

Insgesamt hat diese Entwicklung viele wichtige Erkenntnisse gebracht, welche die Lagerstättenkunde bereichert haben. Manchmal aber wurde zweifellos versucht, das zu enge Korsett der vorwiegend magmatogenen Vorstellungen durch ein ebenso unpassendes fast ausschließlich sedimentärer Hypothesen zu ersetzen. In diesem Buch wird versucht, Argumente für genetische Konzepte unvoreingenommen darzustellen, nicht aber ohne gelegentliche persönliche Stellungnahme.

Die Einteilung der Lagerstätten nach ihrer Entstehung, also eine genetische Klassifikation, ist nur in sehr groben Zügen möglich. Besser ist eine Gruppierung nach Assoziationen und Typen, vorwiegend nach dem geologischen Milieu, Mineralbestand und Form der Lagerstätte. In diesen ersten Abschnitt über Erzlagerstätten werden beide Gesichtspunkte ohne strenge Gliederung einfließen, da eine allseits befriedigende Klassifikation der Lagerstätten zur Zeit nicht verfügbar ist.

I. Magmatogene Lagerstättenbildung

Eine große und vor allem mannigfaltige Gruppe von Lagerstätten verdankt ihre Entstehung den verschiedenen Vorgängen bei der Bildung, Entwicklung, Platznahme und Kristallisation von Silikatschmelzen (Magmen) im oberen Erdmantel und in der Kruste.

Die Bildung der meisten magmatischen Gesteine kann heute sehr klar plattentektonisch definierten Milieus zugeordnet werden: Gesteine der Ophiolithassoziation repräsentieren ehemalige mittelozeanische Rücken oder vielleicht auch frühe, primitive Anteile von ozeanischen Inselbögen und „back arc" Becken. Entwickelte ozeanische Inselbögen und vor allem aktive Kontinentalränder sind durch große Massen orogener Andesite und äquivalenter Tiefgesteine neben anderen Magmatiten gekennzeichnet. Die Kollision von Kontinenten führt zur Aufschmelzung von sialischer Kruste, so daß hier Granite überwiegen. Kontinentale Großgräben werden von bimodalen Magmatiten (Basalte und Rhyolithe) mit deutlich alkalischem Charakter begleitet; innerhalb der Kontinente führt die Dehnung zur Platznahme großer geschichteter basischer Intrusionen und zur Bildung subvulkanischer Alkali-Ringkomplexe und Diatreme, wobei letztere Material aus dem Mantel bis 200 km Tiefe liefern können (Kimberlite). Schon lange ist bekannt, daß ultrabasische Gesteine vorwiegend Erze von Ni, Cr und Pt führen, Gabbros und Norite Cu, Ni, Fe, Ti und V, Andesite und intermediäre Plutonite Cu und Au, und daß schließlich Granite durch Be, Li, Sn und W gekennzeichnet sind. Die Grundsätze dieser Verteilung wurden im wesentlichen durch das geochemische Verhalten der Spurenelemente bei der fraktionierten Kristallisation der Magmen erklärt (GOLDSCHMIDT 1923). So werden Ni und Co einer basaltischen Schmelze durch Olivin sehr effektiv entzogen, Magnetit und früh gebildete Sulfide nehmen Zn, Cu, Ni und Co auf, Fe-Mg Minerale sind Zn-Fallen, und Pb kann ausschließlich in K-reichen Silikaten eingebaut werden. Die Anreicherung metallischer Elemente in Produkten der Frühkristallisation oder ihre Verfügbarkeit für eine Konzentration in der Restschmelze wird somit entweder direkt von der Entwicklung des magmatischen Systems kontrolliert, oder indirekt von der Stabilität des „Gastminerals" gegenüber späteren fluiden Phasen gesteuert.

Mittlerweile wird die Bildung magmatischer Gesteine sehr viel differenzierter unterschieden, da bei petrographisch gleicher Natur unterschiedliche Ausgangsgesteine, Aufschmelzraten, volatile Stoffe usw. vorgelegen haben können. Beispiele dafür sind die verschiedenen Basalte (mittelozeanisch, „intra-plate", Inselbögen, etc.), oder die S-, I-, A- Granitoide (siehe unten). Wie später gezeigt werden wird, sind vielen dieser Gesteinstypen spezifische Lagerstätten zuordenbar.

Beim Einschlag extraterrestrischer Körper können so hohe Temperaturen und Drucke auftreten, daß die Erdkruste und manchmal auch der oberste Mantel aufschmelzen. Solche *Impaktmagmen* können sich von anderen Magmen deutlich unterscheiden, da einerseits das totale Schmelzen ganzer Krustenteile zu ungewöhnlichen chemischen Zusammensetzungen Anlaß gibt (gewöhnlich liegt ja nur partielles Aufschmelzen unter Restitbildung vor), und da andererseits die auftreffenden Meteoriten und Asteroiden geochemische Anomalien induzieren, insbesondere hinsichtlich der siderophilen Elemente (z. B. Pt, Ir, Co, Ni; siehe *Sudbury*).

Die Entstehung von Erzen aus silikatischen Schmelzen steht also in unmittelbarem Zusammenhang mit deren geodynamischem Bildungsmilieu. Betrachtet man aber die dafür verantwortlichen Prozesse im Maßstab des einzelnen Magmenkörpers, kann man folgende Hauptgruppen unterscheiden:

Liquidmagmatische Lagerstätten sind solche, deren Erze im frühen, flüssigen Stadium des Magmas ausgeschieden wurden.

Pegmatitische Lagerstätten entstehen aus silikatischen Restschmelzen mit hohen Gehalten volatiler und inkompatibler Elemente, welche nach fast vollständiger Konsolidierung eines Magmenkörpers noch liquid und mobil verbleiben.

Hydrothermale Lagerstätten bilden sich aus über- oder unterkritischen Fluiden, Lösungen und Gasphasen, die in allen Magmen auftreten, in denen der ursprüngliche Anteil volatiler Stoffe (H_2O, CO_2, B, F, Cl usw.) zu hoch war, um bei der Kristallisation von den Silikaten eingebaut zu werden.

Im folgenden sollen diese Hauptgruppen der magmatogenen lagerstättenbildenden Prozesse besprochen und durch charakteristische Assoziationen erläutert werden. Allerdings wird es rasch klar werden, daß eine strenge Trennung der Prozesse häufig weder möglich noch sinnvoll ist, da in der Natur vielfache Übergänge eher die Regel sind.

Literatur:

FRISCH, W. & LOESCHKE, J., 1986, Plattentektonik. Wissenschaftl. Buchges. Darmstadt.
LINDGREN, W., 1933, Mineral Deposits. 930 pp, McGraw-Hill, New York.
NIGGLI, P., 1948, Gesteine und Minerallagerstätten. Bd. I, 540 pp, Birkhäuser.
SCHNEIDERHÖHN, H., 1941, Lehrbuch der Erzlagerstättenkunde (Bd.1, Magmatogene Lagerstätten). 858 pp, Fischer, Jena.
SCHRÖCKE, H., 1986, Die Entstehung der endogenen Erzlagerstätten. 878 pp, de Gruyter, Berlin.
WHITNEY, J. A. & NALDRETT, A. J. (Eds.), 1989, Ore deposition associated with magmas. Reviews Economic Geol. 4, 250 pp, PUBCO, El Paso.
WILSON, M., 1989, Igneous petrogenesis – a global tectonic approach. 466 pp, Unwin Hyman.
WYLLIE, P. J., 1981, Plate tectonics and magma genesis. Geol.Rundschau 70, 128-153, 1981.

Die liquidmagmatische Lagerstättenbildung

Oxydische (Magnetit, Ilmenit, Chromit) und sulfidische Erze (Ni, Cu, Pt) werden vorwiegend in ultrabasischen und basischen, seltener auch intermediären und sauren silikatischen Schmelzen während der Hauptkristallisation gebildet. Darum werden solche Lagerstätten auch orthomagmatische Bildungen genannt. Natürlich müssen dabei Anreicherungsprozesse wirken, welche allgemein unter *Segregation* zusammengefaßt werden. Im einzelnen werden diese Vorgänge von einer Vielzahl verschiedener, doch von einander nicht unabhängigen Faktoren beeinflußt. Dazu gehören die Intrusionstiefe, begleitende Tektonik, Temperaturverlauf, fraktionierte Kristallisation, innere Dynamik des Magmas, multiple Intrusionen, Fluidzufuhr von außen, Abpressen von Schmelze aus dem Kristallbrei (filter pressing) und schließlich die Entmischung und eventuelle gravitative Saigerung der Silikat- bzw. Erzschmelzen (liquid immiscibility). Die meisten Lagerstätten dieser Gruppe werden in Tiefengesteinen gefunden, doch gibt es auch eruptive Glieder, etwa die Ni-Cu Sulfide in komatiitischen Lavaströmen der archaischen Grüngesteinsgürtel (greenstone belts), oder die Magnetit- und Hämatitlaven bzw. Tuffe in andesitisch-rhyolitischen Vulkanen Chiles, Mexikos und Pakistans.

Die Grundformen der liquidmagmatischen Lagerstätten sind „Flöze" in geschichteten Magmatiten (Kumulate), linsige Körper und quergreifende Gänge, offenbar abhängig von der Morphologie des Segregationshorizontes und von dynamischen Faktoren. Massige und disseminierte Erze spiegeln die Effizienz der Entmischung wieder.

Die Bildung liquidmagmatischer Erzkörper wird auf unterschiedliche Benetzbarkeit und vor allem auf die höhere Dichte der Erze (z. B. frühgebildeter Chromite) bzw. von Erzschmelzen zurückgeführt (gravitative Saigerung), wodurch Anreicherungen bevorzugt an der Basis des Magmas entstehen. Ein sehr schönes Beispiel dafür sind die Fe-Ni-Cu(-Pt) Sulfide der *Komatiitlavaströme* West-Australiens (Abb. 2). Diese ultrabasischen Laven sind infolge ihrer hohen Temperatur sehr flüssig (niedrige Viskosität) und deshalb geringmächtig (wenige m), und haben aus denselben Gründen bei hohen Fließgeschwindigkeiten über submarinen Vulkaniten und Sedimenten ihr Liegendes erodiert. In den entstehenden Trögen liegen an der Basis massige Erze, die nach oben in Sulfid-Olivingemenge und

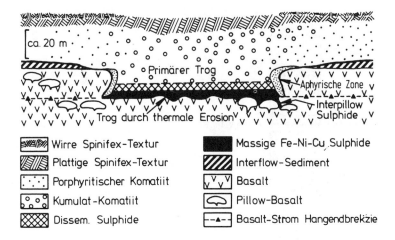

Abb. 2. Massige und disseminierte Nickelmagnetkies-Erzkörper an der Basis eines Komatiitlavastromes in Westaustralien (GROVES 1986).

schließlich in die charakteristischen oberflächennahen Partien mit Skelettwachstum von Olivin und Pyroxen (Spinifex-Texturen) übergehen (GROVES et al. 1986).

Gravitative Saigerung erklärt wohl auch die meisten Aspekte der *geschichteten basischen Intrusive* (layered mafic intrusions), obwohl Fließsaigerung durch Konvektionsströme (flowage differentiation), in situ Kristallisation am Boden der Schmelze, Mischung verschiedener Magmen und Stoffzufuhr von außen (etwa durch Aufschmelzen von Nebengesteinen) zusätzlich wichtig sein können. Dazu kommt die Ausbildung von Schichten verschiedener Dichte im Schmelzkörper und dadurch verursachte Diffusionsvorgänge (double-diffusive mixing; IRVINE et al. 1983). Die größte derartige Intrusion, gleichzeitig durch vielfältige und reiche Vererzung ausgezeichnet, ist der Bushveld-Komplex in Südafrika.

Der *Bushveld Complex* umfasst die rund 2 Milliarden Jahre alte „Rustenburg Layered Suite", die die eigentlichen geschichteten ultrabasisch-basischen Gesteine enthält, sowie die wenig jüngeren Lebowa Granite mit Fluorit- und Zinnlagerstätten, die ebenso wie die Rooiberg Vulkanite des unmittelbaren Daches als aufgeschmolzene Kruste gedeutet werden. Nebengesteine der Intrusion sind die altproterozoischen Tafelsedimente und Vulkanite der Transvaal Sequenz. Auf Grund der magmatischen Schichtung der bis 9 km mächtigen Rustenburg Suite werden vom Liegenden zum Hangenden folgende Zonen unterschieden: Die „Lower Zone" mit Bronzitit, Harzburgit und Chromitflözen, die besonders lebhaft geschichtete „Critical Zone" mit Pyroxenit, Norit, Anorthosit und den bedeutendsten Chromitflözen, als deren Hangendgrenze das Merensky Reef (Pt, Ni, Cu) gilt, darüber die „Main Zone" mit Gabbronorit, und schließlich die „Upper Zone" mit Magnetitgabbro und Olivindiorit mit Magnetit-(-V-Ti) Flözen (Abb. 3). Infolge der allgemein überaus regelmäßigen Schichtung konnte eine sehr detaillierte lithostratigraphische Abfolge aufgestellt werden (VERMAAK & GRUENEWALDT 1986). Das Bushveld enthält die größten Ressourcen der Welt an Chrom, Platinmetallen und Vanadium, sowie bedeutende Mengen von Fe und Ti.

Gewöhnlich derselben Gruppe zugerechnet, doch wesentlich weniger deutlich geschichtet, ist der 1,85 Milliarden Jahre alte *Sudbury Komplex*, welcher als größter Nickelerz-Produzent (neben Cu und Platinmetallen) der Welt gilt. Es handelt sich um eine große elliptische Intrusion, deren Liegendes aus archaischen Gneisen und altproterozoischen Vulkaniten und Sedimenten besteht. Beckenförmig auf dem Intrusiv auflagernd sind jüngere Brekzien, Tonschiefer und Turbidite (Whitewater Group). Die einzelnen Lagerstätten sind an die Liegendkontakte der Intrusion gebunden (Abb. 4). Vom Liegenden zum Hangenden, bzw. von außen nach innen werden folgende Zonen unterschieden: Norit, Gabbro und Quartzdiorit mit Duniteinschlüssen und den Ni-Cu-Sulfiden des sogenannten „Sublayer",

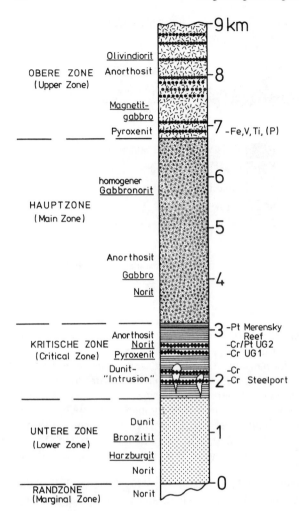

Abb. 3. Lithostratigraphisches Säulenprofil der Rustenburg Layered Suite im östlichen Bushveld, Südafrika, mit wichtigen Erzhorizonten (sehr vereinfacht).

darüber die Norite der „Lower Zone", Gabbros der „Middle Zone" und Granophyre der „Upper Zone". Während die drei höheren Zonen aus einer Mischung von tholeiitischem Basaltmagma mit aufgeschmolzenem Krustenmaterial gut erklärt werden können, hat der Sublayer alle petrologischen Eigenschaften von basischen Kumulaten, die aber erst nach ihrer Segregation in der Tiefe in die Kontaktzone intrudiert sein können (NALDRETT 1984). Weitverbreitete Schockmetamorphose in der Whitewater Brekzie, sowie Brekziierung, Pseudotachylite und Shatter Cones in den liegenden Gneisen bis zu 25 km Entfernung von Sudbury waren der Anlaß, die Intrusion als Auswirkung des Einschlags eines Asteroiden zu deuten (DIETZ 1964). Dies hat natürlich eine lebhafte Diskussion ausgelöst, wird aber mittlerweile von der Mehrzahl der Sudbury-Kenner akzeptiert (PYE et al. 1984). *Anorthosite* mit Magnetit oder Hämatit, Ilmenit und Rutil gibt es nicht nur in höheren Teilen von geschichteten basischen Intrusionen, sondern auch als große, eigenständige Plutone vorwiegend mittelproterozoischen Alters. Diese letzteren sind gewöhnlich grobkörnig, eher massig als geschichtet, und enthalten über 90 % Andesin bis Labradorit. Übergänge zu Leukonorit oder Gabbro sind allerdings nicht selten. Die oxydischen Erze entstehen z.T. früh durch gravitative Saigerung, oft aber auch aus entmischten Fe-Ti-P Schmelzen, wodurch massige und quergreifende Erzkörper gebildet werden. Ähnlich wie die basischen Komplexe werden die Anorthosite durch

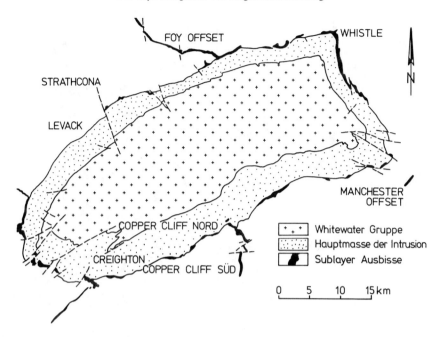

Abb. 4. Übersichtskarte des Intrusiven Komplexes von Sudbury/Kanada.

partielles Aufschmelzen des Mantels unter kontinentalen Dehnungsstrukturen erklärt. Sie enthalten die größten potentiellen Titanressourcen der Erde.

Auch die tieferen Anteile der *Ophiolithe* enthalten liquidmagmatische Lagerstätten. Dazu gehören die diapirischen Dunitkörper mit Schlieren und massigen Chromitlinsen im deformierten refraktären Harzburgit (tectonized mantle) sowie die Chromitplatten der liegendsten (ultramafischen) Kumulate. Beide werden als Segregationsprodukte der aufsteigenden Mantelschmelze gedeutet (GASS 1980). Die Metallogenese der Ophiolite wird weiter unten ausführlicher besprochen.

Weiters ist auch ein Teil der später behandelten Mineralisation der *Kimberlite* und der *Karbonatite* orthomagmatisch.

Die Bildung *Fe-reicher Schmelzen aus intermediären bis sauren Magmen* ist ein interessanter Sonderfall liquidmagmatischer Lagerstättenbildung, da solche Magmen gewöhnlich sehr viskos sind und eine Segregation durch Saigerung physikalisch eigentlich nicht möglich sein sollte. Folgende Faktoren wirken dabei in verschiedenem Maße zusammen: Geringer Sauerstoffpartialdruck während der frühen Kristallisation, so daß dann Fe nicht durch Magnetitbildung verbraucht wird; hoher Na-Gehalt, der als Flußmittel für eisenreiche Schmelzen wirkt, sowie sehr oft auch viel P, der ebenfalls die Eisenoxydbildung zu niedrigeren Temperaturen verschiebt. Deshalb bestehen solche Erze oft aus Magnetit und Apatit, wie zum Beispiel im Kiruna Distrikt (Schweden; Abb. 5). Die beträchtlichen Fluor- und Chlorgehalte solcher Apatite wie auch das Auftreten von Amphibol, Skapolith etc. belegen die wichtige Rolle volatiler Stoffe bei der Segregation dieser Erzmagmen (FRIETSCH 1978). Kiruna wird meist als intrusive Lagerstätte aufgefaßt (siehe aber PARAK 1975), während die Eisenerze von Cerro de Mercado (Durango/Mexiko) als Laven, Gänge, Tuffe und Agglomerate in einer Caldera mit Rhyolit und Latit auftreten, also extrusiv entstanden sind (SWANSON et al. 1978).

Literatur:

ARNDT, N. T. & NISBET, E. G. (Eds.), 1982, Komatiites. Allen & Unwin, London.
DIETZ, R. S., 1964, Sudbury structure as an astrobleme. J. Geol. 72, 412-434.

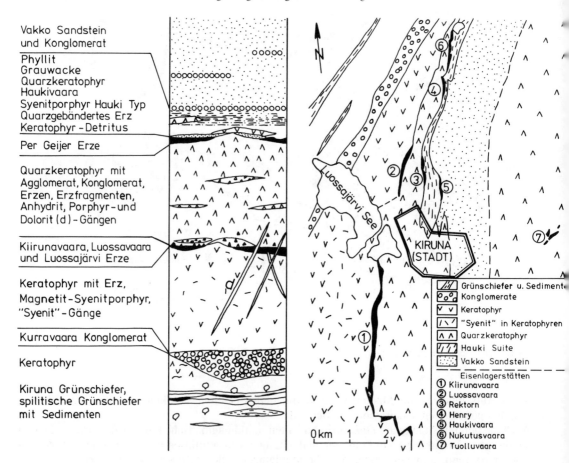

Abb. 5. Stratigraphische Abfolge und Karte der mittelproterozoischen Vulkanitserie um Kiruna/Nord-Schweden mit den wichtigsten Eisenlagerstätten (PARAK 1975).

FRIETSCH, R., 1978, On the magmatic origin of iron ores of the Kiruna type. Econ. Geol. 73, 478-485.
GASS, I. G., 1980, The Troodos massif: Its role in unravelling of the ophiolite problem and its significance in the understanding of constructive plate margin processes. Pp 23-35 in A. PANAYIOTOU (ed.), Ophiolites, Geol.Survey Dept., Cyprus.
GROVES, D. I. et al., 1986, Thermal erosion by komatiites at Kambalda, Western Australia and the genesis of nickel ores. Nature 319, No.6049, 136-139.
IRVINE, T. N., KEITH, D. W. & TODD, S. G., 1983, The JM-platinum palladium reef of the Stillwater Complex, Montana: Origin by double diffusive magma mixing and implications for the Bushveld Complex. Econ. Geol. 78, 1287-1334.
MORSE, S. A., 1982, A partisan review of Proterozoic anorthosites. American Mineralogist 67, 1087-1100.
NALDRETT, A. J., 1989, Magmatic sulfide deposits. 186 pp, Oxford Univ. Press.
PARAK, T., 1975, Kiruna iron ores are not „intrusive-magmatic ores of the Kiruna type". Econ. Geol. 70, 1242-1258.
PRENDERGAST, M. D. & JONES, M. J. (Eds.), 1989, Magmatic sulphides – the Zimbabwe volume. 220 pp, Instn. Min. Metall. London.
PYE, E. G., NALDRETT, A. J. & GIBLIN, P. E. (Eds.), 1984, The Geology and Ore Deposits of the Sudbury Structure. Ontario Geol.Survey Spec.Vol.1, 603 pp, Toronto.

SWANSON, E. R., KEIZER, R. P., LYONS, J. L. & CLABAUGH, S. E., 1978, Tertiary volcanism and caldera development near Durango City, Sierra Madre Occidental, Mexico. Geol. Soc. America Bull. 89, 1000-1012.

VERMAAK, C. F. & VON GRUENEWALDT, G., 1986, Introduction to the Bushveld Complex. Pp 1021-1029 in ANHÄUSSER, C. R. & MASKE, S. (eds.), Mineral Deposits of Southern Africa. Vol. II, Geol. Soc. S. Africa, Johannesburg.

Lagerstätten der Ophiolithe bzw. der mittelozeanischen Rücken

Technische Entwicklungen haben in den letzten Jahrzehnten bedeutende Fortschritte in unserer Kenntnis der Geologie der Ozeane ermöglicht. Von besonderer Bedeutung für die Lagerstättenkunde war dabei die Entdeckung der „black smokers" der mittelozeanischen Rücken, welche submarine Austrittstellen metallführender heißer Lösungen sind. Vergleichende Untersuchungen haben ergeben, daß die in alpidischen Gebirgen altbekannte Gesteinsassoziation der Ophiolithe der ozeanischen Kruste entspricht, welche an mittelozeanischen Rücken bzw. äquivalenten Dehnungszonen an der Rückseite von Inselbögen gebildet wird (COLEMAN 1977). Um diesen Zusammenhang zu bewahren, sollen im folgenden die Lagerstätten der ozeanischen Kruste im genetischen Kontext dargestellt werden.

Ophiolithe sind also Fragmente ozeanischer Kruste und des obersten Mantels, welche als Decken oder Schuppen kontinentwärts transportiert (obduziert) wurden. Diese tektonische Platznahme bedingt häufig eine Zerlegung der ursprünglichen Gesteinsabfolge, welche aber in Einzelfällen prachtvoll erhalten ist (Zypern, Oman, u. a. O.). Die vollständige Ophiolith-Sequenz umfaßt von oben nach unten:
– extrusive Basalte, gewöhnlich als Kissenlaven ausgebildet, deren Metamorphose von oben (Zeolith-Fazies) nach unten (Grünschieferfazies) zunimmt.
– Den „sheeted dyke complex", ausschließlich aus vertikalen und parallel zum zentralen Graben streichenden basaltischen Gängen bestehend. Hier dominiert die Grünschieferfazies; gegen das Liegende setzt Amphibolitfazies ein.
– Den plutonischen Komplex, bestehend aus den höheren intrusiven Gabbros, Dioriten, Tonaliten und Trondheimiten („Plagiogranite"), und den liegenden Gabbros und Peridotiten, welche alle Merkmale von Kumulaten aufweisen (Kumulat-Sequenz). Diese Gesteine sind nicht metamorph.
– Den tektonisierten und durch partielles Aufschmelzen verarmten Mantel (depleted mantle), meist als mächtige Serpentinite (nach Harzburgit) mit Dunitlinsen vorliegend.

Verschiedene Sedimente, in der Regel aber überwiegend Radiolarite bzw. Kieselschiefer (cherts) überlagern die magmatischen Gesteine.

Die Entstehung der Ophiolith-Sequenz läßt sich durch Aufschmelzen primitiven Mantels unter den mittelozeanischen Rücken, Aufsteigen vieler einzelner Magmendiapire, deren Akkumulation zu größeren, seichten Magmenkörpern und weiteren Entwicklung durch fraktionierte Kristallisation sowie durch episodische vulkanische Prozesse überzeugend modellieren (GASS 1980, Abb. 6).

Lagerstättenkundlich besonders wichtig sind die ultramafischen Anteile der tieferen Ophiolit-Sequenz; im tektonisierten Harzburgit liegen große Dunitkörper, in welchen Chromit oft bauwürdig angereichert ist, ebenso wie in den tiefsten, olivinreichen Anteilen der Kumulatsequenz. Die ersteren sind Produkte der Frühkristallisation einzelner aufsteigender Magmendiapire; hier sind Dunite und Chromite duktil und durch Scherung zusammen mit ihrem Nebengestein stark deformiert, woraus die typische Linsenform entsteht. Die Chromite der ultramafischen Kumulate bilden eher plattenförmige Körper, welche kaum frühe Deformation aufweisen.

Die neugebildete, heiße Kruste wird durch große Mengen von Meerwasser konvektiv abgekühlt, wodurch einerseits die charakteristische Ozeanboden-Metamorphose erklärt werden kann, und andererseits aus den Basalten und Ultramafiten Metalle gelöst und zum Meeresboden transportiert

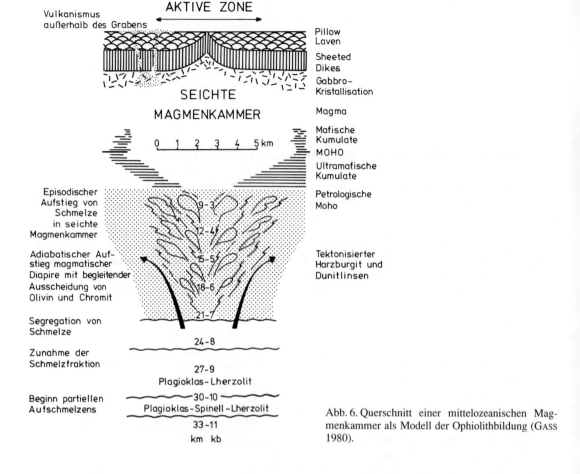

Abb. 6. Querschnitt einer mittelozeanischen Magmenkammer als Modell der Ophiolithbildung (GASS 1980).

werden (Abb. 7). Die submarinen Austrittstellen (black smokers) dieser hydrothermalen Systeme wurden in den letzten Jahren eingehend untersucht.

Die hydrothermalen Schlote sind konische bis säulenförmige Gebilde bis etwa 20 m Höhe, welche direkt auf frischen Basalten aufwachsen, und aus deren Öffnung heiße, klare Lösungen mit hohen Geschwindigkeiten austreten. Im Querschnitt sind das Röhren, deren Inneres aus Pyrit und Kupferkies besteht; nach außen überwiegen Zinkblende, Markasit, Baryt, Anhydrit und amorphes SiO_2 (Abb. 8). Oxydation der Sulfide durch Meerwasser erzeugt bunt gefärbte ockerige Zersetzungsprodukte, die am Fuß der Schlote liegen. Da durch die löcherigen Bauten auch frisches Meerwasser angesaugt wird, kann sich unmittelbar auf den Schloten und um ihren Fuß die beeindruckende Fauna aus großen Muscheln, leuchtendroten Würmern und Tiefseekrabben ansiedeln.

Die heißen Lösungen mischen sich nach ihrem Austritt mit kaltem Meerwasser, wodurch ihre Fracht sofort ausgefällt wird; überwiegt darin Fe, entstehen dunkelgraue Wolken von Markasit, die bis zu einigen 100 m aufwärts und lateral verfrachtet werden; das sind die „black smokers". Bei vorwiegenden Zn-Gehalten bilden sich bläuliche, aus SiO_2 und Anhydrit weiße Wolken (white smokers). Die Aktivität der Schlote ist offenbar über lange Zeit konstant; gelegentlich aber gibt es in Zusammenhang mit der Intrusion frischer Magmen in der Tiefe katastrophenartige Ausbrüche großer Mengen hydrothermalen Materials, welche „megaplumes" genannt werden. Gewöhnlich wird der geförderte Metallinhalt durch Meeresströmungen abgeführt und verdünnt; in jüngster Zeit aber

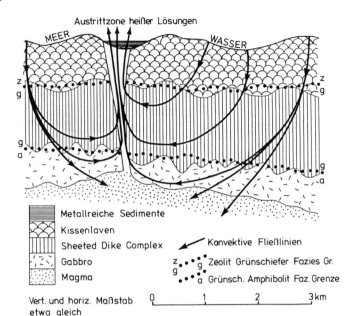

Abb. 7. Schematisches Bild der Ozeanbodenmetamorphose durch Meerwasserkonvektion, sowie der Fokussierung der aufsteigenden heißen Lösungen durch apikale Teile der Magmenkammer und Störungen (GASS 1980).

hat man am Mittelatlantischen Rücken bei 26 °N einen flachen Hügel mit einem Durchmesser von 250 m und 50 m Höhe entdeckt, der aus Sulfidschlamm, Anhydrit und Oxydationsprodukten der Sulfide besteht, worauf mehrere aktive Schlote aufwachsen (CAMPBELL et al. 1988). Schon länger bekannt sind die metallreichen Schlämme in mehreren Depressionen des Roten Meeres, welche zur Zeit nur geringe hydrothermale Aktivität aufweisen (DEGENS & ROSS 1969).

Die Austrittstemperatur der metallreichen Lösungen liegt meist bei 350 °C; tiefere Temperaturen haben „white smokers" und diffuse Austrittstellen warmer Wässer ohne nennenswerte Lösungsfracht. Die heißen Lösungen haben pH um 4.3, erhöhte Gehalte der oben erwähnten Elemente sowie von Li, Be, Cs, Mn, B, Cl, H_2S, SO_4, CH_4 und enthalten manchmal auch flüssige Kohlenwasserstoffe. Besonders Mn wird weit verfrachtet, und ist im Ozeanwasser und im Tiefseesediment als ausgedehnter geochemischer Halo zur Lokalisierung hydrothermaler Zonen gut geeignet.

Neuerdings wurden am Juan de Fuca Rücken Hinweise gefunden, daß die Fluide vor dem Austritt einerseits in gasreiche, niedrigkonzentrierte Phasen und andererseits in metallreiche, deutlich höher chloridische Lösungen entmischen (MASSOTH et al. 1989).

Die Entstehung dieser mittelozeanischen submarinen Hydrothermen wird heute überwiegend durch Konvektion von Meerwasser in der neugebildeten Kruste, vorwiegend wohl über seichten Magmenkörpern erklärt. Diese erzeugen den steilen geothermischen Gradienten (ca.150 °C/km), der auf Grund verschiedener Beobachtungen gefordert werden muß. Die notwendigen hohen Permeabilitäten sind durch die starke tektonische Zerlegung an den Flanken des zentralen Grabens der mittelozeanischen Rücken gegeben. Demnach wird das peripher bis 3 km Tiefe absinkende Wasser aufgeheizt, und reagiert mit den Basalten, welche dabei einer statischen Grünschiefermetamorphose unterliegen. Zunehmende Alteration erzeugt so zuerst Albit-Epidot-Chlorit-Aktinolith bei relativ niedrigem Wasser/Gesteins-Verhältnis; das extreme Endglied sind Chlorit-Quarzgesteine. Von Sulfidlagerstätten in Ophiolithen sind solche Alterationshöfe lange bekannt (z. B. GRENNE 1989), mittlerweile konnte der Vorgang im Experiment nachvollzogen werden (MOTTL 1983). Trotzdem ist weiterhin nicht auszuschließen, daß auch magmatische Fluide eine Rolle spielen (STANTON 1987). Darauf verweist u.a. der hohe ^{3}He-Anteil in den Fluiden, obwohl das Überwiegen des Meerwassers in diesen hydrothermalen Systemen durch geochemische Argumente gut belegt ist. Schließlich könnte ein Teil der Fluide auch durch prograde Metamorphose,

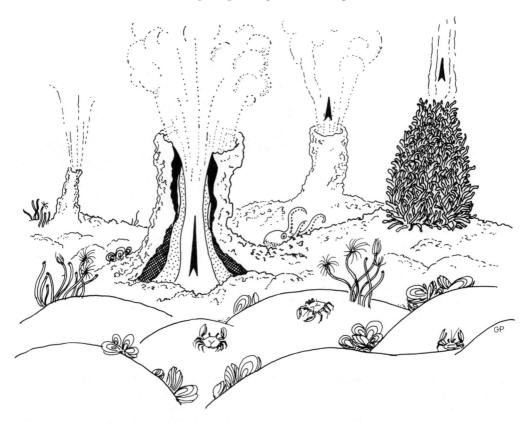

Abb. 8. Ansicht und Querschnitt hydrothermaler Schlote auf Kissenbasalt in einem mittelozeanischen Graben. Links „Black Smoker" Schlote; Querschnitt: punktiert = Cu-Fe-Sulfide; schraffiert = verwitterte Sulfide; weiß = Talk und Sulfide; schwarz = Anhydrit und Sulfide. Rechts hinten ein „White Smoker".

also Dehydratation der früher hydrierten Basalte anläßlich erneuter Intrusion gabbroider Magmen in die ozeanische Kruste mobilisiert sein. An Transformstörungen können auch Gesteine der tieferen Anteile der Ophiolitsequenz (Gabbros, Ultramafite) von hydrothermaler Alteration (z. B. Serpentinisierung) betroffen sein.

Minerallagerstätten in Ophiolithen sind demgemäß primär Chromite vom „alpinen" Typus (wegen des gehäuften Auftretens in den alpidischen Ketten Südosteuropas so benannt) und exhalative Sulfide, welche nach den historisch wichtigen Lagerstätten auf Zypern als Kieslagerstätten des Zypern-Typus bezeichnet werden. Ebenso bedeutend sind Magnesit, lateritische Ni-(Cr-Fe)Erze sowie Asbest; seltener sind bauwürdige Lagerstätten von Pt-Metallen, Au (in Listvaeniten oder in Cu-reichen Sulfiden) und Talk.

Literatur:

CAMPBELL, A. C. et al., 1988, Chemistry of hot springs on the Mid-Atlantic Ridge. Nature 335, 514-519.
COLEMAN, R. G., 1977, Ophiolites. 229 pp, Springer.
DEGENS, E. T. & ROSS, D. A., 1969, Hot brines and recent heavy metal deposits in the Red Sea. 600 pp, Springer.
GRENNE, T., 1989, The feeder zone to the Lökken ophiolite-hosted massive sulfide deposit and related mineralizations in the central Norwegian Caledonides. Economic Geol. 84, 2173-2195.

MASSOTH, G. J. et al., 1989, Submarine venting of phase separated hydrothermal fluids at Axial Volcano, Juan de Fuca Ridge. Nature 340, 702-705.
MOTTL, M. J., 1983, Metabasalts, axial hot springs, and the structure of hydrothermal systems at mid-ocean ridges. Geol. Soc. America Bull. 94, 161-180.
NICOLAS, A. (Ed.), 1989, Structures of ophiolites and dynamics of oceanic lithosphere. 350 pp, Kluwer.
PANAYIOTOU, A. (Ed.), 1980, Ophiolites: Proceedings International Ophiolite Symposium Cyprus 1979. 790 pp, Geol. Survey Dpt., Cyprus.
STANTON, R. L., 1987, Magmatic evolution and exhalative ores: Evidence from the SW Pacific. Pacific Rim Congress 87, 591-595, Aus. I. M. M., Parkville.

Die Erzbildung in Alkalimassiven, Karbonatiten und Kimberliten

Allgemein sind diese Gesteine durch niedrige SiO_2- und hohe Alkali-Elementgehalte sowie durch ihr Auftreten in kratonischen Bereichen von Kontinenten gekennzeichnet. Sie sind also anorogen entstanden und liegen im Bereich kontinentaler Großgräben, lithosphärischer Scherzonen und über eng lokalisierten Wärmeanomalien im Mantel (hot spots). Begleitende Dehnungstektonik ist charakteristisch. Die meisten Gesteine dieser Gruppe können durch sehr geringes partielles Aufschmelzen des Mantels erklärt werden; nicht selten sind aber Komplexe, deren saure Anteile sekundäre Aufschmelzung und Assimilation tiefer kontinentaler Kruste belegen, wie etwa die Granite vom A-Typ. Sehr selten gibt es auch Karbonatite in Assoziation mit ozeanischem Intraplattenvulkanismus.

Magmenbildung im sub-kontinentalen Mantel wird durch Zufuhr volatiler und inkompatibler Stoffe ausgelöst (Mantel-Metasomatose), deren Herkunft möglicherweise aus subduzierter Kruste erklärt werden kann. In einem Bereich zwischen 120 und 260 km Tiefe bilden sich dabei die seichteren karbonatitischen und die tieferen kimberlitischen Schmelzen, mit hohen CO_2- und mäßigen H_2O-Gehalten, die als Diapire aufsteigen. Der hohe Gasgehalt erleichtert den raschen Aufstieg bis zur Eruption an der Erdoberfläche (WYLLIE 1981). Die Lage der heutigen Erosionsfläche bedingt die geologische Form der Massive; im sub-vulkanischen Niveau sind das Ringkomplexe oder Diatreme, unerodierte rezente Vertreter der Alkali-Karbonatitmassive sind typische riftgebundene Schichtvulkane (zum Beispiel der Oldoinyo Lengai in Tanzania, DAWSON et al. 1990; Abb. 9). Kimberlite bilden an der Oberfläche Maare, ganz ähnlich jenen der Eifel.

Karbonatite sind magmatische Gesteine mit über 50 % Karbonatmineralen, die nach der Natur der Karbonate (Kalzit, Dolomit, Ankerit) und den silikatischen Phasen (Biotit, Pyroxen, Amphibol, etc.) weiter unterteilt werden (KRESTEN 1983). Bei der Bildung der Karbonatit-Alkaligesteinskomplexe dürften fraktionierte Kristallisation und Entmischen der karbonatischen und silikatischen Schmelzen (Ijolite, Pyroxenite, Nephelinsyenite) in der Kruste eine wichtige Rolle spielen. Allerdings haben neue experimentelle und petrologische Arbeiten an afrikanischen Karbonatiten ergeben, daß bei erhöhtem pCO_2, T 930-1080 °C und 21-30 kbar Druck karbonatitische Schmelze im Mantel primär entstehen kann (BAILEY 1989). Besonders auffallend sind die extrem hohen Gehalte der Karbonatite an Seltenen Erden, mit starker Anreicherung der leichten Elemente des SEE-Spektrums. In bezug auf ihre Erzführung werden folgende Typen von Karbonatiten unterschieden:
– Magnetit-Apatit Typ (Khibiny/Halbinsel Kola), oft mit Pyrochlor(Nb/Ta) und Zirkon(Hf);
– Seltene Erden Typ, mit Bastnaesit (Mountain Pass/Kalifornien), Monazit, Strontianit;
– Typ mit betont hydrothermaler Vererzung: Baryt, Fluorit, Mn, und Sulfiden (Cu: Palabora/Südafrika).

Daneben sind Karbonatite wichtige Quellen von Fe-Ti-V, U-Th, und Industriemineralen wie Vermiculit, Apatit, Fluorit und Baryt, sowie auch Kalkstein. Ein begleitendes Nephelin-Apatitgestein auf Kola ist die wichtigste Aluminiumerzlagerstätte der Sowjetunion. Viele dieser Erze bilden Schlieren liquidmagmatischer Entstehung, andere sind in pegmatitähnlichen Segregationen, metasomatischen Alterationszonen oder in späten Gängen angereichert. Silikatische Nebengesteine sind fenitisiert, d.h. zu einem grünlichen Gestein aus Alkalifeldspat, Aegirin und Amphibol

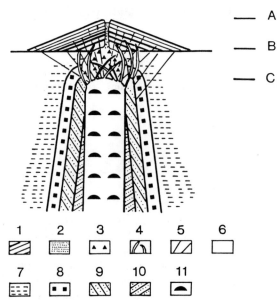

Abb. 9. Hypothetisches Profil eines Karbonatit-Komplexes (KINNAIRD & BOWDEN 1989).
Beispiele für verschiedene Erosionsanschnitte: A der aktive Vulkan Oldoinyo Lengai/Tanzania; B Napak/Uganda; C Chilwa Island/Malawi.

1: Phonolitische und nephelinitische Laven und Tuffe; 2: Natrokarbonatit; 3: Brekzien; 4: karbonatitische Ringgänge; 5: karbonatitische Kegelgänge; 6: Nebengestein; 7: fenitisiertes Nebengestein; 8: syenitischer Fenit; 9: Nephelinsyenit; 10: Ijolith; 11: Karbonatitkern.

umgewandelt. Dies spiegelt den hohen Gehalt solcher Schmelzen an Alkalien und volatilen Phasen wieder; benannt wurde diese Alteration nach dem Karbonatit von Fen in Südost-Norwegen (BRÖGGER 1921).

Kimberlite sind petrographisch schlecht definierte Gesteine, da sie sehr variabel sind, und zudem meist als stark veränderte Brekzien oder Tuffe vorliegen. Grundsätzlich handelt es sich um porphyrische, untersättigte K-reiche Peridotite mit Kristallen von Olivin, Phlogopit und chromführendem Pyrop in einer karbonatisierten und/oder serpentinisierten Grundmasse mit akzessorischem Mg-Ilmenit, Perowskit, Cr-Diopsid und natürlich dem alleine wirtschaftlich interessanten Diamant. Auf Grund aus dem Mantel mitgeförderter Einschlüsse werden peridotitische (darunter jener bei Kimberley, Süd-Afrika) und die seltenen eklogitischen Varietäten unterschieden. Eng verwandt sind die K-Mg-reichen, ultrabasischen Lamproite, welche durch Leuzit, Ti-Phlogopit, Klinopyroxen, Amphibol, Olivin und Sanidin gekennzeichnet sind. Sie haben durch die vor kurzer Zeit aufgefundene, sehr bedeutende Diamant-Lagerstätte Argyle in West-Australien an Interesse gewonnen. Kimberlite bilden die typischen subvulkanischen Schlotfüllungen (pipes), gelegentlich aber auch Sills und Gänge, Lamproite dagegen wegen ihres geringeren CO_2-Gehaltes häufiger auch intrusive Körper. Diamantführend sind Kimberlite fast ausschließlich in alten Kratonen; dies hängt offenbar mit der dort besonderen Entwicklung des subkontinentalen Mantels zusammen. Vergleichende Altersbestimmungen an Kimberliten und ihren Diamanten legen den Schluß nahe, daß die Entstehung letzterer nicht direkt mit der Bildung des eruptierten Magmas zusammenhängt, sondern daß sie oft lange nach ihrer Kristallisation nur als exotische Fragmente passiv aus dem Mantel hochgefördert wurden.

Schließlich sei hier angemerkt, daß vereinzelte Diamantfunde auch aus hochmetamorphen Gneisen, karbonatitischen Laven, Olivinbasalten, Andesiten und Ophioliten bekanntgeworden sind, und daß die meisten Kimberlite und Lamproite keine Diamanten führen.

Literatur:

BAILEY, D. K., 1989, Carbonate melt from the mantle in the volcanoes of South-East Zambia. Nature 338, 415-418.
BELL, K. (Ed.), 1989, Carbonatites – genesis and evolution. 640 pp, Unwin Hyman.
BRÖGGER, W. C., 1921, Die Eruptivgesteine des Kristianagebietes. IV. Das Fengebiet in Telemark, Norwegen. Vidensk. Skr. I. Mat-Naturv. Kl. 1920/9, 408 pp.
DAWSON, J. B., PINKERTON, H., NORTON, G. E. & PYLE, D. M., 1990, Physicochemical properties of alkali carbonatite lavas: Data from the 1988 eruption of Oldoinyo Lengai, Tanzania. Geology 18, 260-263.
FITTON, J. G. & UPTON, B. G. J. (Eds.), 1987, Alkaline igneous rocks. Geol. Soc. spec. publ. 30, 568 pp, Blackwell Sci.Publ.
GLOVER, J. E. & GROVES, D. I. (Eds.), 1980, Kimberlites and diamonds. 133 pp., Publ. no. 5, Univ. of Western Australia, Nedlands.
HAGGERTY, S. E., 1986, Diamond genesis in a multiply-constrained model. Nature 320, 34-38.
HEINRICH, E. W., 1966, The geology of carbonatites. Rand McNally.
KINNAIRD, J. A. & BOWDEN, P., 1990, Magmatism and mineralization associated with Phanerozoic anorogenic plutonic complexes of the African plate. In A. B. KAMPUNZU & R. T. LUBALA (Eds.), Extensive Magmatism and Structural Setting. Springer.
KRESTEN, P., 1983, Carbonatite nomenclature. Geol. Rundschau 72/1, 389-396.
MITCHELL, R. H., 1986, Kimberlites: Mineralogy, geochemistry and petrology. 442 pp., Plenum P. C., New York.
NOTHOLT, A. J. G., HIGHLEY, D. E. & DEANS, T., 1990, Economic minerals in carbonatites and associated alkaline igneous rocks. Transact. Instn. Min. Metall. B99, 59-80.

Granitoide und ihre Lagerstätten

Granitoide sind saure plutonische Gesteine, welche über 20 % Quarz enthalten (STRECKEISEN 1976). Bei der Diskussion der Entstehung und Abkunft von Magmen wird diese Bezeichnung allerdings oft sehr viel weiter gefaßt, wie auch stellenweise im folgenden, um allzugroße Ausführlichkeit zu vermeiden.

Granitische Gesteine werden als Bausteine oder zur Erzeugung von Feldspatkonzentraten genutzt; verwittert liefern sie Quarzsande und Kaolin. Hier aber interessiert die Entstehung der magmatischen Lagerstätten in räumlichem und genetischem Verbund mit Granitoiden. Dies ist eine ungemein vielfältige Gruppe, zu welcher disseminierte Erze in den Magmatiten (Cu-, Mo- „porphyries"), metasomatisch vererzte Kuppeln (Sn-Greisen, Nb-Ta-Apogranite), Pegmatite (Li, Be), Skarne (Sn, W, Cu, Pb, Zn) und hydrothermale Gänge mit unterschiedlichen Metallen und/oder Industriemineralen gehören.

Die Lagerstättenbildung ist natürlich von der Entstehung der Granitoide direkt abhängig: Die Natur der aufgeschmolzenen Gesteine (source rocks), die p/T-Bedingungen des Schmelzens, die weitere Entwicklung des Magmas durch Fraktionierung, der Gehalt an Wasser und anderen flüchtigen Stoffen, die Intrusionstiefe, begleitende Tektonik, Assimilation von Nebengesteinen, und schließlich übergeordnet die plattentektonische Situation – all dies und weitere Faktoren bedingen die Fähigkeit eines Granites, Rohstoffe zu konzentrieren. Natürlich sollte man bei Prospektion oder Untersuchung granitgebundener Lagerstätten diese Aspekte zu klären versuchen. Derzeit geläufige Klassifikationen von Granitoiden sollen im folgenden in ihrem Bezug auf Lagerstätten eingeführt werden.

Zunehmend gestatten es spuren- und isotopengeochemische Methoden, über die vermutliche Abkunft granitoider Schmelzen Aussagen zu machen. Folgende Möglichkeiten kommen in Betracht:
– Gesteine des oberen Erdmantels;
– Magmatische Gesteine der tieferen kontinentalen Kruste;
– klastische Metasedimente bzw. deren metamorphe Äquivalente;
– Restite von Sedimenten oder Magmatiten, welche nach einer früheren Anatexis ein zweites Mal Aufschmelzung erfahren.

Vom Mantel abgeleitet sind die *M-Typ Granitoide*. Sie intrudieren als Plagiogranite und Quarzdiorite mit Gabbro verbunden die mächtigen Vulkanite primitiver ozeanischer Inselbögen; Lagerstätten dieser Gruppe sind Cu-Porphyre und hydrothermale Au-Erze.

Die Aufschmelzung tiefkrustaler, älterer magmatischer Gesteine, vorwiegend der weitverbreiteten basischen bis intermediären Intrusionen aktiver Plattenränder ergibt die *I-Typ Granitoide* . Da diese durch Freisetzung von Wasser aus Biotit und Hornblende ausgelöst wird, sind solche Magmen wasserarm und können deshalb bis zur Oberfläche aufsteigen; vulkanische Äquivalente (Andesit und Dazit) sind daher weit verbreitet. Der I-Typ Charakter kann allerdings auch durch Mischung von aufsteigenden Mantelmagmen mit anatektischen Schmelzen aus Metasedimenten der Unterkruste erworben werden (VOSHAGE et al. 1990). Tonalite sind typische Vertreter der I-Typ Granitoide, wozu in großzügiger Auslegung der o.a. Definition nicht selten Gabbros bis Monzogranite eingeschlossen werden. Akzessorische Minerale sind Magnetit, Titanit und Sulfide, weshalb solche Gesteine auch als Magmatite der *Magnetit-Serie* bezeichnet werden (ISHIHARA 1981). Charakteristische Lagerstätten sind Cu-Mo Porphyre, Mo-W-Cu Skarne sowie hydrothermale Pb-Zn oder Au- und Ag-Erze.

Wo durch kontinentale Kollision Sedimente in größere Tiefe verfrachtet werden, entstehen durch deren Ultrametamorphose und Anatexis *S-Typ Granite* (CHAPPELL & WHITE 1974). Diese sind allgemein leukokrate, SiO_2-reiche Gesteine monzogranitischer Natur, oft mit Muskovit neben Biotit. Sie enthalten akzessorisch Cordierit, Granat und Disthen, als opakes Mineral fast ausschließlich Ilmenit, weshalb S- (und A-) Granite zur *Ilmenit-Serie* (ISHIHARA 1981) gehören. Das Wasser dieser Magmen stammt wohl vorwiegend aus Muskovit der Metasedimente; da dieser gegenüber Biotit bei geringeren Temperaturen instabil wird, entstehen eher „nasse" Schmelzen, welche in größerer Tiefe steckenbleiben und erstarren. Deshalb gibt es kaum Vulkanite dieser Gruppe. Im paläozoischen Lachlan Fold Belt (Australien), wo S-Granite zuerst beschrieben wurden, sind damit Sn-W Lagerstätten verbunden. Auch die erzgebirgischen „Zinngranite" sind dem S-Typ sehr ähnlich.

Mehrfache Extraktion von Magmen aus denselben Gesteinen verändert natürlich mit deren Zusammensetzung auch die aus ihnen produzierten Schmelzen. Aus solchen Restiten entstehen die *A-Typ Granitoide* , wobei das A für „anomal, anhydrisch, alkalireich, Al-betont und anorogen" steht. Typisch für diese Gruppe sind Alkaligranite in kontinentalen Rifts, wie die jurassischen „jüngeren" Granite Nigeriens (KINNAIRD & BOWDEN 1989). Auch zu solchen Magmatiten gibt es vulkanische Äquivalente, nämlich die Sn-reichen Topasrhyolite in Krustendehnungsgebieten (z. B. im Tertiär von Mexiko). Zwei verschiedene Erzassoziationen sind mit A-Graniten verbunden: Nb, U-Th, Seltene Erden und untergeordnet Sn in Granitkuppeln mit ausgeprägter Na-Vormacht (Apogranite, Albitite u.ä.), sowie andererseits Sn, W, Pb, Zn, Flußspat etc., welche eher mit K-reichen Systemen, Silizifizierung, Turmalinisierung und saurer Alteration verbunden sind. Diese zweite Assoziation kann innerhalb der Magmatite auftreten (Greisen, Pegmatit, porphyrische Stockwerkvererzungen) oder außerhalb hydrothermale Gangfelder bilden.

Ein Sonderfall von Graniten mit A-Charakteristik sind die *HHP* (high heat production) *Granite*, welche dadurch auffallen, daß sie lange nach ihrer Erstarrung erst hydrothermale Lagerstätten im Gefolge haben. Ein gutes Beispiel ist der unterdevonische Weardale Granit in Nordengland, der nach dem tieferen Perm die hydrothermalen Cu-Pb-Zn-Fluorit-Baryt Lagerstätten der North-Pennines lieferte. Man erklärt dies durch die erhöhten Gehalte von K, U und Th in solchen Graniten, welche durch radioaktiven Zerfall Wärme produzieren. Diese kann bei geeigneter begleitender Tektonik große Systeme tiefzirkulierender Grundwässer in Gang setzen, welche in der Tiefe erhitzt werden und Stoffe aufnehmen, die beim Aufstieg wieder abgesetzt werden. Allerdings ist dieses Modell auf große Plutone mit einem Durchmesser um 15 km und bedeutender Tiefenerstreckung beschränkt, weil sonst die Wärme zu rasch an die Umgebung abgegeben wird. Typische HHP-Granite sind nach heutiger Auffassung auch die post-orogenen variszischen Zinngranite in Cornwall (IMM 1985), welche deshalb auf die Möglichkeit der Erzeugung geothermaler Energie untersucht werden („Hot Dry Rock" Projekt). Das verdeutlicht eine gewisse geochemische Konvergenz der jüngsten Granite orogener Provinzen mit jenen, welche anorogen an Großgräben und über kontinentalen „hot spots" auftreten.

Eine eindeutige Zuordnung von Graniten zu einem der oben genannten Typen ist in der

Praxis allerdings oft nicht möglich, da in der geologischen Realität sehr häufig gemischte „Source Rocks" auftreten. Deshalb werden phanerozoische Granite (und in Analogie auch ältere) eher nach dem geologischen Milieu ihrer Entstehung klassifiziert: Inselbogen Typ, Anden Typ, variszischer, kaledonischer und Nigeria-Typ (PITCHER 1987; ähnlich auch PEARCE et al. 1984).

Eine eher praktische Einteilung der Granite nach ihrer Beziehung zu Erzlagerstätten erstellte TISCHENDORF (1977); er unterschied gewöhnliche, Vorläufer-, spezialisierte und mineralisierte Granite.

Gegenüber *gewöhnlichen* haben *Vorläufergranite* erhöhte Gehalte von K, SiO_2 und granitophilen Elementen (RANKAMA & SAHAMA 1950), sowie weniger Fe, Ti, Ca und Mg. In einer Granitprovinz sind sie stets etwas älter als die spezialisierten Granite, mit diesen aber genetisch eng verwandt.

Spezialisierte und *mineralisierte Granite* sind durch hohe Gehalte an Sn, W, Nb, Ta, Mo, U, Th, SEE, Li, Be und oft F oder P ausgezeichnet. Es handelt sich meist um aplitische Zweiglimmergranite, Alaskite und Leukogranite geringer Intrusionstiefe, mit starker autometasomatischer Überprägung. Sie unterscheiden sich durch die Anreicherung der seltenen Elemente in den Silikaten bei spezialisierten Graniten, die dann auch „metallführend" genannt werden, gegenüber dem Auftreten eigenständiger Erze bei den mineralisierten Graniten. Petrologisch wird die Entwicklung solcher Granite in zwei Phasen beschrieben: Eine erste Etappe umfaßt die Elementfraktionierung zwischen Schmelze und sich bildenden Kristallen, gefolgt von einer zweiten Phase der Fraktionierung zwischen Schmelze und volatiler Phase.

Das Verhalten verschiedener Elemente bei diesen Prozessen wird als *kompatibel* oder *inkompatibel* bezeichnet; erstere werden in die sich bildenden festen Phasen eingebaut, wie etwa Eu in Plagioklas, wogegen letztere in der Schmelze verbleiben. *Lithophile Elemente* sind inkompatibel in Bezug auf Minerale, die bei der Bildung von Mantelmagmen eine wichtige Rolle spielen (Olivin, Pyroxen, Spinell, Granat). *LIL* (Large Ion Lithophile) *Spurenelemente* wie Rb, Sr, Ba, Zr, Th, U und leichte SEE werden oft in späten, hochdifferenzierten Schmelzen aus Restiten angereichert, da sie in geringerem Maße in frühe, wasserreiche Magmen eintreten. Kationen mit höherer Ladung (+3 bis +6), wie Mo, Nb, Zr, Sn, W, Ta, U, Th, Y und SEE können einer Schmelze durch frühe Kristallisation und Fraktionierung von Biotit, Amphibol, Apatit, Zirkon, Monazit und Magnetit entzogen werden. Hohe Gehalte volatiler Stoffe verhindern das und bewirken Konzentration in späten fluiden Phasen. Auch *HFS-* (High Field Strength) *Elemente*, also solche mit hoher Feldstärke (Ti, Zr, Y, Nb, etc.) brauchen für den Transport in einer wässerigen Phase große Mengen komplexbildender volatiler Stoffe; gewöhnlich sind sie fast immobil, und werden deshalb bevorzugt als petrogenetische Indikatoren verwendet (PEARCE et al. 1984).

Demgemäß wird die Lagerstättenbildung der Granitoide vor allem durch Bildung, Sammlung und Aufstieg *magmatischer volatiler Phasen* kontrolliert, wobei diese außerdem mit dem Nebengestein reagieren und seltene Elemente aufnehmen können. Vulkanische Gase und die Gasgehalte von vulkanischen Gläsern erlauben direkte Aussagen zur Zusammensetzung solcher volatiler Phasen: Gewöhnlich überwiegt Wasser, der Menge nach gefolgt von CO_2, H_2S, HCl und HF, sowie geringeren Mengen von N_2, H_2, CO, P, B, CH_4 und O_2. Oft hat man beträchtliche Spurengehalte von Pb, Bi, Cd, Cu, Zn, Hg, Sb, Te, As, etc. und Al, Mg, Na und K gemessen – so liegt der exhalative Jahresausstoß des Ätna bei 2,5 t Pb und 250 t K. Das Verhältnis von SO_2/HCl bzw. SO_2/HF kann von 1 bis über 100 betragen; Vulkane über konvergenten Plattengrenzen aber fördern deutlich mehr HCl, so daß diese Verhältniszahl bei 1-10 liegt. Wie Isotopenanalysen belegen, sind jedoch volatile Phasen nicht unbedingt rein magmatischer Herkunft; mehrfach konnte gezeigt werden, daß etwa das Wasser zumindest teilweise und in niedrigtemperierten, späteren Stadien zunehmend eine Komponente aus dem Nebengestein (Formationswasser) bzw. von meteorischem (Regen-) Wasser enthält.

Magmen, welche Erze abscheiden, sind demgemäß durch hohe Gehalte an volatilen Stoffen gekennzeichnet. Diese vermindern auch die Solidus-Temperatur und erhöhen gleichzeitig die Mobilität der Schmelze, da die Viskosität solcher Magmen sehr niedrig ist. Durch die niedrige Temperatur wird die Fraktionierung der Metalle in die Fluide gefördert. Ein weiterer wichtiger Parameter ist die Sauerstoff-Fugazität, da z. B. Zinn und Wolfram im Falle hoher Sauerstoffverfügbarkeit während der Hauptkristallisation disseminierte akzessorische Minerale bilden und dann nicht mehr in späte Fluide gelangen. Gerade umgekehrt ist das Verhalten von Uran.

Die Entgasung silikatischer Schmelzen während des Aufstieges ist durch Druckentlastung bedingt („first boiling"). Nach der Platznahme aber bewirkt die nun verstärkt einsetzende Ausscheidung fester Phasen eine zunehmende Konzentration, die bei entsprechend hohen Gehalten, welche nicht mehr in Silikate eingebaut werden können, zur Bildung einer freien, entmischten volatilen Phase führt („second boiling"). Diese unterliegt dabei einem zunehmenden *Druckaufbau*. Das kann zu so hohen Drücken führen, daß im Dach der Magmenkammer Überlagerungsdruck (eigentlich: die vertikale Gebirgsspannung) und Gebirgsfestigkeit überschritten und metallführende Fluide injiziert werden. Die Entmischung der volatilen Phase von *mesozonalen Plutonen* (Platznahme bei Drücken >2 Kbar) tritt in einem sehr engen Temperaturintervall ein, weshalb diese bevorzugt fluidreiche Silikatschmelzen absondern, die zu *Pegmatiten* erstarren. Die seichteren *epizonalen Plutone* entgasen über einen weiten Temperaturbereich, wodurch miarolithische bzw. hydrothermal veränderte Granitoide entstehen, sowie vor allem die verschiedenen *hydrothermalen Lagerstätten* im weitesten Sinne.

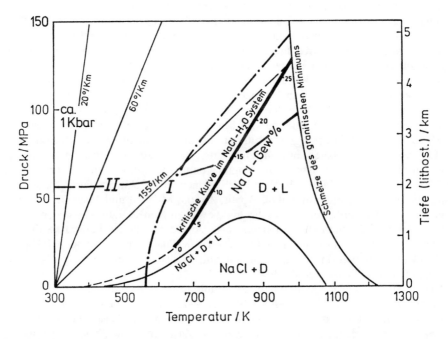

Abb. 10. Vereinfachte Darstellung der Abscheidung volatiler Phasen aus einer epizonalen Intrusion (verändert nach MÖLLER 1986).
Die Zahlen an der kritischen Kurve sind NaCl-Gehalte der Fluide am entsprechenden kritischen Punkt. D = Gas- oder Dampfphase; L = liquide Phase.
Es wird deutlich, daß nur bei hohen NaCl-Gehalten und geringer Tiefe unterkritische Lösungen abgegeben werden können; andernfalls handelt es sich immer um einphasige Fluide. In beiden Fällen sind unterschiedliche Entwicklungswege möglich (siehe Text). Gasanteile (CO_2 etc.) würden die Lage der kritischen Kurve zu wesentlich höheren Drücken anheben.

Früher hat man zwischen Pegmatiten und hydrothermalen Bildungen eine *pneumatolytische Phase* der Vererzung unterschieden, welche überwiegend durch magmatische Gase bzw. überkritische Fluide mit besonderer Beweglichkeit und hohem Transportvermögen für seltene Elemente bewirkt worden wäre. Die Bildung von Zinngreisen, manchen Skarnlagerstätten u.a. wurde damit erklärt. Heute wird dieser Ausdruck in der Literatur selten verwendet und von einigen Autoren geradezu als überholt bezeichnet (INGERSON 1965). Begründet wird diese Ablehnung unter anderem damit, daß die Dichte überkritischer Lösungen mit bis 2 g/cm³ oft so hoch ist, daß die Bezeichnung

„Gas" wohl kaum zutrifft (ROEDDER 1984). Weiters gehen überkritische Fluide vielfach ohne Diskontinuität („Kondensation") in unterkritische über, so daß eine Unterscheidung weder nach den Transporteigenschaften noch nach generellen Kriterien (z. B. früher: Bildung über der kritischen Temperatur reinen Wassers, also >374 °C) möglich ist. Es können also keine grundsätzlich verschiedenen Eigenschaften postuliert werden (MÖLLER 1986).

Magmatische Körper vermögen sowohl über- wie auch unterkritische volatile Phasen abzuscheiden, was von deren Zusammensetzung (Salzgehalt, Gasanteil) und p/T-Bedingungen abhängt (Abb. 10); über der kritischen Kurve würden die Fluide bei überwiegendem Druckabfall durch raschen Aufstieg erst nahe der Oberfläche in Dampf und wässerige Lösung aufspalten (Weg I). Im anderen Fall kann im Verlauf geringen Aufstieges und vorwiegender Abkühlung eine zweiphasige Lösung die kritische Kurve überschreiten und somit einphasig werden (Weg II). Weiter kompliziert werden solche Prozesse durch mögliche Entmischung aus dem Ein-Phasenbereich, wie etwa von sehr dichtem („flüssigem") CO_2 von überwiegend H_2O. Wie die Abb. 10 auch erkennen läßt, kann Aufkochen gasfreier Fluide nur in eher geringer Tiefe (beim Unterschreiten der kritischen Kurve) stattfinden.

Literatur:

CHAPPELL, B. W. & WHITE, A. J. R., 1974, Two contrasting granite types. Pacific Geol. 8, 173-174.

EUGSTER, H. P., 1984, Granites and hydrothermal ore deposits: a geochemical framework. Mineral. Mag. 49, 7-23.

GILL, J., 1981, Orogenic andesites and plate tectonics. 390 pp, Springer.

IMM (Institution of Mining & Metallurgy), 1985, High heat production (HHP) granites, hydrothermal circulation and ore genesis. 593 pp, London.

INGERSON, E., 1965, The concept of a separable pneumatolytic stage in post-magmatic ore formation. Pp 463-471 in Symposium on Problems of Postmagmatic Ore Deposition, Geol. Survey CSSR, Prag.

ISHIHARA, S., 1981, The granitoid series and mineralisation. Economic Geol. 75th Anniv. Vol., 458-484.

MÖLLER, P., 1986, Anorganische Geochemie – Eine Einführung. 326 pp, Springer.

PEARCE, J. A., HARRIS, N. B. W. & TINDLE, A. G., 1984, Trace element discrimination diagrams for the tectonic interpretation of granitic rocks. J. of Petrology 25, 956-983.

PITCHER, W. S., 1982, Granite type and tectonic environment. Pp 19-40 in H. J. HSU (Ed.): Mountain building processes. 263 pp, Academic Press.

PITCHER, W. S., 1987, Granites and yet more granites forty years on. Geol. Rundschau 76/1, 51-79.

RANKAMA, K. & SAHAMA, Th. G., 1950, Geochemistry. 912 pp, Univ. of Chicago Press.

ROEDDER, E., 1984, Fluid inclusions. Reviews in Mineral. 12, 644 pp, Mineral. Soc. America, Washington.

TISCHENDORF, G., 1977, Geochemical and petrographic characteristics of silicic magmatic rocks associated with rare metal mineralisation. Pp 41-96 in Metallization associated with acid magmatism. Geol. Dienst Tschechoslowakei, Prag.

VOSHAGE, H., HOFMANN, A. W., MAZZUCCHELLI, M., RIVALENTI, G., SINIGOI, S., RACZEK, I. & DEMARCHI, G., 1990, Isotopic evidence from the Ivrea Zone for a hybrid lower crust formed by magmatic underplating. Nature 347, 731-736.

Skarnlagerstätten

Skarn ist ein alter schwedischer Bergmannsausdruck für die Gangart altproterozoischer Eisenerzlagerstätten, welche aus grobkristallinem Andradit, Diopsid, verschiedenen Amphibolen, Quarz und Karbonat besteht. Diese Eisenerze sind schichtgebunden und gehen lateral in gebänderte Eisenformationen über, welche in einer Serie von basischen Vulkaniten mit klastischen und karbonatischen Sedimenten liegen. Die Bildung dieser Skarne wird heute als metamorphogen aufgefaßt (GRIP 1978), weshalb sie auch als „Reaktionsskarn" bezeichnet werden. Ebenfalls metamorphogen sind die vergleichbaren, aus silikatischen Karbonaten entstandenen Skarne in Metasedimenten, wie etwa jene der Bunten Serie des Moldanubikums. Schließlich gibt es offenbar auch metallführende Skarne, die diagenetisch aus sub-marinen Exhalationen entstanden sind (STANTON 1987).

Im Gegensatz dazu steht die gebräuchliche Verwendung der Bezeichnung *Skarn*, worunter man die Produkte der Bildung eisenreicher Ca-Mg-Silikate aus Kalk oder Dolomit durch ausgeprägte Zufuhr von SiO_2, Al, Fe und Mg im Kontakthof von Intrusionen versteht. In Nordamerika wird dafür oft auch der Ausdruck *Taktit* verwendet. Deutsche Bezeichnungen für diese Gruppe sind weiters „pneumatolytische Kontaktformation" (SCHNEIDERHÖHN) bzw. „kontaktmetasomatische" oder kurz Kontaktlagerstätten. Infolge der komplexen Genese solcher Erze wird hier aber die eher beschreibende Benennung „Skarn" bevorzugt.

Skarne sind am häufigsten um intermediäre Intrusionen entwickelt, doch gibt es sie auch an Gabbro- oder Granitkontakten. Die Platznahme eines heißen Magmenkörpers in „kühlen" Nebengesteinen erzeugt einen heißen Hof, dessen Isothermen nach außen wandern. In dieser *prograden Phase* werden anhydrische Minerale wie Grossular-Andradit, Diopsid, aus Dolomit auch Forsterit und Periklas gebildet. Nach außen folgt gewöhnlich eine schmale Zone von Wollastonit, und dann isochemische Rekristallisation zu Karbonatmarmor. Zunehmende Abkühlung führt in der Folge zur *retrograden Phase*, welche durch wasserreiche Silikate (Amphibol, Epidot, Klinochlor, Talk, Chlorit) und Zufuhr der Erze ausgezeichnet ist. Fluide aus tieferen Teilen der Intrusion führen dabei zu hydrothermalen Veränderungen, manchmal im magmatischen Gestein selbst, vor allem aber in den Nebengesteinen. Nach den betroffenen Nebengesteinen unterscheidet man Kalk- und Dolomitskarne. Infolge des Ca-Mg-Reichtums basischer oder ultrabasischer magmatischer Nebengesteine gibt es auch an solchen Kontakten nicht selten skarnähnliche Lagerstättenbildung.

Die meisten Skarne liegen im Außenkontakt der betreffenden Intrusion *(Exoskarne);* seltener erfolgt Stoffaufnahme aus dem karbonatischen Nebengestein und damit Kalksilikatbildung in randlichen Zonen des magmatischen Körpers *(Endoskarne)*. Natürlich sind auch Skarnlagerstätten durch die beteiligten Magmen und das geodynamische Milieu unterscheidbar: Skarne der Diorite primitiver Inselbögen sind vor allem Magnetitlagerstätten, mit geringen Gehalten von Cu, Co und Au. Die Skarne an intermediären bis sauren Intrusionen aktiver Kontinentalränder zählen zu den wichtigsten Wolframlagerstätten und führen bedeutende Mengen von Cu, Fe, Zn-Pb-Ag, Mo, Bi und Au (Nordamerika). Postorogene und riftgebundene Granite der Ilmenit-Serie erzeugen Zinnskarne mit As, Pb-Zn, W, Mo und zurücktretend Fe-Sulfiden (China). Obwohl in der späten hydrothermalen Phase vieler Skarnlagerstätten die Beteiligung meteorischer Wässer nachgewiesen wurde, belegt diese klare Zuordnung bestimmter Metalle zu gut definierten Magmentypen eine überwiegend magmatische Herkunft der Erze (EINAUDI et al. 1981).

Neben den Erzen liefern manche Skarne auch Industrieminerale wie Wollastonit, Graphit, Asbest, Magnesit, Talk und Fluorit. Wichtige europäische Beispiele für Skarnlagerstätten sind neben den oben erwähnten schwedischen Eisenerzen die Magnetitlagerstätten des Urals (u.a. Magnitnaja Gora) und die Scheelitmine bei Salau in den französischen Pyrenäen (DERRE et al. 1980).

Skarnerzkörper haben eine charakteristisch irreguläre Form, die durch vielfältige Faktoren bedingt ist, insbesondere natürlich durch Lithologie und Strukturen der betroffenen Nebengesteine. Oft sind die Erze zoniert, etwa durch Vorherrschen von Cu am unmittelbaren Kontakt und Zunahme von Pb/Zn nach außen. Prospektion und montangeologische Untersuchungsarbeiten müssen dies berücksichtigen.

Literatur:

DERRE, C., FONTEILLES, M. & NANSOT, L. Y., 1980, Le gisement de schéelite de Salau, Ariège – Pyrenées. 26th Intern. Geol. Congr. Vol. E9, 42 pp, Paris.

EINAUDI, M. T., MEINERT, L. D. & NEWBERRY, R. J., 1981, Skarn deposits. Economic Geol. 75th Anniv. Vol., 317-391.

GRIP, E., 1978, Sweden. Pp 93-198 in S. H. U. BOWIE et al., Mineral Deposits of Europe. Vol. I, 362 pp, Instn. Min. Metall. London.

KWAK, T. A. P., 1987, W-Sn skarn deposits and related metamorphic skarns and granitoids. 451 pp, Elsevier.

STANTON, R. L., 1987, Constitutional features and some exploration implications of three zinc-bearing stratiform skarns of eastern Australia. Transactions Instn. Min. Metall. London 96B, 37-57.

Die pegmatitische Lagerstättenbildung

Das an leichtflüchtigen Stoffen und inkompatiblen Spurenelementen angereicherte Restmagma erstarrt in Form der Pegmatite. Diese sind durch Grobkristallinität, bisweilen auch durch Riesenkristalle, durch miarolithische Drusen, sowie durch Mineralien mit seltenen Elementen ausgezeichnet. Von granitischen Magmen sind die meisten Pegmatite abgeleitet; sie führen Orthoklas (Perthit), Mikroklin, Albit, Glimmer und Quarz als Hauptbestandteile, als häufige Begleiter Turmalin, Topas, Beryll, Zinnstein und Lithiumminerale. Wo solche Schmelzen in Ultramafiten intrudierten, entstanden durch SiO_2-Entzug die disthen-, korund- und anorthitreichen *Plumasite*. Von mafischen Magmen stammen die Gabbropegmatite mit Anorthit, Bronzit, Titanomagnetit und bisweilen Karbonat, Glimmer und Sulfiden (etwa das Merensky Reef des Bushveldes). Zu den Alkalimassiven gehören die seltenen Syenitpegmatite mit Mikroklin, Nephelin, Apatit, Nb/Ta und SEE. Anatektische Pegmatite der Ultrametamorphose sind in der Regel steril. Die meisten Pegmatite wurden in größerer Tiefe gebildet, bei Fluid-Drücken über ca. 200 MPa (2 kbar); deshalb liegen sie in der Regel in metamorphen Nebengesteinen. Sehr selten sind vulkanische Äquivalente zu hochdifferenzierten pegmatitischen Magmen (CONGDON & NASH 1988).

Nach der Lage im P/T-Feld unterscheidet man *abyssale Pegmatite* (anatektische Linsen in Migmatiten der Amphibolit- und Granulitfazies), *Muskovitpegmatite* (in disthenführenden Schiefern der Amphibolitfazies, meist granitischer Abkunft), *Seltene-Element-Pegmatite* (aus stark differenzierten fertilen Graniten abgeleitet; cordierit- oder andalusitführende Nebengesteine) und *miarolitische Pegmatite* (granitische Abkunft; Bildungsdruck 1,5-2 kbar; sie führen optischen Quarz, Edelsteine und andere Kristallstufen).

Die *granitischen Pegmatite* bilden Gänge, Linsen oder ovale Stöcke, die homogen (einfache Pegmatite) oder sehr auffällig konzentrisch zonar (komplexe Pegmatite) aufgebaut sein können (Abb. 11). In bezug auf ihre Lage zum Pluton wurde mehrfach auch eine äußere Zonierung beschrieben, wobei Mineralogie und Vererzung eine klare Gliederung ermöglichen (VARLAMOFF 1972). Einzelne Pegmatitkörper sind gewöhnlich wenige Zehner Meter mächtig und bis 200 m lang; manche sind pegmatitische Granitkuppeln bzw. dachnahe Phasen solcher von mehreren km^2 Ausdehnung (z. B. der Zinnpegmatit von Manono/Zaire). Zu dieser Gruppe von endogranitischen Bildungen gehören auch die Rand- bzw. Stockscheiderpegmatite der erzgebirgischen Zinngranite.

Die *interne Zonierung* komplexer Pegmatite entspricht einer Kristallisation von außen nach innen, so daß die jüngsten Phasen im Kern erscheinen. Man unterscheidet eine
– Kontaktzone, oft aplitisch und nur wenige Zentimeter mächtig;
– Randzone, grobkristallin, mächtig, eventuell mit bauwürdigem Muskovit und Beryll;
– Zwischenzonen, welche mineralogisch sehr komplex sind und die meisten Erze enthalten, und den
– Quarzkern, überwiegend aus reinem Quarz, doch auch mit Feldspat, Turmalin und Spodumen.

Quergreifende Spaltenfüllungen, metasomatische Massen (insbesondere die zuckerkörnigen Albitite und die grobspätigen Cleavelandite) und hydrothermale Quarzgänge können den Aufbau weiter komplizieren. Da dort die Fluide durch die nach innen gerichtet ablaufende Kristallisation konzentriert werden, wirken sie vom Kern nach außen. Insbesondere vererzte Pegmatite sind deshalb oft weitgehend kaolinisiert und zeigen andere hydrothermale Umwandlungen früh gebildeter Minerale.

Die Beteiligung silikatischer Schmelzen und hochkonzentrierter wässeriger Fluide („hydrosalinare Schmelzen") bei der Genese von Pegmatiten ist an Einschlüssen ebenso nachweisbar wie die spätere Entwicklung zu hydrothermalen Lösungen. Normale, unvererzte Pegmatite kristallisieren bei Temperaturen zwischen 690-540 °C, jene mit hohen Gehalten von B, F, P, Cl etc. bis etwa 450 °C

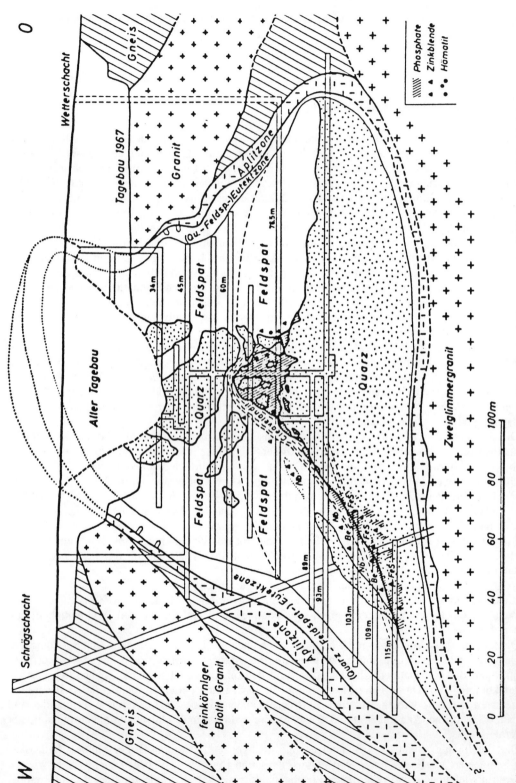

Abb. 11. Profil des auf Kalifeldspat abgebauten Pegmatitkörpers von Hagendorf-Süd, Oberpfalz (nach FORSTER et al. 1967). Die gestrichelte Linie in der Mitte trennt Orthoklas (oben) von Mikroklin (unten).

(LONDON 1987). Ein Teil der Erze und seltenen Minerale wird bei weiter fallender Temperatur hydrothermal gebildet (ROEDDER 1984, SCHMIDT & THOMAS 1990).

Diskutiert wird die Ursache der zonaren Gliederung: Diese wurde durch fraktionierte Kristallisation in einem geschlossenen System erklärt, oder durch Zufuhr immer neuer Phasen in einem ganz offenen System, oder schließlich durch eine Kombination beider Modelle mit metasomatischer Verdrängung. Die weltweit ähnliche Zonierung komplexer Pegmatite spricht aber wohl vor allem für die erstgenannte Hypothese, allerdings häufig mit einer Öffnung des Systems in späteren Phasen.

Pegmatite können folgende Rohstoffe enthalten: Erze von Be, Li, Rb, Cs, Ta, Nb, U, Th, SEE, Mo, Bi, Sn und W; die Industrieminerale Muskovit, Feldspat, Kaolin, Quarz und Fluorit; sowie Edelsteine und seltene Minerale (Smaragd, Topas, Turmalin, Rubin u.v.a.). Die Bauwürdigkeit ist allerdings durch generell kleine Vorräte und heterogene Verteilung der Rohstoffe stark eingeschränkt, so daß solche Lagerstätten oft nur in Ländern mit niedrigem Lohnniveau abgebaut werden. Die Reservenberechnung pegmatitischer Lagerstätten ist zudem besonders schwierig (NORTON & PAGE 1956).

Literatur:

CERNY, P. (Ed.), 1982, Short course in granitic pegmatites in science and industry. Mineral. Assoc. Canada, Winnipeg.
CERNY, P., 1990, Distribution, affiliation and derivation of rare-element granitic pegamtites in the Canadian Shield. Geol. Rundschau 79, 183-226.
CONGDON, R. D. & NASH, W. P., 1988, High fluorine rhyolite: An eruptive pegmatite magma at the Honeycomb Hills, Utah. Geology 17, 1018-1021.
FORSTER, A., STRUNZ, H. & TENNYSON, C., 1967, Die Pegmatite des Oberpfälzer Waldes, insbesondere der Pegmatit von Hagendorf-Süd. Der Aufschluß, 16. Sonderh., 137-168.
LONDON, D., 1987, Internal differentiation of rare-element pegmatites: Effects of boron, phosphorus, and fluorine. Geochim. Cosmochim. Acta 51, 403-420.
NORTON, J. J. & PAGE, L. R., 1956, Methods used to determine grade and reserves of pegmatites. Mining Eng. 8, 401-414.
PAPIKE, J. J.(Ed.), 1987, Proceedings of the I. M. A. Symposium on granites and pegmatites. Geochim. Cosmochim. Acta 51/3, 389-540.
SCHMIDT, W. & THOMAS, R., 1990, Zur Genese von Seltenmetall-Granitpegmatiten auf der Grundlage von Einschlußuntersuchungen und geochemischen Betrachtungen. Z. geol. Wiss. Berlin 18, 301-314.
SCHNEIDERHÖHN, H., 1961, Die Erzlagerstätten der Erde, Bd. 2: Die Pegmatite. Stuttgart.
VARLAMOFF, N., 1972, Central and West African rare metal granitic pegmatites, related aplites, quartz veins and mineral deposits. Mineralium Deposita 7, 202-216.

Die hydrothermale Lagerstättenbildung

Hydrothermen im engeren Sinne sind heiße Wässer, die an die Erdoberfläche austreten. Dort kann man vielfach die Neubildung von Mineralien und Erzen direkt beobachten. Der größte Teil hydrothermaler Lagerstätten wurde aber durch die Einwirkung wässeriger Lösungen oder Fluide in der Tiefe gebildet, bei Temperaturen von 700-50 °C und Drücken bis 3 Kbar. Früher hat man bei der Bezeichnung hydrothermal ausschließlich an kondensierte magmatische Lösungen unterhalb von etwa 400 °C gedacht, da heiße Quellen vor allem in Vulkangebieten auftreten. Mittlerweile wurde durch isotopengeochemische Methoden nachgewiesen, daß selbst dort das Wasser zum größten Teil meteorischer Abkunft ist, also ursprünglich aus Niederschlägen der jeweiligen Region stammt. Auch das heiße Wasser der Schlammvulkane (Salsen) in seichten Erdölfeldern ist nicht magmatisch, sondern ist diagenetisch verändertes Meerwasser der Beckensedimente (Formationswasser). Diese und viele andere Beobachtungen haben dazu geführt, daß *heute unter „hydrothermal" alle natürlichen heißen Wässer und Fluide ohne jede Definition ihrer Abkunft verstanden werden* (WHITE 1974). Daraus ergibt sich, daß die folgende Beschreibung verschiedener Aspekte hydrothermaler

Lagerstätten, obgleich hier unter dem Titel „Magmatogene Lagerstättenbildung" eingeordnet, auch für alle Bildungen aus nicht-magmatischen Lösungen gilt.

Das Studium *rezenter Hydrothermen* eröffnet den besten Zugang zum Verständnis älterer bzw. tiefer hydrothermaler Lagerstätten. Besonders häufig sind chloridische, karbonatische und sulfatische heiße Wässer, doch kennt man auch solche mit überwiegender Lösungsfracht von SiO_2, Boraten, Nitraten, Sulfiden oder Phosphaten. Berühmte und gut untersuchte rezente Beispiele metallführender Hydrothermen sind die bereits früher beschriebenen ozeanischen Black Smokers, die goldführenden heißen Quellen Neuseelands (HENLEY et al. 1987), die buntmetallreichen Laugen in Bohrungen von Salton Sea/Südkalifornien (McKIBBEN & ELDERS 1986, McKIBBEN & WILLIAMS 1989) und viele andere.

Salton Sea liegt im Graben des Imperial Valley, welcher der kontinentalen Fortsetzung des hier unter Nordamerika subduzierten Ostpazifischen Rückens entspricht. Hoher Wärmefluß bedingt bereits in geringer Tiefe aktive Amphibolitfaziesmetamorphose. Bohrungen zur Erzeugung geothermaler Energie haben hier in ca. 2 km Tiefe heiße Laugen (bis 330 °C) mit 506 ppm Zn, 95 ppm Pb und 6 ppm Cu angetroffen, sowie mit Na, K, Ca, Cl, S und vielen weiteren Elementen. Die Lösungsfracht beträgt bis zu 26 %. Isotopenanalysen ergaben eine Herkunft des Wassers aus dem Colorado River; offenbar sinkt dieses an Störungen in die Tiefe ab, wird dort erhitzt und nimmt aus den magmatischen und sedimentären Nebengesteinen Lösungsfracht auf. Werden solche metallbeladene Wässer beim Aufstieg fokussiert, können Lagerstätten gebildet werden. Das Aufsteigen hydrothermaler Lösungen ist vor allem durch die geringere Dichte heißer gegenüber kalten Wässern bedingt. Durch ständiges Nachfließen neuer Wässer entstehen so Systeme *hydrothermaler Konvektion* .

Heiße Quellen im geothermalen Feld von *Broadlands/Neuseeland* scheiden Kieselsinter und ockerigen Schlamm ab, welcher im Ohaaki Pool 85 ppm Au und 500 ppm Ag neben 10 % Sb und hohen Spurengehalten von As, Hg und Tl führt. Dies ist im Grunde Golderz, sieht man von der geringen Menge ab. Bohrungen haben in der Tiefe Bleiglanz und Zinkblende nachgewiesen. Zweifellos ist das ein rezentes Beispiel für hydrothermale Lagerstättenbildung, obwohl die hohe Lösungsfracht für die hier eigentlich wichtige Nutzung, nämlich die Gewinnung geothermaler Energie, eher von Nachteil ist.

Die *chemische Zusammensetzung* hydrothermaler Lösungen ist äußerst variabel; jene magmatischer Herkunft wurden bereits oben behandelt. Generell gilt, daß Cl und S die wichtigsten Anionen sind. Die Metalle sind in geringem Maße als einfache Ionen gelöst; meist werden sie in Form von komplexen Ionen transportiert, wobei Cl, dissoziierte OH^- Gruppen und Bisulfide neben NH_3, H_2S und CO_3^{2-} vorherrschen. Vergleichende Untersuchungen zeigen, daß Komplexe wesentlich größere Metallmengen transportieren können, wodurch die für die Bildung einer Lagerstätte erforderlichen Wassermengen um einige Potenzen geringer sind, als dies bei einfach ionarer Lösung der Fall wäre. Der pH-Wert hydrothermaler Lösungen ist allgemein gering sauer bis gering alkalisch; sehr niedriger pH wird unter anderem durch Bildung von Kaolin aus Feldspäten angezeigt. Hydrothermale Tiefenwässer sind eher reduziert, bei Annäherung an die Erdoberfläche kann Oxydation durch Mischung mit Grundwasser oder Luftsauerstoff eintreten. Manche hydrothermale Lagerstätten fallen durch hohe Gehalte organischer Substanz in Form von Thucholit (z. B. Kongsberg/Norwegen) oder flüssigen Kohlenwasserstoffen (Pine Point/Kanada) auf; das weist auf eine teilweise Verwandtschaft von Erdölwässern und hydrothermalen Lösungen hin (DEAN 1986). Untermeerisch austretende heiße Lösungen im Guaymas-Becken des Golfs von Kalifornien etwa führen Öltropfen von 1-2 cm Durchmesser; die Austrittschlote bestehen vorwiegend aus Baryt (DIDYK & SIMONEIT 1989). Organische Markierungsstoffe (z. B. „biomarkers") erlauben in solchen Fällen mitunter Aussagen zu Herkunft und Migration der Lösungen (ETMINAN & HOFFMANN 1989).

Der Anteil gelöster Stoffe in hydrothermalen Lösungen beträgt meist 1 bis 50 %; auch die Metallgehalte sind äußerst unterschiedlich, von unter 1 bis über 1000 ppm.

Verschiedenartig sind die *Ursachen, die zur Ausfällung der Minerale aus den Lösungen führen*. Ihre Kenntnis ist für das Aufsuchen von Erzanreicherungen auch von größter praktischer Bedeutung. Dazu gehören Abkühlung und Druckabfall beim Aufstieg der Hydrothermen; kontrolliert wird dann die Ausfällung durch die relative Stabilität der jeweiligen Metallkomplexe, wodurch etwa die häufige Abfolge Cu-Zn-Pb-Ag-Hg gut erklärt werden kann. Druckabfall ist dann besonders wirksam, wenn aus dem überkritischen Zustand kommend die Dampfdruckkurve unterschritten wird, was Aufkochen bewirkt. Dadurch verändern sich schlagartig mehrere chemische Parameter der Lösungen (Konzentration, pH, Eh, Stabilität der komplexen Ionen), die alle zur Fällung der Lösungsfracht beitragen.

Mineralabscheidung kann weiters durch das Zusammentreffen und Mischen zweier Lösungen bewirkt werden, die miteinander reagieren. Ein bekanntes Beispiel dafür ist der Schwerspat, der die Rohrleitungen in westfälischen Kohlengruben verstopft. Das Ba kommt in chloridischer Lösung mit dem Nutzwasser aus Buntsandsteinaquiferen, das Sulfation mit dem Grubenwasser aus dem oxydierten Schwefelkies der Kohle. Ähnlich wird auch die Bildung von Barytlagerstätten erklärt, wonach das Ba in chloridischer Lösung aufsteigt und durch oberflächennahe sulfatische Wässer als $BaSO_4$ ausgefällt wird. Vielfach läßt sich Mineralabsatz aber auch durch Mischung der Hydrothermen mit normalem Grundwasser, also durch Verdünnung und Abkühlung begründen.

Von besonderer Bedeutung für die Erzabscheidung ist die Reaktion der thermalen Lösungen mit dem Nebengestein oder bereits vorhandenen Erzmineralen. Treffen Metallösungen auf sulfidische Erze, so werden Sulfide und gediegene Metalle mit ausgeprägt elektropositivem Charakter, also „edlere" Erze ausgefällt, während die vorhandenen unedleren Erze in Lösung gehen. Schematisch kann dies folgend geschrieben werden:

$$CuFeS_2 + Cu^{2+}_{Lösung} \rightarrow 2CuS + Fe^{2+}_{Lösung}$$

Ein Ausschnitt dieser sogenannten Spannungsreihe edlerer und unedler Metalle lautet: Au > Ag > Cu > Zn > Fe. Aus diesem Grund führen die Erzgänge von Kongsberg besonders reichlich gediegen Silber und Silberglanz, wo sie kiesreiche Lagen (sogenannte Fahlbänder) im Nebengestein durchsetzen. Die Golderzgänge des Mother Lode/USA werden beim Durchschlagen pyritführender Amphibolite veredelt.

Die Präzipitation von Gold in der berühmten Golden Mile/Kalgoorlie/Westaustralien wird dadurch erklärt, daß sulfidische Lösungen mit dem Fe des doleritischen Gangnebengesteins Pyrit gebildet haben. Die so herbeigeführte radikale Veränderung der hydrothermalen Lösungen ließ auch das Gold ausfallen.

Eine fällende Wirkung haben ferner organische Substanzen, offenbar durch Reduktion. Ein aus jeder geologischen Sammlung bekanntes Beispiel sind die dünnen Häute von Kupferreichsulfiden mit gediegen Silber auf fossilen, bituminösen Fischresten im Mansfelder Kupferschiefer. Die Golderzgänge von Ballarat/Australien und die metasomatischen Golderzkörper von Carlin/USA sind dort besonders reich, wo im Nebengestein kerogenreiche Lagen auftreten.

Vielfache Beobachtungen belegen schließlich die Erzfällung durch Eintreten hydrothermaler Lösungen in Karbonatgesteine; hier wirken sicherlich mehrere Faktoren zusammen, so der pH-Umschlag („pH-Schock"), die größere Permeabilität gegenüber pelitischen Nebengesteinen, die Löslichkeit der Karbonate in sauren bzw. CO_2-reichen Lösungen und deren Mischung mit Formationswasser der Karbonate. Erzkörper in Karbonaten bilden Gänge, Füllung von Brekzien- oder Karstschläuchen (oft hydrothermaler Karst), annähernd schichtparallele plattenförmige Massen mit lappigen Umrissen („Mantos") und quergreifende wolkenartige Stöcke. Handelt es sich bei diesen letzteren um Sulfiderze, so ist klar, daß das Karbonat völlig aufgelöst und durch die Erze ersetzt wurde. Diesen Vorgang nennt man *Verdrängung oder Metasomatose*. Diese Bezeichnung gilt aber auch für jene Erze, die nur durch Kationenaustausch gebildet wurden, zum Beispiel Siderit aus Kalk.

Eine zunehmend wichtige Rolle bei der Untersuchung hydrothermaler Lagerstättenbildung spielen *thermodynamische Modelle* (CARMICHAEL & EUGSTER 1987) und Laborversuche zu hydrothermalen Prozessen (ULMER & BARNES 1987, HOLLOWAY & WOOD 1988).

Nach heutigen Vorstellungen *können hydrothermale Fluide und Lösungen durch folgende geologische Prozesse entstehen:*
– Magmatismus (Abscheidung residualer volatiler Phasen)

- Aufheizung meteorischen, ozeanischen oder Formationswassers durch Konvektion an abkühlenden Intrusionen, HHP-Graniten und anderen lokalen Wärmeanomalien
- Diagenese (Entwässerung von Sedimenten durch Überlagerungsdruck, Deckenüberschiebung, an Akkretionskeilen, etc.)
- Metamorphose (Entwässerung OH-Gruppen-führender Minerale an allen prograden Faziesgrenzen)
- Mischung verschiedener oben genannter Endglieder, entweder gleichzeitig oder in zeitlicher Abfolge im selben hydrothermalen System.

Dazu kommt juveniles Wasser, das aus dem entgasenden Erdmantel stammt. Die Unterscheidung dieser verschiedenen Möglichkeiten ist oft sehr schwierig, wie nicht nur die vergangenen, sondern auch laufende Diskussionen um die Entstehung vieler Lagerstätten zeigen. Neben geologischen werden heute zunehmend geochemische Argumente eingesetzt, vor allem bezüglich Isotopenfraktionierung, Spektren der Seltenen Erden, etc.

Hydrothermale Lagerstätten weisen eine faszinierende Vielfalt auf; dazu gehören metasomatische Erze in Karbonaten, Imprägnationslagerstätten („porphyrische" L.), Erzgänge und Erzschläuche (Pipes), vulkanogene (im weitesten Sinne) terrestrische und submarine Exhalationen, stratiforme Buntmetallerze in Sedimenten („Sedex"-Erze) und die schichtgebundenen Pb-Zn-Ba-F Lagerstätten in marinen Karbonaten. Soweit diese eher mit Magmatismus verbunden sind, werden sie im unmittelbar Folgenden behandelt. Jene Gruppen, die eher der Diagenese oder Metamorphose zugeordnet sind, sind dort näher beschrieben.

Literatur:

BROOKINS, D. G., 1988, Eh – pH diagrams for geochemistry. 200 pp, Springer.
CARMICHAEL, I. S. & EUGSTER, H. P., 1987, Thermodynamic modelling of geological materials: minerals, fluids and melts. Reviews in Mineral. 17, 499 pp, Mineral. Soc. America.
DEAN, W. E. (Ed.), 1986, Organics and ore deposits. Proceed.Denver Reg. Explor. Geol. Soc. Symposium, 218 pp, Wheat Ridge Co., Denver.
DIDYK, B. M. & SIMONEIT, B. R. T., 1989, Hydrothermal oil of Guaymas Basin and implications for petroleum formation mechanisms. Nature 342, 65-69.
ETMINAN,H. & HOFFMANN, Ch. F., 1989, Biomarkers in fluid inclusions: A new tool in constraining source regimes and its implications for the genesis of Mississippi Valley type deposits. Geology 17, 19-22.
FYFE, W. S., PRICE, N. J. & THOMPSON, A. B., 1978, Fluids in the Earth's crust. 383 pp, Elsevier.
HENLEY, R. W., TRUESDELL, A. H. & BARTON, P. B., 1984, Fluid-mineral equilibria in hydrothermal systems. Reviews in Economic Geol. 1, 267 pp, Soc. Econ. Geol., Chelsea, MI.
HENLEY, R. W., HEDENQUIST, J. W. & ROBERTS, P. J. (Eds.), 1987, Guide to the active epithermal (geothermal) systems and precious metal deposits of New Zealand. 211 pp, Borntraeger V.
HOLLOWAY, J. R. & WOOD, B. J., 1988, Simulating the earth – experimental geochemistry. 208 pp, Unwin Hyman.
McKIBBEN, M. A. & ELDERS, W. A., 1986, Fe-Zn-Cu-Pb mineralization in the Salton Sea geothermal system, Imperial Valley, California. Economic Geol. 80, 539-559.
McKIBBEN, M. A. & WILLIAMS, A. E., 1989, Metal speciation and solubility in saline hydrothermal fluids: an empirical approach based on geothermal brine data. Economic Geol. 84, 1996-2007.
RINEHARD, S., 1980, Geysers and geothermal energy. 223 pp, Springer.
ULMER, G. C. & BARNES, H. L. (Eds.), 1987, Hydrothermal experimental techniques. 523 pp, Wiley.
WHITE, D. E., 1974, Diverse origins of hydrothermal ore fluids. Economic Geol. 69, 954-973.

Die Herkunft von Erzlösungen – Isotopengeochemie

Eine völlig neue Dimension der Lagerstättenforschung ergibt sich aus der Anwendung isotopengeochemischer Methoden. Sie ermöglichen Aussagen über die Herkunft von Wasser, Gasen und manchen Metallen der Hydrothermen, sowie auch über wechselseitige Reaktionen zwischen diesen und dem Nebengestein, über Bildungstemperaturen der Erze und schließlich auch über Mischungsprozesse verschiedener Lösungen. Oft ergeben sich daraus aber so komplexe Verhältnisse, daß auch dadurch „endgültige" genetische Aussagen nicht erzielt werden.

Es werden *instabile (radioaktive) und stabile (nicht-radioaktive) Isotope* unterschieden. Die Isotope eines Elementes unterscheiden sich bekanntlich durch die Kernmasse und haben dieselbe Elektronenkonfiguration. Dadurch entstehen bei physikalischen, chemischen und biologischen Prozessen thermodynamische oder kinetische Isotopieeffekte, welche zu einer *Fraktionierung* führen. Ein klares Beispiel ist die Verdunstung, bei der die leichteren Isotope infolge höherer Vibrationsenergie bevorzugt in die Dampfphase gehen. Auch Reaktionsrate und Bindungsstärke von Isotopen sind verschieden, worauf die Fraktionierung zwischen Mineralen beruht; da dies temperaturabhängig ist, sind manche Isotope (Schwefel, Sauerstoff) sehr empfindliche *Geothermometer*.

Die Messung unterschiedlicher Isotopenzusammensetzung erfolgt im Massenspektrometer im Vergleich zu einem Standard. Deshalb werden für mehrere hier wichtige Elemente die Resultate als Verhältnisse in folgender allgemeiner Form angegeben:

$$\delta = 10^3 \left(\frac{R_{Probe}}{R^{Standard}} - 1\right)$$

R ist das Verhältnis $^{18}O/^{16}O$, D/H etc. Negative δ-Werte bedeuten eine Anreicherung des leichten Isotops gegenüber dem Standard, positive ein Überwiegen des schweren.

Besonders wichtig sind für hydrothermale Lösungen die stabilen *Isotope des Wassers*, also ^1H und ^2H (Deuterium) sowie ^{16}O und ^{18}O. Als Standard gilt hier durchschnittliches Meerwasser (SMOW = Standard Mean Ocean Water). Durch Verdunstung davon abgeleitete Niederschlagswässer werden gegen die Pole und ins Innere der Kontinente immer „leichter", woraus sich die *meteorische Wasserlinie* ergibt (Abb. 12). In marinen salinaren Becken sind die verbleibenden Laugen natürlich „schwer". Durch Wechselwirkung meteorischen oder ozeanischen Wassers mit Gesteinen verändert sich der Wasserstoff kaum, der Sauerstoff aber wird zunehmend schwerer, da ein Isotopenaustausch stattfindet; solche Vorgänge konnten für viele geothermale Felder der Erde überzeugend nachgewiesen werden. Die Wässer aus magmatischen, metamorphen und sedimentären Gesteinen belegen teils überlappende Felder, weshalb sie nicht immer klar unterschieden werden können. In älteren hydrothermalen Lagerstätten kann man das beteiligte Wasser nur eingeschränkt aus den Flüssigkeitseinschlüssen der Minerale bestimmen; günstiger ist die Verwendung jener Gangarten, die OH-Gruppen führen. Allerdings muß man dann die Fraktionierungsfaktoren zwischen Fluid und Mineral kennen, und weiters einen möglichen Isotopenaustausch mit späteren Lösungen berücksichtigen (etwa das schon erwähnte Fluten abkühlender magmatischer Körper durch meteorische bzw. Formationswässer).

Die *Entstehung von Karbonaten* wird an Hand der C- und O-Isotopenfraktionierung im Vergleich zum PDB-Standard (Belemniten aus der kretazischen Peedee Formation/Carolina/USA) untersucht. Dementsprechend haben marine Karbonate δ_{PDB}-Werte um Null, als Durchschnitt für juvenilen Kohlenstoff gilt -7‰, für Kerogene etwa -20 bis -30‰. Der Kohlenstoff hydrothermaler Karbonate liegt oft bei -6 bis -9‰, was als Hinweis auf eine tiefe Herkunft des CO_2 gilt. Die anorganische Isotopenfraktionierung von Kohlenstoff ist aber unter anderem von Sauerstoffpartialdruck, Temperatur, pH, Ionenstärke und C-Konzentration abhängig, so daß auch hier eindeutige genetische Modelle nicht immer erstellt werden können.

Schwefelisotope ermöglichen Aussagen zur Entstehung von Sulfiden und Sulfaten der Erzlagerstätten. Als Standard wird dabei Troilit (FeS) des Cañon Diablo Meteoriten verwendet, dessen $^{34}S/^{32}S$ – Verhältnis jenem des Erdmantels etwa gleich ist. Deshalb haben Basalte und andere Mantelmagmen sowie davon abgeleitete Sulfidlagerstätten ein $\delta\,^{34}S$ um Null. Davon sehr deutlich verschieden ist Sulfidschwefel aus organischer Fraktionierung mit δ-Werten von -20 bis -30‰ (der sogenannte bakteriogene Schwefel), sowie andererseits marine Sulfate mit +10 bis +30‰ . Deshalb ist die Quelle des Schwefels sedimentärer Sulfidlagerstätten oft gut erklärbar. Schwieriger ist das bei magmatischen und hydrothermalen Lagerstätten, da hier die ursprüngliche Herkunft des Schwefels

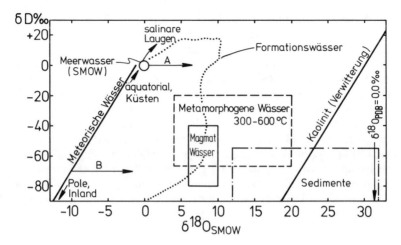

Abb. 12. Isotopengeochemie verschiedener, an hydrothermaler Lagerstättenbildung beteiligter Wässer.
(A - Veränderung des Meerwassers durch Isotopenaustausch mit Nebengestein der Konvektionssysteme; B - Veränderung meteorischen Wassers in einem geothermalen Feld).

gemischt sein kann, und weitere anorganische Fraktionierung stattfindet. Die Isotopenfraktionierung zwischen kogenetischen Sulfiden ist dann aber ein sehr brauchbares Geothermometer.

Strontiumisotope geben ebenfalls Hinweise zur Herkunft der hydrothermalen Lösungen. Es handelt sich um das radiogene ^{87}Sr, das aus ^{87}Rb entsteht, und das stabile ^{86}Sr. Die Anwendung dieses Systems zur Altersbestimmung von Gesteinen ist natürlich allgemein bekannt. In der Lagerstättenkunde wird das Verhältnis ^{87}Sr/^{86}Sr zur Charakterisierung jener Fluide verwendet, die Karbonate (Ca, Mg, Fe), Sulfate (Ca, Ba, Sr), Fluorit und Apatit gebildet haben. Voraussetzung für eine erfolgreiche Anwendung ist ein sehr geringer Rb-Gehalt des Probematerials. Das ^{87}Sr/^{86}Sr Verhältnis des Erdmantels, der kontinentalen Kruste und des Meerwassers sind deutlich verschieden; letzteres zeigt eine systematische Variation in geologischer Zeit, die aber mittlerweile gut bekannt ist. Somit können zum Beispiel hydrothermale von marin-sedimentären Karbonaten unterschieden (FRIMMEL 1988) oder lagerstättenbildende diagenetische Prozesse in ihrem zeitlichen Ablauf verfolgt werden (KESLER et al. 1988, GORZAWSKI et al. 1989).

Besonders geeignet für Untersuchungen zur Herkunft der Erzmetalle sind die *Bleiisotope*. Irdisches Blei besteht aus vier Isotopen:

^{204}Pb ist nicht radiogen, und dient deshalb als Bezugsbasis.
^{206}Pb entsteht radiogen aus ^{238}U,
^{207}Pb aus ^{235}U und
^{208}Pb aus ^{232}Th.

Infolge der geringen Massendifferenz dieser Isotope spielt Fraktionierung durch geologische Prozesse beim Blei eine nur sehr geringe Rolle, wesentlich sind Bildung und variable Zumischung radiogener Isotope. Beide sind vor allem durch Zeit und Geochemie (Uran- und Thoriumgehalte) der Quelle bestimmt. Diese wird durch die sogenannten µ-Werte charakterisiert, das ist das Verhältnis ^{238}U/^{204}Pb. Da U (und auch Th) ausgeprägt lithophile Elemente sind, sind sie in der kontinentalen Kruste gegenüber dem Mantel stark angereichert. Die Entwicklung des heutigen Bleies begann mit der *primordialen oder meteoritischen* Zusammensetzung vor 4550 Ma, das wie die Schwefelisotopen aus dem Troilit des Cañon Diablo Meteoriten bestimmt wird. Durch gesetzmäßige Zunahme von radiogenem Blei in geologischen Reservoirs (Mantel, Unter- und Oberkruste) entstand das *normale Blei*, dessen Abtrennung von U und Th mit gleichzeitiger Konzentration als Bleiglanz in Lagerstätten dann eine direkte Altersbestimmung gestattet. Solches Blei nennt man auch einphasig gebildet (single stage). Viele große Bleilagerstätten (Mt. Isa, Broken Hill/Australien, etc.) haben solches Blei, das nach Modell-Alter und Zusammensetzung einer einphasigen Extraktion aus einem sehr großen Reservoir, vermutlich der kontinentalen Unterkruste oder dem obersten Mantel entspricht. Andere Lagerstätten aber haben davon stark abweichendes *anomales Blei*, das durch mehrphasige Entwicklung (multi-stage) entsteht. Zwei häufige und charakteristische Fälle werden dann unterschieden, das Blei vom *J-Typ* bzw. *B-Typ*.

Der J-Typ ist nach der Lagerstätte Joplin im Mississippi Gebiet benannt; dort ist das Bleiisotopenverhältnis durch große Mengen von radiogenem Pb charakterisiert, das vermutlich aus uranreichem kambrischem Sandstein oder präkambrischem Grundgebirge stammt. Dessen Gehalte an normalem Pb waren offenbar sehr gering, so daß überwiegend das leicht lösliche Blei der ehemaligen U-Th-Phasen von den migrierenden Lösungen aufgenommen wurde. Deshalb liegt das Modellalter des Bleis von Joplin in der geologischen Zukunft, obwohl die Lagerstättenbildung etwa an der Grenze Karbon/Perm erfolgte.

Das Blei vom B-Typ ist nach Bleiberg/Österreich benannt. In diesem Fall ist das Blei nach seinem Modellalter scheinbar zu alt, nämlich paläozoisch, während die Lagerstätte in der Trias entstand. Hier vermutet man eine Herkunft des Pb aus Feldspäten des paläozoischen Grundgebirges, welche bis zu 50 ppm Pb, aber unter 1 ppm U+Th enthalten, so daß zur Aufnahme in die hydrothermalen Lösungen nur sehr wenig radiogenes Blei verfügbar war (KÖPPEL & SCHROLL 1988).

Allgemein ist deshalb festzuhalten, daß Bleimodellalter in ihrer Aussagefähigkeit zum Zeitpunkt der Lagerstättenbildung nicht überbewertet werden dürfen; wichtiger für die Lagerstättenkunde sind die Möglichkeiten, auf Grund von Bleiisotopenanalysen Aufschlüsse über die Herkunft von Erzmetallen zu erhalten (ZARTMAN & DOE 1981; MACFARLANE et al. 1990). Die häufigen Urangehalte des Bitumens hydrothermaler Lagerstätten scheinen allerdings eine Datierung ihrer Bildung durch Pb-Pb Methoden zuzulassen (PARNELL & SWAINBANK 1990).

Zweifellos werden in Zukunft auch andere Isotopensysteme für das Verständnis lagerstättenbildender Prozesse an Bedeutung gewinnen; absehbar ist dies etwa für Chlor (EASTOE et al. 1989) und Bor (SPIVACK et al. 1987).

Literatur:

EASTOE, Ch. J., GUILBERT, J. M. & KAUFMANN, R. S., 1989, Preliminary evidence for fractionation of stable chlorine isotopes in ore-forming hydrothermal systems. Geology 17, 285-288.

FAURE, G., 1986, Principles of isotope geology. 2.Aufl., Wiley, New York.

FRIEDMANN, I. & O'NEIL, J. R., 1977, Compilation of stable isotope fractionation factors of geochemical interest. USGS Prof. Paper, 440 pp.

FRIMMEL, H., 1988, Strontium isotopic evidence for the origin of siderite, ankerite and magnesite mineralisations in the Eastern Alps. Mineralium Deposita 23/4, 268-275.

GORZAWSKI, H., FONTBOTE, L., SUREAU, J. F. & CALVEZ, J. Y., 1989, Strontium isotope trends during diagenesis in ore bearing carbonate basins. Geol. Rundschau 78, 269-290.

HEDGE, C. E., 1974, Strontium isotopes in economic geology. Economic Geol. 69, 823-825.

HOEFS, J., 1987, Stable isotope geochemistry. 3.Aufl., 241 pp., Springer.

KESLER, S. E., JONES, L. M. & RUIZ, J., 1988, Strontium isotopic geochemistry of Mississippi Valley type deposits, East Tennessee: implications for age and source of mineralizing brines. Geol. Soc. America Bull. 100, 1300-1307.

KÖPPEL, V. & SCHROLL, E., 1988, Pb-isotope evidence for the origin of lead in strata-bound Pb-Zn deposits in Triassic carbonates of the Eastern and Southern Alps. Mineralium Deposita 23, 96-103.

MACFARLANE, A. W., MARCET, P., LEHURAY, A. P. & PETERSEN, U., 1990, Lead isotope provinces of the Central Andes inferred from ores and crustal rocks. Economic Geol. 85, 1857-1880.

PARNELL, J. & SWAINBANK, I., 1990, Pb-Pb dating of hydrocarbon migration into a bitumen-bearing ore deposit, North Wales. Geology 18, 1028-1030.

SPIVACK, A. J., PALMER, M. R. & EDMOND, J. M., 1987, The sedimentary cycle of boron isotopes. Geochim. Cosmochim. Acta 51/7, 1939-1950.

VALLEY, J. W., TAYLOR, H. P. & O'NEIL, J. R. (Eds.), 1986, Stable isotopes in high temperature geological processes. Mineral. Soc. America, 570 pp.

ZARTMAN, R. E. & DOE, B. R., 1981, Plumbotectonics – the model. Tectonophysics 75, 135-162.

Temperatur- und Druckbedingungen hydrothermaler Lagerstättenbildung

Temperatur und Druck bestimmen neben den geochemischen Faktoren wesentlich Lösung, Transport und Absatz hydrothermaler Erze und Minerale. Für die Messung der Bildungstemperaturen gibt es allerdings viel mehr Möglichkeiten, als für die Bestimmung des jeweiligen Druckes, der meist nur auf Grund geologischer Rekonstruktion des hydrothermalen Systems geschätzt werden kann.

Häufig angewandte „*Geothermometer*" der Lagerstättenkunde sind:
- die Mikrothermometrie an Flüssigkeitseinschlüssen in Mineralen,
- Spurenelementeinbau in Mineralen (z. B. Ga/Ge in Zinkblende – MÖLLER 1985),
- verschiedene Modifikationen von Mineralen (z. B. α- und β- Quarz bei 573-600 °C),
- Entmischungserscheinungen (z. B. Cubanitlamellen in Kupferkies bei Bildung über 205 °C),
- Sauerstoff- und Schwefelisotopenfraktionierung in gleichzeitig gebildeten Mineralen, und
- Elementverteilung in kogenetischen Mineralen (z. B. Fe-Zn-S oder Au-Ag-S Systeme, BARTON 1980)

Daneben gibt es natürlich geologische Beobachtungen, die eine ungefähre Zuordnung nach heiß gebildeten (Zinnstein, Molybdänglanz, Wolframit, Arsenkies etc.), mitteltemperierten (Kupferkies, Magnetkies, Fe-reiche Zinkblende, Ni- und Co-Erze) und niedrigthermalen Erzen (helle, Fe-arme Zinkblende, Bleiglanz, Siderit, Antimonglanz, Baryt) erlauben, etwa durch die Lage zu einem intrusiven Herkunftszentrum. Es wäre aber ein Irrtum, nur auf Grund der Präsenz bestimmter Minerale eine Bildungstemperatur festzulegen; so kann etwa Magnetkies von 25 bis 870 °C gebildet sein!

Alle geologischen Thermometer sind ungenau, da sie im Einzelnen durch eine Vielfalt von Faktoren beeinflußt werden, deren Bedeutung in spezifischen Fällen oft nicht exakt berechnet werden kann. Die besten Methoden sind zur Zeit wohl die *Mikrothermometrie an Flüssigkeitseinschlüssen* und die Verwendung der stabilen Isotope.

Bei der Bildung von Mineralen aus Fluiden und Lösungen entstehen an den Anwachsflächen Unregelmäßigkeiten, welche zum Einschluß geringer Mengen der „Mutterlaugen" führen *(primäre Einschlüsse)*. Häufig sind aber auch Einschlüsse, welche während der weiteren Entwicklung des hydrothermalen Systems in Mikrofrakturen der früh gebildeten Minerale eingedrungen und dort nach Verheilen verblieben sind *(sekundäre Einschlüsse)*. Alle diese Einschlüsse sind meist sehr klein (unter 100 µ), und werden in beidseitig polierten Dünnschliffen unter dem Mikroskop untersucht. Dabei sieht man oft eine wässerige Flüssigkeit mit einer Gasblase, die 10-40 % des Volumens einnimmt (Typ 1 der Abb. 13). Bei Erhitzen der Probe in einer Heizkammer verschwindet das Bläschen bei einer bestimmten Temperatur, die man als *Homogenisierungstemperatur* T_h bezeichnet. Da die Gasblase durch Abkühlen und Schrumpfen des heißen Einschlusses bei gleichbleibendem Außenvolumen entstand, entspricht T_h im einfachsten Fall der *Bildungstemperatur* T_t. Auf Grund physikalischer Zusammenhänge kann man aber zeigen, daß T_h nur die Mindesttemperatur darstellt; um die eigentliche Bildungstemperatur zu bestimmen, bedarf es noch einer Korrektur durch Einbeziehen des Bildungsdruckes (Abb. 14). Nur wenn es möglich ist, eine der beiden Größen (T, P) absolut festzulegen, kann in der Folge der jeweils Andere bestimmt werden.

Von Bedeutung sind ferner *Dichte* bzw. *Füllungsgrad* des Einschlusses, sowie der *Salzgehalt* der Lösung (meist überwiegend NaCl, doch auch mit Mg, Ca, K etc.), eventuelle Tochterkristalle (häufig sind Halitwürfel), flüssige Kohlenwasserstoffe und schließlich der Gasgehalt (vorwiegend CO_2, doch auch CH_4, N_2 etc.). Die genaue Bestimmung der Zusammensetzung von Einschlüssen ist infolge der äußerst geringen Masse sehr schwierig.

Die meisten Flüssigkeitseinschlüsse in hydrothermalen Lagerstätten lassen sich in eine von vier Gruppen einordnen (Abb. 13):

Typ 1: Wasserreiche Einschlüsse mit geringer Salinität (0-23 %), einem Wasserdampfbläschen und demgemäß einer Dichte nahe 1.

Typ 2: Bei ähnlichem Salzgehalt wie unter 1 nimmt Wasserdampf mehr als 60 % des Raumes ein, so daß die Dichte gering ist. Kommen die Typen 1 und 2 kogenetisch vor, kann man auf ein Kochen der Fluide beim Unterschreiten des kritischen Zustandes bzw. der Dampfdruckkurve schließen.

Temperatur- und Druckbedingungen hydrothermaler Lagerstättenbildung

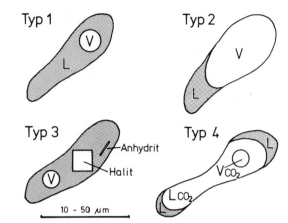

Abb. 13. Schematische Bilder vier wichtiger Typen von Flüssigkeitseinschlüssen.
(L – wässerige Flüssigkeit; V – vorwiegend Wasserdampf mit wenig CO_2 etc.; L_{CO2} und V_{CO2} sind flüssiges bzw. gasförmiges CO_2).

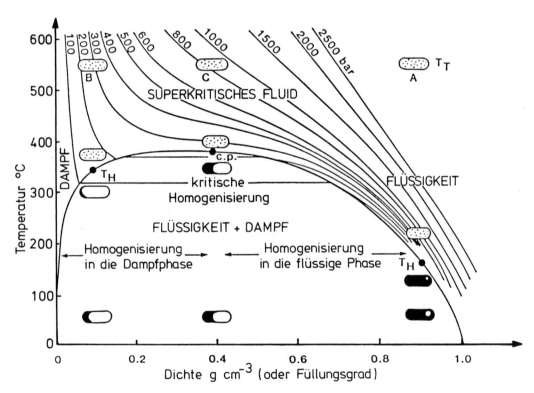

Abb. 14. Temperatur/Dichte – Diagramm für Wasser mit den wichtigsten Varianten der Homogenisierung von drei Einschlüssen verschiedener Dichte, welche bei gleicher Temperatur, doch sehr verschiedenem Druck gebildet wurden (nach SHEPHERD et al. 1985).
(T_T – Bildungstemperatur; T_H – Homogenisierungstemperatur; c.p. – Kritischer Punkt)

Typ 3: Hochsalinare (bis über 50 %) wässerige Einschlüsse mit großen Tochterkristallen und hoher Dichte. Außer im Zusammenhang mit Evaporiten entstehen solche Fluide wohl vorwiegend aus Magmen oder durch Konzentration der Salze im liquiden Anteil von entmischenden Fluiden oder von Lösungen (s. Feld NaCl + D + L in Abb. 10) beim Aufkochen.

Typ 4: CO_2-reiche Einschlüsse, bei Zimmertemperatur in flüssiger und gasförmiger Phase, mit einem geringen wässerigen Anteil.

Der Salzgehalt von Flüssigkeitseinschlüssen wird durch Gefrieren mittels flüssigem Stickstoff und Bestimmung des durch NaCl oder $CaCl_2$ erniedrigten Schmelzpunktes beim Auftauen näherungsweise gemessen (T_m Eis). Die Resultate werden in der Regel durch die Angabe der äquivalenten Gewichtsprozente NaCl (NaCl äquiv. %) ausgedrückt. Direkte chemische Analyse der Einschlüsse ist infolge der sehr geringen Mengen sehr schwierig; angewendet werden: Laugung, Evaporation der Einschlüsse und Analyse im Elektronenmikroskop, Infrarotspektroskopie, sowie für molekulare Verbindungen direkte Messung mit der Laser-Raman-Sonde.

Eine gewisse Einschränkung der Methode ergibt sich aus der Notwendigkeit, transparente Proben zu verwenden, was viele Erzminerale ausschließt. Trotzdem aber hat die breite Anwendung der Mikrothermometrie zu wesentlichen Fortschritten im Verständnis hydrothermaler Lagerstättenbildung geführt, und wird weiterhin helfen, wissenschaftliche und praktische Fragen (etwa die Unterscheidung vererzter und unvererzter Gänge) zu lösen.

Früher hat man hydrothermale Lagerstätten nach der Bildungstemperatur in katathermale (400-300 °C), mesothermale (300-200 °C) und epithermale (unter 200 °C) unterschieden. Nach heutiger Auffassung ist das nicht weiter sinnvoll, da die Temperatur alleine keine brauchbare Gliederung ergibt. Die mikrothermometrische Untersuchung vieler früher solchen Kategorien zugeordneter Erze hat zudem völlig regellose Abweichungen ergeben. Zumindest eine Beschreibung von Temperatur, Druck, Dichte und chemischer Charakteristik der Fluide, aber auch ihrer Veränderung im zeitlichen Ablauf, ist für das Verständnis hydrothermaler Lagerstättenbildung notwendig. Im speziellen Teil dieses Buches werden solche Daten vielfach zu diskutieren sein. Nur der Ausdruck „epithermal" wird im englischen Sprachraum weiter verwendet, zur Bezeichnung oberflächennah gebildeter Au-Ag Lagerstätten (siehe dort).

Eine sichere Bestimmung des *Bildungsdruckes* hydrothermaler Lagerstätten ist nur selten möglich. Gewöhnlich beschränkt man sich auf geologische Einschätzungen auf Grund der vermuteten Tiefenlage und lithostatischer oder hydrostatischer Randbedingungen. Andere Möglichkeiten eröffnen sich durch Anwendung moderner Methoden der metamorphen Petrologie, der Untersuchung von Flüssigkeitseinschlüssen (BOWERS & HELGESON 1983), und – natürlich nur in geeigneten Fällen – des Zinkblende-Pyrit-Magnetkies Geobarometers (HUTCHINSON & SCOTT 1981). Immer sollte bedacht werden, daß unter kompressiven tektonischen Bedingungen eine Umrechnung des Druckes in eine Tiefenangabe im Sinne des lithostatischen Druckes nicht zutreffend ist – hier herrschen dynamische Spannungszustände, bei welchen die Horizontalspannung größer als die Vertikalspannung sein muß.

Literatur:

BARTON, P. B., 1980, The Ag-Au-S system. Economic Geol. 75, 815-849.

BOWERS, T. S. & HELGESON, H. W., 1983, Calculation of thermodynamic and geochemical consequences of non-ideal mixing in the system H_2O-CO_2-NaCl on the phase relations in geologic systems. Geochim. Cosmochim. Acta 47, 1247-1275.

HUTCHINSON, M. N. & SCOTT, S. D., 1981, Sphalerite geobarometry in the Cu-Fe-Zn-S system. Economic Geol. 76, 143-153.

LEEDER, O., THOMAS, R. & KLEMM, W., 1987, Einschlüsse in Mineralen. 180 pp, Enke.

MÖLLER, P., 1985, Development and application of the Ga/Ge-geothermometer for sphalerite from sediment-hosted deposits. Mongr. Ser. Mineral Deposits 25, 15-30, Borntraeger.

ROEDDER, E., 1984, Fluid inclusions. Reviews in Mineral. 12, 644 pp, Mineral. Soc. America, Washington.

SHEPHERD, T., RANKIN, A. H. & ALDERTON, D. H. M., 1985, A practical guide to fluid inclusion studies. 239 pp, Blackie, Glasgow.

Mineralsukzession, Texturen und Strukturen hydrothermaler Lagerstätten

Die Ausscheidungsfolge der Minerale wird durch die früher besprochenen vielfältigen Faktoren der Ausfällung aus den Lösungen beeinflußt. Zur Rekonstruktion dieser Faktoren ist die Untersuchung gleichzeitig gebildeter Minerale, der *Paragenese* bzw. deren Entwicklung in der Zeit, also der *paragenetischen Sequenz,* erforderlich. Dazu sind erzmikroskopische Methoden besonders geeignet, die aber durch makroskopische Beobachtungen an Handstücken, Haldenblöcken und im Aufschluß sinnvoll ergänzt werden müssen.

Die meist opaken Erze werden unter dem Mikroskop im polierten Anschliff untersucht. Damit kann man auch bei sehr feinen Verwachsungen mit optischen Methoden Minerale bestimmen; zunehmend wird in der Folge die Mikrosonde zur chemischen Analyse verwendet. Die Altersgleichheit oder zeitliche Folge der Minerale ergibt sich aus vielfältigen Beobachtungen, etwa der Entmischung, der Verdrängung entlang von Korngrenzen und feinen Rissen (Abb. 15) und vieler anderer Texturen und Strukturen, deren Deutung zu hoher Perfektion entwickelt wurde (MÜCKE 1989, RAMDOHR 1980, STANTON 1972).

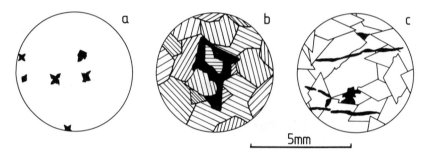

Abb. 15. Beispiele erzmikroskopischer Merkmale zur Altersfolge.
a) Entmischung: Zinkblendesternchen in Kupferkies;
b) Verdrängung von Kupferkies (schwarz) entlang von Magnetkies-Korngrenzen;
c) Rissfüllung: Kupferkies (schwarz) als jüngstes Erz in Magnetkies (schraffiert) und Arsenkies.

Makroskopische Merkmale zur Altersfolge sind an Krusten, symmetrischen Gangfüllungen, Gangdurchkreuzungen und ähnlichen Bildungen klar erkennbar (Abb. 16). Dazu kommen Beobachtungen von Farbe, Ausbildung und Tracht der Minerale, sowie Untersuchungen von Fluoreszenz und Lumineszenz (MARSHALL 1988), welche zumindest teilweise auch am Aufschluß möglich sind.

Zusammen mit den Ergebnissen der Mikrothermometrie, der Spuren- und Isotopengeochemie und geologischer Untersuchungen ist es dann möglich, den Ablauf der Mineralbildung in der Zeit (Abb. 17) bzw. mit weiteren Parametern, vor allem der Bildungstemperatur, darzustellen (Abb. 18).

Der Absatz der hydrothermalen Erze ist in offenen Hohlräumen (Spalten, Schläuche, Höhlen) möglich („open space filling"); oft aber handelt es sich um Verdrängung („replacement") des älteren Nebengesteins oder früher gebildeter hydrothermaler Minerale.

Die *Füllung offener Hohlräume* beginnt in der Regel durch Nukleation an den Wänden bzw. Salbändern. Deshalb erfolgt das Anwachsen von außen nach innen; durch die Veränderung der Lösungen im zeitlichen Ablauf entstehen gebänderte Erzkrusten, die in ähnlicher Weise um Nebengesteinsfragmente innerhalb der Gänge auftreten können (Kokarden- oder Ringelerze). In der Gangmitte finden sich die dann jüngsten Minerale, oft mit ineinandergreifenden Wachstums-Endflächen („comb structure") oder Kristallrasen und Drusen. Begleitende Tektonik bewirkt nicht selten Zerbrechung der früh gebildeten Erze und Zementierung durch jüngere. Manchmal entsteht eine faserige Ausbildung von Mineralen quer zum Salband, wodurch Gleichzeitigkeit von Öffnung und Mineralabsatz belegt werden (RAMSAY & HUBER 1983). In oberflächennahen Spalten werden

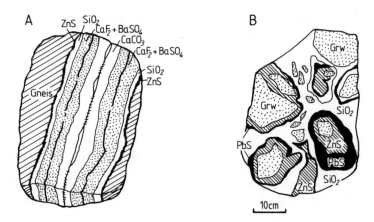

Abb. 16. Symmetrische Lagenstruktur eines Ganges der fluor-barytischen Bleizinkformation von Freiberg/Sachsen (A) und Kokardenerz in einem Bleizinkerzgang des Oberharzes (B). Beide Bilder zeigen deutlich die Ausscheidungsfolge der Erze und Gangarten.
Grw = Fragmente von Grauwacke.

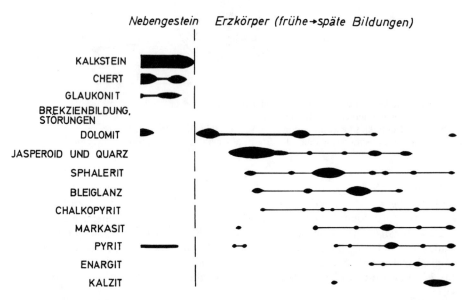

Abb. 17. Paragenetische Sequenz der Blei-Zinklagerstätten des Mississippi Typs im Tri-State Bezirk, USA (nach R. D. Hagni & O. R. Grawe 1964).

gelegentlich auch klastische Sedimente gefunden, die durch hohe Fließgeschwindigkeiten der Hydrothermen erklärt werden; dazu gehören Kiese („pebble dykes") ebenso wie geschichtete Höhlensedimente aus Gesteinsmehl, Tonen und anderem hydrothermal gebildeten Material. Dort gibt es auch die als potentielle Erzkörper wichtigen *hydrothermalen Brekzien,* welche durch Druckaufbau nach Selbstversiegelung der Fließwege und nachfolgende phreatische Explosion entstehen.

Hydrothermale Hohlraumfüllungen sind in der Regel grobkörnig kristallisiert. Manche Minerale treten aber in dichten, nierig-traubigen, gebänderten Krusten auf, oft auch mit Schrumpfrissen. Diese Texturen lassen eine Entstehung aus kolloidalen Lösungen vermuten. Dazu gehören die gelegentlich

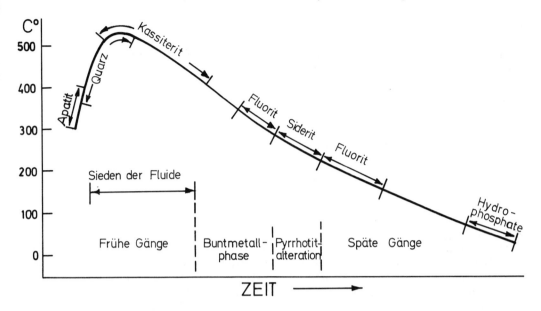

Abb. 18. Bildungstemperatur und paragenetische Abfolge der bolivianischen Zinnlagerstätten (nach KELLY & TURNEAURE 1970).

noch amorphen Stoffe Opal, Holzzinn und Garnierit, sowie die immer feinkörnig rekristallisierten Minerale Chalzedon, Schalenblende und Malachit. Da hochkonzentrierte Hydrosole (das ist ein Kolloid aus Wasser mit dispergierten amorphen Feststoffen) mit salzreichen Hydrothermen nicht vereinbar sind, wird lokale Übersättigung und Gelbildung am Ort der Ausfällung aus normalen, gering konzentrierten Lösungen vermutet. In Einzelfällen ist es aber auch möglich, daß tiefer gebildete, koagulierte kolloidale Partikel mit dem hydrothermalen Strom weitergetragen und erst in höheren Bereichen als „Gel"-Krusten abgesetzt werden (SAUNDERS 1990). Ohne spezielle Untersuchung der Entstehung gelartiger Texturen verwendet man jedenfalls besser den allgemeinen Ausdruck *„kolloform"*. *Verdrängung* früherer fester Phasen tritt in fast allen hydrothermalen Lagerstätten auf. Es handelt sich um gleichzeitige Auflösung eines Minerals und Bildung eines anderen an derselben Stelle, oft ohne Volumsveränderung und unter Beibehaltung feinster Strukturen (Pseudomorphose). Für die Abfolge gibt es da keinerlei allgemeine Regeln; typische Beispiele sind die Bildung von Kassiterit nach Orthoklas (Cornwall/England) oder sogar nach Crinoiden (New South Wales/Australien), Scheelit nach Wolframit, sowie die Verkieselung oder Pyritisierung von Kohlen. Nur wenn der Prozeß für die überwiegende Masse einer Lagerstätte von Bedeutung ist, nennt man diese *Verdrängungs-* bzw. *metasomatische Lagerstätte*. Bei karbonatischen Nebengesteinen ist das häufig besonders ausgeprägt. Die französische Schule unterscheidet von der Metasomatose die *Substitution,* bei welcher die Auflösung deutlich früher als die Mineralneubildung ist. Die Stoffzufuhr und der Abtransport des Gelösten sind in porösen und permeablen Gesteinen durch physisches Fließen möglich, eine wichtige Rolle dürfte aber auch Diffusion spielen, die in manchen Fällen sogar im Gegenstrom zum Antransport erfolgte. Das erklärt dann das Fehlen von sichtbaren Abstromerscheinungen.

Literatur:

CRAIG, J. R. & VAUGHAN, D. J., 1981, Ore microscopy and ore petrography. 405 pp, Wiley.
GIERTH, E., 1988, Leitfaden zur Bestimmung von Erzmineralen im Anschliff. Clausthaler Tekton. Hefte 25, 131 pp.
IXER, R. A., 1989, Atlas of opaque and ore minerals in their associations. 176 pp, Open University Press.

MARSHALL, D. J., 1988, Cathodoluminescence of geological materials. 172 pp, Unwin Hyman.
MÜCKE, A., 1989, Anleitung zur Erzmikroskopie. 187 pp, Enke.
PICOT, P. & JOHAN, Z., 1982, Atlas of ore minerals. 2. Aufl., 458 pp, BRGM-Elsevier.
RAMDOHR, P., 1980, The ore minerals and their intergrowths. 2.Aufl., 1205 pp, Pergamon.
RAMSAY, J. G. & HUBER, M. I., 1983, The techniques of modern structural geology. Vol.1, 307 pp, Academic Press.
SAUNDERS, J. A., 1990, Colloidal transport of gold and silica in epithermal precious-metal systems: evidence from the Sleeper deposit, Nevada. Geology 18, 757-760.
STANTON, R. L., 1972, Ore petrology. 713 pp, McGraw-Hill.

Hydrothermale Nebengesteinsveränderungen

Bisher war vorwiegend von der Wirkung der Nebengesteine auf die Erzlösungen die Rede. Diese wirken aber umgekehrt auch auf die Nebengesteine ein und verändern sie in sehr kennzeichnender Weise. Die so entstehenden Nebengesteinsveränderungen (hydrothermale Alterationen), welche schmale Hüllen von wenigen Zentimetern bis zu weiten Höfen bilden können, geben häufig sehr wichtige Hinweise für die Lagerstättensuche und zur Höffigkeit eines Untersuchungsgebietes. In manchen Fällen können sie durch Fernerkundung noch aus dem Weltraum erkannt und aufgesucht werden.

Die Veränderungen betreffen in verschiedener Kombination Farbe, Textur, mineralogische und chemische Zusammensetzung der Nebengesteine. Sowohl die Natur der Lösungen (pH, Eh, T, Druck, gelöste Stoffe) wie auch jene der Nebengesteine (Mineralogie, Permeabilität, Porosität) kontrollieren das Endprodukt. Oft spielt Ionenaustausch eine wichtige Rolle, was natürlich Zufuhr und Abtransport von Stoffen impliziert. Von überragender Bedeutung ist die Wirkung des dissoziierten Wassers auf Silikate, einerseits durch Einbau von OH^--Gruppen, andererseits durch den Austausch von Kationen der Minerale gegen H^+ (Hydrolyse).

Hydrothermale Lösungen sind infolge ihres Gehaltes an CO_2 und dissoziiertem Wasser oft sauer; sie verändern dann besonders leicht Karbonate, Zeolithe, Feldspatoide und kalziumreichen Plagioklas. Pyroxen, Amphibol und Biotit sind wenig beständiger, während Albit, Kalifeldspat und Muskovit relativ stabil sind. Quarz ist selten betroffen. Da viele Metalle in silikatischen Mineralen in erhöhten Spurengehalten primär enthalten sind, werden sie bei der hydrothermalen Alteration freigesetzt. Dieser Vorgang ist vermutlich für die Bildung einer großen Zahl von Lagerstätten von wesentlicher Bedeutung.

Beispiele für solche in primären Mineralen „verborgene" Elemente sind: Cu und Zn in Biotit, Amphibol, Pyroxen, Magnetit; Pb in Kalifeldspäten und Uranmineralen; Sn in Glimmer und Ilmenit; W in Biotit; F in Amphibol und Glimmer; Ba in Glimmer und Feldspat. Genetische Lagerstättenmodelle müssen diese Beziehungen berücksichtigen.

Es gibt aber nicht nur Nebengesteinsveränderungen, die durch aufsteigende Hydrothermen (aszendent oder hypogen) verursacht sind, sondern auch Produkte absinkender Wässer (deszendent oder supergen). Dies gilt vorwiegend für oberflächennahe Zonen von Erzkörpern, die einer Verwitterung ausgesetzt werden. Aber auch aktive hydrothermale Felder zeigen diese Erscheinung, wobei meteorische oder abgekühlte, oxydierte hydrothermale Wässer abwärts fließen. Dabei können starke Säuren entstehen, wodurch zum Beispiel die Alunitisierung der Nebengesteine oberflächennaher Goldlagerstätten erklärt wird.

Nebengesteinsalterationen sind also in mehrfacher Hinsicht wichtige Studienobjekte der Lagerstättenkunde. Sie erlauben Aussagen zur Natur der hydrothermalen Lösungen, sie unterstützen die Lagerstättensuche, indem sie das Zielgebiet vergrößern und oft schon makroskopisch deutlich markieren, und sie ermöglichen eine Datierung der Vererzung, etwa durch die Neubildung von Kalifeldspäten oder Phyllosilikaten.

Es gibt eine große Zahl wichtiger *Typen der hydrothermalen Alteration*. Sie sind zum Teil für bestimmte Lagerstätten charakteristisch, wie die regelmäßige Assoziation der porphyrischen Kupferlagerstätten. Andererseits neigen bestimmte Gesteine zu wiederkehrend ähnlicher Veränderung, zum Beispiel die Spilitisierung der Basalte, die Vergrünung (Propylitisierung) der Andesite und Diorite und die Dolomitisierung von Kalk.

Von großer Bedeutung ist ferner die *Zonierung von Alterationstypen*, die in vielen Lagerstätten beobachtet wurde. Das illustriert natürlich die Veränderung der Lösungen in Fließrichtung durch ihre Reaktion mit den Nebengesteinen, und erleichtert andererseits die Aufsuchung der zentral oder in bestimmten Zonen gelegenen Erzkörper. Sehr gut untersucht ist das bei den porphyrischen Kupferlagerstätten.

Einige Beispiele der hydrothermalen Alteration sind:

Verkieselung (Silifizierung); sie ist gekennzeichnet durch eine Durchtränkung des Nebengesteins mit Opal, Chalzedon oder Quarz, wodurch dieses einen quarzitischen Aspekt erhält. Besonders häufig ist Verkieselung bei subvulkanischen Au-Lagerstätten.

Argillitisierung (Vertonung) kann als extreme („advanced argillitisation") oder gemäßigte Variante („intermediate a.") auftreten. Im ersten Fall liegt Dickit, Kaolinit, Pyrophyllit und Quarz vor, mit variablen Anteilen von Serizit, Alunit, Pyrit, Turmalin und Topas; durch sehr saure Lösungen wurden dann die Alkalien zur Gänze abgeführt. Dies ist eine sehr intensive, innerste Zone der Alteration an Sulfid- oder Golderzkörpern. Bei gemäßigter Vertonung sind die Feldspäte in Kaolinit (näher zur Vererzung) und Montmorillonit (außen) umgewandelt. Erze sind hier selten; nach außen folgt häufig eine Zone der

Propylitisierung; diese liegt oft als sehr weiter Hof um Erzkörper. Es handelt sich um eine komplexe Alteration mit Neubildung von Chlorit, Epidot, Albit und Karbonaten (Kalzit, Dolomit, Ankerit), welche ursprünglich in Diorit und Andesit beschrieben wurde. Bei Überwiegen eines der genannten Minerale kann man auch von Chloritisierung etc. sprechen und eventuell dadurch gekennzeichnete Subzonen auskartieren.

Serizitisierung ist eine der häufigsten Veränderungen von Al-reichen sauren Gesteinen (Granit, Gneis, Schiefer). Serizit, Quarz und Pyrit sind dominierend. Die beteiligten Lösungen waren jedenfalls sauer, Basen (Ca, Na, zum Teil auch K) sind aus dem Gestein abgeführt. Wo die Lösungen reich an Fluor waren, wird Topas gebildet, und es entsteht *Greisen* , der außerdem oft noch Zinnwaldit und Lepidolit, sowie die Erze Zinnstein und Wolframit führt. In den zentralen, tieferen Teilen der porphyrischen Kupferlagerstätten geht die Serizitisierung (hier im Englischen als „phyllic zone" bezeichnet) in die Zone der *K-Alteration* über, mit Neubildung von Biotit und K-Feldspat. Die reichsten Kupfererze liegen dann gewöhnlich als Mantel unmittelbar um die K-Zone.

Dolomitisierung ist die gewöhnliche Alteration der Kalke um Blei-Zinklagerstätten. Kalzit, Dolomit und Ankerit (seltener Siderit und Magnesit) werden aber in silikatischen Nebengesteinen neu gebildet, besonders typisch in den Grüngesteinen der archaischen Goldlagerstätten.

Turmalinisierung ist in Zinn-, Wolfram- und Goldlagerstätten häufig; besonders auffällig sind dann die zähen, verwitterungsresistenten Turmalinite, welche die Ausbisse solcher Erze markieren. In anderen Fällen findet man nur unter dem Mikroskop feinste Turmalinnadeln im Nebengestein.

Bei der hydrothermalen Alteration entstehen schließlich auch die *Metallspurenhöfe* um die Erzkörper, welche mittels lithogeochemischer Prospektionsmethoden aufgesucht und als relativ größeres Ziel benützt werden, um die doch meist sehr kleinen abbauwürdigen Körper aufzuspüren.

Literatur:

MEYER, C. & HEMLEY, J. J., 1967, Wall rock alteration. P 166-235 in: H. L. BARNES (Ed.), Geochemistry of hydrothermal ore deposits. Holt, Rinehart & Winston, New York.

ROSE, A. W. & BURT, D. M., 1979, Hydrothermal alteration. P 173-235 in: H. L. BARNES (Ed.), Geochemistry of hydrothermal ore deposits. 2.Aufl., Wiley.

Die metasomatischen Lagerstätten

Die metasomatischen Lagerstätten entstehen durch chemische Umwandlung und Verdrängung (engl. replacement) des Nebengesteins. In der Mehrzahl handelt es sich dabei um Karbonatgesteine; heiße und chemisch aktive Lösungen können aber auch silikatische Gesteine verdrängen. Dies zeigen unter anderem die schon besprochenen Skarnlagerstätten.

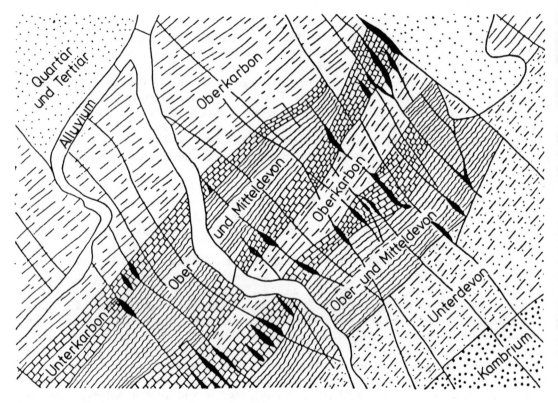

Abb. 19. Blei-Zinkerze, begleitet von Pyrit, Kalzit, Dolomit und Baryt, im Aachen-Stolberger Revier verdrängen an Störungen vorwiegend Unterkarbonkalk, selten ältere nicht-karbonatische Gesteine (nach H. SCHNEIDERHÖHN).

Eine große Zahl von Lagerstätten belegt weltweit diese Bevorzugung von Karbonaten gegenüber anderen Gesteinen. Dazu gehören viele Blei-Zinkerze (Abb. 19), aber auch Gold- (Carlin/USA) und Sideritlagerstätten (POHL 1988). Kontrolliert wird der Verdrängungsprozeß vor allem durch den pH der Lösung und die relativ geringere Löslichkeit der neugebildeten Minerale. Als Beispiel kann man die vereinfachte Reaktionsgleichung für die Sideritbildung aus Kalk folgend anschreiben:

$$CaCO_3 + FeCl_2 \text{ (aq)} \rightarrow FeCO_3 + CaCl_2 \text{ (aq)}$$

Hier handelt es sich also wohl überwiegend um einen Kationenaustausch, bei dem das Nebengestein Molekül für Molekül durch Erz ersetzt wird. Da Siderit ein geringeres Molekularvolumen hat, müßte bei dieser Reaktion eine Volumsabnahme erfolgen. Das kann man zwar in vielen Sideritlagerstätten an reichlicher Drusenbildung feststellen (Erzberg/Österreich; Ouenza/Algerien: Abb. 50), doch verläuft die Metasomatose ebenso häufig im Sinne des Austauschs gleicher Volumina (Abbildungsmetasomatose). Belegt wird das durch die Erhaltung feinster Strukturen des Nebengesteins (Schichtung, Bänderung, Fossilien, Stylolithen usw.).

Nicht alle metasomatischen Erze sind in einem bereits verfestigten Karbonatgestein durch spätere Erzzufuhr entstanden. Vielfach wirkten die metallbringenden Lösungen auf das gerade abgelagerte Sediment, das wegen seiner großen inneren Oberfläche und Porosität besonders reaktionsfähig war. Dadurch entsteht ein Nebeneinander von sedimentären und metasomatischen Strukturen, das oft zu kontroverser Deutung geführt hat. Man nennt das *paradiagenetische Verdrängung* bzw. *Frühmetasomatose*.

In einzelnen Erzdistrikten sind metasomatische Lagerstätten in charakteristischer Weise an bestimmte stratigraphische Horizonte gebunden; im Umkreis des Erzberges ist das der devonische Sauberger Kalk; die Siderite in Tunesien und Algerien liegen im Urgonkalk der Unterkreide, die Blei-Zinkerze im Tri-State Distrikt/USA in der Bonneterre Formation der oberkambrischen Kalkfolge. Diese Bevorzugung bestimmter Schichten nennt man *selektive Metasomatose*. Die Gründe dafür können in chemischen oder mechanischen Parametern, bzw. einer Kombination beider vermutet werden; einerseits mag eine besondere Reaktionsbereitschaft vorgelegen haben, andererseits dürfte die jeweilige Permeabilität (durch Klüftung, Störungen, aber auch primär in Riffen, Oolithen etc.) sehr wichtig sein. Diese Bevorzugung bestimmter stratigraphischer Horizonte war oft Anlaß für eine syn-sedimentäre Deutung der Metallkonzentration.

Für die Lokalisierung metasomatischer Lagerstätten sind ferner gering permeable Gesteinshorizonte bestimmend, welche die aufsteigenden Lösungen stauen und dadurch an der *Permeabilitätsgrenze* zu den unterlagernden Kalken eine besonders intensive Umsetzung, also Vererzung bewirken. Ein sehr anschauliches Beispiel gibt die Anreicherung des Siderites im Zechsteinkalk unter Tonen des Buntsandsteins an Randbrüchen des Thüringerwaldes bei Schmalkalden (Abb. 20).

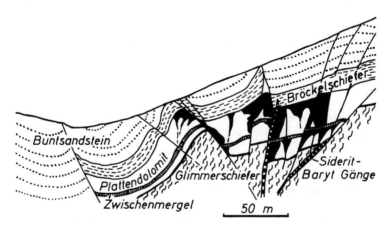

Abb. 20. Bröckelschiefer und Mittelmergel als impermeable Horizonte bei der Sideritvererzung des Zechsteindolomites der Grube Stahlberg, Schmalkalden/Thüringen (nach E. BOEHNE).

Die Form der metasomatischen Lagerstätten ist durch das allmähliche „Hineinfressen" der mineralisierenden Lösungen in das Nebengestein bedingt, das durch die vorerwähnte Volumsabnahme erleichtert wird (induzierte Permeabilität). Es entstehen schichtgebundene („stratabound"), wolkenförmige, unregelmäßig begrenzte massige Körper, aber doch meist in grober Anlehnung an Nebengesteinsstrukturen (Klüfte, Störungen, Schichtflächen). Dazu kommen weit aushaltende schichtförmige („stratiform") Erzkörper entlang bevorzugter Horizonte, wie in der Arsenkieslagerstätte Brich-Mulla/UdSSR (Abb. 21).

Oft hat gleichzeitig oder im Anschluß an die Verdrängung eine einfache Hohlraumfüllung (teilweise im Sinne von Substitution) von Spalten, Drusen und Karsthöhlen stattgefunden. Beispiele dafür sind die Quarz-Baryt-Fluoritgänge der nordafrikanischen Sideritlagerstätten, oder Pb-Zn-Erzschläuche in Bleiberg/Österreich. Da dann geschichtetes Erz auftreten kann, haben

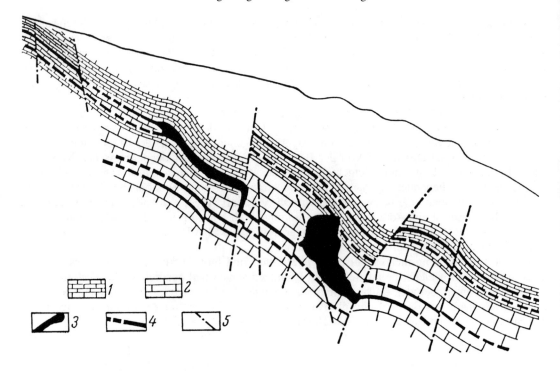

Abb. 21. Diskordante und schichtgebundene Erzkörper der metasomatischen Arsenkieslagerstätte von Brich-Mulla in Zentralasien/UdSSR (aus SMIRNOV 1976).
1: Brich-Mulla Kalk; 2: Unter-Famenne Kalk; 3: Erzkörper; 4: vermutete laterale Ausdehnung der Erze; 5: Störungen.

solche Hohlraumfüllungen vielfach zu heißen Diskussionen über die deszendente oder aszendente Entstehung der Lagerstätten Anlaß gegeben.

Literatur:

AMES, L. L., 1961, The metasomatic replacement of limestones by alkaline, fluorine-bearing solutions. Economic Geol. 56, 730-739.
POHL, W., 1988, Metasomatische Sideritlagerstätten heute. Mitt. Österr. Miner. Ges.133, 113-118.

Die porphyrischen Lagerstätten

Vor allem Kupfer, doch auch Molybdän, Zinn, Wolfram und Gold gibt es in riesigen hydrothermalen Lagerstätten, welche mit epizonalen Intrusionen porphyrischer Magmatite verbunden sind. Deshalb nennt man diese Gruppe *porphyrische Lagerstätten*, ohne aber damit eine porphyrische Verteilung der Erze zu meinen. Infolge der großen Vielfalt ist eine allgemein gültige Definition sehr schwierig; wichtige Merkmale lassen sich aber folgenderweise beschreibend festhalten:
– Das zentrale porphyrische Intrusivgestein,
– die ungewöhnliche Größe der Erzvorräte,
– Vererzung hauptsächlich als Stockwerke und Brekzienschläuche,
– niedrige bis mäßige Metallgehalte im Erz, und
– eine deutliche Zonierung der hydrothermalen Alteration sowie der Vererzung um den Intrusivstock.

Die *Porphyre* dieser Lagerstätten sind seichte, meist zylindrische und zum Teil subvulkanische Intrusionen in 500 bis 2000 m Tiefe. In der Regel handelt es sich um kalkalkalische Diorite (Andesit-Dazit), Monzonite (Latit) oder Granite (Rhyolith) vom I-Typ, die über Subduktionszonen auftreten, entweder an aktiven Kontinentalrändern oder in Inselbögen. Die Gesteine scheinen chemisch nicht außergewöhnlich zu sein; Präsenz oder Abwesenheit bauwürdiger Erze dürfte vor allem von der Möglichkeit des Aufbaues riesiger hydrothermaler Systeme kontrolliert sein, also insbesondere von der Brekziierung großer Gesteinsmassen und der Verfügbarkeit von Fluiden (TITLEY & BEANE 1981). Immerhin sind die erzführenden Porphyre regelmäßig die jüngsten Glieder einer magmatischen Serie, mit den relativ höchsten Al_2O_3/Alkali-Verhältnissen.

Die *durchschnittliche Größe* porphyrischer Kupferlagerstätten liegt bei 450 Millionen Tonnen Erz, mit einem Metallgehalt von 0,64 % Cu. Zinn-, Molybdän- und andere Porphyre sind etwas kleiner, doch eben auch ein Vielfaches anderer Lagerstättentypen. Die riesigen Tagebaue der porphyrischen Lagerstätten zeigen Erzkörper von mehreren km^2 Ausbißfläche; die Alterationshöfe um die Erze sind oft 10 bis 20 mal so groß. Die *Metallgehalte* sind generell niedrig, die großen Erzvorräte erlauben aber trotzdem wirtschaftlichen Abbau, wobei neben Kupfer auch bedeutende Mengen von Ag, Au, Mo, Re, Pb, Zn, Mn sowie As, Bi, Sn, W, U und Pt produziert werden. Vielfach gibt es aber auch kleine Vorkommen mit vergleichbaren Alterationshöfen, die nur einige Zehner Meter Durchmesser haben, z. B. in Griechisch-Makedonien. Diese sind dann infolge des niedrigen Metallgehaltes unbauwürdig.

Erze und hydrothermale Alteration zeigen eine charakteristische *Zonierung*. Bei porphyrischen Kupferlagerstätten ist die Abfolge nach dem sogenannten LOWELL-GUILBERT Modell von innen (unten) nach außen (oben) K-Alteration, Serizitisierung, Argillitisierung und Propylitisierung (Abb. 22). Allerdings spielt im Einzelnen die Natur der Nebengesteine eine große Rolle, so daß von diesem Schema viele Abweichungen angetroffen werden. Sehr oft dürften porphyrische hydrothermale Systeme nach oben in epizonale Lagerstätten übergehen, bis zur Bildung heißer Quellen und entsprechender Erze (hot springs deposits) an der Erdoberfläche. An Kontakten mit karbonatischem Nebengestein entstehen gleichzeitig Skarnerzkörper. Porphyre mit niedrigem SiO_2/Alkaliverhältnis führen eher Magnetit als Pyrit und sind reicher an Gold. Hier fehlen auch Serizit- und Argillit-Zone, so daß die K-Zone unmittelbar von Propylitisierung umgeben ist.

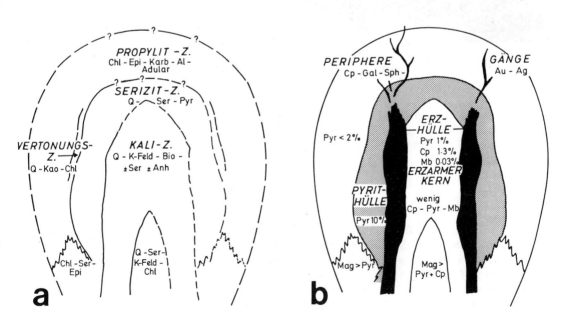

Abb. 22. Die Zonierung der hydrothermalen Alteration (a) und der Vererzung (b) in einer porphyrischen Kupferlagerstätte nach dem LOWELL-GUILBERT (1970) Modell.

Erzbildung und hydrothermale Alteration erfolgten durch spät-magmatische und meteorische Wässer, bei Temperaturen zwischen 400 und 800 °C. Über 90 % der Erze liegen in einem Spaltennetzwerk in der äußeren K-Zone und der Serizit-Zone vor („Stockwerk", Abb. 23), der Rest verdrängt silikatische Minerale („disseminierte Erze"). Nach oben und außen entwickelt sich oft ein Hof (Halo) von kleinen, aber reichen Buntmetall-Ganglagerstätten, die ursprünglich alleine von Interesse waren. Schwefelisotope haben eine magmatische Signatur, wogegen die Wasser- und Sr-Isotope deutlich den Übergang von frühen magmatischen zu späten meteorischen Wässern belegen. Die beteiligten Fluide hatten anfangs eine sehr hohe Salinität von 40 bis über 60 %, mit wechselnden Anteilen von K, Na, Ca, Fe, Cu etc. Dadurch enthalten die Einschlüsse viele Tochterminerale (Halit, Sylvinit, Anhydrit, Chalkopyrit, Hämatit, Fe-Chlorid usw.). Kogenetische liquide und gasförmige Einschlüsse beweisen Kochen der Fluide; zusammen mit der allgegenwärtigen Brekziierung läßt dies auf hydrothermale „Sprengung" schließen. Diese entsteht durch magmatische Entmischung einer fluiden Phase, welche infolge des zunehmenden Innendruckes nach oben durchbricht und dabei retrograd aufkocht; damit verbunden sind eine rapide Expansion einerseits, und ein Temperaturabfall andererseits, welcher die feinkörnige Kristallisation der Restschmelze bewirkt. In der Folge entwickeln sich große hydrothermale Konvektionsysteme, welche zunehmend durch meteorische Wässer gespeist werden. Diese kühlen die Intrusion weiter ab und bewirken z.T. Umlagerung der früher gebildeten Erze und weitere Nebengesteinsalteration.

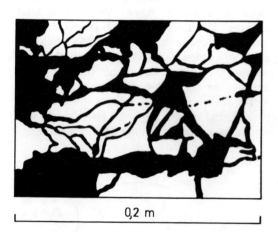

Abb. 23. Stockwerkvererzung im Dazit der porphyrischen Kupferlagerstätte von Murgul/Türkei (nach H. SCHNEIDERHÖHN).
Schwarz: Kupfererz; Weiß: veränderter Dazit.

Die Herkunft der Metalle ist wohl in den tiefen Herdbereichen der Intrusionen zu suchen, doch ist diese Frage – wie so oft – nicht eindeutig beantwortet. Porphyre an aktiven Kontinentalrändern führen neben Cu auch Sn und Mo, jene der Inselbögen eher Au. Präkambrische Porphyrlagerstätten sind sehr selten.

Literatur:

FRANCIS, P. W., HALLS, C. & BAKER, M. C. W., 1983, Relationships between mineralization and silicic volcanism in the Central Andes. J. Volcanology Geotherm. Res. 18, 165-190.
LAZNICKA, P., 1988, Breccias and coarse fragmentites. Dev. Econ. Geol. 25, 842 pp, Elsevier.
LOWELL, J. D. & GUILBERT, J. M., 1970, Lateral and vertical alteration-mineralisation zoning in porphyry ore deposits. Economic Geol. 65, 343-408.
SCHNEIDER, H.-J., ÖZGÜR, N. & PALACIOS, C. M., 1988, Relationship between alteration, rare earth element distribution and mineralisation of the Murgul copper deposit, Northeastern Turkey. Economic Geol. 83, 1238-1246.

SILLITOE, R. H., 1985, Ore-related breccias in volcano-plutonic arcs. Economic Geol. 80, 1467-1514.
TITLEY, S. R. & BEANE, R. E., 1981, Porphyry copper deposits. Economic Geol. 75th Anniv.Vol., 214-269.

Die Ganglagerstätten

Erzgänge waren historisch bis in die Neuzeit die wichtigsten Lagerstätten; Bergbau und geowissenschaftliche Forschung wurden daran entwickelt, wie die grundlegenden Werke von AGRICOLA (1556) bis LINDGREN (1933) und sogar noch SCHNEIDERHÖHN (bis 1958) zeigen. Die wirtschaftliche Bedeutung der meist kleinen, doch reichen Ganglagerstätten hat in den letzten Jahrzehnten gegenüber großen Armerzlagerstätten rasch abgenommen, da sie sich weniger für einen billigen, mechanisierten Abbau eignen. In Bezug auf einzelne Metalle, vor allem natürlich Gold, erleben aber Ganglagerstätten zur Zeit einen neuen Aufschwung.

Erzgänge sind hydrothermal gefüllte Spalten; die sie begrenzenden Flächen heißen *Salbänder*. Quer zur Schichtung des Nebengesteins liegende Gänge bezeichnet man als quergreifend, in den Schichtfugen liegende als *Lagergänge*. Gänge können im Streichen auskeilen, das nennt man „sich verdrücken". Sie spalten oft in einzelne Teile auf; diese sind die „Gangtrümer". Insbesondere verästeln sie sich nach oben (z. B. Silbererzgänge in Peru, Magnesitgänge in der Türkei).

Mächtigkeit (Dicke) und streichende Erstreckung (horizontale Länge) von Gängen können sehr unterschiedlich sein. Sehr reiche Gold-oder Silbererze können schon bei wenigen Dezimetern Mächtigkeit wirtschaftlich (und damit bergbaulich) interessant sein, Zinn und Wolfram ab etwa 1 m, Baryt und Flußspat sollten mindestens 2 m mächtig (also in Stollenbreite) vorliegen. Wohl der längste Erzgang der Erde ist der Mother Lode/USA, mit 120 km streichender Erstreckung. Gewöhnlich aber sind gebaute Erzgänge einige Zehner bis wenige Tausend Meter lang.

Ist für die Ausbildung der metasomatischen Lagerstätten die chemische Eigenart des Nebengesteins maßgeblich, so ist es für die Ganglagerstätten die mechanische. Kompetente Gesteine eignen sich natürlich besser zur Spaltenbildung als inkompetente. In den ehemaligen Bergbauen von Ramsbeck und im Siegerland waren die Gänge in den Grauwacken und quarzitischen Schiefern gut, in den Tonschiefern schlecht ausgebildet. Die zinnführenden Quarzgänge von Rutongo/Rwanda liegen fast ausschließlich in dichten Quarziten, und nur einzelne größere Gänge queren Quarzite und Schiefer (Abb. 24). Sehr spröde Gesteine, wie Rhyolithe oder Quarzite, neigen zur Bildung kurzklüftiger Beanspruchungszonen, die zuweilen eher eine stockwerkförmige Vererzung bedingen. Gänge, die an den Salbändern das Nebengestein verdrängen, heißen Verdrängungsgänge (replacement veins).

Die gebirgsmechanische und tektonische Deutung von Gangspaltensystemen gehört zu den reizvollsten Aufgaben der Lagerstättengeologie und ist überdies für das rationelle Aufsuchen von Gängen und die Ausrichtung von Verwerfungen von großer praktischer Bedeutung. Fast jedes Gangrevier hat hier seine eigenen Gesetzmäßigkeiten, die nur durch sorgfältige Grubenaufnahmen und kleintektonische Beobachtungen herausgefunden werden können.

Allgemein spiegelt die Anlage und Öffnung von Spalten. Scherflächen und Störungen natürlich die Raumlage der Gebirgsspannungen $\sigma_1 > \sigma_2 > \sigma_3$ während der Gangbildung wider (Abb. 25). Öffnung einer Spalte ist nur möglich, wenn die Normalspannung σ senkrecht zur Bruchfläche negative Werte annimmt (also eine Zugspannung auftritt), oder wenn so hoher Fluiddruck vorliegt, daß die Gebirgsfestigkeit drastisch verringert bzw. überschritten wird. Letzteres ist bei relativ oberflächennahen hydrothermalen Systemen nicht selten, wie im Abschnitt über porphyrische Lagerstätten gezeigt wurde. Tiefere hydrothermale Systeme zeigen oft eine enge Abhängigkeit von Druckaufbau in den Fluiden, Bewegung an der Gangstörung und Absatz von Erzen und Gangarten; dies ist als „seismisches Pumpen" (seismic pumping) bezeichnet worden (SIBSON et al. 1975).

Eine *tektonische Kontrolle* von Erzgängen durch Neubildung von Bruchspalten oder Erweiterung und Füllung älterer Trennflächen ist häufig so klar, daß über die gleichzeitig mit der Erzbildung ablaufenden tektonischen Prozesse Aussagen möglich sind. Dabei zeigt es sich, daß Gänge erwartungsgemäß besonders oft an regionale Dehnungstektonik gebunden sind, also an Grabenbildung (Silber-Bleierzgänge der Rheintalgraben-Randbrüche, die Silbererze von Kongsberg bei Oslo, aber auch die Black Smokers der mittelozeanischen Rücken) und post-orogene Dehnung innerhalb

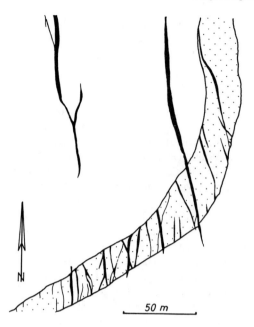

Abb. 24. Geologische Karte einer Sohle des Zinnbergbaues Rutongo/Rwanda (POHL 1978).
Die Zinnstein-Quarzgänge (schwarz) liegen bevorzugt in einer kompetenten Quarzitbank; besonders reich vererzt sind sie jeweils an deren Kontakten mit Schiefern.

großer Schollen (die Erzgänge von Freiberg/Sachsen, die Blei-Zinkgänge im Oberharz, u.v.a.). Es gibt aber auch Gänge, die während kompressiver Deformationsphasen gebildet wurden, also gleichzeitig mit Scherung (HODGSON 1989), Faltung oder Überschiebung (die Goldquarzgänge der Golden Mile/W-Australien, Blei-Zinkerze von Ramsbeck/Sauerland, Zinn- und Wolframgänge in Zentralafrika, die Goldquarzgänge in gefalteten Schiefern in Victoria/Australien). Eine besondere Gruppe von Spaltengängen bilden jene, die schräg zu Transversalverschiebungen angeordnet sind („Fiederspalten").

Besonders interessant ist die Untersuchung von Spaltenbildung (also des Spannungsfeldes) und Gangfüllung innerhalb eines Revieres nach der zeitlichen Abfolge. Vielfach nämlich hat eine Gangschar einer bestimmten Raumlage eine Paragenese, die sich von der eines anders gerichteten Systems unterscheidet. In Freiberg/Sachsen waren die älteren N-S streichenden Gänge kiesig-blendig, die jüngeren W-E streichenden aber fluor-barytisch mit silberreichem Bleiglanz. In Rwanda sind die früher gebildeten Wolframitgänge gefaltet, und werden von späteren, undeformierten Gängen mit hier allerdings gleicher Paragenese durchschlagen (Abb. 26).

Die Verteilung der Erze in den Gängen ist in der Regel sehr inhomogen. Oft sind nur $1/4$ bis $1/3$ der Gesamtfläche überhaupt bauwürdig. Man nennt dieses Verhältnis, das auch auf das anteilige Volumen bezogen sein kann, den *Bauwürdigkeitskoeffizienten*. Auch innerhalb der vererzten Teile gibt es reichere und ärmere Partien; die metallreichsten darunter nennt man *Adelszonen, Adelsvorschübe oder Erzfälle*. Die letztere Bezeichnung gilt für steil einfallende Reicherzzonen (Abb. 27). Vor allem sind in Gangrevieren die Gangkreuze („Scharungen") erzreich, weil hier die stärkere Zerrüttung des Nebengesteins den Hydrothermen weitere Ausbreitung (zum Teil mit Dekompression) ermöglichte, eine große Nukleationsfläche darbot, und weil gelegentlich die sulfidischen Erze des älteren Ganges fällend auf die Erzlösungen des jüngeren wirkten. Im Freiberger Revier waren die Kreuze der jüngeren Pb-Zn-Gänge mit den älteren Pyrit-Zn-führenden besonders silberreich (Abb. 28). Natürlich sind hier auch alle bereits früher besprochenen Nebengesteinseinflüsse wirksam, wie Fahlbänder, bituminöse Schichten, Karbonatbänder, etc. Auch unbauwürdige, fast taube Gänge können an Kreuzungsstellen abbauwürdig werden.

Vielfach konnten auch Beziehungen zwischen der Morphologie der Gangfläche und Adelszonen nachgewiesen werden. Bezogen auf eine gedachte, etwa gangparallele Bezugsfläche haben Gänge

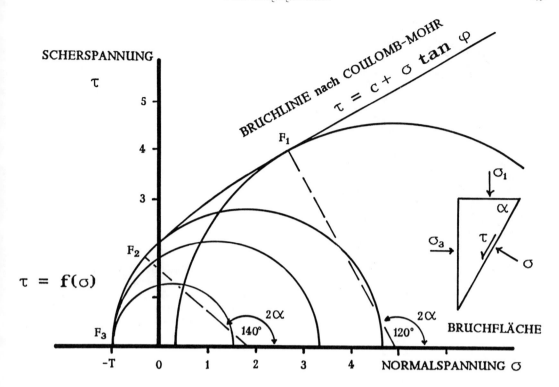

Abb. 25. Die Bildung von Scherbrüchen (F1), Scherspalten (F2) und Zugspalten (F3) und der jeweils zugehörige Bruchwinkel α, sowie die Lage der Gebirgsspannungen $\sigma_1 > \sigma_2 > \sigma_3$ im Mohr-Diagramm.
Öffnung von Spalten ist nur bei negativer Normalspannung bzw. bei hohem Fluiddruck u möglich, welcher zu reduzierten effektiven Spannungen führt ($\sigma_{eff} = \sigma - u$).

immer „Rinnen" und „Aufwölbungen", die in konstruierten „Höhenlinien" dargestellt werden (im britischen Sprachgebrauch: Conolly-Diagramme; SCHWARTZ 1986). Man kann darin Erzgehalte, Gangmächtigkeit, Verschneidungen mit verschiedenen Nebengesteinen oder Querstörungen und dgl. mehr eintragen, womit weitere Aufschlüsse für die Ursachen der Adelszonen gewonnen werden. Es ist klar, daß all dies für die Aufsuchung neuer Erzvorräte größte Bedeutung hat, wie schon AGRICOLA dargelegt hat.

Es ist eine altbekannte Erfahrung, daß Ganglagerstätten mit zunehmender Tiefe eine Änderung ihres Erz- und Gangartbestandes aufweisen oder vertauben. In Blei-Zinkgängen ist das sehr oft eine relative Zunahme des Zn mit der Tiefe (z. B. Oberharz). Die Barytgänge im Südharz vertauben durch Verquarzung. In Cornwall führen die Gänge zu oberst Siderit und Spekularit, darunter Blei-Zinkerz, dann Kupferkies und Arsenkies, und zutiefst Wolframit und Zinnstein (Abb. 29). Diese Zonierung der Paragenese mit der Tiefe ist eine Folge des Eintretens in die Bereiche höherer Bildungstemperaturen und -drucke; besonders klar ist das bei der Lage über einem magmatischen Herd. Man nennt dies die *primären Teufenunterschiede*, da es sich um den ursprünglichen Mineralbestand und nicht um sekundäre, von der Oberfläche ausgehende Verwitterungseinflüsse handelt. Letztere werden weiter unten besprochen.

Die gleichen Änderungen der Paragenese von Gängen, die mit zunehmender Tiefe eintreten, zeigen sich auch im horizontalen Schnitt mit der Annäherung an den Herd hydrothermaler Systeme. Dieser ist von innen nach außen mehr oder weniger konzentrisch mit bestimmten paragenetischen Assoziationen umgeben. Man bezeichnet das als *horizontale Zonierung oder zonare Verteilung,* wenn sich individuelle Gänge eines Distriktes in dieser Weise angeordnet finden.

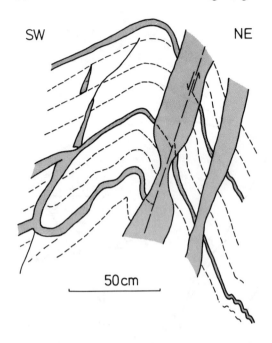

Abb. 26. Aufschlußskizze von Wolframit-Quarzgängen im Bergbau Kifurwe/Rwanda (FRISCH 1975).
Ältere, meist schichtparallele Gänge sind gefaltet, jüngere quergreifend und kaum deformiert. Die Bildung ist syn- bis spättektonisch, bei hohem Fluiddruck.

Solche Zonen zeichnen also Paläo-Geoisothermen im Kartenbild nach, wie das im Vertikalprofil die primären Teufenunterschiede tun. Diese Beziehung kann man auch praktisch verwerten, indem sich aus einer zonaren Verteilung Rückschlüsse auf die zu erwartende Vererzungstiefe ziehen lassen. Natürlich dürfen zur Konstruktion der Zonierung eigentlich nur gleich alte Paragenesen verwendet werden, da die thermische und geochemische Aureole während der Aktivitätszeit eines hydrothermalen Systems (wohl einige Tausend bis Zehntausende Jahre) mehrfach zusammensinken und wieder aufgebaut werden kann, so daß sich vielfache Überlappungen ergeben.

Die vorerwähnten Erzgänge von *Cornwall*, deren Zinn und Kupfer bereits die Phönizier zu gewagten Handelsfahrten veranlaßte, zeigen diese Zonierung im Großen sehr überzeugend (Abb. 29). Der Batholit von Cornwall besteht aus mehreren Granittypen, welche an der Wende Karbon/Perm (um ca. 290 Ma) in rascher Folge intrudiert sind. Die jüngsten sind geochemisch deutlich spezialisiert, doch ohne bedeutende postmagmatische Erzbildung. Alle Granite enthalten soviel U und Th (im Durchschnitt ca. 11 bzw. 19 ppm), daß sie eindeutig als HHP-Granite einzuordnen sind. Die Hauptphase der cornubischen Vererzung erfolgte 20 Millionen Jahre nach der Erstarrung der Granite, mit weiteren nachweisbaren Episoden um 225-215, 170-160 und 75 Ma. Noch heute gibt es in den Zinnbergbauen heiße Quellen, und man sagt, die hydrothermale Vererzung dieser Granite wäre noch lange nicht abgeschlossen (STONE & EXLEY 1985).

Die einzelnen Lagerstätten Cornwalls liegen zoniert um „Emanationszentren" in den Graniten oder seltener in den paläozoischen Schiefern des Nebengesteins. Man kennt etwa 60 solcher Zentren, welche ungefähr elliptisch sind, mit einer langen Achse von rund 4 km Ausdehnung. Die innerste Zone führt Zinnstein und Wolframit, daneben Arsenopyrit, Molybdenit, Spekularit, Scheelit, Kupferkies und Pyrit. Gangarten sind Quarz und Fluorit, mit Kalifeldspat, Glimmer, Turmalin und Chlorit. Die Fluide hatten Temperaturen zwischen 500 und 250 °C, bei abnehmender Salinität von 24 bis unter 10 % NaCl. Nach außen folgt eine Zone mit Pb, Zn, Ag, U, Ni, Co und Bi in einer quarzigen Gangart mit zunehmendem Anteil von Baryt, Karbonat und Chalzedon. Hier wurden Temperaturen von 350 bis 150 °C gemessen, die Salinität sinkt bis nahe 0 % ab. Die äußerste Zone enthält Sb und Fe (Bournonit, Antimonglanz, Hämatit, Siderit) und wurde aus Fluiden bei 150 °C und 25 % NaCl gebildet. Im Einzelnen gibt es allerdings viele Abweichungen von diesem Zonenschema.

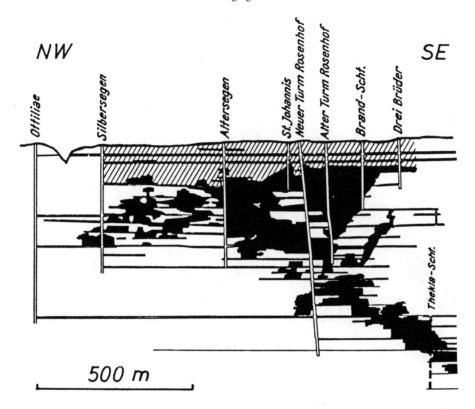

Abb. 27. Abgebaute Gangflächen (schwarz) im Rosenhöfer Gang des Oberharzer Pb-Zn Reviers (aus BUSCHENDORF et al. 1971).
Schraffiert sind mittelalterliche Verhaue.

Neben den Metallerzen sind die cornubischen Granite durch sehr bedeutende Kaolinlagerstätten ausgezeichnet, die als Schlote und horizontale Zonen eigenständig auftreten. Eine Bildung durch saure, heiße Wässer erscheint gesichert. Wie fast alle Lagerstätten Cornwalls sind aber auch die Kaolinite durch Einwirkung meteorischen Wassers entstanden, was Isotopenanalysen zeigen. So schließt man heute, daß auf Grund der radiogenen Wärmeproduktion der (HHP-)Granite hydrothermale Konvektionssysteme gebildet wurden, welche durch absinkendes meteorisches Wasser gespeist waren. In der Tiefe haben die heißen Lösungen Alteration der Granite bewirkt und damit Metalle freigesetzt, die in den heutigen Erzgängen ausgefällt wurden.

Früher hat man die Zonierung der hydrothermalen Lagerstätten um große granitische Massive ausschließlich als Hinweis auf eine magmatogene Herkunft der Lösungen verstanden. Wie Cornwall zeigt, ist diese Auffassung zu schematisch. Dazu kommt, daß solche Batholite in der Regel mehrphasig entstanden sind, indem spätere Granite die älteren intrudieren. Fast immer sind in einer derartigen zeitlichen Abfolge die jüngsten Granitphasen jene, welche die hydrothermalen Systeme verursacht haben. Das gilt für die Zinngranite in Malaysia ebenso wie für die mineralisierten Granite des paläozoischen Orogens in Ost-Australien und für jene der mittelproterozoischen Kibariden in Zentralafrika (POHL 1987). Auch die klassischen granitbezogenen Lagerstätten des Erzgebirges belegen diese Regel.

Die Granite des *Erzgebirges* intrudierten vom späten Karbon bis ins frühe Perm (310 bis 285 Ma). Die Folge umfaßt frühe porphyrische Monzogranite und drei weitere Phasen, die zunehmend differenziert sind, mit einem deutlichen Anstieg der Urangehalte (DILL 1985). Im Gegensatz zu

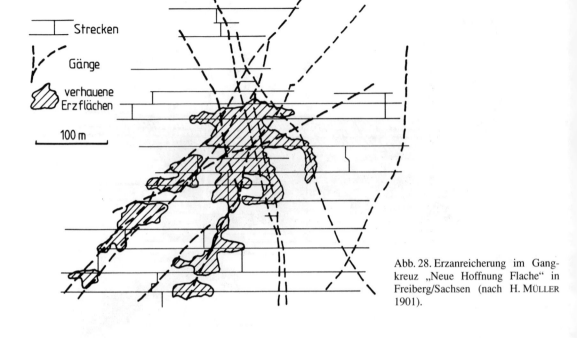

Abb. 28. Erzanreicherung im Gangkreuz „Neue Hoffnung Flache" in Freiberg/Sachsen (nach H. MÜLLER 1901).

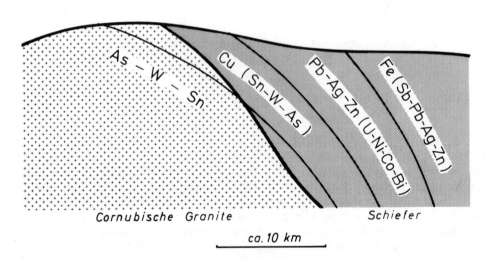

Abb. 29. Schematisiertes Profil der primären Zonierung der Erzgänge in Cornwall/England und ihr Ausstreichen an der heutigen Oberfläche.

Cornwall folgte hier aber die Mineralisation sehr rasch auf die Konsolidierung der jüngsten Granite, weshalb sie weiterhin als magmatogen aufgefasst wird.

In Anwendung der granittektonischen Untersuchungsmethodik nach H. CLOOS konnte W. E. PETRASCHECK (1944) ferner zeigen, daß die Lagerstätten des Riesengebirgsplutons vorwiegend um die steile Aufstiegszone der Magmen angeordnet sind (Abb. 30). Der Westteil des Granitkörpers ist eine flache, von Schiefergneisen unterlagerte Platte. Dieses Gebiet ist praktisch erzleer. Im Erzgebirge, aber auch in den Kibariden liegen die Granite und die zugehörigen Lagerstätten oft in

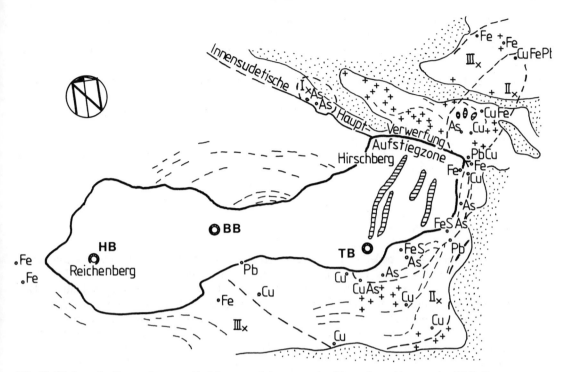

Abb. 30. Häufung der Lagerstätten um die Magmenaufstiegszonen im Riesen-Isergebirgsmassiv (W. E. PETRASCHECK 1944).
Dick umrandet: Granit; strichliert: kristalline Schiefer; schraffiert: Porphyr; Kreuzchen: Albitisierung; Kreise: Basaltschlote mit Fragmenten der Granitunterlage: HB – Hoher Berg, BB – Buchberg, TB – Teichmannbaude; punktiert: jüngere Bedeckung.
I – Arsenerzzone; II – Kupfererzzone; III – Eisenerzzone.

Antiklinorien bzw. Antiklinalen, welche als „Fangglocken" sowohl für die aufsteigenden Magmen wie auch für die nachfolgende hydrothermale Aktivität gewirkt haben. Offensichtlich sind für das Verständnis der Verteilung granitbezogener Ganglagerstätten neben geochemischen Untersuchungen und Altersdatierungen auch feldgeologische Arbeiten von größter Bedeutung.

Literatur:

AGRICOLA, G., 1556, Vom Berg- und Hüttenwesen. 610 pp, DTV München 1980 (Deutsche Übersetzung von „De re metallica libri XII").
BUSCHENDORF, F. et al., 1971, Die Blei-Zink-Erzgänge des Oberharzes. Beih. Geol. Jb. 118, 212 pp, Hannover.
DILL, H., Granite-related and granite-induced ore mineralisation on the western edge of the Bohemian Massif. Pp 55-70 in: High heat production (HHP) granites, hydrothermal circulation and ore genesis. IMM London.
FRISCH, W., 1975, Die Wolframlagerstätte Gifurwe (Rwanda) und die Genese der zentralafrikanischen Reinit-Lagerstätten. Jb. Geol. B.-A. 118, 119-191, Wien.
HODGSON, C. J., 1989, The structure of shear-related, vein-type gold deposits: a review. Ore Geol. Reviews 4, 231-273.
MANDL, G., 1988, Mechanics of tectonic faulting: models and basic concepts. 407 pp, Elsevier.
MÜLLER, H., 1901, Die Erzgänge des Freiberger Erzreviers. Erl. z. geol. Spez.-Karte Sachsen, Leipzig.
PETRASCHECK, W. E., 1944, Einige Beziehungen zwischen Intrusionstektonik und Lagerstättenverteilung. Geol. Rundschau 34, 38-54.
POHL, W., 1978, Die tektonische Kontrolle der Zinngänge von Rutongo, Rwanda (Afrika). Mitt. Öst. Geol. Ges. 68, 89-107.

POHL, W., 1987, Metallogeny of the North-Eastern Kibara belt, Central Africa. Pp 103-119 in: P. BOWDEN & J. A. KINNAIRD (Eds.), African Geology Reviews. J. Wiley.

RAMSAY, J. G. & HUBER, M. I., The techniques of modern structural geology. Vol. 1/1983: Strain analysis. 307 pp und Vol. 2/1987: Folds and fractures. 700 pp, Academic Press.

SCHWARTZ, M. O., 1986, Interpretation of the Conolly contour diagram of fault-related veins. Mineralium Deposita 21/1, 1-11.

SIBSON, R. H., MCMOORE, J. & RANKIN, A. H., 1975, Seismic pumping – a hydrothermal fluid transport mechanism. J. Geol. Soc. Lond. 130, 163-177.

STONE, M. & EXLEY, C. S., 1985, High heat production granites of southwest England and their associated mineralization: a review. Pp 571-593 in: High heat production (HHP) granites, hydrothermal circulation and ore genesis. IMM London.

Vulkanogene Lagerstätten

Es gibt eine große Zahl bedeutender Lagerstätten, deren Entstehung eng mit terrestrischem oder submarinem Vulkanismus verbunden ist. Zwei wichtige Vertreter dieser Gruppe haben wir schon früher kennengelernt: Die subvulkanischen Porphyr-Lagerstätten und die exhalativen Erze der Ophiolite (Cu-führende massive Pyriterze vom Zypern-Typ). Hier sollen nun allgemeine Charakteristika vulkanogener Lagerstätten beschrieben und weitere Typen besprochen werden, vor allem die Kuroko-Lagerstätten der Inselbögen und die vorwiegend terrestrischen epithermalen Gold-Silber-Buntmetall-Erze der aktiven Plattenränder.

Subvulkanische Lagerstätten entstehen in geringer Tiefe bis maximal 2000 m (H. BORCHERT) als Erzgänge, metasomatische und Brekzienerzkörper sowie Imprägnationen, meist mit starker hydrothermaler Alteration der Nebengesteine. Infolge der oberflächennahen Lage der thermischen Herde sind die Geoisothermen sehr eng aneinandergerückt, so daß ein steiler *geothermischer Gradient* besteht. Dadurch sind die primären Teufenunterschiede über eine geringe Tiefe entwickelt bzw. oft sogar ineinandergeschoben, wenn der Lösungsinhalt der Hydrothermen auf engstem Raum nahe der Oberfläche ausfiel („telescoping"). Dies wird durch plötzliche Druckveränderung verstärkt, wenn während des Aufsteigens Übergang vom lithostatischen zum hydrostatischen Druckregime oder Sieden („boiling") eintritt. Deshalb vertauben subvulkanische Lagerstätten oft in geringer Tiefe und haben nach unten konvergierende Erzkörper.

Das *Sieden oder Aufkochen von Hydrothermen* kontrolliert in besonderem Maße Form und Ort des Erzabsatzes (FINLOW-BATES & LARGE 1978, Abb. 31). Wenn die Lösungen noch innerhalb der Aufstiegswege sieden, entstehen disseminierte oder Stockwerkvererzungen. Soferne Aufkochen und Austreten ins Meerwasser zusammenfallen, resultieren massige Erzkörper. Erfolgt das Ausströmen ins Meerwasser weit unter der Siedegrenze, bilden sich Erze mit vorwiegend sedimentären Texturen. Alle Lagerstätten, welche aus untermeerisch austretenden Hydrothermen entstanden sind, werden als *submarin-exhalativ* bezeichnet. Soferne der Erzabsatz eine überwiegend sedimentäre Komponente hat, etwa bei Ausfällung durch Mischung der Erzlösungen mit dem Meerwasser und nachfolgendem „Abregnen" der Präzipitate, nennt man solche Lagerstätten *exhalativ-sedimentär*. Die so entstandenen Schichten von Erzen und „Gangart"-Mineralen nennt man insgesamt *Exhalite*.

Die Möglichkeit der Lagerstättenbildung durch untermeerische vulkanische Exhalationen wurde schon von ELIE DE BEAUMONT (1847) erkannt. Wesentliche Beiträge zu ihrer Erforschung stammen von SCHNEIDERHÖHN und zuletzt vor allem von STANTON (1987 und viele frühere Arbeiten).

Nach STANTON (1987) lassen sich *submarine, vulkanogen-exhalative Lagerstätten* folgend beschreiben und genetisch deuten:

Bei den Vulkaniten handelt es sich um Basalte, Andesite, Dazite und Rhyolite. Die wichtigsten Metalle dieser Lagerstätten sind Fe-Cu-Pb-Zn, meist mit Cd-As-Sb-Bi, seltener auch Au-Ag. Polymetallische Lagerstätten sind oft vertikal zoniert, mit Fe-Cu unten, darüber Zn und Pb, überlagert von Baryt oder dichten SiO_2-Exhaliten. Bei der Ablagerung dürften kolloidale Texturen und Framboid-Pyrit vorgeherrscht haben, die aber mit zunehmender Diagenese und Metamorphose

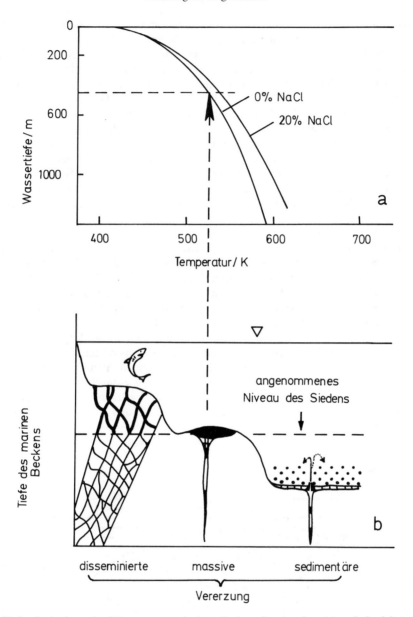

Abb. 31. Das Sieden hydrothermaler Lösungen unter hydrostatischem Druckregime (a) und abgeleitete Formen submarin-exhalativ gebildeter Lagerstätten (b) (nach FINLOW-BATES & LARGE 1978).
In (b) wird Sieden bei 450 m Tiefe und 525 K (ca. 252 °C) angenommen. Erhöhter NaCl-Gehalt würde bei gleicher Tiefe gering höhere Temperatur bedingen, damit Sieden eintritt.

durch Sammelkristallisation überprägt werden. Bänderung, syn-sedimentäre Gleitfalten und sogar gradierte Schichtung von Sulfiden wurden oft beschrieben. Eine weit ausgedehnte Mn-Anomalie markiert den Erzhorizont in den Nebengesteinen, und kann selbst nach kräftiger Metamorphose noch aufgefunden werden (STUMPFL 1979). Auffällig ist, daß eisenreiche Sulfide vorwiegend mit Basalten, Fe-Cu-Zn mit Andesit/Dazit und Fe-Pb-Zn mit Rhyolithen verbunden sind. Überraschend ist ferner, daß Ni-Co stark zurücktreten, obwohl die am weitesten verbreiteten Basalte von diesen und allen anderen Metallen hohe Spurengehalte haben. Da in den Erzlösungen nach Isotopenuntersuchungen in der Regel verändertes Meerwasser weit überwog, hat man die Bildung dieser Lagerstätten durch hydrothermale Konvektion und Lösen der Metalle aus den durchflossenen Vulkaniten erklärt (Abb. 7). Das reicht aber nicht aus, um die angeführte Zuordnung bestimmter Erze zu den verschiedenen vulkanischen Gesteinen zu verstehen. Deshalb schließt STANTON auf eine wesentliche Rolle der magmatischen Entwicklung der Vulkanite und deren Entgasung, und er zeigt weiterhin auf Grund geochemischer Argumente, daß das Auftreten oder Fehlen bestimmter Elemente vor allem mit jeweils unterschiedlichem Ablauf von Kristallisation und Differentiation zusammenhängt.

Es fixiert zum Beispiel Magnetit u.a. Zn, Cu, Co und Ni, so daß diese Metalle nicht in eine volatile Phase differenziert werden. Ni in Olivin der Basalte sollte durch hydrothermale Konvektion leicht gelöst werden; seine geringe Rolle in Zypern-Typ Lagerstätten kann besser verstanden werden, wenn man eine wesentliche Mitwirkung magmatischer Entgasung annimmt, da Ni davon ausgeschlossen ist. Auf Grund einer Vielzahl solcher Argumente schließt STANTON auf einen gemischten Prozeß bei der Bildung dieser Lagerstätten, in dem magmatische Entwicklung und Laugung durch Meerwasser jeweils verschieden wichtig sind.

Unter den submarin exhalativen Lagerstätten haben die *Kuroko-Lagerstätten* eine besondere wirtschaftliche Bedeutung, weshalb sie auch wissenschaftlich sehr gut untersucht sind (OHMOTO & SKINNER 1983). Der Name dieser Gruppe kommt vom schwarzen Zn-Pb Erz („Kuroko" der lokalen Bergleute), das zusammen mit Gelberz (Pyrit und Kupferkies, z.T. Gold: „Oko") seit langem in Japan abgebaut wurde. Die Lagerstätten liegen in einem 800 km langen Streifen an der Basis miozäner grüner Tuffe, welche auf explosiven rhyolithischen Vulkanismus einer bimodalen magmatischen Serie folgen. Dieser tritt in Zentren auf, die durch resurgente Calderen gekennzeichnet sind. Geodynamisch war die Region einer starken Dehnung und Absenkung (Rift-Bildung) unterworfen, und wird deshalb als Back Arc Becken der tertiären Inselbogenkonfiguration aufgefaßt.

Die frühen, feinkörnigen Erze (Zn, Pb, Pyrit, Baryt) entstanden durch Exhalation ins Meerwasser gleichzeitig mit dem Aufsteigen von Rhyolithdomen (Abb. 32). Danach wurden sie durch Reaktion mit heißen Lösungen weiter verändert, vor allem durch Stockwerkabsatz von grobkörnigem Pyrit, Kupferkies und Quarz. Diese Stockwerkerze können unter den exhalativen Sulfidlagern auch

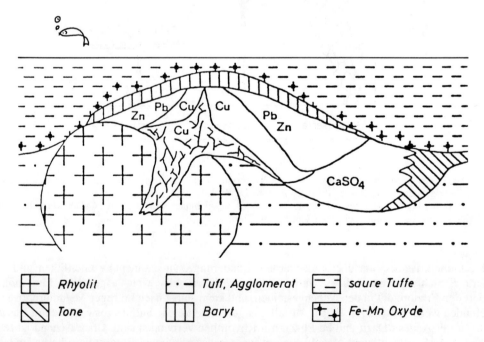

Abb. 32. Schematischer Querschnitt einer Kuroko-Lagerstätte (nach FINLOW-BATES 1980). Weiß mit Cu, Pb und Zn sind stratiforme Erze.

eigenständige Erzkörper darstellen; sie zeichnen die Aufstiegszonen der Hydrothermen nach. Die Wassertiefe lag bei rund 3500 m; die Temperatur der Lösungen stieg während der Erzbildung infolge der Intrusion der Rhyolithdome von 150 bis 350 °C an. Die somit verursachte Aufwölbung und Versteilung der Exhalite führte zu komplexer Deformation der Erzlager.

Sieden der Fluide konnte nicht nachgewiesen werden. Wasserisotope belegen verändertes Meerwasser mit maximal 5 % NaCl (äquivalent); der Schwefel stammt ebenfalls aus dem Meerwasser, z.T. aber auch aus magmatischen Quellen; die Bleiisotope entsprechen den Vulkaniten und unterlagernden Sedimenten. Sehr charakteristisch ist die hydrothermale Alteration im Liegenden der massigen Sulfiderze, mit einer um das Stockwerk angeordneten Zonierung von Chlorit/Serizit innen über Montmorillonit bis Zeolith nach außen.

Lagerstätten vom Kuroko-Typ entstanden seit dem Archaikum; sie sind deshalb weltweit verbreitet. Eine Bindung an konvergente Plattengrenzen kann allgemein postuliert werden. Rezente Äquivalente wurden in jüngster Zeit im Okinawa Trog gefunden (HALBACH et al. 1989).

Überwiegend Pyrit mit Kupferkies, Magnetkies und wechselnd geringen Gehalten von Zinkblende, Gold und Magnetit zeichnen die *Kieslager vom Besshi Typ* aus, die nach der Besshi Mine auf der japanischen Insel Shikoku benannt sind. Es gibt dort etwa 100 ähnlicher Lagerstätten in einer vulkanosedimentären, epizonal metamorphen, stark gefalteten Serie. Kalk-alkalische Basalte und Tuffe mit niedrigen K-Gehalten sind schichtförmig klastischen Sedimenten, überwiegend Grauwacken, eingelagert. Die Erzkörper sind stratiforme Linsen, intern oft gebändert, und tektonisch zu Spindeln deformiert. Nach FOX (1984) werden Sulfidlagerstätten vom Besshi Typ in Dehnungsbecken früher Inselbögen oder in epikontinentalen Dehnungszonen gebildet. Ähnlich sind weltweit viele Kieslager in metamorphen Serien, etwa in den Alpen oder die *„Fahlbänder"* Norwegens.

Auch mit terrestrischem Vulkanismus sind wichtige Lagerstätten verbunden; früher schon erwähnt wurden die Fe-Oxyd Laven und -tuffe der intermediären Vulkanite und die subvulkanischen Porphyr-Erze. Hier sollen die Au-Ag und buntmetallreichen *epithermalen Lagerstätten* besprochen werden. Nach LINDGREN's Klassifikation (1933) sind diese folgend definiert:
– Bildungstiefe von 0-1500 m
– Bildungstemperatur 50-200 °C
– Lagerstätten in Sedimenten oder Vulkaniten, immer mit oberflächennahem Magmatismus assoziiert; oft durch Störungen kontrolliert.
– Erze vorwiegend in Gängen, Brekzienschloten und Stockwerken; seltener stratiform oder als Verdrängungskörper.
– wichtige Metalle: Pb, Zn, Au, Ag, Hg, Sb, Cu, Se, Te, Bi und U, teilweise gediegen, sowie als Sulfide, Selenide und Telluride auftretend.
– Gangarten: Chert, Chalzedon und Quarzkristalle (Amethyst!), Chlorit, Epidot, Karbonate, Fluorit, Baryt, Adular, Alunit, Dickit, Rhodochrosit, Zeolithe.
– hydrothermale Alteration: geringe bis intensive Silifizierung, Kaolinisierung, Pyritisierung, Dolomitisierung, Chloritisierung.
– Erztexturen typisch für Hohlraumfüllung.
– Zonierung sehr eng (Telescoping); geringe Teufenerstreckung der Vererzung.

Insgesamt ist diese Charakteristik weiterhin für eine Zuordnung verwendbar, obwohl natürlich seit LINDGREN viele neue Erkenntnisse gewonnen wurden (BERGER & BETHKE 1985). Diese betreffen vor allem die Natur der Fluide: Deren Temperaturen lagen zwischen 300-250 °C, die Salzgehalte unter 3 %; Isotopenuntersuchungen ergeben vorwiegend meteorische Herkunft, mit <10 % Anteil magmatischen Wassers. Der Erzabsatz erfolgte durch Sieden der Lösungen mit Annäherung an die Oberfläche, wobei Druckaufbau durch Selbstversiegelung der Wegsamkeiten infolge Mineralabsatzes oft zu hydrothermaler Explosion und Brekzienbildung führte. Dadurch entsteht eine Zyklizität, die sich auch in den Krusten und Kokarden der Gänge wiederspiegelt. Auch wo sich aufsteigende, kochende Fluide mit kaltem Oberflächenwasser mischten, mußte die Lösungsfracht ausfallen (Abb. 33).

Wirtschaftlich besonders bedeutend sind die epithermalen metasomatischen Golderze in Karbonaten, welche nach dem größten bekannten Lagerstättendistrikt in Nevada/USA als *Carlin-Typ* bezeichnet werden. Vererzt sind dünnschichtige, sandige devonische Karbonate, welche noch

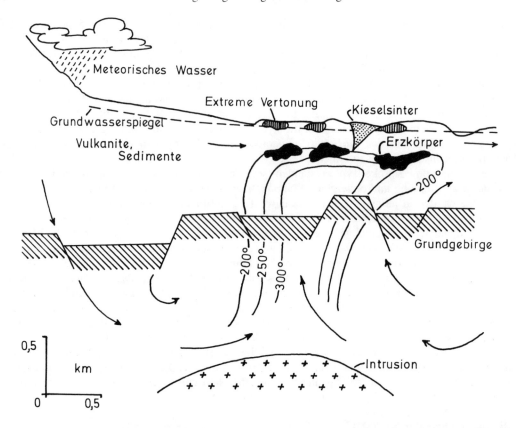

Abb. 33. Geologisches und hydrologisches Modell der Bildung einer epithermalen Lagerstätte vom Adular-Serizit Typ (verändert nach HEALD et al. 1987).

während des Paläozoikums durch Deckenüberschiebung und Faltung deformiert wurden. Tertiäre Horst- und Grabentektonik verbunden mit rhyolithischem Vulkanismus schuf die Wegsamkeiten für hydrothermale Systeme, welche in Oberflächennähe die Verdrängungserzkörper bildeten (RADTKE et al. 1980).

Epithermale Systeme können in rezenten Vulkangebieten gut studiert werden (HÖLL 1985). Daher weiß man, daß sie bevorzugt an aktiven Plattengrenzen auftreten; trotz Häufung solcher Lagerstätten über den zirkumpazifischen Subduktionszonen erscheinen sie aber regelmäßig während der Dehnungsphasen und nicht bei Kompression (Orogenese). Vulkanische Graben- und Horstzonen (z. B. Basin and Range Provinz/USA) sind besonders günstig, wo dann andesitische bis rhyolithische subvulkanische Dome oder resurgente Calderen die Lagerstättenbildung lokalisieren.

Wo epithermale Systeme an die Erdoberfläche austreten, bilden sich aus heißen Quellen erzführende Sinter oder hydrothermale Sedimente („hot springs type deposit"). Da hier aus dem mitgeführten Schwefel durch Oxydation starke Säuren produziert werden, sind solche Lagerstätten durch extreme Vertonung (Dickit, Alunit etc.) schon im Gelände auffallend. Alunit kann aber auch hypogen in gewisser Tiefe entstehen, wenn sehr schwefelreiche, vermutlich magmatische Exhalationen mit dem Nebengestein reagieren. Dieser „Alunit-Typ" epithermaler Lagerstätten wird von einem „Adular-Serizit-Typ" unterschieden (HEALD et al. 1987).

Aus dem vorher Gesagten resultieren also deutliche Unterschiede zwischen submarinen und terrestrischen, mit Vulkanismus verbundenen Lagerstätten. Weiters ist es wichtig, die Entfernung von vulkanischen Zentren zu beachten: Alle hier besprochenen Lagerstätten sind unmittelbar an Vulkanbauten gelegen oder zumindest räumlich an aktiven oberflächennahen Magmatismus gebunden, sie sind also *proximal* angeordnet. Viele Lagerstätten ähnlicher Natur zeigen nur schwache syngenetische Einflüsse vulkanischer Herkunft, etwa als schmale Tuffeinschaltungen im Erz oder im unmittelbaren Nebengestein (Rammelsberg/Harz, Mt. Isa/Australien). Dann spricht man von *distaler Lage*; eine direkte Entstehung solcher Erze durch Vulkanismus ist oft sehr fraglich. Als Gruppe werden sie als *sedimentär-exhalativ* bezeichnet (im englischen Sprachgebrauch: SEDEX), da sie schichtgebundene hydrothermal-exhalative Bildungen in weit überwiegend klastischen Sedimenten sind.

Prospektion und Untersuchung vulkanogener Lagerstätten müssen in besonderem Maße Aufbau und Entwicklung der Vulkanbauten (CAS & WRIGHT 1987) sowie die plattentektonische Situation der Magmengenese (SAWKINS 1990) einbeziehen.

Literatur:

BERGER, B. R., 1983, Conceptual models of epithermal precious metal deposits. Pp 191-205 in W. C. SHANKS, Cameron volume on unconventional mineral deposits. 246 pp, AIMMPE, New York.

BERGER, B. R. & BETHKE, P. M. (Eds.), 1985, Geology and geochemistry of epithermal systems. Reviews Economic Geol. Vol. 2, 298 pp, Soc. Economic Geol., El Paso.

CAS, R. A. F. & WRIGHT, J. V., 1987, Volcanic successions: modern and ancient – a geological approach to processes, products and successions. 544 pp, Unwin Hyman.

FINLOW-BATES, T. & LARGE, D., 1978, Water depth as major control on the formation of submarine exhalative ore deposits. Geol. Jb. D30, 27-39.

FINLOW-BATES, T., 1980, The chemical and physical controls on the genesis of submarine exhalative orebodies and their implications for formulating exploration concepts. A review. Geol. Jb. D 40, 131-168.

FOX, J. S., 1984, Besshi type volcanogenic sulfide deposits. Can. Inst. Min. Bull. 77, 57-86.

HALBACH, P. et al., 1989, Probable modern analogue of Kuroko type massive sulphide deposits in the Okinawa Trough back arc basin. Nature 338, 496-499.

HEALD, P., FOLEY, N. K. & HAYBA, D. O., 1987, Comparative anatomy of volcanic-hosted epithermal deposits: acid sulfate and adularia-sericite types. Economic Geol. 82, 1-26.

HÖLL, R., 1985, Geothermal systems and active ore formation in the Taupo volcanic zone/New Zealand. Monograph Ser. Mineral. Dep. 25, 53-73, Borntraeger.

NELSON, C. E. & GILES, D. L., 1985, Hydrothermal eruption mechanisms and hot spring gold deposits. Economic Geol. 80, 1633-1639.

OHMOTO, H. & SKINNER, B. (Eds.), 1983, The Kuroko and related volcanogenic massive sulfide deposits. Economic Geol. Monogr. 5, 604 pp.

RADTKE, A. S., RYE, R. O. & DICKSON, F. W., 1980, Geology and stable isotope studies of the Carlin gold deposit, Nevada. Economic Geol. 75, 641-672.

SAWKINS, F. J., 1990, Integrated tectonic-genetic model for volcanic-hosted massive sulfide deposits. Geology 18, 1061-1064.

STANTON, R. L., 1986, Stratiform ores and geological processes. Trans. Instn. Min. Metall. B 95, 165-178.

STANTON, R. L., 1987, Magmatic evolution and exhalative ores: evidence from the SW-Pacific. Pacific Rim Congress 1987, Aus. Instn. Min. Metall., 591-595.

II. Lagerstättenbildung durch Verwitterung

Verwitterung primärer Gesteine ist nicht nur die Voraussetzung fast jeglichen höheren Lebens auf der Erde; diese Prozesse sind auch für die Bildung einer großen Zahl wichtiger Rohstofflagerstätten verantwortlich (LELONG et al. 1976). Rohstoffe, die zu einem bedeutenden Teil aus Verwitterungslagerstätten produziert werden, sind die „alten" Metalle Eisen und Mangan, ferner Aluminium und Kaolin, aber auch Bunt- und Edelmetalle, Uran, und schließlich sogar Werkstoffe der modernsten Technologie (Gallium, Germanium).

Man unterscheidet physikalische und chemische Verwitterung, beide oft mit wesentlicher biologischer Beteiligung. Besonders wichtig dürfte in diesem Zusammenhang die erst jüngst entdeckte Gemeine Steinlaus (*Petrophaga lorioti*) aus der Gattung der Lapivoren sein (PSCHYREMBEL 1986; Abb. 34).

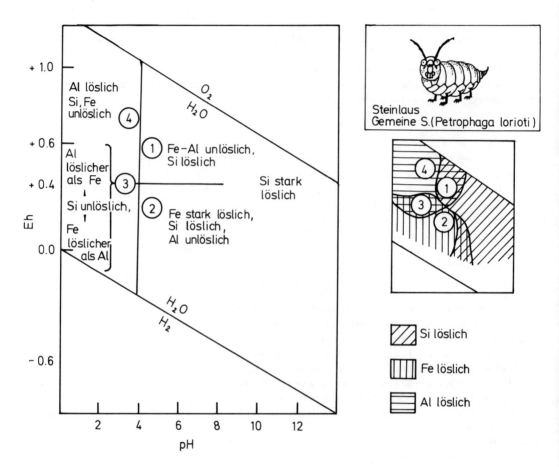

Abb. 34. Eh/pH-Bedingungen der Bildung von Laterit und lateritischen Bauxit- und Eisenlagerstätten (nach NORTON 1973).
Rechts oben ein Exemplar von *Petrophaga lorioti*.

Lagerstättenbildung erfolgt in jedem Falle durch Konzentration der ursprünglich geringen Mengen wertvoller Anteile verwitternder Gesteine, entweder als Rückstand unter Abtransport des wertlosen Materials, oder durch Lösungstransport und Wiederabscheidung des Wertstoffes. Im letzteren Fall wird die Transportweite oft sehr gering sein (wenige Meter); es gibt aber Lagerstätten, die nach sehr weiter Lösungswanderung entstehen, wie z. B. die Uranerze in Kalkkrusten („calcrete") und Sandsteinen oder nach Modellen der französischen Schule sogar Blei-Zinkerze in Karsthöhlen. Ein wichtiger Sonderfall der Lagerstättenbildung durch Verwitterung mit Lösungstransport ist die sekundäre Anreicherung ursprünglicher Armerze (primär sulfidisches Cu und Ag, oxydisches oder karbonatisches Fe, Mn).

Natürlich entstehen solche Lagerstätten bevorzugt dort, wo die Verwitterung infolge warmfeuchten Klimas und reicher Vegetation beschleunigt abläuft. Da dann Eisen und Aluminium relativ die geringste Löslichkeit haben, werden sie in tonig-sandigen Böden der Tropen und Subtropen angereichert, welche man generell *Laterite* nennt. Diese sind von ihrer Verwendung als Baumaterial abgesehen wertlos; damit *lateritische Erze* (Ni, Co, Fe, Mn, Cr, Au etc.) gebildet werden, müssen neben geeigneten Ausgangsgesteinen bestimmte morphologische, hydrogeologische und geochemische Bedingungen für Lösung, Transport und Ausfällung vorhanden sein. Dazu kommt der Zeitfaktor – langandauernde Verwitterung unter relativ gleichbleibenden Verhältnissen produziert eher reife Bodenprofile mit Erzanreicherung. Darum gibt es Verwitterungslagerstätten vorwiegend in Tafelländern und Kratonen, wie z. B. großen Gebieten Gondwanas, seltener in jüngeren Orogenen.

Laterite sind gut zonierte Böden, mit einem obersten Auslaugungshorizont (A), darunter einer Ausfällungszone (B) und dem veränderten Ausgangsgestein in situ (C). In der Zone (B) haben viele Laterite harte Krusten von SiO_2 („silcrete"), Fe- („ferricrete") oder Mn- („mangcrete") Oxyden und Hydroxyden. Dies wird durch jahreszeitlich wechselnde Trocken- und Feuchtperioden begünstigt, weil dann Evaporation unter eher alkalischen Bedingungen mit Lösung in saurem Bodenwasser abwechselt. Typische Texturen lateritischer Böden umfassen gebänderte Krusten, Konkretionen, Pisolite und Oolite, dazu oft kleine, vertikale schlauchartige Strukturen, Liesegangringe, usw. Viele neugebildete Minerale sind kolloform, allerdings ist diagenetische Alterung allgegenwärtig. Ein Beispiel ist die Umwandlung bzw. Entwässerung von Eisenhydroxydgel zu Goethit und Hämatit:

$$Fe(OH)_3 \rightarrow FeOOH + H_2O$$
$$2FeOOH \rightarrow Fe_2O_3 + H_2O$$

Der wichtigste Faktor für effektive Auslaugungsprozesse ist Wasser, in Verein mit guter Permeabilität und Drainage des Bodens. Lateritische Lagerstätten sind also eigentlich spezielle Böden, weshalb ihre Untersuchung Methoden der Bodenkunde einschließen sollte (HARTGE & HORN 1989, SCHACHTSCHABEL 1989).

Die Rückstandslagerstätten

Diese Gruppe wird auch als *residuale Lagerstätten* bezeichnet. Dazu gehören Seifen, welche durch Lösung und Abtransport des Nebengesteins resistenter Minerale entstehen, weiters Bauxite, lateritische Gold-, Fe-(Ni, Co) und Ni-Erze, und schließlich auch manche Lagerstätten von Industriemineralen (Phosphat, Magnesit, Kaolin). *Residuale Seifen* liegen direkt über dem Ausgangsgestein, aus dem die Erze stammen. Das können Zinn- oder Goldquarzgänge sein, oder apatitführende Karbonatite, aus denen durch Weglösen der Karbonate wirtschaftlich gewinnbare Phosphatvorkommen resultieren. Solche Seifen gibt es nur in sehr flachem Gelände, da sonst Hangfließen und damit Bildung eluvialer Seifen einsetzt.

Bauxitlagerstätten entwickeln sich entweder in situ über eisenarmen Silikatgesteinen, oder nach Erosion von Bauxitdecken durch allochthone Sedimentation. Als Böden werden Bauxite eher abgetragen als erhalten, so daß die meisten Lagerstätten mesozoisch und jünger sind. Junge Bauxite bestehen überwiegend aus Gibbsit, ältere haben zunehmend Böhmit und Diaspor. Nach der Morphologie des Bildungsraumes unterscheidet GRUBB (1973) autochthone Hochlandbauxite (z. B. über den Dekkanbasalten Indiens, in Ghana und Guinea) und die zum Teil detritischen Tieflandbauxite. Dazu kommen die Karstbauxite (Mittelmeergebiet, Jamaica), welche auf verkarsteten Kalken liegen, in der Regel überlagert von transgressiven marinen Serien. Ihre Entstehung war lange umstritten, wobei eine Deutung als autochthone Bildung aus den Tonanteilen der Kalke gegen allochthone Zufuhr aus lateritischen Hochzonen stand. Mittlerweile ist die allochthone Natur der meisten dieser Bauxite auf Grund geochemischer und mineralogischer Argumente nachgewiesen (zuletzt VALETON et al. 1987, PETRASCHECK 1989).

Die Anreicherung von Aluminium aus Gesteinen mit durchschnittlich 15 % Al_2O_3 zu bauwürdigen Bauxiten mit mindestens 50 % Al_2O_3 setzt Lösung und Abtransport des ebenfalls schwer löslichen SiO_2 und Fe voraus. Dies ist nur bei gut definierten pH-Eh Bedingungen möglich (Abb. 34).

Eine überraschende Neuentdeckung der letzten Jahre sind die *lateritischen Goldlagerstätten,* deren wichtigster Vertreter die Boddington Bauxit-Mine in West-Australien ist, mit Reserven von

45 Millionen Tonnen Erz zu 1,8 ppm Au neben großen Au-armen (< 1 ppm) Bauxitvorräten. Das Lateritprofil umfasst hier von oben nach unten:
– gering mächtige lateritische Kiese mit Spheruliten (1),
– bis 5 m oxydische harte Fe-Al Krusten (2),
– maximal 8 m klumpigen Fe-Al Laterit der B-Zone (3), und
– eine bis 110 m mächtige Vertonung über intermediären bis sauren Vulkaniten (4); bunt gefleckte Kaolinite gehen hier nach unten in grüne Smektite über; beide Subzonen zeigen reliktische Gefüge des Ausgangsgesteines.

Bauwürdige Goldgehalte liegen in den Bodenzonen 2 und 3. Das Gold dieser Lagerstätte stammt aus Quarzgängen und damit assoziierten Alterationszonen des archaischen Grundgebirges. Mit einer Jahresproduktion von 2500 kg Gold ist Boddington der größte Goldbergbau Australiens. Ähnliche, doch zumeist viel kleinere Lagerstätten sind weltweit verbreitet, und stellen zur Zeit ein gesuchtes Prospektionsziel dar, weil Böden natürlich besonders billig untersucht, abgebaut und aufbereitet werden können.

Lateritische Eisenlagerstätten sind nach Reservenmenge und Fe-Gehalt selten wirtschaftlich wichtig. Immerhin können manche Laterite über basischen oder ultrabasischen Gesteinen lokal bauwürdig sein, obwohl oft Ni, Co und Cr so hohe Werte aufweisen, daß die metallurgische Verarbeitung des Erzes untragbar verteuert wird. Es besteht dann aber die Möglichkeit, daß Teile solcher Vorkommen oxydische Ni-Co Erze darstellen (Albanien, Griechenland). Lateritische Eisenerze bestehen aus oolitischem, rotem, gelbem oder braunem Hämatit und Goethit mit erhöhten H_2O, SiO_2 und Al_2O_3 Anteilen. Meist sind es autochthone oder lateral transportierte, wenige Meter mächtige deckenartige Krusten („ferricrete"). Solche Erze werden in Albanien, Guinea, Kuba und den Philippinen abgebaut.

Lateritische Nickellagerstätten sind wirtschaftlich sehr bedeutend. Sie entstehen durch Anreicherung von Ni (und Co) aus normalen ultrabasischen Gesteinen, wo diese einer intensiven und langdauernden tropischen Verwitterung unterliegen. Dieser Lagerstättentyp wurde 1863 von GARNIER auf Neukaledonien entdeckt, und etwa ab 1875 in Abbau genommen. Obwohl mittlerweile weltweit ähnliche Lagerstätten aufgefunden und abgebaut wurden, bleibt Neukaledonien der größte derartige Erzdistrikt.

Die Ultramafite von Neukaledonien gehören einer großen Ophiolithdecke an, welche fast die ganze Insel unterlagert. Frische und serpentinisierte Ultramafite haben gleichermaßen etwa 0,25 % Ni (vor allem im Olivin) und 0,02 % Co. Der Beginn der Lateritisierung der Hochflächen wird mit dem Miozän angenommen. Dadurch entstand ein reifes Lateritprofil, mit folgender Abfolge von oben nach unten (Abb. 35; GOLIGHTLY 1981):
– massive goethitische Eisenkrusten.
– Limonitzone mit residualem Mn, Cr und Al; durch Hämatit meist leuchtend rot gefärbt; erdige und konkretionäre Textur kann hier auftreten; diese Zone ist in der Regel durch starke Auslaugung von Mg, Ca, SiO_2, Ni und Co gekennzeichnet (Abb. 36).
– Nontronitzone: ferrallitische, erdige rote Tone dominieren hier, doch gibt es auch Profile, in denen massive oder netzartige Verkieselung auftritt (als Opal, Chalzedon, Jaspis, etc.). Co kann als Asbolan („Erdkobalt", Wad-ähnlich) bauwürdig vorkommen; Ni und Mn sind ebenfalls gelegentlich wirtschaftlich angereichert; Mg ist in geringerem Maße abgeführt, SiO_2 etwa den Gehalten im Ausgangsgestein gleich.
– Saprolithzone: Dies ist die Zone der in situ verwitterten Ausgangsgesteine, mit deutlich erkennbaren Strukturen und Texturen der Ultrabasite, wobei die Umwandlung vor allem Klüften folgt und nach unten zunehmend frische Kerne einschließt, bis unverwittertes Gestein erreicht ist. Die Saprolitzone ist der eigentliche Nickelerzhorizont, worin grünlicher Garnierit mit oder ohne Chalzedon und Magnesit in Gängchen, Taschen und irregulären Massen auftritt. Olivin und Pyroxen sind im Saprolit zu kolloformen Mg-Silikaten umgewandelt, welche zu Serpentin, Talk und smektitischen Tonen altern. Nickelgehalte um 3 % (als Vertreter von Mg^{2+}) machen daraus das „garnieritische" Erz. Dieses kann vereinzelt in permeablen Störungszonen weit unter der normalen Verwitterungsbasis angetroffen werden.

Die Entstehung dieser Zonierung beruht auf der Zersetzung von Olivin, Pyroxen oder Serpentin

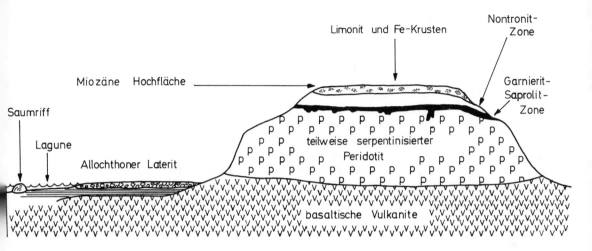

Abb. 35. Schematisches Profil einer lateritischen Nickellagerstätte über peridotitischen Gesteinen der Ophiolithdecke in Neukaledonien (nach DIXON 1979).

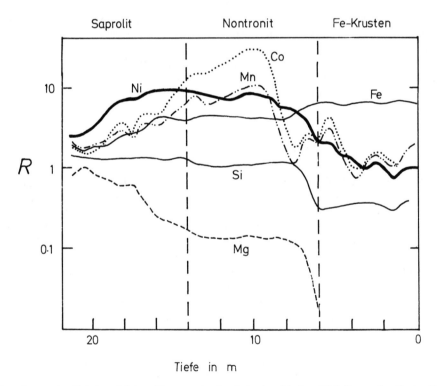

Abb. 36. Veränderung der Gehalte wichtiger Elemente im Profil der lateritischen Nickellagerstätte Brolga/Queensland/Australien im Verhältnis (R) zum Ausgangsgestein (GOLIGHTLY 1981).

durch saures Regen- und Bodenwasser; nach Messungen in Lateritprofilen Neukaledoniens nimmt infolge dieser Reaktion der pH-Wert von 6 (oben) auf 8,5 (unten) zu. Das Ni der Bodenlösungen tritt durch Ionenaustausch bevorzugt in die neugebildeten Mg-Hydrosilikate ein; das Reaktionsbeispiel für Serpentin lautet:

$$Mg_3Si_2O_5(OH)_4 + 3Ni^{2+}aq \rightarrow Ni_3Si_2O_5(OH)_4 + 3Mg^{2+} aq$$

Das gelöste Mg wird in der Regel mit dem abfließenden Grundwasser weggeführt; gelegentlich aber verbleibt es in der tieferen Saprolitzone in Form stockwerkartiger Magnesitlagerstätten (z. B. Khalilovo/Süd-Ural: SMIRNOV 1976).

Oxydische Nickelerze entstehen durch Adsorption von Ni an amorphem Fe-Hydroxyd oder durch Einbau in Goethit. Solche Erze liegen eher an Plateaurändern oder nach Transport auf sekundärer Lagerstätte (Albanien, Griechenland). Insgesamt wird die Bildung lateritischer Nickellagerstätten durch eine im Einzelnen oft sehr komplexe morphologische und hydrologische Entwicklung gesteuert, deren zeitliche Abfolge jeweils erforscht werden sollte.

Lagerstätten der deszendenten Anreicherung

Besonders wirksam werden die von der Erdoberfläche ausgehenden, also *supergenen und deszendenten Alterationen* dort, wo sie vorhandene Erzlagerstätten betreffen. Minderwertige primäre Erze werden dann in situ durch die Verwitterungslösungen angereichert. Wirtschaftlich besonders wichtige Beispiele betreffen Fe, Mn und viele Sulfiderze.

Die *supergene Anreicherung von Sulfiderzen* beruht auf der Oxydation der oberflächennahen Sulfide durch absinkendes Niederschlagswasser und die Bodenluft. Dadurch entstehen extrem saure Lösungen, die ihrerseits weitere Reaktionen bewirken. Für pyritreiche Kupfererze kann man dies schematisch folgend darstellen:

$$2FeS_2 + 15\,O + 8H_2O + CO_2 \rightarrow 2Fe(OH)_3 + 4H_2SO_4 + H_2CO_3$$
$$2CuFeS_2 + 17\,O + 6H_2O + CO_2 \rightarrow 2Fe(OH)_3 + 2CuSO_4 + H_2CO_3 + 2H_2SO_4$$

Kupfer, und in ähnlicher Weise auch Zn und Ag gehen damit in Lösung und werden nach unten transportiert. Das Eisenhydroxyd verbleibt infolge seiner geringen Löslichkeit nahe der Oberfläche und bildet die Limonit-Hämatitmassen des *eisernen Hutes* (englisch: gossan). Neben Fe gibt es hier auch residuales Gold, Mn-Oxyde, sowie verschiedene ockerige Minerale von Pb, Zn, Mo, Ni und Sb. Dadurch sind eiserne Hüte auffällige und gesuchte Anzeichen für verborgene Sulfidlagerstätten. Sie können aber auch eigenständige Erzkörper sein, insbesondere bei entsprechender Goldführung. Auch der einzige Ga-Ge Bergbau der Welt, die Apex Mine (Utah/USA: BERNSTEIN 1986), ist auf oxydiertes Material eines Sulfiderzganges angesetzt. Natürlich findet man oft supergene Limonite, die nicht mit wertvollen Erzen verbunden sind („false gossans"); sorgfältige mineralogische (BLANCHARD 1968) und geochemische Untersuchungen erlauben aber eine Unterscheidung (NICKEL & DANIELS 1985).

Unter dem eisernen Hut folgt in der Regel eine gebleichte Auslaugungszone mit starker Silikatverwitterung (z. B. Kaolin); knapp über dem Grundwasserspiegel werden manche Oxyde und Karbonate ausgefällt (z. B. Cuprit, Malachit und Azurit). Der größte Teil der gelösten Metalle bleibt aber in Lösung, bis das Grundwasser erreicht wird, in dem nach Verbrauch des Sauerstoffs reduzierende Bedingungen herrschen. Dies bewirkt eine Reihe von Reaktionen, die zur Ausfällung der gelösten Metalle und zur Bildung sekundärer Sulfide aus den primären Erzen führen. Unter dem Erzmikroskop kann man diese Prozesse an Hand der Verdrängungstexturen sehr gut nachweisen. Gleichzeitig bewirken diese Oxydations/Reduktionsabläufe galvanische Mineralinteraktionen und den Aufbau eines *elektrochemischen Feldes* um den Erzkörper, welches für die geophysikalische Sulfidprospektion ein deutliches Ziel darbietet. In Weiterverfolgung des oben gewählten Beispiels verläuft die Präzipitation unter Bildung von Kupferglanz oder Covellin in folgender Weise:

$$5FeS_2 + 14CuSO_4 + 12\ H_2O \rightarrow 7Cu_2S + 5FeSO_4\ aq + 12H_2SO_4$$
$$CuFeS_2 + CuSO_4 \rightarrow 2CuS + FeSO_4\ aq$$

Damit werden die primären Erze metallreicher, nicht selten unter Ansammlung spektakulärer Reicherzkörper. Es gibt viele Lagerstätten, die ihre Bauwürdigkeit einer solchen supergenen, sekundären Anreicherung verdanken, während das primäre Erz zu arm ist. Das betrifft manche porphyrische Kupferlagerstätten; andere Bergbaue gewinnen sowohl das primäre („protore") wie das sekundäre Erz. Wichtig ist die Erhaltung der extrem sauren Bedingungen; wenn karbonatische oder andere basische Nebengesteine vorliegen, ist die sekundäre Anreicherung gering.

Viele Beobachtungen solcher sekundärer Verdrängungserscheinungen haben gezeigt, daß es „edlere" Metalle gibt, welche ausgefällt werden, wogegen „unedlere" in Lösung gehen, was bereits früher besprochen wurde. Dort wurden elektrochemische Gründe angeführt; SCHÜRMANN (1888) hat diese Vorgänge mit der jeweils unterschiedlichen Affinität der Metalle für Schwefel und der Löslichkeit der Sulfide in Wasser begründet. Die Schürmann'sche Reihe lautet: Pd, Hg, Ag, Cu, Bi, Cd, Sb, Sn, Pb, Zn, Ni, Co, Fe, As, Tl und Mn, wobei am Ende jene Kationen stehen, die besonders leicht verdrängt werden. Die edleren Metalle treten oft auch gediegen auf; das kann durch folgende Reaktion erklärt werden:

$$2Ag^+ + 2Fe^{2+} \rightarrow 2Ag^0 + 2Fe^{3+} \text{ (in Wasser mit } SO_4^{2-})$$

Die Verwitterung sulfidischer Lagerstätten resultiert demnach in der Ausbildung einer vorwiegend ausgelaugten *Oxydationszone,* welche von der metallreichen *Zementationszone* und schließlich der *primären Zone* unterlagert wird (Abb. 37). Im Gegensatz zu der primären Teufenzonierung vieler Lagerstätten bezeichnet man diese als *sekundäre Teufenunterschiede*. Die Tiefe der Oxydation hängt von der Lage des Grundwasserspiegels ab, wobei einige Zehner bis Hundert Meter in kratonischen Gebieten häufig sind. Zutritt von sauerstoffreichem Wasser ist aber auch in viel größerer Tiefe möglich (Tsumeb Mine/SW-Afrika 750-1160 m; LOMBAARD et al. 1986). Die Mächtigkeit der Zementationszone ist relativ viel geringer, doch auch recht variabel, da hier schwankende Grundwasserstände großen Einfluss haben. Somit muß für das Verständnis solcher Lagerstätten in Ergänzung geologischer Arbeiten eine Rekonstruktion der morphologischen und hydrologischen Entwicklung versucht werden.

Supergen angereicherte Eisenerzlagerstätten sind weltweit von überragender Bedeutung; sie liefern den größten Teil der Eisenerzproduktion, vor allem auf der Basis der proterozoischen gebänderten Eisenerze (BIF = „banded iron ore formations"). Dabei wird sowohl SiO_2 gelöst und mit dem Grundwasser abtransportiert, wie auch das primär meist magnetitische Erz in Martit und Maghemit, also in das unter Oberflächenbedingungen sehr stabile Mineral Hämatit umgewandelt. Die primären Fe-Gehalte der BIF's liegen meist um 20-35 %, so daß dieses Material nicht bauwürdig ist. Indem Quarz durch alkalische Bodenwässer des wechselfeuchten Klimas gelöst wird, erhöht sich der Fe-Gehalt der residualen Masse unter starker Volumsabnahme auf 60-65 %. So entstehen hämatitische Reicherze, die ebenfalls vertikal zoniert sein können:
- An der Oberfläche liegt durch Limonit oder Hämatit zementiertes, brekziöses Hämatiterz (in Brasilien als Canga bezeichnet); darunter oft
- weiches, erdiges, blaues, braunes oder schwarzes Hämatiterz mit Kollaps-Strukturen; dann
- martitisierte Erze mit teilweiser SiO_2-Verarmung, und schließlich
- die gering veränderten Armerze als Ausgangsgesteine.

Eine sehr ausführliche Diskussion sämtlicher Aspekte der Entstehung von Eisenerzen aus gebänderten Eisenformationen findet man in MORRIS (1985). *Residuale Manganlagerstätten* entwickeln sich durch lateritische Verwitterung über manganhaltigen Gesteinen. Sie sind zwar kleiner als die unten zu besprechenden sedimentären Mn-Lagerstätten, doch vielfach sehr reich. Große Lagerstätten dieses Typs werden bei Postmasburg in Süd-Afrika, ferner in Gabun, Indien, Brasilien und Ghana abgebaut.

Die Ausgangsgesteine (protore) sind Mn-führende Quarzite, Karbonate oder vulkanosedimentäre

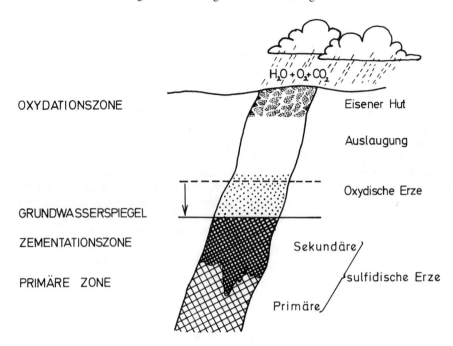

Abb. 37. Typisches Profil supergener, sekundärer Zonierung in einer der Verwitterung unterliegenden Sulfidlagerstätte.

Serien mit vermutlich exhalativen Manganvoranreicherungen. Metamorphe, präkambrische Vertreter solcher Gesteine nennt man *Gondite*, welche zumeist aus Quarz, Spessartin, Rhodonit und Rhodochrosit mit geringen Anteilen von Pyrit, Alabandit (MnS) etc. bestehen. Der Mn-Gehalt liegt meist unter 30%. Durch Verwitterung werden die Karbonate und SiO_2 abgeführt; zurück bleiben residuale Manganoxydmassen, welche z. B. in Morro da Mina/Brasilien bis 200 m Tiefe abgebaut werden. Karbonat- und sulfidführende Gondite verwittern leichter als silikatische, die nur gering mächtige Erzkrusten entwickeln.

Infiltrationslagerstätten

Bei zunehmender Transportweite der metallführenden Lösungen vom Bereich aktiver Verwitterung zum Ort der Ausfällung in Gesteinen eines ganz verschiedenen geologischen Milieus spricht man von Infiltrationslagerstätten. Besonders klar ist das bei Uran, das aus uranführendem Granit, Gneisen oder sauren Tuffen gelöst und in Oberflächenwasser oder seichtem Grundwasser über Zehner bis Hunderte Kilometer verfrachtet wird, bis es in reduzierten, tieferen Gebirgsgrundwässern ausfällt. Auch Lagerstätten von Kupfer, Eisen, Vanadium, Silber und Pb-Zn-Ba-F werden von manchen Wissenschaftlern nach diesem Modell gedeutet. Die Metalle können aus älteren Konzentrationen abgelaugt, oder aber auch durch Verwitterung ganz normaler Gesteine freigesetzt werden. *Selektive Verwitterung* verschiedener Minerale kann so zu einer zeitlichen oder räumlichen Trennung von Metallen führen, indem etwa Plagioklas und Fe-Mn-Minerale Cu-Zn-U freisetzen, der stabilere Kalifeldspat aber Ba, Pb und SiO_2.

Infiltration bedeutet Zufließen von Wasser in Poren und andere Hohlräume (z. B. Störungsbrekzien, Karst) eines bestehenden Gesteins; alle Fälle, in welchen die Metallkonzentration gleichzeitig mit der Sedimentation entsteht, müssen davon deutlich unterschieden werden.

Die Lösungsfracht der beteiligten Wässer ist äußerst gering. Eine entsprechende Konzentration des jeweiligen Wertstoffes bedarf deshalb einer sehr effizienten „Filterung" bei Durchfluß großer Lösungsmengen. Diese wird durch *geochemische Barrieren* bewirkt, welche gewöhnlich „Fronten" einer plötzlichen Änderung von pH und Eh sind; geologisch besonders wirksam sind auch hier Karbonate, H_2S oder SO_4 im Porenwasser und organische Substanzen (Kohle, Bitumina). *Infiltrationslagerstätten des Urans* sind besonders häufig, vielfältig und wirtschaftlich wichtig. Die chemische Verwitterung uranhaltiger Minerale setzt das Uran als sechswertiges Ion frei, das mit freiem SO_4^{2-}, CO_3^{2-}, OH^-, Alkalien und Humaten komplexe Ionen bildet, welche im oxydischen Milieu weit verfrachtet werden. Geochemische Barrieren für solche Uranlösungen sind Phosphate, Arsenate, Vanadate und Karbonate der Nebengesteine, starke Reduktion, sowie Sorption durch Kolloide von Fe-Hydroxyden, Kieselsäure und organische Substanzen. Dementsprechend gibt es Uranlagerstätten dieser Entstehung in permeablen Sandsteinen und Konglomeraten (Typus Colorado Plateau/USA, oder auch Sandstein-Typ genannt), in Störungs- und Brekzienzonen, in Kohleflözen und Asphaltlagerstätten und schließlich in terrestrischen Kalkkrusten semiarider Gebiete (der „Calcrete" Typus), wo allerdings auch Evaporation eine wesentliche Rolle spielt.

Das *Colorado Plateau* ist ein präkambrischer Block, dem gering deformierte, 3000 bis 4000 m mächtige Tafelsedimente permischen bis eozänen Alters auflagern. Überwiegend terrestrische Sandsteine und Konglomerate sind in dieser Schichtfolge häufig; vom Perm bis ins Tertiär enthalten sie eine große Zahl von U-Lagerstätten und Vorkommen, wobei die wichtigsten Reserven in Trias und Jura gefunden wurden. Unabhängig vom Alter der Nebengesteine liegt die Periode der Vererzung zwischen 80 bis 50 Ma. Die Form der Erzkörper ist verschieden; es gibt schichtförmige Linsen, Bänder, Taschen und die charakteristischen Rollen („roll fronts": Abb. 38), oft in klarem Zusammenhang mit begrabenen Flußläufen. Immer sind die Lagerstätten unmittelbar an einer Oxydations/Reduktionsgrenze in permeablen Gesteinen gelegen, die durch einen Farbumschlag

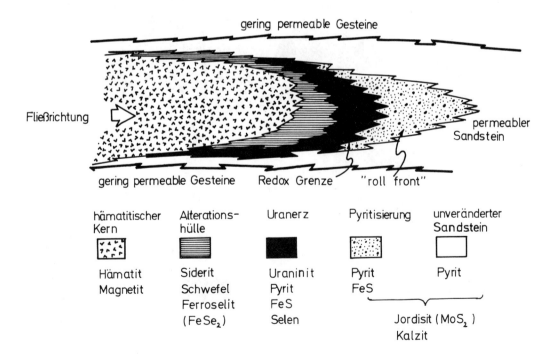

Abb. 38. Idealisierter Längsschnitt einer Erzrolle („roll front") in einer Uranlagerstätte vom Sandstein-Typ.

(rot/grau) schon im Gelände auffällt. Lokale Reduktion durch kohliges Material der Sandsteine erzeugte eher Erztaschen, aber auch die eindrucksvollen, zur Gänze durch Uraninit vererzten Baumstämme. Die Herkunft des Urans wird in den zahlreichen sauren Tufflagen des Sedimentstapels vermutet, aber auch ehemalige Grundgebirgsinseln oder detritäre Uranminerale der Sande mögen beteiligt sein.

Die Erze bestehen primär aus Pechblende, Uraninit, Vanadiummineralen und untergeordnet Sulfiden (Fe, Mo, Cu, Pb, Zn, Se, etc.). Eine junge Verwitterung, verursacht durch die Hebung des Plateaus, bewirkte vielfach erneute Oxydation, welche durch die grellbunten Farben der sekundären Uranminerale beeindruckt.

Dieses Beispiel macht deutlich, daß Infiltrationslagerstätten durch beckenwärts absinkende Wässer gebildet werden – ganz im Gegensatz zu den diagenetischen Lagerstätten, welche zwar ebenfalls an den Rändern sedimentärer Becken auftreten, doch durch einen aufsteigenden Lösungsstrom gebildet werden. Prospektion und montangeologische Untersuchungen müssen sedimentologische und paläo-hydrologische Modelle einbeziehen (Abb. 39).

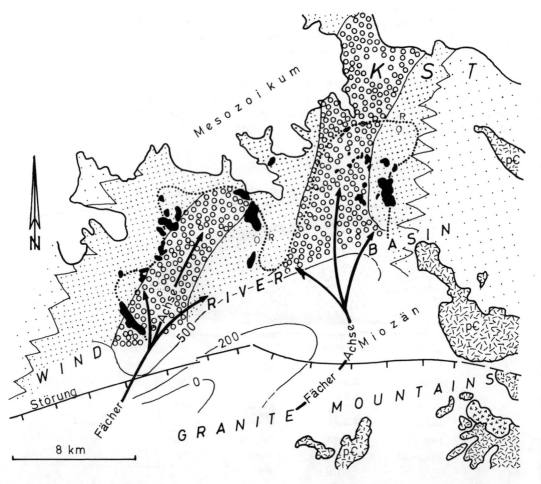

Abb. 39. Sedimentation, Alteration und Lage der Uranerzkörper in eozänen alluvialen Fächern des Wind River Distriktes/Wyoming/USA (GALLOWAY & HOBDAY 1983).
K = Konglomerate und Sandstein; S = z.T. tonige Sandsteine, T = tonige Siltsteine; schwarz: Uranerzlagerstätten; gepunktete Linie: generelle Oxydations/Reduktionsfront.

Sehr ähnlicher Entstehung sind *Kupferlagerstätten in Sandsteinen*, die infolge ihrer Bindung an vorwiegend rote terrestrische Sedimente auch als „Red Bed"-Lagerstätten bezeichnet werden (SAMAMA 1976). Auch manche Bleierze in Sandsteinen („Knottenerze") zählen möglicherweise zu dieser Gruppe. Solche Lagerstätten sind heute wirtschaftlich ohne Bedeutung.

Die Bildung von *Infiltrationslagerstätten durch Verkarstung* von Karbonaten ist sehr umstritten; das Modell beruht vor allem auf Arbeiten französischer Forscher in Nordafrika. Eine gute Zusammenfassung findet man in ZUFFARDI (1976).

Nach BERNARD (1973) gibt es
1. hydrothermalen Karst, der durch aszendente heiße Lösungen entsteht. Darin gebildete Erzkörper sind demnach Substitutionslagerstätten, wie jene Oberschlesiens (Abb. 40).

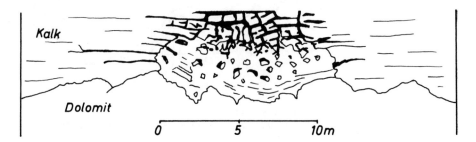

Abb. 40. Blei-Zinkerze (schwarz) in einem hydrothermalen Karstschlauch in Muschelkalk, Oberschlesien. Das Zerbrechen des Höhlendaches und abgestürzte Blöcke beweisen die Gleichzeitigkeit von Vererzung und Karstbildung (DZULYNSKI & SASS-GUSTIEWICZ 1985).

2. Karst sensu stricto, durch absinkende Oberflächenwässer gebildet, in dem davon unabhängig und meist später hydrothermale Erze ausgeschieden werden.
3. Karst sensu stricto, wo sowohl Verkarstung wie auch Zufuhr der Metalle supergen sind.

Dieser letztgenannte Fall ist hier zu besprechen. Nach BERNARD besteht ein Karstsystem aus der oberflächennahen Perkolationszone, der tieferen Zone permanenter Zirkulation und der Zone genereller Imbibition unter dem Grundwasserspiegel (Abb. 41).

Die *Perkolationszone* ist durch rasches Fließen, mechanische Erosion und grobkörnige Sedimente nahe der Oberfläche gekennzeichnet. Die unterirdischen Flußläufe der *Zone permanenter Zirkulation* werden durch Lösen des Karbonates gebildet; hier gibt es nur feinklastische Sedimente; falls Mineralisation auftritt, handelt es sich um Baryt. In der *Zone genereller Imbibition* stagniert das Wasser; da hier organisches Material zersetzt wird, entwickelt sich ein „mikro-euxinisches" Milieu, in dem durch Bakterien SO_4 zu H_2S reduziert wird. Sedimente sind sehr feinkörnig klastisch, meist aber chemisch. Charakteristisch ist eine frühe Verkieselung und Dolomitisierung der Nebengesteine; die Wände der Karsthöhlen sind von Limonit und Ton umkrustet, nach innen folgen Sulfide (Pb, Zn, Sb, Cu), Fluorit, Baryt, Kalzit, Dolomit und manchmal Vanadiumerze. Die Metalle werden nach BERNARD aus dem aufgelösten Kalk bezogen (Karbonate können 1 ppm Pb enthalten), aber öfter wird Zufuhr von Verwitterungslösungen aus anderen Gesteinen der weiteren Umgebung angenommen.

Dieses Modell ist an sich schlüssig; trotzdem sind aber Zweifel berechtigt, da viele solcherart gedeutete Lagerstätten durch spätere Untersuchungen (z. B. der Flüssigkeitseinschlüsse) als hydrothermal gebildet erkannt wurden. Insbesonders betrifft das die heute als diagenetische Bildungen aufgefaßten Pb-Zn-Ba-F Lagerstätten vom Mississippi Typ (s. unten). Die Unterscheidung auf Grund herkömmlicher Methoden ist besonders schwierig; so können etwa die sedimentären, geopetalen Gefüge der Erze, Gangarten und eventueller klastischer Sedimente in den Karsthohlräumen (Abb. 42) sowohl aszendent wie auch deszendent begründet werden. Zudem ist in Oberflächennähe sogar gleichzeitiger Ablauf super- und hypogener Prozesse denkbar. SCHULZ (1982) hat diese Probleme in ausgewogener Weise diskutiert.

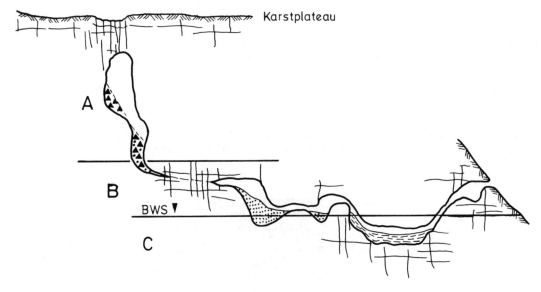

Abb. 41. Vereinfachter Querschnitt eines reifen Karstsystems.
A – Perkolationszone; B – Zone permanenter Zirkulation; C – Imbibitionszone (nach BERNARD 1973).
BWS = Bergwasserspiegel.

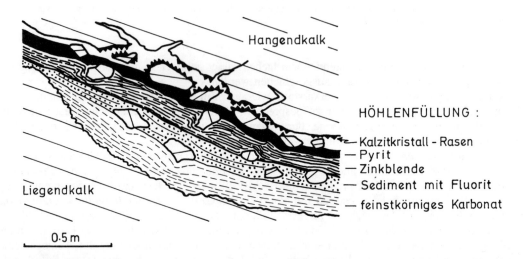

Abb. 42. Füllung einer hydrothermalen Karsthöhle mit geopetalen Gefügen von Erz und klastischem Material; auch hier ist das wiederholte Hereinbrechen des Daches erkennbar; Bleiberg/Österreich (nach SIEGL 1956).

Karstlagerstätten eigenartiger Entstehung sind die *nordostbayerischen Eisenerze* von Amberg und Auerbach. Limonite und Siderite liegen in langgestreckten Karsttrögen jurassischer Karbonate, welche einer Emersion während der Unterkreide entsprechen. Darüber transgrediert marine Oberkreide. Die „Erztröge" waren limnisch-fluviatile Becken, in welche von einem der Verwitterung unterliegenden Hinterland schwarzwasserführende Flüsse einmündeten. Durch den pH-Schock im Karst und durch Oxydation der organischen Substanzen kam es zur Ausfällung des Eisengehaltes der zufließenden Wässer (GUDDEN 1984). Damit gehört dieser Bezirk allerdings eher zur Gruppe der sedimentären Erze. Die Lagerstätten waren von geringer wirtschaftlicher Bedeutung, sind aber deshalb wichtig, weil eine ähnliche Entstehung für viele große, metasomatische Sideritlagerstätten angenommen wurde (z. B. Ouenza/Algerien). Ein Vergleich zeigt aber, daß die Bildungsbedingungen beider Gruppen völlig verschieden sind (POHL 1988). Für die Erforschung von Infiltrationslagerstätten ist die Anwendung hydrogeologischer Methoden (z. B. HÖLTING 1989) von großer Bedeutung.

Literatur:

BERNARD, A. J., 1973, Metallogenic processes of intra-karstic sedimentation. Pp 43-57 in G. C. AMSTUTZ & A. J. BERNARD (Eds.), Ores in Sediments. Springer.
BERNSTEIN, L. R., 1986, Geology and mineralogy of the Apex germanium-gallium mine, Washington County, Utah. US Geol. Survey Bull. 1577, Washington.
BLANCHARD, R., 1968, Interpretation of leached outcrops. 196 pp, Nevada Bureau of Mines, Bull. 66.
DIXON, C. J., 1979, Atlas of economic mineral deposits. Chapman & Hall, London.
DZULYNSKI, S. & SASS-GUSTKIEWICZ, M., 1985, Hydrothermal karst phenomena as a factor in the formation of Mississippi Valley type deposits. Pp 391-439 in K. H. WOLF (Ed.), Handbook of Strata-bound and Stratiform Ore Deposits. Vol. 13, Elsevier.
FORD, D. & WILLIAMS, P., 1989, Karst geomorphology and hydrology. 608 pp, Unwin Hyman.
GALLOWAY, W. E. & HOBDAY, D. K., 1983, Terrigenous clastic depositional systems. 423 pp, Springer.
GOLIGHTLY, J. P., 1981, Nickeliferous laterite deposits. Economic Geol. 75th Anniv. Vol., 710-735.
GRUBB, P. L. C., 1973, High level and low level bauxitisation: a criterion for classification. Mineral. Sci. Eng. 5, 219-231.
GUDDEN, H., 1984, Zur Entstehung der nordostbayerischen Kreide-Eisenerzlagerstätten. Geol. Jb. D 66, 3-49.
HARTGE, K. H. & HORN, R., 1989, Die physikalische Untersuchung von Böden. 2. Aufl., 176 pp, Enke.
HÖLTING, B., 1989, Hydrogeologie. 3. Aufl., 300 pp, Enke.
JAMES, N. P. & CHOQUETTE, P. W. (Eds.), 1988, Paleokarst. 416 pp, Springer.
LELONG, F., TARDY, Y., GRANDIN, G., TRECASES, J. J. & BOULANGE, B., 1976, Pedogenesis, chemical weathering and processes of formation of some supergene ore deposits. Pp 93-173 in K. H. WOLF (Ed.), Handbook of Stratabound and Stratiform Ore Deposits, Vol. 3, Elsevier.
LOMBAARD, A. F., GÜNZEL, A., INNES, J. & KRÜGER, T. L., 1986, The Tsumeb lead-copper-zinc-silver deposit, South West Africa/Namibia. Pp 1761-1787 in C. R. ANHÄUSSER & S. MASKE (Eds.), Mineral Deposits of Southern Africa. Geol. Soc. S. Africa, Johannesburg.
MACFARLANE, M. J. (Ed.), 1987, Laterites – some aspects of current research. 180 pp, Borntraeger.
MORRIS, R. C., 1985, Genesis of iron ore in banded iron-formation by supergene and supergene-metamorphic processes – a conceptual model. Pp 73-235 in K. H. WOLF (Ed.), Handbook of Stratabound and Stratiform Ore Deposits, Vol. 13, Elsevier.
NICKEL, E. H. & DANIELS, J. L., 1985, Gossans. Handbook of Stratabound and Stratiform Ore Deposits, K. H. WOLF (Ed.), Vol. 13, 261-390, Elsevier.
NORTON, S. A., 1973, Laterite and bauxite formation. Economic Geol. 68, 353-361.
PETRASCHECK, W. E., 1989, The genesis of allochthonous karst-type bauxite deposits of southern Europe. Mineralium Deposita 24, 77-81.
PSCHYREMBEL, W., 1986, Klinisches Wörterbuch. 255. Aufl., de Gruyter.
SAMAMA, J. C., 1976, Comparative review of the genesis of the Cu-Pb sandstone type deposits. Handbook of Stratabound and Stratiform Ore Deposits, K. H. WOLF (Ed.), Vol. 6, 1-20, Elsevier.
SCHACHTSCHABEL, P. et al., 1989, Lehrbuch der Bodenkunde. 12. Aufl., 504 pp, Enke.
SCHULZ, O., 1982, Karst or thermal mineralizations interpreted in the light of sedimentary ore fabrics. Pp 108-117 in G. C. AMSTUTZ et al. (Eds.), Ore Genesis – the State of the Art. Springer.
SCHÜRMANN, E., 1888, Über die Verwandschaft der Schwermetalle zum Schwefel. J. Liebig's Ann. Chem. 249, 326-350.
SIEGL, W., 1956, Zur Vererzung der Pb-Zn-Lagerstätten von Bleiberg. Berg. Hüttenmänn. Monatsh. 101, 108-111.
SIGELEO, W. R. & REINHARDT, J. (Eds.), 1988, Paleosols and weathering through geologic time: principles and applications. GSA Spec. Paper 216, 181 pp.
VALETON, I., 1967, Laterite und ihre Lagerstätten. Fortschr. Mineral. 44, 67-130.

VALETON, I., BIERMANN, M., RECHE, R. & ROSENBERG, F., 1987, Genesis of nickel laterites and bauxites in Greece during the Jurassic and Cretaceous, and their relation to ultrabasic parent rocks. Ore Geol. Reviews 2/4, 359-404.

ZUFFARDI, P., 1976, Karsts and economic mineral deposits. Pp 175-211 in K. H. WOLF (Ed.), Handbook of Stratabound and Stratiform Ore Deposits, Vol. 3, Elsevier.

III. Sedimentäre Lagerstättenbildung

Man unterscheidet mechanische, chemische und biogene Sedimente bzw. Sedimentgesteine; daneben gibt es ferner Einteilungen nach der Herkunft des Sediment-Materials (allochthon/autochthon) und nach Lokalität und Milieu der Sedimentation. Nach ganz analogen Kriterien können jene Rohstofflagerstätten klassifiziert werden, die durch sedimentäre Prozesse entstehen.

Allochthone, terrigene Rohstoffe von größter wirtschaftlicher Bedeutung sind Kies, Sand und manche Tone. Metallerze treten in dieser Gruppe in „Seifen" auf, welche vorwiegend als Anreicherungen schwer verwitterbarer Minerale durch fließendes Wasser entstehen. *Autochthone,* also am Ort der Lagerstätte erst gebildete Rohstoffe sind eine sehr variable Gruppe sedimentärer Lagerstätten. Dazu zählen chemisch-gefällte bzw. partiell biogene Stoffe wie Karbonate (Kalkstein, Dolomit, Magnesit), Evaporite (Steinsalz, Kalisalz, Gips), manche massige und die oolithischen „Eisensteine" sowie die gebänderten Eisenformationen, marine Phosphate, sedimentäre Sulfidlagerstätten und Manganerzflöze. Organische Bildung überwiegt für Kohle, Ölschiefer, Kieselgur, aber auch bei der Entstehung mancher Kalksteine. Zu den autochthonen Sedimenten werden oft auch die Verwitterungsböden gerechnet; deren wichtige Lagerstätten wurden aber in diesem Buch in einem früheren Kapitel beschrieben.

Viele sulfidische, oxydische, karbonatische und sulfatische Erz- und Minerallagerstätten entstehen durch autochthone Sedimentation nach *hydrothermaler Exhalation* ins Meerwasser und unmittelbar folgende Ausfällung. Alle solchen Bildungen sind natürlich im weiteren Sinne sedimentäre Erze; trotzdem werden sie in diesem Buch zum Teil anderswo behandelt, um das geologische Milieu ihrer Bildung zu betonen (z. B. Zypern Typ Sulfide unter „Lagerstätten der Ophiolite"; Kuroko und Besshi Typ unter „Vulkanogene Lagerstätten"). In diesem Kapitel werden aus der Gruppe sedimentär-exhalativer Lagerstätten jene beschrieben, die in weit überwiegend sedimentärem Milieu gebildet wurden, in sehr distaler Lage zu synchronem Vulkanismus oder ohne irgendwelche Anzeichen eines solchen. Das sind die eigentlichen *SEDEX-Lagerstätten.*

Da Sedimentation fast ausschließlich in der *Biosphäre* stattfindet, ist auch die damit verbundene Bildung von Lagerstätten zumeist biogen beeinflußt (HOLLAND & SCHIDLOWSKI 1982). Das kann sehr direkt und leicht erkennbar sein, z. B. bei fossilreichen Phosphaten; die biologische Mitwirkung bei der Bildung vieler anderer Lagerstätten ist aber oft bedeutend weniger augenscheinlich. So enthalten viele sedimentäre Sulfiderze nach Isotopenanalysen sehr leichten, „biogenen" Schwefel, auch wenn die Metalle magmatisch-exhalativ gefördert wurden. Das läßt sich dadurch begründen, daß in abgeschlossenen marinen Becken sehr rasch Sauerstoffarmut eintritt, welche eine Massenwachstum anaerober Schwefelbakterien wie z. B. *Desulfovibrio* ermöglicht. Diese reduzieren das SO_4 des Meerwassers zu H_2S; aus energetischen Gründen werden dabei bevorzugt Moleküle mit dem leichten Isotop verwendet, so daß schließlich auch die aus H_2S und Metallionen gebildeten Sulfide isotopisch deutlich leichten, „biogenen" Schwefel enthalten. Als „vererzte Bakterien" gelten die Framboide, das sind mikroskopisch kleine Kügelchen aus Sulfiden (meist Pyrit); allerdings wurden vergleichbare Framboide anorganischer Bildung auch aus hydrothermalen Gangerzen sowie exhalativen Sulfiden und Karbonaten beschrieben.

Die sedimentäre *Präzipitation* von Erzen und anderen Rohstoffen wird vor allem von der Verfügbarkeit entsprechender Ionen sowie von pH und Eh kontrolliert. Die Ausfällung beruht oft auf einem Anionentausch, etwa wenn chloridische Metall-Lösungen in ein H_2S führendes Becken austreten, wodurch Sulfide entstehen. Werden Metalle quer zu einer Eh-Zonierung transportiert, zum Beispiel von der Küste in ein euxinisches Meeresbecken, entstehen laterale Faziesänderungen mit der Abfolge oxydisch – karbonatisch – silikatisch – sulfidisch. Natürlich sind solche *Fazieszonen* besonders dann auffällig, wenn zonenübergreifend dasselbe Metall vorliegt, wie in manchen Eisenerzdistrikten. Bei polymetallischen Lagerstätten gibt es weitere Sub-Zonen innerhalb der genannten Hauptfazies. *Schwarzschiefer,* das sind im weiteren Sinne sehr feinkörnige Sedimente variabler Zusammensetzung (Quarz, Karbonat, Ton, etc.) mit bedeutendem Anteil an organischer Substanz, sind ein besonders wichtiges Milieu sulfidischer Erzlagerstätten (EUGSTER 1985). Solche Gesteine haben in der Regel erhöhte Spurengehalte von U, V, Ni, Co, Cu, Ag, As, Au, Mo, Phosphaten und vielen anderen Schwermetallen. Z. T. mögen die Metalle gemeinsam mit detritären organischen Partikeln ins Meer gekommen sein, an welchen sie adsorptiv gebunden waren (z. B. RIPLEY et al. 1990). Dies setzt aber erheblichen Transport von Pflanzenresten in ein Meeresbecken voraus, der oft wenig wahrscheinlich erscheint. Deshalb erklärt man die erhebliche Metallanreicherung in solchen Gesteinen durch die besondere Fähigkeit der verfaulenden organischen Substanz, gelöste Metalle aus dem Meerwasser zu adsorbieren, so gering die dort enthaltenen Spurengehalte auch sein mögen. Dazu sei angemerkt, daß zur Zeit in Japan bereits halbindustrielle Versuche zur Uranerzeugung aus Meerwasser laufen, wobei Ionenaustauscher benützt werden; weiters wird seit Jahren Magnesium-Metall fast ausschließlich aus Meerwasser gewonnen. Das Meerwasser als nahezu unerschöpfliches Metall-Reservoir ist aus dieser Sicht keine Fiktion, so daß die ungewöhnliche Anreicherung in Schwarzschiefern erklärbar ist. Damit sind diese jedenfalls potentielle Metallquellen für diagenetische oder metamorphogene Lagerstätten, sie sind aber an sich gewöhnlich nicht wirtschaftlich verwertbar (außer als Ölschiefer, s. dort). *Sulfiderzlagerstätten in Schwarzschiefern* (vorwiegend mit den Metallen Cu, Pb, Zn, Ag und Au) sind eine sehr charakteristische Gruppe, die aber wohl zumeist exhalativ-sedimentär zu deuten ist, obwohl zeitweise auch direkte Fällung aus dem normalen Meerwasser angenommen wurde. Anders, nämlich als Ausfällungen aus migrierenden heißen Lösungen diagenetischer Entstehung, werden heute die Metalle des mitteleuropäischen Kupferschiefers und der zentralafrikanischen Cu-Co Lagerstätten aufgefaßt (s. diagenetische Lagerstätten).

Die *Abgrenzung* zwischen sedimentären und diagenetischen Lagerstätten bereitet manchmal beträchtliche Probleme, sowohl in der Klassifikation wie auch an konkreten Objekten; definitionsgemäß liegt sedimentäre Bildung dann vor, wenn das jeweils wichtige Element bzw. Mineral syngenetisch mit den umgebenden Sedimenten konzentriert wurde. Wurde es erst während der Diagenese herangeführt, etwa durch Formationswässer, muß die Lagerstätte als diagenetisch entstanden eingeordnet werden. Diagenetische Umkristallisation oder isochemische Mineralneubildungen verändern eine sedimentäre Zuordnung nicht.

Eine zunehmend wichtige Rolle bei der Prospektion und Untersuchung von sedimentären Lagerstätten spielen Methoden der modernen, dynamischen *Beckenanalyse* einschließlich paläogeographischer Rekonstruktionen, welche überwiegend in der Kohlenwasserstoffsuche entwickelt wurden (KLEIN 1987, KLEINSPEHN & PAOLA 1988). Dadurch können z. B. SEDEX-Lagerstätten der frühen Riftphase eines Beckens von jenen der Phase vorwiegend thermischer Absenkung unterschieden werden; bei sehr genauer Kenntnis der stratigraphischen, faziellen und tektonischen Evolution eines Beckens sind sogar Voraussagen zu besonders erzhöffigen Lokationen und stratigraphischen Positionen möglich (LARGE 1988).

Die Seifenlagerstätten

Seifenlagerstätten sind mechanisch gebildete Konzentrationen von schweren, verwitterungsresistenten Mineralen, welche weit überwiegend in transportierten Böden sowie in fluviatilen und randlich marinen Bereichen entstehen. Äolische und glaziale Seifen sind zwar auch bekannt, doch selten. Man unterscheidet demnach eluviale, fluviatile und marine (besser Küsten- bzw. Strand-) Seifen sowie geologisch junge, quartäre von fossilen Seifen (HAILS 1976).

Seifen sind wichtige *Rohstoffquellen* für Gold, Platinmetalle, Zinn, Titan (Rutil, Ilmenit), Zirkon, Seltene Erden (Monazit) und Edelsteine (Diamant, Granat, Rubin etc.). Voraussetzung für die Anreicherung dieser Minerale ist ihre mechanische und/oder chemische Beständigkeit gegen Verwitterung und Transportabrieb, sowie die deutlich höhere Dichte, welche sie von normalen gesteinsbildenden Mineralen unterscheidet.

Im Folgenden ist die *Dichte* wichtiger Seifenminerale und ihrer Begleiter angeführt. Die Zahlen schwanken zum Teil erheblich, da bei Gold und Platinmetallen oft Legierungen auftreten und andere Minerale recht verschiedene chemische Zusammensetzung haben können.

Quarz	2,6	Monazit	4,2-4,3
Feldspat	2,6	Magnetit	5,2
mafische Silikate	ca. 3	Scheelit	5,9-6,1
Diamant	3,5	Zinnstein	6,8-7,1
Granat	3,6-4,3	Wolframit	7,2-7,7
Topas	3,5-3,6	Columbit	5,1-8,2
Korund	3,9-4,1	Zinnober	8,0-8,2
Rutil	4,2-4,3	Platin	14-19
Zirkon	4,7	Gold	15,6-19,3
Ilmenit	4,0-5,0		

Auch eine wenig effiziente Schweretrennung scheidet die hellen Quarze und Feldspäte von den dunklen mafischen Silikaten, dem Ilmenit und dem Magnetit. In dieser dunklen Fraktion („black sand"), die sich bei jedem Waschversuch von Sanden ergibt, sind die gesuchten wertvolleren Minerale angereichert.

Unterschiedlicher Transport und Ablagerung von Mineralen in fließendem Wasser werden von Faktoren der *hydraulischen Äquivalenz* kontrolliert; diese sind neben der Dichte auch die Kornform, Korngröße, die Oberflächeneigenschaften und sogar elektrostatische Eigenschaften der Minerale. Damit wird die Beobachtung verständlich, daß die zumeist sehr feinkörnigen Seifenminerale überwiegend in den grobkörnigen Partien der Alluvionen angereichert sind. *Eluviale Seifen* entstehen durch Bodenfließen hangabwärts von den primären Lagerstätten (Abb. 43). Dabei bildet sich unmittelbar über dem anstehenden Gestein eine meist geringmächtige Anreicherung der Erze (zum Beispiel Zinnstein) in einer Matrix von Schutt (etwa Quarzfragmente), während leichte Körnungen in den oberen Teil des Bodenprofiles wandern. Dieses Material wird schließlich am Hangfuß von Bächen und Flüssen aufgenommen, wo es erneut konzentriert werden kann.

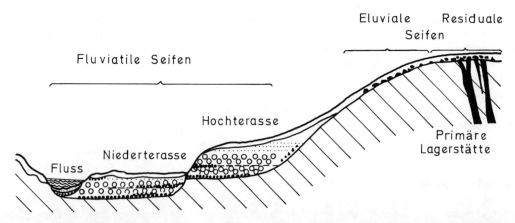

Abb. 43. Schematisches Profil durch ein Flußtal mit einer primären Lagerstätte, aus der residuale, eluviale und fluviatile Seifen (schwarze Punkte) abstammen. Typisch wäre eine solche Situation z. B. für Zinnstein- oder Goldanreicherung.

Fluviatile oder alluviale Seifen gibt es in aktiven Gewässerläufen ebenso wie in älteren Flußterassen (Abb. 43). Die Seifen liegen an morphologisch gut definierbaren Stellen, wo sich die Strömungsgeschwindigkeit verändert, wie Querbarren, Felsblöcke, Sandbänke u.a.m. Besonders in den obersten Teilen von Tälern ist aber oft das gesamte Volumen der Alluvionen abbauwürdig. Alluviale Seifen erstrecken sich selten über mehr als einige Kilometer im Verlauf eines Tales.

Die größte Konzentration liegt meist unmittelbar über dem erodierten Untergrund („bed rock"), nicht selten aber auch über Feinsedimenten innerhalb der Alluvion („false bed rock"). Man kann das auf zweierlei Art erklären: Entweder arbeiten sich die schweren Seifenminerale durch eine bestehende Kiesschicht nach unten durch (die Theorie der „aktiven Schicht" nach BILIBIN 1938), oder man geht von einer dauernden völligen Umlagerung dieser Kiese aus, wodurch die Schwerminerale am Flußboden zurückbleiben („lag deposit"). Die zweite Annahme ist wahrscheinlicher, bedenkt man den Einfluß jahreszeitlich wiederkehrender Hochwässer, welche die eigentliche Erosions- und Transportenergie in einem fluviatilen System darstellen. Sowohl die Suche nach abbauwürdigen Lagerstätten in Alluvionen wie auch die Nutzung solcher Sedimente als Proben für regionale geochemische Prospektion müssen hydraulische Modelle des Sedimenttransportes berücksichtigen (FLETCHER & DAY 1989). Immerhin dürfte bei Gold auch Lösung und Ausfällung durch Reduktion eine Rolle spielen, womit die Bildung ungewöhnlich großer Nuggets ebenso wie das gelegentliche Auftreten idiomorpher, undeformierter Goldkristalle in Alluvionen erklärt wird.

Alluviale Seifen werden weltweit vor allem auf Gold abgebaut; dabei sind zwar junge Seifen heute nicht mehr so wichtig wie zur Zeit der reichen Funde in Kalifornien, Alaska oder in Victoria/Australien vor rund hundert Jahren, doch kommt heute beinahe die Hälfte der Jahresproduktion an Gold aus der fossilen Seife des Witwatersrandgebietes/Südafrika. Diese einzigartige Provinz ist wohl die bestuntersuchte Seifenlagerstätte der Welt. Ein wichtiges Resultat dieser Arbeiten ist die Rekonstruktion der paläomorphologischen Situation (Abb. 44), so daß der Berbau auf Grund geologischer Kartierung und präziser Zuordnung der Aufschlüsse zu definierten fluviatilen Faziesbereichen bedeutend rationeller betrieben werden kann.

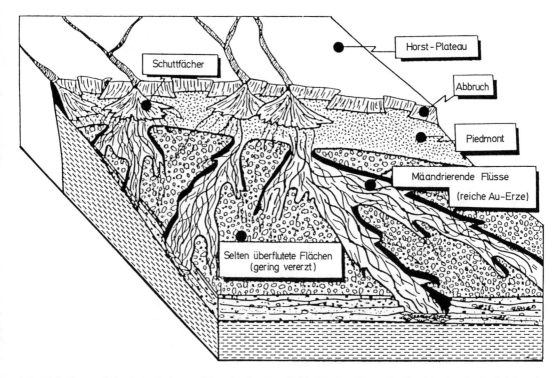

Abb. 44. Paläomorphologische Rekonstruktion der fossilen Goldseife des Composite Reef in der Cooke-Sektion des West Rand Goldfeldes/Südafrika (TUCKER & VILJOEN 1986).

Marine oder besser *Strandseifen* verdanken ihre Bildung der Anreicherung schwerer Körner im Brandungsbereich; Seifenminerale und leichte Silikate liegen hier im gleichen Körnungsbereich vor, nämlich fast ausschließlich als Sande, so daß nicht die hydraulische Äquivalenz, sondern nur das unterschiedliche Korngewicht als kritischer Faktor auftritt. Dabei befördert die auflaufende Brandung Material zum Strand, wo die schweren Minerale liegen bleiben, während das rückflutende Wasser die leichten Anteile wegspült. Gezeiten, Wind und laterale Strömungen spielen ebenfalls eine Rolle. Geologische Modelle mariner Seifenlagerstätten beziehen alle diese Faktoren ein, unterstützt von modernen, prozeßorientierten Untersuchungsmethoden der Küstenbildung (HARDISTY 1990).

Strandseifen gibt es bevorzugt an morphologisch stabilen Küsten; starke Erosion oder kräftige Sedimentation sind ungünstig. Einzelne Erzkörper sind lange Linsen oder streifenartige Schichten dunkler Sande, die an solchen Küsten über Hunderte Kilometer verteilt vorkommen. Die Herkunft des Materials aus einmündenden Flüssen ist oft sehr klar, doch gibt es auch Aufarbeitung älterer Sedimente. Schwankungen des Wasserspiegels bewirken nicht selten geringe Submersion oder Hebung der Seifen. Vergleichbare Bildungen sind fossil sehr häufig.

Strandseifen können bis 80 % Schwerminerale führen; wirtschaftlich außerordentlich wichtig sind ihre Gehalte an Rutil, Ilmenit, Zirkon, Monazit sowie lokal auch Diamant, Kassiterit und Magnetit. Gold und Platin sind in Strandseifen sehr selten.

Den marinen Seifen verwandt sind die *Eisentrümmerlagerstätten* in der Kreide des Harzvorlandes (z. B. Salzgitter), wo durch die Brandung eisenreiche Konkretionen und pyritisierte Fossilien der Juratone in Kolken zusammengeschwemmt wurden. Diese Erze sind heute wirtschaftlich ohne Bedeutung.

Autochthone Eisen- und Manganerzlagerstätten

Autochthone Eisen- und Manganerze sind chemische und teilweise biogene, marine Sedimente. Äquivalente terrestrische Bildungen, z. B. die Raseneisenerze der Torfmoore und die Kohleneisensteine, sind heute wirtschaftlich völlig bedeutungslos. Ein vermutlich wichtiger Rohstoff der Zukunft sind die Manganerzknollen und -krusten der Tiefsee, die ebenfalls chemisch-autochthoner Entstehung sind.

Die wichtigsten Vertreter dieser Gruppe sind die gebänderten Eisenerze mit dem Schwerpunkt im Alt-Proterozoikum sowie die oolithischen Eisen- und Manganerze des Phanerozoikums.

Die *gebänderte Eisenerze* („banded iron formations" = BIF, Itabirite, Jaspilite) sind feingeschichtete (0,5-3 cm) und mikro-laminierte (< 1 mm) Gesteine, die im einfachsten Fall aus Hämatit- und Quarzlagen bestehen. Sie bilden Schichtpakete, die einige hundert Meter mächtig werden und lateral wenige bis Tausende Kilometer anhalten. Nach der Nebengesteinsgesellschaft unterscheidet man gebänderte Eisenerze vom Algoma Typ, die in vorwiegend vulkanischer Umgebung gebildet wurden, und den Superior Typ, bei dem Vulkanite stark zurücktreten oder ganz fehlen.

Eisenerze vom *Algoma Typ* sind in den archaischen Grüngesteinsgürteln besonders häufig, doch findet man ähnliche Lagerstätten auch bis ins Phanerozoikum. Die ältesten Vertreter kennt man aus dem Isua Gürtel auf Grönland (ca. 3800 Ma). Nebengesteine sind gewöhnlich Grauwacken, Tuffe und Vulkanite. Eine Gliederung in Oxyd-, Karbonat- und Sulfidfazies ist die Regel (Abb. 45). Die Ausdehnung einzelner Becken dieses Typs ist relativ gering, wenn man sie mit dem Superior Typ vergleicht, doch kennt man immerhin Formationen, die mehrere Tausend Quadratkilometer unterlagern. Die Vergesellschaftung mit Vulkaniten legt nahe, daß es sich um exhalative, hydrothermale Bildungen handelt (OFTEDAHL 1958).

Eisenerze vom Algoma Typ führen allgemein erhöhte Spurengehalte von Gold; vielerorts werden sie sogar als Golderze abgebaut (Homestake Typ), oder sie gelten als geochemische Heimat sekundär, also durch Metamorphose oder Intrusionen mobilisierter Golderze in Gängen. Schließlich haben solche Eisenformationen vielfach fällend auf sulfidische Goldlösungen gewirkt. Manche Eisenformationen vom Algoma Typ sind laterale Äquivalente von Sulfidlagerstätten (Cu, Zn, Pb). Insgesamt also ein Befund, der ihre wirtschaftliche Bedeutung unterstreicht, obwohl Eisenerze an

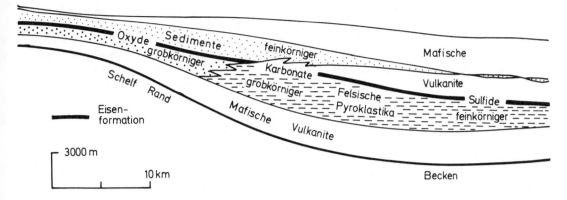

Abb. 45. Rekonstruktion des stratigraphischen Verbandes einer gebänderte Eisenerzformation vom Algoma Typ im archaischen Michipicoten Becken, Kanada (GOODWIN 1973).

sich nur mehr in besonders großen, günstig gelegenen und im Tagbau gewinnbaren Lagerstätten aufgesucht werden.

Eisenerze vom *Superior Typ* liegen in Sedimentserien von Quarziten, Schwarzschiefern, Dolomiten, Tonen und Konglomeraten, die über ältere Gesteine transgredieren. Diese Gesellschaft deutet auf flache, epikontinentale Meeresbecken hin, wobei nicht zuletzt durch die wechselnde Fazies küstennahe und beckenwärtige Gebiete unterschieden werden können (JAMES 1954). Diese Erze gibt es fast ausschließlich im Alt-Proterozoikum, mit einer Häufung zwischen 2,4 und 1,7 Ga.

Eisenformationen vom Superior Typ unterlagern Gebiete von vielen Zehntausend Quadratkilometern. Bänderung und Lamination sind lateral bemerkenswert persistent. Oxyd-, Karbonat- und Silikatfazies sind die Regel; Sulfide spielen nur eine geringe Rolle. Eisenerze und SiO_2 wurden als feinster Schlamm (vielleicht auch Gel) abgelagert, doch gibt es auch Ooide, Konkretionen und biogene Texturen (DIMROTH 1976). Rippel und syn-sedimentäre Deformation wurden beobachtet. Primäre Minerale waren vermutlich FeOOH und Hämatit (landnah) sowie Magnetit, Siderit und Greenalit (landfern), aus welchen diagenetisch und durch meist geringe Metamorphose Hämatit, Magnetit, Minnesotait, Stilpnomelan und viele andere Fe-Silikate entstanden sind. Diese primären Erze werden bei ausreichendem Magnetitgehalt als „Taconit" abgebaut; weit überwiegend aber sind Eisenformationen nur nach lateritischer Anreicherung und Hämatitisierung der Magnetite abbauwürdig.

Die primären Erze haben ein Verhältnis von Fe_2O_3 / SiO_2 von 0,98 – 1,26, rund 38 % Fe, jeweils unter 3 % Al_2O_3, MgO und CaO, sowie sehr geringe Gehalte an Mn, Ti, P und S. Sie sind dadurch sehr deutlich von anderen sedimentären Eisenerzen unterschieden.

Zweifellos sind die gebänderten Eisenerze vom Superior Typ chemische bzw. biogene Präzipitate. Die Herkunft des Eisens wird von vielen Forschern in einem noch relativ sauerstoffarmen Ozean (KASTING 1987) vermutet, dessen gelöstes Fe^{2+} durch jahreszeitlich wechselnde Blüte von photosynthetischen Mikroorganismen und konsequente Sauerstoffproduktion ausgefällt wurde. Dieser Vorgang hätte erst mit vollständiger Oxydation der Ozeane ein Ende gefunden. Neben dieser Theorie gibt es abweichende Vorstellungen, sowohl was die Rolle biologischer Vorgänge betrifft (FRANCOIS 1986), wie auch in bezug auf die Herkunft des Eisens, das ja auch vulkanogen-exhalativ (SIMONSON 1985), diagenetisch-exhalativ (KIMBERLEY 1989) oder durch terrestrische Verwitterung ins Meer gekommen sein könnte.

Oolithische Eisenerzlagerstätten werden nach den charakteristischen Lagerstätten im deutschfranzösischen Jura bzw. im Paläozoikum der nördlichen USA auch als Minette oder Clinton Typ bezeichnet. Es sind immer Sedimente seichter Inlandmeere, die mit mergelig-tonig-sandigen Gesteinen wechsellagern. Maximal sind Mächtigkeiten bis 30 m und laterale Ausdehnung bis 150 km bekannt.

Die Erze sind weder gebändert noch enthalten sie ursprünglich kolloidale Kieselsäure. Charakteristisch sind Oolithe, Ooide und Onkoide, doch gibt es auch feinkörnige, „femikritische" Eisensteine („iron stones" sensu stricto). Intraklasten von Oolithstein in oolithischer Matrix, zerbrochene und wieder ummantelte Oolithe, Kreuz- und Schrägschichtung u.v.a. Texturen belegen Bildung in bewegtem Wasser. Seltener gibt es in der Minette auch Fe-Oolithe in bituminösen Mergeln. Oft sind mit den Erzen reiche Faunen unmittelbar vergesellschaftet; Eisenmetasomatose solcher Fossilien ist die Regel. Eine laterale Faziesdifferenzierung ist wenig deutlich, vielmehr enthalten einzelne Oolithe Anwachszonen, die wechselnd aus Goethit, Hämatit, Chamosit und Siderit (selten Magnetit und Pyrit) bestehen. Eisen und Phosphor sind gegenüber durchschnittlichen Krustenwerten rund 6-fach angereichert (Fe = 34 %, P = 0.6 %), ebenso wie Mn, As, V etc.

Das Nebeneinander von sedimentären und diagenetischen Texturen hat entsprechend gegensätzliche Theorien zur Bildung dieser Erze bewirkt: Diagenetische Metasomatose von ursprünglich aragonitischen Oolithen wurde bereits von SORBY (1857) vertreten und von KIMBERLEY (1981) bestätigt. Viele Argumente sprechen aber für eine synsedimentäre Zufuhr und zumindest teilweise direkte chemische bzw. biochemische (DAHANAYAKE & KRUMBEIN 1986) Ausfällung des Eisens. Rezente Beispiele für solche Erze sind nicht bekannt; immerhin aber konnte PORRENGA (1967) aus marinen Sedimenten des Niger-Deltas bis etwa 10 m Tiefe Goethit-Pellets und anschließend bis 50 m Tiefe chamositisches Sediment beschreiben. Damit ist die Möglichkeit einer unmittelbar sedimentären Bildung solcher Eisenerze nachgewiesen.

Zumeist nimmt man an, daß das Fe aus terrestrischen Verwitterungslösungen stammt, die durch langsam fließende tropische Urwaldströme ins Meer eingebracht wurden. In moorigen Wässern (also bei pH < 7) ist Eisen auch bei positivem Eh als Fe^{2+} löslich, oder es kann an organische Substanz adsorbiert sein, bzw. in kolloidaler oder Partikelform transportiert werden. Die Paläomorphologie mußte aber nennenswerte Erosion im Hinterland ausschließen, weil das Fe sonst in klastischem Sediment verdünnt worden wäre. Mit dem Eintritt ins Meerwasser (pH > 7) erfolgte Ausflocken und Präzipitation. Danach sind natürlich diagenetische Reaktionen in Abhängigkeit von Eh, pH und Ionenaktivität der Porenlösungen möglich (HARDER 1989).

Andere denkbare Quellen für das Fe sind randlich-marin einmündende Grundwässer (JAMES 1966) bzw. aus der Tiefe aufsteigendes Meerwasser der CO_2-Zone, das dort Fe löst und in Küstenbereiche transportiert (BORCHERT 1960).

Oolithische Eisenerze werden heute wegen ihres generell niedrigen Eisengehaltes und unerwünscht hoher Phosphor-, Aluminium- und SiO_2-Gehalte nur selten abgebaut. Die genetisch äquivalenten Manganerze sind jedoch von großer wirtschaftlicher Bedeutung; fast die Hälfte der Weltproduktion dieses Metalles stammt aus solchen Lagerstätten, überwiegend jenen der UdSSR und Nord-Australiens.

Oolithische Manganerze bilden Flöze in küstennahen Tonen, Mergeln und Sanden (seltener in Karbonaten) epikontinentaler Meere. Die größte derartige Provinz ist das süd-ukrainische Oligozänbecken mit Lagerstätten um Nikopol. Dort liegt eine transgressive Abfolge vor, mit Paläoböden über verwittertem präkambrischen Kristallin, darüber einer kohleführenden limnischen Serie, und schließlich glaukonitführenden Sanden, dem Manganhorizont und marinen klastischen Sedimenten (Abb. 46).

Das Manganflöz von Nikopol erreicht eine Mächtigkeit von 4,5 m und eine laterale Ausdehnung bis 250 km. Es besteht aus Oolithen, Konkretionen und erdigen Massen von Manganoxyden (Pyrolusit und Psilomelan), die beckenwärts in eine karbonatische Fazies mit Rhodochrosit und Manganokalzit und schließlich in bläulich-grüne Tone mit Mangankonkretionen übergehen. Andere vergleichbare Lagerstätten, etwa die kretazischen von Groote Eylant/Australien (BOLTON 1988), zeigen eine sehr ähnliche Zonierung. Diagenetische und spätere deszendente, lateritische Prozesse können in Detailuntersuchungen nachgewiesen werden.

Die Entstehung oolithischer Manganlagerstätten wird jenen des Eisens vergleichbar durch Eintrag von Mn-führenden, terrestrischen Verwitterungslösungen ins Meer erklärt. Unklar bleibt allerdings die Trennung von Mn und Fe, die in der Kruste in einem durchschnittlichen Verhältnis von 1:50 vorliegen, und deren geochemisches Verhalten unter Oberflächenbedingungen fast identisch ist. Beide sind in reduzierter Form gut löslich, und werden durch Oxydation ausgefällt. Allerdings sind

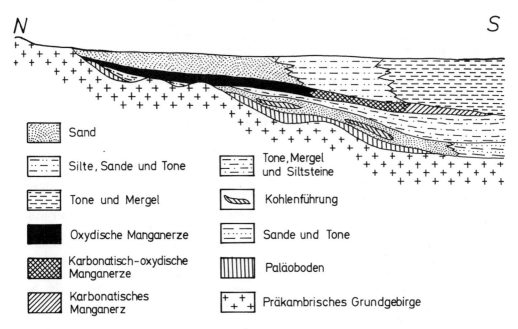

Abb. 46. Schematisches Profil durch die Manganerzlagerstätte von Nikopol/Ukraine/UdSSR (VARENTSOV 1964).

die Löslichkeitsgrenzen im Eh-pH Feld gegeneinander etwas verschoben, so daß die Metalle bei sehr eng umgrenzten Bedingungen sowohl beim Lösungsvorgang im Boden wie auch bei der Präzipitation im Meer getrennt werden können: Generell ist Mangan etwas löslicher als Eisen, so daß es früher gelöst und später ausgefällt wird (KRAUSKOPF 1957). *Manganknollen und -krusten* bedecken weite Flächen der Tiefsee unterhalb der CCD (Karbonatkompensationstiefe), wo pelagische Sedimente äußerst geringer Sedimentationsrate auftreten. Die Knollen haben im Durchschnitt Kartoffelgröße und -form, doch gibt es auch sehr kleine und Platten bis über 1 m Durchmesser. Mangankrusten bedecken felsige Ausbisse im Bereich der mittelozeanischen Rücken und mancher ozeanischer Intraplattenvulkane. Im weiteren Sinne verwandte Bildungen sind vermutlich die Mn-Schlammhügel niedrigtemperierter Exhalationen an den Galapagos Inseln, wie auch die Mangan-Umber und Mn-SiO$_2$ Exhalite mancher Ophiolite (Zypern, Franciscan/Kalifornien/USA).

Knollen und Krusten enthalten 20 bis 40 % Manganoxyde, 5-10 % Eisen, und bis zu 3 % Kupfer, Nickel und Kobalt (daneben auch Pt und andere Metallspuren). Die Knollen bestehen aus botryodalen, konzentrischen Schalen von amorphem und kristallinem Manganoxyd, die in situ teilweise aus Porenlösungen der umgebenden Tiefseeschlämme bzw. durch Anlagerung kolloidaler Partikel aus dem Meerwasser gebildet werden (HALBACH 1986). Die Herkunft der Metalle ist vermutlich vorwiegend in hydrothermalen Exhalationen der mittelozeanischen Rücken zu suchen, doch könnte auch extraterrestrischer Staub oder das Meerwasser selbst einen Teil beitragen (BATURIN 1988).

Sedex-Lagerstätten und Sulfiderze in Schwarzschiefern

Sedimentäre Sulfiderze gehören mit den porphyrischen Lagerstätten zu den größten Buntmetallproduzenten der Erde. Die wirtschaftliche Bedeutung unterstreicht den großen Maßstab und die geologische Häufigkeit der entsprechenden lagerstättenbildenden Prozesse.

Oben wurde schon festgehalten, daß sedimentäre Sulfiderze ein kontinuierliches Spektrum umfassen, das von deutlich vulkanogenen Bildungen in proximaler Lage zu submarinen Vulkanen über distale Situation (Vulkanismus durch Tuffe vertreten) bis zu rein sedimentärem Milieu reicht.

Als *proximal* wären die Kuroko und Besshi-Erze einzustufen, wie auch die Sulfidfazies der Eisenformationen vom Algoma Typ, und mit etwas mehr sedimentbetontem Charakter die riesige alt-proterozoische Lagerstätte von Broken Hill/Australien.

Distal (Abb. 47) liegen die devonischen Lagerstätten von Meggen/Sauerland und des Rammelsberges (WERNER 1989), das jung-proterozoische Bodenmais/Bayern, McArthur River/Australien und Sullivan/B. C./Kanada. Die mittel-proterozoische Lagerstätte Sullivan wird gelegentlich als Typus für sedimentär-exhalative Sulfide ohne magmatische Begleiterscheinungen genannt (*„Sullivan type sulphide deposits"*). Diese Wahl ist aber nicht sehr glücklich, da möglicherweise doch tiefliegende, nicht aufgeschlossene magmatische Körper bei der Bildung der syn-sedimentären hydrothermalen Systeme beteiligt waren (CAMPBELL & ETHIER 1983).

Fast *ohne vulkanische Begleiterscheinungen* sind die Erze in alt-proterozoischen, karbonatischen Schwarzschiefern von Mt. Isa/Australien und in den unterkarbonischen Karbonaten Irlands. Hierher gehören nach der Auffassung mancher Forscher auch der permische Kupferschiefer Nordeuropas und die jung-proterozoischen Cu-Co Erze Zentralafrikas, welche in diesem Buch aber der zur Zeit vorherrschenden Interpretation folgend als diagenetische Lagerstätten beschrieben werden.

Mit fast allen sedimentären Sulfidlagerstätten sind pelitische Sedimente mit hohen Anteilen an organischer Substanz, also Schwarzschiefer im weiteren Sinne verbunden. Das kann durch Exhalation in euxinisches Milieu bedingt sein, oder aber auch durch „Vergiftung" eines marinen Teilbeckens durch große Mengen metallführender Fluide (Abb. 47). Deshalb spricht man von der Gruppe der *„Sulfiderze in Schwarzschiefern";* diese haben folgende gemeinsame Eigenschaften:

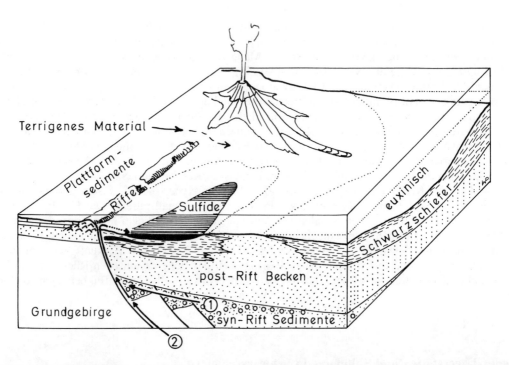

Abb. 47. Schematisches Blockbild zur Bildung einer exhalativ-sedimentären Sulfidlagerstätte in einem Schwarzschieferbecken.
Beachte die mehrphasige Dehnungstektonik, Lage der Riffe und den distalen Vulkanismus. (1) sind diagenetisch ausgepreßte Formationswässer der frühen Rift-Sedimente, (2) Lösungen tiefer Herkunft (magmatisches, metamorphes oder tief-zirkulierendes Meerwasser).

Die Erzkörper sind immer schichtartige und schichtgebundene („stratiform" und „stratabound") flözartige Linsen aus laminierten bis gebänderten Sulfiden, klastischem Material (überwiegend schwarze Tonsteine, selten Tuffe), Baryt und anderen Exhaliten (SiO_2, Hämatit, etc.). Einzelne Erzlagen sind monomineralisch oder einfache Gemenge aus Bleiglanz, Zinkblende, Pyrit und Magnetkies, seltener auch Arsenkies und Kupfersulfide. Quer zur Schichtung sind scharfe Grenzen die Regel, während lateral die Metallführung insgesamt abnimmt, wobei gleichzeitig eine Faziesdifferenzierung beobachtet wird (z. B. Cu innen, dann Pb, Zn, Ba und Mn nach außen). Erhöhte Pyritführung und deutliche Manganomalien sind in weitem Umkreis der Lagerstätte feststellbar. Die Erze sind ursprünglich äußerst feinkörnig (< 5 Mikron), so daß eine wirtschaftliche Aufbereitung nur möglich ist, wenn durch Diagenese oder Metamorphose Kornvergrößerung eingetreten ist. Ein bekanntes Beispiel für eine der feinkörnigen Erze wegen unverwertbare Lagerstätte dieser Gruppe ist das alt-proterozoische McArthur River in Australien, mit Reserven von rund 200 Millionen t Erz, das 10 % Zn und 4 % Pb enthält (MURRAY 1975).

Infolge ihrer weiten geologischen Verbreitung, sowohl räumlich wie zeitlich, sind viele sedimentäre Sulfidlagerstätten metamorph. Geringe Metamorphose ist naturgemäß am häufigsten (Rammelsberg, Mt. Isa), doch kennt man solche Erze auch in Amphibolitfazies (Bodenmais u.v.a.) und in Granulitfazies (Broken Hill/Australien, Gamsberg/Südafrika). Metamorphe Erze sind häufig lokal mobilisiert, wobei im Erzkörper und im unmittelbaren Nebengestein grobkristallisierte Sulfidgänge entstehen, die früher zu Unrecht als Beweis für eine epigenetische Zufuhr der gesamten Metallmenge aufgefaßt wurden.

Strukturen und Texturen der Erze von Schwarzschieferlagerstätten belegen die synsedimentäre Bildung: feinste Bänderung, gradierte Schichtung, häufiges Auftreten von Framboidpyrit, kolloforme Bänderung, Deformation des noch weichen Sedimentes, Umlagerung durch untermeerische Massenströme, u.a.m. Hydrothermale Alteration kennt man nur dort, wo im Liegenden der Erzkörper Zufuhrschlote aufgeschlossen wurden (etwa der „Kniest" am Rammelsberg, der „Silica Dolomite" in Mt. Isa/Australien oder Turmalinisierung, Albitisierung und Verkieselung in Sullivan/Kanada). In Silvermines und Tynagh/Irland hat man fossile hydrothermale Schlote ähnlich jenen der mittelozeanischen Gräben gefunden (BANKS 1985), wodurch die exhalative Entstehung weiter bekräftigt wird. Sedimentologische Untersuchungen haben ergeben, daß die Sulfide in geologisch sehr kurzer Zeit abgelagert wurden. Die Sedimentbecken hatten also keineswegs eine außergewöhnlich niedrige Sedimentationsrate, sondern die Sulfidsedimentation übertraf die Zufuhr klastischen Materials pro Zeiteinheit um ein Vielfaches. Nur deshalb war die Bildung *massiger Sulfidlager,* also fast reiner Sulfidgesteine möglich.

Das *geodynamische Milieu* der hier besprochenen sedimentären Sulfidlagerstätten liegt zum Unterschied vom Kuroko oder Zypern Typ, welche an Plattengrenzen gebildet werden, innerhalb kontinentaler Platten. Dort sind Zerrungstektonik oder Grabenbildung mit den SEDEX-Lagerstätten eng verbunden (Abb. 47). Sie öffnen die Aufstiegswege für Mantelfluide (Broken Hill: PLIMER 1985), oder erlauben das Hochdringen von okkludierten Formationswässern bzw. die Bildung großer hydrothermaler Konvektionszellen. Letztere werden zumeist von absinkendem Meerwasser gespeist, das offenbar viele Kilometer tief vordringen kann (RUSSELL et al. 1981). Besonders wichtig ist dabei auch erhöhter Wärmefluß, eher lokalisiert durch tiefe magmatische Intrusionen oder regional durch Krustenverdünnung. Die Lage der Lagerstätten unterliegt einer tektonischen Kontrolle, die im Gelände kartierbar sein kann, oft aber auch nur indirekt aus geologischen Beobachtungen zu erschließen ist (DEENY 1987).

Die Quelle der Metalle wird allgemein in tieferen Beckensedimenten oder älterem Grundgebirge vermutet. Verschiedene Anteile von Cu-Pb-Zn in einzelnen Lagerstättendistrikten belegen ein unterschiedliches lithochemisches Ausgangsmaterial, aber auch variable Prozesse bzw. Bedingungen der Metallfreisetzung. Aussagen zur Herkunft der Metalle einzelner Lagerstätten sind vor allem auf Grund von Bleiisotopenanalysen möglich. Andere geochemische Daten können dabei ebenfalls helfen; als Beispiel mögen die S/Se-Verhältnisse erwähnt sein, die bei magmatischen Ausgangsgesteinen relativ niedrig, bei sedimentärer Quelle aber sehr hoch sind (LEUTWEIN 1972).

Literatur:

BANKS, D. A., 1985, A fossil hydrothermal worm assemblage from the Tynagh lead-zinc deposit in Ireland. Nature 313, 128-131.
BATURIN, G. N., 1988, The geochemistry of manganese and manganese nodules in the ocean. 342 pp, Kluwer Academic.
BILIBIN, Y. A., 1938, Principles of placer geology. 505 pp, G. O. N. T. I., Moskau.
BOLTON, B. R. (Ed.), 1988, Metallogenesis of manganese. Ore Geol. Rev. 4, 1/2, 170 pp.
BORCHERT, H., 1960, Genesis of marine sedimentary iron ores. Trans. Instn. Min. Metall. B69, 261-279.
CAMPBELL, F. A. & ETHIER, V. G., 1983, Environment of deposition of the Sullivan orebody. Mineralium Deposita 18, 39-55.
DAHANAYAKE, K. & KRUMBEIN, W. E., 1986, Microbial structures in oolitic iron formations. Mineralium Deposita 21, 85-94.
DEENY, D. E., 1987, Central Irish geology/metallogeny: A Lower Carboniferous rifting-related exhalative catastrophy? Mineralium Deposita 22/2, 116-123.
DIMROTH, E., 1976, Aspects of the sedimentary petrology of cherty iron-formations. Pp 203-254 in K. H. WOLF (Ed.), Handbook of Strata-Bound and Stratiform Ore Deposits. Vol. 7, Elsevier.
EUGSTER, H. P., 1985, Oil shales, evaporites and ore deposits. Geochim. Cosmochim. Acta 49, 619-635.
FLETCHER, W. K. & DAY, S. J., 1989, Behaviour of gold and other heavy minerals in drainage sediments: some implications for exploration geochemical surveys. Trans. Instn. Min. Metall. B98, 130-136.
FRANCOIS, L. M., 1986, Extensive deposition of banded iron formations was possible without photosynthesis. Nature 320, 352-354.
GOODWIN, A. M., 1973, Archean iron formations and tectonic basins of the Canadian shield. Economic Geol. 68, 915-933.
HAILS, J. R., 1976, Placer deposits. Pp 213-244 in K. H. WOLF (Ed.), Handbook of Strata-Bound and Stratiform Ore Deposits, Vol. 3, Elsevier.
HALBACH, P., 1986, Processes controlling the heavy metal distribution in Pacific ferromanganese nodules and crusts. Geol. Rundschau 75/1, 235-247.
HARDER, H., 1989, Mineral genesis in ironstones: a model based upon laboratory experiments and petrographic observations. Pp 9-18 in T. P. YOUNG & W. E. G. TAYLOR (Eds.), Phanerozoic Ironstones. Geol. Soc. Spec.Publ. 46.
HARDISTY, J., 1990, Beaches – form and process. 384 pp, Unwin Hyman.
HOLLAND, H. D. & SCHIDLOWSKI, M. (Eds.), 1982, Mineral deposits and the evolution of the biosphere. 333 pp, Springer.
JAMES, H. L., 1954, Sedimentary facies of iron formations. Economic Geol. 49, 235-293.
JAMES, H. L., 1966, Chemistry of iron rich sedimentary rocks. U. S. Geol. Survey Prof. Paper 440, 41 pp.
KASTING, J. F., 1987, Theoretical constraints on oxygen and carbon dioxide concentrations in the Precambrian athmosphere. Precambrian Res. 34, 205-229.
KIMBERLEY, M. M., 1981, Oolitic iron formations. Pp 25-76 in K. H. WOLF (Ed.), Handbook of Strata-Bound and Stratiform Ore Deposits, Vol. 9, Elsevier.
KIMBERLEY, M. M., 1989, Exhalative origins of iron formations. Ore Geol. Reviews 5, 13-145.
KLEIN, G. de V., 1987, Current aspects of basin analysis. Sedimentary Geol. 50, 95-118.
KLEINSPEHN, K. L. & PAOLA, C. (Eds.), 1988, New perspectives in basin analysis. 453 pp, Springer.
KRAUSKOPF, K. B., 1957, Separation of manganese from iron in sedimentary processes. Geochim. Cosmochim. Acta 12, 61-84.
LARGE, D., 1988, The evaluation of sedimentary basins for massive sulfide mineralization. Pp 3-11 in G. H. FRIEDRICH & P. M. HERZIG (Eds.), Base metal sulfide deposits. Springer.
LEUTWEIN, F., 1972, Selenium. 34B1-34O1 in K. H. WEDEPOHL (Ed.), Handbook of Geochemistry. Springer.
MAYNARD, J. B., 1983, Geochemistry of sedimentary ore deposits. 305 pp, Springer.
MURRAY, W. J., 1975, McArthur River H. Y. C. lead-zinc and related deposits, N. T. Pp 329-339 in C. L. KNIGHT (Ed.), Economic Geology of Australia and Papua New Guinea. 1. Metals. Aus. I. M. M., Parkville.
OFTEDAHL, C., 1958, A theory of exhalative-sedimentary ores. Geol. Foren. Stockholm Forh. 80, 1-19.

PLIMER, I. R., 1985, Broken Hill Pb-Zn-Ag deposit – a product of mantle metasomatism. Mineralium Deposita 20/3, 147-153.
PORRENGA, D. H., 1967, Glauconite and chamosite as depth indicators in the marine environment. Marine Geol. 5, 495-501.
RIPLEY, E. M., SHAFFER, N. R. & GILSTRAP, M. S., 1990, Distribution and geochemical characteristics of metal enrichment in the New Albany Shale (Devonian-Mississippian), Indiana. Economic Geol. 85, 1790-1807.
RUSSELL, M. J., SOLOMON, L. & WALSHE, J. L., 1981, The genesis of sediment-hosted, exhalative zinc and lead deposits. Mineralium Deposita 16, 113-127.
SIMONSON, B. M., 1985, Sedimentological constraints on the origin of Precambrian iron -formations. Geol. Soc. America Bull. 96, 244-252.
SORBY, H. C., 1857, On the origin of the Cleveland Hill ironstone. Geol. Polytechnic Soc. West Riding Yorkshire Proc. 3, 457-461.
TRENDALL, A. F. & MORRIS, R. C. (Eds.), 1983, Iron formations: facts and problems. 558 pp, Elsevier.
TUCKER, R. F. & VILJOEN, R. P., 1986, The geology of the West Rand Goldfield, with special reference to the southern limb. Pp 649-688 in C. R. ANHÄUSSER & S. MASKE (Eds.), Mineral Deposits of Southern Africa. Geol. Soc. S. A., Johannesburg.
UITTERDIJK APPEL, P. W. & LaBERGE, G. L. (Eds.), 1987, Precambrian iron formations. 674 pp, Theophrastus, Athen.
VARENTSOV, I. M., 1964, Sedimentary manganese ores. Elsevier.
WERNER, W., 1989, Contribution to the genesis of the SEDEX-type mineralization of the Rhenish Massif (Germany) – implications for future Pb-Zn exploration. Geol. Rundschau 78, 571-598.

IV. Diagenetische Lagerstättenbildung

Seit langem ist der wesentliche Anteil der Diagenese an der Bildung von Kohlen- und Erdöllagerstätten anerkannt. Erst in jüngerer Zeit jedoch wurde zunehmend klar, daß diagenetische Prozesse auch bei der Entstehung anderer Lagerstätten eine wichtige Rolle spielen. Bekannte Beispiele sind u.a. der europäische Kupferschiefer, die zentralafrikanischen Cu-Co Lagerstätten, Pb-Zn mit Fluorit und Baryt vom Mississippi Typ sowie Erze in enger räumlicher Bindung an Salzdiapire (z. B. Pb-Zn und Fe in Algerien).

Die grundlegende Überlegung dabei ist, daß die meisten Sedimente bei der Ablagerung große Wassermengen miteinschließen, welche im Verlauf der Diagenese vor allem durch mechanische Kompaktion ausgetrieben werden. So enthalten Sande bei der Ablagerung bis 40 %, Tone bis 90 % und Karbonate rund 50 % Wasser. Bis zum Einsetzen der Metamorphose wird der Porenraum auf <1 % reduziert, so daß der größte Teil der Formationswässer abgeführt werden muß, vorwiegend natürlich nach oben und gegen die Ränder der Sedimentbecken. Wie man aus der Erdölgeologie weiß, führen solche Wässer bedeutende Mengen gelöster Stoffe, die in geeigneten geochemischen oder physikalischen „Fallen" ausgefällt werden können. Die solcherart gebildeten diagenetischen Lagerstätten sind demnach *hydrothermal und epigenetisch*.

Ein Sedimentbecken von 500 km Länge, 200 km Breite und mit einer Sedimentmächtigkeit von 10 km, also etwa der mesozoischen Füllung der alpinen Geosynklinale entsprechend, würde alleine durch späte diagenetische Entwässerung von 20 auf 10 % Porosität ein Volumen von rund 100.000 km^3 Wasser abgeben. Nach Isotopenanalysen sind solche Wässer z. T. meteorischen Ursprungs, weit überwiegend aber okkludiertes Meerwasser, das während der Diagenese der Sedimente in Wechselwirkung mit diesen eine beträchtliche Veränderung erfährt: Man spricht von der *Diagenese der Formationswässer*. Diese sind gewöhnlich Laugen mit erhöhtem Gehalt an Cl, HCO_3, Na, K, Ca, I und Br; dazu kommen gegenüber Meerwasser vielfach erhöhte Anteile von Fe, Mn, Cu, Zn und vielen anderen Elementen. Mg und SO_4 hingegen sind deutlich verarmt, das erste durch Neubildung von Dolomit oder Chlorit, das zweite durch bakterielle Sulfatreduktion, wobei H_2S entsteht. NaCl wird vermutlich durch die Wirkung von Tonen als semipermeable Membran zurückgehalten und damit angereichert, häufig stammt es wohl auch aus der Auflösung evaporitischer Anteile in den Sedimenten. „Reife", also tiefe Formationswässer sind deshalb gewöhnlich konzentrierte NaCl-Laugen. Aus der Reifung und Umsetzung organischer Substanzen der Beckensedimente stammen Anteile von CH_4, CO_2, H_2, N_2 und höheren Kohlenwasserstoffen (Öl und Gas); gleichzeitig wird Sauerstoff aufgezehrt, so daß die Laugen sehr niedrigen Eh haben, wodurch viele Metalle hohe Löslichkeit erreichen. Einige Metalle werden vor allem als organische Komplexe transportiert (Ni, V, z. T. auch Zn und Cu), während andere, wie z. B. Pb immer in chloridischer Lösung vorliegen (MANNING 1986).

Die Reaktion solcher Laugen mit den Beckensedimenten oder auch mit vulkanischen Anteilen des Schichtstapels führt demgemäß zur Lösung von Metallen, abhängig natürlich von den betroffenen Gesteinen, vom Chemismus der Wässer sowie T, P, Eh und pH. Wenig stabil sind z. B. Amphibol, Pyroxen, Olivin und Epidot, bei deren Alteration Metallionen freigesetzt werden. Wichtig ist ferner Ionenaustausch mit Tonen, und deren Umbildung; so ist Pb in klastischen Sedimenten vorwiegend an Kaolinit adsorbiert und wird dann durch Illitbildung frei.

Die Fließwege ausgepreßter Tiefenwässer werden durch hydrogeologische Parameter bestimmt, wobei permeable Gesteine und tektonische Auflockerungszonen sowie allgemein das Druckgefälle wichtig sind. Gewöhnlich wird ein langsam fließender, diffuser Kompaktionsstrom vorliegen, der seine Lösungsfracht mit zunehmender Abkühlung durch Porenzementation in seichteren Beckensedimenten absetzt oder ins Meerwasser austrägt. Lagerstättenbildung ist nur dort möglich, wo große Durchflußmengen rasch aufsteigender heißer Laugen in permeable Gesteine oder Strukturen fokussiert werden. Dann können bei fallender T, P, durch Reaktion mit dem Nebengestein oder durch Mischung mit seichtem Grundwasser auf engem Raum die gelösten Stoffe ausfallen. Oberflächennahe Störungen, Riffe oder Karsthohlräume im Beckenrandbereich bzw. an Grundgebirgsaufbrüchen spielen hier oft eine wichtige Rolle. Im Gegensatz zu Erdöl- und Erdgaslagerstätten sind hiebei nach oben offene Fallen typisch, so daß im Bereich der Präzipitation ein hydrostatisches Druckregime vorherrscht. Verschiedene geologische Modelle der *Beckenentwässerung* sind denkbar:

– Normale, diagenetische Entwässerung durch Kompaktion des Porenraumes in einem langsam fortschreitenden Prozeß (NOBLE 1963).
– Episodischer Laugenausstoß durch Aufbau von Überdruck in wasserreichen Tonen, ebenfalls durch zunehmende Überlagerung (SHARP 1978). Dieser Prozeß kann aktuogeologisch im Mississippi Delta beobachtet werden, allerdings ohne begleitende Lagerstättenbildung.
– Verdrängung tiefer, heißer Laugen durch Zufluß kalten Grundwassers aus erhöhten Beckenrandgebieten, wofür natürlich ausreichend permeable Gesteine im gesamten Becken vorliegen müssen (DAUBREE 1887, GARVEN 1985).
– Tektonische Austreibung von Formationswasser durch Deckenüberschiebung, wobei das Fließen in diesem Fall gegen das Vorland gerichtet ist (OLIVER 1986, DUANE & DE WIT 1988). Ein prachtvolles modernes Äquivalent dafür sind methanführende heiße Wässer, welche untermeerisch in rund 5 km Tiefe aus dem tertiären bis quartären Sedimentkeil an der Subduktionsfront der Atlantischen Platte östlich von den Kleinen Antillen austreten (MOORE et al. 1987). Störungen im Austrittsbereich sind mit Rhodochrosit gefüllt. Die Herkunft der Wässer muß >25 km westlich angenommen werden, wo bei einer Überlagerung von ca. 2 km die Bedingungen zur Methanbildung erreicht werden.
– Expulsion von Formationswässern durch Tiefenintrusionen, welche einen weiten Hof erhöhter Diagenese bewirken können. Dies kann in marinen Becken synsedimentäre Erze bilden (Abb. 47); epigenetische Lagerstätten als Produkte solcher Lösungen fallen aber in die hier angesprochene diagenetische Gruppe. Als Beispiel sollen die Siderite und Ba-Zn-Pb-Ag Vererzungen in Zechsteinkarbonaten ca. 8 km über dem basischen Körper des Bramscher Massives genannt sein (SCHMIDT 1989, STADLER & TEICHMÜLLER 1971).

Viele diagenetisch gebildete Lagerstätten fallen durch mm- bis dm-gebänderte Texturen der neugebildeten Mineralpräzipitate auf, die als *diagenetische Kristallisationsrhythmite* (diagenetic crystallisation rhythmites = DCR's) beschrieben wurden (FONTBOTE & AMSTUTZ 1983). Man findet sie in Dolomiten, Evaporiten, in Spatmagnesit und besonders häufig in schichtgebundenen Pb-Zn-Ba-F Lagerstätten von Plattformkarbonaten. Folgende Generationen bzw. Texturtypen werden unterschieden:

Generation I: Bänder aus dunklen, fein- bis mittelkörnigen, oft xenomorphen Aggregaten;
Generation II: Bänder aus hellen, bipolar oder geopetal orientierten, grobkristallinen und oft intern zonierten Mineralen;
Generation III: Füllungen verbleibender Hohlräume und Drusen, idiomorph, z.T. mit Asphalt oder schwerem Erdöl vergesellschaftet.

Manche diagenetische Lagerstätten haben Eigenschaften, die einerseits auf eine syn-sedimentäre Entstehung hinweisen, andererseits aber eine epigenetische Deutung verlangen. Diese Ambivalenz zeigt sich besonders klar in der Erforschungsgeschichte des Kupferschiefers.

Der *Kupferschiefer* bildet im nördlichen Europa die Basis des transgressiven Zechsteins; er ist über mehr als 600.000 km^2 verbreitet. Überall enthält er erhöhte Buntmetallgehalte, bergbauliche Anreicherungen sind jedoch auf den SE-Harz (Mansfeld, Sangerhausen), das Richelsdorfer Gebirge (KULICK et al. 1984) und auf Schlesien, also auf grundgebirgsnahe Lagen des Beckensüdrandes beschränkt.

Der Kupferschiefer ist natürlich kein Schiefer im Sinne der Petrographie, sondern ein gebänderter Tonstein aus Illit, Montmorillonit, Karbonaten, bis 30 % organischer Substanz (Kohlenwasserstoffe, Kerogen, Vitrain, Fusain und Exinit), Sulfiden, Gips, Phosphaten und wenig Quarz. Unterlagert wird er meist von Rotliegend-Sanden, nicht selten auch von Konglomeraten. Lokal liegt er direkt auf gefaltetem variszischem Grundgebirge. Gegen das Hangende folgen Zechsteinkarbonate und schließlich Evaporite. Im zentralen polnischen Becken erreicht die Überlagerung eine Mächtigkeit von über 7 km. Der Kupferschiefer ist nicht gefaltet, doch von vielen Störungen betroffen. Im SE-Harz Revier scheinen Bereiche nahe von Störungskreuzen besonders reichlich vererzt zu sein (JUNG & KNITZSCHE 1976).

Der Kupferschiefer zeigt nach seiner paläomorphologischen Lage verschiedene Fazies: In den Becken ist er geringmächtig (0,3-0,4 m in Mansfeld), reich an FeO, Al$_2$O$_3$ und organischer Substanz, während gegen Schwellen und Sandbarren die Mächtigkeit zunimmt (bis 4 m), ebenso wie die Gehalte an Quarz und Karbonaten (Abb. 48). Die Schwellenfazies ist erzfrei und durch reichlich Hämatit gekennzeichnet, deshalb der alte Bergmannsausdruck „Rote Fäule". Unmittelbar beckenwärts daran anschließend liegen die reichsten Chalkosin-Erzkörper.

Der Kupferschiefer wird als euxinisches Sediment eines sehr seichten Meeres mit wenigen Metern Wassertiefe aufgefasst, das aber sicherlich nicht durchwegs anoxisch war, wie die häufigen Fossilien, insbesondere Fische, Brachiopoden und Lingula belegen. Zeitweise Vergiftung zumindest von Teilen der Wassersäule durch organische Überproduktion und nachfolgendes Massensterben ist aber wahrscheinlich. Bemerkenswert ist der geringe Sedimenteintrag in das Becken ebenso wie das ruhige Ablagerungsmilieu.

Die Sulfide des Kupferschiefers können drei verschiedenen Texturtypen zugeordnet werden (PREIDL & METZLER 1984):

1. Sehr feinkörnige (0,02-0,06 mm), disseminierte Körner und Aggregate, oft auch Framboide (SCHNEIDERHÖHN 1926) oder Krusten an organischen Partikeln; beteiligt sind Pyrit, Chalkopyrit, Bornit, Chalkosin, Galenit und Markasit.

2. Spindeln, Linsen, Konkretionen und linsige Lagen von Sulfiden parallel zur Schichtung, z.T. mit Gips, Baryt oder Kalzit verwachsen.

3. Geringmächtige, quergreifende Spaltenfüllungen von Sulfiden mit den o.g. Gangarten, die aber weniger als 1 % der Erzmenge liefern. Das sind die „Rücken" der Mansfelder Bergleute.

Die Metalle Cu-Pb-Zn sind in dieser Reihenfolge sowohl beckenwärts von Schwellen mit Roter Fäule wie auch von unten nach oben zoniert, wobei Pb und Zn überwiegend in den Zechsteinkarbonaten lokalisiert sind (Abb. 49). Die Cu-Erzkörper reichen allerdings vom gebleichten Rotliegend-Sandstein („Weißliegendes") über den eigentlichen Kupferschiefer bis in die hangenden Karbonate. Die Kupfergehalte der Lagerstätten liegen zwischen 1-1,5 %, wobei man jedoch die geringe Mächtigkeit und die resultierenden bergbaulich-wirtschaftlichen Probleme der Gewinnung bedenken muß. Aus dem Revier Mansfeld wurden bis zur Schließung im Jahre 1970 rund 1,5 Mt Cu produziert; im polnischen Schlesien werden die Vorräte mit >1 % Cu in einem Gebiet von 30x60 km auf 1.500 Mt Cu geschätzt, wovon etwa die Hälfte in Rotliegend-Sandstein liegt. Aus diesen Zahlen ist ersichtlich, welch große Metallmengen auf relativ kleinen Flächen (ca. 0,2 %

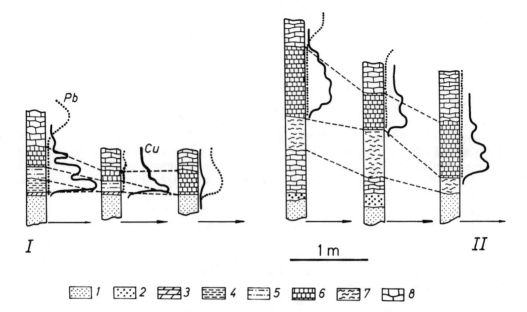

Abb. 48. Fazies und Cu-Pb-Anreicherung im schlesisch/polnischen Kupferschiefer (PREIDL & METZLER 1984).
I–reduzierte Beckenfazies
II-Schwellenfazies mit Roter Fäule
1 – grauer Sandstein; 2 – Konglomerat; 3 – Grenzdolomit; 4 – schwarzer, bituminöser Tonstein; 5 – dunkelgrauer dolomitischer Tonstein; 6 – dunkelgrauer Dolomitmergel; 7 – Rote Fäule (rotfleckige Tonsteine); 8 – Zechsteinkarbonat.

der gesamten Kupferschieferverbreitung) konzentriert sind. Neben Cu, Pb und Zn enthalten die Erze auch Mo, Ag, Au, Hg, Co, Ni, Re, V, U, Platinmetalle und Bi. Der Schwefel der Sulfide ist durch bakterielle Reduktion von Meerwassersulfat erklärbar, mit $\delta\,^{34}S$ zwischen -40 bis -25‰ (SAWLOWICZ 1989). Dabei ist der Schwefel frühen Pyrites am leichtesten, später gebildete Sulfide haben schwereren Schwefel. Dieser Befund läßt auf ein geschlossenes System schließen, in dem die verfügbare Sulfatmenge begrenzt war.

Unzweifelhaft sind die häufigen Pyritframboide und andere Eisensulfide frühdiagenetisch gebildet; sie werden von Cu-Sulfiden verdrängt, so daß diese später entstanden sein müssen. Viele Forscher waren der Meinung, daß die Buntmetalle syn-sedimentär in das Becken gelangt seien und daß diese Verdrängung durch diagenetische Umlagerung erklärbar sei. Dem steht entgegen, daß die Erzkörper im km-Bereich schräg zur Schichtung liegen, also eigentlich quergreifend und damit epigenetisch sind. Auch ihr ringförmiges Auftreten an inselartigen Sandbarren mit Roter Fäule im Zentrum ist mit sedimentärer Bildung nicht vereinbar.

Deshalb überwiegt heute die Meinung einer diagenetischen Bildung der Kupferschiefererze durch heiße Mg-K-Cl-Formationswässer der variszischen Molasse, die ihren Metallinhalt aus tief versenkten permischen Vulkaniten und Sedimenten bezogen haben. Diese Wässer mußten bei zunehmender Kompaktion unter den impermeablen Zechsteinschichten gegen die Beckenränder aufsteigen, wo die Metalle durch Druck- und Temperaturabfall, durch Mischung mit kühlen, alkalischen Grundwässern und durch Reaktion der Lösungen mit der organischen Substanz und mit den Fe-Sulfiden des Kupferschiefers ausgefällt wurden (z. B. KUCHA 1985, KUCHA & PAWLIKOWSKI 1986). Die Zonierung der Cu-Pb-Zn Erze an den Schwellen und Beckenrändern ist mit diesem Modell gut vereinbar und und entspricht den relativen Löslichkeiten der Sulfide (Abb. 49). Ungeklärt ist die zeitliche Einordnung der Vererzung; wahrscheinlich gilt auch hier, daß nicht langsame Kompaktion, sondern weiträumige tektonische oder magmatische Ereignisse auslösend waren.

Dem Kupferschiefer ähnlich sind die präkambrischen stratiformen Kupferlagerstätten von White

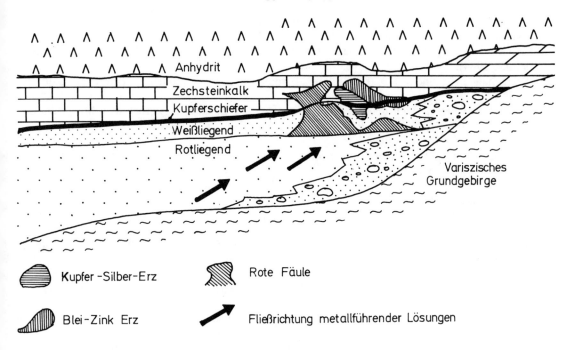

Abb. 49. Genetisches Modell einer Kupferschieferlagerstätte (SCHMIDT et al. 1986).
Die Darstellung ist stark überhöht, wodurch die überwiegend stratiforme Ausbildung der Erzkörper im Aufschlußmaßstab nicht zum Ausdruck kommt.

Pine/Michigan/USA und jene des zentral-afrikanischen Kupfergürtels (Zambia-Zaire); auch ihre Bildung wird durch Diagenese gedeutet (BROWN 1981).

Sehr verschieden vom Kupferschiefer und doch auch diagenetischer Entstehung sind viele *Pb-Zn Lagerstätten in marinen Karbonatgesteinen*. Diese Gruppe ist allerdings sehr heterogen; sie wird im üblichen Sprachgebrauch nach typischen Lagerstättenprovinzen und -distrikten weiter unterteilt. Man unterscheidet die Typen „alpin" (Mitteltrias in Kärnten-Italien-Jugoslawien), „schlesisch" (im Muschelkalk Polens), „irisch" (Unterkarbon in Irland), „Mississippi Valley" bzw. „Tri-State" (im Paläozoikum der Staaten Missouri, Oklahoma und Kansas/USA) und weitere. Diagenetischer Entstehung sind davon vermutlich nur die Lagerstätten in Schlesien und in USA, die beiden anderen Typen sind mit aktiver Krustendehnung räumlich und genetisch eng verbunden. Dort wurden die Metalle nicht durch Diagenese aus Sedimenten, sondern durch Lösung aus älterem Grundgebirge mobilisiert.

Hier soll der *Mississippi Valley Typ (MVT)* als Beispiel für diagenetische Pb-Zn-Ba-F Lagerstätten vorgestellt werden. Allgemein handelt es sich um schichtige oder zumindest schichtgebundene Erze, welche oft tektonische Brekzien oder kollabierte Karsthohlräume zementieren oder quergreifende Gänge bilden (HAGNI 1976). Manchmal kleiden sie offene Hohlräume im Karbonat aus. Bei dieser Gruppe sind DCR-Texturen (s. oben) besonders häufig.

Die Paragenese dieser Lagerstätten ist meist einfach (Abb. 17); in der Regel findet man Galenit, ZnS, Baryt, Fluorit, Pyrit, Markasit, Kalzit, Dolomit, Aragonit, Ankerit, Siderit und oft kolloformen Quarz. ZnS erscheint typisch als Schalenblende (mit Sphalerit-Wurtzitbänderung); charakteristisch sind geringe Fe-und erhöhte Cd-Gehalte. Galenit enthält meist wenig Silber. Kupfer ist unbedeutend; es gibt keine Kupferlagerstätten dieses Typs.

Die Bleiisotopenverhältnisse der verschiedenen Distrikte sind äußerst variabel, von normalem (Schlesien, Pine Point/Kanada) zu anomalem Blei (MVT: J-Typ). Der Schwefel ist meist relativ schwer, also nicht unmittelbar biogen zu deuten. Die Strontiumisotopenverhältnisse der karbo-

natischen Gangart belegen im Verlauf der Diagenese zunehmende Zufuhr von radiogenem ^{87}Sr, das vermutlich aus Tonen und anderen Silikaten der Beckensedimente stammt (KESSEN et al. 1981, GORZAWSKI et al. 1989). Die lagerstättenbildenden Lösungen hatten folgende Eigenschaften (ROEDDER 1984):
- Salzgehalte >15 und oft >20 %, selten allerdings mit Salzkristallen in den Flüssigkeitseinschlüssen;
- Na und Ca Chloride weit überwiegend; sehr geringe S-Gehalte; z.T. erhebliche Metallführung; allgemein Cl>Na>Ca>>K>Mg>B;
- Dichte immer über 1, oft über 1,1;
- Bildungsdruck generell niedrig, doch offenbar immer über dem jeweiligen Dampfdruck, da nie Kochen festgestellt wurde;
- CH$_4$ in Gasbläschen und Öl in entmischten Tröpfchen häufig, dazu im liquiden Anteil der Flüssigkeitseinschlüsse gelöste Kohlenwasserstoffe.

Bei der Ausfällung der Erze und Gangarten war vermutlich die Präsenz seichter, SO$_4$-führender Grundwässer in den Karbonaten wesentlich. Dann konnte entweder durch bakterielle Sulfatreduktion H$_2$S gebildet werden, oder nach folgender Gleichung eine anorganische Reaktion mit Methan stattfinden:

$$CH_4 + ZnCl_2 + SO_4^{2-} + Mg^{2+} + 3CaCO_3 \rightarrow ZnS + CaMg(CO_3)_2 + 2Ca^{2+} + 2Cl^- + HCO_3 + H_2O$$

Dies ist auch eine mögliche Erklärung für die häufige lokale, also unmittelbar an Erzkörpern auftretende Dolomitisierung ursprünglich kalzitischer Nebengesteine.

Einzelne Distrikte der Mississippi-Provinz haben unterschiedliche Schwerpunkte in der Metallführung; die größten Bleimengen wurden 1955 im *Viburnum Trend/Missouri/USA* entdeckt. Zusammen mit dem „Old Lead Belt" bildet dieser einen hufeisenförmigen Gürtel um die präkambrischen St. Francois Mts., welche von paläozoischen Sedimentbecken umgeben sind. Auch zur Zeit der marinen Transgression im Oberen Kambrium waren dies Inseln, umgeben von Algenriffen und Lagunen, teilweise mit evaporitischer Fazies. Unmittelbar über dem Grundgebirge liegen quarzitische Sandsteine (Lamotte Sandstone); darüber folgen die kalkige Bonneterre Formation und bis ins Ordoviz überwiegend Dolomite mit einzelnen Tonsteinschichten (THACKER & ANDERSON 1977).

Die meisten Erzkörper der Region liegen in der Bonneterre Formation, in der ein stromatolithisches Saumriff eine mikritisch-tonige Beckenfazies von küstennahen Oolithen trennt; diese füllen auch Kanäle im Riff, bilden dessen unmittelbar Hangendes und finden sich in Schüttungsfächern außerhalb der Riffes. In den oolithischen Kalkareniten gibt es lange, küstenparallel streichende karstähnliche Kollapsschläuche, die möglicherweise durch Weglösen von Gips entstanden sind. Die einzelnen Erzkörper liegen in solchen Kollapsstrukturen, sowie in Kalkarenitlinsen und -kanälen im Bereich des Saumriffes (Abb. 84). In allen Fällen waren dies offenbar Zonen erhöhter Permeabilität, in welche die im Lamotte Sandstein aufsteigenden Fluide fokussiert wurden, weil dieser gegen die Küste zu rasch an Mächtigkeit verliert und auskeilt.

Neben Bleiglanz enthalten diese Erze ZnS, Markasit, und eher untypisch für MVT-Lagerstätten auch Chalkopyrit, Bravoit und Siegenit, als Gangarten Quarz und Kalzit. Die Vererzung erfolgte in mehrmals wiederholten Zyklen ähnlicher Paragenese. Eine angedeutete Zonierung von Cu-Pb-Zn ist mit der vermuteten Fließrichtung der hydrothermalen Lösungen vereinbar.

Eine dritte Gruppe diagenetischer Lagerstätten ist an *Salzdiapire* gebunden (ROUVIER et al. 1985, KYLE & PRICE 1986, POHL et al. 1986). In den hochgeschleppten Nebengesteinen, in Hutbrekzien und im unmittelbaren Dach von Diapiren sind allgemein wichtige Öl- und Schwefellagerstätten zu finden. Daneben gibt es aber in manchen Diapirprovinzen auch Erzlagerstätten (Pb, Ag, Zn, Fe in Nordafrika und Texas; Hg in Slaviansk/Ukraine) bzw. Vorkommen (As, Sb, Cu, Mn) und nichtmetallische Rohstoffe (Baryt, Fluorit, Strontianit).

In Tunesien und Algerien wird das südliche Vorland des alpidischen Orogens durch ein Becken mit mächtigen mesozoischen Sedimenten gebildet. An dessen Basis liegen bis 1000 m triassischer Evaporite, die dem alpinen Haselgebirge sehr ähnlich sind, da neben Salz und Gips auch reichlich Schollen und Fragmente von Tonen, Sanden und basischen Eruptiva beigemengt sind. Besonders hohe Absenkungsraten während der Kreide (bis 8000 m mächtig) leiteten einen syn-sedimentären Diapirismus ein, der erst im Eozän mit einer ersten Faltungsphase beendet war. Die meisten Mineralisationen liegen in triassischen Hutgesteinen und in Unterkreide-Kalken, wo diese unmittelbar über oder neben apikalen Teilen von Diapiren auftreten.

Die *Sideritlagerstätten von Ouenza und Jerissa* seien näher beschrieben. Es handelt sich um metasomatische Erzkörper, die deutlich schichtgebunden in Apt-Kalken über Salzdiapiren entwickelt sind. Die Kalke sind sehr feinkörnig, nahezu lithographisch, und führen reichlich Rudisten; sie entsprechen damit der sogenannten Urgonfazies der west-europäischen Kreide. Prachtvoll ist an den Rändern der Erzkörper eine metasomatische Front entwickelt, mit randlich noch erkennbaren sideritisierten Schichtfugen, Stylolithen und Fossilien sowie großen Taschen mit grobspätigem Kalzit, Quarz und Fahlerz (Abb. 50). Weiter innen sind die Erzkörper fast monomineralische Sideritgesteine, allerdings mit Kalzit und Dolomit in drusigen Hohlräumen. Erz und Nebengesteine werden vereinzelt von Gängen mit Baryt, Fluorit und Karbonaten durchsetzt.

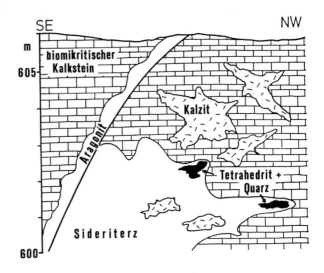

Abb. 50. Metasomatische Front des Sideriterzkörpers Douamis/Ouenza/Algerien.
Die Zeichnung zeigt klar die epigenetische Platznahme des Erzes unter Auslöschung der sedimentären Strukturen, wie auch die angedeutete Kontrolle der Lokalisation von Kalzit- und Quarztaschen durch Klüfte.

Zweifellos ist die Entstehung dieser Lagerstätten sehr komplex, da Halokinetik sowie Diagenese der Evaporite und Nebengesteine in einem dynamischen Prozeß zusammenwirken. Auf Grund einer Massenbilanz-Abschätzung muß zwar angenommen werden, daß die Hauptmenge der beteiligten Wässer aus den Beckensedimenten stammen (POHL 1987), doch sind auch Anteile von meteorischem Wasser und Laugen der Evaporite wahrscheinlich. Eisen ist in sauren, chloridischen Lösungen bei erhöhter Temperatur besonders löslich; seine Ausfällung mit Sideritbildung ist hier durch Temperaturabfall und den pH-Schock bei Reaktion mit den Karbonaten gut erklärbar. Die Diapire sind in diesem Modell bevorzugte strukturelle und thermische Aufstiegswege für tiefe Formationswässer, wobei aber die Flanken zum Unterschied von vielen Öllagerstätten relativ permeabel waren (Abb. 51).

Ein interessantes Problem ist die Frage nach einer möglichen Voranreicherung von Metallen in Evaporiten (REEVES 1978, EUGSTER 1985). Wie anderswo erwähnt, können terrestrische Salzseen (Playas) in Grabenzonen anomale, ja zum Teil bauwürdige Gehalte von Li, W, U und anderen Metallen führen. Auch Sabkhas sind nach einem allerdings aktuogeologisch unbestätigtem Modell geochemische Fallen für Metalle sowie F und Ba, die vom Festland angeliefert werden (RENFRO 1974). Zukünftige Forschung an diapirgebundenen Lagerstätten wird die Möglichkeit der Mobilisation solcher Voranreicherungen berücksichtigen müssen.

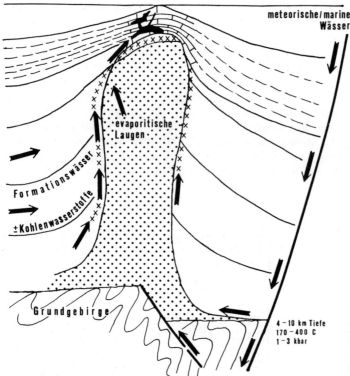

Abb. 51. Diagenetische Lagerstättenbildung an Salzdiapiren.
Pfeile stellen die vermuteten Fließwege der Formationswässer bzw der möglichen Anteile von meteorischen/marinen Wässern oder von Salzlaugen aus den Evaporiten an.

Literatur:

BETHKE, C. M., 1986, Hydrologic constraints on the genesis of the Upper Mississippi Valley mineral district from Illinois basin brines. Economic Geol. 81, 233-249.

BROWN, A. C., 1981, The timing of mineralization in stratiform copper deposits. Pp 1-20 in K. H. WOLF (Ed.), Handbook of Strata-Bound and Stratiform Ore Deposits. Vol.9, Elsevier.

CHILINGARIAN, G. V. & WOLF, K. H. (Eds.), 1988, Diagenesis. Vol.I, 592 pp, Elsevier.

DAUBRÉE, A., 1887, Les eaux souterraines, aux époches anciennes et à l'époque actuelle. 3 Bde., Dunod, Paris.

DUANE, M. J. & DE WIT, M. J., 1988, Pb-Zn ore deposits of the northern Caledonides: Products of continental scale fluid mixing and tectonic expulsion during continental collision. Geology 16, 999-1002.

FONTBOTÉ, L. & AMSTUTZ, G. C., 1983, Facies and sequence analysis of diagenetic crystallisation rhytmites in strata-bound Pb-Zn-(Ba-F) deposits in the Triassic of Central and Southern Europe. Pp 347-358 in H. J. SCHNEIDER (Ed.), Mineral Deposits of the Alps, Springer.

GARVEN, G., 1985, The role of regional fluid flow in the genesis of the Pine Point deposit, Western Canada sedimentary basin. Economic Geol. 80, 307-324.

GORZAWSKI, H., et al., 1989, Strontium isotope trends during diagenesis in ore-bearing carbonate basins. Geol. Rundschau 78/1, 269-290.

HAGNI, R. D., 1976, Tri-State ore deposits: The character of their host rocks and their genesis. Pp 457-494 in K. H. WOLF (Ed.), Handbook of Strata-Bound and Stratiform Ore Deposits. Vol. 6, Elsevier.

HAYNES, D. W., 1986, Stratiform copper deposits hosted by low-energy sediments: I. Timing of sulfide precipitation – an hypothesis. II. Nature of source rocks and composition of metal-transporting water. Economic Geol. 81, 250-280.

JUNG, W. & KNITZSCHKE, G., 1976, Kupferschiefer in German Democratic Republic (GDR) with special reference to the Kupferschiefer deposits of the southeast Harz foreland. Pp 353-406 in K. H. WOLF (Ed.), Handbook of Strata-Bound and Stratiform Ore Deposits, Vol. 6, Elsevier.

KUCHA, H., 1985, Feldspar, clay, organic and carbonate receptors of heavy metals in Zechstein deposits (Kupferschiefer-type), Poland. Trans. Instn. Min. Metall. B94, 133-146.

KUCHA, H. & PAWLIKOWSKI, M., 1986, Two-brine model of the genesis of strata-bound Zechstein deposits (Kupferschiefer-type), Poland. Mineralium Deposita 21, 70-80.

KULICK, J. et al., 1984, Petrofazielle und chemische Erkundung des Kupferschiefers der Hessischen Senke und des Harz-Westrandes. Geol. Jb. D68, 3-223.

KYLE, J. R. & PRICE, P. E., 1986, Metallic sulfide mineralization in salt-dome cap-rocks, Gulf Coast, USA. Trans. Instn. Min. Metall. B95, 6-15.

MANNING, D. A. C., 1986, Asessment of the role of organic matter in ore transport processes in low-temperature base-metal systems. Trans. Instn. Min. Metall. B95, 195-200.

MOORE, J. C. et al., (ODP Leg 110 Scientific Party), 1987, Expulsion of fluids from depth along a subduction-zone decollement horizon. Nature 326, 785-788.

NOBLE, E. A., 1963, Formation of ore deposits by water of compaction. Economic Geol. 58, 1145-1156.

OLIVER, J., 1986, Fluids expelled tectonically from orogenic belts: their role in hydrocarbon migration and other geologic phenomena. Geology 14, 99-102.

POHL, W. et al., 1986, A new genetic model for the North African metasomatic siderite deposits. Mineralium Deposita 21, 228-233.

POHL, W., 1987, Evaporite-related metalliferous mineralization. BHM 132, 575-576, Wien.

PREIDL, M. & METZLER, M., 1984, The sedimentation of copper-bearing shales (Kupferschiefer) in the Sudetic foreland. Mineralium Deposita 19, 243-248.

REEVES, C. C., 1978, Economic significance of playa lake deposits. Spec. Publ. Intern. Ass. Sediment. 2, 279-290.

RENFRO, A. R., 1974, Genesis of evaporite-associated stratiform metalliferous deposits. Economic Geol. 69, 33-45.

ROUVIER, H. et al., 1985, Pb-Zn deposits and salt-bearing diapirs in Southern Europe and North Africa. Economic Geol. 80, 666-687.

SAWLOWICZ, Z., 1989, On the origin of copper mineralization in the Kupferschiefer: a sulphur isotope study. Terra Nova 1/4, 339-343.

SCHMIDT, E., 1989, Geochemie und Genese postvariszischer Eisen- und Buntmetallvererzungen in Zechsteinkarbonaten des Niedersächsischen Tektogens. 132 pp, Diss. TU Braunschweig.

SCHMIDT, F. P. et al., 1986, Results of recent exploration for copper-silver deposits in the Kupferschiefer of West Germany. Pp 572-582 in G. FRIEDRICH et al. (Eds.), Geology and Metallogeny of Copper Deposits. 620 pp, Springer.

SCHNEIDERHÖHN, H., 1926, Erzführung und Gefüge des Mansfelder Kupferschiefers. Metall u. Erz 23, 143-146.

SHARP, J. M., 1978, Energy and momentum transport model of the Ouachita basin and its possible impact on formation of economic mineral deposits. Economic Geol. 73, 1957-1968.

STADLER, G. & TEICHMÜLLER, R., 1971, Zusammenfassender Überblick über die Entwicklung des Bramscher Massivs und des Niedersächsischen Tektogens. Fortschr. Geol. Rheinld. Westf. 18, 547-564.

SVERJENSKY, D. A., 1987, The role of migrating oil field brines in the formation of sediment-hosted Cu-rich deposits. Economic Geol. 82, 1130-1141.

THACKER, J. L. & ANDERSON, K. H., 1977, The geologic setting of the Southeast Missouri lead district – regional geologic history, structure and stratigraphy. Economic Geol. 72, 339-348. (Einleitung zu Heft 3 mit 16 Artikeln zu den Pb-Lagerstätten im Viburnum Trend).

V. Metamorphose von Erzlagerstätten

Erzlagerstätten in metamorphen Terrains können vor, während oder nach der Metamorphose entstanden sein. Hier sollen jene besprochen werden, die prä-metamorph gebildet wurden und deshalb von der Metamorphose umgeformt wurden.

Als Haupttypen der Metamorphose werden gewöhnlich Regionalmetamorphose und Kontaktmetamorphose unterschieden; manchmal werden auch lokal an Störungen und Scherzonen auftretende dynamometamorphe, sowie metasomatische Prozesse dazugezählt. Infolge ihrer geosynklinalen Position und Häufigkeit werden Lagerstätten in vulkano-sedimentären Serien besonders oft durch spätere orogene Deformation und Metamorphose erfaßt; sehr viel seltener findet man metamorphe liquidmagmatische, granitgebundene oder typisch kratonische (Karbonatite etc.) Erze.

Vorwiegend statische *Kontaktmetamorphose* von Erzen wurde überwiegend an magmatischen Gängen untersucht, welche Erzkörper durchschlagen. Die Einwirkung der erhöhten Temperatur ist dann naturgemäß auf eine schmale Randzone begrenzt, die vor allem durch deutliche Kornvergrößerung auffällt. Unmittelbar am Kontakt wird Sulfiden Schwefel entzogen, so daß Pyrit in Magnetkies bzw. dieser in Magnetit umgewandelt wird. Mit Eisensulfiden verwachsene Zinkblende nimmt Fe auf, bis das den P-T Bedingungen entsprechende Gleichgewicht erreicht ist. Solche Reaktionen verschiedener Sulfide können als Geothermometer oder Geobarometer zur Bestimmung der Metamorphosebedingungen verwendet werden. Dabei ist allerdings zu beachten, daß die Hochtemperaturformen der Sulfide bei Abkühlung regelmäßig in Niedertemperaturformen übergehen. Eisenoxyde zeigen am Kontakt Neubildung von Magnetit oder Hämatit, abhängig vom jeweiligen Sauerstoffpartialdruck.

Die kieselreichen Hämatitlager des Oberharzer Diabaszuges wurden im Kontakthof des Brockenplutons zu Magnetit, teilweise auch Pyrit und Magnetkies umgewandelt (HANNAK & RAMDOHR 1966). Eisenkarbonat und Quarz führt zur Bildung von Fayalit. Monomineralische Erze rekristallisieren unter Ausbildung typischer „Schaumgefüge" (foam structures: STANTON 1972), im Erzanschliff daran erkennbar, daß jeweils drei Körner mit einem Grenzflächenwinkel von $V=120^0$ aneinanderstoßen.

Regionalmetamorphose von Erzlagerstätten ist sehr häufig; Erze in Gesteinen der Zeolith-, Grünschiefer- und Amphibolitfazies sind besonders weit verbreitet. Seltener gibt es Lagerstätten in der Granulitfazies (z. B. Broken Hill/Australien; KATZ 1988); solche in Glaukophanschiefern oder Eklogiten sind sehr selten; dazu zählen z. B. die Kieslagerstätten der Ophiolite im Tauernfenster/Österreich (PREY 1962).

Regionalmetamorphe Gesteine sind die Produkte von Durchbewegung unter erhöhtem Druck und Temperaturen; dies bewirkt Kornvergrößerung und Schieferung oder Foliation, sowie gleichzeitig Neubildung jeweils stabiler Mineralparagenesen. Erze zeigen ein grundsätzlich ähnliches Verhalten.

Oxydische Erze, vor allem von Fe und Mn, reagieren unter metamorphen Bedingungen bereitwillig mit Karbonaten und Silikaten, wodurch etwa die früher erwähnten schwedischen "Reaktions-Skarne" entstehen. Sehr gut untersucht ist die metamorphe Entwicklung der präkambrischen Bändereisenerze (HAASE 1982). Magnetit und Hämatit sind dabei auch in feiner Wechselbänderung sehr stabil, so daß man auf eine geringe Beweglichkeit des Sauerstoffs schließen kann. Hämatit rekristallisiert allerdings zu schuppigem Spekularit, der glimmerähnlich parallel zur Schieferung liegt. Eisensilikate und Siderit sind sehr reaktiv, letzterer wird bei höherer Metamorphose unter Bildung von Magnetit oder Fayalit instabil.

Auch Mangan tritt in viele metamorphe Minerale ein, besonders häufig ist die Bildung von Spessartin, Rhodonit und Rhodochrosit. Solche Spessartin-Quarzgesteine („Gondite") sind das typische Ausgangsmaterial für Verwitterungslagerstätten des Mangans. Erhöhte Mangangehalte metamorpher Silikate (Granat, Pyroxen, Stilpnomelan etc.) bewahren die weiten Manganhöfe exhalativer Sulfidlagerstätten und können zur Prospektion verwendet werden (STUMPFL 1977).

Sulfidische Erze sind chemisch weniger reaktiv, sie erlauben aber wichtige Beobachtungen bezüglich Deformation und Erwärmung, vor allem auch deren zeitliche Abfolge. Auch für die bergbauliche Praxis wichtig ist die Kornvergrößerung dieser Erze bei der Metamorphose, da sie damit leichter aufbereitbar werden. Dies geht bis zum Auftreten „pegmatitischer" Textur bei höheren Metamorphosegraden. Im Einzelnen ist die Deformation der Sulfide abhängig von Druck, Temperatur, der wirksamen Scherspannung und von der Präsenz von Fluiden (Cox 1987). Plastische Deformation durch Kriechen an bestimmten Gitterflächen charakterisiert Galenit, Stibnit (über 250 °C) und Chalkopyrit (über 300 °C), während Pyrit und Arsenopyrit unter den gleichen Bedingungen kataklastisch verformt werden. Besonders klar wird dies bei gebänderten Erzen, in denen Galenit Fließfalten mit Injektionsstrukturen bildet, während Pyrit bis zur Bildung von „Augen" boudiniert wird. Gleichzeitig werden die Sulfidminerale ähnlich wie die Silikate bevorzugt eingeregelt, z.T. durch Drucklösung nach dem Riecke'schen Prinzip. Falls die maximale Erwärmung allerdings nach der Durchbewegung folgt, werden die Spuren der Deformation durch Rekristallisation zu Schaumgefügen ausgelöscht. Die Mitwirkung von Fluiden führt zu lokaler Mobilisation der Sulfide, wodurch pegmatähnliche lateral-sekretionäre Spaltenfüllungen in Erz und Nebengestein entstehen.

Im Gegensatz zu Silikaten sind Sulfide über metamorphe P-T Bereiche stabil, so daß nur geringe mineralogische Veränderungen eintreten. Ähnlich zur Kontaktmetamorphose kann aber auch in manchen regionalmetamorphen Sulfiden eine Abnahme des Schwefelgehaltes unter Bildung von Pyrrhotin oder Magnetit aus Pyrit beobachtet werden.

Massige Sulfiderzkörper reagieren während der Deformation im Vergleich zu den Nebengesteinen eher duktil; so entstehen die typischen Verdickungen in Faltenkernen, während die Schenkel ausgedünnt sind (Abb. 52). Es wurde aber auch das umgekehrte Verhältnis mit Boudinage der Sulfide beschrieben. Manche Erzkörper sind durch extreme Deformation zu achsenparallelen Spindeln umgeformt. Meist werden bei stärkerer Deformation die ursprünglichen räumlichen Verhältnisse der Erze zu Alterationshöfen und Nebengesteinen so stark verändert, daß diese nur sehr schwierig oder überhaupt nicht mehr rekonstruiert werden können. Das erschwert natürlich sowohl die geologische Untersuchung der Lagerstätten wie auch die Prospektion und die genetische Deutung. Nicht zuletzt deshalb wurde der Durchbruch im wissenschaftlichen Verständnis der metamorphen vulkanogenen und SEDEX-Lagerstätten erst in den letzten Jahrzehnten erzielt (Vokes 1976).

Schwierig und doch sehr wichtig ist auch das Erkennen metamorpher Nebengesteine mit ungewöhnlicher mineralogischer Zusammensetzung als ehemalige Exhalite oder Alterationszonen. Sehr charakteristisch sind Quarzite, z.T. Fe-Mn haltig (aus Kieselsinter), Sillimanit-Korundgesteine (aus Alunit) und Cordierit-Anthophyllitgneise (aus propylitisiertem Andesit), um nur einige zu nennen.

Allgemein hat die Untersuchung metamorpher Lagerstätten ergeben, daß das Konzept einer im wesentlichen isochemischen Natur der Metamorphose richtig ist. Die stoffliche Mobilisation im Bereich von Erzkörpern ist fast ausschließlich auf volatile Elemente und Verbindungen (H_2O, CO_2, O_2, S) beschränkt. Die Metalle werden nur sehr lokal und in geringer Menge mobilisiert (Vokes 1971). Deshalb ist die frühere Vorstellung einer „Regeneration" von Lagerstätten durch Lösung, Transport und Wiederabsatz von Erzen wenig realistisch. Sicherlich gilt aber weiterhin, daß Anatexis erzführender Gesteine über magmatische Prozesse zur Lagerstättenbildung führen kann. Auch das ist allerdings kaum nachzuweisen.

Literatur:

Cox, S. F., 1987, Flow mechanisms in sulphide minerals. Ore Geol. Rev. 2, 133-171.
Haase, C. S., 1982, Phase equilibria in metamorphosed iron formations: Qualitative T-X(CO_2) petrogenetic grids. Am. J. Sci. 282, 1623-1654.
Hannak, W. & Ramdohr, P., 1966, Plutonischer Magmatismus und zugehörige Kontaktmetamorphose insbesondere der Eisenerze des Oberharzer Diabaszuges (Exk.Ber.). Fortschr. Mineral. 43, 99-103.
Katz, M. B., 1988, Metallogeny of early Precambrian granulite facies terrains. Precambrian Res. 39, 77-84.
Mookherjee, A., 1976, Ores and metamorphism: Temporal and genetic relationships. Pp 203-260 in K. H. Wolf (Ed.), Handbook of Strata-Bound and Stratiform Ore Deposits, Vol. 4, Elsevier.
Prey, S., 1962, Der ehemalige Großfraganter Kupfer- und Schwefelkiesbergbau. Mitt. geol. Ges. Wien 54, 163-200.

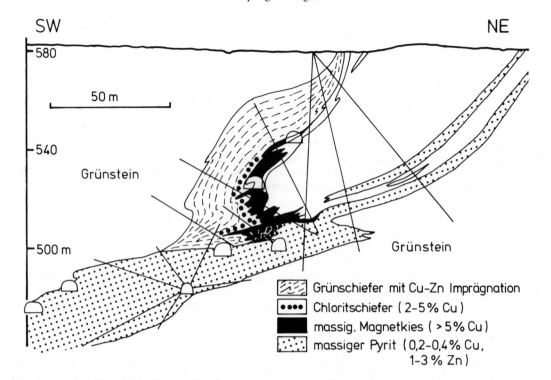

Abb. 52. Querschnitt der Joma Mine nordöstlich von Trondheim/Norwegen: Beispiel für die orogene, syn-metamorphe Deformation von Sulfiderzkörpern (BUGGE 1978).

STUMPFL, E. F., 1977, Sediments, ores and metamorphism: New aspects. Phil. Trans. R. Soc. Lond. A286, 507-525.
VOKES, F. M., 1969, A review of the metamorphism of sulphide deposits. Earth Sci. Rev. 5, 99-143.
– " – , 1971, Some aspects of the regional metamorphic mobilization of pre-existing sulphide deposits. Mineralium Deposita 6, 122-129.
– " – , 1976, A review of the base metal deposits of the Norwegian Caledonides. Pp 79-128 in K. H. WOLF (Ed.), Handbook of Strata-Bound and Stratiform Ore Deposits. Vol. 6, Elsevier.

VI. Metamorphogene Lagerstätten

Unzweifelhaft eng mit der Kontaktmetamorphose an Intrusionen verbunden sind die typischen Skarnlagerstätten. Erzlagerstättenbildung durch Regionalmetamorphose ist jedoch nach vorsichtigen früheren Vermutungen (CLAR & FRIEDRICH 1933, CLAR 1953) erst in jüngster Zeit allgemein anerkannt.

Die Feststellung im vorhergehenden Kapitel, daß Regionalmetamorphose im wesentlichen isochemisch verläuft, muß hier nun eingeschränkt werden. Viele Beobachtungen an metamorphen Serien zeigen nämlich, daß während der Metamorphose Stofftransport stattfindet. Hinweise darauf sind die überaus häufigen Quarz- und Karbonatgängchen epizonaler Gesteine, die gerichtete Anlösung von Fossilien und detritären Körnern sowie die Lösungsschieferung parallel zu Achsenebenen. Daraus kann errechnet werden, daß bereits geringmetamorphe Terrains bis zu 20 % Massenverlust erlitten haben müssen. Mangels geeigneter Maßstäbe ist dieser für höhere Metamorphosegrade nicht quantifizierbar, dürfte aber entsprechend hoch sein. Es kann nicht überraschen, daß dann auch Analysen von Haupt- und Spurenelementen metamorpher Gesteine die stoffliche Mobilität während der Metamorphose nachweisen lassen, sogar jener Elemente, die ihrer Immobilität halber in der Regel für die geodynamische Einordnung magmatischer Gesteine herangezogen werden (BREWER & ATKIN 1989).

Seit langem werden die Quarz- und Karbonatlinsen und Gänge metamorpher Gesteine als Produkte einer *lateralen Sekretion* aus den unmittelbaren Nebengesteinen aufgefaßt. Diese Deutung ist schon dadurch belegt, daß die Paragenese der Gänge die Zusammensetzung des jeweiligen Nebengesteins wiederspiegelt. So sind Quarzmobilisate für silikatische Metasedimente, Kalzitgänge (mit Epidot, Chlorit, Sulfiden etc.) aber für basische Metavulkanite typisch. Viele andere Stoffe oder Minerale der Nebengesteine werden ebenfalls in solchen syn-metamorphen Dehnungsstrukturen ausgeschieden, gewöhnlich reiner und gut kristallisiert. Unter Mineralsammlern sehr bekannt sind dafür die sogenannten „alpinen Klüfte" der Ostalpen, besonders jene im Tauernfenster (WENINGER 1974). Die Lateralsekretion sollte demnach mit einer annähernd ausgeglichenen Massenbilanz zwischen Nebengestein und Gang verbunden sein, wobei mobilisierte Elemente in ersterem gegen den Gang zu deutlich geringere Gehalte aufweisen.

Andererseits gibt es in metamorphen Gesteinen oft auffällige regionale Stoffzufuhr; dazu gehört z. B. die weitverbreitete Albitisierung (Na-Zufuhr) im ostalpinen Tauernfenster, die schon CLAR & FRIEDRICH (1933) mit der tertiären Tauernmetamorphose und mit der Entstehung von Goldquarzgängen in Verbindung gebracht haben.

Der Transport dieser großen Massen kann nur zum Teil durch Diffusion erklärt werden; vorwiegend muß er durch migrierende Fluide stattfinden, die das betrachtete System zum größten Teil verlassen haben. Regionalmetamorphose ist an aktiven Kontinentalrändern (Anden), in Zonen kontinentaler Kollision (Alpen) und in Bereichen zu erwarten, wo Mantelmagmen an der Basis der kontinentalen Kruste Aufheizung bewirken (kontinentale Dehnungsbereiche und Großgräben). Dort findet aber in der Regel gleichzeitig Krustenaufschmelzung und Bildung anatektischer Magmen statt; dies ist einer der Gründe, warum die Unterscheidung magmatischer und metamorphogener Lagerstätten in vielen Fällen so schwierig ist. Jedenfalls werden in solchen Bereichen prograder Metamorphose riesige Mengen von Fluiden freigesetzt, wie einfache Berechnungen zeigen (FYFE 1986).

Metamorphe Fluide entstehen zum Unterschied von diagenetischen Wässern überwiegend durch „chemische Freisetzung", wobei zunehmende Metamorphose eine rasche Abnahme des Gehaltes an volatilen Elementen bedingt. So enthält Tonschiefer noch rund 4 %, Glimmerschiefer nur 2 % Wasser. Basalt nimmt zwar bei der Bildung von Grünschiefer bis 13 % H_2O auf, Amphibolite aber enthalten nur mehr 2 % Wasser. Mergelige Karbonate verlieren durch Kalksilikatbildung bis 40 % CO_2. Abbau von organischer Substanz der Sedimente setzt H_2, CO_2, CH_4, N_2 und Wasser frei. Salze und Anhydrit werden in der Regel gelöst und abgeführt; seltener bleiben Evaporithorizonte in Metasedimenten durch Skapolith- oder Albitführung, durch Reste von Anhydrit oder durch salzreiche Flüssigkeitseinschlüsse erkennbar.

Die Fluide in metamorphen Gesteinen liegen als OH-Gruppen und Flüssigkeitseinschlüsse vor, z.T. auch an Korngrenzen, offenen Klüften und in Poren. Die Flüssigkeitseinschlüsse bestehen bei niedrigmetamorphen Gesteinen vorwiegend aus H_2O, Cl, CO_2, CH_4 (z. B. in alpinen Klüften), H_2S und N_2 (ROEDDER 1984). Die häufigsten Kationen sind Na, Ca und Mg; die Salzgehalte liegen meist unter 5 %. Höher metamorphe Gesteine enthalten Fluide mit H_2O, HF, F, CO_2, CH_4, CO, H_2, S_2 und O_2. Tiefbohrungen in kristallinen Gesteinen haben ferner geringe Mengen hochsalinarer Fluide erbracht, deren Entstehung im Einzelnen noch nicht geklärt ist (KOSLOWSKI 1984, FRITZ & LODEMANN 1990). Granulite, Eklogite und Sillimanitschiefer führen fast reine CO_2-Einschlüsse, deren Herkunft nicht eindeutig ist. Berechnungen der Massenbilanz ebenso wie Wasserisotopenuntersuchungen deuten an, daß metamorphe Fluide nicht ausschließlich aus der Freisetzung bei prograder Metamorphose stammen, sondern daß in der retrograden Phase verbunden mit Hebung und Abkühlung auch meteorische Wässer einbezogen werden. Wahrscheinlich sind also auch metamorphe Terrains große hydrothermale Systeme, vergleichbar den überschaubareren Konvektionszellen an magmatischen Intrusionen (COX et al. 1986).

Bei prograder Metamorphose werden demgemäß Fluide freigesetzt, wobei wirtschaftlich interessante Spurenelemente entweder gleichzeitig mit H_2O, F und Cl aus dem Kristallgitter einzelner

Minerale in Lösung gehen oder in der Folge durch Reaktion der Fluide mit dem Gestein gelöst werden. Diese Vorgänge sind von der Fluidmenge und seiner Zusammensetzung, vom Gestein und von T, P, sowie Eh des Systems abhängig.

Viele Goldlagerstätten werden metamorphogen gedeutet. Es sind in der Regel Goldquarzgänge mit Sulfiden von As, Sb und Fe, die fern von Intrusionen in Schwarzschiefern, Meta-Turbiditen oder in Gesteinen der Grünschieferfazies liegen. Ihre Entstehung fällt in eine Periode ausklingender Orogenese, oft mit post-metamorpher Aufwölbung oder tiefen Scherzonen korrelierbar. Es wird angenommen, daß die beteiligten Stoffe und die hydrothermalen Fluide durch die Metamorphose freigesetzt wurden. In jüngster Zeit wurde mehrfach versucht, durch geochemische Analysen den Nachweis für solche Vorgänge zu führen.

Zur Goldlagerstättenbildung in Schwarzschiefern konnte BURYAK (1988) an Hand von mehr als 10.000 Analysen von Gesteinen aus dem Fernen Osten der UdSSR zeigen, daß tonig-siltige Gesteine mit zunehmender Metamorphose Au, As, Sb, V, Sr, I, Br und P abgeben, während Porenfluide entsprechend erhöhte Gehalte haben (Abb. 53). Auch im mittelproterozoischen Bamble Scher-Gürtel/Südnorwegen haben Meta-Basite in der Amphibolitfazies im Vergleich zu Durchschnittswerten solcher Gesteine verringerte Gehalte an Au, Sb, As und S, die in Zonen mit Granulitfazies nochmals stark abfallen (CAMERON 1989). Solche Beobachtungen können als Beweis dafür gelten, daß metamorphe Fluide tatsächlich Spurengehalte wirtschaftlich wichtiger Elemente in großen Mengen lösen und abführen.

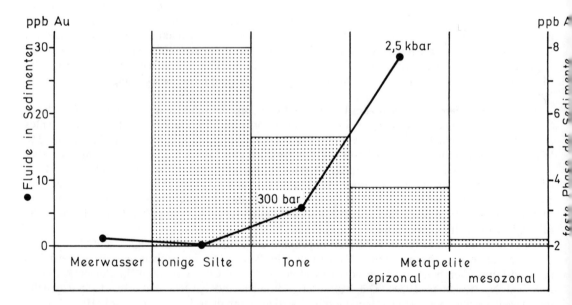

Abb. 53. Goldgehalte in feinkörnigen Sedimenten und deren Porenfluiden bei zunehmender Metamorphose (nach BURYAK 1988).

Die Fluide mit den gelösten Stoffen dürften in der Regel in breiter Front in Bereiche niedrigeren Druckes abströmen; geeignete tektonische Strukturen (Scherzonen, Störungen, Überschiebungen) fokussieren diesen diffusen Strom durch ihre höhere Permeabilität. In solchen Zonen kann dann auch erneut verstärkte Lösung einsetzen, wenn die Fluide mit dem Gestein nicht in chemischem Gleichgewicht stehen. Metamorphe Fluide müssen generell unter lithostatischem Druck gebildet werden; unter bestimmten Bedingungen können sie hydraulische Brüche und damit offene Spalten erzeugen, in denen Mineralabsatz stattfindet. Lagerstättenkundlich wichtiger sind aber wohl jene

Fälle, wo die metamorphogenen Fluide durch tiefgreifende Strukturen in seichtere Krustenteile aufsteigen, wo verschiedene Präzipitationsreaktionen stattfinden können.

Ein wiederkehrend diskutiertes Problem ist die *Remobilisation von Lagerstätten* im Vergleich zur *Mobilisation von Spurengehalten aus normalen Gesteinen*. Oben wurde bereits festgestellt, daß metamorphe Erzlagerstätten nur geringe Anzeichen von Erztransport aus dem Erzkörper ins Nebengestein („externe" Remobilisation) beobachten lassen; meist findet man Mobilisate nur innerhalb der Erzkörper („interne" Remobilisation). Ihre Masse ist zudem im Vergleich zum Erz in situ äußerst gering. Gegen diese Einschränkung wird oft die zeitliche Persistenz von Erzprovinzen angeführt, welche als Hinweis aufgefaßt werden kann, daß mehrfache externe Remobilisation eines Metallvorrates in einem bestimmten Krustenabschnitt möglich ist. Die Mehrzahl der diesbezüglichen Argumente spricht aber doch gegen das Modell einer externen Remobilisation als häufigem geologischen Prozeß (PETRASCHECK 1983, MARSHALL & GILLIGAN 1987).

Die bisher geschilderten Überlegungen betreffen fast ausschließlich Vorgänge bei der prograden Metamorphose. Viele geologische Beobachtungen, z. B. der Strukturbeziehungen, weisen aber darauf hin, daß die Platznahme metamorphogener Lagerstätten oft erst nach dem P-T-Maximum erfolgt. Diese Phase des Aufsteigens und Abkühlens metamorpher Komplexe ist an retrograden Reaktionen ablesbar, die unter erneuter Fluidzufuhr abliefen. Diese Fluide dürften wohl überwiegend aus einem oberflächennahen Reservoir kommen (z. B. meteorische Wässer), aus dem sie an geeigneten Strukturen absinken und somit hydrothermale Konvektionszellen aufbauen. Sie bewirken in der Tiefe retrograde Metamorphose und nehmen gleichzeitig Lösungsfracht auf, welche entlang der Aufstiegswege zu *retrograd-metamorphogenen Lagerstätten* konzentriert werden können. Beide Modelle der *metamorphogen-hydrothermalen Lagerstättenbildung, das prograde und das retrograde*, sind aus heutiger Sicht zwar sehr plausibel, doch konkret für einzelne Lagerstätten schwer nachweisbar. Die Charakterisierung von metamorphogenen Lagerstätten bleibt ein weites Feld für zukünftige Forschung.

Literatur:

BREWER, T. S. & ATKIN, B. P., 1989, Elemental mobilities produced by low-grade metamorphic events. A case study from the Proterozoic supercrustals of Southern Norway. Precambrian Research 45, 143-158.

BURYAK, V. A., 1988, Gold and other element sources in Au-bearing deposits of the carbonaceous sedimentary and volcanogenic sequence. Pp 9-16 in J. PASAVA & Z. GABRIEL (Eds.), Proceedings of IGCP Project 254 Meeting, Geol. Survey Prag.

CAMERON, E. M., 1989, Scouring of gold from the lower crust. Geology 17, 26-29.

CLAR, E. & FRIEDRICH, O., 1933, Über einige Zusammenhänge zwischen Vererzung und Metamorphose in den Ostalpen. Zeitschr. Prakt. Geol. 41, 73-79.

CLAR, E., 1953, Über die Herkunft der ostalpinen Vererzung. Geol. Rdsch. 42, 107-127.

COX, S. F., ETHERIDGE, M. A. & WALL, V. J., 1986, The role of fluids in syntectonic mass transport, and the localization of metamorphic vein-type ore deposits. Ore Geol. Rev. 2, 65-86.

FRITZ, P. & LODEMANN, M., 1990, Die salinaren Tiefenwässer der KTB-Vorbohrung. Geowissenschaften 8/9, 273-278.

FYFE, W. S., 1986, Tectonics, fluids and ore deposits: mobilization and remobilization. Ore Geol. Rev. 2, 21-36.

KOSLOWSKI, Y. A. (Ed.), 1984, The superdeep well of the Kola Peninsula. 585 pp, Springer.

MARSHALL, B.- & GILLIGAN, L. B. (Eds.), 1987, Mechanical and chemical (re)mobilization of metalliferous mineralization. Ore Geol. Reviews 2/1-3, 286 pp.

PETRASCHECK, W. E. (Ed.), 1983, Ore mobilization in the Alps and in SE-Europe. Österr. Akad. Wiss., Schriftenr. Erdwiss. Komm. 6, 106 pp.

SPRY, P. G. & BRYNDZIA, L. T.(Eds.), 1990, Regional metamorphism of ore deposits and genetic implications. 244 pp, VSP-Verlag.

WENINGER, H., 1974, Die alpinen Kluftmineralien der österreichischen Ostalpen. Der Aufschluß, Sdh. 25, 168 pp.

VII. Metallogenese – die Lagerstättenbildung in Zeit und Raum

Metallogenetische Epochen und Provinzen

Ganz allgemein nennt man die Bildung von Erzlagerstätten *Metallogenese,* wobei nicht selten alle festen, anorganischen mineralischen Rohstoffe mit eingeschlossen werden. Die Metallogenese verläuft konform mit der geologischen Entwicklung, besonders beeinflußt durch die dynamischen Abläufe im Mantel und in der Erdkruste. Diese bewirken *geotektonisch-magmatische Zyklen,* deren Zeitspanne Epoche genannt wird. Alle während einer großen tektonisch-magmatischen Epoche der Erdgeschichte gebildeten Vererzungen charakterisieren diese als *metallogenetische Epoche,* die wiederum in *Stadien* unterteilt wird.

In den Orogenen unterschied H. STILLE das Geosynklinalstadium und das Orogenesestadium; ein konsolidiertes Orogen, das nur mehr langwährenden epirogenen Hebungen und Senkungen unterworfen ist, wird zur stabilen Plattform. Das Geosynklinalstadium war demnach mit untermeerischem Diabas- und Keratophyrvulkanismus verbunden, die Orogenese mit dioritischem und granitischem Plutonismus bzw. äquivalenten Vulkaniten, das Plattformstadium schließlich mit basaltischen Spalteneruptionen und Deckenergüssen.

Jedes dieser tektonisch-magmatischen Stadien ist mit bestimmten Lagerstätten verknüpft. Man kann sie auch in Phasen weiter unterteilen und diesen typische Metalle zuordnen. Im finalen Plattformstadium werden Verwitterungslagerstätten gebildet oder metallführende Gesteine erodiert und in Sedimentbecken eingetragen. Damit endet die metallogenetische Epoche, die einem tektonischen Zyklus entspricht (z. B. dem variszischen, dem alpidischen).

Wenn ein Erdkrustenteil mit seinem Erzinhalt durch Einsetzen eines neuen tektonischen Zyklus versenkt, metamorphosiert und z.T. aufgeschmolzen wird, dann können dieselben Metalle in dem neuen Zyklus wieder erscheinen. So erklärt sich die vielfache Beobachtung, daß in manchen Großgebieten der Erde zu verschiedenen Zeiten dieselben Metalle lagerstättenbildend auftreten (z. B. Cu im Paläozoikum, Mesozoikum und Tertiär in Arizona; Sn im Präkambrium, Paläozoikum, Jura und in der Kreide in Ostasien; Pb-Zn im Paläozoikum, in der Trias und im Tertiär in den mediterranen Gebieten). Man nennt das *metallogenetische Vererbung.*

Mitunter sind dann Aussagen zur Herkunft der Metalle möglich; so gibt es in Nigeria Zinnlagerstätten im präkambrischen Grundgebirge und in jurassischen, anorogenen Granitoiden, deren Entstehung mit der frühen Riftphase des Atlantischen Ozeans zusammenhängt. Das Sn muß demgemäß aus der Lithosphäre der Afrikanischen Platte stammen, nicht aus dem tieferen Mantel (SCHUILING 1967).

Den tektonischen und metallogenetischen Zyklen mit jeweils ähnlichem Ablauf übergeordnet ist die nicht-umkehrbare erdgeschichtliche Entwicklung (WINDLEY 1984, LOWMAN 1989). Diese bewirkte so starke Veränderungen, vor allem der Erdkruste und des oberen Mantels, daß entsprechende Auswirkungen auf die Metallogenese erwartet werden müssen. Einige Beispiele für solche *zeitgebundene Metallogenese* wurden früher schon erwähnt: Ni- und Au-Lagerstätten der Greenstone Belts (3800-2500 Ma), gebänderte Eisenformationen vom Superior Typ (2400-1700 Ma), Anorthosite mit Ti-Fe im mittleren Proterozoikum, granitgebundenes Zinn im späten Paläozoikum und im Mesozoikum; Uran vom Sandsteintyp in Kreide und Tertiär. Bei der Besprechung der einzelnen Metalle werden solche zeitliche Verteilungsmuster mehrfach festzustellen sein.

Eine interessante Denkmöglichkeit ist die Beeinflussung der metallogenetischen Prozesse der Erde durch *Einschläge extraterrestrischer Körper.* Früher wurde bereits diese Deutung des erzreichen Intrusivkomplexes von Sudbury/Kanada angesprochen (DIETZ 1964). Das Bombardement der Erde mit solchen Körpern war in der Frühzeit (ca. 4600-4000 Ma) der geologischen Entwicklung besonders intensiv; man muß aber annehmen, daß diese Massen durch Mantelkonvektion mehr oder weniger gleichmäßig verteilt wurden. Die Spuren dieser frühen Einschläge an der Erdoberfläche wurden durch Plattentektonik und Umformung der Kruste ausgelöscht. Immerhin aber sind weltweit rund 400 jüngere Einschlagstrukturen bekannt, dazu kommen viele kryptische rundliche Strukturen, die auf Satellitenbildern erkennbar sind. Der Nachweis einer Verbindung mit der Verteilung von Lagerstätten ist aber bisher nicht überzeugend.

Die metallogenetischen Epochen sind auf definierte geotektonische Großräume bezogen; diese nennt man *metallogenetische Provinzen* (DE LAUNAY 1913). Zu deren Beschreibung gehören regionale, zeitliche und stoffliche Fakten, wobei letztere oft durch eine „Blutsverwandschaft", also eine wiederkehrend ähnliche Metallgesellschaft der Einzellagerstätten angezeigt wird.

Folgende *Definitionen* metallogenetischer Begriffe sind zweckmäßig (W. E. PETRASCHECK 1965):

– Eine *metallogenetische Provinz oder Erzprovinz* umfaßt die Gesamtheit der Erzlagerstätten, die in einem tektonischen Großabschnitt der Erdkruste während einer tektonischen Epoche, damit also auch während einer metallogenetischen Epoche, gebildet wurden, und die sich durch stoffliche Verwandschaft, gemeinsame Formen und ähnliche Vererzungsdichte auszeichnen. Sie entsprechen oft definierten geologischen Einheiten, z. B. in Kalifornien tektonisch-lithologischen Blöcken („terranes"), die während des Mesozoikums an den nordamerikanischen Kontinent angelagert und mit diesem verschweißt wurden (ALBERS 1981). Erzprovinzen werden in der Regel größer als 100.000 km^2 sein.

– Ein *metallogenetischer Bezirk oder eine metallogenetische Zone* ist ein räumlich abgrenzbarer Teil einer Erzprovinz. Damit umschriebene Lagerstätten werden in der Regel annähernd gleichzeitig gebildet und stofflich-genetisch eng verwandt sein.

– Eine *Metallprovinz* umfaßt alle Lagerstätten desselben Metalles in einer regional-geologischen Einheit, gleichgültig, in welchen Epochen diese Lagerstätten gebildet wurden. Dies sind die Gebiete metallogenetischer Vererbung mit einem geochemisch ausgeprägten Spurenmetallreservoir, aus dem mehrfach Mobilisation stattfand. Manchmal läßt sich nachweisen, daß alle, also auch die unvererzten Magmatite solcher Provinzen erhöhte Spurengehalte bestimmter Elemente haben, z. B. Co, Ga, Ge, In, Ni, Ag und Sn in den südwestlichen USA (BURNHAM 1959). Andererseits zeigt LEHMANN (1987), daß für die Ausbildung fertiler Zinngranite geochemisch anomale Ausgangsgesteine nicht notwendig sind; der wichtigste kontrollierende Faktor wäre demnach nur eine besonders wirksame Differentiation der ursprünglichen Magmen. Man kann aber in Analogie zum chemisch sehr heterogenen Mantel vermuten, daß auch in der Kruste solche geochemisch anomale Zonen sehr wohl existieren, wenn auch nicht notwendigerweise in einer einfachen Beziehung zum lagerstättenkundlich auffälligen Metall; Umweg-Beziehungen sind ebenso wahrscheinlich, z. B. erhöhte F, Cl, B und Li Gehalte der in der Tiefe zu späteren Zinngraniten aufschmelzenden Gesteine.

– *Metallogenetische Gürtel oder Großräume* umschreiben Krustenteile vergleichbarer geologischer Entwicklung, welche mehrere metallogenetische Provinzen, auch unterschiedlicher Epochen, enthalten. Beispiele sind die Alpen, der archaische Pilbara Nucleus des westaustralischen Schildes, oder das nordeuropäische Proterozoikum.

– *Metallotekte* sind jene geologischen Faktoren, welche innerhalb einer Provinz oder einer Zone zur Bildung und Lokalisierung von Lagerstätten führen; das sind z. B. Verschneidungen von großen Krustenlineamenten, vulkanische oder plutonische Herde, oder metallogenetisch bedeutsame Diskordanzen.

Die Verwendung metallogenetischer Begriffe ist im Schrifttum verschiedener Länder sehr variabel; eine strenge Anwendung der oben definierten Begriffe ist allerdings oft nicht möglich, wie die Praxis der Erstellung metallogenetischer Karten lehrt. Besonders schwierig ist es in der Regel, die zeitliche Definition von metallogenetischen Provinzen und Zonen einzuhalten (ROUTHIER 1980).

Metallogenetische Karten sollen metallogenetische Zusammenhänge, also insbesondere wichtige Einzellagerstätten, Distrikte, Provinzen und regionale Metallotekte übersichtlich und anschaulich darstellen. Dazu werden diese auf einer generalisierten geologischen Basiskarte eines geeigneten Maßstabs eingetragen. Grundlage für die metallogenetische Bearbeitung ist eine bergwirtschaftlich-metallogenetische Datenbank für alle darzustellenden Rohstoffe. Die Symbole für die Lagerstätten sollten nicht nach genauen genetischen Kriterien gewählt werden, die oft umstritten sind, sondern besser nach morphologisch-genetischen Grundformen und Typen (Abb. 54). Die jeweilige Metallführung wird durch Farbsignaturen gegeben, z. B. meist gelb für Au und Ag, blau für

Pb-Zn, rot für Sn-W-Mo-Bi, usw. Die relative Größe der Lagerstätten oder der Bergbaudistrikte wird durch verschiedene Größe der Lagerstättensymbole ausgedrückt. Mittlerweile gibt es für die meisten Industrieländer metallogenetische Karten, die allerdings nicht immer allen eben erläuterten Richtlinien folgen. Europa ist durch die „Metallogenetische Karte von Europa und benachbarter Länder" in 9 Blättern im Maßstab 1:1250000 abgedeckt. Einen Überblick dazu gibt EMBERGER (1984).

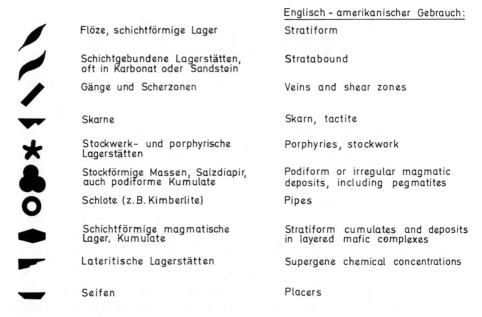

Abb. 54. Häufige Lagerstätten-Symbole metallogenetischer Karten mit Gegenüberstellung deutscher und englischer Bezeichnungen für morphologisch-genetische Klassen.

Metallogenetische Karten dienen neben wissenschaftlichen Zwecken vor allem der Abschätzung unentdeckter Rohstoffressourcen und der großräumigen Lagerstättenprospektion. Von reinen *Lagerstättenkarten*, die ebenfalls weit verbreitet sind, unterscheiden sie sich durch die genetische Konnotation bei der Darstellung der einzelnen Lagerstätten sowie durch die Abgrenzung metallogenetischer Provinzen und Distrikte.

Metallogenese und Plattentektonik

Das fundamentale Konzept der Krustenentwicklung beruhte früher auf der eher fixistischen Vorstellung der im wesentlichen ortsgebundenen Bildung von Geosynklinalen und ihrer weiteren Entwicklung durch Deformation und Orogenese. Mittlerweile ist nachgewiesen, daß Orogene sehr oft aus verschiedenen Krustenfragmenten bestehen, die ursprünglich voneinander weit entfernt lagen. Daraus ergibt sich zwangsweise, daß solche Fragmente eine frühere, voneinander unabhängige Metallogenese aufweisen, die in der Folge aber mit zunehmender Verschweißung gemeinsame Züge annimmt.

Die Theorie der *Plattentektonik,* eine auf Ergebnissen der Ozeanographie und der Geophysik gegründete, verbesserte Konzeption von WEGENER'S These der Kontinentalverschiebung, ermöglichte große Fortschritte im Verständnis der Entstehung und der räumlichen Verteilung der

Erzlagerstätten auf der Erde (MITCHELL & GARSON 1981, HUTCHISON 1983, SAWKINS 1989). Folgende plattentektonische Vorgänge sind hierfür wirksam:

1. Die Bildung intrakontinentaler Rifts, Aulacogene und Becken

Rifts entstehen ursprünglich durch punktuelle Mantelaktivität (hot spots) mit begleitender Aufdomung, worauf sich gewöhnlich drei unter 120° austrahlende Großgräben bilden (triple junction). Zwei der Arme können durch weitere Dehnung bis zur Bildung eines neuen Ozeans gelangen, während der dritte in der Entwicklung zurückbleibt. Immerhin können auch dort mächtige Sedimente mit meist bimodalen vulkanischen Einschaltungen abgelagert werden, die nicht selten später kompressive Deformation und bedeutende intrusive Aktivität aufweisen; das sind die Aulacogene (ERIKSSON & CHUCK 1985).

Vermutete Hot Spot-Lagerstätten sind jene des Bushvelds/S. A., die nigerianischen Sn-Granite und viele Alkalimagmatit- und Karbonatitdistrikte. Sobald die eigentliche Grabenbildung einsetzt, bilden sich an den Rändern hydrothermale Lagerstätten von Pb, Zn, Mn, F, und Ba, teils in Form von Gängen und Imprägnationen in den Randschollen, teils als schichtige Ablagerungen in den Sedimenten der Grabenfüllung. In vielen Fällen waren die Gräben zuerst kontinentale, später marine salinare Senken. Beispiele sind die Pb-Zn Vorkommen und die Manganlagerstätten im Tertiär zu beiden Seiten des Roten Meeres, und zumindest ein Teil der Pb-Zn-F-Ba Gänge längs des Rheintalgrabens. An die kretazisch-tertiären afrikanischen Rifts sind Flußspatlagerstätten sowie Karbonatite und Alkali-Intrusionen mit Nb, Ta, SEE etc. gebunden. Submarine, kontinentale Gräben oder Halbgräben sind besonders höffige Zonen der Bildung von Buntmetall-Lagerstätten vom SEDEX-Typ.

Einige Beispiele für die Mineralisation in Aulacogenen sind Sullivan/B. C./Kanada (im jungproterozoischen Alberta Rift), der Pb-Zn-Cu Distrikt von Mt.Isa/Queensland/Australien (mittelproterozoischen Alters), sowie die großen Lagerstätten von gediegen Kupfer in Basalten sowie von Kupferglanz in Feinsanden des Nonsuch Shale im Keweenawan Rift (USA, 1100-1000 Ma). Auch das panafrikanische Damara Orogen im südlichen Afrika ist vermutlich ein Aulacogen, allerdings mit sehr starker Einengungstektonik; besonders wichtig sind dort die polymetallische Lagerstätte Tsumeb (Pb, Zn, Cu, Cd, Ge) und die granitgebundene Uranlagerstätte Rössing.

Große Erzlagerstättenprovinzen intrakontinentaler Becken sind der europäische Kupferschiefer, die Goldprovinz des Witwatersrandes und die Pb-Zn-Ba-F Lagerstätten des Mississippi Typs in den USA.

Dehnung oder Scherung der kontinentalen Kruste vereint mit kryptischer Bildung von Mantelmagmen (underplating) sollen hier eingeordnet werden, obwohl eine direkte Zuordnung zu Grabenbildung oft nicht gegeben ist. Als Illustration mögen die kretazischen Tiefenintrusionen im Niedersächsischen Tektogen mit den Siderit-Pb-Ag-Zn Vererzungen im Raum Osnabrück erwähnt sein. Generell ist die *saxonische Vererzung* Mitteleuropas ein Teil dieser Gruppe. Auch die weit verstreut liegenden Kimberlite der präkambrischen Kratone können hier zugeordnet werden.

2. Die Entwicklung passiver Kontinentalränder und die Trennung älterer Erzprovinzen

Mit der Öffnung neuer Ozeane entstehen an den ehemaligen Grabenrändern beider Seiten passive Kontinentalränder, die oft mit epikontinentalen Meeren verbunden sind. Besonders häufig sind in diesem Umfeld natürlich Öl- und Gaslagerstätten sowie Phosphate und Evaporite. Beispiele für Erzlagerstätten in Schelfsedimenten sind die südrussischen Manganerze, marine Seifen und vermutlich die Eisenerze vom Superior Typ.

Wo Kontinente durch die Bildung neuer Ozeane getrennt sind, können ehemals zusammenhängende ältere Großstrukturen und damit auch Erzprovinzen an beiden Küsten vergleichend untersucht werden (W. E. PETRASCHECK 1968, Abb. 55). Eine praktische Folgerung daraus ist, daß an gegenüberliegenden Meeresküsten von Ozeanen des atlantischen Typs ähnliche Lagerstätten vorkommen oder zu erwarten sind, was für die Aufsuchung grundsätzliche Hinweise gibt.

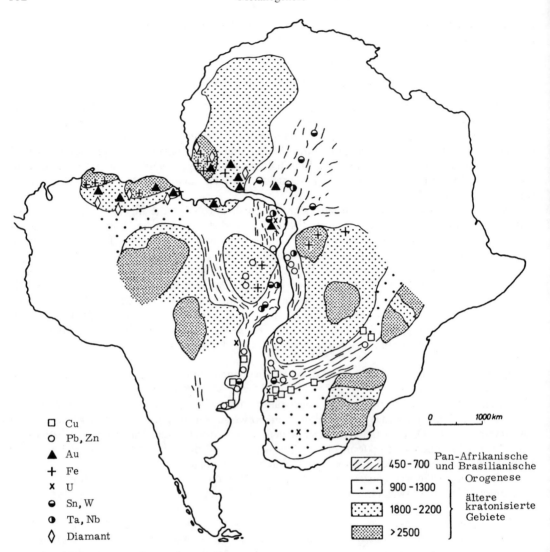

Abb. 55. Skizze des Zusammenhangs der Erzprovinzen Afrikas und Südamerikas vor der Öffnung des Atlantischen Ozeans (nach LEUBE 1976).

3. Die Bildung neuer Kruste an den Mittelozeanischen Rücken (konstruktive Plattengrenzen)

Dies ist der Bereich der früher beschriebenen Lagerstätten der Ophiolithe, obwohl vermutlich viele Ophiolithdecken eher aus Dehnungsbecken hinter Subduktionszonen (back arc basins) stammen, wie etwa auch jener von Zypern. Immerhin ist durch die Ozeanforschung belegt, daß an allen mittleozeanischen Rifts Zonen hydrothermaler Aktivität (black smokers etc.) existieren. Damit in Zusammenhang steht die proximale Präzipitation von oxydischen (Fe-Mn Ocker) und sulfidischen Erzschlämmen (Cu, Pb, Zn) und die distale Bildung von Manganknollen und Krusten (mit wichtigen Gehalten von Cu, Ni, Co).

4. Der Abbau von Lithosphärenplatten durch Subduktion (destruktive bzw. konvergente Plattengrenzen)

Die ozeanische Lithosphäre wird durch Subduktion wieder in den Mantel zurückgeführt. Die eigentliche Subduktionszone ist durch Tiefseegräben markiert, während sich auf der unterfahrenen Platte vulkanische Bögen (volcanic arcs) entwickeln. Zwischen diesen und dem Tiefseegraben werden mächtige Sedimentpakete von Flysch-Charakter abgelagert und zusammengeschoben, die teilweise mit abgeschürften ozeanischen Sedimenten und Ophiolithschollen vermengt sind (tektonische Melange). Vulkanische Bögen in überwiegend ozeanischer Umgebung sind Inselbögen (island arcs), solche an aktiven Kontinentalrändern bilden andine Vulkanketten (continental arcs). Primitive Inselbögen sind geologisch jung und rein intra-ozeanisch entstanden (Tonga, Scotia). Andere sind Kontinenten vorgelagert, älter und haben teilweise kontinentalen Charakter (Japan, Kurilen). Wieder andere gehen im Streichen in kontinentale Orogene über (Sumatra-Malaysia-Himalaya). Andine Vulkanketten bauen sich über älterer Kruste auf; in den Amerikanischen Kontinenten ist diese weithin präkambrischen Alters. Hinter den Vulkanbögen entwickeln sich immer Dehnungszonen (back arc basins der Inselbögen), auch in Kontinenten (Molassebecken oder z. B. die Basin and Range Provinz der USA).

Jede so definierte plattentektonische Zone führt charakteristische Lagerstätten, wobei allgemein festzuhalten ist, daß die Mehrzahl der reichsten Erzprovinzen der Erde über Subduktionszonen liegen. Besonders auffällig ist dies naturgemäß an den Rändern des Pazifischen Ozeans, der größtenteils von destruktiven Plattengrenzen umgeben ist. Der vielen aktiven Vulkane wegen spricht man hier vom „ring of fire", mit welchem ein überwältigender metallogenetischer Reichtum verbunden ist.

Lagerstätten von Inselbögen sind entweder *allochthon,* also mit ihrem Nebengestein durch Abscherung von der subduzierten ozeanischen Kruste in den Akkretionskeil eingebaut bzw. als Decke überschoben, oder *autochthon,* im Inselbogen selbst gebildet. Zu den allochthonen Lagerstätten der Inselbögen gehören vor allem Ophiolithe mit Chromit (Kuba, Luzon) und abgeleiteten Platinseifen, Zypern-Typ Sulfide sind selten. Autochthone Lagerstätten erscheinen vor allem mit den großen Massen kalk-alkalischer Intrusionen und Vulkanite, wobei porphyrische Cu-Au Lagerstätten und die vulkanogenen Sulfidlagerstätten vom Kuroko und vom Besshi Typ besonders häufig und wirtschaftlich überaus wichtig sind. Sn und Hg gibt es nur in älteren, komplexen Inselbögen. Mittelbar gehören auch lateritische Nickellagerstätten über Ophiolithen (Neukaledonien) zu dieser autochthonen Gruppe.

Lagerstätten an aktiven Kontinentalrändern zeigen eine deutlichere Zonierung hinsichtlich der zunehmenden Entfernung von der Subduktionszone als jene der Inselbögen. In Südamerika ergeben sich daraus langgestreckte Gürtel; in einem Streifen präkambrischen Grundgebirges entlang der Küste sind Magnetit-Apatit Skarnlagerstätten vorherrschend, gegen Osten folgt eine Zone überwiegend andiner Intrusiva mit porphyrischen Cu-Mo-Au Lagerstätten, weiter östlich die intramontanen Molassebecken des Altiplano mit epigenetischen Cu-Pb-Zn-Ag Lagerstätten und schließlich ein Sn-W-Ag-Bi Gürtel am Ostrand der Anden (Abb. 56; SILLITOE 1976). Diese Zonierung ist allerdings nicht gleichzeitig, sondern entspricht einer Abfolge von oberkretazischer Bildung im Westen zu miozänen Altern im Osten.

Die Kordilleren Nordamerikas sind nach Geologie und Lagerstättenverteilung sehr viel komplexer aufgebaut, zum einen wegen des unter den Kontinent subduzierten ostpazifischen Rückens, zum andern wegen der Beteiligung einer großen Zahl von exotischen Krustenfragmenten (exotic terranes). Die metallogenetische Interpretation ist entsprechend schwierig (GUILD 1978, ALBERS 1981).

Bildung und Verteilung von Lagerstätten über Subduktionszonen sind ursächlich mit dem Schicksal der abtauchenden, an den mittelozeanischen Rücken weitgehend hydrierten ozeanischen Kruste verbunden. Diese erfährt mit zunehmender Tiefe Metamorphose (Glaukophanschiefer bis Eklogitfazies) und vermutlich partielle Anatexis. Die freigesetzten volatilen Stoffe (H_2O, Cl, S, CO_2 etc.) und inkompatiblen LIL-Elemente bewirken im überlagernden Mantelkeil Aufschmelzung (PEACOCK 1990). Nach neueren Vorstellungen kann an der Subduktionszone auch kontinentales Material mechanisch abgetragen („subduction erosion" – STERN 1991) und in die Tiefe verfrachtet

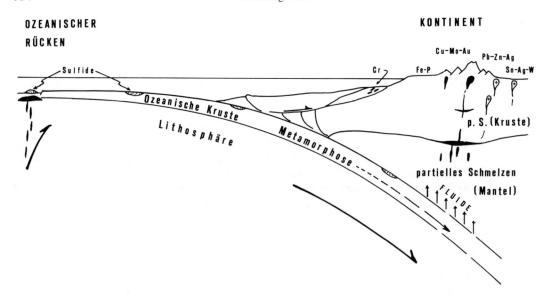

Abb. 56. Metallogenese an aktiven Kontinentalrändern mit Zonierung nach dem Beispiel der Anden/Südamerika.

werden, wo es aufschmilzt und zu den aufsteigenden Magmen beiträgt. Diese entwickeln sich durch komplexe Assimilations- und Kontaminationsprozesse („MASH" = mixing, assimilation, storage, homogenization – HILDRETH & MOORBATH & 1988) weiter, bis sie als kalk-alkalische Magmen vorwiegend andesitisch-dioritischer Natur zur Oberfläche aufsteigen. Die porphyrischen Cu-Mo-Au Lagerstätten sind direkte Produkte solcher Prozesse im Mantel; dies ist dadurch begründbar, daß ihr Auftreten und ihre Metallführung von der jeweiligen Kruste ihres heutigen Umfeldes (primitive und entwickelte Inselbögen, diverse aktive Kontinentalränder) weitgehend unabhängig ist. Ob allerdings die Erze der subduzierten ozeanischen Kruste mobilisiert und in den Porphyren neu konzentriert werden, wie SILLITOE meint, ist ungewiß. Die Zinnlagerstätten hingegen sind mit großer Wahrscheinlichkeit aus der Kruste abzuleiten, da sie nur dort auftreten, wo reichlich ältere Kruste vorhanden ist.

5. Kontinentale Kollision

Zur Gänze subduzierte Ozeane hinterlassen gewöhnlich eine durch Ophiolithe markierte Sutur im neu verschweißten Kontinent. Eine nach Schließung der Ozeane anhaltende, doch immer begrenzte Subduktion kontinentaler Kruste (AMPFERER-Subduktion) erzeugt hohe Krustendicken, wodurch anatektische Granite vom S-Typ entstehen. Ähnliches gilt natürlich für überwiegend intrakontinentale Orogene mit ursprünglich sehr schmalen ozeanischen Becken (Alpen, mitteleuropäische Variszide) und für rein intrakontinentale Orogene (Kibariden in Zentralafrika).

Kollisions-Orogene sind durch granitische Zinn- und Wolframgreisen sowie Ganglagerstätten von Sn, W, U etc. ausgezeichnet, nicht selten auch durch vielfältige metamorphogene Lagerstätten.

Neben diesen relativ einfachen plattentektonischen Situationen gibt es auch heute sehr komplexe Interaktionsfelder, z. B. den Golf von Kalifornien, wo ein subduzierter Ozeanischer Rücken in ein kontinentales Rift und dann weiter in eine Transformstörung (San Andreas Fault) übergeht. Solche Zusammenhänge sind für die geologische Vergangenheit sehr schwer zu rekonstruieren, so daß die wissenschaftlich faszinierende und praktisch nützliche plattentektonische Zuordnung von Lagerstättendistrikten nicht immer eindeutig gelingt.

Die metallogenetische Entwicklung Europas

Als Beispiel der regionalen metallogenetischen Betrachtung sei hier die metallogenetische Entwicklung Europas skizziert. Eine i.A. ausführliche Beschreibung einzelner Lagerstätten mit kurzer Charakterisierung ihres geologischen Rahmens sowie weiterführende Literatur findet man im Sammelwerk *Mineral Deposits of Europe* (Bände 1-5) und in RIDGE (1990).

Nordeuropa (Skandinavien) und Nordwesteuropa (Großbritannien) ist aus präkambrischen und altpaläozoischen Gesteinen aufgebaut. Die Orogene sind tief abgetragen, so daß vorwiegend tiefkrustale und geosynklinale, metamorphe Lagerstätten erhalten sind. Die Region besteht aus dem präkambrischen baltischen Schild und den altpaläozoischen Kaledoniden. Der baltische Schild enthält im Norden Finnlands einen archaischen Kern, an den gegen Südwesten die proterozoischen Gebirgsgürtel der Svekokareliden (ca. 2100-1600 Ma) und der Svekonorwegischen Provinz (850-1200 Ma) angelagert sind. Archaische Grüngesteinsgürtel wurden zwar kartiert, doch mit bisher wenig bedeutender Mineralisation. Besonders reich an Lagerstätten sind die Svekokareliden, mit einem breiten Gürtel vulkanogener Sulfiderze (Cu, Ni, Co, Pb, Zn) von Skellefte/Nord-Schweden bis nach Outukumpu/Finnland und zum Ladoga See/UdSSR. Das geologische Umfeld entsprach teilweise Inselbögen, teilweise ozeanischen Bedingungen (GAAL 1990). Ebenfalls svekokarelisch sind die Magnetiterze von Kiruna/Norrbotten und die Buntmetall-Lagerstätten (Cu, Pb, Zn, Ag) in Bergslagen/Mittelschweden. Im jüngeren Proterozoikum (930 Ma) ist alleine der magmatogene Fe-Ti-V Distrikt von Egersund/SW-Norwegen bedeutend.

Die Kaledoniden sind die größte Erzprovinz der Region, mit einer Länge von rund 2700 km und einer maximal erhaltenen Breite von 250 km. Sie enthalten eokambrische bis silurische, magmatische und meta-sedimentäre Gesteine, mit einer großen Zahl verschiedener wichtiger Erzlagerstätten. Herausragende Bedeutung haben hier vor allem die norwegischen metamorphen Kieslagerstätten mit Fe, Cu, Zn und wenig Pb, ursprünglich vulkanogen-sedimentärer Entstehung in Back-Arc Becken oder in primitiven Inselbögen. Neuerdings wurden in Irland, in Wales und in Schottland bauwürdige metamorphogene Au-Lagerstätten aufgefunden. Längs der Ostfront des Orogens sind in kambrischen Quarziten stratiforme Blei-Imprägnationslagerstätten des Typus Laisvall aufgereiht, die als Produkte einer metamorphen Mobilisation aus autochthonen und par-autochthonen Gesteinen unter den vorrückenden kaledonischen Decken gedeutet werden. In diesen Tafelsedimenten liegen auch potentielle Lagerstätten von Uran und Phosphor in den unterordovizischen Alaunschiefern Schwedens. Ebenfalls im Vorland des Orogens erfolgte im Paläozoikum die Platznahme des Alkali-Karbonatitkomplexes von Fen/S-Norwegen (ca. 550 Ma) mit Nb, Fe, Th und Ce sowie bei Sokli/Finnland eines Karbonatites mit P, Nb und SEE (350 Ma).

Obwohl permokarbonen Alters, soll hier abschließend die magmatisch-tektonische Provinz des Oslograbens genannt sein, mit vielen ehemals wichtigen Lagerstätten von Ag (Kongsberg), Buntmetallgängen, Fe-Skarnen sowie Molybdänvererzungen in Granit und sauren Vulkaniten. Gleich alt ist auch die alkalische Ringintrusion von Khibiny/Halbinsel Kola, deren Apatit- und Nephelinerze für die Sowjetunion von größter wirtschaftlicher Bedeutung sind.

Mitteleuropa und weite Teile Südwest-Europas sind durch das variszische Orogen unterlagert, allerdings mit großen Flächen, welche durch jüngere Plattformsedimente bedeckt sind. Der südliche Teil wird durch alpidische Gebirgsketten geprägt. Die europäischen Variszien sind ein komplexes Mosaik präkambrischer Mikrokontinente und geosynklinaler Tröge, die im Karbon endgültig deformiert und verschweißt wurden (ZIEGLER 1990). Ophiolithe sind allerdings sehr selten, jene von Cornwall oder im Zentralmassiv sind unbedeutend vererzt. Nur im Ural gibt es große Körper, mit Chromit, Platin und Sulfidlagerstätten, natürlich weit außerhalb der betrachteten Region. Mit silurischem Vulkanismus ist vermutlich die einzigartige Hg-Lagerstätte von Almaden/Spanien zu verbinden. Große, syn-sedimentäre Lagerstätten gibt es vor allem im Devon der Rhenoherzynischen Zone (vulkanogene Eisenerze im Lahn-Dillgebiet und im Harz, Cu-Pb-Zn-Sulfide und Baryt vom SEDEX-Typ von Meggen und Rammelsberg). Im Unterkarbon entstanden die massigen Pyrit-Cu-Pb-Zn-Au Erzkörper des „Südiberischen Kieslagerstättengürtels", die Kuroko-Lagerstätten sehr ähnlich sind. Nach der finalen Kollision und z.T. wohl auch mit beginnender post-orogener Riftbildung intrudierten in allen tektonischen Einheiten Granitkomplexe, deren jüngste Glieder metallogenetisch besonders produktiv waren: Sie brachten in den Sudeten Gänge mit As, Au und Cu, im sächsisch-böhmischen Erzgebirge Sn und W, im französischen Zentralmassiv Uran und Sb, in Cornwall Sn und Cu, in den Pyrenäen W, sowie in Portugal W und Sn.

Mit dem weit verbreiteten Rotliegendvulkanismus sind kleine Cu-Ba Vorkommen verbunden. Allenthalben enthalten terrestrisch bis randlich marine Sedimente des Perms Uranvorkommen, überwiegend vom Sandsteintyp. Überragende Bedeutung haben natürlich die Cu-Pb-Zn Erze des Kupferschiefers, deren Platznahme aber wohl erst im Mesozoikum stattfand.

Die mesozoisch-tertiären Gesteine der Plattformgebiete führen sedimentäre Eisenerze (Lothringen, Salzgitter). Die Öffnung des Atlantischen Ozeans und orogene Vorgänge im Süden wurden durch tektonische und kryptische Mantelaktivität im Plattformbereich begleitet, was in Mitteleuropa zur Bildung vieler kleiner Pb-Zn-F-Ba Lagerstätten vom Typ der sogenannten saxonischen Vererzung Anlaß gab (WALTHER 1983). Ähnliche Metallotekte gelten auch für die wichtigen Lagerstätten von Eisen, Zink-Blei (Reocin), Baryt und Fluorit in der Region Santander/Spanien.

Das *alpine und südliche Europa* ist geologisch durch alpidische Ketten geprägt, mit Hauptdeformationsphasen in der jüngeren Kreide und im älteren Tertiär. Allerdings sind als „Zwischengebirge" oder als Teile des Deckenstapels beträchtliche präkambrisch-paläozoische Bauelemente eingeschlossen, die vor-alpidische Lagerstätten enthalten. Es liegt also ein polyzyklisches Metallogen vor (Abb. 57). Da vielfach Lagerstätten alpidischen Bildungsalters in älteren, also paläozoischen oder proterozoischen Gesteinen liegen, ist für manche Lagerstätten eine eindeutige und allgemein anerkannte Alterszuordnung bis heute nicht möglich (z. B. Siderit/Erzberg/Österreich, Spatmagnesite in Österreich und CSFR).

Geologische und metallogenetische Argumente zeigen, daß das innerhalb der alpidischen Orogene aufgeschlossene Grundgebirge eine komplexe und langandauernde plattentektonische Entwicklung einschließlich ozeanischer Subduktion erfahren hat (POHL 1984, FRISCH 1989). Einige wichtige Lagerstätten sind: Scheelit von Mittersill/Tauernfenster, Siderit im Devon der Ostalpen und der Süd-Karpaten, Spatmagnesite in alt-paläozoischen (und Oberkarbon-) Kalken in Österreich und CSFR, sowie viele kleine, heute fast nur wissenschaftlich interessierende Bunt- und Edelmetall-Lagerstätten. Die Mineralisation des alpinen Grundgebirges ist von jener der eigentlichen Variszüden nördlich der Alpen deutlich verschieden. Übergänge sind möglicherweise im Penninikum durch das Auftreten spezialisierter Granite (Be, Li, Sn, W) angedeutet.

Eine ergiebige Vererzung setzte im alpin-mediterranen Europa mit einer weit verbreiteten Phase der Grabenbildung während der Trias ein. Begleitender Vulkanismus hatte in Jugoslawien das exhalative Eisenerzlager von Vareš, die Hg-Lagerstätte von Idria und verschiedene Pb-Zn Lager im Gefolge. Auch die großen Pb-Zn Lagerstätten der südlichen Kalkalpen vom Typ Bleiberg wurden in der Trias gebildet. Ozeanische Kruste ist überwiegend erst im Jura nachgewiesen; die später obduzierten Ophiolithschollen und -decken Südosteuropas sind bemerkenswert reich an Chromit, weniger häufig sind Zypern-Typ Sulfide.

Nach einer Umkehr des tektonischen Regimes zu Subduktion und Konvergenz, besonders während der kretazischen orogenen Phasen, intrudierten im inneren Karpatenbogen intermediäre und saure Magmen, die in Siebenbürgen, im Banat, in Ostserbien und in Bulgarien porphyrische Cu-Lagerstätten sowie kleinere Vererzungen von Fe, Mo und Bi brachten. In den slowakischen Karpaten gibt es kretazische Granitstöcke mit Siderit-, Cu- und Sb-Vererzungen. In den Ostalpen ist zwar kaum Kreide-Magmatismus, wohl aber eine verbreitete metamorphogene Fluidwanderung nachweisbar. Oft wurde vermutet, daß die Siderite und Spatmagnesite sowie kleinere Cu-Lagerstätten dadurch gebildet wurden. Die tertiäre „Tauernmetamorphose" ist als metallogenetische Phase faßbarer, mit Au-Lagerstätten im Penninikum. Die orogene Hebung vieler Gebiete ermöglichte die Bildung vielfältiger Verwitterungslagerstätten, u.a. von Bauxit (Südfrankreich, Griechenland) und Ni (Albanien, Griechenland).

Tertiärer andesitischer und rhyolithischer Vulkanismus ist durch Gold- und Buntmetallerze im Karpatenbogen, sowie durch Pb-Zn-Sb in den inneren Dinariden und in den Rhodopen ausgezeichnet. Dieser Magmatismus dauerte im Bereich der ägäischen Küsten und der Inseln

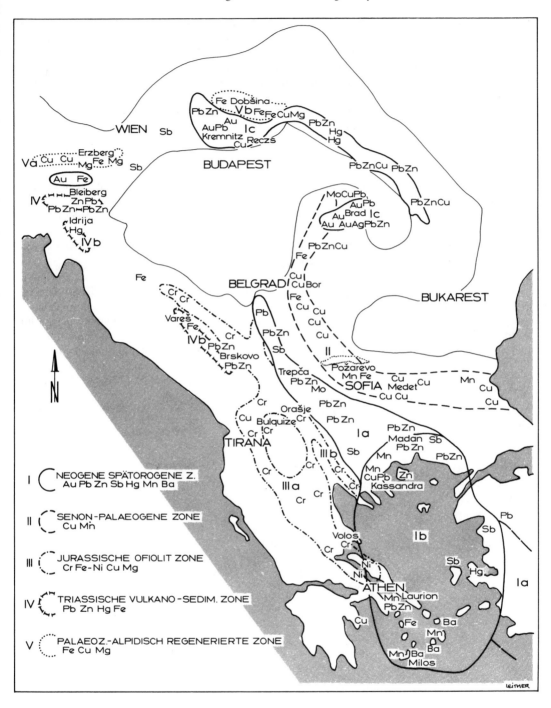

Abb. 57. Wichtigste Lagerstätten und metallogenetische Zonen der ostmediterranen Erzprovinz (zusammengestellt nach J. ILAVSKI, S. JANKOVIC und W. E. PETRASCHECK).
Ia = innerdinarischer, Ib = ägäischer, Ic = innerkarpathischer Erzbezirk.

Griechenlands bis ins Pliozän (z.T. ins Holozän), dort zunehmend mit Mn und Ba als Begleiter der Sulfiderze verbunden (Abb. 57). Im westlichen Europa sollen beispielhaft der jungtertiäre Granit der Insel Elba mit seiner Erzgefolgschaft (Pyrit-Magnetit-Hämatit), der Vulkanismus der Toskana mit der Hg-Lagerstätte von Monte Amiata sowie Flußspat, und der südspanische rhyolithisch-andesitische Vulkanismus mit Au-Ag-Pb-Zn (Rodalquilar, Mazaron, etc.) genannt sein. Bemerkenswert ist ferner die große Sr-Lagerstätte Montevives/Spanien in messinischen Evaporiten der sub-betischen Zone; anderswo im westlichen Mittelmeergebiet führen diese Stein- und Kalisalze sowie Schwefel.

Der jungtertiäre finale Basaltvulkanismus war metallogenetisch überall steril.

Literatur:

ALBERS, J. P., 1981, A lithologic-tectonic framework for the metallogenic provinces of California. Economic Geol. 76, 765-790.
BOWIE, S. H. U., KVALHEIM, A. & HASLAM, H. W. (Eds.), 1979, Mineral Deposits of Europe. I. Northwest Europe. 362 pp, IMM London.
BURNHAM, C. W., 1959, Metallogenic provinces of the Southwestern Unites States and Northern Mexico. Bull. State Bur. Mines Min. Res. New Mexico, 65, 76 pp.
DE LAUNAY, L., 1913, Traité de Métallogénie.
DUNNING, F. W., MYKURA, W. & SLATER, D. (Eds.), 1982, Mineral Deposits of Europe. II. Southeast Europe. 304 pp, IMM London.
DUNNING, F. W. & EVANS, A. M. (Eds.), 1986, Mineral Deposits of Europe. III. Central Europe. 355 pp, IMM London.
DUNNING, F. W., GARRARD, D., HASLAM, H. W. & IXER, R. A. (Eds.), 1989, Mineral Deposits of Europe. IV/V. Southwest and Eastern Europe. 460 pp, IMM London.
EMBERGER, A., 1984, La carte métallogénique de l'Europe et des pays limitrophes à 1/2 500 000. Chron. Rech. Min. 475, 51-56.
EMBERGER, A., HAHN, F. & PILETTE, L. (Eds.), 1984, Explanatory memoir of the metallogenic map of Europe and neighbouring countries. UNESCO Earth Sc. 17, 560 pp.
ERIKSSON, K. A. & CHUCK, R. G., 1985, Aulacogens: sedimentological and tectonic evolution and associated mineralization. Pp 461-529 in K. H. WOLF (Ed.), Handbook of Strata-Bound and Stratiform Ore Deposits. Vol. 12, Elsevier.
FRISCH, W., 1989, Pre-Alpine terranes and tectonic zoning in the eastern Alps. Geol. Soc. America Sp. P. 230, 91-100.
GAAL, G., 1990, Tectonic styles of early Proterozoic ore deposition in the Fennoscandian Shield. Precambrian Res. 46, 83-114.
GUILD, P. W., 1978, Metallogenesis in the Western United States. J. geol. Soc. London 135, 355-367.
HILDRETH, W. & MOORBATH, S., 1988, Contrib. Mineral. Petrol. 98, 455-489.
HUTCHISON, C. S., 1983, Economic Deposits and their tectonic setting. Macmillan.
LEHMANN, B., 1987, Tin granites, geochemical heritage, magmatic differentiation. Geol. Rundschau 76, 177-185.
LOWMAN, P. D., 1989, Comparative planetology and the origin of continental crust. Precambrian Res. 44, 171-195.
MITCHELL, A. H. G. & GARSON, M. S., 1981, Mineral Deposits and Global Tectonic Settings. 405 pp, Academic Press.
PEACOCK, S. M., 1990, Fluid processes in subduction zones. Science 248, 329-337.
PETRASCHECK, W. E., 1965, Typical features of metallogenic provinces. Economic Geol. 60, 1620-1634.
PETRASCHECK, W. E., 1968, Kontinentalverschiebung und Erzprovinzen. Mineralium Deposita 3, 56-65.
PETRASCHECK, W. E. & JANKOVIC, S. (Eds.), 1986, Geotectonic evolution and metallogeny of the Mediterranean area and Western Asia. Österr. Akad. Wiss. Schriftenr. Erdwiss. Komm. 8, 298 pp, Springer.
POHL, W., 1984, Metallogenetic evolution of the East Alpine Paleozoic basement. Geol. Rundschau 73, 131-147.
RIDGE, J. D., 1990, Annotated bibliographies of mineral deposits in Europe, including selected deposits in the UdSSR. 2 Vols., 1285 pp, Pergamon.

ROUTHIER, P., 1976, A new approach to metallogenic provinces: the example of Europe. Economic Geol. 71, 803-811.
ROUTHIER, P., 1980, Ou sont les métaux pour l'avenir? Essai d'une métallogénie globale. Mém. BRGM 105, 408 pp, Orléans.
SAWKINS, F. J., 1990, Metal deposits in relation to plate tectonics. 2. Aufl., 461 pp, Springer.
SCHUILING, R. D., 1967, Tin belts on continents around the Atlantic Ocean. Economic Geol. 62, 540-550.
SCHWARZBACH, M., 1987, Alfred Wegener – The father of continental drift. 241 pp, Springer.
SILLITOE, R. H., 1976, Andean mineralization: a model for the metallogeny of convergent plate margins. Pp 59-100 in D. F. STRONG (Ed.), Metallogeny and Plate Tectonics. Geol. Assoc. Canada Spec. Paper 14.
STERN, C. R., 1991, Role of subduction erosion in the generation of Andean magmas. Geology 19, 78-81.
WALTHER, H. W., 1983, The Alpidic metallogenetic epoch in Central Europe north of the Alps. Pp 313-328 in H.-J. SCHNEIDER (Ed.), Mineral Deposits of the Alps. Springer.
WINDLEY, B. F., 1984, The evolving continents. 399 pp, 2. Aufl., Wiley.
ZIEGLER, P. A., 1990, Evolution of Laurasia: A study in late Paleozoic plate tectonics. 100 pp, 10 maps, Kluwer.

VIII. Genetische Klassifikation der Erzlagerstätten

Eine systematische Gliederung der Entstehung der Erzlagerstätten nach einheitlichen Gesichtspunkten ist sehr schwierig, wie einleitend bereits festgestellt wurde. Das kommt daher, daß die meisten Lagerstätten eine komplexe Stellung zwischen wenigen klaren Endgliedern einnehmen. So sind bei der Bildung von Kuroko-Erzen magmatische und sedimentäre Prozesse so eng verwoben, daß jede Zuordnung zu einer dieser Hauptgruppen in Frage gestellt werden kann. Vor allem aber sind die zur Gliederung verwendeten Prozesse selbst oft nur Denkmodelle, die mit dem Fortschritt der Wissenschaft einer dauernden Veränderung unterliegen. Deshalb werden genetische Modelle von Praktikern in Bergbau und Exploration oft gering geschätzt, und es wird dann eine pragmatisch-empirische Klassifikation nach Typen (z. B. Kupferschiefer-Typ, podiforme Chromite, lateritische Nickellagerstätten) vorgezogen. Auch in diesem Buch werden solche Bezeichnungen häufig verwendet. Das hat den Vorteil, daß eine allgemein verstandene Kurzbezeichnung die Kommunikation erleichtert und daß außerdem wechselnde genetische Auffassungen nicht häufige Neubenennungen erfordern. Bei aller Kritik an genetischen Klassifikationen soll aber nicht übersehen werden, daß verbesserte genetische Konzepte immer wieder erfolgreich zur Auffindung neuer Lagerstätten beigetragen haben.

Verschiedene Aspekte können zur geowissenschaftlichen Klassifikation von Lagerstätten verwendet werden, z. B. der Stoffbestand, die Form, das engere geologische Milieu, die plattentektonische Zuordnung und die Entstehung. Da Erze im Sinne der Lagerstättenkunde metallführende Gesteine sind, sind die genetischen Hauptgruppen petrogenetischen Prozessen zuordenbar, also dem Magmatismus, der Sedimentation, der Diagenese, der Metamorphose und der Verwitterung. Schwieriger wird die weitere Untergliederung dieser Hauptgruppen, die ja dem wissenschaftlichen Anspruch auf Richtigkeit und Vollständigkeit ebenso genügen soll wie der Möglichkeit einer praktischen und praktikablen Anwendung.

Wichtige Entwicklungsstadien der Klassifikation von Erzlagerstätten waren die Vorschläge von NIGGLI (1923, ausführlich 1948), LINDGREN (1933) und SCHNEIDERHÖHN (1941). Heute wird oft der Versuch unternommen, genetische Kriterien zusammen mit der lokalen und plattentektonischen Situation in ein kohärentes System zu fassen (GUILBERT & PARK 1986). Auch dies aber erweist sich als schwierig, und ergibt z.T. unbefriedigende Kategorien oder Trennung von eng verwandten Lagerstätten. Eine unerläßliche Grundlage für jede Klassifikation ist die Erstellung *empirischer* (COX & SINGER 1986) und *genetischer Lagerstättenmodelle* (ROBERTS & SHEAHAN 1988).

Häufig verwendete beschreibende Begriffe mit genetischem Inhalt sind:

syngenetisch -	gleichzeitig mit dem Nebengestein entstandene Erze, also insbesondere die sedimentären;
epigenetisch -	die Erze wurden in bereits vorhandenem Gestein abgesetzt (Gänge, metasomatische Erze, etc.);
aszendent bzw. hypogen -	durch aufsteigende Lösungen gebildet (z. B. Mississippi Valley Pb-Zn);
deszendent bzw. supergen -	durch absinkende Lösungen entstanden (viele Verwitterungslagerstätten);
lateralsekretionär -	Bildung durch Stofftransport aus dem unmittelbaren Nebengestein;
endogen -	Konzentration durch Magmatismus oder Metamorphose;
exogen -	durch Verwitterung oder Sedimentation gebildet.

Die Bezeichnungen *stratiform (schichtartig)* und *stratabound (schichtgebunden)* haben hingegen keine genetische, sondern nur eine beschreibende Bedeutung.

Im folgenden wird zusammenfassend eine vereinfachte genetische Klassifikation der Erzlagerstätten vorgestellt, mit beispielhafter Zuordnung der bisher besprochenen Lagerstätten:

I. Magmatogene Erzlagerstätten
  1. Liquidmagmatische Lagerstätten:
     Cr in Ophiolithen und geschichteten basischen Intrusiven; in den letzteren auch Pt, Fe/Ti und Ni; Fe in Anorthositen und Keratophyren.
  2. Pegmatite (Sn, Nb/Ta, Li, Be etc.)
  3. Hydrothermale Lagerstätten:
     Zypern-Typ Sulfide bzw. „black smokers";
     Skarnerze (W, Sn, Cu etc.);
     Porphyrische Lagerstätten (Cu, Mo, Sn etc.);
     Ganglagerstätten (Sn, W, U);
     epithermale Au-Ag Lagerstätten;
     proximale Sulfid-Erze vom Kuroko und Besshi-Typ;
     Bändereisenerze vom Algoma-Typ.

II. Verwitterungslagerstätten
  1. Rückstandslagerstätten:
     residuale Seifen;
     Bauxit und lateritische Fe-Lagerstätten.
  2. Lagerstätten aus Verwitterungslösungen:
     lateritische Ni und Au Lagerstätten;
     deszendente Anreicherung von Mn, Fe, Cu, Ag;
     Infiltrationslagerstätten von U, Cu, Ag.

III. Sedimentäre Lagerstätten
  1. Allochthone:
     alluviale bis marine Seifen (Au, Sn, Ti, SEE).
  2. Autochthone:
     Bändereisenerze vom Superior-Typ;
     oolithische Eisen- und Manganerze;
     Manganknollen und -krusten der Tiefsee;
     distale SEDEX-Erze (Cu, Pb, Zn; z. B. Rammelsberg).

IV. Diagenetisch-hydrothermale Lagerstätten
  1. Kupferschiefer-Typ:
     europäischer Kupferschiefer (Cu, Pb, Zn);
     zentralafrikanischer Kupfergürtel (Cu, Co, Pb, Zn, U).

2. Mississippi-Typ:
   Pb-Zn-Ba-F in marinen Karbonaten.
3. Salzdiapirgebundene Lagerstätten:
   Pb-Zn-Ba-F sowie Siderit, z. B. in Nordafrika.

V. Metamorphogen-hydrothermale Lagerstätten
   z. B. Goldquarzgänge in Schiefergebirgen bzw. in archaischen Grüngesteinsgürteln.

Eine ausführliche Diskussion theoretischer und praktischer Aspekte der Klassifikation von Lagerstätten und Lagerstättentypen findet man in WOLF (1981) und LAZNICKA (1981).

Literatur:

COX, D. P. & SINGER, D. A. (Eds.), 1986, Mineral deposit models. USGS Bulletin 1693, 379 pp.
LAZNICKA, P., 1981, The concept of ore types – summary, suggestions and a practical test. Pp 449-511 in K. H. WOLF (Ed.), Handbook of Strata-Bound and Stratiform Ore Deposits. Vol. 8, Elsevier.
ROBERTS, R. G. & SHEAHAN, P. A. (Eds.), 1988, Ore deposit models. Reprint 3, 194 pp, Geol.Ass. Canada Publ.
WOLF, K. H., 1981, Terminologies, structuring and classifications in ore and host-rock petrology. Pp 1-338 in K. H. WOLF (Ed.), Handbook of Strata-Bound and Stratiform Ore Deposits. Vol. 8, Elsevier.

Zweiter Abschnitt

Die Lagerstätten der einzelnen Metalle

I. Die Eisen- und Stahlmetalle

Eisen

Erzminerale:

		max. Fe %	Dichte
Magnetit	$FeO \cdot Fe_2O_3$	72,4	5,18
Hämatit	$\alpha\text{-}Fe_2O_3$	69,94	5,26
Maghemit	$\gamma\text{-}Fe_2O_3$	69,94	4,87
Goethit	$\alpha\text{-}FeOOH$	62,0	4,37
Lepidokrokit	$\gamma\text{-}FeOOH$	62,0	4,09
Siderit	$FeCO_3$	48,2	3,88

Als Begleiter bzw. primäre Eisenanreicherungen sind weiters wichtig:

Pyrit	FeS_2	46,5	5,02
Magnetkies	FeS	63,5	4,62
Ankerit	$Ca(Fe,Mg,Mn)(CO_3)_2$	Fe > Mg	2,98
Ilmenit	$FeTiO_3$		4,72
Ulvöspinell	$TiFe_2O_4$		

Fe-Silikate (max. 40 % Fe):
Chamosit, Thuringit (Leptochlorite); Greenalith (Fe-Antigorit); Minnesotait (Fe-Talk); Grünerit (Fe-Amphibol); Stilpnomelan (glimmerähnlich); Glaukonit.

Magnetit enthält oft auch Ti, Mn, Mg, Al und V, Siderit Mn und Ca. Als „Martit" wird hämatitisierter Magnetit bezeichnet; „Eisenglimmer" ist grobschuppiger Hämatit, der auch Oligist oder Specularit genannt wird.

Die lagerstättenbildenden Erzgesteine, also die geförderten Erze, haben naturgemäß einen niedrigeren Eisengehalt als die entsprechenden Erzminerale. Die untere Bauwürdigkeitsgrenze bei Eisenerzen liegt bei etwa 32 % Fe, allerdings werden heute meist Erze mit über 60 % Fe abgebaut. Eine Ausnahme sind magnetitische Erze, die auch bei niedrigeren Gehalten relativ billig zu hochwertigen Konzentraten angereichert werden können. Für den Einsatz in Direktreduktionsverfahren ist ein Gehalt über 64 % Fe erforderlich.

Die Anforderungen für wirtschaftlich gewinnbare Eisenerze betreffen neben Lage, Größe etc. der Lagerstätte vor allem die chemische Zusammensetzung, den Körnungsanfall bei Abbau und Aufbereitung, sowie das Verhalten beim Einsatz im Hochofen. Da Eisenerze nach Rohöl die zweite Stelle im internationalen Massenguthandel einnehmen, sind auch günstige Transporteigenschaften sehr wichtig. Deshalb, und natürlich auch zur Verbesserung der metallurgischen Prozesse werden viele Feinerze in Grubennähe gesintert oder pelletiert, und nur Stückerz (6-25 mm Durchmesser) wird direkt verschifft. Die Sinterung kann auch wichtig sein, um vor dem Transport einen hohen Wassergehalt zu reduzieren. Für den Einsatz im Hochofen müssen die Erze günstige Abriebfestigkeit und als Schüttgut gute Permeabilität haben.

Die chemischen Anforderungen an Eisenerze ergeben sich vorwiegend aus der Verwendbarkeit im Hochofenprozess, da nur etwa 2 % der Weltproduktion zur Direktreduktion eingesetzt werden. Gefordert werden ein Überwiegen von SiO_2 (saure Erze) oder von $CaO + MgO$ (basische Erze); SiO_2/Al_2O_3 ca. 3, jedenfalls aber über 1; möglichst geringe, gleichbleibende Phosphorgehalte, die in manchen Erzen aber einige Prozent P_2O_5 erreichen; Mn soll unter 2 % liegen, Cr unter 1 %, Ni unter 0,5 %, S unter 0,2 %, As, Cu, Zn und Pb unter 0,1 %. Ti und V stören ebenfalls; bei entsprechend hohen Gehalten aber sind solche Erze dann für die Gewinnung dieser Metalle von großer Bedeutung. Ganz allgemein sollen Lieferungen über lange Zeit gleichbleibende Qualität haben; unter dieser Voraussetzung können auch einzelne nachteilige Eigenschaften ausgeglichen werden.

Im Vergleich zu den Mengen an Eisenerzen, welche zur Eisen- und Stahlherstellung verbraucht werden, sind andere Anwendungen minimal. Trotzdem erzielen manche Kleinbergbaue durch Produktion von Füllstoffen für Farben (Ocker, Eisenglimmer) etc. gute Gewinne. Die Anforderungen an Rohstoff und Aufbereitung sind sehr hoch; im Einzelnen müssen sie durch Kontakte mit potentiellen Anwendern erkundet werden.

Das *geochemische Verhalten des Eisens* ist durch seine Stellung als Übergangsmetall (zusammen mit Sc, Ti, V, Cr, Mn, Co, Ni, Cu) und durch den hohen Durchschnittsgehalt in der kontinentalen Kruste (rund 5 %) gegeben. Besonders wichtig ist der unterschiedliche Oxydationsgrad in der Natur: es gibt gediegen Fe^0, Ferro- (Fe^{2+}) und Ferri-Eisen (Fe^{3+}). Grundsätzlich ist reduziertes Eisen mobil, oxydiertes Eisen immobil, woraus bereits die Fixierung großer Eisenmengen im exogenen Kreislauf verständlich wird.

Reduktion und Oxydation des Fe sind häufige Indikatoren des geologischen Milieus, wobei vor allem der Kontakt mit der Atmosphäre bzw. mit organischer Substanz kontrollierend wirken. Beispiele dafür sind die oberflächennahe Verwitterung (Oxydation), sowie die Bildung von gediegenem Eisen in Basalten am Kontakt zu bituminösen Schiefern oder Kohleflözen, z. B. auf der Insel Disko, Grönland (Reduktion). Die Verfügbarkeit von Sauerstoff bei relativ geringer Temperatur und niedrigem Druck wird durch den Eh-Wert ausgedrückt (Abb. 34 und 58). Bei hohen Temperaturen und Drücken, also etwa in magmatischen und metamorphen Systemen, wird die Sauerstoff-Fugazität (fO_2) bestimmt. Möglich ist das zum Beispiel an Hand der univarianten Reaktion basischer Magmen (Abb. 59):

$$3Fe_2SiO_4 + O_2 \rightarrow 2\,(FeO \cdot Fe_2O_3) + 3SiO_2$$
$$\text{Fayalit} \quad \text{Schmelze} \quad\quad \text{Magnetit} \quad\quad \text{Quarz}$$

Da die überwiegende Menge der Eisenerze durch Verwitterung und/oder Sedimentation gebildet wurden, ist das geochemische Verhalten des Eisens in diesem Milieu besonders wichtig. Die Verwitterung eisenhaltiger Gesteine kann lokale Anreicherung, etwa zu lateritischen Lagerstätten bewirken. Vielfach wird aber das Fe mobilisiert, wobei Transport in ionarer Lösung, als Hydroxyd-Partikel, Kolloide, adsorbiert an Tonschwebstoffen oder in Chelat-Bindung an organischer Substanz möglich ist. Ausfällung und Bildung von Eisenmineralen sind im pH/Eh-Feld gut definiert (Abb. 58). Durch eine laterale Gliederung des Sedimentationsraumes nach pH/Eh entstehen so die verschiedenen Eisenfazies-Zonen (Abb. 45). Biologische Aktivität im Sedimentationsbereich dürfte vielfach indirekt (durch O_2-Verbrauch oder durch O_2/CO_2-Produktion), seltener auch direkt (Eisenbakterien, Pilze) zur Ausfällung beitragen.

Hydrothermaler Transport von Eisen wird durch hohe Salzgehalte der Fluide begünstigt (KWAK et al. 1986); man nimmt überwiegend saure, chloridische Lösungen an, wobei Komplexe von $FeCl^+$ und $FeCl_2$ auftreten. Die maximale Löslichkeit von $FeCl_2$ in Wasser beträgt 39,2 %; sie wird durch steigende Salinität und Temperatur positiv, durch höhere fO_2 und pH negativ beeinflußt. Ausfällung erfolgt dementsprechend bei plötzlicher Mischung mit salzarmen Wässern (z. B. meteorischer Herkunft), bei Temperaturabfall, bei Sauerstoffzutritt und bei pH-Anstieg, oft durch Reaktion mit Karbonaten bedingt.

Eisenerzlagerstätten sind ungemein vielfältig und weit verbreitet. Mehr als drei Viertel der Reserven sind allerdings sedimentärer Entstehung, wobei der Anteil der präkambrischen

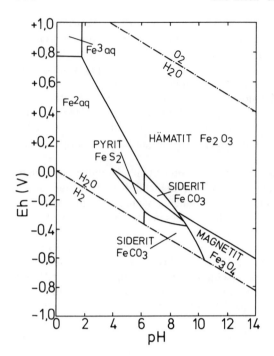

Abb. 58. Stabilitätsfelder oxydischer, sulfidischer und karbonatischer Eisenminerale in Wasser bei 25 °C und 1 Atmosphäre (GARRELS & CHRIST 1965).

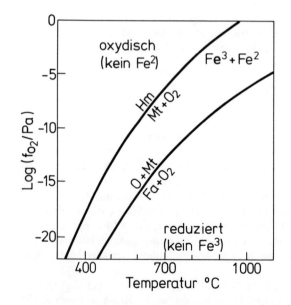

Abb. 59. Experimentell ermittelte Reaktionsgrenzen für die Umwandlung von Fayalit (Fa) in Magnetit (Mt) und Quarz (Q) bzw. von Magnetit in Hämatit (Hm) in Anhängigkeit von der Sauerstoff-Fugazität und der Temperatur basischer Magmen.

gebänderten Eisenformationen (BIF's) weit überwiegt. Wissenschaftlich und/oder wirtschaftlich wichtige genetische Lagerstättentypen sind:
- liquidmagmatische (intrusive > extrusive) Lagerstätten;
- kontaktmetasomatische Körper (Skarnlagerstätten);
- hydrothermal-epigenetische Lagerstätten (Gänge);

- hydrothermal-metasomatische Stöcke;
- vulkanogen/exhalative bzw. hydrothermal/sedimentäre Lager;
- residuale, „lateritische" Eisenlagerstätten;
- terrestrisch-sedimentäre Lager (Moore, Karst, Seifen);
- marin-sedimentäre Lagerstätten (BIF's, Minette, Trümmereisenerze und Strandseifen).

Zu den *liquidmagmatischen Eisenerzen im Verband mit Intrusionen* gehören die Magnetitflöze der Oberen Zone des Bushveldes/Südafrika (Abb. 3). Das bedeutendste unter diesen ist der rund 1,8 m mächtige *Main Magnetite Layer* mit rund 1,6 % V_2O_5 und im Tagbau gewinnbaren Reserven von über 1000 Millionen Tonnen (Mt) Erz. Viele kleine und mittlere Eisenlagerstätten liegen als Platten, Schlieren oder Gänge in Gabbro- und Noritmassiven (der „Gabbro-Typ"), oft allerdings mit störenden Ti-Gehalten in Magnetit. Wo solche Erze aufbereitet werden können, wird Titan zu einem wichtigen Nebenprodukt. Ein europäisches Beispiel dafür ist die *Tellnes Mine* in Südwest-Norwegen, die aus Bändererzen in präkambrischem Norit etwa 2 Mt/a Roherz mit 18 % TiO_2 liefert. Die Reserven betragen rund 300 Mt. Lagerstätten vom „Anorthosit-Typ" führen eher Hämatit und Ilmenit, und zählen infolge hoher Ti-Gehalte zu den Titanerzen, so daß hier das Eisen zum Nebenprodukt wird.

Die Magnetit-Apatiterze von *Kiruna*/Nordschweden werden heute eher vulkanogen gedeutet (PARAK 1975), obwohl sie lange als Typus liquidmagmatisch abgepreßter, intrusiver Eisenerze galten (zuletzt FRIETSCH 1978). Die wissenschaftliche Diskussion ist aber keineswegs abgeschlossen. Eine mittel-proterozoische vulkanosedimentäre Gesteinsserie enthält hier mehrere plattenförmige, grob schichtparallele Erzkörper, die eine Mächtigkeit von 200 m erreichen (Abb. 5). Die Erze sind massig oder gebändert, gelegentlich mit angedeuteter Kreuzschichtung. Kleine Apophysen des Erzes durchschlagen sowohl das Liegende wie das Hangende; diese Beobachtung wurde früher als Beweis für einen Intrusionsverband angeführt, PARAK aber denkt an tektonische Mobilisation. Das Fördererz besteht aus Magnetit, Hämatit, Fluorapatit, Aktinolit, Tremolit und Diopsid, mit etwa 55-65 % Fe und 1-2 % Phosphor. Die Vorräte des Distriktes bis 800 m Tiefe betragen etwa 3000 Mt, die Jahresförderung liegt bei 20 Mt. Damit ist Kiruna weit überwiegend der wichtigste Eisenerzproduzent Westeuropas.

Extrusive liquidmagmatische Eisenlagerstätten sind selten, doch lokal von großer Bedeutung. Hier erstarrten die spätmagmatischen eisenreichen Schmelzen als Laven, vulkanische Agglomerate und Tuffe. Nebengesteine sind saure und intermediäre Vulkanite, die Calderen oder Schichtvulkane aufbauen. Große Lagerstätten solcher Erze aus Magnetit, Hämatit, Apatit und Aktinolit gibt es in Chile (*El Laco*) und Mexico (*Cerro de Mercado*: SWANSON et al. 1978, LYONS 1988), beide mit rund 1000 Mt Erzinhalt.

Kontaktmetasomatische Eisenlagerstätten entstehen im Kontaktbereich von Gabbros, Dioriten, Syeniten und Graniten, welche Karbonate intrudieren. Westeuropäische Lagerstätten dieses Typs sind heute unbedeutend, wie z. B. die Hämatitlagerstätten der Insel Elba in jurassischem Kalk. Weiterhin wirtschaftlich wichtige Skarnlagerstätten gibt es aber in Rumänien und im Ural, mit den Bergbauen *Sarbai, Gora Blagodat und Gora Magnitnaja*.

Die Erzkörper von *Gora Magnitnaja* (Abb. 60) liegen in unterkarbonischen Karbonaten mit Anteilen vulkanogener Sedimente, welche von einem porphyrischen variszischen Granit intrudiert werden. Das Erz ist grob stratiform, die unmittelbaren Nebengesteine sind Skarne und Kalkmarmore. Eine frühe anhydrische Paragenese der Vererzung umfasst Magnetit, Granat und Pyroxen, gefolgt von Magnetit, Hämatit, Pyrit, Kupferkies, Quarz, Epidot und Kalzit. Der gesamte Erzinhalt der Lagerstätte lag bei 500 Mt, mit durchschnittlich 56 % Fe, 0,8 % Mn, 14,85 % SiO_2, 1,82 % CaO, 0,04 % P und 1,94 % S. Oberflächennahe Partien waren allerdings martitisiert und deshalb eisenreicher. Die vergleichbare Lagerstätte *Sarbai* /Kazachstan ist mit einem Erzinhalt von 1500 Mt noch größer; sie wurde 1948 durch Flugmagnetometrie aufgefunden. Interessant ist hier das Auftreten von Na-Cl-Skapolith als Gangart, wodurch die für die Bildung von Skarnlagerstätten charakteristische hydrothermale Phase besonders deutlich nachgewiesen ist.

Eine wichtige Provinz hydrothermaler bzw. Eisenskarnlagerstätten erstreckt sich über 130 km Länge in N-S Richtung am Innenrand der südlichen Karpathen von Rumänien *(Banat)* über Jugoslawien bis nach Bulgarien. Hier sind mesozoische und ältere Schichten geradezu siebartig

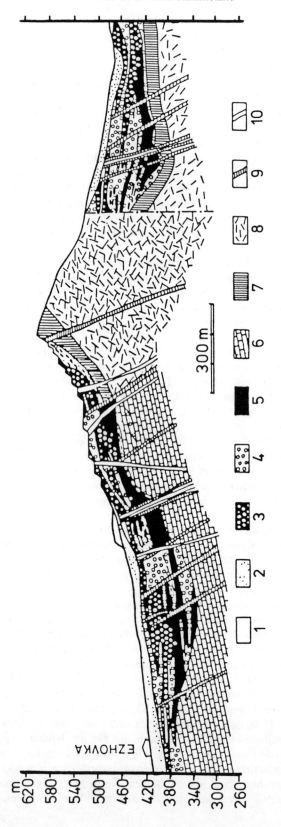

Abb. 60. Geologisches Profil der Eisen-Skarnlagerstätte Magnitnaya Gora/Ural/UdSSR (nach A.N. ZAVARITSKII). Legende: 1. Alluvion; 2. Erz in Alluvion; 3. oxydiertes Erz; 4. Skarn; 5. primäres Erz; 6. Kalkmarmor; 7. Vitrophyr; 8. Porphyrit; 9. Dioritgang; 10. Rhyolitgang.

von zahlreichen dioritischen bis granodioritischen Intrusivstöcken (den „Banatiten") durchlöchert. Die magmatische Tätigkeit begann in der obersten Kreide und dauerte bis ins Unter-Eozän an. Neben Eisenerzen (Baisoara, Ocna de Fier, Dognecea) gibt es auch Cu-Porphyre, sowie Lagerstätten mit überwiegend Pb/Zn (IANOVICI & BORCOS 1982).

Epigenetisch-hydrothermale Eisenerze kennt man vielfach im Umkreis von intermediären kalkalkalischen Plutonen aktiver Plattenränder (Chile, Peru, Zentralamerika, Balkan, Japan), doch auch völlig ohne Bezug zu magmatischen Prozessen (Eisenerzgänge sowie vor allem die metasomatischen Siderite).

Ein Beispiel für die erste Gruppe ist die Lagerstätte *El Romeral*/Chile, deren Erzkörper in Andesitporphyr und Metasedimenten im Bereich eines Dioritstockes liegen. Die größte Erzlinse ist 850 m lang und bis 250 m mächtig. Das Erz besteht aus siebartigem Magnetit mit Einschlüssen von Aktinolit, Klinozoisit, Titanit, Cl-Apatit, Andesin, Skapolith, Chlorit und Quarz, wobei diese Gangarten vielfach auch als Gangnetzwerk im massigen Erz auftreten. Offensichtlich verdrängen die Erze hydrothermal veränderte Nebengesteinspartien, welche durch Störungen begrenzt sind. Die Erzbildung erfolgte unter Bedingungen der Amphibolitfazies, bei 475-550 °C und 2 kbar (BOOKSTROM 1977). – Lagerstätten dieser Natur zeigen nahe Verwandtschaft zu Skarnlagerstätten, und können als äquivalente Bildung in nicht-karbonatischem Milieu aufgefasst werden.

Eisenerz-Ganglagerstätten sind heute bedeutungslos; bekannte deutsche Beispiele sind die Roteisensteingänge des Harzes (etwa der Knollengang im Lauterberger Revier, MOHR 1978) und die Sideritgänge des *Siegerlandes,* die über mehr als 1000 m vertikaler Erstreckung abgebaut wurden. Dabei ergab sich eine Zonierung mit oberflächennahen Pb-Zn-Cu Erzen sowie stellenweise Hämatit, darunter Siderit, welcher in der Tiefe in Quarz überging. Allerdings wird diese Zonierung durch eine Mehrphasigkeit der Vererzung überlagert (FENCHEL et al. 1985). Die Gänge liegen in den unterdevonischen Siegener Schichten, mit einer klaren tektonischen Kontrolle, die ihre Bildung gegen Ende der variszischen Hauptfaltung belegt. Der Distrikt hat bis zur Schließung der letzten Bergbaue im Jahre 1965 insgesamt rund 170 Mt Erz geliefert.

Obwohl eisenreiche Gänge heute für die Eisengewinnung nicht in Betracht kommen, können sie als Indikatoren bzw. Prospektionshilfe für Erze von Uran, Gold u. a. Metallen nützlich sein.

Hydrothermal-metasomatische Sideritlagerstätten aber werden weiterhin in vielen Ländern abgebaut, obwohl sie wirtschaftlich von den überseeischen Billigerzen hart bedrängt werden. Bekannte Distrikte bzw. Lagerstätten sind Erzberg/Österreich, Bilbao/Spanien, Ouenza/Algerien und Jerissa/Tunesien, sowie Bakal/UdSSR. Eine kleine Lagerstätte dieses Typs lag in Zechsteinkalk am Hüggel bei Osnabrück.

Gemeinsam ist allen Lagerstätten dieser Gruppe das Auftreten in marinen Karbonaten epikontinentaler Plattformen präkambrischen bis mesozoischen Alters, welche mit klastischen Sedimenten und Evaporiten, seltener mit basischen Vulkaniten wechsellagern. Die vererzten Karbonate sind auch in einzelnen Lagerstätten von unterschiedlicher Fazies, obwohl innerhalb der Distrikte meist ein bestimmtes stratigraphisches Niveau bevorzugt ist (Devonkalke um den Erzberg, Unterkreide-Kalke in Nordafrika und Bilbao). Die Erzkörper sind unregelmäßige Stöcke oder annähernd stratiforme Linsen, oft mit deutlicher tektonischer Kontrolle durch Störungen. Im Einzelnen sind die Erzgrenzen jedoch meist quergreifend „wolkig" (Abb. 50); nicht selten gibt es neben dem massigen Erz auch Gänge mit Siderit, Quarz, Baryt, Fluorit und Pb-Zn (Ouenza, Bilbao), welche Erz und Nebengestein durchschlagen. Die Kontakte der Siderite zum unveränderten Karbonat sind immer metasomatisch, wobei etwa in Jerissa noch einige Meter im Siderit Rudisten, Schichtflächen und Stylolithen deutlich erkennbar sind. Weiter innen allerdings findet man dort monomineralische, feinkörnige und massige Siderite, die zum Teil in reichlich auftretenden Drusen grobkristallinen Kalzit enthalten. Anderswo (Erzberg) sind nach außen Ankerit-Dolomithöfe entwickelt. Hangend- und/oder Liegendgrenze werden in vielen Fällen durch gering permeable und inkompetente Nebengesteine gebildet. Überall fehlt diesen Lagerstätten eine Zonierung nach Oxyd-, Karbonat- und Sulfidfazies, die in synsedimentären Eisenlagerstätten horizontal wie vertikal die Regel ist. Die umgebenden Karbonate sind gewöhnlich sehr reine, eisenarme Kalke; nichts deutet darauf hin, daß das Eisen sedimentär vorangereichert gewesen wäre (POHL 1986, 1988).

Die bekannteste unter den mitteleuropäischen metasomatischen Sideritlagerstätten ist der *Erz-*

berg/Steiermark. Es handelt sich hier um die größte unter einer langgezogenen Kette von Spatlagerstätten der nördlichen Grauwackenzone der Alpen, welche aus stark verschuppten und in zwei große Decken gegliederten paläozoischen Schichten besteht. Die Erzkörper liegen in Karbonaten silurischen bis unterkarbonen Alters. Das Liegende bildet ordovizischer Quarzporphyr („Porphyroid"), das Hangende – nur lokal erhalten – permische Brekzien und Konglomerate („Präbichlschichten") sowie die transgressiven Werfener Schiefer der Unteren Trias, mit welchen der mächtige marine Sedimentstapel der Nördlichen Kalkalpen einsetzt. Die paläozoischen Gesteine wurden sowohl variszisch wie auch alt-alpidisch deformiert und gleichzeitig von einer Metamorphose der Grünschieferfazies überprägt, deren jüngere Phase allerdings bereits in den Werfener Schiefern nach oben rasch ausklingt. Die vererzten Kalke sind durch den unterkarbonischen „Zwischenschiefer" in zwei Schuppen gegliedert (Abb. 61). Das Erz besteht aus hellem, massigem, selten gebändertem feinkörnigem Siderit sowie mehreren Generationen von Ankerit („Rohwand", BERAN 1979). Dazu kommen ganz geringfügige Mengen von Pyrit, Kupferkies, Fahlerz und Zinnober. Der Gesamtinhalt der Lagerstätte wird auf 500 Mt Siderit geschätzt, wovon mehr als die Hälfte abgebaut ist. Die Jahresproduktion beträgt etwa 2 Mt Roherz mit 32 % Fe und 2 % Mn.

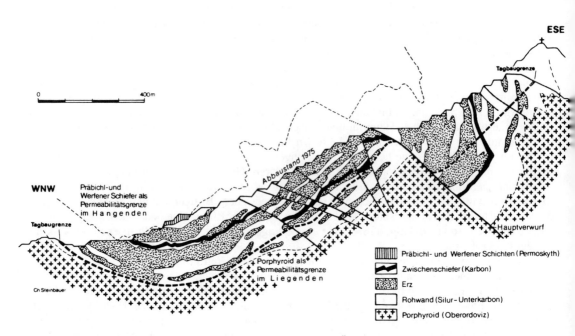

Abb. 61. Geologisches Profil der Sideritlagerstätte Erzberg/Steiermark/Österreich (nach VOEST-ALPINE).

Die Entstehung dieser Lagerstätte ist weiterhin in bezug auf Metallherkunft, Vererzungsprozesse und -zeitpunkt unklar, da viele Befunde infolge der mehrfachen Metamorphose vieldeutig sind. Jüngste Ergebnisse von Sr-Isotopenanalysen, daß nämlich nicht Meerwasser, sondern hydrothermale Fluide möglicherweise metamorpher Entstehung die Siderite gebildet haben (FRIMMEL 1988), bestätigen frühere Auffassungen einer hydrothermal-metasomatischen Bildung in alpidischer Zeit (K. A. REDLICH, W. PETRASCHECK, E. CLAR, O. FRIEDRICH). Dies erscheint auch dadurch bekräftigt, daß im weiteren Umkreis kleine hydrothermal-epigenetische Eisenlagerstätten bis in das stratigraphische Niveau der anisischen Rauhwacke auftreten.

Allgemein kann man vermuten, daß solche Sideritlagerstätten durch Lösungen sehr unterschiedlicher Herkunft gebildet werden können. Denkbar sind metamorphe Fluide (Erzberg ?), Formationswässer und zum Teil Laugen aus Evaporiten (Nordafrika: POHL et al. 1986), sowie an

Störungen zirkulierendes Meer- oder meteorisches Wasser (Bilbao?). Nur magmatische Herkunft konnte bisher nicht wahrscheinlich gemacht werden, ohne aber ausgeschlossen zu sein.

Vulkanogen/hydrothermal-sedimentäre bzw. syngenetisch- exhalative Eisenlagerstätten haben als reine Eisenproduzenten ebenfalls an Bedeutung verloren. Zu dieser Gruppe gehören Pyritlagerstätten vom Kuroko und vom Zypern Typ, welche nur dann zur Eisengewinnung abgebaut werden, wenn aus dem Pyrit durch Röstung Schwefelsäure erzeugt wird. Das dabei anfallende Eisenoxyd kann bei geeigneter chemischer Zusammensetzung als Eisenerz verwendet werden. Weiters gibt es solche Exhalationslagerstätten auch in karbonatischer und oxydischer Fazies (Lahn-Dill Revier/Deutschland; Vareš/Jugoslawien; Nisna Slana/CSFR; u.v.a.), wobei die gebänderten Eisenformationen (BIF's) vom Algoma Typ besonders wichtig sind. Natürlich findet man bei dieser Gruppe vielfache Übergänge zu Anteilen oder wirtschaftlichem Überwiegen anderer Metalle (Cu, Au, As, Thallium, Pb, Zn usw.).

Die Erzkörper des *Lahn-Dill Revieres* sind mit submarinen basaltischen Vulkanbauten an der Grenze Mittel-/Oberdevon verbunden. Unmittelbare Liegendgesteine sind vorwiegend spilitische Tuffe („Schalsteine") und Pillow-Laven, über den Erzlinsen folgen pelagische Kalke oder Pelite. Die Erze sind deutlich geschichtet und laminiert, mit vielen Texturen, die synsedimentäre Erosion und Wiederabsatz anzeigen. Hämatit überwiegt als Erz, obwohl auch Siderit, Magnetit, Sulfide und Silikate auftreten. Dadurch bedingt sind kleinräumige starke Faziesänderungen, die für die bergbauliche Produktion gleichbleibenden Erzes große Probleme schufen. Einzelne Erzkörper hatten selten mehr als 5 Mt Gesamtreserven. – Vergleichbare Vorkommen, zum Teil aber auch mit Keratophyren verbunden, sind im Devon und Unterkarbon der mitteleuropäischen Variszidien weit verbreitet (Harz, Thüringer und Franken-Wald, Ostsudeten).

Eine proterozoische Lagerstätte vom Algoma Typ ist *Savage River/Tasmanien*. Die Erzkörper liegen konkordant in einer vulkanosedimentären Serie mit Metabasalten, Serpentinitlinsen, Tuffen, Graphitschiefern und exhalativem Quarzit. Mehrfache Deformation und Metamorphose in Grünschieferfazies haben diese Gesteine umgeformt. Die Erze bestehen aus Magnetit, Pyrit und geringen Mengen von Kupferkies, Zinkblende und Ilmenit/Rutil-Verwachsungen. Gangarten sind Tremolit, Aktinolit, Dolomit, Quarz und Chlorit. Bänderung und feinste Lamination der Erze mit sedimentären Deformationsstrukturen belegen die exhalative Bildung (COLEMAN 1975). Der Roherzinhalt der Lagerstätte liegt bei 100 Mt; aus dem Fördererz wird ein Konzentrat mit 69,4 % Fe, 1 % SiO_2, 0,04 % TiO_2 und 0,05 % Ni erzeugt.

Ein rezentes Beispiel zur Bildung exhalativer Eisenschlämme kennt man auf der Insel Santorin/Griechenland, wo innerhalb der Caldera seichte, submarine Hydrothermen Fe in Form sulfatischer bzw. karbonatischer Komplexe fördern, die im Meerwasser als Sideritframboide und gemischte Gele von Fe-Hydroxyd und Kieselsäure ausfallen; dabei spielt Fällung durch das Eisenbakterium *Gallionella ferruginea* eine wesentliche Rolle (PUCHELT et al. 1973).

Residuale bzw. lateritische Eisenlagerstätten sind über basischen oder ultrabasischen Gesteinen entwickelt, weshalb sie in der Regel erhöhte Cr-Ni-Co Gehalte haben, welche eine Verwertung im Normalfall behindern. Dazu kommen hohe Al_2O_3 Anteile (bis 20 %), allgemein relativ niedrige Eisengehalte, und ein hoher Wasseranteil (bis 30 %), wodurch solche Erze bergwirtschaftlich nicht sehr attraktiv sind. Bei ausgeprägt hoher Cr- oder Ni-Führung aber sind sie als Erze dieser Metalle abbauwürdig (Griechenland, Albanien, West-Australien).

Conakry/Guinea ist ein charakteristischer Vertreter dieser Gruppe. Über Dunit mit 10 % Fe liegt dort eine harte, etwa 6 m mächtige Erzkruste (Ferricrete); das verschiffte Erz hat 52 % Fe, 12 % Al_2O_3, 1,8 % SiO_2, 0,25 % P, 1,8 % Cr, 0,15 % Ni, 0,5 % TiO_2 und 11 % Wasser.

Eine überragende Bedeutung für den Eisenerzbergbau hat die Verwitterung dort, wo niedrigprozentige primäre Armerze durch *supergene Anreicherung* zu hochwertigen Reicherzen konzentriert wurden. Dies kann natürlich alle genetischen Typen von Eisenlagerstätten betreffen, und eine gewisse Anreicherung der Erze durch Verwitterung im oberflächennahen Bereich ist eigentlich die Regel. Proterozoische gebänderte Eisenformationen vom Superior-Typ sind aber infolge ihrer weiten Verbreitung und der großen initialen Eisenmengen besonders wichtige Beispiele (siehe unten).

Terrestrisch-sedimentäre Eisenerzlagerstätten sind häufig, doch heute mit wenigen Ausnahmen völlig ohne Bedeutung, da solche Lagerstätten gewöhnlich sehr klein sind. Transport des Eisens kann in Lösung oder mechanisch stattfinden. Durch Ablagerung bzw. Ausfällung entstanden die Raseneisenerze der Moore, die früher beschriebenen Karsterze von Amberg-Auerbach/Nordost-Bayern, die fluviatilen pisolitischen Erze West-Australiens, sowie manche eluviale und fluviatile Seifen.

Wirtschaftlich wichtig sind aus dieser Gruppe heute nur die *fluviatilen pisolitischen Eisenerze* des Hamersley Beckens in West-Australien. Mehrere Flußläufe, die diese Eisenerzprovinz nach Osten und Norden verlassen, werden über viele Kilometer Länge von schmalen Tafelbergen begleitet, die durch auflagernde Eisenerze besonders erosionsresistent sind. Offensichtlich handelt es sich um die Füllung breiter Täler von Vorläufern der heutigen Flüsse, welche im Lauf der weiteren Entwicklung durch Reliefumkehr zu Hügeln wurde. Stellenweise liegt dieses Erz auf Kreidekonglomeraten, weshalb ein tertiäres Alter angenommen wird.

Bergbaulich erschlossen sind die Lagerstätten entlang des *Robe River,* mit etwa 300 Mt sicheren Reserven eines Erzes mit knapp 60 % Fe, 4,5 % SiO_2, 2,5 % Al_2O_3 und 10 % H_2O. Das Erz besteht aus dicht gepackten Pisoliten, die aus amorphem Limonit, Goethit, Maghemit und Hämatit aufgebaut sind; zum Teil sind sie konzentrisch-schalig, oft auch strukturlos. Die Matrix enthält dieselben Eisenminerale, mit etwas Ton, Kalzit und Chalzedon, selten auch limonitisierten Pflanzenfragmenten. Die einzelnen Erzkörper der Lagerstätte begleiten den Fluß über 32 km Länge. Sie sind bis 26 m mächtig und liegen einige Zehner Meter über dem rezenten Talniveau. Im Einzelnen wird zwar diskutiert, ob die Masse des Erzes durch direkte Präzipitation des Eisens aus Lösung oder durch Verdrängung klastischer Partikel entstanden ist, doch sind die fluviatile Genese und die Ableitung des Eisens aus den primären Lagerstätten im Oberlauf der Flüsse unbestritten (ADAIR 1975).

Marin-sedimentäre Eisenlagerstätten stellen alle anderen genetischen Lagerstättentypen in bezug auf die heutige Produktion wie auf die verfügbaren Ressourcen weit in den Schatten. Innerhalb der Gruppe sind wiederum die proterozoischen gebänderten Eisenformationen (BIF's vom Superior Typ) am bedeutendsten.

Gemeinsam ist allen Gliedern dieser Gruppe die Ablagerung der Eisenerze bzw. der Erzvorläufer als chemische oder teilweise biogene marine Sedimente. Grob unterscheiden kann man mit STANTON (1972) Eisensteine (ironstones s.l.) vorwiegend phanerozoischen Alters von den überwiegend älteren gebänderten Eisenerzen (banded iron formations, kurz BIF's). Weitere, für letztere in der Literatur häufig benutzte Bezeichnungen sind *Takonit* (Magnetit-BIF's, welche im Gebiet des Oberen Sees/USA als primäre Armerze abgebaut und magnetisch konzentriert werden), *Itabirit* (metamorphe, und deshalb grobkörnige Hämatit-BIF's), *Canga* (blockiges Erz im Ausbißbereich, das als eluviale Seife aufgefaßt werden kann) und *Jaspilit* (nicht-metamorphe, sehr feinkörnige primäre BIF's). Es ist aber wohl besser, die Gemeinsamkeit der gebänderten Eisenerze durch eine gleichbleibende Bezeichnung zu betonen, als metamorphe oder gar bergbauliche Unterschiede. Deshalb wird in diesem Buch allgemein der überwiegend verwendete Ausdruck „banded iron formation" mit der Kurzform BIF beibehalten.

Vorkommen und Genese der sedimentären Eisenerze wurde bereits im Allgemeinen Teil (Kapitel III: Autochthone Eisen- und Manganerzlagerstätten) ausführlich beschrieben. Hier soll in der Folge eine der größten Eisenerzprovinzen der Welt zusammenfassend vorgestellt werden:

Das *Hamersley Becken* in der Pilbara-Region West-Australiens umfaßt rund 100.000 km². es wird von einer alt-proterozoischen Serie von Sedimenten und Vulkaniten, der maximal 15 km mächtigen Mt. Bruce Supergruppe aufgebaut. Diese Gesteine liegen im Norden diskordant über Archaikum, im Süden werden sie von jüngeren präkambrischen Sedimenten bedeckt (Abb. 62). Die Mt. Bruce Supergruppe besteht aus liegenden Konglomeraten (z.T. mit Gold, ähnlich dem Witwatersrand), Basalten, Tuffen und hangend Schwarzschiefer der Fortescue Gruppe, welche von der Hamersley Gruppe mit fünf wichtigen BIF-Horizonten und zwischengelagerten Tonschiefern, Dolomiten und selten Tuffen konkordant überlagert wird; das Hangende bilden über einer leichten Diskordanz die mächtigen Grauwacken und Basalte der Wyloo Gruppe (TRENDALL 1975).

Metamorphose und Deformation dieser Gesteine sind im Norden äußerst gering, nach Süden aber deutlich bis zu Grünschieferfazies und vergenter Faltung zunehmend. Dort gibt es auch mehrere Granite, deren Intrusionsalter um 1700 Ma liegen.

Die bergbaulichen Eisenerzreserven des Beckens werden auf 22.000 Mt geschätzt, wozu etwa

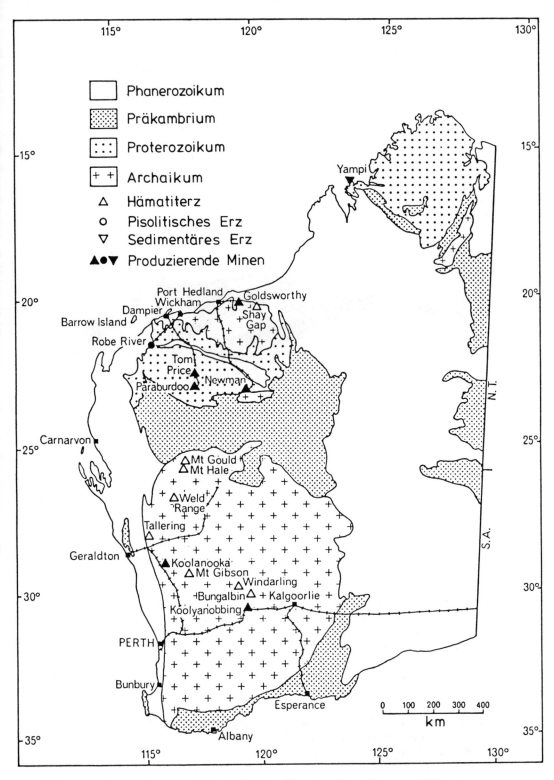

Abb. 62. Eisenlagerstätten und große geologische Einheiten West-Australiens (TRENDALL 1975). Beachte den Schwerpunkt produzierender Bergbaue im Hamersley Becken (Bildmitte).

18.000 Mt marginale Erze kommen; der größte Teil der ersteren sind Hämatitreicherze, welche jedoch nur etwa 0,1 % der gesamten Eisenmenge darstellen. Der überwiegende Teil des Metalles liegt natürlich in den primären BIF's vor, welche hier bei 30 % Fe und 50 % SiO_2 auf weiteste Sicht nicht abbauwürdig sind. Neben den Hämatiterzen gibt es relativ geringe Mengen von pisolitischem (s.o.) und detritärem Erz (scree ore). Die Hämatiterze nehmen im Ausbißbereich den Platz der BIF's ein (Abb. 63), wobei in der Regel die Mächtigkeit etwa auf die Hälfte abnimmt. Das entspricht annähernd dem weggeführten Quarzanteil; eine wechselnde, doch geringe Zufuhr von Fe ist durch Massenberechnungen mehrfach festgestellt worden. Die Erzkörper sind durch eisenarme Nebengesteine oder Störungen meist scharf begrenzt; sie folgen also sehr genau dem Streichen und den orogenen Strukturen der BIF's. Maximale Mächtigkeiten liegen bei 70 m, die Länge beträgt oft mehrere km, so daß einzelne Erzkörper bis über 1000 Mt Erz enthalten (Mt. Whaleback). Alle Hämatiterze liegen nahe einer tertiären Verwitterungsfläche („Hamersley surface"), wovon ausgehend sie bis zu einer maximalen Tiefe von 400 m erbohrt wurden. Darunter folgen immer unveränderte, primäre BIF's.

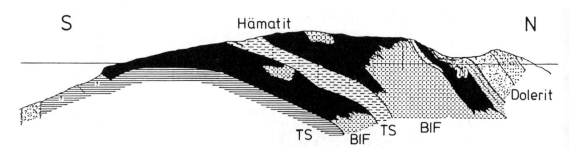

Abb. 63. Geologisches Profil durch den Erzkörper 4/Ost der Hämatitlagerstätte Paraburdoo/Hamersley Becken (BALDWIN 1975).
Deutlich sichtbar ist die oberflächenabhängige Umwandlung der primären BIF's in Hämatit-Reicherze (schwarz; TS sind Tonschiefer).

Die BIF's der Hamersley Provinz bestehen aus Quarz, Magnetit, primärem Hämatit, Siderit und geringen Anteilen von Fe-Silikaten sowie Apatit. Daraus entstanden Erze, welche vor allem Hämatit, doch nahe der Oberfläche auch Goethit in wechselnden Mengen, sowie etwas Quarz, Opal und Kaolin enthalten. Die Oxydation des Magnetits führte über Maghemit zu plattigem Hämatit. Teilweise Ausfällung aus Lösung erzeugte an Stelle der ehemaligen Quarzbänder bevorzugt Goethit, welcher bei sehr reifem Erz wieder weggelöst ist. Diese Vorgänge waren in den einzelnen Lagerstätten unterschiedlich wirksam, wodurch die verschiedenen Erzqualitäten (nach Fe- und P-Gehalt, Porosität, Festigkeit, mineralogischer Zusammensetzung) genetisch erklärt werden können (KNEESHAW 1984). Phosphor ist fast ausschließlich an Goethit gebunden, weshalb reine Hämatiterze praktisch P-frei sind, während goethitführende Erze bis zu 0,12 % P enthalten, und damit hier bereits als phosphorreiche Erze gelten.

Durchschnittliches Fördererz aus der Hamersley Provinz kann mineralogisch als Mischung von 70 % Hämatit mit 23 % Goethit, 5 % Kaolin und 2 % Quarz aufgefaßt werden; daraus ergibt sich eine chemische Zusammensetzung von 63,5 % Fe, 4,3 % SiO_2, 2 % Al_2O_3 und 3 % Glühverlust (i.W. Wasser).

Die Entstehung dieser und ähnlicher „martitischer" Hämatiterze in aller Welt wird zumeist als Ergebnis supergener Anreicherung aufgefaßt (MORRIS 1980, 1985), obwohl auch hydrothermale Vorgänge in der Tiefe erwogen wurden (TRENDALL 1975).

Bedeutende Provinzen alt-proterozoischer gebänderter Eisenerze gibt es auch in Südamerika (Minas Gerais/Brasilien), Nordamerika (Lake Superior, Labrador Trog), Europa (Krivoj Rog, Kursk u.a./UdSSR), Asien (Orissa, Goa/Indien) und in Afrika (Liberien, Angola, Transvaal).

Als wichtigster Vertreter der *oolithischen Eisenlagerstätten* in Deutschland und gleichzeitig als Typlokalität der *Trümmereisenlagerstätten* gilt der *Salzgitter-Distrikt,* der in mehreren stratigraphischen Niveaus der mesozoischen Tafelsedimente des Harzvorlandes Eisenerzlager enthält. Infolge ungünstiger geologischer Verhältnisse und schlechter Erzqualität mußten die Bergbaue allerdings aufgegeben werden, nachdem rund 340 Mt abgebaut worden waren. Immerhin verbleiben aber Ressourcen von bis zu 4.000 Mt Erz.

Oolithische Erze gibt es hier im Lias, Malm, sowie Unter- und Oberkreide, wobei sie zum Teil als unmittelbar Hangendes der Trümmererze auftreten, welche überwiegend in Unter- (das sind die eigentlichen Salzgitterer Erze) und Oberkreide vorkommen. Die Erzlager sind an den ehemaligen Küstensaum einer südlichen Landmasse und an kleinere Hochzonen gebunden, welche durch komplizierte Interaktion von Salzdiapiraufstieg, Tektonik und Meeresspiegelschwankungen entstanden sind. Es gibt Oolithflöze, die über große Flächen nachgewiesen wurden (vor allem im Malm), und die sehr lokalisierten „Kolke" und Rinnen, das sind syn-sedimentär absinkende, störungsgebundene Depressionen an Salzstockflanken, in denen oft Trümmererze zu großen Mächtigkeiten angehäuft wurden (KOLBE 1970). Das Eisen stammt zumeist aus Toneisensteinkonkretionen und pyritisierten Fossilien des unteren und mittleren Jura, die während der Emersionsphasen freigelegt und oxydiert wurden. Bei erneuter Transgression wurden die Eisenerztrümmer durch Brandung und Strömungen in die Kolke und Rinnen bis maximal 120 m Mächtigkeit zusammengeschwemmt.

Die Erze bestehen überwiegend aus Goethit mit etwas Chamosit (Braunerz); in Salzstocknähe gibt es oft hämatitreiches „Roterz". Die Matrix der Trümmer und Oolithe ist wechselnd tonig, kalkig, mergelig, sideritisch oder ankeritisch. Die chemische Zusammensetzung des Fördererzes war entsprechend variabel; als typisches Beispiel für die eigentlichen Salzgitterer Erze gilt folgende Analyse: 29 % Fe, 26 % SiO_2, 5 % CaO, 0,1 % Mn und 0,4 % P. Als letzter offener Bergbau des Distriktes besteht heute nur der *Schacht Konrad,* allerdings nicht als Eisenerzproduzent, sondern mit der Zielvorgabe, als Endlager schwach radioaktive Abfälle aufzunehmen.

Weitere bekannte oolithische Eisenerzlagerstätten liegen in Lothringen (die *Minette* des unteren Dogger), in der Prager Mulde (Ordoviz), in Algerien (Gara Djebilet, Unterdevon) und im Clinton-Distrikt (Alabama/USA, Obersilur). Auch dieser Lagerstättentyp wird aber durch die höherwertigen und in der Regel billigeren BIF-Erze zunehmend vom Markt verdrängt.

Die *Hauptproduzenten* von Eisenerzen, nach der Förderung gereiht, sind folgende Länder: UdSSR, China, Brasilien, Australien, Indien und die USA. Diese sechs Länder erzeugen zusammen rund 80 % der Welteisenerzproduktion, die bei 950 Millionen Tonnen liegt. Deutschland (0,25 Mt) und Österreich (3 Mt) sind demgemäß unbedeutende Produzenten. Die bauwürdigen und potentiellen *Eisenerzvorräte der Erde* werden auf nahezu 800.000 Mt geschätzt, wovon bis zum Jahre 2000 nur 8 % abgebaut worden sein werden (HEDBERG 1978).

Prospektion auf Eisenerze geht in der Regel von geologisch oder aeromagnetisch kartierten Ausbissen aus. Geochemische Methoden sind aus naheliegenden Gründen nicht anwendbar. Ohnehin werden nur große (>100 Mt) bis sehr große (>1000 Mt Erzinhalt) Lagerstätten aufgesucht, die zudem im Tagbau gewinnbar sein sollen. Ausnahmen sind natürlich möglich, wo staatliche Unterstützung die Gewinnung ungünstiger Lagerstätten ermöglicht, oder auch dort, wo Eisenerze nicht zur Eisen- und Stahlerzeugung gewonnen werden. Das Letztere betrifft etwa den Abbau von Eisenocker oder von Eisenglimmer (Waldenstein/Kärnten/Österreich) als Farbfüllstoffe, Viehfutterzusatz u.dgl.m.

Literatur:

ADAIR, D. L., 1975, Middle Robe River iron ore deposits. Pp 943-945 in C. L. KNIGHT (Ed.), Economic Geology of Australia and Papua New Guinea, Vol. I Metals, Australas. Inst. Min. Metal., Parkville.

BALDWIN, J. T., 1975, Paraburdoo and Kodaideri iron ore deposits, and comparisons with Tom Price iron ore deposits, Hamersley iron province. Pp 898-905 in C. L. KNIGHT (Ed.) – s. ADAIR.

BERAN, A., 1979, Die Stellung der Ankeritgesteine im Rahmen der Genese von Sideritlagerstätten der Östlichen Grauwackenzone. Tscherm. Min. Petr. Mitt. 26, 217-233.

BOOKSTROM, A. A., 1977, The magnetite deposits of El Romeral, Chile. Economic Geol. 72, 1101-1130.

BOTTKE, H., 1981, Lagerstättenkunde des Eisens. Glückauf V., 202 pp.

COLEMAN, R. J., 1975, Savage River magnetite deposits. Pp 598-604 in C. L. KNIGHT (Ed.) – s. ADAIR.
FENCHEL, W. et al., 1985, Die Sideriterzgänge im Siegerland-Wied Distrikt. Geol. Jb. D77, 517 pp, Hannover.
FRIMMEL, H., 1988, Strontium isotopic evidence for the origin of siderite, ankerite and magnesite mineralizations in the Eastern Alps. Mineralium Deposita 23, 268-275.
HEDBERG, B., 1978, Weltweite Umwertungen im Eisenerzbergbau und in der Eisenerzversorgung. Glückauf 114, 817-823.
IANOVICI, V. & BORCOS, M., 1982, Romania. Pp 55-142 in F. W. DUNNING, W. MYKURA & D. SLATER (Eds.), Mineral Deposits of Europe, Vol. 2: Southeast Europe. Instn. Min. Metal. London.
KNEESHAW, M., 1984, Pilbara iron ore classification – a proposal for a common classification for BIF-derived supergene iron ore. Proc. Australas. Inst. Min. Metall. 289, 157-162.
KOLBE, H., 1970, Zur Entstehung und Charakteristik mesozoischer marin-sedimentärer Eisenerze im östlichen Niedersachsen. Clausthaler Hefte 9, 161-184.
KWAK, T. A. P., BROWN, W. M., ABEYSINGHE, P. B. & TAN, T. H., 1986, Fe-solubilities in very saline hydrothermal fluids: their relation to zoning in some ore deposits. Economic Geol. 81, 447-465.
LYONS, J. I., 1988, Volcanogenic iron oxide deposits, Cerro de Mercado and vicinity, Durango, Mexico. Economic Geol. 83, 1886-1906.
MOHR, K., 1978, Geologie und Minerallagerstätten des Harzes. 387 pp, Schweizerbart.
MORRIS, R. C., 1980, A textural and mineralogical study of the relationships of iron ore to banded iron-formation in the Hamersley iron province of Western Australia. Economic Geol. 75, 184-209.
MORRIS, R. C., 1985, Genesis of iron ore in banded iron-formation by supergene and supergene-metamorphic processes – a conceptual model. Pp 73-235 in K. H. WOLF (Ed.), Handbook of Stratabound and Stratiform Ore Deposits, Vol. 13, Elsevier.
POHL, W., 1986, Comparative metallogeny of siderite deposits. Schriftenr. Erdwiss. Komm. Österr. Akad. Wiss. 8, 271-282.
POHL, W., 1988, Metasomatische Sideritlagerstätten heute. Mitt. Österr. Mineral. Ges. 133, 113-118.
PUCHELT, H. et al., 1973, Rezente marine Eisenerze auf Santorin, Griechenland. Geol. Rdsch. 62, 786-812.
QUADE, H., 1976, Genetic problems and environmental features of volcano-sedimentary iron ore deposits of the Lahn-Dill type. Pp 255-294 in K. H. WOLF (Ed.), Handbook of Stratabound and Stratiform Ore Deposits. Vol. 7, Elsevier.
TRENDALL, A. F., 1975, Geology of Western Australia iron ore. Pp 883-892 in C. L. KNIGHT (Ed.) – s. ADAIR.
WALTHER, H.-W. & ZITZMANN, A., 1977, The iron ore deposits of Europe and adjacent areas. Vol. I, 418 pp, BGR Hannover.
YOUNG, T. P. & GORDON TAYLOR, W. E. (Eds.), 1989, Phanerozoic ironstones. Geol. Soc. Spec. Publ. 46, 280 pp, London.

Mangan

Erzminerale:

Pyrolusit	$\beta\text{-}MnO_2$	62 % Mn
Kryptomelan-Psilomelangruppe	$\alpha\text{-}MnO_2$	max. 60 % Mn
(mit H_2O und additiven Kationen: K, Ba, Zn, Pb etc.)		
Braunit	$3Mn_2O_3 \cdot MnSiO_3$	
(0-35 % SiO_2)		
Rhodochrosit	$MnCO_3$	ca. 48 % Mn
(z.T. mit Fe, Mg, Ca, Zn; oft hydrothermal i.w.S.)		
Manganit	$MnOOH$	62 % Mn

Manganerze bestehen aus einer Vielzahl verschiedener Minerale, die hier nicht alle aufgezählt werden können. Insbesondere die meist sehr feinkörnigen vierwertigen Oxyde sind noch nicht vollständig erforscht, da ihre Unterscheidung selbst mit modernen mineralogischen Methoden (Mikrosonde, Elektronenmikroskop, Röntgendiffraktion) nicht immer eindeutig ist (FRENZEL 1980).

Manganerze werden nach ihrer Verwendbarkeit als metallurgische, chemische und Batterieerze unterschieden. Bei der metallurgischen Verwendung liegt der Mn-Gehalt meist zwischen 35 bis 55 %; seltener werden eisenreiche Manganerze mit 10-25 % Mn abgebaut. Chemische und Batterieerze sollen 70-85 % MnO_2 haben.

Über 90 % des Mangans werden in der Stahlindustrie verbraucht, vorwiegend zur Entschwefelung und Sauerstoffkontrolle. Gewöhnlicher Stahl enthält danach 0,5-1,6 % Mn. Spezialstähle für Eisenbahnschienen, Bergbaumaschinen und Brecher enthalten 11-15 % Mn, wodurch die Widerstandsfähigkeit gegen Abrieb und Materialermüdung erhöht wird. Austenitische rostfreie Stähle schließlich enthalten ebenfalls Mangan neben Chrom und Nickel. Die Erzeugung von Trockenzellenbatterien ist der nächstwichtige Markt für Mangan, wobei je nach den Anforderungen Batterieerz direkt (für Zink-Kohlenstoffbatterien) oder industriell hergestelltes elektrolytisches MnO_2 bzw. chemisches MnO_2 (für Alkalibatterien) verwendet werden. Ein bekanntes chemisches Produkt aus Manganerzen ist $KMnO_4$, das oft zur Reinigung von Wasser verwendet wird. Mangan wird auch zur Herstellung von Ferriten gebraucht, die in vielen elektronischen Geräten wichtige Bauelemente sind. Bei den meisten Anwendungen sollen bestimmte Gehalte an Nichteisenmetallen (Ni, Pb, Cu, Co etc.), Phosphor, Karbonaten, SiO_2 und Al_2O_3 nicht überschritten werden; eine entsprechende Aufbereitbarkeit kann dann wertbestimmend sein.

Das *geochemische Verhalten des Mangans* ist dem des Eisens vergleichbar, allerdings mit einer deutlich höheren Mobilität. Sein Anteil in der kontinentalen Kruste liegt bei 0,1 %, das Mn/Fe Verhältnis beträgt 0,02. Basische Magmatite haben die höchsten Mn-Gehalte (ca. 0,2 %), welche ähnlich wie beim Eisen mit zunehmendem SiO_2 rasch fallen. Die Trennung von Mn und Fe läßt sich durch vergleichsweise geringere Stabilität von Mn-Verbindungen im Eh/pH-Feld erklären (KRAUSKOPF 1957), wonach die Präzipitation von Mn-Mineralen höhere O_2-Fugazität und/oder Alkalinität verlangt. Dadurch ist der typische Mn-Hof submarin-hydrothermaler Exhalationen, z. B. der Black Smokers, verständlich. Geologisch gesehen, können Fe und Mn entweder schon im Herkunftsbereich getrennt werden, also z. B. durch differentielle Verwitterung, oder durch frühere Ausscheidung des Fe auf dem Transportweg, oder schließlich durch diagenetische Lösung und Wiederausfällung des Mn. Die deutliche Fazieszonierung vieler Eisenlagerstätten ist beim Mangan weniger häufig; manchmal gibt es aber doch eine Karbonat-Silikat-Oxyd-Abfolge, nie jedoch eine Sulfidfazies.

Mn^{2+} erscheint hauptsächlich in Mineralen magmatischer Gesteine (Silikate, Karbonate, selten Sulfide), wo es infolge des ähnlichen Ionenradius Fe, Mg und Ca in Mineralen substituieren kann. Im sedimentären Zyklus und bei Verwitterung werden naturgemäß Minerale mit Mn^{4+} gebildet (Pyrolusit), während der intermediäre Oxydationsgrad Mn^{3+} durch teilweise Reduktion oder Oxydation entsteht (Braunit, Hausmannit), häufig in Zusammenhang mit Metamorphose oder hydrothermalen Prozessen. Das vierwertige Mn-Ion ist so klein, daß es kaum mit anderen Elementen austauschbar ist; deshalb sind solche Manganerze fast eisenfrei.

Wichtige *Lagerstättentypen des Mangans* sind primär hydrothermal-exhalativer bzw. sedimentärer Entstehung; eine Anreicherung durch Verwitterung ist oft Voraussetzung zur wirtschaftlichen Verwertbarkeit. Magmatische Lagerstätten i.e.S. gibt es nicht.

Hydrothermale Gang- und Verdrängungserzkörper haben heute nur lokale Bedeutung. Historisch interessant sind die oxydischen Manganerzgänge von Ilfeld im Harz und bei Ilmenau in Thüringen. Eine größere metasomatische Lagerstätte von Pyrolusit in Marmor liegt 25 km nördlich von *Drama* in Griechisch-Makedonien. Die Erzkörper sind vorwiegend steile Schläuche und Gänge, von denen auch flache, schichtparallele Verdrängungslinsen abzweigen. Die Vererzung reicht bis über 200 m Tiefe. Wie bei den meisten hydrothermalen Manganlagerstätten hat das Erz erhöhte Buntmetallgehalte (Pb, Zn, Cu). Ähnlich ist die Lagerstätte von *Umm Bogma* auf Sinai in karbonischem Dolomit, hier vermutlich in genetischem Zusammenhang mit tertiären Randstörungen des Golfs von Suez (SEGEV 1984). Auch an jungen Störungen der Küsten des Roten Meeres gibt es viele kleine epigenetische Manganvorkommen.

Hydrothermal-exhalative Manganerzlagerstätten sind überaus häufig. Ein räumlicher Zusammenhang mit vulkanischen Zentren ist meist erkennbar, doch nicht überall gegeben. Zu dieser Gruppe zählen aus genetischer Sicht die Mn-reichen Erzschlämme des Roten Meeres, die Manganerden („Umber") und Mangankieselschiefer mancher Ophiolithe (z. B. Zypern, Franciscan/Kalifornien), Manganlagerstätten in engem Verband mit Andesiten, präkambrische „Manganformationen", die den gebänderten Eisenerzen sehr nahe stehen, sowie die charakteristischen proterozoischen Gondite, welche nur durch Verwitterung bergbauliche Bedeutung erlangen.

Andesitische vulkanische Gesteine in Wechsellagerung mit oberkretazischen marinen Mergeln und Kalken führen in der sub-balkanischen Eruptivzone zwischen Sofia und dem Schwarzen Meer und auch in Anatolien Lager und Linsen von pyrolusitischem Manganerz mit SiO_2-Exhaliten. Bekannte Gruben sind *Pozarevo*/Bulgarien sowie *Makri* und *Finika* in Anatolien. Ähnliche Lagerstätten gibt es auch in den chilenischen Anden, doch haben diese alle eine nur geringe wirtschaftliche Bedeutung.

Weltwirtschaftlich sehr wichtig sind hingegen die präkambrischen Mangan(± Eisen-)formationen: Sehr große Lagerstätten liegen in einem Teilbecken der alt-proterozoischen Transvaal-Sequenz im westlichen Griqualand Südafrikas. Es handelt sich um Sedimente und Vulkanite eines postarchaischen Plattformbeckens, mit sehr geringer Faltung und Metamorphose. Die Sequenz enthält im südlichen Afrika neben Mangan auch große Lagerstätten von Flußspat, Pb/Zn, Fe, Amosit- und Krokidolitasbest, Andalusit, Dolomit und Tonschiefer. Die Manganerzvorräte mit über 20 % Mn in diesem sogenannten *Kalahari-Erzfeld* betragen etwa 13.000 Mt.

Der größte Bergbau in diesem Feld ist *Mawatwan,* wo innerhalb einer Eisenformation über basischen Vulkaniten mehrere Manganerzflöze vorliegen. Abgebaut wird ein Flöz mit durchschnittlich 20 m Mächtigkeit und 38 % Mn. Das Erz ist sehr feinkörnig und besteht überwiegend aus Braunit und Kutnahorit. Diagenetische Linsen aus grobspätigem Mn-Kalzit und Dolomit sind überaus typisch. Die Lagerstätte enthält praktisch keine Mn^{4+} Minerale. Es wird vermutet, daß die ursprünglichen Manganschlämme als sehr distale, hydrothermal-exhalative Präzipitate abgelagert wurden (NEL et al. 1986).

Weit verbreitet, besonders in den Gondwana-Kontinenten, sind *Verwitterungslagerstätten des Mangans*. Die Ausgangsgesteine sind in der Regel vulkano-sedimentäre Serien mit manganreichen (bis ca. 30 %) Horizonten wohl meist exhalativer Entstehung. Metamorphe manganführende Gesteine wurden nach der indischen Typuslokalität „Gondite" genannt. Näheres wurde dazu bereits früher ausgeführt. Große Lagerstättenbezirke solcher Erze sind *Minas Gerais* (Brasilien), *Nsuta* (Ghana, s. Abb. 64), *Moanda* (Gabun) und *Orissa* (Indien). Ein europäisches Beispiel ist *Jacobeni* im präkambrischen (?) Kristallin der Ostkarpathen Rumäniens.

Die Entstehung *marin-sedimentärer Manganerzlagerstätten* wurde ebenfalls früher erläutert. Besonders wichtig sind die oligozänen Lager im Gebiet des Schwarzen Meeres (*Nikopol und Tschiaturi*, UdSSR, Abb. 46) sowie die kretazischen Erze von *Groote Eylandt* in Nordaustralien. Die russischen Lagerstätten haben allerdings nur mehr tiefliegende, geringwertige karbonatische Erzvorräte, z.T. mit hohen Phosphorgehalten, während jene Australiens durch spätere Verwitterung besonders hochwertig sind. Das Fördererz von Groote Eylandt hat 51 % Mn, 3,1 % Fe, 3,9 % SiO_2, 4 % Al_2O_3, 1,9 % BaO und nur 0,16 % P_2O_5. Die Vorräte liegen bei 300 Mt.

Die Verteilung der *Manganreserven der Erde* ist sehr verschieden von den Verbrauchszentren; 78 % der bergbaulichen Reserven liegen in Südafrika (Kalahari) und 14 % in der UdSSR (Nikopol und Tschiaturi), so daß Europa, Japan und die USA den größten Teil ihres Bedarfs importieren müssen. Für die fernere Zukunft sind die Manganknollen der Tiefsee riesige Ressourcen; eine wirtschaftliche Verwertung ist aber nicht absehbar, auch deshalb, weil die nicht-marinen Reserven für rund hundert Jahre ausreichen.

Die *bergbauliche Weltproduktion* beträgt rund 23 Mt pro Jahr, wobei die wichtigsten Förderländer die UdSSR, Südafrika, Gabun, Australien und Brasilien sind. Ghana (Nsuta Mine) war lange der wichtigste Lieferant für Batterieerz, mittlerweile sind dort aber die Oxyderze fast erschöpft.

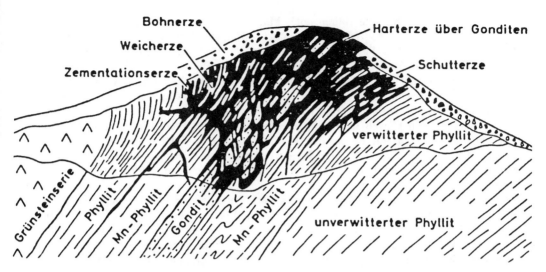

Abb. 64. Einer der Manganerzberge des Distriktes von Nsuta in Ghana, als typische Verwitterungslagerstätte über Gondit und manganführendem Phyllit (nach QUADE 1969).

Literatur:

BATURIN, G. N., 1988, The geochemistry of manganese and manganese nodules in the ocean. 342 pp, Kluwer Academic.

BOLTON, B. R. (Ed.), 1988, Metallogenesis of manganese. Ore Geol. Reviews 4 (Special Issue), 170 pp.

BORCHERT, H., 1978, Lagerstättenkunde des Mangans. 160 pp, Glückauf.

FRENZEL, G., 1980, The manganese ore minerals. Pp 15-25 in I. M. VARENTSOV & G. GRASELLY (Eds.), Geology and Geochemistry of Manganese. Vol.1, Schweizerbart.

GEBERT, H., 1989, Schichtgebundene Manganlagerstätten. 232 pp, Enke.

HALBACH, P., FRIEDRICH, G. & STACKELBERG, U. von (Eds.), 1988, The manganese nodule belt of the Pacific Ocean. 254 pp, Enke.

KRAUSKOPF, K. B., 1957, Separation of manganese from iron in sedimentary processes. Geochim. Cosmochim. Acta 12, 61-84.

NEL, C. J., BEUKES, N. J. & DE VILLIERS, J. P. R., 1986, The Mawatwan manganese mine of the Kalahari manganese field. Pp 963-978 in C. R. ANHÄUSSER & S. MASKE (Eds.), Mineral Deposits of Southern Africa. Geol. Soc. S. Afr., Johannesburg.

ROY, S., 1976, Ancient manganese deposits. Pp 395-476 in K. H. WOLF (Ed.), Handbook of Strata-Bound and Stratiform Ore Deposits, Vol. 7, Elsevier.

SEGEV, A., 1984, Gibbsite mineralization and its genetic implication for the Um Bogma manganese deposit, southwestern Sinai. Mineralium Deposita 19, 54-62.

Chrom

Erzmineral:

Chromit (Fe, Mg)Cr$_2$O$_4$ D = 4,5 – 4,8

bis maximal 62 % Cr$_2$O$_3$

Die Bezeichnung Chromit gilt ab 25 % Cr$_2$O$_3$; bei geringerem Chromgehalt handelt es sich um chromhaltige Spinelle. Chromit hat Gehalte von 6-18 % FeO, 0-22 % MgO, 0-32 % Al$_2$O$_3$ und

0-30 % Fe_2O_3; manche Chromite führen auch Mn, Ti, V oder Zn. Die Zusammensetzung steht in enger Beziehung zum geologischen Vorkommen (s. unten). Chromiterze enthalten oft geringe Mengen von Ni-, Cu- und Fe-Sulfiden, sowie Spuren von Platinmineralen, welche in Einzelfällen bergbauliche Bedeutung erlangen können (Nischni Tagil, Ural).

Bauwürdige minimale Gehalte von Chromerzkörpern liegen bei 20 % Chromit, soferne die Menge eine Aufbereitungsanlage lohnt. In der Regel werden aber massige Chromitite abgebaut, mit relativ geringen Gangartanteilen, vorwiegend Olivin bzw. Serpentin.

Die *Verwendung* von Chrom liegt weit überwiegend in der Produktion von rostfreiem Stahl und von Stahllegierungen mit besonderer Härte, Zähigkeit und Härtungsfähigkeit. Für diesen „metallurgischen" Einsatz werden überwiegend chromreiche Erze gefordert, aus welchen das industrielle Zwischenprodukt Ferrochrom erzeugt wird. Solche Erze liefern Simbabwe, UdSSR, Albanien und Türkei.

Daneben wird Chromit in der chemischen Industrie gebraucht; Beispiele solcher Produkte sind: Verchromte Gebrauchsartikel, Pigmente, Holzschutz- und Gerbereisalze sowie reines Chrommetall, das zu Speziallegierungen für Luft- und Raumfahrzeuge verwendet wird. „Chemisches" Chromerz soll möglichst wenig SiO_2 und MgO enthalten, doch ist dies heute meist eine Frage der Aufbereitung. Erze mit geringerem Chromgehalt (Südafrika, Finnland) sind akzeptabel, doch wird naturgemäß nur der Chrominhalt bezahlt.

Ein zunehmend wichtiger Anwendungsbereich ist die Erzeugung von feuerfesten, basischen Chromit-Magnesit- (eigentlich Periklas) Steinen für die Ausmauerung von Hochöfen etc. Dazu werden niedrige SiO_2-Gehalte und Cr+Al>57 % gefordert. Ähnliche Anforderungen gelten für den Einsatz als Gießereisand, wo Chromit als Ersatz für den teuren Zirkon gilt. Dieses sogenannte refraktäre Chromerz wird überwiegend aus ophiolitischen Lagerstätten (Philippinen etc.) gewonnen.

Die *geochemische Stellung* des Chroms ist einfach, es ist aus dem Erdmantel abzuleiten und darum ausschließlich an ultramafische und mafische Magmen gebunden. Beim partiellen Aufschmelzen des Mantels zu solchen Gesteinen zeigt Cr einen Verteilungskoeffizienten von 1, d. h. primäre Schmelze und residualer Mantel haben dieselben Cr-Gehalte (ca. 2000-3000 ppm, LIANG & ELTHON 1990). Peridotite und Komatiite führen durchschnittlich 2800 ppm Cr, Gabbros und Basalte 200 ppm, Granite nur mehr 5 ppm.

Bei der *Verwitterung* chromhaltiger Gesteine freigesetztes Chrom reichert sich in Fe- oder tonreichen Bodenhorizonten an. Aus dem Meerwasser wird Chrom durch Reduktion und Absorption in Schwarzschiefern und Phosphoriten geochemisch angereichert. Auch Erdöl hat in der Regel erhöhte Chromgehalte. Chromit verwittert sehr viel langsamer als die Silikate, so daß über den Lagerstätten eluviale Blockhalden oder residuale lateritische Seifen (Philippinen: FRIEDRICH et al. 1980) vorkommen. Alluviale und marine Seifen sind selten wirtschaftlich interessant, obwohl Chromit als weit transportables Schwermineral bekannt ist.

Serpentinisierung und Metamorphose bewirken bei disseminierten Chromiten Mobilisation des Cr, die im Anschliff als hellerer Rand der Körner erkennbar wird. Extreme Verarmung führt zu Chromeisenerzen (Ahito/Togo) bzw. Magnetitlinsen in Serpentinit (Vermion/Griechenland). Das Cr tritt dann in engerer oder weiterer Umgebung in neugebildete Minerale ein, z. B. Kämmererit, Uwarovit oder Fuchsit.

Chromitlagerstätten sind typische Vertreter liquidmagmatischer Segregationslagerstätten. Charakteristische Nebengesteine sind Mantelmagmen, vor allem Dunit, ferner Peridotite, Pyroxenite, Norite, die daraus entstandenen Serpentinite und Anorthosite. Lagerstätten gibt es einerseits in geschichteten basischen Intrusionen mit weit aushaltenden Erzflözen (stratiforme Chromiterze bzw. Bushveld-Typ), andererseits in Ophiolithen, wo die Erzkörper durch Fließen und Scherung linsen- und sackförmige Gestalt haben (podiforme Chromiterze oder Alpiner Typ). Die Chromite dieser beiden Hauptgruppen unterscheiden sich deutlich in ihrer chemischen Zusammensetzung und durch eine verschiedene chemische Entwicklung mit der magmato-stratigraphischen Position (Abb. 65). *Stratiforme Chromite* liegen in den ultramafischen Kumulaten der basischen Intrusionen, im *Bushveld* wie früher beschrieben in der Unteren und in der Kritischen Zone. Es werden dort 29 verschiedene Chromitflöze unterschieden, von wenigen cm bis 2 m Mächtigkeit. Die Flöze haben viele „sedimentäre" Strukturen, u.a. fließende Übergänge ins Nebengestein, Linsen- und Keilform, syn-sedimentäre Gleitfalten, Erosionskanäle, sowie Aufspalten und Wiedervereinigung im Streichen. Die Chromitite bestehen aus feinkörnigen, idiomorphen Chromitkristallen als typische Kumulate; andere Kristalle überwachsen poikilitisch Kumulus-Silikate, während disseminierte Chromite oft in der Matrix um Kumulus-Olivin oder Pyroxen liegen. In vertikaler Abfolge sind die tieferen Chromite reich an Mg und Cr, während die höheren zunehmend Fe, Ti und V enthalten. Solche Beobachtungen belegen die genetische Deutung der Flöze als Produkte gravitativer Anreicherung während der Differentiation und langsamen Erstarrung des basischen Magmas, wobei die zyklische Wiederholung dadurch erklärt wird, daß jeweils Perioden höherer Sauerstoff-Fugazität des Magmas eine bevorzugte Kristallisation von Chromit ermöglichten (CAMERON & DESBOROUGH 1969, SNETLAGE & VON GRUENEWALD 1977). Die bergbaulichen Reserven des Bushveldes sind enorm, mit rund 2.300 Mt Chromit zu 50 % Cr_2O_3 (VERMAAK 1986). Genetisch vergleichbare, allerdings viel kleinere Lagerstätten gibt es im *Great Dyke* in Simbabwe und im *Stillwater Complex* in Montana.

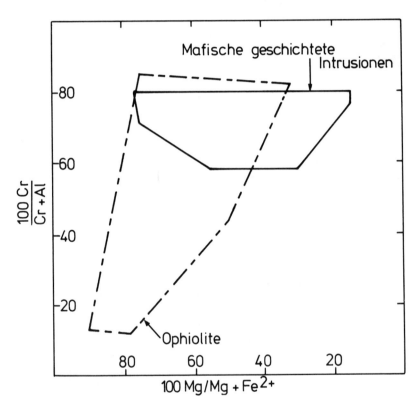

Abb. 65. Variation der Chrom-, Magnesium-, Eisen- und Aluminiumgehalte in Chromiten mafischer geschichteter Intrusionen und von Ophioliten (nach IRVINE 1967).

Podiforme Chromiterze liegen in Dunitlinsen des tektonisierten Mantels der Ophiolithe bzw. in den tiefsten Teilen der mafischen Kumulate (Abb. 6). Ihre Textur, Struktur und äußere Form wird durch die Lage in der Ophiolithstratigraphie bestimmt, z.T. natürlich auch durch spätere Deformation während und nach der Platznahme der Ophiolithe (PETRASCHECK 1957, CEULENEER & NICOLAS 1985). Allgemein handelt es sich um äußerst regellose, relativ kleine Erzkörper (100.000 bis 1,000.000 t). Im Harzburgit des tektonisierten Mantels zeigen auch die Dunite mit ihren Chromitkörpern eine fluidale Deformation und konkordante Einschlichtung ins Fließgefüge (Erzkörper 4 in Abb. 66). In der Zufuhrzone zur ophiolithischen Magmenkammer werden diskordante disseminierte (3) und massige Erze (2) gebildet. Die mafischen Kumulate enthalten große konkordante Linsen und

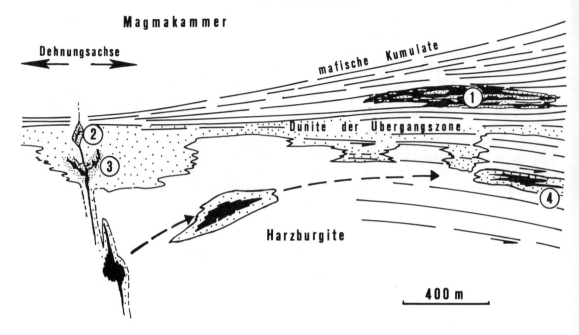

Abb. 66. Modell der Entstehung podiformer Chromiterzkörper in Ophioliten, hier am Beispiel von Maqsad/Oman (nach CEULENEER & NICOLAS 1985).
(1) stratiforme Körper in den Kumulaten; (2) diskordante Knoten- und Leoparderzkörper; (3) disseminierte diskordante Körper nach Segregation aus aufsteigendem Mantelmagma; (4) konkordante Körper in residualem, tektonisiertem Harzburgit.

Platten (1). Nicht dargestellt sind in Abb. 66 die nicht seltenen quergreifenden Chromitgänge, die als abgepreßte oxydische Schmelze aufgefaßt werden müssen.
Folgende Texturen der podiformen Chromiterze sind unterscheidbar (Abb. 67):
– Massiger, derber Chromitit, vor allem in den großen Erzkörpern vorkommend; unterscheidbar sind aus Chromitschmelze erstarrte Chromite mit Schaumgefüge, Chromitkumulate aus idiomorphen Einzelkristallen, und schließlich durch Scherung im Mantel betroffene, oft boudinierte Chromite.
– Sprenkelerz, bestehend aus disseminierten oder zeilenförmig angeordneten Chromitkriställchen (dann als Kumulat gebildet) oder gelängten Aggregaten (tektonisiert) in hellgrünem, Fe-armem Dunit oder Serpentinit; manchmal ist Kumulat-Chromit in netzartigen Strukturen angeordnet.
– Fleckenerz und das zonar aus Chromit und Olivin aufgebaute Kringelerz (Leoparderz, orbicular chromite), welche in Schlierenplatten liegen und gewöhnlich in einer Richtung längsgestreckt sind;
– Knötchenerz (nodular chromite), aus bohnen- bis pflaumengroßen Ovoiden bestehend, die gleichfalls meist parallel orientiert sind.
– Anti-Knötchenerz (anti-nodular ore) mit hellen Dunitlinsen in dichtem Chromit, und schließlich
– Brekzienerze.

Die Häufigkeit rundlicher Texturen in podiformen Chromerzen unterscheidet sie auffällig von stratiformen Lagerstätten, wo solche Erscheinungen fehlen. Ursache ist vermutlich oft liquide Entmischung von Olivin- und Chromitschmelze („Chromerztropfen" nach BORCHERT).

Die Chromite podiformer Lagerstätten sind chemisch von stratiformen Chromiten deutlich verschieden; sie haben höhere MgO/FeO und Cr/Fe-Verhältnisse und enthalten bis 62 % Al_2O_3, letzteres mit zunehmend höherer Position in der Ophiolithstratigraphie positiv korreliert. In Abb. 65

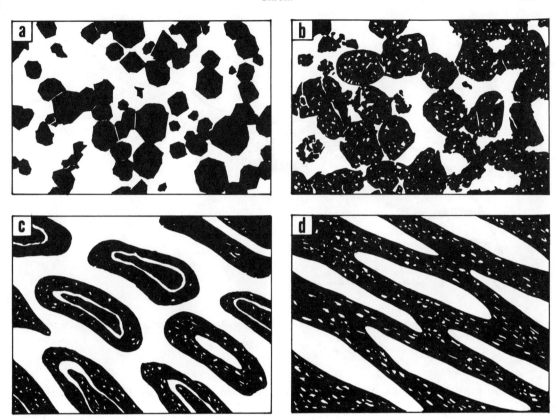

Abb. 67. Charakteristische Texturen von Chromiterz.
(a) idiomorphe Chromitkörner in einer Matrix aus mafischen Silikaten, Bushveld/S.A., Bildlänge 2000 µm. (b) rundliche Chromitaggregate in Dunitmatrix, Griechenland, Bildlänge 3,5 cm. (c)Kringel- oder Leoparderz, schwach gelängte Chromitovoide mit eingelagerten Anwachszonen aus Olivin, Ingessana Hills/Sudan, Bildlänge 10 cm. (d) Anti-Knotenerz, mit stark gelängten Dunitaggregaten in Chromit-Olivinmatrix, Neu-Kaledonien, Bildlänge 5 cm.

ergibt das eine annähernd vertikal nach unten gerichtete Entwicklung, während stratiforme Chromite ein horizontal gestrecktes Feld besetzen.

Wieweit die gerichteten Gefüge der Erze auf Fließen oder Hochtemperaturscherung im Mantel zurückgehen, ist jeweils im einzelnen mit strukturgeologischen Untersuchungen des Nebengesteines zu klären. Solche Arbeiten in gut aufgeschlossenen Ophiolithen lassen in prachtvoller Weise die Manteldynamik an ozeanischen Dehnungszentren rekonstruieren (z. B. CEULENEER & NICOLAS 1985). Möglicherweise sind Chromitlagerstätten hauptsächlich an Back-Arc Ophiolithe gebunden (ROBERTS 1988).

Die wichtigsten *Chromerzbezirke Europas* liegen auf der Balkanhalbinsel. Sie sind an paläozoische und mesozoische Ophiolithe gebunden, die während der kretazischen Orogenese in den alpidischen Deckenbau einbezogen wurden. Hunderte von Lagerstätten sind bekannt (HIESSLEITNER 1951/52), die meisten aber mittlerweile erschöpft. Auch die Ophiolithe der Türkei und Zyperns enthalten bauwürdige Chromitlagerstätten. Wissenschaftlich interessant und noch unerklärt ist das Fehlen von Chromitkonzentrationen in den penninischen Ophiolithen der Alpen. Die paläozoischen Ophiolithe des südlichen und mittleren *Urals* sind reich an außergewöhnlich großen Chromitlagerstätten (und bekanntlich auch an Platin). Im Kempirsai-Ophiolith liegt der größte dieser Erzkörper bei *Moledeschnoje* , mit einer Länge von 1,4 km, einer maximalen Mächtigkeit von 140 m und einem Erzinhalt von rund 90 Mt (Abb. 68).

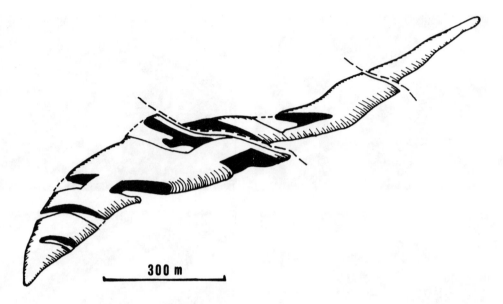

Abb. 68. Der Chromiterzkörper von Molodeschnoje im Süd-Ural, eine der größten podiformen Chromitkonzentrationen der Erde (nach PAVLOV & GRIGOREVA 1977).

Andere Provinzen mit wichtigen podiformen Chromiten gibt es in den Philippinen, auf Kuba und Neu-Kaledonien.

Die *Weltproduktion* von Chromit liegt bei 11,5 Mt pro Jahr. Die Hauptförderländer sind nach abnehmendem Anteil Südafrika (37 %), UdSSR (27 %) und Albanien (8 %), sowie Finnland, Türkei, Indien und Simbabwe mit jeweils 5-6 %.

Die *Chromitreserven* der Welt sind sehr groß, doch aus der Sicht der Verbraucher ungünstig verteilt; deshalb ist Chrom eines der strategisch kritischen Metalle. Ungefähr 75 % der bekannten Reserven liegen in Südafrika, etwa 20 % in Simbabwe. Podiforme Lagerstätten haben einen Anteil von < 5 %.

Die *Aufsuchung von Chromiterz* der podiformen Lagerstätten ist schwierig und risikoreich, da leicht zu erkennende ausbeißende Körper kaum mehr vorhanden sind. Zur Prospektion nach verborgenen Erzen müssen vorwiegend geologische Methoden verwendet werden, ergänzt durch geochemische Analysen von Nebengesteinen und disseminierten Chromiten sowie durch detaillierte geophysikalische Aufnahmen (Gravimetrie, Magnetik). Besonders höffig sind dunitreiche Kumulate nahe Gabbro sowie Anhäufungen von Dunitlinsen im harzburgitischen Mantel. Alle Aufschlußarbeiten müssen die Streckungsrichtung der Erzkörper berücksichtigen, wie überhaupt eine strukturgeologische Bearbeitung und geologische Kartierung des weiteren Lagerstättenbereiches von eminenter Bedeutung sind (PETRASCHECK 1957, CASSARD et al. 1981). Die Aufsuchung stratiformer Chromitflöze ist naturgemäß einfacher; hier wird der Schwerpunkt auf der geologisch-petrologischen Untersuchung der höffigen Horizonte liegen.

Literatur:

BURGATH, K.-P., 1983, Untersuchungen griechischer Chromitvorkommen. Geol. Jb. D60, 67-175.
CAMERON, E. N. & DESBOROUGH, G. A., 1969, Occurrence and characteristics of chromite deposits – eastern Bushveld deposits. Economic Geol. Mon. 4, 23-40.
CASSARD, D. et al., 1981, Structural classification of chromite pods in southern New Caledonia. Economic Geol. 76, 805-831.

CEULENEER, G. & NICOLAS, A., 1985, Structures in podiform chromite from the Maqsad district (Sumail ophiolite, Oman). Mineralium Dep. 20, 177-184.
FRIEDRICH, G., BRUNEMANN, H. G., THIJSSEN, T. & WALLNER, P., 1980, Chromite in lateritic soils as potential ore reserves in the Philippines. Erzmetall 33, 414-420.
HIESSLEITNER, G., 1951/52, Serpentin- und Chromerzgeologie der Balkanhalbinsel. Jb. Geol. B.-A. Wien, Sonderband 1, 2 Bde.
IRVINE, T. N., 1965, Chromian spinel as a petrogenetic indicator. Part I: Theory. Canadian J. Earth Sci. 2, 648-672.
IRVINE, T. N., 1967, Chromian spinel as a petrogenetic indicator. Part II: Petrologic applications. Candian J. Earth Sci. 4, 71-104.
KERN, H., 1968, Zur Geochemie und Lagerstättenkunde des Chroms und zur Mikroskopie und Genese der Chromerze. Clausthal. H. Lgstk. 6, 244 pp.
LIANG, Y. & ELTHON, D., 1990, Evidence from chromium abundances in mantle rocks for extraction of picrite and komatiite melts. Nature 343, 551-553.
PETRASCHECK, W. E., 1957, Die genetischen Typen der Chromerzlagerstätten und ihre Aufsuchung. Erzmetall 10, 264-272.
ROBERTS, S., 1988, Ophiolitic chromitite formation: a marginal basin phenomenon? Economic Geol. 83, 1034-1036.
SNETLAGE, R. & GRUENEWALDT, G. von, 1977, Oxygen fugacity and its bearing on the origin of chromitite layers in the Bushveld Complex. Pp 352-370 in D. D. KLEMM & H.-J. SCHNEIDER (Eds.), Time and Strata-Bound Ore Deposits. Springer.
STOWE, C. W. (Ed.), 1987, Evolution of chromium ore fields. 340 pp, Van Nostrand Reinhold.
VERMAAK, C. F., 1986, Summary aspects of the economics of chromium with special reference to Southern Africa. In C. R. ANHÄUSSER & S. MASKE (Eds.), Mineral Deposits of Southern Africa, Vol. II, 1155-1181.

Nickel

Erzminerale:

Pentlandit (Nickelmagnetkies)	$(Ni, Fe)_9S_8$	bis 40 % Ni	D = 4,6 – 5
Nickelin (Rotnickelkies)	NiAs	44 %	7,3 – 8
Garnierit	$(Ni, Mg)_6(OH)_8Si_4O_{10}$	4-36 %	2,2 – 2,7

Pentlandit erscheint in der Regel als Nebengemengteil von Pyrrhotinerzen basischer und ultrabasischer Magmen; er ist dort meist mit Kupferkies, wenig Kobalt und Spuren von Platin und Gold verbunden. Nickelin, z.T. mit erheblichen Sb-Gehalten, ist für hydrothermale Lagerstätten charakteristisch, zum Beispiel in den früher wichtigen Kobaltsilbererzgängen des sächsisch-böhmischen Erzgebirges. Garnierit ist ein Ni-Chrysotil; er ist fast immer mit Ni-Chlorit (Schuchardtit), Ni-Talk (Willemseit) und Ni-Montmorillonit (Pimelit) sowie Ni-haltigem Goethit vergesellschaftet.

Bauwürdige Erzkörper haben mindestens 1 % Ni, wobei aber die jeweiligen Eigenschaften des Erzes in bezug auf Aufbereitung, metallurgische Verarbeitung und eventuelle schädliche Nebenelemente (Pb, Zn, Bi, As) einen starken Einfluß ausüben. Hoher Schwefelgehalt ist günstig, weil dann das energiesparende „flash smelting" Verfahren eingesetzt werden kann.

Nickel wird überwiegend (>60 %) zur Herstellung austenitischer rostfreier Stahlsorten verwendet. Zunehmende Bedeutung hat es für die Erzeugung von Ni-Cd Batterien.

Das *geochemische Verhalten* des Ni wird durch seine durchschnittliche Verteilung in magmatischen Gesteinen deutlich: Ultramafite 0,1-0,3 %, Basalte 0,016 %, Granite 0,006 %. Daraus ist ersichtlich, daß Nickel beim Aufschmelzen von Basalten im residualen Mantel zurückbleibt; dies ist auch durch den ähnlichen Ionenradius und die gleiche Ladung von Mg^{2+} und Ni^{2+} verständlich, weil deshalb Ni vor allem in Olivin eingebaut wird. Zur Bildung von Sulfiderzen aus ultrabasisch-basischen Magmen ist ein ungewöhnlich hoher Ni-Gehalt nicht erforderlich, sondern vor allem ein überdurchschnittlicher Schwefelgehalt, wie folgender Zusammenhang belegt: Die Verteilung der Gehalte eines Metalles (me) zwischen einer Sulfidschmelze (Sulf) und einer Silikatschmelze (Sil) wird durch einen Verteilungskoeffizienten ($D_{me}^{Sulf/sil}$) in folgender Weise kontrolliert:

$$Sulf_{me} = D_{me}^{sulf/sil} \cdot Sil_{me}$$

Diese Verteilungskoeffizienten (D) sind für Ni 100-275, für Cu 250, für Co 40-80, für Pt 1000 und für Pd 1500. Daraus wird klar, daß alle diese Metalle in eine sulfidische Schmelze, die mit silikatischer Schmelze koexistiert, stark konzentriert werden. Zur Ausbildung einer Sulfidschmelze ist aber nur hoher Schwefelgehalt erforderlich; dieser kann aus intrudierten Nebengesteinen stammen (Norilsk: $\delta^{34}S$ = +7 bis +17‰), oder aus einem nicht-verarmten Mantel mitgefördert sein (Sudbury: $\delta^{34}S$ = +1,7‰; NALDRETT 1981).

Interessant ist in diesem Zusammenhang auch, daß Pb und Zn deshalb nicht in liquidmagmatische Sulfide eintreten, weil D für diese Metalle nur 0,1 bis 2,5 beträgt. Auch die charakteristisch geringen Kupfergehalte ultrabasischer Nickellagerstätten im Vergleich zu solchen in Noriten sind demnach eine unmittelbare Folge der entsprechend unterschiedlichen primären Kupfergehalte der jeweiligen Magmen.

Nickellagerstätten sind also fast ausschließlich von basischen und ultrabasischen Magmen abzuleiten; zum Teil handelt es sich dann um Produkte der liquidmagmatischen Entmischung sulfidischer Schmelze (sulfidische Nickellagerstätten), die zweite wichtige Gruppe ist jene der lateritischen Nickellagerstätten. Die Entstehung letzterer durch Verwitterung ultrabasischer Gesteine wurde im Teil I bereits ausführlich beschrieben und illustriert (Abb. 35, 36).

Sulfidische Nickellagerstätten sind mit vulkanischen und intrusiven ultrabasisch-basischen Gesteinen verbunden. Über 95 % solcher Erze (Reserven und Ressourcen) liegen in folgenden petrotektonisch unterscheidbaren Milieus (NALDRETT 1981):
- noritische Intrusiva in Impaktstrukturen (das einzige Beispiel ist Sudbury/Kanada, Abb. 4);
- intrusive Äquivalente von Deckenbasalten, im weiteren Sinne mit kontinentalem Rifting assoziiert (Norilsk/Sibirien);
- magmatische Gesteine der archaischen und alt-proterozoischen Grüngesteinsgürtel, wobei zwei Typen zu unterscheiden sind:
  a) tholeiitische Intrusionen (z. B. Pechenga/Halbinsel Kola) und
  b) ultramafische komatiitische Laven und Intrusionen (Kambalda-Bezirk/West-Australien). Allgemeines dazu wurde im Teil I einführend behandelt (s. auch Abb. 2).
- syn-orogene Intrusionen in phanerozoischen Gebirgsgürteln, allerdings nur lokal und mit weltwirtschaftlich unbedeutenden Erzkörpern (z. B. Råna/Norwegen in den Kaledoniden).

Der größte Nickelerzbezirk der Welt ist *Sudbury/Kanada*. Seit der Entdeckung der ersten Erze beim Eisenbahnbau im Jahre 1883 wurden rund 40 Bergbaue entwickelt; die abgebaute Erzmenge mit den z. Zt. bekannten Reserven liegt bei 930 Mt. Heutiges Fördererz hat rund 1 % Cu und 1 % Ni sowie geringere Gehalte von 10 weiteren wirtschaftlich verwerteten Elementen.

Die meisten Erzkörper liegen im „Sublayer" an den Rändern der Intrusion, andere bilden gangartige Injektionen in das Liegende („Offsets"). Die Sublayer-Erzkörper liegen in Mulden („Embayments") des Liegenden, die als Setzungsterassen der Innenwand des Impaktkraters gedeutet werden (MORRISON in PYE et al. 1984, Abb. 69). Massige Sulfide liegen unmittelbar am Kontakt, wogegen zum Hangenden disseminierte Erze folgen; die Kontakterze sind reicher an Ni, Cu, Pd und Au, während gegen das Innere der Intrusion die Gehalte an Co, Rh, Ru, Ir und Os steigen. Diese Zonierung entspricht einer fraktionierten Kristallisation der primären Sulfidschmelze während des Absinkens. Allgemein ist die vorliegende Paragenese (Pyrrhotin, Kupferkies, Pentlandit u.a.) das Produkt einer sekundären Entmischung und Veränderung primär bei 700-600 °C ausgeschiedener Monosulfide von Cu-Ni-Fe-S.

Die westaustralischen Nickellagerstätten sind an komatiitische Vulkanite und an gang- bis plattenförmige Dunitintrusionen archaischer Grüngesteinsgürtel des Yilgarn-Nucleus gebunden. Bei *Kambalda* liegt eine mächtige Abfolge ultrabasischer Laven und geringmächtiger vulkanogener Sedimente vor, die in neun Zyklen unterteilt wird. Die Gesteine sind stark deformiert und durch

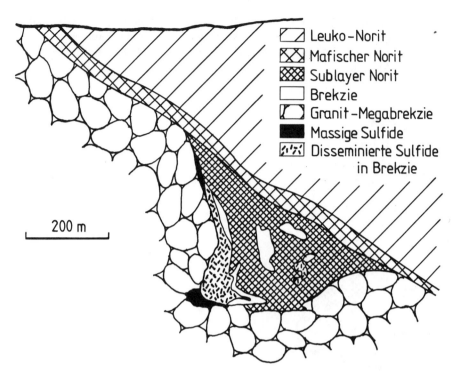

Abb. 69. Der Erzkörper Nr. 4 der Levack-Mine, Sudbury, Kanada, als Beispiel für die charakteristische Bindung an Mulden im Nebengestein des Intrusivkomplexes (nach MORRISON 1984).

Metamorphose in Amphibolitfazies betroffen. Einige Zehner Meter mächtige Komatiitströme im 3. Zyklus von unten führen an ihrer Basis mehrere Meter mächtige massige Ni-Fe-Sulfide. Gegen das Hangende gibt es in dunitischer Matrix disseminiertes Erz (Abb. 2). Der Lagerstätteninhalt lag bei rund 25 Mt mit 3,3 % Ni sowie verwertbaren Gehalten von Cu, Co und Platinmetallen. Westaustralien hat rund 14 % der sulfidischen Nickelreserven der Erde.

Liquidmagmatische Nickellagerstätten in stock- bis schlauchartigen, syn-orogenen Intrusionen von Peridotit, Pyroxenit und Norit gibt es in Finnland. Es handelt sich um eine über 400 km lange, schmale Zone im Svekokarelischen Orogen, die nach einer der Lagerstätten als *Kotalahti Ni-Gürtel* bezeichnet wird. Die Erze von Kotalahti wurden 1954 beim Straßenbau entdeckt. Es handelt sich um disseminierte und brekziöse Sulfide, überwiegend in ultramafischer Matrix. Der Lagerstätteninhalt war ca. 20 Mt Erz mit 0,7 % Ni und 0,27 % Cu. Ähnlich ist die Lagerstätte *Hitura*, sowie *Petsamo* in Karelien, heute UdSSR.

Nickellaterite sind die Basis für rund 35 % der Weltproduktion dieses Metalles. Die meisten Lagerstätten sind miozäner bis sub-rezenter Entstehung und liegen naturgemäß in tropischen bis sub-tropischen Breiten (Kuba, Neu-Kaledonien, Australien, Philippinen), doch gibt es (selten) auch fossile Vertreter dieser Gruppe (Ural, Albanien, Griechenland; nur von historischem Interesse ist Frankenstein/Zabkovice in Schlesien).

Einen interessanten Lagerstättentyp stellen die sedimentären *Karst-Nickelerze* von Ostgriechenland (*Larymna und Euböa*) dar. Auf Kalken der Trias und des Jura liegt dort diskordant marine Oberkreide, welche an ihrer Basis ein Transgressionskonglomerat hat. Dieses besteht vorwiegend aus Fragmenten von Hämatit/Limonit, örtlich auch mit Serpentinit und Hornstein. Es handelt sich also eigentlich um eine Trümmereisenerzlagerstätte, an deren Basis Ni bis 6 % angereichert ist. Nickelsilikate bilden dort Äderchen und Nester sowie Krusten auf dem Kalk, besonders in Karsttaschen. Das Konglomerat ist 5-10 m mächtig, die Ni-reiche Lage 1-2 m. Das Fördererz enthält

1,1-1,4 % Ni. Die Entstehung dieser Lagerstätten beruht auf der Abtragung einer Nickellateritdecke umliegender Ophiolithe und Ablagerung in einer küstennahen Bucht des Kreidemeeres. Später fand im Konglomerat deszendente Lösung und Wiederausfällung des Nickels an der neutralisierenden Kalkunterlage statt (Abb. 70).

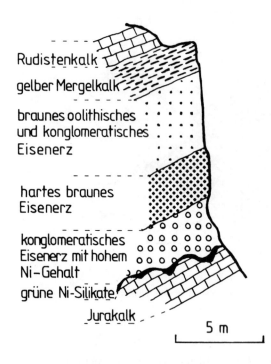

Abb. 70. Schematisches Profil der sedimentären Karst-Nickellagerstätte von Larymna, Griechenland (nach W. E. Petrascheck).

Die *Nickelreserven* werden weltweit auf etwa 50 Mt Metall geschätzt; bei einer Jahresproduktion von 700.000 t ist eine langfristige Versorgung gesichert. Immense zukünftige Ressourcen stellen die Manganknollen der Tiefsee dar, vor allem im zentralen Pazifik, mit geschätzten 800 Mt Nickel und Gehalten von 25 % Mn, 1,5 % Ni, 1,5 % Cu und 0,2 % Co.

Bei der *Suche nach Nickellagerstätten* sind geochemische Methoden besonders effektiv, sowohl durch direkte Bestimmung der Ni-Gehalte in Böden und Gesteinen, wie auch durch moderne petrologische Untersuchung der Nebengesteine. Die meisten westaustralischen Lagerstätten wurden durch ihre eisernen Hüte lokalisiert; die Unterscheidung von eisernen Hüten über Ni-Erzen von Goethit-Hämatitkrusten anderer Entstehung ist dort durch Analyse der Ir/Pd-Gehalte möglich (Smith in Buchanan & Jones 1984). Zur detaillierten Erkundung anomaler Bereiche werden magnetische und geoelektrische Methoden eingesetzt. Bohrungen und Schürfe müssen in engem Abstand (ca. 30 m) angesetzt werden.

Literatur:

Boldt, J. R., 1967, The winning of nickel: Its geology, mining and extraction metallurgy. 487 pp, Longmans, Toronto.

Buchanan, D. L. & Jones, M. J. (Eds.), 1984, Sulphide deposits in mafic and ultramafic rocks. 164 pp, Instn. Min. Metall. London.

Gole, M. J. et al., 1989, The geology of the Agnew nickel deposit, Western Australia. Cim Bulletin Sept. 89, 46-56.

Kaneda, H., Takenouchi, S. & Shoji, T., 1986, Stability of pentlandite in the Fe-Ni-Co-S system. Mineralium Deposita 21, 169-180.

NALDRETT, A. J., 1981, Nickel sulfide deposits: Classification, composition and genesis. Economic Geol. 75th Anniv. Vol., 628-685.
ROSS, J. R. & HOPKINS, G. M., 1975, Kambalda nickel sulfide deposits. Pp 100-121 in C. L. KNIGHT (Ed.), Economic Geology of Australia, I. Metals, Aus. I. M. M. Parkville.

Kobalt

Erzminerale:

Kobaltglanz (Cobaltit)	CoAsS	35 % Co	D=6,0-6,4
Speiskobalt (Smaltit)	$CoAs_3$	28 % Co	D=6,4
Kobaltnickelkies (Linneit-Siegenit)	$(Co,Ni)_3S_4$	bis 53 %Co	D=4,8-5,8
Asbolan (Erdkobalt)	Co-Mn Oxyd	bis 32 %Co	D=2-6,5
Kobaltblüte (Erythrin)	$Co_3(AsO_4)_2 \cdot 8H_2O$		D=3
Heterogenit	CoOOH	63 %	D=2-4,5

Die Bauwürdigkeitsgrenze bei monometallischen Kobalterzen ist 3 %. Kobalt wird zur Legierung von Magnet- und Schnellarbeitsstahl verwendet, zum größeren Teil aber in der chemischen Industrie. Metallisches Reinstkobalt dient der Herstellung von Superlegierungen für Düsentriebwerke. Früher wurde Kobalt nur für die Blaufarbenherstellung eingesetzt.

Geochemisch verhält sich Kobalt ähnlich wie Nickel; beide Elemente sind chalcophil und für ultrabasische und basische Magmatite charakteristisch. Allerdings ist Kobalt seltener als Nickel, im Durchschnitt der Erdkruste mit 20 ppm etwa im Verhältnis Co:Ni = 1:3. Wegen der jeweiligen Ähnlichkeit der Ionenradien geht aber das Nickel (0,69Å) eher mit dem Magnesium (0,66Å), das Kobalt (0,72Å) mit dem zweiwertigen Eisen (0,74Å). Darum ist nach V. M. GOLDSCHMIDT der relative Co-Gehalt vieler Ni-Erze geringer. Manganknollen, besonders aber die Fe-Mn Krusten der Tiefseeböden führen weit entfernt von den hydrothermal aktiven mittelozeanischen Rücken bis 1,2 % Co; dies wird auf Fixierung des im Meerwasser gelösten Co^{2+} durch Oxydation zu Co^{3+} zurückgeführt. Im Nahbereich der Hydrothermen erfolgt zwar auch Fällung, aber die weit überwiegenden Mengen von Fe und Mn verdünnen Co zu sehr niedrigen Gehalten.

Kobaltlagerstätten sind in der Regel polymetallisch, insbesondere mit Cu, Ni, Ag, Fe und teilweise U verbunden, wobei Kobalt sehr häufig nur Nebenprodukt ist. Mit der Ausnahme liquidmagmatischer Sulfide (Sudbury/Kanada) handelt es sich fast immer um hydrothermale Bildungen. Dazu zählen epigenetische Gänge, syngenetisch-exhalative Erzkörper und schichtgebundene Sulfidlagerstätten vom Typ des Kupferschiefers, welche heute durch diagenetische Entwässerungsprozesse erklärt werden. Zunehmende Bedeutung erlangt die metallurgische Abtrennung des Co aus lateritischen Nickelerzen.

Als Haupterz wurde Kobalt früher fast ausschließlich in hydrothermalen Co-Ni-Ag-Fe-(Bi)-S-(U) Gang-Lagerstätten abgebaut. Heute ist die Produktion von Kobalt als Nebenprodukt der riesigen schichtgebundenen Kupferlagerstätten in Zaire und Zambia und aus den Erzen von Sudbury/Kanda wirtschaftlich weit überwiegend.

Im *Cobalt District (Ontario, Canada)* werden archaische Grüngesteine und eine alt-proterozoische metamorphe Serie klastischer Sedimente, die „Cobalt series", vom flachlagernden Nipissing-Diabas-Sill mit einem Bildungsalter von 2219 Ma bedeckt. In allen drei lithologischen Einheiten sind nordweststreichende Klüfte und Störungen mit arsenidischen Co-Ni-Ag-Erzen und oft sehr reichen Adelszonen mit gediegen Silber gefüllt. Das letztere ist aus wirtschaftlicher Sicht wichtiger als Kobalt; insgesamt hat das Revier 15.552 t Ag produziert. Gangarten sind Dolomit, Kalzit und Rhodochrosit. Die Gänge sind annähernd vertikal und sehr geringmächtig (5-100 cm), mit einer maximalen Vererzungsteufe von 100 m. Besonders reiche Vererzung ist an eine mächtigere Ausbildung der Cobalt Serie gebunden. Dieser Lagerstättendistrikt gilt heute als typisches Produkt vertikaler Sekretion, wobei als Quelle der Metalle insbesondere sulfidreiche kieselige Exhalite und andere „interflow"-Sedimente in den archaischen Grünschiefern angenommen werden (HALLS & STUMPFL 1969; SMYK & WATKINSON 1990).

Auf europäischem Boden lag der älteste Kobaltbergbau im sächsisch-böhmischen Erzgebirge, mit dem Hauptrevier *Schneeberg* im Westen. Abgebaut wurden dort früher Gangsysteme mit Speiskobalt, Weißnickelkies, gediegen Silber, Silberglanz und Wismut in karbonatisch-quarziger Gangart. Ähnliche Gangbergbaue waren Johanngeorgenstadt, Annaberg und *Joachimsthal* (Jachymov, CSFR), dort mit Uranerz (sowie Radium) verbunden. Alle diese Reviere liegen in Mulden des Daches des Karlsbad-Eibenstocker Granites. Die Enstehung der Gänge bleibt umstritten: Ihre Nähe zum Granit wie die granitophilen Elemente Bi und U lassen an granitische Ableitung denken, während die basaltophilen Elemente Ni und Co zu Vermutungen Anlaß gegeben haben, daß die Metalle durch Vorgänge mobilisiert worden wären, welche die tiefe Kruste während des Mesozoikums betroffen haben. Vergleichbare Vererzungen im Fichtelgebirge und im Bayrischen Wald (Poppenreuth, Nabburg-Wölsendorf) werden von den jüngsten variszischen Graniten hergeleitet, da dort Pechblende mit 295 Ma datiert wurde (DILL 1985). Ursprünglich wurden die Gänge von Joachimsthal auf Silber gebaut; gegen die Tiefe wurden die Co-Ni-Erze angetroffen, welche von den bösen „Kobolden" und „Nickel" an die Stelle von Silber gesetzt worden waren. Später interessierte an den Gängen Uran und Wismut, mittlerweile aber wurden die Bergbaue heimgesagt.

Sehr bekannt sind die karbonspätigen Ag-Co Gänge von *Kongsberg/Norwegen,* die permisches Alter haben. Ebenso wie Kongsberg sind die Bergbaue der ehemals reichen Fahlbandlagerstätten von *Modum* in Südnorwegen seit langem eingestellt. Diese liegen schichtgebunden in mittelproterozoischen sveko-karelischen Gneisen und Migmatiten. Gesteine der Fahlbänder sind sulfidführende Quarzite, Glimmerschiefer und Amphibolite, die Schollen mit einer maximalen Länge im Streichen von über 11 km und bis zu 400 m Mächtigkeit bilden. Vermutet wird eine primär vulkanisch-exhalative, syn-genetische Entstehung kobaltführender Sulfide, welche in der Folge durch hydrothermale Prozesse in Zusammenhang mit der Intrusion von Albititen zu Erzkörpern mit 0,1 % Co und 0,35 % Cu konzentriert wurden.

Die größte Bedeutung für die Welt-Kobalterzeugung hat der *zentralafrikanische Kupfergürtel* mit Lagerstätten in Zambia und Zaire (Shaba, Katanga). Sowohl die stratiformen Kupfererze wie auch quergreifende Gänge mit Cu und oft U in jung-proterozoischen Sedimenten führen bis zu 0.5 % Co, hauptsächlich als Linneit. Das Kobalt und ein nicht unbedeutender Gehalt an Platinmetallen sind auch hier ein Hinweis auf basische Muttergesteine. Die Entstehung wird durch Beckenentwässerung bei gleichzeitigem hohem Wärmefluß im Verlauf der Bildung rift-ähnlicher Strukturen erklärt (siehe auch bei „Kupfer").

Wissenschaftlich beispielhaft ist die Co-(Ni, Ag, Au)Lagerstätte von *Bou Azzer* in Marokko. Die Erzkörper liegen am Kontakt zwischen Serpentinitkörpern eines pan-afrikanischen Ophiolites und Quarzdiorit (Abb. 71), welche als verschuppte Decke nach Süden auf den alt-proterozoischen westafrikanischen Kraton überschoben sind. In den Kontaktbereichen wurde der Quarzdiorit zu Rodingit umgewandelt, das ist ein metasomatisches Gestein aus Prehnit, Kalzit, Piemontit, Salit und Grossular. In der stark gescherten Kontaktzone liegen Linsen und Gänge der Erze, welche aus Co-Ni-Arseniden mit 1,2 % Co, 5-15 ppm Au und 30 ppm Ag sowie Quarz und Karbonat bestehen. Stellenweise entwickeln sich daraus reiche Silbererze, begleitet von Adular und Albit. Schwarzer Chlorit begrenzt die Erzkörper zum alterierten Serpentinit, welcher im Umkreis der Vererzung aus Talk, Karbonaten und Lizardit besteht. Die Bildung der Erze erfolgte aus hydrothermalen Lösungen, bei 200 – 300 ^{0}C und 2 – 3 kbar. Dies entspricht den Bedingungen der Grünschieferfazies, weshalb eine metamorphe Entstehung der Lagerstätte während der Überschiebung der Ophiolites angenommen wird. Die Erzmetalle dürften aus den Ultramafiten abzuleiten sein (LEBLANC & LBOUABI 1988). Bou Azzer hat insgesamt bisher rund 50.000 t Kobaltmetall produziert.

Zunehmende Kobaltproduktion stammt schließlich aus lateritischen Nickellagerstätten (Neu-Kaledonien, Moa Bay/Kuba, u.a.). Das Nickelerz von Greenvale bei Townsville/Australien z. B. enthält neben 1,57 % Ni einen gewinnbaren Anteil von 0,12 % Co. Interessant ist auch die Kobaltführung mancher vulkanogen-exhalativer Pyritlager, z. B. des Outukumpu-Distriktes in Finnland oder der Kupfermine Kilembe (Uganda) mit durchschnittlich 1.35 % Co, wo bisher allerdings auf

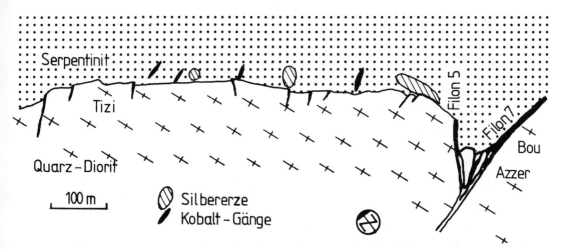

Abb. 71. Geologische Kartenskizze der Kobaltlagerstätte Bou Azzer/Marokko (nach LEBLANC & LBOUABI 1988). „Filon" ist das französische Wort für Gang.

Grund der schwierigen infrastrukturellen Bedingungen keine wirtschaftliche Verwertung möglich war. In den Ni-Cu-Erzen von Sudbury/Kanada ist Kobalt mit Gehalten von 0,15-0,22 % ein Nebenprodukt, mit dem größten Anteil im Pentlandit. Für eine fernere Zukunft wird möglicherweise das Kobalt der Mangankrusten und -knollen wirtschaftliche Bedeutung gewinnen.

Rund drei Viertel der Kobaltproduktion der westlichen Welt (ca. 22.000 t/y) stammen aus Zaire und Zambia; Kanada (Sudbury) ist der drittgrößte Produzent. Aus Europa kommen etwa 5 % der Gesamtmenge, und zwar ausschließlich aus Co-führenden Pyriten der Kupferlagerstätten von Outukumpu in Finnland.

Literatur:

ANDREWS, A. J., OWSIACKI, L., KERRICH, R. & STRONG, D. F., 1986, The silver deposits at Cobalt and Gowganda, Ontario. Canadian Jour. Earth Sci. 23, 1480-1506.

ANNELS, A. E. & SIMMONDS, J. R., 1984, Cobalt in the Zambian Copperbelt. Precambrian Res. 25, 75-98.

DILL, H., 1985, Granite-related and granite-induced ore mineralisation on the western edge of the Bohemian Massif. Pp 55-70 in High Heat Production granites, hydrothermal circulation and ore genesis, Instn. Min. Metall. London.

HALLS, C. & STUMPFL, E. F., 1969, Geology and ore deposition, western Kerr Lake arch, Cobalt, Ontario. 9th Commonw. Min. Metall. Congr., Instn. Min. Metall. Pap. 18, 44 pp.

LEBLANC, M. & LBOUABI, M., 1988, Native silver mineralisation along a rodingite tectonic contact between serpentinite and quartz diorite (Bou Azzer, Morocco). Economic Geol. 83, 1379-1391.

SMYK, M. C. & WATKINSON, D. H., 1990, Sulfide remobilization in Archean volcano-sedimentary rocks and its significance in Proterozoic silver vein genesis, Cobalt, Ontario. Canadian J. Earth Sci. 27, 1170-1181.

Molybdän

Erzminerale:

		% Mo	Dichte
Molybdänit (Molybdänglanz)	MoS_2	60	4,8
Wulfenit (Gelbbleierz)	$PbMoO_4$	26	6,9
Powellit	$CaMoO_4$		4,3

Molybdänit ist weit überwiegend das wichtigste Erzmineral des Molybdänbergbaues. Zudem ist er praktisch die einzige Quelle für das seltene Metall *Rhenium,* dessen Gehalt in Molybdänit bis 1,9 % betragen kann. Rhenium zeichnet sich durch hohe Dichte, elektrische Leitfähigkeit und mechanische Festigkeit bei hohen Temperaturen aus; es wird zum größten Teil als Katalysator bei der Erzeugung bleifreien Benzins verwendet. Röntgenamorphes MoS_2 wird *Jordisit* genannt. Auch Scheelit enthält oft signifikante Mo-Anteile; Gehalte bis 67 % $CaMoO_4$ sind bekannt geworden.

Die Bauwürdigkeitsgrenze beträgt etwa 0,3 % MoS_2, sie kann bei großen Lagerstätten auch tiefer liegen. Über 70 % der Molybdänproduktion stammen aber aus porphyrischen Kupferlagerstätten, in welchen naturgemäß noch geringere Mo-Gehalte gewonnen werden. Molybdänkonzentrat muß über 50 % Mo enthalten; bereits äußerst geringe Gehalte von Cu, Pb, As, Bi, W, P u. a. Elementen werden nicht toleriert.

Mehr als drei Viertel der Molybdänproduktion werden zur Stahlveredelung verbraucht; eine Legierung mit maximal 16 % Mo macht Stahl hitzefest sowie resistent gegen starke Säuren, welche zum Beispiel in Kohlenwasserstoffbohrungen oder bei der Rauchgasentschwefelung von Kohlekraftwerken anfallen. Auch gewöhnlicher rostfreier Stahl enthält rund 1 % Mo. In der chemischen Industrie wird Mo als Katalysator, Schmiermittel und für Pigmente und Glasuren verwendet.

Geochemische Charakteristik: Das geochemische Verhalten des Molybdäns ist chalcophil-siderophil; angereichert wird es aber fast ausschließlich im hydrothermalen Gefolge saurer Magmatite. Mo-Gehalte in magmatischen Gesteinen steigen mit zunehmendem SiO_2- und Alkali-Anteil, von Duniten mit durchschnittlich 0,34 ppm über Diorite (0,9 ppm) zu Graniten (2,4 ppm). Die höchsten Gehalte erreichen Syenite (4 ppm) und Karbonatite (50 ppm). In vielen dieser Gesteine wird Mo in Magnetit, Titanit und Ilmenit (bis 500 ppm), in Biotit und Amphibolen, aber auch in Feldspäten diadoch aufgenommen, doch nur dann, wenn der Schwefelgehalt sehr niedrig ist. Im anderen Falle wird disseminierter MoS_2 gebildet (UZKUT 1974). Hydrothermale Lösungen führen Mo vermutlich als Molybdänsäuren (H_2MoO_4) oder als Molybdat-Komplexe, dem Wolfram vergleichbar.

Der *Clarke-Wert* (Krustendurchschnitt) von Mo liegt bei 1,85 ppm (UZKUT 1974); damit ist Molybdän seltener als U, Th, Sc oder viele der Seltenen Erden. Die meisten Sedimente führen sehr wenig Mo; organische Substanz (Kohle, Öl, Kerogen, Graphit) aber konzentriert Mo sehr effektiv, so daß Schwarzschiefer bis 150 ppm Mo enthalten. Im Mansfelder und Richelsdorfer Kupferschiefer sind bis 1500 ppm Mo enthalten; da sich das Metall bei der Verhüttung in den sogenannten Eisensauen bis 4,5 % anreichert, wird hier seit langer Zeit eine geringe Menge Molybdän gewonnen. Das Molybdän der Sedimente wird durch Verwitterung angeliefert. In den meisten endogenen Gesteinen liegt Mo 4-wertig, mit chalcophilem Charakter und damit relativ immobil vor, und wird im exogenen Kreislauf zu sehr mobilem, eher lithophilem Mo^{6+} oxydiert. Das dabei gebildete Molybdat-Ion MoO_4^{2-} wird von Fe-Mn-Al-Hydroxyden (z. B. den Manganknollen der Tiefsee), aber auch von den Kationen Pb (Wulfenitbildung), Cu, Ca, UO_2, Bi und Co sowie natürlich durch Sulfid-Schwefel (Jordisitbildung) fixiert. Molybdänglanz geht bei Verwitterung in gelben, zerreiblichen Molybdänocker oder bläulichen Ilsemannit über, welche leicht löslich sind, so daß die Oxydationszone von Molybdänlagerstätten verarmt sein kann. Trotzdem sind Böden und Pflanzen i.A. brauchbare geochemische Probemedien zur Suche nach verborgenen Lagerstätten.

Molybdänlagerstätten treten fast ausschließlich im hydrothermalen Gefolge monzonitischer und granitischer Magmen auf. Mit ersteren sind die Cu-Mo-Porphyre Chiles und der USA (Bingham/Utah, Butte/Montana, u.a.) verbunden, die hier nicht weiter behandelt werden sollen, da Mo in diesem Fall ein Nebenprodukt der Kupfererzeugung ist. Eigentliche Molybdänlagerstätten können nach der Form eingeteilt werden (Stockwerk – Imprägnationen – Skarne – Gänge), oder nach der Bildungstiefe (plutonisch – subvulkanisch) und der Lage der Erzkörper zur Intrusion (Exo – Endokontakt) sowie schließlich nach der Natur der kogenetischen Granitoide (ozeanische bzw. kontinentale alkalische Rift-Granite und subduktionsgebundene kalk-alkalische Granite). Der Produktion nach klein, jedoch wissenschaftlich sehr interessant, sind die Molybdänlagerstätten Chinas in kambrischen Schwarzschiefern. Es handelt sich um 5–15 cm mächtige sulfidreiche Flöze, die bei Gehalten von 4 % Mo mit 4 % Ni, 2 % Zn sowie etwas Au, Ag und PGM abgebaut werden. Eine Entstehung durch synsedimentäre Exhalation wird erwogen (COVENEY & NANSHENG 1991).

Allen Typen gemeinsam ist vermutlich die folgende Entwicklung (WESTRA & KEITH 1981, MUTSCHLER et al. 1981): Die Magmen stammen aus geochemisch anomalem, durch langanhaltende Subduktion angereichertem Mantel, so daß sie bereits beim Aufschmelzen erhöhte Gehalte von K, Rb, Nb, Sn, W, Mo und F aufnehmen. Während des Aufsteigens in die Kruste und im batholitischen Niveau finden Fraktionierung, Diffusion und Fluidtransport statt, welche zur Anreicherung der inkompatiblen Elemente und Halogene in Dachnähe führen. Dadurch entsteht dort eine wasser- und K-reiche silikatische Schmelze, welche Kuppeln und Schlote bildet und im Lauf der weiteren Kristallisation bei minimal rund 400 °C eine fluide Phase mit erhöhter Mo- und K-Konzentration abspaltet. Diese steigt unter hohem Innendruck weiter auf, bis zwischen 350-300 °C Quarz und Molybdänit ausgeschieden werden, oft unter gleichzeitigem Aufsieden der Fluide. Der hohe K-Anteil der Lösungen erzeugt die typische begleitende K-Metasomatose der großen Molybdänlagerstätten. Die rein magmatische Ableitung der erzbringenden Fluide ist durch Pb-, O- und S-Isotopenuntersuchungen eindeutig belegt (STEIN & HANNAH 1985). Weder meteorische Wässer noch die Nebengesteine haben die magmatische und hydrothermale Entwicklung nachweisbar beeinflußt.

Die größte Molybdänlagerstätte der Erde ist *Climax/Colorado,* 20 km nordöstlich von Leadville gelegen, mit ursprünglichen Reserven von 500 Mt Erz, das 0,25 % Mo sowie etwas Zinn und Wolfram enthielt. Präkambrische Gneise und Granite werden hier durch eine N/S-streichende Verwerfung gegen karbonische Sedimente abgesetzt; es ist das eine der tiefreichenden Strukturen in der Randzone des Colorado-Plateaus. In das Präkambrium der Hochscholle sind nahe der Verwerfung an derselben Stelle im Tertiär (33-24 Ma) knapp nacheinander vier granitische Stöcke (Rhyolit-Porphyr, Aplit, porphyritischer Granit) intrudiert, die jeweils von haubenartigen Alterationszonen umgeben sind. Im Grundriß sind diese Zonen deshalb fast kreisförmig (Abb. 72). Innen liegt jeweils eine Zone starker Verkieselung, nach außen/oben folgt die Erzzone mit einem Stockwerk von molybdänitführenden Quarzgängchen sowie Kalifeldspat, Biotit, Fluorit, Topas, Pyrit, Magnetit und distal mehr Huebnerit. Noch weiter außen folgen Serizitisierung, Vertonung und Propylitisierung.

Climax lieferte lange einen großen Teil der Welt-Mo-Produktion. Zunehmender Abbau der Reserven und durch Tiefbau steigende Kosten veranlaßten in jüngster Zeit die Schließung des Bergbaues. Vorausschauende Prospektion führte aber zur Entdeckung mehrerer ähnlicher Lagerstätten (Henderson, Mt. Emmons-Redwell, ebenfalls in Colorado), die geologisch vergleichbar, doch bergwirtschaftlich günstiger sind.

Diese Lagerstätten sind in vieler Hinsicht mit den Cu-Mo-Porphyren eng verwandt; trotzdem bestehen deutliche Unterschiede: Sie sind i.A. jünger (mittleres Tertiär), und werden deshalb nicht mit aktiver Subduktion, sondern mit nachfolgender Entspannung und beginnender Dehnung der Kruste in Zusammenhang gebracht. Der Charakter der Magmen entspricht eher dem A-Typ als dem I-Typ wie bei Cu-Porphyren. Sie sind also alkalireicher, aber auch deutlich saurer. Schließlich gibt es keine Übergänge zwischen Cu-Mo-Porphyren und Lagerstätten des Climax-Typs, wenn man die Metallinhalte vergleicht.

Weitere porphyrische Molybdänlagerstätten gibt es in Kanada (Appalachen), in Ostgrönland (Mestersvig), in Zusammenhang mit den Banatiten des Balkans, sowie in China. Vergleichbar

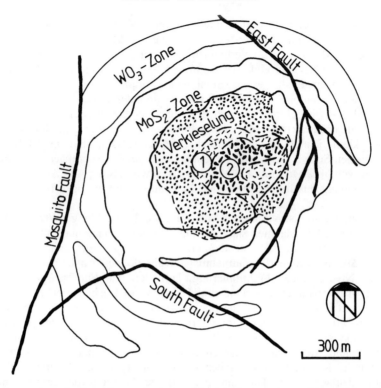

Abb. 72. Vereinfachte geologische Karte der porphyrischen Molybdänlagerstätte von Climax/Colorado.
1 ist die frühe, 2 die späte Phase der zentralen Intrusion des Stockes von Climax; beachte die Zonierung von Verkieselung, Molybdän- und Wolframvererzung um das intrusive Zentrum.

sind wohl auch Mo-Vorkommen in subvulkanischen und plutonischen Magmatiten im permischen Oslo-Rift (OLERUD & IHLEN 1986).

Die wichtigsten europäischen Mo-Bergbaue lagen im Egersund-Distrikt SW-Norwegens; der größte darunter war die *Knabengrube*. Spät- bis posttektonische sveko-norwegische Granite (1100-900 Ma) intrudieren dort mittelpräkambrische Gneise und Schiefer des Telemark Gneiskomplexes. Eine große Fahlbandscholle (6 km lang, bis 1 km breit) mit Amphiboliten und stratiformen, disseminierten Sulfiden, welche zum Kongsberg-Bamble Komplex gerechnet wird, enthält zahlreiche Mo-führende Aplite, Pegmatite, Quarzgänge und Mo-Disseminationen. Neben Molybdänit enthalten die Quarzgänge Pyrit, Kupferkies, Magnetkies, Kalzit, Fluorit und Muscovit. Mehrere Bergbaue haben von 1885 bis 1972 insgesamt 18.800 t MoS_2 erzeugt. Es verbleiben Reserven von 2,5 Mt mit durchschnittlich 0,15 % MoS_2, welche aber auf lange Sicht nicht wirtschaftlich gewonnen werden können. Die Entstehung der Lagerstätten ist insoferne unzureichend verstanden, als das Molybdän entweder teilweise oder ganz aus dem Fahlband mobilisiert oder aber ausschließlich von den Graniten abgeleitet sein könnte (BUGGE 1978). Metallogenetisch bemerkenswert ist die Rekurrenz der Mo-Vererzung SW-Norwegens in den bereits erwähnten permischen Vorkommen, welche an Magmatite des Oslo-Grabens gebunden sind. Abbau fand dort aber überwiegend nur in Kriegszeiten statt.

Mo-Skarnlagerstätten gibt es in Kalifornien, Britisch-Kolumbien, Bursa/Westtürkei, Azegour/Marokko und Turny Aus/Kaukasus/UdSSR. Einige davon sind gleichzeitig wichtige Wolfram- (Scheelit) Produzenten.

Interessant, obwohl wirtschaftlich unbedeutend, ist die *Wulfenitführung* vieler Blei-Zinklagerstätten. Ostalpine (Bleiberg, Mežica) und schlesische Vorkommen enthielten in der Oxydationszone Wulfenit, wobei die Herkunft des Molybdäns fraglich war, da dies in den primären Erzen nicht festgestellt werden konnte. Allerdings enthalten begleitende bituminöse Schiefer höhere Molybdängehalte, weshalb SIEGL & SCHROLL das Mo der Bleiberger Wulfenite aus diesen Nebengesteinen abgeleitet haben. Auch manche *Uranerze* des Sandsteintyps führen Molybdänglanz als Nebenprodukt; so liefern z. B. die Lagerstätten bei Akouta/Nigerien jährlich rund 400 t Mo.

Die *Hauptförderländer* von Molybdänerzen sind die USA, Chile, UdSSR, China und Kanada. Es besteht seit langem eine bergbauliche Überkapazität, und die resultierenden niedrigen Preise lassen die Suche nach weiteren Lagerstätten wenig interessant erscheinen. Dazu kommt die Abhängigkeit des überwiegenden Teiles der Mo-Produktion vom Kupfermarkt, da es bei erhöhter Cu-Produktion als Nebenprodukt in größeren Mengen mitanfällt. Diese Faktoren und schließlich auch die Wiederverwertung verbrauchter Mo-Katalysatoren der Erdölverarbeitung drücken die Preise. Wo dennoch *Prospektion* auf Molybdän betrieben wird, ist die Vorgangsweise jener der Suche nach Kupferporphyren sehr ähnlich, wobei auf der Grundlage geologischer Modelle geochemische und geophysikalische Methoden eingesetzt werden.

Literatur:

BUGGE, J. A. W., 1978, Norway. Pp 199-249 in S. H. U. BOWIE, A. KVALHEIM & H. W. HASLAM (Eds.), Mineral Deposits of Europe, Vol. 1: Northwest Europe. Instn. Min. Metall. London.
COVENEY, R. M. & NANSHENG, C., 1991, Ni-Mo-PGE-Au-rich ores in Chinese black shales and speculations on possible analogues in the United States. Mineral. Deposita 26, 83–88.
OHLERUD, S. & IHLEN, P. M. (Eds.), 1986, Metallogeny associated with the Oslo Paleorift. Sveriges Geol. Unders. Avh. 59, 1-52.
MUTSCHLER, F. E., WRIGHT, E. G., LUDINGTON, S. & ABBOTT, J. T., 1981, Granite molybdenite systems. Economic Geol. 76, 874-897.
STEIN, H. J. & HANNAH, J. L., 1985, Movement and origin of ore fluids in Climax-type systems. Geology 13, 469-474.
UZKUT, I., 1974, Zur Geochemie des Molybdäns. Clausthaler Hefte 12, 236 pp, Borntraeger.
WESTRA, G. & KEITH, S. B., 1981, Classification and genesis of stockwork molybdenum deposits. Economic Geol. 76, 844-873.

Wolfram

Erzminerale:

Wolframit	(Fe, Mn)WO$_4$	76,5 % WO$_3$	D=6,7 – 7,5
Scheelit	CaWO$_4$	80,6 % WO$_3$	D=6,2 – 8,8

Das eisenreiche Endglied der Wolframit-Mischungsreihe ist Ferberit (0-20 % Mn), das manganreiche Hübnerit (80-100 % Mn). Wolframite enthalten oft Spuren von Ca, Mg, Nb, Ta und Zn; Hübnerit auch Y, Ferberit Sc. Scheelit führt vor allem oft Mo bis zu 24 % MoO$_4$, wodurch die charakteristische blaue Fluoreszenz unter kurzwelligem UV-Licht in gelbe Farben übergeht. Oft verdrängt Scheelit früher gebildeten Wolframit; seltener ist Ferberit nach Scheelit (Zentralafrika) – solche Pseudomorphosen werden Reinit genannt. Wolframminerale verwittern zu gelblichem Ocker, der aus Ferritungstit und Tungstit besteht. Meist aber sind sie unter Oberflächenbedingungen recht beständig, so daß eluviale und kolluviale Seifen entstehen können. Gegen mechanische Beanspruchung sind Wolframit und Scheelit weniger widerstandsfähig, weshalb alluviale Seifen selten vorkommen. In manchen Bergbaudistrikten (Erzgebirge, Cornwall) wurde eine Zunahme des Ferberitanteils im Wolframit mit fallender Bildungstemperatur festgestellt, was theoretischen Phasenbeziehungen bei konstanter Zusammensetzung der Lösungen entspricht (HORNER 1979). Da aber auch konträre Fälle bekannt wurden (Kara Oba, UdSSR), wirken offenbar auch die Aktivitäten von Fe und Mn sowie die pH-Bedingungen kontrollierend (HIGGINS 1985), so daß sich Wolframite nicht allgemein als Geothermometer (oder Geobarometer) eignen (CAMPBELL & PETERSEN 1988).

Wolframerze werden in Gängen etwa ab 0,7 % WO_3 abgebaut, große Erzkörper untertage ab 0,3 %, im Tagbau sogar 0,1 % (Mt. Carbine, Australien). Wolfram unterliegt allerdings sehr großen Preisschwankungen, so daß die Bauwürdigkeitsgrenzen nur über längere Zeiträume gelten. Wolfram gilt als strategisches Metall; die Hauptverwendung liegt in der Metallbearbeitung, der Herstellung von Schneide- und Bohrwerkzeugen, sowie in der Elektroindustrie.

Der *geochemische Charakter* von Wolfram ist z.T. siderophil (durchschnittlich 1,24 ppm W in Eisenmeteoriten), doch vor allem lithophil: 1,5 ppm in Granit und Sedimenten, 0,5-1 ppm in basischen, 0,1-0,8 ppm in ultrabasischen Magmatiten. Wie viele Schwermetalle ist auch W in Schwarzschiefern angereichert. In Granitoiden findet sich Wolfram vorwiegend in Fe-Ti-Spinellen, Glimmer, und gelegentlich auch Feldspat geochemisch verborgen. Stark erhöhte W-Gehalte haben Nb-Ta-Minerale, sowie vor allem viele hydrothermale Manganerze (WEDEPOHL 1969). Selten sind W-reiche eiserne Hüte („Gossans"), wie etwa jener der Lagerstätte Fenglin (Jiangxi/China), wo im Hämatit über einem stratiformen Ferberit-Pyrit-Cu-Erzkörper bis 1,5 % W auftreten.

In einem kristallisierenden Magma verhält sich Wolfram vorwiegend inkompatibel, und wird in der Restschmelze bzw. einer sich abscheidenden fluiden Phase angereichert, besonders wenn diese neben H_2O viel Cl und P enthält (MANNING 1985). Transportiert wird Wolfram als Cl-Komplexe oder Polytungstate (z. B. HWO_4^-) in sauren Lösungen; Ausscheidung durch Neutralisierung im Kontakt mit Karbonaten oder Ca-Plagioklasreichen Gesteinen ist deshalb häufig. Lagerstättenbildende Fluide enthalten neben Wasser und mäßigen NaCl-Gehalten (in Bolivien aber bis 48 %) viel CO_2 (sowie N_2, CH_4), so daß auch Transport als W-CO_2-Komplexe angenommen wird. Die Löslichkeit von W steigt mit Druck und Temperatur, mit zunehmend basischem oder saurem pH, mit niedrigen Ca-Fe-Mn-Gehalten und mit der Salinität (vor allem Cl) der Fluide. Inverse Verhältnisse kontrollieren die Präzipitation, wobei zumeist entweder plötzlicher Druckabfall (POLYA 1990) oder Reaktion mit kalziumreichen Gesteinen die wirksamen Faktoren sind.

Wolframlagerstätten werden fast ausschließlich im hydrothermalen Gefolge granitoider Intrusionen gebildet. Wirtschaftlich bedeutend sind Wolframit-Quarzgänge und Brekzienschläuche im perimagmatischen Bereich, sowie Scheelit-Skarnlagerstätten im Kontakthof mit Karbonaten oder basisch-ultrabasischen Magmatiten. In den apikalen Teilen von Intrusionen gibt es Sn-W-Greisen (Erzgebirge) und die neuerdings erkannten porphyrischen W-Lagerstätten mit Bi, Mo, Sn und auch Cu. Allgemein ist die metallogenetische Assoziation von W und Sn (Erzgebirge, Cornwall-Abb. 29, Zentralafrika), doch gibt es auch zinnfreie Wolfram-Provinzen (westliches Nordamerika). W und Sn erscheinen im Gefolge von A- und S-Typ-Graniten; I-Typ-Granitoide aber sind fast immer ohne Zinn, obwohl viele große W-Lagerstätten an solche Intrusionen gebunden sind. Trotz der klaren Bindung an granitoide Intrusionen haben Isotopenuntersuchungen ergeben, daß magmatische Fluide oft nur im Frühstadium überwiegen; die Hauptphase der Mineralisation ist dann durch meteorische Wässer gekennzeichnet (CAMPBELL et al. 1984). Untersuchungen stabiler Isotopen chinesischer und bolivianischer Lagerstätten verweisen allerdings vorwiegend auf Wässer magmatischer Herkunft (HEPWORTH & YU HONG ZHANG 1982, THORN 1988).

Eine kontrovers gedeutete Lagerstättengruppe sind *stratiforme Scheelitlagerstätten* in basisch-ultrabasischen Vulkaniten, wie jene im Felbertal bei Mittersill/Österreich. Von MAUCHER (seit 1965) und HÖLL (1975) wurde diese Lagerstätte als exhalativ-sedimentär bzw. vulkanosedimentär gebildet aufgefaßt, möglich ist aber auch Entstehung im Gefolge eines variszischen Granites. Mittlerweile wurden weltweit viele Funde meist sub-wirtschaftlicher Scheelitgehalte in Amphiboliten und Kalksilikatgesteinen meta-vulkanosedimentärer Serien mitgeteilt. In allen diesen Fällen ist die Frage nach einer syngenetischen Anlage oder einer granitbezogenen bzw. metamorphogenen späteren Zufuhr nicht endgültig beantwortet.

Genetisch interessant sind ferner hohe Wolframgehalte in rezenten hydrothermalen Mangan- und Goethit-Sintern bei Golgonda und Sodaville, Nevada/USA. In den Laugen der intramontanen Evaporite von Searles Lake, Kalifornien, welche ihres Lithium- und Borgehaltes wegen ausgebeutet werden, ist W mit 70 ppm enthalten. Beckensedimente im Ochotskischen Meer führen bis 5o ppm W. Dies sind Hinweise darauf, daß Wolfram in Playasee-Sedimenten vulkanischer Provinzen auch stratiform in Sedimenten lagerstättenbildend auftreten könnte, bzw. auf eine mögliche vulkanosedimentäre Herkunft des mit anatektischen Graniten verbundenen Wolframs.

Die größten Wolfram- und Zinnressourcen der Erde liegen in einer W-Sn-F-U-Nb-SEE- und Cu-Mo-Provinz in *Ostasien,* welche als Teil des zircum-pazifischen metallogenetischen Gürtels aufgefaßt wird. Tausende bedeutender Wolframlagerstätten bilden einen breiten Gürtel, der von Kamtschatka über Korea, Japan, Ost-China und Malaysia bis nach Sumatra reicht. Besonders reich vererzt sind die chinesischen Provinzen *Jiangxi und Hunan,* weshalb China heute weltweit den Wolframmarkt kontrolliert. Alle bekannten Typen von Wolframlagerstätten sind dort vorhanden; wirtschaftlich besonders wichtig sind Skarne (unter anderem jene der größten Scheelitlagerstätte der Welt: Shizhuyuan in Süd-Hunan mit über 1 Million Tonnen W), W-Porphyre und Wolframit-Quarzgänge. Die meisten großen Lagerstätten sind an sub-vulkanische oder intrusive yanshanische (mesozoische) Granite gebunden, die paläozoische bis mesozoische Sedimente und Vulkanite durchschlagen. Die Granite sind vom S- oder I-Typ, wobei letztere eine mehr sulfid-betonte Mineralisation erzeugen. Die paläozoischen vulkano-sedimentären Serien führen in bestimmten Horizonten stark erhöhte Wolframgehalte, und werden deshalb als „Source Beds" gedeutet. Sogar Basalte haben hier mehrfache Clarke-Gehalte, weshalb manche chinesische Autoren Wolfram-Anomalien im unterlagernden Mantel annehmen. Dies ist auch deshalb wahrscheinlich, weil die yanshanischen Granite lange nach der permischen (indosinischen) Verschweißung älterer Mikrokontinente intrudiert sind, und möglicherweise ebenso wie die mit ihnen verbundene Mineralisation aus einem LIL-angereicherten Mantel stammen (SIMPSON et al. 1987). Die Wolframgehalte der Granite steigen vom Präkambrium bis ins Mesozoikum um ein Mehrfaches an (HEPWORTH & YU HONG ZHANG 1982). Demnach liegt hier eine persistente Metallprovinz im Sinne von ROUTHIER (1980) vor, in welcher zu verschiedenen Zeiten diverse Metallotekte lagerstättenbildend wirksam waren. Die zu Grunde liegende geochemische Anomalie wäre aber nicht in der Kruste, sondern im lithosphärischen Mantel zu suchen.

Die Wolframvorkommen in *Europa* gehören der variszischen Metallisationsepoche an. Ehemals bedeutende Lagerstätten gab es sowohl in der saxo-thuringischen Zone des Nordstammes der Varisziden (Erzgebirge, Cornwall, Portugal), wie auch im Südstamm (Pyrenäen, französisches Zentralmassiv, Ostalpen). Nur wenige Lagerstätten sind heute noch in Abbau; die größte Produktion liefert zur Zeit der Bergbau Felbertal/Österreich. Alle diese Vorkommen und Lagerstätten sind an karbonisch-permische Granite gebunden.

Die Scheelitlagerstätte im *Felbertal* bei Mittersill (Salzburg) liegt in der altpaläozoischen (oder ?jungproterozoischen/REITZ & HÖLL 1988) Habach-Formation, die aus ultrabasischen, ophiolithischen Scherkörpern sowie basischen bis sauren Vulkaniten, sub-vulkanischen Intrusionen und Sedimenten eines primitiven Inselbogens besteht (Abb. 73). Im Westteil der Lagerstätte werden diese Gesteine von einem variszischen Leuko-Granit („K1-Gneis") intrudiert, der am Kontakt z.T. eine pegmatitische Fazies mit großen Scheelitkristallen, Beryll, Molybdänit etc. entwickelt, ganz vergleichbar den erzgebirgischen Stockscheider-Pegmatiten. Die basaltischen und gabbroiden Nebengesteine sind im Kontaktbereich teilweise in Biotitschiefer und -gneise umgewandelt. Eine starke alpidische Deformation und Amphibolitfazies-Metamorphose um 40 Ma („Tauernkristallisation") erschweren allerdings ungemein die Rekonstruktion der Intrusion und ihrer Kontakterscheinungen. Die Erzkörper sind im Westfeld stockwerkartig, und bestehen aus einer Vielzahl meist geringmächtiger, gefalteter Scheelit-Quarz Gänge, mit begleitenden Sulfiden (Cu, Mo, Bi, Zn, Pb, As etc.), Kassiterit, sowie Spuren von Au und Ag. Im Ostfeld bestehen die Erzkörper zum Teil aus Linsen feinkörniger Quarzite mit einer Bänderung durch schmale Scheelitlagen, die der eigentliche Anlaß für die Deutung als synsedimentäre Exhalite waren (HÖLL 1975, SCHENK & HÖLL 1989, SCHENK 1990). Zunehmend wahrscheinlicher ist nach BRIEGLEB (1987) eine Entstehung in Zusammenhang mit der Intrusion des K1-Gneises. Infolge des „metamorphen Schleiers" (sardische, variszische und alpidische Phasen – GRUNDMANN 1989) ist dieser Gegensatz bis jetzt unauflösbar; zudem werden die mehrfachen metamorphen Überprägungen nun für die eigentliche Entstehung der Lagerstätte herangezogen (THALHAMMER et al. 1989); demnach wären bei der Bildung der basisch-ultrabasischen Magmatite geochemische W-Anomalien angelegt worden, aus welchen durch metamorphe Mobilisation die jetzt vorliegenden Erzgänge entstanden sind. Das Ostfeld ist mittlerweile ausgeerzt und stillgelegt, im Westfeld werden untertage Erze mit durchschnittlich 0,5 % WO_3 abgebaut. Die Jahresproduktion liegt bei rund 1600 t Wolfram.

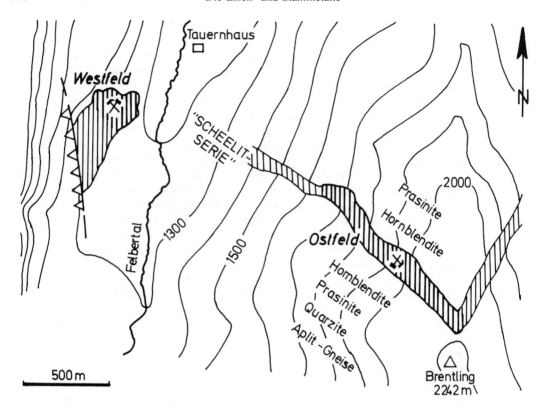

Abb. 73. Geologische Karte der Wolframlagerstätte im Felbertal bei Mittersill/Salzburg (nach HÖLL 1975). Die „Scheelitserie" besteht aus Hornblenditen und felsischen Gneisen mit erhöhten Wolframgehalten (bis 0,3 % WO_3). Erzführende Bereiche sind dick schraffiert.

Interessant ist die Entdeckungsgeschichte dieser Lagerstätte. A. MAUCHER (1965) hatte die Bindung vieler Wolframvererzungen zusammen mit Sb und Hg an altpaläozoische vulkanosedimentäre Serien erkannt und daraus ein Scheelitprospektionsmodell für die Ostalpen abgeleitet. Darauf begründet hat R. Höll bereits 1967 mit einer Gruppe von Studenten die Reicherzausbisse im späteren Ostfeld des Bergbaues Felbertal aufgefunden.

Im Erzgebirge wird Wolfram vor allem aus der Sn-W-Lagerstätte *Zinnwald* (Cinovec/CSFR) gewonnen (Abb. 74). Die Vererzung liegt in einer Kuppel des erzgebirgischen Batholiten, welche hier aus vier unterscheidbaren Granittypen besteht: Der höchste Teil der Kuppel besteht aus albitisiertem, mittelkörnigem Zinnwaldit-Granit, nach unten folgen porphyrischer Zinnwaldit-Granit, grobkörniger porphyrischer Granit und ein porphyrischer Biotit-Mikrogranit. Diese Abfolge intrudiert in permischen Quarzporphyr. An der Oberfläche ist die Kuppel als elliptische Fläche von 1,5 mal 0,5 km aufgeschlossen. Unmittelbar am Granitkontakt tritt ein Pegmatit auf, der sogenannte Stockscheider. Darunter liegt eine Zone mit flachen, kontaktparallelen Quarzgängen bis zu 150 cm Mächtigkeit. Sie führen Zinnstein, Wolframit und Scheelit, sowie Fluorit, Topas, Kalifeldspat und Zinnwaldit (eine Fe-führende Varietät von Lepidolit). Der angrenzende Granit ist zu Greisen umgewandelt. Etwas tiefer gibt es auch selbständige, geringer vererzte Greisenkörper. Das Haufwerk führt etwa 0,5 % W und 0,4 % Sn.

Zinnwald ist ein gutes Beispiel für die Gruppe der *Albitit-Greisenvererzungen* im Apex granitischer Intrusionen, wobei Erze von Nb, Ta, Sn und W auftreten können. Die Abscheidungsfolge solcher Granite zeigt in der Regel eine zeitliche Gliederung mit frühen K- und Na-Phasen über die Hauptphase der Greisenbildung unter extrem sauren Bedingungen zu später erneuter

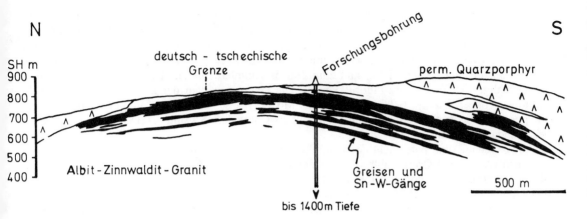

Abb. 74. Profil der Wolfram-Zinnlagerstätte Zinnwald im Erzgebirge, mit dachparallelen Erzkörpern (schwarz) im obersten Teil der Lithiumgranit-Intrusion.

Albitisierung und Kalifeldspatbildung. Zum Teil werden diese Beobachtungen als Beweise für eine mehrfache Zufuhr von Fluiden aus der Tiefe angesehen, welche einen ursprünglich „normalen" Granit zunehmend verändert hätten (STEMPROK & SULCEK 1969). Mittlerweile wurde zumindest für einzelne Lagerstätten nachgewiesen, daß es sich um extrem spezialisierte Schmelzen handelt, deren Kristallisationsablauf in einem weitgehend geschlossenen System zu den erwähnten hydrothermalen Veränderungen führt. Zur Untersuchung der Alterationshöfe um Wolframlagerstätten eignen sich besonders SEE-Spektren (HIGGINS 1985).

In den französischen Pyrenäen wurde 1961 die Scheelit-Skarnlagerstätte *Salau* (Ariège) entdeckt. Die Vererzung liegt zwischen 1200 und 1900 m Seehöhe an einem nur über etwa 1 km^2 ausbeißenden, variszischen Granodiorit im Kontakt zu vermutlich ordovizischen Kalken. Die Kontakte sind generell steil und äußerst irregulär, wobei Einbuchtungen und Rinnen die Erzfälle kontrollieren. Die Kontaktmetamorphose erzeugte Skarn bis etwa 25 m von der Begrenzung des Granodiorites, darüber hinaus bis etwa 50 m Entfernung sind die Kalke rekristallisiert. Skarnbildung und Vererzung folgen überlappend aufeinander, indem zuerst vorwiegend anhydrische Kalksilikate gebildet werden (Diopsid, Hedenbergit, Granat, aber auch Fe-Amphibole und Vesuvianit), und dann Scheelit, Magnetkies und Epidot (Arsenkies, Kupferkies, Zinkblende, Bismutglanz) folgen. Der Metallinhalt der Lagerstätte wird auf 12-15.000 Tonnen WO$_3$ geschätzt, mit durchschnittlich 1,6 % WO$_3$ im Fördererz. – Ähnlich sind die nordamerikanischen „Taktit" (= Skarn) Lagerstätten (z. B. MacTung/Kanada) sowie King Island/Tasmanien.

Ein wichtiger europäischer Wolframproduzent ist auch Portugal, wo über 100 meist kleine Lagerstätten in den Randzonen variszischer Granitkuppeln liegen. Vor allem bedeutend ist *Panasqueira* im Nordosten des Landes, wo ebenfalls annähernd kontaktparallele Quarz-Wolframitgänge im Dach eines Biotit-Muskovit-Granites liegen. Die Nebengesteine sind sandige Metapelite und Grauwacken. Im unmittelbaren Lagerstättenbereich bildet der Granit eine kleine Kuppel, die aus Quarz-Muskovitgreisen mit einer Quarzkappe besteht. Die Gänge enthalten neben Quarz und Wolframit auch Zinnstein und Arsenkies, weiters Sulfide von Fe, Zn, Cu, Sn, sowie Apatit, Siderit, Ca-Mg-Karbonate und Fluorit, wobei die Abscheidungsfolge etwa dieser Reihe entspricht. Die Nebengesteine sind an den Gängen verkieselt, serizitisiert und turmalinisiert. Aus der Lage der Gänge muß man schließen, daß die Fluide hier zumindest zeitweilig unter höherem Druck standen, als der Auflast der Dachgesteine entsprach ($P_{Fluid} > P_{lithostatisch}$). Die Mine produziert jährlich etwa 2500 t Wolframitkonzentrat, 100 t Zinnkonzentrat und 1000 t Kupferkies.

Als Typus der porphyrischen Wolframlagerstätten gilt *Mt. Pleasant* in den nördlichen Appalachen bei New Brunswick/Kanada. Es handelt sich um zwei subvulkanische intrusive Stöcke in sauren Vulkaniten, welche während des Unterkarbon (Mississippian) post-orogen in bezug auf eine mittel-devonische Orogenese gefördert wurden. Die vererzten Stöcke bestehen aus einem stark veränderten und brekziierten Quarzporphyr, der in der Tiefe in Mikrogranit übergeht. Die Alteration entspricht Greisen, mit Neubildung von Quarz, Muskovit, Chlorit, Topas, Kaolinit und Feldspat. Eine innere Quarz-Topas-Greisenzone ist mit W und Mo vererzt, und hat erhöhte Gehalte von As, Bi, Zn, Sn, Pb und Fe. Die Erze sind zum Teil disseminiert, bilden aber auch Stockwerkkörper aus unzähligen kleinen Quarz-Fluorit-Gängen. Die Gesamtreserven der Lagerstätte liegen bei 45 Millionen Tonnen Erz mit 0,2 % W und 0,1 % Mo. – Hier sei auch darauf hingewiesen, daß auch die porphyrische Molybdänlagerstätte von Climax/Colorado/USA mit 0,03 % WO_3 im Erz ein bedeutender Wolframproduzent war.

Auch Südamerika hat wichtige Wolframlagerstätten. In den bolivianischen Anden liegen zwischen La Paz und Oruro zahlreiche Quarzgänge und Turmalin-Brekzienschläuche mit Ferberit, Scheelit, Antimonglanz und anderen Sulfiden. Sie sind von mesozoischen und tertiären Monzoniten und Granodioriten abgeleitet. Die polymetallische Lagerstätte *Pasto Bueno/Peru* liegt an einem jungen (8 Ma) Monzonitstock, der mesozoische Sedimente intrudiert. Ähnlich wie bei Cu-Porphyren ist auch hier eine Alterationszonierung von K-Feldspat innen über Serizitisierung (mit Zinnwaldit, Topas, Fluorit, Turmalin, Pyrit) zu einer äußeren Kaolinisierung und Propylitisierung vorhanden, die hier allerdings zum Teil auch Nebengesteine betrifft. Die vererzten Quarzgänge liegen sowohl im Monzonit wie auch in den Nebengesteinen. Die Mineralisation fand zwischen 500 bis 200°C statt, wobei gleichzeitig die Salzgehalte von >40 bis 2 % zurückgingen. Untersuchungen stabiler Isotopen (H, O, C,) und des Sr weisen auf eine magmatische Herkunft der Fluide hin; neuerdings wurde das durch eine deutliche Mantelsignatur des Heliums der Flüssigkeitseinschlüsse weiter bestätigt (SIMMONS et al. 1987).

Bei der *Suche nach Wolframlagerstätten* stehen geologische und geochemische Methoden im Vordergrund. Weltweit hat die Verwendung der tragbaren UV-Lampe zur Scheelitsuche im Aufschluß und vor allem in Alluvionen zu vielen Neufunden geführt. Zur Zeit sind die Wolframpreise allerdings so niedrig, daß praktisch keine Prospektion stattfindet, und viele Bergbaue schließen mußten (z. B. Salau).

Die größten *Produzenten* von Wolframkonzentrat sind China (ca. 50 % der Welt), die UdSSR, Korea, Australien, Bolivien, Portugal, Österreich und Kanada mit abnehmender Menge in derselben Reihenfolge. Die Ressourcenbasis allerdings zeigt eine andere Abfolge: China, Kanada, UdSSR, USA, Australien und Bolivien (Ho 1987).

Literatur:

BEUS, A. A. (Ed.), 1986, Geology of tungsten. 284 pp, UNESCO Paris.
BRIEGLEB, D., 1987, Geologische Verhältnisse im Bereich der Scheelitlagerstätte im Felbertal, Pinzgau (Land Salzburg). Uni-Aktuell 10, 10-11, Universität Salzburg.
BURNOL, L., GEFFROY, J. & SOLER, P., 1978, Le tungstène, ses principaux types des gisements. Chron. Rech. Min. 441, Paris.
CAMPBELL, A., RYE, D. & PETERSEN, U., 1984, A Hydrogen and Oxygen isotope study of the San Cristobal mine, Peru : Implications for the role of water to rock ratio for the genesis of wolframite deposits. Economic Geol.79, 1818-1832.
CAMPBELL, A. & PETERSEN, U., 1988, Chemical zoning in Wolframite from San Cristobal, Peru. Mineral.Deposita 23, 132-137.
GRUNDMANN, G., 1989, Metamorphic evolution of the Habach Formation – a review. Mitt. österr. geol. Ges. 81, 133-149.
HEPWORTH, J. V. & YU HONG ZHANG (Eds.), 1982, Tungsten geology Jiangxi, China. 583 pp, ESCAP/RMRDC Bandung.
HIGGINS, N. C., 1985, Wolframite deposition in a hydrothermal vein system – the Grey River tungsten prospect, Newfoundland, Canada. Economic Geol. 80, 1297-1327.
Ho, E. C., 1987, Tungsten. Mining Magazine, March 1987, 219-221.
HÖLL, R., 1975, Die Scheelitlagerstätte Felbertal und der Vergleich mit anderen Scheelitvorkommen in den Ostalpen. Abh. Bayer. Akad. Wiss. math. nat. Kl. 157 A, 114 pp.

HORNER, C., 1979, Solubility and hydrolysis of FeWO$_4$ and MnWO$_4$ in the 25-300 °C range and the zonation of wolframite. Chem. Geol. 27, 85-98.

KWAK, T. A. P., 1987, W-Sn skarn deposits and related metamorphic skarns and granitoids. 452 pp, Elsevier.

MAUCHER, A., 1965, Die Antimon-Wolfram-Quecksilber-Formation und ihre Beziehungen zu Magmatismus und Geotektonik. Freiberger Forsch. H. C186, 173-188.

MANNING, D. C., 1985, W-partitioning in granitic melt/vapour systems. Trans. Instn. Min. Metall. B93, 185-189.

NEWBERRY, R. J. & SWANSON, S. E., Scheelite skarn granitoids: an evaluation of the roles of magmatic source and process. Ore Geology Reviews 1, 57-81, 1986.

PELISSONIER, H., 1987, Les gisements de tungstène dans le Monde. Chron. Rech. Min. 487, 3-10.

POLYA, D. A., 1990, Pressure dependence of wolframite solubility for hydrothermal vein formation. Transact. Instn. Min. Metall. B99, 120-124.

REITZ, E. & HÖLL, R., 1988, Jungproterozoische Mikrofossilien aus der Habachformation in den mittleren Hohen Tauern und dem nordostbayerischen Grundgebirge. Jb. Geol. B.-A. 131, 329-340, Wien.

SCHENK, P. & HÖLL, R., 1989, Metamorphe, hydrothermale Eruptionsbrekzien in der Scheelitlagerstätte Felbertal/Ostalpen. Mitt. österr. geol. Ges. 81, 93-107.

SCHENK, P., 1990, Mikrothermometrische, gefügekundliche und geochemische Untersuchungen zur Genese der Scheelitlagerstätte Felbertal/Ostalpen. Münchner Geol. Hefte 1, 198 pp.

SIMMONS, S. F., SAWKINS, F. J. & SCHLUTTER, D. J., 1987, Mantle-derived Helium in two Peruvian hydrothermal ore deposits. Nature 329, 429-432.

SIMPSON, P. R., GONG YOUXUN & GAO BINGZANG, 1987, Metallogeny, magmatism and structure in Jiangxi province, China: a new interpretation. Trans. Instn. Min. Metall. B96, 77-83.

ŠTEMPROK, M. & SULCEK, Z., 1969, Geochemical profile through an ore bearing lithium granite. Economic Geol. 64, 392-404.

THALHAMMER, R., STUMPFL, E. F. & JAHODA, R., 1989, The Mittersill scheelite deposit, Austria. Economic Geol. 84, 1153-1171.

THORN, P. G., 1988, Fluid inclusion and stable isotope studies at the Chicote Tungsten deposit, Bolivia. Economic Geol. 83, 62-68.

Vanadium

Erzminerale:

		% V
Coulsonit (in Vanado-Magnetit)	FeV$_2$O$_4$ theoret.	47,7
Montroseit	VO(OH)	45,4
Carnotit	K$_2$((UO$_2$)$_2$ / V$_2$O$_8$) . 3H$_2$O	11,5
Tujamunit	Ca((UO$_2$)$_2$ / V$_2$O$_8$) . 5-8H$_2$O	11,1
Vanadinit	Pb$_5$(Cl / (VO$_4$)$_3$)	10,2
Patronit	VS$_4$	bis 30 %

(nur als unreine Massen in Asphaltit)

Die Bauwürdigkeitsgrenze eigentlicher Vanadiumerze liegt bei 1 % V; da dieses Metall heute fast ausschließlich als (allerdings wichtiges) Nebenprodukt abgebaut wird, sind bereits Gehalte ab 0,02 % V wirtschaftlich interessant. Das wichtigste V-Erz ist Coulsonit; dieser ist als Erzmineral äußerst selten, findet sich aber häufiger als eine Komponente von Ti-V Magnetit, wobei die V-Gehalte der Fördererze großer Lagerstätten durchschnittlich 2,8 % erreichen können. Montroseit, Carnotit und Tujamunit sind Minerale der Uranlagerstätten vom Typus Colorado Plateau, wobei das Interesse überwiegend der Urangewinnung gilt. Vanadinit ist hier stellvertretend für viele ähnliche Minerale der Oxydationszone mancher Pb-Zn-Cu Lagerstätten genannt, welche aber heute kaum mehr als bergbauliche Erze zur Verfügung stehen. Auch Patronit hat jede Bedeutung verloren; abgebaut wurde er früher in Asphaltausbissen bei *Minasraga/Peru*.

Die *Verwendung* des Vanadiums liegt vor allem in Stahllegierungen für den Bau von Rohrleitungen, Druckkesseln, Brücken und Werkzeugen. V-Ti Legierungen werden im Flugzeugbau eingesetzt, Vandiumkatalysatoren braucht man bei der Schwefelsäureproduktion.

Der *geochemische Charakter* des Vanadiums kann als siderophil und biophil bezeichnet werden. Natürliche V-Verbindungen haben drei-, vier- oder fünfwertiges Vanadium. Im magmatischen Bereich wird V^{3+} bevorzugt in Magnetit, Titanminerale und Chromit, in geringerem Maße in mafische Silikate eingebaut. Aus diesem Grund sinken die durchschnittlichen V-Gehalte von Mafiten (266 ppm) zu Graniten (72 ppm) stark ab. Besonders angereichert ist V in den liquidmagmatischen Magnetiterzen, ohne aber jemals eigene Minerale zu bilden. Da somit Vanadium in Mineralen der Frühausscheidung abgefangen wird, führen Pegmatite und hydrothermale Restlösungen äußerst selten Vanadium. Ausnahmen sind manche basische Pegmatite und durch Cr+V grüngefärbter Beryll, also Smaragd; bei vielen Smaragdvorkommen mag allerdings Auslaugung bituminöser Nebengesteine vorliegen.

Die *Verwitterung* primärer Minerale mit V-Gehalten setzt dieses frei; im humiden Klima (bei eher sauren Bodenlösungen) ist V wenig löslich, und wird ohne Konzentration mechanisch umgelagert. In sauerstoffreichen, alkalischen Wässern arider Klimabereiche aber werden V^{5+} oder V^{4+} in Form verschiedener Vanadat-Ionen bis zu einigen 100 ppm gelöst und können so weit transportiert werden. Ausfällung erfolgt durch Reduktion (besonders an organischer Substanz), durch Schwermetallkationen (Pb, Zn, Cu), durch UO_2^{2+} Ionen oder durch Einbau bzw. Adsorption an Eisen- und Aluminiumhydroxyden (Bauxite).

Sedimente führen im allgemeinen geringe V-Gehalte. Deutlich erhöht sind diese aber in bituminösen Gesteinen (Kupferschiefer, schwedischer Alaunschiefer), sedimentären Eisen- und Manganerzen, Phosphoriten und in Eisenoxydpräzipitaten sowie in den Manganknollen der Tiefsee. Manche Proben der Erzschlämme in den Tiefs des Roten Meeres führen bis 1,3 % V_2O_3; genauere Umtersuchungen haben ergeben, daß hier das V in authigenen Magnetiten auftritt, welche überraschenderweise sehr wenig Ti enthalten (JEDWAB et al. 1989). Vanadium ist ferner ein charakteristisches Spurenmetall aller Erdöle; ähnlich dem Eisen des Chlorophylls liegt es hier in Porphyrinen als metall-organische Verbindung vor. Manche Tiere und Pflanzen brauchen nämlich V als Sauerstoffträger; z. B. haben Holothurien V-Gehalte in der Trockenmasse bis 1,15 %. In Schweröl und Asphalt wird Vanadium angereichert, weshalb Erdölaschen mit maximal 20 % V z.Zt. rund 25 % der Weltproduktion dieses Metalles liefern.

Als eigentliche *Vanadiumlagerstätten* gelten heute nur die magmatischen Fe-Ti Erze mit >0,1 % V. Als Nebenprodukt wird V aus manchen Uranerzen gewonnen, ferner aus sedimentären Fe-Mn Erzen, aus Phosphaten und Schwerölen. Andere Quellen (eisenreiche Bauxite, Patronit in Asphalt, Ölschiefer und Teersande, Vanadate oxydierter Pb-Zn-Cu Lagerstätten) sind zur Zeit unbedeutend.

Nahezu 50 % der Weltreserven an Vanadium liegen in den Magnetitflözen des Bushveldes/Südafrika. Die obersten 1750 m der Intrusion enthalten 8 % disseminierten Magnetit in Gesteinen, die aus Quarz und Olivin, sowie zurücktretend Klinopyroxen, Plagioklas, Hornblende, Biotit, Apatit und Orthoklas bestehen. Darin liegen mehr als 20 Flöze reinen Ti-Magnetites, dessen V-Gehalte von unten nach oben abnehmen (2,1 bis 0 % V_2O_5), während TiO_2 von 12 auf 20 % ansteigt. In der *Mapochs Mine* und im *Brits District* wird der rund 2 m mächtige Main Magnetite Layer im Tagbau abgebaut. Die Entstehung der Magnetitflöze ist nicht völlig geklärt; in Betracht gezogen wurden: Entmischung silikatischer und oxydischer Magmen, gravitative Saigerung von Magnetitkristallen, mehrfache Magmenzufuhr und periodische Zufuhr von Sauerstoff. Zuletzt traten CAWTHORN & MOLYNEUX (1986) für eine Bildung durch periodischen Druckaufbau und -entlastung in der Magmenkammer ein, da meßbare chemische Gradienten quer zu den Flözen nicht genügend deutlich seien, um eine Erklärung durch vorwiegend chemische Faktoren zuzulassen. Interessant ist, daß das Vanadium der Oberen Zone des Bushveldes ausschließlich im Magnetit auftritt; die begleitenden Silikate führen sehr wenig V. Dies belegt die überaus effiziente Fällung des Vanadiums der Schmelze durch Magnetit.

Eine im europäischen Bereich wichtige Vanadiumlagerstätte des Magnetit-Typs ist *Otanmäki/ Finnland*. Es handelt sich um einen hochmetamorphen, stark deformierten Grüngesteinsgürtel archaischen oder früh-proterozoischen Alters. Im Lagerstättenbereich bilden Gabbro-Amphibolite und Anorthosite eine schmale, über 2 km Länge aufgeschlossene Synform, deren Achse steil nach Westen einfällt. Die basischen Gesteine enthalten Hunderte kleiner Erzlinsen, die aus Magnetit, Ilmenit und Pyrit mit wenig Chlorit, Hornblende und Plagioklas bestehen. Das Erz ist wechselnd disseminiert, gebändert oder massig; nicht selten enthält es Fragmente der Nebengesteine. Massiges Erz schlägt zum Teil quer durch Bändererz, oft den Schieferungsflächen folgend. Das Fördererz enthält durchschnittlich 33 % Fe, 13 % TiO_2 und 0,26 % V, wobei letzteres von überwiegendem wirtschaftlichem Interesse ist (ISOKANGAS 1976).

Weitere Vanadiumlagerstätten vom Magnetit-Typ gibt es in Norwegen (Rödsand), im Ural (Gusevogorsk-Katschkanar), in Chile (El Romeral), Indien (Orissa), China (Lanshan) und in Australien (Coates Siding und Buddadoo/W. A.). Eine intensivierte *Suche* nach solchen Lagerstätten hat zweifellos hohe Erfolgschancen, da titanreiche Eisenerze häufig ohne genauere Untersuchung in der Frühphase von Explorationsprojekten ausgeschieden wurden.

Die bergbauliche *Vanadium-Produktion* stammt zu zwei Dritteln aus Südafrika, danach folgen die UdSSR und China. Flugasche aus ölbeheizten Kraftwerken und das Recycling von Katalysatoren der Erdölindustrie erbringen 35 % des Weltbedarfes, aus Magnetiterzen kommen etwa 50 %, der Rest aus Bergbauen anderer Erze, in denen Vanadium als Nebenprodukt anfällt.

Literatur:

CAWTHORN, R. G. & MOLYNEUX, T. G., 1986, Vanadiferous magnetite deposits of the Bushveld Complex. Pp 1251-1266 in C. R. ANHÄUSSER & S. MASKE (Eds.), Mineral Deposits of Southern Africa. Vol. II, Geol. Soc. S. Africa, Johannesburg.
CHAPMAN, G. R., 1989, Vanadium – a world situation report. 55 Pp, IMM London.
FISCHER, R. P., 1975, Vanadium resources in titaniferous magnetite deposits. USGS Prof. Pap. 926-B, 1-10.
FISCHER, R. P. & OHL, J. P., 1970, Bibliography on the geology and resources of Vanadium to 1968. U. S. Geol. Surv. Bull. 1316, 1.
HÄHN, R., 1987, Vanadin – Gewinnung und Verwertung. Erzmetall 40, 6, 298-303.
ISOKANGAS, P., Finland. Pp 39-92 in S. H. U. BOWIE et al. (Eds.), Mineral Deposits of Europe, Vol. I Northwest Europe, Instn. Min. Metall. London.
JEDWAB, J., BLANC, G. & BOULEGUE, J., 1989, Vanadiferous minerals from the Nereus Deep, Red Sea. Terra Nova 1, 188-194.
MEINECKE, G., 1973, Zur Geochemie des Vanadiums. Clausthaler Hefte 11, 90 pp, Borntraeger.
NICCOLINI, P., 1960, Recherches bibliographiques sur la géologie du Vanadium. Chron. Min. d'OM & Rech. Min. 28, 1-36.
TREFRY, J. H. & METZ, S., 1989, Role of hydrothermal precipitates in the geochemical cycling of vanadium. Nature 342, 531-533.

II. Buntmetalle

Kupfer

Erzminerale:

Chalkopyrit	$CuFeS_2$	34,5 % Cu	D=4,2-4,3
Chalkosin	Cu_2S	80	5,7-5,8

Enargit	Cu_3AsS_4	48	4,4
Digenit	Cu_9S_5	78	5,7-5,8
Covellin	CuS	66	4,7
Cuprit	Cu_2O	89	6,2
Malachit	$Cu_2(OH)_2CO_3$	72	4

Neben diesen wichtigsten Kupfererzmineralen gibt es eine Vielzahl anderer Kupferminerale, die nur historisch oder lokal größere Bedeutung haben. Wichtig ist die Unterscheidung von primär gebildeten (meist die erste, oben genannte Gruppe), durch sekundäre Anreicherung bzw. Zementation entstandenen (2. Gruppe) sowie oxydischen Erzmineralen (3. Gruppe) bzw. Paragenesen.

Bauwürdig sind kleinere Kupferlagerstätten bei Gehalten von 3-5 % im Erz, während sehr große, im Tagbau gewinnbare Erzkörper ab 0,5 %, bei Vorliegen weiterer Metalle (Mo, Au etc.) sogar ab 0,3 % abgebaut werden. Sulfidische Kupfererze werden in der Regel durch Flotation zu Konzentraten mit 30 bis >60 % Cu angereichert; diese werden durch metallurgische und elektrochemische Methoden zum *Kathodenkupfer* verarbeitet. Dabei fallen die oft wirtschaftlich wichtigeren Edelmetalle im Anodenschlamm aus. Daneben haben viele Kupfererze gewinnbringende Spurengehalte von Selen und Tellur. Ungünstige Beimengungen im Konzentrat sind Bi, As, Sb und Zn. Hohe Schwefelgehalte im Konzentrat erlauben den Einsatz des energiesparenden „flash smelting" Verfahrens und nebenbei natürlich Gewinnung von Schwefel bzw. Schwefelsäure (RUSSELL 1989). Manche Lagerstätten bzw. alte Gruben, Aufbereitungshalden und niedrighaltiges Nebengestein auf Halden werden heute zunehmend durch chloridische oder sulfatische Laugung zur Kupfergewinnung verwertet. Aus solchen Lösungen kann Kupfer durch Zementation an Alteisen oder durch Elektrolyse nach weiterer Anreicherung durch organische Chemikalien (Stripping Solutions) billig gewonnen werden.

Die *Verwendung* von Kupfer ist durch die hohe Leitfähigkeit des Metalles für Wärme und Elektrizität geprägt, so daß über 50 % des Verbrauches diverse Produkte der Elektroindustrie betreffen. Weiters findet das Metall und seine Legierungen (Bronzen: Cu + Sn; Messing: Cu + Zn) durch günstige mechanische Eigenschaften sowie Verwitterungsbeständigkeit eine breite Anwendung in der Bauindustrie, im Maschinenbau und im Fahrzeugbau. Kupfer ist zwar für Menschen, Tiere und Pflanzen nur in hohen Konzentrationen toxisch, bekannt ist aber seine landwirtschaftliche Verwendung als Fungizid. Zunehmende Konkurrenz erfährt das „alte Metall" Kupfer durch Lichtfaserkabel und leitende Kunststoffe, trotzdem aber wächst der Verbrauch jährlich um einige Prozente.

Die maßgebende *geochemische Eigenschaft* des Kupfers ist seine große Affinität zum Schwefel, weshalb V. M. GOLDSCHMIDT für solches Verhalten das Wort „chalcophil" geprägt hat. Kupfer ist in sauren Wässern mit Eh > 0 gut löslich; durch reduzierten Schwefel wird es äußerst effektiv unter Sulfidbildung gefällt, ebenso durch Karbonate, wobei Malachit und Azurit entstehen. Mit organischen Substanzen bildet Kupfer sehr stabile Komplexe, weshalb Schwarzschiefer, Kohlen und Erdölaschen immer erhöhte Cu-Gehalte haben. Adsorption an Tonen oder Mn-Fe-Hydroxiden (z. B. die Manganknollen der Tiefsee) ist ebenfalls häufig. In der kontinentalen Kruste ist Cu mit durchschnittlich 55 ppm enthalten, wobei basische Magmatite 40-100, saure 1-40 ppm enthalten. Unter den Sedimenten haben Tone mit 70 ppm Cu die höchsten Gehalte, Karbonate mit 6 ppm die niedrigsten. Hydrothermale Lösungen transportieren Cu bevorzugt in Form chloridischer Komplexe, z. B. als $(CuCl)^0$ über 250 °C, während bei niedrigeren Temperaturen $CuCl_3^{2+}$ oder $CuCl_2^-$ und sogar $Cu(HS)_3^{2-}$ überwiegen. Häufige Kupfergehalte solcher Lösungen liegen zwischen 100 und 500 ppm.

Für viele Kupferlagerstätten ist die deszendente Anreicherung des Cu bei der Verwitterung, welche bereits früher beschrieben wurde (Abb. 37), Voraussetzung für das Vorliegen bauwürdiger Gehalte. Auslaugungszonen sind durch eiserne Hüte und saure Verwitterung von silikatischem Nebengestein gekennzeichnet, während bei karbonatischem Nebengestein keine wesentliche Metallverschiebung eintritt. Durch die auffällig bunten Cu-Karbonate werden im letzten Fall oft hohe Cu-Gehalte vorgetäuscht. Verwitterungsböden enthalten durchschnittlich

20 ppm Cu; solche Kupferspuren spielen physiologisch für Pflanzen und Tiere eine wichtige Rolle.

Kupferlagerstätten sind sehr unterschiedlicher Entstehung und weit verbreitet. Die wichtigeren Typen sind:
- Cu zusammen mit Sulfiden von Ni und Fe sowie Pt in den früher beschriebenen basischen Intrusivkomplexen (z. B. Norilsk, Sudbury, Abb. 4 und 69);
- porphyrische Cu-Lagerstätten mit rund 60 % der Weltvorräte; Entstehung (Abb. 22 und 23) sowie Verteilung (Abb. 56 und 57) wurden ebenfalls bereits behandelt;
- Skarne und Verdrängungserzkörper, z.T. in unmittelbarem Zusammenhang mit Cu-Porphyren oder Dioriten, z.T. in andesitischen Vulkaniten entwickelt;
- Kupfererzgänge, z. B. die nur historisch wichtigen Cu-Sn Gänge in Cornwall (Abb. 29), die Kupferkies-Siderit Gänge des Siegerlandes, und der Quarz-Siderit-Kupferkiesgang von Mitterberg/Salzburg;
- Vulkanogen- bzw. synsedimentär-exhalative massige Sulfidlager, in denen Cu oft zusammen mit Au, Pb und Zn auftritt, so daß hier ein übergangsloser Zusammenhang mit Lagerstätten dieser Metalle vorliegt. Dazu gehören Lagerstätten vom Zypern-Typ, vom Kuroko Typ und vom SEDEX-Typ, welch letztere allerdings meist mehr Pb-Zn als Cu führen (z. B. Rammelsberg);
- Schichtgebundene und z.T. stratiforme Kupferlagerstätten in Sedimenten (Kupferschiefer, Abb. 48 und 49; White Pine/Michigan; Kupfergürtel von Zaire-Zambia; Mt. Isa/Australien);
- Kupferführende Karbonatite (einziger Bergbau: Palabora in Südafrika, mit sehr großen Vorräten zu 0,56 % Cu).

Porphyrische Kupferlagerstätten gibt es in den westlichen USA (Bingham/Utah, Bisbee/Arizona, Ely/Nevada), in Mexico (La Caridad), in den Anden Chiles (Chucicamata, El Teniente), in SE-Asien (Bougainville, Ok Tedi/Papua-Neuguinea), im Iran (Sar Chesmes) und nicht zuletzt auch in SE-Europa (Recsk/Ungarn, Medet/Bulgarien, Bor/Serbien und Deva/Rumänien). Beispielhaft seien einige Zahlen zu *Bingham* genannt: Der Abbau begann 1863; heute liegt ein Tagbau von 800 m Breite und 4 km Länge vor, aus welchem insgesamt rund 11 Mt Kupfer extrahiert wurden, wobei etwa 5.000 Mt Gestein bewegt werden mußten. Die heutige Jahresproduktion liegt um 250.000 t Cu, 11 t Au, 81 t Ag, 4.000 t Mo und 520.000 t Schwefelsäure. – Dies illustriert wohl am besten die ungeheure wirtschaftliche Bedeutung dieses Lagerstättentyps.

Als Beispiel für *vulkanogene Verdrängungserzkörper* sei hier der Distrikt von *Bor*/Jugoslawien beschrieben. Überwiegend vulkanoklastische andesitische Gesteine werden dort von dioritischen bis granodioritischen Stöcken intrudiert; dieser „magmatische Komplex von Bor" ist jung-kretazischen Alters. Eine Vielzahl diverser Lagerstätten sind entwickelt: Porphyre mit Cu und Mo (Maidanpek), Gänge mit Cu und Au, kleine Pb-Zn Skarnerzkörper und Gänge als typische Hofbildungen um die Porphyre, sowie große massige Verdrängungserzkörper von Pyrit, Bornit, Enargit und Kupferkies. Die eigentliche Lagerstätte Bor baut solche Körper ab; die Erze liegen in stark argillitisierten Andesiten. Die Metallgehalte sind 1-2 % Cu, bis 4 ppm Au und 10 ppm Ag, weiters gewinnbare Spuren von Ge, Se, Ni und Pt. Dazu kommt eine Jahresproduktion von rund 500.000 t Pyrit. Durch Tiefbohrungen wurde in jüngerer Zeit 200 m unter den Verdrängungserzen ein Cu-Porphyr aufgefunden (Abb. 75).

Kupferlagerstätten vom Zyperntyp, also ophiolithischer Assoziation, sind recht häufig. Der Name „Kupfer" hat sicherlich mit dem uralten zyprischen Bergbau auf dieses Metall zu tun, wofür die frühesten Nachweise aus dem 4. Jahrtausend vor Christi stammen. Mit dem Verfall des Römischen Reiches endete eine lange Blütezeit, und erst 1921 wurde der Bergbau wieder aufgenommen. Mittlerweile wurden mehr als 30 kupferführende Sulfiderzkörper gefunden und verschiedentlich in Abbau genommen. Alle Erzkörper liegen in den Pillow-Laven des Troodos Ophiolithes, in der Regel im stratigraphischen Intervall zwischen den Unteren, hydrothermal veränderten, und den Oberen Pillow-Laven, welche wenig alteriert sind (HADJISTAVRINOU & CONSTANTINOU 1982). Die einzelnen Erzkörper sind vom Liegenden zum Hangenden zoniert: Über einer Stockwerkzone mit Quarz, Pyrit und Kupferkies in Chlorit-Quarzgesteinen folgt verkieseltes massiges Sulfiderz, das von der Hauptmasse des Sulfiderzkörpers überlagert wird. Es gibt „konglomeratische" Erztypen mit

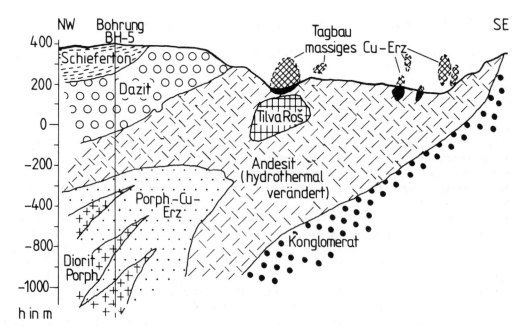

Abb. 75. Die Enargit-Chalkopyrit-Verdrängungserzkörper von Bor/Serbien, unterlagert von Stockwerkerzen (Tilva Roš) und einem porphyrischen Erzkörper (nach JANKOWIC 1980).

sandiger Sulfidmatrix sowie hartes Kompakterz. Beide bestehen im wesentlichen aus Pyrit, der für die Schwefelgewinnung verwendet wird, sowie Chalkopyrit und wenig Sphalerit. Die Kupfergehalte liegen zwischen 0,3-4,5%, die Tonnage einzelner Erzkörper von 50.000 t bis 20 Mt. Überlagert werden die Sulfide von der Ocker-Gruppe, das sind goethitische Gesteine, die seit der Antike als Farberde abgebaut werden. Sie sind von den Mn-Fe führenden „Umber"-Schichten äquivalenter Verwendung über den Oberen Pillow-Laven deutlich unterschieden. Beide sind natürlich exhalative Präzipitate, wie im Zusammenhang mit den „Black Smokers" sowie den Manganlagerstätten früher beschrieben wurde. Durch systematische Aufnahme der Raumlage basaltischer Gänge und von Störungen war es möglich, die Position der großen Sulfiderzkörper in fossilen Gräben nahe einer Transformstörung zu erkennen (VARGA & MOORES 1985).

Die zyprischen Sulfidlagerstätten sind heute wirtschaftlich wenig bedeutend. Andere Lagerstätten dieses Typs sind *Ergani Maden* in der SE-Türkei und *Ermioni* im östlichen Peloponnes, beide auch mesozoischen Alters. Zumindest ein Teil der metamorphen Sulfiderze in den skandinavischen Kaledoniden muß ebenfalls zu dieser Gruppe gezählt werden (z. B. Joma, Abb. 52; s. auch KRUPP & KRUPP 1985).

Bergwirtschaftlich sehr wichtig und zugleich geologisch äußerst interessant ist der Lagerstättendistrikt von *Outukumpu* in Finnland. In altproterozoischen Glimmergneisen der Svekokareliden liegen dort in einem strukturell definierten Horizont linsige Züge von Serpentiniten, welche als Reste einer Ophiolithdecke gedeutet werden (GAAL et al. 1975). Zusammen mit den Serpentiniten findet man Talk-Karbonatgesteine (CO_2-Metasomatite), metamorphogene Skarne, fein laminierte Quarzite (ehemalige Exhalite) und Schwarzschiefer; diese Gesteinsserie wird Outukumpu-Assoziation genannt. Cu-Co Reicherze liegen überwiegend im Quarzit. Der Outukumpu-Erzkörper ist 4000 m lang und bis 400 m breit, mit einer durchschnittlichen Mächtigkeit von 10 m. Das Erz enthält 3,5 % Cu, 0,54 % Zn, 0,29 % Co und 20 % S; der gesamte Metallinhalt betrug rund 1 Mt Cu. Ein ähnlicher, verborgener Erzkörper wurde 1965 durch lithogeochemische Methoden beim benachbarten *Vuonos* entdeckt und in Abbau genommen. Genetisch können diese Erze allerdings nicht ohne Einschränkung dem Zypern-Typ zugeordnet werden, weil sie nicht mit Meta-Basalten assoziiert sind. Vielmehr handelt es sich vermutlich um sub-kontinentale Mantelgesteine, welche bei rascher Krustendehnung in einem marinen Rift freigelegt wurden, ähnlich der atlantische Küste der Iberischen Halbinsel (BOILLOT et al. 1989). Auch in einem solchen Milieu können produktive hydrothermale Systeme entstehen.

Vulkanogen-exhalativ sind die riesigen Sulfiderzkörper des *Iberischen Pyritgürtels,* der über 250 km von Sevilla in Süd-Spanien bis nach Portugal streicht. Es handelt sich um einen südlichen Strang des variszischen Orogens; die beteiligten Gesteine sind Tonschiefer und Quarzite des Oberdevons, 50-800 m mächtige Vulkanite eines unterkarbonen Vulkangürtels und schließlich oberkarboner Flysch (Grauwacken und schwarze Schiefer in Kulm-Fazies). Die gesamte Serie wurde im mittleren Westphal deformiert, mit südvergenter Faltung, Aufschiebungen und Schieferung. Die Lagerstätten liegen ausnahmslos im „Vulkano-sedimentären Komplex", bestehend aus sauren, intermediären und basischen Vulkanoklastika und Laven mit eingeschalteten schwarzen Schiefern, Radiolariten und „Manganformationen", das sind distale Exhalite silikatischer, karbonatischer und oxydischer Fazies. Obwohl früher viele solche Manganvorkommen abgebaut wurden, sind diese heute auf Grund der geringen Reserven unwirtschaftlich.

Die sicheren Reserven des Pyritgürtels liegen über 1000 Mt Erz, wobei einzelne Erzkörper über 100 Mt Inhalt erreichen. In der Regel besteht das Erz weit überwiegend aus Pyrit, gefolgt von Chalkopyrit, Sphalerit und Galenit, mit geringen Anteilen von Arsenopyrit, Pyrrhotin, Tetrahedrit, Pb-Sulfosalzen, Kassiterit etc. Gangarten sind Silikate der vulkanischen Nebengesteine sowie hydrothermale Präzipitate wie z. B. Chloritvorläufer, gelegentlich auch Baryt und Gips. Alle Erzkörper liegen in unmittelbarer Nachbarschaft zu sauren Eruptivzentren, stratigraphisch meist über groben vulkanoklastischen Gesteinen. Proximale Erze sind massig und sehr feinkörnig, distale Erze oft durch pelitische Lagen gebändert oder durch submarine Gleitungen als Brekzien resedimentiert. Dazu kommen Stockwerk-Erzkörper im Liegenden der Sulfidlager, hier vor allem mit Pyrit sowie Cu und Zn in wechselnd chloritisierten, serizitisierten und verkieselten Vulkaniten. Einzelne ausbeißende Lager hatten gut entwickelte eiserne Hüte mit bedeutenden Goldgehalten sowie reiche Zementationserze; beide spielen heute nur mehr eine geringe Rolle.

Die wichtigsten Lagerstätten des Pyritgürtels sind Rio Tinto, Tharsis, Aznalcollar und das jüngst entdeckte Neves Corvo. Als Beispiel sei hier *Tharsis* kurz beschrieben (Abb. 76): Nördlich der devonischen Tharsis-Antiklinale liegen auf engem Raum fünf Erzkörper mit >100 Mt Erz mit 46,5 % S, 0,7 % Cu, 0,8 % Pb, 1,8 % Zn und 1,2 g/t Au. Die vulkanische Abfolge beginnt hier mit den sauren Tharsis 1 – Vulkaniten, auf welche die Bildung der Erze und einer Mn-Formation folgte. Darüber liegen schwarze Tonschiefer und spilitische Laven, gefolgt von den mächtigen sauren Tharsis 2 - Vulkaniten. Damit sind nur kleinere Sulfidkörper sowie einige früher gebaute Mn-Erzlager verbunden. Die letzte saure Phase wird durch die Gatos-Tuffe und Brekzien dokumentiert; sie hat keine begleitende Vererzung. *Neves Corvo* in Portugal ist durch seine höheren Buntmetallgehalte, insbesondere aber durch wirtschaftlich ins Gewicht fallende Zinnführung wichtig: Neben Cu- und polymetallischen Erzen gibt es dort einen Zinnerzkörper mit 2,4 % Sn, 13,4 % Cu und 1,3 % Zn. Die Entdeckung dieses in 200-700 m Teufe verborgenen Erzlagers war ein Glanzstück moderner Prospektionsmethoden, hier einer Kombination geologischer Kartierung und Deduktion sowie regionaler gravimetrischer Messungen.

Die Entstehung des Iberischen Pyritgürtels wird heute allgemein mit den Kuroko-Lagerstätten verglichen.

Als Vertreter für *kupferführende SEDEX-Lagerstätten* soll der *Rammelsberg* bei Goslar/Harz genannt sein. Dieser Bergbau wurde 1989 nach mehr als 1000 Jahren Abbau wegen Erschöpfung der Reserven eingestellt. Der Erzkörper lag in den mittel-devonischen Wissenbacher Schiefern, das sind Schwarzschiefer mit einzelnen felsischen Tuffbändern, im Knickbereich zwischen dem Okertal-Hoch, wo die Mächtigkeit bis <150 m abnimmt, und dem Goslarer Trog mit >1000 m. Eine syn-sedimentäre Störung ist dadurch sehr wahrscheinlich gemacht. Im Becken gibt es einzelne Horizonte mit Lagergängen von Basalten. Durch die orogene Deformation wurde der Erzkörper zu einer isoklinalen, NW-vergenten Mulde gefaltet (Abb. 77). Der Erzkörper enthielt ursprünglich 27 Mt Erz mit 7 Mt Metallinhalt, überwiegend Zn, Pb und Cu, sowie Ag und Au. Baryt, Dolomit und Ankerit waren neben pelitischem Material die wichtigsten Gangarten im Fördererz, das in

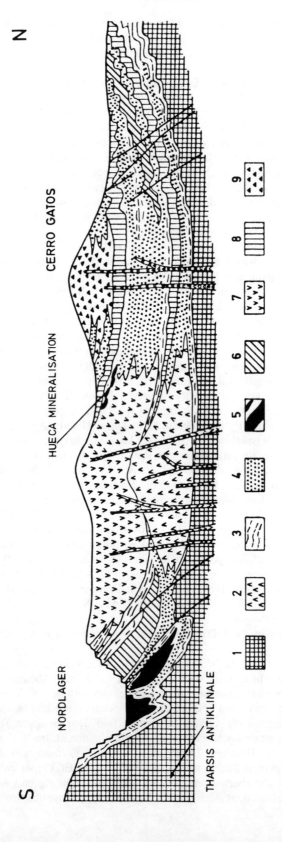

Abb. 76. Geologisches Profil durch die Kieslagerstätte Tharsis-Nord/Spanien (nach STRAUSS & GRAY 1986).
1 – devonische Sandsteine und Schiefer; 2 – Tharsis 1 Vulkanite; 3 – Schwarzschiefer; 4 – Tuffe; 5 – Pyriterzkörper; 6 – spilitische Laven; 7 – Tharsis 2 Vulkanite; 8 – Mn-Formation; 9 – jüngste saure Gatos Vulkanite. Länge des Profils ca. 2 km.

den letzten Jahren 19 % Zn, 9 % Pb, 1 % Cu, 160 ppm Ag und 1,2 ppm Au enthielt (HANNAK 1981). Geschichtetes und laminiertes Erz, oft mit Strukturen syn-sedimentärer Deformation, waren für den Rammelsberg besonders charakteristisch. Die Diagenese der Nebengesteine liegt weithin im Anthrazitfeld, mit einzelnen Bereichen, in denen bereits Graphit vorkommt. Dementsprechend weist auch das Erz diagenetische Rekristallisation auf, mit lokaler Mobilisation. Ein Bereich starker Verkieselung der Schiefer im Liegenden des Erzkörpers, begleitet von stockwerkartigen Vererzungen und Quarzgängchen, von den Bergleuten Kniest genannt, wird als Zufuhrbereich der sub-marinen Hydrothermen gedeutet (HANNAK 1981).

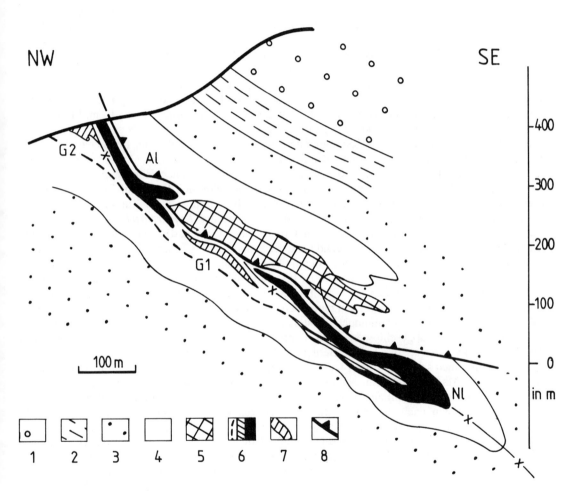

Abb. 77. Das Buntmetallerzlager vom Rammelsberg/Goslar (nach GUNZERT 1978).
1 = unterdevonische Sandsteine; 2 = Calceola Schiefer; 3 = Sandbandschiefer; 4 = Wissenbacher Schiefer; 5 = Imprägnationserz („Kniest"); 6 = Erzlager (Lagerhorizont/Banderz/Reicherz); 7 = Baryt; 8 = Aufschiebung. G1 = Grauerzkörper (barytreich); G2 = Baryt der Schiefermühle. AL = Altes Lager; NL = Neues Lager.

Der stratiforme Erzkörper des Rammelsberges zeigte die charakteristische vertikale Abfolge der SEDEX-Lagerstätten, mit vorwiegend Pyrit im Liegenden, gefolgt von kupferreichem, fleckigem „Melierterz", über welchem die Pb-Zn Erze und schließlich Baryt folgten. Darüber und lateral nach außen lagen die zunehmend pelitischen Bändererze. Infolge der starken Deformation einschließlich Faltung, Scherung, Plättung und Verdickung im Faltenkern bis 50 m Mächtigkeit ist eine Abwicklung des Erzkörpers nicht möglich; immerhin aber kann man auf einen ursprünglich elliptischen Umriß mit einer langen Achse von etwa 1000 m und Mächtigkeiten von 10-30 m schließen. Eine detaillierte Beschreibung und Interpretation des zuletzt gebauten Neuen Lagers gab SPERLING (1986).

Die Enstehung des Rammelsberger Lagers durch syn-sedimentäre Exhalation von hydrothermalen Lösungen ist durch geologische Beobachtungen und geochemische Daten einschließlich Isotopenanalysen gut belegt. Ein Zusammenhang mit magmatischen Vorgängen in der Tiefe ist durch die Hinweise auf distalen Vulkanismus wahrscheinlich, doch bisher nicht nachweisbar.

Schichtgebundene Kupfererze in überwiegend sedimentärer Umgebung enthalten nach den porphyrischen Lagerstätten die größten Reserven. Dazu gehören der europäische Kupferschiefer (bereits im Allgemeinen Teil besprochen), die Kupferflöze von White Pine/Michigan und der zentral-afrikanische Kupfergürtel.

Der Bergbaudistrikt von *White Pine* ist durch sein geologisches Umfeld interessant; es handelt sich um ein mittelproterozoisches Rift (1,3-1,0 Ga) mit mächtigen olivintholeiitischen Basalten sowie geringen Anteilen von Andesiten und Rhyoliten sowie einer transgressiven, sedimentären Serie. Großflächig erzführend sind vor allem Siltsteine des Nonsuch Shale und unmittelbar unterlagernde Konglomerate in der Nähe der White Pine Störung, bis zu einer Mächtigkeit von 15 m. Erzminerale sind überwiegend Kupferglanz und gediegen Kupfer.

Basalte und zwischengelagerte Konglomerate desselben Rifts in Teilen der Keweenaw Halbinsel am Lake Superior waren mit gediegen Kupfer (z.T. auch Silber) vererzt. Gangart waren Kalzit, Chlorit, Quarz, Epidot und Zeolithe; die Vererzung erfolgte in offenen Hohlräumen epigenetisch aus niedrigthermalen Lösungen, welche wie das Kupfer im Nonsuch Shale auf Versenkungsmetamorphose der Rift-Basalte bezogen werden. Der Distrikt lieferte über 6 Mt Kupfer.

Unter den schichtgebundenen Kupfererzen der Welt ist der *Kupfergürtel von Katanga/Zaire und Zambia* (mit Co, Ni, Pt, U, Pb, Zn) auf Grund seiner wirtschaftlichen Bedeutung besonders bemerkenswert. Die Erze liegen vorwiegend nahe der Basis einer bis 11 km mächtigen transgressiven Sedimentfolge (die Katanga Supergruppe), deren tiefste Anteile (Roan-Gruppe oder Série des Mines) als Molasse des Kibara-Orogens (ca. 1200 Ma) aufgefaßt werden können. Es handelt sich um Konglomerate, Quarzite, Schiefer, Anhydrit und dolomitisch-magnesitische Karbonate, welche ganz ähnlich dem europäischen Rotliegenden den Übergang von terrestrischer Sedimentation über Playas und Sabkhas zu marinen Bedingungen darstellen. Die Roan-Gruppe wird durch das glaziogene „Grand Conglomérat" abgeschlossen – ein Tillit, dessen Material wohl durch Eisberge um etwa 950 Ma von den vergletscherten Kibara Bergen ins Meer getragen wurde. Über dem Roan folgen die überwiegend marinen sandig-pelitisch-karbonatischen Gesteine der Kundelungu-Gruppe. Die Lufili-Orogenese (650 Ma) beendete den sedimentären Zyklus; das heutige Bild der Region zeigt einen großen orogenen Bogen (Lufilian Arc) mit auswärts vergenten Falten und Deckenüberschiebungen (Abb. 78). Von außen nach innen sind die Gesteine zunehmend metamorph, im Süden herrscht weithin Amphibolitfazies vor, und es gibt sehr viele Grundgebirgsaufbrüche.

Die Bildung des Katangabeckens erfolgte durch Krustendehnung, teilweise von Riftcharakter. Demgemäß gibt es in den tieferen Teilen beträchtliche Mengen vorwiegend basischer magmatischer Gesteine; saure Magmatite sind eher selten. Vom Lufilian Arc streicht ein Aulacogen mit sehr ähnlicher stratigraphischer Abfolge, aber geringer Deformation, nach Norden bis zum Viktoria See; es ist interessant, daß hier keine Vererzung bekannt ist.

Die Erze des Kupfergürtels sind überwiegend schichtgebunden, und liegen in allen Gesteinen des Roan, wobei aber die sandigen, dunklen Schiefer der „ore shales" besondere Aufmerksamkeit erhielten, da sie als lithostratigraphischer Horizont über mehr als 100 km Entfernung auftreten. Daneben gibt es aber auch Sulfiderze in Karbonaten, Evaporiten und Sandsteinen, z.T. sogar als Bänder in deren Schrägschichtungslagen. Andere Lagerstätten haben eher epigenetischen Charakter, vor allem die Uranerze. In einzelnen Minen oder Bergbaudistrikten ist die stratigraphische Bindung sehr konstant. Ähnlich wie beim Kupferschiefer gilt auch für diese Region, daß paläogeographische Hochzonen an ihren Rändern bevorzugt Erze führen; die Becken sind nicht vererzt.

Einzelne Erzkörper zeigen meist eine Zonierung, wobei vom Depressionen zu Grundgebirgshügeln oder stromatolithischen Riffen Pyrit-Kupferkies-Bornit-Kupferglanz und schließlich

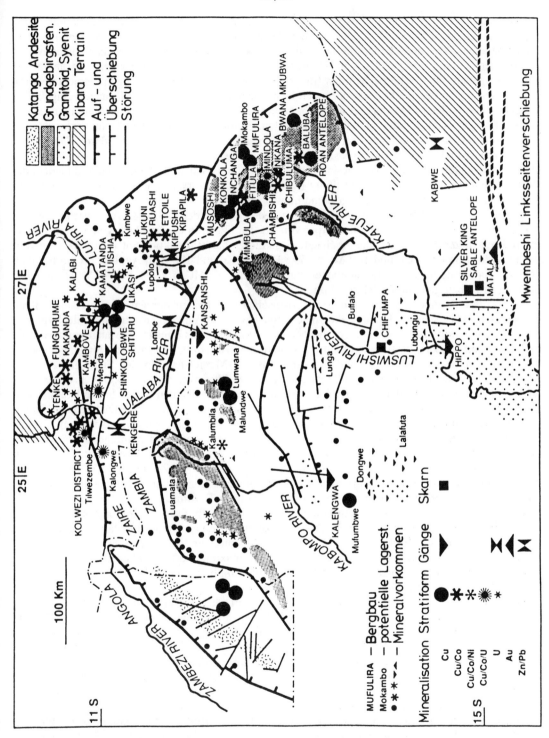

Abb. 78. Karte des panafrikanischen Lufili-Orogens mit den Lagerstätten des Kupfergürtels (nach UNRUG 1988).

Hämatit auftreten. Oft aber gibt es auch die inverse Abfolge, so daß aus der Zonierung keine allgemeingültigen Schlüsse abgeleitet werden können. Es gibt zwar viele gebänderte und strikt schichtparallele Erze, doch liegen die meisten Erzkörper im Großen diskordant zur Schichtung.

Die Entwicklung der genetischen Deutungen wurde vor kurzem von SWEENEY et al. (1991) zusammengefaßt. Die Erzkörper wurden früher als syngenetische Anreicherungen betrachtet, deren Metalle aus den an das Becken angrenzenden Hochzonen durch Verwitterungslösungen eingebracht worden wären (zuletzt FLEISCHER et al. 1976, GARLICK 1981). Die Ausfällung erfolgte demnach in sauerstoffarmen Becken oder in Sabkhasedimenten. Heute wird überwiegend eine *epigenetische Entstehung* durch Formationswässer vertreten, welche aus der Beckentiefe durch Diagenese, Metamorphose und möglicherweise basische Intrusionen ausgetrieben wurden (ANNELS 1974, UNRUG 1988). Die Metalle stammen nach diesem Modell aus magmatischen Gesteinen und Sedimenten der Beckenfüllung in der Tiefe. Diese Deutung ist auch deshalb wahrscheinlicher, weil Cu, Co und Pt auf überwiegend basische Ausgangsgesteine hinweisen.

Genetisch sehr interessant und wirtschaftlich bedeutend ist der Cu-Pb-Zn-Ag Distrikt von *Mt. Isa* in Queensland/Australien. Die Erzkörper von Mt. Isa liegen in einem Block von 4,5 km Länge, 250 m Breite und 1000 m Tiefe; der geschätzte Gesamterzinhalt (Produktion seit 1931 plus Reserven) beträgt 200 Mt mit 3 % Cu und 100 Mt mit 7 % Pb, 6 % Zn und 160 ppm Ag. Nur 20 km nördlich von Mt. Isa wurde ab 1970 eine ähnliche Lagerstätte mit 40 Mt zu 7,7 % Pb, 9,6 % Zn und 180 ppm Ag in Abbau genommen (Hilton Mine).

Mt. Isa liegt in einem alt- bis mittel-proterozoischen Orogen; im Bereich des Bergbaues bilden evaporitische klastische Sedimente über mächtigen basischen Vulkaniten eine schmale Synform, die an einer regionalen Störung gegen benachbartes kristallines Grundgebirge abgesenkt ist. Die Erzkörper sind an einen bestimmten lithostratigraphischen Horizont, den Urquhart Shale, gebunden; dies ist ein schwarzer, meist gebänderter dolomitischer Mergelstein. In der Tiefe grenzt er an einer flach einfallenden Störung an Meta-Basalte (Abb. 79). Von dieser Störung ausgehend ist der Urquhart Shale hydrothermal verändert; wegen der vorherrschenden Minerale (Fe-Dolomit und Quarz) wird das resultierende grobkristalline und brekziöse Gestein „silica dolomite" genannt, wobei nach Struktur und mineralogischer Zusammensetzung verschiedene Fazies unterschieden werden. Die Kupfererze bilden stockwerkartige Gangzonen, massige Linsen oder unregelmäßige Körper im extrem verkieselten Breich nahe der basalen Störung. Es handelt sich um Pyrit, Chalkopyrit und Magnetkies mit geringen Mengen anderer Sulfide, u.a. von As, Zn, Pb und Co. Der gesamte hydrothermal veränderte Körper einschließlich der Kupfererze ist etwa 2,6 km lang und 530 m breit; seine äußerste Fazies besteht überwiegend aus grobspätigem Dolomit.

Die Pb-Zn-Ag Erzkörper liegen im Urquhart Shale außerhalb dieser Alterationszone, aber doch deutlich benachbart; sie sind immer gebändert und laminiert, zeigen syn-sedimentäre Gleitfalten, und bilden eine Vielzahl von Erzlagern von 1 mm bis 1 m Mächtigkeit, welche über eine stratigraphische Höhendifferenz von 1000 m bekannt sind. Sie erreichen maximal 800 m laterale Distanz vom Silica Dolomite, wobei nach außen abnehmende Metallgehalte (mit maximalen Pb-Gehalten eher proximal und Zn etwas weiter vom Dolomit) beobachtet werden.

Die Entstehung dieser Lagerstätte ist unzweifelhaft das Produkt außergewöhnlich großer hydrothermaler Systeme. Ein sehr plausibles Modell geht von annähernd gleichzeitiger Bildung der Kupfer- und der Blei-Zinkerze an einer störungsgebundenen, submarinen Aufstiegszone aus (FINLOW-BATES & STUMPFL 1979, Abb. 80). Die Trennung der Metalle wäre durch Kochen und Abkühlung der Fluide während des Aufstieges verständlich, da dann Kupfer früher ausfällt, während Pb und Zn ins Meerwasser ausgetragen und am Meeresboden abgesetzt werden. Mittlerweile wurden im Silica Dolomite Fluideinschlüsse mikrothermometrisch bearbeitet: Die Temperatur der Fluide lag bei 300 °C, eine Druckabschätzung ergab 1-2 kbar. Auf Grund dieses Befundes wird das syngenetische Modell abgelehnt, und eine metamorphogene Bildung der Kupfererze unabhängig von den älteren Blei-Zinkerzen angenommen (HEINRICH et al. 1989). Die räumliche Koinzidenz von zwei enormen, jedoch zeitlich und ursächlich völlig verschiedenen metallogenetischen Prozessen ist jedoch schwer akzeptabel und jüngste Publikationen bekräftigen die Kogenese (MCGOLDRICK & KEAYS 1990).

Eine ungewöhnliche Kupferlagerstätte ist *Olympic Dam* in Süd-Australien. Die Auffindung

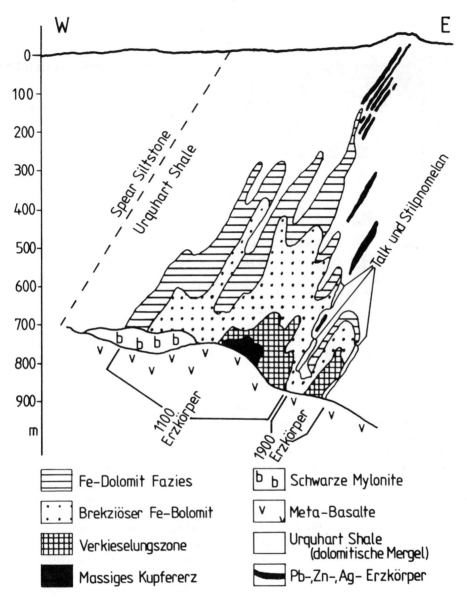

Abb. 79. Mt. Isa Mine, Queensland/Australien. Profil der Kupfererzkörper 1100 und 1900 mit Alterationszonen im Silica-Dolomit und mit den stratiformen Pb-Ag-Zn Erzen. (FINLOW-BATES & STUMPFL 1979)

beruhte auf der Überlegung, daß Lagerstätten vom Typ des zentral-afrikanischen Kupfergürtels möglicherweise auch in der geologisch ähnlichen Adelaide-Geosynklinale entstanden sein könnten. Diese Idee wurde von einer jungen, tatkräftigen Bergbaugesellschaft in ein Prospektionsprojekt umgesetzt. Beim Abbohren geophysikalischer Anomalien fand man dann Erz.

Olympic Dam liegt in groben, störungsgebundenen Brekzien eines mittelproterozoischen Grabens (ca. 1,4 Ga); große hämatitische Brekzienkörper enthalten 2,5 % Cu sowie Au, Ag, U und SEE. Die Ressourcen werden auf mehr als 2.000 Mt Erz geschätzt. Es handelt sich um hydrothermale (160-230 °C) Vererzungen, welche aber mit den zentralafrikanischen Kupferlagerstätten wenig gemeinsam

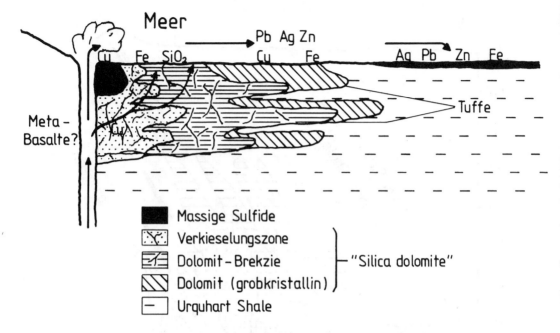

Abb. 80. Modell der syngenetisch-hydrothermalen Pb-Ag-Zn-Vererzung in Mt. Isa mit gleichzeitiger Bildung von Silica-Dolomit und Kupfererzen in den Zufuhrkanälen der Lösungen. (FINLOW-BATES & STUMPFL 1979)

haben (Näheres unter „Uran"). Hier liegt demgemäß der Fall einer erfolgreichen Prospektion vor, die auf einem unzutreffenden geologischen Modell beruhte.

Einzigartig ist der *kupferführende Karbonatit von Palabora* (Phalaborwa) im nördlichen Transvaal/Südafrika. Es handelt sich um eine alt-proterozoische (2030 Ma) komplexe Intrusion in archaischen Granitgneisen, mit elliptischer Form und zwei intrusiven Zentren. Das nördliche besteht aus einem Olivin-Vermiculit-Pegmatoid und ist die Basis der weltweit zweitgrößten Vermiculitgewinnung, das südliche Zentrum besteht aus Karbonatit mit Apatit („Phoscorit") und Kupfererz. Die Vererzung ist z.T. mit ringförmig gebändertem Karbonatit verbunden, z.T. mit jüngeren, quergreifenden Karbonatitkörpern und -gängen. Damit ist eine Entstehung aus fluidreichem karbonatitischem Magma gesichert. Nach außen folgen auf den Karbonatit ringförmige Zonen mit Pyroxen-Vermiculit-Pegmatoid, Pyroxenit (die Hauptmasse) sowie randlichem, fenitischem Syenit (VERWOERD 1986).

Der Kupfererzkörper ist schlotförmig, mit einem Durchmesser von 500 m und einer Tiefenerstreckung über 1200 m; der Tagbau soll bis zum Jahre 1998 eine Tiefe von 775 m erreichen, darunter wird eine Gewinnung im Untertagebetrieb geplant. Der Cu-Gehalt ist mit 0,48-0,57 % zwar niedrig, doch zusammen mit beträchtlichen Mengen von Nebenprodukten (Magnetit, Zirkonoxyd, Hafnium, Uran, Ag, Au und Platinmetalle) ist ein wirtschaftlicher Betrieb gegeben. In einem benachbarten Tagbau wird Apatit gewonnen.

Die Suche nach Kupferlagerstätten bezieht in der Regel ein weites Spektrum der verfügbaren geologischen, geochemischen und geophysikalischen Methoden ein. Als ein interessantes Beispiel für die Anwendung der Beckenanalyse zur Buntmetallprospektion sei ein Beitrag von D. LARGE (1988) genannt; danach erfolgt die Bildung sedimentär-exhalativer Sulfidlagerstätten in charakteristischer Weise nach der Riftphase mit ihren groben klastischen Sedimenten, und gleichzeitig mit dem Einsetzen erneuter Dehnung und Absenkung, sowie der Ablagerung reifer Sedimente. Man kann so günstige stratigraphische und strukturelle Positionen definieren, wodurch es möglich ist, die mit aufwendigeren Methoden zu untersuchende Fläche einzuschränken.

Die *Jahresproduktion von Kupfer* erreicht beinahe 9 Mt Metall, wozu den größten Teil Chile, die USA, Zambia, Zaire, Mexico, Peru und Kanada mit abnehmendem Prozentsatz beitragen. Die *bergbaulichen Weltreserven* betragen 570 Mt; hier führen Chile, USA, Kanada und die UdSSR. Weit überwiegend handelt es sich um porphyrische (50 %) und Lagerstätten in Sedimenten (30 %). Große zusätzliche Ressourcen sind zweifellos vorhanden, sowohl auf den Kontinenten wie auch in den Ozeanen (die Manganknollen). Infolge niedriger Metallpreise, geringen Verbrauchszuwachses, großer Reserven und z.T. nicht ausgenutzter Bergbaukapazität ist der Anreiz zur Prospektion und Entwicklung neuer Kupferlagerstätten langfristig gering.

Literatur:

ANNELS, A. E., 1974, Some aspects of the stratiform ore deposits of the Zambian copperbelt and their genetic significance. Pp 203-213 in P. BARTHOLOME (Ed.), Gisements Stratiformes et Provinces Cuprifères. Soc. géol. Belgique, Liège.

DE MAGNEE, I. & FRANCOIS, A., 1988, The origin of the Kipushi (Cu, Pb, Zn) deposit in direct relation with a Proterozoic salt diapir. Copper Belt of Central Africa, Shaba, Republic of Zaire. Pp 74-93 in G. FRIEDRICH & P. HERZIG (Eds.), Base Metal Sulfide Deposits. Springer, 290 pp.

BOILLOT, G. et al., 1989, Undercrusting by serpentinite beneath rifted margins. Nature 341, 523-525.

FINLOW-BATES, T. & STUMPFL, E. F., 1979, The copper and lead-zinc-silver orebodies of Mt. Isa mine, Queensland: products of one hydrothermal system. Ann. Soc. Géol. Belg. 102, 497-517.

FLEISCHER, V. D., GARLICK, W. G. & HALDANE, R., 1976, Geology of the Zambian Copper Belt. Pp 223-352 in K. H. WOLF (Ed.), Handbook of Stratabound and Stratiform Ore Deposits, Vol. 6., Elsevier.

FRIEDRICH, G., GENKIN, A. D., NALDRETT, A. J., RIDGE, J. D., SILLITOE, R. H. & VOKES, F. M. (Eds.), 1986, Geology and metallogeny of copper deposits. 620 pp, Springer.

FRIEDRICH, G. H. & HERZIG, P. M. (Eds.), 1988, Base metal sulfide deposits in sedimentary and volcanic environments. 290 pp, Springer.

GAAL, G., KOISTINEN, T. & MATTILA, E., 1975, Tectonics and stratigraphy of the vicinity of Outukumpu, North Karelia, Finland. Geol. Survey Finland Bull. 271, 1-67.

GARLICK, W. G., 1981, Sabkhas, slumping and compaction at Mufulira, Zambia. Economic Geol. 76, 1817-1832.

HADJISTAVRINOU, Y. & CONSTANTINOU, G., 1982, Cyprus. Pp 255-277 in F. W. DUNNING et al. (Eds.), Mineral Deposits of Europe. Vol. 2., Instn. Min. Metall. London.

HANNAK, W. W., 1981, Genesis of the Rammelsberg ore deposit near Goslar/Upper Harz, Federal Republic of Germany. Pp 551-642 in K. H. WOLF (Ed.), Handbook of Strata-Bound and Stratiform Ore Deposits, Vol. 9, Elsevier.

HEINRICH, C. A. et al., 1989, A fluid inclusion and stable isotope study of synmetamorphic copper ore formation at Mount Isa, Australia. Economic Geol. 84, 529-550.

KRUPP, R. & KRUPP, G., 1985, Geological setting of the Tverrfjell copper/zinc deposit, central Norway. Geol. Rundschau 74, 467-482.

MCGOLDRICK, P. J. & KEAYS, R. R., 1990, Mount Isa copper and lead-zinc-silver ores: coincidence or cogenesis? Economic Geol. 85, 641-650.

RUSSELL, A., 1989, Pyrites as a sulfur source – down but not out. Industrial Minerals June 89, 41-52.

SPERLING, H., 1986, Das Neue Lager der Blei-Zink-Erzlagerstätte Rammelsberg. Geol. Jb. D85, 5-177.

STRAUSS, G. K. & GRAY, K. G., 1986, Base metal deposits in the Iberian pyrite belt. Pp 304-324 in G. H. FRIEDRICH et al., 1986.

SWEENEY, M. A., BINDA, P. L. & VAUGHAN, D. Y., 1991, Genesis of the ores of the Zambian Copperbelt. Ore Geol. Reviews 6/1, 51-76.

UNRUG, R., 1988, Mineralization controls and source of metals in the Lufilian fold belt, Shaba (Zaire), Zambia and Angola. Economic Geol. 83, 1247-1258.

VARGA, R. J. & MOORES, E. M., 1985, Spreading structure of the Troodos ophiolite, Cyprus. Geology 13, 846-850.

VERWOERD, W. J., 1986, Mineral deposits associated with carbonatites and alkaline rocks. Pp 2173-2191 in C. R. ANHÄUSSER & S. MASKE (Eds.), Mineral Deposits of Southern Africa. Vol. II, Geol. Soc. S. A.

Blei und Zink

Erzminerale:

Galenit (Bleiglanz)	PbS	86 %Pb	D=7,5
Cerussit (Weißbleierz)	$PbCO_3$	77 %Pb	D=6,5
Anglesit	$PbSO_4$	68 %Pb	D=6,3
Sphalerit (Zinkblende)	ZnS	60-67 %Zn	D=4,0
Smithsonit	$ZnCO_3$	52 %Zn	D=4,3
Hemimorphit	$Zn_4(OH)_2Si_2O_7 \cdot H_2O$	54 %Zn	D=3,5

Blei und Zink treten so häufig miteinander verbunden auf, daß sie gemeinsam zu besprechen sind, obwohl es natürlich bleireiche und zinkreiche Endglieder gibt.

Galenit ist oft ein wichtiger Silberträger, mit Gehalten von 0,01 bis über 1 % Ag, teils im Gitter, teils durch Einschluß von Silbermineralen. Feinste Verwachsungen sind auch für Gehalte von Sb, Zn, Fe und Cu verantwortlich. Zinkblende kann im Gitter bis 20 % Fe enthalten, ferner Mn, Cd, In, Ga, Tl und Hg (HERBERT 1987). Gehalte an Cu, Sn, Ag, Pb und Au hingegen liegen in mechanischer Verwachsung vor. Die feinfaserige, glaskopfartige Schalenblende ist teils Sphalerit, teils hexagonaler Wurtzit. Smithsonit und Hemimorphit werden technisch „Galmei" genannt; durch Fe und andere Beimengungen sind sie oft gelb und rot gefärbt und haben manchmal erdige Konsistenz.

Blei- und Zinkerze werden ab 3 % Metallgehalt im Erz abgebaut, natürlich abhängig von den stark schwankenden Metallpreisen.

Blei wird überwiegend zur Herstellung von Autobatterien, als Anti-Klopfmittel in Benzin, sowie für Baumaterialien, Farben, Glas und Munition verwendet. Das zunehmende Erkennen seiner Toxidität (FERGUSSON 1990) führt zu vielfachen Anstrengungen zum Einsatz von Ersatzstoffen und zur Einschränkung des Verbrauches. Zink wird wegen seiner Korrosionsfestigkeit zur Oberflächenbehandlung („Galvanisierung") von Eisen und Stahl in der Bau- und Maschinenindustrie (Autos!) gebraucht, ferner zur Herstellung von Legierungen (Messing u. ä.), Farben und Chemikalien. Eine Neuentwicklung sind Ni-Zn Batterien, welche das Ni-Cd von diesem Markt ablösen sollen, da Cd bekanntlich toxisch wirkt (FERGUSSON 1990).

Die *geochemische Stellung* des Bleies ist durch Anreicherung in sauren Gesteinen gekennzeichnet: Gabbros haben durchschnittlich 5 ppm Pb, Granite hingegen 20 ppm, vor allem in Kalifeldspat. Früher schon wurde auf die Bedeutung der radiogenen Bleiisotopen für absolute Altersbestimmungen und für lagerstättenkundliche Fragen hingewiesen. Zink ist chalkophil, mit ca. 130 ppm in Basalten und 36-60 ppm in sauren magmatischen Gesteinen.

In hydrothermalen Lösungen werden Blei und Zink nicht als Ionen, sondern bevorzugt als Chlorkomplexe transportiert, wobei ihre Löslichkeit mit höherem NaCl-Gehalt positiv korreliert ist. Bei niedriger Salinität überwiegen vermutlich $Zn(OH)^+$ und $PbCO_3°$ bis etwa 300 °C, darüber eher $Zn(HS)_2°$ und $Pb(HS)_2°$ (WOOD et al. 1987). Von der Natur der Lösungen abhängig wird die Präzipitation durch pH-Umschlag, Abkühlung, Verdünnung oder durch Beimengung von reduziertem Schwefel eintreten. Wenn Baryt als Gangart auftritt kann man schließen, daß die Fluide reduziert, sauer und chloridisch gewesen sein müssen, da Ba nur dann mobilisiert und transportiert werden kann. Wo Baryt fehlt, lagen vermutlich eher oxydische, alkalische Bisulfidlösungen vor.

Bei der *Verwitterung* ist Bleiglanz stabiler als Zinkblende, da er sich mit dünnen Häutchen schwerlöslicher Bleisalze überzieht. Man sieht daher oft sulfidische Bleierze in karbonatischem Zinkerz eingebettet. Auch die Oxydationserze Cerussit und Anglesit sind schwer löslich und bleiben daher im Hut, während das Zink nur z.T. als roter Galmei in der unmittelbaren Oxydationszone verbleibt, zum großen Teil aber gelöst in die Tiefe wandert und sich dort als weißer Galmei wieder abscheidet. Diese höhere Mobilität von Zn wirkt sich auch für die geochemische Prospektion aus, indem die Pb-Spurenhöfe um Lagerstätten sehr viel kleiner sind als jene von Zn.

Blei- und Zinklagerstätten gibt es in folgenden genetischen Gruppen, nach wirtschaftlich abnehmender Bedeutung gereiht:

- syngenetisch-hydrothermale SEDEX-Lagerstätten (Meggen, Rammelsberg, Mt. Isa, Broken Hill)
- schichtgebundene Lagerstätten in Karbonaten (Mississippi Typ, alpiner Typ, irischer Typ, salzdiapirgebundene Erze, Kupferschiefer)
- vulkanogene Lagerstätten (Kuroko Typ, Zypern Typ)
- Imprägnationslagerstätten in Sandstein (Laisvall, Aachen)
- kontakt-metasomatische Lagerstätten (Leadville Abb. 98)
- Ganglagerstätten (mit vorwiegend Quarz: Freiberg, Oberharz, Abb. 27; karbonatische Gangart: Przibram; mit Flußspat und Baryt: Schwarzwald)
- Skarnlagerstätten (Trepča).

Sedimentär-exhalative Buntmetall-Lagerstätten wurden nun schon mehrfach beschrieben (s. Sedimentäre Lagerstätten, Kupfer). Interessant ist die wechselnde Metallführung, so Cu-Zn-Pb-Ag im Rammelsberg (Abb. 77) und in Mt. Isa (Abb. 79 und 80), aber nur Pb-Ag-Zn in Broken Hill/Australien und fast ausschließlich Zn neben Baryt in Meggen. Zweifellos reflektiert dies verschiedene Verfügbarkeit und Lösungsbedingungen der jeweiligen Metalle, doch ist dieser Aspekt für einzelne Lagerstätten keineswegs ausreichend untersucht.

Die Lagerstätte *Meggen im Sauerland* liegt in mitteldevonischen Sedimenten, unmittelbar am Rande des Meggener Riffes zu einem seichten, mit klastischen Sedimenten gefüllten Becken (KREBS 1981; Abb. 81). Das Erzlager bedeckt nach Plättung der späteren Faltung eine Fläche von rund 10 km². Eine große Fläche im Zentrum enthält sulfidisches Erz mit durchschnittlich 72 % Pyrit, 11 % Sphalerit und 1 % Galenit; das Erz ist fein laminiert bis gebändert, doch ohne vertikale Zonierung. Eine horizontale Zonengliederung ist jedoch recht deutlich, mit Zn-Pb im Zentrum, dann Pyrit mit zunehmendem Anteil von Gangarten, danach ein Barytsaum mit abnehmenden Pyritgehalten, der schließlich in bituminöse Kalke oder Mergel („Lagerkalk") übergeht. Geochemisch ist noch in 5 km Entfernung eine deutliche Mn- und Tl-Anomalie nachzuweisen. Die Zufuhrzone könnte im Bereich des Luftsattels gelegen haben, da der Wissenbacher Schiefer dort verkieselt und brekziiert

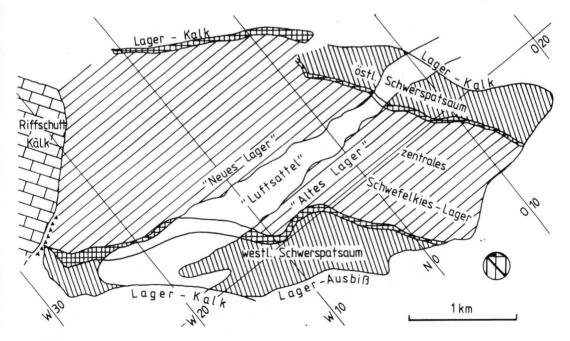

Abb. 81. Karte des Pyrit-Sphalerit-Barytlagers von Meggen/Sauerland, nach Rückformung der Faltung (Sachtleben AG).

ist, mit einer schwachen Vererzung. Das Lager enthielt ursprünglich rund 50 Mt Sulfide und 10 Mt Baryt, bei Mächtigkeiten von 1,5-8 m. Synsedimentäre Störungen und distaler Vulkanismus sind nachgewiesen und ergeben damit das typische genetische Bild einer SEDEX-Lagerstätte (KREBS 1981, Abb. 82).

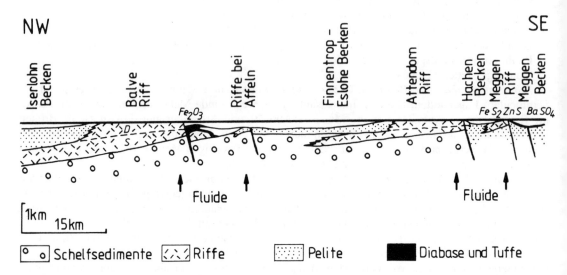

Abb. 82. Paläogeographisches Profil von Iserlohn nach Meggen, zur Illustration des Umfeldes der Bildung der SEDEX-Lagerstätte von Meggen (KREBS 1981).

Die Blei-Silber-Zink-Lagerstätte *Broken Hill*/New South Wales/Australien enthielt insgesamt etwa 200 Mt Erz mit einem durchschnittlichen Metallgehalt von 25 %. Broken Hill liegt in kristallinen Gesteinen des Willyama Blockes, welche um 1700 Ma bis zur Granulitfazies metamorphosiert und verfaltet wurden. Die Gesteine im Lagerstättenbereich werden als „Mine Sequence" bezeichnet; darüber liegt infolge der antiklinalen Lage der Lagerstätte beiderseits granitischer Hangendgneis (Abb. 83). Die Mine Sequence umfaßt Granitgneis, Amphibolit, Potosi-Gneis (vermutlich saure Meta-Vulkanite), gebänderte Eisenformationen (BIF mit hohen Gehalten von Pb, Zn, Mn und P) und andere Exhalite (PLIMER 1985), Sillimanitgneis (Meta-Pelit) und den Lagerhorizont mit den Sulfiderzkörpern. Im Lagerhorizont gibt es Mn-reiche Granatquarzite, Lagen von blauem Quarz mit Gahnit ($ZnAl_2O_4$) und die stratiformen Lagerpegmatite mit grünlichen Feldspäten, welche bis 1 % Pb führen. Alle diese Gesteine und die Erze haben Granulit-Metamorphose erlitten. Broken Hill ist deshalb das berühmteste und größte Studienobjekt für die Wirkung hochgradiger Metamorphose auf Sulfiderze; bemerkenswert ist die geringe Mobilisation der Sulfide, die auf wenige Meter bis 10-er Meter Entfernung beschränkt ist.

Die Erzkörper bestehen aus Galenit und Fe-reichem Sphalerit, weiters Silbererzen, Pyrrhotin, Chalcopyrit und Arsenopyrit. Gangarten sind Quarz, Kalzit, Ca-Fe-Mn-Silikate, Granat, Fluorit, Gahnit und Wollastonit. Die einzelnen Erzkörper haben unterschiedliche Paragenese; die „Zinklager" (Abb. 83) z. B. führen fast ausschließlich Zn-Erze. Die Entstehung der Lagerstätte wird auf syngenetische Exhalation metallführender Hydrothermen zurückgeführt. Die sedimentäre Fazies und der bimodale Vulkanismus weisen auf ein ensialisches Rift hin, das möglicherweise so großen Tiefgang hatte, daß Fluide aus dem Mantel mobilisiert wurden (PLIMER 1985).

Blei-Zink-Lagerstätten in Karbonaten sind eine sehr vielfältige Gruppe, welcher eigentlich nur die karbonatischen Nebengesteine gemeinsam sind. Einige allgemeine Merkmale sind (STANTON 1972): Weit überwiegend paläozoisch-mesozoisches Alter, Lage in mächtigen Plattform-Karbonatserien, Kontrolle durch paläogeographische Faktoren, durch bestimmte lithologische Horizonte (z. B. Riffe: Reocin/Spanien im Apt, Pine Point/Kanada im Mitteldevon) und durch Störungen, sowie vielfältige

Blei und Zink

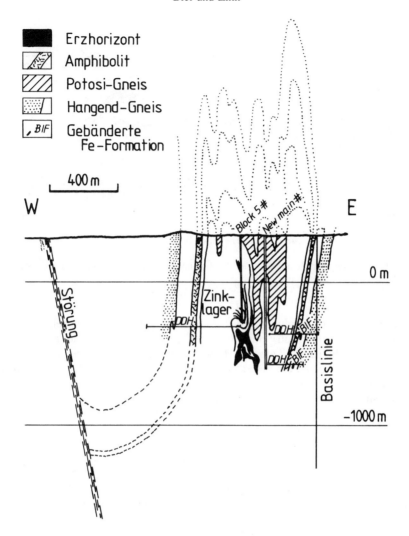

Abb. 83. Geologisches Profil der Pb-Zn-Ag Lagerstätte Broken Hill / NSW / Australien.

Formen der Erzkörper (schichtig, gebändert, Gänge, als Matrix in Brekzien, Füllung offener Hohlräume, metasomatische Verdrängung). Die Nebengesteine sind meist dolomitisiert, oft auch zu „Jasperoid" verkieselt. Schwefelisotopen-Analysen belegen in der Regel eine Ableitung des Schwefels vom Meerwassersulfat, zumeist wohl durch bakterielle Reduktion. Nach den wichtigsten Vertretern dieser Gruppe wurden verschiedene Typen benannt, da die Entstehung solcher Erze unterschiedlich gedeutet werden muß. Für alle hier eingeordneten Typen gilt aber *ein gemeinsames negatives Merkmal*, nämlich das Fehlen magmatischer Gesteine, welche für die Entstehung der Lagerstätten verantwortlich gemacht werden könnten.

Pb-Zn-Lagerstätten vom *Mississippi Typ* wurden schon früher beschrieben (Diagenetische Lagerstätten, Abb. 17); sie sind epigenetisch-hydrothermal aus diagenetischen Lösungen vergleichbar Erdölwässern entstanden. Einzelne Distrikte und Erzkörper sind durch permeable Gesteine und durch Strukturen kontrolliert, welche den Lösungsstrom fokussiert haben (CLENDENIN & DUANE 1990); dazu gehören beispielsweise Auslaugungshohlräume, die an Karstschläuche erinnern (Abb. 84). Ähnlich dürften die polnischen Lagerstätten vom *schlesischen Typ* entstanden sein (Abb. 40).

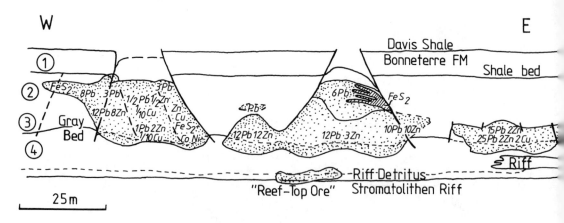

Abb. 84. Querschnitt durch die Brekzienerzkörper der Buick Mine / Viburnum Trend / SE Missouri (ROGERS & DAVIS 1977).
Die Zahlen geben die Verteilung der Metallgehalte an. 1-4 sind unterscheidbare lithostratigraphische Horizonte innerhalb der Kalkarenite der Bonneterre Formation.

Blei-Zinklagerstätten vom *alpinen Typus* sind Bleiberg-Kreuth (Österreich), Miess (Mežica, Slovenien), Raibl (Cave de Predil) und Salafossa (Italien), sowie eine große Anzahl kleiner Vorkommen in den nördlichen Kalkalpen Österreichs und Bayerns. Immer ist diese Vererzung an mittel-triadische Gesteine gebunden; in verschiedenen Lagerstätten sind dabei aber unterschiedliche Horizonte bevorzugt.

Der Bergbaudistrikt *Bleiberg-Kreuth* liegt in den östlichen Gailtaler Alpen innerhalb einer Scholle mesozoischer, kalkalpiner Gesteine auf paläozoischem, ostalpinem Kristallin. Die Gesteine weisen eine komplexe tektonische Geschichte auf, von syn-sedimentären Dehnungsstrukturen über orogene Faltung und lokale Überschiebung bis zu erneuter später Bruchtektonik (Abb. 85).

Die rund 3000 m mächtige Schichtfolge in Bleiberg entspricht einer „miogeosynklinalen" Karbonatplattform; insbesondere die Mitteltrias (Ladin und Karn) ist faziell stark differenziert, mit vielen Emersionshorizonten, schwach evaporitischen Schichtgliedern, nicht allzufern (Dobratsch) eingelagerten Vulkaniten und einzelnen Riffen (Abb. 86). Erzführend sind Gesteine vom Anis bis zum höchsten Karn, die Hauptmenge der Erze liegt jedoch im obersten Wettersteinkalk (im Osten) und in den Kalkbänken der Raibler Schichten (im Westen). Die Erzkörper im Ostrevier sind zum Teil quergreifend, gangartig, zum Teil aber liegen sie wannen- bis rinnenförmig an bestimmten tonigen Leitschichten, den „edlen Flächen" der Bergleute (Abb. 87). Dies sind wenige cm bis dm mächtige, dunkle oder grünliche Feinbrekzien aus illitischen Tonen, Kalk- und Dolomitlutiten, Bitumen und Eisensulfid, deren unterschiedliche Ausbildung eine feinstratigraphische Auflösung der komplexen Bruchtektonik sowie gezielte bergmännische Sucharbeiten ermöglichen (HOLLER 1936). Auch die schichtparallelen Erzkörper folgen aber jeweils vorherrschenden tektonischen Richtungen, und stehen z.T. mit quergreifenden Gängen derselben Orientierung in direktem Zusammenhang (Abb. 88). Die Nebengesteine der Erze sind in der Regel dolomitisiert (CERNY 1983).

Der ursprüngliche Metallinhalt der Lagerstätte lag über 3 Mt Pb+Zn, mit einem Zn/Pb-Verhältnis von 5 oder 6. Die wichtigsten Erze sind Ag-armer Bleiglanz und Zinkblende, letztere mit Spuren von Cd (0,2 %), Ge (0,02-0,04 %), Tl (0,01 %) und As (bis 0,5 %). Gangarten sind Karbonate, Markasit, seltener Baryt, Fluorit, Quarz und Anhydrit. Das bekannteste Mineral der teilweise bis 600 m tiefen Oxydation ist Wulfenit in schönen Kristallstufen. Das Mo stammt z.T. aus den Sulfiden, vielleicht aber auch aus bituminöser Substanz. In manchen Bereichen der Lagerstätten waren Hohlraumfüllungen mit interner Schichtung, hereinbrechendem Höhlendach und Kristalldrusen sehr häufig (Abb. 42).

Es gibt mittlerweile eine große Zahl von petrologischen und geochemischen Untersuchungen, um die Entstehung der Lagerstätte zu klären. Die resultierende Ableitung des Bleies aus dem

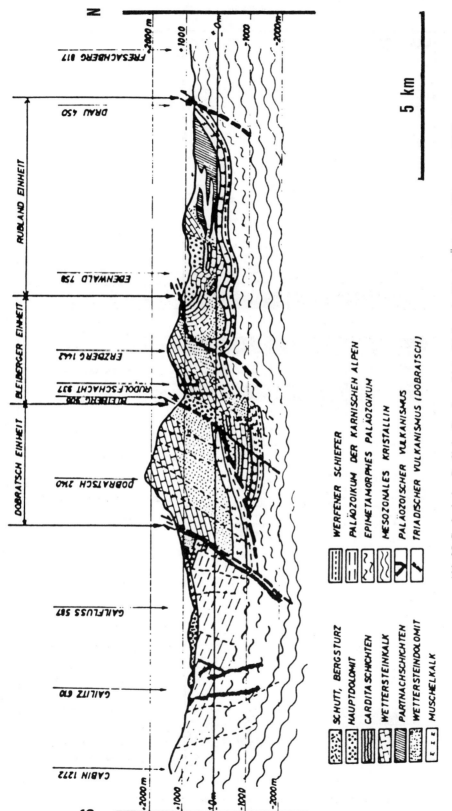

Abb. 85. Geologisches Profil des Bergbaugebietes Bleiberg in Kärnten/Österreich (KOSTELKA 1971). Die Haupterzführung liegt in diesem Profil beim Rudolfschacht in Wettersteinkalk.

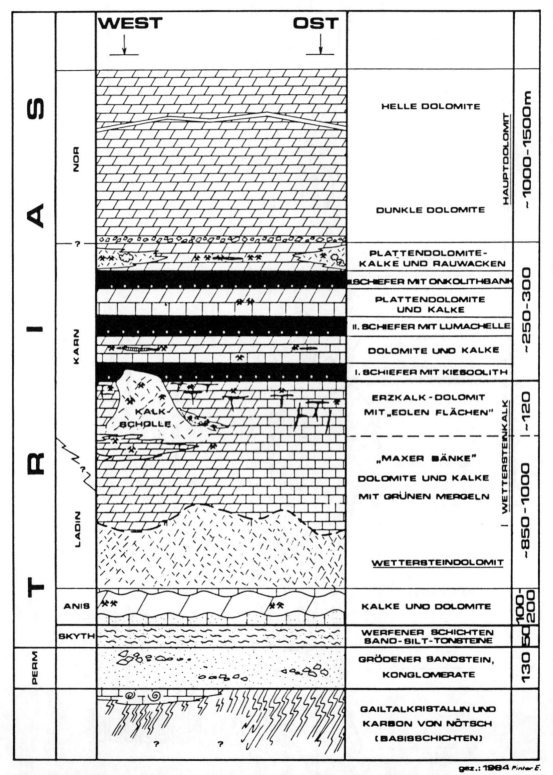

Abb. 86. Die triadische Schichtfolge im Bereich der Blei-Zink-Lagerstätte Bleiberg (CERNY 1984). Kleine Bergbauzeichen verweisen auf das stratigraphische Niveau der abgebauten Erzkörper.

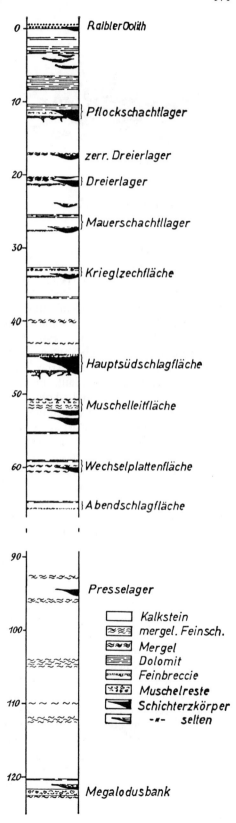

Abb. 87. Die Feinstratigraphie des obersten Wettersteinkalkes im Bergbau Bleiberg mit den edlen Flächen und den daran gehäuften, schichtgebundenen Erzkörpern (nach SCHULZ 1968).
Die Meterangaben beziehen sich auf den Abstand von der Schichtgrenze Raibler Schichten/Wettersteinkalk.

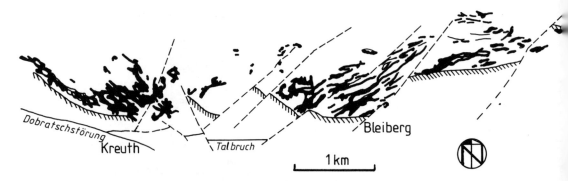

Abb. 88. Grundriß der Erzkörper im Revier Bleiberg-Kreuth (nach HOLLER 1953).

paläozoischen Grundgebirge (B-Typ: KÖPPEL & SCHROLL 1988) wurde bereits im Allgemeinen Teil (Isotopengeochemie) angesprochen. Vielfach wurde eine syngenetische Anlage durch aufsteigende Hydrothermen oder durch lateral zufließende Verwitterungslösungen vertreten (z. B. SCHULZ 1968). Andere Forscher haben den epigenetischen Charakter betont, und eine früh- oder spätdiagenetische Zufuhr der Metalle abgeleitet. Eine beispielhaft sorgfältige Abwägung syn- und epigenetischer Argumente schrieb CLAR (1957). Das wahrscheinlichste Modell ist eine *epigenetisch-hydrothermale Enstehung* noch während der Trias im Sinne von PETRASCHECK (1957), in Zusammenhang mit tektonischer Dehnung der Plattform, tiefgreifenden hydrothermalen Konvektionssystemen an den resultierenden Störungen, und erhöhtem Wärmestrom aus dem Mantel. Damit sind auch die distalen vulkanischen Vorgänge am besten einzuordnen.

Karbonatgebundene Pb-Zn-Lagerstätten vom *irischen Typ* liegen in Zentral-Irland an Störungen, an welchen eine unterkarbone Karbonatplattform über devonischem (Old Red) Sandstein dehnend beansprucht wurde. Diese Störungen haben hydrothermale Konvektionssysteme ermöglicht, deren allmähliches Tiefergreifen bis ins präkambrische Grundgebirge durch Bleiisotopenanalysen deutlich wird (MILLS et al. 1987): Das Blei der stratigraphisch tiefsten, also der frühen Erzkörper ist sehr radiogen, während höhere und damit jüngere Erzkörper weniger radiogene Isotope enthalten. Die Erzkörper enthalten unterschiedliche Anteile von Cu-Ag-Pb-Zn und Baryt; sie sind z.T. exhalativ-sedimentär, z.T. epigenetisch in Brekzien und Gängen. Die größten Erzkörper (Navan, Silvermines, Tynagh) enthalten bis etwa 20 Mt Erz mit 8 % Pb+Zn.

Erzlagerstätten an Salzdiapiren wurden ebenfalls früher beschrieben (Diagenetische Lagerstättenbildung). Bekannt sind Beispiele aus Nordafrika und dem Golfgebiet der USA. In den nordafrikanischen Maghreb-Staaten (Marokko, Algerien, Tunesien) findet man sowohl stratiforme Lager wie auch Karst- und Ganglagerstätten, welche bevorzugt an Aufbrüchen der Trias-Evaporite liegen (ROUVIER et al. 1985). Die vererzten Formationen sind in Marokko vorwiegend der Jura, in Algerien und Tunesien die Kreide, seltener Tertiär. Besonders interessant ist in Marokko *Aouli* mit silberhaltigen, komplexen Pb-Zn Gängen im Grundgebirge und gleichgerichteten, in der Fortsetzung liegenden stratiformen, einfacher zusammengesetzten Erzkörpern im darüber liegenden Jurakalk von *Mibladen*. Lange Zeit wurden die meisten dieser Lagerstätten exogen und deszendent oder syn-sedimentär gedeutet, nun überwiegen hydrothermal-epigenetische Modelle. Wichtig erscheint hier der Querverweis auf die mitteleuropäische Pb-Zn-Ag Vererzung in Grundgebirge und Deckgebirge, welche heute ebenfalls auf *ein* metallogenetisches System unter Einbeziehung evaporitischer Formationswässer bezogen wird (s. unten: Maubach/Mechernich).

Diese kurze Besprechung karbonatgebundener Pb-Zn Lagerstätten kann nicht ohne Hinweis auf die Bedeutung dieser beiden Metalle im Zusammenhang mit dem *Kupferschiefer* abgeschlossen werden (s. Diagenetische Lagestättenbildung).

Vulkanogene Blei-Zinklagerstätten wurden bereits früher vorgestellt (Kuroko-Typ: Vulkanogene

Lagerstätten, Abb. 32 und 76; Zypern-Typ: Lagerstätten der Ophiolithe, Kupfer). Solche Lagerstätten haben in der Regel mehr Zn und Cu als Pb.

Imprägnationslagerstätten in Sandstein haben nur selten wirtschaftliche Bedeutung, sie sind aber genetisch sehr interessant. Beispiele gibt es in Schweden (Laisvall und Vassbo), in Deutschland (Maubach und Mechernich) und in Frankreich (Largentière). In allen diesen Fällen schwankte die Interpretation zwischen exogen-syngenetischer Zufuhr und epigenetisch-hydrothermaler Platznahme nach der Ablagerung der Sande. Auf Grund verschiedener Argumente muß das zweitgenannte Modell gelten.

Die früheren Bergbaue *Maubach und Mechernich* liegen im randlichen Triasdreieck des Bruchfeldes der Kölner Bucht. Weiß gebleichter Buntsandstein mit Konglomeratbänken bildet hier eine flache, 60 m mächtige Schicht über gefaltetem Devon. In die klastischen Sedimente eingeschaltet sind mehrere absätzige Flöze von *Knottenerzen,* das sind bis 5 mm große Konkretionen von Galenit, seltener auch Sphalerit und Chalkopyrit. Die Erze bilden die Matrix zwischen den Sandkörnern; z.T. sind die Nebengesteine auch verkieselt oder durch Baryt zementiert. Unvererzter Buntsandstein ist rot. Die Lagerstätten sind durch viele Verwerfungen betroffen, welche z.T. dünne Bleiglanzadern führen. Geringe Erzspuren wurden auch im Devon und in höheren Triasgesteinen aufgefunden. Bleiisotopenanalysen lassen vermuten, daß diese Sandsteinerze zur großräumigen post-variszischen Vererzung im Rhenoherzynikum gehören, die gleichzeitig im devonisch-karbonen Grundgebirge Erzgänge und metasomatische Erzkörper bildete (KRAHN 1988; Abb. 19 und 89). Die hydrothermalen Fluide sind durch Na-Ca-(K-Mg)-Cl charakterisiert; sie entstanden vermutlich aus permo-triadischen Formationslaugen, welche durch Krustendehnung im Mesozoikum in die Tiefe gelangten, dort aufgeheizt wurden und schließlich wieder aufstiegen und Erze absetzten (BEHR et al. 1987).

Im unmittelbaren Vorland der kaledonischen Überschiebungsfront in Schweden liegen die Lagerstätten *Laisvall und Vassbo,* zusammen mit Hunderten ähnlicher Vorkommen. Diese Provinz ist etwa 100 km breit und über 2000 km lang. Die Erzträger sind Quarzite und Sandsteine der Laisvall-Gruppe, einer auf Kristallin transgressiven Gesteinsserie eokambrischen bis kambrischen Alters, die z.T. noch in die tiefsten kaledonischen Decken miteinbezogen ist. Als Gleithorizont haben die mittel-kambrischen Alaunschiefer gedient. Die Paragenese besteht aus Galenit, Sphalerit, Pyrit, Baryt, Kalzit, Fluorit und Serizit. Die Erze verdrängen die Matrix der Sandsteine oder bilden poikiloblastische Kristalle. Die Erzkörper sind flözartig, wobei sowohl eine lithologische Kontrolle durch feldspatreiche Sande und einschließende impermeable Schiefer wie auch eine tektonische Kontrolle durch die Deckenüberschiebungen vorliegt. Der Erzinhalt von Laisvall vor dem Abbau wird auf 60 Mt Erz mit 4 % Pb geschätzt; damit ist Laisvall die größte europäische Bleilagerstätte. Die Lösungen hatten eine Temperatur von ca. 150 °C und 23-26 % Salzgehalt; Blei-Isotopenanalysen ergaben anomales Pb vom J-Typ. Die Entstehung der Lagerstätten wird durch Austreibung von Formationswässern durch Metamorphose unter den vorrückenden kaledonischen Decken erklärt (DE BOORDER 1986).

Kontaktmetasomatische Bleilagerstätten und bleireiche *Skarnlagerstätten* liegen bevorzugt an aktiven Kontinentalrändern und dort im Kontaktbereich von Granitoiden vom I-Typ. Sie sind in der Regel silberreich, weshalb hier auf das Kapitel „Silber" verwiesen sei.

Als europäisches Beispiel möge *Trepča* /Serbien/Jugoslawien kurz beschrieben werden. Paläozoische Karbonate werden hier von einem tertiären, subvulkanischen Trachytstock durchbrochen; die Erzkörper liegen dazu randlich, am Kontakt der Karbonate zu Serizitschiefern. Eine frühe, anhydrische Skarnbildung kann von der hydrothermalen Vererzungsphase getrennt werden. Die Erze sind massige Sulfide mit silberreichem Bleiglanz, Zinkblende mit über 12 % Fe, Magnetkies und Pyrit. Spuren von As, Cu und Sb sind vorhanden. Gangarten sind Quarz, Karbonate und Baryt, insbesondere aber gibt es große Körper von Mn-Fe-Karbonaten. Die Lagerstätte enthielt ursprünglich rund 50 Mt Erz mit 6 % Pb und 4 % Zn (JANKOVIC in DUNNING et al. 1982).

Ganglagerstätten von Blei und Zink haben heute nur geringe wirtschaftliche Bedeutung, da die Gewinnungskosten im Verhältnis zu anderen Lagerstättentypen hoch sind. Im alten Bergbaurevier des Oberharzes wird heute noch bei *Bad Grund* Erz aus dem Silbernaaler Gangzug gewonnen. Die Oberharzer Gänge sind Teile eines spät- bis post-orogenen, steil einfallenden Störungssystemes von

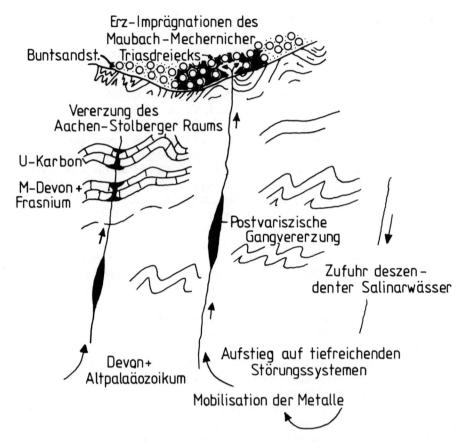

Abb. 89. Genetisches Schema der postvariszischen Vererzung im linksrheinischen Schiefergebirge (nach L. KRAHN 1988).
Hier wird der Zusammenhang zwischen Gangvererzungen in klastischen Metasedimenten und Verdrängungserzkörpern in Karbonaten im paläozoischen Grundgebirge und den Knottenerzen in der Trias von Maubach-Mechernich im Rahmen eines gleichzeitigen metallogenetischen Vorganges gedeutet.

Schrägabschiebungen, welche allgemein parallel zum Harznordrand liegen; das ist die „herzynische" Richtung (NW-SE). Die Störungen bewirken Versatz bis zu einigen Hundert Metern; wo sie nach NW ins Perm verfolgt werden können, sind nur geringe Verstellungen belegt. Es gibt 19 solcher Bruchzonen, mit einer Länge bis 20 km und einer Mächtigkeit bis 70 m. Die Flächen sind wellig gebogen; Teile davon führen reiche Pb-Ag-Zn-Erze (Abb. 27).

Die Nebengesteine der Oberharzer Gänge sind überwiegend Grauwacken und Kulm-Tonschiefer. Sie sind an den Gängen hämatitisiert, verkieselt, dolomitisiert oder ankeritisiert. Die Gangfüllung ist lagig bis drusig; folgende schematische Abfolge gilt allgemein: I. Nebengesteinsalteration, Siderit und etwas Chalkopyrit; II. kräftige Öffnung der Gänge und Absatz von Quarz, Sphalerit und wenig Galenit, Kalzit (u.a. Kokardenerze: Abb. 16); III. vor allem Galenit, Silberminerale, weniger Sphalerit, mit Siderit, Quarz, Dolomit, Baryt und Kalzit; IV. lokal Drusen mit verschiedenen Sulfiden und Gangarten. Die Zinkerze der Phase II liegen gewöhnlich in der Gangmitte, die Bleierze (III) eher randlich. Die Lagerstätte Bad Grund lieferte bisher rund 1Mt Pb, 2000 t Ag und 500.000 t Zn. Beträchtliche Vorräte sind noch bekannt (WALTHER in DUNNING et al. 1986).

Die Entstehung der Oberharzer Gänge ist nicht vollständig geklärt. Die tektonische Kontrolle entspricht wohl einem spät-orogenen Relaxationsereignis. Blei- und Schwefelisotopen weisen auf eine Herkunft der Metalle aus den unterlagernden Gesteinen bzw. aus Nebengesteinen hin. Möglicherweise besteht ein Zusammenhang mit dem thermischen Ereignis an der Karbon/Perm-Wende, das auch die Intrusion von Harzburger Gabbro und Brockengranit bewirkte; eine direkte Ableitung aus dem Granit ist jedoch sehr unwahrscheinlich. Hohe Elektrolytgehalte der Flüssigkeitseinschlüsse lassen aber auch an eine Verwandschaft zur post-variszischen Mineralisationsphase denken (BEHR et al. 1987).

Die Produktion von Zink (ca. 6 Mt/Jahr)ist rasch ansteigend, während Blei (4 Mt/Jahr) nur ein geringes Wachstum zeigt. *Reserven und Ressourcen* von Blei sind sehr groß; Australien, USA und Kanada stehen an der Spitze der Liste. Zudem werden etwa 40 % des Weltverbrauches durch Recycling abgedeckt. Auch die Zinkressourcen sind sehr groß, insbesondere in Kanada, USA, Australien, Südafrika und in der UdSSR. Die *Suche nach Blei und Zink* ist durch die breite Anwendung geochemischer und geophysikalischer Methoden charakterisiert (JONES & PLANT 1989); zunehmend werden prospektive Lokationen hydrothermal-exhalativer Lagerstätten mittels geologischer Modelle, insbesondere der Beckenanalyse indiziert (LARGE 1988).

Literatur:

BEHR, H.-J., HORN, E., FRENTZEL-BEYME, K. & REUTEL, C., 1987, Fluid inclusion characteristics of the Variscan and Postvariscan mineralization fluids in the Federal Republic of Germany. Chem. Geol. 61, 273-285.

CERNY, I., Pb-Zn-Erzmobilisationen in Dolomitgesteinen der Draukalkalpen (Kärnten, Österreich). Schriftenrh. Erdwiss. Komm. AW 6, 31-38, Wien.

CLAR, E., 1957, Bemerkungen zur Entstehungsfrage der kalkalpinen Pb-Zn-Erzlagerstätten. Mitt. Geol. Ges. Wien 48, 17-28.

CLENDENIN, C. W. & DUANE, M. J., 1990, Focused fluid flow and Ozark Mississippi Valley-type deposits. Geology 18, 116-119.

DE BOORDER, H., 1986, Deposition of galena in relation to detrital feldspar at Laisvall, central Sweden. Trans. IMM B95, 125-129.

FERGUSSON, J. E., 1990, The heavy elements, chemistry, environmental impact and health effects. 614 pp, Pergamon.

HERBERT, H. K., 1987, Minor element compositions of sphalerite and pyrite as petrogenetic indicators. Pacific Rim Congress 87, 831-841, Aus. I. M. M. Parkville.

HOLLER, H., 1936, Die Tektonik der Bleiberger Lagerstätte. Carinthia II, 7, 1-82, Klagenfurt.

JONES, D. G. & PLANT, J. A. (Eds.), 1989, Metallogenic models and exploration criteria for carbonate-hosted ore deposits – a multidisciplinary study in eastern England. 174 pp, Instn. Min. Metall. London.

KRAHN, L., 1988, Buntmetallvererzung und Blei-Isotopie im Linksrheinischen Schiefergebirge. 199 pp, Diss. RWTH Aachen.

KREBS, W., 1981, The geology of the Meggen ore deposit. Pp 509-550 in K. H. WOLF (Ed.), Handbook of Strata-Bound and Stratiform Ore Deposits, Vol. 9, Elsevier.

MILLS, H., HALLIDAY, A. N., ASHTON, J. H., ANDERSON, I. K. & RUSSELL, M. J., 1987, Origin of a giant ore body at Navan, Ireland. Nature 327, 223-226.

PETRASCHECK, W. E., 1957, Die Gesichtspunkte für eine hydrothermale Entstehung der kalkalpinen Blei-Zinklagerstätten. Berg- u. Hüttenmänn. Monatsh. 102, 229-233.

PLIMER, I. R., 1985, Broken Hill Pb-Zn-Ag deposit – a product of mantle metasomatism. Mineralium Deposita 20, 147-153.

SCHULZ, O., 1968, Die synsedimentäre Mineralparagenese im oberen Wettersteinkalk der Pb-Zn-Lagerstätte Bleiberg-Kreuth (Kärnten). TMPM 12, 230-289.

Zinn

Erzminerale:

Zinnstein (Kassiterit)	SnO_2	78,6 %Sn	D = 6,8-7,1
Zinnkies (Stannit)	Cu_2FeSnS_4	27 % Sn	D = 4,3-4,5

Die Kristallformen des Kassiterites sind für verschiedene Lagerstättentypen sehr charakteristisch; Bipyramiden und kurzsäulige Kristalle findet man in Pegmatiten, Greisen und hoch-hydrothermalen Gängen, lange Säulen und Nadeln in hydrothermalen Lagerstätten mittlerer Temperatur, und das glaskopfartige „Holzzinn" schließlich in oberflächennahen Gängen von Vulkaniten. Kassiterit enthält gewöhnlich Anteile von Fe, Ti, Nb, Ta, Zn, W, Mn, Sc etc., die z.T. bei der metallurgischen Verarbeitung abgetrennt und gewonnen werden. Zinnkies ist als Zinnerz mit Ausnahme von Bolivien bedeutungslos, ist aber doch in fast allen Zinnlagerstätten vorhanden.

Bauwürdige Zinngehalte im Erz primärer Lagerstätten betragen meist 0,3 bis 1,2 % Sn, während Seifen bis unter 0,01 % Sn wirtschaftlich genutzt werden können. Zinnstein wird bei genügender Korngröße durch einfache gravitative Aufbereitungsmethoden angereichert; sehr feines „Staubzinn" und komplexe Sulfosalze mit Zinnkies verlangen höhere Investitionen für die Aufbereitungsanlagen und bewirken große Aufbereitungsverluste (bis 50 % in Bolivien).

Die Verwendung von Zinn ist durch eine Kombination günstiger Eigenschaften äußerst vielfältig. Zinn ist ein ungiftiges, weiches, niedrig schmelzendes Metall, dessen Eigenschaften sich durch Legierung sehr gut beeinflussen lassen. Die frühesten Funde von Bronze (Sn mit Cu) stammen aus Mesopotamien (ca. 3500 A. C.), Lötzinn (Sn mit Pb) war schon den Römern bekannt. Messing (Sn mit Zn) sowie Legierungen mit Al, Si, Sb u.v. a. sind neueren Datums. Zinn-Zirkonlegierungen werden für bestimmte Reaktorbauteile verwendet. Der größte Teil der Zinnproduktion wird für Verzinnung verwendet, vor allem für Behälter von Lebensmitteln und Getränken. Zinnlegierungen finden sich in einer großen Zahl von Gegenständen des täglichen Lebens (Elektrogeräte, Fahrzeuge, Maschinen, Metallteile in Gebäuden). Zinnchemikalien reichen von SnF in Zahnpaste über das Amalgam (Ag, Cu, Zn, Sn, Hg) der Zahnmedizin bis zu Füllstoffen in Plastik und zu ungiftigen Holzschutzmitteln. Insgesamt ist Zinn das Metall mit den vielfältigsten Anwendungsgebieten.

Das geochemische Verhalten von Zinn ist ausgeprägt lithophil; Ultramafite enthalten im Durchschnitt 0,5 ppm, mafische Gesteine 1,2 ppm und saure magmatische Gesteine 3,5 ppm Sn. Im Gestein ist Sn zum größten Teil in Ilmenit, Titanit und Glimmern enthalten. Daraus kann es durch saure chloridische oder fluoridische Lösungen mobilisiert werden; häufiger ist aber wohl Konzentration in Fluiden, die sich während der Kristallisation spezialisierter saurer Magmen bilden. Letztere führen deutlich, oft bis zum 50fachen erhöhte Zinngehalte neben F, Li, B usw. Diese hohen Zinngehalte werden durch Fluidextraktion und Lagerstättenbildung erratisch verringert (LEHMANN & MAHAWAT 1989). Der geochemischen, mineralogischen und geologischen Charakterisierung solcher „Zinngranite" sind viele Untersuchungen gewidmet (SCOTT 1988, SWANSON et al. 1988, TISCHENDORF 1989, SCHWARTZ & ASKURY 1989). *Zinngranite* sind im geodynamischen Kontext nicht an aktive Kontinentalränder gebunden. Charakteristisch sind hingegen intrakontinentale mobile Gürtel (europäisches Variszikum, afrikanische Kibariden, mesozoische Orogenesen der chinesischen Plattform, Tasman-Orogen im Osten Australiens), wobei die Zinngranite in der Regel spät- bis postorogen auftreten. Viele Zinngranite sind vom S- oder HHP- bzw. Ilmenit-Typ. In anorogen mobilisierten Kratonen gibt es auch Zinnlagerstätten im Verband mit A-Typ Granitoiden (jurassische Granite im Umfeld des Benue-Aulacogens/Westafrika, mittelproterozoische Granite der Provinzen Rondonia und Amazonas/Brasilien, Zinnporphyre des tertiären Dehnungsfeldes der Ostanden/Bolivien und Peru). Allgemein wird aus diesen Beobachtungen geschlossen, daß das Zinn aus der kontinentalen Kruste stammen muß. Ein bestätigender Hinweis ist dafür neben den typischen hohen initialen Sr-Isotopenverhältnissen der meisten Zinngranite auch das Auftreten von Zinnlagerstätten in den Lebowa-Graniten des Bushveldes, die fast zeitgleich mit der basischen Intrusion aus der tiefen Kruste erschmolzen wurden.

Das vulkanische Äquivalent der Zinngranite sind *Topasrhyolite* („Ongonite"), die in Mexiko, USA und Mongolien beschrieben wurden. Mit solchen Gesteinen sind kleine Vorkommen von Holzzinn in Tuffen und anderen pyroklastischen Gesteinen verbunden. Topasrhyolite dürften aber in engem genetischem Zusammenhang mit vielen sehr wichtigen Playasee-Lagerstätten stehen (Li-Laugen, z. B. Searles Lake/Kalifornien; U in Playa-Tuffiten; Borate; Jod, usw. – BURT et al. 1982).

In den überwiegend magmatogenen Lösungen hoher Temperatur wird Zinn als reduziertes Sn^{2+} in Form chloridischer Komplexe transportiert, wobei mehr als 200 ppm Sn gelöst sein können (JACKSON

& HELGESON 1985; HEINRICH 1990). Unter 350 °C kann Zinn bei pH 2-7,5 u.a. auch als $Sn(OH)_2$ oder $Sn(OH)_4$ transportiert werden. Die Bildung von Kassiterit erfolgt in der Regel durch Zerstörung der metallführenden Komplexe, wobei plötzlicher Abfall von T und P sowie ein Anstieg von pH im Zusammenwirken mit hydrothermaler Alteration der Nebengesteine verschiedentlich wirksam sind. Natürlich ist zur Bildung von SnO_2 Sauerstoff nötig, der aber nach folgenden Formeln aus dem Fluid selbst bezogen werden kann (EUGSTER 1984):

$$SnCl^+ + 2H_2O \rightarrow SnO_2 + Cl^- + 2H^+ + H_2$$
$$4Sn(OH)_2 + CO_2 \rightarrow 4SnO_2 + CH_4 + 2H_2O$$

Saure Alteration der Nebengesteine, z. B. Serizitisierung und bei geringerer Temperatur auch Kaolinisierung, ist deshalb für hochtemperierte Zinnlagerstätten sehr typisch. Die Herkunft des Wasseranteils der zinnführenden Fluide granitischer Kuppeln ist zu Beginn meist rein magmatisch („juvenil"), während spätere Fluide zunehmend meteorisches („vadoses") Wasser führen (z. B. SHEN-SU & EADINGTON 1987).

Den Versuch einer *Quantifizierung* der Bildungsgeschichte einer Zinnlagerstätte vom Aufschmelzen normaler Krustengesteine über Differentiation und Entmischung von Fuiden bis zum Absatz von Zinnstein hat TISCHENDORF (1988) unternommen. Interessant ist dabei u.a. die niedrige Effizienz des Vorganges, da nur etwa 1 % der ursprünglich verfügbaren Metallmenge bauwürdig angereichert wird.

Zinnstein ist gegen chemische *Verwitterung* sehr beständig und ist deshalb in eluvialen, alluvialen und manchen marinen Seifen angereichert. Nur die mechanische Zerkleinerung beim Transport sowie die Verdünnung durch andere Sedimente beschränken die Entfernung nutzbarer Seifen von der primären Lagerstätte; meist wird die Bauwürdigkeitsgrenze bei wenigen km Abstand erreicht. Zinnkies hingegen wird leicht zersetzt, wodurch Souxit (Varlamoffit, H_2SnO_3+aq), ein erdig-kolloidales Mineral entsteht.

Primäre Zinnlagerstätten umfassen wenige wirtschaftlich wichtige Typen. Dazu gehören:
– Granit-gebundene Lagerstätten:
    Greisenflöze in Granitkuppeln (z. B. Zinnwald, Abb. 74)
    Quarzgänge in und über Graniten (Rutongo, Abb. 24; Cornwall, Abb. 29)
    Skarne/metasomatische Körper in Karbonaten (Dachang)
    Pegmatite (Zentral- und Westafrika; Greenbushes/W-Australien)
    Zinnporphyre (Llallagua)
– Vulkanogene Lagerstätten (Potosi, Abb. 97).

Wichtig ist ferner *Zinn als Nebenprodukt* in manchen massigen Sulfiderzen; viele Jahre lang kam die einzige Zinnproduktion Nordamerikas aus den Lagerstätten Kidd Creek (Ontario) und Sullivan (B. C.). Ein europäisches Beispiel wurde unter „Kupfer" erwähnt: Neves Corvo in Portugal.

Neben Cornwall ist das klassische Zinnerzgebiet Europas das *sächsisch-böhmische Erzgebirge*. Es handelt sich um eine pultförmige Scholle (120 x 45 km) der variszischen sachso-thuringischen Zone, bestehend aus präkambrischen bis altpaläozoischen Gesteinen, welche zuletzt um etwa 380 Ma (spätes Devon) gefaltet wurden (TISCHENDORF 1989). Das Erzgebirge und benachbarte Gebiete (Kaiserwald/Slavkovski les; Fichtelgebirge) wurden zwischen 330 und 290 Ma von mehreren Granitmassiven intrudiert. Diese Massive enthalten frühe biotitische Granodiorite und Monzogranite („Gebirgsgranit") und jüngere Topas-Biotit-Muskovit-führende Syenogranite („Erzgebirgsgranite"). Die jüngsten Phasen der letzteren sind hoch spezialisierte, wegen ihrer Zinnwaldit-Führung sogenannte Lithiumgranite, die mit den Zinn-(und Wolfram-) Erzen in enger genetischer Verbindung stehen. Es gibt Greisenerze im Lithiumgranit, oft als Flöze ausgebildet (Zinnwald, Abb. 74), ferner Gang-Greisenerze im älteren Granit, Kassiteritquarzgänge in den metamorphen Dachgesteinen und lokal Verdrängungserzkörper an Karbonaten (Abb. 90).

Bekannte Greisen-Lagerstätten in Granitkuppeln des Erzgebirges sind Altenberg, Zinnwald/Cinovec und Krasno (Schönfeld-Schlaggenwald). Sn-W Gänge im Hangenden und Sn-Greisen innerhalb einer Granitkuppel wurden bei Ehrenfriedersdorf abgebaut. Die Entstehung von Greisen-Erzkörpern in Granitkuppeln wird seit langem durch die Sammlung aufsteigender spezialisierter Schmelzen und

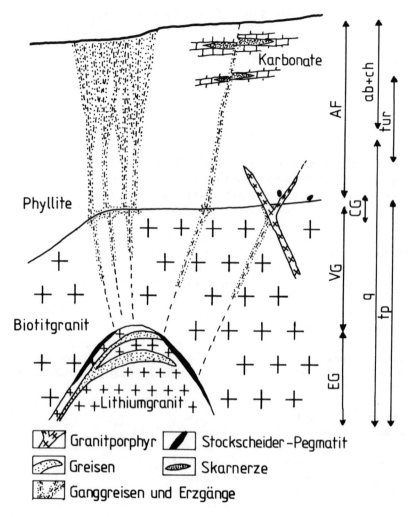

Abb. 90. Idealisiertes Profil der vertikalen Zonierung von Zinnlagerstätten im westlichen Erzgebirge (BREITER 1987).
EG = Endokontakt-Greisen; VG = Gang-Greisen; CG = Greisen am Phyllitkontakt; AF = hydrothermale Mineralisation in Phylliten.
Typomorphe Minerale: q = Quarz; tp = Topas; tour = Turmalin; ab = Albit; ch = Chlorit.

Fluide nach Art einer Fangglocke erklärt; soferne der Druck der freigesetzten Fluide relativ gering war und tektonische Wegsamkeiten für ein Entweichen nach oben nicht gegeben waren, mußten sie mit dem Gestein intensiv reagieren (PLIMER 1987).

Das älteste Zinnbergbaugebiet Europas ist *Cornwall*. Die Provinz wurde unter „Ganglagerstätten" im Allgemeinen Teil kurz beschrieben, wobei auf die z. T. post-magmatische Natur der Vererzung durch HHP-Granite und auf die Zonierung (Abb. 29) verwiesen sei. Einzelne Gänge zeigen natürlich immer nur einen Ausschnitt dieser Zonierung (Abb. 91). Vor kurzem wurde ein geochemisch erhöhter Zinngehalt auch in vor-granitischen Gesteinen Cornwalls postuliert (HALL 1990). Dies betrifft eine wiederkehrende wissenschaftliche Diskussion, ob nämlich geochemisch erhöhte Metallgehalte in einem Krustenabschnitt notwendig wären, um Lagerstättenbildung zu ermöglichen (s. auch Kapitel „Metallogenese"). Für Cornwall erscheint nun eine solche geochemisch anomale Metallprovinz wahrscheinlich.

Zinnskarne und metasomatische Erzkörper sind wirtschaftlich besonders bedeutend, da es sich

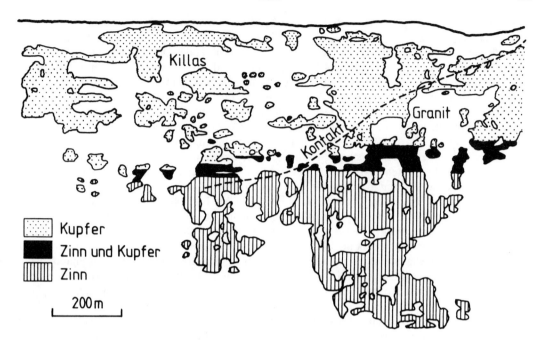

Abb. 91. Metallzonierung, Verteilung der bauwürdigen Flächen und Granitkontakt im Dolcoath Main Lode, Cornwall (HOSKING 1974).
„Killas" sind Hornfelse, durch Kontaktmetamorphose aus pelitischen Nebengesteinen entstanden. Beachte die völlige Unabhängigkeit von Granitkontakt und Vererzung, im Gegensatz zu Abb. 90.

um große Lagerstätten mit hohen Zinngehalten handelt. Wesentlich ist dabei das Zusammentreffen zinnführender Fluide eines fertilen Granites mit reaktionsbereiten Nebengesteinen im Dach; ganz unterschiedliche Gesteine kommen hier in Betracht: Kalke, Dolomite, dolomitische Evaporite, Metabasalte, Ultramafite und sogar Schwarzschiefer. Distale Zinnskarne und Verdrängungserzkörper sind oft schichtgebunden (LEHMANN & SCHNEIDER 1981).

Vermutlich die größte Zinnskarnlagerstätte der Erde ist *Dachang*/Guanxi/China, wo mesozoischer Granit in devonischen Karbonaten stratiforme Verdrängungserzkörper erzeugte (TANELLI & LATTANZI 1985). Die Erze führen 0,8 % Sn, 2 % Zn und viel Pyrit; wichtige Nebenprodukte sind Pb und Ag. Die Reserven werden auf 50-100 Mt Erz geschätzt. Bereits die anhydrischen Skarnminerale (Granat, Pyroxen, etc.) solcher Lagerstätten enthalten hohe Zinngehalte, die eigentliche Zinnvererzung ist jedoch mit der Sulfidbildung der folgenden hydrothermalen Phasen verbunden. Dies ist ein wichtiger Hinweis darauf, daß die Entgasung und Fluidabgabe fertiler Zinngranite mehrphasig ist.

Eine der bedeutendsten Verdrängungslagerstätten ist *Renison Bell* in Tasmanien (PATTERSON et al. 1981). In einer Serie von kambrischen Quarziten und Schiefern mit Lagen von andesitischen und rhyolitischen Pyroklastika liegen dort drei manganführende Dolomitschichten. Von vererzten Störungen ausgehend sind diese Dolomite durch massige Sulfide verdrängt. Das Erz besteht aus Magnetkies, Pyrit, Chalkopyrit, Arsenopyrit und den Gangarten Quarz, Karbonat, Turmalin, Fluorit, Talk und Chlorit. Kassiterit findet sich in feinsten Körnchen von 50-100 µm in den Sulfiden und in der Gangart; die Durchschnittsgehalte liegen bei 1,1 % Sn, die Reserven um 30 Mt. Der zugehörige Granit ist in der Lagerstätte nicht aufgeschlossen.

Interessant sind die bolivianischen *Zinn-Mantos,* das sind stratiforme Imprägnationen. In der Lagerstätte *Kellguani* liegen in unterdevonischen Tonschiefern und Quarziten 1-10 m (maximal 40 m) mächtige brekziierte Lagen mit Kassiterit und Pyrit, dazu etwas Siderit, Ankerit und Hämatit. Um die Erzkörper ist ein Hof von Turmalinisierung und Chloritisierung ausgebildet. Das Erz hat rund 0,5 % Sn. *Zinnführende Pegmatite* sind in der Regel eng mit spezialisierten

Graniten verbunden; gegenüber hydrothermalen Ganglagerstätten sind sie tiefer entstanden, generell wohl in einem mesozonalen Intrusionsniveau. Übergangsbereiche wurden mehrfach bekannt (z. B. Musha/Rwanda: VARLAMOFF 1972), wo dann kassiteritführende Quarzgänge und Pegmatite in unterschiedlicher Altersfolge auftreten. Zinnpegmatite sind oft auf eine bestimmte Teilzone von Pegmatitfeldern beschränkt; VARLAMOFF hat das für die zentralafrikanischen Lagerstätten sehr schön dargestellt. Zinnvererzung (z.T. auch Nb/Ta) gibt es dort nur in stark albitisierten Pegmatiten mit Mikroklin, Spodumen, Muskovit, Lepidolith, Beryll und Quarz. Spurenelementgehalte der Muskovite mineralisierter Pegmatite unterscheiden sich von anderen sehr deutlich, besonders durch hohe Sn-Gehalte (KÜSTER 1990). Wirtschaftliche Gewinnung von Zinnpegmatiten wird durch die häufige hydrothermale, manchmal auch deszendente Kaolinisierung sehr begünstigt, da das resultierende weiche Gestein hydraulisch gewonnen werden kann, und nicht unter hohem Kosten- und Energieaufwand gesprengt und zerkleinert werden muß. *Zinnporphyre* sind den porphyrischen Kupferlagerstätten vergleichbar; sie enthalten über 100 Mt Erz, allerdings mit Gehalten von 0,1-0,3 % Sn, was zur Zeit für eine wirtschaftliche Gewinnung zu gering ist. Diese Lagerstättenklasse ist also eigentlich den geologischen Ressourcen zuzurechnen. Entdeckt wurde sie im bolivianischen Zinngürtel (Llallagua: SILLITOE et al. 1975), wo einzelne Reicherzlagerstätten bisher über 500.000 t Sn geliefert haben (siehe unten). Zinnporphyre sind subvulkanische, saure Stöcke mit Phänokristallen von Quarz, Sanidin, Albit und Biotit, welche Brekziierung und hydrothermale Alteration erlitten haben. Letztere ist von innen nach außen zoniert: Turmalinisierung und Silifizierung im Kern werden nach außen von einer Turmalin-Serizitzone mit Kassiterit abgelöst; in der Umgebung folgt ein weiter Hof mit Propylitisierung. Einzelne Brekzienzonen mit höheren Kassiteritgehalten werden schon heute vielfach abgebaut. Ähnlich wie die porphyrischen Kupferlagerstätten sind auch die Zinnporphyre oft von einem Hof kleinerer Reicherzlagerstätten umgeben. In Bolivien ist das die Gruppe der vulkanogenen Sn-Ag Ganglagerstätten:

Diese *vulkanogenen polymetallischen Zinnerzgänge* sind in den östlichen Anden, überwiegend in Bolivien entwickelt. Die Lagerstätten liegen zwischen den Städten Oruro und Potosi in tertiären, quarz-latitischen bis rhyolitischen Vulkanbauten, die oft in älteren Calderen situiert sind. Frühe, hochtemperierte (max. 530 °C) Kassiterit-Quarzgänge werden von Sulfiderzen (Sn, Sb, Ag, Bi, Pb, Zn) mit den Gangarten Fluorit und Siderit sowie etwas Scheelit überprägt. Späte, kühlgebildete und erzleere Gänge führen Karbonate und Hydrophosphate (KELLY & TURNEAURE 1970: Abb. 18). Viele dieser Lagerstätten sind durch hohe Silbergehalte ausgezeichnet und sind als Silberbergbaue bekannt (Cerro Rico de Potosi: Abb. 97).

Die *Suche nach Zinnlagerstätten* ging ursprünglich von alluvialer Prospektion aus, indem das Entwässerungsnetz der geologisch definierten Hoffnungsgebiete systematisch beprobt und auf Vorkommen von Zinnstein untersucht wurde. Eluviale und primäre Lagerstätten waren danach leicht zu orten. Sehr effizient ist auch die geochemische Sn-Analyse von Sediment- und Bodenproben. Heute werden zunehmend gesteinsgeochemische Methoden verwendet, um Auftreten und Verteilung spezialisierter saurer Intrusionen zu erfassen. Verdeckte Zinngranitkuppeln werden mit geophysikalischen Methoden (z. B. Gravimetrie) lokalisiert und dann durch Bohrungen untersucht. Eine Fundgrube von praktischen Erfahrungen sind die Artikel von HOSKING (1965).

Wichtige *zinnproduzierende Länder* der westlichen Welt sind Brasilien, Indonesien, Thailand, Bolivien, Australien und Peru. Auch die Reserven, für Jahrzehnte ausreichend, entsprechen dieser Reihung.

Literatur:

BURT, D. M., SHERIDAN, M. F., BIKUN, J. V. & CHRISTIANSEN, E. H., 1982, Topaz rhyolites – Distribution, origin and significance for exploration. Economic Geol. 77, 1818-1836.
HALL, A., 1990, Geochemistry of the Cornubian tin province. Mineralium Deposita 25, 1-6.
HEINRICH, Ch. A., 1990, The chemistry of hydrothermal tin(-tungsten) ore deposition. Economic Geol. 85, 457-481.
HOSKING, K. F. G., 1965, The search for tin. Mining Magazine 113, 261-273 sowie 440-461.
HUTCHINSON, C. S. (Ed.), 1988, Geology of tin deposits in Asia and the Pacific. 718 pp, Springer.

Jackson, K. J. & Helgeson, H. C., 1985, Chemical and thermodynamic constraints on the hydrothermal transport and deposition of tin: I. Calculation of the solubility of cassiterite at high pressures and temperatures. Geochim. Cosmochim. Acta 49, 1-22.

Kelly, W. C. & Turneaure, F. S., 1970, Mineralogy, paragenesis and geothermometry of the tin and tungsten deposits of the Eastern Andes, Bolivia. Economic Geol. 65, 609-680.

Küster, D., 1990, Rare-metal pegmatites of Wamba, central Nigeria – their formation in relationship to late Pan-African granites. Mineralium Deposita 25, 25-33.

Lehmann, B. & Schneider, H.-J., 1981, Strata-bound tin deposits. Pp 743-771 in K. H. Wolf (Ed.), Handbook of Strata-Bound and Stratiform Ore Deposits, Vol. 9, Elsevier.

Lehmann, B. & Mahawat, Ch., 1989, Metallogeny of tin in central Thailand: A genetic concept. Geology 17, 426-429.

Lehmann, B., 1990, Metallogeny of tin. 211 pp, Springer.

Patterson, D. J., Ohmoto, H. & Solomon, M., 1981, Geologic setting and genesis of cassiterite-sulfide mineralization at Renison Bell, Western Tasmania. Economic Geol. 76, 393-438.

Plimer, I. R., 1987, Fundamental parameters for the formation of granite-related tin deposits. Geol. Rundschau 76, 23-40.

Schwartz, M. O. & Askury, A. K., 1989, Geologic, geochemical and fluid inclusion studies of the tin granites from the Bujang Melaka pluton, Kinta valley, Malaysia. Economic Geol. 84, 751-779.

Scott, K. M., 1988, Phyllosilicate and rutile compositions as indicators of tin specialization in some SE-Australian granites. Mineralium Deposita 23, 159-165.

Shen-Su, S. & Eadington, P. J., 1987, Oxygen isotope evidence for the mixing of magmatic and meteoric waters during tin mineralization in the Mole granite, New South Wales, Australia. Economic Geol. 82, 43-52.

Sillitoe, R. H., Halls, C. & Grant, J. N., 1975, Porphyry tin deposits in Bolivia. Economic Geol. 70, 913-927.

Swanson, S. E., Bond, J. F. & Newberry, R. J., 1988, Petrogenesis of the Ear Mountain tin granite, Seward Peninsula, Alaska. Economic Geol. 83, 46-61.

Tanelli, G. & Lattanzi, P., 1985, The cassiterite – polymetallic sulfide deposits of Dachang (Guanxi, P. R. C.). Mineralium Deposita 20, 102-106.

Tischendorf, G., 1988, On the genesis of tin deposits related to granites: the example Erzgebirge. Z. geol. Wiss. 16, 407-420.

Tischendorf, G. (Ed.), 1989, Silicic magmatism and metallogenesis of the Erzgebirge. Akad. Wiss. DDR, Veröffentl. Zentralinst. Phys. Erde 107, 316 pp.

Wright, J. H. & Kwak, T. A. P., 1989, Tin-bearing greisens of Mount Bischoff, Northwestern Tasmania, Australia. Economic Geol. 84, 551-574.

III. Edelmetalle

Gold

Erzminerale:

Gediegen Gold	Au (Ag,Cu,Hg,Pd)	70-100 % Au	D=15,5-19,3
Sylvanit	(Au,Ag) Te$_4$	25-27 % Au	D=8,0-8,3
Calaverit	Au Te$_2$	max. 44 % Au	D=9,3
Krennerit	(Au,Ag) Te$_2$		D=8,6
Nagyagit	ca. Pb$_5$Au(Te,Sb)$_4$S$_{5-8}$		D=7,5

Gediegen Gold enthält in der Regel 2-20 % Silber und 0,1-0,5 % Kupfer. Electrum ist Gold mit 30-50 % Ag. Löslich ist gediegen Gold in KCN, NaCN und Hg, worauf die meisten Aufbereitungsprozesse beruhen. Dabei wird das Freigold durch Amalgamierung, heute aber häufiger durch Cyanid-Laugung aus dem Erz gelöst und dann mittels Aktivkohle (früher auch Zink) ausgefällt und daraus weiter konzentriert und erschmolzen. Mit der billigen Haufenlaugung („heap leaching") können auch sehr niedrige Goldgehalte bis 0,24 ppm (= g/t) wirtschaftlich gewonnen werden. Das gilt aber nur dann, wenn im Erz keine Cyanicide, also Cyan-verbrauchende Bestandteile vorkommen; das sind besonders S, Fe, Cu, As, Sb und Zn. Sulfide und Telluride müssen durch Flotation und Rösten vorbehandelt werden, woraus sich höhere wirtschaftliche Grenzgehalte ergeben. Auch kohlige oder bituminöse Substanzen im Erz sind nachteilig.

Die Bauwürdigkeitsgrenze von Golderz ist also einerseits von der Aufbereitbarkeit abhängig, andererseits aber natürlich auch von der Art der Lagerstätte (Tagbau, Untertagebau, Baggergewinnung von unverfestigten Seifen, etc.). Der durchschnittliche Goldgehalt im Erz der 240 wichtigsten Bergbaue der Welt lag 1989 bei 3,4 g/t.

Gold ist neben Kupfer sicherlich eines der ersten Metalle, das vom Menschen bewußt aufgesucht wurde. Die älteste Karte eines Goldbergbaues stammt aus der 19. Dynastie Alt-Ägyptens, nachdem in der 12. Dynastie um 2000 v. Chr. die ersten schriftlichen Hinweise auf Gold aufgezeichnet worden waren. Man schätzt die gesamte Produktion von Gold von den Anfängen bis heute auf rund 86 000 t, das wäre ein Würfel von ca. 16,5 m Kantenlänge. Gold war immer ein Wert-, Schmuck- und Münzmetall. Auch heute gilt das noch; nur etwa 12 % der Jahresproduktion werden in Industrie, Elektronik und im Dentalbereich verarbeitet.

Der *geochemische Charakter* des Goldes ist ausgeprägt siderophil, untergeordnet chalkophil. Dementsprechend hoch sind die durchschnittlichen Gehalte in Eisenmeteoriten mit 1,15 ppm, in der Erdkruste dagegen nur 0,003 bis 0,005 ppm (BOYLE 1979). In magmatischen Gesteinen sind die Goldgehalte wohl überwiegend von den Fe-Gehalten und der Sulfidführung abhängig; die magmatische Differentiation spielt dagegen nur eine untergeordnete Rolle (SAAGER 1986). Ultramafite haben durchschnittlich 0,004 ppm, Gabbros 0,007, Diorite 0,005 und Granite 0,003 ppm Au. Analysen verschiedener Minerale magmatischer Gesteine haben gezeigt, daß das Gold wechselnd in den Sulfiden, in Magnetit, Biotit, Pyroxen oder Hornblende maximal angereichert sein kann. Zweifellos kontrolliert die jeweilige mineralogische Plazierung die für die Lagerstättenbildung notwendige Freisetzung, die besonders aus Sulfiden rasch und leicht erfolgt (KEAYS 1987). In manchen Sedimenten ist Gold angereichert; Sandsteine und Konglomerate führen im Durchschnitt 0,03, Kohleaschen bis 0,1 und Öl- bzw. Schwarzschiefer bis 2 ppm Au (im schlesisch-polnischen Kupferschiefer ganz lokal bis maximal 3000 ppm). Auch die Sulfide der hydrothermalen Felder mittelozeanischer Rücken bzw. der Zypern- Typ Lagerstätten enthalten bis zu 8 ppm Au. Das Gold/Silber- Verhältnis in der Erdkruste beträgt 0,1, und des gleichen Ionenradius wegen sind Gold und Silber in vielen Mineralen austauschbar. Allerdings tritt Gold anders als Silber kaum in Sulfide ein, bildet aber neben den überwiegenden Telluriden auch Antimonide, Selenide und Wismuthide. Die häufigen Goldgehalte in Sulfiden (bis einige 100 ppm) sind z.T. als sub-mikroskopische Einschlüsse zu erklären, teilweise wird das Gold aber auch in das Kristallgitter eingebaut (BOIRON et al. 1989).

Unter Oberflächenbedingungen ist Gold bekanntlich sehr schwer löslich. Die Bildung großer Nuggets aus feinem Berggold, die häufigen idiomorphen und unbeschädigten Goldkristalle junger Seifen und die Konzentration von Gold in Laterit, Bauxit und in der Zementationszone unter eisenen Hüten (Gossans) belegen aber zweifelsfrei die Wanderung von Gold in Lösung oder mit Fe-Mn-Kolloiden (MANN 1984, MICHEL 1987). Gesteuert wird diese Löslichkeit durch die Verfügbarkeit von Cl, B, J, durch pflanzliche Cyanide sowie durch Eh und pH. Dabei spielen in den Tropen humose Säuren und Abbauprodukte organischer Substanzen (Carbonyl CO, NH_3, HCO_3) eine wichtige Rolle. Infolge der leichteren Löslichkeit von Ag, Cu und Hg sind Zementations- und Seifengold gewöhnlich reiner als primäres Berggold.

In hydrothermalen Lösungen ist Gold nicht ionar gelöst, sondern bildet Komplexe mit Cl^-, HS^-, S^{2-} und OH^-. Solche Fluide führen neben H_2O meist viel CO_2 und auch CO. Die NaCl-Gehalte sind generell niedrig, pH gering sauer bis neutral, Eh oft negativ, was durch die charakteristischen Fe^{2+}-Minerale der Gänge und Alterationszonen belegt ist. Die Abscheidung des Goldes aus den Fluiden wird bei Transport als Thiokomplexe durch Temperaturabfall und Verringerung der Schwefel-Aktivität (Kochen, Sulfidbildung etwa durch Reaktion mit Fe-reichen Nebengesteinen,

Verdünnung, Oxydation) verursacht. Chlor-Komplexe sind für den Transport von Gold vermutlich noch wichtiger, da Sulfid- und Au-Gehalte in vielen Lagerstätten negativ korreliert sind. Dann wird Gold ausfallen, sobald Temperatur und/oder Chlor-Aktivität sinken, oder durch Abkochen von CO_2 der pH-Wert rasch steigt. Beim Ausfließen goldführender Lösungen an der Erdoberfläche spielt weiters die Kopräzipitation mit As-Sb-Sulfid-Gelen eine wichtige Rolle (Broadlands/Neuseeland). Allgemein gilt vermutlich, daß $(AuCl_2)^-$ für den Transport von Gold bei höheren Temperaturen (Skarne, Porphyre u. dgl.) und $(Au(HS)_2)^-$ bei tieferen Temperaturen (exhalative Sulfide, epithermale Lagerstätten) wichtiger ist (HUSTON & LARGE 1989).

Die *Genese primärer Goldlagerstätten* läßt sich nach plutonischen, vulkanischen, diagenetischen und metamorphen Prozessen einteilen. Sekundäre Lagerstätten entstehen durch Verwitterung und Bodenbildung (Laterit-Typus: Boddington/West-Australien) oder nach Transport durch Anreicherung in fluviatilen und marinen Seifen, welche sehr alt (Witwatersrand/Südafrika: Archaikum) bis subrezent gebildet sein können. Vieles spricht dafür, daß Goldlagerstätten ihre Bildung oft einer Reihe aufeinanderfolgender geologischer Prozesse verdanken, deren letzter alleine für eine Gliederung nicht ausreicht. Deshalb unterscheidet sie zum Beispiel BOYLE (1987) nach dem geologischen Milieu, nicht nach genetischen Abläufen. Ähnlich verfährt BACHE (1986), indem innerhalb der zwei Hauptgruppen prä-orogen/vulkanosedimentär bzw. post-orogen/plutono-vulkanisch 7 Typen und eine Reihe von Sub-Typen aufgestellt werden. Hier sollen aber in der folgenden Beschreibung von Goldlagerstätten doch genetische Kriterien im Vordergrund stehen (s. auch Abb. 1).

Eine erregende Neuentdeckung ist die Goldführung einer bestimmten Schicht im klassischen Vertreter geschichteter basischer Intrusionen, nämlich im sogenannten Sandwich-Horizont der *Skaergaard-Intrusion* (Abb. 92). Gesucht hatte man eigentlich Platinmetalle, da in dieser Region sehr viele differenzierte basische Körper auftreten. Sedimentproben aus dem Entwässerungsnetz und in der Folge lithogeochemische Proben von Skaergaardgesteinen ergaben anomale Goldwerte, die rasch zu einem sulfidführenden, nur 2 m mächtigen Band in der Intrusion führten. Detaillierte Beprobung ergab darin durchschnittlich 3 ppm Au, 2 ppm Pd und 0,2 ppm Pt über eine Fläche von rund 25 km². Die bergbauliche Gewinnung soll ab 1993 beginnen (BROOKS 1989). In Übereinstimmung mit vergleichbaren Platinlagerstätten (s. dort) ist diese Goldmineralisation vermutlich als *liquidmagmatisch* einzustufen.

Andere *plutonische Lagerstätten* sind Quarzgänge, Brekzienschlote und polymetallische Skarne, die an saure bis intermediäre Intrusiva gebunden sind. Die Mineralisation kann innerhalb (Cu-Au-Porphyre) oder außerhalb (Gänge, Skarne) der magmatischen Körper liegen. In Cu-(Mo-) Porphyren ist Gold in der Regel ein Nebenprodukt, das allerdings in vielen dieser Lagerstätten eine große wirtschaftliche Bedeutung hat. Bekannte Beispiele sind Panguna/Bougainville und Ok Tedi/Papua-Neuguinea sowie Bingham/USA. Auch in Skarnlagerstätten wird Gold meist neben anderen Metallen abgebaut; wichtige Bergbaue dieses Typs sind Fortitude/Nevada/USA und Nickel Plate/B. C./Kanada, wo im Tagbau gewinnbare Reserven von 9 mio t mit 4,5 ppm Au nachgewiesen wurden. Über 100 ähnliche Lagerstätten sind alleine in Kanada bekannt. Die Magmatite sind Granite und Granodiorite, in deren Exokontakt an Karbonaten Sulfide von Fe,Cu,Zn,Ni,As etc. gebildet wurden, die das Gold enthalten. In Nord-Queensland/Australien liegt die Kidston Mine, die einen mit Au vererzten Brekzienschlot abbaut. Permische Ring-Granite intrudieren hier proterozoische Metasedimente und Granite; zwischen den Graniten liegt der Schlot mit einer Fläche von 1300 mal 900 m. Felsit- und Porphyrgänge durchschlagen die Brekzie, deren Matrix Electrum, Pyrit, Arsenkies, Bleiglanz und Zinkblende mit Quarz und karbonatischer Gangart enthält. Die Brekzienfragmente sind serizitisiert und karbonatisiert; in der Randzone des Erzkörpers gibt es Au-Quarzgänge. Die Reserven betragen 90 mio t mit rund 2,5 ppm Ag und 1,7 ppm Au. Sehr ähnlich ist der spät-kaledonische Porphyr-Brekzienschlot von Lagalochan/Schottland (HARRIS et al. 1988), der allerdings noch nicht abgebaut wird.

Plutogene Gold-Quarzgänge, welche nicht in unmittelbarem räumlichen Zusammenhang mit einer Intrusion stehen, sind sehr schwer von metamorphogenen Mineralisationen zu unterscheiden. Früher hat man dieser Gruppe alle Goldgänge zugeordnet, welche in plutonisch-metamorphen Provinzen in größerer Tiefe gebildet wurden, wie etwa in den Kordilleren von Alaska, Kanada und den USA, in den brasilianischen, afrikanischen und australischen Greenstone Belts und im

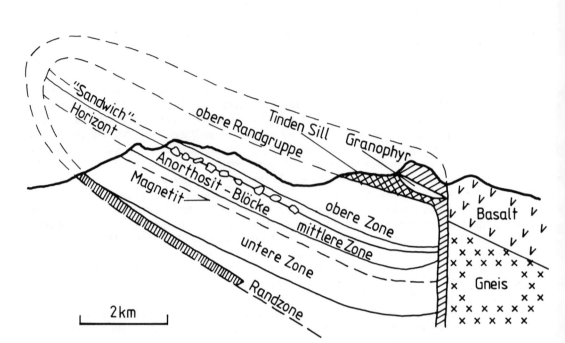

Abb. 92. Die Lage des goldführenden Sandwich-Horizontes in der Skaergaard-Intrusion, Ostgrönland (BROOKS 1989).

pan-afrikanischen Orogen von Äthiopien, Sudan und Ägypten. In der Folge wurden fast alle dieser Lagerstätten als metamorph-sekretionär gedeutet (z. B. SAAGER 1986), und erst in jüngster Zeit gibt es Untersuchungen, welche zumindest für einzelne Lagerstätten wieder eine magmatische Herkunft wahrscheinlich machen.

Ein typischer Vertreter dieser Gruppe ist das *Hollinger-McIntyre Gangsystem* in einem Greenstone Belt der archaischen Superior Province/Kanada. Mit einer Gesamtproduktion von 1000 t Au (und 500 t Scheelit) ist dies nach der „Golden Mile" von Kalgoorlie/West-Australien (1200 t) der größte derartige Bergbaubezirk. Die Gänge sind über 5 mal 2 km Fläche und bis zu 2400 m Tiefe bekannt. Sie führen Quarz, Fe-Karbonate, Pyrit, Telluride, Turmalin, Scheelit und Molybdänit. Das Gold liegt fast ausschließlich in Pyrit, der mit Karbonat und Albit an den Salbändern angereichert auftritt. Die Nebengesteine sind an den Gängen durch Neubildung von Pyrit, Fe-Karbonat und Muskovit hydrothermal verändert. Diese Karbonatisierung sowie die Zusammensetzung der Fluideinschlüsse zeigen, daß CO_2 eine wesentliche Phase der Fluide war. BURROWS et al. (1986) haben deshalb die Isotopenzusammensetzung der Karbonate untersucht, um daraus auf die Herkunft der Fluide und schließlich auch der Metallführung zu schließen. Es ergaben sich sehr konsistente Werte von $\delta^{13}C_{PDB}$ von -4,8 bis -0,1‰, vergleichbar mit den Daten anderer Autoren für Timmins/Ontario und für die Golden Mile. Organischer Kohlenstoff aus Sedimenten ist wesentlich leichter, CO_2 aus marinen Karbonaten wäre deutlich schwerer. Eine metamorphe Entstehung des CO_2 wird deshalb abgelehnt. Da die magmatischen Karbonate eines nahegelegenen Granodiorites fast identische $\delta^{13}C$-Werte ergeben, schlagen BURROWS et al. eine magmatisch-hydrothermale Herkunft der Fluide vor. NISBET & KYSER (1988) gelangen aufgrund einer breiter angelegten Untersuchung zu vergleichbaren Daten und schließen aber daraus, daß solches CO_2 möglicherweise aus dem Mantel stammt.

Diese Hypothese wird dadurch unterstützt, daß die meisten großen Goldlagerstätten der archaischen Greenstone Belts in der Nähe bedeutender Scherzonen liegen, welche bei großem Tiefgang eine Breite von mehreren km und eine Länge von mehreren Hundert km erreichen können. Im kanadischen Sprachgebrauch werden sie als „breaks" bezeichnet.

Ein geologisches Modell für eine magmatisch-hydrothermale Genese solcher Goldquarzgänge stammt von HATTORI (1987). Demnach treten mit den Lagerstätten räumlich und zeitlich verbunden synorogene Tonalite bis Quarzsyenite auf, welche primär Magnetit führen und deshalb der Magnetit-Serie von ISHIHARA bzw. dem I-Typ von Granitoiden angehören. Solche Magmen sind sauerstoffreich, wodurch Au bevorzugt aus Silikaten freigesetzt wird. Infolge der geringen Schwefelgehalte dieser Magmen bilden sich keine Sulfide, welche das Au binden würden, so daß die während der Erstarrung freigesetzten Fluide das Gold aufnehmen und abtransportieren können. Magnetitreiche Magmen erzeugen deshalb bevorzugt Goldlagerstätten, wogegen überwiegend Buntmetall-Sulfide mit weniger Au für schwefelreiche Intrusiva charakteristisch sind (z. B. Cu-Porphyre).

Die Bildung *metamorphogener Gold-Quarzgänge* erfolgt durch Entwässerung von Sedimenten oder Vulkaniten während einer prograden Metamorphose, also im wesentlichen syn-orogen oder in Verbindung mit großen Tiefenintrusionen. FYFE & KERRICH (1984) beschreiben dieses Modell in folgender Weise: Die Extraktion von Gold aus den Gesteinen erfolgt durch Kristallwasser, das beim Übergang von der Grünschiefer- zur Amphibolitfazies bei Temperaturen von 400-600 °C aus praktisch jedem einzelnen Mineralkorn freigesetzt wird. Bei Meta-Basalt entspricht dies einer Menge von etwa 5 % H_2O, das abfließen muß. Da dieses Wasser aus den Mineralen kommt und an Korngrenzen weiterwandert, kann es feinverteilte Spurenmetalle lösen. Niedrige Cl-Gehalte aber und ein erhöhter CO_2- Anteil verhindern die Aufnahme von Eisen und Buntmetallen, so daß Gold relativ angereichert wird. Diese Prozesse erfolgen unter lithostatischem bzw. tektonischem Druckregime; an großen Scherzonen oder in tektonischen Hochzonen tritt ein Druckabfall ein, der den diffusen Entwässerungsstrom fokussiert, so daß große Fluidmengen hindurchströmen. Dies wird gewöhnlich im Bereich der Grünschieferfazies sein, also bei niedrigeren Temperaturen, wodurch die Abscheidung von Gold und Quarz einsetzt. Auf diese Weise können aus 1200 km^3 Meta-Basalt mit 2 ppb Au 170 km^3 Fluide entstehen, die bei einer Freisetzung von 50 % des Goldes im Gestein eine Lagerstätte von 1700 t Gold bilden können (SAAGER 1986). Wichtig ist, daß auch diese Lagerstätten hydrothermal-epigenetisch sind, nicht lateral-sekretionär. Das ist durch die hydrothermale Alteration der Nebengesteine ebenso belegt, wie durch Sauerstoffisotopendaten mit $\delta^{18}O_{Fluid}$ = 8-11‰, die von den Nebengesteinen stark abweichen (FYFE & KERRICH). Ähnliches gilt für die C-Isotopenwerte, die jedenfalls eine tiefe Herkunft des CO_2 der Fluide belegen (s. oben). CAMERON (1988) stellt die Granulitbildung in der Unterkruste durch Mantel-CO_2 in den Vordergrund, wobei aus Amphiboliten Au und LIL-Elemente sowie freigesetztes Wasser nach oben transportiert worden wären. Die auffallende Bindung der größten Goldproduktion an archaische Lagerstätten kann so vielleicht durch die hohe Krustenbildungsrate dieser Periode erklärt werden.

Die meisten Goldquarzganglagerstätten der archaischen *Greenstone Belts* werden metamorphogen gedeutet. Ein häufiger Typ von Greenstone Belts sind synklinorale Tröge in Gneis- und Granulit-Terrains der alten Kontinenalkerne, welche generell aus einer tieferen Serie primitiver basischer und ultrabasischer Vulkanite und überlagernden intermediären und sauren Vulkaniten sowie Sedimenten bestehen (THURSTON & CHIVERS 1990). Starke Deformation durch Faltung und Bruchtektonik, Metamorphose in Grünschiefer- und Amphibolitfazies sowie syn- bis postorogene Intrusion von Granitoiden sind charakteristisch. Neben den bekannten Ni-Lagerstätten in Komatiiten sind Eisenerze und Buntmetalle in diesen Gürteln wichtig, vor allem aber weltweit bedeutende Goldlagerstätten. Ein Teil von diesen ist sicherlich exhalativ-syngenetisch, wie etwa die Lagerstätte Hemlo („Golden Giant") am Lake Superior/Kanada, oder Morro Velho und Passagem/Minas Gerais/Brasilien. Dies sind eigentlich stratiforme Sulfiderzkörper, die wegen ihrer häufigen Assoziation mit Chert- und Karbonatbändern oft als sulfidische BIF (Banded Iron Formations) des Algoma-Typs bezeichnet werden. Generell sind archaische BIF's bzw. Itabirite sowohl oxidischer, karbonatischer wie auch sulfidischer Fazies goldhöffig, wobei das Gold syngenetisch (*Homestake-Typ* nach der Homestake Mine/S-Dakota/USA: SAWKINS & RYE 1974), oder epigenetisch durch Ausfällung an diesen eisenreichen Gesteinen entstanden sein kann. Syngenetisch-stratiforme

Golderze des Homestake-Typs liegen oft an auffälligen lithostratigraphisch-strukturellen Grenzen, meist beim Übergang von ultrabasisch-basischen Vulkaniten zu Sedimenten.

Epigenetische Goldquarzgänge bis 20 cm Mächtigkeit in Eisenerzen werden im Eisenerzbergbau *Itabira/* Brasilien selektiv gewonnen. Daraus resultiert immerhin eine jährliche Produktion von 500 kg Gold und 20 kg Pd, allerdings nur wirtschaftlich, solange die Eisenerze abgebaut werden.

Fast in allen Greenstone Belts sind Goldquarzgang-Lagerstätten bekannt, deren größte wohl die *„Golden Mile"* von Kalgoorlie/West-Australien ist (Abb. 93). Die Lagerstätte ist 4000 m lang, und über 1500 m in die Tiefe erschlossen. Sie besteht aus einem System von Scher- und Bruchzonen in basischen Meta-Laven, an welchen Quarz-Karbonatgänge und mächtige Alterationszonen auftreten. Freigold im Quarz ist eher selten, das meiste Gold bildet rundliche Einschlüsse von wenigen µm Durchmesser in Pyrit; etwa 20 % des Goldes liegt als Telluride vor. Wichtiger als die Gänge selber sind deshalb die hydrothermal veränderten Nebengesteine, in denen die Mineralparagenese Albit-Epidot-Aktinolith-Chlorit der Metadolerite und Pillow-Laven durch Serizit, Ankerit, Siderit, Quarz und Pyrit ersetzt ist. Gleichzeitig findet man hier erhöhte Gehalte von As, W, B, Sb, Pb und Zn. Fluid-Einschlüsse im Quarz weisen auf Bildungstemperaturen von 300-400 °C hin, bei 1-2 kbar, mit CO_2, aber niedriger Salinität. Infolge der Bindung des Goldes an neugebildeten Pyrit in eisenreichen Nebengesteinen wurde das Gold vermutlich in Sulfidkomplexen transportiert und bei der Pyritisierung freigesetzt. Die Quelle der zugeführten Metalle und der volatilen Phasen ist nur schwer einzugrenzen, obwohl Isotopenanalysen auf eine Mantelherkunft von S, C und Pb verweisen (GROVES & PHILLIPS 1987); vieles spricht für eine Ableitung aus tieferliegenden Komatiiten und ihren syngenetischen Exhaliten, deren geringe Krustenverweilzeit bis zur Lagerstättenbildung (<50 Ma) die Bewahrung der geochemischen Mantelsignaturen erklären kann.

Die Bedeutung ultrabasischer Vulkanite als *„source rocks"* für Goldlagerstätten wurde für viele Greenstone Belts wahrscheinlich gemacht; KEAYS (1987) zeigt, daß solche Magmen bis zur Eruption schwefeluntersättigt sind, und deshalb ihre Metallgehalte im Gegensatz zu Basalten nicht an eine unmischbare sulfidische Schmelze verlieren, die in der Regel in der Tiefe zurückbleibt. Komatiite, Pikrite und Boninite bilden erst bei ihrer Erstarrung Sulfide, die erhöhte Gehalte von Au, Pd, Pt, Ag, Cu, Ni, Zn, Se, Te und in geringerem Maße Pb, Mo, Sn, W und Bi führen. Diese Sulfide werden im Gegensatz zu Silikaten und Oxyden von heißen Fluiden leicht und rasch aufgelöst, so daß auch geringe Fluidmengen relativ konzentrierte Erzlösungen erzeugen können.

Ultramafische Gesteine sind aber in Greenstone Belts und in vielen Ophioliten auch unmittelbare Nebengesteine von Goldlagerstätten (Barberton Mountain Land/Südafrika, Barramiya/ Ägypten, Bou Azzer/Marokko, Ligurien/Italien). Scher- und Gangzonen sind dort von weiten Alterationen umgeben, die durch Karbonatisierung geprägt sind. Ursprüngliche Peridotite liegen als Mg-Fe-Ca-Karbonate mit akzessorischem Quarz, Talk, Serpentin, Chlorit, Hämatit, Magnetit, Pyrit und residualem Chromit vor. Solche Gesteine werden *Listwaenite* genannt. Weltweit sind mit ihnen Lagerstätten von Au, Hg, As, Co und Ni verbunden (BUISSON & LEBLANC 1985). Das Gold erscheint in der Regel in späten Quarzgängen und Pyritisierungshalos. Auch für diese Lagerstätten wird meist eine metamorphogene Entstehung angenommen.

Ebenfalls metamorphogen sind die Goldquarzgänge im Staat Victoria/Australien, mit den berühmten Lagerstätten von *Bendigo* und *Ballarat*. Nebengesteine sind hier Tonschiefer und Grauwacken kambrischen bis unterdevonischen Alters, die während der devonischen Taberabberan Orogenese gefaltet und verschiefert wurden. Die Gänge sind deutlich spät-orogen, da sie zwar von Falten und Aufschiebungen kontrolliert und z.T. noch deformiert sind (Abb. 93), aber rotierte Fragmente von Schiefern enthalten. Die Paragenese umfaßt Freigold, Pyrit, Arsenkies und Magnetkies in Quarz mit Ankerit und Albit. Nebengesteinsveränderungen fehlen zumindest makroskopisch. Reicherzfälle an pyritischen oder graphitischen Schichten („indicator beds") enthielten große Goldeinschlüsse bis maximal 18,8 kg. Vielfach wurden diese Gänge durch metamorphe Lateralsekretion erklärt. KEAYS (1987) hat aber berechnet, daß dafür unverhältnismäßig große Sedimentvolumina herangezogen werden müßten, und schließt auf eine hauptsächliche Herkunft aus liegenden kambrischen Boniniten. Victoria hat seit 1851 insgesamt 2500 t Gold produziert, wovon etwa 40 % aus den Quarzgängen kamen. Der größere Teil stammt aus oft überaus reichen Seifen mit vielen großen Nuggets, von denen das schwerste 71 kg wog. Diese Lagerstätten

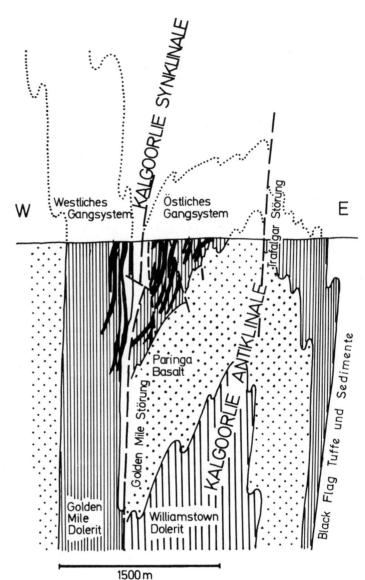

Abb. 93. Golderzkörper (schwarz) in Meta-Basalt an einer Scherzone im Greenstone Belt der Golden Mile / Westaustralien.

können als typische Vertreter der Goldlagerstätten in Schwarzschiefern bzw. Turbiditen (*„turbidite hosted gold deposits"*) gelten.

Metamorphogen sind schließlich wohl auch die *Tauerngoldgänge* im Ankogel-Sonnblickgebiet/ Österreich (CLAR & FRIEDRICH 1933), deren bergbauliche Geschichte bis zur Kelten- und Römerzeit zurückreicht. Die Blütezeit des Abbaues lag im Mittelalter und der frühen Neuzeit; verschiedene Versuche einer Wiederbelebung, zuletzt bis 1987, waren erfolglos. Die Gänge liegen vor allem im Zentralgneis, schlagen aber in die hangende Schieferhülle durch. Sie sind jedenfalls jünger als die Hauptdeformation der Tauern, vermutlich oligozänen bis miozänen Alters. Die Gangstrukturen sind eigentlich schmale Scherzonen, sie streichen vorwiegend Nordnordost. Ihre Füllung umfaßt Quarz, Pyrit, Arsenkies, Ankerit, Kupferkies und Bleiglanz; das Gold ist sehr feinkörnig, sowohl im Quarz wie in den Sulfiden. Untersuchungen in den Hauptrevieren Radhausberg und Naßfeld von

1941 – 44 haben Bauwürdigkeitskoeffizienten von 0,25 (der Gangfläche) ergeben. Einer der damals vorgetriebenen Unterfahrungsstollen hat im Bereich der Goldgänge Klüfte mit Radon-Emanation angefahren, woraus sich der Kurbetrieb des Heilstollens von Böckstein bei Gastein entwickelt hat.

Goldlagerstätten im Bereich tertiärer bis sub-rezenter Vulkanite werden nach LINDGREN (1933) als „*epithermale Gold-Silberlagerstätten*" bezeichnet; in der deutschen Literatur erscheinen sie auch als „junge vulkanogene Gold-Silberformation". Dazu gehören viele historische, oft außerordentlich reiche Erzdistrikte, wie etwa das thrakische Gold der Griechen und Römer in Siebenbürgen/Rumänien. Heute liegt der Schwerpunkt des Bergbaues bei Armerzlagerstätten mit großer Tonnage, geographisch fast ausschließlich in den jungen zirkumpazifischen Orogenen. Seltener sind solche Lagerstätten in alten Gebirgsgürteln (z. B. Mahd Ad Dhahab/Saudi-Arabien im Jung-Proterozoikum). Immer handelt es sich um spät- bis post-orogene andesitische und rhyolitische terrestrische Vulkanfelder mit einer komplexen magmatischen und strukturellen Entwicklung. Manche Lagerstätten liegen in Stratovulkanen, viel häufiger aber ist die Assoziation mit Calderen und subvulkanischen Intrusivkörpern (Fidji, Abb. 94), in der Regel in Gebieten mit starker Krustendehnung (z. B. Basin and Range Province/USA, Abb. 33). Gelegentlich sind die unmittelbaren Nebengesteine der Erzkörper auch klastische Sedimente oder Karbonate (Carlin/Nevada/USA).

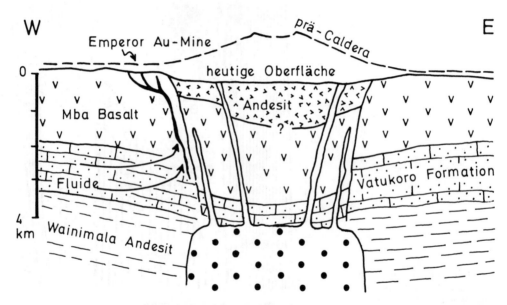

Abb. 94. Synthetisches Modell der Bildung der Emperor Mine Goldlagerstätte in Zusammenhang mit einer tertiären, subvulkanischen Intrusion und nicht-magmatischen Fluiden (AHMAD et al. 1987).

Epithermale Goldlagerstätten können an der Erdoberfläche (Hot Springs Typ) oder bis etwa 1000 m Tiefe gebildet sein; die Bildungstemperaturen lagen bei 200-300 °C. Die Form der Lagerstätten ist unterschiedlich: Gänge, Stockwerkkörper, disseminierte und metasomatische Erze sind bekannt. Charakteristisch sind aber Texturen, die Füllung offener Hohlräume belegen, also Drusen, Kristallrasen, Kokarden um Brekzienfragmente, hydrothermale Höhlensedimente und kolloforme Bänderung. Tektonische und hydrothermale Eruptionsbrekzien kontrollieren oft die Lokalisation der Erze. Diese enthalten neben Gold fast immer auch Ag mit wechselnden Anteilen von As, Mn, Sb, Hg, Te, Tl, U sowie Pb, Zn, Fe und Cu. Oft sind die ersteren nahe der Oberfläche oder in hydrothermalen Sedimenten und Sintern angereichert, während edelmetallärmere Buntmetallsulfide tiefer liegen. Andesite sind in weitem Umkreis der Lagerstätten propylitisiert, näher an den Erzkörpern sind die Nebengesteine verkieselt und in Kaolin oder Illit umgewandelt. Typische Mineralneubildungen sind ferner Serizit und Adular. Als Gangarten erscheinen meist

Quarz, Chalzedon, Karbonate und Chlorit. O und H Isotopenanalysen haben gezeigt, daß das Wasser der hydrothermalen Fluide in der Regel weit überwiegend meteorischen Ursprungs ist. Das wird durch gewöhnlich sehr geringe Salinitäten der Fluideinschlüsse (0-3 %) bestätigt. Der Schwefel dagegen hat eine magmatische Signatur, so daß S und wohl auch die Metalle aus den Vulkaniten bzw. tieferliegenden magmatischen Körpern abgeleitet werden müssen. Eine umfassende Beschreibung epithermaler Lagerstätten und ihrer Bildung haben vor kurzem BERGER & BETHKE (1985) sowie HEALD et al. (1987) vorgelegt, vorwiegend mit Beispielen aus den USA.

In Europa liegen die klassischen Goldlagerstätten diese Typs im inneren Karpathenbogen, insbesondere in *Siebenbürgen*/Rumänien. Berühmt ist das „Goldene Viereck" der Montes Apuseni mit den Gruben von Brad, Sacarimb (Nagyag), Zlatna Stanija, Rosia Montana (Verespatak) und Baia de Aries (Offenbanya). Die Lagerstätten sitzen vulkanischen Schloten und subvulkanischen Intrusionen auf, an Kreuzungsstellen mit regionalen NW-SE Störungen. Manche Gänge greifen auch in die umgebenden tertiären Sedimente aus; an Karbonaten gibt es selten metasomatische Erzkörper. Die Vulkanite sind vorwiegend Andesite tortonisch-sarmatischen Alters. Neben den Gold-Silbererzen hat man in jüngster Zeit auch Cu-Porphyre gefunden, doch stehen diese mit den ersteren nicht in einem unmittelbaren räumlichen Zusammenhang.

Die Lagerstätte *Sacarimb* ist besonders wegen ihrer Vielfalt von Telluriden bekannt. Sie liegt im Schlot eines abgetragenen Schichtvulkanes (Abb. 95), der im wesentlichen aus mehreren Phasen von Amphibol-Biotit-Quarzandesiten besteht. Zwei konjugierte Gangsysteme sind entwickelt, deren unterschiedliche Paragenese eine zeitlich pulsierende Mineralisation belegt. Anfangs und in der Tiefe überwogen Buntmetallsulfide, gefolgt von Telluriden und Sulfosalzen und abschließend bzw. oben gediegen Gold, Arsen und Antimon. Hauptgangarten sind Quarz und Karbonate. Die Nebengesteine sind propylitisiert.

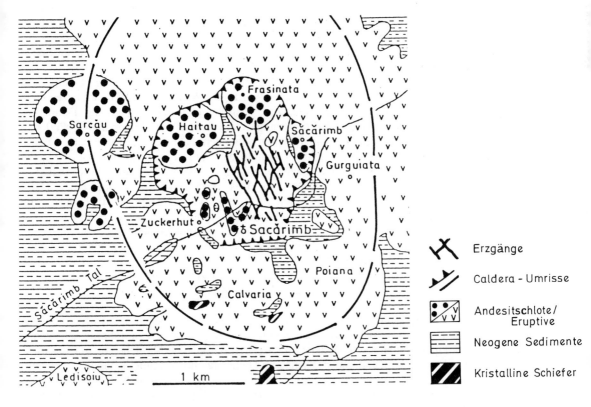

Abb. 95. Das Gangsystem der Goldlagerstätte Sacarimb (Rumänien) in einer komplexen, mehrphasig entstandenen tertiären Caldera (nach IANOVICI in DUNNING et al. 1982).

Nach charakteristischen Alterationsmineralen werden epithermale Goldlagerstätten in Adular-Serizit- und Alunit-Typen („acid sulfate type") untergliedert (HEALD et al. 1987). Der erste entspricht nahezu neutralen, chloridischen Lösungen, wogegen das Auftreten von hypogenem Alunit extrem saure Bedingungen anzeigt, welche durch SO_2-Entgasung eines tieferliegenden magmatischen Körpers entstehen können. Ein europäisches Beispiel des Alunit-Typs ist die Lagerstätte Rodalquilar/Almeria/Spanien.

Rodalquilar liegt in neogenen Vulkaniten der Sierra del Cabo de Gata. Es handelt sich überwiegend um andesitische Stratovulkane und Calderen, zum Teil aber auch um rhyodazitische Stau- und Quellkuppen, deren Eruption weitflächige Ignimbritdecken erzeugte. Solche porphyrische Ignimbrite werden bei Rodalquilar von gangartigen Verquarzungszonen durchschlagen, deren Goldführung erst 1942 entdeckt wurde. Es ist sehr feinkörniges Freigold, das in chalzedonartigem Quarz oder zusammen mit Alunit oder Goethit auftritt (FRIEDRICH et al.1984). Von innen nach außen folgen auf die zentrale Au-SiO_2-Zone Natroalunit-Jarosit-Goethit, Pyrophyllit, Kaolinit und Illit. In weitem Umkreis sind die Andesite propylitisiert. Ein Teil der Goldvererzung ist an Brekzienschläuche gebunden; interessant ist auch das Vorkommen von „pebble dykes", Amethystrasen und feingebändertem Kaolinit-Sediment in einigen Gängen. Es wird vermutet, daß dieses hydrothermale System von einem Caldera-Rand kontrolliert ist, der durch die Ignimbrite verdeckt wird; möglich ist aber auch Lokalisierung durch eine subvulkanische Intrusion.

Viele *massige Sulfidlagerstätten,* sowohl vulkanosedimentäre (z. B. Kuroko und Zypern Typus) wie auch SEDEX-Lagerstätten (Rammelsberg) führen Gold als wichtiges Nebenprodukt; seltener wird in solchen Bergbauen Gold als Hauptrohstoff gewonnen.

Rezente und fossile alluviale Goldseifen haben etwa zu gleichen Teilen zwei Drittel der Welt-Goldproduktion geliefert. Rezente Seifen waren meist Anlaß für die Goldräusche des vergangenen Jahrhunderts (Kalifornien, Alaska, Australien), haben aber heute nur mehr lokale wirtschaftliche Bedeutung (Kolumbien). Unter den fossilen Seifen überschattet eine einzige (und einzigartige) Provinz alle anderen: das Witwatersrand-Becken in Südafrika. Seit der Entdeckung im Jahre 1886 wurden dort 37.000 Tonnen Gold produziert; heute sind es jährlich rund 600 t Au, sowie 3000 t U und 1000 kg Osmiridium. Abgebaut werden die Erze ausschließlich untertage, in Tiefen bis zu 4000 m. Die durchschnittlichen Au-Gehalte liegen bei 5 ppm.

Das *Witwatersrand-Becken* ist jünger als randliche archaische Kratone, deren Granite mit 2660 Ma datiert sind. Die Füllung des Beckens wird als Witwatersrand-Triade bezeichnet; vom Liegenden zum Hangenden sind das Quarzite, basische und saure Laven der Dominion-Gruppe, die Witwatersrand Supergruppe mit tieferen erzfreien Sedimenten, Laven und gebänderten Eisenformationen (West Rand Gruppe) und höheren alluvialen Fächern (die goldreiche Central Rand Gruppe), und schließlich die bimodalen Vulkanite der Ventersdorp Supergruppe, an deren Basis über einer tektonischen Diskordanz noch goldführende Sedimente abgebaut werden. Die Ventersdorp-Laven haben ein Alter um 2300 Ma. Das Becken hat die Form eines Halb-Grabens, mit einer Randstörung im Norden, die in später Witwatersrandzeit und zu Beginn der Ventersdorp-Periode besonders aktiv war. Die Metamorphose der Gesteine bleibt in der niedrigen Grünschieferfazies, unter 250 °C, obwohl die Gesamtmächtigkeit der Triade 20 km erreicht. Weite Teile des Beckens werden von Karroo-Schichten bedeckt, was schon früh zum Einsatz geophysikalischer Prospektionsmethoden geführt hat. So konnte die prospektive Central Rand Gruppe durch magnetische Anomalien der liegenden Eisenformationen und gravimetrische Lagebestimmung der hangenden Ventersdorp-Basalte für gezielte Bohrkampagnen gut abgegrenzt werden.

Das Gold des Witwatersrandes liegt vorwiegend in quarzitischen Konglomeraten, deren sedimentologische Charakteristik in den letzten Jahrzehnten mit bauwürdiger Goldführung sehr genau korreliert werden konnte. Die höchsten Gehalte führen polymiktische, geröllreiche und mittelkörnige ehemalige Schotter innerhalb mäandernder Gerinne im Deltabereich von Flußmündungen (Abb. 44). Sowohl zu fluviatilen Fächern nach außen wie auch zu feinkörnigen Sedimenten gegen das Beckeninnere nimmt die Goldführung rasch ab. Seltener ist eine bedeutende Vererzung ehemaliger Algenrasen in abgeschnürten Becken zwischen den Kanälen, die als „Carbon leaders" bezeichnet werden. Eigentlich handelt es sich bei Gehalten von 7-22 % flüchtiger Bestandteile in der organischen Substanz (häufig mit U: Tucholith) um Algenkohlen. Die abgebauten Mächtigkeiten der Konglomeratbänke („reefs") liegen zwischen wenigen Dezimetern bis etwa 4 m; Nebengesteine sind Quarzite, Schiefer und goldarme Konglomerate.

Die Vererzung ist auf die Matrix der Konglomerate beschränkt. Besonders auffällig sind hohe Gehalte an gerundeten Pyritkörnchen, welche Au, Ag, Ni, Cu, Pb, Mo und verschiedene Silikateinschlüsse enthalten. Daneben gibt es aber auch diagenetisch-metamorph und hydrothermal gebildete Pyrite. Das Gold liegt weit überwiegend als detritäres feines Freigold (50-100 µm Durchmesser) vor, mit etwa 10 % Ag und 2 % Hg. Lokal bedeutend ist auch Gold in Thucholit, sowie als diagenetisch-metamorphes Mobilisat und sehr selten in späteren hydrothermalen Quarzgängen. Auch der größte Teil des Urans ist detritär in gerundeten Uraninit-Körnchen von 75-100 µm Durchmesser, die von radiogenem Bleiglanz „durchstaubt" sind. Oft ist Uraninit metamorph in Brannerit umgewandelt. Auch Thucholit enthält bauwürdige Urangehalte. Weitere Schwerminerale der Seifen sind Arsenkies, Chromit, Kobaltglanz, Zirkon und gediegen Osmiridium.

Insgesamt ist die Deutung der Reefs als ehemalige Seifen in allen Einzelheiten gut belegt, obwohl zeitweilig hydrothermal-epigenetische Theorien verfochten wurden (zuletzt wieder durch PHILLIPS et al. 1987). Weiterhin aber ist die Frage nach der Herkunft dieser ungeheuren Goldkonzentration unbefriedigend gelöst; wahrscheinlich war das Einzugsgebiet der Flüsse in Greenstone Belts, vielleicht aber zum Teil auch in archaischen Graniten gelegen. Die Geröllzusammensetzung der Konglomerate (Quarz, Quarzit, Schwarzschiefer und Kieselschiefer) erlaubt keine Entscheidung. Wichtig ist jedenfalls die Beobachtung fluviatilen Transports von Pyrit und Uraninit über weite Strecken, der nur in einer sauerstoffarmen Atmosphäre möglich war. Eine große Zahl sehr detaillierter Arbeiten über die Witwatersrand-Provinz findet man in ANHÄUSSER & MASKE (1986).

Vergleichbare Gold- und Uran-führende präkambrische Konglomerate gibt es in der Serra de Jacobina (Brasilien), im Blind River Distrikt (Kanada) und in Westafrika (Tarkwa, Ghana), die aber allesamt eine wesentlich geringere Bedeutung haben.

Die *Suche nach Goldlagerstätten* stützt sich auf geologische Modelle und bezieht natürlich alle verfügbaren mineralogischen, geochemischen und geophysikalischen Methoden sinngemäß ein. Spezifische Probleme bei der Prospektion und Untersuchung von Goldlagerstätten gibt es bei der Probenahme und Analytik, weil Gold einerseits im Erz notorisch irregulär verteilt ist (der sogenannte „nugget effect"), und andererseits durch seine Dehnbarkeit auch bei der Analysenfeinmahlung im Probegut oft nicht homogenisiert werden kann (BURN 1984, HAASE 1989). Für jeden Einzelfall sind geeignete Methoden erst durch Versuche zu erproben, bevor eine größere Kampagne in Angriff genommen wird. Beim Abbohren von Goldlagerstätten wird bevorzugt das Umkehrspülverfahren (reverse circulation drilling) angewandt, um eine Verunreinigung des Bohrkleins durch Erosion der Bohrlochwandung zu vermeiden. Kernbohrungen zur Kontrolle der Ergebnisse sind aber weiterhin unerläßlich. In wirtschaftlich kritischen Fällen muß auch Betrug durch „Salzung", wie etwa das Besprühen eines Bohrproduktes durch Goldchloridlösung, ausgeschlossen werden.

Bei geochemischen Suchmethoden nach Goldlagerstätten spielt das Konzept der *Pfadfinderelemente* eine wichtige Rolle, weil das Gold selbst mit den üblichen geochemischen Routineverfahren für große Probeserien (RFA, AAS) nicht bestimmbar ist. Außerdem kommen die typischen Pfadfinderelemente weniger erratisch vor als Gold, bilden weitere Höfe und liegen in höheren Gehalten vor. Besonders geeignet sind die häufigsten Begleiter Ag, As und Sb, doch gibt es in Einzelfällen noch viele andere brauchbare Elemente, die jeweils durch Pilotprojekte definiert werden müssen.

Die größten *Goldproduzenten* sind Südafrika, die UdSSR, USA und Kanada, weiters auch Australien, China und die Philippinen. Der hohe Preis des Metalles in den 80er Jahren hat einen regelrechten Explorationsboom und die Etablierung vieler neuer Bergbaue verursacht, wodurch die Gesamtproduktion von zur Zeit um 1800 t pro Jahr zweifellos weiter steigen wird. Bemerkenswert ist, daß die bergbaulich ausgewiesenen sicheren und wahrscheinlichen Reserven nur das Fünffache der Jahresproduktion betragen.

Literatur:

ANHÄUSSER, C. R. & MASKE, S. (Eds.), 1986, Mineral deposits of Southern Africa. Vol. I, Geol. Soc. S. Afr., 1020 pp.
BACHE, J. J., 1986, World Gold Deposits. Elsevier, 160 pp.
BERGER, B. R. & BETHKE, P. M. (Eds.), 1985, Geology and Geochemistry of epithermal systems. Rev. Econ. Geol. 2, 298 pp, Soc.Econ. Geol. El Paso.
BOWLES, J. F. W., 1988, Mechanical and chemical modification of alluvial gold. AusIMM Bull. Proc. 293, 9-11.
BOYLE, R. W., 1987, Gold – History and Genesis of Deposits. Van Nostrand Reinhold, 676 pp.
BROOKS, K., 1989, Major gold find in Greenland. Terra Nova 1/6, 591-593.
BUISSON, G. & LEBLANC, M., 1985, Gold in carbonatized ultramafic rocks from ophiolite complexes. Econ. Geol. 80, 2028-2029.
BURN, R. G., 1984, Factors affecting the selection of methods of gold analysis. Mining Mag. 150/5, 468-475.
BURROWS, D. R., WOOD, P. C. & SPOONER, T. C., 1986, Carbon-isotope evidence for a magmatic origin for Archean gold-quartz vein ore deposits. Nature 321, 851-854.
CAMERON, E. M., 1988, Archean gold: Relation to granulite formation and redox zoning in the crust. Geology 16, 109-112.
FOSTER, R. P. (Ed.), 1990, Gold metallogeny and exploration. 448 pp, Blackie and Son.
FYFE, W. S. & KERRICH, R., 1984, Gold: Natural concentration processes. P 99-127 in R. P. FOSTER (Ed.), Gold 82, Balkema/Rotterdam.
FRIEDRICH, G., KROSS, G. & WIECHOWSKI, A., 1984, Goldmineralisation in Rodalquilar, Spanien. Geol. Jb. A75, 345-359.
GROVES, D. I. & PHILLIPS, G. N., 1987, The genesis and tectonic control on Archean gold deposits of the Western Australian Shield – a metamorphic replacement model. Ore Geol. Rev. 2, 287-322.
HAASE, H.-W., 1989, Einige Probleme der Edelmetallanalytik. Erzmetall 42, 159-162.
HARRIS, M., KAY, E. A., WIDNALL, M. A., JONES, E. M. & STEELE, G. B., 1988, Geology and mineralization of the Lagalochan complex, Western Argyll, Scotland. Trans.Instn.Min.Metall. B97, 15-21.
HATTORI, K., 1987, Magnetic felsic intrusions associated with Canadian Archean gold deposits. Geology 15, 1107-1111.
HEALD, P., FOLEY, N. K. & HAYBA, D. O., 1987, Comparative anatomy of volcanic-hosted epithermal deposits: Acid-sulfate and adularia-sericite types. Econ. Geol. 82, 1-26.
HUSTON, D. L. & LARGE, R. R., 1989, A chemical model for the concentration of gold in volcanogenic massive sulphide deposits. Ore Geol. Rev. 4, 171-200.
KEAYS, R. R., 1987, Principles of mobilization (dissolution) of metals in mafic and ultramafic rocks – the role of immiscible magmatic sulphides in the generation of hydrothermal gold and volcanogenic massive sulphide deposits. Ore Geol. Rev. 2, 47-63.
KEAYS, R. R., RAMSAY, W. R. H. & GROVES, D. I. (Eds.), 1989, The geology of gold deposits: the perspective in 1988. Econ. Geol. Monogr.6, 667 pp.
MANN, A. W., 1984, Mobility of gold and silver in lateritic weathering profiles: some observations from Western Australia. Econ. Geol. 79, 38-49.
MICHEL, D., 1987, Concentration of gold in situ-laterites from Mato Grosso. Mineral. Deposita 22, 185-189.
MONT, R., The Boddington lateritic gold deposit, Western Australia: a product of supergene enrichment processes. Pp 335-368 in S. E. HO & D. I. GROVES (Eds.), Recent Advances in Understanding Precambrian Gold Deposits. Publ. No.11, Univ.Western Australia.
NESBITT, B. E., 1988, Gold deposit continuum: a genetic model for lode Au mineralization in the continental crust. Geology 16, 1044-1048.
NISBET, D. G. & KYSER, T. K., 1988, Archean carbon and gold. Nature 331, 210-211.
PHILLIPS, G. N., MYERS, R. E. & PALMER, J. A., 1987, Problems with the placer model for Witwatersrand gold. Geology 15, 1027-1030.
SAAGER, R., 1986, Goldlagerstätten: Geologie, Geochemie und Metallogenese. Pp 3-23 in: Edelmetalle, Exploration und Gewinnung, Schriftenreihe GDMB 44, 194 pp, Weinheim.

SAWKINS, F. J. & RYE, D. M., 1974, Relationship of Homestake-type gold deposits to iron-rich Precambrian sedimentary rocks. Trans. Instn. Min. Metall. B83, 56-59.

THURSTON, P. C. & CHIVERS, K. M., 1990, Secular variation in greenstone seqence development emphasizing Superior Province, Canada. Precambrian Res. 46, 21-58.

Silber

Erzminerale:

Gediegen Silber	Ag(Au,Cu,Hg,As,Sb,Bi)	-100 % Ag	D=10,5
Silberglanz	Ag_2S	87 %	7,3
(Akanthit; Argentit nur über 179°C)			
Proustit	Ag_3AsS_3	65 %	5,6
(lichtes Rotgültigerz)			
Pyrargyrit	Ag_3SbS_3	60 %	5,8
(dunkles Rotgültigerz)			
Stephanit	$5Ag_2S \cdot Sb_2S_3$	68 %	6,2
Polybasit	$(Ag,Cu)_{16}Sb_2S_{11}$	–75 %	6
Chlorargyrit	AgCl	75 %	5,5
Freibergit	$(Cu,Ag)_3SbS_{3,25}$ bis	18 %	4,6-5,2

Bei den eigentlichen Silbererzlagerstätten liegt die Bauwürdigkeitsgrenze um 450 g/t; zumeist ist das Silber aber Nebenprodukt der Gewinnung von Blei-, Zink-, Kupfer- und Golderzen. In Bleiglanz, Zinkblende, Pyrit, Kupferkies und Fahlerz ist Silber teilweise im Gitter, zum Teil auch in kleinen Silbermineral-Einschlüssen verborgen. Dann ist es oft schon ab Gehalten von 50 g/t gewinnungswürdig. Rund zwei Drittel der Weltsilbererzeugung fallen als solches Nebenprodukt an. Oft spielt ein wesentlicher Silbergehalt die entscheidende Rolle für die Abbauwürdigkeit einer Buntmetall-Lagerstätte. Silber-Telluride wie Hessit Ag_2Te und Empressit AgTe sind zwar in manchen epithermalen und präkambrischen Goldlagerstätten nicht selten, doch als Silbererze nur sehr lokal wichtig.

Silber ist ein *chalcophiles Element*. In Magmatiten und Sedimenten liegen die Durchschnittsgehalte zwischen 0,03 und 10 ppm, wobei Schwarzschiefer, Phosphorite und Ölschiefer die höchsten Werte ergeben. Die magmatische Differentiation ist ohne erkennbaren Einfluß. Basalte haben zwar die höchsten Spurengehalte, doch wird dies wohl vor allem durch den Sulfidanteil der Gesteine kontrolliert. Organische Substanz bindet Silber sehr stark durch Chelat-Bildung; das führt etwa zur Anreicherung in humosen Böden über Erzausbissen, wie auch gelegentlich in Kohlen. Wie Gold wird Silber in Lösungen nicht als einfaches Ion, sondern in Chlor- oder Bisulfidkomplexen transportiert. Die Hydrothermen des geothermalen Feldes von Salton Sea/Süd-Kalifornien enthalten 0,8-2 ppm Ag; Sulfidabsätze in den Leitungsrohren aber bis zu 7 % Silber. Die Erzschlämme im Atlantis II – Tief des Roten Meeres führen durchschnittlich 18 ppm Ag und 0,3 ppm Au. Subduktion und Aufschmelzung solcher metallreicher Sedimente sind vermutlich metallogenetisch grundlegend wichtig.

Das Silber erscheint in einer Vielzahl verschiedener *Lagerstättentypen,* die aber fast ausschließlich epigenetisch-hydrothermal sind. Viele sind Ag-führende Glieder anderer Erzlagerstätten, insbesondere verschiedener Buntmetalle. Die Mehrzahl der eigentlichen Silberlagerstätten liegen in den Kordilleren des westlichen Nord- und Südamerika; ein genetischer Zusammenhang mit der dort außergewöhnlich langlebigen konsumierenden Plattengrenze gilt als gesichert. Bei Verwitterung oberflächennaher Sulfiderze geht Silber anders als Gold sehr leicht in Lösung, besonders bei pH<4 als Sulfat, Karbonat oder Chlorid. In der Zementationszone wird es infolge seines edlen Charakters durch Reduktion ebenso leicht als gediegen Silber oder Akanthit wieder ausgefällt:

$$Fe^{2+} + Ag^+_{\text{Lösung}} \rightarrow Fe^{3+} + Ag^0_{\text{gediegen}}$$

Das Hornsilber bildet sich vor allem in ariden Gebieten beim Zusammentreffen silberführender Lösungen mit Halogenen. Typische Gangarten von Silbererzen sind eher Karbonate und Baryt als Quarz, ebenfalls verschieden von Goldlagerstätten.

Die *Verwendung* von Silber lag früher vorwiegend im Münzwesen und der Schmuckindustrie; jetzt wird die Hälfte der Produktion in Photographie und Elektronik verwendet.

Silber gibt es lagerstättenbildend oder als Beiprodukt in folgenden *Lagerstättengruppen:*
a) Ganglagerstätten (Abb. 96)
  1. In enger Verbindung mit tertiären Vulkaniten und sub-vulkanischen Intrusionen, den epithermalen Goldlagerstätten entsprechend (Guanajuato/Mexiko, Potosi/Bolivien);
  2. In präkambrischen klastischen Meta-Sedimenten (Coeur d'Alene/USA);
  3. In Gängen der Ag-Co-Ni-As-Fe-S-U Formation (Erzgebirge, Kongsberg/Norwegen, Cobalt/Kanada);
  4. In betont polymetallischen Lagerstätten (mit Pb, Zn, Cu bzw. Sn, W, Zn) in Verbindung mit tertiären Vulkaniten und subvulkanischen Intrusionen (Butte und Creede/USA, z.T. Potosi/Bolivien);
  5. Buntmetallreiche Gänge in paläozoisch-mesozoischen Nebengesteinen (Clausthal/Harz, Pžribram/CSFR);
  6. Gänge in Assoziation mit Verdrängungserzen in Karbonaten.

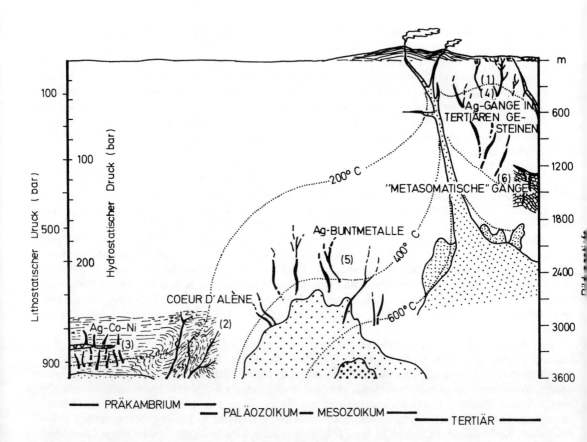

Abb. 96. Schematische Einteilung wichtiger silberreicher Ganglagerstätten (GRAYBEAL et al. 1986).

b) Massige Sulfiderzlagerstätten mit Silber als Nebenprodukt
  1. Pb-Zn-Erze in Karbonaten, wobei kontakt-metasomatische Lagerstätten besonders silberreich sind (Rudnik/Jugoslawien, Leadville/USA);
  2. Cu-Pb-Zn-Erze in Vulkaniten, etwa vom Kuroko-Typ;
  3. Cu-Pb-Zn-Erze in klastischen Sedimenten (Mt. Isa/Australien, Rammelsberg/Harz).
c) Silber als Nebenprodukt in porphyrischen Kupferlagerstätten.
d) Disseminierte, schichtförmige und schichtgebundene Silberlagerstätten in tertiären Vulkaniten (Round Mountain/Co/USA).
e) Sedimentär-diagenetische Lagerstätten
  1. Als Nebenprodukt im Kupferschiefer;
  2. Im Bereich arider Metallkonzentration („red bed" Lagerstätten).

Viele der genannten Lagerstättengruppen sind in diesem Buch an anderer Stelle genauer behandelt, so daß hier nur einige speziell das Silber betreffende Angaben gebracht werden sollen.
Silbererzgänge vom Typus (1) gehören zu den größten bekannten Silberproduzenten; in *Guanajuato* (Mexiko) etwa wurden seit der Entdeckung durch die Spanier im Jahre 1548 rund 34.000 t Ag und 130 t Au gewonnen. Davon kam der größte Teil aus einem 16 km langen Gang, der Veta Madre, der bis 2 km Tiefe vererzt ist. Es handelt sich um den Randbruch eines eo- bis oligozänen Grabens mit grobklastischen Sedimenten und mächtigen intermediären bis sauren Vulkaniten. In der Tiefe werden subvulkanische Intrusionen angenommen. Die Gangfüllung besteht aus Quarz, Kalzit, Bleiglanz, Zinkblende und Kupferkies, sowie gediegen Silber, verschiedenen Silber-Sulfosalzen und Seleniden. Die hydrothermale Alteration der Nebengesteine umfaßt K-Metasomatose (Adular), Serizitisierung, Kaolinisierung und Propylitisierung, was möglicherweise auf eine Verwandschaft zu hydrothermalen Systemen porphyrischer Kupferlagerstätten hinweist. Dieser Distrikt wurde seit Anbeginn geologischer Forschung als epithermal klassifiziert; heute weiß man, daß die Bildungstemperaturen bei 250 – 300 °C lagen. – Andere Lagerstätten dieser Gruppe wurden sehr oberflächennah gebildet und leiten zum „hot spring" Typ über. Immer folgt die Mineralisation im Anschluß an rhyolitischen Vulkanismus.

Die Silbererzgänge vom Typus (2) im Distrikt *Coeur d'Alene* (Idaho) sind über eine Fläche von 50 mal 20 km bekannt. Neben bedeutenden Mengen von Silber werden auch Pb, Au, Zn und Cu produziert. Nebengesteine sind klastische, gering metamorphe Sedimente der mittel-proterozoischen Belt Supergruppe, welche von kretazischen Monzoniten intrudiert wird. Der Distrikt befindet sich beiderseits von einer großen regionalen Seitenverschiebung, welche mit der Entstehung der Gangspalten in Verbindung gebracht wird. Die Gänge liegen bevorzugt in kompetenten Quarziten; sie sind geringmächtig, die reichen Erze erlauben aber Abbau bis 2400 m Tiefe. Unterstützt wird das durch das ungewöhnliche Aushalten der Gänge, so ist etwa der Morning Star Gang 1300 m im Streichen und 2300 m im Einfallen erschlossen. Erzminerale sind Bleiglanz, Zinkblende, Tetrahedrit, Kupferkies, Magnetit und Arsenkies in einer Gangart von Quarz und Siderit. Vertikale und horizontale Zonierung sind undeutlich. Die Bildungsbedingungen lagen bei 350 °C und 1-2 kbar. Da das Alter der Vererzung mit 825 Ma bestimmt wurde, liegt hier vermutlich eine metamorphogene Bildung vor, wobei die Metalle aus den präkambrischen Sedimenten abgeleitet werden (LEACH et al. 1988).

Gänge vom Typ (3) sind unter „Kobalt" näher beschrieben.

Polymetallische Gänge (4) unterscheiden sich vom Typus (1) nur durch die erhöhte Buntmetallführung. Sehr oberflächennah entstanden ist Creede/Colorado, wo epithermale Gänge an eine Caldera gebunden sind. Jene von Butte/Montana sitzen einem intrusiven Quarzporphyr auf. Die Gänge Boliviens und Perus sind durch die einzigartige Paragenese von Silber mit Kassiterit und Zinnsulfiden auffällig (Abb. 18). Die Lagerstätte vom *Cerro Rico de Potosi* (Abb. 97) ist vermutlich die größte Silberlagerstätte der Erde; die Vorräte werden mit 687 Mt Erz zu 100 ppm Ag angegeben; die bisher abgebauten Reicherze enthielten vermutlich eine vergleichbare Silbermenge. Damit ist der ursprüngliche Gesamtinhalt auf 150.000 t Ag zu schätzen. Im Gegensatz zu den meisten epithermalen Ag-Au-Lagerstätten, bei welchen die Hydrothermen hauptsächlich meteorisches Wasser enthielten,

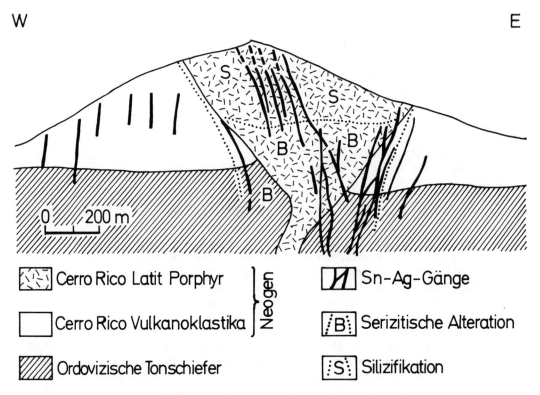

Abb. 97. Die polymetallischen Silber-Zinnerzgänge des Cerro Rico de Potosi, Bolivien.

ist hier ein bedeutender magmatischer Anteil nachgewiesen. Helium-Isotopenuntersuchungen ergaben sogar eine deutliche Mantelsignatur (SIMMONS et al. 1987).

Interessant ist die Frage, warum solche Lagerstätten bei aller Vergleichbarkeit mit epithermalen Goldlagerstätten doch deutlich gold- bzw. silberreiche Endglieder haben. Dies mag zum Teil durch eine vertikale Zonierung bedingt sein, da viele epithermale Golderze nach unten in silberreiche Sulfide übergehen. Da aber im westlichen Pazifik zwar viele große Goldminen dieser Klasse bekannt sind, aber mit unwesentlichen Anteilen von Silber, müssen doch auch grundlegende Unterschiede in der Metallführung der Muttergesteine und ihrer geochemischen Entwicklung angenommen werden.

Silberreiche Pb-Zn-Erze in Karbonaten (Typus b1) sind wirtschaftlich von großer Bedeutung. Sie liegen im engeren oder weiteren Kontakthof von intermediären bis sauren Intrusionen. Wichtig ist die Feststellung, daß Pb-Zn Lagerstätten des Mississippi- und alpinen Typs generell silberarm sind. Die hier behandelte Gruppe ist vor allem aus den amerikanischen Kordilleren bekannt. Dort sind Karbonate paläozoischen und mesozoischen Alters und variabler Lithologie mineralisiert, wo sie von tertiären Plutonen intrudiert wurden. Die Erze enthalten Ag, Pb, Zn und Pyrit, dazu Mn, Cu, As, Sb und Au in wechselnden Anteilen. Gangarten sind Kalzit, Quarz und Dolomit, oft mit Baryt, Siderit, Fluorit, Rhodonit, Rhodochrosit und dem charakteristischen „Jasperoid". Die Alteration der Karbonate umfaßt Skarnbildung, Rekristallisation, Dolomitisierung und Verkieselung (Jasperoid). Das Silber findet sich vorwiegend in Tetrahedrit-Tennantit mit enger Bindung an Bleiglanz. Die Erzkörper sind zum Teil schichtgebunden („mantos", s. Abb. 98), zum Teil quergreifende Erzschläuche und Gänge (a6). Sie sind offenbar durch die ehemaligen Permeabilitäten der Karbonate kontrolliert, deren Anlage lithologisch, tektonisch oder durch Paläokarst bedingt war. Oft sind sie nach oben durch impermeable Nebengesteine begrenzt. Flüssigkeitseinschlüsse aus solchen Lagerstätten ergeben Bildungstemperaturen bis 425 °C; das beteiligte Wasser war deutlich

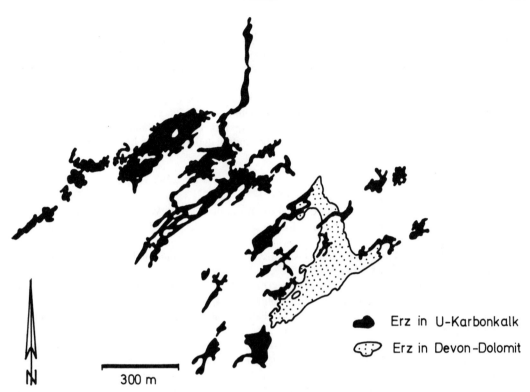

Abb. 98. Die stratiformen „Manto"-Erzkörper mit Blei und Silber der Lagerstätte Iron Hill, Leadville Distrikt, Colorado, mit deutlicher Bindung an strukturell vorgezeichnete Zonen erhöhter Permeabilität (LOUGHLIN 1926).

magmatischer Herkunft. Beispiele für solche Lagerstätten sind Leadville/Colorado, Tintic/Utah, Providencia und Encantada/Mexiko, sowie Rudnik/Jugoslawien.

Besonders wichtig als moderne Prospektionsziele sind *disseminierte Silbererze in sauren Vulkaniten* (d). Solche Erzkörper liegen schichtförmig und schichtgebunden in permeablen vulkanoklastischen oder darin eingelagerten klastischen Gesteinen, oft in Calderen oder über subvulkanischen Intrusionen. Die Erzgrenzen sind dann oft nicht geologisch, sondern analytisch bestimmt. Silber liegt gewöhnlich in sulfidischer Form vor, neben Fe, Zn, Pb und wechselnden Anteilen von Cu, Au, As, Sb und Mn. Hydrothermale Neubildungen sind Pyrit, Quarz, Opal sowie zurücktretend Serizit, Karbonate und Adular. Buntmetallärmere disseminierte Silberlagerstätten führen eher Gold, polymetallische Glieder sind daran arm. Letztere wurden etwas tiefer und bei höheren Temperaturen gebildet. Vielfach wurden solche Erze erst in jüngster Zeit neben altbekannten Reicherzkörpern erkannt, zum Beispiel in Delamar/Idaho und Waterloo/Kalifornien.

Ebenfalls eine interessante Entdeckung der letzten Jahre ist eine präkambrische Lagerstätte der Gruppe (e2), die *Troy Mine* in Montana. Intragranulare eines weißen Quarzites der Belt Supergruppe enthalten hier Bornit, Digenit und Kupferglanz sowie gediegen Silber. Der Erzkörper ist etwa 20 m mächtig, und im Streichen über 1000 m erschlossen. Eine Metallzonierung mit der Abfolge Cu+Ag-Pb-Zn-Fe in Schräglage zur sedimentären Schichtung erinnert allerdings an den Kupferschiefer und besonders an den zentralafrikanischen Kupfergürtel. Deshalb werden auch andere metallogenetische Modelle diskutiert (GARLICK 1989). Erhöhte Metallgehalte in diesem lithostratigraphischen Horizont wurden über 1800 km^2 gefunden. Die sedimentäre Fazies der Gesteine entspricht einem marin beeinflußten Deltabereich. Der Troy Erzkörper erinnert in seiner Form an die „roll fronts" mancher Uranlagerstätten. Vieles spricht damit doch für eine Bildung als Red Bed Lagerstätte. Unzweifelhaft ist eine solche Genese für den eher kleinen Silberbergbaudistrikt *Silver Reef*/Utah, wo ein Triassandstein lagenweise vererzt war, und zwar oberhalb der Grundwasserspiegels mit Hornerz, darunter mit Silberglanz und gediegen Silber. Besonders reich mineralisiert waren fossile Pflanzenreste, was auch sonst bei Ausfällung aus ariden Verwitterungslösungen die Regel ist. Schließlich hatten auch einige Uran- und Kupferlagerstätten dieses Typs in den westlichen USA gewinnbare Silbergehalte.

Die wichtigsten *Silberproduzenten* der Welt sind Mexiko, die USA, Peru, Bolivien, die Sowjetunion, Japan und Australien. Die Jahresproduktion beträgt etwa 12.000 t Ag-Metall, mit steigender Tendenz. Große Reserven haben USA, Mexiko, Kanada, Südamerika und die UdSSR. Für die *Suche* nach Silberlagerstätten eignen sich besonders geochemische Methoden (z. B. APPLETON et al. 1989).

Literatur:

APPLETON, J. D., RIDGWAY, J., CLAROS, J., CABALLERO, A. G., RODRIGUEZ, W. & VILLASENOR, M. G., 1989, Lithogeochemical exploration for silver mineralization in Bolivia, Mexico and Peru. Trans. Instn. Min. Metall. 98, B201-212.
GARLICK, W. G., 1989, Algal mats, load structures, and syn-sedimentary sulfides in Revett quartzites of Montana and Idaho. Economic Geol. 83, 1259-1278.
GRAYBEAL, F. T., SMITH, D. M. & VIKRE, P. G., 1986, The geology of silver deposits. Handbook of Stratabound and Stratiform Ore Deposits, K. H. WOLFF (ed.), Vol. 14, 1-184, Amsterdam.
GRAYBEAL, F. T. & SMITH, D. M., 1987, Regional distribution of silver deposits on the Pacific rim. Pacific Rim Congress 87, 585-589.
LEACH, D. L., LANDIS, G. P. & HOFSTRA, A. M., 1988, Metamorphic origin of the Coeur d'Alene base- and precious metal veins in the Belt basin, Idaho and Montana. Geology 16, 122-125.
N. N., 1988, Silver – exploration, mining and treatment. 344 pp, Instn. Min. Metall. London.
SIMMONS, S. F., SAWKINS, F. J. & SCHLUTTER, D. J., 1987, Mantle-derived Helium in two Peruvian hydrothermal ore deposits. Nature 329, 429-432.

Platinmetalle

Die Gruppe der Platinmetalle umfaßt Ru, Rh, Pd (Dichte ca.12) sowie Os, Ir, und Pt (Dichte ca.22), welche mit oft hohen Fe-Anteilen (Ferroplatin) verschiedenst legiert sein können.

Erzminerale:

gediegen Platin (mit anderen Platinmetallen und Fe)			D=14-19
Cooperit	PtS	ca. 82 %Pt	D ca. 9
Braggit	(Pt, Pd, Ni)S	ca. 59 %Pt und 20 %Pd	D ca. 10
Sperrylith	$PtAs_2$	bis 63 %Pt	D=10,6
Geversit	$PtSb_2$	ca. 45 %Pt mit Pd, Ir	
Niggliit	Pt(Sn, Te)	ca. 60 %Pt	
Froodit	$PdBi_2$		D = 12,5

Aus Konzentraten der Platinminen wurden und werden weiterhin eine große Zahl komplexer Minerale der Platingruppe bestimmt.

Die *Bauwürdigkeitsgrenze* primärer Platinlagerstätten hängt sehr von der Aufbereitbarkeit des Erzes ab. Bei grobkörnigen Erzen liegt sie bei 3 ppm, sonst zwischen 5 bis 10 ppm. Die Sulfide von Sudbury enthalten vorwiegend als Sperrylith bis 1 ppm Pt+Pd, doch wird das Edelmetall trotz dieses geringen Gehaltes als Nebenprodukt der Nickel-Elektrolyse in großem Umfang gewonnen. Seifenplatin ist im mechanisierten Großbetrieb ab 0,2g/t gewinnbar. Verwendet werden die Platinmetalle vor allem als Katalysatoren in der Petrochemie und in Kraftfahrzeugen, daneben auch in der Elektroindustrie, als Schmuck und für Dentallegierungen.

Platin ist ein *siderophiles Element*, wie schon seine natürliche Legierung mit Eisen (4-21 %) zeigt. Es hat aber auch schwach chalcophilen Charakter, indem es mit den chalcophilen Elementern Sb, As, Bi, S, Se und Te Verbindungen eingeht. Fe-Ni Meteorite enthalten 1-10 ppm Platinmetalle wechselnder Zusammensetzung. Auch die platinreichen metasomatischen Fayalit-Dunitschlote („Horthonolite") des Bushveldes belegen deutlich den siderophilen Charakter der Platinelemente. Die durchschnittlichen Gehalte von Platin in verschiedenen Gesteinen sind noch nicht ausreichend durch verläßliche Analysen belegt. Sicherlich aber führen Ultramafite und manche Gabbros und Norite hohe, Granite dagegen sehr niedrige Werte. Lokalisiert sind geochemisch erhöhte Gehalte offenbar in Chromspinellen und in Sulfiden, welche unmittelbar Erze oder auch nur Zwischenstufen für eine weitere Anreicherung sein können. Anomal erhöhte Werte wurden ferner an mittelozeanischen Erzschlämmen (in Pyrit und Markasit des Ost-Pazifischen Rückens bis 1 %) und in ozeanischen Manganknollen und -krusten festgestellt. Auch Ölschiefer sind geochemische Fallen für Platin; im Kupferschiefer Schlesiens/Polen sind Gold und Platin lokal abbauwürdig. Die Fraktionierung der Platinmetalle wird häufig durch das Verhältnis Pt+Pd/Ru+Os+Ir bzw. Pt/Pd sowie durch Normierung gegen C1-Chondrite charakterisiert. Demnach haben die Platinmetalle der Chromite aus Ophioliten gegenüber Chondriten etwa 0,1-1 mal Ru+Os+Ir und nur 0,01 mal Pt+Pd; im Merensky Reef und in Chromiten des Bushveldes aber sind Pt+Pd bis zum 4fachen chondritischer Gehalte angereichert (NALDRETT & GRUENEWALDT 1989).

Traditionell wurde Platin als ein Produkt der Frühkristallisation basischer und ultrabasischer Magmen angesehen. Zunehmend wird nun aber deutlich, daß Platinmetalle oft durch komplexe hydrothermale Fluide konzentriert werden, welche sich in solchen Magmen noch während der Kristallisation bilden (STUMPFL 1986) oder aus dem Liegenden zugeführt werden. Ein anderes Modell beruht auf der Mischung zweier rasch aufeinanderfolgender Magmenpulse, wobei neu zugeführter Schwefel zur Ausfällung der Metalle führt (NALDRETT 1981).

Schließlich gibt es aber auch hydrothermale Quarz-Sulfidgänge im Bereich basisch-ultrabasischer Magmatite, welche Platin und oft Gold führen (Southern Alps/Neuseeland, Artonville Mine bei Messina/Südafrika, u.a.). Der Transport des Platins in hydrothermalen Lösungen erfolgt als Cl-, Bisulfid- oder Hydroxid-Komplexe. In den zur Gewinnung geothermaler Energie genutzten, 300 °C heißen Laugen von Salton Sea/S-Kalifornien sind Au, Pt, Pd und Rh jeweils mit etwa 1 ppb enthalten. Die Platinmetalle liegen vermutlich als $(PtCl_4)^{2-}$ vor; bemerkenswert ist, daß sie beim Aufkochen während des Aufstieges der Laugen in den Bohrungen in Lösung bleiben – anders als Gold, von dem ein Teil ausfällt und das in den Abscheidungen in den Rohren bis 0,1 % konzentriert ist (McKIBBEN et al. 1990).

Wie Gold wird Platin bei der *Verwitterung* freigesetzt (besonders aus den komplexen Erzen) und mechanisch oder in sauren Lösungen in Form chloridischer oder organischer Komplexe beschränkt transportiert, so daß es (nicht selten mit diesem zusammen) in Gossans, an der Basis von Lateriten (z. B. in den „Birbiriten" West-Äthiopiens) oder in Seifen konzentriert ist. Dabei werden die besonders immobilen Metalle Os+Ir relativ angereichert, weshalb das Verhältnis Pt/Os+Ir eine Aussage über die Maturität der jeweiligen Seife erlaubt. In diesem Zusammenhang ist es bemerkenswert, daß die Goldkonglomerate des Witwatersrandes eine Jahresproduktion von knapp 1000 kg Os und Ir (ohne Platin) liefern. Ausgefällt wird das Platin der Verwitterungslösungen durch Reduktion (z. B. an Fe^{2+}) oder pH-Änderung. Dadurch entstehen oft große Platinmetall-Kristalle. Platinseifen haben heute nur sehr lokal wirtschaftliche Bedeutung (Kolumbien, Neuseeland).

Erhöhte Gehalte von Iridium *in Sedimenten* wurden vielfach als Beweise für Asteroiden-Einschläge herangezogen, zuerst für die Kreide/Tertiärgrenze (ALVAREZ et al. 1980). Die Elemente der Platingruppe können aber sicherlich auch durch andere Prozesse lokale Anomalien in Sedimenten bilden, u.a. auch durch diagenetische Umverteilung (WALLACE et al. 1990).

Wirtschaftlich bedeutende *Platinlagerstätten* gibt es nur in ultrabasisch-basischen geschichteten Massiven (Bushveld/Südafrika, Stillwater/Montana/USA) und in den Ni-Cu führenden Gabbros und Noriten (Sudbury/Kanada, Norilsk/UdSSR). Weiters interessant sind platinführende Ultrabasite von Ophioliten (nördlicher und mittlerer Ural: Silur; Äthiopien: Jung-Proterozoikum), die an Komatiite gebundenen Nickelsulfide und der einzigartige platin- und chromitführende Dunitschlot in einem

Alkali-Syenitringpluton von Inaglinsk/Jakutien/UdSSR. Nach Südafrika besitzt Simbabwe im Great Dyke die wohl größten Platinressourcen der Welt, obwohl dort z. Zt. kein Abbau stattfindet.

Aus dem *Bushveld* / Süd-Afrika kommt heute der weitaus größte Teil der Platinmetall-Produktion der westlichen Welt und fast zwei Drittel der Welt-Gesamtproduktion. In der früher beschriebenen lithostratigraphischen Abfolge sind die platinführenden Horizonte genau lokalisiert. Dazu gehören vor allem das Merensky Reef und das UG2-Chromitflöz, die beide in der Critical Zone liegen. Das Platin des Bushveldes wurde im Jahre 1924 vom deutschen Geologen Merensky entdeckt. Das nach ihm benannte Merensky Reef ist eine wenige Dezimeter mächtige Schicht eines pyroxenitischen „Pegmatoids", in dem die Pyroxene als Kumulus-Minerale und Plagioklas als Interkumulus-Bildung auftreten. Daneben gibt es Chromit und Olivin, aber auch Amphibole, Biotit, Hellglimmer, Quarz und Talk, letztere als Anzeichen der Einwirkung einer wässrigen fluiden Phase. In bauwürdigen Bereichen führt das Reef 0,5 bis 2 % Pentlandit, Kupferkies und Magnetkies, woran ein Teil des Platingehaltes gebunden ist. Durchschnittliche Gehalte der Platinmetalle liegen zwischen 4 und 8 ppm im Erz, wobei Pt (ca. 60 %) und Pd (ca.30 %) weit überwiegen. Dazu kommt noch etwas Gold. Gediegen Ferroplatin und eine große Zahl verschiedener Minerale mit S, Te, As und Sb konnten bestimmt werden.

Das Merensky Reef ist durch weite, rundliche Depressionen gekennzeichnet, die sogenannten *Potholes*, die es mit scharfer Begrenzung um einige Meter bis Zehnermeter aus seiner normalen stratigraphischen Position absenken (Abb. 99). Dort ist das wenig höhere Bastard-Reef (besser Bastard-Pegmatit) wesentlich mächtiger, sehr grobkörnig, und führt bis zu 80 % Graphit und reichlich OH-Silikate, wobei aber die Platingehalte meist nicht bauwürdig sind. Der Graphit hat hohe Cl und F-Gehalte, und ein $\delta^{13}C$ von -18 bis -21‰, was auf biogene Herkunft (also aus den intrudierten Sedimenten) hinweist. An fluiden Einschlüssen im Quarz wurden hohe Salzgehalte und Bildungstemperaturen bis 750 °C bestimmt. Nach STUMPFL & BALLHAUS (1986) verweisen alle diese Merkmale auf eine Ansammlung von Interkumulus-Fluiden, welche die normale magmatische Segregation unterbrochen haben und eine wesentliche Rolle bei der Platinmineralisation hatten. Frühere Erklärungsversuche durch erodierende Strömungswirbel, syn-magmatische Gleitungen oder Fluidschlote treffen also nicht zu (BALLHAUS 1988).

Einige Hundert Meter unter dem Merensky Reef liegt das UG-2 Chromitflöz, dessen Platinführung vielleicht noch bedeutender ist. Auch hier sind die Platinmetalle mit Fe-Cu-Ni Sulfiden vergesellschaftet, wobei aber Pt gegen Pd und Rh zurücktritt.

Heute unbedeutend sind die *Horthonolit-Schlote* des Bushveldes, die im Durchschnitt 30 ppm Platinmetalle führten. Da Chromitflöze quer durch die Schlote verfolgt werden konnten, ist eine metasomatische Entstehung durch aufsteigende Fluide gesichert. Von außen nach innen waren die Harzburgite, Norite und Anorthosite der normalen magmatischen Abfolge in Pyroxenit, Dunit und pegmatoiden Fe-(Mn) Dunit mit Biotit und Hornblende umgewandelt, wobei nur letzterer mineralisiert war. Gediegen Ferroplatin und Sperrylith waren die wichtigsten Erze, begleitet von Magnetit, Troilit und Siderit (STUMPFL & RUCKLIDGE 1982).

Auch das *Stillwater Massif*/Montana/USA ist eine anorogene geschichtete basisch-ultrabasische Intrusion von etwa 45 km Länge und maximal 5 km Mächtigkeit (Abb. 100). Infolge späterer Tektonik liegt hier aber nur ein Teil eines ursprünglich viel größeren Komplexes vor. Die Nebengesteine sind stark deformierte archaische Meta-Sedimente, deren Alter mit 3,1-3,7 Ga bestimmt wurde, die Intrusion hingegen erfolgte um 2,7 Ga. Vom Liegenden zum Hangenden besteht das Massif aus einer Basisserie (30-70 m Norite und Bronzitite), der Ultramafit-Serie (bis 2000 m Peridotite und Bronzitite mit Chromitflözen) und der gebänderten Zone (Kumulate mit wechselnder Zusammensetzung aus überwiegend Plagioklas mit Bronzit, Augit und selten Olivin). Der wichtigste Horizont mit Platinvererzung, das sogenannte JM-Reef, liegt im unteren Drittel der gebänderten Zone, und zwar dort, wo nach einer Unterbrechung wieder der erste Olivin auftritt. Lithologisch besteht dieser Horizont aus Troktolit, Norit und Anorthosit; wichtig ist die Beobachtung, daß er gegen die magmatische Stratigraphie im Liegenden unter einem geringen Winkel diskordant liegt. Das JM-Reef führt über 2 m Mächtigkeit etwa 2 % Sulfide (Pentlandit, Magnetkies, Kupferkies und Pyrit), welche mit mineralogisch vielfältigen Phasen von Pt und Pd verwachsen sind. Durchschnittliche Gehalte im 1987 eröffneten Bergbau liegen bei 17 ppm, wobei

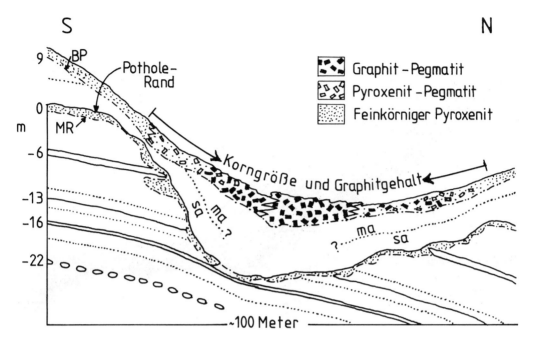

Abb. 99. Schematisches Profil durch ein Pothole im Merensky Reef des Bushveldes, Südafrika (STUMPFL & BALLHAUS 1986).
MR = Merensky Reef; BP = Bastard-Pegmatit; sa = Anorthosit mit Pyroxen-Poikiloblasten über 10 cm Durchmesser; ma = Anorthosit mit kleineren Pyroxen-Poikiloblasten.

Pd gegenüber Pt etwa dreifach konzentriert ist. Das Verhältnis Pt+Pd/Os+Ir+Ru ist 230, gegenüber 9,5 im Merensky Reef. Auch das JM-Reef führt Amphibole, Glimmer, Talk und Serpentin. Weiters gibt es auch im Stillwater Massif quergreifende Pegmatoide pyroxenitischer Zusammensetzung, die stockwerkartig mit Karbonat, Quarz und platinführenden Sulfiden vererzt sind. Dies erinnert natürlich an das Bushveld, doch wird die Entstehung des JM-Reefs meist durch sekundäre Injektion eines schwefelreicheren Magmas und nachfolgende Entmischung und gravitative Saigerung der Sulfide erklärt (BARNES & NALDRETT 1985). Auch hier aber mehren sich die Argumente für eine spät-magmatisch hydrothermale Genese (STUMPFL 1986).

Mit Magnetkies sowie Cu-Ni-Sulfiden verbunden ist das Platin in den Lagerstätten von Sudbury/Kanada, Norilsk/Sibirien, Montchegorsk und Pechenga/Halbinsel Kola/UdSSR sowie einiger kleinerer Kieslagerstätten in den norwegischen Kaledoniden. Überall ist hier der Palladiumanteil hoch. Die Platinmetalle sind in all diesen Lagerstätten Nebenprodukte der Buntmetallproduktion.

Wirtschaftlich nur von lokaler Bedeutung, doch genetisch sehr interessant ist die Platinvererzung des schlesischen *Kupferschiefers* in den Bergbauen Lubin und Polkowice. Der „Edelmetallschiefer" mit über 10 ppm Pt ist hier über 1500 m streichender Länge (N-S) und 50 m Breite ausgebildet. Besonders reich waren die untersten 2 cm tucholithreicher Pelite unmittelbar über dem Weißliegenden, mit hohen Gehalten von Au, Pt, Pd, Bi, Hg, Ag, Mo und V. Verschiedene Legierungen der Edelmetalle sowie Arsenide und Sulfarsenide sind die häufigsten Erzminerale, mit Quarz, Kalzit, Hydrohämatit und Gips vergesellschaftet. KUCHA (1983) diskutiert verschiedene genetische Modelle, vor allem unter Betonung diagenetischer Laugenwanderung. Die lineare Erstreckung des Erzkörpers bleibt dabei aber unerklärt.

Die *Suche nach Platinlagerstätten* wird sich auch in Zukunft der geologischen Modelle magmatischer Sulfid-Segregation und spät- bis post-magmatischer hydrothermaler Aktivität in ultrabasischen und basischen Intrusionen bedienen. Auch die chromitführenden Anteile von Ophioliten sind grundsätzlich höffig. Eine großräumige Prospektion solcher Bereiche ist durch

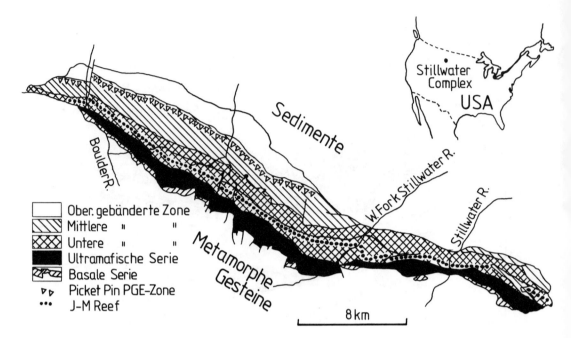

Abb. 100. Karte des Stillwater Komplexes in Montana, USA, mit magmatischen Zonen und den platinführenden Flözen (BOUDREAU & MCCALLUM 1986).

Schwermineralanalyse von Alluvionen möglich. Das Aufsuchen der primären Lagerstätten ist dann weiterhin nach der schon von Merensky erfolgreich genutzten häufigen Assoziation des Platins mit Nickel und Kupfer, aber auch mit Chromit auszurichten. Dazu kommt eine sehr genaue Kartierung der Lithostratigraphie, unterstützt durch geochemische Untersuchungen der Pyroxene und des Ni-Gehaltes der Olivine (BUCHANAN 1988).

Die wichtigsten *Hauptförderländer* von Platinmetallen sind Südafrika und die UdSSR, mit zusammen über 90 % der Weltproduktion (1990 ca. 97 t). Die Reserven Südafrikas sind sehr groß, trotzdem aber wird der unsicheren politischen Zukunft des Landes wegen in anderen Ländern der westlichen Welt aktiv exploriert. Dies auch deshalb, weil bestimmte Platinmetalle strategischer Bedeutung nicht ausreichend zur Verfügung stehen. Besonders auffällig ist die knappe Versorgung mit Rhodium, das unbedingt erforderlich ist, um die zunehmend geforderte hohe Effizienz von Abgaskatalysatoren für Kraftfahrzeuge zu erreichen.

Literatur:

ALVAREZ, L. W., ALVAREZ, W., ASARO, F. & MICHEL, H. V., 1980, Extraterrestrial cause for the Cretaceous-Tertiary extinction. Science 208, 1095-1108.
ANHAEUSSER, C. R. & MASKE, S. (Eds.), 1986, Mineral Deposits of Southern Africa. Vol. II, 1021-1287 (viele allgemeine und spezielle Artikel zu Geologie und Erzen des Bushvelds).
BALLHAUS, Ch. G., 1988, Potholes of the Merensky reef at Brakspruit Shaft, Rustenburg Platinum Mines: primary disturbances in the magmatic stratigraphy. Economic Geol. 83, 1140-1158.
BARNES, S. J. & NALDRETT, A. J., 1985, Geochemistry of the JM-(Howland) Reef of the Stillwater Complex, Minneapolis adit area. I. Sulfide chemistry and sulfide-olivine equilibrium. Econ. Geol. 80, 627-645.
BUCHANAN, D. L., 1988, Platinum-group element exploration. 185 pp, Elsevier.
BOWLES, J. F. W., 1986, The development of platinum-group minerals in laterites. Econ. Geol. 81, 1278-1285.
CAMPBELL, I. H. & BARNES, S. J., 1984, A model for the geochemistry of the platinum group elements in magmatic sulfide deposits. Can. Mineral. 22, 151-160.

KUCHA, H., 1983, Precious metal bearing shale from Zechstein copper deposits, Lower Silesia, Poland. IMM Transactions B92, 72-79.

MCKIBBEN, M. A., WILLIAMS, A. E. & HALL, G. E. M., 1990, Solubility and transport of platinum-group elements and Au in saline hydrothermal fluids: constraints from geothermal brine data. Economic Geol. 85, 1926-1934.

MCLAREN, C. H. & DE VILLIERS, J. P. R., 1982, The platinum group chemistry and mineralogy of the Bushveld Complex. Econ. Geol. 77, 1348-1366.

NALDRETT, A. J. & CABRI, L. J., 1976, Ultramafic and related mafic rocks: their classification and genesis with special reference to the concentrations of nickel sulfides and Platinum group elements. Econ. Geol. 71, 1131-1158.

NALDRETT, A. J., 1981, Platinum group element deposits. Canad. Instn. Min. Metall. Spec. Vol. 23, 197-232.

NALDRETT, A. J. & VON GRUENEWALDT, G., 1989, Association of Platinum group elements with chromitite in layered intrusions and ophiolite complexes. Economic Geol. 84, 180-187.

PRICHARD, H. M., POTTS, P. J., BOWLES, J. F. W. and CRIBB, S. J., 1988, Geo-Platinum 87. 424 pp., Elsevier.

STUMPFL, E. F. & RUCKLIDGE, J. C., 1982, The platiniferous dunite pipes of the Eastern Bushveld. Econ. Geol. 77, 1419-1431. STUMPFL, E. F., 1986, Distribution, transport and concentration of platinum group elements. Pp379-394 in Metallogeny of basic and ultrabasic rocks. Instn.Min.Metall. London.

STUMPFL, E. F. & BALLHAUS, C. G., 1986, Stratiform Platinum deposits: New data and concepts. Fortschr.Mineral. 64/2, 205-214.

VAN DER VEEN, A. H., 1987, A review of some features potentially indicative of the presence of platinoid mineralization as deduced from the Stillwater Complex, Montana (USA). Geol. Mijnbouw 66, 213-220.

WALLACE, M. W., GOSTIN, V. A. & KEAYS, R. R., 1990, Acraman impact ejecta and host shales: Evidence for low temperature mobilization of iridium and other platinoids. Geology 18, 132-135.

IV. Leichtmetalle

Aluminium

Erzminerale:

		% Al_2O_3	D
Hydrargillit (Gibbsit)	γ-Al(OH)$_3$	65	2,4
Böhmit	γ-AlOOH	85	3,4
Diaspor	α-AlOOH	85	3,4
Alunit	KAl$_3$[(OH)$_6$/(SO$_4$)$_2$]		2,7
Nephelin	KNa$_3$[AlSiO$_4$]$_4$	13	2,6

Das Metall Aluminum wird in der Regel aus *Bauxit* gewonnen, das ist ein Gestein bzw. Erz aus wechselnden Mengen von Gibbsit, Diaspor, Böhmit, Alumogel, sowie Kaolinit, Quarz, Hämatit, Goethit, Rutil und Anatas. Alunit und Nephelin (als Nebenprodukt des Apatitbergbaues) werden nur in der bauxitarmen UdSSR zur Al-Gewinnung eingesetzt. Bei der Laugung nach dem international üblichen Bayerverfahren sind Gibbsit-reiche Bauxite besonders leicht löslich, Diaspor am schlechtesten. Obwohl dieser Unterschied mittlerweile eine geringere technische Bedeutung hat, muß die Verteilung der einzelnen Erzminerale in der Lagerstätte mit Röntgendiffraktionsmethoden oder Differentialthermoanalyse genau untersucht werden. Weiters wichtig ist der Gehalt an reaktionsfähiger Kieselsäure (meist im Kaolinit), der nicht höher als 5 % liegen soll; Quarz hingegen ist nicht laugbar und bleibt im Rückstand. Trotzdem sind allgemein hohe Gehalte an SiO_2 und Fe_2O_3 ungünstig. Bauwürdige Bauxite haben einen Al_2O_3-Gehalt von 35-55 %.

Aluminium ist das wichtigste Nichteisenmetall. Etwa 95 % aller Bauxite werden als Erz zu Aluminium weiterverarbeitet, der besonders hochwertige Rest dient als Industriegestein zu Spezialzwecken (Abrasive, Zementzuschlag, Spezialkeramik, feuerfeste Produkte). Die günstigen

Eigenschaften des Aluminiums erlauben eine weitgestreute Verwendung, vom Flugzeugbau bis zur Herstellung von Verpackungsmaterial. Legierungen mit anderen Metallen, z. B. Li oder Mg, werden für spezielle Anforderungen eingesetzt.

Beim Bayerprozeß wird Bauxit mit NaOH gelaugt; aus der Aluminatlösung wird Al_2O_3 gefällt, welches anschließend im Elektroofen unter Zugabe von Kryolith Na_3AlF_6, Flußspat, $LiCO_3$ und NaCl durch Schmelzelektrolyse zu metallischem Al reduziert wird. Bei der Laugung bleiben die unlöslichen Rückstände als „Rotschlamm" übrig, in dem Quarz, Hämatit, Goethit und die Elemente Sc, Ga, U, Th, SEE, P und Ti angereichert sind. Sc und Ga werden gelegentlich aus Rotschlamm gewonnen, in der Regel ist er aber ein unerwünschtes Abfallprodukt, das deponiert werden muß. Neuerdings wird ein Gemenge von Rotschlamm und Kalk zur Basis-Abdichtung von Abfalldeponien eingesetzt.

Aluminium steht zwar als *lithophiles Element* mit 8% an dritter Stelle in der Häufigkeitsreihe unter den Grundstoffen der Erdkruste, ist aber doch relativ selten zu bauwürdigen Lagerstätten angereichert, da der hohe Energieaufwand zur Gewinnung des Metalles Al-Gehalte voraussetzt, die in primären Gesteinen nicht erreicht werden. Diese Anreicherung erfolgt durch Verwitterung unter tropischen Klimabedingungen; dabei entstehen die Bodenarten *Ferallit* (rot) bzw. *Allit* (gelb), bei unvollständiger Verwitterung die überaus häufigen *Laterite* (s. Rückstandslagerstätten). Dabei bildet sich aus den Alumosilikaten der primären Gesteine zuerst Kaolinit, in der Folge durch weitere Hydrolyse kolloidales Aluminiumhydroxyd und kolloidale Kieselsäure. Der erste Vorgang erfordert generell pH<4, während Gibbsit bei pH>5,6 gebildet wird (Abb. 34). Deshalb ist das tropische Wechselklima günstig, da in der Trockenzeit aufsteigendes Bodenwasser alkalisch ist und damit SiO_2 löst, das dann zusammen mit Na, K, Ca etc. während der Regenzeit durch das absinkende Bodenwasser weggeführt wird. Bei niedrigen Eh-Bedingungen kann auch Fe gelöst und abgeführt werden (Abb. 34), so daß eisenarmer Bauxit entsteht. Aus dem kolloidalen Aluminiumhydroxyd entstehen Gibbsit, Böhmit und Diaspor durch Alterung und Umlagerung, also durch diagenetische Prozesse im Boden.

Bauxitlagerstätten können *autochthon* oder *allochthon* vorliegen; nach dem unterlagernden Gestein unterscheidet man *Laterit- oder Silikatbauxite* (über silikatischen Gesteinen) von den *Karst-* oder *Kalkbauxiten* (über verkarsteten Kalken bzw. in Karstdepressionen eingelagert).

Bei den *Lateritbauxiten* ist die Entstehung als autochthones Verwitterungsprodukt besonders häufig, obwohl auch in dieser Gruppe Umlagerung (Resedimentation) nicht selten ist. Als mehrere Meter bis Zehnermeter mächtige Böden bedecken sie alte, meist mesozoisch-tertiäre Landoberflächen; wo diese später zertalt sind, nehmen die primären Lagerstätten nur die erhaltenen Höhenrücken ein. Von den Abbruchkanten aus werden Bauxitblockhalden gebildet, nach Transport in nahe gelegene Depressionen entstehen Lager von allochthonem, detritärem Bauxit (Abb. 101). Die mineralogisch-chemische Natur der Ausgangsgesteine spiegelt sich in der Bauxitqualität wieder; der indische Bauxit über Dekkanbasalt oder der westaustralische Bauxit über Dolerit haben hohe Gehalte an Eisen und Titan. Die Kaolinite und Smektittone unter den Bauxitlagern sind oft zusätzlich wirtschaftlich wichtig. So werden in Weipa/Australien jährlich 100.000 t hochwertiger Kaoline für die Papierindustrie erzeugt.

Einige der größten Lateritbauxit-Lagerstätten der Erde liegen in Australien. Die vier wichtigsten Distrikte sind *Weipa* (Cape York Halbinsel), *Gove* (Northern Territory), *Darling Ranges* und *Kimberley* (Westaustralien). Die Bauxite von Weipa bilden an der Küste leuchtendrote Kliffs, die schon von den Entdeckern Australiens beschrieben wurden. Erst im Jahre 1955 jedoch wurde während einer Übersichtspropektion für Erdöl (!) die potentielle Bedeutung erkannt (EVANS 1975) und im Jahre 1963 schließlich begann der Bergbau. Die unterlagernden Gesteine der Bauxite sind tertiäre Arkosesande, Tone und Silte; wo die Bodendecke landeinwärts über Kreide- und Jurasedimenten liegt, sind nur Laterite entwickelt. Gibbsit und Böhmit im Erz sind die vorherrschenden Al-Minerale, SiO_2 liegt zwischen 1-10 %, der Eisengehalt ist wechselnd. Die geologischen Reserven von Weipa sind sehr groß; eine vorläufige Prospektion bis 30 km Entfernung vom Hafen ergab 500 Mt bauwürdiges Erz, im weiteren Umfeld werden über 2.000 Mt vermutet.

Der Lagerstättendistrikt von *Gove* in Arnhemland ist über Feldspatsanden, Tonen und Silten der Kreide entwickelt. Die Bauxite liegen über Lateriten, welche eine schwach zertalte Hochfläche

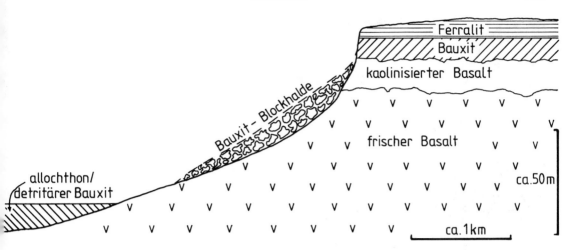

Abb. 101. Schematisches Profil der Bauxitlagerstätten im indischen Dekkanplateau.

bilden. Das typische Profil umfaßt rezenten Boden, darunter unverfestigtes pisolitisches Erz, zementiertes pisolitisches Erz und das sogenannte Röhrenerz (tubular ore). Dieses enthält reichlich sekundäre Lösungshohlräume. Unter einer Diskordanz liegt dann vesikulärer, konglomeratischer Laterit (Abb. 102). Böhmit ist im oberen Teil des Profiles häufiger, doch der größte Teil des Erzes ist gibbsitisch. Der Übergang zum Laterit ist meist graduell, durch Zunahme von Fe und Si, jedoch innerhalb weniger Dezimeter. Eine nicht unbeträchtliche laterale Umlagerung des Bodenhorizontes ist auf Grund der Diskordanzen wahrscheinlich. Auch hier sind die Reserven sehr groß.

Die bedeutenden westafrikanischen Bauxitlagerstätten in Guinea, Ghana und Sierra Leone liegen über präkambrischen Phylliten, Grünschiefern und Gneisen. Auf der anderen Seite des Atlantik entsprechen diesen Lagerstättenbezirken die großen Reviere des Guiana Schildes, insbesondere jene von Surinam. Vergleichbar sind die Bauxitlager Brasiliens, im Amazonasbecken gelegen.

Weltweit liegen die Lateritbauxite in den feuchtwarmen Klimagebieten, welche seit dem späten Mesozoikum ihre Lage nur gering verändert haben (s. Abb. 103). Ältere Bauxitdecken von wirtschaftlicher Bedeutung sind selten, weil geringmächtige, ausgedehnte Böden im Lauf der geologischen Geschichte kaum erhalten bleiben, sondern in der Regel abgetragen werden. Eine Ausnahme sind die im Folgenden beschriebenen Bauxite vom Typus Tikhvin (auch Tischwin geschrieben).

Allochthone Lateritbauxite vom *Typus Tikhvin* sind älteren Sedimenten eingelagert. Die namensgebenden Lagerstätten des Bergbaudistriktes von Tikhvin liegen im Unterkarbon des Moskauer Beckens, über eine Nord-Süderstreckung von 260 km (Abb. 103). Das Liegende der Bauxite bilden fleckige, blaugraue, sandig-glimmerige Tone des obersten Devon und nur z.T. Mergel, Dolomite und Kalke des Tournais. Die Bauxite wurden im mittleren Visé abgelagert; geringmächtige unterkarbone und quartäre Sedimente bedecken den Bauxithorizont. Der westliche Teil des Distriktes war zur Zeit der Bauxitbildung Festland, mit breiten, gegen eine östliche littorale Zone entwässernden Tälern. Im Oberlauf der Täler liegen die bauwürdigen Bauxitlagerstätten, die demgemäß relativ schmale (bis 100 m), bis 40 m mächtige, langgestreckte Linsen sind. Das Erz ist rotbraun, ungeschichtet und nicht gradiert; es besteht aus Gibbsit, Boehmit und Kaolinit, mit sekundärem Kalzit. Es enthält 35-49 % Al_2O_3 und bis 18 % SiO_2. Es handelt sich offenbar um umgelagerte Verwitterungsprodukte der devonischen Tone (SMIRNOV 1989).

Ganz verschieden von den Lateritbauxiten ist der vor allem im mediterranen Europa verbreitete Typ der *Kalkbauxite*. Selten handelt es sich dabei um ausgedehnte Lager, sondern meist um Füllungen von wannenartigen Mulden (Uvalas) oder trichterförmigen Taschen (Dolinen) auf ver-

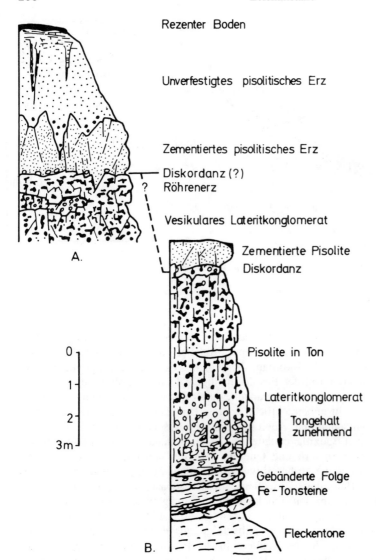

Abb. 102. Typische Bodenprofile der Bauxitlagerstätte Gove, N.T., Australien (SOMM 1975).

karsteten Kalkoberflächen mesozoischen oder tertiären Alters. Solche Bauxite bestehen gewöhnlich überwiegend aus Böhmit und Diaspor.

Mit der Verkarstung hängt ursächlich der Umstand zusammen, daß die Bauxithorizonte an Phasen der Emersion, also an Diskordanzen oder zumindest an Schichtlücken gebunden sind. Im mediterranen Europa sind dies die Grenzen Mitteltrias/Obertrias (z. B. Montenegro), Mitteljura/Oberjura (Griechenland), Oberjura/Unterkreide (Montenegro), Unterkreide/Oberkreide (Griechenland, Südfrankreich), sowie Oberkreide/Eozän (Dalmatien, Istrien, NW-Ungarn). Die liegenden Kalke sind marin, die Hangendschichten transgressive marine (Abb. 104) oder terrestrisch-lakustrine Sedimente, die gelegentlich Kohlen führen (Gant in Ungarn, Laussa in Österreich). Die Bildungsräume der Bauxithorizonte entsprechen littoralen Zonen, die Bildungszeiten der Absenkung tropischer Karstflächen nach Emersion.

Form und Mächtigkeit der Lagerstätten sind durch das Karstrelief bedingt, das von Verlandungsdauer und Höhenlage des Karstplateaus zum Entwässerungssystem bestimmt ist. Eine Hochlage

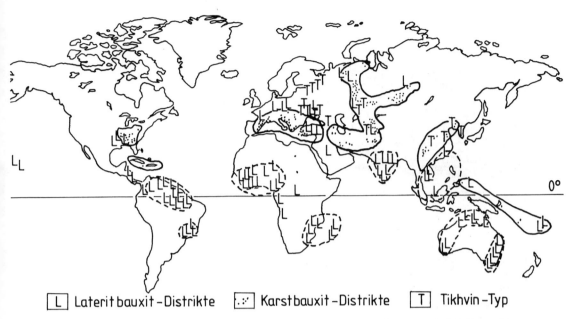

Abb. 103. Geographische Verteilung der Bauxitprovinzen und Distrikte verschiedener genetischer Typen (BARDOSSY 1989).

gegenüber dem hydrostatischen Niveau hat naturgemäß eine tiefere Verkarstung zur Folge. Die bis 80 m mächtigen Bauxitkörper in der Niksice Zupa (Montenegro) und die 50 m tiefen Dolinenfüllungen der Haute Var (Provence) verdanken ihre Dimensionen der einstigen Hochlage gegenüber der entfernteren Meeresküste.

Die Grundrißformen der Bauxitkörper zeigen meist eine bevorzugte Längsrichtung, entweder durch geologische Strukturen im verkarsteten Kalk bedingt, oder durch das Entwässerungssystem der Emersionsphase. Im Iharkut-Bezirk (Ungarn) lag das inzwischen weitgehend abgebaute Erz in einem tief eingeschnittenen Canyon. Die geologische Untersuchung der Ursachen für verschiedene Grundrißformen und für die Verteilung der einzelnen Körper ist eine wichtige Voraussetzung für möglichst wirtschaftliche Bohrprogramme zur Lokalisierung solcher Bauxitlagerstätten (MACK & PETRASCHECK 1970).

Eine autochthone oder allochthone Entstehung der Karstbauxite wurde lange diskutiert. Die autochthone „Terra Rossa Theorie", nach welcher der Bauxit unlöslicher Rückstand aus dem verkarsteten Kalk wäre, ist mittlerweile aufgegeben. Mineralogische und geochemische Untersuchungen haben überall ergeben, daß das Material der Bauxite nicht dem Tonanteil der Liegendkalke entspricht, sondern aus verwitterten Silikatgesteinen stammt (z. B. VALETON et al. 1987). Der Eintrag in die Karstdepressionen ist unterschiedlich zu erklären, meist wohl durch fluviatilen Transport suspendierter mineralischer oder kolloidaler Partikel, z.T. vielleicht auch gelöster Aluminate, oder durch äolische Ablagerung von Tuffen und anderem Feinmaterial.

Ein Argument für autochthone Bildung der Karstbauxite war die Unvereinbarkeit fluviatiler Zufuhr feinen Sedimentes mit einer Karsthochfläche, über welche natürlich kein Fluß fließen kann. Es gibt zwar manchmal Kalkgerölle in Bauxit, doch löst diese Beobachtung lokalen Fließens nicht die gestellte Frage. Die Erklärung bieten Belege dafür, daß die Bauxite in randlich marinen Positionen ruhiger Sedimentation erst nach erneuter Absenkung der Karstflächen auf Meeresniveau abgelagert wurden. So wurden im Parnass-Bauxit marine Gastropoden und Foraminiferen, doch auch limnische Ostracoden, Fische und Pflanzenreste gefunden. Im höheren Teil eines montenegrinischen Bauxitlagers fanden sich Cerithien. Man kann also Lagunen nahe von Flußeinmündungen oder Ästuarien als typische paläogeographische Position der Bauxitsedimentation annehmen. Ob

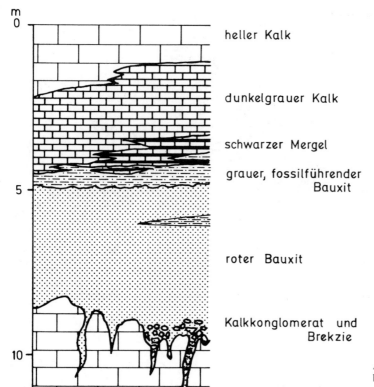

Abb. 104. Schichtprofil einer Karstbauxitlagerstätte über Devonkalk im nördlichen Ural (nach SMIRNOV 1976).

allerdings eigentlicher Bauxit abgetragen, transportiert und sedimentiert wurde, oder ob es sich um Tone handelte, die erst in weiterer Folge in situ zu Bauxit umgewandelt wurden, ist nicht immer klar. Deutlich ist hingegen oft eine spätere erneute Vertiefung der Karstdepressionen, wodurch der Bauxit eingesackt erscheint und den Kalk metasomatisch zu verdrängen scheint. Dies ist ein Hinweis auf Bauxitisierung in situ.

Große *Karstbauxit-Provinzen,* meist mesozoischen bis alttertiären Alters, liegen angrenzend an das Mittelmeer, in den karibischen Inseln, im Ural (Abb. 104) und im südöstlichen China (Abb. 103). In der Karibik (z. B. Jamaika) und im Südwest-Pazifik gibt es geologisch sehr junge Kalkbauxite.

Die *Verwendung* von Aluminium zeigt gegenüber anderen Metallen besonders hohe Zuwachsraten. Dem entspricht eine andauernde Zunahme der Bergbauförderung, obwohl in der EG bereits rund 30 % des Aluminiumverbrauchs durch Recycling abgedeckt werden. Die bergbauliche Bauxitproduktion liegt bei 90 Mt pro Jahr. Die größten *Reserven* haben Guinea, Australien, Brasilien, Jamaica, Indien und Kamerun, in dieser Reihenfolge abnehmend. Eine ausreichende Versorgung ist für mehr als 200 Jahre gewährleistet. Fast 90 % der Reserven liegen als Lateritbauxite vor, weniger als 0,4 % im Tikhvin-Typ, der Rest sind Karstbauxite (BARDOSSY 1989).

Die *Suche nach Bauxitlagerstätten* beruht fast ausschließlich auf geologischen Methoden, da Bauxit geochemisch nicht geortet werden kann. Bei Karstbauxiten kann die unterschiedliche Leitfähigkeit von Nebengesteinen und Bauxit durch geoelektrische Messungen genutzt werden, bei eisenreichen Bauxiten sind auch magnetische Messungen aussichtsreich. Das makroskopische Erkennen von Bauxit ist oft schwierig, weil Farbe, Konsistenz und Gefüge äußerst variabel sind. Demgemäß müssen schon in der Frühphase der Suche mineralogische und chemische Analysen eingeplant werden. Zur mineralogischen Auswertung chemischer Analysen liegt ein Vorschlag von NYOBE (1991) vor. Auch im Gelände anwendbar sind eine erste Einschätzung des Al_2O_3-Gehaltes durch Bestimmung des Glühverlustes (SCHELLMANN 1974), oder ein colorimetrischer Test nach PEACHEY et al. (1986).

Literatur:

ALEVA, G. J. J., 1979, Bauxitic and other duricrusts in Suriname – a review. Geol. Mijnbouw 58, 321-336.
BARDOSSY, G., 1982, Karst bauxites. 442 pp, Elsevier.
BARDOSSY, G., 1989, A review of worldwide bauxite reserves, and their mining and economic importance. Erzmetall 42, 172-177.
BARDOSSY, G. & ALEVA, G. J. J., 1990, Lateritic bauxites. 624 pp, Elsevier.
COMBES, P. J., 1984, Regards sur la géologie des bauxites; aspects récents sur la genèse de quelques gisements à substratum carbonaté. Bull. Rech. Explor. Prod. Elf-Aquitaine 8, 251-274.
EVANS, H. J., 1975, Weipa bauxite deposit, Queensland. 959-964 in C. L. KNIGHT (Ed.), Economic Geology of Australia and Papua New Guinea. Vol. 1. Metals. Aus. I. M. M. Parkville.
MACK, E. & PETRASCHECK, W. E., 1970, Exploration and evaluation of sealed bauxite deposits. Proc. 2nd Intern. Symp. ISCOBA 1, 37-41.
NYOBE, J. B., 1991, Application of normative calculations in quantitative comparative mineralogical studies of bauxite. Ore Geol. Reviews 6/1, 45-50.
PEACHEY, D., AUCOTT, J. W., ROBERTS, J. L., VICKERS, B. P. & BLOODWORTH, A. J., 1986, Rapid colorimetric test to differentiate between bauxite-rich material and clay in exploration samples. Applied Geochem. 1, 527-529.
PETRASCHECK, W. E., 1989, The genesis of allochthonous karst-type bauxite deposits of southern Europe. Mineralium Deposita 24, 77-81.
SCHELLMANN, W., 1974, Kriterien für die Bildung, Prospektion und Bewertung lateritischer Silikatbauxite. Geol. Jb. D7, 3-17.
SOMM, A. F., 1975, Gove bauxite deposits, N. T. Pp 964-968, s. EVANS.
SMIRNOV, V,I., 1989, European part of the UdSSR. Pp 279-407 in F. W. DUNNING et al., Mineral Deposits of Europe. Vol. 4/5, IMM London.
VALETON, I., 1972, Bauxites. 226 pp, Elsevier.

Magnesium

Das Magnesium, dessen Bedeutung als metallischer Werkstoff in den letzten Jahrzehnten rasch zugenommen hat, wird nicht aus eigentlichen Erzen hergestellt, sondern weit überwiegend aus Meerwasser (0,2 % MgO) und Playasee-Laugen (z. B. Totes Meer, Great Salt Lake; bis 20 % $MgCl_2$). In geringerem Maße werden auch $MgCl_2$-Laugen genutzt, die als Nebenprodukt der Kali-Industrie anfallen, ferner Carnallit $KCl.MgCl_2.6H_2O$ (nur in der UdSSR), Dolomit und Magnesit. Letzterer soll zukünftig nach einem in England neuentwickelten, exothermen Prozeß nach folgender Formel bei hohen Temperaturen zu Magnesiumchlorid direkt reduziert werden:

$$MgCO_3 + 2Cl + CO \rightarrow MgCl_2 \text{ (Schmelze)} + 2CO_2$$

Die Geologie der genannten festen Rohstoffe wird in diesem Buch unter den Nichterzen besprochen.

Rund 75 % des Metalles werden durch Schmelzflußelektrolyse von Magnesiumchlorid verschiedener Herkunft erzeugt, der Rest zur Zeit noch durch Reduktion von Dolomit oder Magnesit mit Ferrosilicon. Alle Verfahren sind sehr energieaufwendig, so daß die Magnesiummetallherstellung vor allem von günstigen Energiepreisen abhängig ist. Daneben ist die Entsorgung der anfallenden Abwässer und Schlämme wichtig; nicht zuletzt deshalb sollen die eingesetzten Rohstoffe möglichst frei von Verunreinigungen (Schwermetalle, organische Substanz, SiO_2, etc.) sein.

Nach der Häufigkeit in der Erdkruste liegt das Magnesium an achter Stelle. Für die Metallgewinnung werden fast ausschließlich sedimentäre Ausgangsstoffe (im weitesten Sinne) verwendet, mit Ausnahme lokaler Versuche des Einsatzes von ultramafischen Gesteinen, mancher Magnesite (s. dort) und von Asbest.

Die *Verwendung* des Mg-Metalles liegt überwiegend in Aluminiumlegierungen für Motoren, Weltraum- und Flugzeugtechnik, ferner als Entschwefelungszusatz bei der Eisenerzeugung und in der chemischen Industrie.

Reserven von Ausgangsstoffen für die Mg-Herstellung sind nahezu unerschöpflich. Die wichtigsten *Produzenten* sind USA, UdSSR und Norwegen. Die Weltproduktion lag 1989 bei 355.000 t Magnesium-Metall, mit rasch steigender Tendenz.

V. Metalle für Sonderzwecke

Quecksilber

Erzminerale:

		% Hg	Dichte
Zinnober (Cinnabarit)	HgS	86	8,1
ged. Quecksilber	Hg	100	13,6

Metacinnabarit $(Hg,Fe,Zn)(S,Se)$, Schwazit $(Cu,Hg)_3SbS_{3-4}$ und Kalomel $HgCl_2$ sind andere häufigere Hg-Minerale, jedoch ohne eigenständige Bedeutung als Erz. Andere Sulfide (Sb, As, Cu, Fe) erscheinen oft als Begleiter, doch nur Sb und Au werden in einigen Quecksilberlagerstätten als Nebenprodukt gewonnen. Typische Gangarten sind Quarz, Karbonate und Baryt. Zinnober ist sehr verwitterungsbeständig und bildet lokal Seifen. Gediegen Quecksilber hypogener Entstehung enthält immer Anteile von Cu, Ag, Sb, Fe, As und Zn; sekundär-supergenes Quecksilber ist arm an solchen Spuren.

Die Bauwürdigkeitsgrenze von Quecksilbererz liegt bei etwa 0,3 % Hg. Häufige bergbauliche Gehalte sind 0,6-2 % Hg. Verwendet wird das Metall bzw. seine Verbindungen vor allem zur Herstellung von Alkalibatterien, zur Goldamalgamierung (sh. aber HENTSCHEL & PRIESTER 1990) und für verschiedene chemische und pharmazeutische Produkte. Da es bei höherer Konzentration toxisch wirkt (FERGUSSON 1990), wird der Verbrauch in allen Bereichen zunehmend eingeschränkt. Wo ein Ersatz durch andere Metalle nicht möglich ist, wird möglichst vollständige Rückführung (Recycling) angestrebt.

Die *Geochemie* des Quecksilbers ist nur unvollständig bekannt; in magmatischen Gesteinen steigt sein Gehalt mit zunehmendem SiO_2-Gehalt (Ultramafite: 4 ppb; Basalt: 7 ppb; Granodiorit 21 ppb; Granit 39 ppb). Xenolithe des Mantels und der Unterkruste in Eruptivgesteinen ergaben besonders hohe Werte, von 640-1480 ppb. Meteoriten haben sehr unterschiedliche Gehalte (Cañon Diablo Troilit: 7 ppb Hg; kohlige Chondrite: bis 114 ppb Hg). Tone und vor allem Schwarzschiefer haben sehr viel höhere Hg-Gehalte als magmatische Gesteine, der Mansfelder Kupferschiefer z. B. 130 ppb. Auch Erdöl, Erdgas und Erdölwässer konzentrieren Hg; im *Ölfeld Cymric*/Kalifornien enthält das Öl 21 ppm Hg, das Gas ist Hg-gesättigt, so daß dieses bei Abkühlung und Entspannung in den Leitungen kondensiert, und das Lagerstättenwasser hat maximal 0,2 ppm Hg. Aus diesen Zahlen ergeben sich auch Hinweise auf die Transportweise von Hg in geologischen Systemen; seine Mobilität ist demnach eher in der Gasphase oder zusammen mit Kohlenwasserstoffen gegeben als in wässeriger Phase.

Als *Spurenelement* ist Quecksilber in vielen Sulfiden vorhanden, da es Cu, Ag, Zn, Cd, Bi, Pb u.a. Metalle vertreten kann, weiters auch zusammen mit Gold, Antimon, sowie in Baryt und Sr-Mineralen. Als sehr bewegliches, „verdampfendes" Metall ist es dann oft ein brauchbares Pfadfinderelement zur geochemischen Prospektion. Man sollte aber die Mobilität von Quecksilberlagerstätten nicht überschätzen: In Idria ist die höhere tektonische Decke, die nachträglich auf den Lagerstättenkomplex überschoben ist, frei von Zinnober (Abb. 105).

In *hydrothermalen Fluiden* >200 °C wird Hg vermutlich als HgS-Komplex in der wässerigen Phase und möglicherweise überwiegend als Hg° in der Gasphase transportiert; zudem ist Hg° in heißen Wässern gut löslich (bei 300 °C: 400 ppm); die Löslichkeit sinkt aber rasch mit der Temperatur (bei 100 °C: 0,5 ppm). Die Salzgehalte der Lösung dürften von geringem Einfluß sein. Da die meisten Quecksilberlagerstätten bei Temperaturen von 60-150 °C gebildet wurden, sind für die Präzipitation vermutlich Kondensation von Hg° aus der Gasphase bzw. Bildung von HgS aus der wässerigen Phase verantwortlich (WHITE 1981). Die Quelle des Hg sind wohl klastische Sedimente mit reichlich organischer Substanz, aus welchen nach einer frühen Kompaktions-Entwässerung durch späte Diagenese bzw. beginnende Metamorphose Kohlenwasserstoffe und stärker gebundenes Wasser der Tone freigesetzt wurden. Die allenthalben beobachtete Bindung an Vulkanismus läßt vermuten, daß diese Vorgänge durch lokale subvulkanische Wärmequellen bedingt sind.

Die Enstehung von *Quecksilberlagerstätten* kann an einigen aktiven geothermalen Emanationszentren der Erde beobachtet und untersucht werden. Annähernd lagerstättenbildende Hg-Förderraten wurden für Ngawha/Neuseeland und Sulphur Bank/Kalifornien beschrieben (WHITE 1981), obwohl weltweit viele geothermale Elektrizitätswerke Probleme mit Quecksilbergehalten im Dampf haben; jenes von The Geysers/Kalifornien z. B. entläßt jährlich rund 50 kg Hg° in die Umgebung. Grundsätzlich zählen Quecksilberlagerstätten zu den epithermalen, also bei niedrigen Temperaturen und nahe der Erdoberfläche gebildeten Erzen. Mit maximal 800 m fand der tiefste Abbau in *New Almaden*/Kalifornien statt.

Der Bergbau *Sulphur Bank*/Kalifornien liegt in einem großen, flachen Hügel pleistozäner andesitischer Laven. Bis zum Grundwasserspiegel waren die Andesite völlig gebleicht und durch Zersetzung von HgS ausgelaugt. Das verbleibende Material war zelliger Quarz und elementarer Schwefel, welcher der Lagerstätte den Namen gab. Erst mit tieferen Aufschlüssen unter dem Grundwasserspiegel wurde der Quecksilbererzkörper erkannt; das beste Erz war mit sehr feinem Zinnober imprägnierter Störungsletten; an Klüften abseits der Hauptstörung waren die Andesite kräftig vertont, und darin fanden sich Taschen und Gängchen mit HgS, Pyrit, Markasit und etwas Stibnit sowie Quarz und Kalzit. Die Vererzung reichte nur etwa 100 m tief, über quartäre Seesedimente bis in mesozoische Grauwacke. Die Gesamtproduktion ergab rund 5.000 t Hg.

Durch ^{14}C-datierte Hölzer in den Seesedimenten kann der Beginn der Hg-Vererzung von Sulphur Bank auf ca. 34.000 Jahre festgelegt werden. Noch heute entspringen im ehemaligen Tagbau thermale Quellen, die HgS, Markasit, Pyrit und Schwefel absetzen. Bemerkenswert ist das relative Zurücktreten von Cl in diesen Wässern, wogegen CO_2, B, NH_3 und I ungewöhnlich angereichert sind. Dazu kommen flüssige Kohlenwasserstoffe und CH_4. Im Vergleich zu lokalen meteorischen Wässern sind D- und O-Isotopenverhältnisse sehr viel schwerer, so daß hier zum Unterschied von den meisten epithermalen Lagerstätten (s. dort) Wasser sehr tiefer Herkunft vorliegen dürfte (WHITE 1981).

Sulphur Bank ist Teil eines Hg-Lagerstättendistriktes, wobei die Lagerstätten ringförmig um eine durch geothermale Aktivität markierte subvulkanische Intrusion von rund 30 km Durchmesser liegen, mit den einzelnen Erzkörpern meist in Talk-Karbonatzonen von Serpentiniten. Trotzdem wird nicht magmatische, sondern metamorphogene Herkunft der Fluide vermutet, möglicherweise in Zusammenhang mit der Überschiebung der Coast Ranges über mesozoische Sedimente (STUDEMEISTER 1984).

Die reichste Quecksilberlagerstätte der Erde mit rund 25 % der Weltvorräte ist *Almaden* in Spanien, am Nordrand der erzreichen Sierra Morena gelegen. In einer Serie von altpaläozoischen Schichten sind steil stehende ordovizische Quarzite horizontweise durch Zinnober imprägniert. Die Erzkörper haben mehrere hundert Meter im Streichen und im Einfallen. Der mittlere Hg-Gehalt beträgt 1 %, in einzelnen Erzkörpern bis 20 %. Die Sedimente enthalten mehrere Sills, Lavaströme, Tuffe und Explosionsschlote von stark veränderten basischen Vulkaniten. Isotopenanalysen der Alterationszone machen eine magmatische Herkunft der Fluide und damit eine Entstehung der Lagerstätte in Zusammenhang mit dem altpaläozoischen Vulkanismus wahrscheinlich (EICHMANN et al. 1977; SAUPÉ 1990). Almaden hat bisher über 275.000 t Hg produziert.

Idria in Slowenien enthält syngenetische Erzkörper in mitteltriadischen (ladinischen) pyroklastischen Gesteinen, während die älteren Schichten des Muschelkalks, des Perms und vor allem dunkle

Schiefer des Karbons sehr reich epigenetisch vererzt sind (Abb. 105). Eine mehrphasige Tektonik mit Faltung, tertiären Deckenüberschiebung und Störungen verschiedenen Alters hat den Bau der Lagerstätte sehr kompliziert gestaltet. Neben Zinnober gibt es einzelne große Taschen von gediegen Quecksilber.

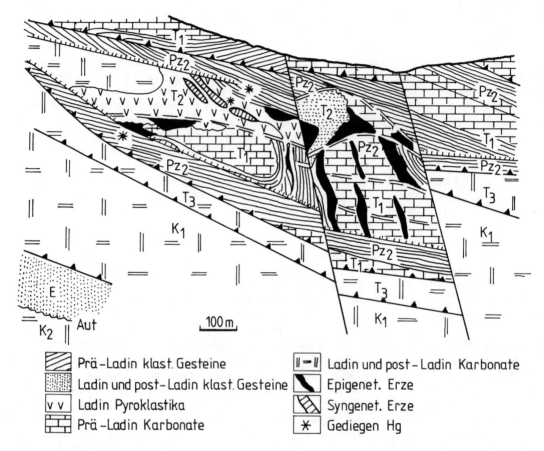

Abb. 105. Profil der Quecksilberlagerstätte Idria/Slowenien (nach MLAKAR & DROVENIK 1971 aus DUNNING et al. 1982).

Die dritte große Lagerstätte in Europa ist *Monte Amiata* in der Toscana. Hier sind im Bereich von quartärem Vulkanismus mit vielen Thermalquellen (oft mit Hg-Führung) Schichten des Rhät, des Jura, vor allem aber des Eozän mit Zinnober imprägniert. Das Erz tritt teils in schichtparallelen Linsen, teils in Klüften auf und der Metallgehalt ist sehr ungleichmäßig (0,3-5 % Hg). Eine Besonderheit sind Lagen detritären Zinnobers in pliozänen Sedimenten der näheren Umgebung, die von der primären Lagerstätte stammen.

Hauptproduzenten sind UdSSR, Spanien, USA und China. Die Produktion ist abnehmend, so daß kaum Prospektion stattfindet, mit Ausnahme der Erforschung bauwürdiger Reserven in bestehenden Bergbauen.

Literatur:

EICHMANN, R., SAUPÉ, F. & SCHIDLOWSKY, M., 1977, Carbon and oxygen isotope studies of the vicinity of the Almaden mercury deposit (Province of Ciudad Real, Spain). Pp 396-405 in D. D. KLEMM & H.-J. SCHNEIDER, Time- and Strata-Bound Ore Deposits. 444 pp, Springer.

HENTSCHEL, Th. & PRIESTER, M., 1990, Quecksilberbelastungen in Entwicklungsländern durch Goldamalgamation im Kleinbergbau und aufbereitungstechnische Alternativen. Erzmetall 43, 331-336.
SAUPÉ, F., 1990, Geology of the Almaden mercury deposit, Province of Ciudad Real, Spain. Economic Geol. 85, 482-510.
STUDEMEISTER, P. A., 1984, Mercury deposits of western California: an overview. Mineralium Deposita 19, 202-207.
VAREKAMP, J. C. & BUSECK, P. R., 1984, The speciation of Mercury in hydrothermal systems. Geochim. Cosmochim. Acta 48, 177-186.
WHITE, D. E., 1981, Active geothermal systems and hydrothermal ore deposits. Economic Geol. 75th Anniv. Vol., 392-423.

Antimon

Erzminerale:

		%Sb	D
Antimonit (Antimonglanz, Stibnit)	Sb_2S_3	71	4,6
Tetraedrit (Antimonfahlerz)	$Cu(Ag,Fe,Zn)_3Sb(As,Bi)_{3,25}$		4,6-5,2
Senarmontit	Sb_2O_3	83	5,2

Wirklich allgemein wichtig ist von den aufgeführten Erzmineralen nur Antimonit. Die anderen Erze sind nur in Einzelfällen für die Antimonerzeugung bedeutsam, ähnlich wie gediegen Antimon, sowie eine große Zahl antimonführender Sulfide, Sulfosalze, Oxyde, Antimonate und Antimonite. Die Verwitterung primärer Minerale erzeugt die auffälligen Antimon-Ocker (Senarmontit u.a.). Antimonerze führen nicht selten etwas Au, Ag und Hg; typische Gangarten sind Quarz und Karbonate.

Die *Bauwürdigkeitsgrenze* liegt bei 3 %; das Konzentrat soll nicht mehr als 0,25 % As und 0,75 % Cu+Pb enthalten. Besonders gesucht sind Erze, die die Herstellung eines Metalles mit Se-Gehalten unter 30 ppm erlauben. Viele Bleierze erbringen Sb als Nebenprodukt bei der Verhüttung, oder der Sb-Anteil wird einfach im Blei belassen. Die *Verwendung* von Antimon liegt vor allem in der Bleihärtung (Autobatterien, Bleirohre, Munition), weiters in Form von Sb_2O_3 als flammenhemmende Imprägnierung von Polymeren, als Zusatz in Keramik und Glas sowie als Sb_2S_3 in Kupplungs- und Bremsbelägen.

Der *geochemische Zyklus* des Antimon ist vermutlich ähnlich wie jener des Quecksilbers und des Arsens durch oberflächennahe geothermale Systeme kontrolliert. Dabei nimmt Antimon als chalkophiles Element lagerstättenkundlich eine Stellung ein, die etwa zwischen der des Quecksilbers und des Bleis liegt. Magmatische Gesteine enthalten durchschnittlich 0,2 ppm Sb, während pelitische Sedimente 1-2 ppm Sb führen. Deshalb ist es wahrscheinlich, daß Antimon in hydrothermalen Lösungen nicht aus entgasenden Magmen stammt, sondern durch metamorphogene Entwässerung von Peliten, insbesondere von Schwarzschiefern abzuleiten ist. Dabei ist weniger an Regionalmetamorphose zu denken, als an lokal begrenzte thermische Zentren in magmatischen Gürteln.

In hydrothermalen Lösungen wird Sb vermutlich als $Sb(OH)_3^{\circ}$ oder als $Sb_2S_3^{-3}$ transportiert, wobei der Salzgehalt die Löslichkeit kaum beeinflußt (WOOD et al. 1987). Die Ausscheidung wird vornehmlich durch fallende Temperatur, etwa bei Vermengung mit kaltem, oberflächennahen Grundwasser verursacht. Die Untersuchung von Flüssigkeitseinschlüssen in Quarz der Antimonit-Lagerstätten im nördlichen Murat Dagi/West-Türkei ergab niedrige Temperaturen (im Durchschnitt ca. 165 °C) und niedrige Salzgehalte (ca. 3 Gew. % equiv. NaCl; ARAL 1989), wie früher schon allgemein vermutet. Auch hier handelt es sich also um *epithermale Lagerstätten*.

Folgende *Lagerstättentypen* werden unterschieden:
- Lagerförmige Verdrängungserzkörper in Kalk am Kontakt gegen impermeable Schiefer, vorwiegend an Zerüttungszonen gebunden und mit starker Verkieselung verknüpft. Das Erz ist überwiegend reiner Antimonit. Dieser Typ ist der wirtschaftlich wichtigste; Beispiele sind Hsikwangshan/China, Zajaca/Serbien, Monte Amiata in Italien (nahe Hg-Lagerstätten) und Schlaining in Österreich.
- Antimonerzgänge mit quarziger Gangart, entweder in Verbindung mit Goldlagerstätten (Südafrika; Frankreich: *La Lucette* mit einer historischen Produktion von 42.000 t Sb und 8.300 kg Au), oder mit komplexen Buntmetallerzen (westliche Karpathen), oder mit Arsen und Thallium (Alchar in Makedonien) oder mit W und Sn (Bolivien).
- Lager von Antimonit, meist mit Pyrit in graphitischen Schiefern, die mit submarinen Diabasen und Porphyriten wechsellagern. Sie gehören nach MAUCHER (1965) zur vulkanosedimentären Sb-W-Hg-Formation (kleine Vorkommen in Kärnten).

Die meisten Antimonerzgänge und Verdrängungserzkörper sind *sub-vulkanisch* und entstanden in Zusammenhang mit tertiären Andesit- bis Rhyolitprovinzen. Jene im armorikanischen Massif *(La Lucette)* und im Moldanubikum (Böhmen) gehören vermutlich zur Gefolgschaft variszischer *Granite*. Im Allgemeinen ist aber die Antimonführung deutlich an die jungen Gebirgsketten gebunden, was vermutlich mit der weniger tief reichenden Abtragung derselben zusammenhängt, derzufolge auch oberflächennah und subvulkanisch gebildete Lagerstätten häufiger erhalten sind. Ungewöhnlich sind die reichen Gold-Antimonerzgänge in Scherzonen des Murchison Greenstone Belt in Südafrika, die *metamorphogen* gedeutet werden.

Eine bedeutende Lagerstätte am Westrand der tertiären südost-europäischen Antimonprovinz (Abb. 57) ist *Schlaining* im Burgenland/Österreich. Die Nebengesteine sind schwach metamorphe, kretazische Sedimente der Rechnitzer Schieferinsel, einer horstartigen Scholle des Penninikums, welche von tertiären Becken umgeben ist. Über Serpentinit liegen hier schwarze Phyllite, die gegen das Hangende zunehmend kalkiger entwickelt sind. Dieser rund 50 m mächtige Horizont besteht aus kalkigen Phylliten mit Bänken von grauem Kalkmarmor; die Vererzung wird fast ausschließlich darin gefunden. Darüber folgen Grünschiefer und weitere Phyllit- und Marmorschichten. Tertiäre Bruchsysteme sind auch morphologisch sehr auffällig (LUKAS 1970); in der Nähe setzen zwei miozäne Andesitgänge auf. Die Vererzungen folgen über etwa 5 km Entfernung drei E-W streichenden Störungen („Gangspalten I-III", s. Abb. 106), welche z.T. allerdings nur als Zonen dichterer Klüftung ausgebildet sind. Es handelt sich deshalb nur teilweise um echte Gänge mit Hohlraumfüllung; daneben gibt es Imprägnations- und Verdrängungserzkörper, die von den steilstehenden Strukturen ausgehend als Lagergänge einige Meter in die flachliegenden Schichten eindringen.

Das Erz besteht aus Antimonit mit sehr geringen Anteilen von Pyrit, Arsenkies, Zinkblende, Bleiglanz und Spuren von Gold und Hg; Gangarten sind Kalzit und Quarz, letzterer aber weit überwiegend nur durch Verkieselung der Nebengesteine vertreten. Nach Flüssigkeitseinschlußuntersuchungen an Quarz und Kalzit erfolgte die Bildung aus schwach salinaren Lösungen bei rund 260 °C und in maximal 1000 m Tiefe. Das Fördererz enthält etwa 3 % Sb; insgesamt hat die Lagerstätte vermutlich rund 100.000 t Antimon geliefert. Ihre Entstehung ist wahrscheinlich mit einem sub-vulkanischen Andesitstock zu erklären, während dessen Abkühlung ein hydrothermales System aufgebaut wurde.

Ostwärts von Schlaining gibt es Antimonerzlagerstätten in den slowakischen Karpathen, in den jugoslawischen Dinariden und in der kleinasiatischen Türkei. Eine interessante Gruppe gemischter Sb-Hg-Lagerstätten liegt in Turkestan, wo der Altai gegen das Ferghana-Becken abbricht. Hier ist *Kadamshai* die größte Sb-Lagerstätte der Sowjetunion.

China hat bei *Hsikwangshan* in der Provinz Hünan sehr große Antimonlagerstätten. Innerhalb einer Folge altpaläozoischer Kalke und Schiefer ist dort besonders eine verkieselte Kalkschicht, die unter einem stauenden devonischen Schiefer liegt, nester- und trümmerartig mit Antimonit vererzt. Diese Vererzung ist an Stellen kuppelförmiger Aufwölbungen besonders intensiv. Daneben gibt es viele reiche Erzgänge. Alle diese Lagerstätten gehören einer kretazischen metallogenetischen Provinz an.

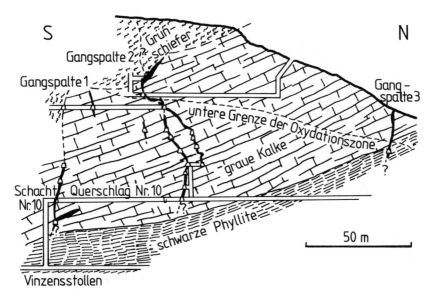

Abb. 106. Querprofil durch den westlichen Teil der Kurtgrube im Antimonbergbau Schlaining/Österreich (POLLAK 1955).

Die Antimonlagerstätten im *Murchison Greenstone Belt*/Südafrika liegen an einer 55 km langen Scherzone, der sogenannten „Antimony Line", entlang welcher alle Gesteine starke hydrothermale Veränderung erlitten haben. Besonders die Komatiite wurden zu auffälligen Talk-Karbonatmassen umgewandelt. Unmittelbare Nebengesteine der Erzkörper sind Quarz-Chloritschiefer, Quarz-Muskovitschiefer, Quarzite, Metabasalte und gebänderte Eisenformationen der Weigel Formation (Abb. 107). Auch diese Gesteine zeigen eine Veränderung in schwacher Grünschieferfazies, doch mit einer deutlichen CO_2-Zufuhr. Die Erzkörper sind Quarzgänge und Imprägnationzonen mit etwas Scheelit, Magnesit und Talk, welche ursprünglich auf Gold, nun aber ausschließlich auf Antimon abgebaut werden. Antimonerze sind Antimonit, Tetraedrit und komplexe Sulfosalze. $\delta^{34}S$-Werte deuten auf eine magmatische Herkunft des Schwefels hin (also wohl aus den Komatiiten mobilisiert), $\delta^{13}C$ ist mit -4,7‰ zu schwer für biogenen Kohlenstoff, so daß eine tiefe Herkunft (ähnlich wie bei den Goldlagerstätten der Greenstone Belts) wahrscheinlich ist. Deshalb wird angenommen, daß aus großer Tiefe aufsteigende Fluide das Antimon aus pelitischen Gesteinen mobilisiert und in der Scherzone abgesetzt haben (PEARTON & VILJOEN 1986).

Die wichtigsten *Antimonitproduzenten* der Erde sind China, Bolivien, Südafrika und die UdSSR. Die bekannten Reserven und Ressourcen sind sehr groß. Zudem wird ein beträchtlicher Teil des Metallverbrauches durch Rückgewinnung aus gebrauchten Autobatterien gewährleistet.

Literatur:

ARAL, H., 1989, Antimony mineralization in the northern Murat Dagi (Western Turkey). Economic Geol. 84, 780-787.

BELOCKY, R., SACHSENHOFER, R. F. & POHL, W., 1991, Neue Arumente für eine miozane epithermale Genese der Antimonerzlagerstätte Schlaining (Burgenland/Österreich): Flüssigkeitseinschlußuntersuchungen und das Inkohlungsbild der benachbarten Tertiärbecken. BHM 136, 209–213.

LUKAS, W., 1970, Tektonische Analyse der Antimonitlagerstätte Schlaining (Burgenland). Verh. Geol. B.-A. Wien, 1, 34-60.

MAUCHER, A., 1965, Die Antimon-Wolfram-Quecksilber-Formation und ihre Beziehungen zu Magmatismus und Geotektonik. Freiberger Forschungsh. C186, 173-187, Leipzig.

ONISHI, H. & SANDELL, E. B., 1955, Notes on the geochemistry of antimony. Geochim. Cosmochim. Acta 8, 213-221.

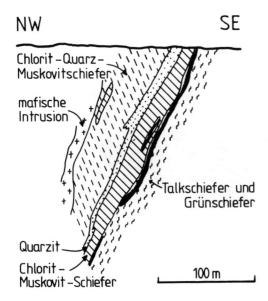

Abb. 107. Profil der Antimongrube Shabari/Murchison Range/Südafrika (nach PEARTON & VILJOEN 1986).

PEARTON, T. N. & VILJOEN, M. J., 1986, Antimony mineralization in the Murchison Greenstone Belt – an overview. Pp 293-320 in C. R. AHNÄUSSER & S. MASKE (Eds.), Mineral Deposits of Southern Africa. Vol. I, Geol. Soc. S. A., Johannesburg.
POLLAK, A., 1955, Neuere Untersuchungen auf der Antimonerzlagerstätte Schlaining. Berg. Hüttenm. Mh. 100, 137-145.
WOOD, S. A., CRERAR, D. A. & BORCSIK, M. P., 1987, Solubility of the assemblage pyrite-pyrrhotite-magnetite-sphalerite-galena-gold-stibnite-bismuthinite-argentite-molybdenite in H_2O-NaCl-CO_2 solutions from 200° to 350 °C. Economic Geol. 82, 1864-1887.

Arsen

Erzminerale:

		As%	D
Arsenkies (Arsenopyrit)	FeAsS	46	6
Löllingit	$FeAs_2$	73	7,2

Arsen tritt in vielen weiteren Mineralen zusammen mit S, Se, Te, Cu, Fe, Ni, Co und mit Elementen der Platingruppe auf. Arsenkies ist besonders als Träger der Goldgehalte vieler Goldlagerstätten interessant; dieses Gold liegt z.T. in eigenständigen Einschlüssen vor, teilweise aber auch im Gitter mit vermuteter Au-As-Bindung, wobei Au-reiche Partien verschiedentlich in Wachstumszonen, in Rissen oder in der äußeren Partie von Arsenkieskristallen vorkommen (BOIRON 1989). Viele Arsenkiese haben auch erhöhte Ni- und Co-Gehalte.

Arsen ist fast nur ein Nebenprodukt der Verhüttung anderer Erze, besonders der enargitischen Kupfererze. Der Anfall ist viel größer als der Bedarf, der fast ausschließlich auf Schädlingsbekämpfungsmittel in der Landwirtschaft (in Deutschland verboten) und zur Holzkonservierung (als Kupferchromarsenat in wässeriger Lösung, das nach dem Trocknen nicht giftig ist) beschränkt ist. In Zukunft werden möglicherweise Galliumarsenide bei der Herstellung von integrierten Hochgeschwindigkeitsschaltkreisen wichtig. Infolge dieser Lage ist Arsen heute in vielen Erzen ein unerwünschter Bestandteil. Dies nicht zuletzt deshalb, weil Arsen bekanntlich giftig ist. In geringen Mengen aber ist es allerdings ein essentielles Element; so enthält der gesunde menschliche Körper etwa 18 mg As, das infolge der geringen biologischen Halbwertzeit des Elementes (10-30 h) andauernd ersetzt werden muß.

Arsen ist als *chalkophiles Element* vorwiegend an die sulfidischen Erzlagerstätten gebunden. Die Hauptverbreitung haben Arsenkies und zurücktretend Löllingit in pyritreichen Kupfererzen (Boliden/Schweden; Rammelsberg), in Silbererzgängen (Cobalt/Ontario; Kongsberg/Norwegen), in Co-Ni-Erzen (Bou Azzer/Marokko), in vielen Goldlagerstätten und in manchen Zinnlagerstätten (Renison Bell/Tasmanien). Arsenkies, *Realgar* (ASS) und *Auripigment* (As_2S_3) sind in epithermalen Lagerstätten (Au, Sb, Hg) in geringen Mengen häufig.

Bei der Verwitterung von Arsenerz entsteht neben etwas Realgar und Auripigment der grünliche *Skorodit* ($FeAsO_4 \cdot 2H_2O$). In der Folge wird Arsen in Form leicht löslicher Arseniate abgeführt. In Brauneisenerzen, Toneisensteinen, Phosphoriten und Schwarzschiefern ist As geochemisch angereichert. Sedimente haben meist höhere Arsengehalte als magmatische Gesteine, mit den höchsten Werten in Peliten (13 ppm). Auch viele Kohlen haben signifikante As-Spurengehalte; z. B. 0,3-11 (maximal 1000) ppm in Rheinischer Braunkohle und 3-50 ppm in deutscher Kraftwerks-Steinkohle.

Der reichste Arsenerzbezirk Europas war das Skellefte Feld in Schweden. Alleine der Bergbau *Boliden* hat im Laufe der Jahre über 600.000 t As als Nebenprodukt der Kupfer-, Silber- und Goldgewinnung produziert. Der größte Teil des Arsens wurde aber nicht gebraucht. Es handelte sich um eine stark gefaltete und metamorphe Linse massiger Sulfide (weit überwiegend Pyrit und Arsenopyrit) in alt-proterozoischen Vulkaniten, deren Entstehung in einem subduktionsgebundenen Vulkangürtel vermutet wird.

Hauptproduzenten von Arsen sind die UdSSR, USA und Frankreich (aus Erzen von Bou Azzer); die Welt-Jahresproduktion beträgt jedoch nur 30-40.000 t. Auf Arsen wird nicht prospektiert; es ist jedoch ein häufig benutztes Pfadfinderelement für die Goldprospektion.

Literatur:

BALLANTYNE, J. M. & MOORE, J. N., 1988, Arsenic geochemistry in geothermal systems. Geochim. Cosmochim. Acta 52, 475-483.

BOIRON, M.-Ch., CATHELINAU, M. & TRESCASES, J.-J., 1989, Conditions of gold-bearing arsenopyrite crystallization in the Villeranges basin, Marches-Combrailles shear zone, France: A mineralogical and fluid inclusions study. Economic Geol. 84, 1340-1362.

ONISHI, H. & SANDELL, E. B., 1955, Geochemistry of arsenic. Geochim. Cosmochim. Acta 7, 1-33.

Die elektronischen Metalle: Selen, Tellur, Gallium, Germanium, Indium, Cadmium

Diese Elemente treten vorwiegend in Lagerstätten anderer Metalle in sulfidischen Erzen auf, besonders solcher vulkanischer oder vulkanosedimentärer Entstehung. Sie werden nur in geringen Mengen gebraucht, entsprechend liegt die Weltproduktion für die einzelnen Metalle bzw. Halbmetalle unter 100 t pro Jahr. Eine Ausnahme bildet in dieser Hinsicht Cadmium mit ca. 20.000 t/Jahr. Im englischen Sprachgebrauch zählen die elektronischen Metalle deshalb zu den „minor metals". Zusammen mit dem unter „Industrieminerale" behandelten Silizium ist dies ein rasch wachsender Bereich. Für die Verwendung als elektronische Funktionswerkstoffe ist ein sehr hoher Reinheitsgrad erforderlich (99,999-99,99999 %), der nur durch besondere Raffinationsverfahren erreicht werden kann. Naturgemäß sind diese der eigentliche Schritt zur hohen Wertschöpfung, welche bei diesen Stoffen möglich ist.

Selen wird aus Kupfer- (und Silber)sulfiden sowie aus manchen Uranlagerstätten (HOWARD 1977; Abb. 38) gewonnen und findet vor allem als Halbleiter für photoelektrische Zellen, Kopiergeräte, in anderen elektronischen Produkten, sowie für die Glasfärbung (orange bis dunkelgelb) Verwendung. Als Spurenelement ist es ferner für Viehfutter wichtig. Kupfererzkonzentrat von *Boliden* enthielt

1000 g Se pro Tonne, das vom *Rammelsberg* 40-65 g. Selen und Tellur vertreten in vielen Sulfiden teilweise den Schwefel, dessen geochemisches Verhalten sie weitgehend teilen.

Tellur kommt in Form von Edelmetalltelluriden, z. B. Sylvanit $AgAuTe_4$, in den Golderzen Siebenbürgens, den Silbererzen Boliviens, in den Goldlagerstätten der westaustralischen Greenstone Belts und als Spurenanteil in manchen großen Kupfererzlagerstätten vor. Meist beträgt der Gehalt im Konzentrat nur 20-30 g/t; besonders hoch ist er in den jungkretazischen porphyrischen und massigen Kupfererzen des Distriktes von *Panagjuriste* in Rumänien. Tellur wird in thermo-elektrischen Apparateteilen verwendet.

Gallium ist mit durchschnittlich 18 ppm in der Erdkruste ebenso häufig wie Blei, bildet aber nur sehr selten eigene Minerale (Gallit $CuGaS_2$). Die wichtigste Quelle für Ga sind heute Bauxite, da dieses Element in den meisten Alumosilikaten von Graniten und Alkaligesteinen das Aluminium zu einem Teil vertritt. Bei der Bauxitbildung wird es zusammen mit letzterem auf 30-60 ppm angereichert und kann bei dessen Verhüttung aus der Natriumaluminatlösung gewonnen werden. Auch viele Sphaleritkonzentrate, z. B. jene der Mississippi Valley Provinz in den USA, führen gewinnbare Gehalte von Gallium (wie übrigens auch Cadmium und Germanium). Ga, Ge und In sind in ZnS allerdings nicht direkt gelöst, sondern durch Valenzausgleich eingebaut. Gallium und Germanium sind auch in manchen Kohlen und Erdölaschen in erhöhten Spurengehalten vertreten. Verwendet wird Gallium zu über 80 % in der Elektronik; erwartet wird eine Zunahme des Verbrauches zur Herstellung von elektronischen Bauteilen aus Galliumarseniden, möglicherweise auf Kosten von Silizium.

Germanium wird aus sulfidischen Kupfer- und Zinkerzen mit Gehalten von wenigen 100 ppm im Konzentrat gewonnen, so in *St. Salvy* (Frankreich), im Tristate-Bezirk (USA), in Petsamo (UdSSR), Tsumeb (Namibia; hier z.T. in beträchtlichen Massen als Germanit $Cu_3(Ge,Fe)S_4$ vorliegend), in Bor und in Bleiberg. Lehrreich ist die Neueröffnung des ehemaligen Kupferbergbaues *Apex Mine* in Utah als Germaniumbergbau: Die oxydierte Füllung eines Schlotes in einem Gangsystem enthält dort 1,91 % Cu, 1,75 % Zn, 790 ppm Ge, 390 ppm Ga und 42 ppm Ag, wobei die Reserven mit 167.000 t angegeben werden. Innerhalb weniger Jahre wurde diese Mine der größte Germaniumproduzent der Welt (BERNSTEIN 1986).

Die chemischen Eigenschaften und das geochemische Verhalten des Germaniums sind jenen des Siliziums ähnlich; angereichert ist Ge in Meteoriten, in terrestrischem Nickeleisen, in sedimentären Eisenlagerstätten und eisernen Hüten, in Sphalerit und Suphosalzen, sowie in Pegmatiten und Greisen (BERNSTEIN 1985). Der Krustendurchschnitt liegt bei 1,5 ppm. Verwendet wird Germanium zur Herstellung von Infrarotlinsen (ca. 60 %), Katalysatoren (20 %), elektronischen Bauteilen und optischen Fasern.

Indium ist ebenfalls ein sulfidisch gebundenes Spurenelement und tritt in Zinn- und höher temperiert gebildeten Zinkerzen auf, mit Gehalten bis 1000 g/t, im Vergleich zu durchschnittlich 0,14 ppm in der Erdkruste. Indium findet als Halbleiter, als Oberflächenschutz bei Gleitlagern und zur Herstellung niedrigschmelzender Legierungen (z. B. Lötmaterial) Anwendung.

Cadmium schließlich ist ein weiteres Nebenprodukt der Zinkerzverhüttung. Eingesetzt wird es zur Oberflächenvergütung von Stahl und als Pigment, vor allem aber zur Herstellung von Ni-Cd Batterien. In Zukunft werden Cd-S/Cd-Te Solarzellen große Bedeutung gewinnen. Cadmium ist allerdings toxisch, so daß seine Verwendung und Zurückführung streng kontrolliert werden sollte. Cd ist ein ausgeprägt chalcophiles Element, mit einem Krustendurchschnitt um 0,2 ppm. Tone, Phosphorite und Manganknollen enthalten bis 25 ppm Cd. Sphalerit enthält Cadmium z.T. gelöst bis zu einem Maximum von 5 % (durchschnittlich 0,3 %); z.T. bildet das Element auf Zinkblende das Mineral Greenockit CdS.

Zu den wichtigsten elektronischen Rohstoffen zählt heute *Silizium*, aus welchem Computerchips hergestellt werden. Der Jahresverbrauch dieser Sparte liegt bei 5000 t (s. auch Quarz).

Literatur:

BERNSTEIN, L. R., 1985, Germanium geochemistry and mineralogy. Geochim. Cosmochim. Acta 49, 2409-2422.

HOWARD, J. H., 1977, Geochemistry of selenium: Formation of ferroselite and selenium behaviour in the vicinity of oxidizing sulphide and uranium deposits. Geochim. Cosmochim. Acta 41, 1665-1678.

SHAW, D. M., 1957, The geochemistry of gallium, indium, thallium – a review. Pp 164-211 in L. H. AHRENS, F. PRESS, K. RANKAMA & S. K. RUNCORN (Eds.), Physics and Chemistry of the Earth. Vol. 2, McGraw Hill.

Wismut

Erzminerale:

		% Bi	D
gediegen Wismut	Bi	100	9,7-9,8
Bismuthinit (Wismutglanz)	Bi_2S_3	81,2	6,8-7,2
Bismuthit	$(BiO)_2CO_3$	75	6,1-7,7

Die Oxydation von Wismutmineralen erzeugt den erdigen, gelblichen Wismutocker (Bismit) Bi_2O_3.

Wismut wird für leichtschmelzende Legierungen bei Lötmetallen, in der Elektrotechnik und beim Raketenbau sowie als Legierungsmetall für Aluminium, Stahl und Schmiedeeisen verwendet. Wismutsalze werden in der pharmazeutischen und kosmetischen Industrie gebraucht.

Wismut erscheint häufig im hydrothermalen Gefolge saurer magmatischer Gesteine; es ist weiters ein kennzeichnender Bestandteil der hydrothermalen Co-Ni-Bi-U-Ag-Gänge, z. B. im westlichen Erzgebirge *(Johanngeorgenstadt und Schneeberg)*. Der durchschnittliche Gehalt in der Kruste beträgt 0,17 ppm (Basalt: 0,15; Granit: 0,1; Tonschiefer: 0,18).

Eigentliche *Wismutlagerstätten* sind sehr selten; nur in Bolivien werden Gänge und Verdrängungskörper z.T. ausschließlich auf Wismut gebaut. Die größte Lagerstätte ist *Tasna* in Südbolivien. Im Kontaktbereich eines jungen sauren Intrusivstockes liegt ein Quarz-Turmalinfels, der von zahlreichen Gängen mit gediegen Wismut, Wismutglanz, Kupferkies und Wolframit durchtrümmert wird. Anderswo in Bolivien erscheinen Wismuterze zusammen mit Ag und Sn.

Der größte Teil der Wismutproduktion wird als *Nebenprodukt* von Kupfer- und Bleierzen gewonnen, seltener auch zusammen mit Zinn, Wolfram, Zink, Molybdän, Kobalt, Gold und Silber. Für viele Erzkonzentrate gilt allerdings Wismut als schädliche, also zumindest wertmindernde Verunreinigung.

Der überwiegende Teil der Weltproduktion von Wismut (ca. 4500 t/y) kommt aus Australien, Mexiko, Japan, Peru und Bolivien. Es gibt große Vorräte, vor allem in Ostasien.

Literatur:

WOLF, M. & SANCHEZ, J., 1976, Zur Stellung des Wismuts in den Erzparagenesen einiger bolivianischer Lagerstätten. Freiberger Forschungsh. C315, 53-90.

Zirkonium und Hafnium

Erzminerale:

		% Zr	D
Baddeleyit	ZrO_2	bis 94	5,7-6,0
Zirkon	$ZrSiO_4$	bis 49,7	bis 4,67

Nur Baddeleyit wird in Einzelfällen aus primären Lagerstätten gewonnen, auch dann aber in der Regel als Nebenprodukt. Als äußerst beständiges Schwermineral ist Zirkon in vielen „Mineralsanden" enthalten; weit überwiegend ist er ein Beiprodukt der Gewinnung von Rutil-,

Ilmenit-, Monazit- und Zinnseifen. Zirkon enthält bis 4 % Hafnium sowie Uran und Thorium, weshalb dieses Mineral für absolute Altersbestimmungen besonders gut geeignet ist. Der radioaktive Zerfall dieser Elemente bewirkt Zerstörung des Zirkongitters, Verfärbung, Hydratisierung und Abnahme der Dichte. Viele Zirkone enthalten wertmindernde Einschlüsse von Fremdmineralen (P, Fe, Ti etc.). Für Zirkonkonzentrate werden mindestens 65 % ZrO_2 gefordert. Bauwürdige Seifen führen gewöhnlich 0,2-3 % Zirkon.

Verwendet wird Zirkon als Beimengung zu Gießereisanden (40 %), zur Herstellung feuerfester Produkte (25 %) und von Schleifmitteln (10 %). Der Rest dient der Produktion technischer Keramik, von Zirkonmetall und diversen Legierungen, von Chemikalien und als Füller, z. B. in Zahnpasten. Das Metall ist besonders korrosionsfest und wird deshalb in der chemischen Industrie, in der Raumfahrt und als Umhüllung von Kernbrennstäben eingesetzt.

Hafnium wird ausschließlich als Nebenprodukt der Zirkonverarbeitung hergestellt. Seine Anwendung liegt weit überwiegend in der Anfertigung von Kontrollstäben für Kernreaktoren auf Schiffen, neuerdings auch in der zivilen Kernindustrie und als Super-Legierungselement in Gasturbinen.

Zirkon ist ein häufiges akzessorisches Mineral in magmatischen Gesteinen, besonders solchen, die Na-Plagioklase enthalten, sowie auch in vielen Metamorphiten. Primäre Anreicherungen gibt es in Alkalimassiven. Der Krustendurchschnitt liegt bei 170-200 ppm, in Syeniten um 500 ppm. *Zirkonlagerstätten* sind weit überwiegend marine Seifen, danach Alkaliplutone (Pocos de Caldas/Brasilien) und Karbonatite (Palabora, Kovdor/UdSSR). Kleine Lagerstätten gibt es manchmal in Pegmatiten (Ampanobe/Madagascar). Zukünftig könnte Zirkon auch als Nebenprodukt der Ölgewinnung aus kanadischen Teersanden, aus Phosphoritsanden und aus anderen sandverarbeiteten Betrieben anfallen.

Im Loolekop-Schlot des ultrabasisch-karbonatitischen magmatischen Komplexes von *Palabora* (auch Phalaborwa genannt, Südafrika) wird in einem riesigen Tagbau kupfererzführender Karbonatit abgebaut. Dieser Karbonatit liegt im Zentrum einer ringförmig angeordneten Folge von Karbonatit, Foskorit, Phlogopit-Pyroxen-Apatit-Pegmatoid, apatitreichem Phlogopitpyroxenit und schließlich außen feldspatführendem Pyroxenit. Der mitanfallende *Foskorit* enthält durchschnittlich 35 % Magnetit, 25 % Apatit, 22 % Olivin bzw. Serpentin und 18 % Kalzit (FOURIE & DE JAGER 1986). Jährlich werden aus dem Foskorit rund 2,600.000 t Apatit sowie beträchtliche Mengen von Magnetit, Uran, und 9.000 t Baddeleyit mit 0,5 % Hf gewonnen.

Zirkonreiche *Küstenseifen* gibt es u.a. in der Geographe Bay südlich von Perth/Westaustralien. Klastische mesozoische Sedimente überlagern hier präkambrische Granulite und Gneise. Pleistozäne bis rezente Küstenlinien mit Brandungsplattformen und Kliffs sind in die mesozoischen Gesteine eingeschnitten, mit Höhen von 0-76 m über dem Meeresspiegel. Schwermineralsande liegen jeweils an der Basis dieser alten Strände. Die älteste und höchstgelegene Lagerstättengruppe ist *Yoganup*, bestehend aus langgestreckten linsigen Erzkörpern, die über 30 km Länge und 1500 m Breite auftreten. Der gesamte Schwermineralinhalt des Yoganup-Niveaus übersteigt vermutlich 10 Mt.

Die Schwermineralsande von Yoganup liegen über mesozoischen und älteren pleistozänen Sedimenten (WELCH et al. 1975; Abb. 108). Ihre Basis bildet ein grobes Brandungskonglomerat, gefolgt von schwarzen, tonigen Sanden mit Monazit und 15-20 % Zirkonanteil in der Schwermineral(SM)-Fraktion, graufleckigen sandigen Tonen (10 % Zirkonanteil) und gelbbraunen äolischen Sanden (6 % Zirkonanteil). Die SM-Fraktion enthält durchschnittlich 65-80 % Ilmenit, 10 % magnetischen Leucoxen, 10 % nichtmagnetischen Leucoxen, 5-12 % Zirkon, unter 1 % Rutil und 0,2-1,1 % Monazit. Die häufigsten Korngrößen sind 100-150 µm. Seewärts und nach oben nehmen die SM-Gehalte insgesamt und Monazit- und Zirkonanteile ab.

Die Jahresproduktion von Zirkon liegt bei rund 900.000 t; Australien, Südafrika, USA und die UdSSR haben daran den größten Anteil, vorwiegend aus marinen Seifen. Die bekannten Ressourcen liegen bei 60 Mt.

Die *Prospektion* von Küstenseifen erfolgt fast ausschließlich durch Rasterbohrungen, welche auf Grund geologischer Modelle geplant werden (z. B. BELPERIO & BLUCK 1990). Dabei kann der geologische Aufbau der Küstensedimente zugleich mit der SM-Verteilung in zunehmend kleineren Abständen untersucht werden. Zentrale Faktoren der Beurteilung sind neben den SM-Gehalten Abraummächtigkeit, Feinkorn-(Schlamm)Anteil, sowie Korngrößen, Oberflächenzustand,

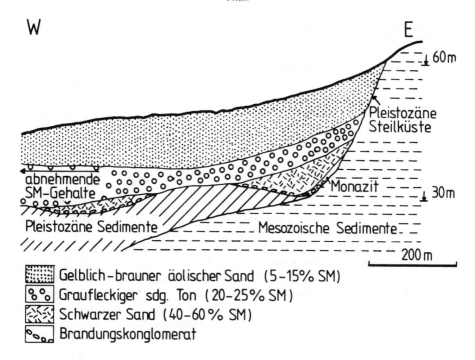

Abb. 108. Geologischer Aufbau der Schwermineralseife von Yoganup, West-Australien (WELCH et al. 1975).

Zusammensetzung und eventuell Oxydationsgrad (für Ilmenit) der SM-Minerale. Landschaftsschutz und Rekultivierung sind für den Schwermineralbergbau besonders wichtig, da meist große Flächen betroffen sind.

Literatur:

BELPERIO, A. P. & BLUCK, R. G., 1990, Coastal paleogeography and heavy mineral sand exploration targets in the western Murray Basin, South Australia. Australas. Inst. Min. Metall. Proceed. 295, 5-10.

FOURIE, P. J. & DE JAGER, D. H., 1986, Phosphate in the Phalaborwa complex. Pp 2239-2253 in C. R. ANHÄUSSER & S. MASKE (Eds.), Mineral Deposits of Southern Africa. Vol. II, Geol. Soc. S. A.

LEHNE, R. W., 1990, Nephelin und Baddeleyit – Rohstoffprofile zweier typischer Mineralien der Kolahalbinsel. Erzmetall 43, 152-155.

WELCH, B. K., SOUFOULIS, J. & FITZGERALD, A. J. F., 1975, Mineral sand deposits of the Capel area W. A. Pp 1070-1088 in C. L. KNIGHT (Ed.), Economic Geology of Australia and Papua New Guinea. 1. Metals. Aus. I. M. M. Parkville.

Titan

Erzminerale:

		%TiO_2	D
Rutil	TiO_2	>95	4,2-4,3
Ilmenit	$FeTiO_3$	35-75	4,5-5,0

Als neunt-häufigstes Element der Erdkruste kommt Titan in 46 verschiedenen Mineralen vor. Technisch wichtig sind jedoch nur die oben Genannten. Zukünftig könnten auch Perovskit $CaTiO_3$ und Anatas TiO_2 Bedeutung gewinnen.

Ilmenit enthält oft auch Cr, Mg und Mn, selten Nb und Ta. Die weite Streuung der TiO_2-Gehalte ist durch die Verwachsung primärer Ilmenite im Gestein mit Hämatit bzw. Magnetit bedingt, welche durch Entmischung beider Phasen bei sinkender Temperatur begründet ist. Ilmenitkonzentrate magmatischer, primärer Lagerstätten haben deshalb nur 35-40 % TiO_2. Durch Verwitterung freigesetzte und umgelagerte Ilmenite sekundärer Lagerstätten haben 60-75 % TiO_2, da das Eisen zunehmend abgeführt wird. Weitere Verwitterung solcher Ilmenite in situ, also innerhalb der Seifenlagerstätte, erzeugt *Leukoxen,* ein z.T. amorphes, z.T. Rutil- oder Anatasstruktur aufweisendes „Mineral" mit 76-90 % TiO_2. Rutil gibt es nur als verbreitetes akzessorisches Mineral, primäre Lagerstätten sind nicht bekannt. Die große Beständigkeit von Rutil bei Verwitterung und Abtragung aber führt zu seiner Anreicherung in Seifen.

Die Aufbereitung und Konzentration der Schwermineralsande erfolgt durch Siebung, Trocknung, Schwerkrafttrennung, magnetische und elektromagnetische Methoden.

Mehr als 90 % des Titans werden als besonders opakes, ungiftiges und deshalb Bleioxyd verdrängendes weißes Pigment (TiO_2) zur Farbherstellung verarbeitet. Zur Abtrennung des Eisens wird meist Rösten mit nachfolgender chloridischer oder sulfatischer Laugung eingesetzt, wobei durch letztere allerdings auch Entsorgungsprobleme entstehen. Titanmetall ist leicht (D = 4,5), jedoch sehr korrosionsfest sowie härter und zäher als Stahl, weshalb verschiedene Legierungen für den Bau von Flugzeugen und Raumfahrzeugen verwendet werden. Weitere Anwendungen gibt es in der chemischen Industrie und als Flußmittel für Schweißstäbe. *Titanlagerstätten* gibt es *primär* in Pyroxeniten, Gabbros und Anorthositen, *sekundär* in fluviatilen und marinen Seifen. Titanomagnetite (also Magnetit mit Ilmenitlamellen) sind für ultrabasisch-basische Massife, Titanohämatite (Hämatit mit Ilmenitlamellen) eher für Anorthosite typisch. Titanomagnetite enthalten nur 13-20 % TiO_2, sie werden vielfach hauptsächlich wegen eines Vanadiumgehaltes (s. dort) abgebaut.

In den erwähnten Magmatiten bilden disseminierte oder massige Erze liquidmagmatische Schlieren, Linsen, Flöze und unregelmäßige Massen. Gänge vermutlich hoch-hydrothermaler Entstehung sind besonders in Anorthositen verbreitet. Beispiele für primäre Lagerstätten sind *Lac Tio* und viele andere Bergbaue in Kanada, *Tahawus* in den Adirondacks/USA, die *Ilmenberge* im Ural/UdSSR, *Otanmäki* in Finnland und *Tellnes* in Norwegen (s. „Eisen").

Marine Seifen sind für die Titanversorgung besonders bedeutend. Australien hat sowohl an der Ostküste (Queensland, New South Wales, Victoria) wie an der Westküste nördlich und südlich von Perth (Abb. 108) große Lagerstätten. Problematisch ist der hohe Chromgehalt der Ilmenite im Osten, welcher im Westen unter 0,03 % liegt. Die größte Lagerstätte Südafrikas ist *Richards Bay* bei Durban, mit Ilmenit und Rutil. Auch Indien produziert beide Minerale nahe *Quilon* in Kerala. Weitere Lagerstätten gibt es in Florida/USA, in Sri Lanka, Thailand und in Malaysien als Beiprodukt der Zinnseifen.

Fluviatile Seifen mit überwiegend Rutil werden in Sierra Leone abgebaut.

Die Titanressourcen der Erde sind sehr groß, die Weltproduktion von Ilmenit und Rutil liegt bei rund 4 Mt. Infolge steigender Preise und zunehmenden Verbrauches werden in aller Welt neue Lagerstätten gesucht und entwickelt.

Literatur:

JACKISCH, W., 1969, Zur Geochemie und Lagerstättenkunde des Titans. Erzmetall 22, 447-450.

Seltene Erden (Lanthaniden)

Erzminerale:

Monazit	(Ce,La,Y,Th) PO_4	bis 70 % SEE-Oxyde	D=5
Bastnäsit	(Ce,La,Eu) (CO_3/F)	bis 75 %	5
Xenotim	YPO_4	ca. 60 %	4,5

Die Seltenen Erden (SEE) umfassen insgesamt 15 Elemente, wovon allerdings nur Ce, La, Nd, Pr, Sm, Gd und Eu wirtschaftliche Bedeutung haben. Infolge ähnlicher Verwendung wird Y meist den SEE zugezählt, seltener auch Sc. Die Elemente La bis Sm werden als leichte (LSEE) und Gd bis Lu als schwere Seltene Erden (SSEE) bezeichnet. Monazit und Bastnäsit enthalten überwiegend leichte SEE, während Xenotim vor allem SSEE liefert. Das *Thorium* der Monazite ist zur Zeit als Nebenprodukt der Gewinnung von SEE die Hauptquelle für dieses Metall, da nur ein sehr geringer Bedarf besteht.

Monazit wird praktisch ausschließlich aus Seifen gewonnen, wobei er meist nur als Nebenprodukt der Gewinnung von Ilmenit, Rutil, Zirkon, Zinnstein oder Gold anfällt. Demgemäß werden oft sehr geringe Monazitgehalte abgebaut, die nicht selten unter 0,1 % liegen. Die Wirtschaftlichkeit hängt dann vom kombinierten Schwermineralgehalt der Lagerstätte ab, der in der Regel 5-10 % beträgt. Auch Xenotim wird in allerdings sehr geringen Mengen aus Seifen anderer Metalle, z. B. Zinn in Malaysia, gewonnen.

Bastnäsit hingegen ist das wichtigste Erzmineral primärer SEE-Lagerstätten; dort werden Mindestgehalte von 2-6 % gefordert, die im Einzelnen aber vom Gehalt an besonders wertvollen SEE abhängen. Bedeutende Mengen Seltener Erden sind in Apatiten der Karbonatite und alkalischer Magmatite enthalten, doch sind die Gehalte für eine wirtschaftliche Gewinnung derzeit zu gering. Nur in der UdSSR werden die rund 0,85 % SEE aus Apatit der Lagerstätten von Kola angereichert.

Die *Verwendung* der Seltenen Erden begann vor etwa 100 Jahren mit der Herstellung von Leuchtmänteln für Gaslampen. Heute kann man nach dem Aufwand bei der metallurgischen Behandlung drei Einsatzgruppen unterscheiden: Annähernd 98 % des Verbrauches betrifft sogenanntes *Mischmetall,* das in der Regel die Gehalte der einzelnen SEE im ursprünglichen Erz übernimmt. Dieses wird bei der Stahlerzeugung, zur Herstellung von Katalysatoren in der petrochemischen Industrie, für Feuersteine und in der Glasindustrie verwendet. Relativ billige Anreicherung einzelner SEE auf 60-90 % ergibt Rohstoffe, die zur Herstellung von Magneten (z. B. $SmCo_5$) dienen. Extrem reine (>99,99 %) Seltene Erden werden nur in sehr geringen Mengen gebraucht; dazu zählen die Anwendung von Eu und Y als Phosphor für Fernsehschirme, Leuchtröhren und Röntgengeräte, sowie manche Laser. Mit einer zukünftigen Anwendung in der Supraleitertechnik, als Wasserstoffspeicher und beim Bau von Katalysatoren für Automobile wird gerechnet.

Das *geochemische Verhalten* der einzelnen Seltenen Erden ist grundsätzlich sehr ähnlich, da sie vornehmlich stabile, positiv dreiwertige Verbindungen bilden. Ausnahmen sind Eu, das in der Natur zwei- oder dreiwertig, und Ce, das auch vierwertig auftritt, so daß diese Elemente unter dem Einfluß von variablem pO_2 im jeweiligen System von den anderen SEE beträchtlich abweichende Gehalte (Anomalien) haben können. Die Unterschiede in Atommasse und Ionenradien zwischen SSEE und LSEE bewirken weiters bei vielen geologischen Prozessen eine Fraktionierung, die häufig zu petrogenetischen Deutungen verwendet wird. Lagerstättenkundlich besonders wichtig sind spätmagmatische und hydrothermale Vorgänge, die bauwürdige Konzentration bewirken können.

Der durchschnittliche Gehalt an SEE (+Y) in der Kruste beträgt 183 ppm. Sie sind also in Widerspruch zu ihrem Namen um ein Vielfaches häufiger als z. B. Gold. Die SEE sind *lithophile Elemente*. In den meisten Gesteinen sind sie in akzessorischen Mineralen (Monazit, Titanit, Zirkon, Apatit) angereichert, obwohl auch Amphibole, Pyroxene, Feldspäte, Granat und Glimmer SEE enthalten. Die unterschiedlichen Ionenradien bewirken eine gewisse Selektivität vieler Minerale für schwere (Xenotim, Granat, Zirkon) oder leichte (Monazit, Bastnäsit) Seltene Erden. In *Fluiden und Lösungen* bilden die SEE Komplexe mit den meisten häufigen Anionen, so daß sie im Gegensatz zu anderen wichtigen geologischen Prozessen im hydrothermalen Bereich äußerst mobil sind. Deshalb sind hohe Salz- und CO_2-Gehalte der Fluide besonders wichtige Faktoren der Mobilisation, des Transportes und damit der Anreicherung der SEE. Magmatische Gesteine, die eine bedeutende fluide Phase abgegeben haben (z. B. Zinngranite) oder von einer solchen verändert wurden, zeigen eine starke Verarmung vor allem der LSEE. *Lagerstätten* der Seltenen Erden fallen in die folgenden Gruppen:

– Pegmatite (Minerale Seltener Erden häufig, doch immer sehr kleine Lagerstätten);
– Skarnlagerstätten (z. B. Allanit des ehemaligen Uranbergbaues von Mary Kathleen in Queensland/Australien);

- Spätmagmatisch-hydrothermale Erzkörper in Karbonatiten (zur Zeit als weltgrößter SEE-Produzent die Lagerstätte Mountain Pass, Kalifornien/USA);
- Hydrothermal-metasomatische Erzkörper in sedimentären Karbonatgesteinen (Baiyun Obo/N-China, mit den größten bekannten SEE-Reserven der Welt);
- Lateritische, residuale SEE-Lagerstätten (bisher kein Abbau, doch sehr große Reserven; Mrima Hill/Kenya, Araxa/Brasilien, Mt. Weld/W-Australien);
- Seifenlagerstätten (weit überwiegend Küstenseifen, u.a. in Australien, Brasilien und Indien).

Der größte SEE-Bergbau der Welt ist *Mountain Pass*/Kalifornien. Ein Schwarm von präkambrischen, K-reichen Graniten, Syeniten und Schonkiniten intrudierte dort ebenfalls präkambrische metamorphe Gesteine, in einem Bereich von 10 x 2,5 km Ausdehnung. Syngenetisch mit dieser intrusiven Suite sind Karbonatitkörper und Gänge; einer dieser Körper (Abb. 109) enthält stockwerkartige Gangschwärme mit der Paragenese Bastnäsit, Parisit, Kalzit, Dolomit, Siderit, Baryt und Quarz. Die SEE-Gehalte im Erz liegen bei 5-15 %.

Eine bedeutende lateritische Lagerstätte über Karbonatit wurde vor kurzem bei *Mt. Weld* in Westaustralien entdeckt, mit 6,2 Mt Reserven mit 17 % SEE + Y und einer Teilmenge von 1,7 Mt, welche sogar 26 % Seltene Erden enthält. Bei der Berechnung wurde ein Mindestgehalt (cut-off grade) von 10 % SEE in situ angewendet.

Die *Hauptförderländer* von Erzen der Seltenen Erden sind China, USA, Australien, Indien und Brasilien. Von diesen hat China die größten *Reserven,* vermutlich über 80 % der Welt. Potentielle Lagerstätten der SEE sind jedoch weit verbreitet. Der Verbrauch der einzelnen SEE ist sehr unterschiedlich; es besteht ein Überangebot an leichten SEE, während für die schweren SEE rasch steigender Bedarf vorliegt. Deshalb findet trotz der großen Ressourcen aktive *Prospektion* nach neuen Lagerstätten statt, die aber entsprechenden geologischen und bergwirtschaftlichen Kriterien entsprechen müssen.

Literatur:

ANDRESEN, L., 1986, Vorkommen und Aufbereitung von Erzen der Seltenen Erden. Erzmetall 39/4, 152-157.
HENDERSON, P. (Ed.), 1984, Rare Earth Element Geochemistry. 510 pp, Elsevier.
LIPIN, B. R. & McKAY, G. A. (Eds.), 1989, Geochemistry and mineralogy of Rare Earth Elements. Reviews in Mineral. 21, 348 pp.
MÖLLER, P., CERNY, P. & SAUPÉ, F. (Eds.), 1989, Lanthanides, Tantalum and Niobium. SGA Spec. Publ. 7, 380 pp, Springer.
SINHA, S. P. (Ed.), 1983, Systematics and the properties of the Lanthanides. 648 pp, Reidel.

Niob und Tantal

Erzminerale:

			D
Niobit	$(Fe,Mn)Nb_2O_6$	79 % Nb_2O_5	5,3
Tantalit	$(Fe,Mn)Ta_2O_6$	86 % Ta_2O_5	8,1
Pyrochlor	$(Na,Ca)_2(Nb,Ti,Ta)_2O_6(OH,F,O)$		4,2-4,5

Niobit und Tantalit sind die Endglieder einer lückenlosen Mischungsreihe, welche insgesamt als Columbit bezeichnet wird. Dieser kann auch Anteile von Mg, Bi, U und Ti enthalten. Zu beachten ist, daß die Bezeichnung Columbit nicht selten für die Niob-reichen Endglieder gebraucht wird, da der alte Name für Niob „Columbium" ist. Vor der Entwicklung der Karbonatit-gebundenen Pyrochlor-Lagerstätten in Brasilien und Kanada war Columbit das wichtigste Erz für die hier behandelten Metalle.

Pyrochlor ist ein sehr variables Mineral; statt Ca kann auch Ce eintreten (das ist der „Koppit"),

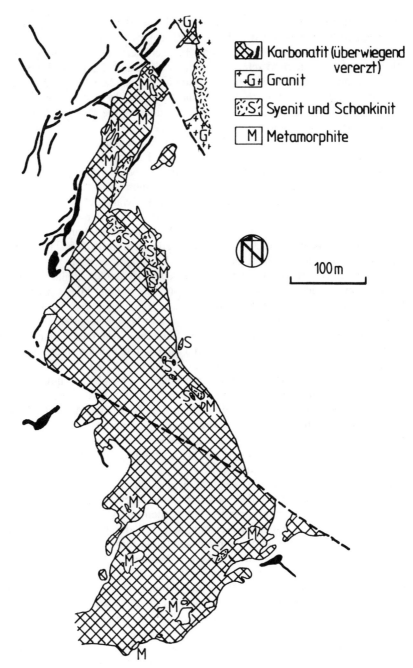

Abb. 109. Geologische Karte der Lagerstätte von Seltenen Erden am Mountain Pass/Kalifornien/USA (nach OLSON & PRAY 1954).

weiters U. Der Gehalt an Nb_2O_5 liegt zwischen 23-53 %. Sehr ähnlich ist der tantalreiche Mikrolith. Begleiter sind oft Minerale von Ti, U, Th und SEE.

Mehr als 70 % der Niobproduktion werden für Spezialstähle verwendet, welche für Hochdruck-Pipelinerohre, Offshore-Bohrplattformen und Düsentriebwerke eingesetzt werden. Nb-Ti-Legierungen eignen sich für superleitende Magnete. Tantal hingegen geht zum größten Teil in die

Elektroindustrie, der Rest wird für Schneidstähle und zur Herstellung von Tantalcarbid sowie äußerst korrosionsfester Bleche für die chemische Industrie verbraucht.

Niob und Tantal haben ein sehr ähnliches geochemisches Verhalten. Niob ist mit durchschnittlich 20 ppm in der Kruste rund zehn mal häufiger als Tantal (2,5 ppm). Beide Elemente sind in Graniten, in Alkalisyeniten und in Karbonatiten sowie in manchen Pegmatiten angereichert. Nb überwiegt allerdings gewöhnlich in Karbonatiten und Syeniten, Ta hingegen wird in Graniten und Pegmatiten konzentriert. Die Erzminerale sind sehr verwitterungsbeständig, weshalb residuale und proximale fluviatile Seifen nicht selten sind.

Lagerstättentypen der beiden Metalle sind demgemäß:
– Karbonatite mit Pyrochlor (Araxa/Brasilien, Lueshe/Zaire)
– Granite mit Columbit und Kassiterit (Abu Dabbab/Ägypten)
– Pegmatite mit Columbit und Kassiterit (Gatumba/Rwanda)
– Zinnseifen mit Columbit (Malaysia, Nigerien, Rwanda).

Alkalikomplexe mit Karbonatiten liegen meist an den großen Grabenzonen der Erde. Die Nioblagerstätte *Lueshe* in Zaire ist an einen Alkalisyenit-Karbonatitkomplex panafrikanischen Alters (ca. 500 Ma) gebunden, welcher am Westrand des zentral-afrikanischen Rifts in mittel-proterozoische Gesteine intrudierte (MARAVIC et al. 1989). Es handelt sich um einen Stock mit einer elliptischen Ausbißfläche von rund 2x5 km. Die höchsten Pyrochlorgehalte liegen in den Randzonen, wo die Karbonatite in Carbosyenite und Fenite überleiten. Dies spricht für eine Assoziation der Nb-Mineralisation mit Fluiden, die vermutlich reich an Na, F, P, CO_2 und H_2O waren. Der idiomorphe Habitus der Pyrochlore allerdings läßt vermuten, daß dies nicht post-magmatische Fluide waren, sondern daß es sich um besonders fluidreiche Magmenpartien handelte.

Wie bei den meisten vergleichbaren Lagerstätten werden allerdings auch in Lueshe nicht die primären Erze abgebaut, sondern lateritische eluviale Seifen, die auf Grund der hohen Apatitgehalte der unterlagernden Gesteine insbesondere reich an Phosphaten sind. Die Pyrochlore sind chemisch gegenüber jenen in primärer Lage reicher an K und Sr (MARAVIC et al. 1989). Mit Reserven von 8 Mt zu 2,5 % Nb_2O_5 ist Lueshe eine der großen Nioblagerstätten der Welt.

Columbit-führende *Granite und Pegmatite* sind zumeist durch starke Na-Metasomatose gekennzeichnet, die sich insbesondere durch verbreitete Albitisierung äußert. Auch diese Lagerstättengruppe verweist demgemäß auf spätmagmatische Ausbildung fluidreicher Schmelzen, welche Nb, Ta und in der Regel auch Sn konzentrierten.

Die Lagerstätte *Abu Dabbab* ist im jung-proterozoischen Grundgebirge Ägyptens östlich des Nils gelegen. Die jüngsten Glieder einer Serie post-tektonischer Granite sind dort z.T. mineralisiert, z.T. mit zinn- und wolframführenden Pegmatiten und Quarzgängen assoziiert. Abu Dabbab ist ein kleiner kegelförmiger Stock, dessen apikaler Teil durch die Erosion gerade freiliegt (Abb. 110). Die Intrusion besteht im Kuppelbereich aus feinkörnigem Leukogranit mit Albit, etwas Mikroklin, Quarz und Muskovit; nach der russischen Nomenklatur werden solche Gesteine als *Apogranite* bezeichnet. Die Erze sind in den oberen 130 m des Stockes disseminiert; die Paragenese umfasst Ta-reichen Columbit, Kassiterit, Pyrochlor, Monazit, Rutil, Zirkon, Magnetit, Galenit und Sphalerit. Die Reserven wurden mit 70 Mt zu 0,03 Ta_2O_5, 0,03 % Nb_2O_5 und 0,1 % Sn bestimmt (SABET et al. 1976). Diese niedrigen Gehalte, weiters die Feinkörnigkeit der Erze und schließlich infrastrukturelle Probleme haben bisher einen Abbau nicht zugelassen.

Tantal(-Niob)-führende *Pegmatite* sind weit verbreitet (Kanada, Brasilien, Afrika, Australien). Die zentralafrikanischen Vertreter dieser Gruppe sollen hier als Beispiel kurz vorgestellt werden: Es handelt sich um regional in vielen Einzeldistrikten auftretende Pegmatitfelder (z. B. *Gatumba*, Rwanda), die mit spät-tektonischen mittelproterozoischen Zinngraniten des Kibara-Orogens assoziiert sind. VARLAMOFF (1972) unterschied intern zonierte Pegmatite mit Lithiumerz, Beryll und (Nb+)Ta+Sn als Nebenprodukt von intern nicht zonierten, oft völlig albitisierten Sn-Ta(-Nb)-Pegmatiten. Diese Körper führen Ta-Columbit und Kassiterit als Erze, sowie Spodumen, etwas Lepidolith, Beryll und Muskovit. Abbau war meist nur dort wirtschaftlich, wo solche Gesteine durch Verwitterung zersetzt waren und deshalb hydraulisch gewonnen werden konnten.

Columbitseifen sind gewöhnlich von solchen Pegmatiten abgeleitet; demgemäß handelt es sich fast immer primär um Zinnseifen, mit Ta(-Nb) als Beiprodukt. Die Zinnseifen Malysias und

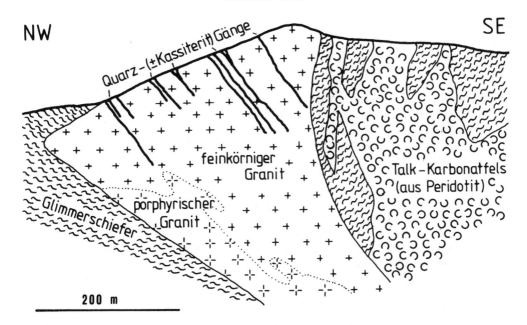

Abb. 110. Profil der Niob-Tantal-Zinnlagerstätte Abu Dabbab in Ägypten (nach SABET et al. 1975).

Thailands führen Ta z.T. in Strüverit, das ist $(Fe,Mn,Ti)(Ta,Nb)_2O_6$, z.T. in enger Verwachsung mit Kassiterit, so daß die Tantalgewinnung aus den Schlacken der Zinn-Schmelzöfen erfolgen muß.

Die *Niobreserven* der Erde sind mit rund 10 Mt Nb-Inhalt im Verhältnis zum Jahresverbrauch von ca. 15.000 t sehr groß. Mehr als 90% davon liegen in Brasilien, das auch den größten Anteil an der Produktion dieses Metalles hat. Die Tantalproduktion hängt eng mit jener des Zinns zusammen, so daß Reserven nur schwer geschätzt werden können. Sie betragen vermutlich ca. 100.000 t Ta, bei einem Jahresverbrauch von rund 1.500 t. Zur *Prospektion* auf Nb-Ta-Lagerstätten eignen sich Methoden der Schwermineralbestimmung in Flußsedimenten ebenso wie geochemische Flächenuntersuchungen.

Literatur:

GRAUPP, R., MÖLLER, P. & MORTEANI, G., 1984, Tantal-Pegmatite. Geologische, petrologische und geochemische Untersuchungen. Monograph Ser. Min. Dep. 23, 134 pp, Borntraeger.

MARAVIC, H. V., MORTEANI, G. & ROETHE, G., 1989, The cancrinite-syenite/carbonatite complex of Lueshe, Kivu/NE Zaire: petrographic and geochemical studies and its economic significance. J. African Earth Sci. 9/2, 341-356.

MÖLLER, P. & MORTEANI, G., 1987, Geochemical exploration guides for tantalum pegmatites. Economic Geol. 82, 1888-1897.

SABET, A. H. et al., 1976, Tin-Tantalum deposit of Abu Dabbab. Annals Geol. Surv. Egypt 6, 93-117.

Lithium

Erzminerale:

		% Li_2O	D
Amblygonit	$(Li,Na)Al[(F,OH)|PO_4]$	10,1	3-3,1
Lepidolith	$K_2Li_4Al_2[(F,OH)_2|Si_4O_{10}]_2$	6,4	2,8-2,9
Petalit	$LiAlSi_4O_{10}$	4,9	2,4
Spodumen	$LiAl[Si_2O_6]$	8,1	3,1-3,2
Zinnwaldit	$K(Li,Fe,Al)_3(F,OH)_2(AlSi_3O_{10})$	5	2,9-3,1

Lepidolith ist gleichzeitig das wichtigste Erz für die Gewinnung von *Rubidium,* das in allerdings kleinen Mengen zur Herstellung von Katalysatoren, Festkörperlasern und Leuchtstoffen gebraucht wird. Mit Petalit vergesellschaftet ist oft *Pollucit* $CsAlSi_2O_6$, der als Caesiumerz abgebaut wird. Dieses Metall wird für Röntgenröhren, Scintillometer und Spezialgläser benötigt. Beide Alkalimetalle, Rb und Cs, stehen geochemisch dem Kalium sehr nahe.

Bauwürdige Erze sollen mindestens 1 % Li_2O enthalten, wobei allerdings die Beiproduktion anderer Erze Vergleiche zwischen einzelnen Bergbauen sehr erschwert.

Lithium ist mit einer Dichte von 0,53 das leichteste Metall. Weit überwiegend ist allerdings die Verwendung als Lithiumfluorid für die Aluminium-Schmelzflußelektrolyse. Daneben braucht man es zur Erzeugung von Glas, Keramik, Email, Schmierfett, Arzneien, sowie von Lithium-Batterien. Ein relativ geringer Teil wird zu Al-Li Legierungen für die Luftfahrt verarbeitet. Lithium ist schließlich die Basis für die Herstellung von *Tritium,* das für thermonucleare Fusionsreaktoren benötigt wird. Li dient in der Nuklearindustrie auch als Neutronenabsorber und Wärmeaustauscher.

Lithium ist als extrem lithophiles Element besonders in Fluiden von Graniten und Pegmatiten angereichert, wobei es in den letzteren zusammen mit Sn, Ta und Be lagerstättenbildend auftritt. Als Alkalimetall bildet Li bei Verwitterung leicht lösliche Salze, wodurch erhöhte geochemische Gehalte in Peliten und vor allem in kontinentalen Salzseen bewirkt werden. In manchen zu Montmorillonit veränderten Tuffen der westlichen USA ist Lithium stellvertretend für Mg deutlich angereichert („Hectorit"). Auch manche Erdölwässer haben bemerkenswert hohe Li-Gehalte, z. B. 100-700 ppm in Arkansas und Texas.

Eigentliche *Lithiumlagerstätten* beschränken sich auf zwei Typen:
– Pegmatite mit den oben angeführten Erzmineralen sowie oft Sn, Ta und Be als Beiprodukten (Greenbushes, W. A.).
– Li-führende Laugen von Salzseen bzw. Salaren (Salar de Atacama, N-Chile).

Lithiumpegmatite werden in Westaustralien (Greenbushes), N-Carolina (Kings Mt.) und in Zimbabwe (Bikita) abgebaut. Europa hat keine bergbauliche Gewinnung von Lithium, obwohl Zinnwaldit in vielen Zinnrevieren verbreitet ist. Eine potentielle Lagerstätte sind die spodumenführenden Pegmatite der *Weinebene* in Kärnten mit 18 Mt zu 1,3 % Li_2O (GÖD 1989). Der Pegmatitdistrikt von *Greenbushes* in Westaustralien enthält 6 Mt hochwertigen Spodumen mit 4 % Li_2O sowie 42 Mt von geringerwertigem Spodumen mit 3 % Li_2O. Dazu kommen gewinnbare Gehalte von 0,27 kg/t Kassiterit und 0,0033 kg/t Ta_2O_5. Die erzführenden Pegmatite sind bis 3 km lange Linsen in einer regionalen, archaischen Scherzone; die Intrusionsalter liegen bei 2530 Ma (PARTINGTON 1990).

Lithiumlaugen sind naturgemäß billiger zu produzieren; solche Lagerstätten gibt es in den USA (Great Salt Lake mit 60 ppm Li, Silver Peak/Nevada mit 250-300 ppm), in NW-China (Quaidam Salz Becken) und in Chile, neben vielen entwicklungsfähigen Vorkommen anderswo (Tibet, Bolivien, Peru, etc.). Es wird vermutet, daß das Lithium der Salzseen aus jungen Vulkaniten und teilweise aus vulkanischen Exhalationen stammt. Eine häufige Assoziation mit Boraten unterstützt diese Ansicht. Die Anreicherung durch Evaporation ist evident. Die *Salar de Atacama* Chiles enthält rund 40 % der bekannten Lithiumvorräte der Erde, mit einer Fläche von 3.200 km^2 und einem Gehalt von 1500 ppm Li. Die Laugen werden aus geringer Tiefe gepumpt, danach in „Salzgärten" weiter konzentriert und schließlich direkt in chemischen Anlagen weiterverarbeitet.

Die Lithiumvorräte der Welt sind sehr groß. Die Förderung liegt bei rund 8.000 t Li jährlich, mit folgender Verteilung auf die wichtigsten Förderländer: USA 48 %, UdSSR 17 %, Chile und China je 10 %, sowie Simbabwe 8 %.

Literatur:

Autorenteam der BGR/Hannover & DIW/Berlin, 1988, Untersuchungen über Angebot und Nachfrage mineralischer Rohstoffe, XXI: Lithium. 212 pp, Schweizerbart.

GÖD, R., 1989. The spodumene deposit at „Weinebene", Koralpe, Austria. Mineralium Deposita 24, 270-278.

KUNASZ, I. A., 1980, Lithium in brines. Pp 115-117 in A. H. COOGAN & L. HAUBER (Eds.), Fifth Symposium on Salt, Vol. I. North. Ohio Geol. Soc. Inc., Cleveland.

PARTINGTON, G. A., 1990, Environment and structural controls on the intrusion of the giant rare metal Greenbushes pegmatite, Western Australia. Economic Geol. 85, 437-456.

Beryllium

Erzminerale:

		% Be	D
Beryll	$Al_2Be_3Si_6O_{18}$	5	2,63-2,8
Bertrandit	$Be_4(OH)_2Si_2O_7$	15,1	2,6

Beryll enthält neben den in der Formel erwähnten Elementen häufig auch Na, Li, Cs, OH und F. Die minimal bauwürdigen Gehalte liegen zwischen 0,2 und 0,5 % Be. Durch Cr, vielleicht auch V kräftig grün gefärbter, klarer Beryll ist der besonders gesuchte Edelstein Smaragd.

Beryll wird als Metall (D = 1,93) oder in Legierungen (vor allem mit Kupfer) in Kernreaktoren und im Bau von Luft- und Raumfahrzeugen gebraucht, ferner in der Elektroindustrie (z.T. als Oxyd für Isolatoren) sowie bei der Herstellung von Bohrkronen für die Öl- und Gasindustrie.

Beryllium wird ähnlich Lithium in den Restschmelzen extrem differenzierter saurer Magmen angereichert. Deshalb sind Be-Lagerstätten weit überwiegend in *Pegmatiten* zu finden, wo Beryll oft als Beiprodukt von Spodumen- oder Muskovitabbau anfällt. In der Regel handelt es sich um zonierte Pegmatite, wobei der Beryll meist in groben und oft riesigen Kristallen um den Quarzkern ausgeschieden ist. Unzonierte Pegmatite enthalten sehr feinkörnigen Beryll, wodurch die Konzentration beträchtlich verteuert wird. Beryllpegmatite wurden zumindest zeitweise in allen Pegmatitprovinzen der Welt abgebaut, u.a. in Kanada, den USA, in Brasilien, in Afrika, in Indien und in China. Smaragde gibt es ebenfalls in Pegmatiten, welche in Cr-reiche Gesteine (z. B. Ultramafite) intrudierten, häufiger aber als isolierte Kristalle in metamorphen Schwarzschiefern (GRUNDMANN & MORTEANI 1989).

Die einzige Be-Lagerstätte mit wirtschaftlichem Potential in Europa wurde 1988 in Mittel-Norwegen entdeckt. *Högtuva* hat Reserven von 400.000 t zu 0,18 % Be in Form von Phenakit (Be_2SiO_4).

Eine *stratiforme Berylliumlagerstätte* liegt bei *Spor Mountain* in Utah/USA. Dort sind tertiäre kalkige Tuffite, welche von Topasrhyoliten abzuleiten sind, mit Bertrandit und Fluorit vererzt. Die Vorräte sind groß, bei einem durchschnittlichen Gehalt von 0,69 % BeO.

Die zur Zeit bekannten *Reserven* von Beryllium betragen rund 380.000 t Metallinhalt, zum größten Teil in Brasilien, in der UdSSR und in Indien. Die Weltproduktion dagegen liegt bei durchschnittlich nur 450 t pro Jahr. Die *Prospektion* auf Beryllium ist mittels geochemischer und mineralogischer Methoden möglich. Eine Hilfe beim Erkennen der meist sehr leicht mit gewöhnlichen Silikaten zu verwechselnden Be-Minerale sowie beim Messen der Gehalte ist das Beryllometer, ein tragbares Meßgerät, das auf dem Prinzip der Neutronenaktivierung beruht.

Literatur:

BEUS, A. A., 1966, Geochemistry of beryllium and genetic types of beryllium deposits. Freeman.
GRUNDMANN, G. & MORTEANI, G., 1989, Emerald mineralization during regional metamorphism: The Habachtal (Austria) and Leysdorp (Transvaal, South Africa) deposits. Economic Geol. 84, 1835–1849.
SCHILLER, E. A., 1985, Beryllium – geology, production and uses. Mining Magazine, 317-322.

Uran

Erzminerale:

Uraninit (Pechblende)	UO_2	D = 10,6 – 7,5
Brannerit	$(U,Ca,Ce)(Ti,Fe)_2O_6$	6,35
Coffinit	$U(SiO_4)$	7,26
Autunit	$Ca(UO_2)_2(PO_4)_2 \cdot 8\text{-}12H_2O$	3,2
Carnotit	$K_2(UO_2)_2V_2O_8 \cdot 3H_2O$	4,7

Die ersten drei dieser Minerale enthalten Uran in reduzierter Form (U^{4+}), während die beiden letzten als Vertreter einer großen Zahl von Mineralen mit dem Uranylion UO_2^{2+} bzw. Uran in der oxydierten Form U^{6+} angeführt sind. Die idiomorphe, grobkristalline Fazies von Uraninit i.e.S. ist wohl meist bei höheren Temperaturen gebildet. Erhöhte Gehalte von Th, SEE (meist Ce) und Ca sind charakteristisch. Die eher tieftemperierte, traubig-nierige oder sogar rußartige Pechblende dagegen zeigt sehr geringe diadoche Vetretung des Urans durch die genannten Elemente. Durch den radioaktiven Zerfall des Urans wird weit überwiegend Pb^{206}, dazu etwas Pb^{207} gebildet. Das Pb liegt meist als Einschlüsse von Bleiglanz vor. Auf seine Bedeutung für Herkunft und Altersbestimmung von Lagerstätten wurde im Allgemeinen Teil bereits hingewiesen; die oft mehrmalige Umlagerung des Uraninites vieler Lagerstätten erschwert allerdings klare Aussagen zum ursprünglichen Bildungsalter. Abhängig von Entstehung und Alter enthält Uraninit 45-85 % U. *Thucholith* ist in den Konglomeraten des Witwatersrandes und in manchen Pegmatiten verbreitet; es handelt sich um komplexe kohlig-bituminöse Massen mit Uraninit, Pyrit und Galenit, nicht selten mit hohem Thoriumgehalt.

Als untere Bauwürdigkeitsgrenze bei großen Uranlagerstätten kann ein Gehalt von 0,1 % U_3O_8 gelten, doch ist dies in extremer Abhängigkeit vom jeweiligen Preis zu sehen. Deshalb werden Uranreserven vielfach nur in bezug auf die Bauwürdigkeit bei bestimmten Produktionskosten bzw. erzielbaren Preisen (dzt. häufig 80 US $/kg) angegeben.

Uran wird fast ausschließlich zur Erzeugung von elektrischer Energie in Kernreaktoren verwendet. Natürliches Uran besteht aus folgenden drei Isotopen:

U^{238}	99,28 Gew. %
U^{235}	0,71 Gew. %
U^{234}	0,0054 Gew. %

In herkömmlichen Reaktoren wird nur das U^{235} verbraucht, nachdem es auf etwa 3 % angereichert wurde, wogegen Brutreaktoren auch den großen Energieinhalt des U^{238} verwertbar machen. Die in den verbreiteten Leichtwasserreaktoren aus einer Tonne Natururan erzeugte Energie entspricht etwa jener aus 10.000 t Erdöl bzw. 15.000 t Steinkohle oder 50.000 t Braunkohle. Als Ersatz für die nukleare elektrische Energieerzeugung der BRD müßten demnach jährlich rund 50 Mt Steinkohle zusätzlich verbrannt werden.

Trotz dieser wenig realistischen Alternative werden Aspekte der Reaktorsicherheit, der Wiederaufbereitung verbrauchter Brennstäbe, sowie der Entsorgung von strahlenden und toxischen Abfallprodukten in Wissenschaft und Öffentlichkeit sehr kontrovers diskutiert. Die Geowissenschaften sind naturgemäß dazu berufen, aus ihrer Kenntnis der geologischen Prozesse möglichst sichere Lösungen für eine Endlagerung anzubieten (s. auch „Deponie von Abfällen im Salzgebirge"). Einige Bücher zu diesem Thema sind unten genannt.

Der *geochemische Charakter* des Urans (und des eng verwandten Thoriums) ist lithophil; das Uran erreicht mit 3,5 ppm (Th: 18 ppm) in Graniten die höchsten Durchschnittswerte. Granite mit überdurchschnittlichen Uran- und Thoriumgehalten (HHP-Granite, siehe dort) sind als große, heiße Gesteinskörper eine potentielle Energiequelle. In Cornwall wird seit Jahren ein Forschungsprojekt betrieben, das zu einer Nutzung führen soll (ARMSTEAD 1987). Als sehr großes Ion wird Uran in gesteinsbildende Silikate kaum aufgenommen, sondern in akzessorischen Mineralen oder in Restschmelzen und Fluiden angereichert. Die Verteilung von U und Th zwischen Schmelze und Fluiden hängt von der Zusammensetzung der fluiden Phase ab; eine rein wässerige Phase nimmt kaum U und Th auf, mit zunehmendem Gehalt an F aber werden beide Metalle im Fluid angereichert. Wenn die fluide Phase von CO_2 und Cl dominiert ist, tritt eine Trennung von U und Th ein, wobei letzteres in der Schmelze bzw. im Schmelzrückstand verbleibt. Damit kann man sowohl die Verarmung der Granulite an U wie auch die hohe Anreicherung des Metalles in Karbonatiten erklären. U wird also im magmatisch-hydrothermalen Milieu offenbar als U^{+4} in Form von Chlor- und Karbonatkomplexen transportiert, Th und U gemeinsam aber als Fluorkomplexe (GABELMAN 1979, KEPPLER & WYLLIE 1990). Im Meerwasser sind 0,003 ppm U gelöst; falls laufende Forschung die Probleme einer wirtschaftlichen Anreicherung löst, wäre dies eine signifikante Erweiterung der Energieressourcen der Erde.

Besonders interessant ist das Vorkommen von „natürlichen Kernreaktoren" im Bereich der Lagerstätten von *Oklo* in Gabun (GAUTHIER-LAFAYE et al. 1989). Die Erze liegen an Bruchstrukturen in einer alt-proterozoischen transgressiven klastischen Sedimentserie über archaischem Kristallin. Lokal wurden so große Pechblendemassen gebildet, daß Kernspaltung einsetzte. Als Neutronenbremse fungierte vermutlich Wasser, den modernen Leichtwasserreaktoren vergleichbar. Diese Prozesse wurden auf ca. 1900 Ma datiert und durch langlebige Spaltprodukte belegt. Bemerkenswert ist, daß diese „Reaktoren" nach dem Ausklingen der Kernspaltung bis heute fast unverändert blieben, trotz der generell hohen geochemischen Mobilität des Urans.

Die *Oxydation* von primären Uranmineralen führt über braune, gelbliche und grünliche intermediäre Oxyde zum leicht löslichen Uranylion, das in Oberflächenwässern und in seichtem Grundwasser weit transportiert werden kann. Eine Ausnahme sind die ziemlich verwitterungsbeständigen Uranyl-Vanadate und -Phosphate. Davon abgesehen ist Ausfällung durch Reduktion die Regel, wobei H_2S, Fe^{2+} oder organische Substanz vor allem wirksam sind. Dabei dürfte die direkte enzymatische Reduktion durch Bakterien nach folgender Formel weit verbreitet sein (LOVLEY et al. 1991):

$$CH_3COO^- + 4U^{6+} + 4H_2O \rightarrow 4U^{4+} + 2HCO_3^- + 9H^+$$

Kohlen (Rotliegend: *Stockheim;* Tertiär: *Wackersdorf*/Oberpfalz, *Trimmelkam*/Salzburg), Phosphate (weltweit 40-250 ppm U) und Schwarz- bzw. Ölschiefer (ca. 300 ppm U im kambrischen Alaunschiefer von *Ranstad*/Südschweden, sowie viele andere) führen deshalb allgemein erhöhte, manchmal auch wirtschaftlich nutzbare Urangehalte. Thorium ist in Oberflächenwässern praktisch immobil, weshalb es im exogenen Kreislauf vom Uran sehr effektiv abgetrennt wird. *Uranlagerstätten* sind vielen verschiedenen geologischen Prozessen, insbesondere magmatischen, metamorphen und sedimentären zuzuordnen (GABELMAN 1988); nach ihrer derzeitigen wirtschaftlichen Bedeutung gereiht ist die folgende Unterteilung in Typen üblich:
– Diskordanzlagerstätten (Athabasca-Distrikt/Kanada)
– Sandsteinlagerstätten (Wind River Becken/Wyoming: Abb. 39)
– Konglomeratlagerstätten (Witwatersrand: Abb. 44)
– magmatische Lagerstätten (Rössing/Namibia)
– Ganglagerstätten (Limousin/französ. Zentralmassif)
– Calcrete-Lagerstätten (Yelirrie/Westaustralien)
– Brekzienlagerstätten (Olympic Dam/Südaustralien).

Bemerkenswert ist die *zeitliche Bindung* der meisten dieser Typen (TOENS 1984): Konglomeratlagerstätten sind archaisch bis alt-proterozoisch, Diskordanzlagerstätten sind mittel-proterozoisch, ebenso Olympic Dam; die Sandstein- und Calcrete-Lagerstätten schließlich sind geologisch jung, überwiegend meso/känozoischen Alters. Magmatische und hydrothermale Lagerstätten sind zeitlich relativ unabhängig, obwohl regional bestimmte Perioden bevorzugt sind, wie etwa die spät- bis post-orogene Häufung von Uranlagerstätten im variszischen Europa zeigt.

Diskordanzlagerstätten liegen in alten Kratonen unmittelbar über oder unter der Diskordanz zwischen alt-proterozoischen Metamorphiten und flach-lagernden mittel-proterozoischen klastischen Sedimenten. Die große wirtschaftliche Bedeutung ist durch hohe Urangehalte vereint mit beträchtlicher Größe der Erzkörper gegeben. Diese Gruppe enthält nahezu 30 % der bekannten Weltvorräte, vorwiegend im Alligator River Distrikt des Nord-Territoriums in Australien (Jabiluka, Ranger, Narbarlek; Abb. 111) und im Athabasca-Distrikt/Saskatchewan/Kanada (Rabbit Lake, Cigar Lake, Key Lake: Abb. 112).

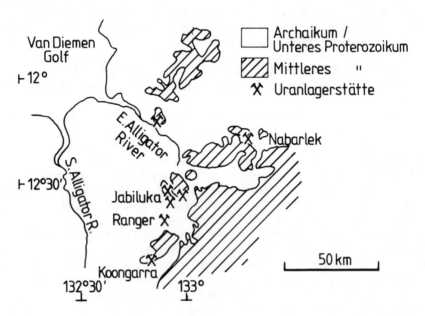

Abb. 111. Uranlagerstätten vom Diskordanztyp im nördlichen Australien liegen nahe einer regionalen Diskordanz zwischen unterproterozoischem Grundgebirge und mittelproterozoischem Deckgebirge.

Der *Athabasca-Distrikt* ist durch die weite Verbreitung einer bis 1500 m mächtigen, überwiegend terrestrischen, roten Sandsteinfolge mit basalen Konglomeraten und Einlagerungen von sauren Vulkaniten gekennzeichnet, welche Athabasca-Gruppe genannt wird und deren Ablagerungsalter ca. 1600 Ma beträgt. Das unterlagernde Grundgebirge enthält alt-proterozoische Metasedimente in Amphibolit- und Granulitfazies und archaische Gneisdome. Die Diskordanzfläche wird durch lateritische Paläoböden markiert und liegt auch heute noch annähernd horizontal. Die Metasedimente enthalten Bänder von graphitreichen Gesteinen. Die Lokation der Uranlagerstätten wird durch die Verschneidung von NE/SW-Störungssystemen mit den Graphitschiefern kontrolliert.

Die Lagerstätte *Key Lake* ist 15 bis 100 m breit, ebenso hoch und 3,6 km lang (Abb. 112). Das Erzmineral ist Pechblende mit etwas Coffinit; Begleiter sind bedeutende Mengen von Ni und As, sowie Spuren von Co, Fe, Cu, Pb, Zn, Mo, S und Se. Vereinzelt finden sich im Erz Taschen von Thucholit. Ein ausgeprägter Alterationshof umfasst Illitbildung, Chloritisierung, Verkieselung, Karbonatgängchen und Turmalinisierung. Die Alteration ist generell mit Reduktion verbunden, deutlich sichtbar durch den Farbumschlag von rot zu grün und grau. Mikrothermometrische Untersuchungen ergaben Bildungsbedingungen von 150-250 °C und 0,75 kbar, bei Salzgehalten der Fluide von 30 %NaCl-Äquivalent. Die radiometrischen Alter der Pechblende streuen weit zwischen

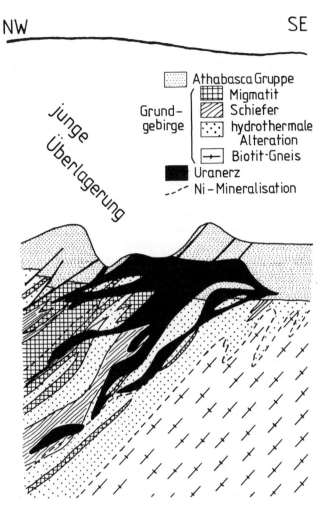

Abb. 112. Profil der Uranlagerstätte Key Lake im Athabasca Distrikt, Kanada (nach DAHLKAMP 1978).

1-1,8 Ga; die eigentliche Lagerstättenbildung wird um ca. 1300 Ma vermutet (DAVIDSON & GANDHI 1989).

Die Genese der Diskordanzlagerstätten ist demgemäß hydrothermal und epigenetisch. Die Metalle können sowohl aus dem Grundgebirge wie aus dem Deckgebirge abgeleitet sein. Die hydrothermalen Systeme stehen sicherlich in Zusammenhang mit den Störungen, indem an ihnen absinkende Formationswässer des Deckgebirges in der Tiefe erwärmt wurden und beim Aufstieg durch die Graphitschiefer reduzierenden Charakter annahmen. Damit ist auch bei diesem Lagerstättentyp die Ausfällung des Urans im Wesentlichen eine Folge von Oxydations- und Reduktionsabläufen. Die hydrothermalen Systeme mußten nach der Initiierung durch die Tektonik solange konvektieren, bis die Mineralabscheidung jegliche Permeabilität beendete. Dies kann deshalb angenommen werden, weil Uranerze Wärme produzieren (s. HHP-Granite), so daß solche hydrothermalen Systeme von einer äußeren (bzw. tiefen) Energiezufuhr unabhängig sind.

Geologie und Entstehung von *Sandstein- und Konglomeratlagerstätten* des Urans wurde bereits früher beschrieben (s. „Infiltrationslagerstätten" bzw. „Gold"). Das Uran des Witwatersrandes tritt in manchen Reefs als gerundete Körnchen mit einem durchschnittlichen Durchmesser von 75 µm auf; es handelt sich um Uraninit, Coffinit und Brannerit (UTi_2O_6), wobei die letzteren als diagenetische bzw. metamorphe Umwandlungsprodukte von Uraninit aufgefaßt werden. Die Thucholithe dieser Seifen sind absätzige Kerogen-Flöze von 0,2 bis 50 mm Mächtigkeit, vermutlich als Algenmatten entstanden. Andere wichtige Konglomeratlagerstätten des Urans sind Elliot Lake/Ontario/Kanada und Jacobina in Brasilien. Allgemein wird der heute nicht mehr beobachtete fluviatile Transport des Uraninites als Hinweis auf eine sauerstoffarme Atmosphäre in der Frühzeit der Erde gedeutet.

Sandsteinlagerstätten sind weltweit verbreitet und sehr häufig. Die einzelnen Lagerstätten sind jedoch in der Regel relativ klein und haben niedrige Gehalte (0,1-0,2 % U_3O_8). Fluviatile Arkose-Sandsteine epikontinentaler, arider Becken sind die häufigsten Wirtsgesteine. Das Uran entstammt sauren Vulkaniten oder Graniten, welche im Hinterland der Becken einer Verwitterung und Abtragung unterliegen. Die Ausfällung erfolgt durch Reduktion, besonders typisch in Form der „Roll Fronts" (Abb. 38), aber auch als schichtkonkordante Lagen und Linsen (MEUNIER et al. 1989). Solche Lagerstätten wurden seit etwa 400 Ma häufiger gebildet. Die bedeutendsten Provinzen von Sandsteinlagerstätten des Urans sind das Colorado Plateau/USA (Tertiär) und das Agadez Becken in Niger (Karbon). Vergleichbar sind in Europa die Lagerstätten und Vorkommen im Rotliegenden, z. B. Lodève bei Montpellier/Frankreich, Forstau in Österreich, Zirovski Vrh in Slowenien und viele andere, teilweise mit Übergängen zu kontinentalen Salzseen oder randlich marinen Lagunen.

Magmatische Uranlagerstätten sind mit Graniten, Alkalimagmatiten und Karbonatiten verbunden. Selten handelt es sich um eigentlich liquidmagmatische Bildungen, da dann nur akzessorische, uranführende Minerale in geringer Konzentration gebildet werden. Diese können allerdings als Quelle für hydrothermale Lagerstätten dienen, soferne ein post-magmatisches System konvektierender Fluide ausgebildet wird. In der Regel sind wirtschaftliche Anreicherungen magmatischer Entstehung im engeren Sinne nur in fluidreichen Restmagmen entwickelt. Dazu gehören manche Pegmatite (z. B. Madagascar), die jedoch heute in Konkurrenz mit großen und/oder reichen Lagerstätten nicht mehr abgebaut werden können.

Eine der größten magmatischen Uranlagerstätten ist *Rössing* in Namibia. Dort wurden um 468 Ma eng gefaltete Metasedimente und basische Metavulkanite des panafrikanischen Damara-Orogens von post-tektonischen Alaskiten intrudiert. Das sind sehr helle, kalireiche Gesteine mit überwiegend pegmatitischer, daneben auch aplitischer und granitischer Fazies. Cordierit in Metapeliten und Skarne am Kontakt zu Metabasalten belegen Kontaktmetamorphose. Die Alaskite bilden steilstehende Gänge, teilweise parallel zur Schieferung der Nebengesteine, teilweise diese querend, ebenso wie unregelmäßige Körper bis 100 m Mächtigkeit. Die Uranvererzung besteht fast ausschließlich aus kleinen (0,05-0,1 mm Durchmesser), rundlichen Körnern von Uraninit, der zusammen mit Biotit, Zirkon, Monazit, Apatit und Titanit im Alaskit disseminiert ist. Dazu kommen Fluorit, Sulfide (Fe, Cu, Mo, As) sowie Oxyde von Fe, Mn und Ti. Das U/Th-Verhältnis ist ungewöhnlich hoch (ca. 9:1), was ebenso wie das hohe initiale Strontiumisotopenverhältnis der Alaskite auf eine Herkunft aus Metasedimenten schließen läßt. Es wird vermutet, daß die Ausfällung des Urans der magmatischen Fluide durch Aufschmelzung eines Teils der basischen Nebengesteine bedingt ist, wobei eine Reduktion durch Fe^{2+} sowie steigender pH maßgeblichen Einfluß hatten (BERNING 1986). Der durchschnittliche Gehalt des Erzes ist mit 0,035 % U_3O_8 sehr niedrig.

Die klassischen *Ganglagerstätten* des Urans haben ihre frühere Bedeutung weitgehend verloren. Dazu gehören jene des Erzgebirges, wobei Uraninit in Joachimsthal (Jachymov) zusammen mit Co-Ni-Ag-Erzen auftritt, im sächsischen Anteil jedoch mit Baryt, Quarz und Hämatit. Post-orogene, variszische Leukogranite in Frankreich (Armorikanisches Massiv und Zentralmassiv) enthalten vielerorts reiche Uraninitgänge. Allen Lagerstätten gemeinsam ist die post-magmatische Entstehung und die Assoziation mit K-betonter hydrothermaler Alteration, welche durch die Bildung sogenannter Episyenite, von Adular und von K-reichen Tonen belegt ist (CATHELINEAU 1983). Episyenite sind poröse Kalifeldspat-Muskovitgesteine, welche durch hydrothermale Auslaugung von Quarz entstehen. Der wichtigste Uranbergbaudistrikt ist *Limousin* im Zentralmassiv, wo in den Leukograniten vererzte Episyenitkörper sowie quergreifende Uraninitgänge liegen (Abb. 113). Die Entstehung wird durch Laugung disseminierten Uraninites der fertilen Granite durch CO_2-reiche meteorische Wässer erklärt; die Ausfällung des Urans ist auf die Destabilisierung der Metallkomplexe durch Nebengesteinsalteration und möglicherweise auf Abkochen des CO_2 zurückzuführen. Einzelne

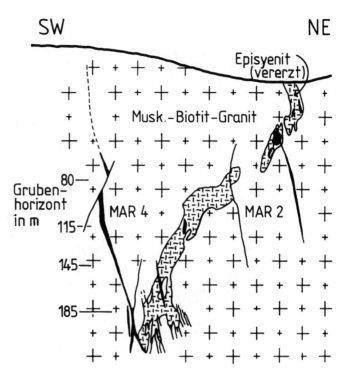

Abb. 113. Disseminierte Uranvererzung in Episyenit und Uraninitgänge (schwarz) der Mine Margnac, Limousin, im französischen Zentralmassif (nach IAEA 1986).

Erzkörper sind zwar klein, doch lag die gesamte Metallmenge vor Beginn des Bergbaues bei rund 35.000 t U_3O_8, bei Gehalten von 0,1-0,6 % U_3O_8.

Auch im Fichtelgebirge und im Schwarzwald sind den französischen Lagerstätten vergleichbare Uranerzgänge weit verbreitet; bekannt ist z. B. *Menzenschwand* im Schwarzwald (BÜLTEMANN 1979).

Calcrete-Lagerstätten des Urans sind u. a. in Westaustralien (Yelirrie) und in Namibia (Langer Heinrich) bekannt. Durch hohe Evaporation im Unterlauf unterirdischer Entwässerungskanäle vor der Einmündung in Salzseen entstehen bei *Yelirrie* oberflächennahe Ca-Mg-Karbonatkrusten, welche Calcrete bzw. Caliche genannt werden. Diese enthalten Nester von Carnotit. Uran und Kalium stammen zweifellos aus den verwitternden Graniten des Beckenrandes (Abb. 114); das Vanadium wird erst am Ort der Ausfällung zugeführt, wie die Abbildung zeigt, dürfte es aus basischen Gesteinen des Beckenuntergrundes abzuleiten sein. Bemerkenswert ist dieser Lagerstättentyp nicht zuletzt deshalb, weil hier die Ausfällung des Urans nicht durch Reduktion erfolgt, sondern in sauerstoffreichem Milieu ausschließlich durch Bildung des schwer löslichen Vanadates (MANN & DEUTSCHER 1978).

Der Typ der *Brekzienlagerstätten* wird nur durch eine einzige Lagerstätte repräsentiert, nämlich *Olympic Dam* bei Roxby Downs in Südaustralien (s. auch „Kupfer"). Es handelt sich um grobe Brekzien in einem mittelproterozoischen Granit (1590 Ma), überlagert von terrestrischen Sedimenten und sauren Vulkaniten einer Grabenfüllung. Vermutlich in Zusammenhang mit Grabentektonik und Vulkanismus wurden die Brekzien um ca. 1400 Ma hydrothermal mit Hämatit, Sulfiden, Quarz, Serizit und Fluorit imprägniert (ORESKES & EINAUDI 1990). Die Brekzienkörper haben bei steilem Einfallen eine große flächige Verbreitung; im bisher erforschten Teil wurden bergbauliche Reserven von 450 Mt Erz mit 2,5 % Cu, 0,08 % U_3O_8, 0,6 g/t Au, 6g/t Ag und nicht unbedeutenden SEE-Gehalten nachgewiesen.

Andere Typen von Uranlagerstätten. Neben den genannten Haupttypen der Uranlagerstätten

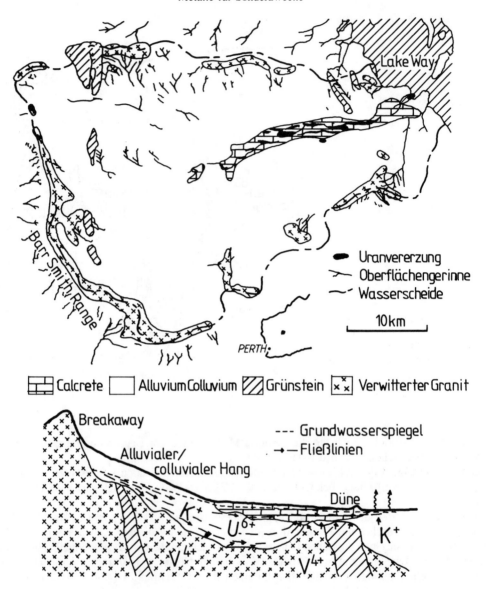

Abb. 114. Karte und ein stark überhöhtes Profil zur Erklärung der Genese der Calcrete-Uranlagerstätte von Yelirrie, Westaustralien (MANN & DEUTSCHER 1978).

gibt es eine Zahl von wirtschaftlich untergeordneten Anreicherungen, welche z.T. nur in den Staatshandelsländern oder zu Zeiten hoher Uranpreise bzw. als Nebenprodukt genutzt werden. Dazu gehören etwa die ordovizischen Phosphatschiefer Estlands, mit Urangehalten von 40-90 ppm, jedoch sehr großen Reserven. Im Eisenerzbezirk von Krivoi Rog gibt es offenbar uranführende gebänderte Eisenformationen. Als Nebenprodukt wird Uran aus Kupferporphyren in Kazhachstan und in *Chuquicamata*/Chile gewonnen, sowie aus der Cu-V-Karstlagerstätte *Tuya Muyun* in Uzbekistan. Auch brekziengefüllte Karstschläuche in paläozoischen und triadischen Karbonaten des Colorado-Plateaus waren manchmal abbauwürdig. Aus Braunkohlenaschen wird Uran im südlichen Ural angereichert. Erdölwässer des Feldes *Ukhta* im Pechora-Becken der nordwestlichen UdSSR erbringen schließlich einen nicht unbeträchtlichen Teil der russischen

Uranproduktion. Vulkanogene und limnische Caldera- bzw. Playasedimente sind gelegentlich uranführend (McDermitt Caldera/Nevada-Oregon). Eine Skarnlagerstätte im Kontakt zu Granit war *Mary Kathleen* in Queensland, Australien. Uranvererzte Albitite bzw. Albititgänge werden in der UdSSR und in Brasilien abgebaut.

Die *Prospektion* auf Uranerz wird vor allem durch die Anwendung verschiedener Strahlungsmeßmethoden geprägt (BOWIE et al. 1972, DURRANCE 1986). ^{238}U und ^{235}U ebenso wie ^{232}Th sind langlebige Alpha-Strahler, welche zusammen mit ^{40}K und den jeweiligen Zerfallsprodukten den größten Teil der natürlichen Radioaktivität verursachen. Unter den letzteren sind Elemente mit Ordnungszahlen zwischen 92 (U) und 81 (Tl), wobei jeweils auch ein Gas auftritt. Für ^{238}U ist das ^{222}Rn (*Radon*), ein Alpha-Strahler mit einer Halbwertszeit von 3,8 Tagen (v. PHILIPSBORN 1990). In der Zerfallsreihe von Thorium tritt ^{220}Rn (Halbwertszeit 51,5 Sekunden) auf, das *Thoron* genannt wird. Beide Gase sind durch Diffusion relativ mobil und werden zur Prospektion auf verdeckte Uranlagerstätten genutzt, deren Gamma-Strahlung die Überlagerung nicht durchdringen kann. In der Praxis wird über das Hoffnungsgebiet ein Raster von seichten Schlaglöchern gelegt, deren Bodenluft mit geeigneten Geräten (Emanometer, Radonsonde) auf den Radongehalt untersucht wird. Auch Wasserproben wurden gelegentlich mit Erfolg verwendet (Kanada).

Die Zerfallsprodukte von Uran und Thorium erreichen nach 300.000 bis 400.000 Jahren ein säkulares Gleichgewicht, wobei für ^{238}U das ^{214}Bi eine besondere Rolle spielt, da es unter Gamma-Strahlung weiter zerfällt. Da aber die Gamma-Strahlung eine höhere Durchdringung gewährleistet (bis etwa 1 m Gestein), beruhen darauf die geläufigsten Meßmethoden der Uranprospektion. Ähnliches gilt für Thorium. Unter der Voraussetzung des erreichten Gleichgewichtes ist somit ein Rückschluß von der Strahlungsintensität auf die Gehalte von Uran und Thorium möglich. Fehlbestimmungen sind zu erwarten, wenn geologisch sehr junges Uran vorliegt, z. B. in den schwedischen Torfmooren, oder wenn differentielle Laugung zwar das Uran, nicht aber seine Tochterprodukte aus der Lagerstätte entfernt hat (häufig im rückwärtigen Teil aktiver, also noch in Umlagerung befindlicher „Roll Fronts").

Die verwendeten Strahlungsmeßgeräte sind heute seltener Geiger-Müller Zählrohre, sondern in der Regel Thallium-aktivierte Natriumiodid-Scintillationsdetektoren (Scintillometer), welche bei geeigneter Bauart auch die differentielle Messung der Gamma-Strahlung aus K, U und Th gestatten (Spectrometer). Diese Geräte werden z.T. für regionale Messungen aus der Luft verwendet (Aeroradiometrie), bei Flughöhen von 50-200 m, ferner auch auf Autos montiert, wobei jeweils große Gebiete rasch und billig erkundet werden können. Leichte tragbare Geräte werden für schwieriges Terrain und für detaillierte Bodenmessungen eingesetzt. Für Bohrlochmessungen gibt es schließlich ebenfalls entsprechende Geräte, welche häufig auch zur Bestimmung des Urangehaltes im Erz produzierender Bergbaue herangezogen werden.

Neben diesen häufigsten Methoden werden in bestimmten Fällen auch andere eingesetzt, z. B. das Verteilen von Dosen unbelichteten Filmes, auf dem nach Entwicklung die Einschläge gezählt werden können („Track Etch"). Ähnlich werden im Labor von polierten Handstücken Autoradiographien hergestellt, um die genaue Verteilung der strahlenden Minerale festzustellen. Natürlich sind zur Prospektion in Abhängigkeit von der geologischen Situation auch geochemische (BOYLE 1982) und geophysikalische Methoden geeignet. Sehr ausführlich werden Suche und Erkundung von Uran- und Thoriumlagerstätten von BARTHEL et al. (1986) beschrieben.

Die *Uranreserven* der westlichen Welt mit Produktionskosten <80 US $/kg werden auf rund 1,6 Mt Metall geschätzt. Der größte Teil davon liegt in Australien, Brasilien, Kanada, Namibia, Niger, Südafrika und in den USA. Bei einem Jahresbedarf von rund 40.000 t U ist eine langfristig gleichbleibende Versorgung gesichert. Die politische Frage einer zukünftigen Einschränkung oder Ausweitung der Kernenergieproduktion erlaubt aber keine überzeugende Vorausplanung, nicht zuletzt auch wegen der ähnlich unklaren Zukunft der Stromerzeugung aus Kohle. Auch andere Wege der Energieversorgung schaffen jeweils spezifische Probleme (z. B. geothermale Energie: s. Quecksilber), so daß eine Verteilung von Nutzen und Risiko auf alle derzeit verfügbaren Energieträger, also auch Uran, weiterhin empfehlenswert erscheint.

Literatur:

ARMSTEAD, H. Ch., 1987, Heat Mining. 496 pp, Chapman & Hall.
BARTHEL, F., DAHLKAMP, F. J., FUCHS, H. & GATZWEILER, R., 1986, Kernenergierohstoffe. Pp 268-298 in F. BENDER (Ed.), Angewandte Geowissenschaften. Bd. IV, Enke.
BATTEY, G. C., MIEZITIS, Y. & McKAY, A. D., 1987, Australian uranium resources. BMR Res. Rep. 1, 69 pp, Canberra.
BERNING, J., 1986, The Rössing uranium deposit, South West Africa/Namibia. Pp 1819-1832 in C. R. ANHÄUSSER & S. MASKE (Eds.), Mineral Deposits of Southern Africa. Vol. II, Geol. Soc. S. Africa.
BOWIE, S. H. U., DAVIS, M. & OSTLE, D. (Eds.), 1972, Uranium prospecting handbook. 346 pp, Instn. Min. Metall., London.
BOYLE, R. W., 1982, Geochemical prospecting for thorium and uranium deposits. 498 pp, Elsevier.
BROOKINS, D. G., 1984, Geochemical aspects of radioactive waste disposal. 347 pp, Springer.
CATHELINEAU, M., 1983, Potassic alteration in french hydrothermal uranium deposits. Mineralium Deposita 18, 89-97.
DAHLKAMP, F. J., 1978, Geologic appraisal of the Key Lake U-Ni deposits, northern Saskatchewan. Economic Geol. 73, 1430-1449.
DURRANCE, E. M., 1986, Radioactivity in geology: principles and applications. 454 pp, Wiley.
FRIEDRICH, G., GATZWEILER, R. & VOGT, J. (Eds.), 1987, Uranium mineralization. New aspects on geology, mineralogy, geochemistry and exploration methods. SGA Monogr. Ser. Mineral. Dep. 27, 197 pp, Borntraeger.
GABELMAN, J. W., 1979, The uranium-silica-fluorine relation. Z. dt. geol. Ges. 130, 459-512.
GABELMAN, J. W., 1988, Classification of uranium deposits. Pp 13-29 in J. W. GABELMAN (Ed.), Unconventional Uranium Deposits. Ore Geology Reviews 3.
GATZWEILER, R., & KEGEL, K.-E., 1989, Der Energierohstoff Uran: Lagerstätten und Aspekte der Exploration, Gewinnung und Versorgung. Geowissenschaften 7/11, 313-323.
GAUTHIER-LAFAYE, F., WEBER, F. & OHMOTO, H., 1989, Natural fission reactors of Oklo. Economic Geol. 84, 2286-2295.
HERRMANN, A. G., 1983, Radioaktive Abfälle. 256 pp, Springer.
KEPPLER, H. & WYLLIE, P. J., 1990, Role of fluids in transport and fractionation of uranium and thorium in magmatic processes. Nature 348, 531-533.
KRAUSKOPF, K. B., 1988, Radioactive waste disposal and geology. 158 pp, Chapman & Hall.
LOVLEY, D. R., PHILLIPS, E. J. P., GORBY, Y. A. & LANDA, E. R., 1991, Microbial reduction of uranium. Nature 350, 413-416.
MANN, A. W. & DEUTSCHER, R. L., 1978, Genetic principles for the precipitation of carnotite in calcrete drainages in Western Australia. Economic Geol. 73, 1724-1734.
MEUNIER, J. D., TROUILLER, A., BRULHET, J. & PAGEL, M., 1989, Uranium and organic matter in a paeodeltaic environment: the Coutras deposit (Gironde, France). Economic Geol. 84, 1541-1556.
ORESKES, N. & EINAUDI, M. T., 1990, Origin of Rare Earth Element enriched hematite breccias at the Olympic Dam Cu-U-Au-Ag deposit, Roxby Downs, South Australia. Economic Geol. 85, 1-28.
PHILIPSBORN, H.v., 1990, Radon und Radonmessung. Die Geowissenschaften 8, 220-228.
RACKLEY, R. I., 1976, Origin of Western-States type uranium mineralization. Pp 89-156 in K. H. WOLF (Ed.), Handbook of Strata-Bound and Stratiform Ore Deposits. Vol. 7, Elsevier.
RICH, R. A., HOLLAND, H. D. & PETERSEN, U., 1977, Hydrothermal uranium deposits. 2. Nachdruck 1980, 264 pp, Elsevier.
ROXBURGH, I. S., 1987, Geology of high-level nuclear waste disposal. 250 pp, Chapman & Hall.
TOENS, P. D., 1984, The time-bound character of uranium mineralizing processes, with special reference to the Proterozoic of Gondwana. Prec. Res. 25, 13-36.

Eine wichtige Informationsquelle für alle Aspekte der Kernenergie, einschließlich der geologischen Grundlagen, sind die Veröffentlichungen der IAEA (International Atomic Energy Agency) in Wien.

Industrieminerale, Steine und Erden

Als *Industrieminerale* (engl. „industrial minerals") gelten jene industriell verwendeten festen Rohstoffe, die nicht der Herstellung eines Metalles dienen und welche im wesentlichen monomineralisch sind. Beispiele sind Talk, Glimmer oder Disthen. Als *Steine und Erden* („industrial rocks") werden überwiegend Massenrohstoffe der Bauindustrie bezeichnet, welche im geologischen Sinne als Gesteine vorkommen und oft Mineralgemenge sind (z. B. Kalkstein, Gips, Tone). Beide Gruppen gehören mit den Salzen zu den Nichtmetallrohstoffen („non-metallics"). Eine klare Zuordnung ist aber in vielen Fällen nicht befriedigend, so daß hier auf eine entsprechende Untergliederung verzichtet wird. Infolge der heterogenen Zusammensetzung dieser Gruppe ist aber auch eine geologisch-genetische Einteilung nicht zweckmäßig. Aus diesen Gründen werden die einzelnen Rohstoffe in alphabetischer Folge beschrieben. Natürlich mußte aus der großen Zahl der hierher gerechneten Rohstoffe eine Auswahl getroffen werden, wobei wirtschaftliches und geowissenschaftliches Interesse gleichermaßen zu berücksichtigen waren.

Die Verwendung dieser Rohstoffgruppe ist ungemein vielfältig, wodurch die Anforderungen an Lagerstättenerkundung, Aufbereitung, Veredlung und Marktforschung sehr hoch sind. Entsprechend schwierig ist dann oft die Bewertung potentieller Lagerstätten. Die unten genannten allgemeinen Veröffentlichungen dienen weiterem Zugang, spezielle Literatur ist bei den einzelnen Rohstoffen zitiert.

Literatur:

BOSSE, H. R. et al., 1986, Industrieminerale. Untersuchungen über Angebot und Nachfrage mineralischer Rohstoffe 19, 948 pp, Schweizerbart.
EGGERT, P. et al., 1986, Steine und Erden in der Bundesrepublik Deutschland – Lagerstätten, Produktion und Verbrauch. Geol. Jb. D82, 879 pp.
HARBEN, P. W. & BATES, R. L., 1990, Industrial minerals: geology and world deposits. Metal Bulletin.
HOFMEISTER, E. & STEIN, V., 1977, Vorschlag für eine Klassifikation der Vorräte der Steine und Erden-Lagerstätten. Geol. Jb. D27, 151-159.
KOMOV, I. L., LUKASHEV, A. N. & KOPLUS, A. V., 1987, Geochemical methods of prospecting for non-metallic minerals. 240 pp, VSP-Verlag.
KUZVART, M., 1984, Industrial minerals and rocks. 454 pp, Elsevier.
MURRAY, H. H., 1985, Stratabound and stratiform industrial minerals and rocks: their classification, genesis, exploration and evaluation. Pp 361-407 in K. H. WOLF (Ed.), Handbook of Strata-bound and Stratiform Ore Deposits. Vol. 12, Elsevier.
VADEMECUM 2, 1981, Lagerstätten der Steine, Erden und Industrieminerale – Untersuchung und Bewertung. Schriftenr. GDMB 38, 248 pp, Verlag Chemie.

Andalusit, Disthen und Sillimanit

Andalusit, Disthen (engl. kyanite) und Sillimanit sind Minerale gleicher Zusammensetzung (Al_2SiO_5) und nahezu gleicher Verwendung als refraktäre Rohstoffe mittleren Aluminiumgehaltes (50-63 %) sowie zur Herstellung von Spezialkeramik. Obwohl Sillimanit von den drei Mineralen die geringste Bedeutung hat, gilt im Englischen „sillimanite minerals" als Bezeichnung der Gruppe. Der theoretische Al-Gehalt dieser Minerale ist 62,9 % Al_2O_3; Verwachsungen bzw. feinste Einschlüsse anderer Minerale, die durch Aufbereitung nicht entfernbar sind, bewirken meist niedrigere Al-Gehalte.

Beim Brennen dieser Minerale zwischen 1100-1650 °C entsteht aus dem natürlichen $Al_2O_3.SiO_2$ ein Gemenge von 88 % nadelig-strahligem *Mullit,* 3 $Al_2O_3.2SiO_2$, und 12 % SiO_2 (Cristobalit, Glas). Mullit ist bis 1810 °C thermisch, chemisch und mechanisch sehr stabil, so daß das Produkt in verschiedenen Formen als Auskleidung von Schmelzöfen für Stahl, andere Metalle und Glas, sowie zum Brennen von keramischen Rohstoffen und Zement eingesetzt werden kann. Mullit wird auch aus Kaolin + Bauxit bzw. Quarz + Aluminiumoxyd synthetisch hergestellt; natürliche Vorkommen von Mullit sind zwar bekannt (*Mull,* Schottland), doch der Menge nach völlig unbedeutend, weshalb bisher kein Abbau dieses Minerals stattfand.

Andalusit, Disthen und Sillimanit sind metamorphogene Minerale, die in der Regel durch Regional- oder Kontaktmetamorphose aus Al-reichen Sedimentgesteinen entstehen. Das wissenschaftliche Interesse gilt oft der Natur der Ausgangsgesteine, z. B. der Frage, ob es sich um ehemalige Sedimente oder um fossile Böden handelt (GOLANI 1989), und den genauen Bedingungen (T, p) der Umwandlung. Wichtig sind ferner die häufigen Pseudomorphosen der drei Minerale; weit verbreitet ist etwa Sillimanit nach Disthen (Ostafrika) oder Disthen nach Andalusit (Koralpe).

Pegmatite oder Quarzgänge mit Disthen (USA, Ostafrika) und Andalusit +/-Korund in den Alterationszonen des *Skellefte* Erzbezirks in Schweden sind weniger gut in die skizzierte, jedem Geologen vertraute Stellung der drei Minerale im p/T-Feld der Metamorphose einzuordnen. Die Entstehung derartiger Lagerstätten bedarf jeweils individueller Untersuchung.

Andalusit (D = 3,1-3,2) tritt hauptsächlich in kontaktmetamorphen Tonschiefern auf. Hauptproduzenten sind Südafrika, wo Andalusit im Kontakthof des Bushveldplutons sowohl aus Alluvionen wie vor allem aus den primären Lagerstätten gewonnen wird, sowie Frankreich mit dem Bergbau *Glomel* (Bretagne). Die Gehalte liegen dort bei ca. 15 % Andalusit im Rohmaterial, das sind ordovizische Schiefer an einem Granitkontakt. Der Andalusit liegt in großen Kristallen vor (1-4 x 10-40 mm). Das Haufwerk wird gebrochen und gemahlen; die Herstellung der Andalusitkonzentrate erfolgt durch Starkfeldmagnetscheidung, Schwereflüssigkeitstrennung und z.T. Flotation. Die Produkte werden Kerphalit (K) genannt; KA hat > 59 % Al_2O_3; KB ca. 52 %.

Eine große Andalusitlagerstätte wurde in jüngster Zeit bei *Tomduff* in Irland entdeckt. Es handelt sich um eine 3 km lange und 200 m mächtige Zone mit Andalusitschiefern (5-50 % Andalusitgehalt) und Quarzbiotitschiefern. Aufbereitungsversuche waren erfolgreich, so daß die bergbauliche Erschließung im Gange ist.

Bei der Anwendung wird Andalusit bevorzugt, da die Volumsveränderung beim Brennen zu Mullit sehr gering ist (<0,5 %), so daß vielfach energiesparende, direkte Verwendung möglich ist. Zwei Drittel der Weltproduktion (1989 ca. 350.000 t) an Andalusit kommen aus Südafrika, der Rest aus Frankreich.

Disthen (D = 3,6-3,7) ist als gesteinsbildendes Mineral in hochmetamorphen, kristallinen Gesteinen weit verbreitet. Auch manche Pegmatite und hydrothermale Quarzgänge führen Disthen. Abgebaut werden solche primäre Lagerstätten bei Gehalten über 20 % Disthen. Infolge der hohen Stabilität bei Verwitterung wird Disthen aber auch in eluvialen und als Schwermineral in alluvialen Seifen angereichert und dann als Haupt- oder Nebenprodukt (z. B. von Ti-Sanden) gewonnen. Große Lagerstätten gibt es in den östlichen USA, u.a. *Henry Knob*/South Carolina, wo ein Quarzitband in präkambrischen Gneisen über mehrere Kilometer im Streichen ca. 20 % Disthen (und Pyrit) führte. Abbau ist aber heute auf eine Lagerstätte in Virginia beschränkt. Weitere Disthenproduktion kommt aus Indien und der UdSSR. Indischer Disthen war für seine Grobkörnigkeit bekannt; wegen schwindender Reserven wird er aber seit Jahren nicht mehr exportiert. Die russischen Lagerstätten liegen in archaischen Metasedimenten der Kola-Halbinsel, welche eine sehr komplexe metamorphe Entwicklung haben. Die Disthenschiefer enthalten neben Disthen Quarz, Sillimanit, Staurolith, Muskovit und Graphit. Abgebaut werden Bereiche mit >20 % Disthen, welche in der über 200 km langen Schieferzone verteilt sind. Im ostafrikanischen Mozambique Gürtel, einem mehrphasigen proterozoischen Orogen, sind mehrere potentielle Lagerstätten bekannt. In Kenya wurde bis zur Unabhängigkeit in *Murka* bei Voi Disthen aus grobblockigen Eluvionen sowie aus dem Ausbißbereich der primären Disthenquarzite gewonnen (Abb. 115). Eine Wiederbelebung der Lagerstätte ist auf Grund der Lage in einem Nationalpark und der Höhe der erforderlichen Investitionsmittel fraglich. Auch in Österreich gibt es mehrere Vorkommen mit rund 20 % Disthengehalt, hier in variszischen Metamorphiten (Koralpe, Millstätter Alpe, Brenner).

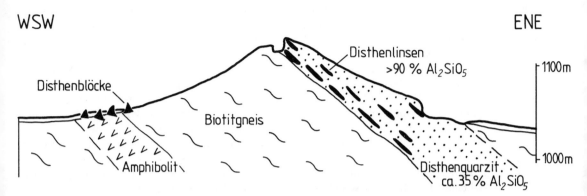

Abb. 115. Der ehemalige Disthenbergbau Murka bei Voi im Nationalpark Tsavo-West in Kenya (POHL 1978). Abgebaut wurden kolluviale Blöcke fast reinen Disthens und später große Linsen des Materials im primären Verband.

Disthen expandiert beim Brennen zu Mullit; deshalb wird für manche Anwendungen roher Disthen verwendet, z. B. zum Ausgleich des Schwindens von Tonen. Die wichtigsten Produzentenländer für Disthen sind die USA, die UdSSR, Indien und Schweden. Die Jahresproduktion der genannten Länder außer der UdSSR lag 1989 bei 140.000 t.

Sillimanit (D = 3,2) ist in metamorphen Gesteinen und begleitetenden Quarzgängen sowie Pegmatiten weit verbreitet. Bauwürdige Anreicherungen sind aber selten, so daß Sillimanit von den Aluminiumsilikaten die geringste Bedeutung hat. Gewinnung gibt es in Indien als Nebenprodukt von Schwermineralsanden sowie in geringen Mengen der früher berühmten Sillimanitkugeln aus Assam und rasch abnehmend in Südafrika (ebenfalls im Kontakthof des Bushveldes). Die indische Produktion lag 1989 bei 30.000 t, jene Südafrikas bei 170 t.

Literatur:

GOLANI, P. R., 1989, Sillimanite-corundum deposits of Sonapahar, Meghalaya, India: a metamorphosed Precambrian paleosol. Prec. Research 43, 175-189.

N. N., 1988, Andalusite – a comprehensive review of this important refractory mineral. Mining Mag. 158/5, 417-420.

OVERBEEK, P. W., 1989, Andalusite in South Africa. J. S. Afr. Inst. Min. Metall. 89, 157-171.

VARLEY, E. R., 1965, Sillimanite (andalusite, kyanite, sillimanite). 165 pp, HMSO London.

Asbest

Chrysotilasbest	$Mg_6[(OH)_8|Si_4O_{10}]$	D = 2,5 – 2,6
(oder einfach „Asbest")		
Krokydolithasbest	$Na_2Fe_4[OH|Si_4O_{11}]_2$	D ca. 3,4 („blauer Asbest", „Cape blue")
Amositasbest	$(Fe>Mg)_7[OH|Si_4O_{11}]_2$	D ca. 3,2
(„brauner Asbest")		

Es werden Serpentin- und Amphibolasbeste unterschieden; ersterer stellt mehr als 95 % der Weltproduktion von Asbest, da er vor allem eine elastische, spinnbare Faser liefert. Für Filterzwecke und als Füllstoff (etwa im Asbestzement: Eternit) kommt auch der spröde Amphibolasbest in Betracht, soferne er genügend säurefest ist. Der Wert der Chrysotilasbeste ist in hohem Maße von der Faserlänge abhängig.

Alle Asbeste widerstehen Dauertemperaturen bis 400 °C und kurzen Spitzenbelastungen bis 1000 °C, weshalb daraus schon im antiken Griechenland Dochte für Öllampen erzeugt wurden. Ferner haben Asbestfasern eine höhere Zugfestigkeit als Stahldraht gleicher Dicke, so daß sie vielfach als festigende Füller eingesetzt werden. Auf Grund dieser und weiterer besonderer Eigenschaften von Asbest, unter anderem einer hohen chemischen Stabilität, gibt es über 3000 verschiedene Anwendungsbereiche. Technologisch werden zwei Hauptgruppen unterschieden: *Spinnbarer Asbest* zur Herstellung von Asbestkleidung, Asbestwolle, Kabelumkleidungen u. dgl., sowie *nicht spinnbarer Asbest* für Wärmeisolierung, zur Erzeugung von Dachpappe, Bremsbelägen, Fliesen, Feuerschutzplatten und Asbestzement. Die wichtigsten Qualitätskriterien sind demgemäß Faserlänge und -stärke, Elastizität, Zugfestigkeit, chemische und thermische Stabilität und der Fe-Gehalt. Über 75 % der Asbestproduktion werden aber für Asbestzementbaustoffe, überwiegend Platten und Rohre verwendet, welche infolge ihres niedrigen Preises vor allem in Ländern eingesetzt werden, die für die Versorgung der Bevölkerung mit erschwinglichen Wohnungen und Wasserzuleitungen rasch wirksame Maßnahmen treffen müssen (Brasilien, UdSSR, Südostasien, etc.).

Asbestlagerstätten gibt es 1. als hydrothermale Neubildung in Serpentin, 2. als metamorphogene schichtparallele Bänder in Eisenformationen und 3. in kontakt-metamorphen Karbonaten nahe von basischen Intrusionen. Letztere sind aber nur von lokaler Bedeutung. Bauwürdige Durchschnittsgehalte (Faseranteil im Gestein) liegen allgemein bei 5-6 %, häufigste Faserlängen um 20 mm.

Serpentin-gebundene Asbestlagerstätten bilden komplexe Stockwerkkörper in serpentinisierten Ultramafiten, welche mit wenigen Ausnahmen (Zimbabwe: Great Dyke; Südafrika: Barberton Greenstone Belt) Teile von Ophiolitdecken sind. Durch syn-tektonische Öffnung von Spalten, möglicherweise während der Obduktion der Ophiolithe (O'HANLEY 1988), entstehen die wertvollen „crossfiber"-Asbeste, mit einem Wachstum der Fasern quer zur Spaltenbegrenzung. Störungsgebundene „slip fiber"-Varietäten sind nicht brauchbar, wie auch die wirr liegenden „mass fiber"-Vorkommen seltener abgebaut werden.

Die größten Chrysotilasbest-Lagerstätten der Welt liegen bei *Thetford* in der Provinz Quebec/Kanada, in paläozoischen Ophioliten. Der größte Asbest-Bergbau in Europa ist *Balangero* nördlich von Turin/Italien, in penninischen Ophioliten gelegen. Serpentinisierte Ultramafite führen dort in einer Scherzone von 1,5 km Länge und 250 m Breite ca. 5 % kurzfaserigen Asbest. Die hydrothermale Paragenese umfaßt neben Asbest auch Karbonate, Magnetit, sowie geringe Mengen von Sulfiden (Ni, Fe, Pb, Zn, Cu). Geringe Bedeutung haben heute die Asbestbergbaue im *Troodos Massif*/Zypern. In Griechenland wurde 1981 die Lagerstätte *Zidani* bei Kozani aufgeschlossen. Sie enthält rund 100 Mt Rohmaterial mit 2,5 % Asbest; die Gewinnung erfolgt im Tagbau. Sehr groß sind auch die Lagerstätten in den Ophiolithen des Urals. Der bedeutendste Bergbau ist *Baschenovo* im zentralen Ural. Ein plattenförmiger Peridotitkörper wurde hier entlang von Störungen durch Gänge von Granit, Diorit und Aplit durchschlagen. Davon ausgehend sind die Peridotite serpentinisiert; unmittelbar entlang der Salbänder liegen die asbestführenden Zonen, mit Mächtigkeiten von mehreren Zehner Metern. Die Lagerstätte ist 10 km lang und 1,3 km breit. Durchschnittliche Asbestgehalte sind nur 1-3 %.

Asbestlagerstätten präkambrischer Eisenformationen (BIF's) werden vor allem in Südafrika abgebaut. Die Lagerstätten liegen in der alt-proterozoischen Transvaal Supergruppe, die generell nur leicht gefaltet ist. Amosit-Asbest, also die faserige Modifikation von Grünerit, gibt es im Gebiet von *Penge* im nordöstlichen Transvaal. Lokalisiert sind die Erzkörper durch die Penge Eisenformation, in welcher bestimmte lithologische Horizonte bevorzugt Asbest enthalten, allerdings nur in domartigen Aufwölbungen, die durch die Interferenz zweier Faltensysteme entstanden sind. Die spätere Faltung sowie eine generelle thermische Metamorphose werden auf die Einwirkung der Bushveld-Intrusion zurückgeführt (BEUKES & DREYER 1986a). Rosetten und dicksäulige Massen von Grünerit sind als normale metamorphe Produkte überall verbreitet; Amosit aber wurde offenbar nur dort gebildet, wo die syn-metamorphe Faltung Druckentlastung und vermutlich Fluidansammlung begünstigte. Manche Amosite dieser Lagerstätte haben Faserlängen bis 76 cm, was für eine wirtschaftliche

Verwertung ebenso ungünstig ist wie zu kurze Fasern. Die Erzkörper sind wenige Meter mächtig, naturgemäß aber mit großer flächiger Ausdehnung (maximal 3 x 1,5 km).

Geologisch sehr ähnlich sind die Krokydolith-Lagerstätten Südafrikas, die in einem 400 km langen Gürtel von Prieska bis Botsuana, und zwar ebenfalls in Eisenformationen der Transvaal Supergruppe liegen. Der größte Bergbau ist *Pomfret* am Rande der Kalahari. Auch hier handelt es sich um flözartige Lager bis 2 km Länge und 1,5 km Breite. Die Na-Führung dieser Asbeste, die dem Riebeckit nahestehen, wird von basischen Tuffen abgeleitet, die der Eisenformation eingelagert sind (BEUKES & DREYER 1986b). Die Fasern sind mit 1-18 mm Länge wesentlich kürzer als die des Amosites; sie liegen an kompententen Bändern der Eisenformation, Sattelgängen vergleichbar (Abb. 116). Die Aufbereitung des Rohmateriales mit durchschnittlich 12 % Fasern erfolgt durch Brechen, Saugliften und Klassifizierung; das Produkt geht fast ausschließlich in die Asbestzementherstellung.

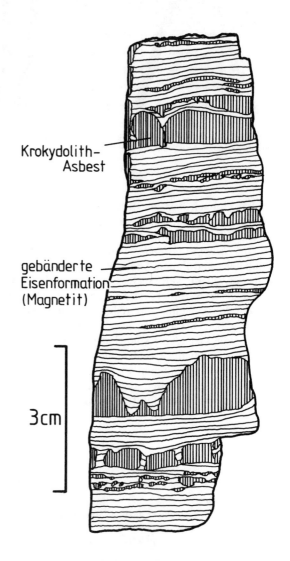

Abb. 116. Handstück von Krokydolith-Roherz aus der Grube Pomfret/Südafrika (nach BEUKES & DREYER 1986).

Wirtschaftlich zwar wenig wichtig, aber genetisch interessant sind die *Kontaktlagerstätten in Karbonaten*. Am Rand des südafrikanischen Transvaal Beckens streicht der Malmani Dolomit aus,

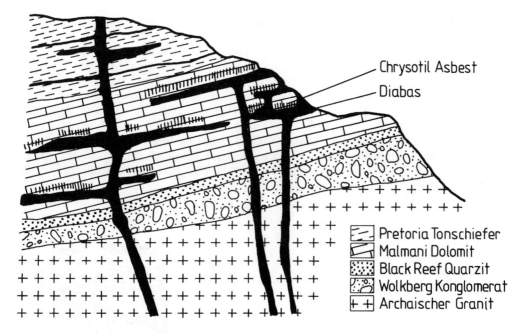

Abb. 117. Schematische Darstellung der Vorkommen von Chrysotilasbest am Ostrand des Transvaal-Beckens, Südafrika (nach ANHÄUSSER 1986).

in den vielfach basische Sills gleichen Alters wie das Bushveld intrudierten. Im Hangenden der Sills ist der Dolomit über einige Meter in Serpentin und Talk umgewandelt (Abb. 117). Mit dem Serpentin ist Chrysotilasbest verbunden (ANHÄUSSER 1986).

Die *Hauptförderländer* von Asbest in der westlichen Welt sind Kanada, Brasilien, Südafrika, Zimbabwe und Italien. Die UdSSR beherrscht etwa 50 % der gesamten Weltproduktion. Erzeugung und vor allem Verbrauch von Asbest in den westlichen Industrieländern gingen im letzten Jahrzehnt stark zurück, da die gesundheitlichen Risiken des Einatmens von Asbestfasern besonders bei der Verarbeitung von Asbestzementprodukten („Asbestose") zu gesetzlichen Beschränkungen Anlaß gaben. Da aber Ersatzstoffe mit ähnlichen Eigenschaften und Anwendungsvorteilen in der Regel sehr viel teurer sind, hat sich der Asbestverbrauch weltweit kaum verändert, weil ärmere Länder zunehmenden Bedarf an billigen Baustoffen haben. Die großen Bergbaufirmen investieren allerdings hohe Summen in Forschung und Entwicklung, sowohl zur direkten Veränderung der malignen Eigenschaften des Asbestes (z. B. durch Phosphatierung), wie auch zur Suche nach Ersatzstoffen für bestimmte Anwendungsbereiche.

Literatur:

ANHÄUSSER, C. R., 1986, The geological setting of chrysotile asbestos occurrences in Southern Africa. Pp 359-375 in C. R. ANHÄUSSER & S. MASKE (Eds.), Mineral Deposits of Southern Africa. I, Geol. Soc. S. Afr., Johannesburg.

BEUKES, N. J. & DREYER, C. J. B., 1986a, Amosite asbestos deposits of the Penge area. Pp 901-910 in ANHÄUSSER & MASKE wie oben.

BEUKES, N. J. & DREYER, C. J. B., 1986b, Crocidolite deposits of the Pomfret area, Griqualand West. Pp 911-921 in ANHÄUSSER & MASKE wie oben.

O'HANLEY, D. S., 1988, The origin of alpine peridotite-hosted cross fiber chrysotile asbestos deposits. Economic Geol. 83, 256-265.

SKINNER, H. C. W., ROSS, M. & FRONDEL, C., 1988, Asbestos and other inorganic fibers – mineralogy, crystal chemistry and health effects. 224 pp, Oxford Univ. Press.

Baryt

Baryt (Schwerspat, $BaSO_4$, D = 3,9-4,48) und Witherit ($BaCO_3$, D = 4,28, giftig) sind die einzigen industriell verwerteten Bariumminerale. Im weit häufigeren Schwerspat kann das Ba durch einige Prozente Sr (0,1-5 %), Pb oder Ca substituiert sein. Baryt ist oft mit Sulfiden (Pb, Zn), Fahlerz, Mangan, Antimonit, Flußspat, Karbonaten und Quarz vergesellschaftet, weshalb nicht selten neben Baryt auch andere Rohstoffe produziert werden.

Abbau von Witherit wurde früher ausschließlich in einigen Gängen des Barytsaumes des Fluorit-Distriktes der North Pennines/England betrieben. Diese Lagerstätten sind aber seit längerem stillgelegt.

Da es sich bei Baryt um einen Rohstoff relativ geringen Wertes handelt, erfolgt die Gewinnung bevorzugt im Tagbau. Für einen untertägigen Abbau werden besonders günstige Qualität (möglichst Eignung als Füller), eine Mindestmächtigkeit von 2 m und ein $BaSO_4$-Inhalt der Lagerstätte von mindestens 0,4-1,0 Mt gefordert.

Die *Verwendung von Schwerspat* liegt weit überwiegend in der Ölindustrie, da über 85 % der Weltproduktion für die Einstellung der Dichte von Tiefbohrspülungen verbraucht werden. Andere Anwendungsgebiete sind die Herstellung von Schwerbeton, von Bariumkarbonat für die Glas- und Keramikindustrie, weiters als Füller in Plastik, Papier, Kautschuk und Farben, und infolge der hohen Adsorptionsfähigkeit für harte Strahlung als Baustoff in Atomreaktoren, Röntgenlaboratorien u.ä. Bereichen. Chemisch gefälltes $BaSO_4$ (Blanc fixe) wird als Röntgenkontrastmittel in der Medizin verwendet. Möglichst hoher Gehalt an $BaSO_4$, hohe Dichte und gute Weißegrade sind die häufigsten Anforderungen an das marktfähige Produkt, zu dessen Erreichen oft eine Aufbereitung erforderlich ist (Schweretrennung, Flotation).

Geochemie. Ba tritt in Vertretung von K in viele gesteinsbildende Minerale mit Gehalten bis zu einigen Prozenten ein. Magmatische Gesteine (außer Ultramafiten) und klastische Sedimente (Schiefer, Grauwacken) haben durchschnittlich einige 100 ppm Ba. Die Verfügbarkeit von Ba zur Freisetzung aus solchen Gesteinen im Laufe von Verwitterung, Diagenese oder hydrothermaler Veränderung ist demgemäß groß. Barytlagerstätten sind deshalb häufig, ebenso wie das Aufteten von Baryt als Gangart in hydrothermalen Mineralisationen. In hydrothermalen Lösungen wird Ba überwiegend in chloridischer Lösung transportiert, wobei ebenso wie für die Mobilisation des Gesteinsbarium (aus Feldspat etc.) reduzierte und saure Bedingungen gegeben sein müssen. Sobald solche Lösungen SO_4^{2-} Ionen antreffen, erfolgt Fällung als Baryt. Unter Oberflächenbedingungen ist Baryt sehr beständig, so daß die Lagerstätten durch Klippen und Blöcke von Schwerspat markiert werden.

Barytlagerstätten sind weit überwiegend hypogen-hydrothermaler Entstehung. Da aber für alle Barytlagerstätten gilt, daß eine geochemische Barriere in Form des Zusammentreffens zweier Lösungen (reduziert mit Ba/oxydiert mit SO_4) wirksam ist, sind auch genetische Modelle nach dem Schema von Infiltrationslagerstätten denkbar. Demnach würden migrierende meteorische Wässer kontinentaler oder frühdiagenetischer Herkunft deszendente Barytlagerstätten bilden. In diesem Sinne werden manche Karstbaryte (Sardinien) sowie schichtgebundene Barytlager in Evaporiten und roten Sandsteinen gedeutet. Demgemäß unterscheidet man folgende Typen, nach abnehmender wirtschaftlicher Bedeutung gereiht:

– Submarin gebildete, hydrothermal-exhalative Barytlager (z. B. Meggen im Sauerland);
– Epigenetisch-hydrothermale Barytgänge, Karstfüllungen und metasomatische Körper in Karbonatserien (entspricht dem Mississippi Valley Typ der Pb-Zn-Lagerstätten);
– Hydrothermale Barytgänge (z. B. Bad Lauterberg/Harz; Dreislar/Sauerland);
– Terrestrisch gebildete, hydrothermal-exhalative Barytlager (eine Art Baryt-„Sinter"-Lagerstätten, z. B. Les Redoutières/Frankreich);

- Karstbaryte (z. B. Sardinien, Fleurus/Belgien);
- Stratiforme Barytlager in evaporitischen Sedimenten (Dolomite, Sulfate; z. B. Pessens/Frankreich);
- Residuale Barytlagerstätten.

Zur genetischen Zuordnung von Baryten können die $SrSO_4$-Gehalte beitragen, welche allgemein bei syn-sedimentär bzw. früh-diagenetisch gebildeten Baryten geringer sind als bei höhertemperierten, hydrothermalen Ganglagerstätten (STARKE 1964).

Submarine, hydrothermal-exhalative Barytlager sind durch große Vorräte gekennzeichnet. Baryt ist dort z. T. Gangart oder Nebengestein von Sulfidlagern vom Kuroko Typ (Abb. 32), vom SEDEX-Typ (Meggen, Rammelsberg Abb. 77, Ouachita/USA: HOWARD & HANOR 1987) und von Pb-Zn-Lagerstätten vom irischen Typ (z. B. Silvermines). Eng verwandt mit Kuroko-Lagerstätten ist die Entstehung der Barytlagerstätten der griechischen Insel *Milos,* wo pliozäne vulkanische Tuffe an mehreren Stellen zu mächtigen Lagern, Schäuchen und Stöcken von metasomatischem oder disseminiertem Baryt umgewandelt wurden. Kaolinlagerstätten begleiten den Baryt von Milos.

Als Beispiel für *hydrothermale Barytgänge* möge hier die *Grube Wolkenhügel* bei Bad Lauterberg im Harz kurz beschrieben werden (STOPPEL et al. 1983). Es handelt sich um einen Gangzug, der über 8,5 km Länge bekannt ist, wovon ca. 1100 m mit Baryt vererzt sind. Die Gangstörung streicht 130° und fällt mit 40-70° nach SW. Baryt ist bis 350 m Tiefe nachgewiesen, mit durchschnittlicher

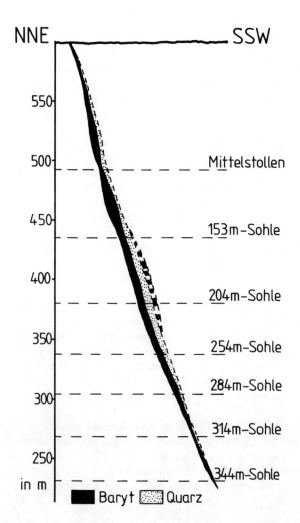

Abb. 118. Querprofil des Barytganges der Grube Wolkenhügel im Harz (nach STOPPEL et al. 1983).

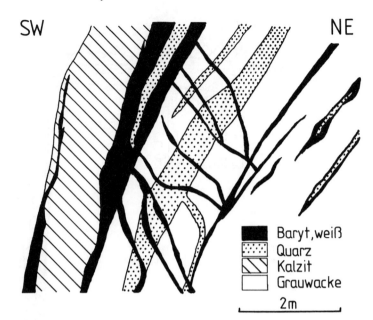

Abb. 119. Aufschlußbild des Barytganges der Grube Wolkenhügel im Westfeld der 344 m-Sohle (nach STOPPEL et al. 1983).

Mächtigkeit von 11-14 m (maximal 30 m). Nebengesteine sind devonische und unterkarbone Grauwacken, Tonschiefer und Flinzkalke. Sie sind in verschiedener Weise durch hydrothermale Veränderung betroffen: Verkieselung, Bleichung und Zersetzung, Karbonatisierung, Chloritisierung und in geringer Tiefe auch Rötung durch Hämatitisierung. Der Gang (Abb. 118, 119) besteht aus einem hangenden Trum mit sandigem Quarz und ausgelaugtem, mulmigem Karbonat, das nur vereinzelt Baryt führt, und dem Liegendtrum mit Baryt, massigem Quarz, Karbonat und geringen Mengen von Sulfiden (Kupferkies, Pyrit, Tetraedrit, etc.). Das Fördergut ist feinkörniger gebänderter bzw. grobkristalliner, weißer Baryt (89 % $BaSO_4$, 3,4 % $SrSO_4$, 6 % SiO_2 und 1 % $CaCO_3$). Die Lagerstätte enthielt insgesamt rund 1 Mt Baryt.

Die Entstehung dieser Lagerstätte wird mit der oberkretazischen Tektonik im Harz und in seinem weiteren Umfeld in Verbindung gebracht. An den aktiven Störungen absinkende, chloridbeladene Wässer des Deckgebirges hätten demnach in der Tiefe Ba aufgenommen, das beim Aufstieg in der Mischungszone mit kühlen, sulfatischen Lösungen abgeschieden wurde (STOPPEL et al. 1983).

Genetisch besonders interessant ist die Barytlagerstätte *Les Redoutières* bei Chaillac am NW-Rand des französischen Zentralmassivs. Über Graniten und Gneisen des Grundgebirges liegen hier terrestrische rote Schichten des untersten Lias, welche von marinen Kalken des mittleren Lias bedeckt sind. In den roten Schichten ist ein maximal 20 m mächtiges Barytlager mit einem Inhalt von 4 Mt $BaSO_4$ entwickelt. Der Baryt ist durch Fe und Mn gelb bis rot gefärbt und eng gebändert, wobei gegen das Hangende Hämatit dominiert. Die Bänderung ist vielfach syn-sedimentär gestört, u.a. durch hydrothermale Brekziierung und durch Setzung und Entwässerung der schweren Präzipitate. Ein Vergleich mit terrestrischen, hydrothermalen Sinterbildungen liegt nahe, umsomehr, als in geringer Distanz ein Fluorit-(Baryt-)Gang aufgeschlossen ist (Abb. 120). Geologische und geochemische Daten verweisen auf einen genetischen Zusammenhang zwischen beiden Vererzungen (ZISERMAN 1980).

Barytlagerstätten in Karst werden in ähnlicher Weise gegensätzlich gedeutet, wie die meist auch räumlich eng damit verbundenen Pb-Zn-Lagerstätten. Die Lagerstätte *Fleurus* liegt an der Nordflanke des Synkloriums von Namur in einer Karstdepression in Kalken des Visé. Diese Doline hatte eine

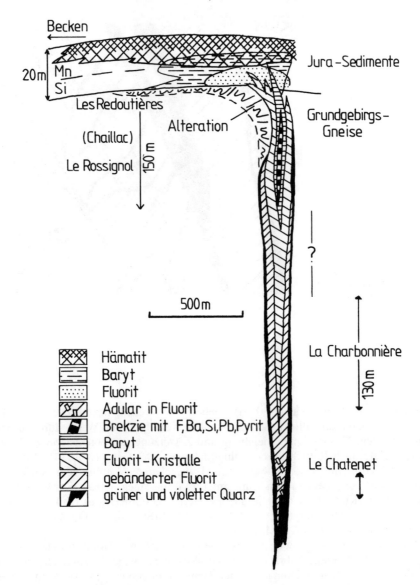

Abb. 120. Synthetisches Profil zum postulierten Zusammenhang zwischen dem Fluoritgang Le Rossignol im Grundgebirge und dem Barytlager im transgredierenden Lias bei Les Redoutières am NW-Rand des französischen Zentralmassifs (nach ZISERMAN 1980).

Füllung von früh-kretazischen terrestrischen, z.T. kohleführenden Sedimenten, welchen Baryt bis 25 m Mächtigkeit eingelagert war. Travertinartige Texturen und die Einlagerung von Sedimenten werden als Hinweise auf synsedimentäre Ausfällung des Barytes aufgefasst; das Barium stammt nach DEJONGHE (1989) aus verwitterndem Oberkarbon der Umgebung, welches durch sulfatische Quellen aus dem Visé-Karst fixiert wurde. Die Lagerstätte hatte einen Inhalt von 1,1 Mt; der Abbau wurde 1987 eingestellt.

Die Lagerstätte von *Pessens* liegt im Süden des französischen Zentralmassivs, ähnlich wie Chaillac im transgredierenden Lias. Dessen Basis besteht im Berbaubereich aus stromatolithischen Dolomiten, Anhydrit und bunten Tonen, während im Norden gleichzeitig kohleführende Sedimente, im Süden schwarze marine Tone abgelagert wurden. Baryt verdrängt als stratiforme Linse die Dolomite, wobei die Ausfällung durch eine sulfatische Barriere in diesem Sabkha-ähnlichen Bereich erklärt wird. Das Ba stammt entweder aus aufsteigenden Porenlösungen der marinen Tone, oder aus oberflächlich vom Lande her zufließenden Schwarzwässern (FUCHS 1978). Der Bergbau wurde 1983 nach Produktion von 1,2 Mt Baryt eingestellt.

Produktion und Markt des Schwerspates sind eng mit dem Auf und Ab der Erdölindustrie verbunden. In der Zeit der Ölkrise erreichte die Weltproduktion 8,3 Mt (1981), fiel aber mit dem Nachlassen der Prospektionsaktivitäten auf 4-5 Mt zurück. Die größte Produktion haben China, die UdSSR, Mexiko und die USA, aber auch die meisten anderen Industrieländer haben bedeutende Barytbergbaue.

Literatur:

CLARK, S. H. B., GALLAGHER, M. J. & POOLE, F. G., 1990, World barite resources: a review of recent production patterns and a genetic classification. Transact. Instn. min. Metall. 99, B125-132.

DEJONGHE, L., 1989, Le gisement de Fleurus (Belgique): une concentration de barytine sédimentaire en milieu lacustre piégée dans un paléokarst envahi par des sédiments wealdiens. Chron. rech. min. 494, 25-42.

FUCHS, Y., 1978, Sur un example de relation entre une minéralisation barytique et un milieu à évaporites. Le gite de Pessens (Aveyron). Sciences de la Terre XXII, 109-178, Nancy.

GUNDLACH, H., STOPPEL, D. & STRÜBEL, G., 1972, Zur hydrothermalen Löslichkeit von Baryt. N. Jb. Miner. Abh. 116, 321-338.

HOWARD, K. W. & HANOR, J. S., 1987, Compositional zoning in the Fancy Hill stratiform barite deposit, Ouachita Mts., Arkansas, and evidence for the lack of associated massive sulfides. Economic Geol. 82, 1377-1385.

STARKE, R., 1964, Die Strontiumgehalte der Baryte. Freiberg. Forschungsh. C150, 86 pp.

STOPPEL, D., GUNDLACH, H., HEBERLING, E., HEINRICH, G., HÜSER, M., KALLIES, H.-B. & SCHÄFFER, R., 1983, Schwer- und Flußspatlagerstätten des Südwestharzes. Geol. Jb. D 54, 269 pp, Hannover.

TUFAR, W. & PODUFAL, P., 1983, Mineral paragenetic revelations in the barite deposit of Dreislar (Sauerland, Rheinisches Schiefergebirge, West Germany). Pp 335-346 in H.-J. SCHNEIDER (Ed.), Mineral Deposits of the Alps. Springer.

ZISERMAN, A., 1980, Les gisements de Chaillac (Indre): la barytine des Redoutières, la fluorine du Rossignol. Association d'un gite stratiforme de couverture et d'un gite filonien du socle. 26th Intern. Geol. Congr. Paris, E3, 46 pp.

Bentonit (Smektitrohstoffe)

Bentonit bezeichnet Gesteine (und daraus erzeugte Industrieprodukte), welche neben anderen Tonmineralen sowie Quarz, Feldspat, Glimmer, vulkanischem Glas, kolloidaler Kieselsäure etc. etwa 60-90 % Smektitminerale enthalten. Smektite umfassen die dioktaedrische Montmorillonitgruppe (Montmorillonit, Beidellit, Nontronit), die trioktaedrische Saponitgruppe (Saponit, Hectorit) und quellfähige Wechsellagerungsminerale, in denen die Smektitkomponente überwiegt. Alle diese Minerale haben eine hohe Ionenaustauschkapazität und die Fähigkeit, durch Wasseraufnahme auf ein mehrfaches Volumen zu quellen.

Hochwertiger, quellbarer Bentonit wurde zuerst aus der Kreide von Wyoming/USA in einer marinen vulkanosedimentären Abfolge bekannt; nach dem Fundort *Fort Benton* wurde das Gestein ursprünglich benannt (KNIGHT 1898).

Die Industrie klassifiziert Bentonite nach technischen Anforderungen wie Thixotropie, Basenaustauschvermögen, Quellbarkeit, Adsorptionsfähigkeit, usw. Man unterscheidet in der Praxis vor allem quellbare, in der Regel Na-Bentonite von nicht quellbaren (meist Mg- oder Ca-) Bentoniten. Letztere werden durch chemische Behandlung („Aktivierung") nutzbar gemacht. Rohbentonit ist ein weißes bis bläuliches toniges Gestein, das bei der Verwitterung hellgelblich oder braun wird und kleinstückig zerfällt. In Wasser gelegt quillt er unter vielfacher Volumszunahme zu einem steifen gelartigen Brei, der durch Rühren leicht verflüssigt werden kann. Darauf beruht die überwiegende Verwendung in der Erdölindustrie, als Zusatz zu Bohrspülungen.

Bentonit ist im Gelände oft übersehen worden, weil er einem dichten Mergel gleichen kann. Polyedrisch-kleinstückiger Zerfall im trockenen Zustand und seifig-schmierige Beschaffenheit nach Anfeuchtung wie natürlich das Quellen sind deutliche Merkmale. Proben zur Beurteilung der Verwertbarkeit eines Vorkommens dürfen nicht aus dem Ausbißbereich entnommen werden, da oft völlig irreführende Ergebnisse erhalten werden. Für einen wirtschaftlichen Abbau kommen mindestens 0,5 m mächtige Lager in Frage, wenn Überlagerung und horizontale Ausdehnung eine Gewinnung im Tagbau zulassen.

Verwendung. Bentonite werden vielfältig verwendet, wobei „Rohbentonite" und „sauer" bzw. „alkalisch aktivierte" Bentonite zu unterscheiden sind. Rohbentonit wird als Dickspülung in Tiefbohrungen, als Bindemittel zur Erzpelletierung, als bindiger Bodenzusatz, als Füllmasse in Farben und Kitten, als Baubentonit zum schalungslosen Abstützen von Baugruben, sowie für Form- und Kernsande in Gießereien verwendet. Sauer aktivierter Bentonit (Bleicherde) wird zur Entfärbung und Reinigung von Speiseöl, Wein und Bier, ferner als inerter Träger für Insektizide, als Feuerlöschpulver, als Katzenstreu und als Ölbindemittel eingesetzt. Alkalisch aktivierter Bentonit wird weit überwiegend als thixotrope Spülung in Bohrungen angewandt.

Zunehmend werden speziell ausgewählte oder konditionierte Bentonite auch im Umweltschutz eingesetzt, da die hohe Quellfähigkeit eine wirksame Abdichtung bewirkt, und weil Bentonite eine hohe Adsorptionskapazität haben. Anwendungsgebiete sind vor allem Altlastensanierung und die Abdichtung von Deponien (USTRICH 1991).

Die meisten *Bentonitlagerstätten* sind durch Zersetzung vulkanischer Gesteine, vor allem von glasreichen Tuffen entstanden. Es gibt aber auch marine und lakustrine Tone, welche einen hohen Anteil an Smektiten bzw. quellfähigen Mixed Layer-Mineralen haben. Demgemäß lassen sich folgende Bereiche der Bildung von Bentonitlagerstätten unterscheiden:
– Zersetzung vulkanischer Tuffe in alkalischem Milieu, also unter Einfluß mariner Wässer (Benton/Wyoming) oder terrestrischer alkalischer Grundwässer (Ostbayern);
– Hydrothermale, alkalische Zersetzung vulkanischer Gesteine (Almeria/Spanien, Milos);
– Autochthone Verwitterung von basischen Tuffen, Basalten und Ultramafiten unter Bildung smektitreicher Böden;
– Smektitische Tone als marine (eozäner Ton bei Friedland/Mitteldeutschland: ULLRICH et al. 1988) oder Playasee-Sedimente.

Die bedeutendsten Bentonitlagerstätten Mitteleuropas liegen in der ostbayerischen Molassezone im Bereich Mainburg-Landshut-Malgersdorf (UNGER & NIEMEYER 1985). Es handelt sich um lokale abflußlose Becken oder Talabschnitte innerhalb von Sedimenten der Oberen Süßwassermolasse, welche im obersten Baden und im Sarmat Bentonitlinsen neben Schluffen, Feinsanden, Kalk- und Sandmergeln sowie Süßwasserkalken enthalten. Meist liegt vom Liegenden zum Hangenden eine Abfolge von gelbem über blaugrauem zu olivgrünem Bentonit vor, mit gleichsinnig abnehmendem Smektitgehalt. Eingeschaltet ist oft eine Lage verfestigten Bentonites („Platte"), welcher nur teilweise brauchbar ist. Die Herkunft des Ausgangsmateriales war lange Zeit umstritten; heute wird eine Ableitung der rhyolitischen Glastuffe vom transsylvanisch-pannonischen Vulkanismus angenommen.

Zahlreiche Vorkommen von Bentoniten sind in der Steiermark bekannt, u.a. bei *Friedberg, Gossendorf* und im Kohlebecken von *Fohnsdorf*. Sie sind aus Tuffen entstanden, die mit dem jungtertiären latitischen Vulkanismus der Südsteiermark bzw. des westlichen pannonischen Beckens in Verbindung gebracht werden (EBNER 1982).

Bedeutende Bentonitlagerstätten entstanden durch hydrothermale Alteration tertiärer andesitisch-dazitischer Tuffe bei *Serrata* in der Sierra del Cabo de Gata/Almeria. Die einzelnen Tagebaue bilden einen weiten Gürtel um die Goldvererzung von Rodalquilar (s. Gold).

Reich an Bentonitlagerstätten sind die tertiären Vulkangebiete des inneren Karpathenbogens in Rumänien und der Slowakei. Aus jungen, dazitisch-rhyolitischen Tuffen sind die großen Bentonit-(und Kaolin-) Lager der ägäischen Inseln mit dem Schwerpunkt in der Inselgruppe von Milos enstanden. Dort kann man in manchen Aufschlüssen sehr schön beobachten, daß aus denselben

Gesteinen durch saure Wässer Kaolin, durch alkalische aber Bentonit gebildet wird. Diese pH-Grenzen sind z.T. sehr scharf, oft aber durch Schläuche, Gänge und Stockwerktextur so komplex, daß selektiver Abbau zur Trennung von Kaolin und Bentonit sehr schwierig wird.

Attapulgit (Palygorskit: $(Mg, Al)_2[OH|Si_4O_{10}].2H_2O + 2H_2O$) und *Sepiolith* (Meerschaum: $Mg_4[(OH)_2|Si_6O_{15}].2H_2O + 4H_2O$) sind in ihren technischen Eigenschaften dem Bentonit sehr ähnlich und sollen deshalb hier Erwähnung finden, obwohl sie gegenüber Bentonit sehr viel seltener sind. Die bedeutende Sepiolithlagerstätte *Vallecas* liegt nahe von Madrid in unter- bis mittelmiozänen gipsführenden grünen Mergeln, welche als Playa-Sedimente aufgefaßt werden. Die Jahresproduktion lag 1986 bei 1 Mm^3. Dieser tonartige Sepiolith ist aber vom eigentlichen Meerschaum zu unterscheiden, aus dem in *Eskishehir/Türkei* Pfeifenköpfe und andere Gegenstände geschnitzt werden. Attapulgit wird vor allem in Georgia und Florida/USA sowie ebenfalls in Spanien produziert, während die größten Reserven in Senegal bekannt sind.

Literatur:

EBNER, F., 1982, Bentonite und Glastuffe der Steiermark. Archiv Lgstforsch. Geol. B.-A. Wien, 2, 31-45.
GRIM, R. E. & GÜVEN, N., 1978, Bentonites. Geology, Mineralogy, Properties and Uses. Developm. Sediment. 24, Elsevier.
KNIGHT, W. C., 1898, Bentonite. Eng. Min. J. 66, p. 491.
ODOM, I. E., 1984, Smectite clay minerals: properties and uses. Phil. Trans. R. Soc. London A311, 391-409.
SINGER, A. & GALAN, E., 1984, Palygorskite-sepiolite. Occurrences, genesis and uses. Developm. Sedimentol. 37, 352 pp, Elsevier.
ULLRICH, B., DRESSLER, E., GALILÄER, E. & MEY, R., 1988, Zur Geologie und Mineralogie der Lagerstätten von Smektitrohstoffen in der DDR. Z. Angew. Geol. 34, 129-134.
UNGER, H. J. & NIEMEYER, A., 1985, Die Bentonite in Ostniederbayern – Entstehung, Lagerung, Verbreitung. Geol. Jb. D71, 1-58.
UNGER, H. J. & NIEMEYER, A., 1985, Bentonitlagerstätten zwischen Mainburg und Landshut und ihre zeitliche Einstufung. Geol. Jb. D71, 59-93.
USTRICH, E., 1991, Geochemische Untersuchungen zur Bewertung der Dauerbeständigkeit mineralischer Abdichtungen in Altlasten und Deponien. Geol. Jb. C57, 5-137.

Bor

Es gibt über 150 borführende Minerale; von bergbaulicher Bedeutung sind von diesen vor allem:

		% B_2O_3	D
Borax (Tinkal)	$Na_2B_4O_5(OH)_4.8H_2O$	36,7	1,7-1,8
Colemanit	$CaB_3O_4(OH)_3.H_2O$	50,9	2,3-2,5
Ulexit	$NaCaB_5O_6(OH)_6.5H_2O$	43	2
Kernit (Rasorit)	$Na_2B_4O_6(OH)_2.3H_2O$	51,1	1,95
Priceit (Pandermit)	$Ca_5B_{12}O_{23}.9H_2O$	48,7	2,4

Daneben werden auch einige Bor-Silikate und Playasee-Laugen zur Borerzeugung genutzt. Bor wird überwiegend als dehydrierter „Industrieborax" und als Borsäure gehandelt. Die Verwendung in den USA liegt infolge der vorherrschenden Leichtbauweise hauptsächlich in Feuerimprägnierung von Baustoffen und in der Herstellung von Glasfaserisoliermaterial. In Europa geht der größte Anteil in die Erzeugung von Na-Perborat, welches als Bleichzusatz in Waschmitteln dient. Weitere Verbraucher sind Emaillierung und Keramik, Glaserzeugung, Düngung, Metallurgie, Schleifmittelindustrie (Borazon ist härter als Diamant) und Strahlenschutzbauten, wo Bor als Neutronenabsorber Beton zugesetzt wird.

Geochemie. Das geochemische Verhalten des Bors ist durch seine hohe Anreicherung in marinen Peliten (100 ppm), in der magmatischen Gasphase (BF_3, BCl_3, etc.) und in terrestrischen heißen

Quellen (als Borsäure, z. B. $H_2B_4O_7$) gekennzeichnet. Auf Grund von Isotopendaten kann vermutet werden, daß auch das Bor der Magmatite und der Hydrothermen und Fumarolen zumeist letztlich aus Peliten stammt (SPIVACK et al. 1987). Auch Evaporite haben erhöhte Borgehalte, insbesondere jene terrestrischer Becken. Die Erdkruste enthält im Durchschnitt 10 ppm B, das Meerwasser 4,5 ppm.

Borlagerstätten entstehen durch Exhalationen und Hydrothermen, welche ihren Salzinhalt in der Umgebung der Austrittstelle, besonders aber nach kurzem Lösungstransport in abflußlosen Salzseen arider Klimabereiche (Salare, Playaseen) absetzen. Solche Salzseen bzw. deren Sedimente kennt man aus der Türkei und aus Kalifornien/USA, andere auch in Argentinien (ALONSO et al. 1991), Bolivien, Peru und Tibet. In den wirtschaftlich bedeutenden Borlagerstätten sind vulkanogene, klastische oder evaporitische Sedimente der Salzpfannen horizontweise mit Bormineralen durchsetzt. Untergeordnet gibt es Borsalze auch in marinen Salzlagern (Staßfurt: Boracit $Mg_3ClB_7O_{13}$) und in Schlammvulkanen (Salsen), welche in manchen Erdöl- und Erdgasfeldern auftreten.

Boratlagerstätten bilden oft absätzige, aber horizontbeständige Lager von einigen 100 m Ausdehnung, die auf mehrere Kilometer immer wieder auftreten können. Randzonen abflußloser arider Becken sind immer borhöffig, wenn Anzeichen für Vulkanismus vorhanden sind. Die zentralen Teile der Becken können in der Regel nur durch Bohrungen erkundet werden; hier ist auch auf brauchbare Laugen zu achten.

Borate in Gipsen oder Mergeln sind oft nicht leicht zu erkennen; charakteristisch sind große Spaltstücke von Colemanit (deshalb „Borspat") und die „Wattekugeln" (cotton balls) der Ulexite. Nachweisen läßt sich das Bor im Felde durch Betupfen mit einer Lösung von Quinalizarin in conc. H_2SO_4, welche bei Anwesenheit von Bor von violett zu blau umschlägt. Hilfreich kann auch die Grünfärbung der Lötrohrflamme durch B sein, sowie die Fluoreszenz einiger Borate im UV-Licht.

Die größten Borlagerstätten liegen in Kalifornien, im *Death Valley/Kern County* und im *Searles Lake* (Laugen). Die Lagerstätten im Kern County enthalten derbe Massen von Kernit, Borax und Ulexit flözartig in miozänen Tonen und Silten über Effusivgesteinen. Das Lager wird bis 90 m mächtig; eine taube Überlagerung von 60-150 m erfordert z.T. Abbau untertage. Der Durchschnittsgehalt des Haufwerkes liegt bei 25 % B_2O_3. Anderswo in Kalifornien wird auch Bohrlochlaugung angewendet, z. B. im neuen Bergbau *Fort Cady,* mit Reserven von 138 Mt B_2O_3 unter 410 m Überlagerung.

Europa hatte nur eine kleine Borsäuregewinnung aus den Dämpfen von *Llardarello* in Toskana und aus den Salzen von Staßfurt.

Dagegen sind die jungen vorderasiatischen Gebirgsketten reich an Borlagerstätten. Besonders in den jungtertiären Becken der Türkei wurden seit 1950 viele Neuentdeckungen gemacht, die sich mit dem altbekannten Vorkommen von *Susurluk* zu einer Boratprovinz vereinen. Susurluk hat über 1 Mt Borminerale geliefert, ist aber mittlerweile erschöpft. Andere Bergbaue liegen bei *Bigadic* und im Becken von Kütahya bei *Emet*. Hier liegen 10-15 Colemanitflöze in einer 30 m mächtigen Mergelserie mit Tuffbändern. Süßwasserkalk bildet das Hangende. Die Vorräte betragen einige Millionen Tonnen, doch mit einem nachteiligen Gehalt von Sr und Realgar. In den türkischen Lagern ist Colemanit vorwiegend mit Mergel, Ulexit mit bentonitischen Tonen verbunden.

China hat auf der *Halbinsel Liaodong* bedeutende Borlagerstätten. Ein breites alt-proterozoisches Riftbecken hat hier randlich eine miogeosynklinale Fazies mit klastischen Sedimenten und Karbonaten (inklusive Magnesite vom Veitsch-Typ, s. dort). Im zentralen Teil folgen über basalen Alkalirhyoliten mit Dolomitlinsen mächtige Turbidite. Diese Dolomite sind vielfach serpentinisiert; sie enthalten Linsen und Massen von Ascharit (Szaibelyit) $MgBO_2(OH)$ mit Forsterit, Serpentin, Phlogopit und Magnetit. Die Erzkörper erscheinen als Brekzien, Stockwerke, massige Stöcke oder disperse Knollen des B-Minerals in den Serpentinen. Die Genese dieser Lagerstätten ist komplex; möglicherweise handelt es sich um syn-sedimentäre Exhalite, welche durch spätere Metamorphose und granitische Intrusionen umgeformt wurden (QIUSHENG 1988). Denkbar ist aber auch ein direkter genetischer Zusammenhang mit jüngeren Graniten, die in der Nachbarschaft aller Lagerstätten auftreten.

Die Türkei liefert mehr als 50 % der jährlichen Borproduktion der Welt von nahezu 4 Mt, danach folgen die USA, Argentinien und die UdSSR.

Literatur:

ALONSO, R. N., JORDAN, T. E., TABUTT, K. T. & VANDERVOORT, D. S., 1991, Giant evaporite belts of the Neogene central Andes. Geology 19, 401-404.
HARDER, H., 1970, Boron content of sediments as a tool in facies analysis. Sed. Geol. 4, 153-175.
QIUSHENG, Z., 1988, Early Proterozoic tectonic styles and associated mineral deposits of the North China platform. Precambr. Res. 39, 1-29.

Diamant

Diamant (C, D=3,505-3,525, Härte 10) ist ein wertvoller Edelstein; ein Großteil der Weltproduktion aber wird für industrielle Zwecke verbraucht.

Vom natürlichen Diamanten werden folgende Varietäten unterschieden: der eigentliche *Diamant* (vorwiegend klare, unterschiedlich gefärbte Einzelkristalle und Kristallgruppen), *Bort* oder *Ballas* (feinkristalline, oft radialfaserige Massen und Kugeln) und *Carbonado* (koksartige feinkristalline Fragmente). In der Industrie wird Bort allerdings als allgemeine Bezeichnung für natürliche und künstliche Diamanten sowie Schleifabfälle verwendet, welche nicht als Schmucksteine geeignet sind. In Sierra Leone findet man die *Coated Diamonds,* das sind Steine mit einer graphitreichen Hülle und einem klaren Kern.

Die Größe von Diamanten wird in Karat gemessen (1 ct = 200 mg); Gewinnung ist ab etwa 5 mg möglich, sehr häufig sind Steine um 1 ct. Diamanten bis 300 ct sind nicht allzu selten, noch größere aber sind so außergewöhnlich, daß sie oft Namen erhielten (etwa der „Cullinan" mit 3106 ct). Der Wert von Schmuckdiamanten hängt von ihrer Größe, Transparenz, Färbung und anderen Faktoren ab. Industriediamanten kosten 1-2 US $ pro ct, während seltene Schmucksteine Liebhaberpreise bis über 50.000 US $/ct erbringen können.

Industrieller Diamant ist vor allem ein Abrasiv, und wird zum Bohren, Schleifen, Sägen und Polieren verwendet. Neben der Härte ist dabei auch die besondere Widerstandfähigkeit gegen Chemikalien und große Hitze wichtig. Die Anwendungsgebiete sind ungemein vielfältig, und reichen von der Mikrochirurgie über Erdölbohrungen bis zum Schneiden großer monolithischer Bausteine.

Die *Bauwürdigkeit* von Diamantlagerstätten ist oft bereits bei Gehalten von unter 1 ct/t gegeben; natürlich ist vor allem der Wert des produzierten Materiales maßgeblich (ROMBOUTS 1991). Die Diamantseifen von Aredor/Guinea sind mit 20 ppb Durchschnittsgehalt vermutlich das niedrigstkonzentrierte Roherz der Welt überhaupt! Die Gewinnung ist dort nur möglich, weil fast ausschließlich wertvolle Schmucksteine gewonnen werden.

Kohlenstoffisotopenanalysen von Diamanten ergaben ein $\delta^{13}C$ von -5 bis -35‰. Dies belegt eine sehr unterschiedliche, wahrscheinlich teilweise biogene Herkunft des Kohlenstoffs.

Diamant entsteht bei Drücken von 55-60 kbar und Temperaturen von 900-1300 °C im Mantelbereich der kontinentalen Lithosphäre, unter extrem reduzierten Bedingungen und vermutlich in Tiefen >120 km. *Primäre Lagerstätten* gibt es nur in Schloten, Sills und Gängen von alkalischen Ultrabasiten (Kimberlite und Lamproite), welche aus diesen Bereichen so rasch aufgestiegen sind, daß die Diamanten nicht resorbiert wurden. Die Erosion von diamantführenden Gesteinen erzeugt *sekundäre Lagerstätten*, das sind weit überwiegend eluviale, alluviale und marine Seifen, welche vor allem Schmucksteine liefern. Nur wissenschaftlich interessant sind die Mikrodiamanten, welche in Ultrabasiten, Basalten, und neuerdings sogar in hochmetamorphen Gneisen gefunden wurden (SOBOLEV & SHATSKY 1990).

Zuerst (um 1870) bekannt wurden die diamantführenden Explosionsschlote bzw. Diatreme Südafrikas, welche „pipes" genannt werden. Dazu gehören Jagersfontein, Finch und jene im Kimberley-Distrikt, wobei letztere für die Kimberlite namensgebend wurde. *Kimberlite* sind petrographisch äußerst komplexe, stark veränderte, K-reiche ultramafische Vulkanite, welche in einer meist karbonatisierten oder serpentinisierten Grundmasse aus Kalzit, Olivin und Phlogopit reichlich Einsprenglinge von Olivin, Phlogopit, Picroilmenit, chromreichem Pyrop und geringe Mengen des hier interessierenden Diamants führen. Der rasche Aufstieg von Kimberliten ist vermutlich damit zu erklären, daß hohe Gasgehalte Fluidisation bewirkten (McCALLUM 1985). Typisch ist die Ausbildung als Schlotbrekzie, oft mit vielen Fragmenten der Nebengesteine. Kimberlite bilden häufig Felder mit Hunderten von Schloten und Gängen, von welchen natürlich in der Regel nur einzelne abbauwürdig sind.

Zweifellos hatten Kimberlitpipes ursprünglich an der Oberfläche weite Krater und vermutlich Randwälle. Reste der *Kraterzone* sind etwa in Mwadui/Tanzania und in der Orapa Pipe/Botsuana erhalten. Meist aber hat die Erosion nach Platznahme der Kimberlite die tiefere *Diatremzone* freigelegt. Diese hat nach innen konvergierende, steile und relativ glatte Wände mit rundlichem Querschnitt. Die tiefste bergbaulich erschlossene Zone ist die *Wurzelzone,* mit sehr irregulärem Aufbau und hohen Anteilen von Nebengesteinsbrekzien. Sie geht in die Tiefe in unbauwürdige, schmale Spalten über. Das gesamte Profil mag ursprünglich bis zu 2000 m vertikale Erstreckung gehabt haben. Die bergbauliche Erschließung der südafrikanischen Kimberlite erreicht maximale Teufen um 1000 m.

Kimberlitpipes bestehen in der Regel aus mehreren petrographisch unterschiedlichen Teilintrusionen; dies belegt eine komplexe vulkanische Entwicklung in der Zeit, wobei die Wurzelzone eher früh, die Diatremzone später gebildet ist. Letztere entspricht wohl einer explosiven Druckentlastung durch phreatomagmatische Eruption an der Oberfläche, welche gegen die Tiefe progressive Fluidisation des Magmas bewirkte. Komplexe Pipes haben diesen Zyklus vermutlich mehrfach erlitten (CLEMENT et al. 1986).

Die Diamantführung der einzelnen Kimberlitgenerationen eines Schlotes ist oft sehr unterschiedlich; allerdings sind die Eigenschaften der Diamanten so ähnlich, daß identische Abkunft aus einer bestimmten Mantelquelle gesichert erscheint. Das gilt auch für die Diamanten eines ganzen Kimberlitdistriktes (z. B. Kimberley: CLEMENT et al. 1986).

Die meisten oben erwähnten Charakteristika treffen auf die neuerdings gut beschriebene *De Beers Pipe* bei Kimberley/Südafrika zu (CLEMENT et al. 1986; Abb. 121). Die Lagerstätte wurde 1871 entdeckt und hat bisher rund 5 Tonnen (25 Mct) Diamant geliefert. Heute im Tiefbau betrieben, werden Durchschnittsgehalte von 20 ct/100 t abgebaut. Dabei sind einzelne Kimberlitintrusionen sehr unterschiedlich vererzt: DB1 und DB2 führen nur 6,6 bzw. 3,5 ct/100 t, DB3 dagegen 60,8 ct/100 t. Deutlich ist ferner eine regelmäßige Abnahme der Diamantgehalte in DB3, welche rund 18 ct/100 t auf 100 m Tiefe beträgt.

Diamantführende Ultrabasite ebenso wie die Diamanten selbst enthalten immer auch Einschlüsse von Mantelgesteinen; man unterscheidet peridotitische (Olivin, Orthopyroxen, Cr-Pyrop; vertreten im Kimberley Distrikt, S. A.) von eklogitischen Typen (Pyrop-Almandin, omphazitischer Pyroxen, sowie auch Disthen, Coesit und Sulfide; z. B. Premier Pipe/S. A. und Argyle/Australien). Solche Einschlüsse sind wichtige Ansatzpunkte für die Erforschung der z.T. weiterhin rätselhaften Einzelheiten der Entstehung von Diamanten.

Kimberlite sind in weiterem Sinne mit Karbonatiten und anderen Alkalimagmatiten verwandt; regional sind sie für Kratone charakteristisch, welche während des Frühstadiums des Entstehens neuer Ozeane einer Dehnung unterworfen waren. So werden die kretazischen afrikanischen Kimberlite einem System fundamentaler Störungen zugeordnet, welche offenbar mit den frühen Stadien des Atlantischen und des Indischen Ozeans in Zusammenhang stehen (DAWSON 1970). Aus der metasomatisch angereicherten Natur des Mantels im Bereich der Entstehung von Kimberliten und deren Diamanten kann weiters ein Zusammenhang mit früherer Subduktion wahrscheinlich gemacht werden. Die extreme Reduktion könnte ein Produkt aus dem tiefen Mantel aufsteigender CH_4-H_2O-H_2-Fluide sein (BALLHAUS et al. 1990).

Wichtig ist die Beobachtung, daß vor allem die Kimberlite der archaischen und altproterozoischen Kratone Diamanten führen, während jene in jung-proterozoischen mobilen Gürteln oder in noch jüngeren Gesteinen wirtschaftlich meist unbedeutend sind (DAWSON 1970). Dies hängt sicherlich mit der unterschiedlichen Entwicklung des subkontinentalen Mantels zusammen.

Vor relativ kurzer Zeit erst wurden die K-Mg-reichen *Lamproite* als ebenfalls wichtige Muttergesteine für Diamanten erkannt (Argyle/Australien). Einsprenglinge und Grundmasse dieser Gesteine bestehen aus Leuzit, Richterit (ein Amphibol) und Diopsid, oft auch mit Olivin- und Sanidinführung. Zum Unterschied von Kimberliten sind offenbar besonders die diamantführenden

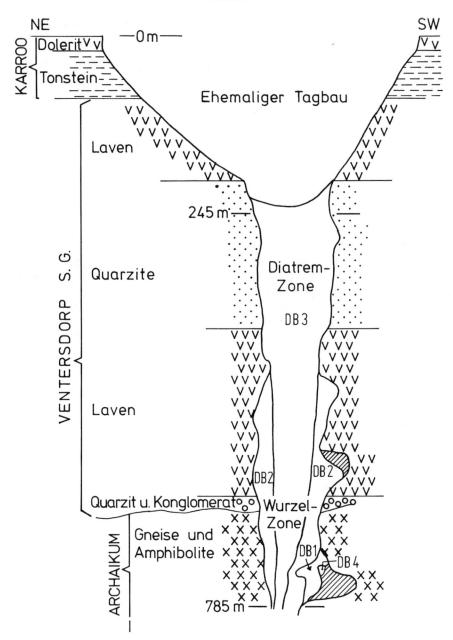

Abb. 121. Profil der De Beers Kimberlit-Pipe bei Kimberley, Südafrika (nach CLEMENT et al. 1986). Schraffur: Brekzien der Wurzelzone; DB1-4 sind unterschiedliche Kimberlitgenerationen.

Lamproite kieselsäuregesättigt; dies wird durch Aufschmelzen unter erhöhtem Partialdruck von H_2O und F erklärt, während Kimberlite bei hohem pCO_2 entstehen (JAQUES et al. 1984).

In jedem Fall werden Diamanten in Kimberliten und Lamproiten als *Xenokristalle* aufgefasst, die also nicht im jeweiligen Magma gebildet wurden, sondern als exotische Fragmente aus dem Mantel aufgenommen und hochtransportiert wurden. Altersbestimmungen an festen Einschlüssen der Diamanten im Vergleich zum Muttergestein ergeben manchmal nahezu identische (Premier und Argyle Mine; PHILLIPS et al. 1989), z.T. aber stark abweichende Bildungsalter, wie in den kretazischen (ca. 100 Ma) Orapa und Finch Pipes, deren Diamanten ein Bildungsalter von 990 und 1580 Ma haben (RICHARDSON et al.1990).

Die größte primäre Diamantlagerstätte der Welt wurde vor wenigen Jahren bei *Argyle* in NW-Australien gefunden. Die AK1 Pipe ist ein Krater mit einer Fläche von 1,6 mal 0,6 km, welcher mit sandigen Lamproit-Lapillituffen und limnischem Tonstein sowie Quarzit gefüllt ist. Kimberlitgänge durchschlagen diese Kratergesteine. Das Alter der Lamproite liegt bei 1130 Ma. Die Diamanten finden sich vorwiegend in den Lapillituffen. Die Reserven betragen 61 Mt Roherz mit dem außergewöhnlich hohen Gehalt von 6,8 ct/t. Mit einer Jahresproduktion von 25 Millionen Karat trägt Argyle über 50 % zur Weltproduktion an natürlichen Industriediamanten bei. Der Edelsteinanteil liegt bei 5 %. Mit einem Alter von nur 20 Ma sind über 100 andere Vorkommen von Kimberliten und Lamproiten Westaustraliens die jüngsten, welche bisher bekannt wurden (JAQUES et al. 1984).

Besonders interessant sind die diamantführenden Kimberlite der sibirischen Plattform, die ab 1954 durch Schwermineralprospektion in Gewässern aufgefunden wurden. Kimberlite erscheinen dort in einer großen Zahl von Distrikten unterschiedlichen Alters (vom Präkambrium bis zur Kreide). Dabei ergibt sich eine großräumige, mineralogische Zonierung unabhängig vom Alter, indem im Zentrum Diamant überwiegt, nach außen gefolgt von Zonen mit Pyrop und wenig Diamant, dann Pyrop ohne Diamanten, und schließlich einem breiten Saum, in welchem weder Pyrop noch Diamanten auftreten (DAWSON 1980). Dies belegt wiederum, daß die Bildung von Diamanten unabhängig von der Entstehung der Kimberlite gesehen werden muß. *Diamantführende Seifen* verdanken ihre Entstehung der großen mechanischen und chemischen Widerstandsfähigkeit des Minerals. Dadurch ist auch eine mehrfache Umlagerung möglich, womit vermutlich die bis heute oft unbekannte primäre Herkunft mancher Diamantseifen erklärbar ist. Es gibt fossile Seifen sehr hohen Alters, wie die kambrischen Lavras-Tillite und das Sopa-Konglomerat in Minas Gerais/Brasilien. Junge bis rezente Seifen können in höheren Flußterassen oder in den Talschottern liegen. Ein schönes Beispiel für einen engen Zusammenhang zwischen primärer und sekundärer Lagerstätte sind die Diamantseifen am Bow River/Westaustralien, welche flußabwärts von der Argyle AK1 Pipe liegen. Die Vorräte mit durchschnittlich 0,41ct/t sind sehr groß, bei einer Jahresproduktion von 600.000 ct. Der Edelsteinanteil beträgt 20 %, wodurch die Erfahrung bestätigt wird, daß zunehmender Transport höhere Qualität der Steine bewirkt. Sehr bekannt sind auch die Edelsteinseifen unbekannter Herkunft am Orange River, die überwiegend in Erosionsresten miozäner Terassen eines älteren Flußsystems abgebaut werden (VAN WYK & PIENAAR 1986).

Es gibt aber auch marine Küstenseifen, wie jene in Südwestafrika (Namibia). Kleinere Diamanten sehr guter Qualität liegen dort über und unter Wasser in älteren Strandterassen über mehr als 300 km Küstenlänge. Kimberlite sind im Hinterland der Küste bislang nicht bekannt.

Die *Suche nach Diamantlagerstätten* stützt sich auf eine Kombination geologischer, geochemischer und geophysikalischer Methoden. Eine großräumige Erkundung wird vor allem die Untersuchung der Schwerminerale im Entwässerungsnetz enthalten, wobei Chromdiopsid, Cr-führender Pyrop und Mg-Ilmenit (Picroilmenit) als Indikatoren für ausbeißende Kimberlite dienen. Die charakteristischen Maar-ähnlichen Depressionen solcher Pipes können oft bereits im Satellitenbild oder in Luftphotos erkannt werden. Weitere Möglichkeiten der Lokalisierung potentiell diamantführender Gesteine sind geochemische Bodenbeprobung (Ni, Cr, Co) sowie Aero- und Bodenmagnetik. Der nächste Schritt gilt in der Folge der Beurteilung der Diamantführung der aufgefundenen Kimberlite und Lamproite. Dazu werden üblicherweise möglichst große Proben einem Aufbereitungsversuch unterzogen, wobei oft mehrere Hundert Tonnen Material benötigt werden. Eine wissenschaftlich elegante Methode kann allerdings oft schon viele Kimberlite und Lamproite als nicht höffig ausscheiden: läßt sich nämlich durch Bestimmung der p/T-Bildungsbedingungen von Manteleinschlüssen feststellen, daß die Gesteine aus einer Tiefe von <100 km stammen, so ist eine Diamantführung ausgeschlossen.

Auch Diamantseifen werden durch Aufbereitungsversuche an Kiesproben aufgesucht und mit größeren Probemengen im Detail untersucht. Bedenkt man, daß die Gehalte vieler Edelsteinseifen in ct/100 t angegeben werden (die Octha Mine am Orange River hatte 1973-1984 einen Durchschnitt von 3,6 ct/100 t – VAN WYK & PIENAAR 1986), so wird klar, wie schwierig Erkennen und Reservenabschätzung bei Diamantseifen sind. Noch mehr als bei Gold wirkt sich dann die irreguläre Verteilung aus, weshalb das Wort geprägt wurde „diamond is like a pig – it lies where it wants to". Umsomehr sind natürlich sorgfältige sedimentologische Untersuchungen notwendig, um Exploration und Abbau rationell zu steuern.

Die *Produktion* natürlicher Diamanten lag 1990 bei 100 Millionen ct; Australien, Zaire, Botswana, die UdSSR und Südafrika lieferten der Menge nach den größten Anteil. Der Rohdiamantenmarkt wird zu 80 % von der CSO (Central Selling Organisation der De Beers Gesellschaft) beherrscht. Zweifellos wirkt dies für den Konsumenten preiserhöhend, doch schließen sich die meisten Produzenten dem Kartell gerne an, da es gleichbleibende Absatzpreise garantiert. Nur dadurch ist auch die Möglichkeit gewährleistet, Diamanten als sicheres Anlageobjekt zu erwerben.

Die berbauliche Produktion kann allerdings die Nachfrage nach Industriediamanten nicht befriedigen. Ein überwiegender Anteil (über 70 %: 1990 ca. 250 Millionen ct) wird heute künstlich hergestellt, bei Durchschnittspreisen von rund 1 US $/ct.

Literatur:

BALLHAUS, C., BERRY, R. F. & GREEN, D. H., 1990, Oxygen fugacity controls in the Earth's upper mantle. Nature 348, 437-440.

CLEMENT, C. R., HARRIS, J. W., ROBINSON, D. N. & HAWTHORNE, J. B., 1986, The De Beers kimberlite pipe – a historic South African diamond mine. Pp 2193-2214 in C. R. ANHÄUSSER & S. MASKE (Eds.), Mineral Deposits of Southern Africa. Vol. II, Geol. Soc. South Africa.

DAWSON, J. B., 1970, The structural setting of African kimberlite magmatism. Pp 321-325 in T. N. CLIFFORD & I. G. GASS (Eds.), African Magmatism and Tectonics. Oliver & Boyd.

DAWSON, J. B., 1980, Kimberlites and their xenoliths. 252 pp, Springer.

JAQUES, A. L. et al., 1984, The diamond-bearing ultrapotassic (lamproitic) rocks of the West Kimberley region, Western Australia. Pp 225-254 in J. KORNPROBST (Ed.), Kimberlites and Related Rocks. Elsevier.

McCALLUM, M. E., 1985, Experimental evidence for fluidisation processes in breccia pipe formation. Economic Geol. 80, 1523-1543.

PAGEL-THEISEN, V., 1980, Diamantenfibel – Handbuch der Diamantengraduierung. 271 pp, Schmalz-V., Hirschberg.

PHILLIPS, D., ONSTOTT, D. C. & HARRIS, J. W., 1989, ^{40}Ar/^{39}Ar laser probe dating of diamond inclusions from the Premier kimberlite. Nature 340, 460-462.

RICHARDSON, S. H., ERLANK, A. J., HARRIS, J. W. & HART, S. R., 1990, Eclogitic diamonds of Proterozoic age from Cretaceous kimberlites. Nature 346, 54-56.

ROMBOUTS, L., 1991, Commercial valuation of diamonds. Mining Magazine, April 91, 223-224.

SOBOLEV, N. V. & SHATSKY, V. S., 1990, Diamond inclusions in garnets from metamorphic rocks: a new environment for diamond formation. Nature 343, 742-746.

VAN WYK, J. P. & PIENAAR, L. F., 1986, Diamondiferous gravels of the Lower Orange River, Namaqualand. Pp 2309-2321 in C. R. ANHÄUSSER & S. MASKE (Eds.), Mineral Deposits of Southern Africa. Vol. II, Geol. Soc. S. A., Johannesburg.

Diatomit

Diatomit (auch Kieselgur, Diatomeenerde, Infusorienerde genannt) besteht aus den mikroskopisch kleinen (5-15 µm) Skeletten von einzelligen Kieselalgen (Diatomeen). Nach Form und physikalischem Verhalten unterscheidet man Stäbchen, Scheibchen, Tonnen, Schiffchen. In der Regel enthält sie auch feinkörnige klastische Sedimentanteile (Quarz, Aschenpartikel), die bei der Aufbereitung entfernt werden. Störend sind Karbonatanteile >5 % sowie für manche Anwendungen auch Tongehalte. Kieselgur ist ein kreidiges oder bindiges Gestein von weißer bis grünlicher Farbe; bei höherem Anteil an organischer Substanz oder Pyrit/Markasit kann die Gur auch grau bis schwarz sein. Die Rohgur enthält bis 60 % Wasser und wird für verschiedene Verwendungen bei 100 °C getrocknet oder bei 800 °C kalziniert. Bei letzterem wird die organische Substanz verbrannt und es entsteht eine hellrosa oder weiße Gur.

Die Diatomeenskelette bestehen zwar aus relativ hartem Opal bzw. Cristobalit, sind aber insgesamt sehr fragil, so daß sie als eher mildes Abrasiv wirken. Entsprechend behutsam müssen sie bei der Aufbereitung behandelt werden, um unerwünschte Zerkleinerung zu vermeiden. Dies gilt besonders für die Erzeugung von Filtergur, weshalb hauptsächlich mit Windsichtung im heißen Gasstrom gearbeitet wird. Kalzinierte Diatomeen sind fester, so daß eine schärfere Politur erzielt wird.

Die *Verwendung* der Kieselgur beruht vor allem auf dem hohen Kieselsäuregehalt, der geringen Dichte und der hohen Porosität. Sie wirkt deshalb wärme- und schalldämmend und adsorbierend für Flüssigkeiten. Anwendungsbereiche sind demgemäß Isolierung und Filterung, Füllmassen in Gummi, Plastik und Bitumen und Pudermittel in Stickstoffdünger und Insektiziden. Geringe Mengen werden in der kosmetischen Industrie und als feinstes Poliermittel verbraucht.

Diatomeen brauchen für das zur *Lagerstättenbildung* notwendige Massenwachstum ein großes Angebot an gelöstem SiO_2. Dieses kann entweder aus Thermalquellen stammen, die besonders in vulkanischer Umgebung auftreten (Island), oder aus verwitternden Gesteinen durch Oberflächen- und Grundwasser zugeführt werden (Niedersachsen), oder durch Einwehung von Glastuffen in lakustrine bzw. randlich marine Becken angeboten werden (Molererde/Dänemark, Lompoc/Kalifornien). Die meisten Kieselgurlagerstätten der Erde werden jedoch in jungen Vulkangebieten gefunden.

Die größten europäische Lagerstätten liegen im *französischen Zentralmassiv,* im Bereich andesitischer Vulkane, die um die Wende Pliozän-Pleistozän aktiv waren. Island erzeugt Kieselgur aus dem *Myvatn-See,* in dem rezente Diatomitbildung durch Zuströmen geothermaler Wässer beobachtet werden kann.

Spanien hat in Verbindung mit tertiärem Vulkanismus viele miozäne und pliozäne Diatomitlagerstätten, infolge der Assoziation mit marinen Mergeln jedoch meist von geringer Qualität.

Im marinen tieferen Helvet (Ottnang) einer Randfazies der niederösterreichischen Molassezone bedeckt das Kieselgurlager von *Limberg* eine Fläche von mehreren Quadratkilometern. Es handelt sich um 3-7 m mächtige, dünnschichtige, bankweise opalisierte Gur, welche zur Zeit nicht abgebaut wird.

Eine genetische Sonderstellung nehmen die Kieselgurlagerstätten der *Lüneburger Heide* ein, die während des Eem und Holstein-Interglazials in glazial geformten Rinnen gebildet wurden. Einzelne Lagerstätten sind weniger Zehner Meter mächtig und erstrecken sich über mehrere Kilometer Länge. Das Gestein ist fein gebändert und besonders im liegenden Teil durch organische Substanz und Pyrit schwarz bis olivgrün gefärbt. Über dem Grundwasserspiegel treten durch spätere Oxydation graue bis weiße Varietäten auf. Die Gesamtvorräte in diesem Gebiet liegen über 12 Mt bauwürdiger Rohgur. Die Entstehung dieser Lagerstätten wird auf verstärkte Kieselsäurezufuhr durch Verwitterung in die warmzeitlichen Seen zurückgeführt (BENDA & BRANDES 1974).

Die dänische *Molererde* ist eozänen Alters. Die Vorkommen liegen im nördlichen Jütland und bestehen aus einer marinen, maximal 60 m mächtigen Wechsellagerung von heller Kieselgur und vertonten Aschentuffen, die oft durch Gletschereinwirkung gefaltet und gestört vorliegt. Hohe Fe- und Ton-Gehalte verhindern eine Verwendung als Filtermaterial. Deshalb werden hier z.T. Steine gepreßt und gesintert, welche als Dämmbaustoffe Verwendung finden. Große Mengen werden auch zur Präparation (coating) von Düngemitteln exportiert.

Tripel (Tripoli) wird ähnlich wie Diatomit als Polier- und Füllmittel verwendet. Ursprünglich wurde diese Bezeichnung auch für Kieselgur gebraucht, in Anlehnung an das namensgebende Vorkommen in Nordafrika. Heute versteht man unter Tripel feinstkörnige, weiche chalzedonische oder Quarzpelite, die durch Zersetzung (Verwitterung?) von Hornstein in Kalken oder von Kieselschiefer entstehen. In Deutschland gibt es schmale Tripelbänder (10-25 cm) im mittleren Muschelkalk des Kraichgaues und am Odenwald, mit Korngrößen <3 µm, die bis 1966 bei Pforzheim abgebaut wurden.

Kieselerde ist in Deutschland aus Lagerstätten in der Umgebung von *Neuburg* an der Donau bekannt. Es handelt sich um ein feinstkörniges, weißes Gestein (67 % kleiner 20 µm) aus Quarz und Opal mit etwas Kaolinit, das weit überwiegend aus Kieselschwammresten besteht. Die Kieselerde hat unterturones Alter, und bildet mächtige Füllungen von Karstdepressionen in Malmkalken. Auch aus Kieselerde werden überwiegend Füllstoffe und Poliermittel hergestellt.

Literatur:

BENDA, L. & BRANDES, H., 1974, Die Kieselgurlagerstätten Niedersachsens. Verbreitung, Alter und Genese. Geol. Jb. A21, 3-85.
PASCHEN, S., 1986, Kieselgur – Gewinnung, Aufbereitung und Verwendung. Erzmetall 39, 158-162.

Feldspat

Orthoklas, Mikroklin	$KAlSi_3O_8$	D=2,53-2,56
Albit	$NaAlSi_3O_8$	2,61
Anorthit	$CaAl_2Si_2O_8$	2.76

Feldspäte sind Hauptgemengteile der meisten magmatischen (aber auch metamorpher und sedimentärer) Gesteine und gehören deshalb zu den häufigsten Mineralen. Eine wirtschaftliche Gewinnung setzt allerdings voraus, daß es sich um die oben zuerst genannten Alkalifeldspäte, bzw. Mischglieder (Kalinatronfeldspäte, Perthite) beider handelt. Diese sind in sauren oder alkalischen Magmatiten zu erwarten; die meisten intermediären und basischen Gesteine führen Ca-reiche Feldspäte (Mischglieder von Albit und Anorthit: Plagioklase), die nicht die erwünschten Eigenschaften haben und deshalb wirtschaftlich seltener von Bedeutung sind.

Kalifeldspat hat theoretisch 64,7 % SiO_2, 18,3 % Al_2O_3 und 16,9 % K_2O, doch ist immer ein Na-Gehalt vorhanden sowie wenig Ca und oft feine Hämatitschüppchen (deshalb die typische rosa Farbe). Albit besteht aus 68,7 % SiO_2, 19,5 % Al_2O_3 und 11,8 % Na_2O.

Die *Verwendung* von Feldspat liegt hauptsächlich (> 95 %) in der Erzeugung von Keramik, Glasuren und Glas. Zunehmend aber werden Feldspäte auch als Füllstoffe in Plastik, Farben und Gummi sowie als milde Abrasive eingesetzt. Die Anforderungen an Rohstoff und Aufbereitungsprodukte sind dementsprechend sehr unterschiedlich: Die Keramikindustrie braucht das Material als leicht schmelzendes Flußmittel und wünscht deshalb möglichst hohen Alkaligehalt und geringe freie Kieselsäure, meist auch niedrigen Fe-Gehalt. Die Glasindustrie verwendet die Feldspäte hauptsächlich als billiges Regulativ für den Aluminiumgehalt, der dem Glas verbesserte Haltbarkeit verleiht. Die naheliegende Verwendung anderer, Al-reicherer Minerale, z. B. Bauxit, Kaolin, Disthen usw. scheitert entweder an höheren Kosten oder an unzulässig hohen Fe-Gehalten. Das gebräuchliche Schmelzmittel der Glasindustrie ist Soda, so daß der Alkaligehalt der Feldspäte eine geringere Rolle spielt. Im Einzelnen aber sind die Anforderungen für verschiedene Endprodukte so unterschiedlich, daß hier auf die Speziallitatur verwiesen werden muß (WATSON 1981, ROBBINS 1986).

Ursprünglich wurden Feldspäte fast ausschließlich aus grobkristallinen *Pegmatiten* gewonnen, wobei durch Handscheidung ein reines Produkt erzielbar war. Mittlerweile dominiert die Erzeugung von Feldspatkonzentraten durch Flotation, Magnetscheidung, etc., wobei weiterhin Pegmatite (in Deutschland u.a. Hagendorf, Abb. 11), aber auch Granite und andere Gesteine als Rohstoffbasis dienen. Beispiele sind *Nephelinsyenite* (Norwegen, Kanada, UdSSR, Brasilien), *Aplite* (Japan, Elba), *Alaskite* (USA), *Albitite* (Vysoki Kamen/Böhmen), *Phonolite* (Eifel), *Rhyolite* (Saar-Nahe) und *Cornish Stone* (vergruster Granit in Cornwall). Als Füllstoff wird in Norwegen auch weißer *Anorthosit* abgebaut, obwohl dieser natürlich für Glas oder Keramik ungeeignet ist. *Prospektive Lagerstätten* müssen Mindestanforderungen in bezug auf Größe, annähernd konstante Rohstoffqualität und Aufbereitbarkeit erfüllen. Stets werden niedriger Fe-Gehalt und hohe Alkalianteile kritische Eigenschaften sein. Eine frühzeitige Abstimmung mit möglichen Verbrauchern ist anzuraten.

Literatur:

ROBBINS, J., 1986, Feldspar and nepheline syenite. Industrial Minerals 228, 69-101.
WATSON, I., 1981, Feldspathic fluxes – the rivalry reviewed. Industrial Minerals April 1981, 21-45.

Fluorit

Fluorit (Flußspat) CaF_2 D=3,1-3,2 48,9 % F

Fluorit enthält fast immer Spuren von Seltenen Erden, die als Aktivatoren für die namensgebende Fluoreszenz (und Thermolumineszenz) des Minerals verantwortlich gemacht werden. Andere häufige Kationen in Fluorit sind Sr und Y, seltener sind Al, Ba, Cd, Mg, Mn, Na, K und Th; unterschiedliche Gehalte dieser Elemente sind für einzelne Lagerstättentypen in Flußspatprovinzen charakteristisch und können für die Exploration verwendet werden (EPPINGER & CLOSS 1990). Die charakteristische tiefviolette Farbe vieler Fluorite wird zumeist auf Urangehalte, bzw. genauer auf strahlungsbedingte Kristalldefekte zurückgeführt.

Der Fluorbedarf der Industrie wird heute ausschließlich durch Fluorit gedeckt. Bis 1987 wurde aus der einzigartigen Lagerstätte Ivigtut in W-Grönland natürlicher *Kryolith* Na_3AlF_6 gewonnen; mittlerweile wird in Aluminiumhütten nur mehr synthetisierter Kryolith eingesetzt. Die bei der Phosphatdüngererzeugung aus *Fluorapatit* anfallende Hexafluorokieselsäure H_2SiF_6 wird in Zukunft vermehrt zur Deckung des Fluorbedarfes bei der Kryolithsynthese verwendet werden.

Große Fluoritlagerstätten enthalten gewöhnlich 15-20 % CaF_2 im Erz, kleine 30-40 %. Häufige Begleitminerale sind Quarz, Karbonate, Baryt, Bleiglanz und Zinkblende, welche durch Aufbereitung abgetrennt werden müssen. Ein seltener Begleiter ist *Sellait MgF_2*, der makroskopisch leicht mit Flußspat verwechselt wird (Grube Clara bei Wolfach).

Flußspat wird als Flußmittel bei Hüttenprozessen verwendet, vor allem in der Eisen- und Stahlerzeugung. Die Eignung als „Hüttenspat" (met grade = metallurgical grade) hängt von der Körnigkeit sowie von niedrigen Gehalten an SiO_2, S und Pb ab. In der chemischen Industrie (Flußsäure, u.a. auch fluorhaltige Treibgase) und für die Kryolithsynthese wird ein CaF_2-Gehalt über 97 % bei sehr niedrigen Sulfidgehalten gefordert („Säurespat"; acid grade). Diese beiden Gruppen sind annähernd zur Hälfte die Hauptverbraucher von Flußspat. Weitere Anwendungsbereiche gibt es in der Keramik, bei der Glaserzeugung, und schließlich für Material höchster Reinheit und Transparenz in der optischen Industrie zur Herstellung von Linsen.

Es ist bekannt, daß Fluormangel zu Zahnschäden führt, daß aber zu hohe Fluorgehalte in der Nahrung ebenfalls Gesundheitsschäden verursachen. Aus diesem Grunde hat man große Anstrengungen unternommen, um den Fluorverbrauch zu senken und möglichst große Rückgewinnungsraten zu erreichen. Dies und das Verbot bestimmter fluorhaltiger Treibgase, welche in der höheren Atmosphäre Ozon abbauen, wirkt sich vor allem auf die Säurespatproduktion abschwächend aus. Es wird aber erwartet, daß kürzlich entwickelte, unschädliche Treibgase zu einem neuen Aufschwung des Fluoritbergbaues führen werden.

Geochemie. Fluor ist vor allem ein Element des Erdmantels; in Phlogopit von Kimberliten findet man bis 8500 ppm F. Auch Karbonatite und Alkaligesteine haben sehr hohe Fluorgehalte, oft in Form von Fluorapatit, welcher sehr häufig zu bergbaulich nutzbaren Schlieren angereichert ist (z. B. Kola/UdSSR, s. Phosphate). Fluor ist in allen Magmen enthalten; in Magmatiten steigt allgemein sein Gehalt von basischen (370 ppm) zu granitischen (850 ppm) Gesteinen, jedoch im Einzelnen abhängig von der Entgasungsgeschichte des jeweiligen Körpers. Schiefer führen durchschnittlich 500 ppm F, Karbonate 330 ppm. In gesteinsbildende Minerale tritt F^- hauptsächlich für OH^- ein. Deshalb sind vor allem Glimmer, Amphibole, Apatit, Tone und andere wasserführende Minerale Träger von geochemischen Fluorgehalten. Fluor ist also in vielen Gesteinen reichlich verfügbar; es ist deshalb verständlich, daß er als Gangart in hydrothermalen Lagerstätten sehr häufig ist und daß Fluoritlagerstätten weit verbreitet sind.

Vulkanische Gase führen Fluor in Form von HF, das infolge seiner Agressivität starke Alteration der Nebengesteine bewirkt. Die aus abkühlenden Magmen freigesetzten Mengen können enorm sein; die Fluorabgabe der Fumarolen im Valley of the Ten Thousand Smokes/USA an die Atmosphäre wird z. B. auf 200.000 t pro Jahr geschätzt. Fluorführende hydrothermale Lösungen sind oft sauer, die Abscheidung von Flußspat erfolgt dann durch Reaktion mit Kalkstein oder mit Ca-führenden Mineralen der Nebengesteine, wodurch naturgemäß der pH-Wert rasch ansteigt. Flüssigkeitseinschlüsse vieler Flußspatlagerstätten führen Na-Ca-Mg-Cl; Daten zu Lösung und Absatz von Fluorit aus solchen hydrothermalen Lösungen findet man bei SCHAEFER (1980). Fluorit ist gegenüber Verwitterung sehr beständig; deshalb bildet er im Ausbiß Härtlinge bzw. bei Lösung von Gangart und Nebengestein residuale Anreicherungen, welche bergbauliche Bedeutung erlangen können (z. B. in den unten erwähnten Lagerstätten des Malmani-Dolomites).

Die Bildung von *Fluoritlagerstätten* ist zum Teil eindeutig mit magmatischen Prozessen verbunden. In Greisen und Pegmatiten findet sich Fluor in Topas, Glimmern und Kryolith, aber auch in der Form disseminierter Flußspatkörner sowie in vielen anderen akzessorischen Mineralen. Solche Vorkommen sind jedoch wirtschaftlich von geringer Bedeutung; die Bildung eigentlicher Lagerstätten findet in der Regel im unmittelbaren Dach der Intrusionen statt, durch Reaktion der magmatogen-hydrothermalen Fluide mit dem Nebengestein (z. B. Südafrika). Die meisten Flußspatlagerstätten lassen jedoch keinen direkten Zusammenhang mit magmatischen Prozessen erkennen. Hierher gehören fluoritbetonte Lagerstätten des Mississippi-Typs diagenetisch-hydrothermaler Genese, weiters hydrothermale Gänge und metasomatische Körper in Grund- und Deckgebirge (Mitteleuropa), deren letztendliche Entstehung auch heute noch diskutiert wird, und schließlich schichtgebundene Fluoritlagerstätten in Sedimenten, bei welchen syngenetische und epigenetische Modelle möglich sind.

Vielfach wurde versucht, die Entstehung von Flußspatlagerstätten durch Spurenelementanalysen einzugrenzen, natürlich auf Grund der Überlegung, daß die physiko-chemischen Bedingungen der Flußspat-Präzipitation den Einbau von Spurenelementen kontrollieren müssen. Weite Akzeptanz fanden diesbezüglich die Tb/Ca und Tb/La Verhältnisse (MÖLLER et al. 1976), die es erlauben, pegmatitisch, hydrothermal und sedimentär (also bei niedrigen Temperaturen) gebildeten Flußspat zu unterscheiden.

Magmatisch-hydrothermale Flußspatlagerstätten werden in Südafrika, Kanada und in China abgebaut. Die Lagerstätten Südafrikas *(Zwartkloof, Buffalo)* liegen im unmittelbaren Dach der Bushveldgranite, sowohl in kontaktmetamorphen Transvaalsedimenten wie in den rhyolitischen Roibergfelsiten. Es handelt sich um Gangsysteme, welche zum Teil einer Aufblätterung des quarzitischen Nebengesteins (Leptit) entlang der Schichtflächen entsprechen (Buffalo), zum Teil quergreifende Strukturen benützen (Zwartkloof). Manche Gänge sind monomineralisch, oft aber enthalten sie auch Siderit, Quarz, Chlorit und etwas Sphalerit. Hohe Gehalte an Uran und SEE sind charakteristisch.

Diagenetisch-hydrothermale Flußspatlagerstätten sind weit verbreitet, Beispiele sind der *Cave-in-Rock* Distrikt in Illinois/USA (RICHARDSON & PINCKNEY 1984), der im eigentlichen Mississippi-Typusgebiet liegt, sowie die ausgedehnte Flußspatprovinz bei Marico im westlichen Transvaal/Südafrika mit dem Bergbau *Witkop*. Diese Lagerstätten liegen alle im Malmani-Dolomit der altproterozoischen Transvaal Supergruppe unmittelbar unter einer Diskordanzfläche, wo Dolomit durch Tone, Cherts mit einer gebänderten Eisenformation, Brekzien und Konglomerate der Pretoria-Gruppe überlagert wird. Die Dolomite sind an der Diskordanz stark verkarstet, wodurch eine Emersionsphase belegt ist. Der Flußspat imprägniert in stratiformen Körpern stromatolithischen Dolomit der Karstzone („algal ore"), geringere Mengen werden aus Kollapsbrekzien gewonnen, wo das Ausgangsmaterial schwarzer Dolomit war („block spar"). Gangart sind Quarz, Kalzit, Dolomit, Pyrit, Talk, Tremolit und etwas Zinkblende. Mit nur 16 % Fluoritgehalt ist das Erz relativ arm; die Möglichkeit der Gewinnung im Tagbau ist für die Wirtschaftlichkeit ausschlaggebend. Die Ressourcen des Distriktes sind allerdings sehr groß; wenn man ein Minimum von 10 % CaF_2 ansetzt, liegen sie bei 1000 Mt. Die Entstehung der Lagerstätten fällt in den Zeitraum nach der Ablagerung der Pretoria-Gruppe, da Fragmente aus Malmani-Dolomit in deren Basisschutt unvererzt sind, und vor der Intrusion des Bushveld Massives, weil das Erz durch dessen Kontakthof metamorphosiert wurde (Talk, Tremolit, Graphitbildung aus Erdöltröpfchen). Damit ist eine genetische Verwandtschaft mit dem Mississippi-Typ sehr wahrscheinlich. Es wird vermutet, daß diagenetische Laugen das Spurenfluor der Malmani-Dolomite mobilisiert und in der Folge unter der impermeablen Überlagerung an der Diskordanz abgesetzt haben (MARTINI 1986).

Auffallend ist die Beckenrandlage der Fluoritvorkommen im *Morvan,* einem nördlichen Grundgebirgssporn des französischen Zentralmassivs. In sieben Lokalitäten sind zusammen über 16 Mt Erz mit 32-40 % CaF$_2$ und 5-25 % Baryt nachgewiesen. Die Erzkörper sind stratiform und schichtgebunden, und liegen in Sandsteinen und Karbonaten der Trias und des unteren Lias, welche von einem impermeablen Horizont in Form mittel- bis oberjurassischer Mergel überlagert werden. Die Platznahme der Erze erfolgte jedoch epigenetisch, z.T. durch Substitution, z.T. durch Füllung offener Hohlräume. Paragenetisch sehr ähnliche Gangvererzungen sind zwar im Grundgebirge bekannt, nicht aber in den Störungen, welche die mesozoischen Sedimente betroffen haben. Ein Vergleich mit der unter „Baryt" beschriebenen Lagerstätte Redoutières liegt natürlich nahe; die Entstehung der Lagerstätten des Morvan wird jedoch eher diagenetischer Beckenentwässerung zugeschrieben (SOULE DE LAFONT & LHEGU 1980).

Eine deutliche stratigraphische bzw. lithofazielle Bindung von Flußspatvorkommen und -lagerstätten an Gesteine mit regional anomalen F-Gehalten ist eine wiederkehrende Beobachtung. Dies trifft auf Morvan ebenso zu wie auf Mexiko (Kreidekalke), auf die alpine Mitteltrias (Gutensteiner Schichten, Wettersteinkalk)und auf die zentrale russische Tafel (Karbonsandsteine). In Deutschland wurde der Zechsteindolomit (Ca2 und Ca3) in Hessen und Thüringen als regional mineralisiert erkannt, mit der Lagerstätte *Caaschwitz* und den Vorkommen von *Eschwege und Sontra* (ZIEHR et al. 1980). Eine genetische Aussage ist aus dieser Schichtgebundenheit jedoch nicht abzuleiten. Sowohl syn-sedimentär-exhalative wie auch epigenetisch-hydrothermale Deutungen sind möglich.

Hydrothermale Gang- und Verdrängungslagerstätten können verschiedenen geologischen Prozessen zugeordnet werden. Neben den bereits besprochenen magmatischen und diagenetischen Lösungen sollen hier Riftbildung (VAN ALSTINE 1976; z.B. Kenya, CSFR) und die komplexe Metallogenese tektonisch aktivierter Kratone (varizisches Europa) genannt sein.

Die Fluoritkörper des *Kerio Valley* in Kenya liegen am westlichen Randbruch des Ostafrikanischen Grabens. Am Fuß des rund 1300 m hohen Abbruchs streichen proterozoische Marmore, Gneise und Quarzite aus. Die Marmore enthalten unmittelbar im Störungsbereich metasomatische Fluoritkörper, die im Einzelnen durch Querbrüche lokalisiert sind. Neben Resten der Nebengesteine führen die Erze Chalzedon, Adular, Pyrit und Chlorit, also eine typisch epithermale Paragenese. Kaolinisierung von feldspatführenden Nebengesteinen ist die auffälligste hydrothermale Alteration. Im weiteren Umkreis gibt es miozäne und rezente, basaltische und Na-rhyolitische Vulkane sowie Fumarolen und heiße Quellen, welche hohe Fluorgehalte haben. Ob das Fluor unmittelbar aus entgasenden Magmen stammt, oder aus Tuffen und Sedimenten der Riftfüllung mobilisiert wurde, bleibt allerdings offen (NYAMBOK & GACIRI 1975).

Mit der östlichen Fortsetzung des Egergrabens in der CSFR ist die Flußspatlagerstätte von *Jilove* bei Teplitz verbunden. In der Nähe der Erzgebirgsstörung treten hier neogene Basalte auf; damit in Zusammenhang sind heiße Quellen zu sehen, die noch heute Aragonit, Baryt und Fluorit abscheiden. Der Fluorit von Jilove bildet Gänge und Kluftfüllungen in unterturonen Quadersandsteinen. Interessant ist das völlige Fehlen von Baryt; Gangarten sind Limonit und Opal. Die Abscheidung fand bei Temperaturen um 120 °C statt; das Alter der Vererzung ist möglicherweise pleistozän.

Das variszisch konsolidierte Europa wurde im Laufe seiner Entwicklung mehrfach „reaktiviert", was auf tektonische Einwirkung großräumiger Prozesse zurückgeführt werden kann. Dadurch wurden wiederholt im Grundgebirge und im Deckgebirge hydrothermale Lösungen generiert, welche unter anderem bedeutende epigenetische Flußspatlagerstätten zur Folge hatten. Häufig ist die zeitliche Einordnung solcher Lagerstätten sehr schwierig und es fehlt meist auch eine modernen Anforderungen entsprechende Untersuchung. Die oben schon genannten Vorkommen des Morvan und Gänge im Zentralmassif bei Chaillac (Abb. 120) können diesem Typ ebenso zugeordnet werden wie jene West-Asturiens oder die deutschen Lagerstätten Grube Clara/Wolfach (HUCK 1984) und

Käfersteige bei Pforzheim im nördlichen Schwarzwald. Das Wölsendorfer Revier im Bayerischen Wald hingegen ist ein Teil jener Vererzungen, welche in Zusammenhang mit dem variszischen, post-tektonischen Magmatismus gesehen werden müssen (FÜRST et al. 1984; CARL & DILL 1984).

Im *westasturischen Permotriasbecken*, das den kantabrischen Ketten als tieferliegender Küstenstreifen vorgelagert ist, liegen mehrere bedeutende schichtgebundene Flußspatlagerstätten (FORSTER 1974). Die Lager liegen in der Regel an der Diskordanz zwischen devonischen und unterkarbonen Kalken, z.T. gangförmig an Störungen, z.T. als metasomatische Körper in permeablen und reaktiven Gesteinen der Permotrias (Abb. 122). Besonders reichlich vererzt ist eine kalkige Verwitterungsbrekzie (oder Auslaugungsbrekzie?) nach Evaporiten, welche nach oben in Fanglomerate übergeht. Die Flußspatkörper sind durch eine Permeabilitätsgrenze im Hangenden begrenzt, welche durch rote Keupermergel gebildet wird. FORSTER hatte eine syngenetisch-exogene Entstehung angenommen; mittlerweile ist aber eine hydrothermale Zufuhr nachgewiesen (VAZQUEZ GUZMAN in DUNNING et al. 1989).

Abb. 122. Die Fluoritlagerstätte von Veneros-Sur bei La Collada, West-Asturien (VAZQEZ GUZMAN 1989). Beachte die Lage der Erzkörper in Lösungsschläuchen und unter der impermeablen Bedeckung.

Weltweit werden jährlich etwa 6 Mt Flußspat gewonnen, davon kommt ein Viertel aus China, gefolgt von Mexiko, Mongolei, UdSSR und Südafrika.

Die *Prospektion* auf Fluorit stützt sich wesentlich auf geochemische Analysen mit der ionenselektiven Fluorsonde, weil selbst bauwürdige Flußspatanteile im Gestein sehr häufig makroskopisch nicht erkannt werden können. Gesteine, Böden und Wasser können dazu genutzt werden. Weiters ist Fluor ein sehr brauchbares Pfadfinderelement zur Prospektion auf alle fluorführenden Lagerstätten, z. B. Pb-Zn-Ba-F in Karbonaten, aber auch für Zinngranite.

Literatur:

CARL, C. & DILL, H., 1984, U/Pb-Datierung an Pechblenden aus dem Nabburg-Wölsendorfer Flußspatrevier. Geol. Jb. D63, 59-76.

EPPINGER, R. G. & CLOSS, L. G., 1990, Variation of trace elements and rare earth elements in fluorite: a possible tool for exploration. Economic Geol. 85, 1896-1907.

FORSTER, A., 1974, Die Flußspatlagerstätten Asturiens/Nordspanien und deren Genese. Geol. Rundschau 63, 212-263.

FÜRST, M., von PLATEN, H., LEIPZIGER, K. & WARTHA, R., 1984, Das Wölsendorfer Flußspatrevier – tektonische und genetische Aspekte. Geol. Jb. A75, 553-584.

HUCK, K.-H., 1984, Die Beziehungen zwischen Tektonik und Paragenese unter Berücksichtigung geochemischer Kriterien in der Fluß- und Schwerspatlagerstätte „Clara" bei Oberwolfach, Schwarzwald. 198 pp, Diss. Heidelberg.

LEEDER, O., 1983, Die Fluoritlagerstätten der wichtigsten Förderländer und ihre Verteilungsgesetzmäßigkeiten. Freib. Forschungsh. C379, 136 pp.
MARTINI, J. E. J., 1986, The Zeerust fluorspar deposits, Western Transvaal. Pp 837-841 in C. R. ANHÄUSSER & S. MASKE (Eds.), Mineral Deposits of Southern Africa. Vol. I, Geol. Soc. S. Africa, Johannesburg.
MÖLLER, P., PAREKH, P. P. & SCHNEIDER, H.-J., 1976, The application of Tb/Ca – Tb/La abundance ratios to problems of fluorspar genesis. Mineralium Deposita 11, 111-116.
NYAMBOK, I. A. & GACIRI, S. J., 1975, Geology of the fluorite deposits in Kerio Valley, Kenya. Economic Geol., 299-307.
RICHARDSON, C. K. & PINCKNEY, D. M., 1984, The chemical and thermal evolution of the fluids in the Cave-in-Rock fluorspar district, Illinois. Economic Geol. 79, 1833-1856.
SCHAEFER, B., 1980, Der Einfluß von Alkali- und Erdalkaliionen auf die hydrothermale Löslichkeit von Fluorit. Giessener Geol. Schriften 26, 286 pp.
SCHERHAG, Ch., 1990, Flußspatlagerstätten in Südafrika – ein Überblick. Erzmetall 43, 28-33.
SOULE DE LAFONT, D. & LHEGU, J., 1980, Les gisements stratiformes du Morvan. 26th Intern. Geol. Congr. Publ. E2, 1-39, Paris.
VAN ALSTINE, R. E., 1976, Continental rifts and lineaments associated with major fluorspar districts. Economic Geol. 71, 977-987.
ZIEHR, H., MATZKE, K., OTT, G. & VOUTTSIDIS, V., 1980, Ein stratiformes Fluoritvorkommen im Zechsteindolomit bei Eschwege und Sontra in Hessen. Geol. Rundschau 69, 325-348.

Gips und Anhydrit

Gips	$CaSO_4 \cdot 2H_2O$	D=2,3-2,4
Anhydrit	$CaSO_4$	D=2,9-3,0

Abgebaut werden nahezu monomineralische Vorkommen dieser Minerale. *Gipsstein* enthält neben Gips oft Anteile von Anhydrit, Ton und Karbonat, weiters bituminöse Substanz, authigene Quarze und lösliche Salze. *Anhydritstein* besteht aus Anhydrit, Ton, Quarz, Bitumen und Karbonat; lösliche Salze sind darin naturgemäß häufiger als in Gips. *Alabaster* ist sehr feinkörniger, massiger und reiner (>99 %) Gips, welcher schneeweiß und durchscheinend oder schwach gefärbt zu ornamentalen Anwendungen verarbeitet wird.

Da Gips und Anhydrit für die Verwendung nicht angereichert werden können, müssen die Rohsteine bestimmten Anforderungen genügen. Dazu gehören u.a. der Reinheitsgrad (Gips- bzw. Anhydritgehalt mindestens 70-80 %), der Karbonatgehalt (meist <5 %; MgO<2 %) und der Anteil löslicher Salze (NaCl, $MgCl_2$, $MgSO_4$; <0,02 %). Meist wird auch eine möglichst weiße Farbe (d.h. geringer Fe-Gehalt) gewünscht.

Aus Gips werden weit überwiegend Produkte für die Bauindustrie erzeugt (Baugips), z. B. Putze und Platten. Große Mengen werden aber auch für die Zementproduktion und als Dünger in der Landwirtschaft verbraucht. Besonders reine Spezialgipse, u.a. für medizinische Anwendungen oder als Füller, ebenso Alabaster, haben bei hohen Erlösen nur geringe Anteile an der Gesamtproduktion. Baugips wird weit überwiegend durch „Brennen" bei 120-160 °C entwässert; dabei entsteht das Halbhydrat $CaSO_4 \cdot 1/2H_2O$, das leicht wieder Wasser aufnimmt und rasch erhärtet („Stuckgips"). Bei Temperaturen um 500 °C wird Gips „totgebrannt"; das ist „Estrichgips", der nur sehr langsam erhärtet.

Anhydrit wird ebenso wie Rohgips dem Zementklinker zur Verzögerung des Abbindens beigemischt. Im deutschen Kohlenbergbau wird gips- und tonfreier Anhydrit in großen Mengen zum Abdämmen von Strecken verwendet („Bergbauanhydrit").

Die *Entstehung von Gips- und Anhydritlagerstätten* als chemische Sedimente eindampfender mariner oder festländischer Wasserbecken bedingt ihre häufige Assoziation mit Dolomit, salinaren Tonsteinen oder mit Salzgesteinen (s. Salze). Faziell nehmen die Sulfate dabei den Platz zwischen

Karbonaten und Halit ein. In Abhängigkeit von Temperatur und Salzgehalt der Laugen können sowohl Gips wie auch Anhydrit primär ausgefällt werden. Texturuntersuchungen lassen manchmal eine Klärung dieser Frage zu; so verweisen z. B. die Umrisse selenitischer Kristalle in Anhydrit auf primären Seichtwassergips (MAIKLEM & GLAISTER 1969). Untersuchungen in rezenten Sabkhas zeigen, daß Gips bereits unmittelbar nach der Bildung in Anhydrit umgewandelt werden kann und daß bei Zutritt meteorischer Wässer zu diesem Anhydrit wieder Gips entsteht. Bei zunehmender Überlagerung wird Gips mit dem Ansteigen der Temperaturen schon in einem frühen Stadium der Diagenese bei 60-70 °C in Anhydrit übergeführt (MURRAY 1964). Dabei werden bedeutende Wassermengen sowie ein großer Teil des Strontiums der Gipse freigesetzt, welches in benachbarten Gesteinen als *Coelestin $SrSO_4$* in Klüften, Drusen, Lagen oder metasomatischen Körpern bis zur Abbauwürdigkeit angereichert sein kann (im Keuper bei Bristol, England; im Messinien von Montevives bei Granada, Spanien).

Ein tieferes Verständnis der Genese von Gips und Anhydrit kann durch Isotopenuntersuchungen (D, O, S) erreicht werden. Früher schon wurde auf die zeitabhängige Entwicklung von $\delta^{34}S$ des Meerwassers („Nielsen-Kurve") und damit mariner Sulfate hingewiesen. Stabile Isotopendaten ermöglichen aber auch Aussagen zu Milieu und Bedingungen von Ablagerung und Diagenese der Sulfate. So konnte für die Gipse und Alabaster des Pariser Beckens gezeigt werden, daß sie nicht unmittelbar aus tertiärem Meerwasser ausgeschieden wurden, sondern durch Laugung älterer, permischer und triassischer Evaporite entstanden sind (FONTES & TOULEMONT 1987). Die messinischen Gipse des Mittelmeerraumes hingegen sind fast ausschließlich aus tertiärem Meerwasser abzuleiten (BOUCHY & PIERRE 1979). Die Isotopenverhältnisse im Hydratationswasser der Gipse erlauben meist eine klare Unterscheidung der Herkunft der beteiligten Wässer. Sehr viele Gipslagerstätten verdanken ihre Entstehung der Hydratation von Anhydritgestein, welches im Laufe der geologischen Entwicklung an die Erdoberfläche gelangt ist. Mit dem Zutritt meteorischer Wässer wird eine Vergipsung eingeleitet, welche mehrere Zehner Meter Tiefe erreichen kann. Gleichzeitig bewirkt die leichte Löslichkeit von Gips die Bildung von Dolinen, Höhlen und Schlotten, welche insgesamt als *Gipskarst* bezeichnet werden. Die Prozesse der Vergipsung und der Ablaugung werden durch die Morphologie, die Lagerung und die Ausbildung der Ausgangsanhydrite wesentlich beeinflußt.

Bedeutende Gipslagerstätten gibt es in Deutschland am westlichen und südlichen Harzrand, am Nordostrand des Rheinischen Schiefergebirges und im Richelsdorfer Gebirge (Zechstein). Weitere Abbaue finden sich in Thüringen (Röt), westlich der Weser (Muschelkalk) und in Franken (Keuper). Österreich hat große permische Lagerstätten bei Puchberg am Schneeberg, am Grundlsee und in Grubach bei Golling, karnische in Vorarlberg.

Gips und Anhydrit sind billige Rohstoffe und Lagerstätten sind weit verbreitet. Trotzdem werden nicht unbedeutende Mengen international gehandelt. Die Weltbergbauproduktion liegt vermutlich über 100 Mt.

Bedeutende Mengen von Gips fallen bei der Phosphorsäureherstellung, bei der Entsäuerung von Industrieabwässern (z. B. TiO_2-Erzeugung) und bei der Rauchgasentschwefelung an, vermutlich bereits mehr als aus der primären Gipsgewinnung. Diese Produkte bedrängen den Gipsbergbau, obwohl große Teile dieser artifiziellen Gipse verhaldet werden müssen. Nachteilige Eigenschaften sind u.a. unzulässig hohe Gehalte an Restphosphor, an Uran und Radium, Säuren und Chlor bzw. zu feines Korn. Trotzdem ist zu erwarten, daß Naturgips zunehmend zurückgedrängt wird, wie etwa das Beispiel Japans zeigt, wo er am Gesamtverbrauch nur mehr zu einem Drittel beteiligt ist.

Da Gips und Anhydrit in der Regel im Tagbau oder in seichtem Tiefbau gewonnen werden, beschränkt sich die *Prospektion* auf oberflächennahe Vorkommen. Geologische Karten, sowie im Gelände Gipskarstmorphologie und sulfathaltige Quellen (Bestimmung durch $BaCl_2$) geben erste Hinweise. In der Folge sind Tiefenerstreckung und Reinheitsgrad der Lagerstätte durch Bohrungen zu untersuchen. Dabei ist die Basis der deszendenten Vergipsung ebenso festzustellen, wie das Ausmaß einer eventuellen Beeinträchtigung durch die Füllung von Karstschlotten und Dolinen. Enge Bohrabstände sind anzuraten, da die Vergipsungsgrenze oft sehr komplexe Formen aufweist.

Literatur:

BOUCHY, J. M. & PIERRE, C., 1979, Données sédimentologiques et isotopiques sur les gypses des séries évaporitiques messiniennes d'Espagne méridionale et de Chypre. Rev. Géol. Dyn. Géogr. Phys. 21/4, 267-280.
FONTES, J.-Ch. & TOULEMONT, M., 1987, Faciès, pétrologie et teneurs en isotopes lourds (^{18}O, ^{13}C, ^{34}S) des niveaux évaporitiques lutétiens supérieurs du Bassin de Paris: Interprétation paléohydrologique. Bull. Elf-Aquitaine 11/1, 39-64.
HAYNES, S. J., BOLAND, R. & HUGHES-PEARL, J., 1989, Depositional setting of gypsum deposits, Southwestern Ontario: The Domtar mine. Economic Geol. 84, 857-870.
MAIKLEM, W. R. & GLAISTER, R. P., 1969, Classification of anhydrite – a practical approach. Bull. Can. Petrol. Geol. 17, 194-233.
MURRAY, R. C., 1964, Origin and diagenesis of gypsum and anhydrite. J. Sedim. Petrol. 34, 512-523.
NIELSEN, H., 1965, Schwefelisotope im marinen Kreislauf und das ^{34}S der früheren Meere. Geol. Rundschau 55, 160-172.

Glimmer

Muskovit	$KAL_2(OH,F)_2AlSi_3O_{10}$	D=2,78-2,88
Phlogopit	$KMg_3(F,OH)_2AlSi_3O_{10}$	D=2,75-2,97
Vermiculit	$(Mg,Fe,Al)_3(OH)_2Al_{1,25}Si_{2,75}O_{10} \cdot Mg_{0,33}(H_2O)_4$	

Nur diese drei Minerale der Glimmergruppe sind wirtschaftlich wichtig. Vermiculit ist zwar im mineralogischen Sinne kein Glimmer, soll aber infolge seiner häufigen Entstehung aus Mg-Fe-Glimmern hier behandelt werden.

Muskovit und Phlogopit sind in Vorkommen und Verwendung eng verwandt. Allerdings ist Muskovit weniger hitzebeständig, da schon ab 400-500 °C Wasserabgabe einsetzt, während Phlogopit bis 850-1000 °C stabil ist. Beide Minerale werden in dünnen Tafeln in der Elektrotechnik und Elektronikindustrie verwendet; Phlogopit wird für Anwendungen bei hohen Temperaturen bevorzugt. Dieser Einsatz beruht auf den besonderen Eigenschaften der Minerale, u.a. Biegsamkeit, hohe Beständigkeit bei Hitzeschock und sehr geringe elektrische Leitfähigkeit. Moderne elektronische Geräte haben allerdings einen sehr geringen Glimmeranteil, so daß der Bedarf relativ klein ist (ca. 6000-9000 t/Jahr).

Solcher tafeliger Muskovit (sheet mica) wird aus *Muskovitpegmatiten* (s. dort, CERNY 1990) gewonnen, welche vielfach die Paragenese Turmalin, Beryll, Columbo-Tantalit und Spodumen führen. Die Glimmerkristalle liegen oft als „Bücher" am Salband der Pegmatite, gelegentlich aber auch als Linsen oder Taschen im Innneren der Körper. Besonders günstig sind regelmäßig zonierte Pegmatite (Abb. 11), da dann die Aufsuchung einfacher ist. Gewinnung und Zubereitung umfassen sehr viel Handarbeit, weshalb die Produktion von Glimmerplatten aus Industrieländern unbedeutend ist. Wichtige Muskovit-Lagerstätten liegen in Indien, Madagascar, Simbabwe und Brasilien. Tafeliger Phlogopit ist viel seltener als Muskovit; er findet sich in pegmatitischen Gängen, welche ultramafische Gesteine durchschlagen (Madagascar, Kanada).

Die *Prospektion* auf Tafelglimmer in Pegmatiten stützt sich auf geologische Beobachtungen (z. B. sind Al-reiche Nebengesteine günstig) und geochemische Analysen (typisch für glimmerreiche Pegmatite sind höhere Gehalte von Rb, Cs, Li, Be, etc.), um höffige Pegmatite von sterilen zu unterscheiden (CERNY 1982). Infolge der irregulären Verteilung der Muskovite sind Bohrungen zur weiteren Erkundung wenig aussichtsreich; Schurfgräben, bergmännische Schurfarbeiten und Probeabbau sind vorzuziehen.

Wesentlich größere Mengen von Muskovit werden durch Massenabbau von Pegmatiten oder anderen glimmerführenden Gesteinen (z. B. vergruste Feldspatgranite, kaolinisierte Granite, Glimmerschiefer) gewonnen, welche gemahlen werden (deshalb „ground mica") und deren Glimmer trocken oder naß konzentriert wird. Trockenmahlung ergibt ein schmierendes Produkt, das für Dachpappe und als Zusatz zu Bohrspülungen eingesetzt wird. Naßmahlung erzeugt dünnere, glänzende Plättchen, die für Farben, Edelputze und als Füller in Plastikwaren Verwendung finden. Die Jahresproduktion gemahlenen Muskovites liegt weltweit bei 260.000 t, überwiegend aus USA, UdSSR, Indien und China.

Als Rohstoff für Mahlglimmer ist schließlich ergänzend das Gestein *Leukophyllit* zu erwähnen. Diese Bezeichnung ist nur im Deutschen üblich, die englische Literatur kennt sie nicht. Es handelt sich um hydrothermale Alterationsprodukte feldspatführender Gesteine, z. B. Orthogneise oder saurer Vulkanite. Die Leukophyllite bestehen aus feinkörnigem Muskovit (besser Serizit) und Mg-Chlorit mit Quarz; das heißt, daß die Feldspäte zur Gänze serizitisiert sind. Die Bergbaue erzeugen aus diesem Rohmaterial, das auch noch diverse akzessorische Minerale enthält, ein Glimmerkonzentrat, das überwiegend in der Bauwirtschaft als Füller eingesetzt wird. Zwei Leukophyllit-Lagerstätten werden in Österreich abgebaut, Aspang/Wechsel und Kleinfeistritz/Weißkirchen (HOLZER & PROCHASKA 1990).

Der Leukophyllit von *Aspang* entstand aus permischem Quarzporphyr („Porphyroid") der unterostalpinen Wechseleinheit. Paläozoische Schiefer werden dort von Phylliten, Porphyroid und Quarziten überlagert. Grobgneise der nächsthöheren Decke folgen im Hangenden. Diese Deckengrenze hat offenbar metamorphogene Fluide fokussiert, welche die Verglimmerung der sauren Vulkanite und z.T. auch der Phyllite verursachten. Es handelt sich um flach einfallende Lager von 10-40 m Mächtigkeit, deren Glimmeranteil etwa 20 % beträgt. Die Jahresproduktion liegt bei 70.000 t Verkaufsprodukt, das im Handel fälschlich als Kaolin bezeichnet wird.

Der Bergbau *Kleinfeistritz* produziert eine geringe Menge sehr hochwertiger Füllstoffe aus einer maximal 20 m mächtigen flachen Scherzone in mittelostalpinen Gneisen. Die Entstehung des Leukophyllites dieser Lagerstätte ist der für Aspang beschriebenen vergleichbar (PROCHASKA 1985).

Vermiculit läßt sich aus Biotit oder Phlogopit durch Einbau von Wasser in die Gitterzwischenschichten und durch Abfuhr von Alkalien ableiten. Diese Hydratisierung kann offenbar hydrothermal oder durch tropische Verwitterung nahe der Erdoberfläche erfolgen. Kleine Vorkommen von Vermiculit können auch unmittelbar hydrothermal gebildet sein (GÖTZINGER 1987). Der Name des auffällig gold-braunen Minerals leitet sich davon ab, daß das Zwischenschichtwasser bei Erhitzen leicht wieder ausgetrieben wird. In der Lötrohr- oder Gasfeuerzeugflamme blähen sich dabei die Einzelkörner zu wurmförmigen Gebilden auf. Das Ausmaß der Volumsvermehrung ist ein Maß für die Qualität; gefordert werden mindestens 6fache Exfoliation, manche Sorten expandieren 50fach. Von den Bergbauen wird ein feinkörniges (16-0,25 mm Korndurchmesser) Konzentrat erzeugt, das ein Raumgewicht von rund 1000 kg/m^3 hat. In der Nähe der Verbrauchsmärkte erfolgt dann in Rohröfen bei etwa 1000 °C die Herstellung des Endproduktes mit rund 64-160 kg/m^3.

Das expandierte Gut ist also äußerst leicht und deshalb wärmeisolierend und adsorbierend. Hohe thermische Stabilität bei gesundheitlicher Unbedenklichkeit fördert in vielen Anwendungsbereichen die Verdrängung von Asbest durch Vermiculit. Der größte Teil der Weltproduktion wird in der Bauindustrie zur Wärme- und Schalldämmung sowie in der Landwirtschaft zur Bodenverbesserung verwendet. Diese Anwendungsbereiche sind mit jenen des Perlites fast identisch. Geringere Mengen werden als industrielle Füllstoffe und für die Umwelttechnik verwendet, z. B. als Ölabsorber.

Vermiculitlagerstätten sind an ultramafische Gesteine gebunden, die durch hohe Fluidgehalte oder später einwirkende hydrothermale Lösungen glimmerreiche Partien enthalten. Diese Glimmer (meist Phlogopit) werden dann weiter zu Vermiculit hydratisiert. Wenige große Lagerstätten versorgen den Weltmarkt mit jährlich rund 550.000 t Rohprodukt.

In *Palabora* (Südafrika) werden in einem pyroxenitisch-syenitischen bis karbonatitischen Alkaligesteinskomplex neben Kupfer (sh. dort), Zirkon, Magnetit und Apatit aus pegmatitischen Phlogopit-Diopsid-Apatit-Olivingesteinen rund 200.000 t Vermiculit pro Jahr gewonnen. Die Vermiculitisierung des Phlogopites reicht generell nur bis 50 m Tiefe, weshalb eine Entstehung durch Verwitterung angenommen wird. Allerdings wurde Vermiculit in einzelnen Bohrungen bis 400 m Tiefe angetroffen, so daß eine hypogene, hydrothermale Entstehung nicht ganz auszuschließen ist (VERWOERD 1986).

Große Lagerstätten haben auch die USA in Virginia, Südkarolina und in Montana. Die Lagerstätte *Libby* in Montana liegt im Bereich präkambrischer Metasedimente, welche durch kretazische Pyroxenite und Syenite intrudiert werden. Die Vermiculitanreicherung findet sich in Pyroxenit über Syenit; eine Entstehung durch hydrothermale Fluide in Verbindung mit dem Syenit ist damit sehr wahrscheinlich.

Eine kleinere Lagerstätte ist *Kovdor*, in der UdSSR nahe der finnischen Grenze gelegen. Der Kovdor-Komplex besteht aus ähnlichen Gesteinen wie jener von Palabora. Hauptsächlich wird hier aber Magnetit abgebaut.

Kleine und kleinste Vermiculit-Lagerstätten findet man häufig in Pegmatiten, welche ultramafische Gesteine durchschlagen. Durch Reaktion der sauren, wasserreichen Schmelze mit dem Nebengestein entstehen dabei korund- oder disthenführende Pegmatite („Plumasite"; in Kenya mit Rubin oder Saphir), deren randliche Alterationszonen eine charakteristische Abfolge von außen Anthophyllit und innen Phlogopit/Chlorit oder eben Vermiculit zeigen (Abb. 123).

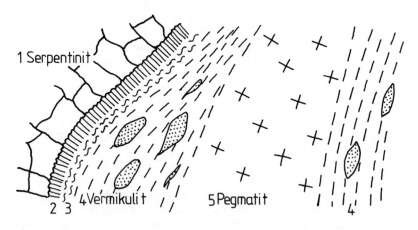

Abb. 123. Vermiculitbildung am Kontakt eines Pegmatitganges in Serpentinit in der Böhmischen Masse, Österreich (GÖTZINGER 1987).
1 – Serpentinit mit etwas Talk, Chlorit, Vermiculit;
2 – faseriger Anthophyllit (ca. 5 cm dick);
3 – hellgrüner Chlorit (ca. 1 cm);
4 – goldbrauner Vermiculit mit Knollen von Klinoamphibol (bis 100 cm mächtig);
5 – Pegmatit oder Plagioklasit (20-80 cm).

Literatur:

BASSET, W. A., 1963, The geology of vermiculite occurrences. Clays and Clay Mineral. 10, 61-69.
GÖTZINGER, M. A., 1987, Mineralogy and genesis of vermiculite in serpentinites of the Bohemian Massif in Austria. Mineral. Petrol. 36, 93-110.
HOLZER, H. F. & PROCHASKA, W., 1990, Leukophyllit – ein wenig bekannter mineralischer Rohstoff. Erzmetall 43, 424-428.

Graphit

Natürlicher Graphit (C, D = 2,1 bis 2,3) enthält in der Regel noch Spuren von Kohlenwasserstoffen und Stickstoff. Im Graphitkonzentrat findet man ferner unterschiedliche Mengen anderer Minerale, die in Anlehnung an die Kohlen nach Bestimmung durch Verbrennung als „Asche" bezeichnet werden.

Wichtige Eigenschaften des Graphites sind Schmierfähigkeit (durch geringe Härte und Gittertranslation), hohe Leitfähigkeit für Wärme und Elektrizität, sowie seine Stabilität gegen Säuren und Temperaturen bis 3000 °C (ohne Sauerstoffzutritt). Für die Verwendung sind vor allem Korngrößen und Kohlenstoffgehalte der Konzentrate maßgeblich. Nach ersteren werden im wirtschaftlichen Sprachgebrauch der höherwertige *Flinz- oder Flockengraphit* (engl. flake) mit über 1 mm Blättchendurchmesser bzw. der billigere, feinkörnige *amorphe Graphit* unterschieden. Häufig gehandelte Sorten sind ferner Graphitstaub (<100 μ) und stückiger Graphit („Ceylon lumps"). Niedrige C-Gehalte ab 40 % sind für manche Anwendungen zulässig, doch werden meist Gehalte über 85, oft sogar über 90 % C gefordert. Sulfidgehalte sind unerwünscht, wie auch abrasive oder im anvisierten Einsatz reaktive Gangartminerale.

Die untere *Bauwürdigkeitsgrenze* bei den Flinzgraphiten beträgt 3-5 % Graphitanteil im Gestein, bei den dichten Graphiten 45 %. Die Anreicherung erfolgt durch Flotation oder naßmechanische Methoden, seltener Windsichtung. Zur Erzeugung sehr reiner Sorten werden die Konzentrate durch chemische Behandlung bis C > 99,9 % raffiniert. Da Graphit sehr verwitterungsbeständig ist, werden besonders bei Flinzgraphiten oberflächennah zersetzte Partien von Lagerstätten bevorzugt abgebaut. Die Abtrennung der empfindlichen Graphitflocken aus unverwitterten, harten Gesteinen ist sehr aufwendig und erfordert daher deutlich höhere Gehalte (z. B. 16-18 % C in Lac Knife/Quebec).

Graphit wird in großen Mengen für die Herstellung von Schmelztiegeln, zum Aufkohlen von Stahl und zur Auskleidung von Gußformen verwendet. Bei der Eisenverhüttung werden quarzreiche Graphite als saurer, reduzierender Zuschlag eingesetzt. Ferner wird Graphit als Schmiermittel, Füllstoff für Farben, Elektrodenmaterial, statt Asbest in Bremsbelägen und zum geringsten Teil für Bleistifte verwendet. Flocken unter 0,2 mm Durchmesser werden zunehmend mit Magnesit zu refraktären Steinen und Mörteln verarbeitet. Hochreiner Graphit wird als Neutronenbremse in Kernreaktoren und zur Herstellung von Urankarbid-Brennelementen benötigt.

Graphitlagerstätten liegen fast ausschließlich in regional- oder kontaktmetamorphen Gesteinen. Die meisten großen Vorkommen sind im engeren Sinne *metamorphogene Lagerstätten,* deren Graphit in situ aus synsedimentärer organischer Substanz, also aus Kohlen oder Kohlenwasserstoffen entstanden ist. Experimente zeigen, daß zur Herstellung von Graphit, z. B. aus Anthrazit, hohe Temperaturen (ca. 2000 °C) notwendig sind; voll geordneter Graphit metamorpher Gesteine wurde in der Regel bei 300-500 °C und 2-6 kbar gebildet, also unter Bedingungen der Amphibolitfazies (LANDIS 1971). Gleichzeitige Durchbewegung fördert die Graphitbildung im Experiment (ROSS & BUSTIN 1990) und vermutlich auch bei der Regionalmetamorphose.

Graphitführende Pegmatite, hydrothermale Gänge und Scherzonen kann man als eine zweite Gruppe *epigenetischer Graphitlagerstätten* zusammenfassen. In diesem Fall wurde der Kohlenstoff in fluiden Phasen transportiert; schematisch kann dies in folgender Form erklärt werden (FROST 1979):

$$\begin{aligned}
&\text{Mobilisation} & &\text{Transport} \\
&2C + 2H_2O & \rightarrow \quad &CH_4 + CO_2 \\
&\text{Ausfällung} & & \\
&CH_4 + O_2 & \rightarrow \quad &C + 2H_2O
\end{aligned}$$

Die ursprüngliche Herkunft des Graphit-Kohlenstoffs wird durch Isotopenanalysen untersucht (CHUKROV et al. 1984, RUMBLE 1986; siehe auch FAURE 1986). Es ergeben sich Gehalte von $\delta^{13}C$ = -2 bis -23‰, wodurch eine überwiegend biogene Herkunft des Kohlenstoffs aus organischer Substanz einerseits (stark negative Werte) und Beimengung von freigesetztem Kohlenstoff durch Kalksilikatbildung bei der Metamorphose andererseits (Werte nahe Null) wahrscheinlich sind. In manchen Fällen ist auch eine magmatische Ableitung des Graphitkohlenstoffs möglich.

Metamorphogene Graphite kennt man in Europa vor allem in den Ostalpen und in der Böhmischen Masse. Die alpinen Graphitlagerstätten liegen im Oberkarbon der östlichen Grauwackenzone, vom Semmering bis Rottenmann/Steiermark. Wichtige Bergbaue sind *Kaisersberg*/Leoben und

Sunk/Trieben. Die Nebengesteine sind Phyllite, Tonschiefer, Quarzite und Konglomerate, in welche die Graphitflöze als deutliche Abkömmlinge ehemaliger Kohlen eingelagert sind. Starke Faltung und Zerscherung sind allerdings charakteristisch. Es handelt sich hier um feinkristalline „amorphe" Graphite, welche zum Teil noch den Charakter von Meta-Anthraziten haben und vor allem für Gießereizwecke vermarktet werden.

Die Vorkommen der Böhmischen Masse liegen in der moldanubischen Bunten Serie, welche durch Amphibolite, Karbonatmarmore und andere Metasedimente möglicherweise altpaläozoischen Alters gekennzeichnet ist. Graphit gibt es darin von den Ost-Sudeten bis zum Bayerischen Wald. Bekannte Bergbaubezirke liegen bei *Horn* und *Mühldorf* im niederösterreichischen Waldviertel (HOLZER 1964), bei *Černa* (Schwarzbach) und *Krumlov* (Krumau, Abb. 124) in der Umgebung von Budweis, sowie nördlich von Passau *(Kropfmühl)*. Die meisten Lagerstätten enthalten feinkörnige Flockengraphite, doch gibt es immer auch Partien, welche mehr den Charakter „amorpher" Graphite haben.

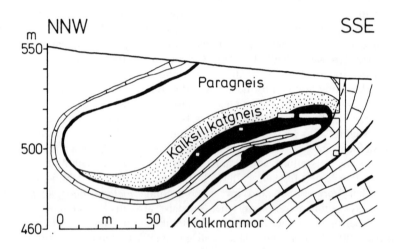

Abb. 124. Das Graphitlager von Tschechisch-Krumau bei Budweis/CSFR (nach Ind. Miner., März 1981).

Das Graphitflöz von *Kropfmühl* ist über 3 km streichende Länge und 800 m Breite ausgebildet, wobei allerdings Faltung, Aufschiebungen und Querstörungen eine im Einzelnen sehr komplizierte Lagerung und rasche Mächtigkeitsschwankungen bewirken (WEINELT 1987). Die Mächtigkeit beträgt maximal 6 m, der Graphitgehalt im Haufwerk durchschnittlich 30 %. Sekundäre Anreicherung in der Verwitterungszone bewirkte stellenweise Gehalte bis 80 % im Rohmaterial. Die kumulative Förderung wird auf 2,5 Millionen Tonnen Graphit geschätzt. Heute beträgt die Jahresproduktion rund 16.000 t verschiedener Graphitsorten.

Die moldanubischen Graphite können als metamorphe „Ölschiefer", also ehemals bituminöse Gesteine aufgefasst werden, wie mehrfache Untersuchungen gezeigt haben. Sie sind äußerst mineralreich; typische Nebengemengteile sind Alkalifeldspat, Plagioklas, Quarz, phengitischer Muskovit, Turmalin (Dravit), Disthen, Mg-Kalzit und Dolomit, Rutil, Korund, Apatit, Pyrit, Magnetkies und Kupferkies (BERAN et al. 1985). Hohe Spurengehalte von Ni, Co, Cr, Mo, V, Se, Cu, Zn und Ti bestätigen die genetische Deutung.

Ähnliche Lagerstätten in metamorphen Sedimenten gibt es im Grenville Orogen in Kanada (z. B. *Graphite Lake*/Huntsville/Ontario mit besonders großen und reinen Flocken) und in Madagaskar, das vor der Nationalisierung der Bergbaue die wichtigste Quelle hochwertigen Flinzgraphites war.

Kontaktmetamorphe Graphitlagerstätten haben oft besonders große Reserven, allerdings infolge der geringen Blättchengröße von niedrigerem Wert. Laterale Übergänge zu Kohlen oder Anthrazit sind nicht selten erhalten. Die größte derartige Lagerstätte ist wohl *La Colorada*/Sonora/Mexico, deren Graphit aus triassischen Kohlenflözen im Kontakthof eines Granites entstanden ist. Mehrere bis zu 8 m mächtige Flöze liegen hier in gefalteten Sandsteinen, welche von weißen Granitgängen durchschlagen werden. Neben weichem, amorphem Graphit gibt es auch Naturkoks und Anthrazit.

Auch die Graphitlagerstätte von *Skaland*/Lofoten/Norwegen wird als Kontaktbildung gedeutet. Präkambrische Metasedimente werden hier von Gabbros und Graniten intrudiert. Die Graphitlinsen sind bis 200 m lang und maximal 24 m mächtig. Gangarten sind Diopsid, Hornblende, Titanit, Granat, Quarz, Magnetkies, Skapolith und Wollastonit. Das Erz enthält 20-30 % Graphit, mit Reserven von rund 1 Million Tonnen (BUGGE 1978).

Epigenetische Graphitlagerstätten treten als Spaltenfüllungen oder Imprägnationen von Scherzonen auf. Am bekanntesten sind wohl jene in Granatbiotitgneisen der Insel *Sri Lanka* (Ceylon). Maximal 100 m lange und bis 125 cm mächtige Gänge treten in Schwärmen auf; sie führen grobkristallinen Graphit mit Quarz, Pyroxen, Kalzit, Apatit und Pyrit. Zum Teil stehen sie in deutlichem Verband mit Pegmatitgängen (Abb. 125). Vermutet wird eine Herkunft des Kohlenstoffs aus tieferen Zonen, in welchen Granulitmetamorphose stattfand (KATZ 1987).

Ähnliche Vorkommen kennt man in *New Hampshire*/USA, wo einige Meter mächtige Graphitgänge in unterdevonischen Sillimanitschiefern mit Quarz, Turmalin, Rutil, Sillimanit, Muskovit und Chlorit als Gangarten vorkommen (RUMBLE 1986).

Weltweit werden jährlich etwa 700.000 t natürlichen Graphites erzeugt, woran China 30 %, die UdSSR 13 %, Australien, Indien, Mexico, Brasilien, Süd- und Nord-Korea alle ca 6-7 % Anteil haben. Die bergbaulich verfügbaren Ressourcen (als Konzentrat) werden auf etwa 9,7 Mt Flockengraphit und 11,5 Mt amorphen Graphites geschätzt. Die Entwicklung neuer Bergbaue hängt vor allem vom Verhalten der marktbeherrschenden Volksrepublik China ab; kurzfristig entwicklungsfähige Lagerstätten sind u. a. in Kanada bekannt. Graphit wird industriell auch aus Anthrazit und Erdölkoks erzeugt, und ist dann zum Teil in Konkurrenz mit manchen amorphen natürlichen Graphiten. Hochwertige Sorten sind allerdings knapp, so daß ein wirtschaftlicher Anreiz zur Entwicklung geeigneter Lagerstätten besteht.

Zur *Suche* nach Graphitlagerstätten werden kombiniert geologische, geochemische und geoelektrische Methoden verwendet. Beispielhaft ist die Auffindung der 1991 in Produktion gehenden *Lac Knife Mine* in Quebec/Kanada, mit rund 8 Mt zu 16,7 % Flinzgraphit, wo der entscheidende Hinweis im Jahre 1959 durch einen kartierenden Geologen geliefert wurde, der einen etwa 1 m^2 großen Ausbiß beschrieben hatte. 1987 wurden daraufhin mit der Hand einige Schurfgräben gezogen; im Jahr danach wurde die Moränenbedeckung mit einem Bulldozer abgeschoben, so daß eine detaillierte Kartierung und Probennahme möglich war. Erst im Winter 1989 wurden dann mit Kernbohrungen die notwendigen Tiefenaufschlüsse erbracht (Mining Magazine, Juli 1990).

Allgemein ist zu beachten, daß neben dem Nachweis wirtschaftlich interessanter Graphitgehalte und entsprechender Reserven frühzeitig Qualität und Aufbereitbarkeit untersucht werden müssen. Da natürlich hochwertige Graphitprodukte gegenüber Massenware einen vielfachen Erlös erbringen, ist die erzielbare Produktpalette von entscheidender Bedeutung.

Literatur:

BERAN, A., FISCHER, R. & PICHLHÖFER, R., 1987, Zur Mineralogie der Graphitlagerstätten des Moldanubikums in Österreich. Fortschr. Mineral. 63, p 21.

CHUKROV, F. V., ERMILOVA, L. P. & NOSIK, L. P., 1984, On the isotopic composition of carbon in epigenetic graphites. Pp 130-137 in A. WAUSCHKUHN et al. (Eds.), Syngenesis and Epigenesis in the Formation of Mineral Deposits. 653 pp, Springer.

HOLZER, H. F., 1964, Die Flinzgraphitvorkommen im außeralpinen Grundgebirge Ober- und Niederösterreichs. Verh. Geol. B.-A. 1964, 360-371.

KATZ, M. B., 1987, Graphite deposits of Sri Lanka: a consequence of granulite metamorphism. Mineralium Deposita 22, 18-25.

KRAUSS, U. H., SCHMIDT, H. W., TAYLOR, H. A. & SUTPHIN, D. M., 1989, International strategic minerals inventory summary report – natural graphite. U. S. G. S. Circ. 930-H, 29 pp.

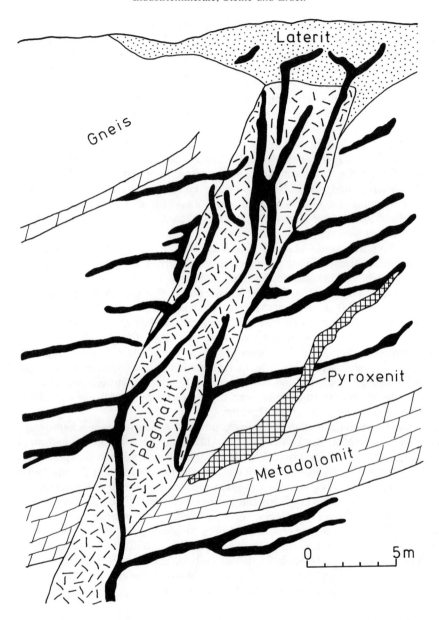

Abb. 125. Schematische Darstellung der Graphitgänge im Verband mit Pegmatiten auf Sri Lanka (nach WADIA 1945).

LANDIS, C. A., 1971, Graphitization of dispersed carbonaceous material in metamorphic rocks. Contr. Mineral. Petrol. 30, 34-45.
MANCUSO, J. J. & SEAVOY, R. E., 1981, Precambrian coal or anthraxolite: A source for graphite in high-grade schists and gneisses. Economic Geol. 76, 951-954.
MATHIAS, E.-P. & BUDIN, F., 1954, Die Graphitlagerstätte Sunk bei Trieben in der Steiermark. BHM 99, 95-99.
ROSS, J. V. & BUSTIN, R. M., 1990, The role of strain energy in creep graphitization of anthracite. Nature 343, 58-60.
RUMBLE, D., 1986, Carbon isotope geochemistry of hydrothermal graphite vein deposits, New Hampshire, USA. Terra Cognita 6, p 210.

SCHIDLOWSKI, M., 1988, A 3800 million years isotopic record of life from carbon in sedimentary rocks. Nature 333, 313-318.
WEINELT, W., 1987, Graphit. Pp 79-93 in K. SCHWERD & W. WEINELT, Der Bergbau in Bayern. Geol. Bavarica 91, 216 pp.

Kalkstein, Mergel und Dolomit

Calcit (Kalkspat)	$CaCO_3$	D=2,6-2,8
Dolomit	$CaMg(CO_3)_2$	D=2,85-2,95

Hier werden nur jene Karbonatgesteine besprochen, die nicht als Baustein oder Bruchstein Verwendung finden. Industriell verwertete Karbonate sind weit überwiegend ursprünglich marine Sedimente; seltener sind geeignete Vorkommen lacustriner oder hydrothermaler Entstehung. Fast immer sind solche Gesteine durch Diagenese verfestigt bzw. verändert; metamorphe Varietäten, also Kalk- und Dolomitmarmore, sind vielfach in gleicher Weise verwendbar. Für die Prospektion nach geeigneten Lagerstätten und zu deren Untersuchung und Beurteilung sind genetische Untersuchungen insbesondere mit den Methoden der Karbonatpetrologie zweckmäßig (FLÜGEL 1978, SCHOLLE et al. 1983).

Karbonatgesteine sind äußerst wichtige Massenrohstoffe für Industrie, Bauwirtschaft, Landwirtschaft und Umweltschutz. Aus diesem Grund bedürfen bekannte und potentielle Lagerstätten eines ausdrücklichen Schutzes im Rahmen der Landesplanung, z. B. durch Erstellung von Rohstoffsicherungskarten.

Karbonatgesteine werden in der Regel zur weiteren Verwendung in Öfen verschiedener Konstruktion bei 900-1300 °C gebrannt (also vor Erreichen des Schmelzpunktes „kalziniert", oder „entsäuert"). Dabei entsteht Branntkalk, CaO (oder MgO) sowie CO_2; der Gewichtsverlust liegt bei reinem Kalkstein bei 44 %, bei dolomitischem Kalk bei 48 %. Das Produkt wird danach für den Handel meist fein gemahlen und zu $Ca(OH)_2$ hydratisiert. Zementmergel hingegen wird gesintert, das heißt bis zum beginnenden Schmelzen (>1280 °C) erhitzt. Das Produkt heißt hier Zementklinker, bestehend aus Tricalciumsilikat und Tricalciumaluminat bzw. Tetracalciumaluminoferrit. Nur ein geringer Teil der Karbonatgesteine wird ungebrannt verwendet, z. B. als langsam wirkender landwirtschaftlicher Dünger.

Kalkstein besteht überwiegend aus Calcit und enthält daneben wechselnde Mengen von Fe, Mg, Quarz, Ton, Pyrit und organischer Substanz. Riffkalke sind oft sehr rein, da frei von klastischen Einschwemmungen, können aber störende Dolomitgehalte aufweisen. Gebankte Kalke sind eher durch Ton verunreinigt, wodurch sie in Mergel übergehen, oder durch Quarz („Kieselkalke"). Eine effiziente Feldmethode zum Erkennen nicht-calcitischer, meist unerwünschter Bestandteile ist kurzes Eintauchen in verdünnte Salzsäure, welche Dolomit und Silikate langsamer löst als Calcit. An Hand einiger gleich behandelter Vergleichsproben, deren chemische Zusammensetzung bekannt ist, läßt sich so eine erste Abschätzung der Eignung rasch und billig durchführen.

Die Qualitätsanforderungen an Kalkstein betreffen neben den chemisch/mineralogischen Eigenschaften auch Brennverhalten, Mahlbarkeit, etc., natürlich abhängig von der geplanten Verwendung. Niedrige MgO-Grenzwerte gelten z. B. für den Einsatz bei der Stahlerzeugung, für die Herstellung von Calciumcarbid, und für die Wasserentsäuerung. Allgemein werden möglichst geringe Gehalte an SiO_2, Al_2O_3 und Fe_2O_3 gefordert. Im Hochofen und bei der Stahlerzeugung sind Sulfide und Phosphate unerwünscht. Bei Brenn- und Hüttenprozessen freiwerdende Alkalien (vor allem aus Salzen) sind auf maximal 0,05 % beschränkt. In der Regel werden einzelne Teile einer Lagerstätte unterschiedlich sein, so daß Produkte verschiedener Reinheitsgrade für diverse Anwendungsgebiete hergestellt werden müssen, um eine möglichst wirtschaftliche Nutzung des Gesamtvorrates zu erreichen.

Kalkstein gehört vermutlich zu den vielseitigsten Rohstoffen unserer Gesellschaft. Über 70 %

werden in der chemischen und metallurgischen Industrie verbraucht (Stahl-, Papier-, Zuckererzeugung), einschließlich großer Mengen für die Rauchgasentschwefelung und Abwasserbehandlung. Bauwirtschaft und Düngererzeugung teilen sich die Restmenge.

Zunehmend ist der Bedarf an hochwertigen *karbonatischen Füllstoffen,* der einen besonders hohen Weißegrad voraussetzt. Dieser wird naturgemäß durch Anteile dunkler Minerale oder Kluftbeläge vermindert, z. B. Fe- oder Mn-Oxyde, organische Substanz, Pyrit usw. Weißmahlende Silikate stören hier aber nicht.

Kalkmergel (75-90 % $CaCO_3$) und *Mergel* (40-75 % $CaCO_3$) sind die wichtigsten Zementrohstoffe. Zemente sind hydraulische (das heißt, bei Wasserzusatz erhärtende) Bindemittel, welche durch Brennen von Kalkmergel und folgende Feinmahlung unter Zusatz von Gips- oder Anhydrit hergestellt werden. Da Kalkmergel der erforderlichen Zusammensetzung (Naturzementmergel) selten sind, werden heute in der Regel Kalke, Mergel, Ton, Quarzsand oder Eisenerz in den erforderlichen Anteilen vermengt. Das Rohmehl für den meistgebrauchten Portlandzement soll 75 % $CaCO_3$, 3 % Fe_2O_3, maximal 4 % Dolomit und ein Verhältnis von SiO_2 zu Al_2O_3 von 3 bis 6 haben. Schwefel-, Alkali- und Phosphorgehalte sollen sehr gering sein. Aus den Mengenverhältnissen ergibt sich, daß Zementfabriken möglichst nahe an einem geeigneten Kalksteinbruch errichtet werden. Die anderen Gemengteile können aus weiterer Entfernung zugeführt werden.

Ein Beispiel für ein Naturzementvorkommen ist das oligozäne Becken von *Häring/Tirol* (SCHNABEL & DRAXLER 1976), wo nahe der transgressiven Basis über einem Kohlenflöz eine 5-6 m mächtige Bank von Naturzement untertage gewonnen wurde. Heute werden am selben Ort auch benachbarte sandige Mergel im Tagbaubetrieb gewonnen, der Kalk kommt aus einer triadischen Lagerstätte in nächster Umgebung.

Dolomitsteine bestehen aus Dolomit, sowie möglichst geringen Anteilen von Calcit und den oben bei Kalkstein genannten akzessorischen Mineralen. Dolomitlagerstätten sind aus genetischen Gründen wesentlich seltener als Kalklagerstätten. Dolomite sind bekanntlich kaum jemals primäre Sedimente, sondern sie entstehen meist durch Dolomitisierung von kalkigen Ablagerungen. Diese Umwandlung ist in der Regel durch frühe diagenetische Prozesse bedingt, kann aber auch spätdiagenetisch oder sogar hydrothermal verursacht sein. Unvollständige Umwandlung oder teilweise Re-Calcitisierung sind aber so häufig, daß für eine wirtschaftliche Verwertung ausreichend reine Dolomitsteine weniger verfügbar sind als dolomitarme Kalke.

Verwendet werden Dolomite als Rohstein (Eisenverhüttung, Landwirtschaft), in gebranntem Zustand (als rasch wirkender Dünger, Abwasserbehandlung, Glaserzeugung) und als Sinter in Form basischer refraktärer Massen oder Steine zur Auskleidung von Öfen in der Eisen-, Stahl-, Zement- und Kalkproduktion. Die Anforderungen an den Rohstoff sind demgemäß sehr unterschiedlich, am höchsten sind sie für die Glasherstellung (Fe-Gehalt) und für die Feuerfestindustrie (hoher MgO-Gehalt, Al_2O_3 und Fe_2O_3 unter 1,5 %, SiO_2<0,5 %). Ähnlich wie bei Kalkstein ist eine Verbesserung des Rohproduktes durch Aufbereitung nicht möglich (außer Waschen), so daß die Lagerstättenerkundung besonders enge Abstände der Aufschlüsse (Kernbohrungen) erfordert. Selektiver Abbau muß unterschiedliche Qualitäten von Lagerstättenteilen berücksichtigen. Die Eignung zur Sinterung ist nur beschränkt durch petrologische Methoden erkennbar; entscheidend ist immer ein großtechnischer Versuch.

Literatur:

ANANI, A., 1984, Applications of dolomite. Industrial Minerals No. 205, 45-55.

FLÜGEL, E., 1978, Mikrofazielle Untersuchungsmethoden an Kalken. 454 pp, Springer.

SCHIELE, E. & BEHRENS, L. W., 1972, Kalk. Herstellung, Eigenschaften, Verwendung. 627 pp, Verlag Stahleisen.

SCHNABEL, W. & DRAXLER, I., Sedimentologische Untersuchungen in der Inneralpinen Molasse des Unterinntales. N. Jb. Geol. Paläont. Abh. 151, 325-357.

SCHOLLE, P. A., BEBOUT, D. G. & MOORE, C. H. (Eds.), 1983, Carbonate depositional environments. AAPG Memoir 33, 708 pp.

TAYLOR, H. F. W. (Ed.), 1964, The chemistry of cements. Academic Press.

Kaolin

Kaolinit	$Al_4(OH)_8Si_4O_{10}$	D=2,1(Aggregate)-2,6(Kristalle)
Dickit	wie K.	
Nakrit	wie K.	
Allophane	$xAl_2O_3 \cdot ySiO_2 \cdot zH_2O$	D=1,9

Die erstgenannten drei Kaolinminerale sind dioktaedrische Phyllosilikate, welche in Tongesteinen sehr häufig sind. Sie enthalten 39,5 % Al_2O_3, 46,5 % SiO_2 und 14 % H_2O, entsprechend einer Formel $Al_2O_3 \cdot 2SiO_2 \cdot 2H_2O$. Das Kristallwasser entweicht bei unterschiedlichen Temperaturen; bei Kaolinit von 390-450 °C, bei Dickit zwischen 510 und 575 °C. Dies deutet eine gewisse Abfolge der Bildung mit zunehmender Temperatur an, obwohl eine scharfe Trennung nicht möglich ist. Kaolinit entsteht i.A. bei Verwitterung und bei niedrigtemperierter hydrothermaler Alteration, Dickit und Nakrit eher hydrothermal bei zunehmender Temperatur. Nakrit ist der typische Kaolin hochhydrothermaler Zinnerze im Erzgebirge. Allophane sind röntgenamorphe Gele, die vor allem in Verwitterungsböden vorkommen. Mit dem in hochwertigen Produkten unerwünschten Halloysit (Hydro-Kaolin) zusammen sind sie vermutlich nicht selten Vorläufer der eigentlichen Kaolinminerale.

Kaolingesteine bestehen aus Kaolinmineralen, sowie je nach Natur der Ausgangsgesteine aus deren unveränderten Mineralen, z. B. Quarz, Turmalin und Glimmer. Primäre Vorläufer der Kaoline sind meist Feldspäte, doch auch Feldspatvertreter und andere Aluminiumsilikate. Für die Verwendung werden die Kaoline naß (durch Aufschlämmung) oder trocken konzentriert. Besonders störend sind Eisenhydroxyde, deren Abtrennung aber z. B. durch Laugung oder durch hochleitende Starkfeldmagnetscheider möglich ist. Die Gewinnung eines mineralogisch reinen Kaolinitkonzentrates wird aber kaum jemals angestrebt, da häufig assoziierte andere Minerale (Illit, Serizit) bei den meisten Anwendungen nicht stören. In einzelnen Fällen enthalten „Kaoline" des Handels überhaupt keine Kaolinminerale (z. B. jene von Aspang/Wechsel; s. Glimmer).

Abbauwürdige Kaolingesteine enthalten bis 60 % „Wasch- oder Feinkaolin". Kleinere Gehalte als 10 % werden kaum ausgebeutet. Die Verwendbarkeit der Aufbereitungsabgänge (gewöhnlich Quarzsande, auch Glimmer) kann die Wirtschaftlichkeit einer Lagerstätte entscheidend beeinflussen.

Kaolin wird überwiegend als feinstkörniges, hochweißes Material zur Füllung und Beschichtung von Papier verwendet. Auf diesen Markt drängen aber auch Kalziumkarbonat, Talk und Gips, die jedoch nicht in allen Anforderungen an die Eigenschaften von Kaolin heranreichen. Andere hochwertige Kaoline werden als funktionelle Füller in Farben, Gummi, Plastikprodukten, Medikamenten und als Hauptbestandteil von Porzellan verwendet. Geringere Qualitäten, die meist aus Trockenaufbereitungen stammen, braucht die Erzeugung von Keramik minderer Qualität, von refraktären Massen, Zement, Dünger, usw. Zur Beurteilung der Eignung des Kaolins einzelner Lagerstätten für bestimmte Anwendungen sind mineralogische und technologische Untersuchungen erforderlich (MURRAY 1980).

Kaolinlagerstätten sind in der Regel aus feldspatführenden Gesteinen entstanden, deren Al-Silikate kaolinisiert wurden. Dieser Prozeß wird durch saure Wässer in Gang gesetzt, wobei durch Hydrolyse überschüssige Alkalien (Na, K, Ca) und manchmal auch SiO_2 in Lösung abgeführt werden. Der letztere Vorgang verbindet die Kaolinisierung mit der Entstehung von Bauxitlagerstätten. Die Einwirkung saurer Wässer auf geeignete Gesteine beschränkt sich im Grunde auf zwei Bereiche, nämlich die *Verwitterung* und bestimmte *hydrothermale Veränderungen*. Seltener sind umgelagerte und damit *sedimentäre Kaoline* ebenso wie Sande mit einer Porenfüllung von Kaolin, die durch infiltrierende Wässer abgesetzt wurde *(Kaolinsande)*.

Verwitterungslagerstätten von Kaolin bilden lateral ausgedehnte autochthone Decken relativ geringer Mächtigkeit über unverwittertem Ausgangsgestein. Wie alle mächtigen, reifen Bodenbildungen sind sie in warm-feuchten bzw. wechselfeuchten Klimazonen besonders gut entwickelt, weshalb die Assoziation mit Laterit, Bauxit und kohleführenden Diskordanzen als Regel gelten kann. Im letzten Fall sind vielfach eisenarme Kaoline entstanden, da organische Säuren Fe lösen. Andernfalls findet man im Kaolin oft Beläge von Goethit, unter reduzierenden Bedingungen Konkretionen von Siderit und Pyrit. Verwitterungskaoline sind nicht selten reich an Halloysit. Beispiele für Verwitterungslagerstätten sind *Olmucany/CSFR* und die großen Lagerstätten der USA, hier durch *Pruden Mine/Arkansas* dargestellt (Abb. 126). Die größten deutschen Lagerstätten dieser Entstehung liegen im Raum Amberg.

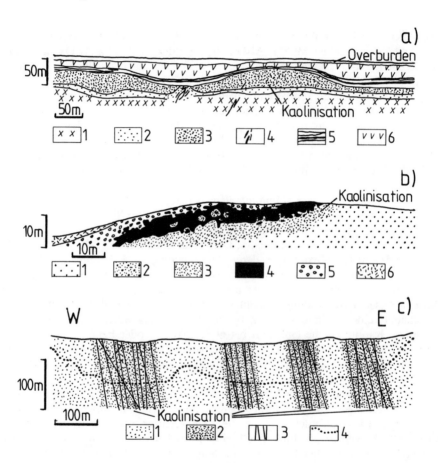

Abb. 126. Vergleich der Kaolinbildung in zwei Verwitterungsprofilen (a, b) mit einer hydrothermalen Kaolinlagerstätte (c) (nach BRAY & SPOONER 1983).
a) Lagerstätte Bozicany bei Karlsbad/CSFR: 20-30 m vollständig kaolinisierter variszischer Granit (3) liegt über teilweise verwittertem (2) und frischem Granit (1). Quarzgänge (4) unterbrechen die Kaolindecke; die Überlagerung besteht aus oligozänen Tonen und Sanden mit Braunkohleflözen (5) und oligo-miozänen Tuffen (6).
b) Bauxitvorkommen Pruden/Arkansas: Das Ausgangsgestein ist Nephelinsyenit (1); teilweise (2) und vollständige (3) Kaolinisierung bilden die Basis des Bodenhorizontes, welche von Bauxit mit Syenittextur (4) sowie pisolitischem (5) und blockigem (6) Bauxit überlagert wird.
c) Kaolintagbau Goonbarrow/Cornwall: (1) frischer Granit; (2) starke Kaolinisierung; (3) Sn-Quarzgänge; (4) Tagbaustand im Juni 1976.

Hydrothermale Alterationslagerstätten von Kaolin findet man sowohl in feldspatführenden Vulkaniten wie auch in Tiefengesteinen. Epithermale Kaolinisierung von Laven, vulkanogenen Brekzien und Tuffen wurde bereits früher als typische Alteration vieler Goldlagerstätten (s. dort) beschrieben. Solche Kaoline kommen naturgemäß auch ohne Zusammenhang mit einer Edelmetallvererzung vor;

sie enthalten jedoch manchmal beträchtliche Anteile von entwertendem Halloysit. Kaolinisierung von plutonischen Magmatiten ist in auffälliger Weise mit spezialisierten Graniten verbunden. Die fluide Phase solcher Magmen ist durch kräftige Säuren gekennzeichnet (H_3BO_3, HCl, HF), welche in den Granitkuppeln oder ihrem Dach Greisenbildung und Kaolinisierung bewirken.

Der größte derartige Lagerstättendistrikt ist Cornwall, dessen Reserven auf 5.000 Mt Rohmaterial zu 10 % Kaolin geschätzt werden. Bisher gewonnen wurden rund 100 Mt Waschkaolin. Es handelt sich um Zonen kaolinisierter Granite, die mehrere Hundert Meter Länge, bis 150 m Breite und über 250 m Tiefenerstreckung haben. Sie liegen in variszischen Graniten, deren jüngste Glieder spezialisierte Lithiumgranite sind. In den Gruben des Granites von *St. Austell* sind die Kaolinisierungszonen deutlich an Scharen von Sn-W-Quarzgängen gebunden; unmittelbar an den Gängen sind schmale Greisen-Salbänder entwickelt, während die Kaolinbildung weit ins Nebengestein ausgreift (Abb. 126). Bei der Kaolinisierung wurden Plagioklase bevorzugt angegriffen, während die Kalifeldspäte bevorzugt serizitisiert sind. Die Quarzkörner sind meist lappig angelöst. Nimmt man Konstanz des Al_2O_3-Anteils im Gestein an, ist eine Abfuhr von SiO_2 (-27 %), Fe_2O_3 (-59 %), MgO (-27 %), CaO (-88 %), Na_2O (-98 %), K_2O (-33 %) und F (-56 %) zu errechnen. Das Gesamtvolumen ist um rund 28 % vermindert. Die Kaolinisierung veränderte nicht nur die Granite, sondern auch saure Gänge („Elvans"), welche die Quarzgänge durchschlagen. Damit ist eine Datierung der Kaolinbildung auf 280±2 Ma möglich (BRAY & SPOONER 1983).

Die *Weltproduktion* von ca. 25 Mt Kaolin pro Jahr wird durch die USA (9 Mt/a) und Großbritannien (3,3 Mt) dominiert. In den nächsten Jahren wird eine Versorgungslücke vermutet, da der Verbrauch rascher steigt als die Ausweitung der bergbaulichen Kapazitäten.

Literatur:

BRAY, C. J. & SPOONER, E. T. C., 1983, Sheeted vein Sn-W-mineralization and greisenization associated with economic kaolinization, Goonbarrow china clay pit, St. Austell, Cornwall, England: geologic relationships and geochronology. Economic Geol. 78, 1064-1107.

KELLER, W. D., 1982, Kaolin – a most diverse rock in genesis, texture, physical properties, and uses. GSA-Bull. Part I, 93, 27-36.

KÖSTER, H. M., 1980, Kaolin deposits of Eastern Bavaria and the Rheinisches Schiefergebirge. Geol. Jb. D39, 7-23.

MURRAY, H. H., 1980, Diagnostic tests for evaluation of Kaolin physical properties. Acta mineral. petrogr. 24, suppl. 67-76, Szeged.

STÖRR, M. (Ed.), 1978, Genese des Kaolins. Schriftenr. geol. Wiss. 11, 350 pp.

Magnesit

Das Mineral Magnesit $MgCO_3$ hat eine Korndichte von 2,9-3,2; bei der Reservenabschätzung einer Lagerstätte rechnet man aber oft mit 2,7, weil die Bergfeuchte, ein eventueller Dolomitgehalt und tektonische Auflockerung das Gesteinsgewicht reduzieren.

Für die technische Verwendbarkeit entscheidend sind die Gehalte an Fe, Ca, Al und SiO_2. Da der Ionenradius von Fe^{2+} dem von Mg^{2+} ähnlich ist (0,83 gegen 0,75Å) haben Spatmagnesite meist einige Prozente $FeCO_3$, doch eisenreichere Magnesite (Breunnerit 10-30 %, Mesitinspat und Pistomesit) und Übergänge zu magnesiumreichen Sideriten sind eher selten. Manche kryptokristalline Magnesite und manchmal auch Spatmagnesit (Entachen, Salzburg) führen Hämatit als feines rötliches Pigment, was eine Bildung in sauerstoffreichem Milieu belegt.

Ca tritt kaum in das Magnesitgitter ein; erhöhte Gehalte sind in der Regel durch beigemengten Dolomit bedingt. Dazu gehören Reste des magnesitisierten Nebengesteins, oder später gebildete grobspätige, weiße Dolomite in Drusen und Gängen („Redolomit", „Roßzähne"). In sedimentären kryptokristallinen Magnesiten gibt es auch Laminae von Kalk oder Dolomit.

SiO_2 erscheint als Quarz oder Chalcedon, aber auch in vielen Silikatmineralen, wie Talk, Sepiolit, Enstatit, Tonen u.a., wovon auch der Al-Gehalt abhängig ist.

Natürlicher Magnesit wird durch Erhitzen zu Magnesiumoxyd (Magnesia) kalziniert. Refraktäre, bei 1600-1800 °C „totgebrannte" Magnesia wird vor allem als basischer Ofenbaustein in der Stahlindustrie verwendet; dies entspricht etwa 80 % der Magnesitproduktion. Der Rest wird bei 700-1000 °C zu kaustischer Magnesia verarbeitet, woraus Bodenzementmassen, Isolierplatten, Zusätze zu Viehfutter und Mineraldünger, sowie Füllstoffe für Papier und Plastik hergestellt werden. Neu ist die Anwendung zur Entsäuerung und Sanierung geschädigter Waldböden. Refraktärer Magnesit guter Qualität sollte nach dem Kalzinieren über 95 % MgO und unter 1,5 % CaO, 1 % $Fe_2O_3+Al_2O_3$ sowie 1,5 % SiO_2 enthalten. Kryptokristalliner Magnesit entspricht diesen Anforderungen häufiger als Spatmagnesit, welcher oft einer zusätzlichen Aufbereitung bedarf.

Eine wichtige Konkurrenz für natürlichen Magnesit ist „Meerwasser-Magnesit" (etwa 20 % der Welt-Magnesitproduktion), der aus Dolomit und Meerwasser oder evaporitischen Laugen erzeugt wird. Dabei können allerdings Borgehalte über 100 ppm störend auftreten, und zumindest in einem Fall steht die Schließung eines solchen Betriebes bevor, da im Abwasser toxische organische Chlorverbindungen auftreten (Norwegen). Magnesiummetall wurde bisher fast ausschließlich auf diesem Wege gewonnen, durch einen neuen energiesparenden Prozeß jedoch wird in Zukunft in High River/Alberta/Kanada aus natürlichem Magnesit Mg-Metall hergestellt. Als Leichtmetall wird dieses mit Aluminium oder Stahl legiert, um besonders feste und gleichzeitig leichte Maschinenbauteile zu erzeugen.

Magnesit gibt es in vielen geologischen Milieus; wirtschaftlich bedeutend sind aber nur Vorkommen in archaischen bis paläozoischen marinen Karbonaten (Spatmagnesit, Typus Veitsch), in ultramafischen magmatischen Gesteinen, die durch CO_2-reiche Fluide verändert wurden (kryptokristalliner Magnesit, Typus Kraubath), sowie in kontinentalen Seen mit konzentrierter Zufuhr magnesiumreicher Lösungen (ebenfalls feinkristallin, z.T. gebändert, z.T. in sinterartigen Massen; Typus Bela Stena). Genetisch interessant sind Vorkommen in marinen und terrestrischen Evaporiten sowie paralischen Kohlenlagerstätten als diagenetische Bildungen, als Gangart in hydrothermalen Erzlagerstätten, und schließlich als kleine Gänge und Kluftbeläge im Saprolithorizont lateritischer Nickellagerstätten.

Lagerstätten vom *Typus Kraubath* (benannt nach dem heute stillgelegten Bergbau Kraubath/Steiermark: REDLICH 1909) sind als Gänge, stockwerkartige oder irreguläre Körper und als deckenartige Massen in Ultramafiten, vor allem Dunit, Peridotit und daraus entstandenen Serpentiniten entwickelt. Meist sind das Teile von Ophiolitmassiven, doch gibt es auch in geschichteten basischen Intrusionen Magnesitlagerstätten, wie etwa im Bushveld (Südafrika). Bei den meisten Lagerstätten dieses Typs ist eine Bindung an alte Landoberflächen deutlich, wobei Decken und Stockwerke wenige Zehner Meter tief reichen, wogegen Gänge bis zu mehreren Hundert Meter Tiefe nachgewiesen wurden. Solche Gänge können bis zu 45 m mächtig werden (Mantudi, Euböa) und sind bis zu einer Länge von 4 km im Streichen bekannt (Susehiri, Türkei).

Größere Gänge sind meist klar durch tektonische Strukturen kontrolliert, wobei im Liegenden oft eine scharfe Störung vorliegt, wogegen im Hangenden hydrothermal veränderte Nebengesteinsbrekzien in Magnesitmatrix charakteristisch sind. Dort ist das ultramafische Nebengestein zu einem feinkörnigen Gemenge von Serpentin, Chlorit, Deweyllit, Montmorillonit und Goethit umgewandelt – der typische „braune Serpentinit" solcher Magnesitlagerstätten. Ähnlich ist die Alteration in Stockwerklagerstätten, welche nach oben oft durch einen braunen „Kieselhut" überdeckt werden.

Der Magnesit in Ultramafiten ist schneeweiß, kryptokristallin (mit Korngrößen im Mikron-Bereich, doch gibt es auch körnige, faserige Ausbildung, selten auch Übergänge zu pinolitartigen Texturen), und zeigt Porzellanglanz und muscheligen Bruch (im Englischen „bone magnesite"). Porosität und Porengröße nehmen gegen die Tiefe ab. Sehr charakteristisch sind ptygmatische Faltung kleiner Gängchen und blumenkohlartige Knollen und Trockenrisse, welch letztere ein sehr wasserreiches Gel (vielleicht Magnesiumhydrokarbonate) als Ausgangsmaterial vermuten lassen.

Die Entstehung von Lagerstätten des Typus Kraubath ist grundsätzlich durch Reaktion der Ultramafitite mit CO_2-reichen Wässern zu erklären. Schematisch könnte diese Reaktion in folgender Form geschrieben werden:

$$Mg_2SiO_4 + 2\ CO_2\ aq \rightarrow 2\ MgCO_3 + SiO_2\ aq$$
(Forsterit) (Magnesit)

Bei einer Umwandlung (Metasomatose) in situ müßte dabei eine beträchtliche Volumszunahme erfolgen. Da solche Texturen in der Regel ebenso fehlen wie z. B. Reste der Chromite im Magnesit, ist zumindest beschränkter Transport des Mg in Lösung anzunehmen. Die Kieselsäure muß jedenfalls zur Gänze weggeführt werden, da andernfalls unbrauchbare „verkieselte" Magnesite entstehen. Die Herkunft der Lösungen wird sehr kontrovers interpretiert. Nach den Einen sollen diese Magnesite aus Verwitterungslösungen ähnlich jenen lateritischer Nickellagerstätten entstanden sein (REDLICH 1909, ZACHMANN & JOHANNES 1989; JEDRYSEK & HALAS 1990), Andere deuten sie als Produkte aufsteigender kohlensaurer Hydrothermen (BRAUNMÜHL 1930, POHL 1990).

Das supergene, deszendente Modell beruht auf der starken Löslichkeit von Mg, Si und Ca der ultramafischen Gesteine unter der Einwirkung von Regen- und seichtem Grundwasser, das seinen CO_2-Gehalt aus der Atmosphäre bzw. der Zersetzung organischer Substanz im Boden bezieht. In Neu-Kaledonien hat man beobachtet, daß das Bodenwasser im Lateritprofil gegen die Tiefe eine Zunahme des pH-Wertes und des gelösten Mg^{2+} sowie von H_4SiO_4 zeigt, wobei Bikarbonat das wichtigste Anion ist. Normalerweise würden diese Wässer in das Entwässerungssystem abfließen, ohne mehr als Kluftbeläge von Magnesit oder Dolomit zu hinterlassen. In tieferen, wassergefüllten Klüften jedoch kann nach diesen Vorstellungen Magnesiumhydrokarbonatgel ausfallen, sobald der CO_2-Gehalt sinkt oder erhöhte Temperaturen erreicht werden. Dieses Gel würde im Lauf der Zeit zu Magnesit entwässern.

Eine hypogene, aszendente Entstehung solcher Lagerstätten wird durch Lösung in größerer Tiefe initiiert, welche durch Druck, Temperatur, pH, Salzgehalt und den CO_2-Partialdruck der Fluide kontrolliert ist. In oberflächennahen, tektonisch oder durch hydrothermale Eruptionen angelegten Spalten fällt danach Magnesit durch Druckabfall und CO_2-Verlust aus; SiO_2 bleibt in Lösung, und wird erst an der Oberfläche zusammen mit Dolomit als Kieselhut abgeschieden. Das CO_2 solcher Fluide könnte vulkanogen Ursprungs sein, oder durch Diagenese bzw. Metamorphose unterlagernder Sedimente entstehen. Möglich ist aber auch Lösung und Transport von Mg durch vorwiegend chloridische Lösungen, und Magnesitbildung bei oberflächennahem Zusammentreffen mit CO_2-haltigem Grundwasser. Die Untersuchung stabiler Isotopen von C und O (KRALIK et al. 1989) in solchen Magnesiten ergibt $\delta^{13}C_{PDB}$- Werte zwischen -4 und -20‰ (meist -9 bis -12), sowie $\delta^{18}O_{SMOW}$ überwiegend zwischen 22 und 29‰. Der Sauerstoff entspricht damit jenem mariner Karbonate oder metamorpher Wässer, der Kohlenstoff gleicht dem der meisten hydrothermalen Karbonate. Auch dies gestattet aber zur Zeit keine endgültige Aussage über eine deszendente oder aszendente Herkunft des CO_2, weil vielfältige weitere Einflußfaktoren auf die Isotopenzusammensetzung solcher Magnesite noch nicht untersucht sind. Vielleicht wird die Untersuchung von Flüssigkeitseinschlüssen in syngenetischen Quarzen in Zukunft erlauben, zwischen deszendenter und aszendenter Entstehung von Magnesitlagerstätten des Typus Kraubath zu unterscheiden. Die Summe der zur Zeit verfügbaren Argumente spricht eher für eine hypogene Bildung (Abb. 127; POHL 1990).

Lagerstätten vom *Typus Bela Stena* sind mit den vorgenannten durch viele Übergänge verbunden. Häufig sind Knollen oder Gängchen von Magnesit in Sedimenten, welche die Ultramafitite überlagern. Im Tertiär von Eskishehir (Türkei) bilden die Meerschaumlager deutliche Streifen, die in der Fortsetzung von Magnesitgängen liegen (PETRASCHECK 1972). Im Becken von Aiani-Kozani (Griechenland) sind die Austrittstellen durch große Sintermassen von Magnesit und Huntit in linearer Anordnung gekennzeichnet. Lateral gehen diese in Flöze über, die den limnischen Sedimenten (Ton, Silt, Dolomit) eingelagert sind. Im Miozän von Bela Stena (Serbien) liegt eine mächtige, konkordante Linse von teilweise massigem, teilweise laminiertem Magnesit in feinkörnigen klastischen Sedimenten. Mehrere scharf abgegrenzte Flöze liegen in limnischen Sedimenten bei Bozkurt/Denizli in der Türkei. Alle diese Beobachtungen belegen eine episodische, aszendente Zufuhr des Magnesiums, dessen Herkunft aus unterlagernden Ophioliten gesichert erscheint.

Spatmagnesit vom *Typus Veitsch* (ebenfalls von REDLICH 1909 nach einer heute erschöpften

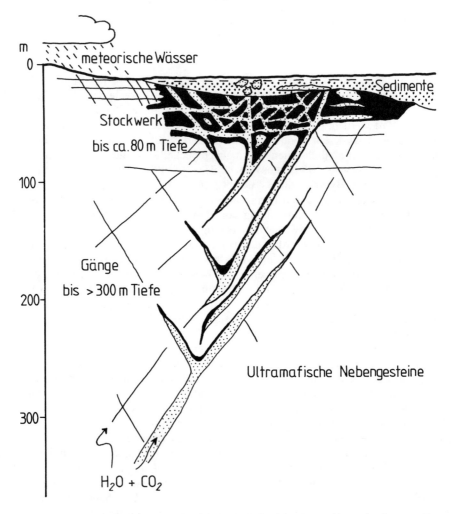

Abb. 127. Modell einer Magnesitlagerstätte vom Typ Kraubath als Produkt eines epithermalen Systems (POHL 1990). Schwarz: Alterationshof; fein punktiert: Magnesit (auch als Knollen in den Sedimenten).

Lagerstätte in der Steiermark benannt) bildet große Stöcke oder Linsen in marinen Plattformserien proterozoischen und paläozoischen, seltener archaischen Alters, welche Dolomit, Kalk, schwarze und graue Pelite, Sandstein, Konglomerate und oft basische Vulkanite umfassen. Deformation und Metamorphose können sehr unterschiedlich sein. So liegt die Lagerstätte Asturetta (Spanien) in anchimetamorphen Gesteinen, die Mehrzahl im Bereich der Grünschiefermetamorphose, Namdechon (Korea) in höherer Amphibolitfazies, und Snarum (Norwegen) in Granulitfazies, falls diese schwer zu deutende Lagerstätte allerdings überhaupt zum Typus Veitsch gehört (PETRASCHECK 1972).

Das Magnesitgestein dieser Lagerstätten ist weiß, grau, schwarz, gelblich, rötlich oder braun und zuckerkörnig bis grobkristallin. Wo tonige oder organische Matrix, sowie Talk oder Dolomit einzelne Kristalle isolieren, findet man oft „Pinolite", das sind längliche Kristalle, deren Wachstum entweder ungerichtet ist, oder Rosetten bildet, oder auch von Schichtflächen ausgehend monopolare oder bipolare Gefüge erzeugt. Die Kristalle verdrängen dabei die dunkle Matrix. Neben einer reliktischen Schichtung zeigen viele Spatmagnesite andere sedimentäre Gefüge, etwa Kreuz- und Schrägschichtung, Ripple Marks, intraformationale Erosion und synsedimentäre Brekzien, Einschaltung von Kalk-, Dolomit- und Hornsteinbänken, Konglomeraten sowie möglicherweise sogar Trockenrisse (Asturetta/Spanien: DE LLARENA 1959). Pyrit und andere Sulfide sowie Bitumen sind in geringer Menge häufig, Hämatit und kohlige Pflanzenreste jedoch selten.

Im Kontakt zu den Nebengesteinen sind metasomatische Verdrängungen charakteristisch; das betrifft nicht nur Karbonate, wie etwa die fossilreichen Dolomite der Veitsch, sondern manchmal auch Metapelite, Quarzit und Hornstein. Daneben gibt es aber auch Einlagerungen von unverändertem Kalkstein (Asturetta). Allgemein aber liegen die Nebengesteinskarbonate als Dolomithülle unterschiedlicher lateraler Verbreitung vor. Dabei steigen die Fe-Gehalte zu den Magnesiten an, Phosphor und SiO_2 sinken dagegen deutlich ab. Spurenelemente erscheinen im Magnesit vielfach verdünnt, hier fehlen aber mit wenigen Ausnahmen klare Trends.

Gehalte und normalisierte Verteilung Seltener Erden (MORTEANI et al. 1982) sind in Dolomithülle und Magnesit gering verschieden, beide Gesteine entsprechen etwa den Durchschnittswerten mariner Karbonate; nur die quergreifenden Gänge von Magnesit und Dolomit zeigen starke Verarmung an leichten Seltenen Erden, was als hydrothermale Mobilisation gedeutet werden kann (POHL & SIEGL 1986). Daten über die Verteilung stabiler C- und O-Isotopen liegen zwar aus einzelnen Lagerstätten vor, ergeben aber noch keine klaren Aussagen zur Genese. In Magnesit und Hülldolomit der Lagerstätte Sunk in der Östlichen Grauwackenzone (Österreich) hat H. FRIMMEL (1988) $^{87}Sr/^{86}Sr$-Verhältnisse bestimmt, die den Werten gleich alter, mariner Karbonate des Karbon entsprechen.

Die Entstehung der Spatmagnesitlagerstätten ist auch heute noch umstritten; epigenetische, hydrothermale Zufuhr des Mg einerseits, sedimentäre bis diagenetische Konzentration im marinen Milieu andererseits werden vertreten.

M. KOCH (1893) hat als erster eine hydrothermale Entstehung erwogen; grundlegende physikochemische Modelle zur Mg-Metasomatose stammen von JOHANNES (1970). Schematisch verliefe diese Reaktion:

$$CaCO_3 + Mg^{2+} aq \rightarrow MgCO_3 + Ca^{2+} aq$$

Chloridische Lösungen wären dabei das wahrscheinlichste Transportmedium; Lösung, Transport und Magnesitbildung würden vor allem durch die Temperatur, den Druck, die Salzkonzentration und das Mg/Ca-Verhältnis kontrolliert. Die Mindesttemperatur der Mg-Metasomatose läge danach bei etwa 300 °C. Die Herkunft der Lösungen wurde sehr verschieden angenommen: Magmatische Intrusionen in der Tiefe, Metamorphose von Karbonaten oder Ultramafititen, Kontaktmetamorphose von Dolomit, sowie spätdiagenetische Formationswässer aus Mg-reichen Karbonaten. Zuletzt haben MORTEANI & NEUGEBAUER (1990) auf Grund der Analyse Seltener Erden für die Lagerstätten der Westlichen Grauwackenzone (Österreich) ein metamorphogenes Modell vertreten, indem während der variszischen Orogenese aus tieferen Decken Mg-führende Lösungen gegen die Deckenstirn ausgepreßt worden wären. Dort hätte die Magnesium-Metasomatose nach JOHANNES stattgefunden.

Sedimentär-diagenetische Vorstellungen der Spatmagnesitentstehung wurden von LEITMEIER (1917) begründet. Heute weiß man, daß aus kinetischen Gründen Magnesit ähnlich Dolomit kaum als primäres Sediment gebildet werden kann. Frühdiagenetische Entstehung ist aber in den Sabkhas des Arabischen Golfes weit verbreitet. Dabei sind Eh, pH, die Aktivität des Mg^{2+}, das Mg/Ca-Verhältnis und die Temperatur der Porenlösungen entscheidend. Danach wären hochsalinare Bedingungen für die Magnesitausscheidung günstig. In den meisten Spatmagnesitlagerstätten gibt es aber keine Hinweise auf begleitende Evaporite, obwohl gelegentlich Gips gefunden wurde (Sunk/Steiermark, Asturretta/Spanien). Ebenso fehlen fast immer sedimentäre Gefüge und Assoziationen, die Sabkhas belegen würden. Deshalb ist eine sub-tidale Lage der Magnesitentstehung anzunehmen, vermutlich aber in enger Nachbarschaft zu Emersionsflächen, wo starke Evaporation stattfand. Die heutige Kenntnis der Spatmagnesite läßt eine frühdiagenetische Magnesitisierung von marinen Seichtwasser-Karbonaten durch evaporitische Laugen als besonders wahrscheinlich erscheinen (Abb. 128; POHL 1990).

Magnesit ist äußerst verwitterungsbeständig und bildet deshalb auffallende blockige Ausbisse von leuchtend-weißem (Fe-armem) bzw. bei Fe-Gehalten gelblich-bräunlichem Gestein. Grobkristalline Spatmagnesite sind dann leicht erkennbar, feinzuckerkörnige könnten aber mit Dolomit verwechselt

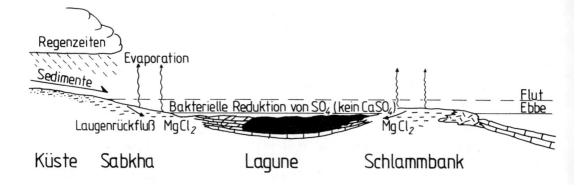

Abb. 128. Bildung einer Magnesitlagerstätte vom Typ Veitsch in einer evaporitischen Lagune (POHL 1990). Schwarz: Magnesit; Ziegelsignatur: Dolomit, Kalk.

werden. Die *Prospektion* wird vor allem mittels geologischer und mineralogischer Methoden erfolgen; Geophysik ist meist nicht zielführend.

Die *Magnesitreserven* der Erde sind sehr groß, und viele Bereiche sind noch unzureichend untersucht. Allerdings betrifft das fast ausschließlich Spatmagnesite; die Reserven kryptokristalliner Magnesite sind dagegen gering. Die wichtigsten Produzenten sind die UdSSR, China, Nordkorea, Österreich, Griechenland, Türkei und die Tschechoslowakei, in der Reihenfolge abnehmender Mengen geordnet (COOPE 1983).

Literatur:

BRAUNMÜHL, H. v., 1930, Über die Entstehung des dichten Magnesits vom Typ Kraubath. Arch. Lagerstättenforsch. 45, 1-87, Berlin.
COOPE, B., 1983, Magnesia markets / Magnesia producers. Ind. Minerals 191, 57-88.
DE LLARENA, J. G., 1959, Nuevas observaciones sobre la magnesita sedimentaria. Est. Geol. 15, 189-211, Madrid.
FRIMMEL, H., 1988, Strontium isotopic evidence for the origin of siderite, ankerite and magnesite mineralizations in the Eastern Alps. Mineral. Deposita 23/4, 268-275.
JEDRYSEK, M. O. & HALAS, S., 1990, The origin of magnesite from the Polish Foresudetic Block ophiolites: preliminary $\delta^{13}C$ and $\delta^{18}O$ investigations. Terra Nova 2, 154-159.
JOHANNES, W., 1970, Zur Entstehung von Magnesitvorkommen. N. Jb. Mineral. Abh. 113, 274-325.
KOCH, M., 1893, Mittheilung über einen Fundpunkt von Untercarbon-Fauna in der Grauwackenzone der Nordalpen. Z. Dtsch. Geol. Ges. 45, 294-298.
KRALIK, M., AHARON, P., SCHROLL, E. & ZACHMANN, D., 1989, Carbon and oxygen isotope systematics of magnesites: a review. Pp 197-224 in P. MÖLLER (Ed.), Magnesite. Monogr. Ser. Mineral. Deposits 28, Borntraeger.
LEITMEIER, H., 1917, Die Genese des kristallinen Magnesites. Centralbl. Mineral. Geol.Paläontol., 446-454.
MÖLLER, P. (Ed.), 1989, Magnesite – geology, mineralogy, geochemistry, formation of Mg-carbonates. Monogr. Ser. Mineral. Dep. 28, 300 pp, Borntraeger.
MORTEANI, G. & NEUGEBAUER, H., 1990, Chemical and tectonic controls on the formation of sparry magnesite deposits – the deposits of the Northern Greywacke Zone (Austria). Geol. Rundschau 79/2, 337-344.
PETRASCHECK, W. E., 1972, Beziehungen zwischen krypto-kristallinem und spätigem Magnesit. Radex Rundsch. (1972), 339-350.
POHL, W. & SIEGL, W., 1986, Sediment-hosted magnesite deposits. Pp 223-310 in K. H. WOLF (Ed.), Handbook of Strata-Bound and Stratiform Ore Deposits, Vol.14, Elsevier.
POHL, W., 1990, Genesis of magnesite deposits – models and trends. Geol. Rundschau 79/2, 291-299.
REDLICH, K. A., 1909, Die Typen der Magnesitlagerstätten. Z. prakt. Geol. 17, 300-310.

ZACHMANN, D. W. & JOHANNES, W., 1989, Cryptocrystalline magnesite. Pp 15-28 in P. MÖLLER (Ed.), Magnesite. Monogr. Ser. Mineral. Dep. 28, Borntraeger.

Olivin

Olivin (Peridot) $(Mg,Fe)_2SiO_4$ $D=3,27-4,20$

Olivin wird vereinzelt als Halbedelstein gefunden (St. Johns Island im Roten Meer). Ab 1930 begann man, ihn wegen seines hohen Schmelzpunktes zur Erzeugung feuerfester Materialien zu verwenden. Dafür sind allerdings naturgemäß Forsterit (Schmelzpunkt 1890 °C) bzw. forsteritreiche Glieder der Mischungsreihe geeigneter als Fayalit (1205 °C).

Mittlerweile ist die Rolle des Olivins in der Feuerfestindustrie gesunken, da Magnesit meist bevorzugt wird. Der größte Teil der Olivinproduktion wird nunmehr als Schlackenbildner in der Eisenerzeugung verwendet, wobei höherer Eisengehalt zulässig ist. Weitere große Mengen werden zu wärmespeichernden Ziegeln in elektrischen Heizgeräten gesintert; auch hier allerdings hat Magnesit an Vorsprung gewonnen. Wichtig ist ferner die Verwendung als Gießereisand, wo Olivin gegenüber Quarzsanden eine günstigere, nämlich geringere Wärmeausdehnung zeigt. Er ist allerdings Zirkon- und Chromitsanden in Bezug auf die Widerstandsfähigkeit gegen Hitzeschock unterlegen. Olivinsande können schließlich als Abrasiv (ohne Silikosegefahr)verwendet werden.

Bauwürdig sind nur reine Forsteritfelse (Dunite), mit möglichst geringen Gehalten an Pyroxen und hydratisierten Mineralen (Serpentin, Talk). Soferne solche Minerale in Klüften oder Störungen auftreten, können sie durch Aufbereitung entfernt werden. Die jedem Geologen vertraute, unter dem Mikroskop sichtbare Serpentinisierung von Olivinkörnern ist allerdings sehr nachteilig, da diese Minerale bei Erhitzung Wasserdampf abgeben. Aus diesem Grunde sind brauchbare Dunite trotz der weiten Verbreitung des Gesteines nicht allzu häufig.

Die größte Olivinproduktion Europas stammt aus Norwegen, weitere Lagerstätten gibt es in Italien, Schweden, Österreich und in Spanien.

Die wichtigste Olivinlagerstätte Norwegens ist *Aheim* im Präkambrium im Süden des Landes. Die Nebengesteine sind polymetamorphe altproterozoische Gneise. Darin liegt ein großer ultramafischer Körper, vor allem aus Duniten und Eklogiten aufgebaut. Die mineralogische Zusammensetzung des Olivingesteines ist: 91,3 % Forsterit, 6,8 % Enstatit, 0,9 % Serpentin, 0,7 % Chromit und 0,4 % Spinell.

Die österreichische Olivinproduktion kommt aus einem Tagbaubetrieb im paläozoischen Ophiolit von *Kraubath*. Da der Serpentinanteil hier für eine direkte Verwendung als Gießereisand oder Feuerfestprodukt zu hoch ist, wird das Material bei 1650 °C kalziniert.

Phosphate

Apatit $Ca_5(F,OH,Cl)(PO_4)_3$ $D=3,16-3,22$ ca. 40 % P_2O_5

Apatit ist chemisch äußerst variabel; das Ca kann durch Sr, Fe^{2+}, Mg oder SEE teilweise ersetzt sein, statt F und (OH) kann Cl eintreten, und (PO_4) ist manchmal z.T. durch (CO_3) vertreten. Deshalb gibt es für verschiedene Apatitvarietäten eine große Zahl diverser Namen. Phosphorit nennt man apatitreiche Verwitterungsbildungen und sedimentäre Gesteine, welche neben anderen Mineralen (Karbonat, Tone, Quarz, Pyrit) und organischer Substanz ursprünglich amorph-kolloidales, später feinkörnig rekristallisiertes Phosphat enthalten. Dieser kryptokristalline Apatit wird oft Kollophan oder Francolith genannt. Genaueres findet man in NRIAGU & MOORE (1984).

Der Phosphatgehalt eines Gesteines wird in % P_2O_5 ausgedrückt; daneben gibt es die Angabe als Tricalciumphosphat (= 2,185 x P_2O_5) und als elementarer Phosphor (= 0,436 x P_2O_5). Abbauwürdige Mindestgehalte sind 15-30 % P_2O_5. Nachteilig sind erhöhte Anteile von Kalzit, Eisenoxyden oder Tonen, welche einen erhöhten Schwefelsäureverbrauch verursachen.

Apatite und Phosphorite werden möglichst selektiv abgebaut (als „direct shipping ore") oder durch verschiedene Aufbereitungsmethoden auf zumindest 30 % P_2O_5 angereichert. Apatitkonzentrate enthalten mehrere Elemente, die z.T. als Nebenprodukt gewonnen werden können (U, Th, F, V, SEE), welche aber andererseits dem Phosphordünger eine aus ökologischer Sicht unerwünschte „geochemische Erbschaft" mitgeben können. Zum Teil handelt es sich dabei auch um Elemente, welche nicht im Apatit, sondern in begleitender organischer Substanz enthalten sind (As, Sb, Cd, etc.).

Phosphor ist zusammen mit Kalium und Stickstoff eines der Hauptnährelemente für jegliches Pflanzenwachstum. Deshalb werden über 95 % der Weltphosphorproduktion zur Erzeugung von Dünger verbraucht. Dabei wird das Konzentrat in einem nassen Prozeß mit Schwefelsäure versetzt, wodurch Superphosphat (leicht lösliches Calciumphosphat mit Gips) entsteht. Behandlung mit Phosphorsäure ergibt das konzentriertere Doppelsuperphosphat. Unbehandeltes Phosphat wäre für die Pflanzen nicht nutzbar, da Apatit nur sehr langsam verwittert. Ein geringer Teil der Phosphate wird zu elementarem Phosphor und diversen Chemikalien verarbeitet, u.A. zu Detergentien.

Geochemie. Phosphor ist ein Bestandteil aller Magmen, mit Schwerpunkt im basischen (1400 ppm) bis intermediären (1660 ppm) Bereich. Das Element ist inkompatibel, weshalb es vielfach in Restschmelzen und späten Fluiden angereichert ist; dazu zählen die spektakulären Magnetit-Apatiterze (z. B. Kiruna, s. dort) ebenso wie Apatitschlieren und -brekzien in Karbonatiten. Durch Verwitterung führen Flüsse und Meerwasser reichlich Phosphor; letzteres oft soviel (50-100 ppb), daß man von Phosphat-Übersättigung ausgehen kann. Trotzdem beruht die Ausfällung von Apatit aus dem Meer weit überwiegend auf biologischen Prozessen. Phosphatreiche subrezente Sedimente sind von vielen Kontinentalrändern bekannt; am Kontinentalschelf SW-Afrikas und vor Peru ist rezente Phosphatbildung nachgewiesen.

Phosphatlagerstätten gibt es als marine (seltener lakustrine) Sedimente, als Derivate von Guano (Nauru und Weihnachtsinsel) und als Anreicherungen in magmatischen Gesteinen, meist in Nephelinsyeniten und Karbonatiten.

Sedimentäre Phosphorite bilden den größten Teil der Weltreserven (>90 %) und erbringen auch den überwiegenden Teil der Weltproduktion. Immer handelt es sich um Sedimente relativ seichten Wassers (bis vielleicht 200 m Tiefe), die Linsen oder weit ausgedehnte Flöze bilden, welche lateral in nicht-phosphatische Gesteine übergehen (Abb. 129). Die Nebengesteine können tonig, kalkig oder sandig sein; die Position in wenig deformierten Plattformserien ist typisch (N-Afrika), doch gibt es auch stark gefaltete Phosphatschichten (Karatau/UdSSR, Mittelwesten der USA). Viele solcher Lagerstätten sind erst durch Verwitterung bauwürdig geworden, meist indem leicht lösliche (z. B. kalkige) Matrix weggelöst bzw. Phosphat in Lösung umgelagert wurde. Mechanische Umlagerung und Konzentration von Phosphatknollen ähnlich den Eisenerzen von Salzgitter steht ebenfalls z.T. mit Emersion und Verwitterung in Zusammenhang. Insgesamt ist ein rascher Wechsel hochenergetischer und niedrigenergetischer Zustände („Baturin-Zyklus") für Räume der Phosphoritbildung charakteristisch.

Phosphorite sind sehr unterschiedlich ausgebildet; sie sind hart bis weich-erdig; konglomeratisch, knollig, pelletoid bis sehr feinkörnig und strukturlos; von grauweißer, grünlicher oder brauner Farbe. Neben Kollophan/Francolith enthalten sie oft Knochenreste oder Fischzähne sowie klastische Sedimentpartikel. Manche Phosphorite bestehen weit überwiegend aus phosphatisierten Knochenbrekzien und Koprolithen. Auf Grund ihrer makroskopischen und mikroskopischen Variabilität sind Phosphorite ein Eldorado sedimentologischer Forschung.

Die Entstehung mariner Phosphorite wird heute allgemein durch Hochströmen kalten, nährstoffreichen Tiefenwassers an Kontinentalrändern erklärt („coastal upwelling"). Dadurch kommt es zu einer synergetischen Steigerung der Lebensdichte, z. B. durch die Nahrungskette Phytoplankton – Fische – Vögel. Die zum Boden abregnende organische Substanz ist reich an Phosphor; weitere Anreicherung ist am Boden und im Bodensediment möglich, z. B. durch Bildung von konkretionären

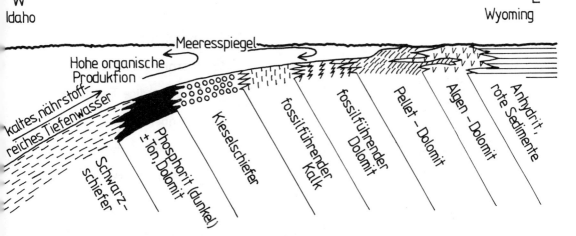

Abb. 129. Phosphatbildung in der rekonstruierten Faziesabfolge des permischen Phosphoria-Meeres, USA (nach Cook 1976).

Peloiden aus Porenlösungen und schließlich durch das Ausspülen feiner Matrix der Pellets. Schon während der Bildung einzelner Phosphoritflöze ist eine wiederholte Zyklizität dieser genetischen Einzelelemente erkennbar, so in Abb. 130 durch Aufarbeitungshorizonte, Erosionskanäle und mehrfache „fining upwards" Sequenzen. In der Folge werden die phosphatreichen Sedimente lithifiziert, oft durch frühen Apatitzement und spätere diagenetische Silifizierung oder seltener Pyritisierung.

Die frühesten marinen Phosphatlagerstätten sind aus dem Jung-Proterozoikum bekannt (Zentralasien); Zeiten einer deutlichen Häufung sind Kambrium (Asien, Australien), Perm (Phosphoria Formation in Nordamerika), Oberkreide-Eozän (Mittlerer Osten bis Westafrika, mit dem Schwerpunkt in Marokko; nördliches Südamerika) und Miozän (südwestliche USA: Florida). Diese Zunahme in jüngerer geologischer Zeit hängt sicherlich mit der biologischen Entwicklung zusammen (Cook & Shergold 1984).

Eine der ältesten, jedoch noch nicht in Abbau genommenen Lagerstätten liegt in altpaläozoischen Tafelsedimenten des *Mt. Isa – Gebietes* in Queensland/Australien, mit Ressourcen von über 2.000 Mt zu 17 % P_2O_5 einschließlich 40 Mt zu 31 %, welche direkt verkauft werden könnten.

Im westlichen Europa gibt es keine bauwürdigen marinen Phosphate, obwohl viele Vorkommen bekannt sind, welche früher z.T. abgebaut wurden.

Magmatische Phosphatlagerstätten sind weltweit mit Alkaligesteins- und Karbonatitkomplexen verbunden.

Eine bedeutende Lagerstätte dieses Typs ist *Palabora* in Südafrika, ein ultramafisch-karbonatitischer Komplex mit bemerkenswerter Vielfalt der abgebauten Rohstoffe (Cu: s. dort, Zr, Fe, Vermiculit). Die Jahresproduktion beträgt etwa 3,5 Mt Fluorapatit-Konzentrat. Abgebaut werden apatitreiche Pyroxenite und der sogenannte Phoscorit, welcher den zentralen Karbonatitschlot umhüllt. Typischer Phoscorit besteht aus 25 % Apatit, 35 % Magnetit, 18 % Kalzit und 22 % Phlogopit, Serpentin und Kupfererz. Höhere Apatitgehalte sind klar mit relativer Zunahme von Phlogopit korreliert, was auf den Einfluß residualer Fluide auf die Konzentration von P hinweist. Durchschnittliche P_2O_5-Gehalte im Phoscorit liegen bei 10 % und durch Bohrungen ist eine Tiefenerstreckung bis mindestens 1000 m nachgewiesen (Fourie & De Jager 1986).

Einen ähnlichen Lagerstättendistrikt gibt es auf der Halbinsel Kola im Alkalikomplex von *Khibiny* (UdSSR). In Zusammenhang mit variszischer Plattformreaktivation (300-280 Ma) wurde hier in archaisch-proterozoischer Umgebung ein subvulkanischer Ringkomplex von etwa 25 km Durchmesser gebildet. Von außen nach innen, bzw. vom Älteren zum Jüngeren findet man

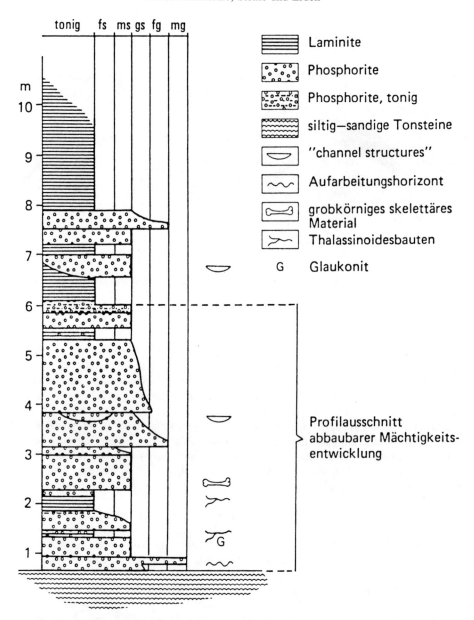

Abb. 130. Detailprofil der Basis der oberkretazischen Phosphatformation im Bergbau Abu Tartur, Oberägypten (nach SCHRÖTER 1986).

Nephelinsyenite, Ijolithe, Apatit-Nephelinite und Foyaite. Die Apatit-Nephelinite bilden konkordante intrusive Körper von 20 km Länge und 250 m Mächtigkeit, welche vermutlich sehr spät in eine Ringspalte injiziert wurden. Sie bestehen aus Apatit, Nephelin, Ägirin und Hornblende sowie Sphen und Titanomagnetit; es gibt fleckige, gebänderte und netzartige Erzvarietäten (Abb. 131). Neben Apatit wird hier auch Nephelin als Aluminiumrohstoff gewonnen.

Phosphatreserven sind weltweit verteilt und mit 200 bis 300 Milliarden Tonnen sehr groß.

Die *Weltphosphatproduktion* liegt bei 140 Mt/y; die größten Phosphatprovinzen sind NW-Afrika (Marokko), Florida/USA und die Halbinsel Kola sowie der Kara Tau-Distrikt in der UdSSR. Infolge

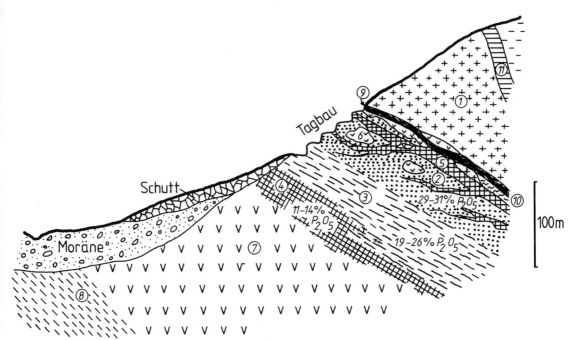

Abb. 131. Übersichtsprofil der Apatitlagerstätte Kukisvumchorr im Khibiny-Komplex, UdSSR. Legende: (1) Poikilitischer Nephelinsyenit; (2) Apatit-Nephelinit, fleckig; (3) wie 2, gebändert; (4) wie 2, netzartig; (5) Intrusionsbrekzie; (6) Ijolithxenolithe; (7) Ijolithporphyr; (8) foliierter Ijolith; (9) Ganggestein; (10) sphenreiche Partien am Kontakt; (11) feinkörniger Nephelinsyenit.

der Stagnation der weltweiten Landwirtschaft sind bestehende Produzenten nicht ausgelastet und der Anreiz zur Neuerschließung von Lagerstätten ist gering. Die *Suche nach Phosphatlagerstätten* hat von geologischen Modellen auszugehen. Apatit und Phosphorit sind im Felde schwer zu erkennen, wenn nicht z. B. Knochenbruchstücke und Fischzähne als Hinweise sichtbar sind. Als einfacher Test für Phosphor eignet sich Betupfen mit salpetersaurer NH_4-Molybdatlösung. Falls P vorhanden ist, tritt schwache Gelbfärbung ein, die bei Zugabe von Ascorbinlösung in ein kräftiges Blau umschlägt (GERMANN 1981). Der häufige Urangehalt der Phosphorite und auch vieler magmatischer Apatiterze ermöglicht regionale Prospektion oder Lokalisierung in Bohrungen durch Radiometrie. Photogeologische und magnetische Analysen erlauben die Ortung von Alkali-Ringkomplexen.

Literatur:

BATURIN, G. M., 1982, Phosphorites on the sea floor. 343 pp, Elsevier.
BENTOR, Y. K., 1980, Marine phosphorites. SEPM Spec. Publ. 29, 247 pp, Tulsa.
BURNETT, W. C. & RIGGS, S. R. (Eds.), 1990, Neogene to modern phosphorites. 484 pp, Cambridge Univ. Press.
COOK, P. J., 1976, Sedimentary phosphate deposits. Pp 505-536 in K. H. WOLF (Ed.), Handbook of Strata-Bound and Stratiform Ore Deposits, Vol.7, Elsevier.
COOK, P. J. & SHERGOLD, J. H., 1984, Phosphorus, phosphorites and skeletal evolution at the Precambrian-Cambrian boundary. Nature 308, 231-236.
COOK, P. J. & SHERGOLD, J. H. (Eds.), 1986, Proterozoic and Cambrian phosphorites. 386 pp, Cambridge Univ. Press.
FOURIE, P. J. & DE JAGER, D. H., 1986, Phosphate in the Phalaborwa Complex. Pp 2239-2253 in C. R. ANHÄUSSER & S. MASKE (Eds.), Mineral deposits of Southern Africa. Geol. Soc. S. Africa.

GERMANN, K., 1981, Phosphat-Gesteine. Lagerstätten der Steine, Erden und Industrieminerale (Vademecum 2), 159 -165, GDMB/Verlag Chemie.
NRIAGU, J. O. & MOORE, P. B. (Eds.), 1984, Phosphate minerals. 442 pp, Springer.
NOTHOLT, A. J. G. & HARTLEY, K., 1983, Phosphate rock – a bibliography of world resources. 184 pp, Mining Journal.
NOTHOLT, A. J. G., SHELDON, R. P. & DAVIDSON, D. F. (Eds.), 1990, Phosphate rock resources. 608 pp, Cambridge Univ. Press.
PAPROTH, E. & ZIMMERLE, W., 1980, Stratigraphic position, petrography, and depositional environment of phosphorites from the Federal Republic of Germany. Meded. Rijks geol. Dienst 32, 81-95.
SCHRÖTER, Th., 1986, Die lithofazielle Entwicklung der oberkretazischen Phosphatgesteine Ägyptens – ein Beitrag zur Genese der Tethys-Phosphorite der Ostsahara. Berlin. Geowiss. Abh. A 67, 105 pp.
SLANSKY, M., 1986, Geology of sedimentary phosphates. 210 pp, Elsevier.

Quarz

Quarz SiO_2 D=2,65

Quarz steht hier für die Gruppe der SiO_2-Minerale, welche neben dem allgegenwärtigen Quarz auch Tridymit, Cristobalit, Coesit, Stishovit und Kieselglas (Opal i.w.S.) umfaßt. Als bergbaulich gewonnener Industrierohstoff ist aber eigentlicher Quarz vor allem wichtig. Dabei sind Kristallinität und chemische Reinheit von überragender Bedeutung.

Verwendung finden *Quarzkristalle* primär in der elektronischen und optischen Industrie. Die überwiegende Menge wird als Frequenzkontrolle in Radiosende- und Empfangsystemen und als Oszillatoren in Uhren gebraucht. Die dafür maßgebenden Eigenschaften des Minerals sind Piezoelektrizität und hohe akustische Härte. Voraussetzung für *elektronischen Quarz* sind unverzwilligte, fehlerfreie, sehr reine Kristalle. Da die natürliche Versorgung sehr beschränkt ist, werden solche Kristalle heute fast ausschließlich hydrothermal in Autoklaven gezüchtet. Damit ist der Markt für Naturquarze vor allem auf geeignete Keime („Lasca") für die synthetische Herstellung reduziert. *Optischer Quarz* muß sehr transparent und ebenfalls unverzwilligt sein. Benötigt wird Quarz hier für UV-transparente Prismen und Zellen bzw. für bestimmte Linsen, etwa zur Verwendung bei hohen Temperaturen (bis 1100 °C).

Aus sehr reinem (>98-99 % SiO_2), stückigem Rohmaterial wird *Quarz von chemischer Qualität* gewonnen. Die Weiterverarbeitung erfolgt einerseits zu Halbleitern, Glasfasern und photovoltaischem Werkstoff („Solarsilizium"; LINDEMANN 1989), andererseits zu Produkten der chemischen Industrie (Silane, Silikone, etc.).

Halbleitersilizium wird aus Quarzrohstoffen durch Schmelzreduktion mit Kohlenstoff und danach Reaktion mit Chlor zu flüssigem Siliziumtetrachlorid hergestellt, das mehrfach destilliert wird. Durch Zusatz von Mg wird dann wieder elementares Si produziert, das nun einer mehrfachen Raffination durch Zonenschmelzen unterworfen wird. Das ultrareine Endprodukt erreicht 99,99999 % Si.

Ultrareines Silizium ist ein nicht-leitendes Semimetall. Für die elektronische Verwendung als Halbleiter wird es mit Spuren anderer Elemente (P, Sb, B, In, etc.) versetzt, welche die „Konstruktion" negativer oder positiver Transistoren auf kleinstem Raume ermöglichen. Diese Technologie ist bekanntlich das Rückgrat der heutigen Computertechnik. *Quarz metallurgischer Qualität* wird zur Herstellung von Quarzglas, Si-Legierungen (mit Cu, Al), Si-Metall, Si-Karbiden und in großen Mengen für die Eisen- und Stahlproduktion verwendet.

Lagerstätten geeigneter Quarzrohstoffe sind Pegmatite (Hagendorf, Abb. 11), hydrothermale Quarzgänge (z. B. der bayerische Pfahl mit 150.000 t Jahresproduktion) und hochreine Quarzite oder Quarzsande. Der größte Produzent natürlicher Quarzkristalle ist Brasilien. Sehr reine Quarzrohstoffe sind so selten, daß ausreichende Größe und gute Aufbereitungscharakteristik potentieller Lagerstätten günstige Voraussetzungen für eine Betriebsaufnahme sind. Zugang zu spezifischen Märkten ist hier noch mehr als bei anderen Industriemineralen durch Integration mit der weiterverarbeitenden Industrie erreichbar.

Literatur:

COOPE, B. M., 1989, Synthetic silicas and silicon chemicals. Industrial Minerals 258, 43-55.
JUNG, W., SCHULZ, H. & BEYER, W., 1988, Quarz-Rohstoffe. Z. angew. Geol. 34, 283-285.
LINDEMANN, G., 1989, Zur Zukunft einiger ausgewählter mineralischer Rohstoffe in der Hochtechnologie. Erzmetall 42, 15-22.

Quarzit

Quarzite sind harte Sedimentgesteine oder deren metamorphe Äquivalente, die überwiegend aus Quarz bestehen.
Traditionell unterscheidet man im deutschen Sprachraum Felsquarzite von Braunkohlenquarziten.
Felsquarzite sind metamorphe Quarzsandsteine. Sie sollen dicht und massig sein, mit möglichst geringen Kornanteilen über 2-3 mm, da größere Körner die Verwendbarkeit stark einschränken.
Die Textur solcher Quarzite ist massig bis gering schiefrig; die Quarzkörner sind äquidimensional bis gering länglich, mit klaren Korngrenzen, woraus eine einfache Mosaiktextur resultiert. Im Dünnschliff ist häufig eine starke kataklastische Struktur erkennbar. Unerwünscht sind für die meisten Anwendungen Gehalte von Glimmer, Feldspat, Granat, Pyrit, Goethit usw., welche 4% übersteigen. Quarzite sind meist stark klüftige bis brekziöse Gesteine; das erleichtert zwar die Gewinnung, führt aber oft zu Verunreinigung an Klüften und Störungen. Einlagerungen anderer Gesteine (Schiefer, etc.) müssen durch selektiven Abbau sorgfältig ausgehalten werden.
Braunkohlenquarzite (Zementquarzite) sind meist sehr feinkörnig bis dicht. Klastische Quarzkörner sind durch ein kieseliges Bindemittel zementiert, das mineralogisch Opal, Chalcedon oder feinkristalliner Quarz sein kann. Solche Gesteine sind sehr hart, fühlen sich glatt an und liefern beim Anschlagen scharfkantige Fragmente mit hornsteinartiger Bruchfläche. Der kieselige Zement belegt Lösung und Wiederausfällung von SiO_2. Dies verweist entweder auf migrierende alkalische Grundwässer (in wechselfeuchten Klimazonen sehr häufig; Bildung von „Silcrete") oder auf Transport durch Komplexbildung mit organischer Substanz. Das charakteristische Auftreten dieser Quarzite im Braunkohlentertiär Mitteleuropas spricht natürlich für die zweite Deutung, ebenso die Eisenarmut solcher Gesteine. Die hohe Löslichkeit von SiO_2 im tieferen Teil eines Torflagers wurde durch BENNET et al. (1991) analytisch und mineralogisch nachgewiesen. Wo solche Wässer in liegende Quarzsande abwandern, ist die Bildung von Braunkohlenquarziten möglich.
Große konkretionäre Blöcke und Platten von Zementquarziten kennt man vorwiegend aus eozänen und oligozänen Sanden in Mitteldeutschland und Böhmen. In erodierten Randbereichen der Braunkohlenmulden blieben sie als Findlingsquarzite liegen. Diese wurden früher gewonnen, die heute verbliebenen Reste sollten als landschaftsprägende Elemente geschützt werden. In primärer Lagerstätte sind Zementquarzite aus genetischen Gründen oft mit hochwertigen Sanden vergesellschaftet; eine Gewinnung beider Rohstoffe ist dann zweckmäßig.
Heute werden aber fast ausschließlich Felsquarzite abgebaut. Gesucht sind Reinstquarzite mit mehr als 96% SiO_2 für die Feuerfestindustrie, höherwertige auch für Verwendungen, welche unter „Quarz" beschrieben wurden. Beim Einsatz für Ofenauskleidungen und feuerfeste Massen ist während des Brennvorganges eine möglichst gleichvolumige Umkristallisation in Cristobalit erwünscht, der über 1200 °C stabil ist.
Eine große Felsquarzitlagerstätte wird bei Saalburg/Taunus abgebaut, in Österreich werden permo-triadische Quarzite gewonnen (Semmeringquarzit, Radstädter Quarzit).

Literatur:

BENNET, P. C., SIEGEL, D. I., HILL, B. M. & GLASER, P. H., 1991, Fate of silicate minerals in a peat bog. Geology 19/2, 328-331.

Quarzsande und Kiese

Quarzsande (0,06 bis 2 mm Korndurchmesser) und Kiese (2-63,2 mm) sind die wichtigsten Rohstoffe aus der Gruppe der sedimentären, nicht bindigen Lockergesteine. Nach ihrer Verwendung werden sie folgend unterteilt:

    Industriesande (Glassande, Schleifsande, Emailsande, Ölsande, Formsande, Filtersande)
  Bausande (Betonzuschlagsande und -kiese, Mörtelsande, Putzsande, Schüttsande, Frostschutzsande, Sande zur Herstellung von Kalksandstein).

Die Verwendung natürlich vorkommender Sande und Kiese ist von ihren Eigenschaften abhängig (Reinheit von Fe, Kalk, Ton, Salzen, humosen oder bituminösen Stoffen; Schwermineralgehalt; Korngröße, Kornform u.s.w.). Manche abträgliche Eigenschaften können aber durch Aufbereitungsmethoden gemindert werden (Waschen, Klassieren, Attrition, Flotation u. a.). Wichtig ist ferner eine genügende Größe und gleichbleibende Charakteristik der Lagerstätte, sowie die Gewinnungsmöglichkeit im Tagbau. Dabei ist die Lage zum Grundwasserspiegel wichtig, ebenso eine Vielzahl anderer, die Umwelt betreffende Fragen.

Von den *Industriesanden* sind die Glas- und Formsande die wichtigsten Verwendungsgruppen. Glassande müssen chemisch sehr reine Quarzsande sein, mit $Fe_2O_3<0,025\%$, $TiO_2<0,03\%$, $Al_2O_3<i1\%$, CaO und $MgO<0,03\%$. Manche Spurenelemente (bzw. akzessorische Minerale) sind günstig oder stören nicht (Zr, Zn, Sr, Be, Te), andere vermindern die Brauchbarkeit (Ba, Mn, V, Cr, Cu). Die Korngröße soll zwischen 0,1-0,5 mm liegen, eckige Kornformen sind bevorzugt. Verschiedene Glassorten bedingen allerdings unterschiedliche Anforderungen, so daß z. B. für grünes Flaschenglas bis 4 % Fe_2O_3 toleriert werden.

Quarzsande sind der Menge nach die wichtigsten Rohstoffe für die Glaserzeugung. Weitere benötigte Hauptkomponenten sind Soda (Na_2O), gebrannter Kalk und Aluminiumoxyd. Hitzefestem Glas wird B_2O_3, optischen Gläsern zur Härtung K_2O zugesetzt. PbO erhöht die Attraktivität von Dekorglas. Farbgläser werden durch Zugabe von färbenden Metalloxyden erzeugt, z. B. CoO für blaues „Kobaltglas" und Cr_2O_3 für orangefarbenes Glas.

Die besten *Glassande* sind in mehrfach umgelagerten, reifen Sedimenten zu finden, da dann der besonders verwitterungsbeständige Quarz (>99 %) und wenige Schwerminerale (z. B. Zirkon) angereichert sind. Die meisten Sandlagerstätten sind mariner, fluviatiler oder äolischer Entstehung. Fossile Küstensande werden besonders häufig gewonnen; rezente Äquivalente müssen aber durch Waschen mit Süßwasser entsalzen werden. Eozäne Küstensande werden aus der Braunkohlenmulde im Raum Helmstedt/Niedersachsen gewonnen. Am Nordrand der österreichischen Molassezone, also entlang der nördlichen Küste zur Böhmischen Masse, liegen im Oligozän mehrere Quarzsandlagerstätten (Linzer Sande, Melker Sande). Infolge der Nähe zu kohleführenden Schichten wird vermutet, daß Eisenlösung durch Humussäuren ein wichtiges genetisches Element der hohen natürlichen Qualität ist. Trotzdem werden auch diese Sande heute durch Attrition und Flotation weiter veredelt. Ein großer Anteil der Produktion wird allerdings nur zu Schaumbetonsteinen und zu gesinterten Dachziegeln verarbeitet. Bekannt ist ferner der Glassand von Hohenbocka (Sachsen), welcher fossile Dünen unter der Erdbraunkohle des Senftenberger Revieres bildet.

Formsande (Gießereisande) sind etwas klebende Sande, aus welchen Kerne und Formen für die Metallgießerei hergestellt werden. Wichtige Eigenschaften für diese Verwendung sind: Gehalt an natürlichen Bindemitteln (Ton, Schluff), Feuerfestigkeit, Kornverteilung, Druckfestigkeit, Scherfestigkeit und Gasdurchlässigkeit. Gleichkörnigkeit ist erwünscht, Karbonat- und Glimmergehalt schädlich. Da diese Eigenschaften in natürlichen Vorkommen sehr stark schwanken, werden Gießereisande zunehmend durch Beimengung verschiedener Bindemittel (Ton, Kunststoff, etc.)

zu hochreinen Glassanden „synthetisch" hergestellt. Neben Quarzsanden werden zunehmend auch höchstwertige Chromit-, Zirkon- oder Olivinsande verwendet.

Die wichtigste Verwendung der *Bausande und -kiese* ist jene als Betonzuschlagstoff. Dazu eignen sich Vorkommen geringerer Qualität und breiterer Kornzusammensetzung. Solche *Kiessande* („Schotter") sind in glaziofluviatilen Endmoränenkörpern, sowie in eiszeitlichen Terassen und Talfüllungen größerer Flüsse weit verbreitet. Infolge der hohen Nutzungskonkurrenz in Flußtälern, z. B. durch Besiedlung, Landwirtschaft, Naturschutz, Verkehr, Grundwassernutzung etc., sind mittlerweile die Gewinnungsmöglichkeiten für diese Rohstoffe stark eingeschränkt, obwohl trotz Substitution durch Altbeton u.ä. weiterhin ein sehr hoher Bedarf besteht. Deshalb ist die Ausweisung potentieller Lagerstätten und deren Schutz im Rahmen der Landesplanung von höchster Priorität.

Über die erforderlichen Eigenschaften der Zuschlagstoffe zu Normalbeton (2200-2500 kg/m^3) gibt es eine Fülle von Publikationen und Normen. Wichtig für die Beurteilung ist der Stoffbestand (Quarz und quarzreiche Gesteinsfragmente sind günstig; verwitterte, schiefrige, also mürbe Fragmente nicht; Ton- oder Mergelanteile sind schädlich), die Kornverteilung (durch Siebkurven dargestellt; sie kann in Grenzen durch Klassieren und Mischen eingestellt werden) und die Kornform (rundliche Fragmente sind besser als ausgeprägt plattige). Hoher Gehalt an Überkorn („Steine" > 63,2 mm Durchmesser) ist ungünstig. Weitere Anforderungen betreffen die Druckfestigkeit und die Frostsicherheit. Eine möglichst geringe Überlagerung durch unbrauchbaren Abraum, gleichbleibende Eigenschaften über größere Lagerstättenteile, genügende Größe und ein für die gewählte Abbaumethode (trocken oder naß) günstiger Grundwasserspiegel sind Voraussetzungen für eine wirtschaftliche Gewinnung. Schon bei der Planung des Abbaues muß die spätere Rekultivierung bzw. Renaturierung als Erholungs- oder Naturschutzgebiet berücksichtigt werden (STEIN 1985).

Die *Untersuchung* von Kiessandvorkommen sollte durch Bohrungen und Schürfe erfolgen. Die Aufschlußabstände sollen unter 200 m liegen, bei inhomogenen Lagerstätten naturgemäß deutlich enger. Trockenbohrungen großer Durchmesser sind vorzuziehen, da bei Spülbohrungen ein eventueller Feinkornanteil ungewollt vermindert werden könnte. Pro Bohrmeter sind mindestens Proben von 5-10 kg erforderlich; es ist aber unbedingt darauf zu achten, daß bei höherem Grobkornanteil genügend große Proben entnommen werden, um wirklich repräsentative Daten zu gewinnen. Eine maximale Korngröße von 50 mm Durchmesser verlangt erfahrungsgemäß bereits eine Probenmasse von 250 kg!

Literatur:

HULTZSCH, A., 1986, Kiese und Sande. 164 pp, Dtsch. Verlag f. Grundstoffindustrie, Leipzig.
KOENSLER, W., 1989, Sand und Kies. 126 pp, Enke.
STEIN, V., 1985, Anleitung zur Rekultivierung von Steinbrüchen und Gruben der Steine-und-Erden-Industrie. 127 pp, Dt. Instituts-Verlag.

Schwefel

α-Schwefel   S   D=2,0-2,1
β-Schwefel   S   D=1,98

Hier sind Lagerstätten elementaren (gediegenen) Schwefels zu besprechen. Der orthorhombische α-Schwefel ist bei niedrigen Temperaturen stabil (deshalb „sedimentärer" Schwefel), während der monokline β-Schwefel nur über 95 °C, und zwar besonders aus Schmelze entsteht („vulkanischer" Schwefel). Der Schmelzpunkt liegt bei 119 °C. Durch Alterung geht aber sehr bald monokliner in orthorhombischen Schwefel über.

Bauwürdige Lagerstätten elementaren Schwefels haben etwa 15-50 % S im Rohmaterial; daraus wird durch mehrmaliges Verdampfen oder Umschmelzen ein Verkaufsprodukt mit >99,5 % S hergestellt.

Etwa 62 % des Schwefelverbrauches sind durch die Düngererzeugung verursacht; es handelt sich dabei um die Herstellung von Phosphorsäure aus Apatit und Phosphaten bzw. von Ammoniumsulfat. Rund 90 % der Schwefelproduktion wird zur Herstellung von Schwefelsäure verwendet, welche vielfältigste Anwendungen hat. Auf Schwefel basiert u.a. die Herstellung von Schädlingsbekämpfungsmitteln, Farben, Medikamenten, Photochemikalien und Kautschuk, nicht zuletzt auch die Konservierung bestimmter Lebensmittel. *Lagerstätten elementaren Schwefels* gibt es einerseits in Zusammenhang mit magmatischer Entgasung in jungen Vulkangebieten, sowie andererseits als Produkt der Sulfatreduktion in Gipsgesteinen durch zutretendes Erdöl oder Erdgas.

Vulkanogener Schwefel bildet sich in Mengen untergeordneter wirtschaftlicher Bedeutung in vulkanischen Massiven als Sublimationsprodukt von Solfataren, an H_2S- Fumarolen oder an hydrothermalen Schwefelquellen (z. B. *Vulcano*/ Italien). Nach den folgenden Formeln ist dies ein einfacher Oxydations-/Reduktionsprozess:

$$2\ H_2S + 3\ O_2 \rightarrow 2\ SO_2 + 2\ H_2O \qquad (1)$$
$$2\ SO_2 + 4\ H_2S \rightarrow 6\ S + 4\ H_2O \qquad (2)$$

Der freigesetzte Schwefel resublimiert unmittelbar als Feststoff, z.T. an der Austrittstelle, oder in der Zufuhrspalte bzw. in porösen Gesteinen. Durch spätere Erwärmung über Schmelztemperatur kann es zur Bildung der spektakulären Ströme geschmolzenen Schwefels kommen, die von einigen Vulkanen bekannt sind (Chile, Japan). Abgebaut werden demgemäß selten massige Schwefelerze, meist aber disseminierter Schwefel in vulkanogenen Gesteinen.

Sedimentärer, genauer eigentlich *diagenetischer oder biogener Schwefel* entsteht durch Reduktion von SO_4 in Gestein (Gips, Anhydrit) oder in Lösung (Meerwasser) durch anaerobe Bakterien, also in sauerstoffarmer Umgebung. Solche Bakterien sind *Desulfovibrio desulfuricans* und *Clostridium nigrificans*. Als Energiequelle brauchen sie dabei organische Substanz, welche hier meist im Laufe der Diagenese zuwanderndes Erdöl oder Erdgas ist. Die Bakterien assimilieren $(SO_4)^{2-}$ und Kohlenwasserstoffe in ihr System und scheiden H_2S und CO_2 aus. Das H_2S wird in der Folge in den oben angeführten Reaktionen zu elementarem Schwefel oxydiert, während das CO_2 mit dem freigewordenen Ca des Sulfates unter Bildung von sekundärem Kalzit reagiert. Die Beteiligung biologischer Prozesse an diesen Vorgängen läßt sich u.a. dadurch nachweisen, daß die leichten Isotope ^{32}S und ^{12}C in den Produkten (Schwefel, Kalkstein) gegenüber dem Ausgangsmaterial (Gips, Kohlenwasserstoffe) deutlich angereichert sind (Abb. 132). Aus dem ursprünglichen Gips/Anhydrit entsteht dabei stöchiometrisch etwa ein Viertel Schwefel, der Rest wird zu weißem, massigen oder zelligen Kalzitgestein.

Schwefel in sulfatischen Sedimenten wurde bis etwa 1930 vorwiegend aus vielen Bergbauen in Süditalien und in Sizilien gewonnen, deren Bedeutung mittlerweile aber stark zurückgegangen ist. Damals wurde die Wirtschaftlichkeit dieser Bergbaue durch die neuentwickelten Salzdomlagerstätten an der Golfküste der USA und Mexikos bedrängt.

Die Schwefellagerstätten *Siziliens* liegen in miozänen (messinischen) evaporitischen Gesteinen des Beckens von *Caltanisetta*. Von unten nach oben besteht die Schichtfolge aus bituminösen Diatomiten („Tripoli"), Kalkstein, darauf Gips, Anhydrit und gipsführende Sandsteine, dann Halit und Kalisalze, welche wiederum von Sulfaten und Sandsteinen bedeckt sind. Die Serie ist kräftig gefaltet und durch Störungen zerlegt. Die Lagerstätten sind immer mit den Sulfaten verbunden und bilden ausgedehnte Lager von 1-2 m Mächtigkeit (maximal 30 m), welche aus schichtungsparallelen Schnüren und Taschen von Schwefel bestehen. Der durchschnittliche Gehalt liegt heute bei 20-25 % S, die sicheren Reserven werden auf 5 Mt geschätzt, mit einer sehr viel größeren Ressourcenbasis. Das Roherz wird im Tiefbau gewonnen, bei einem Minimalgehalt (cut off) von 15 % S.

Der Schwefel der *Golfgebiete* im südlichen Nordamerika tritt im Hut diapirischer Salzstöcke auf, die von miozänen und pliozänen Kalken, Sanden und Tonen ummantelt werden. Ursprünglich suchte man in den aufgeschleppten Nebengesteinen nach Erdöllagerstätten; dabei wurden die Schwefellager entdeckt. Heute kennt man auf dem Lande und im Golf (offshore) annähernd 100 solcher Lagerstätten. Der schwefelführende Hut ist 40 bis 120 m mächtig, mit Linsen, Lagern und

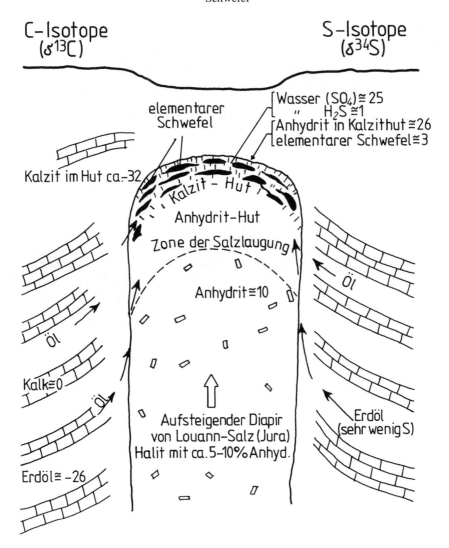

Abb. 132. Schematischer Aufbau einer Schwefellagerstätte in Salzdomen der Golfküste/USA mit Darstellung der charakteristischen S- und C-Isotopenverhältnisse (nach GUILBERT & PARK 1985).

seltener Spaltenfüllungen von elementarem Schwefel (Abb. 132). Der Gehalt liegt bei 20-40 %, die Reserven sind trotz einer immensen bisherigen Produktion immer noch sehr groß.

Die Gewinnung erfolgt durch das FRASCH-Verfahren, wobei durch eine Bohrung heißes Wasser mit 150-165 °C unter hohem Druck (ca. 1 MPa) in die Lagerstätte eingepreßt wird. Dadurch schmilzt der Schwefel in situ und wird in geschmolzenem Zustand an die Oberfläche gefördert. Die Ausbeute beträgt annähernd 75 %. Die steigenden Energiekosten und diverse Umweltprobleme beeinträchtigen allerdings zunehmend die Wirtschaftlichkeit dieser Lagerstätten.

Die größten Schwefellagerstätten Europas liegen über 1500 km Länge am nördlichen Karpathenrand, in Polen, Rumänien und in der UdSSR (Galizien). Alleine der polnische Anteil soll 20 % der Weltreserven von elementarem Schwefel enthalten. Die Lagerstätten sind an evaporitische Serien der jungtertiären Füllung des Vorlandbeckens gebunden, wobei auch hier migrierende Kohlenwasserstoffe für die Schwefelbildung Anlaß gaben. Deshalb haben diagenetischbiogene Schwefellagerstätten nach der Lokalisation manche Ähnlichkeit mit Erdölfallen, wobei hier allerdings keine Abdichtung vorliegt. Es ist im Gegenteil sogar notwendiger Bestandteil des geeigneten Bildungsmilieus, daß eine Verbindung zu meteorischen Wässern und damit die Möglichkeit beschränkter Sauerstoffzufuhr und der Impfung mit Bakterien besteht.

Die Lagerstätte *Rozdol'sk* liegt im russischen Teil des Beckens. Hier findet sich der Schwefel in gipsführenden Kalken des Obertorton, welche an einer Schwelle aus Kreidemergel ein Riff bilden und unmittelbar an eine mächtige, gleichaltrige Sulfatfazies angrenzen. (Abb. 133). Die durchschnittlichen Gehalte betragen rund 28 % S.

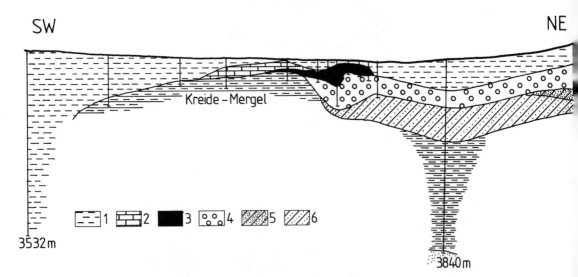

Abb. 133. Die Schwefellagerstätte Rozdol'sk/UdSSR (nach SMIRNOV 1989).
Obertorton: 1 – Kalkmergel; 2 – Kalkstein; 3 – Schwefellager; 4 – Gips und Anhydrit; Untertorton: 5 – Lithothamniensande; 6 – Glauconitsande.

Die *Weltproduktion* von Schwefel liegt bei 62 Mt, wovon aber nur 16 Mt eigentlicher Schwefelgewinnung durch das Fraschverfahren oder aus dem bergmännischen Abbau von gediegen Schwefel stammen. Große Mengen fallen als Nebenprodukt an, z. B. aus Sauergas (15 Mt), aus Ölraffinerien (9 Mt) und aus Rauchgasentschwefelung (1 Mt). Aus Pyrit werden jährlich rund 11 Mt Schwefel erzeugt; weitere 11 Mt kommen aus der metallurgischen Verarbeitung von sulfidischen Erzen der Nichteisenmetalle in Form von Schwefelsäure oder -Oxyden. Der weiter steigende Düngerbedarf der Welt verursacht zunehmenden Schwefelbedarf, so daß die Zukunft auch für primäre Gewinnung als günstig eingeschätzt wird.

Literatur:

FEELY, H. W. & KULP, J. L., 1957, Origin of Gulf coast salt-dome sulfur deposits. Amer. Ass. Petrol. Geol. Bull. 41, 1802-1853.

HENTZ, T. F. & HENRY, C. D., 1989, Evaporite-hosted native sulfur in Trans-Pecos Texas: relation to late-phase Basin and Range deformation. Geology 17, 400-403.

RUCKMICK, J. C., WIMBERLEY, B. H. & EDWARDS, A. F., 1979, Classification and genesis of biogenic sulfur deposits. Economic Geol. 74, 469-474.

Talk

Das Mineral Talk $Mg_3(OH)_2Si_4O_{10}$ mit der Dichte 2,7-2,8 und der Härte 1 wird nur selten in mineralogisch reiner Form abgebaut und verwendet. Meist handelt es sich um *Talkgesteine*, die neben Talk eine Reihe anderer Minerale, besonders den farblosen Chlorit („Leuchtenbergit" bzw. „Rumpfit", ein Mg-reicher, eisenarmer Klinochlor), Dolomit, Amphibol, Quarz, Pyrit etc. enthalten können. *Speckstein* (Steatit) ist ein dichtes, richtungslos texturiertes Talkgestein, das eine Bearbeitung durch Schneiden erlaubt. *Talkschiefer* sind durchbewegte Talkgesteine mit linsigblättriger Struktur; manchmal werden auch Gesteine mit geringer Talkführung so genannt. Geringe Gehalte an Fe oder Ni verleihen dem Talk eine grünliche Farbe; graugrüner Talk enthält in der Regel Chlorit.

Die *Verwendung* von Talk ist ungemein vielfältig; große Mengen werden in Feinkeramik, Elektrokeramik, Farbenindustrie, Papierindustrie, Feuerfestindustrie, in der chemischen Industrie (als Träger für Schädlingsbekämpfungsmittel, als Füllstoff für Kunststoffe), in der kosmetischen und pharmazeutischen Industrie, Gummiindustrie und zur Erzeugung von Dachpappe verbraucht. Dementsprechend unterschiedlich sind die Anforderungen an den Rohstoff bzw. an die Aufbereitungsprodukte: Die Papier- und Füllerverwendung verlangt hohe Pulverhelligkeit („Weißegrad"), keramische Qualitäten müssen hohe SiO_2- und MgO-Gehalte sowie günstiges Brennverhalten haben, während für kosmetische Zwecke absolute Freiheit von nadeligen (asbestiformen) Mineralen gefordert wird. Letztere stören zwar bei vielen Anwendungen nicht, bedingen aber aufwendige Vorkehrungen bei Gewinnung und Verarbeitung. Der eigentliche Talkgehalt ist in vielen Bereichen von relativ zurücktretender Bedeutung, besonders wichtig ist dagegen die Farbe bzw. Weiße. Der wirtschaftliche Erfolg einer Grube hängt vor allem davon ab, daß der Aufbereitung durch eine detaillierte montangeologische Bearbeitung gleichbleibendes Rohmaterial zur Verfügung steht, aus dem marktfähige Produkte in konstanter Qualität erzeugt werden können. Auch in großen Lagerstätten (z. B. Trimouns, s. S. 296) spielt heute noch Handscheidung zur Abtrennung erster Qualitäten eine große Rolle.

Talklagerstätten entstehen durch hydrothermale Umwandlung von magnesiumreichen Ultramafiten oder Karbonatgesteinen (Dolomit, Magnesit), zum Teil in Zusammenhang mit einer niedriggradigen Metamorphose, in anderen Fällen als Produkt hydrothermaler Systeme, deren genauere Ursache oft noch unklar ist. Während die Bildung von Talk als metamorphes Mineral, z. B. aus kieseligen Dolomiten, im Wesentlichen in einem geschlossenen System unter höherem Druck erfolgt (METZ & TROMMSDORF 1968), sind die eigentlichen Lagerstätten in charakteristischer Weise an Scherzonen oder Brüche gebunden, was natürlich auf eher offene hydrothermale Systeme und geringe Drücke verweist. Dementsprechend muß hier mit Zu- und Abfuhr von Materie gerechnet werden. Hydrothermale Synthese von Talk wurde bei Temperaturen über 300 °C mehrfach erreicht; bei tieferer Temperatur ist die Reaktionsgeschwindigkeit im Labor zu langsam. In der Natur findet man allerdings Talk auch als diagenetisches Mineral (in Evaporiten) und in den Saprolith-Zonen von Böden über Ultramafiten (s. Ni-Laterite).

Die hydrothermale Bildung von Talk aus Ultramafiten kann man schematisch folgend beschreiben:

$$4\ Mg_2SiO_4 + 7\ H_2O \rightarrow 2\ Mg_3(OH)_2Si_4O_{10} + 2\ Mg^+ + 3\ H^+$$
$$\text{Forsterit} \qquad\qquad\qquad \text{Talk}$$

Aus dieser Formel ist ersichtlich, daß entweder Mg abgeführt oder daß neben Wasser auch zusätzliches SiO_2 von außen zugeführt werden muß. Solche Talke enthalten oft Amphibole, bei höherem CO_2-Angebot auch Karbonat. Chlorit und Serpentin sind gewöhnliche Begleiter. Erhöhte Spurengehalte an Ni, aber auch Cr, sind für Talk aus ultramafischen Ausgangsgesteinen typisch (PROCHASKA 1989). Manche Ophiolithe enthalten ungeheure Mengen an Talk-Karbonatgestein (NALDRETT 1966; z. B. jene des pan-afrikanischen Orogens in Saudi Arabien und Nordost-Afrika), die aber meist nicht verwertet werden können. Eigentliche Talklagerstätten ultramafischer Massive sind gewöhnlich klein, absätzig und von rasch wechselnder Qualität. Solche Lagerstätten werden u. A. in mesozoischen Ophiolithen Norditaliens gefunden, z. B. im *Val Malenco*, wo auch langfaseriger Asbest abgebaut wird. Weltweit kommen etwa 30 % der Talkproduktion aus Lagerstätten in Ultramafiten.

Karbonatgebundene Lagerstätten liefern dagegen rund 70 % der Weltproduktion. Aus Dolomit und Magnesit kann Talk durch Zufuhr von hydrothermalen SiO_2-Lösungen gebildet werden; es ist auch bei dolomitischem Ausgangsmaterial nicht notwendig, das Mg von außen zu beziehen, wie folgende Formel zeigt (PROCHASKA 1989):

$$3\ CaMg(CO_3)_2 + 4\ SiO_2(aq) + 6\ HCl \rightarrow$$
$$Mg_3(OH)_2Si_4O_{10} + 3\ CaCl_2 + 2H_2CO_3 + 4\ CO_2$$

Für die Entstehung größerer Talkmengen ist ein offenes System mit Abtransport von Ca und CO_2 unbedingt erforderlich, da die Reaktion sonst unter Bildung von Tremolit oder Aktinolit rasch zum Stillstand käme. Theoretisch wäre die Talkbildung nach obiger Formel mit einer Volumsabnahme von ca. 14 % verbunden, die ähnlich wie die Sideritmetasomatose zumindest teilweise durch drusige Texturen belegbar sein sollte. Da aber eine Verringerung der Volumina bei der Talkbildung sehr oft nicht nachweisbar ist, wird von vielen Forschern eine hydrothermale Zufuhr von Mg^{2+} neben SiO_2 angenommen. Man spricht dann von *Magnesiummetasomatose,* ganz ähnlich jener, die bei der Bildung von Spatmagnesiten erwähnt wurde. Die spezielle Literatur zeigt, daß die Frage einer Magnesiumzufuhr in Talklagerstätten nach Dolomit mit heutigen Methoden nicht endgültig zu beantworten ist.

Talke in Karbonatgesteinen sind in der Regel von besserer Qualität als jene in Ultramafiten; häufige Gangarten sind Chlorit und Karbonat. Die Spurenelementgehalte solcher Talke sind sehr niedrig, insbesondere Ni, Cr und Co eignen sich zur Unterscheidung von Talk ultramafischer Abkunft (PROCHASKA 1989a). Da Dolomite infolge ihrer Klüftigkeit generell permeabler sind als Magnesite, sind in ersteren besonders große Lagerstättenkörper zu finden. Magnesit-Talk ist eher auf Scherzonen, Störungen und Kontaktsäume zum Nebengestein beschränkt. Hohe Salzgehalte der hydrothermalen Lösungen zumindest mancher karbonatgebundener Talklagerstätten (MOINE et al. 1989) lassen vermuten, daß die vertalkten Dolomite und Magnesite residuale Teile weitgehend aufgelöster Evaporitserien sind.

Die größte dolomitgebundene Talklagerstätte in Europa ist *Trimouns/Luzenac* in den französischen Pyrenäen (MOINE et al. 1989). Die talkführende Zone erstreckt sich in 1800 m Höhe am Ostabfall des Massives von St. Barthelemy über 5 km Länge; sie wird von kristallinen Schiefern und Migmatiten unterlagert. Über dem Kristallin liegt eine epizonal metamorphe Serie von Dolomit (Ordoviz), Serizitschiefer (Silur) und Kalkmarmoren mit Quarzitbändern (Devon). Die Grenzfläche entspricht einer jungpaläozoischen Deckenüberschiebung, die in alpidischer Zeit nachbewegt wurde. Die ordovizischen Dolomite sind z.T. in Talk umgewandelt, so daß in der Talkzone zahlreiche Blöcke von Dolomit, Quarzit, Glimmerschiefer, Gneis und Pegmatit von Talk „umflossen" sind. Die Mineralisation erreicht eine Mächtigkeit bis 80 m und fällt mit 40-80° nach Osten ein. Der liegende Anteil der Lagerstätte besteht aus 70-90 % von grauem Chlorit und 10-30 % Talk, während reiner Talk (>80 %) nur im Hangenden auftritt. Das chloritreiche Gestein ist deutlich aus den silikatischen Nebengesteinen durch Mg-Zufuhr entstanden, während der Talk aus Dolomit abzuleiten ist, wie der beobachtbare Übergang von gebändertem Dolomit in gleichermaßen gebänderten Talk beweist. Die nachgewiesenen Reserven von Trimouns liegen bei 20 Mt.

Die Bildungsbedingungen werden mit ca. 400 °C und 1 kbar angegeben, und wegen der großen Mengen von neugebildetem Mg-Chlorit wird hydrothermale Zufuhr von Mg vermutet (MOINE et al. 1989).

Neue Untersuchungen an österreichischen Talklagerstätten hingegen lassen genetische Modelle ohne Magnesiummetasomatose zu (PROCHASKA 1989a, b):

Die Talklagerstätte *Lassing/Steiermark* liegt in stark deformierten, unterkarbonischen Dolomitmarmoren und Magnesiten der ostalpinen Grauwackenzone, unmittelbar an einer großen, jungalpidischen Längsstörung der Alpen. Nebengesteine sind weiters Grünschiefer und Schwarzschiefer, welche mit den Karbonaten eine enge, von der Palten-Störung durchschlagene Antiklinale bilden. An der Störung wurde Gips aufgefunden, der wahrscheinlich tektonisch eingeklemmtem, permoskythischem Haselgebirge entspricht (Abb. 134). Die Talkkörper bilden eine 200-300 m lange und bis 50 m mächtige Linse mit Apophysen und Gängen, welche annähernd parallel zu den steil einfallenden Karbonatbändern liegt. Kalzitmarmore im (tektonisch) Hangenden der Lagerstätte sind von Quarzgängen durchschwärmt. Grünschiefer im Kontakt zu Talk sind über einige Dezimeter zu Kalzit-Albit-Rutil-Gesteinen hydrothermal verändert (Abb. 135). Das Fördergut ist zum größten Teil Talkschiefer hohen Weißegrades mit signifikantem Anteil an Dolomit; Chlorit-Talkgesteine treten nur untergeordnet auf. Die Entstehung der Lagerstätte wird ausschließlich auf hydrothermale (ca. 350-400 °C) Zufuhr von SiO_2 (sowie Na und K, s. Abb. 135) in Zusammenhang mit der benachbarten Großstörung zurückgeführt.

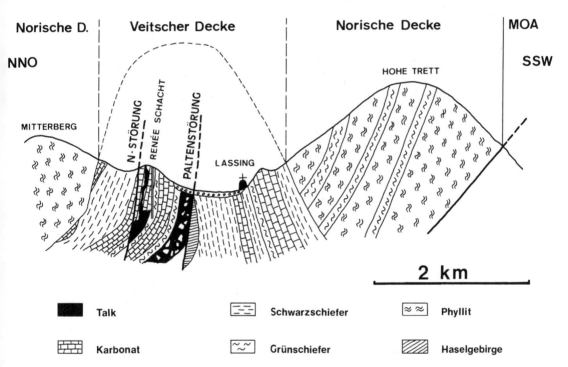

Abb. 134. Die Talklagerstätte Lassing/Steiermark (nach W. PROCHASKA 1989).
MOA = Deckengrenze zum unterlagernden Mittelostalpin.

Das ausgedehnte Chlorit-Talklager von *Rabenwald/Steiermark* liegt an einer flach östlich einfallenden Scherzone im unterostalpinen Kristallin. In der Scherzone liegen große residuale Blöcke von Spatmagnesit in stark deformiertem Talk. Die liegenden Grobgneise sind über einige Meter Mächtigkeit zu „Kornstein" umgewandelt, das ist ein lokaler Ausdruck für feinkörnige Quarz-Phengit-Chloritgesteine, welche z.T. auch Disthen führen. Dies verweist ebenso wie Ergebnisse der Mikrothermometrie auf eine Bildung bei 500-550 °C und 8-9 kbar (MOINE et al. 1989), so daß ein Zusammenhang mit Fluidsystemen der tiefen alpidischen Deckentektonik wahrscheinlich ist.

Die Möglichkeit der Bildung von Talk ohne Zufuhr von Mg wird auch durch die Specksteinlagerstätte *Göpfersgrün im Fichtelgebirge* belegt. Hier liegen Dolomitmarmore der Bunten Serie im Dach des Marktleuthener Granites vor. Granit und Marmor werden von post-orogenen Diabasen und Quarzporphyr des Unterrotliegenden durchschlagen. Alle diese Gesteine sind im Bereich der Lagerstätte hydrothermal chloritisiert, während der Marmor am Kontakt zum Granit und entlang von

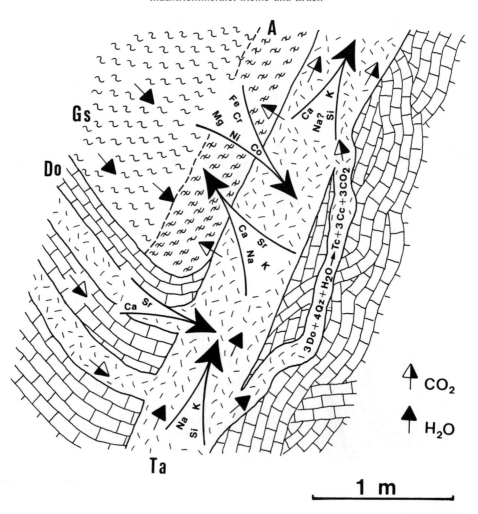

Abb. 135. Stoffaustausch, Vertalkung von Dolomit und hydrothermale Veränderung von Grünschiefer in der Talklagerstätte Lassing, dargestellt an einem Detailaufschluss in der Grube (PROCHASKA 1989).
Gs = Grünschiefer; Do = Dolomit; Ta = Talk

Klüften vertalkt ist (Abb. 136). Die Talkbildung wird deshalb auf ein permisches hydrothermales System zurückgeführt, das mit den magmatischen Herden des Porphyrs zusammenhängen dürfte. Als Mg-Quelle kommen aber saure Magmen kaum in Betracht, so daß dafür nur die Dolomite der Bunten Serie verbleiben (STETTNER 1959).

Die *Entstehung karbonatgebundener Talke* ist demnach mit Fragen der Spatmagnesitgenese eng verwandt, indem für beide Lagerstättentypen vielfach Metasomatose durch externe, Mg-reiche Lösungen postuliert wird (z. B. ANDERSON et al. 1990). Bei vielen dieser Talklagerstätten ist aber nachzuweisen, daß das Mg-Reservoir der Nebengesteine ausreicht, um Vertalkung und Chloritisierung zu erklären. Soferne durch weitere Forschung die genauere Herkunft der Lösungen festgelegt werden kann, wird auch die Frage nach dem Mg-Haushalt der lagerstättenbildenden Prozesse besser beantwortet werden können. Zur Zeit erscheint eine externe Zufuhr von Magnesium nicht notwendig.

Die *Suche nach Talklagerstätten* geht in der Regel von bekannten Ausbissen aus. Talk ist recht verwitterungsbeständig, so daß er durch geeignete Methoden (z. B. Röntgendiffraktometrie)

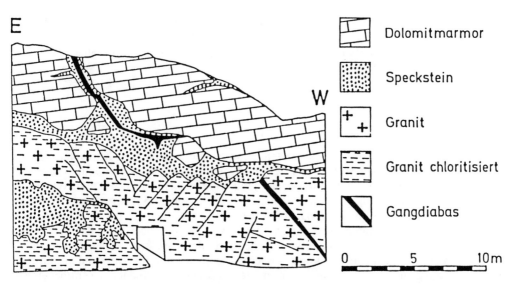

Abb. 136. Skizze einer Tagbauwand im Specksteinbergbau Johanneszeche bei Göpfersgrün/Fichtelgebirge (STETTNER 1959).

auch in autochthonen oder wenig transportierten Böden über verdeckten Talklagern aufgefunden werden kann (PROCHASKA 1987, NELRIDGE & BLOUNT 1991). Bei den weiteren Arbeiten ist es wichtig, möglichst früh nicht nur Form und Menge der Lagerstätte, sondern auch die Qualität zu untersuchen.

Ein Mineral sehr ähnlicher Verwendung wie Talk ist *Pyrophyllit* $Al_2(OH)_2Si_4O_{10}$, der durch hydrothermale Zersetzung von sauren vulkanischen Gesteinen entsteht. Bedeutende Vorkommen gibt es in Japan, Südkorea und USA (ULLRICH et al. 1988).

Literatur:

ANDERSON, D. L., MOGK, D. W. & CHILDS, J. F., 1990, Petrogenesis and timing of talc formation in the Ruby Range, Southwestern Montana. Economic Geol. 85, 585-600.

EVANS, B. W. & GUGGENHEIM, S., 1988, Talc, pyrophyllite and related minerals. Reviews Mineralogy 19, 225-294.

METZ, P. & TROMMSDORF, V., 1968, On phase equilibria in metamorphosed siliceous dolomites. Contr. Min. Petr. 18, 305-309.

MOINE, B., FORTUNE, J. P., MOREAU, Ph. & VIGUIER, F., 1989, Comparative mineralogy, geochemistry, and conditions of formation of two metasomatic talc and chlorite deposits: Trimouns (Pyrenees, France) and Rabenwald (Eastern Alps, Austria). Economic Geol. 84, 1398-1416.

NALDRETT, A. J., 1966, Talc-carbonate alteration of some serpentinized ultramafic rocks south of Timmins, Ontario. Jour. Petrology 7, 489-499.

NELRIDGE, R. A. & BLOUNT, A. M., 1991, The use of soil anomalies to locate concealed talc bodies. Ore Geol. Reviews 6, 195–210.

PROCHASKA, W., 1987, Eine kostengünstige und effiziente Prospektionsmethode zur Aufsuchung verdeckter Talkvorkommen. Berg. Hüttenmänn. Monatsh. 132, 570-575.

PROCHASKA, W., 1989a, Geologische und geochemische Untersuchungen an der Talklagerstätte Lassing (Steiermark). Arch.f. Lagerstättenforsch. Geol. B.-A. 10, 99-114, Wien.

PROCHASKA, W., 1989b, Geochemistry and genesis of Austrian talc deposits. Applied Geochemistry 4, 511-525.

SCHOBER, W., 1987, Talc in Europe. Industr. Minerals June 87, 40-51.

STETTNER, G., 1959, Die Lagerstätte des Specksteins von Göpfersgrün-Thiersheim im Fichtelgebirge. Geol. Bavarica 42, 72 pp.
ULLRICH, B., BRUCK, S., FUHRMANN, L. & LESCH, L., 1988, Pyrophyllit – rohstoffwirtschaftliche Übersicht und Einsatzmöglichkeiten. Z. angew. Geol. 34, 76-81.

Tone

Tone sind sedimentäre, bindige Lockergesteine mit einem erheblichen Kornanteil kleiner als 0,002 mm. Diese Tonfraktion besteht aus verschiedenen Tonmineralen (Kaolinit, Illit, Montmorillonit, mixed-layer Minerale, u.a.), sowie aus feinkörnigem klastischen Material (Quarz, Glimmer), biogenen Anteilen (kalkige Mikrofossilien, Bitumen, kohlige Substanz) und diagenetischen Neubildungen (Markasit, Pyrit, Karbonat, Phosphat, etc.). Hochwertige Tone mit überwiegenden Kaolinit- oder Montmorillonitgehalten, welche durch Verwitterung oder hydrothermale Alteration *in situ* gebildet werden, wurden bereits an anderer Stelle besprochen. Hier sollen jene Tone behandelt werden, die nach Erosion limnisch oder marin sedimentiert wurden und auf Grund ihrer Natur als Mineralgemenge vor allem zu gesinterten (gebrannten) Produkten verarbeitet werden. Man unterscheidet zwei Gruppen, nämlich feuerfeste und nicht feuerfeste, keramische Tone. Die Eigenschaften natürlicher Tone werden allerdings heute sehr oft durch Beimengung bestimmter Komponenten (Kaolin, Bauxit zur Erhöhung der Schmelztemperatur; Quarzmehl zur Magerung) „eingestellt".

Feuerfeste Tone haben einen Schmelzpunkt von mindestens 1580 °C, was vor allem von entsprechend hohen Gehalten an Al_2O_3 abhängt. Stoffe, die ein Schmelzen bei niedrigen Temperaturen bewirken („Flußmittel" wie Ca, K, Na), sollen unter 3 % Anteil haben. Man unterscheidet hier SiO_2-reiche, „saure" Tone, die sich als Formtone eignen, von Al_2O_3-reichen, die z. B. zur Schamotteherstellung günstig sind. Zu den Letzteren zählen besonders kaolinitische und bauxitische Tone. Für die Beurteilung von Vorkommen feuerfester Tone sind geologische, mineralogische und technologische Untersuchungen durchzuführen. Kritische Eigenschaften, die mittels meist genormter Methoden geprüft werden, sind Plastizität, Brennverhalten, Sinterverhalten, Schmelzpunkt, Schamottierbarkeit und Eigenschaften der Schamotte.

Feuerfeste Tone werden in Deutschland aus tertiären Schichten gewonnen, mit regionalen Schwerpunkten im Westerwald und in Bayern (Oberpfalz) vom Fichtelgebirge bis zur Donau.

Keramische, nicht feuerfeste Tone und Lehme erweichen und sintern unter 1520 °C. Dem entspricht ein geringerer Al_2O_3-Gehalt und ein höherer Anteil an Eisen und Alkalien. Nach abnehmender Wertigkeit unterscheidet man hier folgende Untergruppen:

– *Feinkeramische bzw. Töpfertone* müssen plastisch oder gießfähig sein, gute Trocknungseigenschaften aufweisen (keine Risse) und günstige Brenneigenschaften mit heller (Fe_2O_3<1 %) oder roter (Fe_2O_3>7 %) Brennfarbe haben. Solche Tone enthalten einen hohen Anteil von Kaolinit, Illit, Glimmer und Montmorillonit; grobkörnige Minerale (Fe, Karbonat) oder Gesteinsfragmente sind unerwünscht. Da solche Tone zum Unterschied von Kaolin (Porzellan) einen porösen Scherben ergeben, müssen die Produkte glasiert werden. Ein bekannt guter Töpferton liegt bei *Stoob* (Burgenland) wenige Kilometer von einer Kristallininsel entfernt in pannonischen Schichten. Dieser Ton ist sehr feinkörnig, hochplastisch und brennt hellgelblich bis rötlich. Enstehung durch nahe Umlagerung einer ehemaligen Verwitterungsdecke auf dem Kristallin ist wahrscheinlich.

– *Grobkeramische Tone* sind gegenüber feinkeramischen stärker verunreinigt (Pyrit, Eisenhydroxyde, Karbonat, Kohle) und enthalten mehr Grobkorn. Die Anforderungen sind damit relativ gering, am höchsten für Dachziegel und Klinker (vor allem Frostbeständigkeit), am geringsten für Hintermauerungsziegel.

In Niedersachsen wird verwitterter, mittelpliozäner Lauenburger Ton zu den beliebten roten Ziegeln verarbeitet. Im unverwitterten Material stören allerdings erhöhte Gehalte an CaO, Siderit und Pyrit, so daß es nur sehr eingeschränkt verwertet werden kann.

– *Lehm* ist ein eisenreicher, daher brauner oder gelber, mehr oder weniger sandiger Ton, oft mit reichlichem Anteil von zersetzten und frischen Gesteinsfragmenten. Lehm ist entweder ein Verwitterungsprodukt von tonigen bzw. aluminiumsilikatreichen Gesteinen in situ (also ein Boden) oder umgelagertes, allochthones Verwitterungsmaterial (Hanglehm, Auelehm). Lehm ist das gebräuchlichste Material zur Ziegelherstellung. Rote Brennfarbe ist hier regional oft erwünscht, weshalb hohe Eisengehalte nicht stören. Bei gleichzeitig hohem Kalkgehalt allerdings wird diese rote Farbe unterdrückt, es entstehen dann gelblich-graue Farben.

– *Blähtone* haben die Eigenschaft, bei rascher Erhitzung auf 1100-1200 °C unter starker Volumszunahme zu expandieren. Das Rohgut wird gewöhnlich zerkleinert und pelletisiert; aus diesen rundlichen Aggregaten entstehen durch Brennen feste Kügelchen bis 5 cm Durchmesser mit einer dichten, glasigen Außenhaut, einem zelligen Innengefüge und einem sehr geringen Raumgewicht (rund 330 kg/m^3). Wegen dieser Eigenschaften ist Blähton ein wichtiger Zuschlagstoff für Leichtbeton sowie ein schall- und wärmedämmender Schüttstoff. In Industrie und Handel läuft das Produkt z.T. unter dem Namen LECA („light expanded clay aggregate").

Blähende Tone sind in der Regel sandfrei und eisenarm, also „fette", plastische Tone. Es gibt aber auch stärker verfestigte Tone mit guten Bläheigenschaften, ja sogar paläozoische Tonschiefer werden als Rohstoff eingesetzt. Deshalb wird die Brauchbarkeit besser durch halbindustrielle Versuche als durch Analysen festgestellt. In Österreich werden bei *Fehring* in der Steiermark pliozäne Süßwassertone zur Leca-Produktion abgebaut, welche mit Basalttuffen und Tuffitschluffsteinen die Füllung eines Maares bilden. Diese Tone bestehen aus Muskovit, Illit, Montmorillonit, Kaolinit, Vermiculit und mixed-layer-Mineralen. Tone einer benachbarten Lagerstätte wurden hingegen in einem küstennahen, brackischen Milieu abgelagert (BERTOLDI et al. 1983).

– *Dichtungstone* werden seit langem im Grund- und Wasserbau zur Reduktion der Durchlässigkeit eingesetzt. Neuerdings liegt der Schwerpunkt ihrer Anwendung in der Anlage und Sanierung von Altlasten und Deponien, wo geeignete Tongesteine als hydrologische und geochemische Barriere eingebaut werden, um das Grundwasser vor Verunreinigung zu schützen. Wichtige Eigenschaften sind dabei die hohe Kationenaustauschkapazität der Tone, ihr hohes Adsorptionsvermögen, die Quellfähigkeit (bei Smektitanteil), die hohe Plastizität und die geringe Permeabilität. Infolge der komplexen Vorgänge in solchen mineralischen Barrieren sollten diese mehrschichtig aus Tongesteinen unterschiedlicher mineralogischer Zusammensetzung aufgebaut werden (USTRICH 1991 – s. Bentonit). Aus Kostengründen werden Dichtungstone gewöhnlich nicht aufbereitet. In Norddeutschland wird vielfach kretazischer, montmorillonit-illitreicher Ton aus Dolgen im Hämeler Wald verwendet, im Süden dagegen toniger Mergel aus der Oberen Süßwassermolasse.

Tonlagerstätten sind fast ausschließlich durch terrestrische Verwitterung entstanden, wobei die Produkte zum Teil nahezu in situ verblieben sind und dort abgebaut werden (Kaolin, Lehm). Der größte Teil der Lagerstätten wurde aber nach kurzem Transport in limnisch-fluviatiler Umgebung gebildet. Vielfach wurde auf dieser sekundären Lagerstätte der Eisen- und Alkaligehalt durch humose Wässer weiter verringert, wodurch höherwertige, feuerfeste Tone entstanden sind. Diese hat man deshalb bevorzugt unter Kohlenflözen zu suchen. Beispiele dafür sind zahlreich, z. B. im Karbon Englands („fire clay"), im Tertiär Böhmens. Wesentlich seltener sind brauchbare Tone, welche im Meer abgelagert wurden.

Die *Untersuchung* von Tonvorkommen ist besonders schwierig, weil die Zusammenhänge zwischen dem Rohmaterial und den erzielbaren Produkten sehr komplex sind. Es ist deshalb notwendig, besonders exakte geologisch-mineralogische Untersuchungen durchzuführen, um die verfügbaren Reserven genügend verläßlich einer bestimmten Qualität zuordnen zu können. Die technologischen Tests sind nämlich so aufwendig, daß nicht beliebig viele Proben geprüft werden können. Selbst die gewöhnlich als unbegrenzt eingeschätzte Ressourcenbasis der „gemeinen" Ziegeltone muß unter diesem Aspekt bezweifelt werden (PRENTICE 1988). Deshalb gehören auch Tone zu jenen oberflächennahen Rohstoffen, die im Rahmen der Landesplanung geschützt werden müssen.

Literatur:

BERTOLDI, G. A., EBNER, F., HÖLLER, H. & KOLLMER, H., 1983, Blähtonvorkommen von Gnas und Fehring – geologische, sedimentpetrographische und technologische Untersuchungen. Archiv Lagerst.forsch. Geol. B.-A. 3, 13-22.
JASMUND, K. (Ed.), 1980, Clays and clay minerals in the Federal Republic of Germany. Geol. Jb. D39, 1-136.
MILLOT, G., 1970, Geology of clays. 425 pp, Springer.
PRENTICE, J. E., 1988, Evaluation of brick clay reserves. Trans. Instn. Min. Metall. B97, 9-14.
VELDE, B., 1985, Clay minerals: A physico-chemical explanation of their occurrence. 428 pp, Elsevier.

Vulkanische Tuffe, Bimssande, Perlit und Trass

Vulkanische Tuffe, oder besser vulkanoklastische Gesteine sind weitverbreitete Massenrohstoffe der Bauindustrie. Die chemische und mineralogische Zusammensetzung ist naturgemäß äußerst variabel. Unverfestigte Aschen (<2 mm Korndurchmesser) und Lapilli (bis 64 mm) werden bevorzugt abgebaut und als Betonzuschlagstoffe verwendet. Körnung, Festigkeit und Fehlen von betonschädlichen Eigenschaften (Salzgehalt, Sulfat, alkalireaktive Gläser) sind wichtige Qualitätskriterien. Zur Erkundung der Lagerstätten sind vulkanologische Untersuchungen vorteilhaft, um die Einstufung der Lager in der vulkanischen Entwicklung und ihre mögliche horizontale und vertikale Verbreitung zu klären.

Bimssande (Pumice) sind vulkanische Lockergesteine, die zumeist aus aufgeschäumten intermediären bis sauren Schmelzen entstehen. Die Einzelkörner bestehen aus vesikularem, vulkanischem Glas. Die Porosität erreicht bei sauren Ausgangsgesteinen 90 %. Bevorzugt werden Korngrößen von 2-16 mm Durchmesser, also eigentlich Lapilli; der Feinkornanteil soll möglichst gering sein. Aufbereitung durch Klassierung ist natürlich möglich. Frisches, unzersetztes Material mit hoher Festigkeit der Einzelkörner wird vorausgesetzt, mit Ausnahme jener Bimse, die puzzolanische Eigenschaften haben. Das Schüttgewicht soll unter 1,0 kg/dm^3 liegen. Aus Bims werden durch Beimengung von Zement oder Branntkalk Leichtbausteine hergestellt, die sich durch hohe Wärme- und Schalldämmwerte auszeichnen. Besonders gesucht sind zur Zeit Bimslapilli von 80-120 mm Durchmesser, welche in großen Mengen zur artifiziellen Alterung (stone-washing) von Jeans-Kleidung gebraucht werden. Industriellen Bimsabbau gibt es in Deutschland (Neuwied), in der Türkei, in Griechenland, Island und in den USA.

Vulkanoklastische Gesteine unterliegen nach ihrem Absatz verschiedenen Veränderungen, welche überwiegend durch den Einfluß von sauren oder alkalischen (Meer, Playaseen) Wässern bei erhöhter (hydrothermale Alteration) oder bei Oberflächentemperatur (Alterung, Verwitterung) gesteuert werden. Auch dabei werden nutzbare Minerale und Gesteine gebildet; zu ihnen gehören Bentonite und Zeolithe, denen eigene Abschnitte gewidmet sind, aber auch Massenrohstoffe wie Perlit und Trass, die im Folgenden kurz beschrieben werden.

Perlite sind hydratisierte saure vulkanische Gläser (Obsidian). Sie sind petrographisch oft durch die zwiebelschalenartige „perlitische Textur" gekennzeichnet, die durch die Ausdehnung des Glases bei der Wasseraufnahme entsteht. Das Wasser diffundiert in Molekülform nach innen, wobei im Austausch Na$^+$ und später auch K$^+$ nach außen abgeführt werden. Die Sättigung wird bei etwa 3 % H$_2$O erreicht.

Durch rasches Erhitzen auf 850-1200 °C bei Atmosphärendruck kann dieser Wassergehalt unter gleichzeitigem Aufblähen des Materiales ausgetrieben werden. Geblähter Perlit ist ein weißes, leichtes, beständiges, nichtverrottbares Material, das vor allem als Zuschlagstoff für Leichtbeton mit hoher Wärme- und Schallisolation Verwendung findet. Weitere Anwendungsgebiete sind Farben, Keramik, Gießereisande, Bohrschlämme, Filter, Abrasive, Hydropon-Pflanzenkultur sowie als lose Füllung in Isolierungen und Verpackungen. Die Verwertbarkeit eines Rohstoffes wird durch Bestimmung des Blähwertes untersucht, das ist das Verhältnis zwischen den Litergewichten des rohen und des geblähten Produktes. Schon im Gelände kann man die Eignung prospektiver Gesteine testen, indem man Körnchen von 1-2 mm Durchmesser mit der Lötlampe erhitzt. Mindestens 6-10fache Volumszunahme ist dabei erwünscht; häufig ist 20fache Expansion.

Bedeutende Perlit-Lagerstätten gibt es in vielen Regionen mit saurem Vulkanismus, u.a. in USA, UdSSR, China und Griechenland (zusammen 80 % der Weltproduktion von rund 2,5 Mt/a). Kleinere Produzenten sind Türkei, Ungarn in den Tokayer Bergen und in der Slowakei, Italien und Japan. Sowohl effusive als auch pyroklastische Ausgangsgesteine für Perlite sind bekannt. Die größten Lagerstätten Europas liegen in der Ägäis, insbesondere auf den Inseln Milos und Kos.

Trass ist nicht petrographisch, sondern nur durch seine Eigenschaften definierbar. Er gehört zur Gruppe der *Puzzolane,* welchen ihren Namen einem Naturzementvorkommen bei Puzzuoli/Italien verdanken, das in römischer Zeit genutzt wurde. Diese Rohstoffe ergeben nach Vermengung mit Kalk und heute auch Portlandzement sehr feste, wasserunlösliche Verbindungen. Neben Trass umfassen natürliche Puzzolane u.a. auch glasreiche vulkanische Aschen, Hornsteine, Kieselschiefer, kalzinierte Diatomite und Ölschiefer. Als Trass bezeichnet man Tuffe (seltener auch Laven), die durch Zersetzung puzzolanische Eigenschaften haben. Trass wird in feingemahlenem Zustand als Zuschlagstoff für Zement oder Kalkmörtel verwendet, welchen er die Eigenschaft verleiht, auch unter Wasser zu erhärten. Bei entsprechender Dosierung wird die Bildung von $CaCO_3$ vermieden, so daß Anlösung durch saures Grundwasser oder durch Meerwasser nicht möglich ist. Die Eignung zersetzter Tuffe als Trass kann nicht durch mineralogische Untersuchung, sondern nur durch Mischversuche mit Portlandzement festgestellt werden.

Trasslagerstätten gibt es bei *Andernach* am Laacher See/Eifel, am *Nördlinger Ries* und bei *Gossendorf* in der Steiermark. Der „rheinische Trass" aus Andernach entstand aus phonolitischem Bimsstuff des Laacher Sees, der in ein nahegelegenes Becken abgelagert wurde. Das Gestein besteht aus Analcim, Chabasit und SiO_2-Phasen. Es bildet ein Lager mit rund 9 m Mächtigkeit, das eine Fläche von 8 mal 2,5 km einnimmt. Der „bayerische Trass" ist zersetzter *Suevit,* ein Impaktgestein bestehend aus sedimentären und kristallinen Fragmenten sowie Glasbomben in einer montmorillonitischen Matrix, dessen Material überwiegend aus dem kristallinen Untergrund des Nördlinger Ries stammt (Abb. 137). Der „österreichische Trass" entstand durch hydrothermale Alteration von Trachyandesit; er besteht aus Alunit und Cristobalit (Opal, Quarz, Chalcedon, Tridymit).

Literatur:

FISCHER, R. V. & SCHMINCKE, H.-U., 1984, Pyroclastic rocks. 472 pp, Springer.
PREUSS, E. & SCHMIDT-KAHLER, H. (Eds.), 1969, Das Ries. Geol. Bavarica 61.

Wollastonit

Wollastonit $Ca_3Si_3O_9$ D=2,8-2,9

Das Ca ist sehr oft durch einige Prozente Fe, Mg oder Mn substituiert. Dies vermindert allerdings den Wert des Materials, entweder durch Beeinträchtigung des Weißegrades, oder durch nachteilige elektrische, physikalische und chemische Eigenschaften. Gangarten von Wollastonit sind häufig Diopsid, Tremolit, Vesuvian, Grossular, Andradit und Kalzit. Der Schmelzpunkt von Wollastonit liegt bei 1540 °C.

Zur Bauwürdigkeit wird ein Gehalt von über 50 % Wollastonit im Rohmaterial gefordert. Verkaufsfähige Nebenprodukte (z. B. Granatsand) ermöglichen die Gewinnung geringerhaltiger Lagerstätten.

Wollastonit ist ein wertvoller Füllstoff für die Herstellung von Keramik, Plastikwaren, Farben, Klebstoffen, Isolierstoffen, keramikgebundenen Abrasiven und Bauelementen. Vielfach wird Wollastonit infolge seiner faserigen Natur als Ersatz für Asbest eingesetzt (Farben, Feuerfestprodukte, Schweißmaterial).

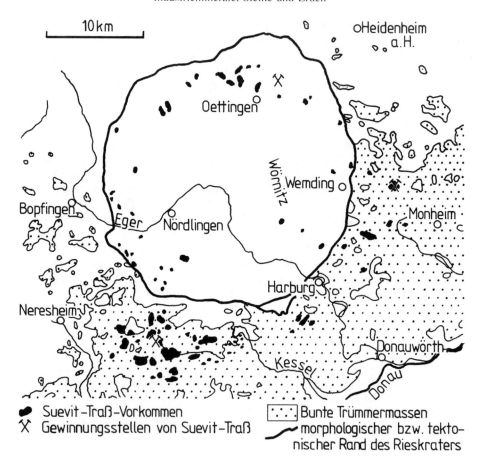

Abb. 137. Verbreitung der Suevit-Trassvorkommen im Umkreis der Ries-Impaktstruktur (nach HÜTTNER 1977).

Wollastonit entsteht in der Regel als Produkt der Kontaktmetamorphose von kieseligen Kalken, allerdings nur bei niedrigem CO_2-Partialdruck. Die erforderlichen Temperaturen liegen bei 600 °C (in 2 km Tiefe) bis über 700 °C (in 8 km Tiefe). Dies entspricht den Bedingungen der höchst-temperierten Hornblende-Hornfelsfazies und der Pyroxen-Hornfelsfazies. Sehr selten ist Wollastonitbildung durch Regionalmetamorphose, doch ergibt dies nur schmale Reaktionszonen, die nicht wirtschaftlich genutzt werden können.

Brauchbare Wollastonitlagerstätten sind selten. Seit 1943 wurden die Lagerstätten im mittelproterozoischen Grenville Orogen der *Adirondacks* im Staate New York als erste industriell erschlossen; bis heute liefern sie den größten Anteil der Weltproduktion. Weitere Lagerstätten gibt es in China, Finnland, Indien, Mexiko, Namibia, Japan, Türkei und Sudan.

Finnland hat bei Lapeenranta im Süden eine bedeutende Wollastonitlagerstätte, welche im Verband mit dem schon lange abgebauten Kalksteinvorkommen von *Ihalainen* liegt. Es handelt sich um eine große Scholle von Kalkmarmor mit Leptitbändern innerhalb einer ausgedehnten Intrusion von mittelproterozoischem Rapakivi-Granit. Die Marmore werden von Gängen granitischer, pegmatitischer und basischer Zusammensetzung durchschlagen. Die gesamte Scholle unterlag einer starken thermischen Metamorphose, wodurch es im Marmor stellenweise zur Bildung einer Paragenese von Wollastonit, Quarz, Grossular, Diopsid und Serpentin kam. Der durchschnittliche Wollastonit-Gehalt im Rohmaterial ist 18 %; durch Flotation wird ein Konzentrat mit >90 %

Wollastonitanteil und einem sehr geringen Fe-Gehalt hergestellt. Die Reserven werden auf mehr als 30 Mt eingeschätzt.

Wollastonit ist ein relativ neues Industriemineral mit sehr rascher Steigerung der Produktion, welche 1986 vermutlich bei 280.000 t lag. Die USA, China, Indien und Finnland sind die größten Produzenten. Eine beträchtliche Tonnage wird zudem synthetisch aus Kalk und Quarzsand hergestellt (u.a. auch in Deutschland).

Zeolithe

Chabasit	$Ca_2(Al_4Si_8O_{24}) \cdot 12H_2O$
Erionit	$NaK_2MgCa_{1,5}(Al_8Si_{28}O_{72}) \cdot 28H_2O$
Ferrierit	$(Na, K)Mg_2Ca_{0,5}(Al_6Si_{30}O_{72}) \cdot 20H_2O$
Klinoptilolith	$(Na, K)_6 (Al_6Si_{30}O_{72}) \cdot 20H_2O$
Mordenit	$Na_3KCa_2(Al_8Si_{40}O_{96}) \cdot 28H_2O$

Dies sind die bergbaulich wichtigen Arten einer großen Zahl von Zeolithmineralen, welche in der Natur vorkommen. Dazu gibt es viele synthetisch hergestellte Zeolithe. Allgemein definiert sind Zeolithe kristalline Verbindungen mit Zeolith-Struktur und der Fähigkeit zum Kationenaustausch sowie reversibler Hydratisierung. Die Zeolith-Struktur ist durch dreidimensionale anionische Tetraedergerüste mit Mikroporen gekennzeichnet, in welchen sich das Wasser befindet. Dieses kann durch Erhitzen auf 150-400 °C ausgetrieben werden, und wird bei Raumtemperatur wieder adsorbiert. Deshalb ist thermo-gravimetrische Analyse zur Identifizierung von Zeolithen besonders geeignet.

Die *Verwendung der Zeolithe* ist im wesentlichen durch die Mobilität von Wasser und Kationen in den Poren und Kanälen des Gerüstes gegeben. Manche Zeolithe lassen eine Diffusion von Gasen oder Molekülen durch die Porenräume zu („Molekularsiebe"). Einige typische Anwendungsbereiche sind: Stickstoffbindung bei der Wasseraufbereitung, Bindung von ausgeflossenem Öl oder Benzin und von radioaktiver Kontamination, Filterung von Ölen, Rauchgasentschwefelung, sowie Einsatz als Füllstoffe in Papier, Düngemitteln, Zement, Zahnpaste und Ionenaustauschern. Synthetische Zeolithe werden in großen Mengen als Waschmittelzusätze statt Natriumphosphat und als Katalysatoren bei organischen Synthesen (z. B. Benzin aus schweren Ölen oder aus Methanol) gebraucht. Zeolithisierte Tuffe werden schließlich in vielen Ländern als Bausteine verwendet, da solche Gesteine im frischen Zustand leicht bearbeitet werden können und durch natürliche Trocknung aushärten. Zeolith-haltige Gesteine werden auch zur Erzeugung von Leichtbaustoffen und Puzzolanzementen in großen Mengen eingesetzt.

Die moderne industrielle Verwertung von Zeolithen ging zuerst von synthetischen Produkten aus; danach erst wurden in den 50er Jahren große Lagerstätten natürlicher Zeolithe in den USA und in Japan gefunden und für Märkte außerhalb der Bauindustrie in Abbau genommen.

In der Natur sind Zeolithe weit verbreitet, in der Regel aber nur als Füllungen kleiner Klüfte und Drusen in vulkanischen Gesteinen bzw. als früh-diagenetische Minerale in vielen Sedimenten. *Zeolithlagerstätten* sind überwiegend durch hydrothermale Alteration von vulkanischen Gesteinen oder durch die Zersetzung vulkanischer Gläser, besonders in terrestrischen Salzseen, entstanden.

Erionitlagerstätten liegen vorwiegend in sedimentären bzw. vulkanosedimentären Gesteinen alkalischer Inlandseen, z. B. in den westlichen USA. Meist handelt es sich um rhyolitische Tuffschichten, welche durch Einwirkung der Playasee-Wässer zeolithisiert wurden. Gelegentlich wird auch niedrig-temperierte hydrothermale Alteration von Tuffen vermutet.

Auch Mordenit ist in Playa-Sedimenten sehr häufig (z. B. Green River Becken, Wyoming/USA); besonders charakteristisch ist er für Alterationszonen oberflächennaher hydrothermaler Systeme, mit Bildungstemperaturen um 100 °C. In Bulgarien werden oligozäne Lagerstätten abgebaut, die durch Absatz von Tuffen in Meerwasser entstanden sind.

Klinoptilolith ist in Sedimenten von Alkaliseen sehr weit verbreitet; auch er entsteht durch Umwandlung vulkanischer Gläser. Die Ablagerungen sind oft zoniert, mit einer zentralen Zone höchster pH-Werte, in welcher Alkalifeldspat gebildet wird; nach außen folgt eine Analzim-Zone, dann die breite eigentliche Zeolithzone. Außerhalb des Sees, wo das Grundwasser fast normale Zusammensetzung hat, sind die Gläser frisch oder teilweise in Montmorillonit umgewandelt. Dieselbe Zonierung findet sich oft auch in vertikaler Abfolge, da das absinkende Bodenwasser in Playas nach unten zu immer alkalischer wird. Manche Ignimbritdecken sind teilweise oder gänzlich zeolithisiert (z. B. Tokayer Berge/Ungarn); es wird vermutet, daß dieser Vorgang durch Hydratation der Ignimbrite unmittelbar nach der Ablagerung, also bei Temperaturen bis 800 °C stattfand. Klinoptilolith-Lagerstätten sind überaus häufig, weshalb viele Anwendungsgebiete entwickelt wurden.

Ähnlich ist die Entstehung von Ferrierit- und Chabasitlagerstätten; ein bekanntes Beispiel für letzteren ist der „Trass" vom Laacher See in der Eifel, wo Tuffe in einem 8 km langen und 2,5 km breiten Becken teilweise zeolithisiert sind. Große Chabasit-Lagerstätten gibt es auch in jungen Vulkaniten bei Rom und Neapel, sowie wiederum in Playaseen der westlichen USA.

Zeolithe werden in Bulgarien, China, Kuba, Ungarn, Italien, Japan, Korea, Südafrika, Jugoslawien, UdSSR und USA in größeren Mengen gewonnen. Prospektiv sind weltweit junge vulkanische Gebiete und benachbarte sedimentäre Becken mit Tuffeinschaltungen. Da Zeolithgesteine nur mit mineralogischen Methoden erkannt und identifiziert werden können, sind zweifellos weitere große Vorkommen durch gezielte Suche aufzufinden.

Literatur:

FISCHER, R. X. & TILLMANS, E., 1990, Zeolithe. Die Geowiss. 8, 13-18.
GOTTARDI, G. & GALLI, E., 1985, Natural zeolithes. 409 pp, Springer.
GOTTARDI, G., 1989, The genesis of zeolithes. Eur. J. Mineral. 1, 479-487.
MUMPTON, F. A. (Ed.), 1981, Mineralogy and geology of natural zeolithes. Reviews in Mineralogy 4, 225 pp, Mineral. Soc. America.

Salzlagerstätten

Salze sind generell wasserlösliche Minerale, welche in der Natur durch Eindampfung (Evaporation) entstehen; sie gehören deshalb zu den chemischen Sedimenten. Nach der Lage des Bildungsraumes unterscheidet man marine und terrestrische Salzlagerstätten. Durch die Diagenese der Salzsedimente entstehen Salzgesteine (Evaporite), welche am Gesamtvolumen der kontinentalen Erdkruste mit etwa 0,06 % beteiligt sind. Davon sind rund 50 % Sulfate (weit überwiegend Gips und Anhydrit, welche in diesem Buch unter „Industrieminerale" behandelt sind) und 50 % Salze (vorwiegend Steinsalz; RONOV & YAROSHEVSKY 1972).

Steinsalz (Halit) ist nicht nur ein Bestandteil der Nahrung für Mensch und Tier (ca. 20 % des Verbrauches), sondern auch ein wichtiger Rohstoff für die chemische Industrie, welche etwa 60 % der Weltproduktion weiterverarbeitet. Davon wird der Großteil zur Herstellung von Chlor, Soda und Natronlauge verbraucht, welche vor allem in der Glas-, Papier-, Kunststoff- und Aluminiumindustrie notwendig sind. Beträchtliche Mengen von Salz (ca. 11 %) werden ferner für die Eisbekämpfung auf den Straßen verbraucht. Salzlagerstätten sind sehr häufig und weit verbreitet, auch ist die Salzgewinnung durch natürliches Eindampfen des Meerwassers in Salzgärten so einfach, daß Salz ein sehr billiger Rohstoff ist, dessen Erlös nur kurze Transportwege zum Verbraucher zuläßt. Die Weltproduktion erreichte 1989 186 Mt, wozu über 110 Länder beitrugen. Die größten Anteile davon kamen jedoch aus den USA, aus China und der UdSSR.

Im Gegensatz dazu sind *Kalisalze* eher selten und nur in wenigen Ländern in bauwürdigen Konzentrationen vorhanden. Die Hauptproduzenten sind die UdSSR und Kanada (Saskatchewan), gefolgt mit abnehmender Bedeutung von Deutschland, USA, Israel und Frankreich. Israel bezieht seine Produktion durch Evaporation in Salzgärten aus dem Toten Meer, wobei neben Kaliumchlorid auch Bromide und Magnesit anfallen. Die Hauptverwendung der Kalisalze liegt in der Düngung landwirtschaftlicher Kulturen (>95 %), sie sind aber auch Rohmaterial für die chemische Industrie (Seife, Waschmittel, Glas, Baustoffe). Als untere Bauwürdigkeitsgrenze kann man etwa 10 % K_2O ansetzen. Diese Art der Angabe des Kaligehaltes als Oxyd wurde gewählt, um vergleichbare Zahlen zu erreichen; die wichtigsten Rohstoffe sind aber Chloride (ca. 90 %, weit überwiegend Sylvin mit 60-62 % K_2O). Sulfate mit 50-53 % K_2O machen etwa 4 % der Weltproduktion aus, der Rest umfaßt Rohsalze und teilweise aufbereitete Salze mit 10-50 % K_2O. Im Jahre 1989 wurden weltweit 53 Mt Kalisalze erzeugt.

Nebenprodukte der Gewinnung von Salzen sind gelegentlich *Rubidium und Caesium* (50-1700 ppm in Kalisalzen), *Bor* (als Staßfurtit, etc. in Kaliflözen) und *Brom* (statt Cl in Chloriden bis etwa 5000 ppm eingebaut). Anfallende *Magnesiumchloridlaugen* können zu Magnesium-Metall oder zu Magnesit verarbeitet werden.

Terrestrische Salzlagerstätten bzw. Laugen können viele verschiedene Rohstoffe führen; neben den oben genannten häufigeren Salzen gibt es bauwürdige Anreicherungen von *Lithium, Boraten, Iod und Soda,* um nur einige typische Stoffe zu nennen.

Evaporite sind auch deshalb lagerstättenkundlich wichtig, da sie als impermeable Gesteine Öl- und Erdgasfallen abdichten können, sowie Träger wichtiger Schwefellagerstätten sind (MELVIN 1991). Beziehungen zwischen Evaporiten und Erzlagerstätten wurden bereits früher angesprochen (s. Diagenetische Lagerstätten).

Zunehmende Bedeutung gewinnen Salzlagerstätten als Orte billig herstellbarer *Vorratslager* (besonders als Speicherkavernen für feste und flüssige Kohlenwasserstoffe) sowie in Form von *Entsorgungsbergbauen* als Endlager für toxische und radioaktive Abfälle. Unterschiedliche

Einwände gegen diese letztere Nutzung waren in den letzten Jahren Anlaß zu einer stark intensivierten Salzforschung, die viele neue Erkenntnisse erbrachte.

Literatur:

MELVIN, J. L. (Ed.), 1991, Evaporites, petroleum and mineral resources. 556 pp, Elsevier.
RONOV, A. B. & YAROSHEVSKY, A. A., 1972, Earth's crust geochemistry. Pp 243-254 in R. W. FAIRBRIDGE (Ed.), Encyclopedia of Geochemistry and Environmental Sciences. Van Nostrand Reinhold.

I. Die Salzminerale und Salzgesteine

Salzminerale:

		D	
Halit	NaCl	2,16	
			%K$_2$O
Sylvin	KCl	1,98	63
Carnallit	KCl.MgCl$_2$.6H$_2$O	1,6	17
Kainit	4KCl.4MgSO$_4$.11H$_2$O	2,13	19
Langbeinit	K$_2$SO$_4$.2MgSO$_4$	2,82	23
Polyhalit	K$_2$SO$_4$.MgSO$_4$.2CaSO$_4$.2H$_2$O	2,77	16
Bischofit	MgCl$_2$.6H$_2$O	1,59	
Blödit (Astrakanit)	Na$_2$SO$_4$.MgSO$_4$.4H$_2$O	2,23	
Boracit (Staßfurtit)	MgCl$_2$.5MgO.7B$_2$O$_3$	2,9	
Epsomit	MgSO$_4$.7H$_2$O	1,67	
Glauberit	Na$_2$SO$_4$.CaSO$_4$	2,84	
Gaylussit	CaNa$_2$(CO$_3$)$_2$.5H$_2$O	1,99	
Kieserit	MgSO$_4$.H$_2$O	2,57	
Natrit (Soda)	Na$_2$CO$_3$.10H$_2$O	1,42	
Tachhydrit	2MgCl$_2$.CaCl$_2$.12H$_2$O	1,66	
Trona	Na$_3$H(CO$_3$)$_2$.2H$_2$O	2,17	

Die sind ausgewählte, geologisch wichtige oder charakteristische Minerale aus der großen Zahl von Salzen, die in der Natur bekannt sind. Halit und die als zweite Gruppe angeführten Kalisalze sind von weit überragender wirtschaftlicher Bedeutung. Die Minerale der dritten Gruppe sind nur z.T. von wirtschaftlichem, vornehmlich aber von genetischem Interesse.

Die *Salzgesteine* sind überwiegend aus wasserlöslichen Salzmineralen bestehende Gesteine. Insbesondere die wirtschaftlich bedeutenderen Kalisalzgesteine (Potassite) enthalten immer auch andere Salzminerale, wodurch folgende Varietäten entstehen: *Sylvinit* = Sylvin + Halit; *Hartsalz* = Sylvin + Kieserit (Anhydrit, Langbeinit) + Halit; *Carnallitit* = Carnallit + Kieserit (Kainit) + Halit. Carnallitit ist sehr oft „konglomeratisch" ausgebildet, indem rundliche Fragmente von Steinsalz, Sulfaten und Salzton in einer Carnallitmatrix vorliegen. *Kainitit* ist wohl meist sekundärer Entstehung, z. B. wo Kaliflöze einer partiellen Laugung unterlagen. Rein chloridische Potassite werden als *Chlorid-Typ* bezeichnet, solche mit Sulfatanteilen als *Sulfat-Typ*. Letztere sind wirtschaftlich wertvoller, da aus ihnen die gefragteren sulfatischen Kalidüngemittel erzeugt werden können.

Beimengungen von Kalisalz im Salzgestein erkennt man leicht durch Aufsprühen einer Lösung von Mg-Dipikrylamin, das bei Kalium eine sofortige Rotfärbung bewirkt, mit einem tragbaren Scintillometer auch durch erhöhte Gammastrahlung.

Das Steinsalz *(Halitit)*, Gips und Anhydrit bilden häufiger monomineralische Gesteine, welche im

Großen abgebaut werden. Aber auch im einheitlichen „älteren Steinsalz" des deutschen Zechsteins bestehen die dunklen dünnen Schichten, die sogenannten Jahresringe, aus Anhydrit oder aus Ton. Reines Salzgestein wird von den Bergleuten als Kernsalz bezeichnet. Ein oft chaotisches Gemenge von Steinsalz, Ton und Anhydrit wird im alpinen Salzbergbau *Haselgebirge* genannt. Durch die häufig lebhaften Farben der Gesteine wird die innere Verformung der Salzlagerstätten besonders deutlich. Einzelne Farben sind nicht grundsätzlich für bestimmte Salzmineralien oder -gesteine kennzeichnend, obwohl etwa Carnallit und Polyhalit in der Regel leuchtenrot sind, sie sind vielmehr auf Beimengungen zurückzuführen. Graufärbung wird durch Beimengung von Ton oder Bitumen, bisweilen auch durch Schwefelkies verursacht. Die häufige Rotfärbung der Salze geht auf Einlagerung von Hämatit zurück.

Neben der chemischen Analyse werden Salzgesteine durch *Dünn- und Anschliffe* petrographisch untersucht und beschrieben. Zur Mineralbestimmung eignen sich weiters Körnerpräparate, Schweretrennung, selektive Lösung und Röntgendiffraktionsmethoden. Auch die petrographische und mikrothermometrische Untersuchung wässeriger und gasförmiger Einschlüsse ist aufschlußreich.

Flüssigkeitseinschlüsse. Salzgesteine in flach lagernden Serien enthalten meist >1 % H_2O, in Diapiren in der Regel unter 0,1 % in Form von mikroskopischen und sub-mikroskopischen Flüssigkeitseinschlüssen. Im Salz der Diapire sind die Fluide fast vollständig an die Korngrenzen gewandert, während wenig deformierte Salze eher noch intrakristalline Einschlüsse an Wachstumszonen zeigen. Rekristallisation von Salzgesteinen ist aber so häufig, daß ursprüngliche Laugeneinschlüsse im engeren Sinne sehr selten sind. Bei weitem überwiegend sind Einschlüsse, die zu verschiedenen Zeiten während der Diagenese der Salze eingefangen wurden (ROEDDER 1984: 308-319). Messungen des Salzgehaltes durch Gefrieren ebenso wie die Bestimmung der Homogenisierungstemperatur an Einschlüssen im Salz sind sehr schwierig und ergeben meist Zahlen ohne geologische Aussage. Bessere Daten versprechen Einschlüsse in diagenetisch gebildeten, stabileren Mineralen, z. B. Gips oder authigenem Quarz (FABRICIUS 1984).

Gase in Salzen. Im Salzbergbau wurden immer wieder Gasausbrüche beobachtet, verursacht durch Gaseinschlüsse im Salz, welche unter hohem Druck stehen. Bekannt ist diesbezüglich das *Knistersalz* des Werragebietes, dessen CO_2- und N_2-Gehalt mit jungen Basaltgängen zusammenhängt (Abb. 138). Anderswo kommt fast reines CH_4 vor (Wielicka/Polen), oder Stickstoff (Kaspisches Becken/UdSSR; Carlsbad/New Mexico/USA), manchmal auch H_2S (deutscher Zechstein). Geringere Mengen solcher Gase sind in praktisch allen Salzen enthalten. Die Herkunft der Gase ist zweifellos unterschiedlich.

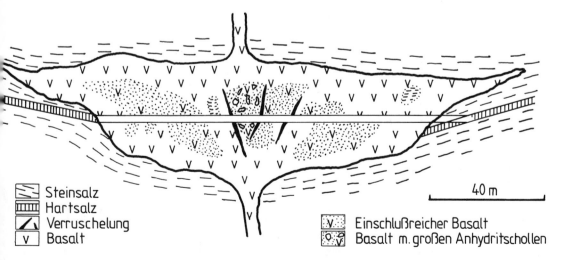

Abb. 138. Basaltgang im Schacht „Sachsen-Weimar", der sich im Niveau des Kaliflözes lakkolithisch verbreitert (nach C. DIETZ 1928).

Die *geochemische Untersuchung* von Salzen ist für genetische und praktische Fragestellungen nützlich.

Brom. Eine besondere Rolle als Indikator für den Eindampfungsgrad spielt das Verhältnis Br/Cl, da Brom in der Lauge angereichert wird (Verteilungskoeffizient Halit/Lauge ca. 0,14-0,07) und somit früh ausgeschiedener Halit weniger Br enthält, während Halit der Kaliflöze mehrfach erhöhte Gehalte hat (HOLSER 1966; Abb. 139). Damit ist der Bromgehalt im Halit ein ausgezeichnetes Prospektionsmittel für Kalisalze (VALYASHKO 1956). Gleichzeitig können Massenbilanzen (Zufluß, Abfluß, Evaporation) der Salzbeckenentwicklung abgeleitet werden (TUCKER & CANN 1986). So hat bereits KÜHN (1955) die Wassertiefe des norddeutschen Zechsteinbeckens aus den Bromgehalten mit 2-130 m errechnet, wobei der häufigste Wert um 20 m gelegen habe. Nicht selten aber sind schwierig zu deutende extreme Abweichungen der Bromgehalte vom erwarteten Verhalten, welche auf verschiedene Einflüsse zurückgeführt werden, z. B. diagenetische Laugenwanderung, kinetische Effekte und Einfluß meteorischer Wässer.

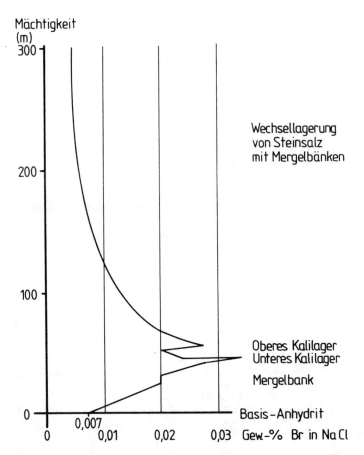

Abb. 139. Bromgehalte im Halit der oligozänen Salzformation im Oberrheintalgraben (nach BAAR & KÜHN 1962 und MANGER 1961).

Isotopengeologie der Evaporite. Mehrere Isotopensysteme tragen wesentlich zum Verständnis der Bildung und Umbildung (Diagenese bis Metamorphose) der Evaporite bei. Ein Beispiel ist *Bor,* das ähnlich Brom bei höherem Eindampfungsgrad angereichert wird und dessen Isotopenfraktionierung die Unterscheidung mariner und terrestrischer Evaporite erlaubt (SPIVACK et al. 1987), auch noch nach der Abfuhr leicht löslicher Salze und Bildung von Turmalin. Zahlreiche Bestimmungen der

Schwefel- Isotopenverhältnisse rezenter und fossiler Sulfate (meist Anhydrit) führte zur Erstellung der sogenannten *Nielsen-Kurve,* welche die in der Erdgeschichte wechselnde Schwefelisotopie der Weltmeere wiederspiegelt. Diese Veränderungen beruhen vor allem auf der Bevorzugung schweren Schwefel bei der Bildung großer Sulfatmassen, wodurch etwa im Zechstein das $\delta^{34}S$ der Ozeane ein Minimum erreicht, sowie auf der überwiegenden Bindung relativ leichten, sulfidischen Schwefels bei der Ablagerung mariner Tone, mit gegenteiligem Effekt (HOLSER & KAPLAN 1966). *Chlor-Isotope* eignen sich zur Untersuchung geologisch junger Salzablagerungen, da neben zwei stabilen Isotopen das kosmogene, radioaktive ^{36}Cl mit einer Halbwertszeit von 301.000 a vorkommt.

Die O- und H-Isotope des *Wassers der Fluid-Einschlüsse* im Salz ermöglichen Aussagen zum Entstehungsraum (terrestrisch/marin) und zu post-sedimentären Fluidwanderungen im Salzgestein, wobei der letztere Aspekt für die Beurteilung der Langzeitstabilität von Deponien toxischer oder strahlender Stoffe im Salz besonders wichtig erscheint. Die Isotopie des Ozeanwassers wird durch Evaporation im Vergleich mit SMOW zu schwererem $\delta^{18}O$ bzw. δD verschoben (Abb. 12). Die häufigsten Werte des Wassers der Einschlüsse im Salz liegen jedoch zwischen $\delta^{18}O$ von -9 bis +4‰ und δD von -5 bis -55‰, so daß Einflüsse von Formationswässern der Nebengesteine, von meteorischen Wässern und andere Veränderungen wahrscheinlich sind (ROEDDER 1984: 317-318).

Literatur:

FABRICIUS, J., 1984, Formation temperature and chemistry of brine inclusions in euhedral quartz crystals from Permian salt in the Danish trough. Bull. Mineral. Nancy 107, 203-216.
HOLSER, W. T., 1966, Bromide geochemistry of salt rock. Sec. Symposion on Salt, 2, 248-275, North. Ohio Geol. Soc.
HOLSER, W. T. & KAPLAN, I. R., 1966, Isotope geochemistry of sedimentary sulfates. Chem. Geol. 1, 114-135.
KÜHN, R., 1955, Tiefenberechnung des Zechsteinmeeres nach dem Bromgehalt der Salze. Z. Dt. geol. Ges. 105, 646-663.
KÜHN, R., 1968, Geochemistry of the German potash deposits. Geol. Soc. America Spec. Pap. 88, 427-504.
SPIVACK, A. J., PALMER, M. R. & EDMOND, J. M., 1987, The sedimentary cycle of boron isotopes. Geochim. Cosmochim. Acta 51, 1939-1950.
TUCKER, R. M. & CANN, J. R., 1986, A model to estimate the depositional brine depth of ancient halite rocks: implications for ancient subaqueous evaporite depositional environments. Sedimentology 33, 401-412.
VALYASHKO, M. G., 1956, Geochemistry of bromine in the processes of salt deposition and the use of the bromine content as a genetic and prospecting criterion. Geochemistry 6, 570-589.

II. Die Bildung der Salzlager

1. Die Salzbildung in der Gegenwart

Beispiele für rezente Salzabscheidung sind die Salzseen Kaliforniens und Utahs, die Sabkhas an den Küsten des Arabisch-Persischen Golfes, die Salzbucht des Karabugas an der Ostküste des Kaspi-Sees und die Salzseen von Turkestan und Kleinasien. Es gibt aber zur Zeit keine großen marinen Becken, in denen Evaporite gebildet werden. Deshalb wird seit USIGLIO (1849) die Bildung mariner Evaporite hauptsächlich in künstlichen Salinen (Salzgärten) studiert.

Der mittlere Salzgehalt des offenen Meeres beträgt 3,5 %, das sind 35 g Salz auf 1000 g Wasser. Die wichtigsten Kationen sind Na^+, K^+, Mg^{++} und Ca^{++}, die Anionen Cl^-, SO_4^- und HCO_3^-. $CaSO_4$ und $MgSO_4$ liegen möglicherweise z.T. als nichtionisierte Verbindungen vor. Demnach kann man pro Liter Meerwasser folgende Zusammensetzung der Salze errechnen: 27,2 g $NaCl$, 3,35 g $MgCl_2$, 2,25 g $MgSO_4$, 0,74 g KCl, 0,12 g $CaCO_3$ und 1,27 g $CaSO_4$. Die Konzentration in Salzlagunen ist etwa zehnmal so hoch, da der Sättigungspunkt für $NaCl$ bei 25 °C bei einem Gehalt von 26,7 %

liegt. Die Menge gelöster Salze im Weltmeer wird auf $4,8 \cdot 10^{16}$t geschätzt; alleine die bekannten paläozoischen Salzvorkommen enthalten im Vergleich dazu $6,1 \cdot 10^{15}$t NaCl (also 16 % des NaCl im heutigen Meerwasser).

Bei ungestörtem Eindampfen geht die Abscheidung der Salze in der Reihenfolge der zunehmenden Löslichkeit vor sich: Zuerst, im Liegenden oder randlich, sedimentieren Kalzit und Aragonit (diagenetisch oft zu Dolomit umgewandelt), dann Gips, Steinsalz, und zuletzt die am längsten löslichen Kali- und Magnesiumsalze (Abb. 140). Infolge der hohen Löslichkeit dieser letzteren ist es nur in seltenen Fällen zu ihrer Ausfällung gekommen; häufig mögen sie auch später wieder weggelöst worden sein.

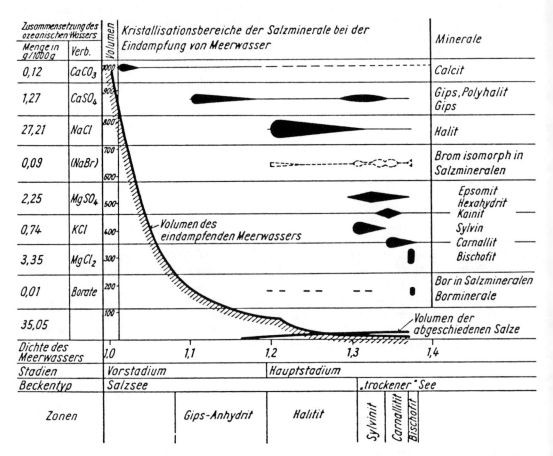

Abb. 140. Volumenänderung des Meerwassers und der Salze während der Eindampfung und die Kristallisationsbereiche der einzelnen Salzminerale (nach VALJASHKO 1958).

Diese *progressive Salzabscheidungsfolge bzw. Phase* entspricht dem chemophysikalischen Verhalten der Salzminerale, welches man beim Eindampfen von Meerwasser im Labor und in Salzgärten beobachten kann. In der Natur endet die Salzabscheidung selten nach einmaligem Eindampfen; in aller Regel folgt auf die höchste erreichte Eindampfungsstufe wieder eine niedrigere, wodurch sich natürlich Verdünnung durch Wasserzufuhr ausdrückt. Dieser „Rückschritt" wird als *rezessive Phase* bezeichnet. Beide Phasen werden zu einem *salinaren Zyklus* zusammengefaßt, wobei viele Salzbecken mehrere solcher Zyklen umfassen (z. B. norddeutscher Zechstein: RICHTER-BERNBURG 1955a).

Eine vollständige progressive Serie läßt sich mittels typischer Minerale in folgende *Salzzonen* gliedern (VALYASCHKO 1958), welche wie alle Fazies vertikal aufeinander folgen oder horizontal nebeneinander liegen können:

Unten

1. Gips-Anhydritzone (Ablagerung von Gips, Kalzit, Aragonit; typische Neubildungen durch Diagenese: Anhydrit, Dolomit)
2. Halit-Zone (Halit, Gips, Kalzit, basische Mg-Karbonate; Diagenese: Anhydrit, Dolomit, Magnesit)
3. Mg-Sulfatzone (Epsomit, Halit, Gips, Polyhalit, basische Mg-Karbonate; Diagenese: Kieserit, Anhydrit, Magnesit)
4. Sylvinit-Zone (Sylvin, Hexahydrit, Polyhalit, Halit; Diagenese: Kainit, Langbeinit, Kieserit)
5. Carnallit-Zone (Carnallit, Hexahydrit, Halit, Gips, Polyhalit; Diagenese: Kieserit, Anhydrit)
6. Bischofit-Zone (Bischofit, Borate, Carnallit, Hexahydrit, Halit, Gips; Diagenese: Borazit, Kieserit, Anhydrit).

Oben

In einem *geschlossenen Meeresbecken bzw. System*, in welchem Meerwasser ohne Zufluß von außen verdunstet, ergibt sich theoretisch folgendes Mächtigkeitsverhältnis der abgeschiedenen Salze, auf 100 m Halitit bezogen (BRAITSCH 1962):

Mächtigkeit m	Evaporite
38	Bischofit (Halit, Kieserit, Carnallit)
3,6	Carnallit (Halit, Kieserit)
13,7	Kainit, Epsomit, Hexahydrit, Kieserit
10,8	Halit, Blödit, Epsomit
100	Halitit
4,8	Gips
0,37	Kalk

Ein Vergleich mit Salzvorkommen in der Natur zeigt, daß eine solche *statische Evaporation* in geschlossenen Becken, z. B. einem Salzgarten vergleichbar, kaum jemals verwirklicht ist. Natürliche Evaporite haben von dieser Norm radikal abweichende Mächtigkeiten, so daß ihre Bildung offenbar in einem *dynamischen und offenen System* erfolgt sein muß, in dem sowohl Zuflüsse frischen Wassers wie auch Abflüsse hochkonzentrierter Laugen eine Rolle hatten. Ein Modell zur Berechnung der Massenbilanzen in Salzbecken haben WOOD & SANFORD (1990) vorgestellt.

Die Zusammensetzung des Meerwassers war zumindest seit dem Kambrium der heutigen so ähnlich, daß diese allgemeinen Beobachtungen auf die geologische Vergangenheit übertragen werden können. Terrestrische Salzablagerungen hingegen sind sehr viel variabler, da lokale Einflüsse das Ionenangebot bedingen. Manche Minerale, wie Soda, Trona, Mirabilit und Thenardit sind nur in den letzteren als primäre Ausscheidungen bekannt.

Klimatische Bedingungen

Salzabscheidung findet nur statt, wenn die Verdunstung den Zufluß und die Niederschläge überwiegt. Sie ist daher an die ariden und semi-ariden Gebiete der Erde gebunden, meist zwischen 10-40° geographischer Breite (Abb. 141). Warme Klimazonen entsprechen diesen Bedingungen eher als kalte, doch gibt es lokal auch Trockengebiete mit Salzbildung in höheren Breiten.

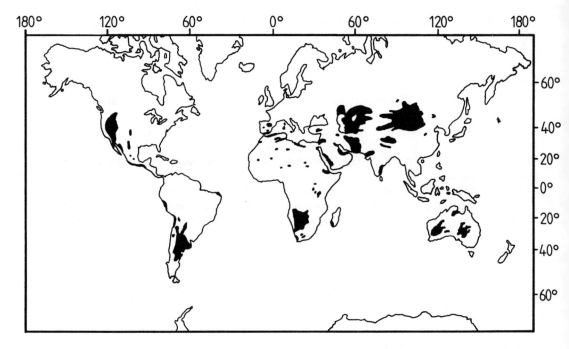

Abb. 141. Wichtige Bereiche quartärer und rezenter Salzbildung (nach SCHREIBER 1986).

Marine Salzbildung ist in der Gegenwart und wohl auch in der Vergangenheit vor allem in den sub-tropischen Hochdruckzonen möglich (GORDON 1975), so daß Salze als paläogeographische und paläoklimatische Indikatoren gelten können.

Räumliche Bedingungen

Das in der Gegenwart gebildete Salz kann aus festländischen oder marinen Wässern abgeschieden sein. Festländischer Herkunft sind die weit verbreiteten Ausblühungen der Wüstenböden, die ihre Entstehung dem aufsteigenden und verdunstenden Grundwasser verdanken (Oberflächenkalke/Caliche/Calcrete, Gipskrusten, Salzkrusten). Die Mächtigkeit dieser Krusten ist gering, was auch für die entsprechenden fossilen Bildungen gilt.

Festländisch sind auch die Salzsümpfe, das sind mit salzigem Tonschlamm gefüllte Becken. Beispiele sind die Salzsümpfe der Kirgisensteppe zwischen Wolga und Ural, der Große Kewit in Iran und die Schotts Nordafrikas.

Festländischer Herkunft ist schließlich auch das Wasser der nicht mit dem Meere in Verbindung stehenden *Salzseen (Playaseen)*. Die Bezeichnung gilt ab einer Salzkonzentration von 5000 ppm, da dies die Lebensfähigkeit der meisten Süßwasserorganismen begrenzt. Salzseen liegen im hydrographisch tiefsten Bereich abgeschlossener Entwässerungssysteme, nicht selten in großen Grabenzonen (Totes Meer u.v. a.). Der Wasserzufluß erfolgt durch Flüsse und Bäche, welche am Rande der Becken alluviale Schuttfächer aufbauen. Gegen innen folgen sandige und tonige Flächen, die ringförmig um den eigentlichen Salzsee liegen. Dieser Übergang bewirkt oft Grundwasserstau, wodurch es zur Bildung randlicher Quellen kommt, die Travertin, SiO_2-, Si-Al-Schlämme und ähnliches absetzen. Die trockenen Schlammflächen (Playas) zeigen Trockenrisse, Salzausblühungen und frühdiagenetisch gebildete Salzkristalle, welche nach innen zunehmen, bis die Bänderung des Sedimentes durch die zahlreichen Neubildungen völlig zerstört ist. Typische Sedimente des Salzsees sind gebänderte Karbonate, Gips, Halit, schwarze Tone, Trona usw. Diese Bänderung spiegelt klimatische Schwankungen wieder; im Toten Meer z. B. zählt man in den letzten 70 Jahren 15-20 Warven, welche durch Hochwässer des Jordanflusses erklärt werden. Die Wassertiefe solcher Seen ist meist sehr gering, das Tote Meer erreicht jedoch 400 m Tiefe. Im Sediment erfolgt häufig Neubildung von FeS_2 (durch Sulfat-Reduktion), von Fe-Phosphaten sowie von H_2S und CH_4, welche sich zu Gasblasen sammeln und fossil als Fenstertexturen wiedergefunden werden können. Trotz der erhöhten Salinität bzw. Alkalinität gibt es viele Organismen, die in diesem Milieu leben können (Algen, Bakterien u.v.a.), so daß manche fossile Playaseen reichlich Ölschiefer enthalten (z. B. das eozäne Green River Basin, westliche USA: Abb. 142).

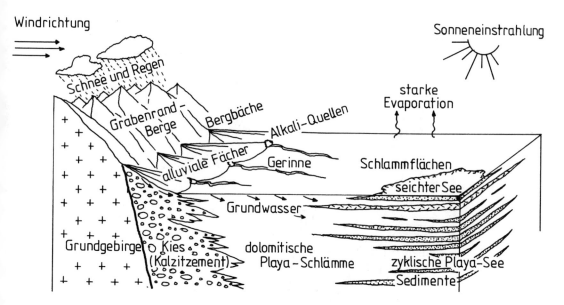

Abb. 142. Schematisches Blockdiagramm der Ablagerungsbedingungen des Wilkins Peak Member der tertiären Green River Formation, Wyoming/USA (nach EUGSTER & HARDIE 1975).

Für die lagerstättenkundliche Beurteilung rezenter und fossiler Salzseen ist eine sedimentologische Untersuchung unerläßlich (HARDIE et al. 1978). Wichtige Rohstoffe in diesem Milieu sind Soda, Thenardit Na_2SO_4, Borate, Iod, Nitrate, Zeolithe, Tone, Sepiolith, sowie Lithium und Uran (REEVES 1978). Die Gewinnung der Salze erfolgt oft durch Abpumpen der Laugen, und nur z.T. durch Abbau der Sedimente.

Die wichtigsten fossilen Salzlager aber liegen in *marinen Ablagerungen* und so interessieren uns hier vor allem die gegenwärtigen Bedingungen der Salzabscheidung aus dem Meerwasser.

Große Salzmächtigkeiten, welche die Voraussetzung für eine bergbauliche Gewinnung sind, können nur dadurch zustande kommen, daß dem Becken in einem begrenzt offenen System bei starker Verdunstung immer neues Meerwasser zufließt, ohne daß die angereicherte und spezifisch schwere Lauge zurückströmen kann. Dies ist der Fall bei den Salzlagunen, also abgeschnürten Seitenbuchten des Meeres, welche mit dem Meer selbst nur durch einen engen, seichten Kanal in Verbindung stehen. Das klassische Beispiel dafür ist nach OCHSENIUS (1877) die *Karabugas-Bucht* (Kara Bogas Gol) am Ostrand des Kaspischen Meeres (Abb. 143). Diese Bucht war 1956 maximal 3,5 m tief; sie wird vom Kaspischen Meer durch eine Schwelle getrennt, welche durch einen 100-500 m breiten Verbindungskanal unterbrochen ist. Das Wasser in der Bucht verdunstet, die schwere, konzentrierte Lauge nimmt die tieferen Teile der Wanne ein und neues Meerwasser fließt durch den Kanal zu. Nachdem um die Jahrhundertwende bei 15 m Wassertiefe nur Gips gebildet worden war, wurden in den 50er Jahren Halit, Glauberit, Epsomit und Mirabilit $Na_2SO_4 \cdot 10H_2O$ ausgeschieden; der fallende Wasserspiegel des Kaspischen Meeres hat die Bucht mittlerweile trocken gelegt. Mirabilit stellt den wirtschaftlich wichtigsten Rohstoff dieser Salzlagerstätte dar. Obwohl die Karabugas-Bucht aus historischer Sicht als Modell für marine Evaporit-Becken dient, darf nicht vergessen werden, daß das Kaspische Meer eigentlich zu den terrestrischen Salzseen gezählt werden muß. Das ist auch der Grund für die von marinen Evaporiten abweichende Mineralgesellschaft der Salze. Wichtig ist die Beobachtung, daß die höchste Konzentration der Oberflächenlaugen zwar im Norden der Bucht erreicht wurde, daß aber die Reihenfolge der Abscheidungszonen entgegengesetzt verläuft, mit der höchsten Konzentrationsstufe im Südwesten. Dies beruht auf dem Absinken der schweren Laugen in den tiefsten Beckenteil in diesem Bereich.

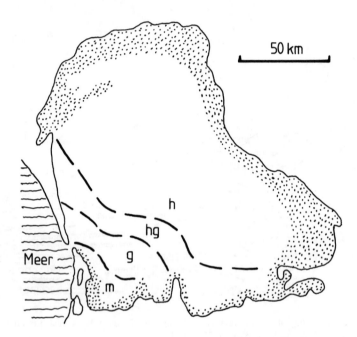

Abb. 143. Salzzonen im Golf von Karabugas in den 50er Jahren (nach STRAKHOV 1962).
h – Halit, hg – Halit und Glauberit, g – Glauberit, m – Glauberit und Mirabilit.

Zur Erzielung ähnlicher Verhältnisse ist nicht einmal eine über den Wasserspiegel hinausragende Schwelle erforderlich. Es genügt auch eine untermeerische Barre, welche den Rückfluß der konzentrierten schweren Laugen aus der Bucht verhindert.

G. RICHTER-BERNBURG (1955b) bezweifelt allerdings, daß die durch den Karabugas-Sund mit dem Kaspischen Meer verbundene flache Lagune der Ort der Bildung einer echten Salzformation sei, wie wir sie fossil vielfach kennen. Es fehle in diesem geologischen Milieu die fortdauernde Einmuldung, die erst die Bildung großer Salzmächtigkeiten gestattet. Eher vergleichbar seien wohl die Salzlagunen („Sabkhas"), welche am Persischen Golf, am Roten Meer, im Golf von Kalifornien und an der afrikanischen Küste des Mittelmeeres bekannt sind. Die folgende Kurzbeschreibung der mittlerweile sehr genau untersuchten Sabkhas möge eine Anregung sein, die zitierte Vermutung richtig einzuordnen.

Sabkhas im engeren Sinne sind breite Salzflächen, die an ariden Küsten über der Hochwassermarke entwickelt sind (KINSMAN 1969, BUSH 1973; Abb. 144). Hohe Evaporation bewirkt hier ein Ansaugen des Meerwassers landeinwärts und gegen die Sabkha-Oberfläche („evaporative pumping"), so daß im Sediment und an dessen Oberfläche Gips und Salz ausgeschieden werden. Über längere Zeiträume wechselnde Wasserstände bewirken gelegentliche Überflutung, so daß im Profil Seichtwasserbildungen (Algenmatten etc.) mit sub-aerischen Sedimenten wechsellagern. Solche Evaporite werden einer *randlich marinen Seichtwasserfazies* zugerechnet, zum Unterschied von

Die Salzbildung in der Gegenwart 317

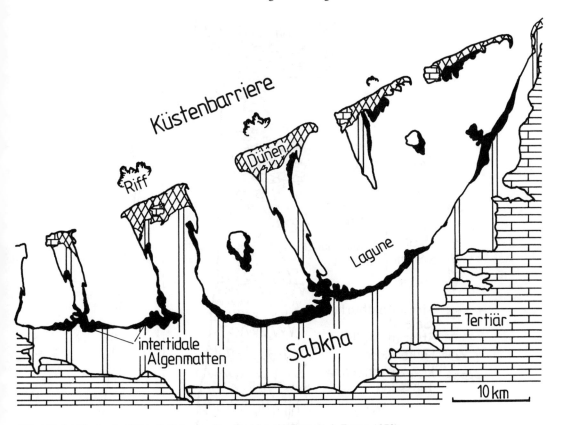

Abb. 144. Sabkha an der Küste östlich von Abu Dhabi (nach PURSER & EVANS 1973).

jenen, die in tiefem Wasser (>5m) und in zentralen Teilen großer Becken gebildet werden. Letztere haben kein rezentes Äquivalent, sie sind nur aus der geologischen Vergangenheit bekannt.

Charakteristische Sedimente der Seichtwasser-Evaporite sind laminierte Sulfate, oft sandig und klastischen Ursprungs, mit gradierter Schichtung oder als Dünensande abgelagert. Weiters gibt es grobe Brekzien durch Aufbrechen von Krusten (Tempestite), und in-situ gewachsene poikilitische oder Verdrängungskristalle. Im weichen Sediment entstehen frühdiagenetisch knollige weiße Gipse oder Anhydrite, welche das Nebengestein so weit verdrängen können, daß nur schnurartige dunkle Umrisse verbleiben („mosaic" oder „chicken wire texture"). Ähnlicher Entstehung sind die Gekrösegipse („enterolithic textures"), das sind gedärmeartige Sulfatlagen. Auch Magnesit kann so gebildet vorkommen (s. dort). Selenitische (also klare) Gipskristalle mit typischen Schwalbenschwanz-Zwillingen werden mehrere Meter lang; sie wachsen palisaden- oder rosettenförmig im obersten Sediment, wodurch kleine Hügel entstehen. Der Übergang von sub-aquatischer zu sub-aerischer Bildung bewirkt eine charakteristische Abfolge dieser Erscheinungen (Abb. 145). Aus Struktur und Textur von Anhydriten können demgemäß wertvolle Aussagen zum sedimentären Milieu abgeleitet werden (MAIKLEM & GLAISTER 1969).

Halit wird entweder an der Laugenoberfläche oder am Lagunenboden abgeschieden; er bildet sich ferner sub-aerisch oder sub-aquatisch im Sediment (z. B. Tonwürfelsalz) oder durch klastische Umlagerung. An der Laugenoberfläche beginnt die Halitkristallisation mit der Bildung sogenannter *Hopper-Kristalle*, das sind an Würfelkanten bevorzugt zweidimensional gewachsene Skelettkristalle. Diese können direkt absinken, sobald sie zu schwer werden, oder sie vereinigen sich zu Salzplatten, welche ebenfalls nach einiger Zeit zu Boden sinken und dort detritären Halitit bilden. Am Boden ausgeschiedener Halit hat typische *Chevron-Textur,* welche durch Palisaden aus vertikal

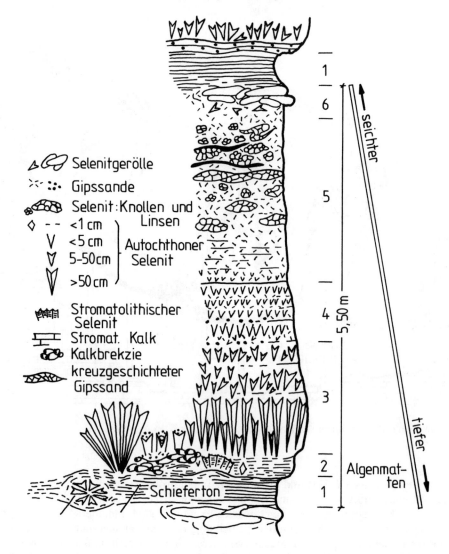

Abb. 145. Typischer sedimentärer Zyklus der messinischen Gipse im nördlichen Appennin (nach VAI & LUCCHI 1977).

angeordneten, länglichen Kristallen auffällt. Beide Halitformen zeigen unter dem Mikroskop durch Flüssigkeitseinschlüsse deutliche Anwachszonen. Durch Wellenbewegung an flachen Ufern entstehen *Halitpisoide* (HANDFORD 1990). Durch frühdiagenetisches Ausscheiden meist klareren Halites werden verbleibende Hohlräume des klastischen Halitites rasch geschlossen, weshalb Salze schon wenige Zentimenter unter der Sedimentoberfläche verfestigt sind.

Auch das Eindampfen abgeschnittener Meere oder von Meeresteilen führt zu mächtigen Salzablagerungen. So hat die subrezente Abschnürung der *Danakil-Senke* in Erithräa/Abessinien zur Bildung einer Salzformation mit 20-30 m Gips und 3-20 m Salz geführt. Ein fossiles Beispiel ist das Mittelmeer, das nach HSÜ (1972) im späten Miozän durch eine Trockenlegung der Straße von Gibraltar fast völlig eingedampft ist. Dabei bildeten sich die bis 2000 m mächtigen „messinischen" Evaporite.

Literatur:

BRAITSCH, O., 1962, Entstehung und Stoffbestand der Salzlagerstätten. In W.v. ENGELHARD & J. ZEMANN (Eds.), Mineralogie und Petrographie in Einzeldarstellungen. 3, Springer.
BUSH, P., 1973, Some aspects of the diagenetic history of the sabkha in Abu Dhabi, Persian Gulf. Pp 395-407 in B. H. PURSER (Ed.), The Persian Gulf. Springer.
GORDON, W., 1975, Distribution by latitude of Phanerozoic evaporite deposits. J. of Geology 83, 671-684.
HANDFORD, C. R., 1990, Halite depositional facies in a solar salt pond: A key to interpreting physical energy and water depth in ancient deposits? Geology 18, 691-694.
HARDIE, L. A., SMOOT, J. P. & EUGSTER, H. P., 1978, Saline lakes and their deposits: a sedimentological approach. Spec. Publ. Int. Ass. Sediment. 2, 7-41.
HSÜ, K. J., 1972, When the Mediterranean dried up. Scientific American 227, 26-36.
KINSMAN, D. J. J., 1969, Modes of formation, sedimentary association and diagenetic features of shallow water and supratidal evaporites. Am. Ass. Petrol. Geol. Bull. 53, 830-840.
MAIKLEM, W. R. & GLAISTER, R. P., 1969, Classification of anhydrite – a practical approach. Bull. Can. Petrol. Geol. 17, 194-233.
NISSENBAUM, A. (Ed.), 1980, Hypersaline brines and evaporitic environments. Elsevier.
REEVES, C. C., 1978, Economic significance of playa lake deposits. Spec. Publ. Int. Ass. Sediment. 2, 279-290.
RICHTER-BERNBURG, G., 1955a, Stratigraphische Gliederung des deutschen Zechsteins. Z. dt. Geol. Ges. 105, 843-854.
RICHTER-BERNBURG, G., 1955b, Über salinare Sedimentation. Z. dt. Geol. Ges. 105, 593-645.
VALYASHKO, M. G., 1958, Die wichtigsten geochemischen Parameter für die Bildung der Kalisalzlagerstätten. Freiberger Forsch.hefte A123, 197-233.
WOOD, W. W. & SANFORD, W. E., 1990, Ground-water control of evaporite deposition. Economic Geol. 85, 1226-1235.

2. Die Salzbildung in der geologischen Vergangenheit

Die Salzbildung ist – ähnlich wie die Kohlenbildung – im Laufe der Erdgeschichte an bestimmte Zeiten und Zonen gebunden. Etwas Salz zusammen mit Gips ist zu allen Zeiten entstanden, aber diese lokal beschränkten, salinaren Fazies sind nicht gleichwertig den großen Salzlagerstätten der Erde mit ihren Hunderte von Metern umfassenden Steinsalzserien und den eingelagerten Kaliflözen, deren Hauptvertreter im Perm und im Tertiär zu finden sind. Arides Klima und entsprechende tektonische Formung der Sedimentationsräume sind die Voraussetzungen der Lagerstättenbildung.

Zeiten der Evaporitbildung

Die ältesten evaporitischen Gesteine kennt man aus den archaischen Isua-Gesteinen Grönlands. Auch in Kieselschiefern mit einem Alter zwischen 3,3 bis 3,5 Ga des Pilbara-Kernes Westaustraliens hat man Pseudomorphosen nach Halitkristallen gefunden. Anhydrit und Skapolith, welcher als Hinweis auf metamorphe Evaporite gilt, sind aus vielen proterozoischen Gebieten bekannt. Die ältesten richtigen Halitite, vermutlich jung-proterozoischen Alters, sind jene der Salt Ranges in Pakistan, sowie das tiefste Salz (Hormuz Salt) im Iran und in Oman (GLENNIE 1987).

Mit dem Kambrium setzt häufigere Salzbildung ein, u.a. in Sibirien, Pakistan und am persischen Golf. Im Silur des Baltikums und Kanadas finden sich salinare Schichten. Wenig Salz liegt über den Gipsmergeln des Old Red (Devon) in Estland und in der unterkarbonischen Gipsformation von Michigan. Ins Perm gehören die flächenmäßig weit verbreiteten Salz- und Gipslager der mittleren Vereinigten Staaten, die bis an die Golfküste heranreichen, die großen Salzlager des Ural-Vorlandes (Solikamsk) und der Ukraine (Bachmut) sowie die deutschen Zechsteinsalzlager (ZHARKOV 1981). Permotriadisch sind die Salzlagerstätten in den Ostalpen und in Thüringen, mitteltriadisch die

Muschelkalksalze SW-Deutschlands, obertriadisch die Keupersalze Großbritanniens und Spaniens, jurassisch Salzschichten im Golfgebiet der USA und im Nordkaukasus, kretazisch die Salze und Gipse des Amazonas-Gebietes und Ägyptens. Im Alttertiär sind die wichtigen Steinsalz- und Kalilager des Ebrobeckens in Spanien und des Oberrheintales sowie Steinsalzvorkommen in Ägypten und in Kleinasien gebildet worden. Ins jüngere Tertiär schließlich gehören die Salzlagerstätten des Karpathenvorlandes, Mesopotamiens, Südpersiens u.a. Die jüngsten großen Salzlagerstätten sind die messinischen Evaporite des Mittelmeerraumes.

Die stratigraphische Einstufung von Salzen ist vor allem durch paläontologische Untersuchungen von begleitenden Sedimenten möglich. Daneben sind oft eingewehte Sporen und Pollen der Salze brauchbar (KLAUS 1955, 1972). Radiometrische Methoden, insbesondere mit den Systemen K/Ar, K/Ca, Rb/Sr und U/He, ergeben teilweise sedimentäre, teils diagenetische Alter (z. B. LIPPOLT & RACZEK 1979).

Die Zeiten der Bildung großer Salzlager fallen nach LOTZE (1957) in die Perioden des generellen Rückzuges der Meere im Anschluß an die Hauptphasen der Gebirgsbildung. Obwohl sicherlich orogenetische Vorgänge in mehrfacher Hinsicht für die Evaporitbildung günstige Voraussetzungen schaffen, wie insbesondere Bildung von Superkontinenten, ferner Abschnürung von Meeresteilen (Molassebecken), oder epirogenetische Bewegungen im entfernteren Vorland, so ist doch nicht zu übersehen, *daß viele Orogene in ihrer Frühzeit ein Evaporitstadium zeigen* (Alpen, Pyrenäen etc.). Dies offenbar deshalb, weil die Bildung jener Gebirge, die ältere kontinentale Kruste queren, notwendigerweise mit Großgräben beginnt. Diese aber enthalten oft nahe der Basis der Sedimentfüllung mächtige Evaporite (z. B. das Rote Meer: PURSER et al. 1990).

Bildungsbedingungen fossiler Evaporite

Es wurde bereits darauf hingewiesen, daß heute keine großen Räume der Bildung mariner Evaporite bekannt sind. In der geologischen Vergangenheit sind aber viele solcher Becken nachgewiesen. Dazu gehören epikontinentale Meere (z. B. europäischer Zechstein), sich öffnende Großgräben vor dem eigentlich ozeanischen Stadium (passive Kontinentalränder, z. B. Westafrika), und abgeschnürte Meere (Mittelmeer im Obermiozän).

Fossile Evaporite weisen oft sedimentgeologische Merkmale auf, welche auf eine Bildung in tieferem Wasser hinweisen, im Gegensatz zu den Seichtwasser-Evaporiten rezenter Salzbecken. Besonders auffällige Belege für Sedimentation in *Tiefwasserfazies* sind Turbidite und Massenströme (ostalpines Haselgebirge) und die regelmäßige Bänderung vieler Salze, die in manchen Fällen über 100 km Entfernung verfolgbar ist (deutscher Zechstein). Laminite der Seichtwasserfazies hingegen sind lateral sehr beschränkt, meist keilen einzelne Lagen schon im Aufschluß erkennbar nach wenigen Metern aus. Bei geeigneten Aufschlüssen können die Zusammenhänge zwischen randlicher Seichtwasserfazies und der Tiefwasserfazies im Becken mittels sedimentologischer Untersuchungen aufgezeigt werden (Abb. 146).

Die dunklen Bänder der Tiefwasser-Salzgesteine bestehen meist aus Sulfaten, mit etwas Karbonat und organischer Substanz. Die Mächtigkeit liegt bei 1-10 mm und ist lateral sehr persistent. Die Schichtflächen sind eben. Manchmal enthalten sie knolligen oder nadeligen Anhydrit nach primärem Gips. Dickere Sulfatbänder können zu entsprechend mächtigeren Knollenlagen re-organisiert sein.

Die Halite der Tiefwasserfazies entstehen vermutlich an der Laugenoberfläche oder bei Laugenschichtung auch tiefer, von wo sie zum Boden abregnen. Von den Beckenrändern ist auch lateraler Transport durch Massenströme möglich. Es entstehen laminierte Halitite, indem klare oder milchig getrübte Lagen wechseln, welche möglicherweise in manchen Fällen Hopper- und Chevronsalzlagen wiederspiegeln. Die Bänderung der Salzgesteine wird im deutschen Zechstein und manchmal auch im Englischen als „Jahresringe" bezeichnet, nach der ursprünglichen Vorstellung einer Kontrolle durch jährliche Trocken- und Feuchtperioden. Heute vermutet man Klimaschwankungen mit längeren Abständen.

Paläogeographie. Die räumliche Verteilung der einzelnen Evaporit-Zonen innerhalb einer Salz-

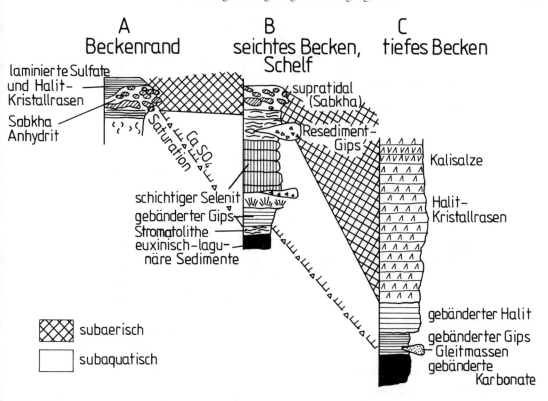

Abb. 146. Hypothetische Evaporitfolgen vom Beckenrand über seichten Schelf zur Beckenmitte, als Hilfe zur paläogeographischern Rekonstruktion (nach KENDALL 1979).

formation ist von Gesetzmäßigkeiten beherrscht, welche eine gerichtete Zunahme der Salzkonzentration gegen bestimmte Beckenteile oder oft einfach in das Beckeninnere bewirken. In austrocknenden Becken ohne Verbindung zum offenen Meer finden sich die schwerer löslichen Verbindungen (Karbonate und Gips) nahe den Rändern, die leichter löslichen Salze in der Mitte der Becken („bulls eye pattern"). Becken mit Öffnung zum Meer entwickeln eine tropfenförmige Verteilung der verschiedenen Evaporitgesteine („tear drop pattern"). Die Rekonstruktion der hydrologischen Verhältnisse fossiler Evaporitbecken muß allerdings die Möglichkeit verschiedener Richtungen von Frischwasserzufluß und Laugenstrom beachten. Laterale Faziesänderungen werden zunehmend in der Prospektion vor allem auf Kalisalze benützt, um die höffigen Gebiete abzugrenzen.

Beckenmodelle und Isolationsmodelle. Die großen Mächtigkeiten vieler fossiler Salzserien lassen sich theoretisch durch zwei Hypothesen erklären: Entweder handelte es sich um syn-sedimentär absinkende Becken, wie das für mächtige Folgen klastischer Sedimente als Regel gelten kann, oder es waren vorgeformte, tiefe Depressionen, die langsam aufgefüllt wurden. Gegen die erste Hypothese wurden vielfach Bedenken geäußert, weil die Sedimentationsrate der Halite so hoch sei (rezent bis 14 cm/Jahr), daß mit entsprechenden Absenkungsraten nicht gerechnet werden könne (RICHTER-BERNBURG 1953b). Berücksichtigt man ferner, daß solche Evaporitmassen zumeist in Tiefwasserfazies vorliegen, ist die Folgerung, daß mächtige Evaporite nur in ursprünglich tiefen Becken entstehen können. Begleitende tektonische Absenkung ist dadurch natürlich nicht ausgeschlossen. Zweifellos gibt es auch ursprünglich seichte Salzbecken, in welchen jedoch nur geringmächtige Evaporite abgelagert werden. Sowohl tiefe wie auch seichte Evaporitbecken können ganz oder teilweise Flachwasser- und Tiefwasserevaporite enthalten. Daraus ergeben sich die folgenden geologisch häufigen Kombinationen (KENDALL 1979: Abb. 147):
— Tiefe Becken mit Evaporiten in Tiefwasserfazies

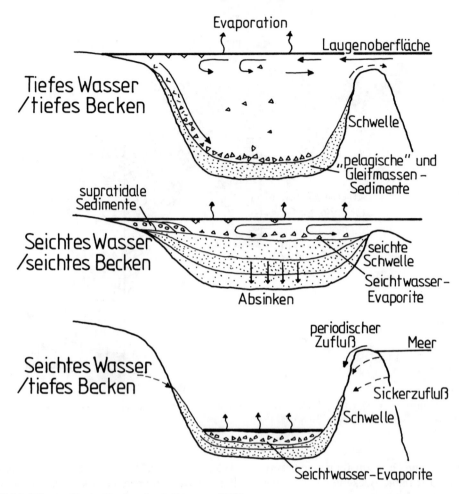

Abb. 147. Modelle von Evaporitbecken (nach KENDALL 1979).

− Tiefe Becken mit Evaporiten in Seichtwasserfazies
− Seichte Becken mit Evaporiten in Seichtwasserfazies.

Die Barrentheorie OCHSENIUS' (1877) zur Erklärung der Isolation von Salzbecken konnte in manchen großen Salzbecken nicht bestätigt werden, weil es nicht gelang, die geforderten Engen zu lokalisieren. Die moderne Erklärung dieser Beobachtung geht auf RICHTER-BERNBURG (1955b) zurück, daß sich nämlich in seichten Schelfmeeren mit hoher Evaporationsrate ein starker horizontaler Salinitätsgradient entwickelt, auch dann, wenn eine breite Öffnung zum Ozean vorliegt. RICHTER-BERNBURG hat dafür den Begriff *Saturationsschelf* geprägt. Weitere Präzisierungen lieferte SCRUTON (1953) insbesondere mit dem Hinweis, daß nicht nur statische Faktoren der Isolation möglich sind, also die Barren, sondern auch dynamische, welche aus dem Gefälle des Laugenrückstromes, Dichtedifferenzen zwischen Zustrom und Rückstrom, und aus Reibung zwischen Zustrom, Rückstrom und Meeresboden resultieren.

Mit dieser Frage eng verbunden ist das scheinbar paradoxe Vorherrschen bestimmter Evaporitgesteine bzw. Salzfolgen in vielen Becken, so daß Hunderte Meter fast monomineralischer Evaporite (meist Sulfate oder Halitit) vorliegen. Offenbar ist es dazu notwendig, daß über längere Zeit ein annähernd gleichbleibender Salinitätsgrad vorlag, aber ohne Abscheidung der höher salinaren Salzfolgen. Schon OCHSENIUS hatte angedeutet, daß dazu ein Rückstrom (Engl. reflux) der hoch-

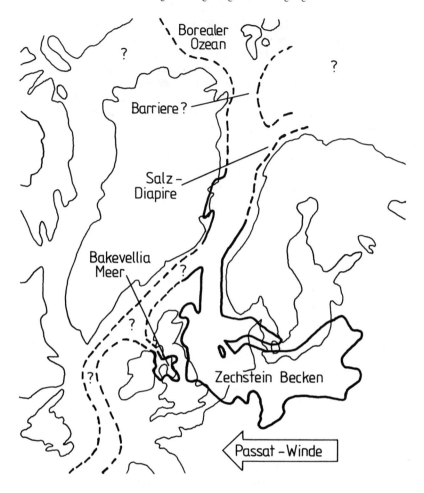

Abb. 148. Paläogeographische Skizze des Zechsteinbeckens in einem rekonstruierten Teil Laurasias vor der Öffnung des Atlantischen Ozeans (nach TAYLOR 1986).

konzentrierten Laugen ins offene Becken notwendig sei. Später wurde erkannt, daß dieser Rückstrom in geringer Tiefe unter dem zuströmenden Frischwasser (KING 1947: „near surface reflux") oder durch permeable Gesteine der Barriere erfolgen kann (ADAMS & RHODES 1960: „seepage reflux"). Wo aus geologischen Gründen ein solcher Rückstrom nicht möglich ist, z. B. in eintrocknenden tiefen Becken, muß die Konstanz des Salinitätsgrades durch ein ausgewogenes Verhältnis zwischen Frischwasserzustrom und Evaporation erklärt werden. Zunehmend wird versucht, solche Massenbilanzen rechnerisch zu erfassen (WOOD & SANFORD 1990).

Die Salze des deutschen Zechstein (Oberperm). Als Beispiel für Tiefwasserfazies-Evaporite einerseits und als wichtigstes Salinar Mittel- und Nordwesteuropas soll hier der Zechstein zusammenfassend beschrieben werden.

Nach der variszischen Orogenese entwickelte sich in Mitteleuropa über den gefalteten älteren Gesteinen im frühen Perm eine Landoberfläche, welche von Perm und jüngeren Formationen bedeckt ist. Das Unterperm (Rotliegend) besteht aus kontinentalen roten Sandsteinen, Konglomeraten und Peliten, in manchen Regionen mit Dominanz von sauren Vulkaniten, Kohlen oder Playasee-Sedimenten. Diese Sedimente erreichen in Norddeutschland über 1500 m Mächtigkeit. Im Gebiet der unteren Elbe und weiter nordwestlich wurden in einem großen Playasee mächtige Halitite mit rotbraunen Tonen abgelagert. Die Dünensande der Umrahmung dieses Salzsees sind wichtige Reservoirgesteine für Erdgas, das aus den oberkarbonen Kohlen stammt.

Die wichtigsten Salzlager aber gehören dem Oberperm an. Zu dieser Zeit überflutete das Meer ausgehend vom arktischen Ozean durch einen relativ schmalen Meeresarm in der Nordsee, vermutlich durch die Bildung eines Grabens zwischen Norwegen und Grönland, ein breites Becken von Ost-England über Norddeutschland bis Polen Abb. 148). Die in dieser Zeit abgelagerten Sedimente bilden die *Salzformation des Zechstein*. Sechs Zyklen (Z1 bis Z6) bzw. Serien werden unterschieden, deren jeder mit einem klastischen Sediment beginnt. Dies war am Rand des Beckens z.T. konglomeratisch, gegen das Innere wird es über Sand bis Ton zunehmend feiner. Darüber folgt jeweils die eigentliche Evaporitfazies, die mit Karbonat beginnt, und über Sulfat, Halit bis zu Potassiten reicht. Diese deutschen Kalisalze galten lange Zeit als die einzigen bedeutenden auf der Erde. Darüber folgt gewöhnlich abschließend eine rezessive, gering mächtige Serie von Halit und Anhydrit. In der Tabelle wird eine vereinfachte stratigraphische Gliederung gegeben, wobei die Mächtigkeiten auf die Typus-Gebiete der Serien bezogen sind.

Untertrias

Oberperm

	Zechstein 6 (Friesland-Serie)	Friesland-Ton Friesland-Sandstein	3-4,5 m
	Zechstein 5 (Ohre-Serie)	Oberer Grenzanhydrit Oberer Schluffstein Grenzanhydrit Ohre-Steinsalz Lagenanhydrit Salzbrockenton	7,5-11 m
	Zechstein 4 (Aller-Serie)	Oberer Allerton Grenzanhydrit Aller-Steinsalz Aller-Anhydrit (Pegmatit-Anhydrit) Unterer Aller-Ton (Roter Salzton)	34-130 m
	Zechstein 3 (Leine-Serie)	Oberer Leine-Ton Leine Steinsalz (mit Kaliflözen Riedel und Ronnenberg) Leine-Anhydrit (Hauptanhydrit) Leine-Karbonat (Plattendolomit) Unterer Leine-Ton (Grauer Salzton)	150-345 m
	Zechstein 2 (Staßfurt-Serie)	Oberer Staßfurt-Ton Oberer Staßfurt-Anhydrit (Deckanhydrit) Decksteinsalz Kaliflöz Staßfurt Staßfurt-Steinsalz Unterer Staßfurt-Anhydrit (Basalanhydrit) Staßfurt-Karbonat (Hauptdolomit oder Stinkschiefer)	210-750 m
	Zechstein 1 (Werra-Serie)	Oberster Werra-Anhydrit Oberstes Werra-Steinsalz Oberer Werra-Anhydrit Oberer Werra-Ton Oberes Werra-Steinsalz Kaliflöz Hessen	200-420 m

Mittleres Werra-Steinsalz
Kaliflöz Thüringen
Unteres Werra-Steinsalz
Unterer Werra-Anhydrit
Anhydritknotenschiefer
Werra-Karbonat (Zechsteinkalk)
Unterer Werra-Ton (Kupferschiefer)
Werra-Konglomerat (Zechsteinkonglomerat)

Rotliegendes

Am Beckenrand und in anderen Seichtwasserbereichen, z. B. am Harzrand, wurden mächtige Karbonate und Sulfate abgelagert. Im Zechstein 1 überwiegen Bryozoenriffe, im Zechstein 2 und 3 Algenbänke. Gegen tiefere Beckenbereiche entwickeln sich aus diesen hellen Karbonaten zunehmend dunklere, gebankte und geringer mächtige Kalke oder Dolomite. Im Beckentiefsten sind diese Horizonte dann durch geringmächtige, bituminöse „Stinkschiefer" vertreten (Abb. 149). Aus solchen Gesteinen sind einige kleinere Öl- und Gaslagerstätten abgeleitet. Besonders im Zechstein 2 ist dieser laterale Fazieswechsel gut erkennbar; aus dem hellen Hauptdolomit wird Stinkdolomit bzw. Stinkschiefer. Oolithische und onkolithische Karbonate der Randfazies, besonders im Hauptdolomit, sind Träger einiger bedeutender Lagerstätten von Erdgas, das aus oberkarbonen Kohlen stammt. Solches Gas ist oft reich an H_2S und N_2.

Die randlichen, die Küste begleitenden Karbonatgesteine werden beckenseitig meist von einem bis 500 m mächtigen Wall von Anhydrit bzw. Gips begleitet. Randliche Sulfate zeigen oft Texturen von Seichtwasserevaporiten oder Sabkhafazies, während gegen das Beckeninnere Gleitmassen und turbiditartige Gesteine geschüttet wurden (SCHLAGER & BOLZ 1977: Abb. 150). Weiter beckenwärts liegt gering mächtiger, sehr dünn laminierter brauner oder schwarzer Anhydrit. Eine umfassende Beschreibung der Zechsteinanhydrite liegt von RICHTER-BERNBURG (1985) vor. Halitit erreicht im Zechstein 1 nur in lokalen Becken 300 m, in Z2-Z4 aber wurde im ganzen Becken Halit abgelagert, wobei die Evaporite insgesamt eine Mächtigkeit von etwa 1200 m erreichen. Die Potassite und Magnesiumsalze zeigen den Höhepunkt der Salinität an. Sie sind gewöhnlich nur Lager von 2 bis 15 m Dicke innerhalb großer Steinsalzkörper (Abb. 151). Das Staßfurter Flöz ist besonders weit verbreitet, es ist aus dem nördlichen Dänemark und nordöstlichen England in ähnlicher Ausbildung wie im Typusraum Sachsen-Anhalt bekannt.

Die Evaporite des Zechstein wurden in der Unter-Trias durch die bis 1000 m mächtigen, überwiegend terrestrischen roten Sedimente des Buntsandstein bedeckt.

Die Beckenränder von Tiefwasser-Evaporiten zeigen oft eine verdickte Randfazies von Karbonaten, Sulfaten, klastischen Sedimenten und nur z.T. Halitit, während im Beckeninneren relativ geringe Ablagerung erfolgt. Dabei entstehen instabile, steile Hänge, von welchen Massenströme ins Becken abgleiten, deren Sedimente mit klassischen Turbiditen gut vergleichbar sein können. Man findet aber auch sedimentäre Sulfatbrekzien oder Gleitfalten. Ein prachtvolles Beispiel für Evaporite mit starker Prägung durch gravitative Massenströme sind die ostalpinen Salzlagerstätten.

Das permo-triadische Salz der Ostalpen. Die Salzlagerstätten der Nördlichen Kalkalpen sind nach Sporenbestimmungen durch KLAUS (1955) in den oberen Zechstein und die untere Trias zu stellen. Allenthalben treten in Gesteinen dieses stratigraphischen Niveaus in den Ostalpen Anhydrit- bzw. Gipskörper auf, welche vielfach abgebaut werden, aber nur zwischen Hall in Tirol und Bad Aussee im Salzkammergut ist eine Salzformation entwickelt. Es handelt sich um Ablagerungen in einem Grabensystem, das als nordwestlicher Ausläufer der frühen Tethys gelten kann. Spärliche Vorkommen tholeiitischer Basalte sind wichtige Zeugen der Grabenbildung. Etwa gleichaltrige Sedimente der ehemaligen festländischen Umrahmung sind als Verrucano bzw. Präbichlschichten bekannt, das sind Zeugen alluvialer Fächer, von Schichtflutebenen sowie von Playas und siliziklastischen Sabkhas.

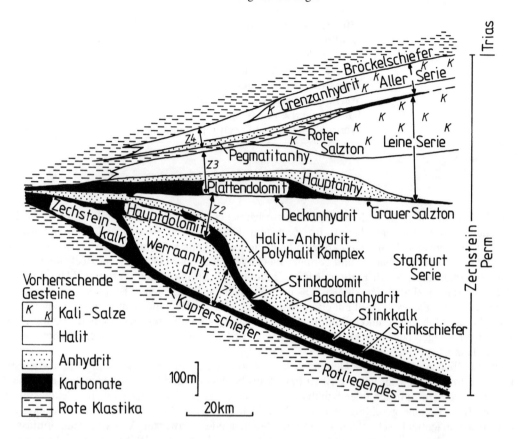

Abb. 149. Schematisches Profil des Zechstein im britischen Nordsee-Bereich, vom Schelf zum Becken (nach TAYLOR 1986).

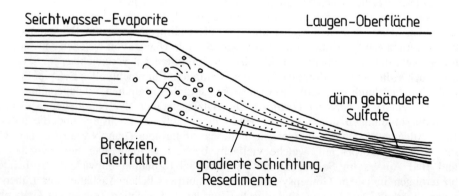

Abb. 150. Charakteristische Situation der Bildung von gravitativen Massenströmen und Gleitfalten der Tiefwasserevaporite (nach SCHLAGER & BOLZ 1977).

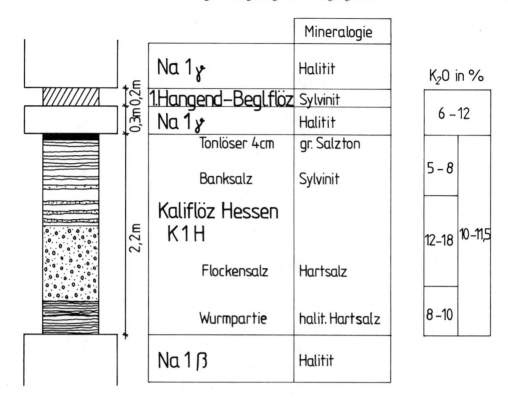

Abb. 151. Charakteristische Ausbildung des Kaliflözes Hessen im Bergbau Neuhof-Ellers südlich von Fulda (nach Werksunterlagen der Kali und Salz AG).

Die Salzformation wird *Haselgebirge* genannt. Das charakteristische Gestein ist neben großen Massen von Sulfaten und gelegentlichen reinen Halititen eine Brekzie von Ton-, Anhydrit- und Halit-Komponenten in einer plastisch deformierten Matrix von Halitit. Detailaufnahmen in den österreichischen Salzbergbauen haben eine lithologisch-stratigraphische Untergliederung des Haselgebirges ermöglicht (SCHAUBERGER 1955): Den größten Anteil an der bis vielleicht 1000 m erreichenden Mächtigkeit haben *Grüntongebirge* (rötlicher Halitit und grünlicher Salzton) und *Rotsalzgebirge* (rotes Salz, schwarzer Salzton, höchster K-Mg-Nebensalzgehalt); beide haben oberpermisches Alter. Sie wurden gleichzeitig in verschiedenen Faziesräumen abgelagert, das erstere in küstennahem Seichtwasser mit reichlich terrigener Sedimentzufuhr, das Rotsalzgebirge hingegen in küstenferneren ruhigen Becken. Das *Bunte Salztongebirge* (rötlich-weißes Salz mit grünem und rotem Salzton) schließlich ist ein Aufarbeitungsprodukt der beiden oben angeführten Typen, vermutlich skythischen Alters. Das *Grausalzgebirge* (grauer Halitit mit roten und grauen Tonbrocken) ist das basale Sediment einer Rekurrenzphase. Die mächtigen Anhydrite und dolomitischen Anhydrite (SPÖTL 1988) sind sicherlich liegende und laterale Anteile der Evaporitfolge. Die vermuteten relativen und absoluten Alter dieser vier Typen können nicht als endgültig gesichert gelten (PAK & SCHAUBERGER 1981, TOLLMANN 1985).

Nach den Bromgehalten (93-125 ppm, SCHAUBERGER 1986) hat keine der alpinen Salzformationen die Halit-Zone wesentlich überschritten; nur in „Salzaugen" sind gelegentlich die Bedingungen der Mg-Sulfat-Zone angedeutet. Auch Polyhalit ist in eingeschütteten Fragmenten von Sulfaten oder Tonen nicht selten, was als Hinweis gelten kann, daß in den randlichen Seichtwasserevaporiten in kleinen Lagunen oder bei Emersion hohe Salinitätsgrade erreicht wurden.

Früher galt das Haselgebirge als tektonisches Mischgestein, gebildet bei den Deckenbewegungen an dem plastischen permotriadischen Gleithorizont (MEDWENITSCH 1963, MAYRHOFER 1955).

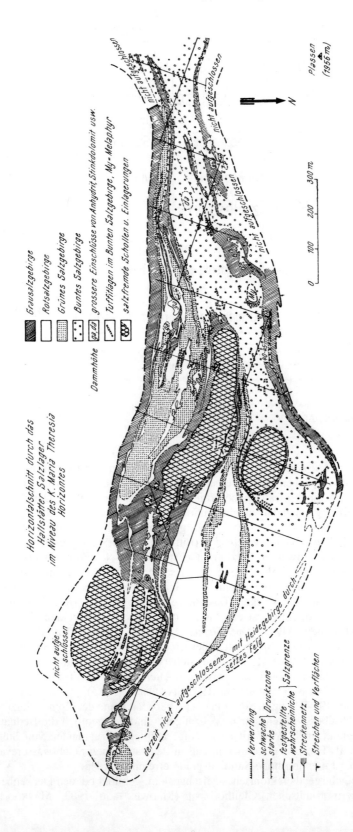

Abb. 152. Geologische Karte des Hallstätter Salzlagers im Niveau des Kaiserin Maria Theresia Horizontes (nach SCHAUBERGER 1955).

Demgegenüber wird seit SCHAUBERGER (1955) das Haselgebirge als ein zwar fließtektonisch umgeformtes, aber doch primäres Trümmersediment aufgefaßt. Begründet wird dies mit der Kontinuität, welche die einzelnen Haselgebirgsarten trotz aller Deformation bei der Aufnahme der Lagerstätten erkennen lassen (Abb. 152). So sind z. B. die Melaphyre in Hallstatt an einen bestimmten Horizont des bunten Haselgebirges gebunden und durch die ganze Grube hindurch verfolgbar. Desgleichen spricht die teils rundliche, teils eckige Form der Tonbrocken für deren Transport in einem Massenstrom. Auch die oft mehrere Zentimeter großen, klaren, runden Salzaugen sind so zu deuten. Dazu kommen Beobachtungen, welche auf Bildung der Ton- und Gipsgerölle in Seichtwasserfazies und z.T. in Sabkhafazies verweisen (kreuzgeschichtete Sulfate, Mosaiktexturen von Knollenanhydrit, Sulfatkissen, welche möglicherweise ehemalige Selenithügel sind, Polyhalitisierung von Anhydrit, Calcrete-Reste, Karneolgerölle, sowie das häufige Auftreten von Ton mit klaren Salzwürfeln; SPÖTL 1987). All dies ergibt das Bild eines tiefen salinaren Beckens der Halitzone, in welches aus randlichen siliziklastischen Sabkhas und von Sulfatwällen Massenströme abglitten.

Die Fragmente der Brekzie sind von vermutlich diagenetischen Salzlösungen durchtränkt, welche in den feinen Klüften und Gesteinsgrenzen die Abscheidung von Fasersalz und Blättersalz bewirkt haben. Der Salzgehalt des Haselgebirges wurde früher in bergbaulich angelegten Hohlräumen, den Laugwerken, ausgelaugt. Armes Haselgebirge enthält 30-40 % NaCl, mittleres 40-60 %, reiches 60-70 %. Daneben gibt es kleinere Massen reinen „Kernsalzes". Zunehmend erfolgt die Salzgewinnung im alpinen Salzbergbau aus Bohrungen, in welche Wasser eingepumpt wird, das das Salz löst und als Lauge wieder hochgefördert wird (Bohrlochsole-Gewinnungsmethode).

Es ist ein für die geologische Stellung der alpinen Salzlagerstätten wesentlicher Umstand, daß das Haselgebirge überall – mit Ausnahme von Hall in Tirol – in Verbindung mit einer besonderen Ausbildung der Triasschichten auftritt, nämlich der *Hallstätter Fazies*. Diese ist charakterisiert durch den oft roten, manchmal auch weißen oder gelblichen Hallstätter Kalk, und durch Mergel mit einer speziellen Fauna. Die Hallstätter Fazies gilt als eine Bildung tieferer Ablagerungsräume („Kanäle")

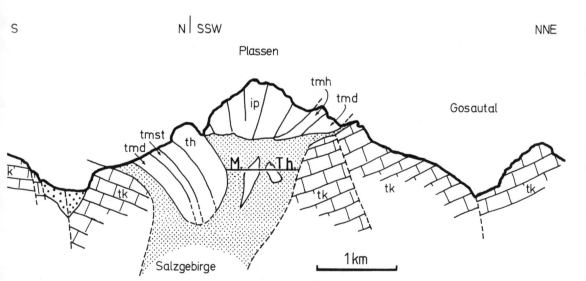

Abb. 153. Vereinfachtes Profil des Hallstätter Salzberges (nach SCHAUBERGER 1955).
M.Th. – Kaiserin Maria Theresia Horizont
Anis: tmd – Gutensteiner Dolomit,
tmsd – Steinalmdolomit; Ladin-Nor: th – Hallstätterkalk;
Nor-Rhät: tk – Dachsteinkalk;
Malm: ip – Plassenkalk.

der alpinen Triasgeosynklinale. Sie verweist damit auf eine gewisse Persistenz der oberpermischen Gräben, in welchen anfangs das Haselgebirge abgelagert wurde. Durch Faltung und Deckenbau der nördlichen Kalkalpen wurden die Salzlager teilweise ausgedünnt, teilweise zu mächtigen Kissen und Stöcken verdickt (Abb. 153). Der Innenbau dieser „Salzberge" weicht allerdings erheblich von jenem der typischen Salzstöcke wenig deformierter Gebiete ab (vergleiche Abb. 153 mit Abb. 157).

Literatur:

ADAMS, J. E. & RHODES, M. L., 1960, Dolomitization by seepage refluxion. Amer. Assoc. Petrol. Geol. 44, 1912-1920.
GLENNIE, K. W., 1987, Desert sedimentary environments, present and past – a summary. Sedimentary Geol. 50, 135-165.
KENDALL, A. C., 1979, Facies models 12. Subaqueous evaporites. Geoscience Canada 5, 124-139.
KING, R. H., 1947, Sedimentation in Permian Castile Sea. Bull. Amer. Assoc. Petrol. Geol. 31, 470-477.
KLAUS, W., 1955, Über die Sporendiagnose des deutschen Zechsteinsalzes und des alpinen Haselgebirges. Z. dt. geol. Ges. 105, 776-788.
KLAUS, W., 1972, State of preservation of fossil spores as an aid to saline stratigraphy. Earth Sci. 7, 129-130, UNESCO (Paris).
LIPPOLT, H. J. & RACZEK, I., 1979, Rinneite-dating of episodic events in potash salt deposits. J. Geophys. 46, 225-228.
LOTZE, F., 1957, Steinsalz und Kalisalze. 465 pp, Borntraeger.
MAYRHOFER, H., 1953, Beiträge zur Kenntnis des alpinen Salzgebirges. Z. dt. geol. Ges. 105, 752-775.
MEDWENITSCH, W., 1963, Probleme der alpinen Salzlagerstätten. Z. dt. geol. Ges. 115, 863-866.
N. N., 1980, Evaporite deposits: illustration and interpretation of some environmental sequences. Editions Technip, Paris.
OCHSENIUS, C., 1877, Die Bildung der Steinsalzlager und ihrer Mutterlaugensalze unter spezifischer Berücksichtigung der Flöze von Douglashall in der Egeln'schen Mulde. 173 pp, Pfeffer, Halle.
PAK, E. & SCHAUBERGER, O., 1981, Die geologische Datierung der ostalpinen Salzlagerstätten mittels Schwefelisotopenuntersuchungen. Verh. Geol. B.-A. 81, 185-192.
PERYT, T. M. (Ed.), 1987, Evaporite basins. 188 pp, Springer.
PERYT, T. M. (Ed.), 1987, The Zechstein facies in Europe. 272 pp, Springer.
PURSER, B. H., PHILOBBOS, E. R. & SOLIMAN, M., 1990, Sedimentation and rifting in the NW parts of the Red Sea: a review. Bull. Soc. géol. France 6/3, 371-384.
RICHTER-BERNBURG, G., 1985, Zechstein-Anhydrite – Fazies und Genese. Geol. Jb. A85, 3-82.
SCHAUBERGER, O., 1955, Zur Genese des alpinen Haselgebirges. Z. dt. geol. Ges. 105, 736-751.
SCHAUBERGER, O., 1986, Bau und Bildung der Salzlagerstätten des ostalpinen Salinars. Archiv Lagerst.forsch. Geol. B.-A. 7, 217-254.
SCHLAGER, W. & BOLZ, H., 1977, Clastic accumulations of sulphate evaporites in deep water. J. sediment. Petrol. 42, 600-609.
SCHREIBER, B. C., 1986, Arid shore lines and evaporites. Pp 189-228 in H. G. READING (Ed.), Sedimentary Environments and Facies. Blackwell.
SCRUTON, P. C., 1953, Deposition of evaporites. Bull. Amer. Assoc. Petrol. Geol. 37, 2498-2512.
SONNENFELD, P., 1974, The Upper Miocene evaporite basins in the Mediterranean region – a study in paleo-oceanography. Geol. Rundschau 63, 133-1172.
SPÖTL, Ch., 1987, Eine klastisch-evaporitische Oberperm-Entwicklung im Hallstätter Salzberg (Salzkammergut, Österreich). Mitt. österr. geol. Ges. 80, 115-145.
SPÖTL, Ch., 1988, Schwefelisotopendatierungen und fazielle Entwicklung permoskythischer Anhydrite in den Salzbergbauen von Dürrnberg/Hallein und Hallstatt (Österreich). Mitt. Ges. Geol. Bergbaustud. Österr. 34/35, 209-229.
TAYLOR, J. C,M., 1981, Zechstein facies and petroleum prospects in the Central and Northern North Sea. Pp 176-185 in L. V. ILLING & G. D. HOBSON (Eds.), Petroleum Geology of the Continental Shelf of North-West Europe. Heyden, London.
TOLLMANN, A., 1985, Geologie von Österreich. Bd. 2. 710 pp, Deuticke.

WOOD, W. W. & SANFORD, W. E., 1990, Ground-water control of evaporite deposition. Economic Geol. 85, 1226-1235.

ZHARKOV, M. A., 1981, History of Paleozoic salt accumulation. 308 pp, Springer.

III. Die Umformung der Salzlager

1. Die Umformung der Salzgesteine

Diagenese und Metamorphose der Evaporite

Wie andere Sedimente unterliegen auch Salzgesteine vom Zeitpunkt ihrer Bildung an im Laufe der weiteren geologischen Entwicklung der Umwandlung durch Umkristallisation, Neubildung von Mineralen sowie unter dem Einfluß von Formationswässern auch chemischen Veränderungen. Diese *Diagenese der Salzgesteine* wird von vielen Autoren als Metamorphose bezeichnet, mit der Begründung, daß ein charakteristisches Merkmal der Metamorphose das vollständige Erreichen einer neuen Mineralparagenese sei; dies träfe aber bei Salzen in der Regel zu. Hier soll aber im folgenden doch von der Diagenese der Salze die Rede sein, umsomehr, als zunehmend auch in metamorphen Sedimenten Reste von Evaporiten entdeckt werden, deren Abgrenzung andernfalls unklar wäre.

Kalziumsulfat kann primär als Gips oder als Anhydrit abgeschieden werden. Gips wird im Verlauf der Diagenese jedenfalls in Anhydrit umgewandelt, so daß sedimentäre oder diagenetische Anhydrite vorliegen können (MURRAY 1964). Die Unterscheidung ist manchmal durch petrographische Methoden möglich, z. B. durch Nachweis von Pseudomorphosen von Anhydrit nach Gips. Auch aus den Strontiumgehalten sind solche Schlüsse möglich, da Anhydrit nach Gips geringere Sr-Anteile führt (KUSHNIR 1981).

Viele *Salzminerale* sind meta-stabil gegenüber gering veränderter Laugenzusammensetzung, so daß bereits während der Ablagerung im obersten Bodenkörper Umbildungen oder teilweise Rücklösung erfolgen. Im Laufe der weiteren Entwicklung sind besonders bei komplexen Salzen nach theoretischen Untersuchungen mehrere Umbildungsphasen möglich, so daß es oft sehr schwierig oder unmöglich ist, die einzelnen Stadien vollständig zu rekonstruieren.

Neugebildetes Salzsediment ist ein lockerer „Brei" aus Salzkristallen mit hohem Porenanteil, der mit Laugen gefüllt ist. Auch Salzkrusten haben große Laugen-Einschlüsse. Untersuchungen in rezenten Salzbecken haben gezeigt, daß diese Porenräume sehr rasch verringert werden, so daß in geologisch kürzester Zeit bzw. in einer Tiefe von wenigen Metern lithifiziertes Salzgestein vorliegt (KÜHN 1979). Kompaktion und Füllung der Poren durch frühdiagenetische Ausscheidung weiterer Salze sind hier wirksam.

Die Diagenese von *Potassiten* hat seit langem besonderes Interesse hervorgerufen, woraus viele theoretische und geologische Arbeiten resultierten (z. B. D'ANS 1969 und früher, BRAITSCH 1962, HERRMANN et al. 1979). Darin wird üblicherweise zwischen Diagenese unter Lösungszufuhr von außen („Lösungsmetamorphose") sowie einer Diagenese bei reiner Temperaturerhöhung („Thermometamorphose") unterschieden.

Die *Lösungsdiagenese* läßt sich durch folgendes Beispiel erläutern: Wenn Carnallitit von einer halitgesättigten Lösung durchströmt wird, so wird aus dem Carnallit durch inkongruente Lösung von $MgCl_2$ bei T > 72-83 °C Sylvin gebildet. Aus dem Carnallitit eines Kaliflözes entsteht damit lateral kieseritisches Hartsalz, Kainitit bzw. bei weiterer Laugung schließlich Halitit. Beispiele dieser Art wurden vielfach aus den Kalilagerstätten im Werragebiet beschrieben, wo diese Prozesse zumindest z.T. mit den Basaltdurchbrüchen zusammenhängen.

Als *Thermodiagenese* werden Salzumwandlungen bezeichnet, welche im Labor durch Temperaturerhöhung herbeigeführt werden können.

Es handelt sich vielfach um Dehydration, so daß eine Abfuhr der entstehenden Lösungen vorausgesetzt werden muß. Eine Vielzahl solcher Reaktionen sind bekannt (siehe u. a. D'ANS

1969 und frühere Arbeiten), welche zugleich als geologische Thermometer gelten können. Einige Beispiele sind:

Epsomit (+Halit+Sylvin):	Hexahydrit (bei 26°C)
Hexahydrit (+Halit):	Löweit + Kieserit (bei 37,6°C)
Kainit (+Halit):	Sylvin + Langbeinit + Kieserit (bei 83°C)
Carnallit (+Halit):	Sylvin (bei 167,5°C)

Die Unterscheidung sedimentärer, früh-diagenetischer und spätdiagenetischer Umwandlungen von Kalisalzen und der begleitenden Sulfate ist manchmal sehr schwierig, wie die Anwendung der Modelle auf geologische Situationen zeigt (z. B. WENZEL et al. 1987).

Die Untersuchung der Diagenese *karbonatischer oder silikatischer Anteile von Salzformationen* erlaubt oft eine zusätzliche Einengung der Umwandlungsbedingungen. Dazu gehört die Bildung von Chlorit aus Kaolinit und Montmorillonit, von Phengit aus Illit, von Mg-reichen Turmalinen, von Albit aus NaCl und SiO_2, bei Zutritt von Mg-Lösungen auch von Talk oder Sepiolith aus Silikaten sowie von Magnesit aus Dolomit (z. B. KULKE 1976). Sehr charakteristisch für viele unreine Evaporite sind authigene Quarze, die sich besonders gut zur Mikrothermometrie eignen (FABRICIUS 1984).

Kontaktmetamorphose von Salzgesteinen, z. B. am Kontakt zu Basaltgängen, wurde vielfach beschrieben (KNIPPING 1989). Auffällig sind Kainitbildung bis 80 m Entfernung, im Nahbereich auch völlige Vertaubung von Kaliflözen, sowie im unmittelbaren Kontaktbereich die Neubildung vieler Minerale (KRAH 1988).

Regionalmetamorphe Gesteinsfolgen enthalten kaum jemals Salze; Anhydrit ist jedoch nicht selten, sogar in der Amphibolitfazies (MOINE et al. 1981). Die Salze werden demgemäß in der Regel mit dem Fluidstrom der diagenetischen (und der metamorphen) Entwässerung abgeführt, und es bedarf sehr eingehender Untersuchungen, um die vormals evaporitische Natur eines metamorphen Gesteines nachzuweisen. Als entsprechender Hinweis gelten Häufungen von Mineralen mit ungewöhnlichen Gehalten von Na, Cl, B, F und SO_4, wie z. B. Skapolith, Lazurit, Mg-Turmalin, Phlogopit und zum Teil Albit. Als Produkt einer Hochdruck-Metamorphose von Evaporiten wurden die Weißschiefer gedeutet, das sind ungewöhnliche Talk-Disthengesteine (SCHREYER 1977). Gesteinsanalysen von Metapeliten evaporitischer Folgen zeigen hohe Li- und F-Gehalte sowie deutlich erhöhte Li/Mg- und B/Al-Verhältnisse (MOINE et al. 1981).

Literatur:

D'ANS, J., 1969, Bemerkungen zu Problemen der Kalisalzlagerstätten II. Kali und Steinsalz 5, 152-157.
FABRICIUS, J., 1984, Formation temperature and chemistry of brine inclusions in euhedral quartz crystals from Permian salt in the Danish trough. Bull. Mineral. Nancy 107, 203-216.
HERRMANN, A. G., SIEBRASSE, G. & KÖNNECKE, K., 1979, Computerprogramm zur Berechnung von Thermometamorphose-Prozessen in marinen Salzlagerstätten. Kali und Steinsalz 7, 389-394.
KNIPPING, B., 1989, Basalt intrusions in evaporites. 132 pp, Springer.
KRAH, O., 1988, Beobachtungen beim Durchbruch eines Basaltganges durch das Kalilager vom Werk Neuhof-Ellers. Aufschluss 39, 103-113.
KÜHN, R., 1979, Diagenese in Evaporiten. Geol. Rundschau 68, 1066-1075.
KULKE, H., 1976, Diagenese, beginnende Metamorphose und Mineralneubildungen der Karbonat-, Ton- und Sandsteinfolge im Trias-Salz des Diapirs Rocher de Sel de Djelfa (Algerien). Geol. Jb. D19, 3-73.
KUSHNIR, J., 1981, The partioning of seawater cations during the transformation of gypsum to anhydrite. Geochim. Cosmochim. Acta 46, 433-446.

MOINE, B., SAUVAN, P. & JAROUSSE, J., 1981, Geochemistry of evaporite-bearing series: a tentative guide for the identification of metaevaporites. Contrib. Mineral. Petrol. 76, 401-412.
MURRAY, R. C., 1964, Origin and diagenesis of gypsum and anhydrite. J. Sedim. Petrol. 34, 512-523.
RICHTER-BERNBURG, G., 1968, Eodiagenetische Vorgänge bei der Bildung von Salzgesteinen. Geol. Rundschau 57, 1055-1065.
SCHREYER, W., 1977, Whiteschists: their compositions and pressure-temperature regimes based on experimental, field and petrographic evidence. Tectonophysics 43, 127-144.
WENZEL, T., RÖSLER, H.-J. & PILOT, J., 1987, Genese und Verteilung von Sulfatmineralen im Kaliflöz „Staßfurt" des Südharz-Reviers. Freiberger Forschungsh. C425, 124-135.

Deformation der Salzgesteine

Jede Salzlagerstätte läßt durch ihre Faltenbildung und Fließstrukturen die außerordentliche Verformbarkeit der Salzgesteine auch in jenen Fällen erkennen, wo die umgebenden Gesteine eine recht schwache tektonische Beeinflussung zeigen. Selbst Hohlräume im Salzbergbau „wachsen zu", bis im Laufe einiger Hundert Jahre nur mehr Grubenholzreste im Salz von ehemaligen Stollen zeugen. Dies unterstreicht, daß Evaporite in ihrem Deformationsverhalten als hochviskose Flüssigkeiten angesehen werden können (RÖNNLUND 1989). Längerandauernde Spannungen führen zu Fließen bzw. eigentlich Kriechen, kurze und heftige zu bruchhafter Verformung (Abb. 154).

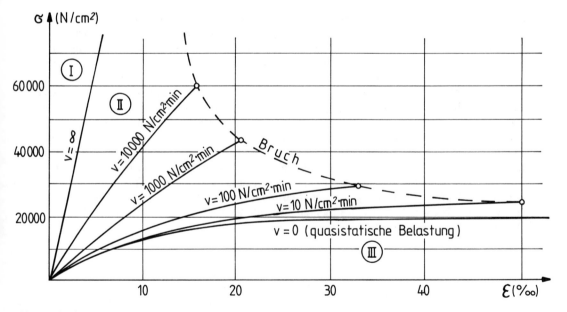

Abb. 154. Verformung und Bruch von Steinsalzproben bei variabler Belastungsgeschwindigkeit (DREYER 1972). Hohe Belastungsgeschwindigkeit führt zu sofortigem Bruch (I und II), sehr niedrige zu plastischem Fließen (III).

Im einzelnen geht aber das Fließen der Salzgesteine natürlich nicht auf eine Verflüssigung zurück, sondern es beruht auf dem geringen Widerstand der Salzminerale gegen Translationsgleiten, mechanische Verzwillingung und Verschiebung an Korngrenzen.

Solche Mikrobrüche in Einzelkornbereich springen in benachbarte Körner über, wodurch das für Salze typische Kriechen durch *Versetzungsklettern* unter Polygonisierung des Korngefüges entsteht. Weitere Verformungsarten der Salze sind Diffusionskriechen und Versetzungsgleiten (ALBRECHT &

HUNSCHE 1980). Erhöhter Gebirgsdruck, insbesondere auch Fluiddruck, sowie höhere Temperatur begünstigen die plastische Deformation der Salze. Eine untere Grenze der zum Fließen notwendigen Beanspruchung (Differenzspannung) konnte bisher nicht eindeutig festgelegt werden (ALBRECHT & MEISTER 1984); dieser Wert liegt in geologischen Zeiträumen jedenfalls sehr nahe Null, wie etwa die unter dem eigenen Gewicht zerfließenden Salzgletscher im Iran belegen. Ton- und Sulfatanteile bis etwa 10 % bewirken keine Veränderung des Deformationsverhaltens von Halitit. Sie können allerdings eine gewisse Anisotropie induzieren.

Trotz des allgemein plastischen Charakters der Deformation von Salzgesteinen zeigen haben manche Lagerstättenteile eine auffällige Brekzienstruktur (Trümmer-Carnallitit, Trümmer-Halit, etc.). Möglicherweise sind es besonders fluidarme Bereiche, welche bei starker Beanspruchung zu Proto-Mylonitbildung neigen.

Deformierte Salze können zwar ein gerichtetes Korngefüge annehmen, sie rekristallisieren aber bereitwillig, so daß die Spuren der Deformation (z. B. im Dünnschliff sichtbare Gleitebenen oder Druckverzwilligung) rasch verwischt werden. Deshalb findet man nur äußerst selten *Trennflächen im Salz* (Störungen, Klüfte, Schieferung). In der Regel sind Trennflächen nur dadurch erhalten bzw. erkennbar, daß sie durch sekundäre Salze (Fasersalz, Carnallit, Sylvin, Anhydrit), Gas, Laugen oder Öl gefüllt sind. Einachsiale oder dreiachsiale Bruchversuche an Salzproben zeigen verschiedene Brucharten, welche von der Geometrie und Petrologie des Prüfkörpers sowie von den Versuchsbedingungen abhängig sind. Man unterscheidet
– Trennbruch,
– Kriechbruch und
– duktilen Bruch.

Bereits bei relativ geringer hydrostatischer Spannung (ca. 50 N/mm^2) wird auch im Labor die Grenze bruchhaften Verhaltens erreicht und das Salz verhält sich als plastischer Körper.

Unterschiedliches Deformationsverhalten kennzeichnet die verschiedenen Salzgesteine und noch auffälliger die eingelagerten Tone, Sulfate und Karbonate der Evaporite. Dabei äußern sich die verschiedenen mechanischen Eigenschaften durch ein abweichendes *Kompetenzverhalten:* Salze fließen in der Regel (Sylvinit > Carnallit > Halit), während Sulfate und Karbonate gleichzeitig unter Bildung von Klüften, Spalten oder Boudins oft kompetent reagieren. So sind bei den charakteristischen Salzgesteinsfolgen die Voraussetzungen für eine disharmonische Tektonik gegeben, wobei die Salze insgesamt im Vergleich zu Nebengesteinen extrem inkompetent reagieren.

Kalilager sind häufig schon in flachlagernden Salzlagern intern gefaltet. In Salzdiapiren zeigen sie durch „vorauseilendes Fließen" verdickte Sättel und ausgedünnte Schenkel, wodurch sich Deformationsbilder ergeben, die jenen von Marmoren in metamorphen Serien sehr ähnlich sind. Daraus folgt die Notwendigkeit eines dichten Erkundungsnetzes zur Definition von Reserven und zur Vorbereitung für den Abbau.

Literatur:

ALBRECHT, H. & HUNSCHE, U., 1980, Gebirgsmechanische Aspekte bei der Endlagerung radioaktiver Abfälle in Salzdiapiren unter besonderer Berücksichtigung des Fließverhaltens von Steinsalz. Fortschr. Mineral. 58, 212-247.
ALBRECHT, H. & MEISTER, D., 1984, Ingenieurgeologie im Salzgebirge (Salzmechanik). Pp 463-479 in F. BENDER (Ed.), Angewandte Geowissenschaften III, Enke.
DREYER, W., 1972, The science of rock mechanics. Part 1: The strength properties of rocks. Trans. Tech. Publ., Clausthal-Zellerfeld.
JENYON, M. K., 1986, Salt tectonics. 196 pp, Elsevier.
JORDAN, P., 1988, Deformationsverhalten der Keuper-Evaporite des Belchen-Tunnels (Faltenjura, Schweiz). Erlanger geol. Abh. 116, 53-66.
LERCHE, I. & O'BRIEN, J. J., 1987, Dynamical geology of salt and related structures. 832 pp, Academic Press.
RÖNNLUND, P., 1989, Viscosity ratio estimates from natural Raleigh-Taylor instabilities. Terra Nova 1, 344-348.

2. Formen der Salzlagerstätten

In wenig gestörten Gebieten und bei geringer Überlagerung von weniger als 350 bis 1000 m Deckgebirgsschichten bildet das Salz einfache *Schichtplatten*. Das ist z. B. der Fall beim devonischen Kalisalz in Saskatchewan (Kanada), beim Permsalz im Mid-Continent-Gebiet (USA), oder in kleinerem Maßstab im Eichsfeld zwischen Harz und Kyffhäuser. Aber auch diese im Großbau flach und konform gelagerten Salztafeln zeigen in ihrem Innenbau nicht selten liegende Falten als deutlich sichtbare Folge jener Beanspruchung, die im starren Deckgebirge darüber höchstens Bruchstrukturen hervorgerufen hat. So ist z. B. im Eichsfeld die mesozoische Decke durch den nordöstlich streichenden Ohmgebirgs- Grabenbruch gegliedert, das Salz des flach darunter liegenden Zechstein weist senkrecht darauf, also nordwestlich streichende Internfalten auf.

Grabentektonik führt im allgemeinen zu verstärkter Umlagerung von Salzkörpern, wobei sowohl die Belastungsänderung (sh. unten) wie auch die Öffnung von Fließwegen an Störungen eine Rolle spielen. Im Leinetalgraben bei Göttingen führte dies dazu, daß Zechsteinssalz im Grabenbereich verdickt ist und von Störungen ausgehend einige Kilometer weit in das stratigraphisch höhere Rötsalinar eingepreßt wurde. Dadurch entstand ein sogenanntes Doppelsalinar (Abb. 155; JORDAN 1986).

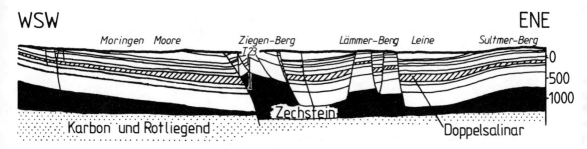

Abb. 155. Geologischer Schnitt durch den Leinetalgraben bei Göttingen (JORDAN 1986).

In *mäßig gefalteten Gebieten* wandert das Salz vor allem in die Bereiche geringeren Druckes, also in die Sattelkerne. Die salzführende Schichtserie bildet dabei oft den Gleit- und Ausgleichshorizont zwischen dem gefalteten Deckgebirge im Hangenden und dem starren, nur blockartig zerlegten Grundgebirge im Liegenden (z. B. Jura). Der Ansammlung des Salzes in den Sätteln entspricht eine Abwanderung bzw. Auspressung aus den dazwischen liegenden Mulden.

Salze in *alpinotypen Deckengebirgen* bilden häufig basale Abscherungs- und Gleithorizonte, was am Beispiel des Haselgebirges in den Ostalpen vielfach belegt ist. Die Formen der Salzlagerstätten in solchen Bereichen spiegeln eine kaum auflösbare Abfolge von eigenständigem Aufstieg, tektonischer Einpressung und möglicherweise spätem Diapirismus wieder. Sie liegen z.T. an Deckenstirnen (Abb. 156), z.T. über fensterartigen Aufwölbungen der Deckenbasis. Das Wesen derartiger Lagerstätten ist die Kombination des Formenschatzes der alpinen Deckentektonik mit dem der injektiven Salztektonik. Es ist verständlich, daß es in diesen Lagerstätten besonders schwierig ist, Gesetzmäßigkeiten des Internbaues zu erkennen und für die Zwecke des Bergbaues brauchbare geologische Modelle zu entwickeln. O. SCHAUBERGER hat diesbezüglich im österreichischen Salzbergbau Pionierarbeit geleistet.

Die charakteristische Form von Salzlagerstätten epikontinentaler Plattformserien aber ist der *Salzstock* oder *Salzdom* oder *Diapir*. Hier hat das Salz sein ursprüngliches Dach durchstoßen und ist einer magmatischen Schmelze vergleichbar ins Hangende gestiegen. Durch das aufwärts strömende Salz sind die durchbrochenen Schichten geschleppt und aufgebogen, oder es sind Schollen zur Seite gestemmt und gelegentlich sogar überkippt worden. In den obersten Bereichen, die durch geringere Horizontalspannungen gekennzeichnet sind, verbreitern sich die Salzstöcke oft keulenförmig, so

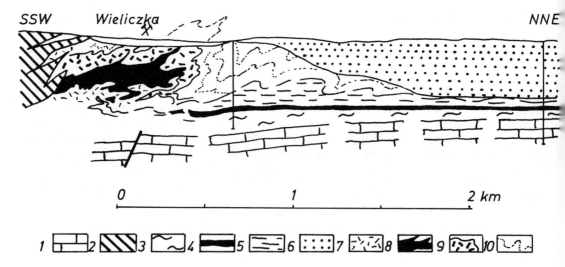

Abb. 156. Die Salzlagerstätte Wieliczka, Polen, liegt an der Deckenstirn des Flysches der Karpathen (nach A. GARLIC-KI).
Legende: 1 – Jura, 2 – Flysch; autochthones Torton: 3 – Liegendschichten, 4 – Salzformation, 5 und 6 – Hangendschichten; allochthones Torton: 7 – Liegendschichten, 8 – gefaltete Bändersalze, 9 – grüner Ton mit Salzbrekzie, 10 – Hangendschichten.

daß sie im Profil s-förmig gekrümmte Flanken haben. In den Nebengesteinen entstehen dadurch zuerst Dehnungsstrukturen, danach Pressungen. Die Formen solcher Salzstrukturen sind ungeheuer vielfältig; trotz der notwendigen Versuche einer Einteilung in verwandte Untergruppen muß man sich deshalb vor wirklichkeitsfremder Schematisierung hüten.

Der Innenbau der Salzstöcke ist durch Fließtektonik gekennzeichnet. Besonders kennzeichnend für viele deutsche Salzstöcke ist eine Internfaltung mit steilstehenden Achsen, welche Kulissenfaltung genannt wird (Abb. 157). Trotz der extremen Formänderung der Salzformation bei der Bildung von Diapiren, von Platten zu einem pfropfen- oder wallförmigen Körper, ist die ursprüngliche Schichtenfolge fast immer noch rekonstruierbar. Gewöhnlich liegen die ältesten, ursprünglich tiefsten Anteile im Zentrum, ummantelt von den jüngeren, ursprünglich höheren Schichten. Manche Salzdome (z. B. im Golfgebiet der USA) bestehen aus mehreren zeitlich aufeinanderfolgenden Salzintrusionen, die durch „anomale Zonen" getrennt sind, das sind Bereiche mit reichlich Einschlüssen von Nebengestein, Laugen, Gas und manchmal sogar Erdöl.

Die *Wärmeleitfähigkeit* von Salzgesteinen ist etwa drei mal größer als jene gewöhnlicher Nebengesteine. Daraus resultiert ein in Diapiren meßbar erhöhter Wärmestrom mit entsprechenden Temperaturanomalien. Gegenüber normalen Beckengesteinen ergibt sich daraus am Top des Diapirs erhöhte Temperatur, während die Basis kühler ist, als die Umgebung (O'BRIEN & LERCHE 1987). Dies wiederum hat Rückwirkungen auf die Maturität von kerogenführenden benachbarten Gesteinen und auf das Fluidregime im Bereich von Diapiren.

Hinsichtlich der tektonischen Position und damit auch hinsichtlich der Entstehung gibt es mehrere Arten von Salzaufbrüchen. Ein Teil derselben sind vorgetriebene und durchstoßene Sattelkerne orogen gefalteter Bereiche. Das gilt für die rumänischen (besonders in der Nähe der Karpaten), tunesisch-algerischen, und für viele persische Salzstöcke. Vergleichbare Strukturen (z. B. Asse, Abb. 158) gibt es auch im nördlichen Harzvorland, das zwar keine orogene Faltung im engeren Sinne erlitten hat, trotzdem aber während der Kreide durch Einengungstektonik („Inversionsstrukturen") betroffen war. Ein anderer Teil der Salzstöcke ist aufzufassen als von unten mit Salz erfüllte Zerrspalten (Leinetalgraben) oder Schollenrandbrüche (Allertal-„Graben"), in Niedersachsen aber auch oft mit nachfolgender Inversion gekoppelt. Diese Formen überwiegend

Formen der Salzlagerstätten

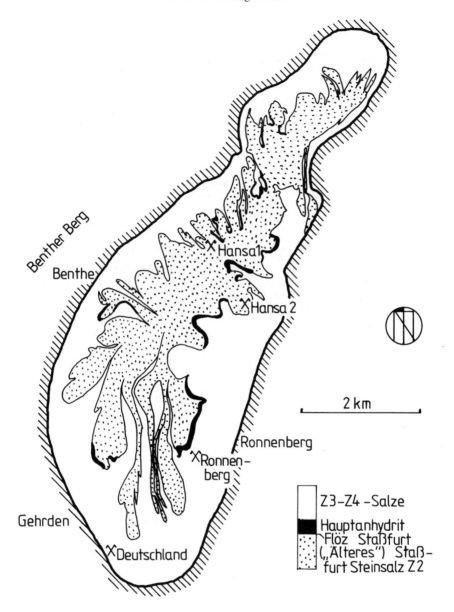

Abb. 157. Der Salzstock von Benthe bei Hannover (nach AHLBORN & RICHTER-BERNBURG 1955). Der Horizontalschnitt in etwa 600 m Teufe zeigt die typische Kulissenfaltung.

tektonisch bedingter Salzaufbrüche sind längsgestreckt, bilden *Salzmauern* und sind reihenförmig zu *Salzlinien* angeordnet, deren Bedeutung H. STILLE nachdrücklich betont hat.

Daneben gibt es verschiedentlich auf der Erde auch Salzaufbrüche, die zu keiner Tektonik in deutlich sichtbarem Zusammenhang stehen und deren Aufstieg offenbar vorwiegend autonom erfolgt ist. Diese Salzstöcke zeichnen sich durch rundlichen oder ovalen Grundriß, durch eine scheinbar regellose Anordnung und durch sehr wenig gestörte Lagerung ihrer Umgebung aus. Hierher gehören z.T. die Salzstöcke der südlichen USA, des spanischen Keupers und ein Teil jener Norddeutschlands. Um die Erklärung der *Entstehung nicht-tektonischer Salzdiapire* wurde lange gerungen:

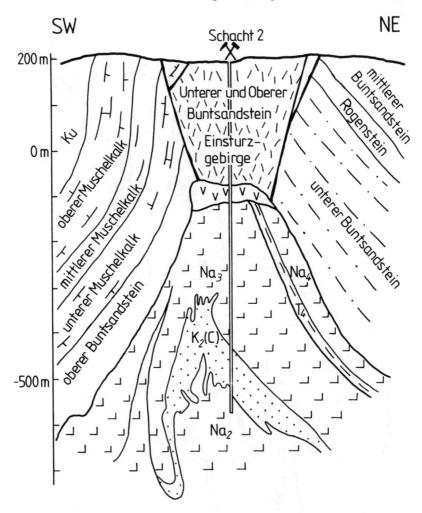

Abb. 158. Profil durch die Salzstruktur der Asse östlich von Braunschweig (nach ESSAID & KLARR 1982).

In Übereinstimmung mit der erstmals von ARRHENIUS & LACHMANN (1912) formulierten Theorie wird heute von der überwiegenden Zahl der Salzgeologen der Dichteunterschied zwischen Salzgesteinen und klastisch-karbonatischen Hangendgesteinen für den Aufstieg der Diapire verantwortlich gemacht. Halitreiches Salzgestein hat nach der frühdiagenetischen Sammelkristallisation eine gleichbleibende durchschnittliche Dichte von 2,2. Jene frisch abgelagerter Sedimente liegt bei 1,6 bis 1,9, nach voller Kompaktion aber zwischen 2,6 bis 2,8. Demnach tritt im Laufe der Entwicklung eines Beckens irgendwann eine *Dichteinversion* auf, ähnlich der instabilen Schichtung von Öl unter Wasser, welche natürlich einem stabilen Zustand zustrebt. Die bereits erwähnte, für das Fließen von Halitit äußerst geringe Spannungsdifferenz bewirkt in dieser Situation, daß das Salz rasch in Bereiche geringeren Druckes strömt. Solche Bereiche können tektonisch angelegte Höhenunterschiede (z. B. Sättel) oder Zerrspalten sein, aber auch rein sedimentäre Faktoren sind möglich, wie etwa verschiedene Höhenlage des Salzes oder laterale Fazies- und damit Dichteunterschiede im Hangenden.

SANNEMANN und TRUSHEIM (1957) haben am Beispiel norddeutscher Salzstrukturen die Entwicklung von Diapiren aus flachlagernden Salzschichten folgend gegliedert (Abb. 159): Nach dem Eintreten der *kritischen Überlagerung* (eigentlich besser: der Dichteinversion) beginnt das Salz in

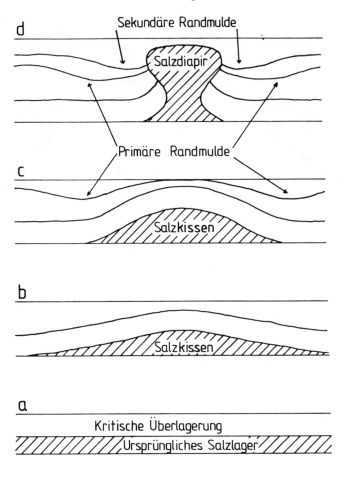

Abb. 159. Charakteristische Entwicklungsphasen eines Salzdiapirs (nach Trusheim 1957).

Niederdruck-Bereiche abzufließen, wodurch ein sich zunehmend wölbendes *Salzkissen* entsteht (z. B. Abb. 160). Durch die Aufdomung des unmittelbar Hangenden und das laterale Abströmen des Salzes bilden sich *primäre Randmulden,* deren Einmuldungszeit Rückschlüsse auf die Bewegungsphasen des Salzes erlaubt. Darauf beruhend kann die Aufwölbung solcher Salzkissen auf einige mm pro Jahr geschätzt werden. In der Folge beginnt mit dem Durchbruch der Salze durch das Hangende das eigentliche *Diapirstadium.* Dieses ist von erneut verstärkter Einmuldung der unmittelbaren Randbereiche begleitet, wodurch die *sekundären Randmulden* entstehen. Das Salz intrudiert nun das Hangende, wobei generell nach oben breitere Querschnitte, also verkehrte Tropfenformen entstehen. Im Einzelnen wird die Form oft durch die begleitende bruchhafte Zerlegung des Daches kontrolliert. Der Durchbruch kann mit hohen Aufstieggeschwindigkeiten des Salzes verbunden sein, welche möglicherweise Meter pro Jahr erreichen. Der Aufstieg ist weitgehend abgeschlossen, sobald der Salzvorrat im Untergrund aufgezehrt ist. Viele Salzstöcke erreichen sogar die Oberfläche in Form einer *Salzextrusion,* welche aus Persien im ariden Klima rezent bekannt sind, in Norddeutschland jedoch wohl nur vereinzelt submarin vorlagen. In letzteren Fällen werden sehr eigenartige Sedimente gebildet, die manchmal schwer zu deuten sind.

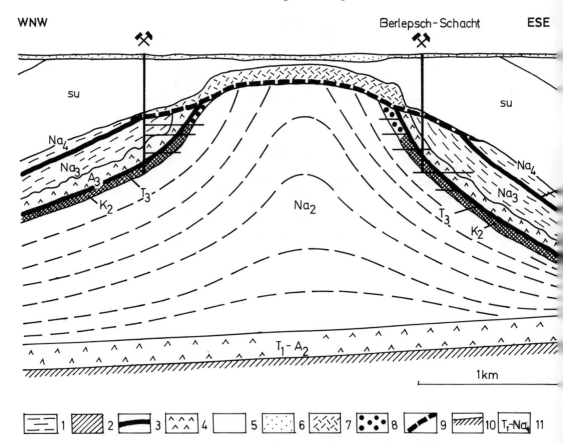

Abb. 160. Der Staßfurter Sattel als klassisches Beispiel einer Kalisalzlagerstätte in einem Salzkissen mit einfachem Innenbau (nach GIMM 1968).
Legende: 1 – Halitit, 2 – Potassit, 3 – Ton, 4 – Anhydrit, 5 – Unterer und Mittlerer Buntsandstein, 6 – Pleistozän, 7 – Gipshut, 8 – Kainithut, 9 – Salzspiegel, 10 – Grundgebirge, 11 – Zechsteinzyklen (T = Ton, A = Anhydrit, Na = Halitit, K = Potassit).

Eine im Zusammenhang mit den Ursachen des Salzaufstieges viel diskutierte Frage ist die nach dessen Zeitlichkeit. Dachte man früher an episodische und überwiegend mit tektonischen Phasen verbundene Diapirbildung, so wurde später eine eher autonome Bildung der Diapire in den Vordergrund gerückt. Dafür hat TRUSHEIM (1957) die Bezeichnung *Halokinese* eingeführt, als deutlichen Gegensatz gegen die mit regionalen tektonischen Abläufen verbundene *Salztektonik*. Eine ganz klare Trennung von Tektonik und Halokinese ist aber nach den Arbeiten von JARITZ (1973) und BRINK (1986) in Norddeutschland nicht gegeben. *Daraus folgt, daß das Hochströmen des Salzes zwar in erster Linie einem isostatisch bedingten Auftrieb infolge einer inversen Dichtelagerung zuzuschreiben ist,* daß aber tektonische Vorgänge oft der eigentliche Anlaß sind, indem sie die Salzlager wellen oder Aufstiegswege öffnen.

Literatur:

ARRHENIUS, S. & LACHMANN, R., 1912, Die physikalisch-chemischen Bedingungen bei der Bildung der Salzlagerstätten und ihre Anwendung auf geologische Probleme. Geol. Rundschau 3, 139-157.
BRINK, H.-J., 1986, Salzwirbel im Untergrund Norddeutschlands. Geowissenschaften in unserer Zeit 4, 81-86.

JACKSON, M. & TALBOT, C. J., 1986, External shapes, strain rates and dynamics of salt structures. Bull. geol. Soc. Am. 97, 305-325.
JARITZ, W., 1973, Zur Entstehung der Salzstrukturen Nordwestdeutschlands. Geol. Jb. A10, 1-77.
JENYON, M. K., 1986, Salt tectonics. 196 pp, Elsevier.
JORDAN, H., 1986, Halotektonik am Leinetalgraben nördlich Göttingen. Geol. Jb. A92, 3-66.
O'BRIEN, J. J. & LERCHE, I., 1987, Heat flow and thermal maturation near salt diapirs. Pp 711-750 in I. LERCHE & J. J. O'BRIEN (Eds.), Dynamical geology of salt and related structures. 832 pp, Academic Press.
TRUSHEIM, F., 1957, Über Halokinese und ihre Bedeutung für die strukturelle Entwicklung Norddeutschlands. Z. dt. geol. Ges. 109, 111-159.

3. Die Verwitterung und deszendente Umwandlung der Salzlagerstätten

Die Salzlagerstätten werden auf Grund der leichten Löslichkeit der Salzgesteine durch Oberflächen- oder Grundwasser abgelaugt. An der Oberfläche sind Evaporite nur in ariden Klimabereichen anzutreffen; im humiden Klima werden sie rasch bis zur unteren Begrenzungsfläche des zirkulierenden Grundwassers weggelöst. Es bildet sich dann eine mehr oder weniger glatte, annähernd horizontale Fläche, der *Salzspiegel,* welcher das Salzlager nach oben begrenzt (Abb. 160). Bei stärkerem Einfallen einer solchen Fläche am Ausgehenden von Salinarformationen spricht man von einem *Salzhang;* dieser kommt durch einen geneigten Grundwasserspiegel zustande. Die Ablaugung der Salze erreicht oft beträchtliche Tiefen, in der Asse z. B. liegt der Salzspiegel 200-300 m unter der Oberfläche des Hügelzuges bzw. 150-170 m unter den nahegelegenen Geländemulden.

Die Weglösung des Salzes, *Subrosion* genannt, bedingt einen Volumschwund, der ein Nachsacken des Deckgebirges zur Folge hat. Wenn das Deckgebirge nicht zu mächtig ist, so bilden sich infolgedessen über den Salzstöcken Depressionen aus, die mit jüngeren Ablagerungen des Tertiärs und Quartärs gefüllt sind. So sind z. B. die Geländemulden auf dem Sattelkamm des Hildesheimer Waldes oder die Tertiäreinbrüche von Sehnde-Lehrte entstanden.

Die *Ablaugungsrate,* gewöhnlich in mm pro Jahr ausgedrückt, hat für die Abschätzung der Langzeitsicherheit von Deponien im Salz eine große Bedeutung. Ermittelt wird sie aus Grundwasserströmungs- und Massenbilanzmodellen, aus geomorphologischen Analysen, aus der Absenkung von Leithorizonten der jungen Überlagerung und aus der Rate der Gipshutbildung (BORNEMANN & FISCHBECK 1986).

Die Ablaugung der Salze führt natürlich zu einer Versalzung des Grundwassers. Bei geeigneten hydrogeologischen Verhältnissen können solche Solen an der Oberfläche austreten. Ihre frühe Nutzung zur Salzgewinnung spielt heute keine Rolle mehr, vielfach aber haben sich daraus Heilbäder entwickelt.

Übertrifft der Salzaufstieg eines Diapirs die Ablaugungsrate, so entstehen morphologische Hochzonen, welche in der Küstenebene am Golf von Mexiko „Isles" genannt werden. Ähnliche Erscheinungen gibt es bei Lüneburg, Segeberg, Helgoland und im Umkreis von Posen/Polen.

Die Anhydrit- und Toneinlagerungen des Salzes bleiben als Rückstandsbildungen über dem Salzspiegel zurück. Der Anhydrit wird dabei zu Gips umgewandelt; hohe Salzgehalte der Laugen können allerdings das Gleichgewicht in den Stabilitätsbereich von Anhydrit verschieben, so daß auch Anhydritrückstände und neugebildeter Anhydrit (z.T. als „Hornscherben", oft als feinkörnige Kristallsande) aufgefunden werden. Darüber liegt brekziöser Gips, z.T. mit typischen Neubildungen von grauen, leistenförmigen Kristallbändern. Der so entstehende *Gipshut* ist eine für die Erkennung und für die bergbauliche Erschließung der Salzlagerstätten sehr bedeutungsvolle Bildung (Abb. 158 und 160). Die Mächtigkeit der Gipshüte beträgt einige Meter bis 100 Meter. Anders als bei normalen Sedimenten sind die tiefsten Teile der Gipshüte, also die Bildungen unmittelbar über dem Salzspiegel, die jüngsten Anteile, die obersten die ältesten. Am Salzspiegel sind oft Laugengerinne ausgebildet, welche Lösungsrückstände als klastische Sedimente ablagern. Deshalb sind die tieferen Teile von Gipshüten oft rhytmisch geschichtet (BATSCHE & KLARR 1980). Da die Wässer z.T. auch seitlich an den Salzflanken absickern, bildet sich vielfach ein *Gipsmantel.* Wenn hier

Kohlenwasserstoffe zutreten, kann es durch Sulfatreduktion zur Bildung von sekundärem Kalzit und Dolomit, von Sulfiden (HALLAGER et al. 1990) oder von Schwefellagerstätten kommen (Abb. 132). Isotopenuntersuchungen (O, H) am Kristallwasser neugebildeter Gipse erlauben naturgemäß eine klare Zuordnung der beteiligten Wässer, welche in der Regel meteorischer, seltener mariner Herkunft sind (SOFER 1977). Dabei ist zu berücksichtigen, daß das Kristallwasser im Vergleich zum einsickernden Wasser eine Anreicherung an ^{18}O um 4‰ und eine Verarmung an D um 16‰ erfährt.

Die Mächtigkeit des Gipshutes kann als Maß für die abgelaugte Salzmenge gelten; diese läßt sich leicht abschätzen, wenn man den durchschnittlichen Anhydritgehalt des Salzstockes kennt. Natürlich können weitere Faktoren modifizierend wirken, z. B. glaziale Erosion oder Ablaugung der Gipse.

In den oberen Teilen, wo das Süßwasser lösend wirkt, ist der Gipshut von Spalten, Schlotten und Höhlen durchsetzt, welche Wasser, aber auch Geröll oder Schwimmsand enthalten können; in den tieferen Teilen treten konzentrierte Salzlaugen auf. Der Gipshut ist also für das Schachtabteufen denkbar schwierig, zumal wegen der Salzlaugen das Gefrierverfahren vielfach versagt. Günstiger sind tonige Rückstandsbildungen, die sich über dem Salz sowohl aus den Einschlüssen, als auch aus eingebrochenen Deckschichten, wie Geschiebemergeln u. dgl. zusammensetzen können. Man nennt das *Lettenhut*. Das tonreiche alpine Haselgebirge ist in der Regel von einem residualen Tonmantel gegen die gewöhnlich wasserführenden Nebengesteine abgegrenzt; diese Gesteine werden wegen ihrer häufigen starken Durchbewegung *Glanzschiefer* genannt. Kalisalze sind löslicher als Halit; deshalb sind sie oft bis 20-100 m unter dem Salzspiegel deszendent verändert. Im Salzspiegelbereich sind die Kali- und Magnesiumsalze häufig völlig weggelöst, es verbleibt nur Halitit, allerdings oft noch durch Rotfärbung (Hämatit) als Kalilageräquivalent erkennbar. Gegen die Tiefe folgt bei Kieserit-führenden Kaliflözen der *Kainithut* (z. B. in Staßfurt, Abb. 160).

Literatur:

BATSCHE, H. & KLARR, K., 1980, Beobachtungen und Gedanken zur Gipshutgenese. 5th Symposion on Salt, North. Ohio Geol. Soc. 1, 9-19, Cleveland.

BORNEMANN, O. & FISCHBECK, R., 1986, Ablaugung und Hutgesteinsbildung am Salzstock Gorleben. Z. dt. geol. Ges. 137, 71-83.

HALLAGER, W. S., ULRICH, M. R., KYLE, J. R., PRICE, P. E. & GOSE, W. A., 1990, Evidence for episodic basin dewatering in salt-dome cap rocks. Geology 18, 716-719.

SOFER, Z., 1977, Isotopic composition of hydration water in gypsum. Geochim. Cosmochim. Acta 42, 1141-1149.

IV. Montangeologische Arbeiten in Salzlagern

Aufsuchung und Untersuchung von Salzlagern

Grundsätzlich ist die gezielte geologische Aufnahme die Basis jeder Prospektion und Exploration. Mit Hilfe von Luftphotos und Geländetraversen werden Stratigraphie und Tektonik eines höffigen Gebietes untersucht. Indirekte Indikationen auf Evaporite, wie etwa die Karstmorphologie über Gips, oder versumpfte Senken über Salz können in diesem Stadium ebenso wie direkte Hinweise in Form von Salzfaziesgesteinen, Salzquellen, Salzbiotopen, etc. festgestellt werden. Ergänzend können eventuell geochemische Methoden zur Auffindung salzhaltiger Grundwässer eingesetzt werden.

Ist das genauer zu untersuchende Gebiet durch diese ersten Arbeiten definiert, so werden in der Folge vor allem geophysikalische Erkundungsmethoden zur Aufsuchung und Untersuchung von Salzlagern angewendet. Als recht brauchbar erwiesen sich gravimetrische Methoden zur Abgrenzung von Salzstöcken bei ausreichend ausgeprägtem Dichteunterschied zwischen Evaporiten

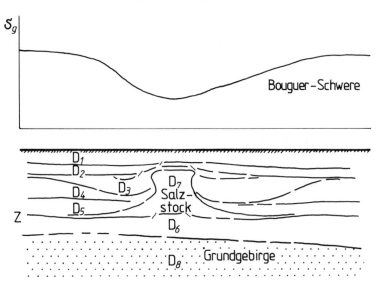

Abb. 161. Charakteristische Bouguer-Schwereanomalie über einem norddeutschen Salzstock. D_1-D_8 sind Schichten verschiedener Dichte; Z = Zechstein.

und Nebengesteinen (Abb. 161). Reflexions- und Refraktionsseismik werden zur Feststellung der Tiefenlage des Salzspiegels und der Lage der Salzstockflanken verwendet. Von der Erdoberfläche aus eingesetzte geophysikalische Methoden eignen sich allerdings nicht zur Erkundung des Innenbaues von Salzstöcken. Flachliegende Salzlager sind kaum anders als durch geologisch-paläographische Untersuchungen und nachfolgende Bohrungen aufzufinden.

Ein spezifisches Problem von Bohrungen im Salzgestein ist die leichte Löslichkeit der Salze; dementsprechend muß für eine geeignete Abdichtung gegen Oberflächen- und Grundwasser gesorgt werden, und die Spülflüssigkeit muß mit NaCl oder bei Bohrungen in Kalilagern auch mit KCl, $MgCl_2$ und $MgSO_4$ gesättigt sein. Öl eignet sich zwar ebenfalls, führt aber zu einer starken Verunreinigung der Bohrkerne. Die Bohrkernaufnahme von Salzgestein wird durch durchfallendes Licht sehr erleichtert, da so die Schichtung besser erkannt werden kann. Die litho-stratigraphische Aufnahme wird in der Regel durch geophysikalische Bohrlochmessungen ergänzt, wobei insbesondere die natürliche Gammastrahlung, Schallgeschwindigkeiten, Dichte und Neutronenporosität wertvolle Daten liefern.

Kalilager sind auch in flach lagernden Salinaren oft durch lateralen Fazieswechsel, durch interne Faltung und durch Wellung relativ inhomogen, so daß für eine ausreichende Vorerkundung 2-3 Bohrungen pro km^2 erforderlich sind. Die Erkundung des Innenbaues von Diapiren erfordert ein ungleich dichteres Bohrnetz, wobei nur etwa 10-20 m unter den Salzspiegel abgeteuft wird. Orientiertes Kernen vorausgesetzt, ist dann bei bekannter Stratigraphie die Erstellung einer geologischen Horizontkarte und erster Schnitte möglich. Diese Bohrungen können ebenfalls für geophysikalische Messungen verwendet werden. Auf Grund dieser Vorerkundung werden in Abhängigkeit vom Projekt tiefere Bohrungen geplant.

Die *Impermeabilität* der Salzgesteine gegenüber Wasser, Erdöl und Erdgas bedingt ihre Rolle als impermeable Grenze von Kohlenwasserstoffspeichern (s. dort). Dies, weiters der häufige stratigraphische Verband von Evaporiten mit Muttergesteinen und schließlich der Einfluß der Temperaturanomalien an Salzstöcken auf die Kerogen-Maturität erklärt das hohe Interesse der Erdölindustrie an Evaporiten.

Zur weiteren Prospektion und vor allem auch zur Abschätzung von Reserven werden in der Folge Beckenmodelle entwickelt, welche die einzelnen Beobachtungen (Stratigraphie, Strukturen, Geochemie, Isopachenkarten, etc.) zu einem ganzheitlichen Bild vereinen.

Literatur:

COELEWIJ, P. A. J., HAUG, G. M. W. & van KUIJK, H., 1978, Magnesium-salt exploration in the northeast Netherlands. Geol. Mijnbouw 57, 487-502.

SCHARBRODT, Th. & BAUMANN, L., 1990, Salinares Genesemodell eines zechsteinzeitlichen Randbeckens. Z. angew. Geol. 36, 138-142.

Geologische Arbeiten im Salzbergbau

Grundlage aller bergbaulichen Arbeiten ist eine gründliche, detaillierte *geologische Grubenkartierung*. Sie führt zur Erstellung eines lithostratigraphischen Normalprofiles der Schichten, welches möglichst durch geochemische Analysen und physikalische Parameter ergänzt wird.

Aus der Kartierung ergeben sich räumliche Darstellungen in Profilen und Blockbildern, welche für eine rationelle Bergbauplanung unabdingbar sind. Einlagerungen von Nebengesteinen (Dolomit, Anhydrit, Ton, Basalt) sowie Zonen tektonischer Beanspruchung müssen besonders beachtet werden, da sie oft mit Gefahren durch Wasser- und Laugenzuflüsse oder Gasausbrüche verbunden sind. Die Qualität von Kaliflözen wird durch Isopachenkarten, Isokalinenkarten (Linien gleichen K_2O-Gehaltes) und durch Fazieskarten dargestellt.

Weitere Aufgaben des Geologen im Salzbergbau umfassen Probenahme, mineralogische und ingenieurgeologische Untersuchungen, sowie geophysikalische Messungen.

Die eigentliche Salzgewinnung findet heute oft durch die Anlage von *Solungskavernen* statt. Dabei wird untertage oder von der Oberfläche aus eine Bohrung ins Salinar abgeteuft, durch deren Innenstrang Süßwasser eingepreßt wird, während durch die äußere Rohrtour die entstandene Sole abgepumpt wird (Abb. 162). Völlig vergleichbar ist die Anlage von *Speicherkavernen* für Öl oder Erdgas (DREYER 1982). Bei der Anlage und Laugung einer Solungskaverne müssen verschiedene geologische Parameter beachtet werden, die die beabsichtigte Nutzung beeinträchtigen können (HOFRICHTER 1974). Dazu gehört die Einhaltung eines Sicherheitsabstandes von Nebengesteinseinlagerungen, das Vermeiden von Auskesselungen an Kaliflözen und die Voraussage einer eventuellen Absenkung der Oberfläche. Der Fortschritt der Laugung einer Kaverne wird heute in der Regel durch echometrische Messungen kontrolliert.

Die Bohrlochlaugung des alpinen Haselgebirges ist durch den hohen Rückstand an Unlöslichem („Laist") gekennzeichnet, so daß einer Verwendung als Speicherkavernen Grenzen gesetzt sind. Nach Laugung von 1 m^3 Gestein mit 30 % Unlöslichem verbleibt ein Hohlraum von 0,52 m^3, bei 60 % Unlöslichem füllt dieses den Hohlraum fast zur Gänze.

Tiefliegende Kalisalzflöze in Kanada und USA werden seit langem erfolgreich durch Bohrlochlaugung abgebaut. Spezifische Probleme treten bei Carnallit auf, da es leicht zu einer inkongruenten Laugung unter Neubildung von Sylvin kommt. Sylvinitreiche Salze haben dagegen ein sehr günstiges Laugungsverhalten.

Salzgewinnung durch *bergmännischen Abbau* der Salzgesteine bedingt in erster Linie ingenieurgeologische bzw. gebirgsmechanische Untersuchungen zur Stabilität der so erzeugten Hohlräume. In aller Regel soll hier ein Zubruchgehen verhindert werden, weil dies Wegsamkeiten für Wässer aus den Nebengesteinen öffnen könnte. Die Bemessung der Pfeiler zwischen Abbaukammern bzw. der Salzfesten darf nicht nur auf der Basis des gebirgsmechanischen Verhaltens der Salzgesteine erfolgen, sondern muß auch geologische Strukturen und Spannungszustände im Deckgebirge berücksichtigen.

Wasser- und Laugenzuflüsse gehören zu den größten Gefahren des Salzbergbaues. Nach der Herkunft unterscheidet man zwischen Zuflüssen aus dem Nebengestein, Laugeneinschlüssen im Salinar und bergbaulich bedingten Wässern.

Am gefährlichsten sind Zuflüsse aus dem Nebengestein, wobei es sich um Oberflächenwasser, um Grundwasser oder um Formationswässer handeln kann. Solche Wässer haben ein großes Lösungsvermögen, so daß die Fließwege im Salz ständig erweitert werden und ein Abdichten in der Regel nicht möglich ist. Die wichtigste Vorkehrung ist hier das Einhalten genügend großer

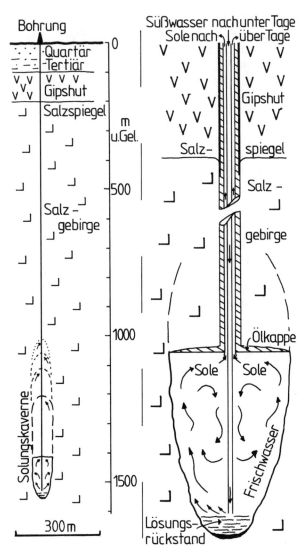

Abb. 162. Anlage einer Solungskaverne im Salzgebirge (nach RICHTER-BERNBURG 1968).

Salzfesten zum wasserführenden Nebengestein; infolge Nichtbeachtung dieser Regel sind früher z. B. viele Schächte im Staßfurter Revier abgesoffen, weil man den Kainithut der Kaliflöze abgebaut hatte. Ein seltenes Beispiel erfolgreicher Abdichtungsarbeiten gelang im Salzbergbau Aussee/Steiermark (WIMMER 1982). Laugen, welche im Salinar eingeschlossen sind und durch Bohrungen oder bergmännischen Vortrieb angefahren werden, sind meist wenig gefährlich. Immerhin können Einbrüche größerer Laugenmengen beträchtliche Schäden anrichten, weshalb zu ihrer frühzeitigen Lokalisierung nach Möglichkeit geophysikalische Methoden genutzt werden. Auch NaCl-gesättigte Laugen lösen aber Kalisalze, weshalb jede zufließende Lauge beprobt und untersucht werden sollte (HERRMANN 1982). Bestimmt werden Zuflußrate und -menge, Temperatur, Druck (nach Schließung des Bohrloches) und chemische Zusammensetzung. Danach ist eine rationale Beurteilung der möglichen Gefährdung durchzuführen.

Bergbaulich bedingte Wässer sind Kondensate der einziehenden Wetter, Bohrspülungen und Feuchtigkeit im Versatz. Sie sind gewöhnlich unbedenklich.

Die *Gefährdung des Salzbergbaues durch Gase* ist unterschiedlich; früher schon wurde festgestellt, daß alle Salzgesteine Gase führen, vor allem N_2, O_2, Kohlenwasserstoffe, CO_2 und H_2S, wobei das letztere ab 0,007 Vol.% in der Atemluft toxisch wirkt. Die Gefährdung beruht überwiegend auf dem Auftreten großer Taschen von gasreichem Salz, wobei solches „mineralgebundenes" Gas oft unter hohem Druck steht und zu Zertrümmerung oder Ausbrüchen der betreffenden Bereiche führt, sobald sie angefahren werden. Einer der größten bekannten Ausbrüche ereignete sich im Kalibergbau Menzengraben/Werra-Fulda Revier, unter Freisetzung von 700.000 t CO_2 und 65.000 t Salz. Eine geophysikalische Ortung gasreicher Salze ist bisher nicht gelungen, obwohl zumindest die Feststellung von Einlagerungen wie Ton, Anhydrit und Basalt, in deren Nähe oft Gase auftreten, hilfreich ist. Bei Anfahren solcher Bereiche werden vor allem arbeitstechnische Maßnahmen getroffen, um die Gefährdung von Grubenpersonal zu begrenzen. Die Messung des Entgasens von Bohrungen bzw. von Bohrproben bietet eine weitere Möglichkeit der Vorsorge (GIMM 1968).

Auch die *hydrogeologische und ingenieurgeologische Überwachung* des Umfeldes des Salzbergbaues obliegt dem Montangeologen. Insbesondere ist darauf zu achten, daß das natürliche hydrologische Regime im Bereich des Salzspiegels nicht nachteilig verändert wird. Wird hier verstärkt Lauge abgezogen, z. B. durch Entwässerung, fließt naturgemäß Wasser geringeren Salzgehaltes nach, wodurch die Laugung verstärkt wird. Dies aber kann zu Oberflächensenkung oder Erdfällen mit beträchtlichen Schäden führen, wie man aus der früher praktizierten Gewinnung „natürlicher Lauge" durch Abpumpen vom Salzspiegel in Lüneburg, Stade und Hannover-Badenstedt gelernt hat.

Literatur:

DREYER, W., Underground storage of oil and gas in salt deposits and other non-hard rocks. 350 pp, Halsted Press.
GIMM, W., 1968, Kali- und Steinsalzbergbau – Aufschluß und Abbau von Kali- und Steinsalzlagerstätten. Bd. 1, 600 pp, VEB dt. Verl. Grundstoffindustrie, Leipzig.
HERRMANN, A. G., 1982, Probenahme von Salzlösungen in Kali- und Steinsalzbergwerken. Kali u. Steinsalz 8, 237-242.
HOFRICHTER, E., 1974, Speicherkavernen in Salzstöcken Nordwestdeutschlands – Geologische Probleme, Bemerkungen zur selektiven Auflösung von Kalisalzen. Erzmetall 27, 219-226.
WIMMER, H., 1982, Die Sanierung des Wassereinbruchs im Salzbergwerk Aussee. Berg- u. Hüttenmänn. Monatsh. 127, 399-405.

Deponie von Abfällen im Salzgebirge

Salzgesteine bieten für die Deponierung von toxischen oder strahlenden Abfällen besonders günstige Voraussetzungen. Ihre Impermeabilität gewährleistet einen sicheren Abschluß von der Hydro- und Biosphäre, welcher durch das „Zufließen" nach der Einlagerung verbleibender offener Hohlräume weiter gesichert wird. Diese durch Salzgestein und eventuell ebenfalls dichtend wirksame Überlagerung (z. B. Tone) gebildete *geologische Barriere* wird durch verschiedene *technische Barrieren* ergänzt. Letztere beginnen bei einer entsprechenden Konditionierung der Abfälle und umfassen u. a. die Verwendung möglichst korrosionsfester Behälter sowie Verpressen der Hohlräume mit Salz oder Bentonit, um einen Verbruch der Hohlräume zu verhindern. Das Barrierenkonzept wird auch in chemische (z. B. Beton als alkalische Löslichkeits-Barriere) und physikalische Barrieren (z. B. impermeable Behälter und Nebengesteine) unterteilt.

Solche *Entsorgungsbergbaue* im Salinar bedürfen einer besonders detaillierten und sorgfältigen geologischen Untersuchung und Betreuung. Einige wichtige erdwissenschaftliche Aspekte sind
– die Auswahl geeigneter Salzlagerstätten,
– ingenieurgeologische und felsmechanische Untersuchungen,
– hydrogeologische Erkundung des Deckgebirges, und
– Voraussagen zur Langzeitsicherheit des geologischen Systems.

Die *Auswahl geeigneter Salzlagerstätten* zur näheren Untersuchung hat neben technischen und wirtschaftlichen Voraussetzungen sowie einer ersten Einschätzung der Umweltverträglichkeit primär geologische Sicherheitsaspekte zu berücksichtigen.

Erhöhung der Temperatur bewirkt neben leichterer Verformbarkeit der Salze (s. oben) Veränderungen der Flüssigkeitseinschlüsse. Bei homogener Erwärmung verändern die Einschlüsse ihre Formen unter Volumsvergrößerung, und beginnen zusammenzufließen. Falls ein Temperaturgradient entsteht, z. B. durch Einlagerung heißen Materiales, so bewegen sich die Flüssigkeitseinschlüsse in Richtung zur Wärmequelle.

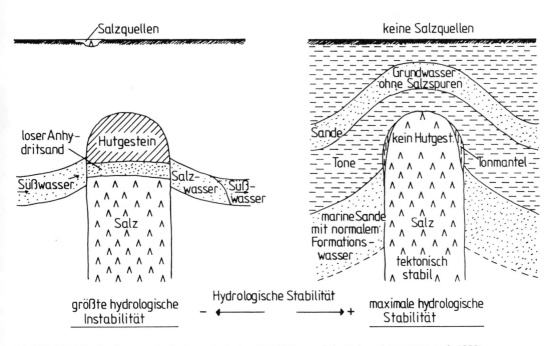

Abb. 163. Modellhafte Extreme der hydrogeologischen Stabilität von Salzstöcken (MARTINEZ et al. 1980).

Die *tektonische Stabilität* eines Salzstockes wird insbesondere über die Aufstiegsrate überprüft. Stabile Stöcke weisen eine Aufstiegsrate geich Null auf, was durch exakte geodätische Vermessung über einen längeren Zeitraum belegt werden kann. Erwünscht ist ferner eine belegbare Abnahme des Aufstiegs während der jüngeren geologischen Vergangenheit, also etwa seit dem Jungtertiär. Damit wird eine eventuell täuschende, kurze Stillstandszeit eines generell noch instabilen Salzstockes erkannt.

Die *hydrologische Stabilität* eines Salzstockes wird durch das Fehlen signifikanter Ablaugung in der Gegenwart und in der jüngsten geologischen Vergangenheit belegt. Hier werden in erster Linie Untersuchungen des Gipshutes und der hydrogeologischen Situation eingesetzt (Abb. 163).

Aus solchen Untersuchungen ergeben sich schließlich die Einzelbausteine zur Beurteilung der Sicherheit der geologischen Barrieren über die geforderte Isolationszeit der Schadstoffe von der Biosphäre, welche für manche Stoffe 100.000 Jahre und mehr beträgt. Daraus ist ersichtlich, welch große Verantwortung der Geowissenschaftler in diesem Arbeitsbereich übernimmt.

Literatur:

CHAPMAN, N. A. & MCKINLEY, I. G., 1987, The geological disposal of nuclear waste. 292 pp, Wiley.
FYFE, W. F., et al., 1984, The geology of nuclear waste disposal. Nature 310, 537-540.

KLARR, K., RICHTER-BERNBURG, G. & ROTHFUCHS, T., 1987, Der Zechstein in der Asse südöstlich Braunschweig und geowissenschaftliche Versuche zur Endlagerung hochradioaktiver Abfälle. Int. Symp. Zechstein 1987, Exkursionsführer I, 101-122, Wiesbaden.

KREBS, W. (Ed.), 1980, Geowissenschaftliche Aspekte der Endlagerung radioaktiver Abfälle. Z. Dt. Geol. Ges. 131, 339-559.

MARTINEZ, J. D., THOMS, R. L., KOLB, C. R. & SMITH, C. G., 1980, An assessment model for salt dome stability – tectonic and hydrologic. Pp 135-141 in A. H. COOGAN & L. HAUBER (Eds.), Fifth Symposium on Salt. North. Ohio Geol. Soc., Cleveland.

Weitere Bücher zur Endlagerung sind unter „Uran" genannt.

Kohle

Kohle gehört zusammen mit Erdöl und Erdgas zu den *fossilen Brennstoffen*. Rohstoffe für die Produktion von Kernenergie, heute fast ausschließlich Uran, sind im üblichen Sprachgebrauch darin nicht eingeschlossen. Zu Beginn des 20. Jahrhunderts hatte die Kohle den Gipfelpunkt ihrer Bedeutung als Energierohstoff erreicht; seither haben Öl und Gas den Anteil der Kohle auf rund 30 % der Weltenergieversorgung zurückgedrängt. Die Rolle der Kohle als Rohstoff der chemischen Industrie ist gleichzeitig im Wettbewerb mit den natürlichen Kohlenwasserstoffen auf nahe Null gesunken.

Heute wird Kohle fast ausschließlich zur Erzeugung elektrischer Energie und zur Herstellung von Koks für die Metallverhüttung verwendet, untergeordnet auch für andere industrielle Prozesse und zur Raumheizung. In den OECD-Ländern lag ihr Anteil an der Stromerzeugung im Jahre 1989 bei 43 % (Kernenergie 22 %, Wasserkraft 17 %, Erdgas 9 % und Erdöl 9 %). Die Verbrennung von Kohle in so großen Mengen bedingt aber den Ausstoß von Abgasen, welche CO_2, SO_2 und NO_x enthalten. Für die beiden letzteren ist die Kohle weltweit mit über 50 % beteiligt; der zunehmende Einsatz besserer Verbrennungsmethoden und von Abgasreinigungsanlagen wird hier aber in absehbarer Zeit zu einer wesentlichen Verminderung führen. Ungelöst ist bisher das Problem mit dem „Treibhausgas" CO_2, das z. Zt. nicht beseitigt werden kann. Von den Möglichkeiten, die diesbezüglich heute erwogen werden (großflächige Aufforstung, Einpumpen in erschöpfte Gasfelder, Bindung in Zeolithen, etc.), sind effizientere Verbrennung und Einsparungen beim Energieverbrauch wohl alleine realistisch.

Der *Energieverbrauch* wächst allerdings weltweit um rund 5 % jährlich, und zwar fast ausschließlich in den Entwicklungs- und Schwellenländern. Dieses Wachstum kann in den nächsten Jahrzehnten nur zum Teil durch andere Energieträger aufgefangen werden, weshalb die Notwendigkeit absehbar ist, die Kohlenproduktion auf das Doppelte der heutigen Menge auszuweiten (Abb. 164). Auch in diesem Fall aber kann der Weltenergiebedarf nicht voll mit konventionellen Mitteln gedeckt werden. Da der Umbau zu neuen Energiequellen aus verschiedenen Gründen mehrere Jahrzehnte braucht, muß wohl mit einer entsprechenden Steigerung der Produktion von Kernenergie gerechnet werden. Wie schon heute, werden die meisten neuen Reaktoren in den Entwicklungsländern gebaut werden, da der Energiebedarf der Industrieländer fast gleich bleibt. Die sogenannten „alternativen Energiequellen" (Biomasse, Solar-, Wind-, geothermale Energie, etc.) werden zu dem immensen Bedarf nur in geringem Maße beitragen können. Alleine ein heute nicht absehbarer technischer Durchbruch könnte diese Vorschau radikal verändern.

Außerdem wird voraussichtlich mit der zunehmenden Verteuerung der natürlichen Kohlenwasserstoffe (Erdöl, Erdgas) die *Kohlehydrierung* wieder wirtschaftlich werden, also die Erzeugung flüssiger Kohlenwasserstoffe aus Kohle. Südafrika deckt seit langem seinen Treibstoffbedarf aus Kohle; andere ölarme Länder mit bedeutenden Kohlenreserven beginnen diesem Beispiel zu folgen (z. B. Mongolei).

Wenn also zukünftig eine beträchtliche Ausweitung der Kohlenproduktion erforderlich ist, muß die Frage nach den *Kohlenressourcen* gestellt werden. Naturgemäß gibt es dazu weit streuende Abschätzungen; meist aber werden die Ressourcen *in situ* mit 9 bis 14×10^{12} t angenommen, während die wirtschaftlich gewinnbaren Reserven rund 1×10^{12} t betragen (z. B. FETTWEIS 1979). Die Weltkohlenproduktion lag 1989 bei 4700 Mt, woraus sich eine statische Lebensdauer der Kohlenvorräte von 230 Jahren errechnen läßt. Eine ansteigende Jahresproduktion wird die Vorräte natürlich rascher erschöpfen, trotzdem aber reichen die Kohlenressourcen weiter in die Zukunft als Öl und Gas. Weitere, immense Energievorräte würden verfügbar, soferne nur ein Teil der heute nicht gewinnbaren Ressourcen durch In-situ-Vergasung nutzbar gemacht werden kann.

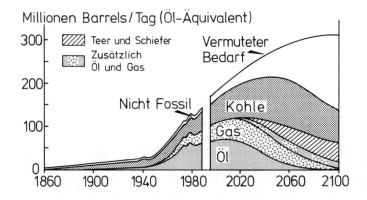

Abb. 164. Vorschau des zukünftigen weltweiten Energiebedarfes und der möglichen Abdeckung durch Öl, Gas und Kohle (nach BOOKOUT 1990).
Vergleichseinheit: 1 Barrel = 158,99 Liter bzw. 40 US Gallons.

Mehr als 65 % der Kohlenreserven liegen in den drei Staaten UdSSR, USA und VR China. Große Steinkohlenreserven haben ferner Australien, Polen, Großbritannien, Deutschland, Indien und Südafrika, während bedeutende Braunkohlenreserven in Deutschland, Australien, Jugoslawien und Polen bekannt sind.

Literatur:

BOOKOUT, J. F., 1990, Two centuries of fossil fuel energy. Episodes 12, 257-262.
FETTWEIS, G. B., 1979, World coal resources. 415 pp, Elsevier.
OSTEROTH, D., 1989, Von der Kohle zur Biomasse. 225 pp, Springer.
TRANTOLO, D. J. & WISE, D. L. (Eds.), 1989, Energy recovery from lignin, peat, and lower rank coals. 418 pp, Elsevier.
WARD, C. R. (Ed.), 1984, Coal geology and coal technology. 345 pp, Blackwell.

Eine große Zahl wichtiger wissenschaftlicher und technischer Publikationen über Kohle und ihre Verwendung können bei IEA Coal Research (London) bezogen werden.

I. Die Kohlensubstanz

Kohle und Kohlenarten

Kohlen sind feste, brennbare, fossile Sedimentgesteine überwiegend pflanzlichen Ursprungs, die nach ihrer Ablagerung unter Bedeckung diagenetischen Veränderungen unterworfen waren, welche unter Anreicherung von Kohlenstoff verliefen. Eine solche Definition ist nicht zuletzt aus bergrechtlichen Gründen erforderlich, weil die Kohle ein Rohstoff ist, für dessen Gewinnung in den meisten Ländern die Berechtigung von Seiten des Staates eingeholt werden muß, während manche verwandte Rohstoffe dem Grundeigentümer gehören.

Hier gilt einmal die begriffliche Abgrenzung gegenüber dem *Torf*, dessen Gewinnung völlig anderen rechtlichen Regelungen unterliegt. Sie liegt in dem Wort fossil, d.h. einer vergangenen geologischen Epoche angehörig. Auch quartäre Schieferkohlen, die vereinzelt in inneralpinen Tälern vorkommen, sind demnach wegen ihrer Bedeckung mit quartären Moränen fossil. So ähnlich solche Kohlen auch einem komprimierten Torf sind, so unterscheiden sie sich doch dadurch, daß aus ihnen Wasser nicht ausgepreßt werden kann. Auch Torfe sind für manche Länder wichtige Energierohstoffe (z. B. Finnland, wo 6-8 % des Energiebedarfes durch Torf gedeckt werden), trotzdem aber sollen

Torflagerstätten hier nicht weiter behandelt werden. Ein Verweis auf das Buch von GÖTTLICH (1980) muß genügen.

Eine Präzisierung erfordert der Ausdruck „brennbare Substanz" in der obigen Definition. Es gibt nämlich kohlige oder bituminöse Tone, die auf Bergbauhalden brennen. Manche solcher Gesteine sind wertvolle Industrietone; ihre Lager gehören dann dem Grundeigentümer. Ab 50 % brennbarer Substanz, bezogen auf wasserfreies Material, beginnt die Bezeichnung als Kohle. Allerdings sind Kohlen mit mehr als 30 % Asche nur in Ausnahmefällen von wirtschaftlichem Interesse. Die Aufbereitungstechnik kann diese Grenze verschieben, wenn die kohligen Bestandteile des „Mittelgutes" leicht abgetrennt und angereichert werden können. Moderne Gewinnungstechniken bedingen gelegentlich einen sehr hohen Anfall von Nebengestein, das die eigentliche Kohle verdünnt. Im Ruhrgebiet liegt deshalb heute der durchschnittliche Bergeanteil der Förderkohle über 50 %.

Die Unterscheidung von *Braunkohlen und Steinkohlen* ging vom deutschen Sprachraum aus, sie war ursprünglich im Englischen nicht üblich. Im außeralpinen Mitteleuropa sind diese beiden Kohlenarten klar getrennt nach geologischem Alter, Vorkommen, Aussehen und technologischer Verwendbarkeit. Hier sind im Wesentlichen die vortertiären, vor allem die paläozoischen Kohlen Steinkohlen, die tertiären Kohlen Braunkohlen. In anderen Teilen der Erde gibt es aus der geologischen Geschichte her erklärbare Übergänge, weshalb sich dort andere Unterteilungen der Kohlen entwickelt haben.

Man unterscheidet die Braunkohlenarten nach ihrem Wassergehalt und der damit in Zusammenhang stehenden Festigkeit und Farbe, die Steinkohlenarten nach der Menge der flüchtigen Bestandteile, das sind die bei Erhitzung unter Luftabschluß entweichenden brennbaren Substanzen; wichtig ist ferner die Beschaffenheit des dabei verbleibenden, sogenannten „Verkokungsrückstandes". Die Reihenfolge („Inkohlungsreihe") der folgenden Aufzählung ist zugleich die Anordung nach der „Reife" oder dem „Rang". Nach makroskopischen Merkmalen und nach der traditionellen Verwendung werden im deutschen Sprachraum folgende *Kohlenarten* unterschieden:

Braunkohlenarten

a) Weichbraunkohlen, mit dem Messer schneidbar

1. *Erdige Weichbraunkohlen.* Immer in dicken Flözen auftretend, weich, ohne Klüftung, wird als erdige oder bröckelige Masse abgebaut. Schichtweise stehen in ihr aufrechte Baumstümpfe (Stubben) oder liegen in ihr Stämme von braunem Holz. Beim Lagern an der Luft zerbröckelt sie rasch infolge Austrocknens. Die größten und zahlreichsten Lager besitzen Nordwest- und Mitteldeutschland, ferner Jugoslawien, Griechenland, Australien und die Türkei. Die Lagerstätten liegen stets in unverfestigten, flach liegenden Sedimenten und in geringer Tiefe. Die mehr verfestigten, untersten Teile der Flöze gehen unter der Bezeichnung Knorpelkohle.

2. *Stückige Weichbraunkohle* bricht nach der Schichtung in großen bis sehr großen Stücken. Klüftung ist nur zuweilen und wenig deutlich erkennbar. Einlagerung von braunem Holz und Stubben ist häufig. Die Kohle wird an der Luft rasch rissig und zerfällt mit Ausnahme des faserigen Holzes schließlich ganz zu Gries und dunkelt dabei nach. Vorkommend in flach lagernden oder schwach gefalteten unverfestigten Gesteinen, auch in etlichen hundert Metern Tiefe. Beispiele: Köflach (Steiermark), Hausruck (Oberösterreich), Trbovlje (Slowenien), Varpalota (Ungarn), Marizatal (Bulgarien).

b) Hartbraunkohlen, mit dem Messer nicht schneidbar

1. *Mattbraunkohle* hat schwarzbraune Farbe, ist dicht und matt im Querbruch. Die Holzsubstanz zeigt beginnende Vergelung; sie ist als leicht glänzende Streifen oder als schwarzes dichtes Holz eingelagert. Bruch nach Klüftung und Schichtung, kleinstückig bis würfelig. Wird beim Trocknen etwas rissig, ohne aber gänzlich zu zerfallen. Splittert, wenn man mit dem Messer zu schneiden versucht. Der größte Teil der böhmischen Braunkohlen gehört hierher, die Kohle des Lavanttales

in Kärnten, jene von Miskolc und Salgotarjan in Ungarn, auch die karbonische Braunkohle von Moskau.

2. *Glanzbraunkohle,* in Bayern *Pechkohle* genannt, ist eine schwarze, harte, völlig vergelte, im Aussehen den Steinkohlen nahestehende Kohle mit muscheligem und glänzendem Querbruch, stark geklüftet; sie kann beim Lagern etwas rissig werden, zerfällt aber nicht. Sie liegt in wenig verfestigtem Gestein bis in große Tiefen (Fohnsdorf/Stmk. bis 1300 m) und meist in gefalteten Schichten.

Steinkohlenarten (Schwarzkohlen)

Diese treten nur in verfestigtem Gestein auf. Sie sind im Aussehen voneinander schwer unterscheidbar. Der Glanz nimmt mit der Reife zu, die höchsten Stufen sind härter. Für die Unterteilung maßgebend ist das Verhalten bei der Verkokung. Die großen Steinkohlenbecken der Erde enthalten meist alle Steinkohlenarten bis auf Magerkohle und Anthrazit, die nur in einigen (S-Wales, Ruhr, Bowenbecken/Australien, Donezbecken) vorhanden sind.

1. *Flammkohle* und *Gasflammkohle* ist immer gut geschichtet, dünne, mehr oder weniger glänzende Streifen aufweisend. Oft ist auf den Schichtflächen in kleinen Bruchstücken Fusain sichtbar. Deutlich geklüftet und in großen Stücken anfallend. Das Nebengestein verwittert leicht. Die Kohle brennt mit langer, leuchtender Flamme. Verkokungsrückstand pulverig, nicht verfestigt. Diese Kohlen enthalten in der asche- und wasserfreien Substanz (awf) 34-43 % flüchtige Bestandteile.

2. *Gaskohle* ist etwas dünnstreifiger und im Querbruch etwas glänzender als Flammkohle. Verkokungsrückstand zusammengesintert und stark gebläht; die Kohle brennt mit langer, leuchtender Flamme. 28-34 % flüchtige Bestandteile.

3. *Fett-, Back- oder Kokskohle* ist meist mürber als Gaskohle, weil stärker geklüftet. Schmilzt beim Erhitzen im geschlossenen Tiegel und gibt einen festen, silbergrauen, niedrigen Kokskuchen. 19-28 % flüchtige Bestandteile. Die Fettkohlen sind wegen der direkten Verkokbarkeit die wertvollsten Steinkohlen.

4. *Mager- und Eßkohlen* sind an allen Streifen stärker glänzend und härter als die vorhergehenden; matte und glänzende Streifen sind nicht mehr unterscheidbar. Nebengestein stärker verfestigt, langsam verwitternd; Sandstein ist schon als Bausandstein verwendbar. Verkokungsrückstand gesintert; diese Kohle brennt mit kurzer Flamme. 10-19 % flücht. Bestandteile.

5. *Anthrazit* ist stark glänzend, hart, in völlig lithifiziertem Gestein eingelagert. Kurze, nicht rauchende Flamme, Verkokungsrückstand pulverig. 4-10 % flücht. Bestandteile.

6. *Meta-Anthrazit* hat weniger als 4 % flüchtige Bestandteile (awf) und steht in seinen makroskopischen Eigenschaften dem Graphit sehr nahe.

Besondere Kohlenarten

Die angeführten Kohlen faßt man als *Humuskohlen* zusammen, sie sind aus Landpflanzen bzw. Torf entstanden und stellen weitaus die größte Menge der Kohlen dar. Im Zusammenhang mit ihnen, selten in isolierten Flözen, treten noch Kohlenarten auf, die im Wasser aus Algen, zum Teil auch aus Sporen, Pollen und Blatthäuten als schwarzer Schlamm bei stark eingeschränktem Sauerstoffzutritt entstanden sind, die Faulschlammkohlen *(Sapropelkohlen).* Hierzu gehören als Hauptvertreter die Cannelkohlen und die Bogheadkohlen.

Die *Cannelkohle* wird so genannt, weil ein kleiner Splitter, einmal entzündet, wie eine Kerze weiterbrennt. Cannelkohle tritt nicht selten als oberste Bank in Steinkohlenflözen, oder in selbständigen Flözen auf. Sie ist schwarz, fettigmatt, hat muscheligen Bruch und lagert in dicken Platten (Plattenkohle). Unter dem Mikroskop zeigt sie meist feine Lamination; besonders typisch ist die uniforme, kleine Korngröße der Einzelpartikel. Ihr Hauptbestandteil sind Sporen. Die Cannelkohle, die mit kokbaren Flözen zusammen vorkommt, ist nicht kokbar, wohl aber

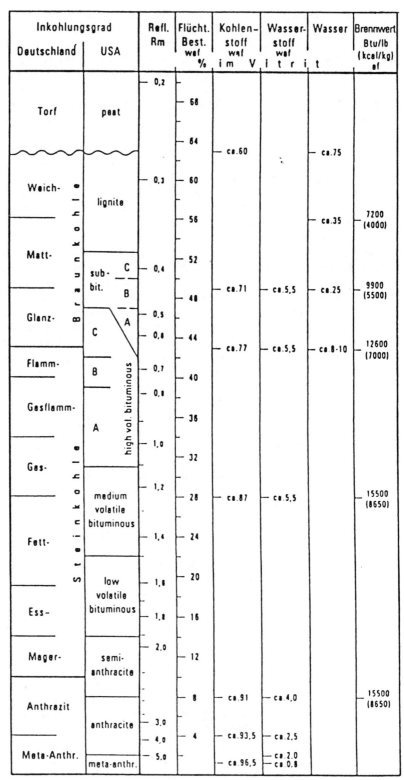

Abb. 165. Die Inkohlungsstufen nach deutschen und amerikanischen Normen und ihre Unterscheidung auf Grund chemischer und physikalischer Eigenschaften (aus TEICHMÜLLER et al. 1979). Beachte: Nach dem SI-System ist die Wärmemenge in *Joule* anzugeben. Umrechnung: 1 cal = 4,1868 J.

jene der Magerkohlenflöze. Das kommt daher, daß die Cannelkohlen besonders reich an flüchtigen Bestandteilen sind, innerhalb einer Fettkohlenserie also zu reich für eine Verkokung, innerhalb der Magerkohlenserie gerade richtig. Früher war die Cannelkohle für die Leuchtgasherstellung sehr gesucht. Infolge ihrer Homogenität und Festigkeit kann sie gedrechselt und poliert zu Zierrat verarbeitet werden. *Gagat* (engl. „jet") ist diesbezüglich sehr ähnlich und wird seit langem als Trauerschmuck verschliffen. Er entstand aber aus Treibholzresten, welche in bituminösen Schiefern eingelagert und nachträglich mit Bitumen imprägniert wurden. Cannelkohlen sind aus den meisten Kohlerevieren der Erde bekannt. Oft führen sie viel Siderit, und es gibt Übergänge zu Kohleneisensteinen, welche z. B. im Ruhrgebiet früher als Eisenerze gewonnen wurden.

Die *Bogheadkohle* (Torbanit) wird überwiegend aus charakteristischen Algenkolonien gebildet *(Pila, Reinschia u.a.)*. Bogheadkohlen sind der Cannelkohle makroskopisch sehr ähnlich, zudem gibt es oft Übergänge zwischen beiden Arten. Boghead hat aber eher braune Farbe und braunen Strich. Er ist dünnschieferiger als die Cannelkohle und bildet gewöhnlich selbständige Flöze. Die Gehalte an flüchtigen Bestandteilen können extrem hoch sein, höher noch als in Cannelkohlen. Bekannte Reviere mit bedeutenden Bogheadflözen liegen in Schottland, bei Autun/Frankreich, in Südafrika und in New South Wales/Australien.

Die Entstehung von Cannel- und Bogheadkohle ist allerdings von echtem Faulschlamm (Sapropel) insoferne verschieden, als die pflanzlichen Vorläufer nicht vollständig zersetzt sind. Richtiger sollte man sie deshalb den *Gyttjae* zuordnen, welche in Süßwasser dort entstehen, wo über anaerobem Sediment in der Wassersäule noch genügend Sauerstoff vorhanden ist, um Pflanzen-(Algen) und Tierleben (Fische etc.) zu ermöglichen.

Der *Dysodil* (Papier- oder Pappenkohle) ist das Äquivalent der Bogheadkohle in tertiären Weichbraunkohlenflözen (z. B. Rott und Erpel im Rheinischen Braunkohlenrevier). Er hat graue oder schwarze Farbe, besteht vorwiegend aus Algen, aber auch aus Pollen, humosen Substanzen, etc. und führt mancherlei Fossilien. Bei Messel, unweit von Darmstadt, liegt er auf einem Weichbraunkohlenflöz. Anderswo ist er in Maaren gefunden worden.

Liptobiolithe nennt man Anreicherungen bitumenreicher, schwer verweslicher Pflanzenteile. Ihr hauptsächlicher Vertreter ist die Schwelkohle (Pyropissit). Sie tritt in hellbraunen bis grauen Streifen oder Bänken mitteldeutscher, eozäner Erdbraunkohlenflöze auf. Schwelkohle besteht aus Blütenstaub, Wachs, Harz und Blatthäuten, welche durch selektive Oxydation der weniger erhaltungsfähigen humosen Komponenten des Torfes freigesetzt und in der Folge, oft nach Transport, als aquatisches Sediment an Beckenrändern oder im Hangenden der Kohlenflöze konzentriert wurden. Liptobiolithe sind für känozoische Kohlen charakteristisch, äquivalente Bildungen im Paläozoikum sind äußerst selten.

Salzkohlen nennt man Kohlen, die durch salinare Wässer reichlich mit NaCl und KCl, z.T. auch mit Gips imprägniert worden sind; sie finden sich z. B. in Norddeutschland (Unterflözgruppe bei Helmstedt) und in Mitteldeutschland in der Nähe permischer Salzlagerstätten.

Die Abb. 165 gibt die Einteilung der Humuskohlenarten wieder, dabei ist durch die neue, im englischen Sprachraum übliche Klassifizierung die Trennung der Braunkohlen und der Steinkohlen aufgehoben und durch die subbituminösen Kohlen überbrückt.

Eine Klassifizierung fester, fossiler Brennstoffe nach den drei Parametern (1) Reife, (2) Typus der organischen Vorläufer und (3) klastischer bzw. organogener Fazies hat ALPERN (1981) vorgeschlagen (Abb. 166). Der Vorteil dieser Einteilung liegt in der Zusammenschau humoser (fusischer und vitrischer) und sapropelischer (liptischer) Kohlen, wobei der Zusammenhang letzterer mit den Ölschiefern (sh. dort) und den Erdölmuttergesteinen deutlich gemacht ist.

Handelskohlen sind oft Gemenge verschiedener Herkunft; für ihre Charakterisierung gibt es verschiedene *technisch-wirtschaftliche Klassifikationen,* bei welchen einzelnen Eigenschaften der Kohle (z. B. Heizwert, Wassergehalt, etc.) Kennziffern zugeordnet werden (ALPERN 1981). Das Resultat sind *numerische Codes,* die zwar die Kohle sehr exakt beschreiben, eine mündliche Verständigung aber nicht zulassen.

Naturgemäß spielt die paläobotanische Untersuchung bei wissenschaftlichen Arbeiten an Kohlen und ihren Nebengesteinen eine große Rolle; besonders wichtige praktische Anwendungen betreffen die stratigraphische Einstufung, Flözparallelisierung sowie Faziesanalysen. Als Zugang zur ausge-

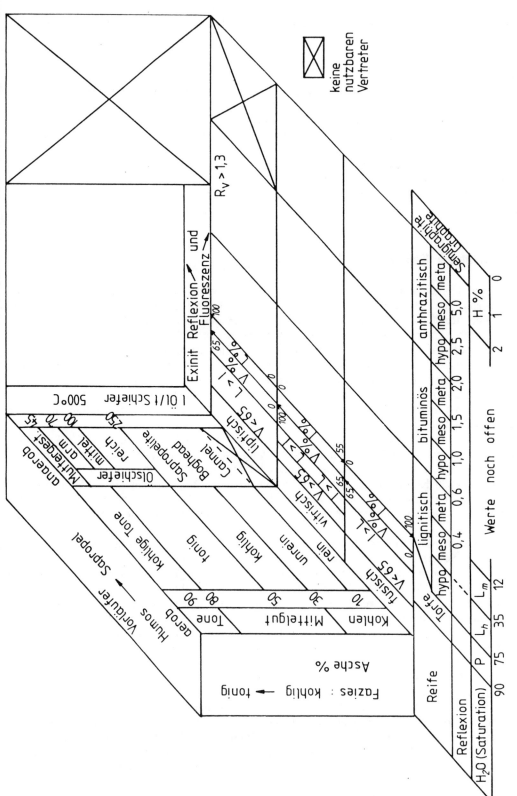

Abb. 166. Universale Klassifikation fester fossiler Brennstoffe nach ALPERN (1981). Abkürzungen: P–Torf; V–Vitrinit; L–Liptinit/Exinit; I–Inertinit; R_v–Vitrinitreflexion.

dehnten, einschlägigen Literatur soll hier der Hinweis auf die beiden Bände von KLAUS (1986, 1987) gegeben sein.

Literatur:

ALPERN, B., 1981, Pour une classification synthétique universelle des combustibles solides. Bull. Centre Rech. Explor.-Prod. Elf-Aquitaine 5/2, 271-290.

GÖTTLICH, K., 1980, Moor- und Torfkunde. Schweizerbart.

KLAUS, W., Einführung in die Paläobotanik-Fossile Pflanzenwelt und Rohstoffbildung. Bd.I 304 pp, 1987; Bd.II 207 pp, 1986; Deuticke.

LYONS, P. C. & ALPERN, B. (Eds.), 1990, Coal: classification, coalification, mineralogy, trace-element chemistry, and oil and gas potential. 680 pp, Elsevier.

TEICHMÜLLER, M., TEICHMÜLLER, R. & BARTENSTEIN, H., 1979, Inkohlung und Erdgas in Norddeutschland. Eine Inkohlungskarte der Oberfläche des Oberkarbons. Fortschr. Geol. Rheinld. Westf. 27, 201-276.

Petrographie der Kohlen

Die meisten Kohlen sind makroskopisch und mikroskopisch äußerst heterogen. Dazu kommt der Umstand, daß die Einzelbestandteile anders als die Minerale „normaler" Gesteine mit zunehmender Reife eine kontinuierliche chemische Veränderung erfahren. Deshalb hat es langer Anstrengungen bedurft, bis eine internationale Übereinkunft zur petrographischen Klassifikation von Kohlenbestandteilen erreicht wurde. Am weitesten verbreitet ist heute das *Stopes-Heerlen System,* das so genannt wird, weil es auf einem Vorschlag von M. C. STOPES (1935) auf einer Tagung in Heerlen/Holland beruht. Ausführliche Beschreibungen kohlenpetrographischer Grundlagen findet man im *International Handbook of Coal Petrography,* das von der Internationalen Kommission für Kohlenpetrographie publiziert wurde (ICCP 1963, 1971, 1976). Zum Selbststudium am besten geeignet ist das Lehrbuch von STACH et al. (1982).

Die Streifenarten (Lithotypen). Nimmt man einen Brocken Steinkohle zur Hand, so kann man in ihm glänzende und mattere Streifen, die Schichtung anzeigend, unterscheiden. Die ersteren sind *Vitrain* (Glanzkohle), die letzteren *Durain* (Mattkohle). Der Vitrain ist spröder als der Durain und hat infolgedessen mehr Klüfte und außerdem muscheligen Bruch. Oft sieht man auf den Schichtflächen dünne Bruchstücke von mürber, samtähnlich schimmernder, holzkohlenartiger Kohle, das ist *Fusain* (Faserkohle). *Clarain* bezeichnet Streifen, welche aus feinster Wechsellagerung von Vitrain und Durain bestehen.

Neben diesen vier Kohlenlithotypen enthalten Kohlenflöze mineralisches Material, das in Schichten eingelagert, oder in der Kohle verteilt, oder in Form von Konkretionen und Kluftbelägen auftreten kann. Am häufigsten ist Verunreinigung mit *Ton,* wobei nach zunehmendem Tonanteil *unreine Kohle* (<20 Vol.% Ton, D<1,5), *Brandschiefer* („Carbilite"; 20-60 Vol.% Ton, D=1,5-2,0) und *kohlige Tone* (>60 Vol.% Ton, D>2,0) unterschieden werden. Jede Bearbeitung einer Kohlenlagerstätte umfaßt die Erstellung von *makropetrographischen Flözprofilen,* in welchen für einzelne Flöze die laterale Veränderung des petrographischen Aufbaues dargestellt ist (Abb. 167). Eine so detaillierte Aufnahme ist in der Praxis ist allerdings nicht immer möglich bzw. erforderlich. Oft genügt eine Unterscheidung von Glanzkohle, Streifenkohle und Mattkohle.

In vielen Weichbraunkohlen liegen braune Holzstämme und Stubben, für jedermann als solche erkennbar, der *Xylit.* Dieser wurde einst Lignit genannt, welcher Name verlassen wurde, da international niederwertige Braunkohlen als Lignite bezeichnet werden. Die schwärzliche, erdige Masse, in welche der Xylit der Weichbraunkohlenflöze eingebettet ist, nennt der österreichische Bergarbeiter *Moorkohle,* richtig ahnend, daß sie der Moorerde vergleichbar ist. Sie ist jene Substanz, die in den Hartbraunkohlen und Steinkohlen den Durain bildet. Weitere Unterscheidungsmerkmale für Braunkohlen-Lithotypen sind neben dem Xylitgehalt Gewebeführung, Helligkeit (am trockenen Stoß) und Oberflächentextur nach Antrocknung, u.U. auch Bruch, Vergelungserscheinungen, Zerfallscharakteristik und akzessorische Einlagerungen (z. B. VOGT 1981).

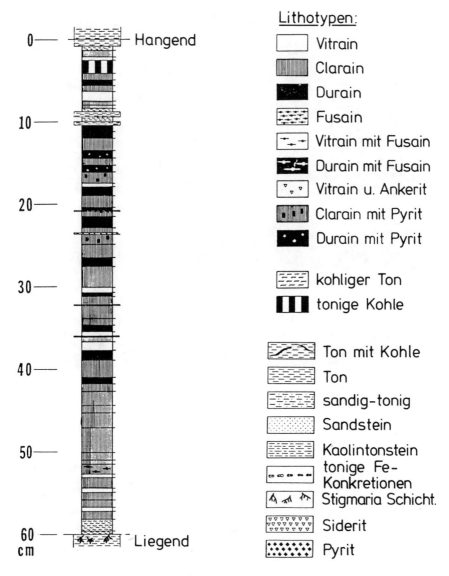

Abb. 167. Makropetrographisches Profil eines Steinkohlenflözes (aus STACH et al. 1982).

Die mikroskopisch unterscheidbaren Bestandteile der Kohlen: Mazerale. Die Untersuchung von Kohlen unter dem Mikroskop begann ursprünglich mit der Dünnschlifftechnik. Erst mit der Einführung der Anschliffmethode (STACH 1925), später ergänzt durch Untersuchungen unter Ölimmersion, war die moderne Kohlenpetrographie möglich geworden. Eine wichtige neuere Ergänzung der optischen Methoden ist die Fluoreszenzmikroskopie (mit UV- oder Blaulicht), da manche Kohlenbestandteile durch ihre Lumineszenz besser erkannt und untersucht werden können.

Die bei 25- bis 50facher Vergrößerung nach optischen Eigenschaften, Härte und Gestalt mikroskopisch unterscheidbaren Bestandteile nennt man *Mazerale*. Diese Bezeichnung wurde von STOPES (1935) in Anlehnung an das Wort „Minerale" geprägt. Nach mannigfachen Modifikationen der Terminologie bezeichnet man heute die Mazerale mit der Endung *-inite* und unterscheidet für die Steinkohlen drei Hauptgruppen: Vitrinite – Exinite – Inertinite. Die erste Gruppe bildet den

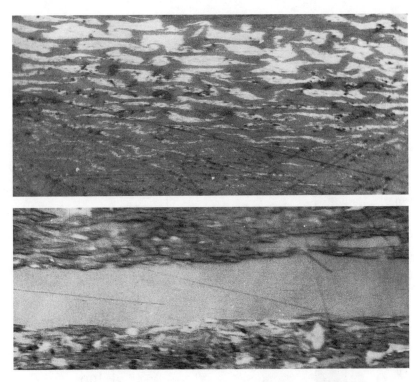

Abb. 168. Vitrinite unter dem Reflexionsmikroskop: oben Telinit aus Flammkohle von Peterswald, unten Collinitlage in polnischer Flammkohle (beide Photos von W. SIEGL, 250 x, Ölimmersion).

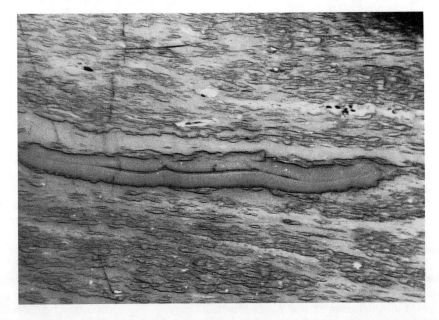

Abb. 169. Exinit: kollabierte Makrospore in der Grundmasse polnischer Flammkohle, welche zahlreiche Mikrosporen enthält (daher „Sporinit"; W. SIEGL, 250 x).

Hauptbestandteil der Glanzkohlenstreifen, die zweite den der Mattkohlenstreifen, die dritte kommt als Beimengung der Mattkohlenstreifen und als Hauptbestandteil der Faserkohlenstreifen vor.

Die *Vitrinitgruppe* ist hochglänzend und oft scheinbar strukturlos. Meist aber läßt sich bei genauerer Betrachtung, eventuell nach Ätzung, Holzzellenstruktur erkennen (Abb. 168 oben). Dann handelt es sich um das Mazeral *Telinit*. Der wirklich strukturlose Vitrinit ist aus humosen Gelen (in Torf „Dopplerit" genannt) entstanden und heißt *Collinit* (Abb. 168 unten). Vitrinit ist der reinste und gleichmäßigste Bestandteil der Kohlen und wird darum als empfindlicher Gradmesser der Inkohlung benützt.

Jene Mazerale der Braunkohlen, welche bei weiterer Reifung zu Mazeralen der Vitrinitgruppe umgebildet werden (etwa im Glanzbraunkohlenstadium), heißen *Huminite*.

Die Exinitgruppe (auch Liptinite genannt), umfaßt eine Reihe von Mazeralen, die aus verschiedenen Pflanzenbestandteilen (Sporen, Pollen, Blatthäute, Algen, Wachse, Harze u.a.) entstanden sind. Sie bilden die Mattkohlenstreifen. Das Reflexionsvermögen der Exinite ist bei den weniger reifen Kohlen geringer als das des Vitrinits, ihr Gehalt an flüchtigen Bestandteilen bzw. an Wasserstoff merklich höher. Cannel- und Bogheadkohlen sind rein exinitische Kohlen. Im Kokskohlenstadium tritt in der progressiven Inkohlungsreihe eine Veränderung ein, indem der Wasserstoffgehalt der Exinite durch CH_4-Abgabe rasch abnimmt und auch das Reflexionsvermögen sich mehr dem des Vitrinits angleicht. Je nach Art der im Exinit hervortretenden pflanzlichen Komponenten unterscheidet man die Mazerale *Sporinit* (mit Sporen, Abb. 169), *Cutinit* (Blatthäute), *Resinit* (Harzkörner), *Alginit* (Algen), und andere. Mittels Fluoreszenzmikroskopie wurden als weitere Exinit-Mazerale erkannt (TEICHMÜLLER & WOLF 1977): *Fluorinit* (aus Pflanzenölen und Fetten), *Bituminit* (aus zersetzten Algen, Bakterien, Proteinen) und *Exudatinit* (diagenetisch mobilisiertes Bitumen). Der Exinit ist in feuchtem Milieu, z.T. bei offenem Wasserspiegel entstanden und enthält darum auch häufiger feine tonige Beimengungen.

Inertinit umfaßt jene Gefügebestandteile, die bei der Inkohlung und auch bei der Verkokung kaum chemisch reagieren bzw. nicht schmelzen. Gemeinsame Merkmale sind erhöhte Kohlenstoffgehalte, geringe Anteile von Wasserstoff und im Anschliff sichtbare hohe Reflexion. Die meisten Inertinite entstanden aus jenen Pflanzenteilen, die normalerweise Vitrinite bilden. Ihre besondere Ausbildung erfuhren sie durch Oxydation in einem sehr frühen Stadium der Entwicklung der Kohlen. Die auffälligste inertinitische Komponente ist der *Fusinit,* ein seidiggraues sprödes Material, das an Holzkohle erinnert. Unter dem Mikroskop sind die Holzzellen oder andere anatomische Details besonders deutlich zu erkennen (Abb. 170); die ehemaligen Zell-Lumina können mit humosen Gelen oder mineralischer Substanz (Ton, Karbonat, Pyrit, etc.) gefüllt sein. *Semifusinite* nehmen eine Zwischenstellung zwischen Fusinit und Vitrinit ein. Fusinit ist meist fossile Holzkohle, durch Waldbrände nach Blitzschlag entstanden. Kleine, rundliche Inertinitpartikel werden als *Makrinit,* sehr kleine als *Mikrinit* bezeichnet. Lagen aus Fragmenten von Inertiniten (z. B. Fusinit) heißen *Inertodetrinit.*

Ein typischer Inertinit tertiärer Braunkohlen ist neben Fusinit der Sklerotinit, aus rundlichen oder ovalen, hell reflektierenden Partikeln mit einem oder mehreren Hohlräumen bestehend. Es handelt sich um Pilzdauersporen (Sklerotia); andere Pilzreste (Sporen, verschiedene Gewebe) werden ebenfalls dem Sklerotinit zugezählt.

Die mikroskopische Quantifizierung der Mazeralanteile in einzelnen Streifen führt zur Definition von *Mikrolithotypen* (mono-, bi- und trimazeral), z. B. *Vitrit, Vitrinertit* und *Vitrinertoliptit*. Diese können in Flözprofilen eingetragen werden oder dienen der Interpretation des Bildungsraumes von Kohlenflözen (Abb. 171).

Die Streifenarten bzw. die sie bestimmenden pflanzlichen Mazerale sind das Produkt einer jeweiligen Pflanzengesellschaft und damit eine Folge des Grundwasserstandes und anderer äußerer Einflüsse. Dieser Umstand ermöglicht neben Aussagen zur Entstehung der Anreicherungen pflanzlicher Substanz und ihrer späteren Veränderungen eine kohlenpetrographische Korrelierung von Flözprofilen. Ein anderer Aspekt der angewandten Kohlenpetrographie bezieht sich auf den unterschiedlichen Gehalt der Bestandteile an flüchtigen Stoffen; so kann man durch Mischung von Kohlensorten eine gewünschte Durchschnittszusammensetzung für kokbare Kohle erzielen.

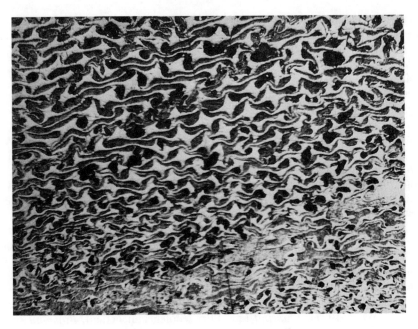

Abb. 170. Fusinit aus der kretazischen Glanzbraunkohle von Grünbach, Niederösterreich (W. SIEGL, 200 x).

Literatur:

CRELLING, J. C. & DUTCHER, R. R. (Eds.), 1980, Principles of coal petrology. SEPM Short Course, 127 pp, Tulsa.
STACH, E., MACKOWSKY, M. Th., TEICHMÜLLER, M., TAYLOR, G. H., CHANDRA, G. & TEICHMÜLLER, R., 1982, Coal Petrology. 3. Aufl., 535 pp, Borntraeger.
STOPES, M. C., 1935, On the petrology of banded bituminous coals. Fuel 14, 4-13.
TEICHMÜLLER, M. & WOLF, M., 1977, Application of fluorescence microscopy in coal petrology and oil exploration. J. Microsc. 109, 49-73.
VOGT, W., 1981, Makropetrographischer Flözaufbau der rheinischen Braunkohle und Brikettiereigenschaften der Lithotypen. Fortschr. Geol. Rheinld. u. Westf. 29, 73-94.

Die chemische Zusammensetzung der Kohlen

Kohlen sind heterogene Gemenge unterschiedlicher organischer Substanzen und anorganischen Materials, insbesondere von Wasser und mineralischen Beimengungen. Die Natur der organischen Substanzen ist vom relativen Anteil verschiedener Mazerale (Kohlentyp) und vom erreichten Diagenese-Stadium (Kohlenreife) abhängig. Eine eigentliche chemische Analyse dieser Substanzen wird nur für wissenschaftliche Zwecke vorgenommen (KREVELEN 1984, VOLBORTH 1987).

In der bergbaulichen bzw. industriellen Praxis werden große Serien von Kohlenproben durch Immediatanalysen bzw. durch Elementaranalysen nach genormten Verfahren untersucht. Dadurch ist die Bandbreite der Eigenschaften der Kohle so weit festgelegt, daß die Verwendbarkeit beurteilt werden kann. Ergänzende spezielle Untersuchungen, z. B. der chemischen Zusammensetzung der Asche, des Kornanfalls oder der Brikettierbarkeit, werden nur an wenigen Proben durchgeführt.

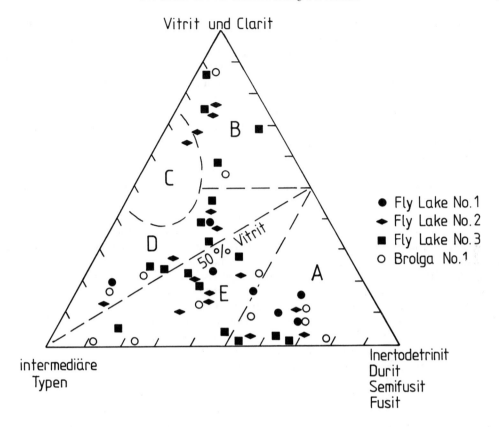

Abb. 171. Mikrolithotypen von Kohlenproben aus Explorationsbohrungen im paläozoischen Cooper Becken, östliches Australien, und ihre Zuordnung zu sedimentären Faziesbereichen (nach SMYTH 1979).
Fazies: A – lakustrin; B – fluviatil; C – brackisch; D – obere Deltaebene; E – untere Deltaebene.

Immediatanalysen geben Aufschluß über Heizwert, Wasser- und Aschegehalt sowie die Anteile an flüchtigen Bestandteilen bzw. am sogenannten fixen Kohlenstoff in der Kohle. *Elementaranalysen* liefern die absoluten Gehalte der Elemente C, O, H, N und S in Kohlen.

Die organischen Baustoffe der Kohlen

Der wichtigste Baustoff der Pflanze ist die Zellulose ($C_6H_{10}O_5$), welche namentlich in Holz und Rinde durch Lignin begleitet bzw. versteift wird. Der Ligningehalt verschiedener Pflanzen und Pflanzenteile schwankt in weiten Grenzen (5-45 % in wasserfreier Substanz). Zum Schutz der Oberfläche vegetativer Organe verwendet die Pflanze Wachse, Kutin (Kutikula) und Suberin (Rinde, Kork). Pflanzliche Reservestoffe wie Zucker, Stärke, Eiweißstoffe sind sehr vergänglich und werden schon im Anfangsstadium des Torfs vergoren. Abbauprodukte von Eiweißkörpern wurden im Torf nachgewiesen. Der Stickstoffgehalt der Kohle ist teilweise auf solche ehemalige Eiweißsubstanzen zurückzuführen.

Früher nahm man an, daß *Zellulose* an der Bildung der Kohle nicht teilhabe, weil sie vorher sowohl bei Sauerstoffzutritt wie auch anoxisch durch biologische Prozesse zerstört werde. Alle Humussubstanzen der Kohle seien auf das Lignin zurückzuführen. Es ist aber nachgewiesen worden, daß Zellulose im Xylit und im Humotelinit der Weichbraunkohlen vorhanden ist, und zwar im braunen Xylit etwa halb soviel wie in rezentem Holz. Schon in schwarzen, an der Grenze zu den Mattbraunkohlen stehenden Weichbraunkohlen sinkt der Zellulosegehalt auf ein Zehntel jenes normaler, stückiger Weichbraunkohlen. Insgesamt ist aber chemisch identifizierbare Zellulose auf Kohlen geringer Reifegrade beschränkt. Anders als im Torf handelt es sich nie um freie Zellulose.

Lignin ist in allen Braunkohlen qualitativ nachweisbar. Es wird bei Vertorfung und Inkohlung zunehmend zu Huminstoffen umgebaut, welche die Hauptmasse der Kohlen darstellen. Zu den Huminstoffen gehören Fulvosäuren, Huminsäuren und Humine. Es handelt sich um komplexe, dunkelgefärbte organische Kolloide, deren Bauelemente einfache und kondensierte, iso- und heterozyklische Sechser- und Fünferringe sind, mit verschiedenen Brücken und Seitengruppen.

Die gelb- bis rotbraunen *Fulvosäuren* sind in Böden und Torf weit verbreitet. Die braunen bis schwarzen *Huminsäuren* sind in Wasser oder in kalten Alkalien löslich. Sie finden sich im Torf und in Weichbraunkohlen, und zwar frei oder in ihren Salzen *(Humate)*. Die Menge der freien Säure ist schon in Weichbraunkohlen im Vergleich zum Torf sehr verringert. Dafür sind in ihnen die Humate und Humine vermehrt. *Humine* entstehen durch Alterung von Fulvaten und Humaten und haben den Säurecharakter fast ganz verloren.

In den Braunkohlen überwiegen also Huminsäuren und ihre Salze. Die Alkalisalze sind im Wasser löslich, das Kalziumhumat nicht. Dieses kommt in Torfmooren als schwarzbraune, gallertartige Masse *(Dopplerit)* vor, die beim Austrocknen schwindet und Brocken mit glänzend schwarzem, muscheligem Bruch bildet. In dieser Form findet man Dopplerit auch als Kluftausfüllung und auf Schichtflächen von Braunkohlenflözen. Oft sind Gewebeteile völlig vergelt, und erscheinen dann auch dicht und schwarz mit charakteristischen Trocknungsrissen.

Bitumenkörper und Bitumenträger sind teils makroskopisch, teils mikroskopisch (Harz, Pollen, Sporen, Algen) in Kohlen sichtbar. Die Hauptmenge ist jedoch nicht in figurierten Bestandteilen enthalten und kann zur weiteren Untersuchung nur durch Lösungsmittel extrahiert werden (z. B. Wachs durch Benzol, Wachs und Harz durch Alkohol und Benzol 1:1 gemischt), wird aber hie und da zum Teil als Exsudat von den Kohlen ausgeschieden.

Farbstoffe und Lebensstoffe der Pflanzen, wie *Chlorophyll,* wurden in der Erdbraunkohle des Geiseltales als grünliche Imprägnation gefunden, die sich in Berührung mit Luft rasch bräunte, ein Fund, der umso bemerkenswerter ist, weil schon im Torf das Chlorophyll meist abgebaut ist.

Die weitere Entwicklung der Huminstoffe in den Steinkohlen ist durch zunehmende *Aromatisierung* gekennzeichnet. Dabei entstehen durch Ab- und Umbau der Ringe, Brücken und Seitengruppen immer größere Anteile geordneter Elemente („Kristallite"), welche insgesamt dem Graphitgitter immer ähnlicher werden. Gleichzeitig ordnen sich die aromatischen Cluster schichtparallel ein (Abb. 172).

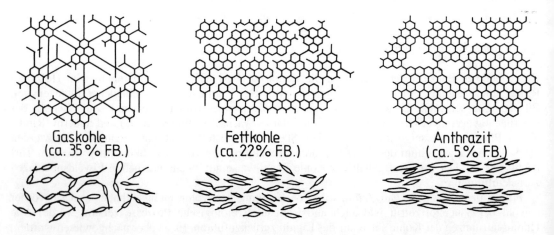

Abb. 172. Darstellung der zunehmenden Aromatisierung von Steinkohlen (nach M. & R. TEICHMÜLLER 1968). Obere Reihe: Molekulare Struktur. Untere Reihe: Orientierung der Moleküle im Querschnitt zur Schichtung.

Flüchtige Bestandteile, fixer Kohlenstoff und Elementarzusammensetzung der Kohle

Was der Bergmann aus der Grube fördert, ist die Rohkohle; sie enthält Wasser und Asche. Die Bestimmung der Menge dieser beiden Komponenten erlaubt das Errechnen des Anteiles an *Reinkohle*. Ihre elementare Zusammensetzung gibt wichtige chemische Kennziffern für die Kohlenarten.

Erhitzt man eine wasserfreie Kohlenprobe unter Luftabschluß, so entweichen brennbare Gase (Leuchtgas) und Dämpfe, die zu Teer kondensieren. Diese Stoffe sind die *flüchtigen Bestandteile* (FB bzw. VM = volatile matter); ihr Anteil nimmt mit dem Reifegrad der Steinkohlen ab (Abb. 173). Bei dem aus Kohlenflözen hervorgegangenen Graphit – etwa den Graphitflözen der Steiermark – liegt er bei 1-2 %, beim Mineral Graphit ist er 0 %. Was nach dem Entweichen der flüchtigen Kohlenwasserstoffe übrig bleibt, ist der Koksrückstand (auch „Tiegelkoks" genannt); sein Anteil steigt naturgemäß mit dem Reifegrad. Der Kohlenstoffgehalt des Koksrückstandes heißt *„fixer Kohlenstoff"* (fixed carbon); er wird in der amerikanischen Literatur als Gradmesser der Inkohlung verwendet. Er ist also komplementär zum Gehalt an flüchtigen Bestandteilen.

Die *Elementarzusammensetzung* der Reinkohle ergibt sich aus ihrer pflanzlichen Herkunft: Kohlenstoff, Wasserstoff und Sauerstoff sind die Hauptelemente, Stickstoff und Schwefel erscheinen in wenigen Prozenten, manche Metalle können als Spurenelemente auftreten.

Die stetige Anreicherung des Kohlenstoffes in der Reihe vom Holz zum Graphit und die damit verlaufende Abnahme des Sauerstoffes und des Wasserstoffs wird besonders deutlich in der Darstellung einer großen Anzahl von Analysen in einem Dreistoffdiagramm (Abb. 174). Die Analysen besetzen einen kontinuierlichen Streifen, der anfangs vorwiegend die Abnahme des Sauerstoffs (durch Abgabe von CO_2 und H_2O), weiter links aber, im Bereich der Gaskohlen bis Anthrazit einen steileren Abfall nach unten, also eine starke Abnahme des Wasserstoffs erkennen läßt. Das ist jener Bereich der Inkohlung, bei dem das meiste Methan (CH_4, Grubengas) freigesetzt wird. Man nennt diesen Knick der Inkohlungslinie den Inkohlungssprung (STACH). Er drückt sich auch in physikalischen Eigenschaften, besonders in einer Zunahme der Reflexion und einer Abnahme der Fluoreszenz der exinitischen Mazerale aus.

Der *Schwefel* ist gewöhnlich nur zu einem kleinen Teil in organisch gebundener Form in der Kohle enthalten, nämlich dort, wo er im Eiweiß vorkam bzw. durch Bakterien fixiert wurde. Zur Hauptsache tritt er in der mineralischen Substanz als Schwefelkies oder Gips auf. Besonders hoch ist der Gehalt an organisch gebundenem und mineralischem Schwefel in Kohlenflözen mit kalkigem Nebengestein; die Arsa (Rasa)-Kohle im istrischen Karst enthält bis zu 11 % S, ähnliches gilt für Karstkohlen in Ungarn. Die Erklärung hiefür kann in den höheren pH-Werten gesucht werden, die das Gedeihen der sulfatreduzierenden Bakterien begünstigt haben. Umso auffälliger ist der mäßige Schwefelgehalt (2 %) der in Dolinen von triadischem (?) Dolomit eingebetteten Weichbraunkohle von Köflach in der Steiermark. Kalkreiche Moore erreichen hohe pH-Werte (in den Everglades bis 8,6), weshalb in solchen Kohlen sogar kalkschalige Fossilien und Wirbeltierskelette erhalten sind (z. B. Geiseltal).

Marin beeinflußte Flöze (Ruhrgebiet, Illinois) haben ebenfalls höheren S-Gehalt (sowie Asche und Stickstoff), da die reichlich verfügbaren Sulfate des Meerwassers bakteriell reduziert wurden. Wenig Schwefel führen jene Kohlen, deren Torf durch niedrigen pH-Wert (bis 3,3 gegenüber häufigen Werten von 4,8-6,5) charakterisiert war, was u.a. an kaolinitischem Liegenden erkannt werden kann. Bemerkenswert niedrige S-Gehalte, nämlich 0,06 % bezogen auf lufttrockenen Zustand, hat die Flammkohle von Tanjung/Borneo. Sie wird deshalb unter dem Namen „Envirocoal" vermarktet; die Vorräte in situ betragen über 1000 Mt.

Schwefel ist unerwünscht, weil er bei der Verbrennung der Kohle als SO_2 bevorzugt in die Rauchgase eingeht. Auch in der Kokskohle ist er für die Eisenverhüttung schädlich. Anorganisch gebundener Schwefel kann durch Aufbereitung der Kohle reduziert werden, nicht aber der Schwefel in der eigentlichen Kohlensubstanz. Mittlerweile gibt es jedoch mehrere technische Lösungen der Rauchgasentschwefelung, natürlich aber nicht ohne Auswirkung auf die Energiekosten.

Stickstoff ist fast ausschließlich an die organische Substanz der Kohlen gebunden. Bei der

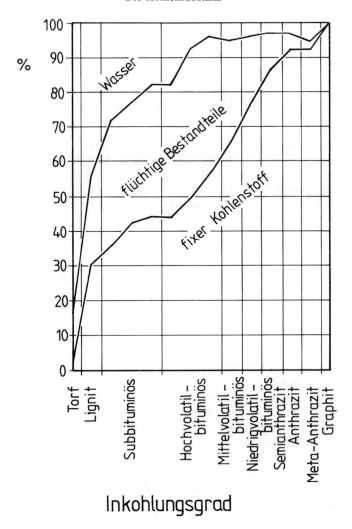

Abb. 173. Die Veränderung der Reinkohlensubstanz mit zunehmender Inkohlung nach Immediatanalysen; dargestellt sind auch Torf (als Ausgangsmaterial) und Graphit (als Endprodukt).

Verkokung oder Vergasung der Kohlen bildet er Ammoniak und kann als Nebenprodukt gewonnen werden. Für die Verbrennung werden Kohlen mit niedrigem Stickstoffgehalt bevorzugt, da die „Entstickung" von Rauchgasen hohe Aufwendungen erfordert.

Stickstoff und z.T. Schwefel sind also *biogene Elemente* der Kohlen. Neben den früher genannten Hauptelementen gehören dazu die in Pflanzen vorhandenen Spurenelemente Ca, N, K, P, S, Mg und Fe (weiters Na, Si, Al, Mn, B, Ba, Sr, Zn und Cu). Manche dieser Elemente werden in organischer Substanz relativ angereichert; das läßt sich durch den *biologischen Speicherkoeffizienten* ausdrücken:

$$B_s = \frac{\text{\% in Asche der organischen Substanz}}{\text{\% Clarke-Krustendurchschnitt}}$$

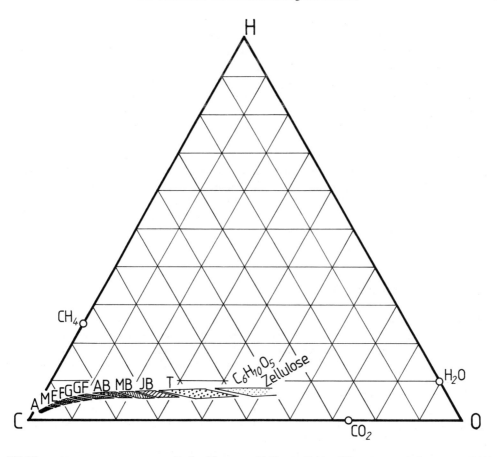

Abb. 174. Elementarzusammensetzung von Torf und humosen Kohlen im Dreistoffdiagramm nach APFELBECK (1930).
T = Torf; JB = Weichbraunkohlen; MB = Mattbraunkohle; AB = Glanzbraunkohle; GF = Gasflammkohle; G = Gaskohle; F = Fettkohle; E = Eßkohle; A = Anthrazit.

B_s-Werte über 10 gelten allgemein für P, S, Cl, Br und I, solche von 1-10 für Ca, Na, K, Mg, Sr, Zn, B und Se, während die meisten anderen Elemente Werte unter 1 ergeben.

Gelegentliche *akzessorische Metalle* in der Kohle haben bisher keine wirtschaftliche Bedeutung, da die Gehalte im Fördergut zu sehr schwanken. Germanium z. B. kommt in der Kohle von Newcastle, besonders aber in den amerikanischen und australischen Kohlen vor. Auch frühere Erwartungen, die auf den Urangehalt vieler Kohlen gesetzt worden waren, wurden nicht realisiert. Das Uran ist an die organische Substanz adsorbiert, teils schon syngenetisch mit der Torfbildung (äquivalent zum U-Gehalt schwedischer Torfmoore), teils später durch Grundwässer eingeführt (aus vulkanischen Tuffen in Dakota, aus Moränenmaterial im Salzachkohlenrevier). Buntmetalle, besonders Kupfer, erreichen bisweilen hohe Werte, sind aber nur sehr lokal in Flözen angereichert. Teilweise sind sie von den Pflanzen selektiv gespeichert gewesen, teilweise später aus zirkulierenden Grundwässern adsorbiert worden. Letzteres gilt vor allem für die Cu-führenden schwachen Kohlenflöze in semiariden Schichten („red beds").

Spurenelemente können bei der Verwertung der Kohlen nicht nur technische Probleme bewirken, sondern auch die Umwelt ungünstig beeinflussen. Deshalb ist es zweckmäßig, bereits bei der Lagerstättenuntersuchung eine ausreichende Zahl von Spurenanalysen durchzuführen, mit besonderem Augenmerk auf toxische und radioaktive Elemente. Auf Grund dieser Daten müssen entsprechende Vorkehrungen getroffen werden.

Aus dem früher Gesagten wird ersichtlich, daß Torfe (und Kohlen) sehr effektive geochemische

Barrieren sind, wobei mechanische und biochemische Vorgänge sowie Reduktion und Sorption wirksam sein können. Exogene Zufuhr von Elementen in die Torfmoore ist terrigen durch Süßwasserzuflüsse möglich, im brackisch-marinen Bereich durch gelöste Stoffe des Meerwassers (besonders kennzeichnend sind B, Sr, Mg; sonst auch Cl, Na, SO_4, Ca, K, Br), und schließlich durch Grundwasser (U, V, Mo und die Elemente der Salzkohlen: Na, K, Cl, B, Sr, Br, S).

Isotopenanalysen von Kohlen ermöglichen Aussagen über die geographische Breite ihrer Bildung (D/H-Verhältnis: SMITH et al. 1983) und über die vorwiegende Pflanzengesellschaft (C-Isotopen). Das Verhältnis von $^{18}O/^{16}O$ erlaubt Aussagen zur Herkunft des Sauerstoffs in Kohlen (offenbar überwiegend aus Zellulose: DUNBAR & WILSON 1983). Auch die Abkunft von Stickstoff kann so bestimmt werden, da Bakterien (und die in Kohlen seltenen Leguminosen) ein $\delta^{15}N = 0$ bewirken, während alle anderen Quellen deutlich schwereren Stickstoff hinterlassen. Bei der Abgabe von Methan während der Inkohlung werden zuerst die leichten Isotope freigesetzt. Dies sollte eigentlich zu einer Anreicherung der schweren C- und H-Isotope in den Kohlen führen; infolge des großen C-Reservoirs der Flöze ist aber eine Verarmung an ^{12}C überhaupt nicht nachzuweisen, während D nur gering angereichert ist (SCHOELL 1984).

Wasser und Gase in der Kohle

Das Wasser ist ein wesentlicher Bestandteil der Braunkohlen. In Weichbraunkohlen macht es 35-75 % der Rohsubstanz aus. Deshalb werden Brikettfabriken, Kohlentrocknungsanlagen und kalorische Kraftwerke in unmittelbarer Nähe der Bergbaue errichtet, um Transportlast zu sparen. Der Wassergehalt nimmt in den Steinkohlen mit zunehmender Reife von ca. 9 % (Flammkohlen) bis 2,5 % (Anthrazit) weiter ab.

Neben Oberflächenwasser (1) unterscheidet man grobgebundenes (2; in Kapillaren) und adsorptiv gebundenes Wasser (3). Die ersten beiden Arten entweichen bei der Trocknung an der Luft, das Dritte beim Erhitzen auf 105 °C. Schließlich enthalten Tone und andere Minerale in den Kohlen das sogenannte Mineralwasser (4). Das Oberflächenwasser (adventitious moisture) unterliegt äußeren Bedingungen bei der Probenahme, z. B. Regen, bergbauliches Sickerwasser und dergleichen. Trotzdem sind Kohleproben am Ort der Probenahme zu versiegeln, da für Massenbestimmungen und Verwendung auch dieses Wasser eine Rolle spielt. Bei höherrangigen Kohlen wird die Oberflächenfeuchte durch Lufttrocknung im Labor beseitigt, wonach der inhärente Wassergehalt bestimmt werden kann. Niedrigrangige Braunkohlen haben im Verhältnis zum inhärenten Wasser sehr wenig Oberflächenwasser; sie verlieren aber bei Lufttrocknung auch grob gebundenes und adsorptives Wasser und zerfallen dabei vielfach in geringwertigen Grus.

Die in der Kohle okkludierten *Gase* sind Methan, Äthan, Kohlendioxid, bisweilen Wasserstoff (in Fohnsdorf) und Helium (Ruhrgebiet). Praktisch von Bedeutung sind nur Methan und Kohlensäure. Das erstere wird bei der Kohlenreifung frei, beginnend im Bereich des „Inkohlungssprunges" der Exinite, also im Stadium der Gaskohlen und Fettkohlen (ca. 28 % F. B.). Solche Flöze führen das meiste Grubengas, das zu 5-14 % mit Luft gemischt hochexplosiv ist („Schlagende Wetter"). Die größte Gasmenge wird aus humosen Substanzen während der weiteren Reifung bis zum Anthrazit gebildet; infolge der meist stark klüftigen Nebengesteine höherrangiger Kohlen entweichen dabei aber 90-95 % des gebildeten Methans. Bei geeigneter Abdichtung durch impermeable Gesteine (in Norddeutschland die Zechstein-Evaporite) können nach Migration bedeutende Gaslagerstätten entstehen. Man schätzt, daß 1 kg Kohle im Verlauf der Reifung vom Flammkohlenstadium bis zum Anthrazit rund 200 l Methan produziert. Auch manche Braunkohlenflöze geben reichlich Methan ab, so z. B. die Glanzbraunkohle von Fohnsdorf. Kohlen mit einer Vitrinitreflexion unter 1,0 % sind gewöhnlich frei von Grubengas. Hier können allerdings CO und CO_2 zu einer Gefahr werden, welche in schlecht bewetterten Grubenräumen durch langsame Oxydation der Kohle entstehen.

Die Kohlensäure stammt nur zum kleineren Teil vom Vorgang der Kohlenreifung; zumeist ist sie zugewandert und magmatischen Ursprungs wie die der Mofetten in Vulkangebieten. Es gibt Bergwerke mit katastrophalen Kohlensäure- (oder Methan-) Ausbrüchen, wobei die

Grubenbaue nicht nur mit dem erstickenden (explosiven) Gas, sondern auch mit großen Mengen herausgeschleuderten Kohlenstaubes gefüllt wurden, wobei letzterer durch die Fortpflanzung der Explosion in weitere Grubenräume besonders gefährlich ist. Verwerfungssprünge und poröse Sandsteine sind meist die Zufuhrwege; toniges Hangendes der Flöze, in denen die Gase okkludiert oder adsorbiert sind, verhindert die natürliche, allmähliche Entgasung. Daher sind langsamer Abbau und vorheriges Auflockern des Gebirges, eventuell auch voreilende Entgasung durch Bohrungen geboten.

Gewöhnlich aber entweichen CH_4 und CO_2 an feinen Klüften als Bläser, bisweilen als Gasblasen in Wasserrinnen der Stollensohle erkennbar. Methan desorbiert rascher als Kohlensäure; ein Gleichgewicht wird z. B. im Sydneybecken erst nach ca. 100 Tagen erreicht (GOULD et al. 1987).

Die Asche und Mineralsubstanz in der Kohle

Die im deutschen Sprachgebrauch sogenannte Asche wäre besser als unverbrennliche Substanz in der Kohle zu bezeichnen, da die Bestimmung durch kontrollierte Oxydation einer Probe bei 700-850 °C (von der gewählten Industrienorm abhängig) erfolgt. Dabei gehen CO_2 (aus den Karbonaten), SO_2 (aus den Sulfiden) und das H_2O der Tone in die Abgase, so daß die Masse der unverbrennlichen Substanz geringer ist als die des eigentlichen Mineralgehaltes der Kohle. Die chemische Zusammensetzung der Asche wird mit denselben analytischen Methoden untersucht, wie die üblicher Silikatgesteine. Die normative Rückrechnung auf Minerale in der Kohle ist allerdings sehr ungenau; besser ist es, die Minerale durch Röntgendiffraktion, Thermoanalyse etc. direkt zu bestimmen.

Die Asche hat mehrere Herkunftsquellen: 1. Nebengestein, das bei der Gewinnung der Kohle anfällt (Berge); 2. Mineralsubstanz, die syngenetisch in das Torfmoor oder epigenetisch in die Kohle gelangt ist; 3. der ursprünglich sehr geringe, biogene Mineralanteil in manchen Pflanzen. Zur zweiten Gruppe gehören Tonpartikel und Sandkörner, die in die Moore eingeschwemmt worden sind. Die Mattkohlenstreifen sind aschereicher als die aus Holz entstandenen Vitraine. Epigenetisch wird der Aschengehalt durch hydrothermale Zufuhr gelöster Stoffe erhöht, meist in Zusammenhang mit diagenetischer Entwässerung der Nebengesteine.

Die Minerale in Steinkohlen umfassen Silikate, Karbonate, Sulphide, Sulphate und andere, z. B. Phosphate. Wenig reife Braunkohlen enthalten oft beträchtliche Anteile anorganischer Substanz in nicht-kristalliner Form.

Quarz ist in den meisten Kohlen enthalten, z.T. detritären Ursprungs, z.T. als ehemaliges chemisches Präzipitat, beispielsweise an den verkieselten Hölzern mancher Braunkohlen erkennbar. *Kaolinit* ist ebenfalls sehr häufig; auch er ist teilweise klastisch eingeschwemmt, teilweise authigen gebildet. Weitere, häufige Tonminerale sind *Montmorillonit, Illit und Mixed-Layer-Minerale.* *Pyrit* (zusammen mit Sphalerit, Marcasit, Galenit u.a. Sulfiden) tritt in mehreren Formen auf: Als Zellfüllung, Framboide, idiomorphe Kristalle, kleine Linsen, Kluftbeläge und in Gängen. Demgemäß ist zumeist eine frühdiagenetische Bildung durch Sulfatreduktion wahrscheinlich, in manchen Fällen aber auch spätere, epigenetische Zufuhr. *Karbonate* umfassen Siderit, Ankerit, Kalzit und Dolomit. Siderit (Kohleneisenstein) und Dolomit (Torfdolomit) sind als Bänder und konkretionäre Lager in manchen Kohlenflözen häufig. Die Erhaltung undeformierter Zellen innerhalb der Knollen belegt eine sehr frühe Bildung in den Torfmooren. Karbonate auf Klüften der Kohle und in Gängen dagegen sind später entstanden. *Sulfate* in Kohlen stehen meist in Zusammenhang mit der Oxydation von Pyrit durch zirkulierende Oberflächenwässer oder nach Freilegung der Kohle im Bergbau. Authigener *Apatit* schließlich ist in fast allen Kohlen in geringer Menge vorhanden.

Der Mineralbestand der Kohlen ist für die Verwendbarkeit von großer Bedeutung. Dies betrifft sowohl die Transport- und Lagerfähigkeit, als auch Verbrennung, Verkokung und Kohleverflüssigung. Besonders kritisch ist der Einfluß des Pyrites, der bei Zutritt von Luft und Wasser oxydiert und damit im Bergbau, in der Aufbereitung und im Umkreis der Kohlen- und Berghalden saure Wässer bedingt. Höhere Montmorillonitgehalte bewirken starken Zerfall der Kohlen bei Lagerung, aber auch Probleme im Aufbereitungskreislauf. Bei der Verbrennung ist die Schmelztemperatur der Asche besonders wichtig; für die meisten Brennraumkonstruktionen ungünstige, niedrige Schmelztemperaturen ergeben sich durch Montmorillonit, Chlorit, Karbonate, Sulfate und durch Pyrit.

Physikalische Eigenschaften der Kohle

Die *Dichte* einer Kohle hängt vom Reifegrad und vom Aschegehalt ab. Sie steigt von 1,2 bei Weichbraunkohlen auf 1,4 bis 1,6 beim Anthrazit; Schwelkohlen haben eine Dichte um 1. Mit dem Aschegehalt ist das spezifische Gewicht einer Rohkohle gleichen Ranges positiv korreliert. Auf dieser Beziehung beruhen die meisten Aufbereitungsverfahren, welche der Verminderung von Pyrit- und Aschegehalt der Förderkohle dienen.

Die *Härte* nimmt bei Braunkohlen mit abnehmendem Wassergehalt zu. Schneidbarkeit ist ein Kennzeichen der Weichbraunkohlen. Mattbraunkohlen können mit dem Mikrotom noch kleine Schnitte bei gleichzeitiger Dämpfung geben. Die Zerreiblichkeit erreicht ein Maximum im Übergangsbereich Magerkohle/Anthrazit. Vitrain ist spröder als Durain und infolgedessen mehr geklüftet. Vitrinitreiche Kohlen sind deshalb zerreiblicher. Übrigens sind auch Abbaumethode und Abbauführung von Einfluß auf das Bruchverhalten der Kohle, wie sich am deutlichsten am Stückkohlenanfall ausdrückt.

Die *Lichtdurchlässigkeit* der Kohle nimmt mit zunehmender Inkohlung ab, die Reflexion nimmt zu. Eine häufig angewendete Methode ist die quantitative Messung des *Reflexionsvermögens* von Vitrinit in Anschliffen unter Ölimmersion. Das Reflexionsvermögen (R_O) nimmt mit zunehmendem Reifegrad der Kohlen proportional zu und erlaubt damit eine noch genauere Einstufung als der Gehalt an flüchtigen Bestandteilen (Abb. 165). Diese Bestimmung kann auch an kleinen Kohlepartikeln (Phytoklasten) in klastischen Sedimenten durchgeführt werden.

Die Kohlen sind unter dem Mikroskop optisch doppelbrechend, und zwar liegt die Auslöschungsrichtung bei gekreuzten Nikols meist parallel und senkrecht zur Schichtung. Eine vergleichbare Anisotropie zeigt sich auch bei Reflexionsmessungen an Vitriniten, wobei der maximale Wert (R_{max}) parallel zur Schichtung und zu Faltenachsen liegt, der minimale (R_{min}) vertikal dazu. Beides beruht auf der Anisotropie der molekularen Struktur der Kohlen, welche durch den gewöhnlich senkrecht zur Schichtung wirkenden Belastungsdruck verursacht wurde. Bei einzelnen alpinen und südosteuropäischen Glanzbraunkohlen stellten W. PETRASCHECK und W. E. PETRASCHECK (1954) schiefe Auslöschung fest und erklärten dies durch eine horizontale tektonische Druckkomponente, welche auf schräg gestellte, noch wenig reife Flöze einwirkte. Ähnliche Ergebnisse haben LEVINE & DAVIS (1989) für die Flöze der zentralen Appalachen dargestellt.

Der Anstieg der optischen Anisotropie der Kohlen ist durch die zunehmende Ordnung der überwiegend aromatischen Kolloidpartikel („Mizellen") bedingt. Diese können z. B. durch elektronenmikroskopische Aufnahmen sichtbar gemacht werden. Mit der zunehmenden Verdichtung sinken auch Feuchtigkeitsgehalt und *Mikroporosität,* bis etwa zum Übergang von Kokskohlen zu Eßkohlen bei 20 % FB. In diesem Bereich hat Steinkohle die geringste innere Oberfläche, Dichte und Härte, aber ein Maximum der Plastizität bei der Verkokung. Bei weiterer Reifung steigt die Porosität wieder etwas an, möglicherweise infolge des Abbaues von fein verteiltem Bitumen.

Der *Energieinhalt der Kohlen* ist für die Verwendung als „Kesselkohle" (steaming coal) für Stromerzeugung und Heizung maßgebend. Ausgedrückt durch den Brennwert (früher kcal/kg, heute kJ/kg) nimmt er mit steigendem Inkohlungsgrad bis zu den Fettkohlen zu; weitere Reifung verändert ihn nicht (Abb. 165). Wasser- und Aschegehalte vermindern die anteilige nutzbare Energie, weshalb Kesselkohlen nicht nach dem Gewicht, sondern nach dem Energieinhalt bezahlt werden. Viele vergleichende Vorratsberechnungen beruhen auf einer Umrechnung unterschiedlicher Kohlen in sogenannte Steinkohleneinheiten (SKE). Eine SKE enthält eine Wärmemenge von 29,3 GJ, entsprechend dem Brennwert einer Tonne guter Steinkohle oder von ca. 3 t einer Weichbraunkohle.

Kokbarkeit

Koks ist der feste Rückstand, wenn z. B. Fettkohle unter Luftabschluß auf 600-1000 °C erhitzt wird. Er wird zum größten Teil als Energieträger und Reduktionsmittel in der Eisen- und Stahlerzeugung gebraucht. Stückigkeit, Festigkeit und geringe Zerfallsneigung sind dabei wichtige Eigenschaften. Bei der Verkokung bilden sich neben dem Koks Gase (ca. 50 % Wasserstoff, 25 % Methan und weitere Kohlenwasserstoffgase, sowie 5 % Kohlenmonoxyd), Benzol, Steinkohlenteer und ammoniakalische Wässer. Diese Nebenprodukte werden weiter verarbeitet und ebenfalls verwertet.

Die Kokbarkeit (Backfähigkeit) ist eine Eigenschaft gewisser Steinkohlen, welche auf dem Schmelzen der Kohle bei gleichzeitiger Abgabe der flüchtigen Bestandteile (bis auf einen Rest von ca. 1 %) beruht, wodurch ein aufgeblähter und deshalb poröser, fester Rückstand entsteht. Wenig reife (Braunkohlen) und hochinkohlte Kohlen (Anthrazit) sind gewöhnlich für sich nicht kokbar. Laboruntersuchungen der Kokbarkeit einer Kohle oder einer Kohlenmischung beziehen sich vor allem auf Fluidität (mittels Gieseler Plastometer), Dilatation (mit dem Ruhr-Dilatometer) und Mazeralanalyse.

Neben technologischen Parametern (Korngröße, Erhitzungsrate, etc.) und dem Rang ist die Kokbarkeit einer Kohle insbesondere von Art und prozentualem Anteil der Mazerale abhängig; deshalb ist die kohlenpetrographische Analyse für die Eignungsbeurteilung unabdingbar. Exinite wirken besonders auftreibend, also günstig, in geringerem Maße auch Vitrinite. Inertinite und die meisten Minerale bleiben im wesentlichen unverändert. Da Exinite meist unter 5 % der Kohlenmasse bilden, ist das Kokungsverhalten der Vitrinite ausschlaggebend. Bei hohen Inertinitgehalten ist es günstiger, wenn diese mit Vitrinit fein verteilt vorliegen, weil diese Partikel dann in die Koks-Porenwände eingebaut werden können. Guter Koks besteht ähnlich wie Beton aus einem Gemenge von inerten Komponenten, welche von den reaktiven, also erweichenden Bestandteilen gebunden werden. Für festen Koks ist deshalb ein gewisser Inertinitgehalt unbedingt erforderlich.

Manche Braunkohlen und nicht-kokbare Steinkohlen werden nach Mischung mit reaktivem Material (Kokskohlen, Bitumen, etc.) und/oder inerten Zusätzen (Anthrazit, Ruß) sowie Brikettierung verkokbar. Solche Briketts finden nach kontrollierter Oxydation in Tunnelöfen auch als raucharmer Brennstoff (smokeless fuel) Verwendung.

Schlußfolgerungen aus der Betrachtung der Kohlensubstanz

Es besteht eine geschlossene und stetige Reihe der Kohlenarten in bezug auf fast alle ihre Merkmale wie Farbe, Lichtdurchlässigkeit, Reflexionsvermögen, Feinbau, spezifisches Gewicht, Heizwert, organische Komponenten, Elementarzusammensetzung, Wassergehalt und eine Anzahl damit zusammenhängender Eigenschaften. Diese Reihe beginnt mit Torf und endet mit Graphit. Sie ist die *„Inkohlungsreihe"* und sie ergibt die Grundlage für die Theorie von der Entstehung des Rohstoffes Kohle.

Literatur:

APFELBECK, H., 1930, Entstehung, Veredelung und Verwertung der Kohlen. Berlin.
BOUSKA, V., 1981, Geochemistry of coal. 284 pp, Elsevier.
DAVIDSON, R. M., 1980, Molecular structure of coal. 86 pp, IEA Coal Research, London.
DUNBAR, J. & WILSON, A. T., 1983, The use of $^{18}O/^{16}O$ ratios to study the formation and chemical origin of coal. Geochim. Cosmochim. Acta 47, 1541-1543.
FENGEL, D. & WEGENER, G., 1983, Wood: chemistry, ultrastructure, reactions. De Gruyter.
GOULD, K. W., HARGRAVES, A. J. & SMITH, J. W., 1987, Variation in the composition of seam gases issuing from coal. Bull. Proc. Australasian Inst.Min. Metall. 292, 69-74.
HEDGES, J. I., COWIE, G. L., ERTEL, J. R. & HATCHER, P. G., 1985, Degradation of carbohydrates and lignins in buried woods. Geochim. Cosmochim. Acta 49, 701-711.

KRECI-GRAF, K., 1982, Über die häufigeren Elemente in Kohlen. Erdöl & Kohle 35, 163-170.
KREVELEN, D. W. van, 1984, Coal: Typology – chemistry – physics – constitution. Neudruck der Aufl. 1961, 514 pp, Elsevier.
LEVINE, J. R. & DAVIS, A., 1989, The relationship of coal optical fabrics to Alleghenian tectonic deformation in the central Appalachian fold-and-thrust belt, Pennsylvania. Geol. Soc. America Bull. 101, 1333-1347.
LAZNICKA, P., 1985, The geological association of coal and metallic ores – a review. Pp 1-71 in K. H. WOLF (Ed.), Handbook of Strata-Bound and Stratiform Ore Deposits. Vol. 13, Elsevier.
MATSUMOTO, R. & IIJIMA, A., 1981, Ca-Fe-Mg carbonates in coalfields of Japan. Sedimentology 28, 239-259.
PETRASCHECK, W. E., 1954, Zur optischen Regelung tektonisch beanspruchter Kohlen. Tschermaks Mineral. Petr. Mitt. 4, 232-239.
SCHOBERT, H. H. (Ed.), 1984, The chemistry of low-rank coals. Amer. Chem. Soc. Symp. Ser. 264, 315 pp.
SCHOELL, M., 1984, Wasserstoff- und Kohlenstoffisotope in organischen Substanzen, Erdölen und Erdgasen. Geol. Jb. D67, 3-161.
SMITH, J. et al., 1983, D/H ratios of coals and the paleolatitude of their deposition. Nature 302, 322-323.
SPINKS, A., THOMAS, J. M. & GIBSON, J., 1981, New coal chemistry. Royal Soc. London.
VALKOVIC, V. (Ed.), 1983, Trace elements in coal. 2 Bde., CRC Press, Boca Raton.
VOLBORTH, A., 1987, Coal science and chemistry. 478 pp, Elsevier.

II. Die Kohlenlager

Wenn auch Kohlen chemisch und petrographisch von anderen Sedimenten sehr verschieden sind, so sind sie doch ein integraler Bestandteil bestimmter sedimentärer Abfolgen. Torfmoore können in unterschiedlichem Milieu entstehen; ein volles Verständnis von Kohlenlagerstätten, auch für durchaus praktische Zwecke, kann nur durch eine Untersuchung der gesamten sedimentären Folge hinsichtlich Bildungsraum, Faziesgliederung und Tektonik, aber auch eventueller magmatischer Einflüsse erreicht werden.

Typen und Dimensionen der Kohlenflöze

Immer tritt die Kohle in Gestalt von Flözen auf. Dünne Flöze, die unter der Bauwürdigkeitsgrenze liegen, nennt man Schmitze. Wenn gelegentlich von gangförmigem Auftreten berichtet wurde, so handelt es sich um zerriebene Flözteile, welche in Verwerfungsspalten eingepreßt wurden. Auch nesterförmiges Auftreten von Kohle ist bekannt und meist wohl auf eingelagertes Holz zurückzuführen.

Zwei Flöztypen sind zu unterscheiden, was bei Beschürfung und Mengenberechnung sehr wesentlich ist:

Eingelagerte Flöze liegen konkordant zwischen Schichten gleichen Alters und sind in gleichartiger Ausbildung regelmäßig, oft über sehr weite Gebiete entwickelt.

Grundflöze bilden die Basis einer transgressiven, in der Regel diskordant auflagernden Schichtenfolge. Die Mächtigkeit ist auf kurze Entfernung sehr veränderlich und kann bei höheren Auftragungen des Untergrundes auf Null gehen. Da an der Erdoberfläche infolge jüngerer Überlagerung oft nicht erkennbar ist, ob die Basis der Kohlenformation eine Mulde oder einen Bergrücken bildet, sind bei der Erkundung geophysikalische Voruntersuchungen besonders zweckmäßig. Mehrere Weichbraunkohlenflöze bei Köflach/Steiermark (Abb. 175), das Josefiflöz im Egergraben (Ohre/CSFR; Hartbraunkohle), das Braunkohlenflöz von Geiseltal bei Halle sind Beispiele aus flach liegenden, die obersteirische Braunkohle (Leoben, Parschlug) solche aus gefalteten Schichten. In Langau am Südrand der Böhmischen Masse (Niederösterreich) und in Wackersdorf (Oberpfalz) liegen Grundflöze in sich verästelnden prämiozänen Tälern.

Die *Mächtigkeit der Flöze* steigt bei Braunkohlen örtlich über 100 m, z. B. Niederrhein, Geiseltal, Velanje (Wöllan) in Slowenien. Das tertiäre Weichbraunkohlenflöz von Morwell/Victoria

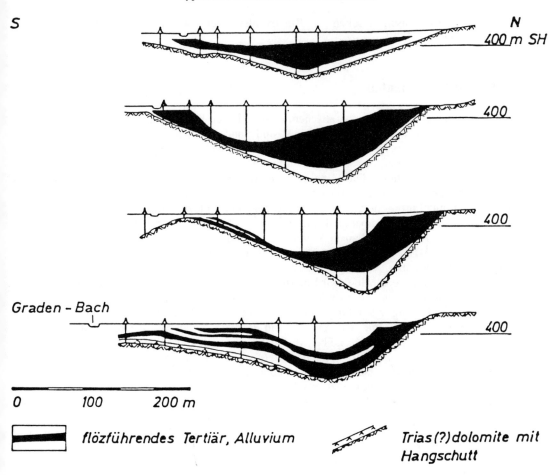

Abb. 175. Serienschnitte zur Illustration eines Grundflözes, hier: Karlschacht Tagbau 2 bei Voitsberg/Stmk. in der westlichen Gradener Mulde; nach POHL (1976).

in Australien ist mit maximal 320 m Kohle das mächtigste Flöz der Erde. Das Kohlenflöz von Singrauli in Indien ist bis 133 m dick. Große Steinkohlenmächtigkeiten kennt man auch im Karbon des französischen Zentralplateaus (bis 50 m), beim Pochhammerflöz in Oberschlesien bis 28 m und vom Mammutflöz in Pennsylvanien bis 30 m. Naturgemäß sind geringere Mächtigkeiten von wenigen Metern die Regel.

Die durchschnittlich geringere Mächtigkeit von Steinkohlenflözen beruht darauf, daß mit zunehmender Reifung eine Verdichtung, also Setzung der Kohle eintritt. Als Richtzahl mag gelten, daß die Abnahme der Mächtigkeit von Torf zu Braunkohle zu Steinkohle einem Verhältnis von 6:3:1 entspricht.

Die *Verbreitungsfläche der Flöze* ist bei Grundflözen meist klein, während eingelagerte Flöze über sehr große Flächen ausgebildet sein können. Das Pittsburgflöz im appalachischen Becken, das mit Sicherheit überall als Leitflöz zu erkennen ist, bedeckt ein Areal von 18.000 km^2. Rechnet man die Antiklinalen, auf denen das Flöz denudiert ist, dazu, so ergibt sich eine größte laterale Ausdehnung von 200 km. Eine ähnlich große, bauwürdige Fläche hat das Herrinflöz (Illinois). Das ebenfalls leicht erkennbare Katharinaflöz in Westfalen ist auf eine Länge von 210 km und quer dazu in einer Breite von 50 km nachgewiesen. Das Pochhammerflöz bildet einen bis 21 km breiten

Saum um das oberschlesische Becken. Im Braunkohlenrevier von Sachsen-Thüringen unterlagert das Hauptflöz mehr als 750 km².

Flözmittel und Flözvertaubung

Konkordante Einlagerungen von mineralischem Gestein in den Kohleflözen nennt man *Mittel*. Meist handelt es sich um Ton oder Tonstein, seltener sind Sandstein, Karbonat oder auch vulkanischer Tuff, im Ruhrgebiet (STADLER 1979) und in Schottland auch Kohleneisenstein und oolithischer Spateisenstein. Es gibt Mittel, die auf weite Entfernung gleichmäßig anhalten oder sich durch ihre Eigenart abheben („Leitmittel"). Die Mittel können aber auch nach Zahl und Stärke von Ort zu Ort höchst ungleichmäßig auftreten. In manchen Flözen steigt und fällt der vertikale Abstand zweier benachbarter Leitmittel proportional mit der Dicke des ganzen Flözes. Vulkanische Tuffe bilden weit anhaltende und petrographisch überaus kennzeichnende Mittel. Vertonte Tuffmittel liefern mitunter wertvolle feuerfeste Tone, vor allem in Mittel- und Westböhmen, aber auch in Ost-Oberschlesien. In tertiären Kohlenflözen sind die Tuffmittel bisweilen in Bentonit umgewandelt (Fohnsdorf und Voitsberg in der Steiermark).

Die laterale Verteilung der Mittel wird meist in Grobstrukturkarten einzelner Flöze dargestellt, woraus wissenschaftliche und bergbaulich wichtige Informationen entnommen werden können. Von praktischer Bedeutung ist natürlich die unerwünschte Verdünnung der Förderkohle durch das mitgewonnene Taubgestein, andererseits sind manche Mittel als hangende oder liegende Grenzflächen („Tonlöser") für den scheibenweisen Abbau mächtiger Flöze günstig.

Die Bildung der Flöze und der tauben Mittel hängt von der Senkungsgeschwindigkeit des Torfmooruntergrundes ab. Die mächtigen Flöze bilden sich, wenn Absenkung und Pflanzenwachstum Schritt halten. Wird die Absenkung zu rasch, so ertrinkt das Moor, es bildet sich ein offener Wasserspiegel und minerogenes Sediment kommt zur Ablagerung. Das kann vorwiegend gegen das Innere der Becken hin eintreten, wo sich damit neue Flözmittel einschieben und die Flöze vertauben (Abb. 176). Läßt umgekehrt die Absenkung nach, so verwest die Pflanzensubstanz, da sie nicht mehr durch Wasser vor dem Sauerstoffzutritt geschützt ist. Das gibt aschereiche Kohle und damit die Vertaubung am Beckenrand. Grobklastische Schuttkegel können sandige und konglomeratische Flözmittel in die Randgebiete liefern.

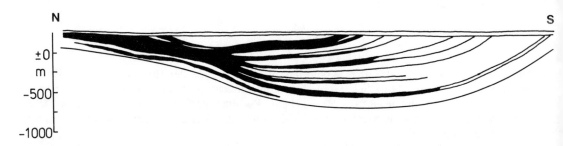

Abb. 176. Das triadische Kohlenflöz von Korkinsk/Tscheljabinsk/UdSSR vertaubt nach Süden durch Zunahme der Zwischenmittel (nach I. N. LAPIN aus BAUMANN et al. 1979).

Diese Gliederung der Moore in Rand- und Beckenbereiche kann bisweilen auch durch eine Analyse der *Moorfazies* der Kohle mittels kohlenpetrographischer und paläobotanischer Methoden aufgezeigt werden. Besonders ergiebig waren solche Untersuchungen durch TEICHMÜLLER (1958) bei der niederrheinischen Braunkohle. Die oligozänen und untermiozänen Ablagerungen gehen dort in nordwestlicher Richtung von terrestrischer in marine Fazies über. Die Kohlensümpfe lagen in einem breiten, nach Süden ins Festland eingemuldeten Becken. In den Flözen sind die randlichen Waldmoore, anschließend ein Riedmoor und nahe der offenen Wasserfläche der Übergang zu Sapropelkohlen (Gyttja) kohlenpetrographisch und chemisch zu erkennen (Abb. 177). Die überwiegend kohlebildenden Faziesbereiche liegen in den Flözen als dunkle (Waldmoorkohlen) und helle Schichten (Riedmoorkohlen) im vertikalen Wechsel vor. Mittlerweile wird allerdings vermutet, daß die hellen Schichten eher partiell oxydierten, oligotrophen Torfen, also Trockenphasen entsprechen (WOLF 1981).

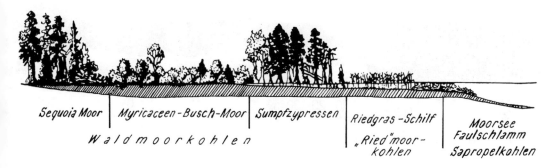

Abb. 177. Rekonstruktion von Pflanzenzonen und Moorfazies während der Bildung des miozänen Hauptflözes der Niederrheinischen Braunkohlenmulde (TEICHMÜLLER 1978).

Eine analoge Analyse im pliozänen Weichbraunkohlenrevier des Hausrucks in Oberösterreich (POHL 1968) hat gezeigt, daß es sich dort ausschließlich um xylitreiche Koniferen-Waldmoorkohlen handelt; das Beckeninnere ist nur durch zunehmende Mächtigkeit von Flözen und Zwischenmitteln erkennbar. Im Bereich der Randvertaubung im Nordosten ist die Kohle aschereich und gering mächtig, südwärts wächst die Mächtigkeit auf 4 bis 7 m reiner Gesamtkohle; noch weiter im SW wird die kohleführende Serie bis 30 m mächtig, aber die Flöze spalten auf und werden beckenwärts aschereich bis zur Unbauwürdigkeit. Ein charakteristisch gebänderter Ton ermöglicht die Korrelierung der Flöze.

Neben den gewöhnlich wenig mächtigen, weit aushaltenden Flözmitteln gibt es in manchen Kohlenflözen im Querschnitt kurzlinsige *Einlagerungen* von Ton und Sand, zum Teil mit Kohlenfragmenten, mit großer Längserstreckung. Diese sind Zeugen ehemaliger mäandrierender Flüsse oder Kanäle im Torfmoor. In den Karbonkohlen von Illinois/USA kennt man einen solchen Moorfluß von 3-8 km Breite, der über 275 km Länge nachgewiesen werden konnte. Die wesentlich geringere Kompaktion minerogener Einlagerungen gegenüber Torf bewirkt manchmal Querschnittformen, die auf den ersten Blick schwer verständlich erscheinen. Auch ist an den Grenzflächen schichtparallele Gleitung häufig, ebenso treten da Störungen bevorzugt auf.

Nicht zu verwechseln mit synsedimentären Vertaubungen – wenngleich bisweilen auch so bezeichnet – sind Unterbrechungen der Kohlenflöze durch spätere *Auswaschungen*. Diese können durch Flüsse bewirkt worden sein, die unmittelbar nach der Torfbildung über das Moor flossen (Abb. 178), oder sie können auf wesentlich spätere Erosion zurückzuführen sein, wie die quartären Auswaschungsrinnen in den miozänen Weichbraunkohlenflözen der Lausitz. Kennzeichnend für Auswaschungen zum Unterschied von Vertaubungen ist die plötzliche Unterbrechung der Flöze, meist durch Sandsteine oder Kiese, die in ähnlicher Form im Flözhangenden auftreten. Anders als die regionalen Vertaubungen durch Zunahme der klastischen Substanz in den Flözen beschränken sich die fluviatilen Auswaschungen auf Rinnen, hinter denen das Flöz wieder in gleicher Ausbildung erscheint. Im Hausruck gibt es auch rundliche Kolke bis 30 m Durchmesser und 10 m Tiefe, die mit den hangenden Kiesen gefüllt sind. Alle Auswaschungen verursachen beim untertägigen Abbau der Flöze erhebliche Schwierigkeiten.

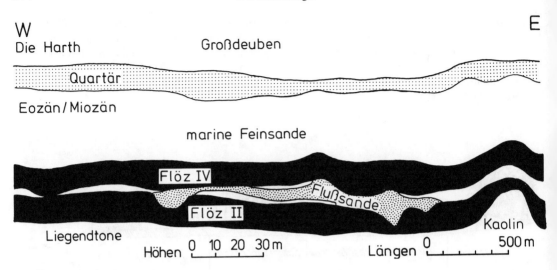

Abb. 178. Flözauswaschungen im Flöz II des nördlichen Teiles des Weißelsterbeckens/Leipzig (nach BARTNIK aus BAUMANN et al. 1979).

Torfmoore und Kohlebildung

Die Bildung von Torflagern setzt voraus, daß a) reiches Wachstum höherer Pflanzen möglich ist; b) absterbendes Pflanzenmaterial ausreichend durch Wasser bedeckt ist, damit Oxydation und bakterieller Abbau behindert sind; und c) möglichst wenig anorganisches Sediment in das Moor gelangt. Zentrale Bedeutung hat der Wasserstand. Ist das Wasser zu tief, können die Pflanzen nicht überleben, fällt das Moor trocken, wird die angesammelte Substanz rasch abgebaut. Solange ein günstiger Wasserstand vorliegt, läßt der dichte Pflanzenbewuchs nur wenig klastischen Sedimenteintrag zu.

Sowohl *Transgression* wie auch *Regression des Meeres* können die Ausbildung von Mooren begünstigen. Im ersten Fall staut das steigende Meer das Süßwasser der Küstenbereiche; das langsame Vorrücken des Meeres führt aber in der Folge zu einem Ertränken der Moore und Überlagerung des Torfes durch marine Sedimente, z. B. Küstensande. Viele Flöze im Ruhrgebiet, aber auch die tertiären Braunkohlen des Mittelmeerraumes bezeugen diesen Ablauf. Regression führt dann zur Kohlebildung, wenn weite Küstenflächen freigelegt und von Sumpfwäldern besiedelt werden. In diesem Fall werden unter dem Flöz marine, darüber terrestrische Sedimente gefunden. *Niedermoore* können sich in vorhandenen Hohlformen des Geländes mit stagnierendem Wasser ansiedeln, wie etwa zwischen Moränenhügeln, in toten Flußschlingen, in Vulkankratern oder in ertrinkenden Karstdolinen (Köflacher Weichbraunkohle, Abb. 179). Diese Wasseraufstauung kann manchmal auf eustatischen Anstieg des Meeresspiegels zurückgeführt werden. Meist aber bilden sich Moore in langsam sinkenden Räumen, sei es in Küstengebieten, sei es im kontinentalen Bereich. Diese Senkung ist tektonisch. Ausnahmsweise kann sie auch durch Salzablaugung bedingt sein, wie im Geiseltal, oder durch Abwanderung des Salzes in einen Salzstock, wie es die eozänen Braunkohlenmulden zu beiden Seiten des Salzstockes von Helmstedt zeigen (Abb. 180). In Zonen hohen Niederschlages ist auch die Bildung von *Hochmooren* möglich, die von der Morphologie unabhängig sind und sogar auf Berggipfeln gefunden werden. Allerdings sind Erhaltung und Kohlebildung aus solchen Torfen wenig wahrscheinlich, weil dafür Überdeckung durch jüngere Sedimente erforderlich ist.

Die große Mehrzahl der Kohlen liegt am gleichen Ort, wo ursprünglich die Pflanzen gewachsen sind; die Flöze sind deshalb *autochton*. Nur selten führt zusammengeschwemmtes Pflanzenmaterial zur Bildung von Kohlenlagern, die man als *allochton* bezeichnet. Kennzeichen für autochtone Flöze

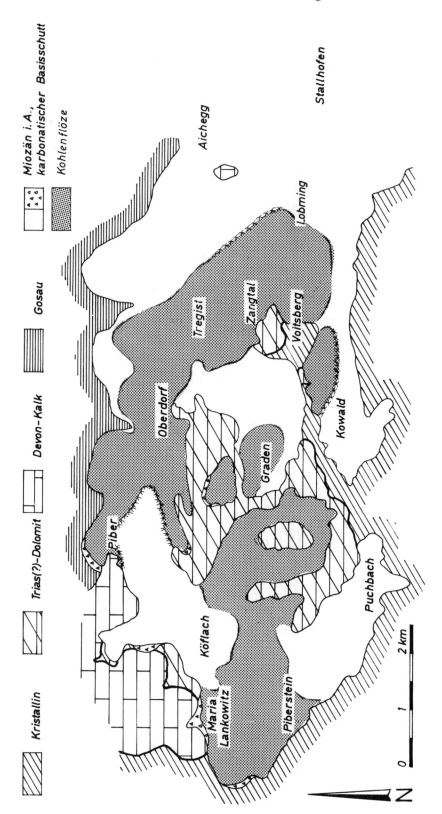

Abb. 179. Das Weichbraunkohlenrevier Köflach-Voitsberg/Stmk. -jene Mulden, die im mittleren Bereich über Dolomit liegen, füllen abflußlose, bis 200 m tiefe Karstwannen (s. Abb. 175; POHL 1976).

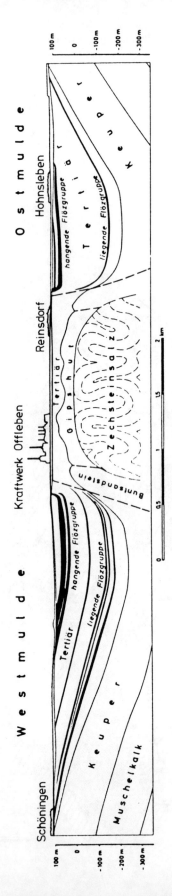

Abb. 180. Die Braunkohlenlagerstätte Helmstedt/Niedersachsen liegt in den Randmulden der Staßfurter Salzmauer (nach Werksunterlagen der BKB).

sind aufrecht stehende Baumstümpfe und Wurzelböden im Liegenden, Kennzeichen für allochtone Flöze dagegen reichlich Sand und Geröll, gerundete Kohlenfragmente, wirr gelagertes Treibholz und rasch schwankende Flözmächtigkeit ohne große Flächenverbreitung. Solche Kohle liegt im Kohlenrevier *Wankie* in Simbabwe als mehrere Meter mächtige „Kraftwerkskohle" über einer liegenden Bank mit 3 m mächtiger, als autochthon interpretierter Kokskohle (DUGUID 1986). Rezente Bildung von allochthonem Torf ist aus dem Orinoco-Delta beschrieben (PFEFFERKORN et al. 1988). Natürlich ist in allen Mooren viel Material „par-autochthon", also kurz transportiert.

Für Bildung und Erhaltung von Torfmooren sind günstige klimatische, tektonische und paläogeographische Faktoren notwendig.

Das *Klima* hat besonderen Einfluß auf die Pflanzengesellschaft. In tropischen, warm-feuchten Gebieten entstehen Waldmoore mit einer hohen Produktionsrate pflanzlicher Substanz; schon in 7-9 Jahren erreichen Bäume eine Höhe von 30 m, während das Wachstum in kühleren Klimabereichen sehr viel langsamer ist. In letzteren wird das Moorwachstum auf 0,5-1 mm/a gegenüber 3-4 mm/a in den Tropen geschätzt. Trotzdem gibt es in der geologischen Vergangenheit Kohlen aus tropischen bis zu gemäßigten und sogar kühlen Klimazonen. Tropische Breitenlage hatten z. B. die Räume der Karbonkohlen in Europa und die oberkretazisch-tertiären Kohlen Nordamerikas. Die großen permo-karbonen Kohlenlager der Südhalbkugel dagegen, mit der typischen *Gangamopteris-Glossopteris* -Flora, wurden in kühl-humidem Klima inter- bis postglazial gebildet. Anders als die europäischen Steinkohlen enthalten diese „Gondwana-Kohlen" wenig Glanzkohle, sondern sind fein-detritär und matt, oft mit hohem Inertinit- und Aschenanteil (FALCON 1986).

Tektonische Prozesse sind regional, seltener auch lokal für die Bildung großer Moore verantwortlich, indem sie die langsame Senkung bewirken, welche durch Pflanzenwachstum und Torfbildung gerade ausgeglichen werden kann. Epirogene Flexur von Plattformen und Bildung orogener Vortiefen sind weiträumig wirksam, Grabenbildung eher lokal (Abb. 181). Im jurassischen Kohlenbecken Ordos in Zentral- und Nordchina wurden die Moore in den Mulden der weitspannigen, syn-sedimentär auflaufenden yanshanischen Falten gebildet; die Sättel führen keine Kohlen (JOHNSON et al. 1989). Auch der abrupte, vertikale Wechsel zwischen weiten, geschützten Mooren und ausgedehnten klastischen Fächern im Pennsylvanian (Oberkarbon) des westlichen Appalachenvorlandes wird neuerdings auf strukturelle und morphologische Wellung des Molassebeckens vor der vorrückenden Gebirgsfront zurückgeführt (WISE et al. 1991). Dadurch wurde die Entwässerung des Gebirges zeitweise in dessen Längsrichtung gelenkt und konnte nur an wenigen Durchbrüchen ins absinkende Vorland gelangen – das ist die Zeit der Moorbildung. Sobald die schützenden Rücken unwirksam wurden, erfolgte die klastische Schüttung auf breiter Front.

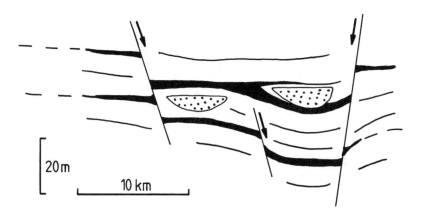

Abb. 181. Die mittelkarbonen Steinkohlen des Midland Valley in Schottland wurden in einem schmalen Graben gebildet (FIELDING 1987).

Die *paläogeographische Rekonstruktion* der kohlenbildenden Moore der Vergangenheit wird dadurch erschwert, daß es keine rezenten Äquivalente zu den riesigen fossilen Mooren gibt. Diese wurden zu Zeiten großer mariner Ingressionen in die Kontinente gebildet, welche heute fehlen. Deshalb behilft man sich mit Faziesanalysen der Kohlen und ihrer Nebengesteine, welche zur Erstellung von Ablagerungsmodellen dienen. Weit bekannt und praktisch bewährt ist das Allegheny Modell, welches ursprünglich für die Karbonkohlen der nördlichen Appalachen/USA entwickelt wurde (FERM & WILLIAMS 1963, HORNE et al. 1978).

Das *Allegheny Modell* beruht auf der Beobachtung, daß sich bestimmte Sedimentabfolgen in den Kohlenrevieren vielfach wiederholen, und daß diese typischen Folgen („Zyklotheme") bestimmten Ablagerungs- bzw. Faziesräumen zugeordnet werden können. Unterschieden werden:

– Küstenbarrieren und brackische Lagunen (überwiegend Quarzite, welche meerwärts mit Karbonaten und fossilreichen Tonen, landwärts aber mit dunklen Tonen und dünnen Kohleflözen wechsellagern); ein modernes Äquivalent mag der bekannte Dismal Swamp sein (Abb. 182).
– Untere Deltafläche (lagunär-deltaische Tone, welche nach oben in Silt- und Sandstein übergehen; diverse Kanalfüllungen sind darin entwickelt. Kohlen liegen in abgeschnittenen Flußarmen, besonders aber in ausgedehnten Sümpfen zwischen den aktiven Kanälen).
– obere Deltafläche und alluviale Täler (typisch sind Zyklotheme, welche nach oben feinkörnigere Gesteine führen. Hier wurden bis 10 m mächtige Kohlenflöze in breiten Überschwemmungsflächen gebildet).

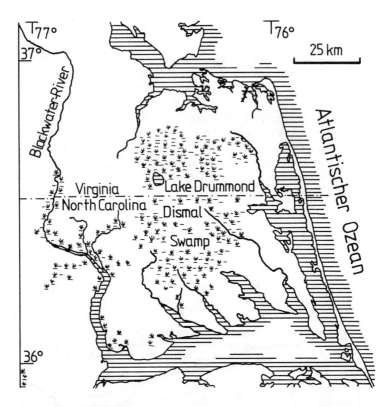

Abb. 182. Der Dismal Swamp in den USA als Beispiel für ein Küstenmoor, das durch eine langgestreckte Sandbarre vor mariner Ingression geschützt ist (nach TEICHMÜLLER 1962).

Moderne Untersuchungen zeigen, daß das so entstandene Zyklothem vom Appalachen-Typ mit seiner transgressiven Basis zum regressiven Top (Abb. 183) überwiegend tektonischen Impulsen

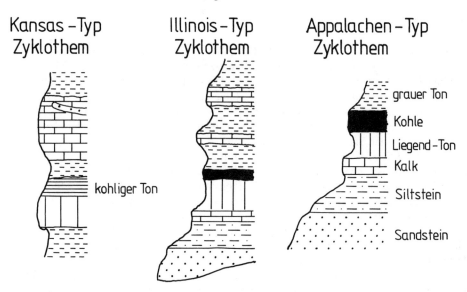

Abb. 183. Die drei wichtigsten Typen nordamerikanischer Zyklotheme: Der Kansas-Typ ist marin dominiert, mit geringer Kohlenbildung; der Appalachen-Typ ist überwiegend terrigen und verdankt seine Entstehung zyklischen, westgerichteten Aufschiebungen des östlich gelegenen Orogens; der Illinois-Typ nimmt eine Mittelstellung ein (KLEIN & WILLARD 1989).

folgt, während gleichalte Zyklotheme in Kansas mit geringerer Kohlenführung fast ausschließlich auf glazial bedingte eustatische Meeresspiegelschwankungen zurückzuführen sind (KLEIN & WILLARD 1989).

Diese nordamerikanischen Modelle sind nicht ohne weiteres auf die europäischen Karbonkohlen übertragbar. Während viele der britischen Kohlen in Gräben liegen (Abb. 181), müssen die Ruhrkohlen als Küstenmoorwälder eines marinen Regressionszyklus aufgefaßt werden (TEICHMÜLLER 1955; Abb. 184; DAVID 1990), vergleichbar den heute weit verbreiteten Mangrove-Sümpfen. Andere Reviere wiederum sind eng mit alluvialen Fächern verbunden (Spanien; FIELDING 1987). Die Rekonstruktion der Ablagerungsbedingungen von Kohlen in Zeit und Raum ist keineswegs nur von wissenschaftlicher Bedeutung, sondern ist eine wesentliche Voraussetzung für weiträumige Lagerstättenerkundung ebenso wie für bergbauliche Planung. Nicht zuletzt betrifft dies auch Fragen der Nutzbarkeit der Kohle, da Flöze mit marinem Hangenden meist sehr schwefelreich sind – diese Bereiche werden nach Möglichkeit nicht abgebaut.

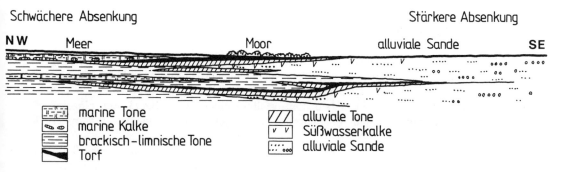

Abb. 184. Das Ineinandergreifen von mariner, fluviatiler und telmatischer Fazies in einer Rekonstruktion des Ablagerungsraumes der Ruhrkohlen (TEICHMÜLLER 1955).

Die Nebengesteine der Kohle

Die Beobachtung zeigt, daß kohleführende Gesteinsfolgen immer grau sind, rote Schichten sind flözfrei. Wo es aber gelingt, den Zusammenhang zwischen den ehemaligen Mooren und ihrer terrestrischen Umgebung herzustellen, zeigt sich, daß dort sehr wohl lateritische, also rote Böden auftreten können. Die Graufärbung der Nebengesteine der Kohle ist also weniger ein Hinweis auf das Klima, sondern auf die reduzierenden Bedingungen im Ablagerungsbereich. Diese sind natürlich in dem reichen Angebot an organischer Substanz begründet. Die graue Farbe der Kohlennebengesteine stammt von organischer Substanz oder feinem Pyrit.

Liegendes der Flöze. Kohlenflöze können unmittelbar über älterem Grundgebirge mit diversen Gesteinen liegen; meist aber handelt es sich um begleitende klastische Sedimente. Die organischen Säuren der Torfwässer lösen Eisen aus dem Untergrund heraus, so daß das Liegende der Flöze oft gebleicht ist. Begleitend erfolgt Kaolinisierung eventuell vorliegender Feldspäte, wodurch einerseits Kaolinlager in Kohlenrevieren entstehen, z. B. Karlovy Vary (Karlsbad) im Tertiär, Plzen (Pilsen) im Karbon, andererseits reine Quarzsande bzw. die typischen Braunkohlenquarzite (sh. dort). Auch feuerfeste Tone, die ihre Qualität der Abfuhr von Eisen, Alkalien und Karbonaten verdanken, sind nicht selten Begleiter von Kohlenflözen.

Für praktische Beurteilungen, besonders bei der Unterscheidung von normaler und überkippter Lagerung, sind die Merkmale des unmittelbaren Liegenden und des Hangenden der Kohlenflöze wichtig. Das Liegende ist häufig als *Wurzelboden* – bei karbonischen Flözen auch *Stigmarienboden* genannt – ausgebildet. Das ist ein graues, tonig-siltiges Gestein, das durch seinen unregelmäßigen, stückigen Bruch entlang reichlich vorhandener Harnische auffällt, welche von den kreuz und quer durchsetzenden Wurzelfasern und Abzweigungen der Wurzeln herrühren. Die Wurzelböden können einige Dezimeter bis zwei Meter unter die Flöze hinabreichen. Bei Flözvertaubungen markiert bisweilen ein Wurzelboden die Fortsetzung. Tertiäre Wurzelböden geben sich oft nur durch dünne Fasern zu erkennen.

Hangendes der Flöze. Das unmittelbare Hangende der Flöze ist meist ein dünnschichtiger kohliger Ton mit wohlerhaltenen Blattabdrücken, bisweilen auch bituminöser Brandschiefer, der auf den Halden zu Selbstentzündung neigt. Diese Gesteine sind Ablagerungen in offenem Wasser, wenn das Moor bei steigendem Grundwasser ertrunken ist. Mancher Sand im Hangenden der Föze von orogenen Vorlandbecken ist möglicherweise durch Subduktions-Erdbeben und die dadurch ausgelösten Tsunamis erklärbar. Kohlen mit marinem Hangenden sind gewöhnlich reich an Asche, Schwefel und Stickstoff; sie enthalten mehr flüchtige Bestandteile, als ihrem Reifegrad entspricht und infolge erhöhter Bitumengehalte haben sie ein abweichendes Verkokungsverhalten.

Detaillierte sedimentologische Untersuchungen der Nebengesteine von Kohlenflözen sind ein wichtiger Teil der wissenschaftlichen und praktischen Bewertung von Lagerstätten (RAHMANI & FLORES 1984).

Wichtige Leitschichten in Flözserien

In Kohlenrevieren mit zahlreichen Flözen, die vielfach durch Faltungen, Verwerfungen und Aufschiebungen aus ihrer ursprünglichen Folge gebracht worden sind, spielt die Erkennung und Aufsuchung charakteristischer Leitschichten für die Orientierung eine große Rolle (Abb. 185). Als solche Leitschichten dienen neben Leitfossilhorizonten, die aber kaum einzelne Flöze, sondern Flözgruppen kennzeichnen, charakteristische Gesteine, die in einem weiträumigen Gebiet gleichzeitig entstanden sind.

Hierher gehören in erster Linie die *marinen Leitschichten,* die auf Meeresüberflutungen im Bereich von Küstenmooren zurückzuführen sind. Das Ruhrrevier mit über 40 bauwürdigen Flözen hat 10 marine Leithorizonte, die die einzelnen Flözgruppen voneinander trennen; mehrere dieser Horizonte haben eine sehr weite Verbreitung. Auch im Aachener Revier und in den Ostrauer

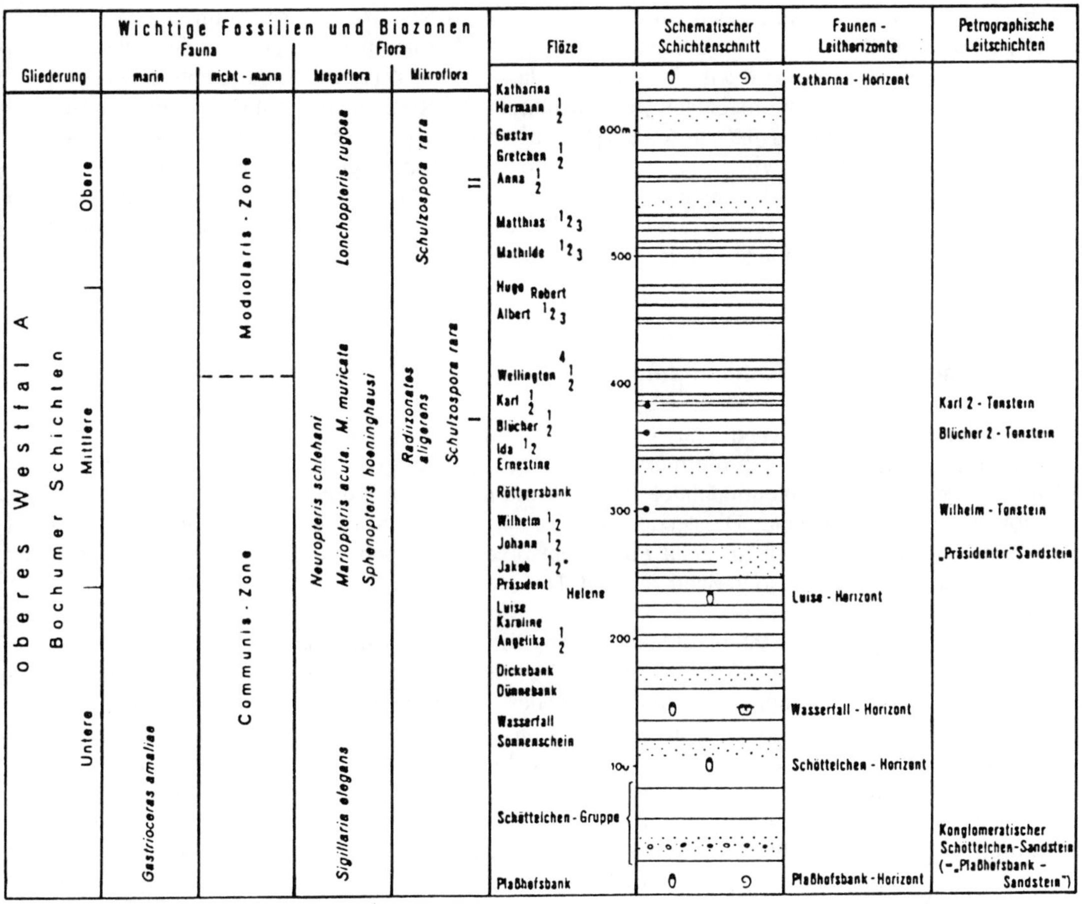

Abb. 185. Stratigraphische Übersicht der Bochumer Schichten im Ruhr-Lipperevier (nach RABITZ 1971).

Schichten des Oberschlesischen Beckens sind marine Horizonte die wichtigsten Leitschichten zur Orientierung in der Flözfolge.

Anders als die marinen Schichten sind Bänke mit Süßwassermuscheln, im Karbon besonders mit Anthracosien. Diese haben entsprechend dem lokalen Charakter offener Wasserstellen in einem Sumpfwald nur eine beschränkte Verbreitung.

In den abseits vom Meer gelegenen, intramontanen Kohlenbecken sind Horizonte vulkanischer Tuffe die besten Leitschichten, weil die vulkanischen Aschenregen verbreitete und gleichzeitige Ereignisse waren. Die Tonsteinschichten des Saarreviers sind umgewandelte Tufflagen; ebenso die Bentonite der inneralpinen Braunkohlen, deren Herkunft vielleicht aus dem miozänen andesitischen Vulkangebiet von Gleichenberg in der Südoststeiermark abzuleiten ist.

Sande, Sandsteine und Konglomerate sind als lokale Einschüttungen für weiträumige Korrelationen ungeeignet. Bänke von dunklem, bituminösem Dolomit („Stinkstein") sind bisweilen weiter verbreitete Leithorizonte, z. B. in der Kreidekohle von Grünbach in Niederösterreich.

Wenn eine vulkanische Tufflage im Profilschnitt schräg zu einem Kohlenflöz liegt, so ist der Tuff und nicht die Kohlebildung als Zeitmarke anzusehen. Im Westteil der Grube von Fohnsdorf liegt die Bentonitschicht mehrere Meter unter dem Flöz, im Ostteil direkt in seinem Liegenden. Die Torfmoorbildung erfolgte also im Osten früher als im Westen.

Aus diesem Beispiel ist zu ersehen, daß Kohlenflöze selbst keine geeigneten stratigraphischen

Leitschichten sind. Sie spalten sich auf durch Einschaltung von Ton- oder Sandlinsen, sie vertauben infolge zu schneller oder zu langsamer Senkung, sie alternieren innerhalb der Schichtfolge. Am beständigsten sind noch Flöze aus Cannelkohle, da sie unter Wasserbedeckung entstanden sind.

Neben anderen sedimentologischen Untersuchungen der Kohlennebengesteine haben sich Bestimmungen des *Schwermineralspektrums* als aufschlußreich erwiesen (NEBERT 1983). Die unterschiedliche Verteilung leicht verwitterbarer (z. B. Apatit, Hornblende, Granat) und resistenter Minerale (Turmalin, Zirkon) im Profil eines Zyklothems läßt Rückschlüsse auf Verwitterung, Abtragung und tektonische Vorgänge im terrestrischen Umfeld der Kohlenbecken zu. Dieses Wissen kann vorteilhaft für die Suche nach Kohlenlagerstätten eingesetzt werden.

Räume und Zeiten der Kohlebildung

Die zahlreichen Kohlenlager, die aus küstennahen Sümpfen entstanden sind, nennt man *paralisch*. Sie sind gekennzeichnet durch die marinen Horizonte als Zeugen zeitweiser Meeresüberflutungen. *Limnisch* heißen die intrakontinentalen, vielfach intramontanen Kohlenbecken, die durch Süßwasserablagerungen gefüllt sind. Die letztere Benennung ist allerdings insofern nicht ganz exakt, als die Kohlen selber einer *telmatischen Fazies* entsprechen, während die Nebengesteine in solchen Becken aber limnischen (also in Seen gebildet: HAKANSON & JANSON 1983) und alluvialen Charakter haben.

Beispiele für paralische Steinkohlenfelder in Mitteleuropa sind die Reviere von Aachen, das Ruhrgebiet, das Revier von Morava Ostrava (Mährisch Ostrau) am Rande des Oberschlesischen Beckens; unter den Braunkohlenfeldern jene des Niederrheins (Kölner Braunkohle) und die oberbayrischen Pechkohlenflöze. Limnisch sind das Saarrevier, die kleinen Steinkohlenreviere in Sachsen, das Niederschlesische Kohlenbecken mit Waldenburg (Walbrych), das böhmische Revier von Kladen-Pilsen (Kladno-Plzen), in Übersee schließlich das oben erwähnte Ordosbecken/China, das ca. 60 % der chinesischen Kohlenressourcen führt. Unter den großen Braunkohlenfeldern sind limnisch die eozänen Kohlen in der Gegend von Leipzig und Halle, die miozänen Kohlen der Lausitz, die nordböhmischen Kohlen des Egergrabens, sowie der größte Teil der Braunkohlen des österreichischen Alpenvorlandes und der inneralpinen Tertiärbecken.

Auf Grund der geotektonischen Natur der Ablagerungsräume ist eine weitere Klassifizierung der Kohlenlager möglich. Man unterscheidet:

1. *Geosynklinale Außentröge* (Gebirgsvorlandströge). Sie sind gekennzeichnet durch mächtige Schichtfolgen (1000 bis mehrere 1000 m) kontinentaler Herkunft mit wiederholten marinen Einlagerungen, haben also Molasse-Charakter. Die Flöze sind zahlreich, meist nur 1-2 m mächtig, doch von großer Ausdehnung. Die Schichten sind stark gefaltet und gestört (Abb. 186), wobei die Faltung gegen das Vorland abklingt. Beispiele: Appalachen, Kohlengürtel der subvariszischen Vortiefe Europas, Bowenbecken westlich des Tasmanfaltengürtels in Australien, Donezbecken/UdSSR und viele andere.

2. *Intramontane Becken*. Es handelt sich um Tröge, Gräben oder Senkungsfelder, die während spät-orogener Phasen innerhalb von Gebirgsketten entstanden sind und mit kontinentalen, nur teilweise marinen Sedimenten gefüllt wurden. Die Basis bildet häufig ein Grundflöz, die Zahl der Flöze insgesamt übersteigt selten 10. In einzelnen Senkungsbecken kann die Kohlenmächtigkeit sehr groß werden und 100 m übersteigen. Bei meist mäßiger Überlagerung sind die Flöze sehr unterschiedlich intensiv tektonisch deformiert. Beispiele: Saar-Nahe Becken, Niederschlesien, Grand Sillon Houiller im französischen Zentralmassiv, die Braunkohlen der Steiermark, von Kroatien und Slowenien.

3. *Plattformen* (Bedeckung stabiler Schilde). Die flözführenden Serien haben eine relativ geringe Mächtigkeit von nur einigen hundert Metern. Die Zahl der Flöze ist meist klein, aber ihre Mächtigkeit kann groß werden. Die Flöze sind regelmäßig ausgebildet und können eine sehr große Ausdehnung erreichen (bis zu mehreren 10.000 km^2). Die Lagerung ist sehr flach bis horizontal (Abb. 187). Dieser Flöztyp ist das Ergebnis langsamer, weiträumiger, epirogener Senkungen tektonisch stabiler

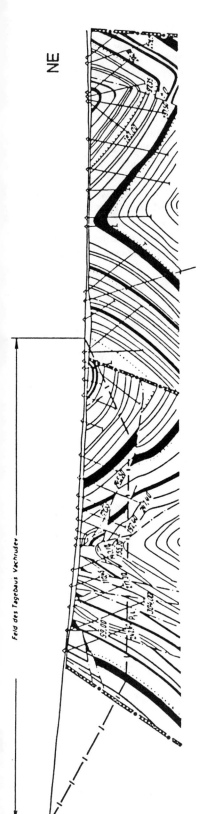

Abb. 186. Das Steinkohlenrevier Prokopevsk-Kiselevsk/UdSSR als Beispiel für Kohlen in kräftig gefalteten geosynklinalen Außentrögen (nach KUZNETSOV aus FETTWEIS 1979).

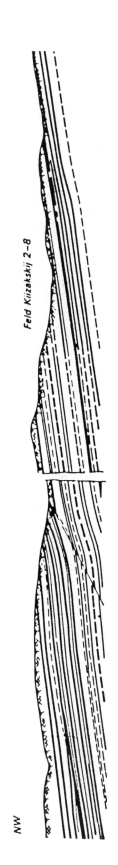

Abb. 187. Das Profil des Steinkohlenrevieres Kuznetsk/UdSSR zeigt die charakteristisch geringe Deformation der Kohlen vom Plattformtypus (wie Abb. 186).

Areale, besonders alter Schilde. Beispiele: die Gondwana-Kohlen Südafrikas und Indiens, sowie die Kohlen des Tunguska-Beckens in Mittelsibirien. Kleinräumige Bereiche desselben Typs finden sich in konsolidierten Abschnitten von Orogenen, z. B. im Braunkohlenrevier der ehemaligen DDR. Zwischen diesen drei Grundtypen gibt es Übergänge.

Zeiten der Kohlebildung. Die ältesten bekannten Kohlen sind aus dem Proterozoikum in N-Michigan und in SW-Grönland bekannt. Es handelt sich um Algenkohlen. Nach dem Auftreten der ersten Landpflanzen im Silur war erst die Bildung von Humuskohlen möglich; eigentliche Lagerstätten gibt es im Devon N-Rußlands, auf der Bäreninsel und auf Spitzbergen. Im Ems des Rheinischen Schiefergebirges sind viele Vorkommen kohliger Schiefer und von Brandschiefern bekannt, die in einzelnen Fällen lokal abgebaut wurden (SCHULTKA & REMY 1990). Seit dem Devon sind Kohlen in allen Formationen entstanden, doch ist es unzweifelhaft, daß es zwei Zeitspannen maximaler Kohlenbildung gibt: Oberkarbon/Perm einerseits und Oberkreide/Tertiär andererseits. BESTOUGEFF (1978) errechnete für sie 55 bzw. 26 % der Weltvorräte. Ein Zusammenhang mit orogenen Zyklen ist offenbar, denn die Zeiten weiträumiger Orogenese sind auch jene ausgeprägter Flözbildung. Die orogen induzierten Oszillationen bewirken wiederholte, langsame Senkungen und damit mächtige Torfablagerungen.

Literatur:

DAVID, F., 1990, Sedimentologie und Beckenanalyse im Westfal C und D des nordwestdeutschen Beckens. Dtsch. Wiss. Ges. Erdöl, Erdgas u. Kohle Forsch. ber. 384–3, 265 pp.

DUGUID, K. B., 1986, Wankie District coal measures. Pp 2099–2104 in C. R. ANHAEUSSER & S. MASKE (Eds.), Mineral Deposits of Southern Africa. Vol. II, Geol. Soc. S. Afr., Johannesburg.

FALCON, R. M. S., 1986, A brief review of the origin, formation, and distribution of coal in Southern Africa. Pp 1879–1898 in C. R. ANHAEUSSER & S. MASKE (Eds.), Mineral Deposits of Southern Afrika. Vol. II, Geol. Soc. S. Afr., Johannesburg.

FERM, J. C. & WILLIAMS, E., 1963, A model of cyclic sedimentation in the Appalachian Pennsylvanian. Am. Assoc. Petrol. Geol. Bull. 47, 356-357.

FIELDING, C. R., 1987, Coal depositional models for deltaic and alluvial plain sequences. Geology 15, 661-664.

GÖTTLICH, K. (Ed.), 1990, Moor- und Torfkunde. 530 pp, Schweizerbart.

HAKANSON, L. & JANSON, M., 1983, Principles of lake sedimentology. Springer.

HORNE, J. C., FERM, J. C., CARUCCIO, F. T. & BAGANZ, B. P., 1978, Depositional models in coal exploration and mine planning in the Appalachian region. Am. Assoc. Petrol. Geol. Bull. 62, 2379-2411.

JOHNSON, E. A., SHU LIU & Y. ZHANG, 1989, Depositional environments and tectonic controls on the coal bearing Lower to Middle Jurassic Yan'an Formation, southern Ordos Basin, China. Geology 17, 1123-1126.

KLEIN, G. & WILLARD, D. A., 1989, Origin of the Pennsylvanian coal-bearing cyclothems of North America. Geology 17, 152-155.

LYONS, P. C. & ALPERN, B., 1990, Peat and coal: origin, facies, and depositional models. 884 pp, Elsevier.

NEBERT, K., 1983, Die Kohle als Faziesglied eines Sedimentationszyklus. Berg. Hüttenm. Monatsh. 128, 106-112.

PETRASCHECK, W., 1922-25 und 1926-29, Kohlengeologie der österreichischen Teilstaaten. Teil I und II, Wien-Kattowitz.

PFEFFERKORN, H. W., FUCHS, K., HECHT, C., HOFMANN, C., RABOLD, J. M. & WAGNER, T., 1988, Recent geology and taphonomy of the Orinoco delta – overview and field observations. Heidelbg. Geow. Abh. 20, 21-56.

POHL, W., 1968, Zur Geologie und Paläogeographie der Kohlenmulden des Hausruck (Oberösterreich). 70 pp, Notring, Wien.

POHL, W., 1976, Zur Geologie des Braunkohlenbeckens von Köflach-Voitsberg (Steiermark). Berg. Hüttenm. Monatsh. 121, 420-427.

RAHMANI, R. A. & FLORES, R. H., 1984, Sedimentology of coal-bearing sequences. Intern. Assoc. Sediment. Spec. Publ. 7, 420 pp.

SCHULTKA, S. & REMY, W., 1990, Ein „Flöz"-Profil im linksrheinischen Schiefergebirge als Beispiel paralischer Verhältnisse im Ems. N. Jb. Geol. Paläont. Abh. 181, 41-54.

SCOTT, A. C. (Ed.), 1987, Coal and coal bearing strata: Recent advances. 332 Pp, Blackwell.

STADLER, G., 1979, Die Eisenerzvorkommen im flözführenden Karbon des Niederrheinisch-Westfälischen Steinkohlengebietes. Geol. Jb. D, 157-183.
TEICHMÜLLER, R., 1955, Über Küstenmoore der Gegenwart und die Moore des Ruhrkarbons. Geol. Jb. 71, 197-220.
TEICHMÜLLER, M., 1958, Rekonstruktion verschiedener Moortypen des Hauptflözes der Niederrheinischen Braunkohle. Fortschr. Geol. Rheinld. Westf. 2, 599-612.
THOMAS, B. A. & SPICER, R. A., 1987, The evolution and paleobiology of land plants. 309 pp, Croom Helm.
WEBER, L. & WEISS, A., 1983, Bergbaugeschichte und Geologie der österreichischen Braunkohlenvorkommen. Arch. f. Lagerst.forsch. Geol. B.-A. Wien, 4, 317 pp.
WHATELEY, M. K. G. & PICKERING, K. G. (Eds.), 1989, Deltas: sites and traps for fossil fuels. 376 pp, Blackwell.
WISE, D. U., BELT, E. S. & LYONS, P. C., 1991, Clastic diversion by fold salients and blind thrust ridges in coal-swamp development. Geology 19, 514–517.

III. Der Inkohlungsprozeß

Der Prozeß, der in der Natur vom Torf zur Kohle führt, wird seit GÜMBEL (1883) *als Inkohlungsprozeß bezeichnet,* im Gegensatz zur Verkohlung, die durch Wärmezufuhr z. B. im Meiler auftritt. Ablauf und Produkte der Inkohlung sind vom Ausgangsmaterial (Torf) stark beeinflußt, weshalb der Inkohlungsprozeß im weiteren Sinne als zweiphasig aufgefaßt wird. Die erste Phase vollzieht sich als *Vertorfung an der Erdoberfläche und ist ein überwiegend biochemischer Prozeß*. Die zweite Phase geht in der Erde in mehr oder weniger großer Tiefe vor sich und ist ein *geochemischer Prozeß*. Die erste Phase kann in rezenten Torfmooren untersucht und experimentell durch Impfung des pflanzlichen Ausgangsproduktes mit Pilzen oder Bakterien in Weckgläsern nachgeahmt werden. Die zweite Phase, also die eigentliche Inkohlung, kann im Vorgang nicht beobachtet werden. Sie ist vor langen Zeiten abgelaufen, unter Einfluß von Agentien, auf deren Wesen wir nur aus der Art des Vorkommens der Kohle in der Natur Schlüsse ziehen können. Experimente können diesen Prozeß nicht wirklich nachahmen, aber ihn teilweise in abgekürzter Form wiederholen und damit den Vorgang unter der Erde verständlicher machen. Die Inkohlung entspricht der Diagenese und dem niedrigsten Grad der Metamorphose (Anchimetamorphose, very low grade metamorphism) in der Gesteinskunde.

Die entscheidenden Fortschritte in der Erkenntnis des Vorganges und der Ursachen der Inkohlung sind seit 1950 von R. und M. TEICHMÜLLER im Geologischen Landesamt Krefeld erzielt worden.

Der biochemische Inkohlungsprozeß (Vertorfung)

Oben wurde schon erwähnt, daß die abgestorbene Pflanze bei behindertem Luftzutritt einem Vergärungsprozeß unterliegt, an dem Bakterien, Actinomyceten und Pilze teilnehmen, wobei die verschiedenen pflanzlichen Baustoffe unterschiedlich schnell verändert bzw. zerstört werden. Zucker, Stärke, Pectine und Proteine werden rasch abgebaut. Freie, also nicht von Lignin geschützte Zellulose wird ebenfalls leicht angegriffen, wenn auch nicht immer völlig abgebaut (HEDGES et al. 1985). Lignin hingegen wird unter Erhaltung der Form in humose Substanzen umgewandelt. Darum hält sich auch Holz länger als Kräuter. Kork und Tannin-imprägnierte Gewebe sind noch schwerer zersetzlich, Harze und Wachs kaum. Auch Protobitumina, wie Blütenstaub, Sporen, Kutikular-Reste u.a. bleiben in Form und stofflich erhalten. Wasserlösliche Huminsäuren oder ihre Salze bilden sich, ferner verschiedene Humusbegleitstoffe. Alle diese Veränderungen laufen überwiegend in den obersten 50 cm des Torfprofiles ab, unter dem Einfluß aerober Bakterien. Hier ist bereits eine Anreicherung des Kohlenstoffgehaltes bis 60 % möglich; dieser ändert sich mit zunehmender Tiefe im Torf nur mehr wenig (maximal 64 % C waf).

In größerer Tiefe gibt es noch anaerobe Bakterien, aber schon 10 m unter der Oberfläche finden nur mehr chemische Veränderungen statt, u.a. Kondensation, Polymerisierung und Reduktion. Auffällig ist besonders die Abnahme des Wassergehaltes infolge zunehmender Kompression (ca. 1 % auf 10 m); er ist ein besonders brauchbarer Maßstab für die Reife des Torfes. Der Übergang von Torf zu erdigen Weichbraunkohlen erfolgt in einer Tiefe von 200-400 m; eine genaue Grenze zwischen Torf und Kohle ist aber kaum festzulegen (s. Abb. 165).

Der wichtigste Prozeß bei der Vertorfung ist die *Humifizierung* des Pflanzenmaterials, welche als langsame Oxydation aufgefaßt werden kann. Gleichzeitig beobachtet man eine Vergelung, welche zum Unterschied von ähnlichen Vorgängen bei der weiteren Inkohlung als *biogene Vergelung* bezeichnet wird. Die Vergelung äußert sich als Durchtränkung der Gewebe und des feinen Pflanzendetritus mit humosen Gelen, es entsteht sogenannter Specktorf. Besonders starke Vergelung beobachtet man in Ca-reichen Mooren (also bei pH>7), bei hoher Temperatur (in Torf tropischer Regionen) und bei erhöhter Sauerstoffverfügbarkeit. Sie ist damit ein Hinweis auf die Moorfazies. Sehr selten sind deutlich unterschiedliche Vergelungsstadien in Kohlenflözen erhalten: Im Flöz von Hart bei Gloggnitz/Niederösterreich lag oben Weichbraunkohle mit braunem Xylit, unten schwarzbraune Glanzkohle. Der Unterschied in der Analyse war allerdings minimal.

Sobald das Torfmoor durch fluviatile, limnische oder marine Sedimente überlagert wird, endet der biochemische Prozeß der Vertorfung. Nun beginnt der geochemische Inkohlungsprozeß.

Der geochemische Inkohlungsprozeß

Wie bereits dargestellt wurde, verändern sich Kohlen mit zunehmender Reife in bezug auf petrographische, chemische und physikalische Parameter. Vom Torf bis zum Weichbraunkohlenstadium sind diese Veränderungen relativ gering, man findet z. B. noch Humussäuren und chemisch identifizierbare Zellulose. Schon in Hartbraunkohlen aber sind die organischen Bestandteile so verändert, daß man eigentlich nicht mehr die Bezeichnung Diagenese, sondern „Metamorphose der Kohle" gebrauchen sollte. Da aber gleichzeitig die Nebengesteine diagenetischen Prozessen unterworfen sind, wäre ein solcher Sprachgebrauch unpraktisch.

Die Inkohlung ist mit einer Volumsabnahme verbunden, welche auch Setzung genannt wird. Die Mächtigkeit der Torflager schwindet auf dem Wege zur Weichbraunkohle etwa auf die Hälfte, zur Steinkohle auf ein Sechstel der ursprünglichen.

Die Bestimmung des Inkohlungsgrades

Der jeweilige Reifegrad der Kohle wird durch den geochemischen Teil des Inkohlungsprozesses bedingt. Eine grobe Einteilung der Reifegrade geben die früher geschilderten makroskopischen Merkmale der verschiedenen Kohlenarten. Mannigfach sind die Versuche, den Inkohlungsgrad schärfer und quantitativ zu bestimmen. Grundsätzlich handelt es sich um Methoden, die die chemischen oder die physikalisch-strukturellen Veränderungen bei der Inkohlung nutzen. Da diese Veränderungen in verschiedenen Reifegradbereichen unterschiedlich deutlich sind, eignen sich die einzelnen Methoden in bestimmten Rangstufen besser als in anderen.

Bei *Braunkohlen* hat sich der Gehalt an *gebundenem Wasser* als brauchbares Merkmal erwiesen. In der Kölner Weichbraunkohle und in australischer Weichbraunkohle nimmt der Wassergehalt um 3-4 % pro 100 m Tiefe ab, in der Hartbraunkohle von Borneo beträgt die Abnahme 1 % pro 100 m, was zur Aufstellung der *Schürmann'schen Regel* führte. Die Verringerung des Wassergehaltes geht vor allem auf eine Verkleinerung des Porenvolumens zurück, z.T. aber auch auf chemischen Abbau von OH⁻ und hydrophilen organischen Seitengruppen. Bei Steinkohlen ist der Wassergehalt gering und seine Abnahme ist für genaue Inkohlungsbestimmungen ungeeignet.

Der Gehalt an *flüchtigen Bestandteilen* ist im europäischen Betriebsalltag der übliche Maßstab des Inkohlungsgrades von *Steinkohle*. Wir hatten erwähnt, daß die verschiedenen Mazerale einen unterschiedlichen Gehalt an flüchtigen Bestandteilen haben. Um Variationen durch die wechselnde kohlenpetrographische Zusammensetzung der Flöze auszuschalten, hat man seit einem ersten Versuch von W. PETRASCHECK an Ostrauer Kohlen sich heute daran gewöhnt, die Bestimmung des Reifegrades an isolierten Glanzkohlenstreifen, also an Vitrain, vorzunehmen. In Amerika wird vielfach der zu den flüchtigen Bestandteilen gegenläufige Wert, nämlich der Gehalt an *fixem Kohlenstoff* als Inkohlungsmaßstab verwendet. Eine Steinkohle ist umso reifer, je weniger flüchtige Bestandteile oder je mehr fixen Kohlenstoff sie enthält. Allerdings ist der C-Gehalt bei reiferen Steinkohlen wenig aussagekräftig, da er sich von der Magerkohle zum Anthrazit kaum mehr verändert. Eine weltweite Erfahrung lehrt, daß der Gehalt an flüchtigen Bestandteilen pro 100 m Tiefenzunahme im Durchschnitt um 1,4 % sinkt. Das ist die *HILT'sche Regel*. Die flüchtigen Bestandteile bestehen im Wesentlichen aus den nicht-aromatischen organischen Bestandteilen der Kohle; da solche Gruppen mit zunehmender Reifung der Kohle abgebaut werden, und weil die humosen Komplexe zunehmend aromatisiert werden, ergibt sich der beschriebene regelmäßige Rückgang der Gehalte an flüchtigen Bestandteilen.

In jüngerer Zeit hat sich als Gradmesser der Inkohlung die quantitative, mikroskopische Bestimmung des *Reflexionsvermögens des Vitrinites* in polierten Anschliffen mittels Photometer eingeführt (siehe auch Abb. 165). Die Messung erfolgt unter Ölimmersion an beliebig orientierten Partikeln in nicht-polarisiertem Licht, wodurch man nach statistischer Auswertung einen durchschnittlichen Reflexionsgrad (R_m bzw. R_o) erhält, der dem Inkohlungsgrad entspricht. Die Messung an orientierten Proben unter polarisiertem Licht ergibt in der Regel anisotrope Werte, mit richtungsgebundenen maximalen (R_{max}), mittleren und minimalen (R_{min}) Reflexionen. In wenig deformierten Kohlen liegt R_{max} gewöhnlich in der Schichtung, R_{min} senkrecht dazu. Diese Anordnung entspricht dem schwerkraftinduzierten Spannungsfeld, da sich die aromatischen Lamellen vorzugsweise quer zur größten Spannung bilden, ähnlich Graphit oder Glimmern in metamorphen Gesteinen. Abweichungen von dieser Lage parallel s_0 findet man in gefalteten Kohlen; solche Befunde können dann zur Untersuchung der zeitlichen Abfolge von Inkohlung und Deformation sowie zur Rekonstruktion des tektonischen Spannungsfeldes genutzt werden (PETRASCHECK 1954, LEVINE & DAVIS 1989). Das durchschnittliche Reflexionsvermögen wächst mit dem Reifegrad von 0,3 bei Weichbraunkohle auf 4,0 bei Anthrazit, allerdings nicht ganz linear, sondern in reiferen Stadien schneller.

Auch die Veränderung der Mazerale der Exinit-Gruppe ist als Inkohlungsmaßstab geeignet. Sie enthalten hohe Anteile von aliphatischen Substanzen, weshalb sie bei Humifizierung und Vergelung in Torf und Weichbraunkohlen sehr stabil sind. Im Glanzbraunkohlenstadium scheiden die Exinite Bitumen ab, entsprechend der beginnenden Ölproduktion in Erdölmuttergesteinen. Im Bereich der Fettkohlen schließlich nähern sich die Exinite unter Abgabe von Methan in ihren chemischen und optischen Eigenschaften dem Vitrinit, so daß sie bei höherrangigen Kokskohlen von diesem mikroskopisch nicht mehr unterschieden werden können. Die Exinite fluoreszieren bei Beleuchtung mit langwelligem UV-Licht oder blauem Licht unter dem Mikroskop. Die Intensität der Fluoreszenz ist bei Torf und Braunkohlen am höchsten und sinkt mit zunehmendem Rang; gleichzeitig nimmt der Anteil langwelligen Lichts im emittierten Spektrum zu. Bis zu einem Gehalt von ca. 29 % F. B. (Gaskohle) können an Exiniten mittels *quantitativer Fluoreszenzmikroskopie* Inkohlungsmessungen durchgeführt werden.

Exakte Werte zum Vorgang der Inkohlung werden weiters aus der Untersuchung der *physikalischen und chemischen Feinstruktur* der Kohle gewonnen. Besonders für Steinkohlen eignet sich die Bestimmung der Aromatisierung, der Ringkondensation und der Größen der aromatischen Cluster.

Da aber diese Feinstrukturuntersuchungen mehr theoretisch als praktisch vorgenommen werden, stützt sich die angewandte Kohlengeologie auch heute noch zumeist auf den Wassergehalt der Braunkohlen, auf die Mengen flüchtiger Bestandteile im Vitrain der Steinkohlen und auf Reflexionsmessungen an Vitriniten. Um die Inkohlung mit den geologischen Verhältnissen in eine anschauliche Beziehung setzen zu können, zeichnet man Karten und Profile, welche die Orte gleichen Inkohlungsgrades durch Linien verbinden. Diese nennt man *Isovolen, bzw. Isoreflexionen* (z. B. PATTEISKY et al. 1962).

Die Ursachen der Inkohlung

Verschiedene Faktoren wurden für die Inkohlung verantwortlich gemacht: die Zeit, weil ältere Kohlen oft reifer sind als jüngere; die Temperatur, weil in der Nähe magmatischer Gesteine die Kohlen oft veredelt sind und weil der Inkohlungsgrad mit der Tiefe, also mit der Erdwärme, steigt; der Belastungsdruck, weil dieser in gleicher Weise mit der Tiefenreifung konform geht; der tektonische Druck, weil gefaltete Kohlen oft reifer sind als gleichaltrige ungefaltete; schließlich auch fazielle Verhältnisse des Ablagerungsraumes. Die langdauernde Diskussion dieser Möglichkeiten der Inkohlungsursachen und ihrer relativen Gewichtung lag daran, daß es sehr selten möglich ist, bei Vergleichen nur einen dieser Faktoren veränderlich, die anderen aber konstant zu sehen. Unter Anwendung der *Arrhenius-Gleichung* sind aber mittlerweile als Hauptfaktoren *Temperatur und Zeitdauer der Erwärmung* erkannt worden (KARWEIL 1956).

Der Einfluß der Zeit. Einst glaubte man, daß vorwiegend das Alter die Kohle reifer werden lasse. Sind doch in Mitteleuropa fast alle paläozoischen und mesozoischen Kohlen Steinkohlen, die tertiären Kohlen meist Braunkohlen. Aber bald wurden überzeugende Gegenbeispiele bekannt: die unterkarbonische Weichbraunkohle von Moskau, die mitteltertiäre Steinkohle des Zsiltales in Siebenbürgen, der alttertiäre Anthrazit der Diablerets in den Westalpen u.a.m.

Mittlerweile gibt es viele Inkohlungsuntersuchungen in rezenten Sedimentbecken, in welchen Temperatur, Wärmefluß, Dauer der Erwärmung und Inkohlung mit großer Sicherheit bestimmt werden können. Daraus ist klar geworden, daß die Zeitdauer der Erwärmung auch hinsichtlich kinetischer Faktoren wichtig ist, da die Kohlenreifung längere Zeit in Anspruch nimmt. Im Tertiär des Rheintalgrabens ist nach Ergebnissen von M. TEICHMÜLLER (1979) das Gleichgewicht zwischen Temperatur und Rang nach 2,3 My noch nicht erreicht. Bis jetzt ist es unklar, wie lange das Erreichen des Gleichgewichtes bei einer bestimmten, gleichbleibenden Temperatur (effective heating time) braucht, das heißt, wie groß die *Reaktionsrate* ist. Jedenfalls aber ist nachgewiesen, daß die einmal erreichte Rangstufe auch dann kaum mehr verändert wird, wenn die Kohle danach sehr lange Zeit niedrigeren Temperaturen ausgesetzt war. Das bedeutet, das die *Aktivationsenergie* für eine weitere Inkohlung nicht ausreichte. Als Beispiel können die Ruhrkohlen dienen, deren Inkohlungsmuster noch vor der Faltung angelegt und seither trotz relativ hoher Gebirgstemperaturen (sicherlich >50 °C) nicht mehr verändert wurde.

Der Einfluß der Temperatur. Die veredelnde Wirkung der Wärme ist am wenigsten umstritten, ist sie doch durch die thermische Metamorphose der Kohle am Kontakt mit magmatischen Gesteinen vielfach augenfällig belegt. Dabei ist der Reifezustand der Ausgangskohle von geringem Einfluß auf das Endprodukt, wohl aber ist dieses von der Entfernung vom Kontakt abhängig. Die bei der Kontaktmetamorphose erzielten Temperaturen können durch Laborversuche und auf Grund der Schmelz- und Erstarrungstemperatur der jeweils beteiligten Magmen sowie der Wärmeleitfähigkeit der Kohlen recht gut abgeschätzt werden. Eine Bestimmung der jeweils erreichten Temperatur durch Reflexionsmessung bedarf allerdings einer Druckkorrektur (STACH et al. 1982).

Ein von TEICHMÜLLER & WEBER (1979) beschriebener Olivinbasaltgang, der das Flöz Präsident der Fettkohlengruppe im Ruhrgebiet durchsetzt und die Bildung von Kontaktkoks zur Folge hatte, wurde auf eine Intrusionstemperatur von 1000 °C geschätzt (Abb. 188). Solch hohe Temperaturen sind aber nur für die unmittelbare Kontaktzone anzunehmen. Die Erhitzungsdauer war sehr kurz. Schlotartige Durchbrüche verursachen etwas größere Veredlungszonen. Anders ist es, wenn Intrusionen als Lagergänge (Sills) oder Lakkolithen vorliegen. Hierbei werden große Flächen veredelt. Ein solches Beispiel ist Handlova in der Slowakei, wo außer Andesitdurchbrüchen ein ausgebreiteter Lagergang unter der Kohle vorhanden ist, wodurch diese auf einer etwa 20 km² großen Fläche in Glanzbraunkohle umgewandelt wurde, während ein weit größeres, angrenzendes Gebiet stückige Weichbraunkohle geblieben ist. Etwa 20 m unter dem 2-8 m mächtigen Kohlenflöz wurde der Sill erschlossen, die Tone und Tuffe dazwischen sind gefrittet.

Oft ist zumindest am Kontakt ein Saum von *Naturkoks,* manchmal auch Graphit, mit hexagonalen Klüften quer zur Kontaktfläche vorhanden, der meist nur einige Zentimeter breit ist. Bemerkenswert ist, daß auch Kohlen mit hohen Gehalten an flüchtigen Bestandteilen, die im Koksofen nicht kokbar

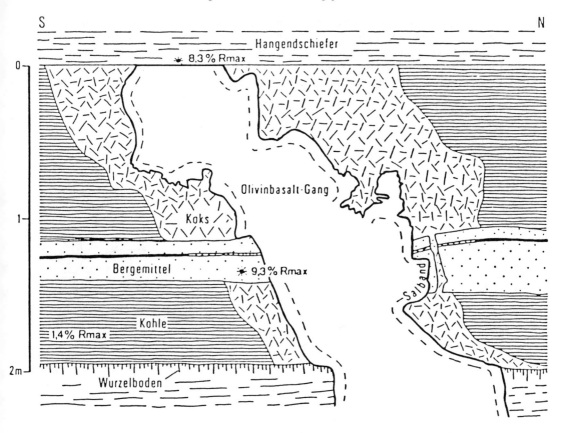

Abb. 188. Bildung von Naturkoks am Kontakt eines präpermischen Olivinbasaltganges im Flöz Präsident/Helene in der Zeche Friedrich Heinrich, Niederrhein (nach M. & R. Teichmüller & Weber 1979).

sind, in verschiedenen Fällen einen festen, stengeligen Naturkoks geliefert haben. Dies verweist auf den Einfluß des Druckes (W. Petrascheck).

Vom Kokssaum nach außen findet man *thermal veränderte Kohle,* welche dicht, hart und matt ist und ebenfalls hexagonale Klüfte zeigen kann. Steinkohlen erleiden ab ca. 300 °C sichtbare Veränderungen, die ab 500 °C der industriellen Verkokung sehr ähnlich sind. Im Zwischenbereich beginnt das Schmelzen der Vitrinite und die Abgabe flüchtiger Bestandteile aus den Exiniten, welche z.T. als Teer und Pech in Klüften erhalten sind. Die Erweichung bewirkt plastisches Fließen der Kohle, wodurch die sedimentäre Bänderung zerstört wird und die Kohle gangförmig in Nebengesteinsklüfte eingepreßt werden kann. Pyrit wird zu Hämatit umgewandelt und das reichlich vorhandene CO_2 führt zur Neubildung von Karbonaten in den Klüften der Kohle und des häufig stark zersetzten Ganggesteins. Deshalb ist der Aschegehalt thermisch beeinflußter Kohle meist höher als im Ausgangsmaterial.

Braunkohlen werden im Kontaktbereich stark entwässert und deshalb klüftig. Koksbildung ist hier seltener. Anthrazite werden, da sie kaum schmelzen, ohne stärkere Veränderung der Texturen zu graphitähnlichem Meta-Anthrazit veredelt (s. Graphitlagerstätten).

Interessant sind die Fälle einer *regionalen thermischen Metamorphose,* deren Erkennung durch die Untersuchung des Reflexionsvermögens kleiner inkohlter Vitritpartikel in Sedimentgesteinen sehr erleichtert worden ist. Aber auch aus der Verbreitung der flüchtigen Bestandteile in Flözserien sind verborgene magmatische Herde angenommen worden.

In Nordengland hat Trotter (1954) aus der zonaren Verteilung vom Rang oberkarbonischer

Kohlen und temperaturabhängigen hydrothermalen Lagerstätten, welche als Gänge und Schläuche in unterkarbonen Karbonaten auftreten, auf einen Granitherd in der Tiefe geschlossen (Abb. 189). Als der Granit erbohrt wurde, stellte sich heraus, daß er unterdevonisches Alter hat und deshalb weder für die thermale Inkohlung, welche bis zum Meta-Anthrazit reicht, noch für die Vererzung direkt verantwortlich sein kann. Die Zonierung um den Granit ist aber so klar, daß andere mit ihm zusammenhängende Erklärungsmöglichkeiten gesucht werden müssen. Heute nimmt man an, daß der Weardale Granit als HHP-Granit aufgefaßt werden muß, vielleicht aber hat er auch als Schlot für einen Wärmestrom aus größerer Tiefe gewirkt, ähnlich einem Salzdom. Eine zusätzliche Komplikation erfährt dieses Bild durch die Kontakteinwirkung des basaltischen Whin Sill, der in die karbonen Serien eingeschaltet ist (CREANY 1980).

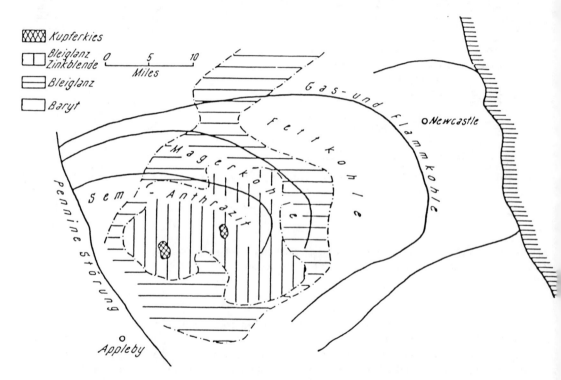

Abb. 189. Nahezu übereinstimmende Zonierung des Kohlenranges im Westfal und temperaturabhängiger Vererzung im Kohlenkalk des Alston Blockes/North Pennine Ore Field, mit dem Zentrum über dem devonischen Weardale Granit (nach TROTTER 1954).

Sehr detailliert wurde auch die Inkohlung im Raum Ibbenbüren in Niedersachsen untersucht. Schon 1950 hatten M. u. R. TEICHMÜLLER aus der anthrazitischen Natur der oberkarbonischen Kohle vom Piesberg und dem starken horizontalen Isovolengradienten im Grubenfeld von Ibbenbüren den Schluß auf einen magmatischen Wärmeherd in der Tiefe gezogen (Abb. 190). Bis dahin waren die schon früher bekannten geophysikalischen Anomalien als Grundgebirgsauframgung gedeutet worden. Spätere Reflexionsmessungen an Vitrinit der mesozoischen Sedimente erlaubten die Eingrenzung des Intrusionsalters, da hochinkohlte Wealdensedimente von wenig reifem Campan überlagert werden (M. u. R. TEICHMÜLLER 1981). Die maximalen Inkohlungstemperaturen wurden mit 315 °C berechnet. Auf Grund seismischer Daten liegt das Dach der basischen Intrusion in etwa 4-5 km Tiefe. Die Bildung metasomatischer Sideriterze im Zechstein und andere schwache Mineralisationen in diesem Bereich sind Zeugen der gleichzeitig induzierten hydrothermalen Aktivität.

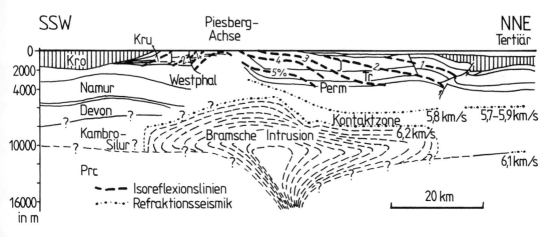

Abb. 190. Darstellung der thermischen Inkohlung über dem Bramscher Massiv im westlichen Niedersachsen (nach STADLER & R. TEICHMÜLLER 1971).

Als Ursache lateraler Zonierung der Kohlenreife kommen nicht nur große magmatische Körper, sondern auch *heiße, metamorphe Massive* in Betracht. Dafür sprechen z. B. die Inkohlungsverhältnisse in den ostalpinen Tertiärbecken (SACHSENHOFER 1989). Im Ennstal nimmt der Reifegrad der miozänen Braunkohlen von Osten (Weichbraunkohle) nach Westen (Flammkohle) zu, vor allem im Bereich Radstadt-Wagrain (Abb. 191). In der Norischen Senke finden wir zwar im Osten (Hart/Gloggnitz, Ratten) Weichbraunkohlen und im Westen bei Tamsweg kleine Vorkommen von Flammkohle, dazwischen aber wechselnd Matt- und Glanzbraunkohle. Letztere wurden früher in den Gruben von Fohnsdorf und Seegraben/Leoben abgebaut. Der hohe Inkohlungsgrad bei Fohnsdorf ist auf die ungewöhnlich große Mächtigkeit der miozänen Sedimente von ungefähr 2500 m zurückzuführen, während diese bei den anderen Vorkommen nur wenige 100 m beträgt. Die erhöhte Inkohlung im Bereich Leoben-Bruck ist bis jetzt nicht erklärbar. Eine Wirkung der starken tektonischen Durchbewegung des Flözes, die nach gefügekundlichen Untersuchungen vor und während der Inkohlung stattgefunden hat, ist nicht auszuschließen. Die Herkunft der bentonitischen Tuffe dieser Becken ist wahrscheinlich weit entfernt, möglicherweise im Gleichenberger Andesitgebiet zu suchen. Dieses regionale Inkohlungsbild wird mit dem Wärmedom des Tauernfensters in Verbindung gebracht, das im Miozän unmittelbar nach maximaler Metamorphose eine rasche Hebung erfahren hat (SACHSENHOFER ibid.).

Im Gegensatz zu all diesen Fällen einer Inkohlung durch räumlich begrenzte Wärmequellen steht die *Inkohlung durch Versenkung,* also durch die sich bei größerer Überlagerung einstellende Temperaturerhöhung. Der Wärmestrom aus dem Erdinneren bewirkt bekanntlich einen *geothermischen Gradienten,* der im Durchschnitt 25 °C/km beträgt. Die regionale Variabilität ist allerdings groß, so daß jeweils versucht werden muß, den tatsächlich zutreffenden Wert zu bestimmen (BUNTEBARTH & STEGENA 1986). Eine Möglichkeit dazu bietet der *Inkohlungsgradient,* also die Zunahme der Inkohlung mit der Tiefe. Ein hoher Inkohlungsgradient, also enge Lage der Isoreflexionen oder der Isovolen, entsteht durch einen hohen paläogeothermischen Gradienten.

Der *Inkohlungsgradient* ist also keineswegs überall gleich. Neben der Abhängigkeit vom geothermischen Gradienten spielt auch die Wärmeleitfähigkeit der Nebengesteine eine Rolle. So gibt es im Saar-Revier eine fast 200 m mächtige Zone, in welcher kaum eine zunehmende Reife der Kohlen gemessen werden kann; der Grund ist das Überwiegen sandiger Gesteine mit hoher Wärmeleitfähigkeit. Im Tertiär des Oberrheingrabens gibt es „warme" (7-8 °C/100 m) und „kühle" (4 °C/100 m) Bereiche; in den ersteren treten Steinkohlen schon in 1500 m Tiefe auf, in letzteren erst in 2600 m (TEICHMÜLLER 1979).

Durch eine Bestimmung der Überlagerung und des geothermischen Gradienten zur Zeit der

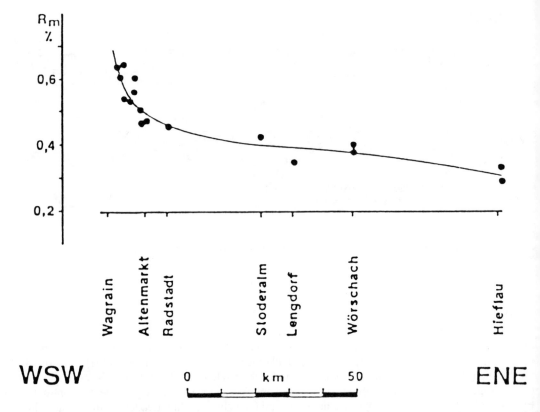

Abb. 191. In den Kohlenvorkommen des Ennstales steigt der Rang von Osten nach Westen mit Annäherung an das penninische Tauernfenster (SACHSENHOFER 1989).

Inkohlung kann man die eigentlichen *Inkohlungstemperaturen* einschätzen. Nimmt man eine lange Einwirkungszeit an, um Irrtümer auf Grund kinetischer Verzögerung des Erreichens des Gleichgewichtes zwischen Temperatur und Rang auszuschalten, lassen sich die „normalen" Inkohlungstemperaturen auf 50-200 °C (Hartbraunkohlen-Steinkohlen) eingrenzen. Anthrazite werden erst bei 200-300 °C gebildet, weshalb sie in vielen Kohlenbecken fehlen. Wie oben schon dargestellt, ist die Anthrazitisierung meist mit magmatischer Wärmezufuhr verbunden; in den Appalachen wird allerdings vermutet, daß sie dort entstehen, wo Kohlen durch den Abstrom unter den westwärts vorrückenden Decken tektonisch ausgepresster heißer Formationswässer erhitzt wurden (DANIELS et al. 1990). Eine dritte Erklärungsmöglichkeit für die immer lokal begrenzten Anthrazitfelder ist deren synklinale Einmuldung am Anfang der tektonischen Entwicklung; durch spätere Tektonik mag oft eine solche frühe synklinale Lage nicht mehr erkennbar sein (LYONS 1991).

Eine empirische Formel erlaubt die Bestimmung der Inkohlungstemperatur aus der Vitrinitreflexion (BARKER & PAWLEWICZ 1986):

$$T = \frac{\ln R_m + 1{,}2}{0{,}0078}$$

Die Vernachlässigung des Zeitfaktors ergibt dabei allerdings Ungenauigkeiten. Soferne man die eigentliche Inkohlungszeit kennt, während welcher die Kohle die maximale Erwärmung erfuhr, kann man die Inkohlungstemperatur aus dem Diagramm von BOSTICK et al. (1979) ablesen (Abb. 192).

Der Einfluß von lithostatischem oder hydrostatischem Druck. Früher hatte man auf Grund der

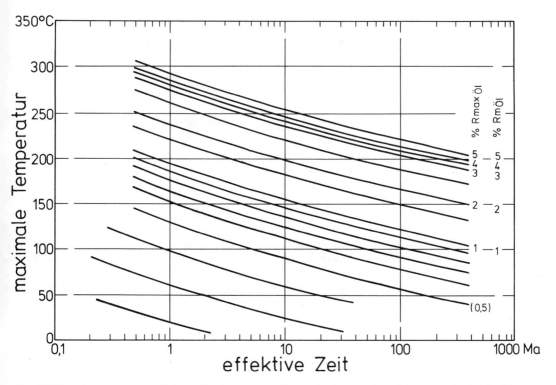

Abb. 192. Der Zusammenhang zwischen effektiver Zeit der Wärmeeinwirkung bei der Inkohlung, der dabei wirksamen maximalen Temperatur und der Vitrinitreflexion (nach BOSTICK et al. 1979).

zunehmenden Reifung der Kohle mit der Tiefenlage angenommen, daß die Inkohlung vor allem durch den Überlagerungsdruck bewirkt würde. Da aber der Belastungsdruck überall auf der Erde in gleicher Weise mit der Tiefe zunimmt, der Inkohlungsgradient hingegen stark unterschiedlich ist, ergibt sich aus den vergleichenden Untersuchungen der letzten Zeit, daß die Zunahme der Kohlenreife mit der Tiefe vorwiegend auf die Temperatur zurückzuführen ist.

Die wichtige Rolle des Überlagerungsdruckes bei der Kompaktion und Entwässerung der Braunkohlen, also bei der *physikalisch-strukturellen Inkohlung,* bleibt anerkannt. Die temperaturbedingte *chemische Inkohlung* der Glanzbraunkohlen und Steinkohlen aber wird vermutlich durch hohen hydrostatischen oder lithostatischen Druck eher behindert, weil dann die Reaktionsprodukte (CO_2, CH_4, etc.) nicht abgeführt werden können.

Der Einfluß tektonischen Druckes. An zahlreichen Beispielen aus vielen Teilen der Erde läßt sich zeigen, daß mit intensiver Faltungstektonik eine Veredelung der Kohlen Hand in Hand geht. In ungestört und flach liegenden Schichten sind die Kohlen meist niederwertiger als dort, wo sie bei gleichem Alter gefaltet und verschuppt sind. Solche Beispiele waren die Grundlage für die durch Jahrzehnte hindurch vertretene Auffassung von dem entscheidenden Einfluß des tektonischen Druckes auf die Inkohlung. Bei kritischer Betrachtung ergibt sich jedoch, daß in den allermeisten Fällen die gefalteten Kohlengebiete zugleich auch jene mit der mächtigeren Schichtfolge, also der stärkeren Überlagerung waren. Auch dies bestätigt also doch wieder die Erklärung der Inkohlung durch die mit der Tiefe zunehmende Erdwärme.

Oft läßt sich zudem nachweisen, daß die Inkohlung vor der Faltung bereits abgeschlossen war und daß deshalb der tektonische Druck keinen wesentlichen Einfluß auf die Inkohlung darstellen kann (z. B. im Ruhrgebiet, s. unten). Früher wurde bereits dargestellt, daß der Druck sogar hemmend auf den Inkohlungsvorgang wirkt, weil die Reaktionsabläufe behindert werden.

Erst die Scherbeanspruchung bei Verschieferung begünstigt die Graphitisierung (ROSS & BUSTIN 1990), vermutlich bereits bei Temperaturen wenig über 300 °C.

Immerhin ist eine Auspressung von Wasser und damit eine Reifung der Braunkohlen durch Faltungsdruck anzunehmen. In Fettkohlenflözen des Ruhrgebietes haben R. & M. TEICHMÜLLER (1966) in einer Scholle unterhalb der Sutan- Überschiebung eine Abnahme um einige Prozent fl.B. mitgeteilt. Diese Beobachtung weist darauf hin, daß rasche tektonische Bewegungen in Einzelfällen durch *Reibungswärme* zu lokal höherer Reife führen können.

Nebeneinflüsse auf den Rang der Kohlen. Neben den behandelten magmatisch- tektonischen Faktoren, die auf die Reifung der Kohlen einwirken, gibt es einige lokale primäre Einflüsse. Hier muß wieder auf die Moorfazies verwiesen werden. W. PETRASCHECK (1952) hat Beispiele angeführt, daß ein unmittelbares marines Hangendes auf dem Flöz dessen Inkohlung befördert:

Das Koksflöz in Mährisch- Ostrau liegt in einer Serie von Flammkohlen; es hat als einziges ein marines Hangendes. In Trbolje (Trifail) liegt Mattbraunkohle vor, wo das Hangende Süßwasserschichten sind, Glanzbraunkohle aber weiter im Osten bei marinem Hangendem. Die oligozäne Kohle von Statzendorf in Niederösterreich ist bei geringmächtigem Deckgebirge und wenig gestörter Lagerung über Kristallin der Böhmischen Masse eine Glanzbraunkohle mit marinem Dach. In all diesen Fällen war offenbar die starke Vergelung in alkalischem Milieu für eine höhere Reife verantwortlich.

Erhöhung des Kohlenranges durch *Radioaktivität* ist nur unter dem Mikroskop nachgewiesen. So haben R. u. M. TEICHMÜLLER (1958) deutlich erhöhte Reflexion und damit Inkohlung als Höfe um radioaktive Mineraleinschlüsse von Buntsandsteinkohlen in Wrexen abgebildet. Im Allgemeinen aber ist über eine erhöhte Reife uranhaltiger Kohlen nichts bekannt geworden.

Regionale Inkohlungsstudien

Um die vorgenannten mannigfachen Inkohlungsursachen in ihrer wahren Bedeutung zu erkennen und gegeneinander abzuwägen, muß die Gesamtheit der geologischen Verhältnisse eines Reviers berücksichtigt werden. Will man z. B. einen tektonischen Einfluß erfassen, so müssen die Proben desselben Flözes vom weniger gefalteten zum stärker gefalteten Bereich aus derselben vertikalen Teufe entnommen werden. Es muß ferner untersucht werden, ob Moorfazies, ursprüngliche Überlagerungsmächtigkeit und thermischer Gradient vergleichbar waren. Dies ist früher vielfach vernachlässigt worden. Mittlerweile ist klar, daß stärker gefaltete Gebiete sehr oft auch Gebiete der größten Schichtmächtigkeit oder erhöhten Wärmeflusses waren.

Ausgehend von Gefügeunterschieden an tektonisch beanspruchten Kohlen hatte W. E. PETRASCHECK (1954) eine *vortektonische*, eine *syntektonische* und eine *posttektonische Inkohlung* unterschieden. Bei der vortektonischen Inkohlung waren die bereits gereiften Flöze deformiert und z.T. mylonitisiert (Alpen, Niederschlesien), bei der syn- und posttektonischen Inkohlung sind die noch weichen Torflager oder unreifen Weichbraunkohlen deformiert worden und wurden erst später im Zuge einer Inkohlung verhärtet. Das deformierte Mikrogefüge wird durch Ätzung oder zur Schichtung schrägliegende optische Anisotropie erkennbar (z. B. Seegrabner Glanzkohle, oberbayrische Pechkohle). Diese aus der tektonischen Gefügekunde übernommenen Begriffe haben M. u. R. TEICHMÜLLER (1954) in die regionale Kohlengeologie übertragen.

Das zeitliche Verhältnis von Faltung und Inkohlung geht aus der räumlichen Beziehung zwischen tektonischem Bau und Inkohlungsgraden hervor, also aus dem Verlauf der Isovolen oder Isoreflexionen in bezug auf die Lagerung der Flöze. Verlaufen Flöze und Linien gleichen Inkohlungsgrades ungefähr parallel, sind also die Isovolen „mitgefaltet", so haben die Flöze ihre Reife schon vor der Faltung noch bei horizontaler Lagerung erreicht. Das war im Ruhrgebiet der Fall, es lag also prätektonische Inkohlung vor (Abb. 193). Schneiden dagegen die Linien gleicher Reife die tektonischen Strukturen, so war die Inkohlung posttektonisch oder wenigstens z.T. syntektonisch, wie im Saargebiet.

Aus der regionalen Inkohlungskarte des Ruhrkohlenbeckens ist ersichtlich, daß am Südostrand

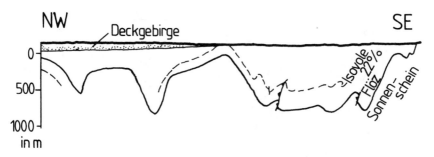

Abb. 193. Faltung des Flözes Sonnenschein in der Bochumer Hauptmulde und nahezu paralleler Verlauf der Isovole 22 % fl.B. belegen die vortektonische Inkohlung (nach M. u. R. TEICHMÜLLER 1968).

des Ruhrrevieres, wo die von Südosten herandrängende Faltung am stärksten war, die schwächer inkohlten Flöze auftreten (Abb. 194). Hier, am Rande des Beckens, war die Überlagerungsmächtigkeit geringer. In Verein mit dem Nachweis prätektonischer Inkohlung ist dies nach TEICHMÜLLER ein Beweis für den maßgeblichen Einfluß der Versenkungstiefe und gegen eine Beziehung zwischen Inkohlung und orogen induzierter Gebirgsspannung.

Inkohlungsuntersuchungen innerhalb von Orogenen unterstützen in besonderem Maße das Verständnis der thermischen Entwicklung. In den Nördlichen Kalkalpen und im Helvetikum Ostösterreichs gibt es Kohlen in der Trias (Lunzer Kohlen: Karn), im Jura (Grestener Kohlen: Lias) und in der Gosau (Gosaukohlen: Senon). Neuere Untersuchungen ergaben folgende Ergebnisse (SACHSENHOFER 1987): Die Inkohlung der Lunzer Kohlen (Glanzbraunkohle bis Gaskohle) ist prä-tektonisch, sichtbar u.a. an der sprunghaften Änderung der Reife an Deckengrenzen, und kann auf erhöhten Wärmestrom während einer Dehnungsphase des kalkalpinen Beckens zurückgeführt werden. Die Grestener Kohlen (Glanzbraunkohle bis Gaskohle) hingegen sind syn-tektonisch gereift, während der Verschuppung und Überschiebung des Helvetikums zwischen Obereozän und Miozän. Die Gosaukohlen schließlich sind Glanzbraunkohlen; gefaltete Flöze (Grünbach) haben einen einheitlichen Inkohlungsgrad, so daß auch hier prä-tektonische Reifung vor der Faltung im Obereozän gesichert ist.

Beziehungen zwischen Inkohlung und Diagenese der Nebengesteine

Regionale Studien betreffend thermische Entwicklung und Absenkungsgeschichte von Sedimentbecken in früheren geologischen Epochen werden nicht nur durch Vergleiche des Inkohlungsgrades, sondern auch durch detaillierte mineralogische Untersuchung der Diagenese und Frühmetamorphose toniger Begleitgesteine der Flöze vertieft (HEROUX et al. 1979). Es war altbekannt, daß Beziehungen zwischen dem Rang der Kohlen und der Verfestigung der Nebengesteine bestehen: Weichbraunkohlen liegen zwischen plastischen Tonen und lockeren Sanden, Glanzbraunkohlen in Schiefertonen und mürben Sandsteinen, Steinkohlen in Tonschiefern und harten Sandsteinen, Graphitflöze in Phylliten und Quarziten. Gleichzeitig verändern sich die Tonminerale, von Kaolin, Montmorillonit u.a. nahe der Oberfläche zu gut kristallisiertem Illit und schließlich Chlorit und Serizit beim Übergang zur eigentlichen Metamorphose.

Die zunehmende Diagenese von Tonen kann röntgenographisch durch folgende Parameter gemessen werden: 1. (001)-Reflektion von Smektit; 2. Gehalt (in %) von Illit-Lagen in Mixed-Layer Mineralen; 3. Illitkristallinität. Die Ergebnisse stimmen mit Inkohlungsmessungen weitgehend überein, allerdings sind die Tonumwandlungen nicht so scharf begrenzt wie jene der Kohle (HELING & TEICHMÜLLER 1974). Das ist darin begründet, daß die Mineralumwandlungen nicht nur Temperatur und Zeit wiederspiegeln, sondern auch von anderen chemischen und physikalischen Faktoren abhängig sind (z. B. Fluide, pH, Druck, etc.).

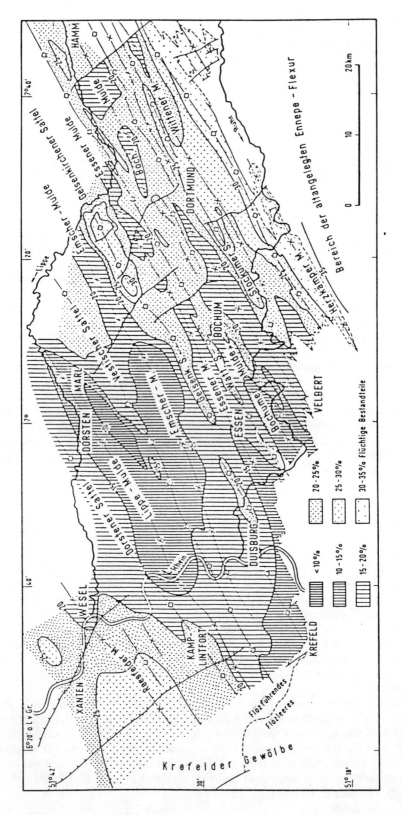

Abb. 194. Inkohlungskarte des Ruhrkohlenbeckens (nach BACHMANN & R. TEICHMÜLLER 1970). Die Inkohlung ist durch die flüchtigen Bestandteile (waf) in Vitrainkonzentraten des Flözes Sonnenschein (ob. Westphal A) dargestellt.

Reflexionsmessungen an kohligen Partikeln eignen sich gut für die Bestimmung der Grenze zwischen Diagenese und Metamorphose. Nach einem Vorschlag von M. u. R. TEICHMÜLLER & WEBER (1979) beginnt die Anchimetamorphose mit der Bildung von Meta-Anthrazit bei $R_{max}>4\%$, die Grünschieferfazies über $R_{max}= 5\%$ mit Semigraphit und Graphit.

Im Zusammenhang mit Reflexionsmessungen an disseminierten Kohlepartikeln in Sedimenten haben diese Untersuchungen eine große Bedeutung für die *Erdölprospektion*, weil nach den Erkenntnissen von WHITE (1935) die Erdölbildung innerhalb bestimmter Diagenesegrenzen erfolgt („Erdölfenster"), die durch den Reifegrad der Kohle in der gleichen Schichtserie markiert sind. Diese Grenzen liegen für Öl etwa zwischen 44 und 24 % flüchtigen Bestandteilen in Kohlen bzw. 0,6 bis 1,4 % Reflexionswert von Vitriniten. WHITE hatte den fixen Kohenstoff für diese seine *Carbon-Ratio- Theorie* verwendet. Höhere Kohlenreife ist mit der Bildung von Trockengaslagerstätten verbunden.

Literatur:

BARKER, C. E. & PAWLEWICZ, M. J., 1986, The correlation of vitrinite reflectance with maximum temperature in humic organic matter. Pp 79-93 in BUNTEBARTH & STEGENA (1986).

BUNTEBARTH, G. & STEGENA, L. (Eds.), 1986, Paleogeothermics. 234 pp, Springer.

CREANY, S., 1980, Petrographic texture and vitrinite reflectance variation on the Alston Block, northeast England. Proc. Yorkshire geol. Soc. 42, 553-580.

DANIELS, E. J., ALTANER, S. P., MARSHAK, S. & EGGLESTON, J. R., 1990, Hydrothermal alteration in anthracite from eastern Pennsylvania: implications for mechanisms of anthracite formation. Geology 18, 247-250.

GÜMBEL, C. W.v., 1883, Beiträge zur Kenntnis der Texturverhältnisse der Mineralkohlen. Sitz.-Ber. K. bayer. Akad. Wiss. München 111-211.

HAGEMANN, W. W., OTTENJANN, K., PÜTTMANN, W., WOLF, M. & WOLFF-FISCHER, E., 1989, Optische und chemische Eigenschaften von Steinkohlen – Bedeutung für die Inkohlungsgradbestimmung und die Beurteilung ihrer Kokungseigenschaften. Erdöl und Kohle 42, 99-110.

HELING, D. & TEICHMÜLLER, M., 1974, Die Grenze Montmorillonit/Mixed-Layer-Minerale und ihre Beziehung zur Inkohlung in der Grauen Schichtfolge des Oligozäns im Oberrheingraben. Fortschr. Geol. Rheinld. Westf. 24, 113-128.

HEROUX, Y., CHAGNON, A. & BERTRAND, R., 1979, Compilation and correlation of major thermal maturation indicators. Amer. Ass. Petrol. Geol. Bull. 63, 2128-2144.

KARWEIL, J., 1956, Die Metamorphose der Kohlen vom Standpunkt der physikalischen Chemie. Z. dt. geol. Ges. 107, 132-139.

LEVINE, J. R. & DAVIS, A., 1989, The relationship of coal optical fabrics to Alleghenian tectonic deformation in the central Appalachian fold-and-thrust belt, Pennsylvania. Geol. Soc. America Bull. 101, 1333-1347.

LYONS, P. C., 1991, Comment to: Hydrothermal alteration in anthracite from eastern Pennsylvania: Implications for mechanisms of anthracite formation. Geology 19/2, p 188.

PATTEISKY, K., TEICHMÜLLER, M. & TEICHMÜLLER, R., 1962, Das Inkohlungsbild des Steinkohlengebirges an Rhein und Ruhr, dargestellt im Niveau von Flöz Sonnenschein. Fortschr. Geol. Rheinld. Westf. 3, 687-700.

PETRASCHECK, W., 1952, Der Einfluß der Fazies der Flözablagerung auf die Eigenschaften der Kohle. Z. dt. geol. Ges. 104, 1-9.

PETRASCHECK, W. E., 1954, Zur optischen Regelung tektonisch beanspruchter Kohlen. Tschermaks Min. Petr. Mitt. 4, 232-239.

PRICE, L. J., 1983, Geologic time as a parameter in organic metamorphism and vitrinite reflectance as an absolute paleogeothermometer. J. Petroleum Geol. 6, 5-38.

SACHSENHOFER, R. F., 1987, Fazies und Inkohlung mesozoischer Kohlen der Alpen Ostösterreichs. Mitt. österr. geol. Ges. 80, 1-45.

SACHSENHOFER, R. F., 1989, Das Inkohlungsbild im Jungtertiär der Norischen Senke (Östliche Zentralalpen, Österreich) und seine paläogeothermische Deutung. Jb. Geol. B.-A. 132, 489-505, Wien.

TEICHMÜLLER, M., 1954, Die stoffliche und strukturelle Metamorphose der Kohle. Geol. Rdsch. 42, 265-296.

TEICHMÜLLER, M., 1979, Die Diagenese der kohligen Substanzen in den Gesteinen des Tertiärs und Mesozoikums des mittleren Oberrhein-Grabens. Fortschr. Geol. Rheinld. Westf. 27, 19-49.

TEICHMÜLLER, M. & TEICHMÜLLER, R., 1981, The significance of coalification studies to geology – a review. Bull. Centres Rech. Explor.-Prod. Elf-Aquitaine 5, 491-534.

TEICHMÜLLER, M., TEICHMÜLLER, R. & WEBER, K., 1979, Inkohlung und Illitkristallinität. Fortschr. Geol. Rheinld. Westf. 27, 201-276.

TROTTER, F. M., 1954, The genesis of high rank coals. Proc. Yorkshire geol. Soc. 29, 267-303.

WHITE, D., 1935, Metamorphism of organic sediments and derived oils. Bull. Amer. Assoc. Petrol. Geol. 18, 589-617.

IV. Spätere Veränderungen der Flöze

Kohlenflöze unterliegen nach ihrer Ablagerung unterschiedlichen endogenen Veränderungen, von welchen Diagenese, regionale und thermale Metamorphose oben schon besprochen wurden. Durch Hebung und Erosion an die Oberfläche ausstreichende Kohlenflöze erfahren exogene Veränderungen.

Tektonische Veränderungen der Kohlenlager

Wie alle Sedimente unterliegen auch Kohlen tektonischer Verformung. Die Kohle selbst verhält sich bei solcher Verformung gegenüber dem Nebengestein relativ plastisch. Das führt zu Ausquetschungen der Flöze („Verdrücke"), zu Kohlenanschoppungen (Flözverdickungen) und zu gangförmigen Flözabzweigungen in Spalten. Wie beim Salz sind die Flöze in den Scheiteln enger Falten mächtiger, in den Schenkeln ausgedünnt (Abb. 195). In flözreichen Serien ist disharmonische Faltung häufig. Kohlenanstauungen vor Verwerfungen hat W. E. PETRASCHECK aus Niederschlesien beschrieben. Abschiebungen, die die Flözserie durchsetzen, legen sich in der Kohle flach und folgen eine Strecke weit den Flözen, um sie dann wieder zu verlassen. Dadurch verringert sich die Kohlenmächtigkeit im Störungsbereich. Perlschnurartige Verdickungen und Verdrücke haben W. PETRASCHECK aus den nordalpinen Steinkohlen, N. WASSILEFF aus bulgarischen Steinkohlen geschildert. Deshalb war im Gebiet von Lunz nur $1/3$ der aufgefahrenen Flözfläche bauwürdig.

Diese *tektonischen Mächtigkeitsschwankungen* sind auf eine hohe Teilbeweglichkeit (Plastizität) der Kohle zurückzuführen. Bei feuchten Weichbraunkohlen ist diese Eigenschaft leicht einzusehen. Bei den schon verhärteten Steinkohlen wird diese Teilbeweglichkeit durch eine Mikrobrekziierung erzielt, bei der die einzelnen Fragmente gegeneinander verschoben werden. Das zeigt die Mikroskopie kräftig deformierter Steinkohlen (W. E. PETRASCHECK, R. TEICHMÜLLER u.a.). Makroskopisch sind solche Kohlen oft am Zerfall zu feinem Grus erkennbar. Die starken Flözstauchungen der harten Glanzbraunkohle von Seegraben bei Leoben auf ein Mehrfaches der normalen Mächtigkeit zeigen jedoch keine dementsprechende Zerreibung. Die mikroskopische Untersuchung orientiert entnommener Anschliffproben hat aber nach Ätzung erkennen lassen, daß die Kohle in den Flözverdickungen eine plastische Feinstauchung aufwies, die zur Großfaltung des Flözes parallel lag. Auf solchen Beobachtungen begründete W. E. PETRASCHECK (1954) die Unterscheidung einer vortektonischen Inkohlung – wenn die Kohle im unreifen, plastischen Zustand erst während und nach diesem tektonischen Vorgang inkohlt und verhärtet wurde. In solchen Fällen ist auch die Auslöschung der optisch anisotrophen Kohle schief zur Schichtung.

Es gibt Fälle, wo eine prätektonisch inkohlte und danach kräftig durchbewegte Kohle wieder zu „Naturbriketts" verfestigt wurde. Das gilt z. B. für die Anthrazitmylonite im Aosta-Tal in den Westalpen, bei denen der polierte Anschliff bei gekreuzten Nicols erkennen läßt, daß sie aus zahlreichen, verschieden orientierten Fragmenten bestehen.

Nicht alle Faltungserscheinungen in Kohlenflözen sind tektonisch. Das Fließen des breiartig durchwässerten Torfmoores kann vergleichbare Bilder geben. In Berndorf (Niederösterreich) war an der Kohle und dem eingelagerten Süßwassermergel solche Verformung bemerkbar. Ähnliches wurde aus der oberbayrischen Pechkohle beschrieben.

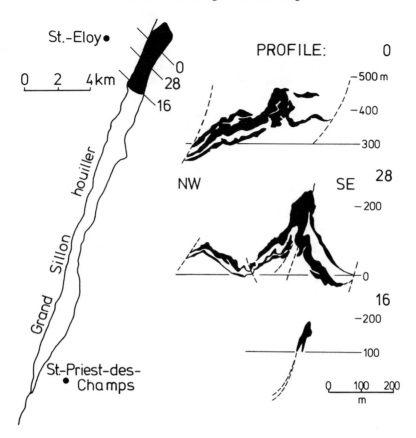

Abb. 195. Karte und Profile des limnischen Steinkohlenbeckens von St. Eloy im französischen Zentralmassiv (VETTER 1981). Es handelt sich ursprünglich um Ablagerung in einem Halbgraben, dessen oberkarbone Flöze durch kräftige Einengung intensiv gefaltet wurden, mit deutlicher Verdickung der antiklinalen Scheitel.

Frühe Dehnungsstrukturen von Kohlenflözen mit wasserreichen Nebengesteinen sind manchmal durch *klastische Gänge* erkennbar. Die Füllung der Gänge ist meist sandig-toniges Material aus dem unmittelbaren Liegenden oder Hangenden, z.T. auch brekziös und mit Kohlenfragmenten. Die Bruchränder des Flözes sind unregelmäßig und sehr scharf, also von Auswaschungen klar unterschieden. Auch im Kartenbild ist die Verteilung solcher Strukturen nicht linear und weit verfolgbar, sondern sehr unregelmäßig, zuweilen auch dendritisch.

Manchmal tektonisch, manchmal schon diagenetisch entstanden ist die *Klüftung der Kohle*. Wenn diese Klüfte, im Steinkohlenbergbau *Schlechten* (Englisch: cleat) genannt, zu tektonischen Hauptrichtungen und zu Nebengesteinsklüften parallel liegen, dann ist die tektonische Entstehung klar. Wo sie polygonal angeordnet sind, wie in manchen flach liegenden, zumeist stark vergelten Braunkohlen, handelt es sich um Schrumpfungsklüfte. Die regionale Orientierung der Klüftung ist für die Kohlengewinnung im Hinblick auf die Lage der Abbaufronten wichtig. Kluftdichte und Durchtrennungsgrad, also Häufigkeit und Persistenz der Schlechten, bestimmen weiters Kohlenfestigkeit, Körnungsanfall und Entgasungseigenschaften. Deshalb werden z. B. im Ruhrgebiet im Rahmen des systematischen Grubenkartenwerkes auch sogenannte Schlechten-Karten angefertigt.

Glanzkohlenstreifen haben immer eine höhere Kluftdichte als Mattkohlenstreifen; diese wiederum zeigen engere Kluftabstände als die Nebengesteine der Flöze.

Epigenetische Vererzung in Kohlenflözen

Die Kluftflächen der Schlechten sind häufig mit diagenetisch entstandener Mineralsubstanz belegt (u. a. Karbonate, Tone, Sulfide; z. B. Zinkblende im Illinois-Becken). Dies ist ein wesentlicher Einfluß auf den Aschengehalt vieler Kohlen; aus wissenschaftlicher Sicht ermöglichen Untersuchungen über Abfolge und Bildungsbedingungen dieser Minerale ein vertieftes Verständnis der Entwicklung von Kohlenlagern, naturgemäß vor allem in bezug auf Zeitlichkeit und Natur migrierender heißer Lösungen (z. B. DANIELS et al. 1990). In Einzelfällen kam es dabei zur Bildung hydrothermaler Lagerstätten.

Im Ruhrbezirk wurden bis 1962 *Blei- und Zink-führende Gänge* (mit Pyrit, Markasit, Ankerit, Quarz, Schwerspat, Kalzit) abgebaut, welche an Querstörungen (ac-Dehnungsstrukturen mit späteren Lateralbewegungen) dort entwickelt sind, wo diese Sättel queren. Diese tektonische Kontrolle wird dahingehend interpretiert, daß die Bildung der Gänge noch während später Phasen der variszischen Orogenese stattfand. Ähnliche Gänge kennt man aus Kohlen bei Aachen (Erkelenz) und bei Geilenkirchen. Eine Entstehung in Zusammenhang mit den sogenannten „varistischen Gangvererzungen" im Rheinischen Schiefergebirge (KRAHN & FRIEDRICH 1991) ist nicht auszuschließen.

Viele Beispiele von syngenetischen und epigenetischen Erzen bzw. Metallanreicherungen in Torf, Kohle und Graphit hat LAZNICKA (1985) dargestellt, vor allem auch unter Berücksichtigung der osteuropäischen Literatur.

Exogene Veränderungen der Kohlenlager

Stauchungen durch Gletscher, vor allem aber Erosion durch fließendes Wasser sowie oxydierende Verwitterung, die bis zur Selbstentzündung führen kann, sind exogene Einwirkungen, welche Kohlenlager nahe der Erdoberfläche in aller Regel ungünstig verändern oder zerstören.

Glaziale Stauchungen, durch quartäres Inlandeis bedingt, sind in Norddeutschland und Polen häufig. Auf der Ilsegrube (Sachsen) war das obere Flöz mit glazialen Sanden und Moränen verfaltet, ein 20 m tiefer liegendes Flöz hingegen ungestört. Bogenförmig war der Verlauf der engen glazialen Falten im Muskauer Revier (Schlesien). Bis 100 m breite Schollen von Braunkohle wurden durch das Eis verschleppt. Im Dabrovaer Revier (Polen) zeigte sogar der Ausbiß karbonischer Steinkohlenflöze Faltung durch Eiswirkung.

Auswaschungen, die mehr oder weniger in das Flöz eingreifen, können Betriebsplanung und Vorratsberechnungen umstoßen oder zumindest sehr erschweren. Sie wurden bereits früher besprochen.

Verwitterung. Hartbraunkohlen und Steinkohlen verwittern an der Erdoberfläche zu schwarzer, rußartiger Erde, so daß die Ausbisse leicht übersehen werden können. Weichbraunkohlen ergeben humusartige Abbauprodukte. Meist ist diese leicht erkennbare Verwitterung nur wenige Meter tief. In dieser Zone ist die Flözmächtigkeit oft stark reduziert. Eine makroskopisch nicht erkennbare Verwitterung reicht aber in vielen Fällen in wesentlich größere Tiefe, wobei die Qualität durch Oxydation stark gemindert ist, insbesondere bezüglich Heizwert und Kokbarkeit. Die Oxydation von Sulfiden bewirkt Neubildung von Gips und anderen Sulfaten auf Klüften, oft noch weit unter der eigentlichen Oxydationszone. Leichtlösliche Sulfate (z. B. Fe) oder sulfathaltige Wässer in solchen Flözbereichen sind im Berbaubetrieb und in der Aufbereitung besonders nachteilig. Gleichzeitig werden quellfähige Tone durch den Wasserzutritt plastisch, was vergleichbar nachteilige Auswirkungen hat.

Die qualitätsmindernde, teilweise Oxydation der Kohle unter der Zone völliger Zersetzung kann durch mikropetrographische Methoden nicht erkannt werden; die Reflexionswerte der Vitrinite bleiben bei normaler Verwitterung unverändert. Sichtbare Veränderungen im Anschliff, u.a. das Auftreten von Mikrofrakturen, deren Ränder höhere Reflexion zeigen, werden nur durch deutlich erhöhte Temperatur bewirkt, welche im Experiment mindestens bei 150 °C liegt (STACH et al. 1982).

Flözbrände haben oft das Ausgehende der Kohlenflöze zerstört. Asche liegt an ihrer Stelle, wobei nicht immer das ganze Flöz verascht sein muß. Das Hangende ist bis mehrere Meter Dicke gebrannt. Tone werden ziegelrot, gelb, cremefarben, auch dunkelgrau-violett. Im letzteren Falle sind sie mitunter schlackenartig geschmolzen. Das Liegende der Flöze ist in der Regel nur wenig verändert. Die Härte des gebrannten Tones hat zur Folge, daß sich in Colorado das Erdbrandgestein des Ausbisses durch lange Hügelzüge verrät. Infolge der damit verbundenen Neubildung von Magnetit (z.T. auch metallisches Fe) können Flözausbisse und die betroffene Fläche nicht selten durch magnetische Anomalien auch unter Bedeckung auskartiert werden.

Die Ursache der *Selbstentzündung* der Kohle im Ausbiß, im Bergbau und auf Kohlenhalden ist darin begründet, daß die Oxydation ein exothermer Prozeß ist. Vitrinit- und Fusinit-reiche Kohlen sind besonders gefährdet, besonders nach Mylonitisierung. Bei solchen Kohlen mit einer hohen inneren Oberfläche ist die Sauerstoffaufnahme besonders stark; da Kohlen schlechte Wärmeleiter sind, kommt es zu einem Wärmestau. Die meisten Kohlen erreichen dabei Temperaturen von 30-80 °C, kühlen aber danach wieder langsam ab, entweder, weil die erreichbaren Oberflächen vollständig oxydiert sind, oder weil der Sauerstoff aufgebraucht ist. Bei Kohlen mit sehr großer innerer Oberfläche steigt bei anhaltendem Sauerstoffzutritt die Temperatur weiter bis zur Selbstentzündung, welche bei 120-170 °C eintritt. Solcherart in Brand geratene Kohlen können nur durch luftdichte Versiegelung gelöscht werden; das gilt für Grubenbrände ebenso wie für Halden.

Literatur:

BRENTRUP, F. K., 1959, Die Lage der Schlechten in einer Falte (Beispiel aus dem westlichen Ruhrkarbon). Z. dt. geol. Ges. 111, 144-167.

KRAHN, L. & FRIEDRICH, G., 1991, Zur Genese der Buntmetallvererzung im westlichen Rheinischen Schiefergebirge. Erzmetall 44, 23-29.

LAZNICKA, P., 1985, The geological association of coal and metallic ores – a review. Pp 1-71 in K. H. WOLF (Ed.), Handbook of Strata-Bound and Stratiform Ore Deposits. Vol. 13, Elsevier.

MURAWSKI, H., 1979, Das Steinkohlenflöz als tektonischer Körper. Z. dt. geol. Ges. 130, 1-14.

VETTER, P., 1981, Bassins paraliques, bassins limniques, bassins et anthracophores d'Amérique du Sud – réflexions sur les dimensions des gisements. Bull. Centres Rech. Explor.-Prod. Elf-Aquitaine 5, 291-318.

V. Anwendung der Kohlengeologie

Die Aufgaben der Kohlengeologie in der Industrie liegen zum Einen in der Aufsuchung und Bestimmung der Reserven von Kohlenlagern, zum Andern in vielfältigen montangeologisch-geotechnischen Arbeiten, welche letztlich einer möglichst rationellen und wirtschaflichen Nutzung der Lagerstätte dienen. Grundsätzlich sind die angewendeten Methoden jenen anderer Rohstoffsparten vergleichbar. Manche sind aber doch sehr spezifisch für den Kohlenbergbau abgewandelt; einige wichtigere Aspekte der kohlengeologischen Praxis sollen deshalb im Folgenden skizziert werden.

Exploration

Die Aufsuchung verborgener Kohlenlager ist nur mittels geologischer Überlegungen möglich, wobei insbesondere Paläogeographie und Faziesräume in Zeit und Raum zu beachten sein werden (z. B. GALLOWAY & HOBDAY 1983). Es gibt keine geophysikalische Methode, die Kohlenflöze mit einiger Sicherheit direkt nachweisen ließe. Wohl aber können Seismik, Gravimetrie und Magnetik bisweilen kohlenhöffige Mulden anzeigen, oder Auskünfte über den generellen Schichtaufbau und die Lagerung geben. Elektrische Widerstandsmessungen erlauben in manchen Fällen das

Auskartieren von Kohlen in relativ geringer Tiefe. Zusammen mit geologischer Kartierung der Ausbißbereiche sind systematische geophysikalische Messungen besonders geeignet, um einen ersten Bohrraster zu entwerfen. Als geochemische Methode kann man Bodengasmessungen betrachten; über einigen österreichischen Braunkohlenlagern wurden erhöhte Werte von CO_2 und brennbaren Gasen festgestellt. Die Vielzahl der einwirkenden Faktoren beschränkt die Methode jedoch auf den gezielten Einsatz bei recht genau bekannten geologischen Verhältnissen. Ähnliches gilt für die Anwendung thermoradiometrischer Messungen, wodurch z. B. die gegenüber normalen Gesteinen etwas wärmeren Kohlenausbisse vom Helikopter aus kartierbar sein können.

Obwohl in günstigen Fällen geologische Kartierung und geophysikalische Aufnahmen recht genaue Aussagen über Kohlenflöze im Untergrund zulassen, können quantitative Erkenntnisse (Tiefe, Mächtigkeit, Qualität der Kohle, etc.) letztlich nur durch *Bohrungen* oder bergmännische Aufschlüsse gewonnen werden. Die Planung eines Bohrprogrammes wird in erster Linie von den geologischen Verhältnissen diktiert, daneben auch von technischen, gesetzlichen und physischen Randbedingungen. Der Abstand der Bohrungen voneinander, also die Auslegung des Bohrrasters, und die minimal und maximal notwendige Tiefe jeder Bohrung müssen festgelegt werden. Falls es sich um die Erweiterung eines bereits bekannten Feldes handelt, können schon für die Planung geostatistische Methoden eingesetzt werden. Andernfalls wird mit einem weiten Bohrraster begonnen, der im Laufe der Arbeiten durch Füllbohrungen verdichtet wird. Begleitende geostatistische Kontrolle gestattet dann die Überprüfung der gewählten Anordnung.

In großräumigen Kohlenlagerstätten können bereits *Bohrabstände* von 1-2 km für die erste Phase der Planung eines Untertagebergbaues genügen. Beim nachfolgenden detaillierten Abbohren der Mine Burton Downs (Westrand des Bowenbeckens/Queensland/Australien) hat man dann anfangs quer zum Streichen des Flözes Profile in 100 m Abstand gelegt, die Bohrabstände in den Profilen waren ca. 50 m. Nach einer ersten Auswertung der Ergebnisse wurde erkennbar, daß die große laterale Homogenität der Lagerstätte einen Profilabstand von 400 m zuläßt. Die Einsparungen sind natürlich beträchtlich. Auch aus den Abb. 175 und 186 ist ersichtlich, daß ein 100 x 50 m Raster für Bohrungen zur Erkundung von wechselhaften Kohlenlagerstätten weit verbreitet und offensichtlich bewährt ist.

In der Erkundungsphase ist es meist auf lange Sicht billiger, solche Bohrungen durchgehend zu kernen. Der aus Bohrkernen gewinnbare Reichtum an geologischer Information über die gesamte flözführende oder kohlenhöffige Serie, wie Lithologie, Stratigraphie, Lagerung und Tektonik, welche alleine ein Urteil über Abbruch oder Weiterführung der Arbeiten ermöglichen, rechtfertigt fast immer die Mehrkosten. Dabei ist schließlich auch das Überbohren von Kohle ausgeschlossen. Nur bei schon bekannten Verhältnissen wird man steriles Deckgebirge voll bohren und erst in der kohleführenden Serie auf Kernen umrüsten. Zur Untersuchung und Beurteilung von Kohleflözen in allen Phasen der Untersuchung muß möglichst vollständiger Kerngewinn angestrebt werden. Dazu ist nicht selten der Einsatz von Doppel- oder sogar Dreifachkernrohren notwendig, die ein Zerreiben des Kernes während des Bohrens verhindern. Falls bei Dreifachkernrohren als Innenrohr Aluminium- oder Plastikhüllen verwendet werden, kann der Kern für Transport und Lagerung darin verbleiben. Dadurch sind nachteilige Einwirkungen weitgehend ausgeschlossen, und zudem ist es ohne weitere Manipulation möglich, Röntgenradiographien der Kerne herzustellen. Diese Methode dokumentiert besser als Farbphotographie die Verteilung der Mineralsubstanz in der Kohle.

Die *Kernbemusterung* darf niemals dem Bohrpersonal alleine überlassen bleiben; auch bei einfachen geologischen Verhältnissen werden dann oft wichtige Informationen übersehen. Schließlich kostet eine genaue geologische Kernaufnahme nur einen Bruchteil des Aufwandes für die Bohrungen. Zur genaueren Konstatierung von Flözen und zur Kontrolle der Teufen sowie auch qualitativer Ergebnisse (Aschen- und Wassergehalte) eignen sich vorzüglich geophysikalische Bohrlochmessungen, insbesondere radiometrische Methoden und Widerstandsmessungen (SCHMITZ 1984; Abb. 196). Infolge der geringeren Kosten werden Vollbohrungen, immer aber ergänzt durch geophysikalische Logs, oft als Füllbohrungen zwischen Kernbohrungen angesetzt.

Kohlen-Kernproben sind sofort in PVC-Schläuche zu verpacken, um Wasserverluste oder Oxydation zu vermeiden. Auf kühle, frostfreie Lagerung bis zur Analyse ist zu achten. Die Kerne werden gewöhnlich der Länge nach gespalten oder gesägt, so daß neben den Proben für die

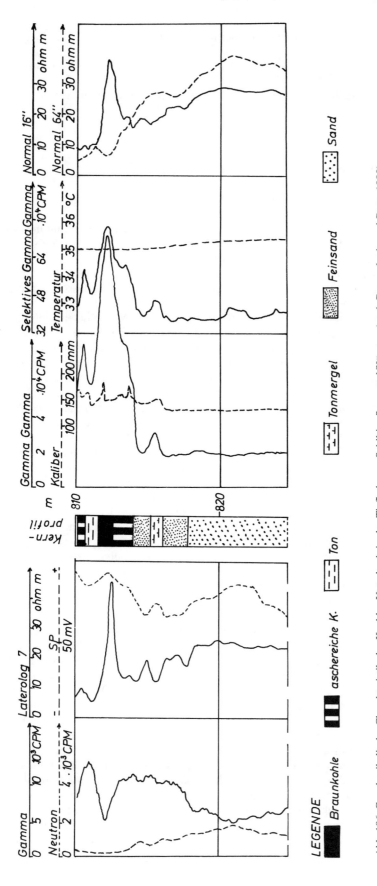

Abb. 196. Geophysikalische Charakteristik der Kuchler Unterbank in der Tiefbohrung Schilting/Lavanttal/Kärnten (nach Baugeologie und POHL 1980).
Zur Erläuterung: *Gamma* gibt die natürliche Strahlung wieder; *Laterolog 7, Normal 16," und Normal 64,"* sind Widerstandsmessungen mit verschiedenen Elektrodenabständen; *Neutron* ergibt Daten zu Porosität und Wassergehalt; *SP* ist eine Eigenpotentialmessung; *Kaliber* – Bohrlochdurchmesser; *Gamma Gamma und selektives Gamma Gamma* messen die unterschiedliche Dichte der Gesteine.

petrographische und technische Analyse Referenzproben für später eventuell notwendige, zusätzliche Untersuchungen verbleiben. Proben der unmittelbaren Nebengesteine der Flöze werden häufig für geotechnische Untersuchungen gebraucht und müssen deshalb ebenfalls sorgfältig konserviert werden.

Vorratsermittlung und Bauwürdigkeit

Die Ergebnisse des Explorationsprogrammes sind die wesentlichen Grundlagen einer Einschätzung der verfügbaren Reserven und der Bauwürdigkeit der Lagerstätte.

Die geologischen *Kohlenreserven* werden mit den gleichen Methoden bestimmt und klassifiziert, wie jene anderer fester mineralischer Rohstoffe (WHITCHURCH et al. 1990). Geologische Gewißheit und wirtschaftliche Gewinnbarkeit sind die wichtigsten Parameter.

Eine sehr ausführliche Darstellung der kohlenspezifischen Aspekte der Vorratsbestimmung kann im Buch von FETTWEIS (1979) nachgelesen werden. In kurzer Überschau lassen sich die zentralen Aussagen folgend zusammenfassen:

Drei Gruppen von Faktoren beeinflussen die Gewinnbarkeit eines Kohlenlagers, nämlich die geologischen Lagerstättenverhältnisse („Bonität"), die Qualität der Kohle und die technisch-wirtschaftlichen Rahmenbedingungen. *Bonität und Qualität* sind, da auf meßbaren geologischen Daten beruhend, zeitunabhängig. Sie umfassen alle Parameter der Geometrie der Lagerstätten ebenso wie die geomechanischen, hydrogeologischen, geochemischen und geothermischen Bedingungen. Die *technisch-wirtschaftlichen Faktoren* hingegen sind zeitabhängig; sie ändern sich also mit der wirtschaftlichen Entwicklung, mit neuen Technologien in Abbau, Aufbereitung und Nutzung der Kohle, was bedeutet, daß sie als Variable gelten müssen. Jede Neubewertung einer Lagerstätte wird nach einigen Jahren zu anderen Ergebnissen kommen, als bei der Erstuntersuchung.

Um dies zu erläutern, sei auf die Flözmächtigkeit und auf die Tiefenlage verwiesen. Kohlenabbau erfolgt heute entweder im Tagbau, wo ein bestimmtes Verhältnis zwischen Kohlenmenge in t und tauber Überlagerung in m³ (für Weichbraunkohlen näherungsweise etwa 1:10; bei Kokskohlen 1:30) nicht überschritten werden darf, oder im Tiefbau, wo infolge der mechanisierten Gewinnung sehr dünne (bei Steinkohlen meist <70 cm, bei Braunkohlen <150 cm) Flöze überhaupt nicht gewinnbar sind, wo aber auch Flözverdickungen über ein gewisses Maß hinaus zurückgelassen werden müssen. Je nach der gewählten technischen Ausstattung des Bergbaues sind jedoch solche Grenzen im Einzelnen unterschiedlich. Die Tiefenlage ist vor allem eine wirtschaftliche Grenze, da zunehmende Tiefe die Gewinnungskosten erhöht. Im Ruhrgebiet werden die Reserven bis 1500 m Tiefe angegeben, in den USA bis 300 m, in Australien bis 600 m. Dies spiegelt natürlich die geologischen Verhältnisse der meisten Kohlenlager dieser Länder wieder und verweist auf die weit divergierenden, nationalwirtschaftlichen Randbedingungen des Kohlenbergbaues.

Solche eigentlich veränderliche Faktoren müssen aber bei der Bestimmung von Kohlenreserven einbezogen werden, da es offensichtlich nicht sinnvoll sein kann, Steinkohlenflöze von 15 cm Mächtigkeit in 2000 m Tiefe als Reserven oder in naher Zukunft gewinnbare Ressourcen auszuweisen. Daraus wird einsichtig, daß eine Reservenberechnung von Kohlen ohne eine gewisse Standardisierung nicht zweckmäßig ist. Deshalb gibt es in allen kohlenproduzierenden Staaten Richtlinien für die Ermittlung von Kohlenvorräten, die befolgt werden müssen. In Deutschland gilt eine 1981 publizierte EG-Norm.

Unter Beachtung solcher Richtlinien werden die *in situ-Reserven* ermittelt. Davon müssen die unvermeidbaren Abbauverluste abgezogen werden, die beim Tagbau 10-20 %, beim Tiefbau 30-50 % betragen. Es verbleiben die *gewinnbaren Reserven*. Falls die Bergeanteile der Förderkohle durch Aufbereitung entfernt werden, ergibt ihr Abzug den Anteil der *vermarktbaren Reserven*.

Aus dem bisher Gesagten wird bereits klar, daß ein beachtlicher Teil der Kohlen nicht gewinnbar im Untergrund verbleibt. Noch deutlicher zeigt dies folgendes Beispiel: Die Steinkohlenlagerstätten des Ruhrgebietes können mit konventionellen Methoden bis ca. 1500 m Tiefe abgebaut werden. Da die kohleführenden Schichten nach Norden bis unter die Nordsee reichen, allerdings bis zu

7 km tief gelegen, sind hier immense zusätzliche Energieressourcen vorhanden. Insgesamt werden die geologischen Kohlenressourcen Deutschlands auf ca. 350 Milliarden Tonnen geschätzt, wovon aber nach den derzeitigen Maßstäben nur 25 Mrd t gewinnbar sind. Ähnliches gilt für viele andere Länder.

Seit langem verfolgt man deshalb in vielen Forschungsprojekten die grundsätzlich elegante Lösung der *Kohlevergasung in situ*. Tiefliegende Flöze werden dabei mittels Bohrungen erschlossen; jeweils eine Bohrung dient für die Zuführung des Vergasungsmittels (Luft, Wasserdampf, O_2, H_2), eine zweite für den Abzug des erzeugten Gases (Methan, Kohlenmonoxyd u.a.). Vor der Zündung muß zwischen beiden Bohrungen im Flöz eine Verbindung hergestellt werden. Danach wandert eine exotherme Reaktionsfront (Trocknung-Schwelung-Vergasung) in Form eines Festbettreaktors durch das Flöz. Die Steuerung des Prozesses in der Tiefe ist allerdings sehr schwierig; immerhin aber haben Feldversuche in mehreren Ländern (Deutschland-Belgien, USA, UdSSR) die Durchführbarkeit erwiesen (OSTEROTH 1989). Das Energieausbringen mit der derzeitigen Technologie der In-situ-Vergasung liegt zwischen 50 und 80 %. Eine breite Anwendung ist jedoch noch nicht absehbar.

Eine vollständige Verwertung der riesigen, derzeit nicht nutzbaren Kohlenressourcen der Erde erfordert offenbar noch viel geowissenschaftliche und technische Forschungs- und Entwicklungsarbeit.

Kohlengeologische Aufgaben im Bergbau

Alle geologischen Daten einer Kohlenlagerstätte müssen in systematischen Karten- und Profilwerken dokumentiert werden (BURGER 1974). Im deutschen Steinkohlenbergbau spricht man vom „Flözarchiv", zu dem u.a. Karten über Inkohlung, Heizwerte, Wasser- und Aschengehalte, Gasführung und Orientierung der Schlechten gehören. Fast immer werden für die einzelnen Flöze Isohypsenkarten der Flözunterkante und Karten der Kohlenmächtigkeit (Isopachen) hergestellt. Ein „Lagerstättenarchiv" erfordert u.a. geologische und tektonische Karten und Profile. Die Darstellungsweisen sind genormt (DIN).

In Kohlenrevieren mit mehreren Flözen ist die *Flözidentifizierung* eine der wichtigsten Aufgaben des Geologen. Nur eine korrekte Zuordnung der oft weit entfernten Aufschlüsse oder tektonisch gestörter Flözteile ermöglicht eine zutreffende Reservenbestimmung und eine rationale Bergbauplanung.

Alle Merkmale der Flöze und ihrer Nebengesteine sind dabei heranzuziehen, unter Umständen unterstützt durch multivariate Statistik (Clusteranalyse, Diskriminanzanalyse). Manchmal sticht ein Flöz von den übrigen immer durch seine Mächtigkeit ab, oder durch die Gliederung in Bänke. Bisweilen erlaubt die Folge der Flözbänke nach ihrer kohlenpetrographischen Zusammensetzung einen Vergleich. TASCH (1960) hat auf dieser Basis das Zeichnen sogenannter *Flözbildungskurven* angeregt (Abb. 197), welche auf Grund ihrer charakteristischen Gestalt eine rasche optische Korrelation ermöglichen.

Marines Hangendes ist ein Kennzeichen einzelner Flöze unter vielen anderen. Im Ruhrkarbon sind die Flöze Katharina und Finefrau dadurch „Leitflöze", daß nur sie Dolomitknollen führen. Jedoch ist zu beachten, daß marine Bänke sich auch teilen können, daß sie örtlich durch brackische, sogar durch Anthracosia-Bänke ersetzt werden können. Cannelkohlenbänke sind oft gute Leithorizonte.

Die Fazies der Zwischenmittel ist veränderlich, wobei naturgemäß jene Schichten, die unter Wasserbedeckung abgelagert wurden (Tone, marine Leithorizonte: RABITZ 1966), eine weitere Verbreitung haben, als klastische Schüttungen fluviatiler Fächer. Trotzdem sind in paralischen Becken manche Konglomeratbänke gute Leitschichten, in den limnischen Becken sind sie als Deltaablagerungen nur von ganz lokaler Bedeutung. Besonders weit aushaltend sind vielfach vulkanische Tuffe, z. B. die Kaolinkohlentonsteine des Niederrheinisch-Westfälischen Reviers, welche für die Flöze Erda und Hagen z.T. über mehr als 450 km Entfernung charakteristisch sind.

Pflanzliche Fossilien sind verläßlich für die Horizontierung von Flözgruppen, nicht aber einzelner Flöze. Das gleiche gilt für Sporen und Pollen. Man stützt sich hiebei allerdings nicht auf

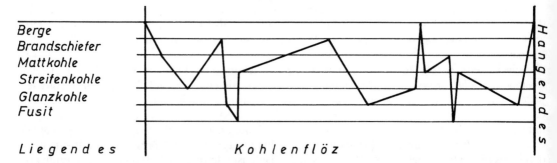

Abb. 197. Schema einer Flözbildungskurve (nach TASCH 1960).
Da die Berge sub-aquatischer Bildung, Glanzkohle und Fusain aber eher Trockenphasen entsprechen, haben diese Kurven für jedes Flöz charakteristische Formen, die bei genügend dichtem Abstand oft eine sehr gute Flözidentifizierung zulassen.

einzelne Arten, sondern auf deren statistische Mengenverhältnisse, manchmal auch auf Zonen besonderer Sporenhäufigkeit (z. B. HAGEMANN 1966). Auch mikropaläontologische Untersuchungen von Ostracoden, Foraminiferen, Conodonten etc. können bei der Flözgleichstellung helfen.

Weitere typische Aufgaben des Kohlengeologen im Bergbau betreffen die Vorhersage von Unterbrechungen der normalen Flözentwicklung (Störungen, Auswaschungen, magmatische Ganggesteine: siehe oben), die Gas- und Wasserführung, sowie boden- bzw. felsmechanische Untersuchungen.

Vermutete Unterbrechungen des Kohlenflözes können vorteilhaft mit modernen *geophysikalischen Methoden* genauer lokalisiert werden. Verfügbar sind dafür u. a. hochauflösende seismische Methoden und Radiowellentomographie (radio imaging method).

Die unterschiedliche *Gasführung* der Flöze und Nebengesteine in den einzelnen Lagerstättenteilen muß dokumentiert werden (Grubengaskarten), um für die Bergbauplanung Voraussagen zu ermöglichen. Erhöhte Gasführung ist nicht nur ein Sicherheitsrisiko, sondern vor allem ein wichtiger Kostenfaktor, da die notwendigen Maßnahmen (stärkere Bewetterung, voreilende Entgasungsbohrungen, etc.) den Abbau verteuern.

Auch das *Wasser* kann die Wirtschaftlickeit des Bergbaus ungünstig beeinflussen. Darum muß die hydrogeologische Situation untersucht und dokumentiert werden. Im Rheinisch-Westfälischen Steinkohlenrevier liegt auf dem flözführenden Deckgebirge eine mächtige Abfolge flachlagernder Sedimente mit unterschiedlicher Wasserführung, z. T. mit Salzlaugen, und mit Schwimmsandhorizonten (Abb. 198). Im Allgemeinen gibt es keine hydrologischen Verbindungen zwischen dem Deckgebirgswasser und den Flözen; an einzelnen Störungen können aber solche Wegsamkeiten vorliegen. Für die Prognose der Wasserverhältnisse in der Grube und der Bedingungen für das Schachtabteufen werden lithologisch-hydrogeologische Deckgebirgskarten gezeichnet. Besondere Beachtung verdienen insbesondere im Braunkohlenbergbau Einlagerungen von Schwimmsand. Solche können nicht nur aus dem Hangenden, sondern auch aus dem Liegenden der Kohle in die Grubenräume einbrechen. Wo die Flöze muldenförmig gelagert sind, sei es durch Tektonik oder durch Eisstau, ist das Liegendwasser artesisch gespannt und führt zu Liegendwasserdurchbrüchen in Tagbauen. Braunkohlentagbaue bedingen in der Regel umfangreiche Entwässerungsmaßnahmen, um den Grundwasserspiegel unter das Arbeitsniveau abzusenken. Eventuelle Auswirkungen auf betriebsfremde Brunnenanlagen müssen in solchen Fällen durch langfristige Kontrolluntersuchungen in der weiteren Umgebung klar zugeordnet werden können, da bei Wassermangel die Schuld immer zuerst dem Bergbau angelastet wird.

Abb. 198. Schematischer Schnitt durch die Deckgebirgsschichten des flözführenden Oberkarbons im Ruhrbezirk bezüglich hydrogeologischer Eigenschaften und daraus resultierender Schachtbauverfahren (nach KUKUK & HAHNE 1962).

Kohlengeologische Aufgaben im Bergbau

Geologische Formationen und Unterstufen		Gesteins-ausbildung	Graphische Kennzeichnung	Hydrolog. Ausbildg.	Zeichnerische Kenn-zeichnung	Durchschnitts-mächtigkeit	
Holozän u. Pleistozän			Lehm Sand Ton Kies	Fliess Wasserstauer		5 bis 15 m	
Tertiär		Oligocän	Sand	Schwimm sand		bis 215 m	Gefrier- oder Schachtbohrverfahren Tübbingsausbau
			Ton Sand	Wasserst. Schwimms			
Obere Kreide	Unter-Senon (Sandiger Mergel)	Reckling-häuser Sand mergel — Hallterner Sande	. Sand	Schwimm sand		bis 230 m	
			Sandmergel mit Kalk-sandstein	Fliess-einlage-rungen			
	Emscher (Grauer Mergel)	Oberer	Grauer,	Kluft-wasser			Zementier-verfahren
		Mittlerer	sandiger bis toniger	Wasser-stauer		bis 300 m	
		Unterer	Mergel				
	Turon (Weisser Mergel)		Schloenbachi- und Striatoconcentricus-Schichten Soester Grünsand Lamarcki Schichten Bochumer Grünsand Labiatus Mergel	Kluft-wasser Kluftw. Kluftw.		bis 120 m	Zementier-verfahren
	Cenoman (Grüner Mergel)		Knollenkalk Kalkmergel Essener Grünsand Transgressionskonglomerat	Kluftw. Wasser-stauer		bis 12 m	
Trias		Buntsandstein	Rot- und grün-gefärbter Sandstein und Mergel	teils Kluft-wasser, teils Schwimm sand		bis 150 m	Gefrierverfah-ren Tübbingsausbau
Perm		Zech-stein	Letten Anhydrit, Gips Salz Kalkmergel Kupferschiefer Konglomerat	Kluftw.		bis 50 m	Zemen-tierver-fahren
Karbon		Ober-karbon	Sandstein und Schieferton mit Kohlenflözen				

P. Kukuk 1951

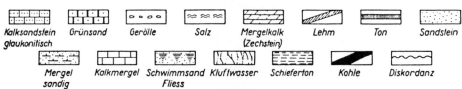

Kalksandstein glaukonitisch | Grünsand | Gerölle | Salz | Mergelkalk (Zechstein) | Lehm | Ton | Sandstein

Mergel sandig | Kalkmergel | Schwimmsand Fliess | Kluftwasser | Schieferton | Kohle | Diskordanz

Kluftwasserzonen mit Grubengasaustritten

Geotechnische Untersuchungen der Flöze und der Nebengesteine dienen im Tagbau überwiegend der Sicherung der Tagbauböschungen. Im Tiefbau erhöhen ungünstige Gebirgsverhältnisse die Abbaukosten und erschweren die vollständige bzw. unverdünnte Gewinnung der Kohle; der Zusammenbruch von Hohlräumen birgt Gefahren für Gesundheit und Leben der Bergleute. Untertägiger Kohlenabbau führt weiters zu Senkungen der Erdoberfläche, eventuell auch zur Bildung offener Spalten oder zur Instabilität von Hängen. Zum Unterschied von ingenieurgeologischen Sicherheiten im Verkehrswegebau u. ä. Bereichen ist für Böschungen und Grubenbaue im laufenden Bergbau meist nur eine zeitlich begrenzte Standsicherheit erforderlich, dies dafür aber nicht selten unter dynamischen Spannungsverhältnissen. Durch den untertägigen Abbau induzierte Spannungsumlagerungen werden kunstvoll genutzt, um das Lösen der Kohle aus dem Flöz zu erleichtern. Alle diese gebirgsmechanischen und bodenmechanischen Aspekte werden durch geologische Faktoren gesteuert; daraus resultiert die unerläßliche Mitarbeit des Montangeologen im geotechnischen Team eines Bergbaues.

Umweltprobleme im Kohlenbergbau. Schon in der Explorationsphase sollte bedacht werden, welche Auswirkungen ein zukünftiger Kohlenabbau auf Landschaft und Gewässer des höffigen Gebietes haben könnte. In den Industrieländern werden solcherart schon früh besonders empfindliche Flächen ausgeschieden werden müssen. Falls die Resultate der Explorationsarbeiten eine gewinnbare Lagerstätte vermuten lassen, sollte eine vorläufige Umweltverträglichkeitsprüfung vorgenommen werden, u. a. mit dem Ziel, notwendige Überwachungsmaßnahmen (Kontrollbrunnen für das Grundwasser, Vermessungsnetz für die Überwachung von Senkungen oder Hangkriechen, etc.) rechtzeitig einzurichten. Kohlenbergbau bewegt immer große Massen, die transportiert, zwischengelagert (Kohle) oder endgelagert (Bergekippen, Aufbereitungsabgänge) werden müssen. Dabei entstehen vielfältige Möglichkeiten, die Umweltverträglichkeit zu erhöhen, nicht zuletzt durch gut durchdachte Rekultivierungsmaßnahmen.

Literatur:

BURGER, K., 1974, Planung, Führung und Überwachung der Rohstoffgewinnung durch eine betriebstechnisch-betriebswirtschaftliche Lagerstättenkartographie. Glückauf Forsch.-H. 35, 88-94.

CHADWICK, M. J., HIGHTON, N. H. & LINDMAN, H. (eds), 1987, Environmental impacts of coal mining and utilisation. Pergamon, 540 pp.

DIN 21900, 1951, Bergmännisches Rißwerk.

DIN 21918, 1951, Bergmännisches Rißwerk – Lagerstätten.

DIN 21919, 1988, Bergmännisches Rißwerk – Stratigraphie.

DIN 21920, 1980, Bergmännisches Rißwerk – Petrographie.

EVERETT, L. G., 1985, Groundwater monitoring for coal and oil shale development. 306 pp, Elsevier.

FRANKE, F. H. et al., 1989, Kohle und Umwelt. 112 pp, Glückauf.

GALLOWAY, W. E. & HOBDAY, D. K., 1983, Terrigenous clastic depositional systems (applications to petroleum, coal and uranium exploration). Springer.

HAGEMANN, H. W., 1966, Vergleichende mikropetrographische und sporologische Untersuchungen der Flöze Zollverein 1-5 aus den Mittleren Essener Schichten (Westfal B) des Ruhrkarbons im Rahmen der Flözparallelisierung. Fortschr. Geol. Rheinld. Westf. 13, 787-860.

RABITZ, A., 1966, Die marinen Horizonte des flözführenden Ruhrkarbons. Fortschr. Geol. Rheinld. Westf. 13, 243-296.

SCHMITZ, D., 1984, Die Erscheinungsform von Kohleflözen in geophysikalischen Bohrlochmessungen. Fortschr. Geol. Rheinld. Westf. 32, 1-10.

TASCH, K. H., 1960, Die Möglichkeiten der Flözgleichstellung unter Zuhilfenahme von Flözbildungsdiagrammen. Bergbau-Rdsch. 12, 153-157.

WHITCHURCH, K. D., GILLIES, A. D. S. & JUST, G. D., 1990, Coal resource classification and geostatistics. Aus I. M. M. Proceedings 295, 7-17.

Aufsuchung und Beurteilung von Lagerstätten fester mineralischer Rohstoffe

Die freie Verfügbarkeit der benötigten Rohstoffe ist für unsere Zivilisation eine wesentliche Voraussetzung. Um dies zu gewährleisten, müssen die durch Bergbau in Anspruch genommenen Reserven laufend ersetzt werden. Dazu kommt ein Mehrbedarf, der durch die ansteigende Weltbevölkerung und deren wachsenden Lebensstandard bedingt ist. Natürlich ist das nicht für alle Rohstoffe gleich, im Durchschnitt aber kann man mit einem steigenden Rohstoffbedarf von 5 % pro Jahr rechnen.

Es gilt also, für die abgebauten Rohstoffmengen möglichst gleichwertigen Ersatz zu finden. Dazu müssen Teile der zunächst nur vermuteten mineralischen Ressourcen der Erde in bergbauliche Reserven verwandelt und zum Abbau vorgerichtet werden. Folgende Hauptphasen dieser Tätigkeit werden unterschieden: *Aufsuchung* potentieller Lagerstätten (Exploration, s. Anmerkung unten), *Erkundung* solcherart lokalisierter höffiger Stellen und deren *Entwicklung* bis zum produzierenden Bergbau im Falle positiver Ergebnisse. Im Einzelnen werden naturgemäß nicht immer alle diese Stadien durchlaufen; so kaufen sich Firmen oft in früher aufgefundene Vorkommen ein, oder es werden neue Lagerstättenteile im Umkreis existierender Bergbaue erschlossen.

Eine gesicherte Rohstoffversorgung ist aber nicht nur von der geologisch-technischen Verfügbarkeit abhängig, sondern mehr noch von wirtschaftlichen, institutionellen und rechtlichen Randbedingungen. Allgemein kann man sagen, daß die freie Marktwirtschaft sich auch diesbezüglich als sehr erfolgreich erwiesen hat. Trotzdem ist die Verfügbarkeit aller benötigten Rohstoffe keine Selbstverständlichkeit; sie muß durch geowissenschaftlich-technologische Fortschritte ebenso wie durch politische und wirtschaftliche Planung auf nationalem und internationalem Niveau andauernd neu gewährleistet werden.

Die Suche nach mineralischen Rohstoffen bedarf nicht zuletzt längerfristiger Perspektiven; zumeist handelt es sich um aufwendige, mehrjährige Programme, welche zur Entdeckung neuer Lagerstätten führen. Im Jahre 1989 haben 168 große Bergbaufirmen weltweit rund 1,8 Milliarden US $ für Exploration ausgegeben, davon ca. 70 % für die Suche nach Gold (Mining Annual Review 1990). Infolge der großen Erfolgsrate und damit fallender Goldpreise zeichnete sich aber bereits deutlich eine Verlagerung des Interesses auf andere Rohstoffe ab, vor allem auf Buntmetalle. Dies verweist auf die paradoxe Situation, daß erfolgreiche Lagerstättensuche sozusagen die eigene Geschäftsgrundlage zerstört. Daher rühren die charakteristischen Zyklen der Explorationsaktivität, die für spezialisierte Firmen und deren Personal gleichermaßen schwierig zu überwinden sind.

In den folgenden Kapiteln sollen die wichtigsten Konzepte und Methoden der Aufsuchung und Beurteilung von Lagerstätten vorgestellt werden. Weniger noch als in anderen Teilen dieses Buches ist eine ausführliche oder gar vollständige Abdeckung angestrebt. Für eine weiterführende Beschäftigung mit diesen Aspekten der Montangeologie muß die zitierte Spezialliteratur herangezogen werden.

Anmerkung: Im internationalen Sprachgebrauch umfaßt „exploration" jede systematische, moderne Aufsuchung und Untersuchung potentieller Lagerstätten, welche im Erfolgsfall bis zur Entscheidung für die Entwicklung (development) des Fundes führt. Das Wort „prospecting" hingegen bezeichnet Lagerstättensuche durch Einzelpersonen, meist nicht wissenschaftlich gebildete, doch sehr erfahrene „Prospektoren". Im Deutschen wurde vorgeschlagen, Prospektion für die Aufsuchung und Exploration für die Untersuchung zu verwenden. Da dies in Hinblick auf die international übergreifende Tätigkeit der Montangeologen zu Verwirrungen Anlaß geben muß, sollte man sich, wie im folgenden Text, nach der international üblichen Ausrucksweise richten.

Literatur:

BENDER, F. (Ed.), 1986, Angewandte Geowissenschaften. Bd. IV: Untersuchungsmethoden für Metall- und Nichtmetallrohstoffe, Kernenergierohstoffe, feste Brennstoffe und bituminöse Gesteine. 422 pp, Enke.
JANKOVIC, S., 1967, Wirtschaftsgeologie der Erze. 347 pp, Springer.
KUZVART, M. & BÖHMER, M., 1986, Prospecting and exploration of mineral deposits. 508 pp, Elsevier.
PETERS, W. C., 1987, Exploration and mining geology. 2. Aufl., 696 pp, Wiley.
SHACKLETON, W. G., 1986, Economic and applied geology – an introduction. 227 pp, Croom Helm.

I. Die wirtschaftlichen Rahmenbedingungen

Eine wirtschaftliche Gewinnung von Rohstoffen setzt voraus, daß sämtliche anfallende *Kosten* (betreffend Aufsuchung, Untersuchung, Entwicklung, Abbau und Aufbereitung, z.T. Transport, aber auch Finanzierungskosten, Steuern, Förderabgaben, Umweltschutz) durch die *Erlöse* abgedeckt sind und daß zusätzlich ein *Gewinnanteil* verbleibt. Aus volkswirtschaftlichen (z. B. Deviseneinnahmen) und sozialpolitischen Gründen (Erhaltung von Arbeitsplätzen) und zur Sicherung einer eigenen Rohstoffbasis werden allerdings in vielen Ländern bestimmte Bergbausparten staatlich gestützt, obwohl sie auf dem freien Weltmarkt nicht bestehen könnten, da die oben genannte Grundbedingung nicht zutrifft.

Die möglichen Erlöse sind durch die *Rohstoffpreise* bedingt. Preise entstehen im Normalfall durch das freie Wechselspiel von Angebot und Nachfrage; dies gilt auf dem Rohstoffsektor für viele Metalle (Gold, Blei, Zinn, etc.). Dadurch bedingt sind allerdings häufige und starke Schwankungen der Preise, die eine vorausschauende Kalkulation der Erlöse eines Bergbaues sehr erschweren. Hier liegt eines der größten Risiken für neue Bergbauprojekte, das durch die lange Vorlaufzeit bis zum ersten Verkauf der Produkte (meist 5-10 Jahre) gravierend verstärkt wird. Andere Rohstoffproduzenten können durch den Schutz von Kartellen (Kupfer), durch langfristige Verträge mit den Abnehmern (Eisen, viele Industrieminerale) oder durch marktbeherrschende Firmen (Diamanten) mit langfristig stabilen Preisen rechnen. Eigentlich montangeologische Aspekte der Wirtschaftlichkeit bzw. der *Abbauwürdigkeit* einer Lagerstätte betreffen Reserven, geologische Verhältnisse und Aufbereitbarkeit. Geographische Lage, Infrastruktur, schließlich Umweltauflagen und andere oben genannte Kostenfaktoren sind in die Beurteilung miteinzubeziehen, da nur die Gesamtheit aller Faktoren eine endgültige Entscheidung zuläßt.

Die *Reserven,* also die nach Menge und Rohstoffgehalt definierte Substanz einer Lagerstätte, sind der wichtigste Faktor. Bei großen, reichen Lagerstätten werden alle anderen Schwierigkeiten überwindbar sein, während sehr geringhaltige oder kleine Vorkommen auch bei noch so günstigen anderen Bedingungen keinen Betrieb ermöglichen. Bei der Besprechung der einzelnen Rohstoffe wurden meist minimale oder durchschnittliche Gehalte und z.T. typische Lagerstättenbeispiele mit ihren Reserven genannt. Für metallische Erze z. B. müssen folgende minimale Reserven (Metallinhalt der Lagerstätte bei korrelierendem Metallgehalt im Erz) vorhanden sein:

Eisen	1,000.000 t Fe	60 % Fe
Mangan	30.000 t Mn	45 % Mn
Kupfer	50.000 t Cu	3 % Cu
Zinn	1.000 t Sn	1 % Sn
Gold	1 t Au	0,001 % Au

Dies ist dadurch verständlich, daß die für Bergbau und Aufbereitung notwendigen, minimalen Investitionen abgedeckt werden müssen, bevor überhaupt an einen erfolgreichen Betrieb gedacht werden kann. Bereits bei der Planung von Aufsuchungsprojekten sind solche Richtzahlen zu berücksichtigen.

Die tatsächlich vorliegende Reservensituation bestimmt die optimale Größe des Bergbaues, die in produzierten Tonnen pro Tag oder Jahr ausgedrückt wird. Eine sehr hohe Produktion bedingt eine Verkürzung der Betriebsdauer, welche bei den meisten Bergbauen zwischen 3-30 Jahren liegt. Die Berechnung erfolgt durch einen Kostenvergleich für verschiedene Raten der Jahresproduktion, da die Investitions- und die Betriebskosten mit diesen schwanken. Gewählt wird dann jene Rate, bei welcher die Kosten am niedrigsten liegen.

Ganz allgemein geht seit vielen Jahren die Entwicklung in Richtung auf die Ausbeutung *großer Lagerstätten mit armen Erzen,* womöglich im Tagbau, anstelle des Abbaues kleiner hochprozentiger Vorkommen. Dies ermöglicht hohe Investitionen, insbesondere für Mechanisierung, welche die Betriebskosten bezogen auf die Rohstoffeinheit (also pro t Cu, Fe etc.) wesentlich zu vermindern gestattet. Ein bekanntes Beispiel dafür ist die Senkung der unteren Bauwürdigkeitsgrenze von Kupfer, die bei kleineren Untertagebetrieben früher bei 3 % lag, während jetzt im Tagbau aus porphyrischen Lagerstätten 0,4 % Cu wirtschaftlich gewonnen werden können, soferne die Vorräte mehrere hundert Millionen Tonnen betragen. Diese Entwicklung hat die Einstellung vieler kleiner Bergbaue verursacht, welche ihre Kosten mit den von den Großen vorgegebenen niedrigen Rohstofferlösen nicht mehr decken konnten.

Auch die *geologischen Verhältnisse* sind für den Aufwand bei Erkundung und Abbau wesentlich. Form, Lage und Variabilität der Erzkörper ebenso wie gebirgsmechanische oder hydrogeologische Eigenschaften der Nebengesteine haben Einfluß auf die Wirtschaftlichkeit. Ungestörte Rohstofflager gleichbleibender Qualität (z. B. Kohlenflöze) erlauben weite Bohrabstände bei der Erkundung und sind nach anfänglicher Anpassung der Abbau- und Aufbereitungsmethoden langfristig sowohl technisch wie auch wirtschaftlich vorhersagbar. Stark deformierte Lagerstätten (z. B. metamorphe Sulfide) oder sehr absätzige Erzkörper (viele Verdrängungserze, etwa Pb-Zn in Karbonaten) bedingen durch die rasch wechselnden geologischen Verhältnisse in Erkundung und Betrieb hohe Kosten. Ähnlich ungünstig sind fast immer gebräche Nebengesteine (z. B. durch hydrothermale Vertonung) oder große Wasserzuflüsse. Die *Aufbereitbarkeit* eines Rohstoffes ist Vorbedingung einer wirtschaftlichen Verwertung. Hier spielen Korngrößen, Verwachsungsgrad und die mineralogische Charakteristik des zu konzentrierenden Rohstoffes und der Gangarten eine Rolle. Dazu kommen Vorteile oder Nachteile, die durch Neben- oder Spurenelemente im Konzentrat auftreten können. Bei Golderzen etwa kann Freigold (free-milling gold), also ausreichend grobkörniges gediegenes Gold, durch billige Schwereaufbereitung angereichert werden. Ist das Gold sehr feinkörnig, muß Cyanid-Laugung angewendet werden, die wesentlich höhere Investitions- und Betriebsausgaben voraussetzt. Die Verwendung von Cyaniden verlangt zudem erhöhte Vorkehrungen für den Umweltschutz, welche in jenem Fall noch zusätzlich verteuert werden, wenn das Gold in submikroskopischer Verwachsung mit Sulfiden vorliegt. Dann nämlich muß das Erz vor der Laugung geröstet werden, wodurch naturgemäß Probleme mit den Hüttenabgasen entstehen (SO_2, As, Sb, Hg, etc.). *Geographische Lage und Infrastruktur* bedürfen hier keiner näheren Erläuterung. Klima, Höhenlage, Besiedlung, Nutzungskonkurrenz, Verfügbarkeit von Wasser, Energie und Transportmöglichkeiten sowie Umweltschutzauflagen sind die wichtigsten Momente. Sie bestimmen in hohem Maße die Mindestanforderungen an Gehalt und Größe der jeweils gesuchten Lagerstätte.

Literatur:

GOCHT, W. R., ZANTOP, H. & EGGERT, R. G., 1988, International mineral economics. 271 pp, Springer.

LECHNER, H., SAMES, C. W. & WELLMER, F.-W., 1987, Mineralische Rohstoffe im Wandel. 222 pp, Glückauf.

RUDAWSKI, O., 1986, Mineral economics: Development and management of natural resources. 192 pp, Elsevier.

II. Die Aufsuchung von Lagerstätten

1. Vorerkundungen

Jede Suche nach Lagerstätten mineralischer Rohstoffe beginnt mit der Sammlung und Auswertung früherer geowissenschaftlicher, metallogenetischer und montangeologischer Arbeiten. Jegliche gute geologische Karte erlaubt im Grunde bereits eine Abschätzung *möglicherweise vorhandener Rohstoffe*. So sind vulkano-sedimentäre Serien grundsätzlich höffig in Bezug auf Buntmetall-Lagerstätten; in Granitkuppeln wird man Zinn oder Wolfram vermuten, Playaseen in jungen Vulkangebieten können Zeolithe oder Lithiumlaugen führen. Viele, auch jüngste Prospektionserfolge beruhen deshalb nur auf einer klugen Neuinterpretation publizierter geologischer Karten und deren Beschreibungen. In jüngster Zeit wurde auf solche Weise die Flinzgraphitmine *Lac Knife* in Kanada gefunden, indem die frühere Kartierung des Gebietes durch einen Regierungsgeologen ausgewertet wurde.

Es ist erstaunlich, daß diese Bedeutung einer *systematischen geologischen Landesaufnahme* für die Rohstofferkundung, aber genauso auch für hydrogeologische oder umweltgeologische Projekte in der Öffentlichkeit nicht verstanden wird. In Industrieländern mag man erwarten, daß interessierte Firmen entsprechende Eigenleistungen erbringen, in Ländern der Dritten Welt sind jedoch vielfach nur mehr jene Entwicklungshilfeprojekte zu finanzieren, die kurzfristige Verbesserung der Symptome der Unterentwicklung versprechen. Der ungeheure langfristige Nutzen von geowissenschaftlichen Kartierungsprogrammen für die Wirtschaft eines Landes muß den Verantwortlichen wieder eindringlicher klar gemacht werden.

Der Anlaß für die Suche nach neuen Lagerstätten mag sehr unterschiedlich sein. In einem Fall sucht eine Firma in möglichst nahem Umkreis ihrer Produktionsstätte ein neues Kalk- oder Marmorvorkommen, um einen auslaufenden Steinbruch zu ersetzen. Anders sind die Voraussetzungen, wenn auf Grund meist staatlich finanzierter Programme das gesamte Spektrum des Rohstoffpotentiales ganzer Regionen untersucht werden soll, wie das gelegentlich in Entwicklungsländern gemacht wird. Wiederum verschieden sind die Bedingungen, wenn eine der großen Bergbaufirmen weltweit einen bestimmten Rohstoff sucht, z. B. Bauxit oder Eisenerz. Völlig abweichende Bedingungen gelten für die Suche nach untermeerischen Rohstoffen (KUNZENDORF 1986), welche hier nicht weiter behandelt werden kann.

Jedenfalls aber wird nach dem Abschluß der Vorerkundung ein Plan für die eigentlichen Sucharbeiten zu erstellen sein, in dem geowissenschaftliche, logistische, bergrechtliche und finanzielle Komponenten berücksichtigt sind.

2. Geologische Methoden

Geologische Konzepte und Methoden sind eine unerläßliche Grundlage für die Suche nach Lagerstätten. Sie sind zugleich Ausgangspunkt und der gemeinsame Rahmen, in dem die einzelnen unterstützenden Methoden (Fernerkundung, Geophysik, Geochemie) zusammengefaßt und interpretiert werden.

In der Lagerstättensuche werden heute meist folgende Wege mit Erfolg begangen:
- größere Gebiete werden systematisch abgesucht, ohne Beschränkung auf bestimmte Rohstoffe (grass roots exploration);
- es werden Gebiete ausgewählt und untersucht, die in ihrer geologischen Charakteristik bekannten metallogenetischen Provinzen ähnlich sind;
- bekannte Lagerstättenbereiche oder Bergbaudistrikte werden auf Grund besserer geologischer Kenntnisse neu bewertet, so daß neue Lagerstätten vermutet werden dürfen; und
- bei der Suche nach bestimmten Rohstoffen wählt man Zielgebiete, in welchen die gleichen geologischen Bedingungen vermutet werden können, wie sie von produzierenden Lagerstätten bekannt sind.

Einige spektakuläre Erfolge der letzten Jahrzehnte können hier als Beispiele angeführt werden:

Ein jung-proterozoisches Becken im südlichen Australien wurde als Zielgebiet für eine großräumige Prospektion ausgewählt, weil eine dem zentralafrikanischen Kupfergürtel vergleichbare Entwicklung vermutet wurde. Gefunden wurde die riesige Cu-U-Lagerstätte Olympic Dam (s. dort). Dadurch angeregt unternahm vor kurzem eine andere Firma eine Neuuntersuchung präkambrischer Gebiete in den USA und fand dabei die Fe-SEE-Lagerstätte Pea Ridge in Missouri.

Der Bergbau Mt. Isa/Australien (s. dort) gehört zu den größten Buntmetallagerstätten der Erde. Geologisch motivierte Suche in der unmittelbaren Umgebung erbrachte den Aufschluß der nur wenig kleineren Hilton Mine. Hier paßt sehr gut der englische Satz „If you are hunting elephants, go to elephant country".

Daß neue Konzepte auch in gut untersuchten Gebieten erfolgreich sein können bewiesen jene Geologen, welche auf Grund des Lagerstättenmodells für das Pt des Bushveldes bekannte große geschichtete basische Intrusionen ins Visier nahmen. Die in allen Lehrbüchern der Petrologie beschriebene, vielfach untersuchte Intrusion von Skaergaard in Grönland erwies sich dadurch vor kurzem als zukünftige Au-Pt-Lagerstätte (Abb. 92).

Früher war die Entdeckung neuer Lagerstätten Bergleuten oder Geologen zu verdanken, die im Gelände systematisch nach neuen Erzausbissen oder sonstigen Anzeichen für Rohstoffvorkommen suchten (Engl. „prospecting"). Diese wurden dann nach ihrer möglichen Ausdehnung in der Tiefe eingeschätzt und durch weitere Schurfmethoden untersucht. Heute tritt die Bedeutung dieser Vorgangsweise stark zurück, da große Gebiete der Erde bereits mehrfach auf diese Weise begangen wurden und deshalb immer weniger Neufunde oberflächennaher Lagerstätten zu erwarten sind. Außerdem aber sprechen dagegen die viel größeren Erfolge jener Firmen, die sich wie in den oben erwähnten Beispielen geologischer Konzepte und moderner, systematischer Suchmethoden (Engl. „exploration") zur Auffindung verborgener Lagerstätten bedienen.

Das Wesen dieser Konzepte sind beschreibende und genetische Modelle von Lagerstätten, deren geologisch, geochemisch und geophysikalisch meßbare Parameter zu einem *Explorationsmodell* ausgebaut werden. Während der Arbeiten wird in einem schrittweisen Vorgehen nach jenen Orten gesucht, wo möglichst viele der früher definierten Parameter zutreffen, sich also vom normalen Hintergrund abheben. Man spricht deshalb auch von *Anomalien,* welche aber keineswegs immer in der Tiefe verborgene Lagerstätten anzeigen. Die Untersuchung eines größeren Gebietes ergibt in der Regel eine große Zahl solcher Anomalien, die in der Folge nach ihrer Höffigkeit gereiht und untersucht werden. Dies kann allerdings nicht schematisch ablaufen, da die neu geschaffenen Aufschlüsse und Messungen Rückwirkungen auf das Explorationsmodell haben, welches laufend angepaßt werden muß. Letzteres ist wohl auch ein wesentliches Problem für den Einsatz von Computerprogrammen, welche bei der Gewichtung der einzelnen Anomalien helfen sollen (DUDA 1982). Gut brauchbar sind unter Umständen Geographische Informationssysteme (GIS), welche die Zuordnung von Daten zu bestimmten Punkten erlauben und damit helfen, die Übersicht über die große Menge verschiedener Messungen zu bewahren.

Wie oben skizziert, folgen geologische Aufsuchungsprogramme einer Strategie, welche vom regionalen zum lokalen Maßstab, von anfänglich relativ billigen zu aufwendigeren Untersuchungsmethoden und von modellhaften Vorstellungen zu Messung und Beschreibung von Fakten gerichtet ist. Für einzelne Rohstoffe ist diese Arbeitsabfolge recht unterschiedlich, als allgemeiner Rahmen kann folgende Auflistung gelten:

1. Regionale Erkundung (reconnaissance exploration)

Hier wird das Ziel verfolgt, große Gebiete auf ihr Lagerstättenpotential zu überprüfen, höffige Lokalitäten für eine genauere Untersuchung aufzufinden und Teilgebiete geringer Höffigkeit auszuscheiden. Dazu werden Methoden eingesetzt, die eine rasche Beurteilung großer Flächen erlauben: Geologische Interpretation von Satellitenbildern und Luftphotos, systematische aerogeophysikalische Aufnahmen, Schwermineralbeprobung von Flußsedimenten (z. B. zur Suche nach Diamanten), sowie regionale geochemische Beprobung. Unabdingbar sind begleitende geologische Übersichtsaufnahmen und genauere Begehung jener Lokalitäten, die Hinweise für eine mögliche Lagerstättenführung erbrachten.

2. Detailuntersuchung von höffigen Lokalitäten (detailed follow-up exploration)

In dieser Phase, z.T. aber in der Praxis bereits mit den regionalen Untersuchungen übergreifend, sollen höffige Lokalitäten (Anomalien, „prospects") soweit untersucht werden, daß eine erste Bewertung der angedeuteten Lagerstätte möglich ist. Dazu sind Angaben über den geologischen Aufbau, die Umrisse und den ungefähren Inhalt des Lagerstättenkörpers erforderlich. Zu diesem Zweck werden nun auf kleiner Fläche relativ engmaschig geologische Kartierung, geochemische und geophysikalische Untersuchungen, seichte Schurfarbeiten und Bohrungen eingesetzt. In den meisten Fällen ergibt sich während dieser Arbeiten, daß das Potential der Lokalität zu gering ist. Für die verbleibenden, weiterhin als günstig eingeschätzten Vorkommen schließt diese Phase mit einer montangeologischen Wirtschaftlichkeitsstudie (pre-feasibility study) ab, in welcher die Chance eines erfolgreichen Abbaues durch Vergleich mit ähnlichen, aktiven Bergbauen vorläufig beurteilt wird.

3. Untersuchung der Funde und endgültige Bewertung (evaluation)

In dieser Phase werden die Bohrungen verdichtet, erste bergmännische Aufschlüsse dienen der Gewinnung von Großproben und Daten zum gebirgsmechanischen Verhalten, und Aufbereitungsversuche erlauben Aussagen zu den geeigneten Methoden, dem zu erwartenden Ausbringen und zur Qualität des erzielbaren Produktes. Damit ist eine genaue Reservenberechnung möglich, weiters eine wirklichkeitsnahe Planung des zukünftigen Bergbaues und der notwendigen Aufbereitung, ebenso eine Festlegung des Ausbaues der erforderlichen Infrastruktur. Investitions- und Betriebskosten können berechnet werden, die wahrscheinlichen Erlöse sind abschätzbar. Diese Untersuchungen müssen von einem Team gemacht werden, das aus Montangeologen, Bergleuten, Metallurgen, Bergwirtschaftlern und weiteren Fachleuten besteht. Die Ergebnisse werden in einer umfassenden Wirtschaftlichkeitsstudie (feasibility study) dargestellt, welche die endgültige Entscheidung über die Betriebsaufnahme erlaubt.

Das *Risiko* der Untersuchungen in den Phasen 1 und 2 ist sehr hoch, oder anders ausgedrückt, die Erfolgsrate ist relativ klein. Professionelle Firmen rechnen mit *einem* signifikanten Neufund auf hundert Vorkommen, die näher untersucht werden. Um die Kosten möglichst gering zu halten, werden die Suchmethoden durch Verbesserung der metallogenetischen Konzepte und durch Weiterentwicklung der Explorationstechnik laufend optimiert.

Literatur:

BARTELME, N., 1989, GIS-Technologie. 290 pp, Springer.
COX, D. P. & SINGER, D. A. (Eds.), 1986, Mineral deposit models. US Geol. Surv. Bull. 1693, 379 pp.
DAVIS, G. R., 1988, Is metallogeny a practical exploration tool? Episodes 11, 105-110.
DUDA, R., 1982, Prospector: an expert system for mineral exploration. In D. MICHIE (Ed.), Introductory Readings in Expert Systems. Gordon & Breach.
EDWARDS, R. & ATKINSON, K., 1986, Ore deposit geology and its influence on mineral exploration. 466 pp, Chapman & Hall.
KUNZENDORF, H. (Ed.), 1986, Marine mineral exploration. 300 pp, Elsevier.
LOCKE, A., 1921, The profession of ore hunting. Economic Geol. 16, 243-278.
REEDMAN, J. H., 1979, Techniques in mineral exploration. 533 pp, Appl. Sci. Publ.
ROUTHIER, P., 1980, Où sont les métaux pour l'avenir? Mém. BRGM 105, 408 pp.
SCHILCHER, M. & FRITSCH, D. (Eds.), 1989, Geoinformationssysteme. 350 pp, Wichmann.

3. Geologische Fernerkundung und Auswertung von Luftphotos

Der Begriff Fernerkundung (remote sensing) bezeichnet Techniken, welche für Messungen und Interpretationen diverser Phänomene aus größerer Distanz eingesetzt werden. Ein Teil dieser Techniken (z. B. Aeromagnetik, Gammastrahlenmessungen) wird allgemein der Geophysik zugerechnet; die geologischen Methoden der Fernerkundung beruhen auf der Verwendung elektromagnetischer Wellen, welche von Flugzeugen oder Satelliten aus erfaßt und hinsichtlich des geologischen Aufbaues der Erdoberfläche ausgewertet werden. Der Einsatz von Luftphotos in der Geologie ist im Grunde auch eine Fernerkundungsmethode, welche seit Jahrzehnten selbstverständlich ist. Mit der Verfügbarkeit der ersten Bilder des US-amerikanischen Erderkundungssatelliten LANDSAT (ERTS-1) im Jahre 1972 jedoch wurde eine völlig neue Dimension der Fernerkundung allgemein zugänglich. Mittlerweile ist die geologische Auswertung von Satellitenbildern bzw. von technisch vergleichbaren Flugzeugaufnahmen als Unterstützung für großräumige Untersuchungen Routine geworden.

Der brauchbare Bereich des elektromagnetischen Spektrums reicht von 0,4 Mikrometer bis ca. 50 cm Wellenlänge, umfaßt also sichtbares Licht, nahes und fernes („thermisches") Infrarot sowie Mikrowellen (Abb. 199). Gemessen wird jene Strahlung, die von der Erdoberfläche abgegeben wird. In der Regel nutzt man durch Sonnenlicht angeregte Abstrahlung (passive Fernerkundungsmethoden), seltener werden Radarmessungen im Mikrowellenbereich eingesetzt, bei welchen sowohl Anregung wie Registrierung vom Flugzeug aus erfolgen (aktive Methoden).

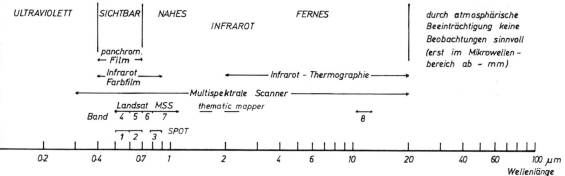

Abb. 199. Bandbereiche häufig genutzter Fernerkundungsmethoden im unteren elektromagnetischen Spektrum.

Verschiedene Gesteine, Böden und Pflanzen reflektieren das einfallende Licht unterschiedlich, was durch unser subjektives Farbempfinden bereits für das sichtbare Licht klar ist. Dehnt man den Meßbereich bis etwa 15 Mikrometer aus, erhält man charakteristische Reflexionskurven, welche die Indentifizierung von Gesteinen, Böden, hydrothermalen Alterationen, eisernen Hüten und die Unterscheidung von gesunden und geschädigten Pflanzen zulassen. Zwischen ca. 15 und 1000 Mikrometer ist die atmosphärische Beeinträchtigung zu stark, um auswertbare Messungen zu erlauben. Radarmessungen werden gewöhnlich im 3 cm- und im 25 cm-Band durchgeführt; diese Wellen durchdringen Wolken und Vegetation, ermöglichen aber keine Aussage über die anstehenden Gesteine. Deshalb werden Radarmessungen meist in Urwaldgebieten verwendet, um genaue topographische Aufnahmen zu liefern, welche vor allem strukturgeologisch ausgewertet werden können. Ein neuartiges Radarsystem wurde für das amerikanische Spaceshuttle entwickelt, das geringmächtige, lockere Oberflächensedimente durchdringt; die Anwendung für hydrogeologische Fragestellungen in Wüstengebieten konnte in Ägypten überzeugend nachgewiesen werden.

Grundlage für die moderne Fernerkundung war die Entwicklung von optomechanischen Radiometern in den 60-er Jahren; davor waren nur photographische Filme mit einem relativ engen Empfindlichkeitsbereich verfügbar. Die neue Technologie ermöglichte den Bau von *multispektralen*

Scannern (MSS), welche gleichzeitig für denselben Meßbereich („Pixel", bei LANDSAT eine Bodenfläche von 80 x 80 m) mehrere Ausschnitte („Bänder") des elektromagnetischen Spektrums getrennt erfassen. Die Meßwerte werden digital registriert und können deshalb direkt im Computer verarbeitet werden.

Die MSS-Technik wird zwar auch von Flugzeugen aus eingesetzt, jedoch sind nur Satellitendaten weltweit für jedermann verfügbar. Bisher gibt es 5 Satelliten der LANDSAT-Reihe (die letzten mit den zusätzlichen Meßbereichen des Thematic Mappers), seit 1986 auch 2 Satelliten der französischen SPOT-Reihe, deren Bilder höhere Auflösung haben und Stereo-Auswertung erlauben. Weitere Systeme sind für die nahe Zukunft geplant. Kaufen kann man entweder photographische Widergaben einzelner Spektralbänder in Schwarz-Weiß, oder Farbbilder, welche durch Farbkodierung mehrerer Spektralbänder hergestellt werden (colour composites), oder Computerbänder mit dem gesamten digitalen Datensatz für ein Bild (Szene). Bei LANDSAT umfaßt eine solche Szene einen Bereich von 185 x 185 km (Abb. 200). Schon eine visuelle geologische Auswertung, insbesondere der Bilder im nahen Infrarot-Bereich, ist für alle großräumlichen geologischen Fragestellungen äußerst nützlich. Der volle Informationsinhalt der MSS-Daten wird jedoch nur durch eine digitale Verarbeitung aller Spektralbänder genutzt. Man kann dann Kontraste oder lineare Strukturen verstärken, bestimmte Signaturen (etwa für eiserne Hüte) sichtbar machen, topographische Korrekturen durchführen, und schließlich sogar artifizielle Stereopaare (ähnlich Luftbildern) herstellen. Nicht zuletzt können in eine solche digitale Bildverarbeitung Daten von anderen Satelliten sowie topographische, geophysikalische und geochemische Informationen einbezogen werden.

In geologisch bereits gut untersuchten Gebieten haben sich die Satellitenbilder als Mittel zum Erkennen großräumiger Strukturen (Lineamente) besonders bewährt. In der ersten Welle der Begeisterung über solche neuentdeckte Großstrukturen wurde deren Bedeutung für die Lokalisation von Lagerstätten zweifellos z.T. überschätzt; als Teil der geologischen Entwicklung eines untersuchten Gebietes sind sie aber jedenfalls wichtig und natürlich gibt es viele eindeutig störungsgebundene Lagerstätten, die nunmehr rationeller aufgesucht werden können. In geologisch wenig detailliert erforschten Bereichen der Erde, das sind vielleicht 75 % der Landoberfläche, sind MSS- und TM-Daten heute eine unerläßliche Hilfe für eine rasche und wirtschaftliche geologische Kartierung großer Flächen, meist im Maßstab von 1:250.000 bis 1:1,000.000.

Die *geologische Auswertung von Luftphotos* wird für kleinere Flächen angewendet, welche im Detail bearbeitet werden sollen. Eine systematische Deckung mit Schwarz-Weißbildern im Maßstab von 1:20.000 bis 1:50.000 ist für die meisten Länder verfügbar. Die Aufnahmen erfolgen mit panchromatischem Film und Spezialkameras vom Flugzeug aus. Durch eine Überdeckung der Bilder in Flugrichtung von 60 % (seitlich 30 %) können diese stereoskopisch betrachtet und ausgewertet werden. Damit ist es möglich, topographische, vor allem aber photogeologische Karten herzustellen, welche durch Bodenaufnahmen korrigiert und ergänzt eine hervorragende Grundlage für Explorationsarbeiten darstellen. Mittlerweile werden zunehmend Farbfilme oder Infrarot-Farbfilme eingesetzt, die eine weitere Verbesserung der geologischen Aussagekraft erbringen. Allerdings müssen solche Befliegungen für spezifische Projekte eigenständig finanziert werden. Für manche Gebiete der Erde sind mittlerweile auch Serien-Photos in kartographischer Qualität verfügbar, welche von bemannten Raumfahrzeugen aus gemacht wurden.

Die besten Ergebnisse bei der Anwendung von Fernerkundungsmethoden erzielt man in ariden und semi-ariden Klimagebieten mit geringer Bodenbedeckung und Vegetation. In humiden Gebieten ist das Kartieren von lithologischen und strukturellen Zügen zumindest erschwert, Alterationshöfe können kaum erkannt werden. Falls die gesuchten Lagerstätten mit anomalen Schwermetallgehalten verbunden sind, ist das Erkennen geschädigter Vegetation möglich, da gestresste Pflanzen eine von gesunden abweichende Reflexionscharakteristik zeigen.

Literatur:

BARDINET, C., GABERT, G., MONGET, J.-M. & ZHENG YU, 1988, Application of multisatellite data to thematic mapping. Geol. Jb. B67, 3-74.

CARTER, W. D., ROWAN, L. C. & WEILL, G. (Eds.), 1983, Remote sensing and mineral exploration. Pergamon.

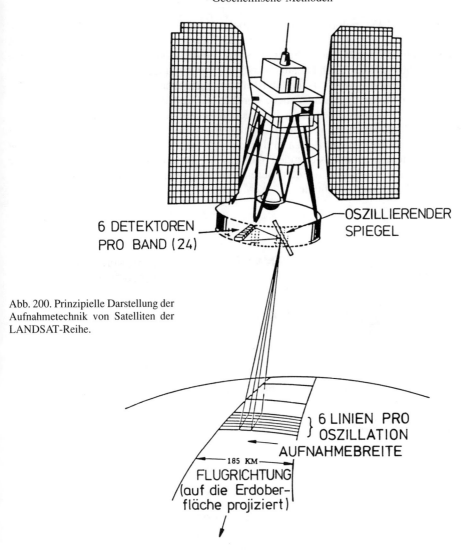

Abb. 200. Prinzipielle Darstellung der Aufnahmetechnik von Satelliten der LANDSAT-Reihe.

DRURY, S. A., 1990, A guide to remote sensing interpreting images of the Earth. Oxford Univ. Press.
GOETZ, A. F. H. & ROWAN, L. C., 1981, Geologic remote sensing. Science 211, 781-791.
KRONBERG, P., 1984, Photogeologie. 268 pp, Enke.
LILLESAND, Th.M. & KIEFER, R. W., 1987, Remote sensing and image interpretation. 721 pp, Wiley.
MÜHLFELD, R., MÜCKENHAUSEN, E., GRÜNEBERG, F. & RUDER, J., 1981, Fernerkundung in Geologie und Bodenkunde. Pp 464-506 in F. BENDER (Ed.), Angewandte Geowissenschaften. Bd. I, Enke.
TELEKI, P. & WEBER, C. (Eds.), 1984, Remote sensing for geological mapping. BRGM Document 82, 313 pp.

4. Geochemische Methoden

Eine erste moderne Zusammenfassung des Wissens über Verteilung und Mobilität der natürlichen Elemente in den uns zugänglichen Teilen der Erde hat V. M. GOLDSCHMIDT geschrieben; das Werk wurde posthum im Jahre 1954 publiziert. In noch mehr Detail wurde dieses Ziel durch K. H. WEDEPOHL (1969-79) weiterverfolgt, diesmal in Form einzelner Kapitel zu jedem Element, welche in Ringordnern austausch- und ergänzbar vorgelegt wurden. Beide Publikationen sind hervorragende Quellen für geochemische Arbeiten, auch bei angewandten Fragestellungen in der Lagerstättenkunde oder in Umweltfragen. Spezielle, neuere Literatur ist unten angegeben.

Geochemische Methoden der Lagerstättensuche beruhen auf der Beobachtung, daß die meisten Lagerstätten von weiten Höfen umgeben sind, in welchen bestimmte Elemente angereichert sind oder wo systematische Abweichungen von der normalen Elementverteilung vorliegen. Analysiert werden dabei Proben von Gesteinen, Böden, Pflanzen, Wässern und Gasen (Abb. 201) sowie rezente Sedimente in fließenden und stehenden Gewässern. Durch graphische und statistische Auswertung der so ermittelten Daten werden Bereiche („geochemische Anomalien") definiert, welche möglicherweise Lagerstätten enthalten.

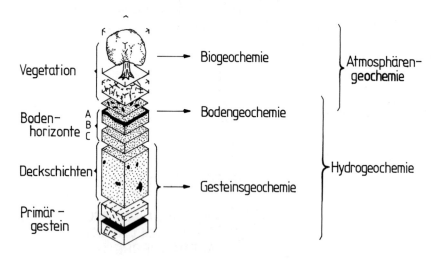

Abb. 201. Verschiedene Probemedien der geochemischen Exploration verborgener Lagerstätten.

Die Definition geochemischer Anomalien aus einer großen Zahl von Meßwerten wird durch Untersuchung statistischer Verteilungsmuster vorgenommen. In einfachen Fällen (Abb. 202) kann man bereits graphisch zwischen den häufigen, normalen Konzentrationswerten (Untergrund, „background") und den seltenen möglichen und wahrscheinlichen Anomalien unterscheiden. Geologische Voraussetzung ist allerdings ein relativ homogener lithologischer Hintergrund, da z. B. Ultramafite in einer Metasediment-Serie notwendigerweise Ni-Anomalien bewirken müßten. Wo solche Verhältnisse vermutet werden, sind die verschiedenen Probegruppen („Populationen") getrennt auszuwerten oder statistisch aufzugliedern. Schwellenwerte (threshold) entsprechen den oberen Grenzen der variablen normalen Elementgehalte; oft ist ein niedrigerer regionaler Schwellenwert von einem höheren im Umkreis von Lagerstätten zu unterscheiden. Ersterer dient dann bei großräumigen Untersuchungen der Lokalisierung von höffigen Zonen, letzterer wird innerhalb derselben zur Aufsuchung möglicher Erzkörper verwendet.

Primäre geochemische Anomalien sind der Entstehung der Lagerstätte zugeordnet, sie entstehen durch *primäre Dispersion* der Elemente. Als Beispiel mögen hydrothermale Erzlagerstätten dienen: Während der Abscheidung der Metalle im eigentlichen Erzkörper dringen die hydrothermalen Lösungen in die Nebengesteine ein und bewirken dort Alterationen (s. dort), welche chemische Zufuhr und Abfuhr umfassen. Porphyrische Kupferlagerstätten etwa haben um die zentrale Cu-Mo-Au-Zone lateral und vertikal eine Hülle mit erhöhtem Pb-Zn und schließlich einen weiten Hof mit den besonders mobilen Elementen As, Ag, Sb, Hg, Tl, Te und Mn. Solchen dreidimensionalen Spurenhöfen stehen andere gegenüber, die wie bei den SEDEX-Lagerstätten fast nur in einer

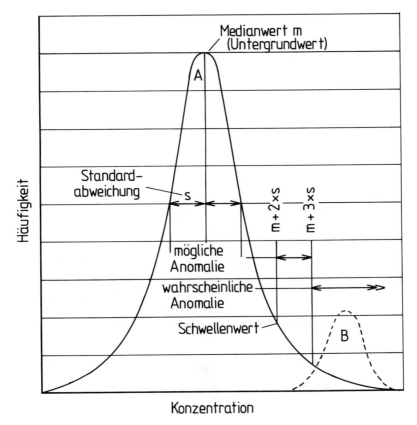

Abb. 202. Häufigkeitsverteilung zweier Populationen von geochemischen Daten.
Beachte: Typisch ist vielfach eine lognormale Verteilung von Meßwerten. Population A kann als normaler geologischer Untergrund angesehen werden, Population B wäre dann Ausdruck einer mineralisierten Zone.

Schicht auftreten und deshalb zweidimensional sind. Auf die außerordentlich weite Ausdehnung des Mn-Halos um diesen Lagerstättentyp wurde früher hingewiesen (s. Mangan). Alle diese primären Spurenhöfe vergrößern das Zielgebiet außerordentlich und erlauben somit größere Abstände der Probenahme (und niedrigere Kosten) bei einer ersten großräumigen Suche. Daraus wird auch deutlich, daß nicht nur das jeweils gesuchte Element der geochemischen Exploration dient und analysiert wird, sondern daß auch andere Elemente (vor allem typische Begleiter, sogenannte „Pfadfinderelemente") verwendet werden.

Sekundäre geochemische Anomalien entstehen durch Prozesse, welche nach der Bildung der Lagerstätte wirksam waren. Meist handelt es sich um oberflächennahe Mobilisation, Verwitterung und Erosion, wodurch Elemente aus der Lagerstätte oder aus ihrer Hülle in Böden, Pflanzen, Grundwasser und Bodengas bzw. bodennaher Luft angereichert sind. Durch Erosion gelangen gelöste Stoffe oder klastische Partikel aus dem Lagerstättenbereich in Wasserläufe, wo sie nicht selten bis zu großer Entfernung von der Quelle nachgewiesen werden können. Deshalb ist die Beprobung von jungen Sedimenten der Fließgewässer eine sehr effektive Explorationsmethode. Die nachträgliche, teilweise Umverteilung von Elementen eines Lagerstättenkörpers nennt man *sekundäre Dispersion*. Dabei ist die unterschiedliche Mobilität verschiedener Elemente von großer Bedeutung, weil wiederum der anomale Bereich deutlich vergrößert ist, wenn man besonders mobile Elemente betrachtet. Sucht man z. B. polymetallische Erze mit Pb, Zn und Cu, wäre Zn für großräumige Untersuchungen mit geringer Probendichte geeignet, während Cu und Pb bei dichterer Probenahme das eigentliche Erz andeuten (Abb. 203).

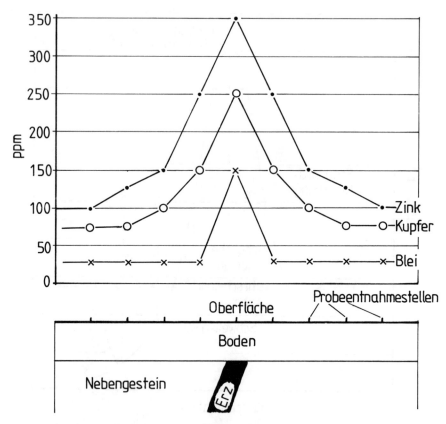

Abb. 203. Die unterschiedliche sekundäre Dispersion von Zink, Kupfer und Blei im Boden über einer Buntmetallagerstätte in silikatischen Nebengesteinen.

Die Mobilität der einzelnen Elemente bei Prozessen der sekundären Dispersion wird durch die komplex wirkenden Faktoren Klima, Vegetation, geologischer Untergrund, Hydrogeologie und Relief beeinflußt. Russische Autoren haben dafür den Namen *Landschaftsgeochemie* geprägt. Die vom Menschen unbeeinflußten geochemischen Naturlandschaften sind mittlerweile vielerorts durch Industrie, Landwirtschaft und Besiedlung verändert, was bei geochemischen Sucharbeiten zu erhöhter Aufmerksamkeit in bezug auf eine eventuelle *anthropogene Kontamination* zwingt.

Das sichere Erkennen von Anomalien wird durch einen hohen *Kontrast,* d.h. durch möglichst große Unterschiede zwischen Untergrund- und anomalen Gehalten erleichtert. Beeinflußt wird der Kontrast durch primäre Gehalte der Lagerstätte im Vergleich zu den Nebengesteinen, durch die relative Mobilität der Elemente und durch Verdünnung mit taubem Material. Deshalb beginnen geochemische Explorationsarbeiten immer mit einer *Orientierungsphase,* welche u. A. zu klären hat, welche Probenart die meisten Aussichten auf hohe Kontraste bietet. Besonders starke Einflüsse auf den Kontrast haben bei Lockersedimenten die gewählte Korngröße, der Bodenhorizont und die Laugungstechnik. Falls sich dabei das eigentlich gesuchte Element als sehr kontrastarm herausstellt, kann eventuell ein besser geeignetes Pfadfinderelement identifiziert werden.

Geochemische Explorationsprogramme. Geochemische Methoden werden sowohl großräumig (regional) eingesetzt, um höffige Teilbereiche großer Flächen abzugrenzen, wie auch in kleinen Zielgebieten (detailliert), wo Lagerstätten vermutet werden. Im ersten Fall erfolgt die Beprobung entlang von Straßen oder Wasserläufen in Abständen von 1 km und mehr. Detaillierte Programme sind meist als Beprobungsnetz ausgelegt, wobei die Einzelabstände nach der Natur der erwarteten Lagerstätte 10-100 m betragen. Dieses Netz (grid) wird in der Regel auch für die geologische

Detailkartierung und für die geophysikalischen Arbeiten verwendet. Jedem Programm muß eine Orientierungsphase vorausgehen, welche neben der zuvor angesprochenen Probenart und den günstigsten Beprobungsabständen auch die zweckmäßigen analytischen Methoden bestimmt. Danach erfolgt die endgültige Planung, auch hinsichtlich organisatorischer Fragen. In der Explorationspraxis werden besonders häufig Gewässersedimente, Böden und Gesteine beprobt. Diese, aber auch einige andere Methoden sollen im Folgenden kurz näher beschrieben werden.

Gewässersedimente sind in Landschaften mit einem dichten Entwässerungsnetz besonders gut geeignet, um mit weiten Probenabständen Zonen anomaler geochemischer Charakteristik zu entdecken. Wo keine geeigneten Gewässer existieren, werden regional Böden (Teile Australiens, Afrikas) oder Seesedimente (Kanada, Finnland) beprobt. Eine Sedimentprobe aus einem aktiven Flußbett wird als durchschnittliche Probe des flußaufwärts gelegenen Einzugsgebietes aufgefaßt. Liegt darin eine Lagerstätte, so werden Spuren der Mineralisation oder des Dispersionshofes entweder in Partikelform oder in Lösung in den Fluß gelangen. Um möglichst gleichartige Proben zu erhalten, wird üblicherweise Feinsediment genommen und daraus durch Siebung eine möglichst homogene Feinfraktion (meist -80 mesh = 180 Mikron) zur Analyse abgetrennt. Gleichzeitig können größere Proben für eine Untersuchung der Schwermineralspektren gewonnen werden, welche nicht selten weitere Hinweise ergeben. Organische Substanzen oder Fe-Mn-Schlämme und Krusten in Gewässern adsorbieren gelöste Metalle mehr als Tonminerale, weshalb solche Proben bei der Auswertung getrennt behandelt werden müssen. Gewässersedimente, ebenso wie andere regional eingesetzte Probemedien, werden heute in der Regel auf viele Elemente analysiert, auch auf solche, die mit den gesuchten Lagerstätten nicht direkt korreliert sind (PLANT et al. 1988). Bei der Probenahme sind begleitende pH-Messungen des Wassers anzuraten, da die Mobilität vieler Elemente durch stärkere Schwankungen dieses Wertes beträchtlich beeinflußt wird.

Bodenproben zur geochemischen Aufsuchung verdeckter Lagerstätten erfordern eine detaillierte Voruntersuchung, da sowohl die Faktoren der Bodengenese wie auch variable Elementmobilitäten über den Erfolg der Arbeiten entscheiden. Grundsätzlich muß geklärt werden, ob es sich um autochthone oder um transportierte Böden handelt. Bei Ersteren wird der geeignetste Horizont zu erkunden sein (oft ist das der B-Horizont, da dort Ausfällung vieler Elemente eintritt). Allochthone Böden sind gewöhnlich wenig brauchbar, Ausnahmen für diese Regel wurden jedoch mehrfach beschrieben. So hat man im B-Horizont transportierter Böden über Nickelmineralisationen in West-Australien unerwartete Ni-Anomalien gefunden. Diese kamen dadurch zustande, daß tiefwurzelnde Pflanzen das Ni in ihrer Blattmasse angereichert hatten, wonach das beim Zerfall der organischen Substanz freiwerdende Ni in den Boden ausgewaschen wurde.

Gesteine oder ausgewählte *Minerale* werden vor allem im Rahmen geochemischer Detailuntersuchungen beprobt. Bei Gesteinen ist – ebenso wie bei Erzen – in Abhängigkeit von der maximalen Korngröße der Minerale besonders auf eine ausreichende Probenmasse zu achten (GY 1982, PITARD 1989). Dieser Explorationsmethode müssen sehr konkrete geologische Modelle zugrunde liegen. Als Beispiele seien genannt: Die Suche nach spezialisierten Graniten durch regionale Beprobung einer Granitprovinz; die Unterscheidung höffiger und nicht-mineralisierter Porphyre durch Analyse des Cu-Gehaltes in Biotit, und das Erkennen von Seltenmetall-Pegmatiten durch Analyse von Muskoviten.

Bodenluft oder *bodennahe Luft* kann beispielsweise durch Hg-(H_2S-, SO_2-) Gehalte Hinweise auf tiefliegende Sulfid- und Goldlagerstätten geben oder erhöhte Radongehalte lassen Uranmineralisation vermuten. Neuerdings konnte in Schweden nachgewiesen werden, daß aus Sulfiderzen in mehreren Hundert Meter Tiefe aufsteigende Gase meßbare Mengen von Cu, Zn, Ag, S, Cl und As an die Oberfläche bringen. Die Probenahme ist allerdings umständlich und langwierig, was für die meisten Bodengasmethoden gilt. Erste Versuche, Gasmessungen (Hg, H_2S, Kohlenwasserstoffe) mittels Helikopter oder Flugzeug für größere Flächen wirtschaftlich zu gestalten, ergaben mittlerweile positive Resultate (Mining Journal, Juli 1988). Gemessen werden die Spurengase der bodennahen Luft durch differentielle Spektralabsorption im reflektierten Anteil eines zur Erde gerichteten Laserstrahles. Die rasche Meßfolge ergibt für ein in 130 m Höhe langsam fliegendes Flugzeug Datenabstände von nur 20 cm. Hg-Gehalte bis minimal 0,5 ppb können festgestellt werden.

Biogeochemische Methoden haben den Vorteil billiger Probenahme (es ist kein Aufgraben oder Bohren notwendig), und trotzdem können mit der Analyse von Pflanzenteilen geochemische Informationen über den Untergrund erhalten werden. Das rührt daher, daß Wurzeln Böden und deren unterlagerndes Gestein ebenso wie das enthaltene Wasser „beproben". Es ist allerdings notwendig, sich auf eine Art und da wiederum auf bestimmte Pflanzenteile (z. B. zweijährige Zweige) zu beschränken, damit vergleichbare Ergebnisse erzielt werden. Unter diesen Voraussetzungen können regionale und lokale Anomalien vieler Metalle oder begleitender Pfadfinderelemente aufgefunden werden. Zonen von Goldlagerstätten konnten in Kanada bereits bei einer Probendichte von nur 1 Probe/50 km² durch erhöhte Gehalte von Au, As, Sb und Se in Fichtenrinde erkannt werden (DUNN 1989).

Wasserproben aus Quellen, Brunnen, Bohrungen und Gewässern sind nur in wenigen Fällen für systematische Sucharbeiten geeignet. Die allgemein sehr niedrigen Elementgehalte (meist nur einige ppb) werden durch verschiedenen pH und Eh stark beeinflußt, und dazu kommt die Gefahr von Kontamination der Proben bis zur eigentlichen Analyse.

Isotopenanalysen werden in zunehmender Häufigkeit als Ergänzung anderer Methoden eingesetzt. Man hat z. B. festgestellt, daß große Sulfiderzkörper eines metallogenetischen Distriktes oft ein nahezu identisches Pb-Isotopenspektrum haben, während kleine Vererzungen im gleichen Raum isotopisch abweichendes Blei führen. Damit können erste Funde von Erzspuren als vermutlich höffig oder als nicht untersuchenswert klassifiziert werden (GULSON 1986). Ein anderes Beispiel sind Baryterze im devonischen Schwazer Dolomit (Tirol), welche einen mehrere Zehner Meter weiten Hof haben, in dem die Sr-Isotopenverhältnisse des Karbonates deutlich verändert sind (FRIMMEL & PAPESCH 1990).

Analytische Methoden der Explorationsgeochemie. Die im Felde aufgesammelten Proben werden getrocknet, gesiebt oder feingemahlen. Für die eigentliche Analyse wird danach eine Teilmenge meist durch Lösung vorbereitet, wobei partielle Laugung (durch schwache Säuren) oder Totallösung (z. B. Flußsäure) möglich sind. Die Entscheidung über die günstigere Vorgangsweise ergibt sich aus der Bindungsform der gesuchten Elemente in der Probe; falls man eher schwach adsorbierte Metalle (z. B. an Tonen) bestimmen möchte, ist partielle Laugung zielführend. Im Gitter eingebaute Elemente (z. B. Ba im Muskovit distaler, metamorpher SEDEX-Gesteine) verlangen naturgemäß Totallösung. Die Entscheidung über die beste Aufbereitungsmethode muß im Orientierungsprogramm erreicht werden.

Übliche analytische Labormethoden der Explorationsgeochemie sind *Atomabsorptions-Spektralphotometrie* (AAS) und *Plasma-Emissionsanalyse* (ICP). Kolorimetrische Methoden, Röntgenfluoreszenzanalyse u.a. werden heute für große Probeserien seltener verwendet.

Weiterhin aktuell sind kolorimetrische und andere einfache geochemische Bestimmungen für den Feldgebrauch, wobei semiquantitativ Elemente (As, Cu, Zn, Mo, W, Ni) oder Ionen (SO_4^{2-}) bestimmt werden können. Andere Methoden dienen nur dem Erkennen von Mindestgehalten, z. B. bei Phosphat oder bei Bauxit. Diese Feldmethoden eignen sich besonders für Programme mit begrenzter finanzieller und technologischer Ausstattung bzw. in Gebieten schlechter Infrastruktur. Es sollte aber nie darauf verzichtet werden, die Einsatzentscheidung an Hand von ausgewählten Proben mit einem erfahrenen Geochemiker vorzubereiten.

Explorationsgeochemische Analysen müssen nicht unbedingt den wahren Wert des gesuchten Elementgehaltes in der Probe ergeben, das heißt, *absolute Genauigkeit* wird nicht unbedingt angestrebt. Abweichungen von +/-30 % werden oft toleriert, soferne der relative Fehler annähernd gleich bleibt. Letzteres bedeutet eine *hohe Präzision,* die sich durch gut reproduzierbare Ergebnisse auszeichnet. Dies ist erforderlich, weil die Unterschiede zwischen Anomalien und Untergrund sehr gering sein können. Insgesamt ist die Fehlerkontrolle ein wesentlicher Aspekt aller geochemischen Programme. Fehlermöglichkeiten gibt es sowohl bei der Probenahme wie auch bei der Analyse; zur Kontrolle ersterer wird empfohlen, ca. 20 % der Probenentnahme zu wiederholen. Analytische Fehler werden durch mehrfache Analyse, möglichst auch in verschiedenen Labors, überprüft. Auf Grund der so erhaltenen Vergleichswerte läßt sich der Gesamtfehler bzw. der Vertrauensbereich für die Ergebnisse errechnen.

Darstellung und Interpretation. Geochemische Explorationsdaten werden am besten auf Karten dargestellt, indem die Meßergebnisse an den Probepunkten eingetragen werden. Unter Beachtung

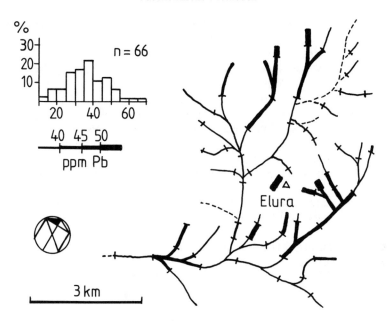

Abb. 204. Bachsedimentgeochemie im Bereich der Buntmetallagerstätte Elura/NSW/Australien (nach DUNLOP et al. 1983).
Hier wurde die Siebfraktion 1,18-2,12 mm gewählt, weil das Pb vor allem in lateritischen Eisenkonkretionen adsorbiert ist. Feinkorn unter 63 Mikron ergab kontrastlose, niedrige Gehalte.

der statistischen Verteilungsparameter werden dann Linien gleicher Gehalte gezeichnet, welche die räumliche Lage anomaler Lokalitäten ergeben. Die meist sehr große Zahl von Daten, besonders bei Multi-Elementanalysen, bedingt in der Regel eine Verarbeitung im Computer, wodurch Speicherung, statistische Manipulationen (u. a. multivariate Statistik) und die Erstellung geochemischer Karten erleichtert werden. Die Ergebnisse von Gewässersediment-Analysen können im einfachsten Fall als "Wurmdiagramme" wiedergegeben werden (Abb. 204). Beispiele für komplexe Darstellungsmethoden sind die geochemischen Atlanten, welche mittlerweile für viele Länder bzw. geologische Großräume vorliegen (FAUTH et al. 1985, THALMANN et al. 1989).

Literatur:

DAVY, R. & MAZZUCCHELLI, R. H. (Eds.), 1984, Geochemical exploration in arid and deeply weathered environments. 368 pp, Elsevier.
DUNN, C. E., 1989, Reconnaissance-level biogeochemical surveys for gold in Canada. Trans. Instn. Min. Metall. B98, 153-161.
FAUTH, H., HINDEL, R., SIEWERS, U. & ZINNER, J., 1985, Geochemischer Altlas Bundesrepublik Deutschland – Verteilung von Schwermetallen in Wässern und Bachsedimenten. 62 Karten, BGR/Schweizerbart.
FLETCHER, W. K., HOFFMANN, S. J., MEHRTENS, M. B. & SINCLAIR, A. J., 1986, Exploration geochemistry: design and interpretation of soil surveys. 180 pp, Soc. Econ. Geol.
FLETCHER, W. K., 1981, Analytical methods in geochemical prospecting. 2. Neudruck 1990, 256 pp, Elsevier.
FRIMMEL, H. E. & PAPESCH, W., 1990, Sr, C and O isotope study of the Brixlegg barite deposit, Tirol (Austria). Economic Geol. 85, 1162-1171.
GOLDSCHMIDT, V. M., 1954, Geochemistry. 730 pp, Oxford University Press.
GOVETT, G. J. S. (Ed.), 1983, Rock geochemistry in mineral exploration. Neudruck 1985, 462 pp, Elsevier.
GOVETT, G. J. S., 1987, Exploration geochemistry in some low-latitude areas – problems and techniques. Transact. Instn. Min. Metall. B96, 97-116.
GULSON, B. L., 1986, Lead isotopes in mineral exploration. 246 pp, Elsevier.

GUNDLACH, H., VAN DEN BOOM, G. & KOCH, W., 1981, Geochemische Untersuchungen. Pp 311-369 in F. BENDER (Ed.), Angewandte Geowissenschaften. Bd. I, Enke.
GY, P. M., 1982, Sampling of particulate materials. 432 pp, Elsevier.
HOWARTH, R. J. (Ed.), 1983, Statistics and data analysis in geochemical prospecting. Neudruck 1985, 438 pp, Elsevier.
LEVINSON, A. A. et al., 1987, Practical problems in exploration geochemistry. 269 pp, Applied Publ.Ltd.
PITARD, F. F., 1989, Pierre Gy's sampling theory and sampling practice. Vol. I: Heterogeneity and sampling. 214 pp; Vol. II: Sampling correctness and sampling practice. 247 pp, CRC Press Inc., Boca Raton.
PLANT, J. A., HALE, M. & RIDGWAY, J., 1988, Developments in regional geochemistry for mineral exploration. Transact. Instn. Min. Metall. B97, 116-140.
REIMANN, C., 1989, Reliability of geochemical analyses: recent experiences. Trans. Instn. Min. Metall. B98, 123-129.
THALMANN, F., SCHERMANN, O., SCHROLL, E. & HAUSBERGER, G., 1989, Geochemischer Atlas der Republik Österreich: Böhmische Masse und Zentralzone der Ostalpen – Bachsedimente. 141 pp, 36 Karten, Geol. B.-A. Wien.
WEDEPOHL, K. H. (Ed.), 1969-1979, Handbook of geochemistry. Springer.

5. Geophysikalische Methoden

Die unterschiedlichen physikalischen Eigenschaften von Erzen, Mineralen und Gesteinen sind die Basis für geophysikalische Explorationsmethoden. Man unterscheidet passive Methoden, welche natürliche physikalische Felder nutzen (Magnetismus, Schwere), von aktiven Methoden, bei denen der Einfluß des Untergrundes auf künstliche Felder gemessen wird (elektrische Leitfähigkeit, Seismik). Die Interpretation magnetischer und gravimetrischer Messungen in die Tiefe liefert eine unendlich große Mannigfaltigkeit an Lösungen; gleicherweise zeigt die geoelektrische Meßmethode eine große Bandbreite „äquivalenter" Untergrundmodelle. Deshalb erzielt man konkrete Interpretationen erst in Korrelation mit geologischen Modellen, also durch einschränkende Zusatzinformationen. Bei der Suche nach festen mineralischen Rohstoffen werden meist geophysikalische Methoden mit einer Tiefenreichweite von einigen Hundert Metern angewandt; sie erweitern damit die Aussagekraft geologischer und geochemischer Daten bis in eine Tiefe, welche für die meisten dieser Rohstoffe gleichzeitig eine wirtschaftliche Grenze der Abbaumöglichkeit darstellt.

Wo Anreize bestehen, über diese mit normaler Oberflächengeophysik erkundbare Tiefe hinauszugehen, werden auf Grund geologischer Modelle tiefe Bohrungen mit geophysikalischen Bohrlochmessungen kombiniert, welche einen möglichst weiten Raumbereich um das Loch erfassen. Auf Grund dieser Vorgangsweise wurden in Kanada in jüngster Zeit mehrere Buntmetallagerstätten gefunden, in Tiefen von 300-1300 m.

Geophysikalische Messungen ergänzen andere Explorationsmethoden in allen Maßstäben. Regionale geologische und geochemische Arbeiten werden durch geophysikalische Aufnahmen vom Flugzeug oder Helikopter aus unterstützt (Magnetik, Elektromagnetik, Radiometrie), während detaillierte, lokale Messungen am Boden den Einsatz einer sehr großen Breite verschiedener Methoden mit entsprechend größerer Meßgenauigkeit, Meßdichte und letztlich Aussagekraft erlauben. Noch genauer sind Bohrlochmessungen, welche zusammen mit geologischen Kernaufnahmen eine hohe Informationsdichte gewährleisten.

Die Messungen ergeben vielfach einen *Untergrund*, der für die Gesteine der Region charakteristisch ist, wovon sich *Anomalien* abheben, die auf physikalischen Kontrasten beruhen. Die jeweilige Höhe der Anomalie ist a) vom Kontrast zwischen Nebengestein und anomalem Material abhängig, b) von Größe, Lage und Form des anomalen Körpers, und c) von der Tiefenlage des Körpers. Das Erkennen von Anomalien ist deshalb in vielen Fällen ähnlich schwierig wie bei schwachen geochemischen Indizien.

Es gibt heute eine große Zahl verschiedener geophysikalischer Explorationsmethoden und jede

Methode ist in vielen Varianten verfügbar. Hier können nur Kurzbeschreibungen häufig angewandter Methoden gegeben werden; mehr Details sind in der angeführten Literatur zu finden.

Die Auswahl bestimmter Methoden wird vom geologischen Modell der gesuchten Lagerstätten ebenso beeinflußt wie von äußeren Bedingungen; Regionen mit Dauerfrost oder solche, die nur bei gefrorenem Boden Zugang erlauben, gestatten z. B. keine Plazierung von Elektroden im Boden; semiaride Gebiete mit elektrolytreichem, gut leitendem Grundwasser beschränken die Tiefenreichweite der meisten elektrischen Methoden. Auch in alpinen Berglandschaften schließlich gibt es spezifische Einschränkungen (WEBER 1989).

Magnetometrische Methoden. Messungen des Magnetfeldes an der Erdoberfläche sind sehr einfach mit tragbaren Instrumenten auszuführen, zur Messung in Bohrungen gibt es entsprechende Sonden. Im Geländeeinsatz allgemein gebräuchlich sind das Protonen-Präzessionsmagnetometer zur Messung des Totalfeldes und das Fluxgate-Magnetometer (Förster-Sonde), welches die Messung von vertikaler und horizontaler Komponente und ebenfalls des Totalfeldes ermöglicht. Die Intensität des Magnetfeldes wird in Nanotesla (früher Gamma) gemessen (1 nT = 1 Gamma). Das Totalfeld der Erde hat in Abhängigkeit von der geographischen Breite Werte zwischen 31.000 (Äquator) bis 63.000 nT (Pole). Tägliche Schwankungen erreichen 10-30 nT; durch Sonnenfleckenaktivität erzeugte magnetische Stürme können 1000 nT überschreiten. Für die Exploration werden meist bedeutende Abweichungen vom Normalfeld gesucht, die häufig durch Minerale mit einer hohen Suszeptibilität wie Magnetit, Ilmenit, Hämatit oder Pyrrhotin verursacht sind. Eisen- oder Sulfiderzlagerstätten mit Anteilen dieser Minerale können deshalb durch magnetische Messungen entdeckt werden. Flächenhafte Messungen (meist vom Flugzeug aus) eignen sich aber auch sehr gut als Unterstützung für die geologische Kartierung, besonders bei überwiegender Bedeckung durch Böden, Moränen, etc. Die Darstellung der Ergebnisse erfolgt gewöhnlich in Karten oder in Profilen (Abb. 205), im gleichen Maßstab wie die geologischen Unterlagen, um vergleichende Interpretation bzw. für Modellrechnungen die Wahl möglichst realistischer geologischer Modelle zu erleichtern.

Elektrische Methoden. Hier werden elektrische Leitfähigkeit bzw. der Widerstand von geologischen Körpern sowie natürliche Potentiale gemessen, um verborgene Lagerstätten zu erkunden. Gesteine und Minerale haben sehr unterschiedliche Widerstandswerte, wobei Sulfiderze, Metalle und Graphit naturgemäß besonders hohe Leitfähigkeit aufweisen. Dieser Kontrast wird für die Exploration genutzt. Wichtig sind ferner elektrische Aktivität und die dielektrischen Eigenschaften verschiedener Minerale. Die elektrischen Methoden beruhen immer auf der Plazierung von Elektroden (z. B. Stahlstäben) in den Boden, teils um elektrische Ströme in den Boden einzuleiten, teils zur Messung solcherart erzeugter oder natürlicher Potentiale. Damit sind die Messungen arbeitsaufwendig und langsam, weshalb sie nicht regional, sondern nur lokal angewendet werden.

Die *Eigenpotentialmethode* (self-potential, SP) nutzt die lokal eng begrenzten, elektrochemischen Vorgänge an verwitternden Erzkörpern. Soweit es sich um gute Leiter handelt (Sulfide, Graphit, Magnetit), fließen Ströme vom oxydierenden Teil nahe der Oberfläche in den reduzierten Teil unter dem Grundwasserspiegel. Die resultierenden Potential-Anomalien über den Erzkörpern sind negativ (Abb. 206). Die Messungen erfolgen mittels zweier unpolarisierbarer Elektroden und einem Spannungsmesser von hohem Widerstand. Weiträumige, natürliche Potentialfelder in der Erde werden mit *Tellurischen* oder *Magnetotellurischen Methoden* untersucht; praktische Anwendungen gibt es fast nur in der Erdölindustrie.

Bei den *Widerstandsmethoden* wird über zwei Elektroden Strom in den Boden eingeführt; die dadurch bewirkte Veränderung des elektrischen Potentials an der Oberfläche wird über zwei andere Elektroden stromlos gemessen. Für die Anordnung (Konfiguration) der Elektroden gibt es verschiedene Standardverfahren. Seitliches Versetzen der Elektroden mit gleichbleibendem Abstand entlang von Netzlinien (electrical profiling) ist als relativ rasche Methode für das Abgrenzen von Sand-, Kies- und massigen Erzlagerstätten sowie zum Erkennen von Störungen oder steilstehenden Gesteinskontakten geeignet. Vergrößerung des Elektrodenabstandes bei gleichbleibendem Zentrum ergibt Informationen über die vertikale Abfolge verschiedener Schichten (electrical sounding). Wo Bohrungen vorhanden sind, können Elektroden auch untertage plaziert werden; damit sind wesentliche Verbesserungen der Ergebnisse möglich. Durch Widerstandsmessungen können insbesondere

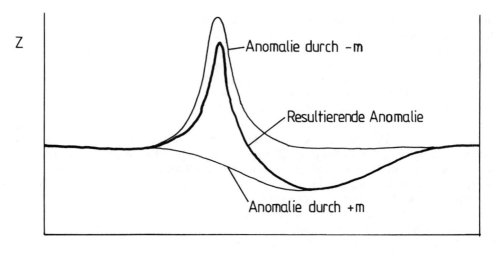

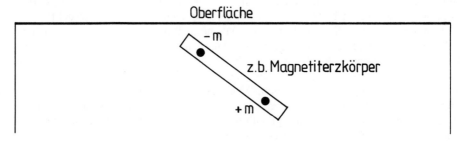

Abb. 205. Profil einer magnetischen Anomalie, welche durch einen finiten, geneigten Körper im Untergrund bewirkt wird.
Dargestellt ist die Entstehung des qualitativen Erscheinungsbildes der Anomalie durch die Näherung, den magnetischen Körper durch seine äquivalenten Pole zu definieren.

zusammenhängende Körper von Sulfidmineralen, wasserführende Kiese (indirekt also auch Zinn- oder Goldseifen) und Graphit durch ihre hohe Leitfähigkeit leicht erkannt und auskartiert werden.

Die Methoden der *Induzierten Polarisation* (IP) werden in der Explorationspraxis überaus häufig eingesetzt; sie eignen sich vor allem zur Lokalisierung disseminierter Sulfiderze, doch auch für hydrogeologische Untersuchungen tonhaltiger Grundwasserleiter. Bei diesen Methoden wird über Elektroden ein Strom in den Boden geleitet. Sind dort isolierte Partikel von elektronischen Leitern (gediegene Metalle, Sulfide, Graphit) vorhanden, werden diese aufgeladen. Die Entladung kann man nach dem Abschalten des anregenden Stromes über zwei Potentialelektroden messen; sie ergibt ein Maß für die Zahl (genauer: Summe der Oberflächen) metallisch leitender Partikel im Boden und somit Hinweise für die Intensität der Mineralisation. Verwendet werden Systeme auf Wechselstrombasis (frequency domain) oder mit Gleichstrom (time domain); auch hier sind verschiedene Elektrodenkonfigurationen möglich. In einzelnen Fällen wurde über erfolgreiche Anwendung bis 600 m Tiefe berichtet (Cu-Erze in Albanien).

Auch *elektromagnetische Methoden* (EM) zählen zu den häufig angewandten geophysikalischen Explorationsverfahren. Ihr spezifischer Vorteil ist, daß kein physischer Kontakt (also durch Elektroden) zum Boden hergestellt werden muß, weshalb sie am Boden und vom Helikopter/Flugzeug aus auch über Eis, Wasser, gefrorenen oder ariden Böden angewendet werden können. Ungünstig sind nur hochleitetende Deckschichten, z. B. Salzseen. Üblicherweise wird über eine mit Wechselstrom gespeiste Senderschleife ein elektromagnetisches Feld erzeugt, das in den Boden eindringt. Ist dort kein Leiter vorhanden, mißt die Empfängerschleife das unveränderte primäre Feld. Falls die primären

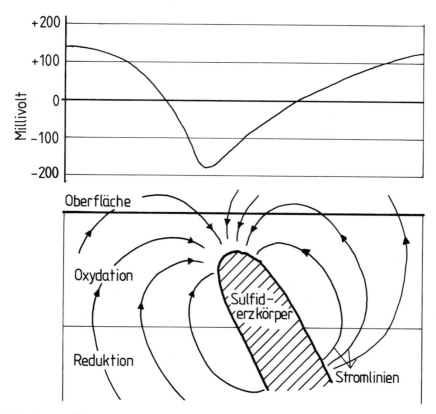

Abb. 206. Prinzip der natürlichen Potentiale an verwitternden Sulfiderzkörpern (unten) und Ergebnis einer SP-Meßlinie im Gelände (oben).

Wellen einen guten Leiter antreffen, werden darin Ströme induziert, welche selbst wiederum ein alternierendes elektromagnetisches Feld erzeugen. Dieses ist das gesuchte Signal für mögliche Erzkörper; meist wird zur Auswertung der Phasenunterschied zwischen primärem („reele Komponente") und sekundärem Feld („imaginäre Komonente", s. Abb. 207) herangezogen. Sulfiderze, Graphit und wassergefüllte Störungen sind mögliche, häufige Ursachen von elektromagnetischen Anomalien.

Es gibt eine große Zahl verschiedener Varianten der elektromagnetischen Methode. Hier soll nur auf eine besonders leicht anwendbare Entwicklung, nämlich auf die tragbaren VLF-Geräte (Very Low Frequency) hingewiesen werden. Diese nutzen starke Felder, welche weltweit für die Unterseebootnavigation ausgestrahlt werden, womit sich eine eigene Sendeeinrichtung mit zugehörigem Generator und Schleife erübrigt.

Gravimetrische Methoden bei der Aufsuchung von Lagerstätten beruhen auf der Messung des natürlichen Schwerefeldes der Erde, wobei die Beschleunigung g als Maßeinheit dient (früher 1 gal = 1 cm/sec^2; heute Schwereeinheit „gravity unit" g.u. = 1 Mikron/s^2; 1 mgal = 10 g.u.). Moderne Gravimeter erreichen eine Meßgenauigkeit von 0,1 g.u. Der meßbare Wert für g an einem bestimmten Ort hängt von der Dichte der unterlagernden Gesteine, aber auch von der geographischen Breite, der absoluten Höhe (auf +/-3 cm einzumessen) und vom Relief ab. Da in der Lagerstättensuche fast immer Dichteunterschiede im Untergrund festgestellt werden sollen, müssen die anderen genannten Einflüsse durch rechnerische Korrekturen ausgeschaltet werden. Die korrigierten, „residualen" bzw. Bouguer-Schwerewerte werden in Profilen oder Karten dargestellt; durch Modellrechnungen können in der Folge Form, Dichte und Tiefe jener Körper abgeschätzt werden, welche Anomalien verursachen. Anomalien können allerdings durch eine unendlich große

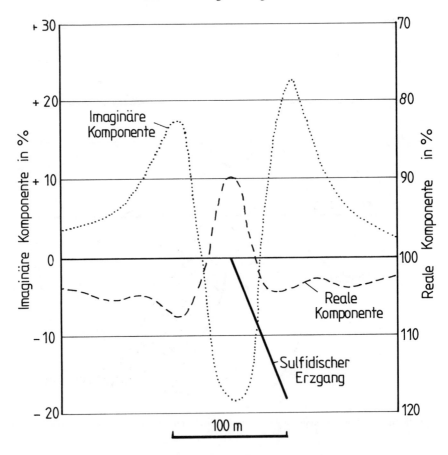

Abb. 207. Elektromagnetische Bodenvermessung im Profil über einem Erzgang.

Mannigfaltigkeit geologischer Bedingungen verursacht sein, weshalb diese möglichst gut bekannt sein sollen.

Die Messungen können in der Luft, am Boden, im Meer und untertägig durgeführt werden. Regionale gravimetrische Karten werden neben rein wissenschaftlichen Zielsetzungen am häufigsten als Unterstützung für die Kohlenwasserstoffsuche hergestellt. Für feste mineralische Rohstoffe ist die Methode dann geeignet, wenn besonders schwere (Chromit, Sulfide) oder besonders leichte Erzkörper (Salzstöcke) gesucht werden (Abb. 208). Einer der größten wirtschaftlichen Erfolge der Gravimetrie in jüngerer Zeit war die Entdeckung der Lagerstätte Neves Corvo im Iberischen Pyritgürtel (s. dort; LECA 1990).

Radiometrische Messungen. Durch den Zerfall von Uran, Thorium und Kalium wird Gamma-Strahlung emittiert, die mit tragbaren Geräten am Boden, aber auch vom Helikopter aus oder mittels Bohrlochsonden gemessen werden kann. Heute werden fast ausschließlich Spektrometer eingesetzt, welche die Unterscheidung der drei genannten Elemente und eine Rückrechnung auf ihre Gehalte im Gestein ermöglichen. Die Anwendung ist sehr vielfältig; neben der Exploration auf Kernenergierohstoffe und Kalisalze können kaliumreiche Gesteine, z. B. Granite oder Zonen einer hydrothermalen K-Alteration aufgesucht werden. Aeroradiometrische Aufnahmen sind zugleich eine wichtige Kartierungshilfe, da verschiedene Gesteine sehr unterschiedliche Gehalte an U, Th und K haben. Sinnvoll ist der Einsatz allerdings nur in Regionen mit sehr geringer Bodenbedeckung, da der größte Anteil der messbaren Strahlung aus den obersten 10-30 cm stammt. Näheres wurde unter „Uran" beschrieben (s. dort).

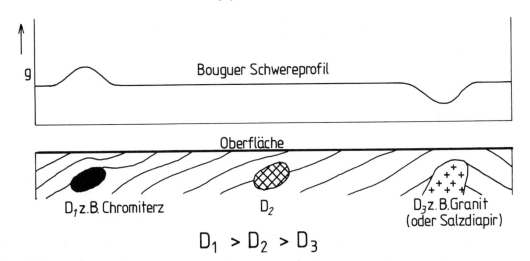

Abb. 208. Die residuale gravimetrische Anomalie (Bouger-Anomalie) reflektiert verschiedene Dichte von geologischen Körpern im Untergrund.

Bemerkenswerte *neuere Entwicklungen* in der Explorationsgeophysik sind u.a. tomographische Methoden, welche mit verschiedener Anregung (Radar, seismische Wellen, Radiowellen) zwischen Bohrlöchern und/oder Grubenaufschlüssen gelegene Gesteinskörper "durchleuchten". Damit sind größere Bohr- bzw. Auffahrungsabstände möglich, was große wirtschaftliche Bedeutung hat, und zudem wird die Wahrscheinlichkeit des „Übersehens" von Erzkörpern stark reduziert. Weiters ist eine rasche Zunahme des Angebotes an multifunktionellen geophysikalischen Systemen zu beobachten, welche zugleich oder in unmittelbarer Folge Messungen mehrerer der oben genannten Parameter erlauben.

Geophysikalische Bohrlochmessungen. Die meisten geophysikalischen Methoden wurden mittlerweile sinngemäß für die Anwendung in den üblichen Explorationsbohrungen mit relativ kleinem Durchmesser (im Vergleich zu Kohlenwasserstoffbohrungen, für welche sie ursprünglich entwickelt worden waren) adaptiert. Ein Beispiel aus einer tiefen Kohlenforschungsbohrung im Lavanttal/Kärnten gibt die Abb. 196. Daraus ist ersichtlich, daß mehrere Methoden geeignet sind, Kohlenflöze von Nebengesteinen zu unterscheiden und erste Daten zur Kohlequalität zu liefern.

Die heute übliche Kombination mehrerer geophysikalischer Methoden, insbesondere der Aerogeophysik, bedingt durch die übergroße Datenfülle den Einsatz elektronischer Datenverarbeitung und geeigneter Software. Dies erfordert eine hohe Spezialisierung der beteiligten Personen, im Normalfall durch ein Studium der Geophysik. Darüber darf aber nicht vergessen werden, daß Geophysiker und Geologen bei der Interpretation der Daten eng zusammenarbeiten müssen, damit das eigentliche Ziel der Arbeiten, nämlich die Definition höffiger Bereiche, mit möglichst großer Effizienz erreicht wird.

Literatur:

BENDER, F. (Ed.), 1985, Angewandte Geowissenschaften. Bd. II – Methoden der Angewandten Geophysik und mathematische Verfahren in den Geowissenschaften. 766 pp, Enke.
HOOD, P., Aerial prospecting. Mining Magazine, Aug. 1986, 91-113.
LECA, X., 1990, Discovery of concealed massive sulfide bodies at Neves-Corvo, southern Portugal – a case history. Transact. Instn. Min. Metall. 99, B139-152.
MILITZER, H. & WEBER, F. (Eds.), Angewandte Geophysik. Bd.I, Gravimetrie und Magnetik. 353 pp (1984). Bd.II, Geoelektrik – Geothermik – Radiometrie – Aerogeophysik. 371 pp (1985). Bd. III, Seismik. 420 pp (1987), Springer.

MILITZER, H., 1986, Angewandte Geophysik im Ingenieur- und Bergbau. 419 pp, Enke.
MILSOM, J., 1989, Field geophysics. 192 pp, Open Univ. Press.
NICKEL, H. & CERNY, I., 1989, Untertägige Erzsuche: Effektiver durch Radiowellen. Erzmetall 42, 23-29.
PARASNIS, D. S., 1985, Mining geophysics. Neudruck der Aufl. 1973, 396 pp, Elsevier.
WEBER, F., 1989, Grundlagen und Probleme der alpinen geophysikalischen Lagerstättenprospektion. Arch. Lagerst.forsch. Geol. B.-A. 10, 183-192.

6. Bohrungen und Schürfe

Nachdem durch geologische, geochemische und geophysikalische Methoden mögliche Lagerstätten identifiziert wurden, müssen diese durch physische Aufschlüsse geprüft und umrissen werden. Zumeist werden zu diesem Zweck Bohrungen eingesetzt, die bei seichten Erzkörpern durch Schürfe an der Oberfläche ergänzt werden können. Seltener wird in dieser Phase die Anlage von Schurfschächten oder Stollen vorgesehen, obwohl die Gelegenheit zur Entnahme von Großproben in jedem Fall die Aussagekraft der Untersuchungen erhöht. Auch diese Arbeitsphase dient der Ausscheidung aller Anomalien und Lokalitäten, welche den Ansprüchen an eine bergbaulich nutzbare Lagerstätte nicht entsprechen, mit dem Ziel der Identifizierung der höffigsten Projekte; für letztere endet sie mit einer vorläufigen montangeologischen Bewertung (pre-feasibility study).

Vom geologischen Modell des vermuteten Lagerstättenkörpers ausgehend, wird normalerweise ein *Untersuchungsplan bzw. Bohrprogramm* aufgestellt, in dem die erforderlichen Schurfarbeiten in Karten und Profilen festgelegt sind. Dazu gehören auch Angaben zur gewünschten technischen Ausführung und zur Reihenfolge (Priorität) der Arbeiten, wobei hier schon auf sinnvolle Zwischenbewertungsziele hingewiesen werden kann. Da ein Bohrprogramm aus betrieblicher Sicht eine Investition darstellt, wird nicht selten vom Planenden eine Gegenüberstellung von Untersuchungskosten und erwarteten Vorteilen gefordert.

Oberflächenschürfe und Flachbohrungen werden zur Erkundung sehr seichter Lagerstättenteile eingesetzt. Oft mehrere Zehner Meter lange Schürfgräben z. B. werden per Hand, mit Grabenbaggern oder mit der Schubraupe hergestellt, um nach dem Abräumen oberflächennaher Lockermassen zusammenhängende Probenahme und detaillierte geologische Aufnahme des Anstehenden zu gestatten. Schürfgruben und Schürfschächte dienen hauptsächlich der Probenahme in jenen Fällen, wo durch Bohren keine ausreichenden Probemengen gewonnen werden könnten (z. B. Diamant- oder Goldseifen). Für Flachbohrungen gibt es unterschiedliche Geräte; wenn man unzerstörte Proben benötigt, etwa bei Zinnseifen, kann man Schappe, Ventilbüchse oder Spirale verwenden, jeweils wahlweise mit Handbedienung oder maschinell ausgerüstet. Im letzteren Fall können Tiefen bis 60 m erreicht werden. Etwas größere Tiefen sind mit Schlagbohr- und Rotarybohrgeräten möglich, die im Steinbruch- und Tagebaubetrieb zur Herstellung von Sprenglöchern verwendet werden. Diese liefern aber nur Bohrmehl (trocken) oder Bohrschmandt (naß). Meist wird dabei mit offenen Löchern gearbeitet, also ohne Standrohre (casing), weshalb die gewonnenen Proben infolge Nachfall von oben oder Saigerung schwerer Partikel im Spülungsstrom (Gold!) nicht unbedingt den jeweils gebohrten Abschnitt exakt wiederspiegeln. Um dieses Problem zu lösen, wurden Bohrsysteme mit Umkehrspülung (reverse circulation) entwickelt. Dabei bestehen die Bohrstränge aus einem inneren und einem äußeren Rohr; der Spülungsstrom wird zwischen beiden Rohren zur Bohrlochsole gepreßt und durch das innere Rohr zurück an die Oberfläche geführt. Diese Bohrmethode ist mittlerweile besonders für die Untersuchung von Goldlagerstätten zum Standard geworden.

Tiefbohrungen zur Erkundung von Lagerstätten fester mineralischer Rohstoffe werden fast immer als Kernbohrungen ausgeführt. Bei geeigneten, das heißt festen, möglichst nicht mürben, stark klüftigen oder vertonten Gesteinen ergibt dies eine zusammenhängende Probe der durchbohrten Gesteine. An den Kernen können Petrographie, Strukturen und genaue Gesteinsgrenzen festgelegt werden, zur Kontrolle der geophysikalischen Modelle werden physikalische Parameter bestimmt, und nach Sägen oder Spalten der Kerne in Längsrichtung sind geochemische, mineralogische u.a. Analysen möglich. Für die Beurteilung der Resultate ist der *Kerngewinn* maßgeblich, das ist das

Verhältnis der tatsächlich vorliegenden Kernlänge zur gebohrten Länge. Niedriger Kerngewinn stellt in der Regel quantitative Aussagen (zum Erzgehalt, zu Erzgrenzen, usw.) in Frage, weshalb in Verträgen mit Bohrfirmen fast immer ein Kerngewinn >90 % festgelegt wird. Zur Kontrolle des

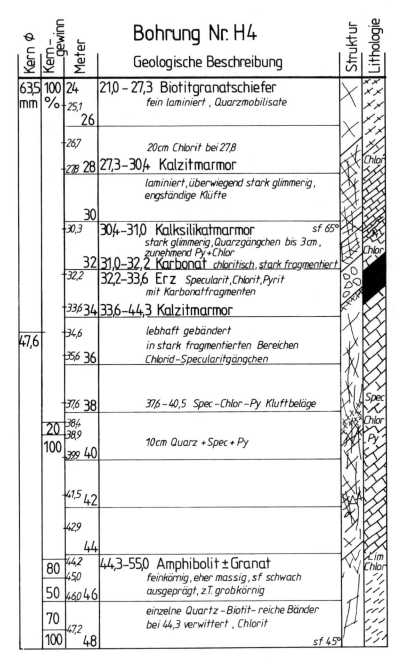

Abb. 209. Ausschnitt einer geologischen Kernaufnahme der Bohrung H4 (Hoffnungstollen 4/1983, -25°/338°) im Eisenglimmerbergbau Waldenstein/Kärnten.
Die einzelnen Kernfahrten sind durch kleine Zahlen in der Tiefenkolumne („Meter") angegeben. Die Lage der Foliation (sf) wird durch den Winkel mit der Kernlängsachse ausgedrückt. Das Original wurde auf DIN-A4 (1:100) erstellt.

Kerngewinns und als Orientierung für die genaue Teufenzuordnung müssen Beginn und Ende jeder Kernfahrt (core run) vom Bohrmeister durch unverwitterbare Marken deutlich gekennzeichnet werden. Ein wiederkehrendes Problem ist der Mangel geeigneter Lagerräume für die relativ voluminösen Kernkisten; bedenkt man die hohen Kosten, welche für die Gewinnung der Kerne aufgewendet werden mußten, sollte die nachfolgende Archivierung eigentlich selbstverständlich sein. Zu oft aber wird gegen diese Grundregel verstoßen, mit der Folge, daß eine später oft erwünschte Neubearbeitung infolge veränderter Fragestellung nicht möglich ist, und daß eventuell sogar neu gebohrt werden muß.

In Anbetracht der hohen Kosten der meisten Bohrungen muß aus den gewonnenen Proben ein Maximum an Information erarbeitet werden. *Geologische Kernaufnahmen* (core logging) bzw. Untersuchungen des Bohrkleins sind jedenfalls erforderlich, wobei in der verfügbaren Zeit möglichst viel Detail dokumentiert werden soll. Viele große Firmen und geologische Ämter haben dazu Standardverfahren entwickelt, vor allem auch, um Datenverarbeitung und graphische Darstellungen mittels Computer durchführen zu können. Empfehlenswert ist ein Arbeitsmaßstab von 1:100 (1 cm = 1 m), der eine genaue Wiedergabe aller wesentlichen Einzelheiten gestattet (Abb. 209). Wenn aus der Kernkiste Proben für Laboruntersuchungen entnommen werden, ist an ihre Stelle ein Holzblock mit der Probenummer zu legen. Farbphotographien der Kerne, meist jeweils einer Kiste, dienen ebenfalls einer vollständigen Dokumentation.

Zur Ergänzung der geologischen Beschreibung von Bohrungen, insbesondere wenn nicht gekernt wurde oder der Kerngewinn sehr niedrig lag, sind geophysikalische Bohrlochmessungen sehr erwünscht (Abb. 196). Die Wahl der Methoden ist im Einzelfall vom Rohstoff bzw. von den Nebengesteinen abhängig. Bei Tiefbohrungen sollte jedenfalls durch Vermessung der genaue Verlauf des Loches festgestellt werden, da erfahrungsgemäß vielfach gegenüber der Planung bzw. Ausrichtung der Bohrung an der Oberfläche beträchtliche Abweichungen vorkommen (Abb. 210). Für Reservenberechnung und Bergbauplanung ist jedoch die exakte Kenntnis der Lage von Erzkörpern, aber auch von Störungen oder wasserführenden Zonen entscheidend.

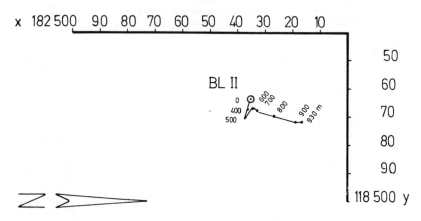

Abb. 210. Graphische Darstellung der Abweichung der Tiefbohrung Eitweg im tertiären Kohlenbecken des Lavanttales/Kärnten (Baugeologie 1980).
Der Verlauf der lotrecht angesetzten Bohrung ist durch Meßpunkte in den angegebenen Tiefen festgelegt. 930 m = Endteufe.

Grundsätzlich sollten Bohrungen so geplant werden, daß Erzkörper möglichst in einem rechten Winkel durchteuft werden. Das heißt, daß man bei steilen Erzkörpern möglichst horizontal, bei flachen vertikal bohrt. Lokale Bedingungen, z. B. steiles Gelände mit entsprechender Einschränkung erreichbarer Bohr-Ansatzpunkte, können Abweichungen von dieser Regel erzwingen. Soweit freie Wahl besteht, werden Bohrungen meist als vertikale Fächer in Netzlinien angeordnet, wobei oft die bereits für Geochemie und Geophysik verwendeten Profilschnitte gewählt werden. Die Abstände zwischen den Bohrungen sind nach der erwarteten Ausdehnung und Raumlage der Erzkörper, sowie der vermuteten Variabilität im Streichen auszulegen. Große, stockförmige Lagerstätten werden durch senkrechte Bohrungen in quadratischen oder rechteckigen Netzen untersucht. Bei einem solchen unidirektionalen Abbohren kann allerdings ein falsches Bild entstehen, falls die Verteilung der Erze nicht isotrop ist. In der porphyrischen Cu-Au-Lagerstätte Bougainville (Papua-Neuguinea) etwa wurden die Gehalte auf Grund vertikaler Netzbohrungen zu gering eingeschätzt, wie man beim späteren bergbaulichen Aufschluß erkannte, weil senkrechte Reicherzzonen statistisch ungenügend erfaßt worden waren.

Die Entscheidung über Weiterführung oder Abbruch der Untersuchungsphase ist besonders schwierig. Natürlich wird jede einzelne Bohrung zu überprüfen sein, inwieweit die in sie gesetzten Erwartungen erfüllt wurden. Negative Resultate dürfen aber nicht zu früh zur Aufgabe des Projektes verleiten. Unter den Beispielen, daß das Festhalten an einem Bohrprogramm trotz erster Enttäuschungen lohnend sein kann, ist Olympic Dam (s. dort), wo erst die zehnte Bohrung bauwürdiges Erz angetroffen hat. Es sollte aber andererseits selbstverständlich sein, daß jede neue Bohrung sofort untersucht wird, und daß die Ergebnisse in eine laufende Verbesserung des ursprünglichen Konzeptes einbezogen werden müssen. Ein starres Festhalten am anfänglichen Untersuchungsplan ist ebenso schädlich wie eine zu rasche Einstellung der Arbeiten auf Grund erster negativer Resultate.

Mit dem Abschluß eines Bohr- und Schürfprogrammes ist ein Bericht vorzulegen, der 1. eine kurze technische Beschreibung der Arbeiten enthält, 2. detaillierte geologische, geophysikalische und geochemische Aufnahmen bzw. Daten umfaßt, und 3. eine dreidimensionale Darstellung aller wesentlichen Parameter der potentiellen Lagerstätte bietet. Darauf beruhend ist 4. eine erste montangeologische Bewertung (pre-feasibility study) möglich, welche in der Regel auf Vergleichen mit wirtschaftlichen Kennzahlen ähnlicher Lagerstätten beruht. Falls diese Bewertung positiv ausfällt, wird danach durch eine multidisziplinäre Gruppe die unfangreiche eigentliche Bewertung (feasibility study) in Angriff genommen.

Literatur:

MORRIS, R. O., 1990, Exploration drilling. Mining Annual Review 1990, 211-217.
PEARSE, G., 1991, Exploration drill rigs. Mining Magazine March 1991, 158-164.

III. Die Untersuchung und Bewertung von Lagerstätten - montangeologische Arbeiten im Bergbau

Die montangeologischen Aufgaben in der Phase der Untersuchung und Bewertung einer neuen Lagerstätte, aber auch im Betriebsgeschehen eines laufenden Bergbaues, sind ungemein vielfältig. Einige der wichtigeren Beispiele sind:
– Planung, Durchführung und Auswertung von Bohrprogrammen und bergmännischem Hoffnungsbau zum Nachweis von Erzreserven;
– Geologische Kartierung aller Grubenräume und Tagebau-Aufschlüsse im Detail (meist 1:100 – 1:500), sowie Herstellung einer geologischen Oberflächenkarte des Bergbaubereiches (1:1.000 – 1:10.000); Aufnahme von Bohrungen sowie Schürfen; Anlage und Sicherung des aktuellen Standes eines systematischen geologischen Karten- und Schnittwerkes;
– Beprobung von Schürfen und von Erzkörpern, die für den Abbau vorgerichtet werden, im täglichen Betrieb (grade control);
– mineralogische Untersuchung und Bewertung der Erze in bezug auf ihre Aufbereitbarkeit;
– Berechnung und montangeologische Bewertung der Reserven;
– Erstellung und laufende Verbesserung eines beschreibenden bzw. genetischen Lagerstättenmodelles;

- Ingenieurgeologische Untersuchung und Beurteilung der fels- oder bodenmechanischen Eigenschaften von Gesteinen und Erzen, aber auch von Halden, Dämmen u.dgl.;
- Montangeologische Beiträge zu verschiedenen Bergschadensproblemen (z. B. Absenkungen über Verbruchzonen);
- Lösung durch den Bergbau verursachter oder diesen nachteilig beeinflussender hydrogeologischer Probleme;
- Sammlung und Bewertung umweltgeologischer Daten, insbesondere auch für die gesetzlich vorgeschriebene Umweltverträglichkeitsprüfung.

Natürlich werden viele dieser Aufgaben in Zusammenarbeit mit anders spezialisierten Fachleuten zu lösen sein. Nur jene mit einer überwiegend montangeologischen Komponente können hier kurz umrissen werden. Für benachbarte Tätigkeitsfelder seien aber einige einführende Bücher genannt.

Literatur:

BERKMAN, D. A. (Comp.), 1989, Field geologist's manual. 3rd. ed., 382 pp, Australasian Inst. Min. Metall., Parkville.
BUDAVARI, S. (Ed.), 1983, Rock mechanics in mining practice. 282 pp, South Afr. Inst. Min. Metall., Johannesburg.
HOEK, E. & BRAY, J. W., 1981, Rock slope engineering. 3rd ed., 358 pp, Instn. Min. Metall., London.
McKINSTRY, H. E., 1948, Mining geology. 680 pp, Prentice Hall.
RICHTER, D., 1989, Ingenieur- und Hydrogeologie. 605 pp, Walter de Gruyter.
VADEMECUM 1, 1981, Untersuchung und Bewertung der Erze, nutzbarer Minerale und Gesteine. 2. Aufl., 236 pp, Geol. L.-Amt Nordrh. Westf.
WHITTAKER, B. N. & REDDISH, D. J., 1989, Subsidence – occurrence, prediction and control. 528 pp, Elsevier.

1. Kartierung und Probenahme

Die *geologische Kartierung* aller natürlichen und künstlichen Aufschlüsse im Bergbau und in seinem Umfeld ist die wichtigste Aufgabe des Montangeologen. Nur durch eine vollständige und jeweils aktuelle geologische Dokumentation ist gesichert, daß Lösungen für angewandte Fragestellungen auf der erforderlichen breiten Grundlage gefunden werden können. Die eigentliche Aufnahme sollte möglichst detailliert erfolgen (z. B. im Maßstab 1:100, s. Abb. 211), während das systematische geologische Karten- und Schnittwerk für den Bergbau am besten in jenem Maßstab angelegt wird, der für die bergbaulich-markscheiderische Darstellung gewählt wurde. Große Bergbaue haben in der Regel ein Standardverfahren für Aufnahme und Darstellung entwickelt; auch dafür wird zunehmend ein Format verwendet, das eine Weiterverarbeitung mittels elektronischer Datenverarbeitung gestattet. Es würde hier zu weit führen, die Praxis der geologischen Kartierung im Bergbau zu beschreiben; wertvolle Hinweise dazu, auch unkonventioneller Art, findet man in McKINSTRY (1948) und in PETERS (1987).

Die *Probenahme* ist eine besonders kritische Phase der montangeologischen Arbeit, da hierbei nicht selten wirtschaftlich schwerwiegende Fehler begangen werden. Das Ziel jeder Probenahme ist es, eine möglichst geringe Masse zu entnehmen, welche einen Erzkörper oder Abbaublock oder Gangabschnitt in bezug auf den untersuchten Parameter (z. B. Goldgehalt) möglichst wahrheitsgetreu repräsentiert. Um diesem Ziel nahezukommen, hat man eine Reihe von Konzepten und Techniken entwickelt.

Die *Technik der Probenahme* hängt von verschiedenen Randbedingungen ab; es gibt u.a. Pickproben, Schlitzproben, Bohrmehl- und Bohrkernproben. Die letzteren sind als zusammenhängende Proben den ersten an Genauigkeit überlegen, doch hat jede dieser Techniken besondere Probleme, die vor einer Beprobungskampagne bedacht oder besser in Vorversuchen überprüft werden müssen.

Viele Untersuchungen beschäftigen sich mit der notwendigen minimalen *Probemenge,* welche die Repräsentativität garantiert (KRAFT 1990). Schon früh wurde erkannt, daß die Korngröße des zu beprobenden Materials die Größe der Probe bedingt, daß aber auch unterschiedliche Verteilung

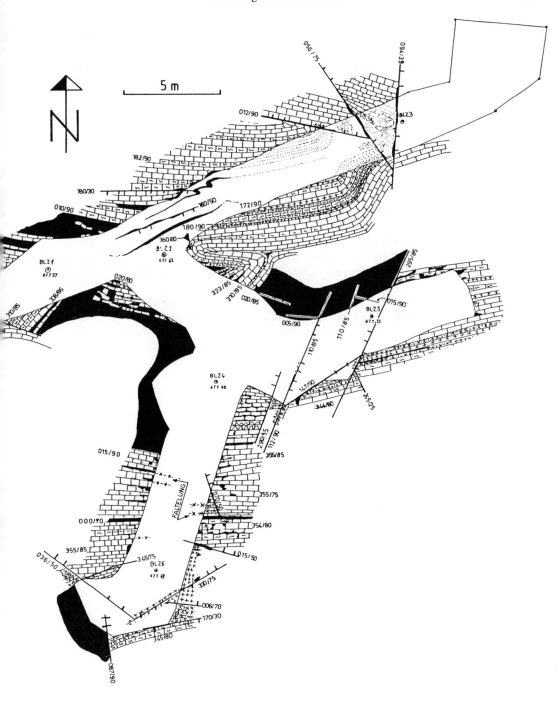

Abb. 211. Geologische Detailaufnahme im Eisenglimmerbergbau Waldenstein/Kärnten (Unterbau Grundstrecke Ost). (von S.SCHÜTRUMPF & F. GERKEN, Kartierkurs 1990).
Schwarz: massiger Eisenglimmer (Hämatit); Ziegelsignatur: verschiedene Karbonatmarmore; Kreuze: Pegmatit.

der Erze eine große Rolle spielen. Extreme Schwierigkeiten erzeugt dies bei Golderzen, wo man bildhaft vom *Nuggeteffekt* spricht. In der bergbaulichen Praxis wird meist nach Nomogrammen verfahren, welche beide genannte Faktoren berücksichtigen (z. B. GY 1967). Weitere Ratschläge zu diesen Fragen, vor allem aus montangeologischer Sicht, findet man in WELLMER (1989: 132-146).

Literatur:

GY, P., 1967, L'échantillonage des minérais en vrac: Théorie générale. Mem. Bur. Rech. Géol. Min. 56, 186 pp.

KRAFT, G., 1990, Probenahme – empirische und theoretische Aspekte. Erzmetall 43, 114-116.

2. Die Schätzung der Substanzmenge und ihrer nutzbaren Gehalte

Eine rationale Rohstoffgewinnung und -versorgung bedarf natürlich auf allen Ebenen, vom einzelnen Bergbau bis zur nationalen Volkswirtschaft, ebenso wie für grenzübergreifende strategische Planung grundlegender Zahlen über die technische und wirtschaftliche Verfügbarkeit von Rohstoffen.

Die Gesamtmengen der Rohstoffe werden als *Ressourcen* (gesamte geologische Vorkommen) bezeichnet. Diese werden nach der zunehmenden *Gewißheit* über ihre Menge und Qualität und nach ihrer wirtschaftlichen *Nutzbarkeit* weiter unterteilt; eine entsprechende Matrix, nach dem Erfinder im englischen Sprachraum *McKELVEY Box* benannt, ist heute international üblich (Abb. 212).

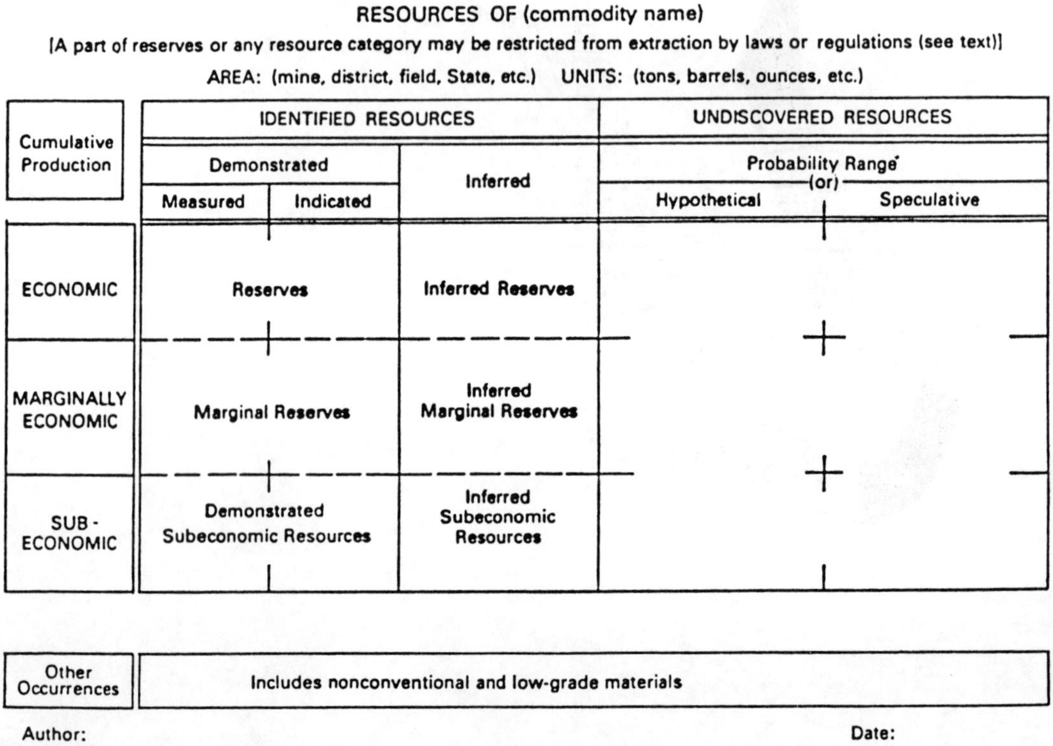

RESOURCES OF (commodity name)
[A part of reserves or any resource category may be restricted from extraction by laws or regulations (see text)]
AREA: (mine, district, field, State, etc.)   UNITS: (tons, barrels, ounces, etc.)

Cumulative Production	IDENTIFIED RESOURCES			UNDISCOVERED RESOURCES	
	Demonstrated		Inferred	Probability Range (or)	
	Measured	Indicated		Hypothetical	Speculative
ECONOMIC	Reserves		Inferred Reserves	+	
MARGINALLY ECONOMIC	Marginal Reserves		Inferred Marginal Reserves	+	
SUB-ECONOMIC	Demonstrated Subeconomic Resources		Inferred Subeconomic Resources		

Other Occurrences	Includes nonconventional and low-grade materials

Author: Date:

Abb. 212. Wichtigste Elemente der Klassifikation mineralischer Rohstoffressourcen nach der Konvention des U.S. Bureau of Mines und des U.S. Geological Survey (1985).

Demnach gibt es *prognostische* (noch unbekannte, engl. undiscovered) und *entdeckte* (engl. identified) *Ressourcen, welche weiter in bauwürdige, bedingt bauwürdige und unbauwürdige Kategorien* (economic, marginally economic, sub-economic) unterteilt werden. Reserven sind demnach nur jener Teil der Ressourcen, der nach Menge und Qualität bekannt („entdeckt") und als bauwürdig eingestuft ist.

Die Abschätzung von prognostischen Ressourcen ist besonders wichtig, wenn allgemeine Aussagen zur zukünftigen Verfügbarkeit von Rohstoffen gemacht werden sollen. Allzuoft haben Zukunftsforscher nur die jeweils bergbaulich ausgewiesene Reservenmenge für ihre Berechnungen eingesetzt, woraus das völlig falsche Bild einer Erschöpfung der Rohstoffvorräte in wenigen Jahrzehnten erwächst (z. B. Club of Rome). Zahlenangaben über unentdeckte Ressourcen werden durch Extrapolation der bekannten Rohstoffmengen in geologisch-bergbaulich gut untersuchten Gebieten auf geologisch ähnliche, weniger erschlossene Regionen gewonnen. Bergwirtschaftlich-metallogenetische Datenbanken und metallogenetische Karten sind eine grundlegende Voraussetzung. Naturgemäß spielen EDV und statistische Methoden bei der Ressourcenabschätzung eine große Rolle (GABERT 1984).

Die Reserven werden nach der Zuverlässigkeit der Angaben über Menge und Qualität in *sichere, wahrscheinliche und mögliche Reserven* (engl. measured/proved, indicated/probable, inferred) unterteilt, in manchen Klassifikationssystemen auch noch nach *wirtschaftlichen und marginal wirtschaftlichen Reserven*. Sehr wichtig ist die Erkenntnis, daß die Klassifizierung von Reserven nicht nur auf geologischen Daten beruhen kann, sondern daß wirtschaftliche, bergbauliche, metallurgische, gesellschaftliche und rechtliche Aspekte sowie Umweltverträglichkeit und Vermarktungsmöglichkeiten beachtet werden müssen. Daraus ergibt sich, daß Reservenberechnungen vom Geologen nur in Abstimmung mit den entsprechenden Fachleuten durchgeführt werden können.

Im einfachsten Fall können sichere, wahrscheinliche und mögliche Reserven einer Lagerstätte durch den *Aufschlußgrad* unterschieden werden: Für eine homogene, plattenförmige Lagerstätte (z. B. ein Flußspatgang oder ein sedimentäres Erzlager) gilt, daß sichere Reserven von vier oder mindestens von drei Seiten aufgeschlossen – oder wie man sagt – beleuchtbar sein müssen (Abb. 213). Es ist also darunter jener Gang- oder Lagerteil zu verstehen, der zwischen dem Schacht und den Hauptsohlen liegt. Die wahrscheinlichen Reserven müssen von mindestens zwei Seiten beleuchtbar sein, wobei auch Bohrungen verwendet werden dürfen. Wenn der Erzkörper auf der tiefsten Sohle noch unverändert ansteht und keine Beobachtungen für ein rasches Auskeilen sprechen, ist eine Klassifikation des unmittelbar anschließenden Lagerstättenteils als wahrscheinlicher Vorrat gestattet. Mögliche Reserven werden überwiegend auf Grund des geologischen Lagerstättenmodelles abgeschätzt, naturgemäß mit weiteren Fehlergrenzen.

Im einzelnen sind für die *Berechnung und Kategorisierung von Reserven* folgende Kriterien bzw. Angaben maßgebend:
– Datendichte (von Aufschlüssen, Bohrungen, Proben)
– genaue Lokalisierung der Probenpunkte
– Bohrmethode (Kernbohrung, Meißelbohrung etc.)
– Technik der Beprobung (Kern, Bohrklein, Schlitzprobe etc.)
– Kerngewinn im mineralisierten Bereich
– Rohdichte des Erzes (t/m^3)
– Qualität der Analysen (Methode, unabhängige Kontrolle ?)
– Genauigkeit der geowissenschaftlichen Untersuchung (detaillierte Kernaufnahme, Untertagekartierung, Petrologie, Mineralogie, etc.)
– Stand der geologischen Interpretation der Lagerstätte (ist das gewählte Lagerstättenmodell gesichert oder müssen andere Möglichkeiten berücksichtigt werden?)
– Berechnungsweise
– Annahme der Bauwürdigkeitsgrenzen.

Jedes Industrieland hat für die Berechnung und Klassifizierung von Reserven bestimmte Normen, die eingehalten werden müssen. In Deutschland sind das die Vorgaben der Gesellschaft Deutscher Metallhütten- und Bergleute (GDMB 1959, 1983):

Zunächst müssen zwei Gruppen unterschieden werden: die *bergbaulichen Vorräte*, die den gel-

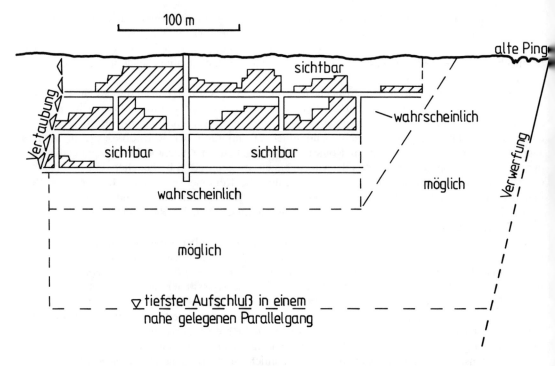

Abb. 213. Sichtbare (sichere), wahrscheinliche und mögliche Reserven eines Erzganges.

tenden Anforderungen für eine wirtschaftliche Verwertung entsprechen, und die *potentiellen Vorräte*, die vermutlich in Zukunft für eine Nutzung in Betracht kommen. Großbuchstaben bezeichnen die bergbaulichen, Kleinbuchstaben die z. Zt. nicht wirtschaftlich gewinnbaren Reserven.

Diese Gruppen werden in folgende Klassen eingeteilt:
1. Sicher (A, a): Das sind jene Reserven, deren Konturen zusammenhängend bekannt oder durch eng benachbarte Aufschlüsse gesichert sind. Die maximale Fehlergrenze liegt bei ±10 %, die Aussagesicherheit bei über 90 %.
2. Wahrscheinlich (B, b): Lückenhafte Konturen oder unmittelbarer Zusammenhang mit sicheren Vorräten (Fehlergrenze ±20 %).
3. Angedeutet (C_1, c_1): Der Vorrat ist durch Aufschlüsse in weitem Abstand erkundet oder durch geologische Position und gesicherte geophysikalische Indikationen gegeben (Fehlergrenze ±30 %).
4. Vermutet (C_2, c_2): Nur Einzelaufschlüsse, oder Annahme nach geologischer Position und geophysikalischen Indikationen (Fehlergrenze ±50 %).
5. Prognostisch (d): Der Vorrat kann aus geologischen und lagerstättenkundlichen Möglichkeiten und Analogien abgeleitet werden.

Im Streben nach einer international einheitlichen Klassifizierung, die eine Vergleichbarkeit der nationalen Rohstoffdaten gestatten sollte, hat ein Komitee der Vereinten Nationen im Jahre 1979 einen weiteren Vorschlag vorgelegt (Fettweis 1981), der neben dem Gewißheitsgrad auch den Unterschied zwischen anstehenden Mengen (R) und dem erwarteten Ausbringen (r) berücksichtigt (Abb. 214). Es ist zu hoffen, daß diese Einteilung mit einigen Verbesserungen allgemein gültig wird.

Die eigentliche *Berechnung von Quantität und Gehalt einer Lagerstätte* ist nach Typus, Form, Inhalt und Aufschlußmethode sehr unterschiedlich. In einfachen Fällen, z. B. bei homogenen, plattenförmigen Körpern, ist folgende Formel anwendbar:

Die Schätzung der Substanzmenge und ihrer nutzbaren Gehalte

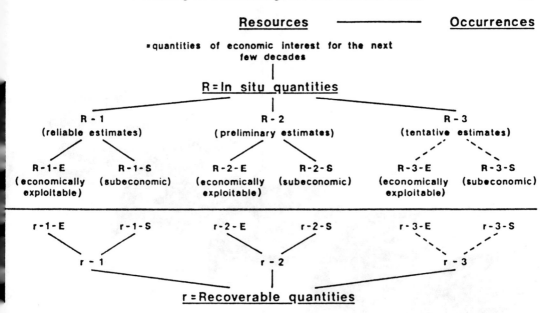

Abb. 214. System der Klassifikation mineralischer Rohstoffressourcen nach dem Vorschlag der Vereinten Nationen (1979).
R = Mengen in situ; r = gewinnbare Mengen.

$$Q = F \cdot D \cdot M$$

Will man den ausbringbaren Metallinhalt ausdrücken, also die Metallmenge nach Abzug von Abbauverlusten, Sicherheitspfeilern und Aufbereitungsverlusten, ist folgende Erweiterung erforderlich:

$$P = Q \cdot G \cdot A \cdot V$$

Dabei bedeuten:
Q = Erzmenge in situ (t)
F = Abbaufläche (m²)
M = Durchschnittsmächtigkeit (m)
D = Raumgewicht des Erzes (t/m³)
P = ausbringbarer Metallinhalt (t)
G = durchschnittlicher Metallgehalt im Erz
V = Korrekturfaktor für Verluste

In der Regel ist es zweckmässig, unterschiedliche Bereiche von Lagerstätten (Teilfelder, Blöcke) abzugrenzen und einzeln zu berechnen. Viele Rohstoffkörper werden auf Grund geologischer Praxis in Serienprofilen dargestellt; in einem solchen Fall werden die Erzflächen F_1, F_2 bis F_x in den einzelnen Schnitten planimetriert, worauf mit den Abständen b_{1-2} etc. die Volumina der Abschnitte errechnet werden (Abb. 215):

$$0{,}5 \cdot (F_1 + F_2) \cdot b_{1-2} + \ldots \text{ usw.}$$

Wechselnde Lagerstättenverhältnisse müssen bei Vorratsberechnungen durch *Wichtungsverfahren* berücksichtigt werden. Dies ist immer notwendig, wenn aus verschieden mächtigen Beprobungsabschnitten (z. B. Schlitzproben quer zu einem Gang, Kernproben) oder bei wechselndem Raumge-

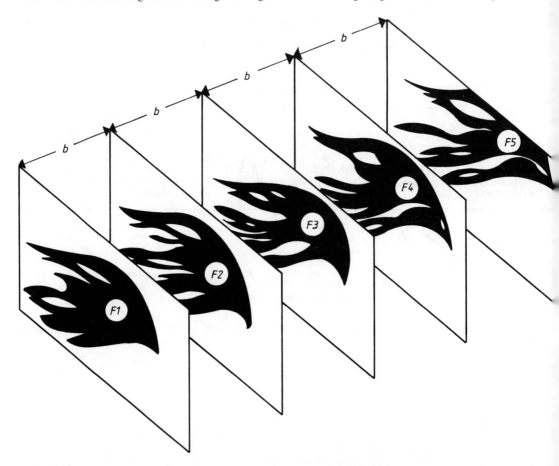

Abb. 215. Serienschnitte eines Erzkörpers zur Berechnung der Reserven mit der Profilmethode.
Als Beispiel hier Uranerz vom Athabasca-Typ/Kanada, das in kristallinen Gesteinen unter dem transgressiven Athabasca-Sandstein liegt; frei nach DAHLKAMP (1978).

wicht des Erzes Durchschnittsgehalte errechnet werden sollen. Für ein Erz mit variabler Dichte gilt dann

$$G_w = \frac{M_1 \cdot D_1 \cdot G_1 + M_2 \cdot D_2 \cdot G_2 + \text{usw.}}{M_1 \cdot D_1 + M_2 \cdot D_2 + \text{usw.}}$$

Ein besonders interessantes Problem ist auch die Bestimmung des *bauwürdigen Mindestgehaltes* (cut-off-grade) einer Lagerstätte. Definitionsgemäß ist das jener Gehalt, bei dem die Gewinnungs- und Aufbereitungskosten vom erzielten Erlös gerade noch gedeckt werden; man kann umgekehrt auch fragen, wo genau liegt der Unterschied zwischen taubem Nebengestein und Erz? – Die Antwort ist oft recht komplex, da neben den gegebenen geologischen Parametern viele zeitabhängige Faktoren (z. B. schwankende Metallpreise) berücksichtigt werden müssen (LANE 1988).

Zunehmend werden in der Praxis der Reservenberechnung *geostatistische Verfahren* angewendet, die von MATHERON (1971), KRIGE (1981) u.a. entwickelt wurden, insbesondere hinsichtlich der Verbesserung der Voraussagegenauigkeit bei Goldlagerstätten. Die Geostatistik unterscheidet sich von normaler Statistik durch die Berücksichtigung der Erfahrung, daß geologische Parameter (z. B.

die Mächtigkeit eines Kohlenflözes) vom Ort der Messung abhängig sind, während etwa jeder Wurf eines Würfelspiels vom vorhergehenden unabhängig ist; man spricht deshalb von *ortsabhängigen Variablen* (regionalized variables). Je geringer die Abstände einzelner Meßpunkte sind, desto größer ist die Abhängigkeit, bzw. umgekehrt die Möglichkeit, den Meßwert an diesem Punkt vorauszusagen.

Zur Untersuchung der Ortsabhängigkeit werden *Variogramme* berechnet, wobei die jeweiligen Abstände sowie beliebige Meßwerte (z. B. % Erzgehalt, Mächtigkeit, oft auch Gehalt x Mächtigkeit, etc.) verwendet werden können. Die Berechnung erfolgt für jeweils gleiche Entfernungsschritte (h, h_1, h_2 etc.) nach der Formel:

$$\gamma(h) = 0{,}5 \cdot \frac{\text{Summe } [z(x_i+h) - z(x_i)]^2}{m}$$

Dabei sind h die Schrittweite, m die Anzahl der Paare, und $z(x_i)$ die ortsabhängige Variable. Verwendet man konkrete Meßwerte, erhält man ein sogenanntes experimentelles Variogramm. In der Regel ergibt sich dann ein Diagramm nach Abb. 216, mit einem Variogramm vom transitiven Typ. Daraus kann man die Reichweite bzw. Kontinuität (a) der Ortsabhängigkeit ablesen, ebenso den Schwellenwert (C), der bei Überschreiten der Reichweite (im waagrechten Teil der Kurve) näherungsweise der Varianz der Gesamtpopulation gleicht. Falls die Kurve bei einem Wert $\gamma(h)>0$ beginnt, liegt ein sogenannter Nugget-Effekt vor, also eine bedeutende Streuung schon bei sehr geringen Probeabständen nahe h = 0.

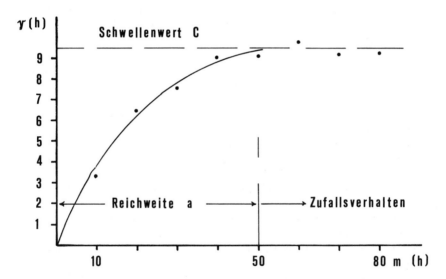

Abb. 216. Beispiel eines einfachen Variogrammes, das der Untersuchung geeigneter Probenabstände dient.

Variogramme werden u.a. genutzt, um lagerstättenspezifische Proben- oder Bohrlochabstände zu ermitteln, weiters zur statistischen Begründung von Vorratsklassen, sowie zur Ermittlung der Gehalte von Einzelblöcken bei der Vorratsberechnung. In letzterem Zusammenhang sind sie die Basis für geostatistische Berechnungsweisen, die als *Kriging* bezeichnet werden (MATHERON 1971). Diese Methode kann aber hier nicht weiter ausgeführt werden, ein Verweis auf die unten angeführten Bücher muß genügen.

Abschließend soll betont sein, daß geostatistische Methoden nicht ein Ersatz für genaue geologische Datenerhebung und Interpretation sind, sondern nur ein – allerdings sehr wichtiger – weiterer Schritt bei der Auswertung. So ist es z. B. völlig sinnlos, ein Variogramm verschiedener geologischer Homogenbereiche oder stark gefalteter Körper ohne Abwicklung der Deformation zu berechnen. Die Praxis hat auch gezeigt, daß manche Erzkörper für eine Berechnung durch Kriging nicht geeignet sind, und daß „manuelle" Methoden in solchen Fällen weiterhin mit vollem Recht eingesetzt werden (KULZER & STEDINGK 1990). Große, erfahrene Bergbaufirmen kontrollieren die geostatistisch errechneten Reserven einer Lagerstätte in jedem Fall durch konventionelle Methoden (z. B. Placer: LEWIS 1990).

Schließlich soll darauf hingewiesen werden, daß die Reserven einer Lagerstätte naturgemäß großen Einfluß auf die wirtschaftliche Bewertung haben, sei es bei der Entscheidung zur Neueinrichtung eines Bergbaues, bei der Einschätzung des Wertes einer Bergbaufirma auf dem Aktienmarkt, beim Verkauf oder bei Kreditaufnahmen. Demgemäß ist die Berechnung von Reserven eine Aufgabe, die einen hohen professionellen Standard und ethische Integrität voraussetzt; beispielhaft sind diesbezüglich die einschlägigen Vorschriften der australischen Bergbauindustrie (AUSIMM & AUSMIC 1989).

Literatur:

AKIN, H. & SIEMES, H., 1988, Praktische Geostatistik. 304 pp, Springer.
AUSIMM & AUSMIC, 1989, Australasian code for reporting of identified mineral resources and ore reserves. 8 pp, Melbourne.
DAVID, M., 1988, Handbook of applied advanced geostatistical ore reserve estimation. 232 pp, Elsevier.
FETTWEIS, G. B., 1981, Die internationale Einordnung von Mineralvorräten „The international classification of mineral resources" der Vereinten Nationen – Entstehung und Struktur. Erzmetall 34, 400-406 sowie 465-469.
GABERT, G., 1984, Selected methods for computer applications in resource studies. Geol. Jb. A75, 177-192.
GDMB (Ed.), 1959, Eine Klassifikation der Lagerstättenvorräte. Erzmetall 12, 55-57.
GDMB (Ed.), 1983, Klassifikation von Lagerstättenvorräten mit Hilfe der Geostatistik. Schriftenreihe GDMB 39, 164 pp.
ISAAKS, E. H. & SRIVASTAVA, R. M., 1990, An introduction to applied geostatistics. 561 pp, Oxford Univ. Press.
KRIGE, D. G., 1981, Lognormal de Wijsian geostatistics for ore evaluation. South African Inst. Min. Metall. 51 pp, 2.Aufl., Johannesburg.
KULZER, H. & STEDINGK, K., 1990, Computer-assisted calculation of ore tonnages and grades of the Grund ore mine (Harz Mts., FRG). Erzmetall 43, 156-162.
LANE, K. F., 1988, The economic definition of ore. 149 pp, Mining Journal Books, London.
LEWIS, R. W., 1990, Resource estimation approaches for several precious metal deposits by the Placer Group on the Pacific Rim. AUSIMM Bull. 6, 72-76.
MATHERON, G., 1971, The theory of regionalized variables and its applications. Cah.Centre Morph. Math. Fontainebleau 5, Ecole Nat. Sup. Min. Paris.
RENDU, J.-M., 1981, An introduction to geostatistical methods of mineral evaluation. South African Inst. Min. Metall. 84 pp, Johannesburg.
WELLMER, F.-W., 1985, Rechnen für Lagerstättenkundler und Rohstoffwirtschaftler. Teil I. Clausth.Tekt. H. 22, 187 pp, E. Pilger.
WELLMER, F.-W., 1989, Rechnen für Lagerstättenkundler und Rohstoffwirtschaftler. Teil II. Clausth.Tekt. H. 26, 462 pp, E. Pilger.

3. Bewertung von Lagerstätten

Das häufig gebrauchte Wort „Bodenschätze" verführt vielfach dazu, auch bergbaulich unerschlossenen und womöglich unentdeckten mineralischen Rohstoffen einen wirtschaftlichen Wert zuzumessen. Dies ist deshalb falsch, weil Lagerstätten erst durch ihre Nutzbarmachung Einkommen für die Besitzer, die dort Beschäftigten, die Zulieferer und indirekt für den ganzen Wirtschaftsraum schaffen. Ein zukünftig erwartetes Kapital ist aber im Wettbewerb mit anderen Anlageformen zu beurteilen. Der *Jetztwert oder Barwert* (P, present value) eines zukünftigen Einkommens (A) ist deshalb jener Summe äquivalent, welche heute zu bestimmten Zinskonditionen (i) angelegt werden müßte, um in der gegebenen Zeitspanne (n) den Zielwert zu erreichen. Man muß also das zukünftige Einkommen *abzinsen* (discounting). Ohne Berücksichtigung anderer Faktoren (z. B. Verteilung des Einkommens auf mehrere Jahre oder Jahrzehnte) verfährt man nach folgender Formel:

$$P (1+i)^n = A$$

Falls in weiten Wirtschaftsbereichen hohe Zinsen bezahlt werden, sinkt der Jetztwert von zukünftigem Kapital rasch auf Null ab. Bei einem Zinsniveau von 15 % z. b. hat zukünftiges Einkommen bereits bei 15 Jahren Wartefrist nur mehr einen Barwert von 10 %. Nur bei sehr niedrigen Anlagezinsen ergeben sich höhere Einschätzungen (HARRIS 1990). Da Bergbau in der Marktwirtschaft naturgemäß mit anderen Anlagemöglichkeiten konkurrieren muß, resultiert daraus die schon mehrfach angesprochene Tatsache, daß die Entwicklung bergbaulicher Reserven über eine Periode von mehr als 20 Jahren hinaus in den meisten Fällen als wirtschaftliches Fehlverhalten gelten muß. Den (meist hohen) Aufwendungen für Exploration und Entwicklung stünde dann nämlich ein minimaler Jetztwert gegenüber.

Dazu kommt außerdem die Ungewißheit der Einschätzung zukünftiger Zinssätze und Erlöse (also des Bergbaueinkommens). Hier wird meist mit Durchschnittszahlen der letzten Jahre gerechnet, obwohl dies natürlich bestenfalls für die nahe Zukunft mit hoher Wahrscheinlichkeit zutrifft. Weiter erschwerend wirkt die Volatilität mancher Rohstoffpreise (extreme Beispiele sind Wolfram, Zinn, aber auch Blei, Zink, Gold, Öl), während z. B. viele Industrieminerale wesentlich geringere Preisschwankungen erleben. Es folgt daraus, daß eine Wolframlagerstätte parallel zum gewählten Wolframpreis einen sehr hohen oder sehr geringen Jetztwert haben kann; da der Zeitpunkt hoher Preise aber nicht vorhergesagt werden kann, unterliegen sowohl Einschätzung wie auch eine eventuelle Investition (z. B. Kauf der Lagerstätte) einem sehr hohen *Risiko*. Neben Risikofaktoren, die den Markt des Produktes betreffen, gibt es technische, politische und fiskalische Risiken. Sie müssen für bestimmte Projekte identifiziert und in Form einer *Risikoanalyse* in die wirtschaftliche Einschätzung einbezogen werden. Erhöhtes Risiko resultiert natürlich immer in einer geringeren Bewertung, z. B. durch die Anwendung erhöhter Abzinsungssätze.

Auf den beschriebenen Grundüberlegungen basierend wurden eine Reihe von *Methoden der Investitionsanalyse* entwickelt, welche zur Beurteilung von Bergbauprojekten herangezogen werden können. Da Bergbauprojekte in den ersten Jahren fast nur Kosten verursachen, während Erlöse überwiegend in späteren Phasen anfallen, werden in der Bewertungspraxis die jährlich anfallenden Ausgaben (C) den erwarteten Einnahmen (R) gegenübergestellt *(cash flow analysis)*. Die Einzelsummen werden danach abgezinst, und ihre Summe ergibt den gegenwärtigen Nettowert *(net present value = NPV)* im Jahre 0.

$$NPV = (R_0-C_0) + \frac{R_1-C_1}{1+i} + \frac{R_2-C_2}{(1+i)^2} + ... \frac{R_n-C_n}{(1+i)^n}$$

Ein positiver NPV bedeutet, daß die erwarteten Einnahmen die vermuteten Ausgaben übersteigen, so daß die Investition günstig erscheint. Im andern Fall sollte das Projekt wohl abgelehnt werden. Als griffige Richtzahlen werden weiters oft die interne Verzinsungsrate *(internal rate of return = IRR)* und die Rückzahlungsperiode *(payback period)* herangezogen. Die IRR wird bestimmt, indem in obiger Formel jener Wert i errechnet wird, der einem NPV = 0 entspricht. Die Rückzahlungsperiode ist die Zahl der Jahre, die benötigt werden, um die Investitionen der Anfangszeit durch Nettoerlöse auszugleichen; damit ist klarer, von welchem Zeitpunkt an eigentliche Gewinne erwartet werden können. Typische Rückzahlungsperioden für viele Bergbaue liegen zwischen 3 und 8 Jahren.

Die Phase der Entwicklung und Bewertung eines Bergbauprojektes schließt mit der Erstellung einer *Durchführbarkeitsstudie* (feasibility study) ab. Darin werden folgende Teilaspekte ausführlich behandelt: Geologie und Reserven, Bergbau und Aufbereitung, Infrastruktur, Aufschließungs- und Baupläne, Kosten, Marktanalyse, Cash-flow Analyse, rechtlicher und fiskalischer Rahmen, Finanzierung und umweltrechtliche Fragen, natürlich einschließlich späterer Rekultivierung des Geländes.

Einzelheiten zu den hier skizzierten Methoden der Bewertung von Lagerstätten findet man in der unten zitierten Literatur sowie in GOCHT et al. (1988), RUDAWSKY (1986) und mit konkreten Rechenanleitungen in WELLMER (1985).

Literatur:

HARRIS, P., 1990, The value of mineral resources. Erzmetall 43, 504-508.
VAN LANDINGHAM, S. L. (Ed.), 1983, Economic evaluation of mineral property. Benchmarkpapers 67, Hutchison Ross.
WELLMER, F.-W., 1989, Economic evaluations in exploration. 163 pp, Springer.

4. Umweltschutz im Bergbau

Das Bild der Bergbauindustrie in der Öffentlichkeit ist weltweit durch negative Assoziationen geprägt. Der Zinnbergbau in Brasilien zerstört den Regenwald, Urangewinnung in Nordaustralien bedrängt die Ureinwohner, weite Teile der ostdeutschen Landschaft sind durch Braunkohlengewinnung verwüstet, und die alten Bergbaugebiete im Erzgebirge und im Harz sind durch Schwermetalle belastet, die aus Halden ausgewaschen werden, welche z. T. mittelalterlichen Ursprungs sind. Sollte man von dieser „Ausbeutung" nicht besser ablassen, bis spätere Generationen eine Nutzung mineralischer Rohstoffe ohne Umweltbeeinträchtigung beherrschen?

Es ist unbestreitbar, daß der Bergbau in der Vergangenheit sehr viele Umweltsünden begangen hat, allerdings nicht verschieden von allen anderen menschlichen Aktivitäten, bis zur privaten „Entsorgung" alter Autobatterien im Dorfteich. Parallel zur allgemeinen Entwicklung in den westlichen Industrieländern haben auch die Bergbaue hohe Investitionen getätigt, um ihre unmittelbare Umwelt möglichst wenig zu beeinträchtigen. Nach Beendigung des Abbaues wird sogar oft eine bereicherte Landschaft hinterlassen. Man denke nur an die Refugien für seltene Pflanzen und Tiere in aufgelassenen Steinbrüchen, Tongruben und Braunkohletagebauen, welche anderswo in unserer Kulturlandschaft keinen Platz mehr finden (STEIN 1985). Bürger und Medien haben diese grundlegende Veränderung der Industrie leider noch nicht zur Kenntnis genommen, natürlich auch unter dem Eindruck der tatsächlich beängstigenden Bilder aus vielen Entwicklungsländern und aus dem europäischen Osten. Gerade dies sollte aber zu denken geben; ist es nicht besser, einen sauberen Bergbau in den Industrieländern unter den Augen einer kritischen Öffentlichkeit zu betreiben, als Rohstoffe aus Ländern zu kaufen, in denen Umweltauflagen nicht existieren oder infolge wirtschaftlicher Schwäche nicht eingehalten werden?

Gerade letzteres Argument ist besonders wichtig; Verbesserungen der derzeitigen Situation sind nur möglich, wenn aus anhaltendem quantitativen und qualitativen Wirtschaftswachstum Mittel dafür bereitgestellt werden können. Dieses aber setzt weiterhin die Bereitstellung von mineralischen Rohstoffen voraus.

Im folgenden sollen bergbaucharakteristische Umweltbeeinträchtigungen genannt werden, die bei *Umweltverträglichkeitsprüfungen* (UVP) beachtet werden müssen, welche aber auch bei der Sanierung alter Bergbaugebiete z.T. von Bedeutung sind. Untersuchung, Beurteilung und Beseitigung vieler Probleme betreffen die Böden, den geologischen Untergrund und den hydrogeologischen Haushalt im Bereich von Bergbauen. Deshalb ist der Montangeologe besonders berufen, neben anderen Fachleuten an diesen Arbeiten maßgeblich mitzuwirken. Es soll aber auch ausdrücklich gesagt sein, daß der Geologe eine besondere Verantwortung dafür trägt, mögliche Umweltgefährdungen rechtzeitig zu erkennen und gemeinsam mit dem Management auf entsprechende Vorkehrungen hinzuwirken.

Mögliche Umweltbeeinträchtigungen durch Bergbau im weitesten Sinne sind:
- *sichtbare Veränderungen der Landschaft (objektiv und subjektiv)*
    - temporär: Flora und Fauna (z. B. Abholzung), Verlegung von Wasserläufen, Drainage von Feuchtgebieten, Bodenabtrag, Anlage neuer Straßen, etc.

- bleibend: „Wunden" in der Landschaft; neue Wasserläufe, Teiche (Harz) oder Stauseen; Senkung, Kippung oder Hebung der Oberfläche; Halden von Abraum, Taubgestein oder Aufbereitungsabgängen; Schlammteiche, Absetzbecken, etc.
- *Auswirkungen auf das aquatische bzw. hydrologische Umfeld*
  - meist temporär: Bergbau als „Brunnen" wirksam, mit Einwirkung auf benachbartes Grundwasser, Heilquellen oder Wasserversorgungsanlagen; Ableitung von belastetem Wasser in Vorfluter (Schwebstoffe, gelöste Stoffe, saure Bergbauwässer durch verwitternde Sulfide).
  - bleibend: wie vorstehend.
- *Einbruch von Grubenhohlräumen nach der Schließung*
  - kann Bauwerke und Menschen gefährden, Grundwasser schädigen, usw.
- *Verwitterung von Abraum, Taubgestein und Aufbereitungsabgängen*
  - unter Umständen Belastung von Wasser; Gefahr von Rutschungen, Schlammströmen, Dammbrüchen, etc.
- *Müllverfüllung*
  - unter Umständen Belastung von Wasser oder Luft.
- *Staubbelästigung*
  - besonders häufig im Tagebau- oder Steinbruchbetrieb.
- *Erschütterungen*
  - Sprengen, Einbruch von Kavernen, Schwerverkehr.
- *Gefahren durch Aufbereitungsanlagen*
  - z. B. bei Verwendung von Cyaniden, Säuren, Alkalien, organischen Chemikalien, Hg, etc.
- *Gefahren durch Abgase der metallurgischen Verarbeitung*
  - Ausstoß von CO_2, CO, SO_2, SO_3, H_2S, NO, NO_2, F
  - Verseuchung mit toxischen Spurenmetallen wie Se, Cd, Hg, etc.

Mittlerweile gibt es einen reichen Schatz von Erfahrungen bei der Lösung der genannten Problembereiche ebenso wie viele Beispiele moderner Bergbaue, welche sich problemlos in ihr Umland einfügen.

Aktiven Umweltschutz leisten viele Bergbaue durch die Aufnahme von Hausmüll (Kohlenbergbau) und von toxischen Abfällen (der Kalibergbau Herfa-Neurode/Hessen). Zur Aufnahme von radioaktiven Abfällen werden zur Zeit in Deutschland zwei ausschließlich als *Entsorgungsbergbaue* konzipierte Gruben vorbereitet: Der Schacht Konrad bei Braunschweig (ehemaliger Eisenerzbergbau) und Gorleben im Wendland/Niedersachsen (Neuanlage in einem Salzstock; s. auch unter „Salze"). In beiden Fällen sind zwar spezifische Aspekte der Eignung umstritten, trotzdem aber bleibt das Konzept der unterirdischen Lagerung solcher Stoffe die einzige absehbare Lösung, um sie auf Dauer aus der Biosphäre fernzuhalten.

Literatur:

ARNDT, P. & LÜTTIG, G. W. (Eds.), 1987, Mineral resources extraction, environmental protection and land use planning in the industrial and developing countries. 337 pp, Schweizerbart.

BENDER, F. (Ed.), 1984, Angewandte Geowissenschaften in Raumplanung und Umweltschutz. Angewandte Geowissenschaften, Bd. III, Enke.

FERGUSSON, J. E., 1990, The heavy elements: chemistry, environmental impact and health effects. 614 pp, Pergamon.

KELLY, M. et al., 1988, Mining and the freshwater environment. 228 pp, Elsevier.

KNISSEL, W., 1990, Entsorgungsbergbau als Zukunftsaufgabe – Gründe, Voraussetzungen und Konzepte. BHM 135, 261-271.

LYLE, E. S., 1987, Surface mine reclamation manual. 268 pp, Elsevier.

RITCEY, G. M., 1990, Tailings management. 1000 pp, Elsevier.

SALOMONS, W. & FÖRSTNER, U. (Eds.), 1988, Chemistry and biology of solid waste – dredged material and mine tailings. 305 pp, Springer.

WATHERN, P., 1988, Environmental impact assessment – theory and practice. 332 pp, Unwin Hyman.

Kohlenwasserstofflagerstätten

Die natürlichen Kohlenwasserstoffe (Bitumina) sind vor allem als weit verbreitete, leicht transportable und vielseitige Energiequelle hohen Wirkungsgrades ein wesentlicher Pfeiler unserer Zivilisation. An der Primärenergieversorgung der Welt hat Erdöl einen Anteil von 38 %, Erdgas 20 % (Kohle 30 %). Als wasserstoffreiche Energierohstoffe haben sie zudem den Vorteil, daß ihre Verbrennung im Vergleich zu Kohle geringere Mengen des Treibhausgases CO_2 freisetzt. Daneben stellen die Bitumina einen chemischen Rohstoff dar, aus dem eine Unzahl wichtiger organisch-chemischer Grundstoffe und Endprodukte hergestellt werden. Die großen Lagerstättenprovinzen der Erde liegen allerdings in Bereichen, die nicht mit den Regionen größten Verbrauches identisch sind. Die daraus resultierenden vielfältigen Schwierigkeiten führen zunehmend zu Anstrengungen der Hauptverbraucher, eigene, oft sehr aufwendig zu gewinnende Bitumenlagerstätten zu erschließen, beziehungsweise alternative Energiequellen zu entwickeln.

Erdöl- und Erdgaslagerstätten sind natürliche Anreicherungen von Kohlenwasserstoffen in der Erdkruste. Diese können flüssig oder gasförmig, oft auch salbenartig bis fest auftreten. Kennzeichnend für alle ist die Löslichkeit in organischen Lösungsmitteln, der unlösliche Rest an organischer Substanz wird Kerogen genannt.

Die *sicheren, gewinnbaren Erdölreserven* der Erde werden 1991 mit ca. 136 Mrd. t angegeben, bei einer Jahresproduktion von rund 3 Mrd. t. Davon liegen 65,2 % im Mittleren Orient, geringere Anteile in Lateinamerika (Venezuela, Mexiko), in der UdSSR, in Afrika (Libyen, Nigerien, Algerien), in Asien und Australien, in den USA und in Westeuropa (die Reihenfolge entspricht abnehmenden Zahlen). Zusätzliche *Erdölressourcen* werden auf weitere 149 Mrd. t geschätzt, mit ähnlicher geographischer Verteilung.

Die heute bekannten *gewinnbaren Ergasreserven* betragen 112 Bill. m³, mit zusätzlich vermuteten *Ressourcen* von 230 Bill. m³. Die größten Erdgasprovinzen liegen in der UdSSR (38 %) und im Nahen bzw. Mittleren Osten (34 %). Westeuropa hat einen Anteil von rund 5 %. Um einen Vergleich der verschiedenen fossilen Energierohstoffe zu ermöglichen, wird als Basis oft der Energieinhalt einer Tonne Steinkohle verwendet (1 Steinkohleneinheit = 1 SKE). Danach liegen die Kohlenreserven und -ressourcen bei 7500 Mrd. t SKE, jene des Erdöls bei 400 Mrd. t SKE und jene des Erdgases bei 450 Mrd. t SKE. Sich daraus ergebende Schlußfolgerungen zur zukünftigen Energieversorgung der Erde wurden bereits in der Einleitung zum Abschnitt „Kohle" skizziert.

I. Chemische und physikalische Eigenschaften der natürlichen Bitumina und des Kerogens

Folgende Arten natürlicher Bitumina können lagerstättenbildend auftreten:
Erdgas (nicht von Erdöl begleitet, gasförmig in der Lagerstätte);
Erdölgas (in der Lagerstätte in Erdöl gelöst oder als Gaskappe über Öl);
Erdöl (in der Lagerstätte sowie bei atmosphärischem Druck flüssig);
Erdteer (zähflüssig); Erdwachs (Ozokerit; fest, weich bis spröd, gelblich-braun);
Asphalt (fest, schwarz, spröd).

Kerogen in Ölschiefern („Kerogenschiefer", s. dort); dies ist organische Substanz, aus welcher durch thermische und katalytische Umwandlung erdölähnliches Bitumen gewonnen werden kann, das synthetisches Öl genannt wird.

Erdöl (engl."crude oil" oder „petroleum", russisch „naphta") ist im natürlichen Zustand flüssig, von gelblich-brauner bis schwarzer Farbe, mit charakteristischer grünlicher Fluoreszenz in reflektiertem Licht. Der Geruch ist z. T. infolge beigemengter Schwefelverbindungen unangenehm, oft auch aromatisch.

Erdöl besteht zum größten Teil aus Kohlenwasserstoffen, mit geringen Gehalten von Schwefel-, Sauerstoff- und Stickstoffverbindungen. Die charakteristische Elementverteilung ist folgende:

C   84-87 %
H   11-14 %
S   0.2-3.0 %
N   0.6-2.0 %
O   0.6-2.0 %

Daneben wurden in der „Asche" von Rohölen Spuren von Si, Fe, Al, Ti, Ca, Mg, V, Mo, Ni, Ba, Sr, Mn, Pb, Cu, Cr, U, Edelmetallen und anderen Elementen festgestellt. Einige dieser Spurenelemente dürften aus der organischen Muttersubstanz stammen (V, Ni u.a.), wogegen andere die geochemische Charakteristik der Nebengesteine und diagenetischer Fluide wiederspiegeln.

Eine Vielzahl von Kohlenwasserstoffverbindungen wurde im Rohöl festgestellt; sie können in drei Hauptgruppen eingeordnet werden:

Paraffine (Alkane, Grenzkohlenwasserstoffe) sind die wirtschaftlich wichtigste Gruppe, da sie besonders leicht zu hochwertigen Produkten (Benzin u. ä.) verarbeitet werden können; von der allgemeinen Formel C_nH_{2n+2} umfassen sie bei n = 1-4 gasförmige (Methan, Äthan, Propan, Butan), bei n = 5-15 flüssige und bei n>15 feste Verbindungen (Ozokerit).

Cycloparaffine (Naphtene) bilden 30-80 % der Rohöle; dies sind gesättigte Ringverbindungen mit der allgemeinen Formel C_nH_{2n}. Wenn höhere Anteile solcher Verbindungen im Rohöl auftreten, hat dieses bei der Destillation meist einen asphaltischen Rückstand.

Aromatische Kohlenwasserstoffe (Benzenoide) der allgemeinen Formel C_nH_{2n-6} erreichen selten mehr als 10 % Anteil am Rohöl. Ihre Molekularstruktur ist durch Doppelbindungen charkterisiert. Sie sind thermisch sehr stabil. Gemischte aromatisch-naphtenische Verbindungen ebenso wie die Kombination mit Alkanketten sind möglich.

Abbauprodukte von Hämoglobin und Chlorophyll („Porphyrine") im Rohöl sind wichtige Hinweise auf die organische Herkunft der natürlichen Bitumina. Sie gehören zu den „*geochemischen Fossilien*", das sind Kohlenwasserstoffverbindungen, welche aus der ursprünglichen organischen Substanz des Muttergesteines stammen. Sie werden als biochemische Zeugen der Natur der beteiligten Organismen untersucht. Damit dienen sie dann der Rekonstruktion der Ablagerungsverhältnisse, als Korrelationsmittel (Öl-Öl oder auch Muttergestein-Öl), und auch als Indikatoren für Diagenese und Katagenese.

Der *Schwefelgehalt* steigt in Rohölen mit dem Stickstoffgehalt und mit der Dichte; er ist weiters deutlich erhöht, wenn die Reservoirgesteine Kalk oder Dolomit sind. Schwefel kann elementar oder in organischer Bindung sowie als gelöstes H_2S (oft 5-14 %) vorliegen. Sicherlich stammt ein Teil aus der ursprünglichen organischen Substanz, ein anderer aus dem Nebengestein. „Süße" Öle enthalten weniger als 0.5 % S; darunter fallen heute nur mehr 30 % der Förderung. Höhere Gehalte charakterisieren „saures" Rohöl. Schwefel ist in den Öl-Produkten meist unerwünscht, weshalb Öl und Gas entschwefelt werden. Diese Raffination bedingt die Produktion großer Schwefelmengen als Nebenprodukt der Ölraffinerien bzw. der petrochemischen Industrie.

Technisch wird Rohöl vor allem durch seine *Dichte* und den Mengenanfall bei fraktionierter Destillation charakterisiert. Die Dichte liegt meist um 0.7-1.06 g/cm³ bei 20 °C. Sie wird im anglophonen Ausland und infolge des dominierenden Einflusses der amerikanischen Ölindustrie auch weltweit in API-Graden ausgedrückt (API=American Petroleum Institute).

Die Umwandlung ist mit folgender Formel möglich:

$$\text{API-Grad} = \frac{141.5}{\text{Dichte bei } 60°F} - 131.5$$

Es entsprechen: API° Dichte bei 60°F (ca. 15,5 °C)

10	1.00
15	0.9659
20	0.9340
25	0.9042
30	0.8762
35	0.8462
40	0.8251
45	0.8017
50	0.7796

Die meisten Rohöle haben API-Werte zwischen 27-35 °. Man unterscheidet schweres (10-20°API), mittleres (20-34 °API) und leichtes (über 34 °) Öl. Kondensate („Naturbenzin") haben API-Grade bis über 60; sie sind klare bis leicht strohfarbene Flüssigkeiten. Schweröl hat gegenüber normalem Erdöl (1,5-1,9) mit weniger als 1,5 ein niedriges atomares H/C-Verhältnis, was u.a. die Ausbeute an Benzin verschlechtert.

Die *fraktionierte Destillation* ermöglicht das Zerlegen des Rohöles z. B. in Benzin, Petroleum, Gasöl, schweres Heizöl und Rückstand. Benzin und Dieselöl werden allerdings bei der Weiterverarbeitung auch aus höher siedenden Ölbestandteilen durch thermisches, katalytisches bzw. Hydro-Cracken gewonnen. Folgende Siedegrenzen bei atmosphärischem Druck werden oft zur Charakterisierung von Rohölen verwendet:

Leichtbenzin	0-100 °C
Schwerbenzin	100-150 °C
Naphta (Rohbenzin)	150-180 °C
Kerosin	180-250 °C
Leicht- und Schwergasöl	250-400 °C

Die Verarbeitung des Rohöles zu vermarktungsfähigen Produkten umfaßt aber neben Destillation und Cracken eine Vielzahl zusätzlicher Prozesse. Typische Produktionsausbeuten schwanken bei Benzin von 13-22 % und bei Dieselöl/Heizöl L von 25-40 % vom eingesetzten Rohöl.

Weiters werden Rohöle in Hinblick auf die *dominierenden Kohlenwasserstoffe* als „paraffinisch", „gemischt-basisch" und „aromatisch" klassifiziert. Ihre Verteilung entspricht oft direkt der jeweiligen Fördertiefe („Tiefenregel"):

obere	aromatisches Rohöl(Asphaltöl), mit hohen Asphalt- und Harzgehalten, über 1 % S, höhere Dichte
mittlere	gemischt-basisches Rohöl, unter 1 % S
tiefe Lager eines Erdöldistriktes	paraffinisches Rohöl, unter 0,5 % S, geringere Dichte

Ferner wurde beobachtet, daß alte und tektonisch stärker deformierte Gesteine meist Paraffinöl, junge und gering deformierte Serien aromatisches Öl enthalten („Altersregel"). Von beiden Regeln gibt es aber viele Ausnahmen, bedingt durch unterschiedliche Ausgangssubstanzen, Veränderungen bei der Migration, sowie spätere geologische Vorgänge. Der hohe Asphalt- und Harzanteil oberflächennaher Öle wird durch Sauerstoffeinfluß (aus meteorischen Wässern) bzw. mikrobiellen Abbau (Degradation) und die gegen die Tiefe zunehmende Reife durch die Faktoren Temperatur und Zeit erklärt.

Paraffinöle sind der Großteil der pannonischen Öle, in Rumänien das Öl der zusammenhängenden Oligozändecken, das Öl der helvetischen Salzformation von Campeni-Tetzcani, das pennsylvanische Öl, das Flysch-Öl im Nordteil des Zistersdorfer Gebietes in Österreich u.a. Solches Öl liefert bei der Verdunstung Wachs. Asphaltöle, also Öle der Naphtenreihe sind das Öl von Baku und Emba, das Öl von Kalifornien und der Golfküste in den USA, viele rumänische Öle wie im Daz von Moreni, im Pannon von Moinesti, im Maeot von Bushtenary, und das Öl der obersten Sarmatsande von Zistersdorf. Diese Öle liefern kein Wachs, wohl aber Asphalt, namentlich am Ausbiß.

Für die Förderung von Rohöl aus den Speichern ist die *Viskosität* von großer Bedeutung, da sie im Zusammenhang mit anderen Faktoren den möglichen Entölungsgrad kontrolliert. Sie ist von Temperatur und Druck in der Lagerstätte, sowie von der Zusammensetzung des Öles abhängig.

Spezielle *geochemische Indizes* der Rohöle, wie der „carbon preference index" aus der Verteilung der n-Alkane, das Isoprenoid-Verhältnis Pristan/Phytan, isotopengeochemische u.a. Daten werden in Verbindung mit ähnlichen Analysen des Kerogens bzw. der löslichen organischen Substanzen im Gestein benützt, um die Herkunft von Öl aus bestimmten Muttergesteinen nachzuweisen. Dies ermöglicht Rückschlüsse auf die gesamte potentielle Ölführung eines Horizontes oder eines ganzen Sedimentbeckens, gibt aber auch Hinweise für eine gezieltere Prospektion etwa durch die Erstellung von Migrationsmodellen (Abb. 217).

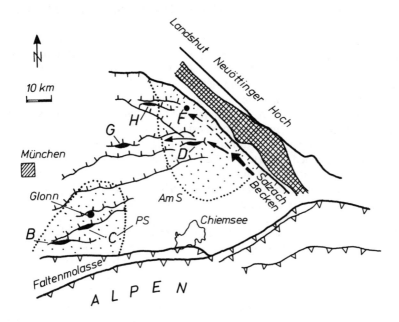

Abb. 217. Migrationsmodell (Pfeile) für das Erdöl des ostbayrischen Molassetroges, auf Grund chemischer und isotopischer Daten (nach SCHOELL 1978).
Die punktierten Flächen zeigen die ungefähre Verbreitung eines wichtigen Speichergesteins, das sind eozäne Basissande in einer Mächtigkeit von mehr als 5 m. AmS = Amfinger Sandstein; PS = Priabon Basissand. Großbuchstaben bezeichnen einzelne Ölfelder.

Zur *isotopengeochemischen Charakterisierung* von Erdöl eignen sich die Systeme $^{12}C/^{13}C$ bzw. H/D. Die organischen Ausgangssubstanzen sind durch negatives $\delta^{13}C$ und δD gekennzeichnet, wobei die Lipide besonders „leicht" sind. In den aus der Biomasse entstandenen Kerogenen findet man nur gering veränderte Isotopenverhältnisse. Auch das im Laufe der Reifung aus dem Kerogen freigesetzte Erdöl erbt im wesentlichen dessen Charakteristik, weshalb Muttergesteins-Öl und Öl-Öl-Korrelationen mit dieser Methodik möglich sind. Die weiten Schwankungsbereiche verschiedener Öle, $\delta^{13}C$ von -20 bis -32‰ und δ D von -60 bis -180‰, reflektieren also letztlich fazielle Unterschiede bei der Bildung und Ablagerung der organischen Substanz. Spätere Einflüsse verändern die Isotopenverhältnisse nur selten in erheblichem Maße (SCHOELL 1984).

Erdgas ist immer ein Gemisch verschiedener Gase; neben den Kohlenwasserstoffen führt es wechselnde Mengen von CO_2, H_2S und N_2, selten auch Helium. Diese Beimengungen sind mit Ausnahme des Heliums qualitätsmindernd; wo sie überwiegen, kann die Gewinnung unwirtschaftlich sein. Die Kohlenwasserstoffe sind vor allem Methan und andere niedrig-molekulare Paraffine sowie deren Isomere. Temperatur und Druck bestimmen die Zusammensetzung der gasartigen Phase, da bei Druckabfall (also während der Förderung zur Oberfläche) die höheren Kohlenwasserstoffe zum Großteil kondensieren. Diese „Kondensate" charakterisieren „nasses" Gas, während „trockenes" Gas fast ausschließlich aus Methan besteht.

Schwefel- und CO_2-reiches Gas nennt man „sauer", „süßes" Erdgas hat weniger als 2 % CO_2 und kein H_2S. Solches Gas kann direkt einer Verwendung zugeführt werden, während Sauergas einer vorgeschalteten Raffination bedarf.

Erdgas kann für sich alleine oder zusammen mit Erdöl (assoziiertes oder Erdölgas) lagerstättenbildend auftreten. Im letzteren Fall ist es ganz oder teilweise im Erdöl gelöst; sobald diese Lösung gesättigt ist, kann sich über dem Ölhorizont freies Gas in Form einer Gaskappe abtrennen. Obwohl es zur Erhaltung der Lagerstättenenergie wünschenswert ist, das Gas einer Öllagerstätte möglichst lange zu schonen, steigt bei der Exploitation mit dem Öl immer etwas Gas auf. Dieses Gas wurde früher abgeflammt; heute wird es, wo immer möglich, als wertvoller Brennstoff und als chemischer Rohstoff genutzt.

Gelegentlich hat Erdgas hohen Stickstoff- (Kansas, Norddeutschland) oder Kohlensäuregehalt (Kisalföld/Ungarn, Colorado, Utah). Das CO_2 ist z.T. ein Produkt der Reifung der organischen Substanz, zumeist aber wohl tieferer Herkunft in Verbindung mit magmatischen Prozessen. Hohe Stickstoffgehalte, die bis zu fast reinen, natürlich nicht brennbaren N_2-Gasen überleiten, können nicht alleine aus der organischen Substanz abgeleitet werden. Untersuchungen zur Verteilung der Isotope ^{14}N und ^{15}N in Erdgas lassen in verschiedenen Lagerstätten eine Deutung der Herkunft von N_2 zu, z. B. aus der bituminösen organischen Substanz, aus Kohle (Weser-Ems Gebiet) oder aus größerer Tiefe (Rotliegend-Erdgase der Altmark; MÜLLER et al. 1976).

Stickstoffreiche Gase können bis zu 2.5 Vol.% Helium enthalten, wie im Panhandle Feld (USA), u.a.O. Das Helium dürfte z.T. aus dem Zerfall radioaktiver Elemente in Gesteinen des Beckenuntergrundes stammen; in Japan konnte aber an Hand der $^3He/^4He$-Verhältnisse in Erdgas des Green Tuff Gebietes gezeigt werden, daß dort das Helium aus dem Mantel stammen muß.

Schwefelwasserstoffreich, manchmal mit mehr als 90 % H_2S, ist insbesondere Gas aus sulfatischen oder karbonatischen Speichern. In der Regel entsteht dieses H_2S bei Temperaturen über 100 °C durch thermochemische Sulfatreduktion (also aus Anhydrit), wobei die Kohlenwasserstoffe als Reduktionsagentien wirksam sind (KROUSE et al. 1988). Nur bis ca. 100 °C sind sulfatreduzierende Bakterien lebensfähig, weshalb für tiefe Gasspeicher auch schon früher eine anorganische H_2S-Bildung angenommen worden war.

Gasaustritte an der Oberfläche sind ebenso wie Erdölaustritte wichtige Hinweise auf potentielle Kohlenwasserstofflagerstätten in der Tiefe. Es ist aber nicht immer leicht zu entscheiden, ob es sich um Sumpfgas, Kohlengas oder mit Erdöl verbundenes Gas handelt. Merkliche Gehalte an höheren Kohlenwasserstoffen können als Hinweis auf assoziiertes Erdgas gelten; allerdings führen auch Grubengase in Kohlelagerstätten bis 6 % höhere Kohlenwasserstoffe.

Große Bedeutung haben in Norddeutschland und Holland Gasfelder, deren Inhalt aus Karbon-Kohlen abstammt. Ein Drittel der deutschen Gasförderung kommt aus solchen Lagerstätten, mit Speichern im Karbon selbst (Emsland), vor allem aber im Rotliegenden, im Zechstein und im Buntsandstein. Zumeist aber findet das bei der Inkohlung gebildete Gas keine geeigneten Speicher, sondern entweicht gegen die Erdoberfläche.

Isotopengeochemische Untersuchungen an Erdgas gestatten fundierte Aussagen zur Entstehung

(SCHOELL 1984; Abb. 218): Bakterielle bzw. biogene Gase sind durch sehr niedrige $\delta^{13}C$-Werte charakterisiert. Durch thermische Reifung entstandene, mit Erdöl assoziierte Gase und trockene Gase hingegen haben deutlich schwereren Kohlenstoff und lassen sich hauptsächlich durch unterschiedliche δ D-Werte unterscheiden. Aussagen zu den Vorläufersubstanzen sind ebenso möglich, wie zu früher bzw. später Bildung. Die schräge Lage des Feldes der thermischen Gase verweist auf deren zunehmend schwere Isotopenzusammensetzung; dies steht in Einklang mit der allgemeinen Beobachtung, daß leichte Isotope früher mobilisiert werden, als schwere.

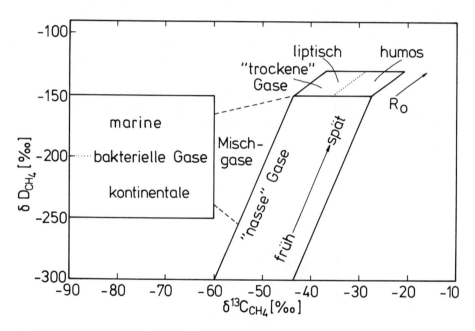

Abb. 218. Diagramm zur genetischen Charakterisierung von Erdgas durch die Verhältnisse stabiler Isotopen von Kohlenstoff und Wasserstoff im Methan (SCHOELL 1984).

Erdteer nennt man eine Gruppe von besonders dichten, hoch viskosen und oft schwefelreichen Rohölen, welche zur Zeit nur in Ausnahmefällen gewonnen werden. Verbreitet ist er zusammen mit Asphalt in ölführenden Sanden nahe der Oberfläche, welche als „Teersande" bekannt sind. Solcher Teer ist eigentlich ein Rohölresiduum. Dabei werden zunehmende Mengen von Asphaltenen gebildet, welche als Partikel zusammen mit flüssigen Kohlenwasserstoffen eine kolloidale Suspension bilden.

Erdwachs (Ozokerit) besteht zur Hauptsache aus hochmolekularen Paraffinen. Es kann sich aus paraffinischen Ölen in Rohrleitungen oder im Bohrloch abscheiden, ist salbenartig bis spröd, gelb bis braun (letzteres geringwertiger). Spez. Gew. 0.84-0.93, Schmelzpunkt 85-100°, löslich in Öl, Benzin und organischen Lösungsmitteln. Erdwachslagerstätten liegen oberflächennahe an Austrittsstellen von Öl; ihre Form ist meist gangartig oder stockwerkartig. Die wirtschaftliche Bedeutung von Erdwachs ist heute gering. Bekannte Fundorte sind: Boryslav und Starunia in Galizien, Utah, Tscheleken/UdSSR, hier angeblich die größten Vorkommen der Welt. Ceresin ist bei 120–200 °C mit 20 % H_2SO_4 künstlich gebleichter Ozokerit.

Asphalt ist ebenso wie Erdteer ein Abbauprodukt von Erdöl. Er unterscheidet sich vom Teer durch weiter erhöhte Asphaltengehalte (>15 %), welche ein dreidimensionales Gerüst bilden, das der Substanz Festigkeit verleiht. Asphalt ist braun bis schwarz, hart, mit muscheligem Bruch. Spez. Gew. 1-1.3. Schmelzpunkt: 10-140°. Löslich ist die organische Substanz in Petroleum, Chloroform, Äther, Schwefelkohlenstoff, Terpentinöl, jedoch nicht in Alkohol. Belichtet wird er schwerer löslich. Häufig

452 Chemische und physikalische Eigenschaften der natürlichen Bitumina und des Kerogens

verbleiben nach Lösung oder Veraschung beträchtliche Anteile mineralischer Substanz. Asphalt kommt rein oder Sande und Kalke imprägnierend vor. Elementarzusammensetzung in %:

Asphalt von	C	H	O	N	S	Asche
Trinidad	85.89	11.06	0.50	——	2.49	——
Bentheim (Hannover)	86.68	9.40	2.82	0.66	——	0.54

Kerogen ist jener Anteil der organischen Substanz in Sedimenten, welcher in nichtpolaren organischen Lösungsmitteln unlöslich ist. Diese Substanz überwiegt gewöhnlich mengenmäßig bei weitem den löslichen Anteil. Kerogen kann aus verschiedenen organischen Substanzen entstehen, welche den Kohlenmazeralen vergleichbar sind. Dem sedimentären Milieu der Erdöllager entsprechend (vorwiegend marin im Gegensatz zur kontinental/paralischen Kohlenbildung) treten bei bituminösen Gesteinen höhere Pflanzen in den Hintergrund, und es überwiegt pflanzliches und tierisches marines Plankton. Dieses ist reich an Lipiden, das sind Fette, Wachse und Öle mit erhöhtem Wasserstoffgehalt. Nach dem Gehalt an C, O und H kann man mehrere Kerogentypen unterscheiden, welche den Mazeralen der Kohlen sehr ähnlich sind (Abb. 219):

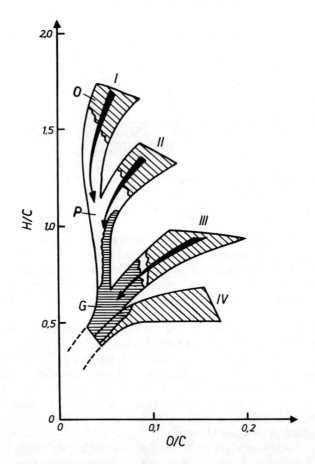

Abb. 219. Elementare Zusammensetzung von vier Kerogentypen im Van-Krevelen Diagramm (atomares Verhältnis H/C und O/C) nach TISSOT & ESPITALIE (1975) aus TISSOT & WELTE (1984).
Die Pfeile zeigen die Richtung der chemischen Entwicklung bei zunehmender Reife; O = frühe Bildung von sauerstoffeichen Produkten (CO_2, H_2O); P = Ölbildung; G = Gasbildung.

Kerogen Typ 1 – Alginite und Bakterienreste
Typ 2 – Exinite und marines Plankton
Typ 3 – Vitrinite (also Landpflanzen)
Typ 4 – Inertinite

Die Untersuchung bzw. Identifizierung der verschiedenen Kerogentypen erfolgt mit kohlenpetrographischen Methoden (besonders aufschlußreich ist die Fluoreszenzmikroskopie), weiters durch Infrarotspektroskopie sowie mittels verschiedener Methoden der organischen Chemie (Pyrolyse, Gaschromatographie, Massenspektrometrie, u.a.).

Im Laufe der Diagenese und Katagenese der Sedimente verändern sich die Kerogene chemisch in Richtung der Pfeile der Abb. 219, unter Abgabe von CO_2, H_2O, Öl und Gas, wodurch sie schließlich ihre Identität verlieren und graphitähnlich werden. Unreife Kerogene, die also am Anfang dieser Entwicklung stehen, geben bei Erhitzen unter anderem Kohlenwasserstoffe ab. Aus diesem Grunde werden kerogenreiche Gesteine („Kerogenschiefer", „Ölschiefer"; s. dort) zunehmend als zukünftige, große Kohlenwasserstoffressourcen der Erde betrachtet.

Literatur:

BROOKS, J. & WELTE, D. H. (Eds.), Advances in petroleum geochemistry. Vol. I, 344 pp, 1984. Vol. II, 262 pp, 1987. Academic Press.
GANZ, H. & KALKREUTH, W., 1987, Application of infrared spectroscopy to the classification of kerogen types and the evaluation of source rock and oil shale potentials. Fuel 66, 708-711.
KROUSE, H. R., VIAU, C., ELIUK, L., UEDA A. & HALAS, S., 1988, Chemical and isotopic evidence of thermochemical sulphate reduction by light hydrocarbon gases in deep carbonate reservoirs. Nature 333, 415-419.
MILES, J. A., 1989, Illustrated glossary of petroleum geochemistry. 152 pp, Oxford University Press.
MÜLLER, E. P., MAY, F. & STIEHL, G., 1976, Zur Isotopengeochemie des Stickstoffs und zur Genese stickstoffreicher Erdgase. Z. angew. Geol. 22, 319-324.
ROYAL DUTCH SHELL, 1983, The petroleum handbook. 710 pp, Elsevier.
SCHOELL, M., 1978, Chemismus und isotopische Zusammensetzung von Erdölen des süddeutschen Alpenvorlandes. Erdöl-Erdgas Z. 94, 119-125.
SCHOELL, M., 1984, Wasserstoff- und Kohlenstoffisotope in organischen Substanzen, Erdölen und Erdgasen. Geol. Jb. D67, 161 pp.
TISSOT, B. P. & WELTE, D. H., 2. Aufl. 1984, Petroleum formation and occurrence: a new approach to oil and gas formation. 538 pp, Springer.

II. Die Entstehung von Erdöl und Erdgas

Daß Lagerstätten natürlicher Bitumina zum weit überwiegenden Teil aus organischen Substanzen in Sedimentgesteinen entstehen, ist heute allgemein anerkannt. Erdöl wird in der Regel durch diagenetische Reifung *(Katagenese)* lipidreicher Anteile des Kerogens gebildet, zu welchen tierische und pflanzliche Fette sowie Harze und Wachse gehören. Trockenes Erdgas dürfte eher aus ursprünglich humosen Kerogenen bzw. aus Kohlen entstehen. Es ist aber durchaus möglich, daß einzelne Gasfelder durch magmatische Prozesse bzw. Entgasung aus dem Erdmantel gebildet wurden. Das muß z. B. für die Gasfelder in miozänen vulkanoklastischen Gesteinen („green tuffs") Japans angenommen werden, weil das Helium dieser Gase einen hohen Anteil des nur aus dem Mantel herleitbaren Isotopes ^3He hat, während aus Kerogen gebildetes Erdgas weit überwiegend das radiogene ^4He enthält (HIROSHI & YUJI 1983).

Organische Substanz ist vor allem in feinkörnigen marinen Sedimenten ein charakteristischer Nebengemengteil. Zu ihrer Erhaltung ist ein reduzierendes Milieu notwendig, allerdings nicht unbedingt im Meerwasser über dem Sediment (euxinische Bedingungen), sondern es genügt, wenn die Grenze der Durchlüftung an der Grenzfläche Wasser/Sediment liegt. Da solche Bedingungen vor allem in ruhigen Teilbecken und in feinkörnigen Sedimenten verwirklicht sind, findet man in Tonen durchschnittlich 2.1 %, in Karbonatgestein 0.29 %, und in Sandsteinen 0.05 % C in Form organischer Substanz. Faulschlammgesteine (Sapropelite und Gyttjas) sind besonders reich an organischer Substanz, und wurden früher als hauptsächliche *Erdölmuttergesteine* angesehen. So geben verschiedene Faulschlammablagerungen der Gegenwart kleine Mengen (5-5000 g/t) Öl ab. Weit überragend ist diesbezüglich der schwarze Schlamm des Schwarzen Meeres, der 23-35 % organische Substanz aufweist, dabei 10 % in Äther oder Benzol extrahierbares Bitumen. Dieser Schlamm wurde als feines, dünnschichtiges Sediment in geologisch junger Vergangenheit (>4000 Jahre) in den beiden über 2000 m tiefen, stillen Zentren dieses Meeres gebildet, die von Meeresströmungen umkreist werden. Jedes Jahr entstanden eine tonreiche und eine bituminöse Lage, abhängig vom jahreszeitlichen Klimawechsel. Die Organismen leben in solchen *euxinischen Becken* im höheren, sauerstoffreichen Teil des Meeres. Nach dem Absterben sinkt die organische Substanz in das sauerstoffreie, H_2S-reiche Tiefenwasser und schließlich auf den Meeresboden ab.

Sapropelite kommen aber nicht nur in abgeschlossenen Meeresbecken vor: Durch ein Überangebot an Nährstoffen (P + N_2-reiche Meeresströmungen) kann eine organische Massenproduktion mit folgendem Massensterben ausgelöst werden, welches im Sinne einer Kettenreaktion durch H_2S-Vergiftung aus den Zersetzungsprodukten verursacht ist. Dann entstehen von den „euxinischen" zu unterscheidende „ozeanische" Sapropelite des offenen Meeres. Algenrasen in Sebkhas, randlichmarinen Salzlagunen, können unter Salzabdeckung ebenfalls sapropelitähnliche Gesteine mit hohem Alginitanteil werden. Diese betrachtet man als Muttergestein für die nicht seltenen Öllager in salinaren Dolomiten (Silur von Michigan, Untereozän des westlichen Syrte-Beckens). *Gyttja* ist ein limnisches Sediment mit hohen Gehalten an organischer Substanz, bei dessen Entstehung die Durchlüftungsgrenzfläche $E_h = 0$ im Sediment gelegen war; dadurch wurde vor allem das Eiweiß des Planktons durch aerobe bakterielle Tätigkeit aufgezehrt, so daß Gyttja im Vergleich zu Sapropeliten N-ärmer ist. Sie wird vor allem als Erdgasmuttergestein angesehen. Jedoch beweist das häufige Fehlen von Sapropeliten und Gyttjas in vielen Erdölprovinzen, daß auch wesentlich geringere Gehalte organischer Substanz in „normalen", relativ gut durchlüfteten Sedimenten zur Bildung von Kohlenwasserstofflagerstätten ausreichen.

Letzteres läßt sich auch durch eine Messung des mit der Reifung zunehmenden Verlustes organischen Kohlenstoffs in marinen Tonen belegen. Da in solchen Gesteinen Schwefel sehr früh durch Pyritbildung fixiert wird, kann die Abnahme des C/S-Verhältnisses als Maß für die diagenetische Mobilisierung des Kohlenstoffs dienen (RAISWELL & BERNER 1987).

Trotzdem kann man heute viele Öllagerstätten bestimmten Muttergesteinen zuordnen, die reich an organischer Substanz sind. Die wichtigsten Erdölmuttergesteine Europas sind: der Posidonienschiefer des U. Jura (Toarcien), Tonsteine des Kimmeridge/O. Jura (besonders für das Nordseeöl), sowie die Blättertone der U. Kreide. Obwohl lakustrine Muttergesteine nur eine geringe wirtschaftliche Bedeutung haben, soll das Beispiel des eozänen Messelschiefers (Rheingraben) hier nicht unerwähnt bleiben. Die meisten europäischen Gasfelder werden von oberkarbonen Kohlen hergeleitet. Kohlen beginnen bei einem Gehalt von etwa 37 % flüchtigen Bestandteilen große Mengen von Methan abzugeben (Abb. 220), das durch Klüfte und andere Wegsamkeiten auswandert und durch geeignete Speicher akkumuliert werden kann.

Weitere wesentliche Eigenschaften von Erdölmuttergesteinen, neben erhöhtem Gehalt an organischer Substanz, sind Feinkörnigkeit und damit geringe Permeabilität. Besonders häufig sind es tonige Sedimente, seltener Karbonate oder Evaporitgesteine. Für erdgasproduzierende Muttergesteine gelten abweichende Regeln, da es sich zumeist um relativ grobkörnige Serien klastischer Sedimente handelt.

Die in die Sedimente eingelagerte organische Substanz (Protobitumen) erleidet zusammen mit diesen Diagenese und Katagenese. Die Diagenese der Sedimente umfaßt im wesentlichen die frühe Kompaktion, Entwässerung und damit Lösung und Wiederausfällen verschiedener Stoffe, sowie eine Sammelkristallisation. Unter Katagenese versteht man in der Kohlenwasserstoffgeologie jene

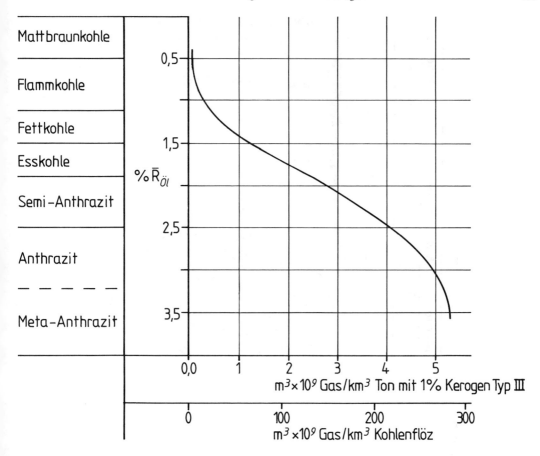

Abb. 220. Kumulative Methanproduktion aus tonigem Gestein mit 1 % organischer Substanz bzw. aus Kohle mit zunehmender Reife (aus GLENNIE 1986).
Nur ein geringer Teil des Methans verbleibt im Gestein; deshalb ist eine Abschätzung der gesamten Gasproduktion eines Sedimentbeckens möglich, wenn die Kerogen- bzw. Kohleninhalte und der erreichte Reifegrad bekannt sind.

Vorgänge, die unter Überlagerung und damit erhöhten P/T-Bedingungen ablaufen, jedoch vor der eigentlichen Metamorphose.

Die frühe *Diagenese* organischer Substanzen ist im wesentlichen ein biochemischer Vorgang, wobei eine anaerobe bakterielle Gärung stattfindet, die Methan („Sumpfgas"), Wasser, CO_2 und Kerogen erzeugt. Bei ungefähr 1500 m Überlagerung (abhängig vom lokalen geothermischen Gradienten) und 100 °C beginnt übergangslos die *Katagenese* des Kerogens, aus welchem nun in einem *geochemischen* Vorgang zunehmend Erdöl und Erdgas abgegeben werden, offenbar unterstützt durch eine katalytische Wirkung der Tonmineralien, vor allem Montmorillonit. Dieses nun „reife Kerogen" verliert bis etwa 3500 m Tiefe und 150 °C seine Fähigkeit zur Abspaltung schwerer Kohlenwasserstoffe. Darunter wird nur mehr Erdgas abgegeben (Abb. 221). TISSOT & WELTE (1984) bezeichnen dieses Stadium zwischen 150 und 220 °C als *Metagenese*, welche unter zunehmender Umwandlung der organischen Substanz in Graphit zur eigentlichen Metamorphose überleitet. Die angegebenen Ziffern sind insofern relativ, als die Reifung des Kerogens nicht nur von seiner Zusammensetzung und der erreichten Temperatur (beeinflußt durch Tiefe und lokale geothermische Tiefenstufe), sondern auch von dynamischen Faktoren abhängt. Deshalb sind Tiefe und Temperatur beginnender Ölbildung in verschiedenen Provinzen sehr unterschiedlich (Abb. 222).

Gegenüber normalen epikontinentalen Sedimentbecken erhöhter Wärmefluß tritt in marinen Rift-

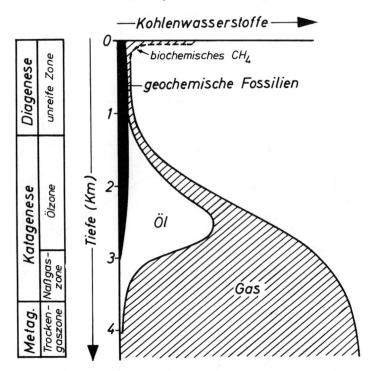

Abb. 221. Schema der Bildung von Erdöl und Erdgas während der Diagenese, Katagenese und Metagenese des Kerogens (nach Tissot 1978).

Trögen auf; ein rezentes Beispiel dafür ist der Golf von Kalifornien, wo untermeerisch austretende Hydrothermen reichlich Erdgas und Öltropfen bis 2 cm Durchmesser fördern. Um die Austrittstellen wird Baryt abgesetzt, während die Kohlenwasserstoffe im Meerwasser rasch dispergiert werden. Das Becken enthält nur 500 m mächtige junge Sedimente, die bei entsprechend niedrigem Druck bis 200 bar aber einer starken Erwärmung bis >315 °C unterliegen. Es wird vermutet, daß dies im Vergleich zur relativ trägen Versenkungsdiagenese ein besonders effizientes Milieu der Erdölbildung ist (Didyk & Simoneit 1989). Möglicherweise vergleichbar ist in Europa die Erdölprovinz der Nordsee, die ihre Entstehung einer langandauernden mesozoischen Grabentektonik verdankt, wobei sicherlich zeitweise sehr hoher Wärmefluß wirksam war.

Die regionale Untersuchung des *Reifegrades (Maturität)* des Kerogens ist zu einem wichtigen Kriterium bei der Suche nach neuen Kohlenwasserstofflagerstätten geworden (Abb. 223). Die Beurteilung des Reifegrades kann durch die Bestimmung geochemischer Indizes ähnlich wie bei Rohölen (s.o.) erfolgen. Weniger aufwendig ist jedoch die Messung der Fluoreszenz von Alginiten und Exiniten bzw. der Reflexion vitrinitähnlicher Partikel (Kerogen Typ III), die in fast allen Gesteinen in geringen Mengen vorkommen. Bei Reflexionswerten der Vitrinite unter Ölimmersion um 0.5 %, also etwa dem Glanzbraunkohlenstadium entsprechend, beginnt die Abgabe von Öl aus Kerogen. Öl wird bis zu Reflexionswerten von etwa 1.3 %, also bis zum Fettkohlenstadium, produziert (Abb. 224). Dies ist das sogenannte *Ölfenster*, das in der Erdölprospektion durch Kartieren des Maturitätsgrades aufgesucht wird. Höhere Maturität bewirkt die Abspaltung von Kondensat bzw. Methan aus solchen Kerogentypen, die aufgrund ihrer chemischen Eigenschaften nicht Öl erzeugen. Dies ist der Grund für das weltweit beobachtete Überwiegen trockener Gaslagerstätten in tieferen Horizonten von Erdöldistrikten, schränkt aber auch die Hoffnungen auf Erdölfunde in heute technisch-wirtschaftlich nicht erreichbaren Tiefen stark ein.

Die Entstehung von Erdöl und Erdgas

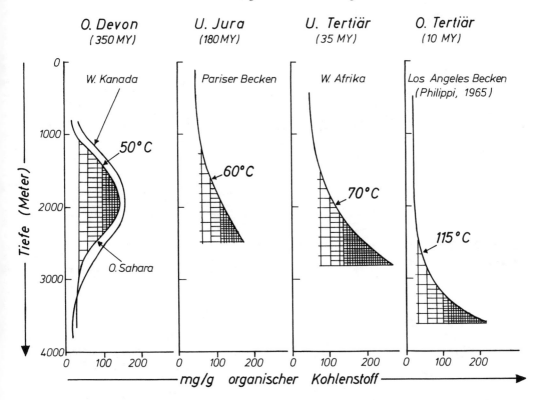

Abb. 222. Vergleich von Tiefe und Temperatur beginnender Ölbildung in Muttergesteinen verschiedenen Alters (nach TISSOT et al. 1975).

Literatur:

BARTENSTEIN, H. & TEICHMÜLLER, M. & R., 1971, Die Umwandlung der organischen Substanz im Dach des Bramscher Massivs. Fortschr. Geol. Rheinld. Westf. 18, 501-538.

BROOKS, J., & FLEET, A. J., 1987, Marine Petroleum Source Rocks. Spec. Publ. Geol. Soc. 24, 452 pp, Blackwell.

CALVERT, S. E., VOGEL, J. S. & SOUTHON, J. R., 1987, Carbon accumulation rates and the origin of the Holocene sapropel in the Black Sea. Geology 15, 918-921.

DIDYK, B. M. & SIMONEIT, B. R. T., 1989, Hydrothermal oil of Guaymas Basin and implications for petroleum formation mechanisms. Nature 342, 65-69.

HIROSHI, W. & YUJI, S., 1983, ^{3}He/^{4}He ratios in CH_4-rich natural gases suggest magmatic origin. Nature 305, 792-794.

QUIGLEY, T. M. & MACKENSIE, A. S., 1988, The temperatures of oil and gas formation in the subsurface. Nature 333, 549-552.

RAISWELL, R. & BERNER, R. A., 1987, Organic carbon losses during burial and thermal maturation of normal marine shales. Geology 15, 853-856.

ZIMMERLE, W., 1985, New aspects on the formation of hydrocarbon source rocks. Geol. Rundschau 74, 385-416.

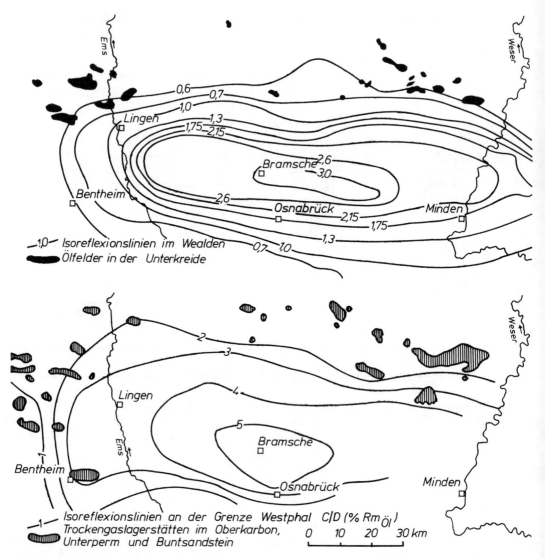

Abb. 223. Karten des Reifegrades („Inkohlung") des Kerogens in NW-Deutschland für die Unterkreide (Wealden: oben) und für das Karbon (Grenze Westfal C/D: unten) auf Grund von Vitrinitreflexionsmessungen; wichtige Öl- und Gasfelder sind bestimmten Inkohlungsgraden zugeordnet (nach BARTENSTEIN & TEICHMÜLLER 1971).

III. Erdöl- und Erdgaslagerstätten

Die natürlichen Bitumina bilden sich im Erdölmuttergestein in disperser Form. Das Öl entsteht in den Kerogenpartikeln als feinste Tröpfchen, die in unmittelbar benachbarte Poren des Sedimentes abwandern. Dieses disperse Öl ist kaum jemals gewinnbar; damit eine wirtschaftlich signifikante Konzentration erreicht wird, muß das Öl aus großen Bereichen bzw. Volumina des Muttergesteines mobilisiert und in der Folge durch mehr oder weniger fokussierte Wanderung (Migration) in die eigentlichen Lagerstätten gelangt sein. Diese Wanderung wird durch die zunehmende Erwärmung, Kompaktion und Entwässerung der Muttergesteine ausgelöst und in Gang gehalten. Wie auch bei der Inkohlung muß jedoch angenommen werden, daß Freisetzung und Abwandern der Bitumina (Expulsion) oft in relativ kurzen geologischen Zeiträumen stattfinden.

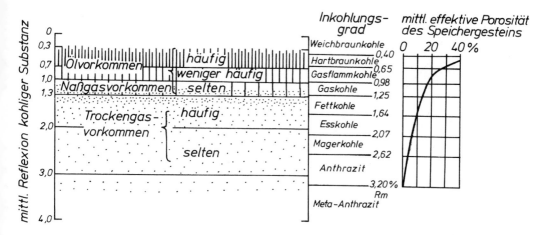

Abb. 224. Bildung von Öl- und Gaslagerstätten in Beziehung zum Inkohlungsgrad der Muttergesteine; daneben ist die gleichzeitige Abnahme der Porosität dargestellt (BARTENSTEIN & TEICHMÜLLER 1971).

Die Kohlenwasserstoffe migrieren mit den Porenfluiden in Bereiche niedrigeren Druckes, in der Regel also nach oben und in Gesteinshorizonte höherer Porosität (Speichergesteine). Wo solche Speichergesteine nach oben abgedichtet sind (Fallenstrukturen), z. B. durch impermeable Tone, entstehen so im Laufe der Zeit erhöhte Konzentrationen von Erdöl oder Erdgas. Da die natürlichen Bitumina eine geringere Dichte haben, als das begleitende Wasser, tritt in den Fallen im weiteren Verlauf eine Trennung der Kohlenwasserstoffe vom begleitetenden Wasser ein.

Migration

Die Wanderung der natürlichen Kohlenwasserstoffe aus den Muttergesteinen in die durchlässigen Speichergesteine ist im einzelnen noch nicht genügend erforscht. Geologische und geochemische Argumente belegen jedoch, daß die Bitumina manchmal einige 100 km weit gewandert sind. Gut begründet ist die Vorstellung, daß das auslösende Moment der Migration die zunehmende Verdichtung (Kompaktion), Erwärmung und Entwässerung der im aktiven Sedimenttrog in die Tiefe sinkenden Muttergesteine ist. Die gegen die Tiefe zunehmende Dichte sowie die gleichzeitige Abnahme der Porosität der Gesteine sind vielfach nachgewiesen (Abb. 225). Das aus den sich schließenden Poren vertriebene Wasser, in der Folge auch das aus Tonmineralen und Kerogen freigesetzte Wasser strömt in die Richtung geringeren Druckes, also generell nach oben bzw. gegen die Beckenränder. Weitere wichtige physikalische Parameter der Öl-Migration sind Kapillarkräfte, Auftrieb und Bewegung der Fluide.

Die Kohlenwasserstoffe werden durch diesen Kompaktionsstrom entweder als feinste Tröpfchen in dispergierter Form, möglicherweise z.T. auch in Lösung transportiert. Neben Wasser spielt Erdgas als Transportmedium eine Rolle. Schließlich wird auch Diffusion als allerdings wenig wirksame Transportmöglichkeit genannt; geologische Bedeutung erlangt Diffusion nur für leichte, niedrigmolekulare Kohlenwasserstoffe, also für Erdgas (LEYTHAEUSER & SCHAEFER 1984). Wenn Öl einen hohen Prozentsatz des Porenvolumens füllt, kann es auch als zusammenhängende Ölphase wandern.

Letzteres wird dann zutreffen, wenn bereits sehr dichte, wasserarme Gesteine in die Zone der Ölgeneration gelangen, wie z. B. Karbonate. In solchen Gesteinen bewirken die vom Kerogen sich abspaltenden leichten Kohlenwasserstoffe einen internen Druckaufbau (generation pressure) im Gestein; auch Öl und Wasser expandieren bei Erwärmung. Dies erzeugt schließlich feinste Risse, durch welche Öl und Gas abwandern können.

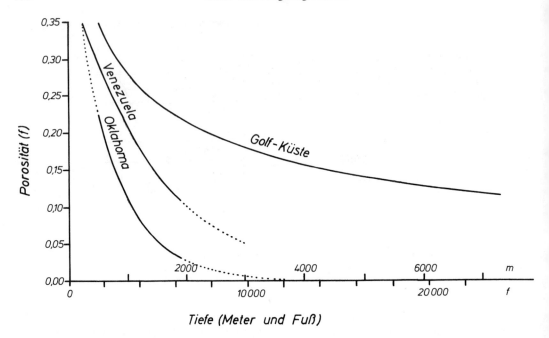

Abb. 225. Verhältnis zwischen Porenvolumen und Tiefe in drei verschiedenen Sedimentbecken: Jungtertiär der Golfküste/USA; Tertiär im östlichen Venezuela; Paläozoikum in Oklahoma (LEVORSEN 1954).
f = Porenvolumen / Gesteinsvolumen.

Geologische Zusammenhänge lassen manchmal belegen, daß die Migration der Kohlenwasserstoffe vielfach quer zur Schichtung eines Sedimentbeckens erfolgt sein muß. Trotzdem aber sind Spuren der Durchwanderung in Schichten zwischen den Muttergesteinen und den Reservoirgesteinen oft nicht vorhanden. Gelegentlich nachweisbar sind thermische Einflüsse, da die Fluide aus der Tiefe wärmer sind, ebenso wie Reaktionen zwischen den Fluiden und den Gesteinen (Lösung bzw. Ausfällung verschiedener Elemente und Minerale; Reduktion von Fe^{3+}: Magnetitbildung aus Hämatit und Goethit; etc.).

Trifft der Migrationsstrom auf seinem Wege durchlässige Gesteine, so reichern sich dort die Bitumina an, soferne die Speicher durch impermeable Gesteine abgeschlossen sind. Dieses Verbleiben der Bitumina in durchlässigen Speichern, während zweifellos ein Teil der Fluide des Kompaktionsstromes weiterwandert, ist nicht ausreichend erforscht. Es wird vermutet, daß dabei Tone als semipermeable Membran wirken, indem sie die im Wasser dispergierten oder gelösten Substanzen nicht durchtreten lassen.

Die Wanderung von Erdöl und Erdgas aus den Muttergesteinen in die Speichergesteine wird als *Primärmigration* (LEVORSEN 1967) bezeichnet. Oft unterscheidet man zwischen früher und später Primärmigration; die späte Primärmigration beginnt nach einer Absenkung der Muttergesteine in eine Tiefe von über 1500 m (bei normalem geothermischem Gradienten), womit gewöhnlich die Hauptphase der Ölbildung einsetzt. Die frühe Migration ist bei geringerer Überdeckung mit der starken Kompaktionsentwässerung der unreifen Sedimente verbunden. Es ist nur in wenigen Fällen nachgewiesen worden, daß aus solchen seichtliegenden Muttergesteinen wirtschaftliche Öllagerstätten entstanden wären.

Besonders lehrreich sind Fälle, wo potentielle Muttergesteine nach einer ersten Kompaktions- und Ölbildungsphase in Oberflächennähe geraten sind, wodurch die frühen Öllager erodiert wurden. In der Folge kam es zu erneuter Absenkung und Erwärmung, so daß der Prozeß der Ölbildung wieder einsetzte und wesentlich jüngere Lagerstätten gebildet wurden. Ein gut untersuchtes Beispiel sind die bedeutenden Ölfelder von *Hassi Messaoud* im östlichen Algerien. Sie liegen in paläozoischen

Tafelsedimenten des breiten Beckens zwischen dem Atlas im Norden und dem präkambrischen Kraton im Süden. Silurische Schwarzschiefer wurden als Muttergestein des Öls nachgewiesen; die Ölfallen sind an domartige Aufwölbungen bzw. Störungen gebunden, welche nach oben durch diskordant auflagernde triadische Tone und Evaporite abgedichtet sind (Abb. 226). Im ersten Absenkungszyklus war der silurische Schwarzschieferhorizont auf etwa 1000-1500 m abgesenkt worden, und wird nun nach Hebung und Erosion bis zur teilweisen Freilegung im Perm von Meso-Känozoikum bis maximal 4000 m überlagert. Damit wurde erneute Ölgeneration eingeleitet, mit einer Hauptphase an der Wende Kreide/Tertiär (TISSOT et al. 1975).

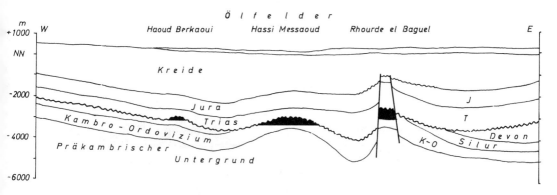

Abb. 226. Die Ölfelder im Paläozoikum von Hassi Messaoud (Algerien) verdanken ihre Bildung einer mesozoischen Versenkung in große Tiefe (Profil nach POULET & ROUCACHE 1969).

Jüngste Untersuchungen zeigen die Möglichkeit auf, die Migration bzw. genauer, die Platzname bituminöser Substanzen durch Pb-Pb Datierung auch zeitlich festzulegen (PARNELL & SWAINBANK 1990). Die Methode ist darauf begründet, daß fast alle Bitumina Uranspuren enthalten, deren radioaktiver Abbau Blei hinterläßt.

Sekundärmigration (LEVORSEN 1967) beschreibt die weitere Wanderung der Kohlenwasserstoffe nach ihrem Übertreten aus den Muttergesteinen in die permeablen Nebengesteine. Bemerkenswert ist hiebei die charakteristische Trennung der Fluide im Bereich des Speichergesteins bzw. der Fallenstruktur nach der Dichte, wodurch während der Migration eine Fraktionierung der Bitumina möglich ist (z. B. migriert CH_4 schneller als N_2) und sich schließlich im Idealfall eine horizontale Schichtung von Gas im höchsten Teil über Öl in der Mitte zu Wasser im tiefsten Teil des Speichers einstellt (Abb. 227). Infolge der Kapillarkräfte im Speichergestein und der verschiedenen Benetzungseigenschaften der beteiligten Substanzen ist jedoch in der Natur eine vollständige Trennung nicht ausgebildet, so daß fast immer Gemische von Öl, Gas und Wasser in unterschiedlichen Anteilen vorliegen. Die „Kontaktflächen" zwischen Öl, Gas und Wasser sind auch keineswegs immer horizontal ausgebildet; „geneigte" Kontakte sind unter anderem durch fließendes Porenwasser (Tiefengrundwasser) bedingt.

Manchmal wird auch die Bezeichnung *Tertiärmigration* (auch „Remigration" genannt) verwendet; darunter versteht man die Wanderung bereits vorhandener Kohlenwasserstoffanreicherungen in neue Speicher oder mangels geeigneter Fallen bis zur Erdoberfläche. Auslösend für eine solche Umlagerung sind wohl meist tektonische Vorgänge. In den Aufstiegswegen bilden sich dabei u.U. Asphalt- oder Ozokeritlager; die leicht flüchtigen Kohlenwasserstoffe, vor allem Erdgas, verursachen an der Erdoberfläche zusammen mit dem begleitenden Wasser die Ausbildung von *Schlammvulkanen* („Salsen"). Auch Erdöl kann an die Oberfläche austreten, es entstehen dann die „Ölkuhlen" (Norddeutschland) oder Asphaltseen (Trinidad).

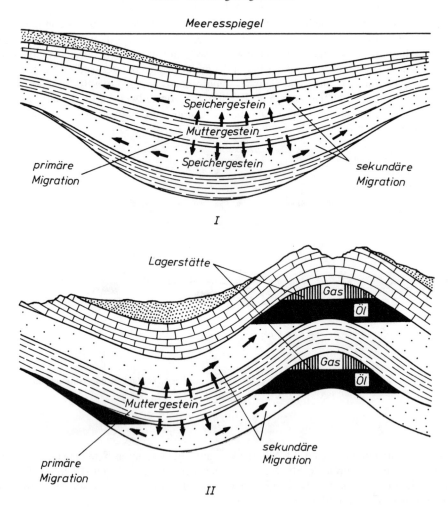

Abb. 227. Die Rolle der primären und sekundären Migration bei der Bildung von Öl- und Gaslagerstätten (nach TISSOT & WELTE 1978).
Oben (I): Migrationspfade in der frühen Kompaktions-Phase eines Beckens.
Unten (II): Migration und Lagerstättenbildung während der Haupt-Phase der Bitumengeneration.

Literatur:

LEYTHAEUSER, D. & SCHAEFER, R. G., 1984, Diffusion niedrigmolekularer Kohlenwasserstoffe durch den Porenraum sedimentärer Gesteine: Erkennung, Quantifizierung und geologische Bedeutung. Mitt. Geol.-Paläont. Inst. Univ. Hamburg 56, 287-306.
NELY, G., 1989, Les séries a évaporites en exploration petrolière. 280 pp, Ed. Technip Paris.
PALACAS, J. G. (Ed.), 1985, Petroleum geochemistry and source rock potential of carbonate rocks. AAPG.
PERRODON, A., 1983, Dynamics of oil and gas accumulation. Elf-Aquitaine Memoir 5.
SCHOLLE, P. A. & SCHLUGER, P. A. (Eds.), 1979, Aspects of diagenesis. SEPM Spec. Publ. 26, Tulsa.

Speichergesteine

Die Speichergesteine von Öl- und Gaslagerstätten müssen porös und permeabel sein, damit eine wirtschaftliche Gewinnung möglich ist. Wichtig ist die Kombination beider Eigenschaften, da eine hohe Porosität alleine kein Fließen des Lagerstätteninhaltes zur Förderbohrung gewährleistet. Die Porosität wird oft in Volumsprozent angegeben, die Permeabilität wird in der Ölindustrie gewöhnlich in Millidarcy (mD) gemessen. Solche Messungen müssen an ungestörten Kernpoben oder noch besser in situ durchgeführt werden, da insbesondere die Kornlagerung gering verfestigter Gesteine leicht gestört werden kann. Porosität und Permeabilität nehmen mit der Tiefe ab, da die zunehmende Auflast ein Zusammenpressen der Einzelkörner und damit eine Verringerung des Porenraumes bewirkt. Dazu kommt naturgemäß der Einfluß verschiedenartiger, diagenetisch gebildeter Porenzemente. Die Porosität der meisten Erdölspeichergesteine liegt zwischen 10 und 40 %, die Permeabilität von wenigen Zehnern zu einigen Tausend Millidarcy. Für gewinnbare Gaslagerstätten wird eine minimale Porosität von 7 % und eine Permeabilität über 0,1 mD gefordert.

Die wichtigsten Speichergesteine sind Sande und Sandsteine, daneben auch Kalke und Dolomite. In Einzelfällen hat man Öl und Gas auch in klüftigen oder porösen magmatischen und metamorphen Gesteinen gefunden, z. B. Öl in einem Gebiet mit mehreren stark zersetzten basischen Intrusionen in Texas (Abb. 228), in Graniten in Marokko (Zrar Inferieur und Bled Khatara) und in präkambrischen Gneisen westlich von den Shetland Inseln (Rona Ölfeld), Gas in Rotliegend-Vulkaniten in Niedersachsen und in miozänen vulkanogenen Brekzien und Laven der Green Tuff Region in Japan.

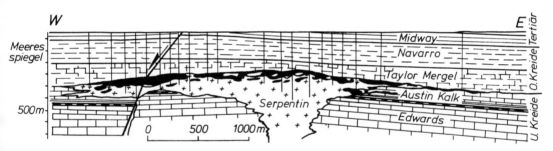

Abb. 228. Eine Öllagerstätte (Lytton Springs, Texas) in einem basischen Lakkolithen („Serpentin"; nach COLLINGWOOD & RETTGER).
Bemerkenswert ist ferner, daß mit diesem Öl kein freies Wasser verbunden war, vermutlich infolge einer Ölbildung aus karbonatischen Muttergesteinen.

Porosität und Permeabilität von Sanden hängen primär von Korngröße und Korngrößenverteilung ab, daneben auch von der Kornform und von der Raumverteilung der Körner. Gut sortierte Sande (z. B. äolische Sande) haben eine höhere Porosität, da andernfalls die kleinen Körner Zwischenräume zwischen den größeren füllen. Die Permeabilität wird von der Größe der Verbindungen zwischen den Poren und von der inneren Oberfläche des Porenraumes beeinflußt.

Bei Sandsteinen ist durch kieseliges, karbonatisches, sulfatisches oder toniges Bindemittel ein Teil oder der ganze Porenraum gefüllt. Bei zu geringer Porosität ist eine Lagerstättenbildung nicht möglich, die Kohlenwasserstoffführung ist zu gering. Falls aber bei ungenügender Permeabilität genügend hohe Porosität vorliegt und die Poren mit Öl oder Gas gefüllt sind, werden technische Maßnahmen ergriffen (Säurebehandlung, hydraulic frac u.a.; s. unten), welche eine Förderung erlauben. Ein Beispiel für solche Probleme mit Porenfüllungen ist der Illitzement der gasführenden, äolischen Rotliegendsande in Norddeutschland, welcher die Gewinnung bereichsweise stark beeinträchtigt.

Von den Karbonatgesteinen sind es insbesondere die Riffkalke und -dolomite, welche infolge ihres primären und sekundären Hohlraumreichtums besonders günstige Speicher darstellen. Der zellige Asmarikalk des südlichen Iran, die Permriffe in Westtexas oder die Oberdevonriffe im westlichen Kanada sind wichtige Beispiele. Im Wealden des Emslandes sind Lumachellenbänke ölführend. Reine, massige Karbonate sind nur dann gute Speicher, wenn sie eine bedeutende Klüftung aufweisen (z. B. Kreide im Ekofisk-Feld, Nordsee). Im Wiener Becken sind Dolomithügel und Dolomitschutt der unter dem Tertiär begrabenen Kalkalpen wichtige Speichergesteine. Verschiedene diagenetische Prozesse in Karbonaten können zu bedeutender sekundärer Porosität Anlaß geben, z. B. Dolomitisierung oder Lösung von früh gebildeten Zementen. Die Auslösung aragonitischer Ooide aus dichtem Oolithkalk des Malm bei Braunschweig hat diesen zu einem guten Speicher gemacht.

Literatur:

BARWIS, J. H., MCPHERSON, J. G. & STUDLICK, J. R. J. (Eds.), 1990, Sandstone petroleum reservoirs. 450 pp, Springer.
BJOERLYKKE, K., 1989, Sedimentology and petroleum geology. 363 pp, Springer.
MORGAN, D. J. (Ed.), 1989, Clay diagenesis in hydrocarbon reservoirs and shales. Clay Minerals 24, 458 pp.
MOORE, C. H., 1989, Carbonate diagenesis and porosity. 340 pp, Elsevier.
TILLMAN, R. W. & WEBER, K. J. (Eds.). 1987, Reservoir sedimentology. SEPM Spec. Publ. 40, 365 pp.

Erdöl- und Erdgasfallen

Speichergesteine erlauben die Migration der Kohlenwasserstoffe durch Auftrieb oder durch hydrodynamische Kräfte; um die Migration aufzuhalten und so eine Konzentration zu ermöglichen, muß der Speicher in Transportrichtung durch gering permeable Gesteine abgeschlossen sein. Diese gewöhnlich nach oben geschlossenen Formen, in welchen migrierende Kohlenwasserstoffe akkumulieren können, nennt man *Erdölfallen* oder *Erdölstrukturen,* wobei hier letzterem Wort nicht unbedingt eine tektonische Bedeutung zukommt. Die häufigste Darstellung solcher Fallen erfolgt in Form von Höhenlinienkarten der Hangendgrenze der Speicherhorizonte („Strukturkarten"; Abb. 229).

Nachdem in der Frühzeit der Erdölexploration fast ausschließlich Antiklinalen als Fallen erkannt und aufgesucht worden waren, wurde mittlerweile eine große Vielfalt möglicher Fallen bekannt. Allgemein unterteilen kann man Kohlenwasserstoffallen in solche, die überwiegend durch sedimentäre Besonderheiten entstanden sind (*stratigraphische Fallen*), und andere, die durch spätere Deformation der Gesteine bedingt sind (*tektonische Fallen*). Daneben gibt es aber viele Strukturen, die gemischten Typs sind (*kombinierte Fallen*), oder aber keiner der genannten Hauptgruppen ohne weiteres zugeordnet werden können. Im Folgenden werden einige der wichtigsten Typen von Erdölfallen beschrieben.

Stratigraphische Kohlenwasserstoff-Fallen sind im Grunde durch laterale und vertikale Permeabilitätsänderungen bedingt. Charakteristische Beispiele sind etwa Riffe, welche innerhalb feinkörniger mariner Sedimente auftreten, oder Sandlinsen in Peliten, Sande mit lateral zunehmendem Tongehalt, sowie Winkeldiskordanzen, welche Speichergesteine gegen das Einfallen abschneiden.

Längliche *Sandlinsen* („shoestrings") in pelitischer Umgebung sind oft die Füllung ehemaliger Flußläufe und Kanäle in Wattmeeren bzw. in Flußdeltas, oder sie sind fossile Sandnehrungen bzw. Dünengürtel, welche parallel zur ehemaligen Küste liegen. Eine genaue Untersuchung des Sedimentinhaltes, der Morphologie und der paläogeographischen Situation der Sandkörper ermöglicht die für Exploration und Ausbeutung gleichermaßen wichtige Unterscheidung dieser Möglichkeiten.

Das Maikop-Feld in der UdSSR produzierte aus Sand und Konglomerat einer tertiären Flußfüllung; die Mäander des Kanals wurden über mehr als 8 km verfolgt (Abb. 230). Die oberste Sandlinse unmittelbar unter dichten marinen Tonen war der reichste Speicher, welcher große Mengen

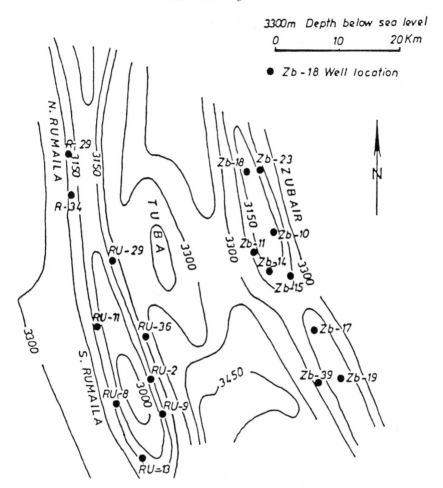

Abb. 229. Isolinien der Hangendgrenze des unterkretazischen Ölhorizontes „Upper Sandstone Member" in den Ölfeldern Zubair und Rumaila/Iraq als Beispiel für eine Strukturkarte (Iraqi National Oil Company).
Deutlich erkennbar sind die nordnordwestlich streichenden Antiklinalen; die Produktionsbohrungen in den Hochzonen lassen die Verbreitung der Ölführung erkennen.

Öl aus einer Tiefe von weniger als 100 m erbrachte. In der alten Küste vorgelagerten Sandbarren hingegen lagen reiche Ölfelder in Kansas/USA (Abb. 231).

Ein fossiler Dünengürtel, der am südlichen Rande eines großen Playasees und einem großen, überwiegend festländischen Riftsystem im Süden vorgelagert liegt, ist der wichtigste Gasspeicher im Rotliegenden Norddeutschlands und Hollands (GAST 1988; Abb. 232).

In geneigten Sandhorizonten können sich Öl oder Gas dann anreichern, wenn diese durch synsedimentären Fazieswechsel gegen die Einfallsrichtung vertonen, oder durch Zunahme einer kalkigen bzw. kieseligen Matrix geringere Porosität und Permeabilität aufweisen. Die letztere Gruppe von Akkumulationsmöglichkeiten leitet zu den *diagenetischen Kohlenwasserstoffallen* über. Durch den thermischen „Kamineffekt" von Salzstöcken sind solche Bedingungen nicht selten in den Gaslagerstätten Norddeutschlands verwirklicht, wo Rotliegendsande solchen lateralen Diageneseunterschieden unterliegen.

Diskordanzen können in doppelter Weise Fallen verursachen: Unter der Diskordanzfläche, wenn Speicher gegen impermeable Gesteine ausstreichen und so abgedichtet sind, und darüber, wenn Sande in transgressiver Lagerung an einer alten Küstenlinie auskeilen (Abb. 233).

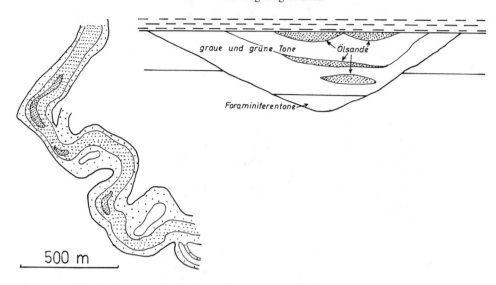

Abb. 230. Karte und Profil eines begrabenen Flußlaufes im Tertiär des Ölbezirkes von Maikop/UdSSR, dessen Sande reiche Öllager enthielten (nach MAXIMOV).

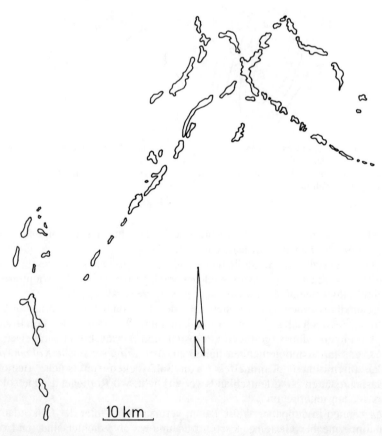

Abb. 231. Ölfelder in Kansas/USA liegen in Sandbarren, die einer fossilen Küste vorgelagert sind.

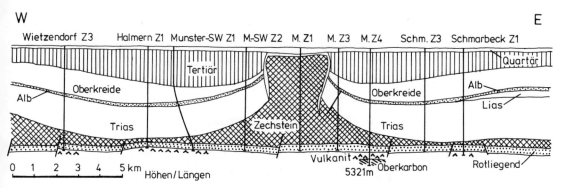

Abb. 232. Das Gasfeld Dethlingen bei Munster/Niedersachsen (nach Werksunterlagen der MOBIL OIL 1982). Gasführend sind Dünensande („Hauptsandstein") des Rotliegenden.

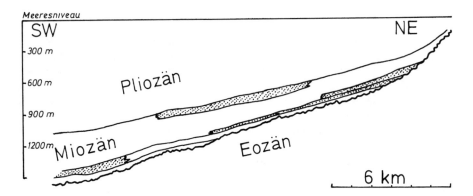

Abb. 233. Schnitt durch das Lagunillas Ölfeld am Maracaibosee, Venezuela, wo miozäne Sande über einer eozänen Diskordanz auskeilen und so Ölfallen bilden (SUTTON 1946).

Eingelagerte *Riffe* sind infolge der hohen primären und oft auch sekundären Porosität (durch Dolomitisierung, Klüftung) besonders effektive Fallen. Wichtige, an Riffe gebundene Ölfelder gibt es unter anderem im Mittleren Osten, in Libyen, in den USA, in Kanada und in Mexiko. So wurde aus einem etwa 10 km langen und 1 km breiten, mittelkretazischen Saumriff im südlichen Mexiko über eine Milliarde Faß Öl gewonnen. Die Lagerstätten lagen im höchsten Teil des Riffes, welches meerwärts (nach Westen) einen steilen Hang zeigt, während nach Osten ein flacher Übergang in die lagunäre Fazies vorliegt (Abb. 234).

Interessant ist der Zusammenhang zwischen Riffwachstum, untermeerischen Austrittstellen von hydrothermalen Fluiden und Kohlenwasserstofflagerstätten (HOVLAND 1990). Rezente untermeerische Beobachtungen ergaben nämlich, daß Austritte von Fluiden mit SO_4, CH_4 und CO_2 sowie nicht selten auch mit höheren Kohlenwasserstoffen diagenetischer Herkunft in Sedimentbecken sehr häufig sind. Solche Fluide bewirken den Aufbau organismenreicher Hügel, die schließlich Riffe werden können. Soferne die Zufuhr der Beckenfluide die Überdeckung solcher Riffe mit impermeablen Sedimenten überdauert, ist die nahezu syn-sedimentäre Bildung einer Kohlenwasserstofflagerstätte möglich.

Selbstversiegelung durch Bildung eines Asphalthutes am Ausbiß von Ölsanden an der Erdoberfläche wurde in Einzelfällen beschrieben (Midway/Kalifornien, Argentinien).

Tektonische Fallen. Viele der großen Kohlenwasserstofflagerstätten der Erde liegen in antiklinalen

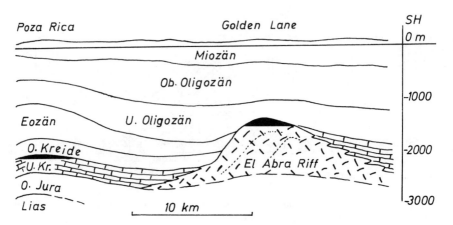

Abb. 234. Die Öllagerstätten von Golden Lane in Mexiko liegen in einem mächtigen Kalkriff kretazischen Alters (nach ROCKWELL & ROJAS).

Strukturen, flachen Aufwölbungen oder Beulen. Diese können durch Faltung oder Schleppung an Aufschiebungen entstanden sein, und sind dann eigentliche tektonische Fallen. Sehr selten gibt es auch Öllagerstätten in synklinaler Position, vor allem in wasserfreien Speichergesteinen (KREJCI-GRAF 1983; z. B. San Juan Feld/Utah und in West Virginia/USA). Aufwölbungen von Speicherhorizonten können jedoch auch auf begrabene Hügel einer alten Erosionsfläche zurückzuführen sein, oder auf tiefere lakkolithische Intrusionen, oder auf Salzbeulen und Salzstöcke.

Kohlenwasserstoffhöffige Hochzonen können oft an der Lagerung der Gesteine durch geologisches Kartieren erkannt werden. In einzelnen Fällen handelt es sich sogar um morphologische Hochzonen, wie die ersten im arabischen Golf aufgefundenen Ölfelder zeigen: Die Insel Bahrain ist ein solcher über Wasser aufragender Antiklinalrücken. Heute aber hat man fast ausschließlich mit solchen Strukturen zu tun, die aus der Oberflächengeologie nicht ohne weiteres erschlossen werden können. Dies kann durch Bedeckung mit nicht oder anders deformierten Sedimenten eines jüngeren Zyklus bedingt sein, oder durch disharmonische Faltung (Abb. 235), oder durch Überschiebungen (Abb. 236).

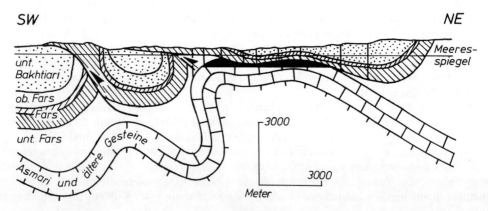

Abb. 235. Die disharmonische Verformung der tertiären Sedimente im Masjid-i-Sulaiman Ölfeld im Iran (nach LEES). Der oligozän-miozäne Asmarikalk als Speicherhorizont unterlag einer Biegefaltung, während die überlagernden evaporitisch-tonigen miozänen bis pleistozänen Hangendschichten extrem inkompetent deformiert wurden. Über eine Mrd. Faß Öl wurde aus dieser Struktur produziert.

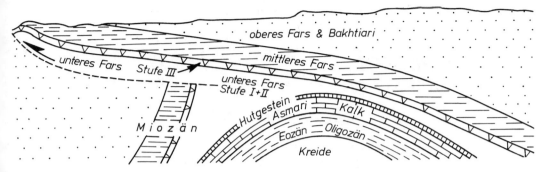

Abb. 236. Die Überschiebung von Agha Jari im Iran ließ ein Erkennen der tieferliegenden Struktur durch Oberflächenkartierung nicht zu (LANE 1949).
Die Struktur enthielt eine der größten Öllagerstätten der Erde.

Das mit über 70 Mrd. Barrels gewinnbarem Inhalt größte Ölfeld der Erde, Ghawar in Saudi Arabien, liegt in einer flachen Antiklinale, die eine Länge von 250 km und eine Fläche von 2300 km² erreicht. Auch das große Gasfeld von Groningen/Holland in äolischen und fluviatilen Rotliegend-Sanden liegt in einer antiklinalen Struktur.

Störungen schaffen Wegsamkeiten, durch welche Kohlenwasserstoffe an die Erdoberfläche gelangen und so in der Regel einer Nutzung verloren gehen. Wenn aber Speichergesteine durch Störungen gekappt und gegen das Einfallen in Kontakt zu impermeablen Gesteinen gebracht sind, können sie bedeutende Öl- und Gaslagerstätten enthalten. Gelegentlich kann die Abdichtung auch durch Störungsletten bewirkt sein. In jedem Fall muß natürlich im Hangenden ein dichtes Gestein vorliegen, und das Reservoir muß im Streichen durch Wellung, Faltung oder Querstörungen geschlossen sein.

Viele der Öl- und Gasfelder der ostalpinen Molassezone und des Inneralpinen Wiener Beckens sind an Störungen gebunden (Abb. 237, 238 und 239). Die Aufsuchung solcher Lagerstätten ist sehr

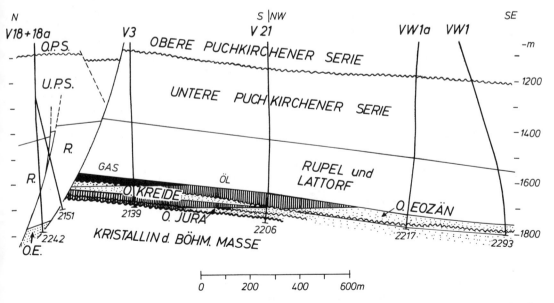

Abb. 237. Die Öllagerstätte Voitsdorf in der oberösterreichischen Molassezone ist an eine antithetische Störung gebunden (KOLLMANN).

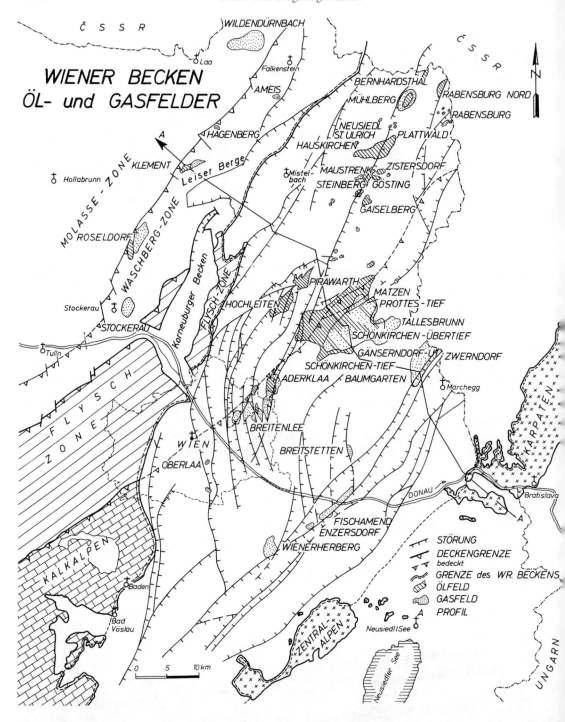

Abb. 238. Öl- und Gasfelder im Wiener Becken (nach KRÖLL & WESSELY 1978).
Das Becken weist eine neogene Sedimentfüllung auf; Gas und Öl sind mit komplexen Bruchstrukturen im Tertiär sowie mit Strukturen im vortertiären Untergrund verbunden. Muttergesteine gibt es sowohl im Neogen wie auch im kalkalpinen Untergrund; dieser enthält auch Kohlen, aus welchen ein Teil des Gases stammt.

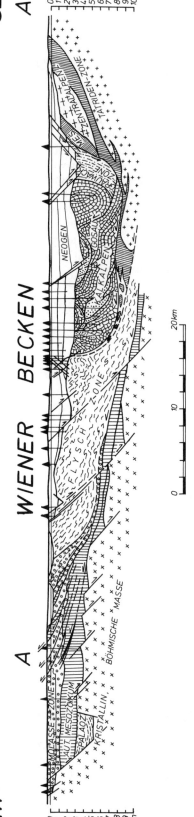

Abb. 239. Ein Profil durch den Raum des Wiener Beckens zeigt den komplizierten geologischen Bau des vortertiären Untergrundes, auf welchen zunehmend die Prospektion gerichtet ist (nach KRÖLL & WESSELY 1978).

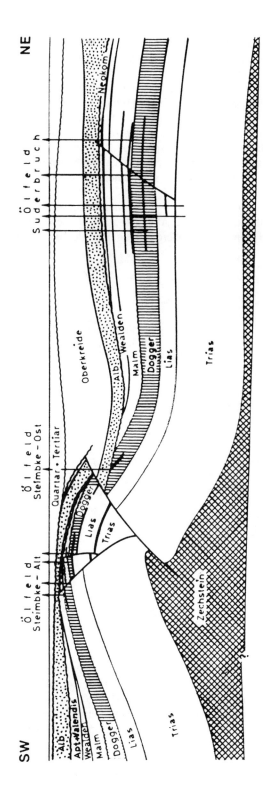

Abb. 241. Das Ölfeld Steimke bei Hannover als Beispiel für eine komplexe Inversionsstruktur in Verbindung mit einem Salzkissen; die Abdichtung beruht vor allem auf einer Diskordanz (Gewerkschaft BRIGITTA).

schwierig; im internationalen Vergleich sind nur wenige Prozent der bekannten Kohlenwasserstoffreserven an Störungen lokalisiert.

Kohlenwasserstoffallen an Salzstrukturen. Öllagerstätten über nicht penetrativen Salzbeulen leiten zu jenen über, welche an durchspießende Salzstöcke gebunden sind. Hier findet man Fallen verschiedenster Natur, welche häufig äußerst kompliziert sind. Ein bedeutender Anteil der Welt-Erdölproduktion stammt aus solchen Strukturen; besonders wichtige Vertreter gibt es im Bereich des arabischen Golfes, in den USA (Golf von Mexiko, Texas, Louisiana) und in Rumänien. Viele norddeutsche Ölfelder sind vergleichbar, wenn auch wirtschaftlich heute unbedeutend.

Öl und Gas können an Salzstöcken und -mauern in verschiedener Position auftreten: 1) im Hut, welcher gewöhnlich aus Anhydrit, Gips, Karbonat und Kollapsbrekzien besteht; gewöhnlich sind nur die letzteren gute Speicher; 2) in den aufgewölbten Hangendschichten über dem Salz; 3) in den aufwärts geschleppten oder am Salz abstoßenden Nebengesteinen, wobei das Salz eine äußerst effektive Abdichtung darstellt. Dieser letzte Typ von salzstockgebundenen Lagerstätten ist besonders schwierig aufzufinden.

Einer der reichsten Funde einer Öllagerstätte im Dolomithut eines Salzstockes gelang 1901 bei Spindletop/Texas. Die Abb. 240 zeigt ein schematisches Profil, in dem auch die erst 25 Jahre später entdeckten, noch größeren Öllager an der Flanke des Stockes dargestellt sind.

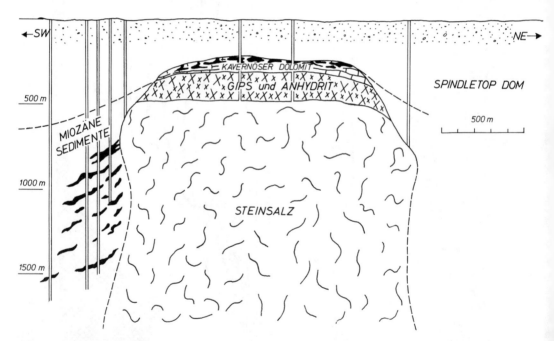

Abb. 240. Der Salzstock von Spindletop mit reichen Öllagern im karbonatischen Hut und in miozänen Sanden an der Flanke (nach LANDES 1959).

In Norddeutschland sind viele solcher Salzstrukturen durch einengende tektonische Überprägung (Inversion), welche vermutlich mit der oberkretazischen Kollision in den Alpen zusammenhängt, besonders kompliziert (Abb. 241).

Hydrodynamische Fallen sind durch strömendes Tiefengrundwasser bedingt; charakteristisch ist für sie eine geneigte Öl-/Wasser-Grenzfläche. Früher wurden solche geneigte Grenzflächen als Zeugen rezenter Tektonik gedeutet, welcher die sekundäre Migration von Öl und Wasser nicht schnell genug folgen habe können. Dieser Fall dürfte aber äußerst selten sein; eine dritte Erklärung führt diese Beobachtung auf unterschiedliche Kapillareigenschaften des Speichergesteines zurück. Meist aber sind geneigte Grenzflächen durch geneigte piezometrische Flächen bedingt (die piezometrische Fläche entspricht jenen Höhen, zu welchen das Wasser frei ansteigen würde, wenn die wasserführende Schicht angebohrt wird). Auch solche Fallen benötigen aber eine laterale bzw. hangende Abdichtung.

Literatur:

AKRAMKHODZHAEV, A. M. et al., 1989, Geology and exploration of oil- and gas-bearing ancient deltas. 207 pp, Balkema.
BEAUMONT, E. A. & FOSTER, N. H. (Eds.), 1990, Structural traps I: tectonic fold traps – Treatise of petroleum geology – Atlas of oil and gas fields. 232 pp, AAPG.
BULLER, A. T. (Ed.), 1990, North Sea oil and gas reservoirs II. 464 pp, Graham & Trotham.
GAST, R. E., 1988, Rifting im Rotliegenden Niedersachsens. Geowissenschaften in uns. Zeit 6/4, 115-122.
HOVLAND, M., 1990, Do carbonate reefs form due to fluid seepage? Terra Nova 2, 8-18.
KLEIN, G. de V., 1985, Sandstone depositional models for exploration for fossil fuels. 3rd. Ed., IHRDC, Boston.
KREJCI-GRAF, K., 1983, Synklinale Erdöllagerstätten. Erdöl und Kohle 36, 513-514.
MAGARA, K., 1986, Geological models of petroleum entrapment. 340 pp, Elsevier.
MANDL, G., 1988, Mechanics of tectonic faulting. 407 pp, Elsevier.
MEINHOLD, R., 1971, Hydrodynamic control of oil and gas accumulation and hydrogeological distribution patterns. 8th World Petrol. Congr. 2, 55-66, Applied Science Publishers.
MORRIS, R. J., 1981, Middle East: stratigraphic evolution and oil habitat. Geol. en Mijnbouw 60, 467-486.
WHATELEY, M. K. G. & PICKERING, K. T., 1989, Deltas: Sites and traps for fossil fuels. 376 pp, Blackwell, Oxford.

Lagerstättenwässer

In kohlenwasserstoffführenden Sedimentbecken werden natürlich nur sehr geringe Anteile der potentiellen Speicher von Öl und Gas eingenommen. Der weit überwiegende Teil der fluiden Füllung ist Wasser (Formationswasser). Dieses kann statisch in Klüften und Poren vorkommen; ist es in Bewegung, nennt man es auch Tiefengrundwasser.

Die Untersuchung des *Druckzustandes* der Formationswässer ist für das Verständnis eines Lagerstättenfeldes bzw. des gesamten Beckens unbedingte Voraussetzung. Meist stellt man fest, daß ein oberer Bereich freibeweglicher und miteinander kommunizierender Wässer, die unter hydrostatischem Druck stehen, nach unten durch einen Bereich mit individuellen, geschlossenen Überdruckreservoirs abgelöst wird (POWLEY 1990). Überdruck bedeutet hier, daß die Wässer unter höherem Druck stehen, als den hydrostatischen Bedingungen entspräche. Man kann dies u. a. dadurch erklären, daß ein Teil oder der ganze lithostatische Druck auf die Porenfluide einwirkt. Natürlich kann Überdruck nur dann bestehen, wenn das betreffende Reservoir durch impermeable Gesteine, in der Regel sind das Tone, abgedichtet ist.

Jene Wässer, die in räumlichem Zusammenhang mit Kohlenwasserstoffen auftreten, heißen Lagerstättenwässer. Man spricht von Rand- und Bodenwasser, wenn es das Öl oder Gas lateral einschließt und unterlagert. Hangend-, Zwischen- und Liegendwasser befindet sich über, zwischen oder unter produktiven Horizonten. Deren eigentlicher Inhalt umfaßt neben Gas und Öl auch immer Wasser, das infolge der Kapillarkräfte, der wechselnden petrographischen Charakteristik der Speichergesteine und unterschiedlicher gelöster Salzmengen einen mehr oder weniger großen Anteil des Porenraumes einnimmt.

Das Wasser in Sedimenten kann entweder bei der Ablagerung okkludiert worden sein (connate water), oder es ist aus anderen Teilen der Schichtfolge zugewandert, oder es stammt von absinkendem Oberflächenwasser (meteoric water) bzw. oberflächennahem Grundwasser ab. Auch die Bildung und Umbildung der Kerogene erzeugt Wasser. Aus diesen Gründen ist die Zusammensetzung von

Formations- und Lagerstättenwässern sehr variabel. Die ursprüngliche Herkunft des Wassers kann in manchen Fällen durch isotopengeochemische Methoden (H, O, Sr u. a. Systeme) erkannt werden.

In den Sedimentbecken verändert sich die ursprüngliche chemische Charakteristik der verschiedenen Wässer durch vielfältige Reaktionen mit den durchflossenen Gesteinen, wobei sowohl die Wässer wie auch die Gesteine einer Veränderung (Diagenese) unterliegen. Einige Aspekte dieser Prozesse haben wir bereits früher besprochen und auch auf den Zusammenhang zwischen Formationswässern bzw. Erdölwässern und Lagerstättenbildung hingewiesen (s. Diagenetische Lagerstättenbildung).

Die *chemische Zusammensetzung* von Formations- und Lagerstättenwässern *in situ* ist schwierig festzustellen; beprobt werden nämlich in der Regel nur Wässer, die aus dem Bohrloch gefördert wurden. Diese können aber durch verschiedene Faktoren verändert sein, z. B. Verunreinigung durch Bohrfluide, Zement oder Säuren, aber auch durch bohrlochinduzierte Veränderungen im Speicher während der Produktion. Deshalb werden chemische Analysen oft als Verhältniszahlen ausgewertet, z. B. Na/Ca bzw. Na/Cl.

Charakteristisch für Lagerstättenwässer ist fast immer ein hoher NaCl-Gehalt, welcher gegen die Tiefe oft zunimmt. Der Salzgehalt kann aber von weniger als 1000 mg/l (das ist praktisch Süßwasser) bis zu gesättigten Laugen schwanken. Neben Na^+ sind die wichtigsten Kationen der Lagerstättenwässer K^+, Ca^{2+}, Mg^{2+}, Fe^{2+} und NH_4^{2+}; die wichtigsten Anionen sind Cl^-, I^-, Br^-, HCO_3^- und SO_4^{2-} in abnehmender Bedeutung. Immer sind auch Spuren von Ba, Sr, B und V vorhanden. Gegenüber dem Meerwasser, das wohl ursprünglich den Großteil der vorwiegend marinen Sedimente sättigte, sind meist NaCl, Ca, N, Sr, Br und I angereichert, Mg und Sulfat aber verarmt. Sulfat wird offenbar reduziert, während das Mg durch Dolomitisierung oder Bildung von Mg-Tonen verbraucht wird; diese Reaktion setzt gleichzeitig Ca und Sr frei.

Der Chemismus der Lagerstättenwässer ist oft horizontweise verschieden, so daß Wasseranalysen gelegentlich zur Korrelation mitverwendet werden. Sie erlauben deshalb auch Aussagen über die Herkunft migrierender Wässer, was während der Förderung von großer Bedeutung sein kann. Von der Oberfläche absinkende Wässer, welche an der Untergrenze von Öllagern vorbeifließen, können auch noch in großer Tiefe *bakteriogene Degradation* des Öles bewirken (CONNAN & RESTLE 1984). Schließlich ist eine exakte Interpretation geophysikalischer Bohrlochmessungen besser möglich, wenn Analysen der Porenwässer vorliegen. Auf Grund dieser vielfältigen Fragen werden Formationswässer regelmäßig beprobt und analysiert, und die Ergebnisse werden in Lagerstätten-Datenbanken gespeichert.

Literatur:

COLLINS, A. G., 1975, Geochemistry of oil field waters. Elsevier.
CONNAN, J. & RESTLE, A., 1984, La biodégradation des hydrocarbures dans les réservoirs. Bull. Centres Rech. Elf-Aquitaine 8, 291-302.
KREJCI-GRAF, K., 1978, Data on the geochemistry of oil field waters. Geol. Jb. D25, 3-174.
POWLEY, D. E., 1990, Pressures and hydrogeology in petroleum basins. Earth-Sci. Rev. 29, 215-226.

Tektonische Position von Kohlenwasserstoffprovinzen

Kohlenwasserstofflagerstätten können in allen Sedimentationsräumen der Erde auftreten, soferne der Schichtstapel Muttergesteine einschließt und eine genügende Gesamtmächtigkeit sowie geeignete Fallenstrukturen aufweist. In folgenden großtektonischen Regionen können solche Bedingungen erwartet werden:
– In epikontinentalen Plattformsedimenten (z.T. Saudi-Arabien, Nordafrika, Norddeutschland).
– In Vortiefen von Orogenen (nördlich des Kaukasus, im Iran südlich der Zagros-Ketten, Karpathenvorland, Molassezone).
– In kontinentalen Großgräben mit mächtiger Sedimentfüllung, also in Rifts und Aulacogenen (Nigeria, Golf von Suez, Rheintalgraben, Nordsee, Sudan).

- In intramontanen Becken von Orogenen, oft an großen Scherzonen als „pull-apart-basins" ausgebildet (Südkalifornien, Wiener Becken).
- An passiven Kontinentalrändern, also wo Ozeane aus Großgräben entstanden sind (NW-Australien, W-Afrika).
- In Meeresbecken zwischen Inselbögen und Kontinenten (back arc basins; Gelbes Meer, Ochotskische See).

Die beiden erstgenannten Fälle können in manchen Fällen genetisch zusammenhängen, indem unter einem vorrückenden orogenen Deckenstapel diagenetische und metamorphogene Fluide entstehen und gegen das Vorland strömen. Mit diesen *tektonischen Fluiden* (tectonic brines) können Öl, Gas und mineralische Lösungsfracht weit in die dem Orogen vorgelagerten Plattformbereiche verfrachtet werden (OLIVER 1986; Abb. 242).

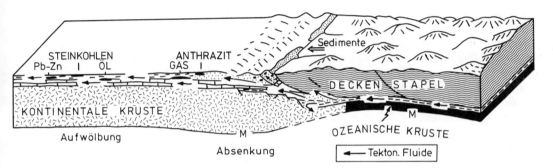

Abb. 242 Modell der Bildung und Austreibung tektonischer Fluide unter dem vorrückenden Deckenstapel eines Orogens, hier am Beispiel der Appalachen dargestellt (OLIVER 1986).

Naturgemäß liegen Öl- und Gaslagerstätten gewöhnlich in geologisch relativ jungen Gesteinen, weil ihre Konservierung über geologisch lange Zeiträume unwahrscheinlich ist. Zerstört werden sie sowohl durch Hebung, Bruchbildung und Erosion von Sedimenten, wie auch durch Absenkung, Deformation und Metamorphose. Zeugen metamorpher Kohlenwasserstofflagerstätten mögen manche Graphitlager sein (s. dort). Geologisch sehr alte Kohlenwasserstoffvorkommen sind deshalb selten und besonders interessant. Beispiele gibt es bei White Pine/Michigan (Ölspuren in 1000 Ma alten Sedimenten des Keweenanwan Rift) und im McArthur Becken/N. T./Australien (ca. 1400 Ma). Im Oman, in China und in der UdSSR wird Öl aus jung-proterozoischen Gesteinen gefördert (JACKSON et al. 1986).

Literatur:

BACHMAYER, F., BRIX, F. & SCHULTZ, O. (Eds.), 1980, Erdöl und Erdgas in Österreich. 312 pp, Naturhistor. Mus. Wien.

BEYDOUN, Z. R., 1988, The Middle East: Regional geology and petroleum resources. 292 pp, Scientific Press.

BOIGK, H., 1981, Erdöl und Erdölgas in der Bundesrepublik Deutschland. 330 pp, Enke.

BROOKS, J. (Ed.), 1990, Classic petroleum provinces. 570 pp, Geol. Soc. London.

GLENNIE, K. W. (Ed.), 1986, Introduction to the petroleum geology of the North Sea. 2nd Ed., 278 pp, Blackwell.

JACKSON, M. J., POWELL, T. G., SUMMONS, R. E. & SWEET, I. P., 1986, Hydrocarbon shows and petroleum source rocks in sediments as old as 1.7×10^9 years. Nature 322, 727-729.

OLIVER, J., 1986, Fluids expelled tectonically from orogenic belts: Their role in hydrocarbon migration and other geologic phenomena. Geology 14, 99-102.

SITTLER, C., 1985, Les hydrocarbures d'Alsace dans le contexte historique et géodynamique du Fossé Rhénan. Bull. Elf Aquitaine 9/2, 335-371.

SPENCER, A. M. (Ed.), 1990, Generation, accumulation, and production of Europe's hydrocarbons. 620 pp, Clarendon Press.

IV. Das Aufsuchen von Kohlenwasserstofflagerstätten

Eine möglichst umfassende Kenntnis der geologischen Entwicklung des für eine Prospektion vorgesehenen Gebietes ist die unumgängliche Grundlage jeder Aufsuchungstätigkeit. Selbst „das beste Anzeichen für Öl", nämlich Kohlenwasserstoffaustritte an der Erdoberfläche, kann ohne Verständnis der geologischen Verhältnisse zu völlig falschen Schlüssen Anlaß geben. Andererseits ist es heute wohl nirgends auf unserer Welt zu erwarten, daß ausschließlich aufgrund geologischer Methoden neue Öllagerstätten aufgefunden werden. Insbesondere die geophysikalische Erkundung des Untergrundes ist zu einem unentbehrlichen Prospektionsmittel der Erdölindustrie geworden. Aber auch viele andere wissenschaftliche und technische Arbeitsmethoden werden systematisch eingesetzt, unter anderem die Sedimentpetrologie, die Paläontologie, die Informatik und die organische Chemie. So ist die Aufsuchung von Kohlenwasserstoffen wohl noch mehr als jene von Erzlagerstätten zu einer Teamarbeit geworden. Da aber das Objekt all dieser Arbeiten geologische Körper sind, muß die geologische Synthese als übergeordnetes Ziel verstanden werden.

Die geologischen Voraussetzungen zur Bildung von Kohlenwasserstoff-Lagerstätten sind im wesentlichen bekannt, so daß sich die Auswahl und Erstuntersuchung neuer Prospektionsgebiete auf gut definierte Kriterien stützen kann. Dazu zählen insbesondere:
– Becken mit einer über 2000 m mächtigen Sedimentfüllung;
– die Präsenz potentieller Mutter- und Speichergesteine;
– ausreichende Maturität der organischen Substanz in den Muttergesteinen, und
– das Vorhandensein von Fallenstrukturen.

Kohlenwasserstoffgeneration, Migrationsmöglichkeiten und die Bildung von Fallen müssen aber auch zeitlich im richtigen Zusammenhang auftreten. Die Suche richtet sich deshalb auf Beckenbereiche, in denen dieses Zusammenwirken aller günstigen Faktoren (im Fachjargon „play" genannt) vermutet werden kann.

Die *geologischen Untersuchungen* in einem Prospektionsprogramm umfassen immer das gründliche Durcharbeiten früherer veröffentlichter und unveröffentlichter Literatur und vor allem die Erstellung geeigneter geologischer Karten und Profile. Gewöhnlich werden dazu in einem frühen Stadium Fernerkundungsmethoden, insbesondere die Auswertung von Satellitenbildern und von Luftphotos eingesetzt (s. dort). Es werden noch vor jeder Geländetätigkeit „photogeologische Karten" hergestellt, die es ermöglichen, die teure und vor allem zeitraubende geologische Feldtätigkeit gezielt und damit effizient durchzuführen.

Die Methoden der geologischen Feldarbeit dürften dem Leser hinlänglich bekannt sein. Sie wird durch paläontologische, sedimentpetrographische und organisch-chemische Laboruntersuchungen eine essentielle Unterstützung erfahren müssen. Kohlenwasserstoffaustritte und andere Ölanzeichen, wie Schwefelwasserstoffquellen, Schlammvulkane, bituminöse Gesteine und Austritte von Ölfeldwasser (auch submarin: HOVLAND & JUDD 1988) müssen dokumentiert werden. Die chemische Untersuchung von Gas- und Ölspuren wird oft eine eindeutige Zuordnung ermöglichen, doch kann man schon im Feld unter UV-Licht (302-366 µm Wellenlänge) die gelblich bis bräunlich lumineszierenden Rohöle von den weißlich bis violett erscheinenden Ölraffinaten (also anthropogenen Verunreinigungen) trennen. Asphaltreiches Rohöl bildet an den Austritten Asphaltrückstände, paraffinbasisches Erdöl hingegen gelegentlich Erdwachs. Austretendes Gas fängt man unter Wasser in einer Flasche auf; die Unterscheidung zwischen biogenem Sumpfgas, Kohlengas und Erdölgas ist durch isotopen-geochemische Methoden möglich. Ölführende bzw. kerogenreiche Gesteine sind im Ausbiß oft weißlich verwittert, im frischen Bruch aber braun. Man kann durch Behandlung mit Chloroform oder mit heißem Wasser und nachfolgender Bestrahlung des mit Filterpapier abgeschobenen Häutchens unter UV-Licht Öl nachweisen.

In wenig erforschten, als höffig beurteilten Sedimentbecken wird man die Untersuchungen primär auf die Entdeckung von tektonischen Ölfallen ausrichten. Stratigraphische, diagenetische, hydrodynamische und kombinierte Ölfallen können in diesem Stadium noch kaum erkannt und lokalisiert werden. Erst mit zunehmend genauer Kenntnis der Entwicklung eines Beckens durch Bohrungen ist es möglich, solche Fallen mit Aussicht auf Erfolg zu suchen.

Die Ersterforschung eines höffigen Beckens wird gleichzeitig mit der geologischen Untersuchung auch die Erkundung mittels *geophysikalischer Methoden* umfassen (s. dort). Die wichtigste und überall eingesetzte Methode ist die relativ billige und effiziente Reflexionsseismik, wogegen Magnetik, Gravimetrie, Tellurik und Refraktionsseismik vorwiegend für erste regionale und gelegentliche Spezialuntersuchungen ergänzend verwendet werden.

Die *Reflexionsseismik* benützt künstliche, durch Sprengung oder Vibration erzeugte elastische Longitudinal-(Verdichtungs-)wellen, durch deren Reflexion an Schichtgrenzen des Untergrundes die Schichtlagerung bestimmt werden kann. Diese Grenzen sind in der Regel lithologischer Natur, wobei genügend große Unterschiede der Wellengeschwindigkeit (V_p) in den einzelnen Schichten vorhanden sein müssen. Diese Voraussetzung ist in Sedimentbecken gewöhnlich erfüllt. Die reflektierten Signale werden mit Hilfe von Geophonen gemessen. Seismische Messungen werden vorerst in Profilen quer zu Hauptstrukturen durchgeführt. Die Profile werden später durch Querlinien, eventuell auch im Polygonraster verbunden. So erhält man ein räumliches Bild des Untergrundes (*3D-Seismik*).

Durch digitale Verarbeitung der Aufzeichnungen werden Seismogramme hergestellt, aus welchen sich in einfacheren Fällen direkte Hinweise etwa auf tektonische KW-Fallen ergeben können. Das seismische Lokalisieren stratigraphischer Fallen erfordert eine enge Zusammenarbeit zwischen Geologen und Geophysikern. Von besonderer Bedeutung ist in diesem Fall die seismische Identifizierung, also die stratigraphische Zuordnung der Schichten im Untergrund. Mittels verfeinerter seismischer Verfahren erscheint es in manchen Fällen möglich, kohlenwasserstoffführende von tauben Speichern zu unterscheiden. Deshalb werden in Anbetracht der ungeheuren Kosten erfolgloser, sogenannter „trockener" Bohrungen in dieser Richtung große Anstrengungen unternommen.

Die *Refraktionsseismik* ist durch einen besonderen Verlauf der seismischen Wellen gekennzeichnet: Der seismische Impuls wird an einer Schichtgrenze zwischen einem Gestein niedriger V_p (oben) und einem anderen höherer V_p (unten) in die Schichtfläche abgelenkt, von wo aus er nach einer jeweils fallspezifischen Mindestentfernung wieder an die Erdoberfläche refraktiert wird. Die Refraktionsseismik wird vor allem zum Aufsuchen und Abtasten von Salzstöcken eingesetzt. Salz hat eine sehr hohe V_p von rund 5000 m/sec, wogegen typische Hüllgesteine niedrige Geschwindigkeiten um 2000 m/sec aufweisen.

Regionale *Magnetik* und *Gravimetrie* ermöglichen einen ersten großräumigen Überblick über ein erdölhöffiges Gebiet. Solche regionale Messungen werden meist vom Flugzeug aus mittels Protonen-Magnetometern durchgeführt. Änderungen des geomagnetischen Feldes über Sedimentbecken sind durch wechselnde magnetische Eigenschaften der verschiedenen Gesteine im älteren Untergrund und durch deren Tiefenlage bedingt. Sie werden in Isanomalenkarten durch Linien gleicher Abweichung vom Normalfeld dargestellt. Diese spiegeln die Struktur des Untergrundes wieder und können eine Einschätzung der Sedimentmächtigkeiten ermöglichen. Neubildung von Magnetit in Sedimenten durch die reduzierenden Kohlenwasserstoff-Fluide, ebenso auch Veränderungen durch Brände von kerogen- und kohlenwasserstoffreichen Gesteinen im Ausbißbereich ergeben ebenfalls verwertbare magnetische Anomalien (CISOWSKI & FULLER 1987).

Die regionalen Schwereunterschiede sind durch das Vorkommen verschieden dichter Gesteine im Untergrund bedingt. Die Messungen müssen topographischen u.a. Korrekturen unterworfen und auf Meeresniveau reduziert werden; die zur „Normalschwere" verbleibenden Differenzwerte sind die Bouguer-Anomalien, welche gewöhnlich in Isolinien-Karten (Isogrammen-K.) dargestellt werden. Die geologische Auswertung der gravimetrischen Daten ist oft sehr schwierig. In Fällen deutlicher Kontraste kann aber die Interpretation recht einfach sein: So war die Aufsuchung von Salzdomen mit der Eötvös'schen Drehwaage die erste in der Erdölprospektion verwendete geophysikalische Methode. Salzdome verursachen starke negative, begrabene Berge, Antiklinalen und Brüche jedoch sehr schwache, positive Bouguer-Anomalien.

Tellurische Ströme in der Lithosphäre werden auf Induktion durch Ionosphärenströme zurückgeführt. Sie pulsieren in Richtung und Stärke, und fließen im wesentlichen parallel zur Erdoberfläche.

Gemessen werden in der Praxis Spannungsänderungen zwischen Elektroden (Tellurik), oder das durch die Ströme bewirkte Magnetfeld (Magnetotellurik). Da die tellurischen Ströme sehr tief reichen, können bei günstigen Voraussetzungen Daten über den Tiefenbau und den Untergrund von Sedimentbecken erhalten werden.

Radiometrische Messungen mit der Radonsonde in seichten Bohrlöchern haben in einzelnen Fällen die Umgrenzung der Ölführung daduch erkennen lassen, daß über Reservoiren der Radongehalt der Bodenluft gegenüber der Umgebung deutlich niedriger ist. In Anbetracht der Zielgebiete der heutigen Kohlenwasserstoff-Prospektion, die vor allem auf untermeerischen Kontinentalschelfen und in großer Tiefe liegen, ist die Radiometrie nur sehr begrenzt einsetzbar.

Geochemische Methoden können direkt auf die Messung vor allem schwerer Kohlenwasserstoffe in der Bodenluft ausgerichtet sein. Russischen Forschern gelang der indirekte Nachweis von Öllagern bis 1000 m Tiefe durch das Kartieren Propan-oxydierender Bakterien im Boden (KARTSEV & MOGILEVSKY 1959). Dies beruht auf der vielfach nachgewiesenen Diffusion kleinster Kohlenwasserstoff-Mengen aus Reservoiren gegen die Oberfläche. Auch Helium ist als Pfadfinderelement brauchbar, da es in den meisten Kohlenwasserstoffen deutlich angereichert ist und von dort zur Oberfläche diffundiert (ORT & VAN DEN BOOM 1986). Ähnlich wie im Felde erkennbare Austritte von Erdöl oder Erdgas sind aber so gefundene Anomalien keineswegs verläßliche Anzeichen für wirtschaftliche Lagerstätten. Deshalb und auch wegen der im vorhergehenden Absatz genannten Beschränkung der Bodenluftmessungen werden diese nur selten eingesetzt. Ein beispielhafter Erfolg gelang jedoch vor kurzem im Stephens County, Texas, wo ausschließlich auf Grund dieser Methode ein turmförmiges Riff mit reicher Ölführung entdeckt wurde (SANDY 1989). Auch die Untersuchung der Eigenschaften und der Maturität des Kerogens in Gesteinen (s. Abschnitt II) kann als geochemische, aber indirekte Prospektionsmethode aufgefaßt werden.

Alle diese vorgenannten Untersuchungsmethoden kulminieren im Ansetzen einer ersten Bohrung („structure hole", „wildcat"). Diese wird vor allem zur Aufklärung der stratigraphischen und lithologischen Abfolge abgeteuft, erforscht aber nach Möglichkeit eine meist durch die Seismik indizierte potentielle Kohlenwasserstoffstruktur. Durch die Möglichkeit, im Bohrloch die seismischen Charakteristika der durchörterten Gesteine zu messen, dient eine solch erste Untersuchungsbohrung auch wesentlich der genaueren Auswertung der seismischen Daten.

Die geologische Bearbeitung von Untersuchungsbohrungen hat ebenso wie jene von Aufschluß- und Produktionsbohrungen äußerst sorgfältig zu sein: Die laufend anfallenden Spülproben müssen qualitativ und quantitativ untersucht und beschrieben werden, insbesondere im Hinblick auf Lithologie, Fossilinhalt und Kohlenwasserstoff-Spuren (WITTAKER 1985). Im Labor werden routinemäßig die in den Gesteinen enthaltenen Partikel organischer Substanz (DOM = „disseminated organic matter") abgetrennt und geochemisch sowie unter dem Reflexionsmikroskop untersucht. Das ermöglicht eine fundierte Beurteilung der Ölhöffigkeit eines Sedimentbeckens. Der Gehalt der Spülung an brennbaren Gasen, die Zusammensetzung der Spülung sowie der Bohrfortschritt werden durch Geräte kontinuierlich überwacht, aufgezeichnet und müssen geologisch gedeutet werden. Für die stratigraphische Einstufung kritischer Gesteine oder die Untersuchung ölverdächtiger Horizonte werden Kerne gezogen, nicht zuletzt, um im Labor weitere Bestimmungen, etwa der Korngrößenverteilung, der Porosität und Permeabilität kohlenwasserstoffführender potentieller Produktionshorizonte durchführen zu können.Nach Beendigung der Bohrung müssen alle Beobachtungen, Messungen und Spezialuntersuchungen ebenso wie die technischen Daten in einem Schichtenverzeichnis („log") übersichtlich aufgezeichnet werden. Dafür haben die Firmen Standardformulare bzw. entsprechende Computerprogramme entwickelt.

Geophysikalische Bohrlochmessungen haben sich nach frühen Versuchen der Brüder SCHLUMBERGER in den Jahren 1920-1930 rasch so bewährt, daß sie heute in allen Bohrungen der Ölindustrie eingesetzt werden, um
1. geologische Daten,
2. petrophysikalische Parameter, sowie
3. technische, für Bohrung und Produktion bedeutsame Daten zu gewinnen.

Sie dienen damit seit langem Korrelationszwecken, der Bestimmung und Lokalisierung einzelner Horizonte, der Festlegung des Öl/Wasserkontaktes, zunehmend aber auch der Analyse vieler Eigenschaften der Gesteine und des Inhaltes einer Lagerstätte. Man unterscheidet folgende häufiger angewandte Meßverfahren bzw. Gruppen von Meßverfahren: elektrische und radiometrische Methoden, Kaliber-, Abweichungs- und Temperaturmessungen. Aus der Vielzahl der heute angebotenen Verfahren sollen im Folgenden einige der wichtigeren herausgegriffen und kurz beschrieben werden.

Mit den *konventionellen Widerstandsmessungen* (ES) wird der scheinbare elektrische Widerstand der durchörterten Gesteine gemessen. Der wahre Widerstand hängt von mehreren Faktoren ab: Wassergehalt, Chemismus des Wassers, Gehalt an Kohle, Öl, Gas oder Sulfiden etc. Bei konventionellen Meßverfahren wird der wahre Widerstand durch die Spülflüssigkeit oder salzhaltige Formationswässer so stark verfälscht, so daß diese Methoden gewöhnlich nicht mehr verwendet werden.

Aussagekräftiger sind *gerichtete Widerstandsmessungen* (Laterolog u. ä. Bezeichnungen); hier wird das Stromfeld elektronisch so geregelt, daß seine Geometrie im Bereich der Meßsonden immer gleich bleibt. Da eine sehr enge horizontale Bündelung erfolgt, werden auch geringmächtige Schichten meßbar und eine hohe Eindringtiefe wird erzielt. Die Widerstandsmessungen dienen der Bestimmung von Schichtmächtigkeiten, der Korrelation mit anderen Bohrungen, sowie der Ermittlung des wahren Gesteinswiderstandes.

Das *Eigenpotential-(SP)Verfahren* beruht auf der Entstehung von elektromotorischen Kräften im Bohrloch, welche aus 1. der unterschiedlichen Ionenkonzentration in Spül- und Formationswasser, und 2. Fließvorgängen zwischen Spülung und Nebengestein resultieren. Die Messung wird gewöhnlich mit einer ins Bohrloch eingebrachten Meßelektrode kontinuierlich vorgenommen, wobei die Gegenelektrode stationär ist. Auch die Eigenpotentialkurve einer Bohrung kann unter anderem der Korrelation mit benachbarten Sondierungen dienen.

Leitfähigkeitsmessungen (Induktionsverfahren) werden dort angewendet, wo infolge nicht leitender Porenfüllung (Luft, Öl) die Widerstandsmethoden versagen. Es werden durch Induktion Wirbelströme in der Formation erzeugt, welche wiederum Empfängerspulen in der Sonde anregen. Die Stärke der Wirbelströme ist von der Leitfähigkeit der Gesteine abhängig. Die Aussage dieser Methode ist ähnlich jener der Widerstandsmessungen.

Schichtneigungsmessungen sind für die geologische Interpretation von Bohrungen von größter Bedeutung; die Orientierung durchbohrter Schichten kann zwar durch das Ziehen gerichteter Kerne punktweise bestimmt werden, eine kontinuierliche Aufnahme erlaubt jedoch nur die elektrische Sondierung. Es werden hiezu an der Sonde drei gegeneinander um 120° versetzte Mikro-Widerstandselektroden angebracht. Jede Elektrode mißt dann eine bestimmte einfallende Schicht an einer anderen Stelle des Bohrlochs. Die Stellung der Sonde in bezug auf die Nordrichtung wird gleichzeitig registriert. Die Meßdaten werden gewöhnlich mittels EDV ausgewertet.

Radiometrische Verfahren haben den Vorteil, unabhängig von der Spülung und z.T. sogar in verrohrten Bohrungen verwendbar zu sein. Es werden natürliche Gammastrahlen sowie induzierte Radioaktivität gemessen. Die natürliche Gammastrahlung der Gesteine hängt davon ab, wieviele und welche radioaktive Elemente sie enthalten. Die wichtigsten natürlichen Gammastrahler gehören den Zerfallsreihen von Uran und Thorium an, dazu kommt Kalium (K^{40}). Die Messungen ermöglichen somit eine gute lithologische Gliederung: Höhere Strahlung tritt bei Kalisalzen und bei tonigen Gesteinen auf (infolge des meist hohen K-Gehaltes), niedrigere bei Sanden, Salz, Anhydrit, Karbonaten und anderen tonarmen Gesteinen.

Bei der Dichtesondierung (Gamma-Gamma Log) wird im nichtverrohrten Bohrloch eine Gammastrahlen-emittierende Sonde benutzt; die Gammastrahlen werden durch die Elektronen des Gesteins abgebremst, so daß ein etwas entfernt angebrachtes Scintillometer nur den übrigen, nicht absorbierten Teil der Strahlung mißt. Da dieser der Dichte des Gesteines umgekehrt proportional ist, kann aus diesen Daten bei entsprechender Eichung die Dichte des Gesteines errechnet werden. Da Kohlen im Vergleich zu Nebengesteinen eine geringe Dichte haben, ist diese Methode auch vorzüglich zum Nachweis von Kohlenflözen geeignet. Aus der Dichte des porenfreien Gesteines (bekannt oder aus Tabellen abzulesen) und der aus den Meßdaten erhaltenen tatsächlichen Dichte läßt sich in der Folge das Porenvolumen bestimmen.

Für das Neutron-Neutron Log wird eine Neutronenquelle mit der Sonde ins Bohrloch abgesenkt.

Die ausgesandten schnellen Neutronen werden durch Zusammenstoß mit Atomen des Nebengesteines gebremst, wobei der größte Energieverlust bei Zusammenstoß mit Wasserstoff-Atomen eintritt. Die gebremsten Neutronen werden leicht von anderen Atomen (insbesondere H oder Cl) eingefangen, wobei eine momentane Strahlung entsteht, welche mittels eines Zählrohres gemessen wird. Gegen die meist energieärmere natürliche Strahlung ist dieses Gerät gepanzert.

Das Neutron-Neutron Log ergibt bei hohen Wasser- oder Ölgehalten niedrige Zählraten; bei hoher Porosität und geringem Wasserstoff- oder Chlorgehalt sind die Meßwerte hoch. In der Erdölindustrie wird diese Methode zur Bestimmung der Porosität herangezogen; allerdings täuscht Ton durch hohen Wassergehalt eine hohe Porosität vor.

Bei der *Kalibermessung* wird kontinuierlich der Bohrlochdurchmesser mittels einer mehrarmigen, gefederten Sonde gemessen und obertags im Meßwagen aufgezeichnet. Die solcherart ermittelte Morphologie der Bohrlochwand kann zur lithologischen Interpretation wichtige Beiträge liefern, ist aber vor allem für die Bohrlochtechnik von Bedeutung.

Die *Bohrlochabweichungsmessungen* sind nicht nur aus technischen Gründen wichtig. Da Bohrungen meist die Tendenz haben, sich gegen das Schichteinfallen zu wenden, können aus den Abweichungen auch tentative Rückschlüsse auf die Lagerung der durchbohrten Schichten gezogen werden. Die Messungen erfolgen punktweise in regelmäßigen Abständen, wobei der Neigungswinkel der Bohrlochachse und der zugehörige Azimuth angegeben werden. Diese Daten werden oft zusammen mit Schichtneigungsmessungen geliefert. Eine besondere Bedeutung gewinnen sie durch die zunehmende Verwendung gerichtet, ja sogar bis in die Horizontale abgelenkter Bohrungen.

Die *Temperaturmessungen* im Bohrloch können Daten über Anomalien liefern, wie etwa Gasaustrittsstellen, starke Wasserzutritte, Orte von Spülungsverlust etc. Außerdem werden sie zur genauen Bestimmung der Zementationsgrenzen hinter der Verrohrung eingesetzt, da das Abbinden des Zementes 18-12 Stunden nach dem Einpressen eine maximale Wärmeentwicklung bewirkt. Bei der Auswertung der Temperaturkurve ist zu beachten, daß die gemessenen Temeraturen nicht den wahren Formationstemperaturen gleich sind, da sich erfahrungsgemäß durch die Spülung ein bis zu 3 m weit reichender abgekühlter Mantel um das Bohrloch bildet.

Das *Soniclog* dient vor allem der Ermittlung der Porosität in Sanden und Sandsteinen, daneben wird es zur lithologischen Korrelation und für das frühe Erkennen von Hochdruckzonen herangezogen. Die Methode beruht auf der Messung der Schallgeschwindigkeit in Gesteinen. Dazu werden Ultraschallimpulse ins Gebirge übertragen, welche von Empfängern aufgenommen werden. Die Schallgeschwindigkeiten liegen in gering verfestigten Tonen um 1500 m/sec, und können etwa in Dolomiten Werte bis über 6000 m/sec erreichen.

Bedeutung erlangen neuerdings auch in der Kohlenwasserstoffindustrie *geomechanische Messungen* der Eigenschaften bzw. Spannungszustände durchbohrter Gesteine. Probleme der Bohrlochstabilität ebenso wie der kontrollierten Induktion künstlicher Porosität oder von Klüften (fracs) können damit besser gelöst werden.

Zunehmend werden heute sämtliche Daten eines Kohlenwasserstoff-höffigen Beckens im Rahmen einer *Beckenanalyse* integriert und zu einem quantitativen Entwicklungsmodell verarbeitet (KLEIN 1987, KLEINSPEHN & PAOLA 1988, LERCHE 1990). Dazu werden u.a. die Mengen an organischer Substanz und der Kerogentyp in den Muttergesteinen, der zeitliche Ablauf von Bedeckung, Kompaktion und Erwärmung, sowie schließlich Deformationsgeschichte und Fluidmigration herangezogen. Damit sind Aussagen über Zeit, Art und Mengen der produzierten Kohlenwasserstoffe im Verhältnis zu den bekannten Lagerstätten möglich (z. B. WEI et al. 1990). In der Folge können Suchmodelle zur Auffindung der „fehlenden" Mengen entwickelt werden. Vor allem in den „alten" Ölländern mit gut erforschten oder erschöpften Becken werden solche Strategien angewendet.

Besonders lehrreich ist die Entdeckung und boom-artige Entwicklung der *Kohlenwasserstoffprovinz in der Nordsee,* welche lange unerkannt geblieben war (GLENNIE 1986):

Kleine bis mittlere Öl- und Gasfelder waren im Umkreis der Nordsee seit über 100 Jahren sowohl in Deutschland (beginnend mit Wietze/Hannover 1859) wie in England erschlossen worden. Der eigentliche Anlaß für die Ausweitung der Exploration ins Meer hinein war die im Jahre 1963 gewonnene Erkenntnis, daß das Gasfeld Groningen/Holland zu den größten der Erde zählt. Damit war der notwendige wirtschaftliche Anreiz gegeben. Die erste Bohrung in der Nordsee (Nordsee B-1) wurde 1964 von einem deutschen Konsortium abgeteuft; große Funde gelangen allerdings erstmals im britischen (Gasfeld Leman 1965) und im norwegischen Sektor (Ölfeld Ekofisk 1969: 200 x 10^6 m^3 Öl). Durch die politischen Ereignisse unterstützt, kam es in der Folge zu einer sich überstürzenden Erschließung, so daß heute in der Nordsee ca. 100 Öl- und Gasfelder mit gewinnbaren Reserven von 3500 x 10^9 m^3 Gas und 3500 x 10^6 m^3 Öl bekannt sind.

Die wichtigsten Muttergesteine sind im Süden oberkarbone Kohlen (für Gas) und Tone des Unteren Jura (Öl); für den wirtschaftlich weit überragenden nördlichen Abschnitt der Norsee sind es Tone des obersten Jura und der untersten Kreide (Kimmeridge Clay) mit 2 bis >12 % organischer Substanz, welche infolge ihres in Gamma-Logs leicht erkennbaren erhöhten Urangehaltes „hot shale" genannt werden. Speichergesteine sind devonischen bis eozänen Alters; die reichsten Lagerstätten liegen aber in Sandsteinen des Unteren und Mittleren Jura. Bildung und Verteilung dieser Sedimente werden von einem komplexen, über 100 km breiten, mesozoischen Grabensystem kontrolliert. Nur in dessen Zentrum ist die Maturität der Muttergesteine hoch genug, um Öl und Gas zu bilden; die Kohlenwasserstoffgeneration hält seit dem späten Mesozoikum bis heute an. Die Migrationswege sind in der Regel vertikal und sehr kurz. Letzteres gilt auch für den Südteil der Nordsee, wo allerdings Phasen tektonischer Einengung (Inversion) in Kreide und Tertiär viele frühe Kohlenwasserstofflagerstätten zerstört haben. Fallenstrukturen sind vielfach überwiegend stratigraphisch bedingt, jedoch in engem paläogeographischem Zusammenhang mit der mesozoischen Grabentektonik.

Die Erschließung der Öl- und Gasfelder der Nordsee geht natürlich weiter; zunehmend müssen aber komplexere Fallen und weniger reiche Lagerstätten aufgesucht werden. Lager mit Schweröl und Sauergas hat man aus wirtschaftlichen Gründen bisher außer Acht gelassen. Zweifellos gibt es hier für eine Zukunft mit höheren Erlösen für Primärenergierohstoffe noch viele Möglichkeiten.

Literatur:

BENDER, F. (Ed.), 1984, Angewandte Geowissenschaften. Bd. III, Abschnitt „Geologie der Kohlenwasserstoffe", Pp 1-212, Enke.

CISOWSKI, S. M. & FULLER, M., 1987, The generation of magnetic anomalies by combustion metamorphism of sedimentary rock, and its significance to hydrocarbon exploration. Geol. Soc. Amer. Bull. 99, 21-29.

ELLIS, D. V., 1987, Well logging for earth scientists. 532 pp, Elsevier.

HOVLAND, M. & JUDD, A. G., 1988, Seabed pockmarks and seepages: Impact on geology, biology and the marine environment. 293 pp, Graham & Trotman.

KLEIN, G. de V., 1987, Current aspects of basin analysis. Sedim. Geol. 50, 95-118.

KLEINSPEHN, K. L. & PAOLA, C. (Eds.), 1988, New perspectives of basin analysis. 453 pp, Springer.

LERCHE, I., 1989/90, Basin Analysis: Quantitative methods. Vol. 1/1989: 562 pp, Vol. 2/1990: 611 pp, Academic Press.

MIALL, A. D., 1990, Principles of basin analysis. 2. Aufl., 626 pp, Springer.

NAESER, N. D. & MCCULLOH, T. H. (Eds.), 1988, Thermal history of sedimentary basins: Methods and case histories. 500 pp, Springer.

N. N., 1986, Les séries à évaporites en exploration pétrolière. I. Méthodes géologiques. 217 pp, Editions Technip Paris.

NELY, G., 1989, Les séries a évaporites en exploration petrolière. 280 pp, Editions Technip, Paris.

ORT, M. & VAN DEN BOOM, G., 1986, Heliumverteilung im Boden und in der Bodenluft im Gebiet der Erdöl-Lagerstätte Bockstedt. Geol. Jb. D80, 3-46.

SANDY, J., 1989, Surface geochemical discovery, Mississippian Reef, Stephens County, Texas: a case history (Abstract). Bull. Am. Ass. Petrol. Geol., Feb. 89, p 257.

SELLEY, R. C., 1988, Applied sedimentology. 446 pp, Academic Press.

WAPLES, D. W., 1985, Geochemistry in petroleum exploration. 328 pp, IHRDC-Press.

WEI, Z. P., HERMANRUD, C. & LERCHE, I., 1990, Numerical basin modelling of the Sleipner field, North Sea. Terra Nova 2, 31-42.

WITTAKER, A. (Ed.), 1985, Mud logging, principles and interpretation. 104 pp, IHRDC-Press.

V. Die Exploitation von Öl- und Gaslagerstätten

Die möglichst rationelle Ausbeutung aufgefundener Kohlenwaserstofflagerstätten bedarf in vielfacher Hinsicht der Beachtung geologischer Faktoren, und ist nur in enger Zusammenarbeit von Geologen, Lagerstättenphysikern und Fördertechnikern möglich. Im folgenden sollen einige der dabei auftretenden Fragenkomplexe kurz dargestellt werden.

Lagerstättenverhältnisse

Die *statischen Lagerstättenverhältnisse* umfassen die Zustandsbedingungen innerhalb des Reservoirs vor Aufnahme der Förderung. Dazu zählen insbesondere die physikalischen Eigenschaften der Speichergesteine und der darin befindlichen Kohlenwasserstoffe, sowie Druck und Temperatur. Zusammen mit geologischen Fakten dienen diese Daten einer Charakterisierung der Lagerstätte (reservoir characterization: LAKE & CARROLL 1986), welche die Voraussetzung für eine zutreffende, numerische Simulation (s. Vorratsberechnungen) ist.

Porosität und Permeabilität als besonders wichtige Faktoren werden für Speichergesteine gewöhnlich an einer Vielzahl von Kernproben im Labor bestimmt. Zweckmäßig ist es, diese Bestimmungen unter simulierten Lagerstättenbedingungen durchzuführen, da beide Kennwerte von Druck, Temperatur und eventuellen Spannungsdifferenzen abhängig sind. Bohrlochmessungen der Porosität können mit Hilfe dieser Meßwerte geeicht und besser interpretiert werden. Weitere wichtige Eigenschaften sind die Benetzungsfähigkeit und die Kapillardruckkurve, also Funktionen der relativen Permeabilität.

Der Lagerstätteninhalt besteht immer aus einem Gemisch von vielen verschiedenen Kohlenwasserstoffen, die unter Lagerstättenbedingungen ein Einphasen- (flüssig oder gasförmig) oder ein Zweiphasensystem bilden. Die von Druck und Temperatur abhängigen Phasenverhältnisse werden an sorgfältig entnommenen Kernproben im Autoklaven unter simulierten Lagerstättenbedingungen untersucht. Unter Lagerstättenbedingungen nehmen die Kohlenwasserstoffe naturgemäß andere Volumina ein, als unter normalen Bedingungen. Gerechnet wird aber immer mit den Mengen unter Oberflächenbedingungen, für Öl in m^3 Tanköl, für Gas in Nm^3. Der *Formationsvolumenfaktor* gibt diese Beziehungen zwischen Lagerstätten- und normalem Volumen wieder; er ist für jede Lagerstätte verschieden und muß in Hinblick auf Vorratsberechnungen genau bestimmt werden.

Die *Viskosität* des Lagerstätteninhaltes kontrolliert wesentlich das Fließen des Öls und damit den möglichen Ausbeutefaktor. Die Viskosität des Rohöls wird durch gelöstes Gas bei höherem Druck und durch erhöhte Temperaturen herabgesetzt. Da die Lagerstättentemperatur im Laufe der Förderung im wesentlichen gleich bleibt (außer bei thermischen Entölungsverfahren, s. u.), verringert sich allgemein mit zunehmendem Druckabfall die Fließfähigkeit des Öles.

Die *Sättigung* des Speichers ist ein Gradmesser der Füllung der Porenräume mit Öl, Gas und Wasser. Da Kernproben beim Ziehen einem Druck- und Temperaturabfall unterliegen, kann die Sättigung dieser Proben nicht für eine Beurteilung der Porenfüllung in der Lagerstätte herangezogen werden. Messungen des Kapillardruckes und der Benetzbarkeit an Kernproben zusammen mit den Bohrlochmessungen ermöglichen eine Beurteilung der Verteilung von Wasser, Öl und Gas im Speichergestein. Ist dieses homogen, so bildet sich die oben vereinfacht dargestellte Saigerung von Wasser-Öl-Gas, wobei allerdings die gewöhnlich als Linie dargestellte Öl/Wasser-Grenze eher eine Übergangszone ist. Immer ist aber auch eine zumindest minimale Wassermenge an der Porenfüllung innerhalb der Lagerstätte beteiligt; dies ist das Haftwasser. Ist der Speicher inhomogen, so können infolge der erhöhten Kapillarkräfte in feinkörnigen Partien auch in der Öl- und Gaszone sehr hohe Wassergehalte auftreten.

Der *Lagerstättendruck* ist jener Druck, unter welchem der Inhalt des Speichers steht; er ist in der Regel wesentlich geringer als der Gebirgsdruck (eigentlich: maximale Gebirgsspannung), welcher aus dem Gewicht aller überlagernden Gesteine („lithostatischer Druck") und eventuell auftretenden tektonischen Spannungen resultiert. In der Regel ist der Lagerstättendruck gleich dem hydrostatischen Druck einer Wassersäule mit D = 1.1, was einer Lauge mit 8 % gelöstem NaCl entspricht. Davon stark abweichende, abnorm hohe Drucke (overpressure) werden z. B. dann angetroffen, wenn sich der Gebirgsdruck zum Teil oder ganz auf den Poreninhalt überträgt, weil ein „Abstützen" am Porengerüst nicht oder nur teilweise möglich ist. Man erklärt das dadurch, daß manchmal die Entwässerung und Kompaktion toniger Gesteine mit deren rascher Versenkung nicht Schritt hält (undercompaction). Eine ausführliche Beschreibung eines solchen Beispiels geben CAILLET et al. (1991).

Zonen oder Speicher mit unvermutetem Überdruck sind beim Bohren besonders gefährlich, da es zu Ausbrüchen kommen kann. Abnorm niedrige Drucke, d.h. $P_{Speicher} < P_{hydrostatisch}$, sind Beweise für eine besonders effektive, geologische Zeiten überdauernde Abdichtung gegen migrierende Fluide. Möglicherweise wären solche Speicher besonders geeignet, um liquide toxische oder radioaktive Abfälle zu entsorgen (BRADLEY 1985).

Die *Lagerstättentemperatur* entspricht dem jeweiligen geothermischen Gradienten. Zahlreiche geologische Faktoren beeinflussen diesen Wert, unter anderem die Nähe vulkanischer Zentren, das Auftreten von Gas oder strömendem Tiefengrundwasser und die sehr unterschiedliche Wärmeleitfähigkeit von Gesteinen. Im Durchschnitt liegt der geothermische Gradient bei 25-30 m/1 °C, jedoch wurden extreme Werte von 52 und 4 m pro Grad gemessen. Salz ist ein besonders guter Wärmeleiter, weshalb über Salzdomen gegenüber der Umgebung deutlich erhöhte Temperaturen auftreten. Gebiete besonders hoher Temperaturen im seichten Untergrund sind wichtige Ziele der Prospektion für geothermale Energie.

Dynamische Vorgänge in der Lagerstätte während der Förderung werden vor allem durch die Druckentlastung ausgelöst. Diese geht vom Produktionsbohrloch aus. Eine genaue Kenntnis der Dynamik der Lagerstätte ist für eine möglichst vollständige Ausbeutung des Lagerstätteninhaltes maßgeblich. Vor allem die Lagerstättenenergie bzw. Ausmaß und Art der treibenden Kräfte ist zu klären.

Die Höhe des Lagerstättendruckes (Schließdruck) wird durch verschiedene Geräte gemessen, welche in das Bohrloch eingeführt werden. Andere Druckmessungen gelten dem Druck während der Förderung (Fließdruck). Bestimmungen von Fließdruck und Schließdruck der verschiedenen Förderarten werden für die Berechnung der Förderkapazität von Bohrungen verwendet.

Die Ölförderung aus einer Lagerstätte ist das Ergebnis meist kombiniert auftretender *Triebmechanismen;* man unterscheidet folgende drei Hauptmechanismen, welche die *primäre Förderung* (auch eruptive Förderung genannt) einer Lagerstätte aus eigener Energie gewährleisten:
– Gastrieb („äußerer Gastrieb" aus einer Gaskappe)
– Erschöpfungstrieb („innerer Gastrieb" durch aus Lösung gehendes Gas)
– Wassertrieb
Eine zurücktretende Rolle spielen die Schwerkraft, die Verringerung des Porenraums, sowie die Expansion von untersättigtem Öl/Gasgemisch.

Besonders erwünscht ist der *Wassertrieb,* da er im allgemeinen einen hohen Ausbeutungsgrad bewirkt (20-80 %, durchschnittlich 52 % des Ölinhaltes). Dabei wird das Öl durch nachfließendes Rand- oder Bodenwasser in die Bohrung und zur Oberfläche gedrückt. Der Wasserzufluß ist oft so kontinuierlich, daß der Lagerstättendruck über lange Zeit kaum abfällt bzw. sich bei Schließen nach einer Überproduktion wieder aufbaut. Das Wasser kann aus einem an der Oberfläche ausbeißenden Leiter dauernd ergänzt werden, meist aber werden eher Volumensvergrößerung durch Gasentlösung aus dem Wasser oder Kompression der Poren für das Fließen des Randwassers verantwortlich gemacht. Reicht der natürliche Wassertrieb nicht aus, wird u. U. aus randlichen Sonden in die Lagerstätte Wasser eingepreßt („Wasserfluten").

Erschöpfungstrieb ist für Öllagerstätten mit gelöstem Gas charakteristisch, die keinen oder wenig Wasserzufluß haben; das kann etwa bei einer Sandlinse in Peliten der Fall sein. Wenn eine bedeutende Gaskappe ausgebildet ist, verdrängt die Expansion des Gases das Öl zu den besser tief in der Struktur angesetzten Bohrungen *(Gastrieb).* Im Durchschnitt erreicht man bei Gastrieb einen Ausbeutefaktor von 33 %; Einpressen von Gas kann Förderrate und Ausbeute erhöhen. Bei Erschöpfungstrieb fällt der Lagerstättendruck rasch ab, da viel Gas mitgefördert werden muß. Deshalb ist der Ausbeutefaktor ungünstig; es sind früh sekundäre und tertiäre Fördermaßnahmen (s. u.) erforderlich.

Bei günstigen geologischen Verhältnissen fließt das Öl durch Schwerkraft auch nach der Erschöpfung anderer treibender Kräfte zur Bohrung. Unterstützt durch Gaseinpressen ist dies oft die Förderart alter Felder mit Pumpsonden. Diese müssen dann am tiefsten Teil der Struktur angesetzt werden. Sobald auch diese Fördermethode nicht mehr wirtschaftlich ist, muß ein Feld als erschöpft angesehen werden.

Bei hohen Erdölpreisen ist es denkbar, daß zukünftig die großen, im Speicher verbleibenden Ölmengen durch bergmännische Erschließung nutzbar gemacht werden. Dabei werden Sumpfstrecken und kurze Horizontalbohrungen so ausgelegt, daß das Öl, eventuell durch Dampfbehandlung erleichtert, in die Hohlräume fließt (DEVRAN-Methode). Speicher bis etwa 1000 m Tiefe könnten auf diese Weise ausgebeutet werden. Solche Überlegungen haben eine große wirtschaftliche Bedeutung, wenn man z. B. die Erdölvorräte der BRD betrachtet: Diese betragen einschließlich der bisherigen Förderung insgesamt 765 Mt (oil in place), wovon mit heute absehbaren Techniken aber 430 Mt nicht gewonnen werden können (KNISSEL et al. 1991).

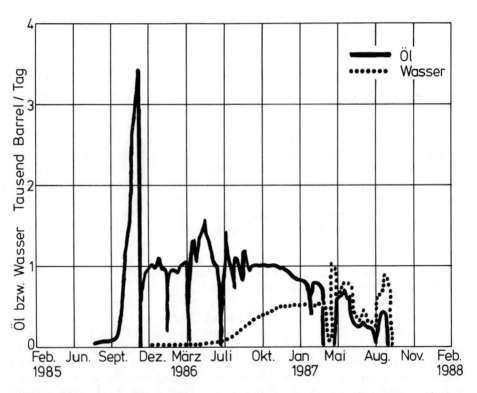

Abb. 243. Fördergeschichte einer Erdölsonde in den USA (nach Werksunterlagen der Mobil Oil 1991).

Meist wechseln die Triebmechanismen im Verlauf der Ausbeutung eines Feldes. Felder solchen gemischten Triebes sind an der Produktionskurve zu erkennen. Die Abb. 243 zeigt die Förderkurve einer Sonde, welche zu Beginn wenige Monate unter Gasentlösung produzierte, danach durch Wassertrieb, bis schließlich die zuletzt geringe Förderung unwirtschaftlich wurde. Auch wurde im letzten Zeitraum bereits mehr Wasser als Öl gefördert.

Die Fließvorgänge in der Lagerstätte während der Förderung sind vom Druckgefälle zur Bohrung, von der Viskosität des Poreninhaltes und von der Durchlässigkeit des Speichergesteines abhängig. Dazu kommen eine Reihe von weiteren Faktoren, welche unter anderem geologische Inhomogenitäten umfassen. Infolge der Allgegenwart von Haftwasser im Speicher ist die effektive Permeabilität für Öl und Gas nicht gleich dem im Labor bestimmten Wert, sondern oft wesentlich geringer. Auch zunehmender Gas-Gehalt im Porenraum vermindert die Permeabilität für Öl. Infolge dieser je nach Zusammensetzung der Porenfüllung wechselnden Permeabilitäten ist in einem Öl/Wasser-System bei 10 % Öl und 90 % Wasser die Durchlässigkeit für Öl schon bei 20-30 % Restölsättigung gleich null. Deshalb ist eine vollständige Entölung nicht möglich.

Die Fließvorgänge in der unmittelbaren Umgebung von Fördersonden werden durch technische Maßnahmen beeinflußt, welche Generalbehandlungen genannt werden. Dazu zählt die „Stimulation" durch hydromechanisches Aufbrechen oder durch Einpressen von Salzsäure/Flußsäuregemischen. Für die Gasproduktion aus den relativ „dichten" Speichern im Rotliegenden und im Karbon Norddeutschlands hat die Behandlung mittels *Fracverfahren* eine große Bedeutung erlangt. Dabei wird das Speichergestein durch Einpressen einer Flüssigkeit unter hohem Druck aufgebrochen; es entstehen bis zu 1000 m lange Risse, die ein besseres Fließen des Gases zur Bohrung ermöglichen.

Sekundäre Förderverfahren dienen vor allem der Ergänzung der Lagerstättenenergie, die während der Förderung abnimmt. Der Ausbeutefaktor einer Lagerstätte bei ausschließlicher Primärförderung ist in vielen Fällen sehr gering. Um die Nutzung des Inhaltes dieser bereits voll erschlossenen Lagerstätten zu verbessern, werden vielfach schon früh Wasserfluten und das Einpressen von Gas eingesetzt. Trotzdem aber ist die durchschnittliche Entölung in den USA mittels primärer und sekundärer Förderverfahren nur 33 %. Am häufigsten wird das Wasserfluten verwendet, worauf 75 % der deutschen Ölförderung beruhen. Dabei wird durch Sonden, die im Randwasser stehen oder nach einem Raster gebohrt werden, Wasser eingepreßt. Damit wird der Abfall der Lagerstättenenergie verlangsamt, gleichzeitig aber dient dies der gefahrlosen Beseitigung der bei der Ölförderung gewöhnlich anfallenden großen Mengen von Salzwasser.

Tertiäre Förderverfahren erhöhen den Ausbeutungsgrad der Erdöllagerstätten um 10-15 %, so daß der Entölungsgrad in den kommenden Jahrzehnten durchschnittlich 50 % erreichen dürfte. Diese z.T. noch im Forschungsstadium befindlichen Verfahren umfassen
– chemisches Wasserfluten zur Verbesserung des Flutwirkungsgrades durch Zusatz diverser Chemikalien; dazu gehören „Polymerfluten", das eine gleichmäßigere Verdrängung des Öls durch die vorrückende Wasserfront bewirkt, „Tensidfluten" zur Verringerung der Grenzflächenspannung zwischen Öl und Wasser, so daß das Öl aus den engen Gesteinsporen gelöst und fließfähig wird, und „Mizellarfluten", bestehend aus einem Tensidpolster, der durch eine Polymerlösung verdrängt wird;
– Mischphasenfluten, wobei das Öl durch mischbare Flutmedien fließfähig gemacht wird; dazu werden vor allem CO_2 und die Flüssiggase Propan und Butan in Betracht gezogen;
– thermisches Fluten, wobei man Heißwasser- bzw. Dampffluten und in situ-Verbrennung unterscheidet. Bei Ersteren wird durch eine Erhöhung der Lagerstättentemperatur die Viskosität des Öles herabgesetzt, wogegen bei der Verbrennung in situ nach Lufteinpressen und Entzündung der Kohlenwasserstoffe vor der Verbrennungsfront eine Ölfront erzeugt wird, die gegen die Fördersonde getrieben wird.
– Injektion von Bakterien, welche durch teilweisen Abbau des Öls Gas und tensidähnliche Stoffe erzeugen, die das Öl fließfähiger machen.

Diese lagerstättenphysikalischen Methoden einer Erhöhung des Ausbeutefaktors von Kohlenwasserstofflagerstätten (reservoir management) sind wirtschaftlich äußerst bedeutsam, da eine Verbesserung der Entölung und Entgasung um wenige Prozente eine bedeutende Erhöhung der Kohlenwasserstoffressourcen bedingt. Insbesondere handelt es sich hier ja um solche Lagerstätten, die infolge der früheren Förderung schon gut bekannt und durch bestehende Sonden erschlossen sind, so daß nur geringe zusätzliche Investitionen anfallen.

Entwicklung eines Feldes

Nach der Lokalisierung einer Kohlenwasserstofflagerstätte und deren Nachweis durch eine erste Bohrung muß das Feld so erschlossen werden, daß bei einem möglichst großen Ausbeutefaktor der größte wirtschaftliche Nutzen erzielt wird. Dies ist dann der Fall, wenn die Investitionen für weitere Bohrungen zum Erlös in einem günstigen Verhältnis stehen.

Das *Abbohren eines Ölfeldes* durch mehrere Sonden ist aus physikalischen Gründen dann nicht nötig, wenn es sich um einfache, homogene Lagerstätten handelt. Die Fließverhältnisse in solchen Speichern erlauben theoretisch die Gewinnung des gesamten fließfähigen Öles aus einer einzigen Bohrung, wenn bei Wassertrieb die Förderung aus dem höchsten Bereich der Struktur, bei Gas- und Schwerkrafttrieb aber aus den tieferen Teilen erfolgt. Öl und Gas bewegen sich nachweislich über große Strecken, so daß auch in der Praxis bei geeigneten Verhältnissen, etwa im mittleren Osten, sehr große Fördersondenabstände von bis zu mehreren Kilometern angewendet werden (Abb. 229).

Die geologischen Verhältnisse erzwingen aber oft einen viel kleineren Abstand. Insbesondere Änderungen der Parameter des Speichers, wie Mächtigkeit, Porosität und Permeabilität verlangen einen dichteren Aufschluß auch deshalb, weil diese Faktoren für eine rationelle Ausbeutung bekannt sein müssen. Alleine für die Untersuchung der Lagerstättengeometrie und der statischen und dynamischen Lagerstättenverhältnisse sind also eine Mehrzahl von Bohrungen unerläßlich.

Das Ziel einer möglichst vollständigen Ausbeutung erfordert aber auch Angriffspunkte für eine Steuerung der Förderung, sowie für Maßnahmen bezüglich sekundärer und tertiärer Fördermethoden. Schließlich müssen Wirtschaftlichkeitsberechnungen zeigen, wieviele Bohrungen in einer Lagerstätte zum optimalen Ergebnis führen. Zunehmend bewährt sich dabei die moderne Bohrlochabweichungstechnik, welche es erlaubt, von einer Plattform aus verschiedene Teile des Speichers zu erschließen, z.T. sogar mit Horizontalbohrungen.

Das *Abbohren eines Gasfeldes* unterliegt anderen Gesetzlichkeiten insoferne, als das Bohren von Fördersonden nicht hauptsächlich in der Entwicklungsphase erfolgt, sondern sich über die gesamte Produktionsdauer eines Feldes erstreckt. Hier werden also hohe initiale Investitionskosten vermieden. Dazu kommt der Vorteil der mit durchschnittlich 70-75 % gegenüber Öl wesentlich höheren Ausbeute des initialen Lagerstätteninhaltes.

Vorratsberechnungen

Bei neu aufgeschlossenen Kohlenwasserstofflagerstätten steht die *volumetrische Methode* der Vorratsberechnung im Vordergrund. Sobald die Lagerstättengeometrie (Mächtigkeit des Speichers, Ausdehnung der produktiven Fläche), Porosität und Sättigung bekannt sind, kann der Kohlenwasserstoffgehalt unter Lagerstättenbedingungen (oil in place) errechnet werden. Bestimmt man weiters die Volumsveränderung des Rohöles, die während der Förderung zur Oberfläche eintritt, und setzt man einen möglichst genau eingeschätzten Ausbeutefaktor ein, so läßt sich die zu erwartende Gesamtförderung nach folgender Formel berechnen:

$$N_p = A \cdot h \cdot \phi \cdot (1-S_w) \frac{\rho_o}{B_o} \cdot E$$

N_p = ausbringbare Vorräte in t, A = Fläche in m², h = durchschnittliche Mächtigkeit des ölführenden Speichers in m, ϕ = Porosität des Speichers, S_w = Anteil des Haftwassers am Poreninhalt, ρ_o = Dichte des Erdöles, E = Entölungsfaktor, und B_o = Formationsvolumenfaktor.

Die volumetrische Vorratsbestimmung ist eine *statische Methode, dynamische Methoden* Methoden beruhen auf Messungen der Vorgänge während der Förderung. Seit langem wird der gewinnbare Teil der verbleibenden Vorräte durch die Extrapolation der Förderabfallkurve empirisch bestimmt. Dafür trägt man die Förderrate pro Zeiteinheit gegen die Zeit auf (Abb. 244). Wenn die treibenden Kräfte gleich bleiben, ermöglicht die Extrapolation der Kurve eine Voraussage über die zukünftige

Förderrate bis zur Erreichung der Wirtschaftlichkeitsgrenze. Diese tritt dann ein, wenn der Erlös des geförderten Öles die Produktionskosten nicht mehr deckt. Aus der so erhaltenen voraussichtlichen Förderdauer und Förderrate läßt sich die ausbringbare Ölmenge einfach berechnen. Natürlich ist für die Anwendung dieser Methode eine genügend lange Beobachtung der Förderrate notwendig. Je länger diese dauert, umso genauer wird die Voraussage, umso geringer allerdings sind die verbleibenden Reserven.

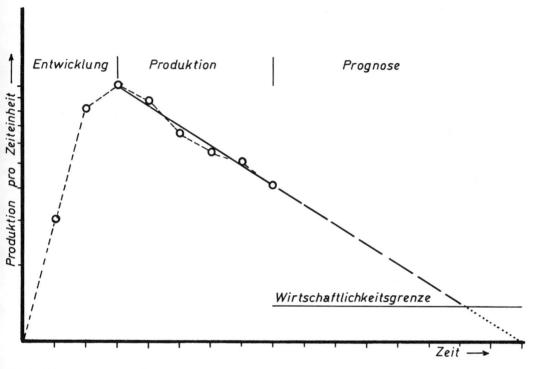

Abb. 244. Förderkurve eines Ölfeldes mit konstantem Rückgang der Förderrate, wodurch eine Abschätzung der verbleibenden Reserven möglich ist (nach MAYER-GÜRR 1976).

Die wichtigste Variante der Berechnung der Ölinhaltes einer Lagerstätte während der Produktion beruht auf der Anwendung der *Stoffhaushaltsgleichung*

$$Q = N \cdot a + We$$

Q = kumulative Produktion (Öl + Gas + Wasser) unter Lagerstättenbedingungen, N = ursprüngliche Ölmenge bezogen auf Normal- (Oberflächen-) druck und -temperatur, a = totaler Expansionsfaktor (Öl, Gas, Haftwasser und Gestein) unter Lagerstättenbedingungen, We = kumulativer Wasserzufluß in den Speicher während der Produktion.

Die grundlegende Überlegung ist dabei, daß zu jedem Zeitpunkt zwischen dem geförderten Lagerstätteninhalt (Öl, Gas und Wasser) und dem diesen ersetzenden Stoff ein Gleichgewicht bestehen muß. Die Produktion schafft natürlich keinen leeren Porenraum; durch den begleitenden Druckabfall dehnt sich z.T. der verbleibende Poreninhalt aus, z.T. dringt Wasser nach oder die Poren werden komprimiert. Bestimmt man die meßbaren physikalischen Parameter (Lagerstättendruck, Porosität, Haftwasseranteil, Formationsvolumenfaktor etc.), so kann man ein Stoffhaushaltsmodell (material balance) aufstellen und N berechnen. Gewöhnlich wird die Materialbilanzrechnung nach weiterer Förderung in zeitlichem Abstand wiederholt. Das dynamische Verhalten der Lagerstätte wird durch umfangreiche numerische Modelle genauer beschrieben. Diese Simulationsmodelle geben das Druckverhalten und die Sättigungsveränderungen an jedem Punkt der Lagerstätte wieder. Durch die Anpassung der Modelle an die Realität können nicht meßbare Parameter korrigiert werden. So erreicht man schließlich recht genaue Aussagen auch über den gesamten Ölinhalt (oil in place) einer Lagerstätte.

Bei reinen *Gaslagerstätten* ist oft eine Einschätzung der Reserven auf Grund eines einzigen Bohrloches möglich. Da Gas äußerst kompressibel ist, verursacht eine Probeproduktion eine meßbare Verminderung des Lagerstättendruckes (außer bei hohem Wassertrieb). Diese Verminderung ist von der entnommenen Menge, dem ursprünglichen Lagerstättendruck und dem Gesamtinhalt der Lagerstätte direkt abhängig. Bestimmt man die erstgenannten Parameter, läßt sich der Inhalt leicht errechnen. Diese Rechnung ergibt gute Näherungswerte. Bei besserer Kenntnis der Lagerstätte und ausreichender Förderdauer werden in geigneten Situationen auch die volumetrische Methode bzw. die Bestimmung durch Stoffhaushaltsberechnungen verwendet.

Die *Vorratskategorien* sind auch bei den Kohlenwasserstoffen nach dem Gewißheitsgrad und der Wirtschaftlichkeit eingeteilt. Es werden wie bei den festen mineralischen Rohstoffen die Kategorien „sicher" (A), „wahrscheinlich" (B), „möglich" (C) und „prospektiv" (D) verwendet.

Literatur:

BRADLEY, J. S., 1985, Safe disposal of toxic and radioactive liquid wastes. Geology 13, 328-329.
CAILLET, G., SEJOURNE, C., GRAULS, D. & ARNAUD, J., 1991, The hydrodynamics of the Snorre Field area, offshore Norway. Terra Nova 3, 179-193.
DICKEY, P. A., 1981, Petroleum Development Geology. 2nd ed. 428 pp, PennWell Books, Tulsa.
DREYER, W., 1982, Underground Storage of Oil and Gas in Salt Deposits and Other Non-Hard Rocks. Enke Verlag.
HOBSON, G. D. & TIRATSOO, E. N., 1981, Introduction to Petroleum Geology. 2nd ed., 352 pp, Scientific Press.
KNISSEL, W., BUDDENBERG, J. & BAUER, G., 1991, Untersuchungen zur Bergtechnik und Bergwirtschaft von Erdölbergwerken. Erzmetall 44, 258–263.
LAKE, L. W. & CARROLL, H. B., 1986, Reservoir characterization. 659 pp, Academic Press.
MASTERS, C. D. (Ed.), 1984, Petroleum resource assessment. 157 pp, Publ. Intern. Union Geol. Sci. 17.
NORTH, F. K., 1985, Petroleum Geology. 550 pp, Allan & Unwin.
PERRODON, A., 1980, Géodynamique pétrolière. Masson/Elf Aquitaine.
RÜHL, W., 1977, Vorratsberechnungen von Erdöl- und Erdgaslagerstätten. Geologische Rundschau 66, 3, 890-913.
SELLEY, R. C., 1985, Elements of Petroleum Geology. Freeman Oxford.
TIRATSOO, E. N., 1984, Oilfields of the World. Scientific Press.

VI. Teersande, Asphalt und Pyrobitumina

Pyrobitumina (Asphaltite und Ozokerite) sind eine Gruppe meist dunkler, fester, nicht-flüchtiger, meist unschmelzbarer und in organischen Lösungsmitteln nur schwach löslicher bituminöser Substanzen. Bei Erhitzen zersetzen sie sich unter Bildung von Öl und Gas.

Die weit wichtigeren *Asphalte* (engl. bitumen) bestehen aus amorphen Bitumina mit wechselndem mineralischem Anteil (Quarz, Kaolinit, etc.); erhöhte Schwefelgehalte (bis 7,5 %) sind charakteristisch. Die Asphalte entstehen durch Abbau von Rohöl. Genetisch, stofflich und im geologischen Auftreten sind sie mit *Erdteer* sehr nahe verwandt. Die verschiedene Benennung beruht ausschließlich auf den unterschiedlichen rheologischen Eigenschaften: Asphalt ist bei Normaltemperatur eine feste, Teer eine zähflüssige Suspension von Asphaltenpartikeln in flüssigen Kohlenwasserstoffen. Asphalt ist demgemäß ein Gel.

Die *Asphaltite* umfassen zwei chemisch unterscheidbare Entwicklungsreihen, eine naphtenische (Wurtzilit-Albertit) und eine asphaltenische (Gilsonit-Glanzpech-Grahamit). Asphalt ist unter

Dauerlast noch zähflüssig, die daraus entstandenen (in den Klammern) genannten festen Asphaltite nicht mehr. Mit zunehmender Reife und beginnender Metamorphose (Flammkohlen- bis Meta-Anthrazitstadium) bilden sich aus den Pyrobitumina durch Aromatisierung Epi-, Meso- und Kata-Impsomite, welche zum Unterschied von den Vorläufern in Schwefelkohlenstoff unlöslich sind (JACOB 1983). Wie bei den Kohlen steigen die Reflexionswerte der festen Kohlenwasserstoffe mit zunehmender Reife (Abb. 245).

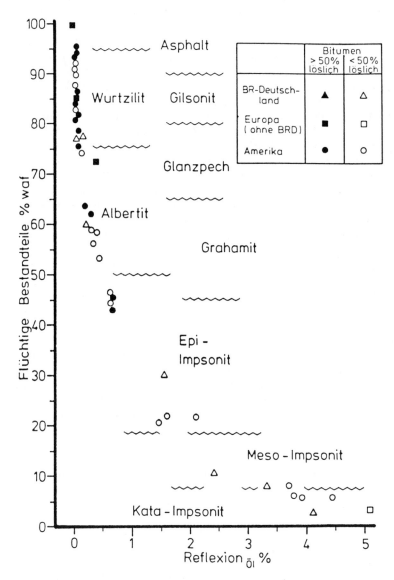

Abb. 245. Natürliche, feste Erdölbitumina zeigen ähnlich wie Kohlen mit zunehmender Reife eine Abnahme der flüchtigen Bestandteile und eine Zunahme der Reflexion (JACOB 1983).

Verwendung: Asphalt und vergleichbare Produkte der Erdölverarbeitung („Bitumen") werden weit überwiegend als Bindemittel für Straßen- und Rollbahndecken eingesetzt, weiters u. a. zur

Herstellung von Dachpappe und ähnlichen Produkten, von korrosionshemmenden Rohrumhüllungen und für den Unterbodenschutz von Automobilen.

Maßgebliche Eigenschaften für die jeweilige Verwendbarkeit sind die chemische Zusammensetzung (Elemente: H, C, N, O, S, V, Ni und Fe; Kohlenwasserstoffe: Asphaltene, Paraffine, Resine und Aromate), sowie kolloidale und physikalische Eigenschaften. Besonders wichtig ist naturgemäß das thermische Verhalten von Asphalt; sowohl sprödes Brechen bei tiefen Temperaturen wie auch plastisches Fließen bei Erwärmung sind unerwünscht. Zunehmend werden Asphalte durch Beimengung von Polymeren modifiziert, um bessere Eigenschaften in bezug auf Wasser- und Verottungsbeständigkeit, Ermüdungswiderstand und thermische sowie strukturelle Stabilität zu erreichen.

Enstehung. Die Entwicklung von Öl endet natürlich nicht mit der Ansammlung in Speichern; weitere Veränderungen durch Versenkung oder durch Zutritt meteorischer Wässer, welche Bakterien zuführen, sind sehr häufig. Hier interessiert uns der zweitgenannte Fall. Die Bedeutung solcher Prozesse läßt sich daran erkennen, daß der Inhalt der sieben größten Vorkommen von Teersanden dem Volumen der 264 größten Ölfelder der Erde gleichkommt (CONNAN & RESTLE 1984). Teer und Asphalt bilden sich durch den Abbau normaler Rohöle, entweder infolge Oxydation oder Biodegradation, oder durch Verdunstung leichtflüchtiger Bestandteile und durch Auswaschung. Alle diese Prozesse bewirken eine Zunahme des spezifischen Gewichtes. In diesem Sinne kann Asphalt als Endglied einer Degradationsreihe normales Öl – Schweröl – Teer – Asphalt bezeichnet werden. Teere werden auch als „extra heavy petroleum" bezeichnet, mit API <10 (schwerer als Wasser).

Wo immer Speicher nahe der Oberfläche liegen, oder für oberflächennahes Wasser erreichbar sind, muß mit Degradation des Öles gerechnet werden. Hochflüchtige Aromate, wie Benzol, Toluol und Xylol, werden biologisch abgebaut oder oxydiert. Tritt das Öl an der Oberfläche aus, verdunsten diese Stoffe. Der verbleibende Rest wird auch anorganisch oxydiert, und es entsteht Teer oder Asphalt.

Die Biodegradation durch aerobe oder anaerobe Mikroorganismen bewirkt den Verlust von n-Alkanen, Isoprenoidalkanen, sowie einem Teil der Cycloalkane und der Aromate. Unter anaeroben Bedingungen reduzieren bestimmte Bakterien Sulfate, um ihren Sauerstoffbedarf zu decken. Der dabei reduzierte Schwefel kann elementar auftreten (etwa in Evaporitgesteinen), oder Fe-, Zn-, Pb- u.a. Sulfide bilden, oder durch Reaktion mit den Kohlenwasserstoffen im verbleibenden Residuum angereichert werden. Gleichzeitig werden Harze und Asphaltene angereichert.

Vorkommen. Die ältesten bekannten Asphaltgewinnungsstellen sind Teeraustritte am Euphrat und dem Tigris; auch am Toten Meer wurde schwimmender Asphalt gewonnen. Die Kir-Ablagerungen von Balachany auf Apscheron sind ein Gemenge von Asphalt und Ton, das von Schlammvulkanen gefördert wird. Relativ rein tritt Asphalt auf der Insel Trinidad in dem bekannten, etwa 1 km^2 großen See und am gegenüberliegenden Festland im größeren See von Bermudez auf. Dort schwimmt eine dicke Asphaltschicht auf dem Wasser. Dieser Asphalt enthält etwa 25 % Wasser und bis 50 % Mineralsubstanz.

Gangförmig findet sich sehr reiner Asphalt (Albertit) im Tertiär von Utah und New Brunswick, wo er bis 500 m tief abgebaut wurde. Mächtige Spalten füllend und anschließend lagerförmig tritt reiner, tiefschwarzer, muschelig brechender Asphalt bei Selenica in Albanien auf. Auch bei Herbaya nahe Damaskus wird sehr reiner Asphalt, der bis 4 m mächtige Lager in Senonmergel bildet, ausgebeutet. Das Vorkommen Vergorac in Dalmatien ist ähnlich, es geht nach unten in einen Schlot über. Dieser Asphalt hat aber nur 26 % Bitumen. Im Bentheimer Sattel nordwestlich von Osnabrück wurden früher steile, gering mächtige Asphaltgänge abgebaut.

Nicht selten sind Kalke, die mit Bitumen imprägniert sind. Dies kann Klüfte und Spalten füllen, oder als Matrix einer Brezie auftreten, oder in den Poren liegen. Die dalmatinischen Asphaltkalke (z. B. Brazza) sowie jene von Varna (Varin) in der Slowakei gehören zum ersten Typ. Mit bis zu 20 % Bitumen imprägniert sind die braunen Kalke des Val de Travers bei Neuchatel im Schweizer Jura. Ein bis zwei, maximal 10 m mächtige Bänke sind dem Urgonkalk konkordant eingelagert. In Italien kennt man Asphaltkalke aus den Abruzzen (San Valentino) und (in miozänem Kalksandstein) von Ragusa auf Sizilien. In Deutschland gibt es Vorkommen bei Limmer (Hannover), Vorwohle und Holzen am Hils, sowie in der Kreide des Münsterlandes.

Die größte bekannte Lagerstätte von Teer und Asphalt sind die „Teersande" von *Athabasca, Alberta, Kanada*. Ein über mehr als 30.000 km² verbreiteter Sandstein kretazischen Alters ist dort mit Schweröl bis Asphalt imprägniert. Der Sandstein wurde in einem großen Flußdelta abgelagert, darunter liegt diskordant Devon. Im Bereich von Lake Mildred gibt es an Flußufern natürliche Ausbisse der Teersande, zum größten Teil jedoch werden sie von glazialen und fluviatilen Sedimenten von 50 bis über 80 m Mächtigkeit überlagert. Durchschnittlich ist die bitumen-getränkte Schicht 50 m mächtig (maximal 275 m), und enthält etwa 11 % Bitumen. Die Muttergesteine wurden in Trias und Jura der Rocky Mts. im Westen identifiziert.

Der Teer zementiert die Quarzkörner des Sandsteins, so daß nach Weglösen des Bitumens Quarzsand übrig bleibt. Verschiedene Prozesse der Extraktion des Öles werden untersucht. Für die im Tagbau gewinnbaren Lagerstättenteile hat sich seit 1967 Waschen mit heißem Wasser bewährt, aus dem in der Folge das Öl abgetrennt wird. Trotz des hohen Schwefelgehaltes von 6 % im Bitumen der Lagerstätte wird in diesem Prozeß ein schwefelarmes Öl („Syncrude") von etwa 40°API erzeugt. Das Ausbringen liegt allerdings unter 50 %. Trotzdem schätzt man die insgesamt ausbringbaren Mengen auf mehrere 100 Milliarden Faß Öl; die Menge in situ wird mit 159 Mrd. m³ angegeben. Die Asche des unverwertbaren Restbitumens enthält erhöhte Gehalte von V, Sc, Ni, Mo und Ga, die man in Zukunft auch nutzbar machen möchte.

Weitere bedeutende Lagerstätten von Asphalt- bzw. Teersanden gibt es in den USA, in Venezuela (über 20 000 km² im Orinoco-Gebiet), in Madagaskar, Albanien (Selenica), Rumänien (Derna) und in der UdSSR bei Baku.

Literatur:

ABRAHAM, A., 1960, Asphalts and allied substances. Historical review and natural raw materials. 6th Ed., 370 pp, Van Nostrand.
CHILINGARIAN, G. V. & YEN, T. F. (Eds.), 1978, Bitumens, Asphalts and Tar Sands.
CONNAN, J. & RESTLE, A., 1984, Biodegradation of crude oils in reservoirs. Bull. Elf-Aquitaine 8/2, 291-302.
JACOB, H., Petrologie von Asphaltiten und asphaltischen Pyrobitumina. Erdöl u. Kohle 20, 393-400.
RÜHL, W., 1982, Tar (Extra Heavy Oil) Sands and Oil Shales. Enke.
SCHMITZ, H.-H., 1986, Bituminöse Gesteine. Angewandte Geowissenschaften Bd.IV, 385-399, Enke Verlag.

VII. Ölschiefer

Ölschiefer werden mit der Erschöpfung der Reserven des konventionellen, relativ billigen Erdöles zunehmend wirtschaftliche Bedeutung erlangen. Sie enthalten gewaltige Energievorräte, welche allerdings nur mit großen technologischen und finanziellen Anstrengungen verfügbar gemacht werden können.

Verwendung. Die technologische Verwertung der Ölschiefer beruht im Wesentlichen auf einer Erhitzung auf etwa 500 °C, wobei aus dem Kerogen durch Pyrolyse flüssige und gasförmige Kohlenwasserstoffe, N-, S- und O-Verbindungen frei werden. Erhitzen bzw. Verbrennen in einer Retorte ist ein häufiger Prozeß (vor allem angewendet in der UdSSR und in China); auch die Zirkulation heißen Gases ermöglicht eine gute Energieausbeute (Frankreich, Brasilien) und schließlich wird die direkte Verbrennung im Kraftwerk angewendet (Estland). Der anfallende Verbrennungsrückstand, die Asche, wird z.T. als hydraulischer Zementrohstoff weiterverwertet.

Der geringe Anteil nutzbarer Materie in Ölschiefern bedingt hohe Massenbewegungen bei Abbau und Verwertung; die wirtschaftlichen Rahmenbedingungen werden auf absehbare Zeit nur eine Gewinnung im Tagbau zulassen. Daraus resultieren schwere Eingriffe in die Landschaft, welche durch geeignete Rekultivierungsmaßnahmen ausgeglichen werden müssen. Nicht unbedenklich sind auch die üblichen Schwermetallgehalte der organischen Substanz, deren Austreten bei Verschwelung oder Verbrennung verhindert werden muß. Eine umfassende Umweltschutzplanung ist deshalb bei jedem derartigen Projekt erforderlich. Weniger problematisch ist möglicherweise der Weg einer in-situ-Gewinnung, bei welcher der Entölungsprozeß nach bergmännischer Erschließung der Lagerstätte untertägig verlaufen könnte; entsprechende Forschungsarbeiten sind im Gange.

Definition. Der Begriff „Ölschiefer" beruht hauptsächlich auf der vermuteten wirtschaftlichen Verwertbarkeit, und umfaßt daher sehr unterschiedliche Gesteine. Die Spannweite reicht von kerogenreichen klastischen Peliten über Karbonatgesteine bis zu aschereichen Algenkohlen (Torbanit, Cannelkohle).

Ölschiefer sind reich an organischer Substanz, welche nur zum geringen Teil in Form von Bitumen vorliegt und nur dann in organischen Lösungsmitteln löslich ist. Vor allem enthalten sie Kerogen, das erst beim Erhitzen Öl abgibt. Dieses Öl heißt dann „synthetisches Öl" oder „Schieferöl". Der Gehalt an organischer Substanz wirtschaftlich interessanter Ölschiefer liegt zwischen 4 und 50 % des Gesteinsgewichtes, die Ölausbeute der meisten Ölschiefer wird mit 40 bis 600 l pro Tonne angegeben, wovon ein Teil für das Erhitzen aufgewendet werden muß. Als seltene Ausnahme muß der Ölschiefer („Bhazenit") mit reichlich freifließendem Öl in Westsibirien gelten, aus dem bei Salym Öl durch Pumpsonden gewonnen wird.

Nach der Natur der organischen Substanz können Ölschiefer in sechs Haupttypen unterschieden werden (COOK et al. 1981):
- Cannelkohle (Sporen, s. Kohle),
- Torbanit (Süß- bis Brackwasseralgen, s. Kohle),
- Kukersit (marine Algen, z. B. Estland),
- Tasmanit (marine, mesozoische Algen; z. B. Posidonienschiefer/Lias),
- Lamosit (lakustrine Algen, z. B. Green River Formation/USA)
und
- Mischtypen (z. B. Kimmeridge Clay in Großbritannien und in der Nordsee).

Mächtigkeit, Verbreitung und Ölpotential hängen mit dieser Klassifizierung zusammen, so daß kohlenpetrographische Methoden zu einer Beurteilung von Ölschiefervorkommen wesentliche Beiträge liefern können.

Kerogenreiche Gesteine sind unverwittert meist braun oder schwarz; im verwitterten Zustand fallen sie durch weiße Krusten auf. Schon im Gelände lassen sich Ölschiefer dadurch erkennen, daß sie mit dem Feuerzeug entflammbar sind oder zumindest starken Schwelgeruch ergeben. Im Labor werden Ölschiefer primär durch Schwelanalysen (nach FISCHER-SCHRADER 1920) und durch Heizwertbestimmungen untersucht. Da die organische Substanz leichter ist, als der Mineralanteil im Gestein, ist die Bestimmung des spezifischen Gewichtes (möglichst nach einer genügenden Zahl von Eichproben) für Serienuntersuchungen gut geeignet, um eine erste Beurteilung der Kerogengehalte zu ermöglichen.

Lagerstätten. Ölschiefer sind im Grunde unreife Erdölmuttergesteine (s. dort); sie sind allerdings definitionsgemäß Gesteine mit ungewöhnlich hohen Kerogengehalten, während die meisten Muttergesteine nur wenige Prozente organischer Substanz enthalten. Weiters erfuhren sie eine unterschiedliche Entwicklung: Ölmuttergesteine müssen tief genug eingemuldet und erwärmt werden, damit ihr Kerogen abgebaut und Bitumen erzeugt wird. Ölschiefer dürfen eine solche Versenkung und Katagenese nicht erfahren haben, in welchem Fall ja das Kerogen die Fähigkeit der Ölabgabe z.T. oder ganz verloren hätte. Deshalb sucht man Ölschiefer in Gesteinsserien, die im Laufe ihrer geologischen Geschichte keine erhebliche Versenkung und Erwärmung erlitten haben. Man findet sie vor allem in wenig deformierten Plattformserien und in kleineren Sedimentbecken.

Charakteristische Bildungsräume für bedeutende Ölschiefervorkommen sind:
- große Inlandseen (im Eozän des Green River Gebietes der westlichen USA: Abb. 142, im Karbon von New Brunswick/Kanada, in der Trias des Kongobeckens bei Kisangani, und im Tertiär bei Alecsinac/Jugoslawien),
- seichte Schelfmeere, die durch eine bunte Folge von Karbonaten, Sandsteinen und Phosphorithorizonten gekennzeichnet sind (im Ordoviz entstand der bekannte Kukersit von Estland; Ölschiefer gibt es ferner im Devon des östlichen und zentralen Nordamerika, im Perm Brasiliens, und im europäischen Jura: z. B. Schandelah bei Braunschweig/Lias), und
- als Torbanit randlich mariner Becken in unmittelbarer Nachbarschaft von Torfmooren, die später zu Kohle wurden (Fushun/Mandschurei, zusammen mit mächtiger tertiärer Kohle;

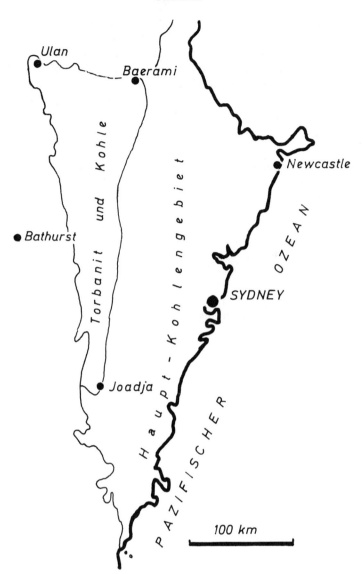

Abb. 246. Das permische Sydney-Becken (New South Wales, Australien) zeigt einen der Hauptkohlenzone vorgelagerten Bereich mit Ölschieferführung.
Es handelt sich um dünne, linsige Flöze, welche mit Kohlen wechsellagern. Das Ölpotential ist sehr hoch (bis 700 l/t), die Reserven allerdings sind relativ gering.

Liaoning/China, sowie am Westrand des permischen Kokskohlenbeckens von New South Wales in Australien: Abb. 246).

Kleinere Ölschiefervorkommen findet man z. B. in Kraterfüllungen von Vulkanen (Pula/Bakony in Ungarn im Oberpannon), von Impaktstrukturen (Nördlinger Ries) oder in Gräben (Eozän von Messel bei Darmstadt, Midland Valley/Schottland im Unterkarbon).

Die größten bekannten Ölschiefervorkommen liegen in den USA, in Brasilien und in der VR China; weitere große Ressourcen haben Australien, Syrien, die UdSSR und Marokko. Die deutschen Vorkommen sind nicht bedeutend (ca. 4 Mrd. t Öl in situ). Aus energiepolitischer Sicht ist es bemerkenswert, daß diese potentiellen Ölvorräte nicht in OPEC-Staaten liegen.

Die *Ölschieferressourcen* der Erde dürften beträchtlich sein; jene mit einer Ölausbeute von mehr als 42 l/t enthalten rund 700 Milliarden m^3 synthetisches Öl (oil in place). Davon ist natürlich nur ein Teil ausbringbar. Da infolge des bisher relativ geringen Anreizes zur Prospektion auf Ölschiefer wahrscheinlich bedeutende Vorkommen unentdeckt geblieben sind, dürfte das Potential bedeutend höher sein. Der in Zukunft sicherlich ansteigende Preis konventionellen Erdöles bewirkt weltweit hohes Interesse sowohl an der Inventarisierung potentieller Lagerstätten wie auch an der Weiterentwicklung der erforderlichen Technologien.

Literatur:

ALPERN, B., 1981, Les schistes bitumineux: constitution, réserves, valorisation. Pp 319-352 in: Géologie des Charbons, des Schistes bitumineux et des Kerogènes. Bull. Elf Aquitaine 5/2, 717 pp.

COOK, A. C., HUTTON, A.-C. & SHERWOOD, N. R., 1981, Classification of oil shales. Bull. Elf Aquitaine 5/2, 353-381.

CULBERTSON, W. & PITMAN, J., 1973, Oil shale. USGS Prof. Paper 820, 497-503.

KODINA, L. A., BOGATCHEVA, M. P. & LOBITZER, H., 1988, An organic-geochemical study of Austrian bituminous rocks. Jb. Geol. B.-A. 131, 291-300, Wien.

MACAULEY, G., 1984, Geology of the Oil Shale Deposits of Canada. Geologic Survey Canada Paper 81-25, 64pp.

WEFING, H., 1978, Verwendung von Ölschiefer. Erdöl-Erdgas 94.

YEN, T. F. & CHILINGARIAN, G. V. (Eds.), 1976, Oil Shale. Elsevier.

Ortsregister

Aachen-Erkelenz   400
Aachen-Stolberg   42, 165
Abu Dabbab   226, 227
Abu Tartur   286
Adirondack Mts.   304
Agadez   234
Agha Jari   469
Aheim   283
Aiani-Kozani   279
Akouta   143
Alchar   214
Alecsinac   492
Alligator River   232
Almaden   105, 211
Almeria   250
Alston Block   390
Altenberg   177
Altmark   450
Amberg   70, 120, 276
Ampanobe   220
Andernach   303
Annaberg   138
Aosta   398
Aouli   172
Apex Mine   64, 218
Appalachen   379, 392, 475
Appenin   318
Araxa   224, 226
Aredor   253
Argyle   18, 254, 256
Arsa   363
Artonville   199
Aspang   267, 275
Asse   336, 338, 341
Asturetta   280, 281
Athabasca   231, 232, 440, 491
Auerbach   70
Aussee   345
Azegour   142
Aznalcollar   155

Bachmut   319
Bad Grund   173, 174
Bad Lauterberg   245
Bahrain   468
Baia de Aries   189
Baisoara   115
Bakal   117
Baku   449
Balachany   490
Balangero   242
Ballarat   29, 186

Bamble Gürtel   96
Banat   115
Barberton   186, 242
Barramiya   186
Baschenovo   242
Bayun Obo   224
Basin and Range Province   58, 103
Bela Stena   279
Bendigo   186
Benthe   337
Bentheimer Sattel   490
Benton   250
Benue-Trog   176
Bergslagen   105
Bermudez   490
Berndorf   398
Bigadic   252
Bikita   228
Bilbao   117
Bingham   141, 153, 183
Bisbee   153
Bled Khatara   463
Bleiberg   33, 43, 70, 106, 142, 168–172, 218
Blind River   191
Boddington   61, 183
Bodenmais   80, 81,
Boliden   217
Bolivien   39
Bor   153, 218
Boryslav   451
Bou Azzer   138, 139, 186, 217
Bougainville   153, 433
Bowen Becken   402
Bow River   256
Bozicany   276
Bozkurt   279
Brad   189
Bramscher Massif   84, 391, 458
Brazza   490
Brich-Mulla   43, 44
Brits District   150
Broadlands   28, 183
Broken Hill   32, 80, 81, 92, 165, 166, 167
Buddadoo   151
Bursa   142
Burton Downs   402
Bushtenary   449
Bushveld   9, 25, 115, 128, 131, 150, 176, 199, 200, 201, 240, 241, 244, 278, 262, 413
Butte   141, 194, 195

Caaschwitz   262
Caltanisetta   292
Carlin   29, 42, 57, 188
Carlsbad   309
Cave-in-Rock   261
Cerna   270
Cerro de Mercado   11, 115
Cerro Rico s. Potosi
Chaillac   247, 262
Chucicamata   153, 236
Cigar Lake   232
Climax   141, 142, 148
Coates Siding   151
Cobalt   194, 217
Coeur d'Alene   194, 195
Colorado Plateau   67, 234
Conakry   119
Cooperbecken   361
Cornwall   20, 50, 52, 105, 106, 144, 145, 178, 231, 259, 276, 277
Creede   194, 195
Cymric   210

Dachang   179
Danakil   318
Darling Ranges   204
Death Valley   252
Dekkan   205
Delamar   197
Dethlingen   467
Diablerets   388
Dismal Swamp   378
Dognacea   117
Dolgen   301
Drama   125
Dreislar   245

Ebrobecken   320
Egergraben   370, 382
Egersund   105, 142
Ehrenfriedersdorf   177
Eichsfeld   335
Eitweg   432
Ekofisk   464, 481
Elba   108
El Laco   115
El Romeral   117, 151

El Teniente 153
Elura 423
Ely 153
Emba 449
Emet 252
Emperor Mine 188
Emsland 450
Encantada 197
Ennstal 392
Entachen 277
Ergani Maden 154
Erkelenz 400
Ermioni 154
Erzberg 42, 43, 106, 117–118, 143
Erzgebirge 25, 51, 106, 133, 144, 145, 146, 194, 234, 275, 444
Eschwege 262
Eskishehir 279, 251
Euböa 135
Euphrat 490

Fehring 301
Felbertal s. Mittersill
Fen 18, 105,
Fenglin 144
Finch 253
Finica 126
Fleurus 246, 247
Fohnsdorf 250, 352, 366, 372, 391
Forstau 234
Fort Benton 249
Fort Cady 252
Fortitude 183
Frankenstein 135
Freiberg 38, 48, 52, 165
Friedberg 250
Friedland 250
Fushun 492

Gamsberg 81
Gant 206
Gara Djebilet 123
Gatumba 226
Geilenkirchen 400
Geiseltal 363, 370
Geographe Bay 220
Ghawar 469
Glomel 240
Goa 122
Golden Lane 468
Golden Mile 29, 48, 184, 186, 187
Golf von Kalifornien 456

Golf von Mexico 292, 293, 336, 449, 460
Golgonda 144
Goonbarrow 276
Göpfersgrün 297, 299
Gora Blagodat 115
Gora Magnitnaya 24, 115, 116
Gorleben 445
Gossendorf 250, 303
Gove 204, 206
Graphite Lake 270
Great Dyke 129, 200, 242
Great Salt Lake 209, 228
Greenbushes 177, 228
Green River Becken 305, 315, 492
Green Tuff Gebiet 56, 450, 463
Greenvale 138
Groningen 469, 480
Groote Eylant 78, 126
Grubach 265
Grube Clara 261, 262
Grünbach 360, 395
Grundlsee 265
Gusevogorsk-Katschkanar 151
Guanajuato 194, 195
Guyamas 28

Hagendorf 26, 288, 259
Hallstatt 328, 329
Hamersley 120–122
Handlova 388
Hannover-Badenstedt 346
Häring 274
Hart 386, 391
Harz 117, 165, 194, 265, 325, 444, 445
Hassi Messaoud 461
Hausruck 351, 373
Haute Var 207
Helgoland 341
Helmstedt 290, 354, 376
Hemlo 185
Henderson 141
Henry Knob 240
Herbaya 490
Herfa-Neurode 445
Hilton Mine 160, 413
Hitura 135
Högtuva 229
Hohenbocka 290
Hollinger-McIntyre 184
Holzen 490
Homestake Mine 185
Hormuz 319

Horn 270
Hsikwangshan 214
Hüggel 117

Ibbenbüren 390
Idria 106, 210, 211–212
Ihalainen 304
Iharkut 207
Ilfeld 125
Illinois 379, 400
Ilmenau 125
Ilmenberge 222
Ilsegrube 400
Inaglinsk 200
Ingessana Hills 130
Isua Gürtel 76, 319
Itabira 186
Ivigtut 260

Jabiluka 232
Jacobeni 126
Jacobina 234
Jagersfontein 253
Jerissa 89, 117
Jilove 262
Joachimsthal 138, 234
Johanngeorgenstadt 138, 219
Joma 94, 154
Joplin 33

Kadamshai 214
Käfersteige 263
Kaisersberg 269
Kalahari 126
Kambalda 134
Kansas 379
Karabugas 311, 315, 316
Kara Oba 143
Karatau 284, 286
Karlsbad s. Karlovy Vary
Karlovy Vary 380
Kellguani 179
Kern County 252
Key Lake 232, 233
Khalilovo 64
Khibiny 17, 105, 285, 287
Kidd Creek 177
Kidston Mine 183
Kifurwe 50
Kilembe 138
Kimberley 18, 204, 253, 254, 255
King Island 147
Kings Mountain 228
Kiruna 11, 12, 105, 115, 284
Kisangani 492

Kleinfeistritz 267
Knabengrube 142
Köflach 351, 363, 370, 375
Kola 223, 286, 240, 260
Kongsberg 28, 47, 105, 138, 194, 217
Korkinsk 372
Kos 303
Kotalahti 135
Kovdor 220, 268
Kraubath 278, 283
Krasno 177
Krivoi Rog 122, 236
Kropfmühl 270
Krumlov 270
Kukisvumchorr 287
Kursk 122
Kurtgrube 215
Kuznetsk 383

Laacher See 303, 306
Lac Knife 269, 271, 412
La Colorada 271
Lac Tio 222
Ladoga 105
Lagalochan 183
Lagunillas 467
Lahn-Dill 105, 119
Laisvall 105, 165, 173
Lake Mildred 491
Lake Superior 122, 158
La Lucette 214
Landshut 250
Langau 370
Langer Heinrich 235
Lanshan 151
Lapeenranta 304
Largentière 173
Larymna 135
Lassing 296, 297, 298
Lauenburg 300
Lausitz 373, 382
Laussa 206
Lavanttal 403, 428, 432
Leadville 165, 195, 197
Leman 481
Leoben 370
Le Rossignol 248
Les Redoutières 245, 247, 248, 262
Levack 135
Liaodong 252
Liaoning 493
Libby 268
Limberg 258
Limmer 490

Limousin 231, 234, 235
Llallagua 177
Llardarello 252
Lodève 234
Lompoc 258
Lueshe 226
Lüneburg 258, 341, 346
Lunz 395, 398
Luzenac 296

Madh Ad Dhahab 188
Mährisch-Ostrau 394
Maidanpek 153
Maikop 464, 466
Mainburg 250
Makri 126
Malaysia 51
Malgersdorf 250
Manono 25
Mantudi 278
Mapochs Mine 150
Maqsad 130
Mansfeld 85
Mariza 351
Mary Kathleen 223, 237
Masjid-i-Sulaiman 468
Maubach-Mechernich 172, 174
Mavatwan 126
Mc Arthur Becken 475
Mc Arthur River 80, 81
McDermitt 237
Mc Tung 147
Medet 153
Meggen 80, 105, 165–166, 245, 246
Menzengraben 346
Menzenschwand 235
Messel 354, 454, 493
Mestersvig 141
Mežica 142, 168
Mibladen 172
Midland Valley 377, 493
Midway 467
Miess s. Mežica
Milos 246, 250, 303
Minas Gerais 122, 126, 256
Minasraga 149
Mitterberg 153
Mittersill 106, 144, 145, 146
Moa Bay 138
Moanda 126
Modum 138
Moinesti 449
Moledeschnoje 131, 132
Montchegorsk 201
Monte Amiata 108, 212, 214

Montevives 108, 265
Moreni 449
Morro da Mina 66
Morro Velho 185
Morvan 262
Morwell 370
Mountain Pass 17, 224, 225
Mrima Hill 224
Mt. Carbine 144
Mt. Emmons – Redwell 141
Mt. Isa 32, 80, 81, 101, 153, 160, 161, 162, 165, 195, 285, 413
Mt. Pleasant 147
Mt. Weld 224
Mühldorf 270
Mull 240
Murat Dagi 213
Murchison 214, 215, 216
Murgul 46
Murka 240, 241
Musha 180
Muskauer Revier 400
Mwadui 254
Myvatn 258

Nabburg-Wölsendorf 138
Namdechon 280
Narbarlek 232
Naßfeld 187
Nauru 284
Navan 172
Neuburg 258
Neuhof-Ellers 327
Neukaledonien 62, 63, 103, 279
Neuseeland 28
Neuwied 302
Neves Corvo 155, 177, 428
New Almaden 211
New Brunswick 492
Ngawha 211
Nickel Plate 183
Niederrhein 370, 373, 382, 389
Nigeria 20
Nikopol 78, 126
Niksice Zupa 207
Nischni Tagil 128
Nisna Slana 119
Nördlinger Ries 303, 304, 493
Nordsee 326, 454, 456, 474, 480–481
Norilsk 134, 199, 201
North Pennines 20, 390
Nsuta 126, 127

Oberharz 38, 48, 51, 92
Octha 256
Okinawa Trog 57
Oklo 231
Ok Tedi 153, 183
Oldoinyo Lengai 17
Olmučany 276
Olympic Dam 160, 161, 231, 232, 235, 413, 433
Oman 319
Orange River 256
Orapa 254, 256
Ordos-Becken 377, 382
Orinoco-Delta 377
Orissa 122, 126, 151
Oruro 180
Oslo-Rift 142
Osnabrück 101
Otanmäki 150, 222
Ouachita 246
Ouenza 42, 71, 89, 115
Outukumpu 105, 138, 139, 154

Palabora 17, 153, 162, 220, 267, 285
Panagjuriste 218
Panasqueira 147
Panguna 183
Paraburdoo 122
Parschlug 370
Passagem 185
Pasto Bueno 148
Pea Ridge 413
Pechenga 134, 201
Penge 242
Pessens 246, 248
Petsamo 135, 218
Pfahl 288
Pforzheim 258
Phalaborwa s. Palabora
Pilbara 319
Pilsen s. Plzen 380, 382
Pine Point 28, 87
Plzen 380
Pocos de Caldas 220
Pomfret 243
Poppenreuth 138
Posen 341
Postmasburg 65
Potosi 177, 180, 194, 195, 196
Pozarevo 126
Premier Mine 255
Prokopevsk 383
Providencia 197

Pruden 276
Przibram 165, 194
Puchberg 265
Pula 493
Puzzuoli 303
Pyrenäen 106

Quaidam 228
Quilon 222

Rabbit Lake 232
Rabenwald 297
Radhausberg 187
Radstadt 391
Ragusa 490
Raibl 168
Rammelsberg 80, 81, 105, 110, 153, 155, 157–158, 165, 195, 217, 246
Ramsbeck 47, 48,
Råna 134
Ranger 232
Ranstad 231
Ratten 391
Recsk 153
Renison Bell 179, 217
Reocin 106
Rheintalgraben 47, 101, 310, 320, 388, 391, 474
Richards Bay 222
Richelsdorfer Gebirge 85
Riesengebirge 52, 53
Rio Tinto 155
Robe River 120
Rodalquilar 108, 190, 250
Rödsand 151
Rona 463
Rosia Montana 189
Rössing 101, 231, 234
Rotes Meer 320
Round Mountain 195
Rosdol'sk 294
Rudnik 195, 197
Ruhrgebiet 366, 379, 381, 382, 388, 393, 394, 395, 396, 400, 404, 405, 407
Rumaila 465
Rutongo 47, 48, 177

Saalburg 289
Saarrevier 381, 382, 391, 394
Sacarimb 189
Salafossa 168
Salar de Atacama 228
Salau 24, 147
Salton Sea 28, 193, 199

Salt Ranges 319
Salym 492
Salzgitter 76, 123
Sangerhausen 85
San Juan 468
Santander 106
Santorin 119
San Valentino 490
Sarbai 115
Sar Chesmes 153
Saskatchewan 335
Savage River 119
Schacht Konrad 123, 445
Schacht Sachsen-Weimar 309
Schandelah 492
Schilting 403
Schlaining 214, 215
Schlesien 85
Schmalkalden 43
Schneeberg 138, 219
Searles Lake 144, 176, 252
Seegraben 391, 398
Segeberg 341
Selenica 490
Serra de Jacobina 191
Serrata 250
Shabari 216
Shikoku 57
Shizhuyuan 145
Siegerland 47, 117, 153
Silvermines 81, 172, 246
Silver Peak 228
Silver Reef 197
Singrauli 371
Skaergaard 183, 184, 413
Skaland 271
Skellefte 105, 217, 240
Slaviansk 88
Snarum 280
Sodaville 144
Sokli 105
Solikamsk 319
Sontra 262
Spindletop 472
Spor Mountain 229
Sri Lanka 272
St. Austell 277
St. Eloy 399
St. Francois Mts. 88
St. Johns Island 283
St. Salvy 218
Stade 346
Starunia 451
Staßfurt 252, 340, 345
Statzendorf 394
Steimke 471

Stevens County 478
Stillwater 129, 199, 200, 202
Stockheim 231
Stoob 300
Sudbury/Kanada 7,9, 98, 134, 135, 137, 139, 153, 198, 201
Sudeten 106
Sullivan 80, 101, 177
Sulphur Bank 211
Sunk 270, 281
Susehiri 278
Susurluk 252
Sydney Becken 493

Tahawus 222
Tamsweg 391
Tanjung 363
Tarkwa 191
Tasna 219
Tauern 92
Tellnes 115, 222
Tharsis 155, 156
The Geysers 211
Thetford 242
Tigris 490
Tikhvin 205
Tintic 197
Tokayer Berge 303, 306
Tomduff 240
Totes Meer 209, 307, 314, 315
Trbolje 351
Trepča 165
Trifail s. Trbolje
Trimmelkam 231
Trimouns 295, 296

Trinidad 461, 490
Tri-State Bezirk 38, 43, 87
Troodos 242
Troy Mine 197
Tscheleken 451
Tschiaturi 126
Tsumeb 101, 218
Tunguska 384
Turny Aus 142
Tuya Muyun 236
Tynagh 81, 172

Ukhta 236
Umm Bogma 125
Ural 105, 131, 199, 208

Val de Travers 490
Vallecas 250
Val Malenco 296
Vareš 106, 119
Varna 490
Vassbo 173
Veitsch 279, 281
Velanje 370
Vergorac 490
Viburnum 88
Victoria 48
Voitsberg 371, 372, 375
Voitsdorf 469
Vorwohle 490
Vulcano 292
Vuonos 154
Vysoki Kamen 259

Wackersdorf 370
Wagrain 391

Waldenburg 382
Waldenstein 431, 435
Wankie 377
Waterloo 197
Weihnachtsinsel 284
Weipa 204
Weißelsterbecken 374
Werragebiet 309
White Pine 86, 153, 158
Wielicka 309, 336
Wiener Becken 464, 469, 470, 471, 475
Wietze 480
Wind River District 68, 231
Witkop 261
Witwatersrand 75, 101, 190–191, 199, 231, 233–234
Wolkenhügel 246, 247
Wölsendorf 263
Wrexen 394

Yelirrie 231, 235, 236
Yoganup 220

Zajaca 214
Zentralmassif 105, 106, 262, 399
Zidani 242
Zinnwald 146, 147, 177
Zirovski Vrh 234
Zistersdorf 449
Zlatna Stanija 189
Zrar Inférieur 463
Zubair 465
Zwartkloof 261
Zypern 79, 126

Sachregister

Adular-Serizit Typ Au 58, 190
Alabaster 264
Alaskit 21, 234, 259
Alaunschiefer 150, 173, 231
Albitisierung 95, 180, 226
Albitit 20, 146, 237, 259, 332
Alginit 359, 453
Algoma Typ 76, 119, 185
Alkalimassive 17, 200, 220, 223, 226, 254, 260, 267, 285
Allegheny-Modell 378
alpiner Typ Pb-Zn 168–172, 196
Alteration: hydrothermal 40–41, 247, 261, 275
Alteration: supergen 40, 64–66, 122
Aluminium 203–209
Alunitisierung 40, 58, 303
Alunit Typ Au 58, 190
Anchimetamorphose 397
Andalusit 239–241
Anhydrit 264–266, 292, 307, 317, 325, 331, 341, 450
Anomalie 413, 418, 424
Anorthosit 10, 128, 151, 259
Anreicherungsfaktor 1
Anthrazit 270, 271, 352
Antimon 213–216
Apatit 162, 223, 283–288
Apogranit 20, 226
Argillitisierung 41, 153
Aromatisierung 362, 489
Arrhenius-Gleichung 388
Arsen 216–217
Asbest 16, 241–245
Asphalt 149, 449, 451–452, 461, 467, 488–491
Attapulgit 251
Aulacogen 101, 158, 176, 474

back-arc Becken 475
Baryt 155, 245–249, 456
Bauwürdigkeitsgrenze 5, 411
Bauwürdigkeitskoeffizient 48
Bauxit 61, 150, 203–209, 218, 275
Beckenanalyse 73, 480
Beckenentwässerung 84

Bentonit 249–251, 372, 381, 391
Beryllium 229–230
Besshi-Typ 57, 103
Beton 291
BIF (banded iron formation) 76–77, 120–122, 185, 242, 243
Birbirit 199
Black Smokers 14, 125, 154
Blei 164–175, 420
Blei: Isotope 32, 172, 173, 422
Bodenschätze 442
Boghead 354
Bohrlochgeophysik 402, 403, 429, 432, 478–480
Bohrungen 343, 344, 345, 402, 430–433
Borlagerstätten 251–253, 307, 315
Bor: Isotope 33, 310–311
Bouger-Schwere 343, 427, 429, 477
Brandschiefer 356, 380
Brom 307, 310, 327

Cadmium 164, 217–219
Caesium 228, 307
Calcrete 235, 314
Canga 120
Cañon Diablo Meteorit 32
Cannelkohle 352, 405, 492
Carlin-Typ 57
chalcophil 152
Chlor: Isotope 33, 311
Chlorit 295, 332
Chlorophyll 362, 447
Chromit 13, 103
Chromlagerstätten 127–133
Clarain 356
Clarke-Values 1, 364
Clinton Typ 77
Club of Rome 2, 437
Coelestin 265
Collinit 358, 359
Conolly-Diagramm 49

diagenetische Lagerstätten 83–91, 331, 400, 453
diagenetische Kristallisations-rhytmite 84

Diamant 253–257
Diapir 17, 88, 292, 293, 335–341, 343, 376, 428, 429, 465, 467, 468, 472, 477, 483
Diatomit 257–259
Diatrem 17, 253
Diffusion 459, 478
Dispersion 418–420
Dispersionshof 418, 420
Disthen 239–241
Dolomit 273–274, 295
Dolomitisierung 41, 88
Dopplerit 362
Druck 36, 473, 482–483
Durain 356, 357
Dysodil 354

Eh-Wert 60, 113, 422
eiserner Hut 64, 136, 144, 152, 182, 199
Eisenlagerstätten 62, 65, 76–78, 112–124
Energiebedarf 230, 349, 350
Entsorgungsbergbau 307, 346–348, 445
Entwässerung: diagenetisch 83–84,
Entwässerung: metamorph 95
Episyenit 234
epithermal 36
epithermale Lagerstätten 57–58, 188–190, 213
Erdgas 292, 324, 325, 366, 397
Erdgasreserven 446, 488
Erdöl 150, 292, 325, 397, 447–450
Erdölreserven 446, 484, 486–488
Erdölfallen 294, 343
Erdölmuttergesteine 354, 454, 457, 492
Erdteer 451, 488
Erdwachs s. Ozokerit
Erz 4
Europa: metallogenetische Entwicklung 105–109
Euxinische Fazies 80, 85, 454
Evaporit 89, 158, 160, 245, 252, 263, 278, 281, 292, 293, 295, 307–348, 454, 461
exhalativ-sedimentär 54

Sachregister

Exhalit 54, 93, 119, 145, 154, 155, 166, 186, 252
Exinit 358, 359, 453
exotische Terrains 103
Exploration 409
extraterrestrisch beeinflußte Lagerstättenbildung 2, 10, 98

Fahlband 29, 57, 138, 142
Feldspat 259–260
Fenit 17, 226
Fernerkundung 415–417
Fluorapatit 260
Fluorit 260–264
flüchtige Bestandteile 361, 363, 364, 369, 386–387
Flüssigkeitseinschlüsse 34–36, 309, 347
Formationswasser 27, 83, 228, 473–474
Fracverfahren 485
Framboid 72, 85
Fusain 356, 357
Fusinit 359, 360

Gagat 354
Gallium 204, 217–219
Gangart 4
Ganglagerstätten 47–54
Gase im Salz 309, 346
Gase in Kohlen 366–367, 406
Gel 488
geochemische Barrieren 67
geochemische Explorationsmethoden 417–424, 478
geophysikalische Explorationsmethoden 424–430, 477–480
Geostatistik 440–442
geothermale Energie 211, 483
geothermischer Gradient 391, 483
Geothermometer 31, 34
Germanium 217–219, 365
geschichtete basische Intrusion 9, 128
Gips 264–266, 307, 321, 325, 331, 341, 400
Gipshut 341–342
Gold 4, 16, 61, 96, 181–193, 216, 409, 422
Gondit 66, 92, 126
Gondwanakohlen 377, 384
Gossan s. eiserner Hut

Graben s. Rift
Granitoid 19–23
Graphit 200, 268–273, 352, 355, 363, 364, 388, 394, 395, 397, 400, 453, 455, 475
Greenstone Belt 76, 105, 134, 183–186, 215, 218, 242
Greisen 41, 146, 148, 261, 277
Grüngesteinsgürtel s. Greenstone Belt
Gyttja 354, 373

Hafnium 162, 219–221
Halit 307–348
Halokinese 340
Haselgebirge 297, 309, 320, 327, 335
Helium 196, 450, 478
Helium: Isotope 453
HHP-Granite 20, 176, 178, 231, 390
Hilt'sche Regel 387
Homogenisierungstemperatur 34
Homestake Typ Au 185
Horthonolit 199, 200
Hot Springs Typ 58, 188
Huminit 359
Huminstoffe 369
Humuskohlen 352
Hydrotherme 27, 54, 279, 467

Iberischer Pyritgürtel 105, 155
Illitkristallinität 395
Ilmenitserie 20, 176
Impaktmagmen 7
Impsomit 489
Indium 217–219
Inertinit 359, 453
Infiltrationslagerstätten 66–72, 245
Inkohlung 385–398
Inkohlungsgradient 391
Inkohlungsstufen 353, 459
Inselbogen 103
Inversionstektonik 472, 481
Iod 307, 315
Iridium 199
irischer Typ Pb-Zn 172
Isotopengeochemie 30–33
Itabirit 76, 120, 185

Jasperoid 196
Jaspilit 76, 120
juveniles Wasser 30

Kalisalze s. Potassite
Kalkstein 273–274
Kaolinit 41, 51, 177, 180, 204, 246, 251, 275–277, 380
Karbonatit 17–18, 140, 162, 220, 223, 224, 225, 226, 231, 254, 260, 284, 285
Karst 69, 206–208, 246, 247, 265
Katagenese 454, 455
katathermal 36
Kerngewinn 402, 430
Kerogen 449, 450, 452–453, 455, 491, 492
Kieselerde 258
Kieselgur 257–259
Kimberlit 18–19, 253–256, 260
Klassifikation: Erzlagerstätten 109–111
Kniest 81, 157
Knottenerze 69, 173
Kobalt 137–139, 216
Kohlen 152, 217, 231, 269, 270, 276, 278, 301, 323, 325, 349–408, 452, 453, 454, 481
Kohlenarten 350–356
Kohlenpetrographie 356–360
Kohlenreserven 404–405, 446
Kohlenressourcen 349, 405, 446
Kohlenstoff: Isotope 31, 184, 200, 253, 269, 279, 293, 366, 449, 450, 451
Kohlenwasserstoffe 269, 342, 446–453
Kohlenwasserstofflagerstätten 446–494
Kohlevergasung 405
Koks 271, 369, 388, 389
Kollision 104
kolloform 39, 278
Komatiit 8, 128, 186, 199, 215
Kondensate 448, 450
Kontaktlagerstätten 24, 115, 173, 240, 270, 304
Kontaktmetamorphose 92, 234, 332, 388–389
Konvektion 15, 28, 46, 51
Kornstein 297
Kriging 441
Kryolith 260
Kukersit 492
Kumulate 8, 13, 128, 200

Sachregister

Kupfer 151–163, 216, 364, 420
Kupferschiefer 29, 85–86, 137, 140, 150, 158, 172, 182, 199, 201, 210
Kupfergürtel/Zentralafrika 87, 138, 158–160, 161
Kuroko-Lagerstätten 56–57, 103, 119, 155, 172, 190

Lagerstättenmodelle 109
Lagerstättenwässer 473–474
Lamproit 18, 253–256
Landsat 415, 417
Lanthaniden s. Seltene Erden
Lateralsekretion 95
Laterite 60, 232, 276
lateritische Erze 16, 60–64, 119, 134, 138, 199, 204, 224, 278
Lehm 300
Leukogranit 21, 226, 234
Leukophyllit 267
Lignin 361, 362
Lineament 416
Liptobiolithe 354
liquidmagmatische Lagerstätten 8–13, 115, 128, 183, 222
Listvaenit 16, 186
Lithium 228–229, 307, 315
lithophile Elemente 21, 223, 228, 231
LOWELL-GUILBERT Modell 45
Luftphotos 415, 416

magmatische Entgasung 21, 251
magmatische Fluide 21
magmatogene Lagerstättenbildung 7–59
Magnesium 209–210, 278, 307
Magnesit 16, 209, 253, 277–283, 295, 296, 297, 307, 317, 332
Magnetit-Serie 20, 185
Manganhof 15, 55, 125, 419
Manganknollen 79, 126, 137, 140, 150, 152, 163, 199
Manganlagerstätten 65, 78–79, 124–127
Manto 29, 179, 196, 197
Maturität 336, 456
Mazeral 357–360, 452, 453
McKELVEY BOX 436

Meerwasser 31, 32, 311, 312, 474
Megaplumes 14
Merensky Reef 10, 199, 200, 201
Mergel 273–274
mesothermal 36
Metagenese 455, 456
Metallogenese 6, 98–109
metallogenetische Karte 99–100
metallogenetische Provinz 99
Metallotekt 99
metamorphe Fluide 95, 185, 332
metamorphe Lagerstätten 92–94, 331
metamorphogene Lagerstätten 94–97, 185, 211, 213, 214, 267, 269, 281
Metasomatose 29, 39, 42–44, 117–118, 262, 263, 279, 296, 298
Methan 363, 450–451, 455, 456
Migration 459–462
Mikrokontinente 105
Mikrothermometrie 34–36
Minette Typ Fe 77, 123
Mirabilit 315, 316
Mississippi Valley Typ 38, 69, 87–88, 167, 196, 218, 245, 261, 262
Mohr-Diagramm 49
Molybdän 140–143
montangeologische Arbeiten 342–348, 401–408, 433–445
Moorfazies 372–373
Mother Lode 47
Muskovit 266–268

Nephelin 203, 286–287
Nickel 62, 133–137, 216, 421
Nielsen-Kurve 311
Niob 224–227
Nugget-Effekt 436, 441

Obsidian 302
Ocker 154
Olivin 283
Ölschiefer 231, 270, 315, 354, 453, 491–494
Ongonit 176
Ophiolit 11, 13–16, 62, 102, 103, 126, 128, 129, 130, 138, 153, 154, 173, 199, 242, 278
Oxydation 65, 113, 231, 269, 292, 386, 400, 401
Oxydationszone 65
ozeanische Kruste s. Ophiolit
ozeanische Metamorphose 13
Ozokerit 451

Paragenese 37
Pechkohle 352, 394, 398
Pegmatit 22, 25–27, 179, 223, 226, 228, 229, 240, 259, 261, 266, 269, 271, 272, 288
Perlit 302–303
Pfadfinderelement 191, 210, 217, 263, 419, 420, 422
pH-Wert 60, 114, 251, 261, 421, 422
Phlogopit 266–268
Phoscorit 285
Phosphate 283–288
Phosphorit 128, 150, 236, 283, 492
Platinmetalle 16, 128, 136, 162, 198–203
Plattentektonik 100–104
Playasee 89, 144, 158, 176, 209, 228, 250, 251, 253, 305, 306, 311, 314, 323, 325
Plumasit 25, 268
pneumatolytische Phase 22
porphyrische Lagerstätten 44–47, 103–104, 141, 183, 418
Potassite 307–348, 428
Probenahme 434–436
Propylitisierung 41, 45, 180, 190
Prospektion 409
pull-apart Becken 475
Pumice 302
Puzzolan 302–303, 305
Pyrobitumina 488–491
Pyrophyllit 299

Quarz 288–289
Quarzit 289–290
Quarzsande 290–291
Quecksilber 210–213

Radar 415
radioaktive Abfälle 123, 346, 445, 483
Radioaktivität 237, 394, 428, 479

Sachregister

Radon 188, 237, 478
Reaktionsskarn 23, 92
Red Bed Lagerstätten 69, 197
Reduktion 29, 113, 231, 254, 292, 366
Reflexionsseismik 477
Refraktionsseismik 477
Regeneration 93
Rekultivierung 291, 408, 443, 491
Reserven 2–3, 410, 436–442
residuale Lagerstätten 61–64
Ressourcen 2–3, 436, 437
Rhenium 140
Rhodium 202
Rift: intrakontinental 101, 105, 106, 166, 195, 235, 252, 262, 314, 315, 320, 325, 330, 335, 377, 399, 455, 474, 481
Ringkomplex 17, 285
Rohstoffpreise 410
Rohstoffsicherungskarten 273, 291, 301
Roll Front 67, 197, 234, 237
Rubidium 307

Sabkha 89, 158, 249, 265, 281, 316–318, 325
Salband 47
Salse 27, 252
Salzdiapir s. Diapir
Salzdom s. Diapir
Salzkissen 339, 340, 471
Salzkohle 354
Salzstock s. Diapir
Saprolith 63, 295
Sapropelit 454
Sapropelkohlen 352, 354, 384
Sauerstoff: Isotope 31, 185, 366
Saxonische Vererzung 101, 106
Schaumgefüge 92
Schieferöl 492
Schlechten 399
schlesischer Typ Pb-Zn 167
Schurfarbeiten 430–433
SCHÜRMANN'sche Regel 386
SCHÜRMANN'sche Reihe 65
Schwarzschiefer 73, 80, 96, 128, 140, 141, 144, 152, 154, 155, 210, 213, 229, 231
Schwefel 154, 291–294, 307, 342, 363, 447, 490, 491

Schwefel: Isotope 31, 72, 293, 311
Schwelkohle 354
Schweröl 448, 490
Sebkha s. Sabkha
SEDEX-Lagerstätte 59, 79–83, 155, 165–167, 190, 246, 418, 422
Segregation 8
Seife 61, 73–76, 190–191, 220, 224, 226, 240, 253, 256
Seismic Pumping 47
Selen 217–219
Selenit 265, 317, 318
Sellait 260
Seltene Erden 17, 222–224, 230, 260, 261, 281, 283, 284
Sepiolith 251, 277, 315, 332
Serizitisierung 41, 45, 46
Siderit 42, 89, 117–118, 354, 367, 390
siderophil 199
Silber 164, 193–198
Silifizierung 41, 180
Silizium 218
Sillimanit 239–241
Skarn 23–25, 147, 154, 178, 183, 223
Sklerotinit 359
Smaragd 150, 229
Smektit 62, 204, 249–251, 306, 395
Soda 307, 313, 315
Solungskaverne 345
Speckstein 295
Spinifextextur 9
SPOT 416
Spurenhöfe 41, 164
Steatit 295
Steinkohleneinheit (SKE) 368, 446
Steinsalz s. Halit
Stickstoff 363, 366, 450
Stockwerk 44, 46, 47, 242
stratabound 110
stratiform 110
Strontium: Isotope 32, 118, 176, 234, 281, 422
submarin-exhalativ 54
Subrosion 341
Substitution 39, 262
Suevit 303
Sullivan Typ 80
Superior Typ Fe 77, 120

synthetisches Öl 492, 494

Taconit 77, 120
Taktit 24, 147
Talk 16, 154, 277, 295–300, 332
Tantal 224–227
Tauerngold 95, 106, 187
Teersande 488–491
tektonische Fluide 475
Tellur 217–219
Thorium 220, 223, 230–231, 428
Titan 221–222
Tone 300–302, 315
Topasrhyolit 20, 176
Torbanit 354, 492, 493
Torf 237, 289, 350, 364, 365, 384–386, 400
Torfmoore 374–379
toxische Elemente 164, 210, 216, 346, 445
toxische Abfälle 445, 483
Trass 302–303, 306
Tripel 258
Tripoli 258
Tritium 228
Trona 313, 314
Trümmereisenerze 76, 123
Tucholith 191, 201, 230, 232, 234
Tuffe 302–303
Turmalinisierung 41, 179, 180

Umber 154
Umkehrspülverfahren 430
Umweltprobleme 2, 164, 210, 211, 216, 217, 218, 222, 230, 237, 260, 284, 290, 347, 349, 408, 444–445
Umweltschutz 198, 202, 250, 273, 278, 301, 305, 411, 444–445, 491
Umweltverträglichkeitsprüfung 408, 434, 444
Uran 67–68, 149, 162, 220, 230–238, 260, 261, 284, 315, 365, 394, 428, 481

Vanadium 149–151, 284
Van Krevelen Diagramm 452
Variogramm 441
Verdrängung 39, 117
Vermiculit 266–268
Verwitterungslagerstätten 59–72

Vitrain 356
Vitrinit 358, 359, 453, 456
Vitrinit-Reflexion 387, 392, 393, 456
vulkanogene Lagerstätten 54–59

Wärmeleitfähigkeit 336, 483
Wasser: Isotope 31, 32, 311, 342
Wasserstoff 366

Wasserstoff: Isotope 449, 450, 451
Wichtungsverfahren 439
Wirtschaftlichkeitsstudie 414, 443–444
Wismut 219
Witherit 245
Wolfram 143–149
Wollastonit 303–305

Xylit 356

Zechsteinbecken 323–325, 326
Zellulose 361
Zement 274, 303
Zementationszone 65, 66, 193
Zeolith 305–306
Zink 164–175
Zinn 175–181
Zinngranit 20, 176, 226, 263
Zirkonium 162, 219–221
Zyklothem 378, 379
Zypern-Typ Sulfide 16, 103, 119, 153, 173, 182